HANDBUCH DER KÄLTETECHNIK

UNTER MITARBEIT
ZAHLREICHER FACHLEUTE

HERAUSGEGEBEN VON

RUDOLF PLANK

KARLSRUHE

ELFTER BAND

DER GEKÜHLTE RAUM
DER TRANSPORT GEKÜHLTER LEBENSMITTEL
UND DIE EISERZEUGUNG

SPRINGER-VERLAG BERLIN HEIDELBERG GMBH
1962

DER GEKÜHLTE RAUM DER TRANSPORT GEKÜHLTER LEBENSMITTEL UND DIE EISERZEUGUNG

BEARBEITET VON

S. A. ANDERSEN - KOPENHAGEN · H. BOCK-FRANKFURT/M. · H. L. VON CUBE-HEIDELBERG · A. DAUSER-RODENKIRCHEN/RH. · H. J. ECKERT-HAMBURG J. GUTSCHMIDT-KARLSRUHE · R. HANSEN-KOPENHAGEN N. S. KOMAROW-MOSKAU · F. LIEDING-RODENKIRCHEN/RH. W. MAAKE-HAMBURG · H. OFTERDINGER-HAMBURG R. PLANK-KARLSRUHE · E. SCHLITT-MÜNCHEN F. W. SCHRÖDER-HAMBURG-BERGEDORF · H. SÜRTH-DAUN/EIFEL · G. VOGEL-SÜRTH/RH.

MIT 563 ABBILDUNGEN

SPRINGER-VERLAG BERLIN HEIDELBERG GMBH
1962

ISBN 978-3-662-11443-8 ISBN 978-3-662-11442-1 (eBook)
DOI 10.1007/978-3-662-11442-1

URSPRÜNGLICH ERSCHIENEN BEI SPRINGER-VERLAG OHG., BERLIN/GÖTTINGEN/HEIDELBERG 1962
SOFTCOVER REPRINT OF THE HARDCOVER 1ST EDITION 1962

Gesamtvorwort

zum

Handbuch der Kältetechnik

(In zwölf Bänden)

Herausgegeben von
Prof. Dr.-Ing. Dr. phil. nat. h. c. Dr. sc. agr. h. c. **R. Plank**, Karlsruhe

Die Kältetechnik erscheint dem Außenstehenden als ein enges Teilgebiet des Maschinenbaues, und in diesem Sinne wird sie auch meist an Technischen Hochschulen gelehrt. Oft sieht man in ihr sogar nur ein Anwendungsbeispiel der technischen Thermodynamik. Ihren vollen Umfang und ihre große wirtschaftliche Bedeutung erkennt man erst, wenn man sich nicht nur mit der Erzeugung tiefer Temperaturen befaßt, sondern auch deren zahlreiche Anwendungsmöglichkeiten betrachtet.

Ein die gesamte Kältetechnik umfassendes Handbuch, das, mit wissenschaftlicher Strenge und den Bedürfnissen der Praxis Rechnung tragend, dieses weitverzweigte Gebiet behandelt, ist bisher nicht geschrieben worden. Es läßt sich auch nicht in einen einzigen, noch so dicken Band fassen und kann nicht von *einem* Verfasser bewältigt werden.

Der Herausgeber und der Verlag wollen durch das vorliegende Werk, das zwölf Bände von je rund 500 Seiten umfassen soll, eine vorhandene Lücke in der technischen Weltliteratur schließen. In den verschiedenen Ländern sind zahlreiche Lehrbücher der Kältetechnik erschienen, von denen manche in vorzüglicher Weise einzelne Teilgebiete darstellen, wie z. B. den Kältemaschinenbau, die Klimatechnik, das Transportwesen, die Lebensmittelfrischhaltung u. a. Keines dieser Werke setzte sich aber das Ziel, den Kälteingenieur in umfassender und vertiefter Weise in die Gesamtheit seines Aufgabenbereiches einzuführen. Auch die in Frankreich unter der Schriftleitung des verstorbenen Dr. M. Piettre bisher erschienenen Bände einer „Encyclopédie du Froid" besitzen zwar jeder für sich einen beachtlichen Wert, stellen aber eher eine Sammlung von Monographien über einzelne Sondergebiete als ein in sich geschlossenes Gesamtwerk dar.

Viele Kälteingenieure beherrschen nur einen Ausschnitt ihres Faches und sind nur einseitig orientiert. Eine solche Beschränkung ist ganz besonders bedenklich, wenn sie auf einem typischen Grenzgebiet geübt wird, wie es die Kältetechnik zweifellos darstellt. In ihr begegnet sich der Ingenieur mit dem

Physiker, Chemiker, Botaniker, Mikrobiologen, Zoologen und Hygieniker, aber auch mit den Vertretern aller Berufskreise, die sich mit der Verarbeitung und Aufbewahrung schnellverderblicher Lebensmittel befassen. Es kann vom Kältetechniker nicht verlangt werden, daß er alle diese Gebiete beherrscht; aber er muß sich in ihnen so weit auskennen, wie sie in die Kältetechnik eingehen, damit er sich mit den Vertretern dieser verschiedenen Disziplinen verständigen kann. Es genügt nicht, wenn er die Leistung einer Kälteanlage richtig zu berechnen und das kältetechnische Verfahren zweckmäßig auszuwählen vermag; er muß auch die Eigenschaften der Objekte kennen, die gekühlt werden sollen, und wissen, wie sie auf die Einwirkung tiefer Temperaturen reagieren. Handelt es sich um unbelebte Materie, dann genügt die Kenntnis der physikalisch-chemischen Eigenschaften; bei Erzeugnissen tierischer oder pflanzlicher Herkunft muß aber auch das biologische Verhalten in Betracht gezogen werden.

Die Kältebehandlung einer Ware stellt aber häufig nur eine Stufe im Rahmen eines verwickelten technischen Verfahrens dar, das von der Rohware zum Halbfabrikat oder zum Fertigprodukt führt. In solchen Fällen muß sich der Kältetechniker mit dem gesamten Verfahren vertraut machen, um beurteilen zu können, ob der kältetechnische Einsatz schon bestmöglich und vollständig erfolgt, oder ob durch weitere oder andersartige Anwendung tiefer Temperaturen Verbesserungen und Weiterentwicklungen möglich sind. So sind z. B. Verfeinerungen im Kälteeinsatz auf Fischereifahrzeugen zur Verbesserung der Qualität angelandeter Fische nicht ohne genauere Kenntnis der Fangmethoden und der Bordverhältnisse möglich. Bei den zahlreichen Anwendungen der Kälte in der chemischen Technik, sei es bei der Herstellung von Kunstseide, Zellwolle oder Buna, der Glaubersalzgewinnung, der Ölraffination, der Trennung von Gasgemischen und in vielen anderen Industrien, kann die zweckmäßigste Art der Kälteanwendung nur aus der eingehenden Kenntnis des gesamten Verfahrens angegeben werden. Und eine Klimaanlage in bewohnten Räumen kann nur richtig entworfen werden, wenn man den Einfluß von Temperatur, Feuchtigkeit und Luftbewegung auf den menschlichen Körper kennt.

Beim Aufbau des *Handbuches der Kältetechnik* mußte auf alle diese Anforderungen sorgfältig geachtet werden. Neben der Bearbeitung von Bänden, die der Thermodynamik der Kältemaschinen, den Grundlagen der Wärmeübertragung, der Konstruktion von Maschinen und Apparaten und wichtigen Sondergebieten der Kälteerzeugung gewidmet sind, mußte daher auch daran gedacht werden, in weiteren Bänden die biologischen Grundlagen und die zahlreichen Anwendungen der Kälte in der Lebensmittelwirtschaft, in den chemischen Industrien, im Transportwesen, in der Klimatechnik usw. eingehend zu behandeln.

Den gegenwärtigen Stand einer Technik und ihre zukünftigen Entwicklungsmöglichkeiten kann man nur dann richtig beurteilen, wenn man ihre Entwicklungsgeschichte kennt; daher erschien es notwendig, auch der Geschichte der Kältetechnik einen Abschnitt zu widmen. Die Kältetechnik hat sich inzwischen zu einem machtvollen Wirtschaftsfaktor entwickelt, dessen Bedeutung in der Zukunft ohne Zweifel noch weiter zunehmen wird. Eine organisierte Lebensmittelwirtschaft, ein Export schnellverderblicher Waren und die Massenerzeugung zahlreicher Gebrauchswaren ist ohne Einsatz der Kältetechnik nicht denkbar. Es mußte daher auf die wirtschaftliche Bedeutung der Kältetechnik in einem besonderen Abschnitt eingegangen werden. Eine genaue statistische Erfassung der Erzeugung von Kältemaschinen, des Verbrauchs an gekühlten oder gefrorenen

Lebensmitteln, der Eiserzeugung u. a. findet man nur in wenigen Ländern. Trotzdem wurde versucht, in einem Abschnitt „Statistik“ das verfügbare Material zusammenzufassen.

Es ist selbstverständlich, daß in dem vorliegenden Handbuch nicht nur die Kälteindustrie in Deutschland, sondern auch in anderen Ländern, insbesondere in den Vereinigten Staaten von Nordamerika und in der Sowjetunion, berücksichtigt wurde. Der heutige hohe Stand der Kältetechnik ist den vereinten Bemühungen in vielen Ländern zu verdanken; Physiker, Chemiker, Ingenieure und Wirtschaftler haben zu der Entwicklung und Ausbreitung dieses jungen Zweiges der Technik entscheidend beigetragen.

Die Auswahl der Mitarbeiter an den verschiedenen Bänden des Handbuches war nicht einfach. Über 40 Vertreter verschiedenartiger Disziplinen mußten herangezogen werden; trotzdem mußte vermieden werden, den einheitlichen Charakter des Gesamtwerkes zu gefährden. Glücklicherweise konnte sich der Herausgeber die Mitwirkung zahlreicher früherer Mitarbeiter am Kältetechnischen Institut der Technischen Hochschule Karlsruhe und an der Bundesforschungsanstalt (früher Reichsforschungsanstalt) für Lebensmittelfrischhaltung in Karlsruhe sichern. Es sind dies: Professor Dr.-Ing. H. D. Baehr, Berlin; Oberingenieur E. Hofmann, Wiesbaden; Dr.-Ing. G. Kaess, Brisbane (Australien); Professor Dr.-Ing. S. Kiesskalt, Aachen; Professor Dr.-Ing. J. Kuprianoff, Karlsruhe; Professor Dr.-Ing. K. Linge, Karlsruhe; Professor Dr.-Ing. W. Niebergall, Berlin; Professor Dr. K. Paech, Tübingen; Dr.-Ing. G. Ruppel, Düsseldorf; Professor Dr.-Ing. Th. E. Schmidt, Mannheim; Professor Dr. G. Steiner, Heidelberg; Dr.-Ing. W. Tamm, München; Professor Dr.-Ing. L. Váhl, Delft; Dr. J. E. Wolf, Karlsruhe.

Dieser Karlsruher Kreis konnte aber doch nicht alle zu behandelnden Gebiete decken, und so war es notwendig, sich nach anderen Mitarbeitern umzusehen. Der Herausgeber schätzt sich glücklich, namhafte Fachleute für die Bearbeitung wichtiger Teilgebiete gewonnen zu haben: Professor Dr. F. F. Nord von der Fordham University in New York hat gemeinsam mit seinem Mitarbeiter, Dr. M. Bier, den Abschnitt über die kolloidchemischen Grundlagen der Lebensmittelfrischhaltung bearbeitet; Professor Dr.-Ing. H. Hausen, Hannover, hat das umfangreiche Gebiet der Erzeugung tiefster Temperaturen, der Gasverflüssigung und der Trennung von Gasgemischen behandelt; den Abschnitt über Bau- und Isolierstoffe hat Dr.-Ing. J. S. Cammerer, Tutzing, den über metallische Werkstoffe Professor Dr.-Ing. H. Jungbluth, Karlsruhe, in Gemeinschaft mit Oberingenieur Dr.-Ing. F. Hickel, Karlsruhe, übernommen; Professor Dr.-Ing. P. Grassmann, Zürich, bearbeitet den Abschnitt über Kaltluftmaschinen, Professor Dr.-Ing. U. Senger, Stuttgart, das Gebiet der Turbokompressoren, Direktor A. Neuenschwander, Paris, die Konstruktion von Kolbenkompressoren, Dr.-Ing. K. Bach, Frankfurt, die Kleinkältemaschinen, Dr. rer. nat. H. Steinle, Stuttgart, die Kältemittel, Dipl.-Ing. A. Ostertag, Zürich, die Kälteanlagen, Dipl.-Ing. H. R. Hege, Dipl.-Ing. W. D. Metzenauer und Dipl.-Ing. Roling, die Automatik und Dipl.-Ing. J. Philippsen, Sürth, die Wärmeübertragungsapparate.

Für die Behandlung der verschiedenen Anwendungsgebiete der künstlichen Kälte wurden gewonnen: Professor Dr.-Ing. W. Fischer† und Dipl.-Ing. H. Engerth, Weihenstephan (Brauereien), Professor Dr. E. Kallert†, Kulmbach (Fleisch), Dipl. agr. H. Kessler†, Wädenswil (Obst und Gemüse), Dipl.-Ing. W. Maake und Ing. R. J. Eckert, Hamburg (Kühlhäuser), Dipl.-Ing.

K. F. Leopold, Hamburg (Milch), Oberingenieur Dipl.-Ing. F. Schlitt, München (Eiserzeugung), Dr.-Ing. G. Vogel und Ing. H. Sürth in Sürth (Trockeneis), Dipl.-Ing. A. Dauser, Wiesbaden (Schlachthöfe und Markthallen), Dr.-Ing. H. L. von Cube, Frankfurt (Kühlschränke), Dipl.-Ing. F. Lieding, Sürth (Behälter), Oberingenieur H. Ofterdinger und Dipl.-Ing. F. W. Schröder, Bergedorf (Kühlschiffe), Dr.-Ing. H. Bock, Leverkusen (gekühlte Lastkraftwagen), Professor S. A. Andersen und beratender Ingenieur R. Hansen, Kopenhagen (Speiseeis), Dr.-Ing. K. Stephan, Karlsruhe (Verfahrenstechnik), Bergassessor Dr. W. Hoffmann, Duisburg, und Bundesbahnoberrat H. Baur, München (Abschnitte aus der Klimatechnik).

Direktor Dipl.-Ing. O. Wagner, Wiesbaden, bringt die wirtschaftliche Bedeutung der Kältetechnik zum Ausdruck, Dr. W. Strigel, München, hat das statistische Material zusammengetragen und bearbeitet, und Professor Dr. M. Diem, Karlsruhe, hat die meteorologischen Daten gesammelt.

Allen Mitarbeitern sei dafür gedankt, daß sie der Aufforderung des Herausgebers gefolgt sind und die für das Gesamtwerk aufgestellten allgemeinen Richtlinien beachtet haben.

Besonderer Dank gebührt dem Verlag für das verständnisvolle Eingehen auf alle Wünsche der Autoren und des Herausgebers.

Wir hoffen, daß das Handbuch der Kältetechnik in der Fachwelt Anklang finden und den Benutzern ein zuverlässiger Helfer sein wird. Wir wünschen auch, daß es dazu beiträgt, Kältetechniker mit weitem Gesichtskreis und fortschrittlicher Gesinnung auszubilden.

Der Herausgeber.

Plan des Handbuches.

Außer dem vorliegenden Band erschienen bisher:

Erster Band: **Entwicklung, Wirtschaftliche Bedeutung, Werkstoffe.**
Bearbeitet von: Dr.-Ing. habil. J. S. CAMMERER, Tutzing/Obb.; Professor Dr. phil. habil. M. DIEM, Karlsruhe; Ing. O. HERRMANN, Stuttgart; Dr.-Ing. F. HICKEL, Karlsruhe; Professor Dr.-Ing. habil. H. JUNGBLUTH, Karlsruhe; Professor Dr.-Ing. S. KIESSKALT, Aachen; Prof. Dr.-Ing. Dr. phil. nat. h. c. R. PLANK, Karlsruhe; Dr. rer. pol. W. STRIGEL, München; Direktor Dipl.-Ing. O. WAGNER, Wiesbaden.

Zweiter Band: **Thermodynamische Grundlagen.**
Bearbeitet von: Prof. Dr.-Ing. Dr. phil. nat. h. c. R. PLANK, Karlsruhe.

Dritter Band: **Verfahren der Kälteerzeugung und Grundlagen der Wärmeübertragung.**
Bearbeitet von: Prof. Dr.-Ing. H.-D. BAEHR, Berlin; Oberingenieur E. HOFMANN, Wiesbaden; Prof. Dr.-Ing. R. PLANK, Karlsruhe.

Vierter Band: **Die Kältemittel.**
Bearbeitet von: Prof. Dr.-Ing. J. KUPRIANOFF, Karlsruhe; Prof. Dr.-Ing. R. PLANK, Karlsruhe; Dr. rer. nat. H. STEINLE, Stuttgart.

Siebenter Band: **Sorptions-Kältemaschinen.**
Bearbeitet von: Prof. Dr.-Ing. W. NIEBERGALL, Berlin.

Achter Band: **Erzeugung sehr tiefer Temperaturen. Gasverflüssigung und Zerlegung von Gasgemischen.**
Bearbeitet von: Prof. Dr.-Ing. H. HAUSEN, Hannover.

Neunter Band: **Biochemische Grundlagen der Lebensmittelfrischhaltung.**
Bearbeitet von: Dozent Dr. M. BIER, New York; Prof. Dr.-Ing. Dr. phil. W. DIEMAIR, Frankfurt a. M.; Professor Dr. phil. H. KÜHLWEIN, Karlsruhe; Prof. Dr. F. F. NORD, New York; Prof. Dr. phil. K. PAECH †, Tübingen; Prof. Dr. G. STEINER, Heidelberg; Dr. phil. habil. J. E. WOLF, Karlsruhe.

Zehnter Band: **Die Anwendung der Kälte in der Lebensmittelindustrie.**
Bearbeitet von: Prof. Dr. agr. Dipl.-Ing. Dipl. Braumeister H. ENGERTH, München; Prof. Dr.-Ing. W. FISCHER †; Dipl.-Ing. J. GUTSCHMIDT, Karlsruhe; Prof. Dr.-Ing. W. HEIMANN, Karlsruhe; Dr.-Ing. G. KAESS, Brisbane/Australien; Prof. Dr. med. vet. E. KALLERT †; H. KESSLER †; Prof. Dr.-Ing. J. KUPRIANOFF, Karlsruhe; Dipl.-Ing. K. F. LEOPOLD, Hamburg-Bergedorf; Prof. Dr.-Ing. K. LINGE, Karlsruhe; Prof. Dr.-Ing. R. PLANK, Karlsruhe; Dr.-Ing. W. TAMM, München.

Es befinden sich in Vorbereitung:

Fünfter Band: **Kompressoren für Kältemaschinen.**

Bearbeitet von: Dr.-Ing. K. Bach, Frankfurt/M.; Prof. Dr. P. Grassmann, Zürich; Prof. Dr.-Ing. habil. K. Linge, Karlsruhe; Direktor A. Neuenschwander, Paris; Prof. Dr.-Ing. R. Plank, Karlsruhe; Prof. Dr. U. Senger, Stuttgart; Prof. Dr.-Ing. L. Váhl, Delft.

Sechster Band: **Wärmeübertragungsapparate, Zubehör, Kompressionskälteanlagen. Betrieb, Automatik.**

Bearbeitet von: Dipl.-Ing. H. R. Hege, Stuttgart; Oberingenieur E. Hofmann, Wiesbaden; Prof. Dr.-Ing. habil. K. Linge, Karlsruhe; Dipl.-Ing. W. D. Metzenauer, Wuppertal-Elberfeld: Dipl.-Ing. A. Ostertag, Zürich; Dipl.-Ing. Roling, Karlsruhe; Dr. rer. nat. H. Steinle, Stuttgart.

Zwölfter Band: **Die Anwendung der Kälte in der Verfahrenstechnik und Klimatechnik.**

Bearbeitet von: Obering. E. Hofmann, Wiesbaden; Prof. Dr.-Ing. J. Kuprianoff, Karlsruhe; Prof. Dr.-Ing. habil. K. Linge, Karlsruhe; Prof. Dr.-Ing. W. Niebergall, Berlin-Tegel; Prof. Dr.-Ing. R. Plank, Karlsruhe; Dr.-Ing. G. Ruppel, Düsseldorf; Prof. Dr.-Ing. Th. E. Schmidt, Karlsruhe; Dr.-Ing. W. Tamm, München; Prof. Dr.-Ing. L. Váhl, Delft.

Vorwort zum elften Band.

Während im Band X des Handbuches der Kältetechnik vorwiegend das Verhalten verschiedener Lebensmittel bei der Anwendung tiefer Temperaturen zum Zwecke der Frischhaltung behandelt wurde, befaßt sich der vorliegende Band XI zunächst mit der Gestaltung der gekühlten Räume, in denen die Lebensmittel abgekühlt, gefroren oder kaltgelagert werden sollen. Diese Räume werden vom kleinsten bis zum größten — vom Haushalt- und Gewerbekühlschrank bis zum öffentlichen Kühl- und Gefrierhaus von mehreren tausend Kubikmetern Inhalt — technisch und wirtschaftlich behandelt. Besondere Kapitel sind den Schlachthof-Kühlhäusern und den Gemeinschafts-Gefrieranlagen auf dem Lande gewidmet.

Als weiteres wichtiges Glied der „Kühlkette" schließt sich der Transport schnellverderblicher Lebensmittel an, wobei in getrennten Abschnitten der Transport auf der Schiene, der Straße und auf dem Seeweg behandelt wird. Außer den deutschen Bauarten werden dabei auch die ausländischen und überseeischen eingehend berücksichtigt. Neben der früher ausschließlich verwendeten Kühlung durch Wassereis und Trockeneis wird auch die maschinelle Kühlung gebührend beachtet. Maschinelle Kühlzüge und Gefrierschiffe haben besonders in der Sowjetunion starke Verbreitung gefunden.

Der letzte umfangreichere Teil ist der Eiserzeugung gewidmet, wobei die modernen Schnellgefrierverfahren besonders beachtet wurden. In diesen Abschnitt wurde auch die Herstellung von Speiseeis (Eiskrem) aufgenommen, die besser in den Band X gepaßt hätte, dort aber wegen Platzmangel nicht mehr untergebracht werden konnte.

Für die Bearbeitung der einzelnen Kapitel konnten namhafte Fachleute des In- und Auslandes gewonnen werden. Der Herausgeber ist allen Mitarbeitern für die sorgfältige Arbeit zu besonderem Dank verpflichtet. Wenn auch die Fertigstellung des gesamten Handbuches sich länger hinauszieht, als es dem Verlag und dem Herausgeber erwünscht wäre, und heute immer noch 3 Bände fehlen, so liegt das an der schweren Überlastung aller Fachleute, von der gerade die besten am schwersten betroffen sind. Es geschieht alles, um die weiteren Termine nicht ungebührlich hinauszuziehen.

Der Verlag ist auch bei der Bearbeitung dieses Bandes den Wünschen des Herausgebers und der Autoren weitgehend entgegengekommen, wofür auch an dieser Stelle herzlich gedankt sei.

Karlsruhe, Juni 1961.

R. Plank.

Inhaltsverzeichnis.

Erster Teil.

Der gekühlte Raum.

Bau und Betrieb von Kühlmöbeln und kleinen gewerblichen Räumen.

Von Dr. rer. nat. H. L. von Cube.
Wilhelmsfeld bei Heidelberg.

Mit 89 Abbildungen.

Seite

A. Einleitung 1

I. Die geschichtliche Entwicklung und der Begriff der „Kleinkälte" 1

II. Die Bedeutung der Kleinkälte 5

III. Gemeinsame Gesichtspunkte in Konstruktion und Fertigung 8

B. Haushaltkühlschränke 8

I. Wirtschaftliche Zahlen, Produktionswerte, Marktsättigung 8

II. Betriebliche Anforderungen, Bedienbarkeit, Lebensdauer, Geruchs- und Geräuschfragen 10

1. Günstigste Lagerbedingungen 11
2. Reinhaltung der Kühlraumluft 13
3. Vermeidung der Schwitzwasserbildung 13
4. Form und Größe 14
5. Gute Bedienbarkeit und zweckmäßige Ausstattung 17
6. Leistungsreserve und Lebensdauer 18
7. Geräuschlosigkeit 19

III. Berechnung von Haushaltkühlschränken 19

IV. Prüfung von Haushaltkühlschränken 24

V. Konstruktion und Fertigungsmethoden 29

1. Konstruktion, Aufbau 29
   a) Stahlblech 31
   b) Aluminium 31
   c) Kupfer 32
   d) Kleinteile 32
   e) Kunststoffe 32
   f) Gummi 32
   g) Isolierstoffe 32
   h) Dichtstoffe 32
   i) Lacke 32
3. Fertigungseinrichtungen 33
   a) Blech 33
   b) Kunststoff 35
   c) Verdampfer, Kondensatoren, Roste, Motorkompressor 36
   d) Montage 38
   e) Endkontrollen 39

Seite

4. Konstruktive Einzelheiten in Ausstattung und Kältekreislauf 39
a) Abtauverfahren 39
b) Zweitemperatur-Kältekreisläufe 41
c) Die Zwangsluftumwälzung 42
d) Würfeleisbereiter 43
e) Schlösser und Scharniere 43
f) Die Ausstattung und Formgestaltung 44

VI. Neue Bauweisen durch Verwendung von Kunststoffen und Kunststoffschäumen 49
1. Verwendbare Kunststoffschäume 49
2. Fertigungsverfahren 52
a) Polystyrolschaum 52
b) Polyurethanschaum (Polyester- und Polyätherschaum) 53
c) Verbundplatten 53
3. Praktische Beispiele 54
a) Polystyrolschaum 54
b) Polyätherschaum 54

C. Geschlossene Tieftemperatur- und Gefriermöbel 56

I. Wirtschaftliche Zahlen, Produktionswerte, Marktsättigung 56

II. Betriebliche Anforderungen 58

III. Berechnung und Prüfung 62

IV. Konstruktiver Aufbau und Fertigung 66

V. Neue Bauweisen durch Verwendung von Kunststoffschäumen 70

D. Gewerbekühlschränke und Verkaufskühlmöbel 70

I. Wirtschaftliche Bedeutung, Produktionswerte 70

II. Betriebliche Anforderungen 74
1. Grundformen 75
a) Der Gewerbekühlschrank 76
b) Die Kühlvitrine 76
c) Die offene Verkaufskühltruhe 76
d) Die offenen Schau-Tieftemperaturtruhen 77
e) Die Mehretagen-Selbsbedienunge-Kühlregale 77
f) Die Kühlinsel oder Gondel 77
2. Bessere Raumausnutzung 78
3. Einhaltung der richtigen Temperaturen 80
4. Bedienbarkeit und Verkaufshilfe 80

III. Berechnung und Prüfung 81

IV. Konstruktiver Aufbau und Fertigung 84
1. Konstruktiver Aufbau 85
a) Gemischtbauweise 85
b) Stahlbauweise 85
2. Fertigungseinrichtungen 87
3. Konstruktive Einzelheiten 87
a) Umluftkühlung 87
b) Abtaueinrichtungen 89
c) Glasabdeckungen 90
4. Anwendung von Kunststoffschäumen 90
5. Aufstellung und Betrieb 91

E. Kühlzellen und kleine gewerbliche Kühlräume 92

I. Wirtschaftliche Bedeutung, Produktionswerte 92

II. Betriebliche Anforderungen 93

III. Berechnung 98

IV. Aufbau und Fertigung 102

Schrifttum 108

Gemeinschaftsgefrieranlagen.

Von Dipl.-Ing. J. Gutschmidt,
Bundesforschungsanstalt für Lebensmittelfrischhaltung, Karlsruhe.

Mit 34 Abbildungen.

Seite

A. Begriffsbestimmung . . . 115
B. Entwicklung der Gemeinschaftsgefrieranlagen . . . 116
I. In Nordamerika . . . 116
II. In Europa . . . 118
III. In Westdeutschland . . . 119
C. Die Gefrierkonservierung in Gemeinschaftsanlagen . . . 121
I. Die Kühllagerung . . . 121
II. Das Verarbeiten und Verpacken . . . 124
III. Das Gefrieren . . . 126
IV. Die Gefrierlagerung . . . 131
D. Bauarten von Gemeinschaftsgefrieranlagen . . . 133
I. Der Aufbau der Kaltraumanlage . . . 134
1. Aufbau und Einrichtung des Gefrierlagerraumes . . . 134
2. Die Kühlung des Gefrierlagerraumes . . . 137
3. Das Gefrieren in Kaltraumanlagen . . . 140
II. Die Warmraumanlage . . . 141
1. Der Aufstellungsraum . . . 142
2. Der Aufbau von Schrank- und Truhenanlagen . . . 143
3. Die Kühlung der Anlagen . . . 145
4. Das Gefrieren in Warmraumanlagen . . . 148
III. Andere Bauarten . . . 149
E. Leistung, Aufstellung und Betrieb der Kältemaschine . . . 152
I. Kältebedarf und Kälteleistung . . . 152
II. Auswahl und Aufstellung der Verdichtersätze . . . 154
III. Verdampfer (Kühlkörper) . . . 156
1. Verdampfer für stille Kühlung . . . 156
2. Verdampfer für bewegte Kühlung (Zentralkühler) . . . 157
IV. Regel- und Sicherheitseinrichtungen . . . 159
F. Kosten und Wirtschaftlichkeit von Gemeinschaftsgefrieranlagen . . . 160
I. Anschaffungskosten . . . 160
II. Betriebskosten . . . 163
III. Wirtschaftlichkeit der Anlagen . . . 166
IV. Die Wirtschaftlichkeit des Gefrierverfahrens im Landhaushalt . . . 167

Kühl- und Gefrierhäuser.

Von Dipl.-Ing. W. Maake und Ing. H. J. Eckert,
Beratende Ingenieure Hamburg-Altona.

Mit 69 Abbildungen.

A. Grundlegende Erwägungen beim Bau von Kühl- und Gefrierhäusern 169
I. Charakteristische Merkmale . . . 169
II. Größe und Verwendungszweck . . . 169
III. Berechnung der Wirtschaftlichkeit . . . 171
IV. Wahl und Größe des Baugeländes . . . 172
V. Angliederung einer Eisfabrik . . . 175
B. Raumaufteilung . . . 175
I. Bauform . . . 175
II. Größen der Kühl- und Nebenräume . . . 177

Seite
III. Anordnung der Kühl- und Nebenräume 180
IV. Anordnung der Einbauten 187
C. Bauausführung 189
I. Verschiedene Baukonstruktionen und Einzelheiten der Bauausführung . . 189
II. Zu erfüllende Forderungen 197
1. Schutz gegen den äußeren Wärmeeinfall 197
2. Schutz gegen das Eindringen von Wasserdampf 202
3. Schutz gegen die Ausbreitung von Bränden 203
4. Schutz gegen die Übertragung von Gerüchen 204
5. Rücksicht auf Einbau der Kühleinrichtungen 205
6. Sicherheit der Fundamentierung 206
7. Vermeiden des Gefrierens des Erdreiches unter den Fundamenten . . . 208
8. Tragfähigkeit der Decken 209
III. Spezifische Werte für den Materialverbrauch 210
D. Innenausstattung von Kühl- und Gefrierhäusern 210
I. Kühleinrichtungen 210
II. Kühlraumtüren 212
III. Transportmittel 214
IV. Elektrische Installation 219
V. Weitere Teile der Innenausstattung 220
E. Wasserversorgung 221
F. Maschinenhaus 223

Kälteanlagen in Schlachthöfen.

Von Dipl.-Ing. A. Dauser,
Rodenkirchen/Rhein.

Mit 41 Abbildungen.

A. Allgemeines 227
B. Der Arbeitsablauf im Schlachthof 228
C. Das Kühlverfahren und die Kühlräume 230
D. Der Kältebedarf 238
E. Die Ausführung der Kühleinrichtung 242
I. Kompressoren 242
II. Kondensatoren 245
III. Verdampfer 245
IV. Kältemittelverteilung 251
V. Automatik 254
VI. Zusätzliche Maßnahmen zur Qualitätserhaltung des Kühlgutes 261
Schrifttum 262

Zweiter Teil.

Der Transport gekühlter Lebensmittel.

Gekühlte Eisenbahn-Güterwagen.

Von Professor N. S. Komarow,
Moskau,
und
Dr.-Ing., Dr. rer. nat. h. c., Dr. sc. agr. h. c. R. Plank,
em. o. Professor an der Technischen Hochschule Karlsruhe.

Mit 57 Abbildungen.

A. Die Organisation des Kälteverkehrs 263
1. Die Gesellschaft STEF 263
2. Die Gesellschaft Interfrigo 264

Seite
3. Die Gesellschaft Transthermos 265
4. Die Gesellschaft Refribel 265
5. Die Gesellschaft Transfesa 266
6. Fahrplan 266
7. Behälter (Container) 266
8. Bezeichnungen für Kühlwagen 266
9. Wärmetechnische Prüfung ausgeführter Eisenbahn-Kühlwagen 267

B. Bauarten von Eisenbahn-Kühlwagen für Wassereis mit oder ohne Salzzusatz und für Trockeneis 268
I. Westeuropäische Bauarten 268
1. Das Kühlmittel 268
2. Der Interfrigo-Wagen von 1951 269
3. Die Interfrigo-Wagen von 1955 270
4. Der Wagen der Deutschen Bundesbahn und der Transthermos G.m.b.H. 272
5. Italienische Kühlwagen 273
II. Bauarten der UdSSR 275
1. Wagen mit Deckeneisbehältern 275
2. Das Kühlsystem mit Soleumlauf von Kleimjonow 277
III. Bauarten in den USA und in Kanada 279
IV. Die Beeisung von Kühlwagen 282
V. Vorkühlanlagen für Eisenbahntransporte 285
1. Vor- und Nachteile 286
2. Der zeitliche Temperaturverlauf bei der Vorkühlung 286
3. Ausgeführte Vorkühlanlagen für Obst 289
a) In den USA 289
b) In Frankreich 291
c) In Italien 293

C. Der Eisenbahntransport mit Kältemaschinen 296
I. Einzelne Maschinenwagen 296
1. Ältere Bauarten 296
2. Neuere Bauarten 299
a) Bauarten in den USA 299
b) Englische Bauart 306
c) Kanadische Bauarten 306
d) Tschechoslowakische Bauart 308
e) Deutsche Bauarten 309
II. Kühlzüge 312

Seetransport von Kühlgütern.

Von Obering. H. Offterdinger,
Hamburg,

und

Dipl.-Ing. F. W. Schröder,
Hamburg-Bergedorf.

Mit 60 Abbildungen.

A. Kurzer Überblick über die geschichtliche Entwicklung 318

B. Bauarten von Ladungskälteanlagen für Seetransporte 323
I. Die Kühlgüter 323
II. Schiffstypen 327
III. Gestaltung der Laderäume 327
IV. Isolierung 328
V. Kühlungsarten 336

C. Planung der Anlagen 339
I. Kältebedarf 339
II. Betriebsbedingungen 341
III. Vorschriften 341

Seite
D. Bauweisen der Maschinen und Aggregate 345
I. Kompressoren 346
II. Kondensatoren 346
III. Solekühler 349
IV. Kühlrohrsysteme 352
V. Regelung 354
VI. Zubehör und Antriebsmaschinen 355
E. Betrieb der Anlagen 357
F. Abnahme von Ladungskühlanlagen und Versuchsergebnisse 358
G. Proviantkühlanlagen 363
H. Sonderbauarten 367
I. Gefrieranlagen auf Fischereifahrzeugen 367
II. Frischfischtransporte 370
III. Behälter (Container) 374
IV. Flüssiggastransporte 376
J. Ausgeführte Anlagen 380
I. Kühlschiffe 380
II. Frachtschiffe 393
III. Fischereifahrzeuge 395
IV. Walfangmutterschiffe 404
Schrifttum 411

Gekühlte Lastkraftwagen.

Von Dr. H. Bock,
Staatliche Ingenieurschule Frankfurt/Main.

Mit 37 Abbildungen.

A. Unternehmerische Konkurrenz 415
B. Berechnung des Kältebedarfs 417
C. Kälteverfahren 423
I. Wassereis, Trockeneis, eutektisches Eis und Flüssiggase 423
II. Absorptions-Kälteanlagen 427
III. Kompressions-Kälteanlagen 427
IV. Antrieb mit separatem Motor 430
V. Regelung 430
VI. Konstruktion 431
D. Ausgeführte Anlagen 434
E. Vorschriften- und Prüfwesen 451
Anhang: Flugtransporte 452

Gekühlte Behälter.

Von Dipl.-Ing. F. Lieding,
Rodenkirchen/Rh.

Mit 35 Abbildungen.

A. Begriffsbestimmungen und Einteilung 456
B. Berechnung des Kältebedarfs 457
C. Konstruktion 458
I. Allgemeines 458
II. Bauformen 459

Seite
III. Abmessungen 459
IV. Festigkeitsanforderungen 463
V. Werkstoffe 463
VI. Besondere Einrichtungen für die Handhabung 467
VII. Kältetechnische Ausrüstung 469

D. Betrieb 479
I. Transporttemperaturen 479
II. Hilfsmittel für den Behälterverkehr 482
III. Prüfbestimmungen 484

Schrifttum 486

Dritter Teil.

Die Eiserzeugung.

Eiserzeugung.

Von Dipl.-Ing. E. Schlitt,
München.

Mit 93 Abbildungen.

Vorbemerkung 487
1. Matteis oder Trübeis 488
2. Klareis 489
3. Kristalleis 489

A. Herstellungsverfahren 490
I. Blockeiserzeugung im Solebad 490
1. Matteis 490
2. Klareis 493
a) Niederdruckverfahren 495
b) Hochdruckverfahren 496
c) Platteneiserzeuger 497
3. Kristalleis (Destillateis) 498
4. Kältebedarf und Gefrierzeit 500
a) Erniedrigung der Soletemperatur 501
b) Unvollständiges Ausfrieren der Eisblöcke 502
II. Blockeiserzeugung mit direkter Verdampfung 502
1. Verfahren von Fechner 502
2. Rapid-Eis-Verfahren 504
3. Verfahren von Grasso 506
4. Verfahren von Huber-Watt 508
5. Verfahren von Yamada 509
III. Kontinuierlich arbeitende Erzeuger von Kleineis 510
1. Verfahren von Holden und Smith 510
2. Flak-Ice-Maschine 510
3. Pak-Ice-Maschine 512
4. Patente von Short und Raver 513
5. Maschine von Sabroe 514
6. Maschine von Atlas 515
7. Belt-Ice-Maschine 516
8. Vakuum-Eiserzeuger 517
IV. Periodisch arbeitende Erzeuger von Kleineis 519
1. Röhreneiserzeuger von Vogt 519
2. Röhreneiserzeuger von Linde 521
3. Röhreneiserzeuger von Escher-Wyss 522
4. Röhreneiserzeuger von Astra-Werke 523
5. Röhreneiserzeuger von Trépaud 523
6. Eisleistung von Röhreneiserzeugern 524

Seite
V. Kleingeräte zur automatischen Herstellung von Eisstücken und Splittereis 525
1. Kontinuierliche Verfahren zur Herstellung von Scherbeneis 526
2. Diskontiniierliche Verfahren 528
B. Gefrieren von Salzlösungen und Herstellung von bakterizidem Eis. . 530
1. Gefrieren von Salzlösungen. 530
2. Salzeis 531
3. Bakterizides Eis. 532
C. Lagerung und Transport von Eis 532
1. Blockeis 532
2. Kleineis 540
Schrifttum. 546

Die Herstellung von Trockeneis.

Von Dr.-Ing. G. Vogel,
Sürth/Rh.
und
Ing. H. Sürth,
Daun/Eifel.

Mit 15 Abbildungen.

A. Eigenschaften und Geschichtliches von Trockeneis 548
B. Vorkommen und Gewinnung von Kohlendioxyd oder kohlendioxydhaltigem Gas 550
C. Die Absorption von Kohlendioxyd aus Gasgemischen 553
D. Die Verflüssigung des Kohlendioxyds 556
E. Grundlagen der Verfestigung von Kohlendioxyd 559
F. Die Herstellung von Trockeneis in Eiszellen 561
G. Die Herstellung von Trockeneis mit hydraulischen Pressen 564
H. Lagerung und Verpackung von Trockeneis 567

Herstellung von Eiskrem.

Von Sv. Aa. Andersen,
Professor an der Technischen Hochschule Kopenhagen,
und
R. Hansen,
Diplommilchwirtschaftler, Kopenhagen.

Mit 33 Abbildungen.

A. Entwicklung 569
B. Zusammensetzung der Eiskremmischung und deren Bedeutung. . . . 571
C. Das Gefrieren des Eiskrems 572
D. Stabilisatoren und Emulgatoren 572
E. Herstellung der Eiskremmischung 573
F. Maschinen zum Gefrieren des Eiskrems 577
G. Das Fertiggefrieren des Eiskrems 584
I. Die Härtetunnel 584
II. Härteräume 586
III. Die Verpackung des Eiskrems 587
H. Herstellung von „Eis am Stiel“ 588
J. Runde Gefriertische für die kontinuierliche Herstellung von Eis am Stiel. 592

Seite

K. Das Gefrieren von Eis am Stiel ohne vorausgehendes Formen 595

L. Andere Eiskrem-Formen 596

M. Verzierter Dessert-Eiskrem 597

N. Einrichtung von Sahneeisfabriken 597

O. Kältebedarf 600
1. Stoffwerte 601
2. Einfrieren und Härten 602
3. Plattenapparat für Pasteurisieren und Kühlen 603

P. Die Kälteanlagen 605

Anhang: Die Erzeugung von Speiseeis in den USA 607

Weiteres Schrifttum 610

Namenverzeichnis 611

Sachverzeichnis 615

Berichtigungen zu Band X

In der letzten Zeile auf Seite 9 ist das Wort „Wasserstoff" durch „Wasserdampf" zu ersetzen. Die anschließenden Worte und die ersten fünf Zeilen auf Seite 10 müssen richtig heißen:

„Bei der Verbrennung (Veratmung) von 1 Mol Glukose werden 673000 kcal frei, entsprechend 673000/180 = 3740 kcal/kg Glukose, oder 673000/264 = 2550 kcal/kg CO_2."

In Zeile 5 auf Seite 11 ändert sich daher die Zahl 3500 in 2550.

In Tabelle 2 auf Seite 11 lautet dann die letzte Kolonne:

Atmungswärme $2550\,\nu_1$ in kcal/t·24 h
183,5
288
1020
1635

Berichtigung zu Band III

Auf Seite 141 ist in den Gleichungen (120), (121 b) und (121 c) die Temperaturdifferenz $t_\infty - t_0$ durch $t_\infty - t_E$ zu ersetzen.

DER GEKÜHLTE RAUM
DER TRANSPORT GEKÜHLTER LEBENSMITTEL
UND DIE EISERZEUGUNG

Erster Teil.

Der gekühlte Raum.

Bau und Betrieb von Kühlmöbeln und kleinen gewerblichen Kühlräumen.

Von

Dr. rer. nat. **H. L. von Cube,**

Wilhelmsfeld bei Heidelberg.

Mit 89 Abbildungen.

A. Einleitung.

I. Die geschichtliche Entwicklung und der Begriff der „Kleinkälte".

Das Kühlen mit Wassereis ist schon im Altertum bekannt gewesen. Als die ersten Kältemaschinen in Betrieb kamen, war es eine ihrer Hauptaufgaben, das Natureis, dessen Qualität, Gewinnung und Preis von den Wintertemperaturen, den Wasserverhältnissen, den Einlagermöglichkeiten und dem späteren Bedarf abhing, durch die Herstellung von „künstlichem Eis" zu ersetzen. Ende des 19. und Anfang des 20. Jahrhunderts entstanden überall in der Welt in den größeren Städten Eisfabriken, meist verbunden mit Kaltlagerhäusern und großen Eisbunkern. Die Brauereien, die schon sehr frühzeitig die Bedeutung der künstlichen Kälteerzeugung für die Herstellung und den Vertrieb von Bier erkannt hatten, erstellten regelmäßig neben der eigentlichen Kälteanlage noch Zellen- oder Blockeiserzeuger, um die zahlreichen Ausschankstellen mit Eis beliefern zu können. Im Jahre 1896 wurden in den Vereinigten Staaten von Amerika noch über 4 Mill. Tonnen Natureis geerntet, obwohl dort schon im Jahre 1869 die ersten Kunsteisfabriken errichtet worden waren. Deutschland folgte im Jahre 1880. Die Produktion stieg sehr schnell und erreichte in den Jahren 1925 bis 1930 ihren Höchststand [*1*].

Die Eisfabrikanten erkannten bald die großen wirtschaftlichen Möglichkeiten, die in der Lieferung von Eis an Haushaltungen, kleinere gewerbliche Betriebe, Hotels und Gaststätten lagen. Sie förderten daher den Bau von entsprechenden *Eisschränken* und entwickelten ein gut funktionierendes Eisliefergeschäft [*2*]. Meist dreimal wöchentlich brachte der „Eismann" in einem oft nur notdürftig isolierten Wagen einige Blöcke Eis, die dann zerkleinert und in den Bunker des Eisschrankes eingefüllt wurden. Der Gastwirt hatte die Fässer in einem meist ungekühlten Bierkeller stehen, aber die Zapfleitung führte in mehreren Windungen durch eine mit zerkleinertem Eis gefüllte Zapfsäule. Da die Brauerei fast täglich neu lieferte, konnte sich der Eisvorrat auf einige Stangen im entsprechend größer bemessenen Eisschrank beschränken.

Dank der intensiven Werbung der Eisfabrikanten zur Erhöhung ihres Umsatzes stieg auch bald die Zahl der Eisschränke. So gab es in den Vereinigten Staaten von Amerika im Jahre 1925 schon etwa 19 Mill. Eisschränke. Die Produktion betrug bis zum Jahre 1921 etwa 750000 Stück pro Jahr und hat sich dann bis zum Jahre 1925, in welchem rd. 1,3 Mill. Eisschränke erzeugt wurden, nahezu verdoppelt [*3*]. Noch im Jahre 1935 waren in den amerikanischen Haushaltungen bei einer Marktsättigung von rd. 50% zwei Drittel der Schränke mit Eis beschickt und nur ein Drittel mit einer Kältemaschine ausgerüstet [*2*].

So lag in den ersten Jahrzehnten des Bestehens der Kälteindustrie der Schwerpunkt der Kälteerzeugung bei zentralen, großen Maschinenanlagen — den späteren „Großkälteanlagen" — die von Maschinenmeistern gewartet werden mußten und die seit den Jahren nach dem ersten Weltkrieg ausschließlich mit Ammoniak betrieben wurden. Aber über den Weg des Eisschrankes hatte sich eine große Zahl von kleinen Kälteverbrauchern herangebildet, die einen gewaltigen, potentiellen Markt für Kältemaschinen darstellten, deren Kälteleistung im Bereich von Hundert bis zu einigen Tausend kcal/h lag und die wartungsfrei arbeiten mußten. Schon im Jahre 1904 stellte die Firma Brunswick einen Kühlschrank mit maschineller Kälteerzeugung aus, der für gewerbliche Zwecke bestimmt war [*4*]. Er entsprach in seiner Ausführung völlig dem damals üblichen Eisschrank mit 4 Türen, das Maschinenfach war seitlich in einem Drahtkäfig angebaut. Für den Eisbedarf — denn Eis wurde für alle möglichen Kühlzwecke benötigt — war ein großer Eiswürfelerzeuger eingebaut worden. Der Kampf der kleinen Kältemaschine, der „Kleinkälte" gegen die „Großkälte" und die Eisfabrikanten hatte begonnen. Im Jahre 1910 wurde — wieder in den Vereinigten Staaten von Amerika — der erste Haushaltkühlschrank gebaut. Aber erst 10 Jahre danach hatte die maschinelle Kühlung mit Kleinkältemaschinen so viel Anerkennung gefunden, daß der Verkauf einsetzte. Vom Jahre 1919 bis 1924 hat sich dann der Umsatz jährlich verdoppelt, im Jahre 1925 sogar verdreifacht. Eine Firma konnte damals stolz berichten, daß sie insgesamt 70000 Haushaltkühlschränke ausgeliefert hätte.

Aber welche Schwierigkeiten bestanden noch! Anfänglich mußte der Antriebsmotor jede Woche einmal geschmiert werden. Im Jahre 1922 waren pro Schrank 2½ Monteurentsendungen erforderlich. Doch schon im Jahre 1924 mußte der Monteur nur noch 1½mal jährlich die Kältemaschine reparieren und den Motor nur noch einmal schmieren [*3*]. Im Jahre 1927 waren sehr brauchbare Kleinkältemaschinen mit einem Leistungsbedarf von nur 250 Watt entwickelt, die meistens neben den großen, mehrtürigen Kühlschränken von 250 bis 300 *l* Inhalt angebaut wurden [*5*]. Insgesamt waren 11 Fabrikate auf dem Markt vertreten. Zum ersten Mal wird auch von der Firma General Electric eine gekapselte Kältemaschine eingebaut. Als Kältemittel werden SO_2 und NH_3 verwendet. Die Haushaltkühlschränke kosteten 250 bis 400 $, die gekapselte Ausführung sogar 550 $ [*6*].

Inzwischen war auch in Europa mit dem Bau von Kleinkältemaschinen und Haushaltkühlschränken begonnen worden. Die Firma A. Teves brachte wohl als erste im Jahre 1926 einen Haushaltkühlschrank auf den Markt. Aber schon auf der Leipziger Messe 1928 wurden von 8 Firmen Kühlschränke ausgestellt, in Standard- und Luxusausführung und auf Wunsch vollautomatisch. Die Größe lag zwischen 140 und 500 *l*. Auch verglaste Schaukühlvitrinen, zerlegbare Kühlzellen, gekühlte Ladentischaufsätze und Gewerbekühlschränke bis 8 m^3 Inhalt wurden angeboten [*7*]. Wie sahen nun die Schränke aus?

Die meisten (Abb. 1) hatten noch 2 Türen, einige waren „einflügelig". Die Regelung der Temperatur mittels eines Verdampfer-Thermostaten war ebenso wie die Verwendung automatischer Expansionsventile die letzte Neuerung. Im Unterschied zu den Vereinigten Staaten von Amerika, wo die Maschinen unten eingebaut wurden, waren sie bei der deutschen Konstruktion oben aufgesetzt, möglichst eng verbunden mit dem Verdampfer, der von einem Solebad umgeben war [*8*]. 1929 war die Zahl der Hersteller weiter gewachsen. Die ursprüngliche Bauweise aus Holz mit Holzverkleidung war verschwunden. Es gab Schränke aus weißemailliertem Blech. Die Holzroste sind durch verzinkte Drahtroste verdrängt worden. Das erste leichtgängige Kühlschrankschloß, der Rollen-Keilverschluß, wurde als „leicht zuzuwerfen" angepriesen. Der luftgekühlte Verflüssiger begann die seitherige, umständlich anzuschließende Wasserkühlung zu verdrängen [*9*]. Im nächsten Jahre gab es schon kleine Absorptions-Kühlschränke von 40 bis 70 *l* Inhalt, Temperaturregelung durch verstellbaren Thermostat, abgedeckte Gemüseschale [*10*].

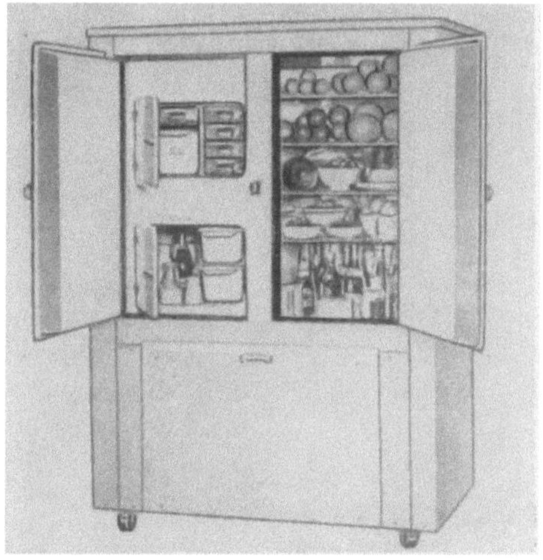

Abb. 1. Doppeltüriger Kühlschrank der Firma Frigidaire aus dem Jahre 1930, erstmals mit einem Fach für gefrorene Lebensmittel ausgerüstet.

Die Eisschrankhersteller spürten die Konkurrenz. Die Produktionsziffern für Eisschränke waren z. B. in den Vereinigten Staaten von Amerika im Jahre 1931/32 auf 250000 Stück abgefallen, trotzdem dort ein Institut für Kühlung im Haushalt mit Werbeschriften, Vorträgen und Ausstellungen für die Anwendung von Eis warb. Ein Eisschrank kostete nur mehr 50 $ [*11*]. In Deutschland wurden in Berlin die Eisschränke sogar kostenlos verliehen gegen die Abnahmeverpflichtung von Eis. Es wurden Eiskühlraumanlagen, Eis-Gewerbeschränke und eine verbesserte Eis-Faßbierkühlung entwickelt [*12*]. Zum ersten Male wurden eingehende Untersuchungen über geeignete und wirtschaftliche Isolierungen, über die Lebensdauer von Beschlägen und Schlössern, Türdichtungen und Oberflächenbehandlung veröffentlicht [*13*]. Es wurde erkannt, daß Wirtschaftlichkeit, Betriebssicherheit und die Ausstattung für die Käuferentscheidung ausschlaggebend sind.

Im Jahre 1931 nahm sich die mächtige Organisation der NEMA (National Electrical Manufacturers Association) des elektrisch angetriebenen Haushaltkühlschrankes als eines willkommenen Stromverbrauchers und Elektrogerätes an und startete eine breite Werbekampagne [*14*]. Standards und Vorschriften entstanden [*15*], und mit der Gewährung der 5jährigen Garantie auf die Kältemaschine war im Jahre 1935 der Kampf zugunsten der „Kleinkälte" entschieden: Im Jahre 1936 werden im US-Wirtschaftsgebiet schon über 2 Mill. Haushaltkühlschränke produziert. Auch in Deutschland steigt der Umsatz. 1936 werden schon 40000 Kühlschränke verkauft. Der Preis ist etwa DM 4,— pro Liter Inhalt und wird weiter gesenkt. Es entstehen eine ganze Anzahl verschiedener Bauarten wie z. B. der 60 *l*-Schrank von Bosch in Trommelform (Abb. 2), der

80 *l*-Schrank von A. Teves mit Schwingverdichter, die Herd-Kühlschrank-Kombination von Bitter-Polar. Auch Gewerbekühlschränke werden serienmäßig gebaut und nach Liste verkauft [*16*, *17*].

Die stürmische Entwicklung zu betriebssicheren kältetechnischen Massenerzeugnissen machte beim Kühlschrank nicht halt. Dieser war nur Schrittmacher für die immer weitergehende Anwendung von Kälte in allen Zweigen des Lebensmittelgewerbes, der Hotels und Gaststätten, der Landwirtschaft, der Getränkeindustrie und schließlich der Speiseeisindustrie, die überhaupt erst durch die Existenz der Kleinkälte entstehen konnte. Ein wichtiges Gebiet der Kleinkälteanwendung wurde z. B. die Entdeckung des Konservierens von Lebensmitteln durch Gefrieren, in den dreißiger Jahren. Die ersten Gefriertruhen mit Lagertemperaturen von —15 bis —18 °C waren schon 1929 gebaut worden, zunächst vornehmlich für den Verkauf von Speiseeis (Frigidaire) [*18*, *19*]. Auf dem Lande entstanden zunächst die Gemeinschaftsgefrieranlagen. Im Jahre 1937 wurde von der US-Regierung beschlossen, den Bau von Gefrierlagertruhen für Bauernhöfe staatlich zu unterstützen und schon im Jahre 1945 wurden 200000 Stück produziert [*20*]. Das rasche Bekanntwerden der Gefrierkonservierung auf dem Lande trug wiederum zur weiteren Verbreitung der industriell erzeugten Gefrierkonserve in der Stadt bei. Aus den bescheidenen Anfängen der Herstellung von Verkaufskühlmöbeln in den Jahren um 1935 entstand rasch ein besonderer Industriezweig, der sich der technischen Vervollkommnung der sog. gewerblichen Kühlmöbel widmete und Zug um Zug die Prinzipien der Massenfertigung auch dort einführte. So waren schon auf der Leipziger Messe 1937 zerlegbare Kühlzellen, Schaukühlschränke, Speiseeisschränke, Gefrierschränke und — als neue Entwicklung — Ventilatorverdampfer ausgestellt [*21*, *22*].

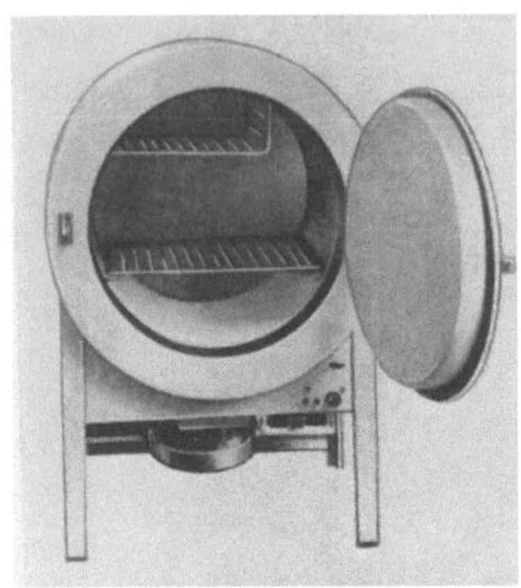

Abb. 2. Trommelförmiger Kühlschrank der Firma R. Bosch mit 60 *l* Inhalt. Der Innenbehälter ist als solegefüllter Verdampfer ausgebildet. Rollkolbenverdichter. Kältemittel SO_2. (Werkphoto Bosch.)

Heute umfaßt das Gebiet der „Kleinkälte" praktisch alle kältetechnischen Erzeugnisse, die in großen Stückzahlen hergestellt werden. Die Entwicklung ist gekennzeichnet durch Standardisierung und Typisierung, Abstimmung auf den Geschmack und die Bedürfnisse eines möglichst großen Verbraucherkreises, eingehende Erprobung auch der kleinsten Konstruktionsdetails auf hohe Betriebssicherheit und Lebensdauer, häufig anonymer Verkauf über teilweise mehrschichtige Verkaufsorganisationen. Es gehören als Hauptgebiete dazu:

der *Haushaltkühlschrank* von rd. 40 bis über 400 *l* Inhalt, die *Gefriertruhe* oder der *Gefrierschrank* von rd. 100 bis 700 *l* Inhalt,

die *Verkaufskühlmöbel* in offener und geschlossener Ausführung von 150 bis über 500 *l* Inhalt, in zahlreichen Varianten mit eingebauter Kältemaschine oder mit deren getrennter Aufstellung, oft in Reihenanordnung,

die *Gewerbekühlschränke* und die demontierbaren *Kühlzellen* von rd. 300 *l* Inhalt bis zu Räumen von vielen m³ Inhalt für Temperaturen um 0 °C oder um —18 °C,

die Sondergeräte wie *Würfeleiserzeuger*, *Getränkekühler*, *Kühlautomaten*, *Speiseeiserzeuger*, die *Gemeinschaftsgefrieranlage* in Baukastenbauweise, die aus Einzelelementen an Ort und Stelle zusammengesetzt werden, die *kleinen Kaltlager- und Gefrierräume*, die von Metzgereien, vom Lebensmittelgewerbe und den Gaststätten betrieben werden.

In der offiziellen Handelsstatistik und auch in manchen Firmen der Kälteindustrie wird etwas willkürlich die Grenze der Kleinkälte bei einer Leistung von 20000 kcal/h bei —10 °C Verdampfungstemperatur angenommen. Diese Grenze verschiebt sich aber mehr und mehr zu größeren Leistungen, da mit zunehmender Anwendung der Kälte im täglichen Leben die nach dem Gesichtspunkt der Serie hergestellten Anlagen immer größer werden.

Es kann auch noch eine andere Abgrenzung beobachtet werden — die der Montagetechnik. Kleinkälteanlagen sind z. Z. fast durchweg in Kupferrohr ausgeführt, mit aufschraubbaren oder hartgelöteten Verbindungen, während die Großkälteanlage in Stahlrohr, geschweißt oder mit Flanschverbindungen verlegt wird.

II. Die Bedeutung der „Kleinkälte".

Die Kleinkälteanlage als Haushaltkühlschrank und als gewerbliche Einrichtung dient fast ausschließlich der Konservierung und Verarbeitung von Lebensmitteln. Lebensmittel entstehen „dezentralisiert" und werden an vielen Punkten gleichzeitig geerntet. Für die Erhaltung der Qualität ist eine sofortige, also auch dezentralisierte Kältebehandlung durch Kühlen oder Gefrieren erforderlich. Die Einrichtungen hierfür sind deshalb häufig Kleinkälteanlagen, z. B. Milchkühler, Abkühlräume für Obst, kleine Gefrieranlagen für Geflügel u. a. m. Nach dem Transport zu der zentralen Lagerung und Verarbeitung, die ein Anwendungsgebiet der Großkälteanlage ist, wird die Kühlkette in den Kaltlager- und Gefrierlagerräumen der Groß- und Einzelhändler, den gekühlten Verkaufsmöbeln und Kühleinrichtungen der Gewerbetreibenden wie Bäcker, Metzger, Gaststätten fortgesetzt. Sie endet schließlich im Haushaltkühlschrank. In hochentwickelten Ländern durchläuft also ein großer Teil der schnell verderblichen Lebensmittel mindestens zweimal eine Kleinkälteanlage.

Die Welterzeugung an schnellverderblichen Lebensmitteln ist in Tab. 1 zusammengestellt.

Tabelle 1.
Weltproduktion an schnellverderblichen Lebensmitteln in Mill. t im Jahre 1958.

Milch	320
Fleisch und Geflügel	68
Fisch	30
Eier	12
Gemüse	26
Früchte	87
Gesamt	543

Der Bestand an öffentlichen oder öffentlichen Belangen dienenden Kühlhäusern wird auf eine Lagerkapazität von etwa 60 Mill. m³ geschätzt [*23*]. Der Weltbestand an Haushaltkühlschränken kann aus den zum größten Teil bekannten Marktsättigungszahlen auf rd. 80 Mill. Stück beziffert werden. Schätzungen über den Bestand an gewerblichen Kälteanlagen sind selbst in Ländern mit gut ausgebauten Statistiken nicht erhältlich [*24*]. In Deutschland sind aber z. B. fast sämtliche Metzgereien mit Kühlanlagen ausgestattet. Auch die rd. 40000 Einzelhandelsgeschäfte haben mindestens einen Gewerbekühlschrank, von den neu eingerichteten Selbstbedienungsläden mit einer wesentlich erweiterten Kälteausstattung (Verkaufskühlmöbel, Kühlräume usw.) ganz abgesehen. Allein der Bestand an Tiefkühlverkaufsmöbeln betrug Ende 1959 22000 Stück. Die Entwicklung in England, den nordischen Staaten und der Schweiz ist ähnlich. In den Vereinigten Staaten von Amerika ist die Kältetechnik am weitesten entwickelt, Lebensmittelverarbeitung und -verkauf sind ohne Kälteanwendung undenkbar. Die Produktion von Kältekompressoren im Leistungsbereich bis rd. 20000 kcal/h betrug 1959 fast 6 Mill. Stück, wovon etwa 40% in Kleinkälteanlagen des Gewerbes und Handels eingebaut wurden, allein etwa 150000 Stück in Verkaufskühlmöbel. Hinzu kamen noch rd. 3,5 Mill. Haushaltkühlschränke. Es darf angenommen werden, daß der Bestand an privatem Kühlraum in Kühlschränken und kleinen Kühlräumen die Lagerkapazität der großen Kühlhäuser bei weitem übersteigt [*25*].

Der Haushaltkühlschrank ist der Motor für die weitere Verbreitung der Kälteanwendung in dem Bereich des täglichen Lebens. Je höher die Marktsättigung an Haushaltkühlschränken, desto höher ist auch die Quote der anderen Anwendungsgebiete wie Produktion von Gefrierkonserven, Zahl der Gefriermöbel, Zahl der Selbstbedienungsläden, Verkaufskühlmöbel und Kühlräume usw. Die Marktsättigung an Haushaltkühlschränken für das Jahr 1958/59 ist in Tab. 2 zusammengestellt und für einige Länder mit deren Verbrauch an Gefrierkonserven verglichen.

Tabelle 2. *Marktsättigung in Haushaltkühlschränken im Vergleich zum Verbrauch an Gefrierkonserven in verschiedenen Ländern für das Jahr 1958/59.*

Land	Marktsättigung %	pro Kopf Verbrauch in kg
USA	97	28
Kanada	95	—
Australien	71	—
Schweden	52	3
Deutschland	30	0,3
Neuseeland	26	—
Frankreich	20	—
England	17	—
Dänemark	16	—
Italien	10	—

Es ist dabei eine in fast allen Ländern gleichartige Entwicklung zu beobachten. Nach einer relativ zögernden Anfangsentwicklung beginnt die Nachfrage nach Haushaltkühlschränken stark anzuwachsen, die Umsätze steigen jährlich um mehr als 20%. Nach einigen Jahren hat sich die Kälteanwendung so weit eingeführt, daß die Nachfrage nach Möbeln zum Gefrieren oder Lagern von Gefrierkonserven beginnt und parallel dazu der Ausbau der Verkaufsstätten mit Kühleinrichtungen einsetzt. Der Verbraucher kennt die Vorteile der Kältebehandlung und verlangt diese auch beim Einkauf (vgl. Abb. 3).

Die weitaus größte Bedeutung der Kleinkälte liegt aber in ihrem Einfluß auf die Lebensgewohnheiten. Die Zahl der berufstätigen Frauen hat sich in den letzten 2 Jahrzehnten in nahezu allen Ländern verdoppelt und reicht in hochindustrialisierten Gebieten bis an 50% aller verheirateten Frauen heran. Gleichzeitig ist eine bedeutende relative Abnahme der Landbevölkerung festzustellen, die in den USA z. B. von 35% im Jahre 1910 auf 12% im Jahre 1957 der Gesamtbevölkerung abgesunken ist. Beide Erscheinungen führen zusammen zur Einführung industrieller Prinzipien und Verfahren in der Lebensmittelerzeugung und -weiterverarbeitung und zur Herstellung weitgehend zubereitungsfertiger Lebensmittel. In den Vereinigten Staaten von Amerika wurden z. B. im Jahre 1959 schon 110 Mill. Fertiggerichte als Gefrierkonserve hergestellt. Der Umsatz ist in den letzten 6 Jahren um das Fünfzehnfache gestiegen. Der Verbrauch an gefrorenen Gemüsen ist von 1938 mit 0,2 kg pro Kopf auf 3,5 kg pro Kopf angestiegen. Der Verbrauch an Frischgemüse ist entsprechend zurückgegangen, obwohl auch hier durch systematische Kältebehandlung eine hohe und gleichbleibende Qualität angeboten wird [*23*].

Die Erzeugung und der Vertrieb von Gefrierkonserven hat sich in den letzten 10 Jahren ungefähr verdoppelt (Tab. 3). Die Gründe sind naheliegend:

durch die küchenfertigen oder gar tischfertigen Lebensmittel kann die Arbeit auf etwa $^1/_4$ der üblichen Zubereitungszeit herabgesetzt werden, ohne daß die Kosten (eigene Arbeit mitgerechnet) höher wären. In Deutschland kommt der Einführung der Gefrierkonservierung auf dem Lande besondere Bedeutung

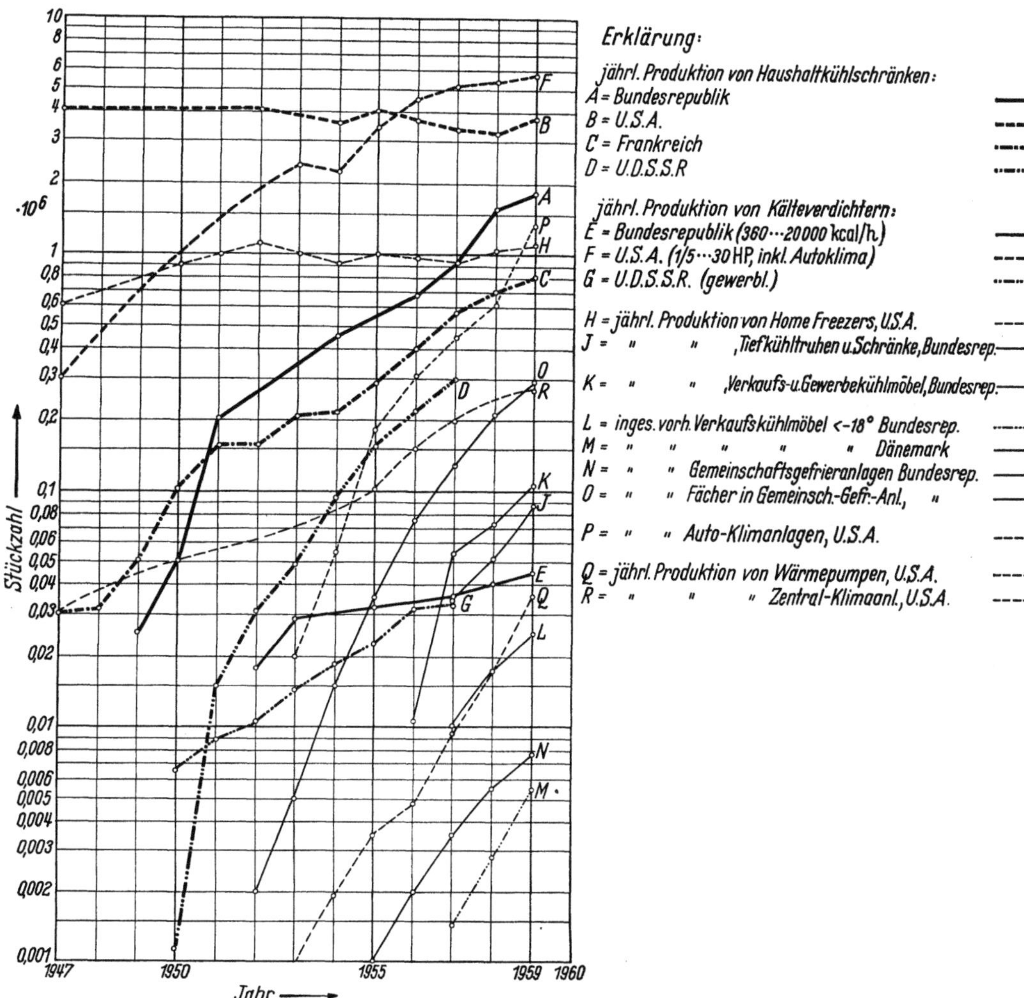

Abb. 3. Vergleich der Entwicklung der Produktionsziffer verschiedener kältetechnischer Erzeugnisse in einigen Ländern.

zu. Der Schrittmacher war die Gemeinschaftsgefrieranlage. Begonnen wurde mit deren Einführung im Jahr 1951. Im Jahre 1955 waren 1000 Anlagen, im Jahre 1958 schon 5000 Anlagen errichtet. Auch hier ermöglichte die „Kleinkälte“ die Abkehr von der Zentralanlage zur Einzelgefriertruhe, die auf dem Hof selbst steht und der Bäuerin viele Gänge erspart. Im Jahre 1955 wurden 5000 Truhen verkauft, 1959 waren es schon 85000 Stück, so daß heute in rd. 500000 Bauernhaushaltungen die Gefrierkonservierung eingeführt ist [25].

Tabelle 3. *Statistik über die Erzeugung bzw. den Verbrauch verschiedener Gefrierkonserven in den letzten 20 Jahren in verschiedenen Ländern.*

	1947/48	1950	1953	1956	1958
Welt					
Fisch (Mill. t)	0,6	—	0,9	—	1,6
USA					
Gemüse (1000 t)	157	266	—	700	—
Fleisch (1000 t)	11	16	rd. 50	147	—
Orangensaft (Mill. t)	rd. 10	132	—	rd. 300	—
Speiseeis (Mill. *l*)	—	1,2	—	1,4	—
UdSSR					
Fischfilet (1000 t)	—	10	—	—	40
Fleisch (1000 t)	—	—	—	—	15
Speiseeis (1000 t)	—	96	—	—	172
Schweden					
insgesamt (1000 t)	—	—	4,5	10,5	15
Deutschland					
insgesamt (1000 t)	—	—	rd. 1	7	20

III. Gemeinsame Gesichtspunkte in Konstruktion und Fertigung.

Die Konstruktion und Fertigung der Kleinkälteerzeugnisse sind durch folgende generelle Gesichtspunkte bestimmt:

1. Die Kältemaschine mit all ihren Regelvorrichtungen funktioniert vollautomatisch. Es sind keine technischen Kenntnisse für die Bedienung und Wartung der Geräte erforderlich. Die Wartung beschränkt sich auf ein Mindestmaß, meistens Abtauen der Verdampfer und gelegentliches Reinigen. Die hohe Betriebssicherheit wird durch Verwendung gekapselter Motorkompressoren, sorgfältig gereinigter und getrockneter Kältekreislaufteile und die komplette Montage in der Fabrik einschließlich der Füllung mit Öl und Kältemittel erreicht.

2. Die Einheiten bestehen meistens aus einem isolierten Gehäuse, in dem sich ein gekühlter Raum befindet. Die Fertigung dieser Gehäuse erfolgt in industriellem oder mindestens halbindustriellem Umfang — kaum in Einzelanfertigung. Es werden für die Verkleidung fast ausschließlich lackierte Bleche oder Kunststoffplatten verwendet. Der Baustoff Holz wird nur mehr bei Kleinserienfertigung für das Traggerüst, an welchem die Platten befestigt werden, verwendet. Der Wertanteil und technische Schwierigkeitsgrad dieser Gehäusefertigung übersteigt in den meisten Fällen den der zugehörigen Kältemaschine erheblich.

3. Die Dimensionierung der Einheiten, insbesondere der Kältemaschine, erfolgt nach allgemein anerkannten Standardmethoden, die auf bestimmte klimatische Bedingungen und bestimmte, übliche Betriebsanforderungen ausgerichtet sind. Die in der Großkälte übliche Einzelberechnung ist Ausnahme. Bestimmte technische Lösungen, wie z. B. das Abtauen, die Konstruktion von isolierten Gehäusen, Verflüssigern, Verdampfern, die Oberflächenbehandlung, viele Prüfverfahren u. a. m. sind allen Einheiten gemeinsam.

B. Haushaltkühlschränke.

I. Wirtschaftliche Zahlen, Produktionswerte, Marktsättigung.

Der Haushaltkühlschrank ist einer der bedeutendsten Vertreter der sog. langlebigen Verbrauchsgüter („durable goods") und darf deshalb nicht nur als kältetechnisches Erzeugnis betrachtet werden. Er unterliegt — zusammen mit allen anderen, länger haltbaren Verbrauchsgütern — bestimmten Konsumgesetzen, die vom jeweiligen Lebensstandard, der Markt- und Rabattpolitik, den Herstellkosten, dem Werbeaufwand und der Interessenausrichtung des Verbrauchers abhängen. Er ist ein Massenartikel, der nur in sehr großen Stückzahlen wirtschaftlich hergestellt und vertrieben werden kann. Für die Fabrikation und den Vertrieb sind kostspielige Grund- und Mindestausrüstungen erforderlich, die mit erheblichen Risiken erstellt werden müssen, da der erfolgreiche Verkauf nur zum kleineren Teil von der technisch einwandfreien Funktion, zum größeren Teil aber von der rein formalen Gestaltung abhängt: *der Schrank muß gefallen.* Die Entwicklung kann nicht über den derzeitigen Geschmack und technischen Erkenntnisstand der breiten Masse der Verbraucher allzuweit hinausschießen, da sonst der wirtschaftliche Erfolg aufs Spiel gesetzt wird. So sind Formgebung und technische Gestaltung ein langsamer Entwicklungsprozeß, dessen Richtung vom vorausschauenden Fachmann angegeben wird, dessen Tempo aber durch die Anpassungsfähigkeit des Verbrauchers bestimmt ist [*26*]. Es gibt daher einen von der Eigenart der Völker abhängigen, in jedem Land etwas anders ausgebildeten Stand des Marktes u. a. m.

Tabelle 4. *Die im Jahre 1959 hergestellten Haushaltkühlschränke in einigen Ländern, z. T. geschätzt.*

Dänemark	rd. 60000 [*27*]
Deutschland	1892207 [*28*]
Frankreich	726000 [*28*]
Großbritannien	rd. 1000000 [*28*]
Italien	752325 [*28*]
USA	rd. 3700000 [*29*]

Die Marktsättigung für Haushaltkühlschränke für das Jahr 1958/59 ist in Tab. 2 angegeben. In Tab. 4 sind die in einigen Ländern im Jahre 1959 hergestellten Stückzahlen zusammengestellt. Die Entwicklung der Produktion in Deutschland und den Vereinigten Staaten von Amerika in den letzten 15 Jahren zeigt Abb. 4. In den Vereinigten Staaten, Kanada und teilweise Australien gehört der Haushaltkühlschrank schon zu den „älteren" Haushaltgeräten. Die stürmische Marktentwicklung ist abgeklungen. In den Ländern des europäischen Wirtschaftsraumes ist hingegen die Eroberung des Marktes in vollem Fluß. Es sind hier erstmals im Jahre 1959 mit einer Produktion von rd. 4,3 Mill. Stück mehr Kühlschränke als im klassischen Land des Kühlschrankes, den USA, hergestellt worden [*30, 31, 32*].

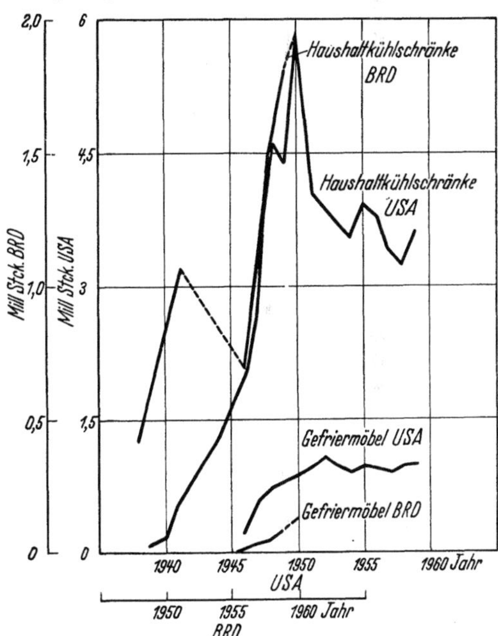

Abb. 4. Die Entwicklung der Märkte für Haushaltkühlschränke und Gefriermöbel in den Vereinigten Staaten von Amerika und der Bundesrepublik Deutschland. Die Ordinate ist im Verhältnis der Bevölkerungszahl, die Abszisse um 10 Jahre verschoben.

Den Gesetzen der Massenproduktion folgend, sinken bei steigender Stückzahl die Herstellkosten. Dies hat in Deutschland zu erheblichen Preissenkungen geführt. Italien und Frankreich folgen nach. Der Preisindex für Kühlschränke lag im Jahre 1959, bezogen auf eine Vergleichszahl für 1950 = 100%, in Deutschland bei rd. 70%, in Frankreich und Italien bei rd. 100%, nachdem dort vorübergehend höhere Preise verlangt worden waren. Diese Kostensenkungen sind aber nur zu einem Teil auf die Senkung der effektiven Herstellungskosten zurückzuführen. Die Aufschlüsselung der verschiedenen Kostenanteile im Preis zeigt, daß die Materialkosten und die Handelsspanne für die Groß- und Einzelhändler die weitaus größten Positionen sind [33] (Abb. 5). Der effektiv für die Herstellung anfallende Lohn beträgt nur wenige Prozent der Gesamtkosten. Hingegen ist der Investitionsaufwand sehr erheblich. Abgesehen von der einmaligen Beschaffung der Fertigungsräume, der Werkzeugmaschinen, Transporteinrichtungen und Verfahrensanlagen (z. B. Lackieröfen), die je nach der Leistungsfähigkeit in der Größenordnung von 10 bis 30 Mill. DM kosten, sind auch die Kosten für Fertigungsvorrichtungen und Werkzeuge, z. B. zum Ziehen von Blechteilen, die für jedes Modell oder jede Typenreihe wieder neu erstellt werden müssen, meist in der Größenordnung von 0,5 bis 1 Mill. DM. Soll also der Endpreis nicht durch zu hohe, anteilige Werkzeug- und Abschreibungskosten belastet werden, müssen mindestens einige Hunderttausend des betreffenden Modells gefertigt werden. Es dürfte daher die Mindestproduktion eines Kühlschrankes in den Vereinigten Staaten von Amerika bei etwa 500000 Stück/Jahr, in Deutschland bei etwa 100000 Stück liegen. Schließlich muß auch noch die erhebliche Entwicklungs- und Konstruktionsarbeit berücksichtigt werden, die wenigstens ein Jahr dauert und ebenfalls weit über 100000 DM kostet. Der Hersteller ist aus diesen Gründen sehr am Festhalten an einem einmal entwickelten Modell interessiert. Leider ist aber gerade der Haushaltkühlschrank in seiner Ausstattung und Form modischen Gesichtspunkten unterworfen, so daß im allgemeinen ein Typenwechsel spätestens nach 2 Jahren erforderlich wird. Sind damit so erhebliche formgestalterische Änderungen verknüpft, wie z. B. der in den letzten Jahren zu beobachtende Umschwung von den stark gerundeten zu nahezu scharfkantigen Formen, dann können dabei ganze Fertigungseinrichtungen plötzlich überholt sein, wie z. B. Tiefziehpressen für Türen. Diese Risiken müssen durch entsprechend hohe Abschreibungssätze aufgefangen werden. So hat z. B. die deutsche Kühlschrankindustrie in den Jahren 1950/52 erhebliche Mittel für die Herstellung emaillierter, rollnahtgeschweißter Stahlblech-Kühlgutbehälter investiert, die schon ab 1957 durch den wesentlich billigeren, gespritzten oder vakuumverformten Kunststoff-Kühlgutbehälter ersetzt wurden.

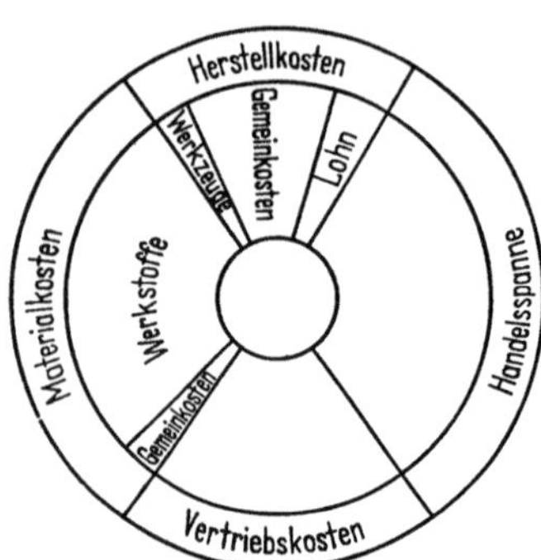

Abb. 5. Aufschlüsselung des Preises für einen Haushaltkühlschrank nach Kostenarten.

II. Betriebliche Anforderungen, Bedienbarkeit, Lebensdauer, Geruchs- und Geräuschfragen.

Der Haushaltkühlschrank hat zwei grundsätzliche Aufgaben zu erfüllen, denen alle anderen Gesichtspunkte wie Herstellungskosten, Form, Ausstattung und kältetechnische Einrichtungen nachgeordnet sind. Diese sind:

a) für *alle* im Haushaltkühlschrank aufzubewahrenden Lebensmittel, verpackt oder offen auf Schalen liegend, die *günstigsten Lagerbedingungen* zu schaffen.

Günstigste Lagerbedingungen sind diejenigen, bei welchen das sehr verschiedenartige Kühlgut (frisches Fleisch, Obst und Gemüse, gekochte oder gebratene Speisen jeder Art, Getränke, Fette, Eier, Milch und Milchprodukte und Backwaren) bei geringster Veränderung im Geschmack und Aussehen seine Genußfähigkeit am längsten erhält;

b) für die Hausfrau in der Küche ein möglichst gut angepaßtes *Arbeitsgerät* zu sein. Entnahme und Beschickung, die täglich oft über 100 mal erfolgt, muß mit kleinstem Kraft- und Zeitaufwand geschehen können. Lebensmittel und Behälter müssen so übersichtlich und so gut greifbar wie möglich angeordnet werden können.

Diese Erkenntnis ist noch relativ neu. Noch vor 3 bis 4 Jahren wurden selbst im klassischen Land des Kühlschrankes, den USA, in dieser Hinsicht erhebliche Fehler begangen. Erst die wachsende Erfahrung der Hausfrau, z. T. fachlich beraten in Verbraucherorganisationen, hat zu einer fruchtbaren Kritik am früheren Zustand geführt [*34*]. Beanstandet wird z. B.

α) Die Temperatureinstellung und -regelung ist zu grob. Es lassen sich keine optimalen Lagerbedingungen herstellen.

β) Beim Abtauen steigt die Temperatur im Tiefkühl- und Normalfach zu hoch an. Das Abtauwasser wird nicht restlos aufgefangen.

γ) Ausstattung und Einrichtung ist überladen, unpraktisch und nicht den üblichen Verpackungs- und Behältermassen angepaßt.

δ) Die Luftfeuchtigkeit ist zu niedrig. Speisen und Gemüse trocknen ein.

ε) In den Türfächern sind die Temperaturen für eine Lagerung zu hoch. Eier leiden durch die häufige Erschütterung.

Der Haushaltkühlschrank ist eine Weiterentwicklung des altehrwürdigen Eisschrankes — ähnlich wie das Auto eine solche der Postkutsche. In der technischen Entwicklung beider Erzeugnisse sind manche geschichtlichen Parallelen vorhanden. So hat es Jahrzehnte gedauert, bis sich die Form von dem ursprünglichen isolierten Holzkasten mit eingelegten Holzregalen gelöst hatte und für die Abmessungen arbeitstechnische Gesichtspunkte mit berücksichtigt wurden. Heute ist die Umwandlung vom kastenförmigen Möbel zum hochwertigen Küchenarbeitsgerät mit günstigster Raumaufteilung und Raumausnutzung in vollem Fluß. Früher war das Hauptaugenmerk der Entwicklungsingenieure auf Aussehen, Betriebssicherheit und Verbilligung gerichtet gewesen. Der Konkurrenzkampf ging um den „schönsten" Schrank mit den breitesten Zierleisten. Mit werbekräftigen Sonderausstattungen, die sich im praktischen Gebrauch oft nicht bewährten, weil sie z. B. schlecht zu säubern waren oder bald zu Bruch gingen, wurde der Käufer angelockt. Heute setzt sich die Erkenntnis durch, daß es viel wichtiger ist, daß einige wenige Einrichtungen, wie z. B. Schiebe- oder Rollroste, Abtauvorrichtungen, Sonderfächer für Fleisch, Gemüse, Gefrierkonserven oder andere Lebensmittel richtig arbeiten und wirklich praktisch zu handhaben sind [*35*].

Die betrieblichen Anforderungen und ihre grundsätzlichen Lösungsmöglichkeiten sind etwa die folgenden:

1. Günstigste Lagerbedingungen.

Für frische Lebensmittel gibt es einen im wesentlichen von Temperatur, Feuchtigkeit und Luftbewegung bestimmten „Bestpunkt" der Lagerbedingungen, der für jedes Lebensmittel verschieden ist, im allgemeinen jedoch möglichst nahe über dessen Gefrierpunkt liegt. Die Luftfeuchtigkeit soll dabei so hoch wie möglich, die Luftbewegung klein sein. Die Austrocknung der Lebensmittel beeinträchtigt deren Lagerfähigkeit oft mehr als der Verderb [36] (Tab. 5). Wird die günstigste Temperatur unterschritten, treten Kaltlagerschäden auf, bei höherer Temperatur, besonders über +10 °C, setzt rascher Verderb ein.

Tabelle 5. *Günstigste Lagerbedingungen für Lebensmittel im Haushaltkühlschrank (zusammengestellt nach verschiedenen Quellen).*

Lebensmittelart	Temperatur °C	Relative Luftfeuchtigkeit (%)	Mögliche Lagerdauer (Tage)
Frischfleisch	−1,5	100	7
Frischfisch	−1,5	100	2 bis 3
Rauch- und Trockenfleisch	−4 bis −7	70	30
Milch	−1,5	—	bis 5
Milchprodukte	−1,5	100	30
Eier	−1,5	100	20 bis 30
Obst	0,5 bis 0	85 bis 100	10 bis 20
Banane	0 bis +5	90	7
Gemüse	0	100	<10
Backwerk	0	100	—
Zuckerwaren und Schokolade	0	50	—
Zuckerkonserven	0	—	—

Nachteilig sind auch Temperaturschwankungen, die Verderb und Austrocknung merklich beschleunigen können.

Das Einregeln solch enger Temperaturgrenzen ist im Haushaltkühlschrank mit den heute üblichen Mitteln (Verdampferthermostat, freie Konvektion am Verdampfer) nicht möglich. Das Türöffnen verursacht Temperaturschwankungen bis zu 10 °C. Es ist aber möglich, in einzelnen Fächern, die allseitig dampfdicht geschlossen und aus gut wärmeleitendem Material hergestellt sind, um dadurch Temperaturunterschiede zu vermeiden, hohe Luftfeuchtigkeit und tiefe Lagertemperatur einzustellen. Wird statt freier Konvektion die Luft über einen möglichst außerhalb des Kühlgutbehälters angeordneten Lamellenverdampfer geblasen, so kann durch Abschalten des Ventilators beim Türöffnen der Kälteverlust und damit die Temperaturschwankung verkleinert werden. Es können auch kalte Luftströme auf bestimmte Lagerstellen im Schrank gerichtet werden, z. B. Umspülen von Fleischbehältern.

Die beim Abtauen des Verdampfers unvermeidbar erwärmte umgebende Luft kann vom Kühlgut ferngehalten werden. Es könnte sogar durch Ausbildung eines Luftschleiers der Luftaustausch beim Türöffnen noch weiter herabgesetzt werden.

Weitere Maßnahmen zur Verbesserung der Lagerbedingungen bestehen im völligen Luftabschluß mit Kohlendioxydanreicherung[1] in der Lagerluft oder in einer leichten Dauerbestrahlung[2]. Eine Strahlendosis von 15 mr/h erhöht die Lagerfähigkeit vieler Lebensmittel und setzt das Bakterienwachstum wesentlich herab[3]. Der Strahler, z. B. radioaktives Kobalt, kann der Emaille der Lagerschale in Spuren beigemengt werden [37]. Die Bestrahlung von Lebensmitteln zum Zwecke der Konservierung ist in Deutschland zunächst noch verboten.

Zur Aufbewahrung gefrorener Lebensmittel ist eine Temperatur von −18 °C schon seit langem anerkannter Standard, der überall für Gefriertruhen, Gemeinschaftsgefrieranlagen u. ä. gilt. Bei dieser Temperatur ist eine „langfristige"

[1] Vgl. Bd. X, dieses Handbuches S. 101.

[2] Näheres findet man bei J. Kuprianoff „Strahlenkonservierung und Kontamination von Lebensmitteln" Darmstadt: Verlag Steinkopf 1960.

[3] 1 r = ein Röntgen, Maßeinheit zur Strahlungsmessung; entspricht der Energie von 83,8 erg/g Luft bzw. etwa 93 erg/g Wasser oder Gewebe.

Aufbewahrung, die sich über Monate erstrecken kann, möglich. Im Haushaltkühlschrank wird aber diese langfristige Aufbewahrungsmöglichkeit nicht immer verlangt. Gefrierkonserven sollen als kleine Reserve einige Wochen gelagert werden können oder oft nur einige Tage bis zum Verbrauch. Bei mittelfristiger Lagerung genügt es, wenn die Konserve nicht antaut, d. h. eine Temperatur von —12 bis —14 °C nicht überschreitet. Bei der kurzfristigen Lagerung kann man sich sogar damit begnügen, die Gefrierkonserve auf die Verdampferoberfläche zu legen und das Verdampferfach so auszuführen, daß die Konserve durch den Wärmekontakt mit dem Verdampfer noch gefroren bleibt. Die Praxis hat gezeigt, daß in solchen Fächern die Temperatur nicht über —6 bis —7 °C zu liegen braucht [*38*].

2. Reinhaltung der Kühlraumluft.

Nicht nur das Aussehen, sondern auch Geruch und Geschmack von Lebensmitteln dürfen sich nicht ändern. Im Kühlschrank lassen sich geruchsabgebende und -aufnehmende Stoffe nicht trennen. Auch die Lagerluft läßt sich nicht beliebig oft erneuern. Es ist daher eine *Geruchsübertragung* möglich, solange nicht in getrennten, luftdichten Behältern gelagert wird. Ein Teil der in die Kühlraumluft gelangenden Geruchs- und Geschmacksstoffe wird mit dem Kondenswasser am Verdampfer ausgeschieden. Der Einbau von Ultraviolettlampen, an denen die Luft vorbeiströmen muß, oder der zwangsläufige Luftdurchlauf durch Aktivkohlefilter trägt zur Desodorierung erheblich bei. In Schränken ohne zwangsläufige Luftumwälzung ist die Geruchsübertragung vom Ausmaß der freien Konvektionsströme und deren Richtung abhängig. Dies kann durch Vorbeiführen der Luft an den kalten Verdampferflächen zur Desodorierung ausgenutzt werden. Sie führt aber auch dazu, daß bei Kühlschränken mit Plattenverdampfern die Geruchsübertragung intensiver ist als bei Schränken mit U-förmigem Verdampfer. Die Verwendung von Aktivkohlefiltern oder anderer Sorptionspatronen führt zu keiner merkbaren Desodorierung, solange die Luft nicht zwangsweise durch das Filter hindurchgeführt wird [*39*]. Dann allerdings lassen sich Reinigungseffekte bis 97% erreichen [*40*].

Der *Keimgehalt* der Kühlraumluft ist auch bei häufigem Türöffnen sehr klein. Die Entwicklung von Bakterien oder Pilzen auf Kühlschrankeinrichtungen ist — solange keine Infektion durch Verschmutzung stattgefunden hat — verschwindend gering. Eine Übertragung von Keimen, z. B. von infizierten Lebensmitteln an unverdorbene Kühlgüter findet über die Kühlraumluft nicht statt. Kommt allerdings ein Teil der Kühlschrankeinrichtung, insbesondere der Verdampfer, mit infizierten Lebensmitteln in Berührung, hilft nur Reinigung mit desinfizierenden Mitteln [*41*].

Eine große Gefahr ist die Geruchsabgabe von Konstruktionselementen, insbesondere von Klebern, Kitten, Farben und ähnlichen Stoffen, die Lösungsmittel enthalten. Selbst Reinigungsmittel können zu Beanstandungen führen. Ähnlich gefährlich ist die Geruchsstoffabsorption, z. B. im Isoliermaterial des Schrankes. Bei einem durch Geruchsstoffe verseuchten Kühlschrank hilft oft nur noch das völlige Auswechseln der Isolierung. Abhilfe bringt der auch nach innen hermetisch dichte Einbau der Isolierung und die Verwendung geruchsinaktiver, leicht zu reinigender Stoffe für die Innenausrüstung.

3. Vermeidung der Schwitzwasserbildung.

An den Außenoberflächen von Kühlschränken soll normalerweise keine Schwitzwasserbildung auftreten. Die Anforderungen sind unterschiedlich. Zum Beispiel sah der erste Entwurf von DIN 8952 [*42*] vor, daß bei 25 °C Umgebungstemperatur und 70% relativer Luftfeuchtigkeit höchstens 1% der Außenoberfläche sichtbare Tauwasserbildung zeigen darf. In den Vereinigten Staaten von Amerika besteht keine Norm, jedoch werden die Isolierstärken allgemein so bemessen, daß erst bei über 80% relativer Luftfeuchtigkeit Niederschlag stattfindet. Gefährdet sind besonders die Stellen, an denen Schlösser, Scharniere, der Kühlgutbehälter u. a. befestigt sind, wodurch Wärmebrücken gebildet werden.

Schwieriger ist es, die Kondenswasserbildung auf den Innenteilen des Kühlschrankes zu vermeiden. Diese ist besonders dann unangenehm, wenn das Wasser auf abgestellte Speisen tropft oder am Boden des Kühlgutbehälters eine Wasserlache bildet. Bei 32 °C und 75% rel. Luftfeuchtigkeit dringen in einen 240 *l*-Kühlschrank bei 100 maligem Türöffnen etwa 700 g Wasser ein. Bei einem 360 *l*-Schrank sind es sogar fast 1000 g. Diese Wassermengen fallen je nach Benutzung des Schrankes innerhalb von 1 bis 2 Tagen an. Bei einer Verdampferanordnung, die eine gute Luftzirkulation an den kalten Verdampferflächen zuläßt, z. B. bei den U-förmigen Verdampfern, wird dieses Wasser ohne Schwierigkeit als Reif abgeschieden. Die tiefe Verdampfungstemperatur bewirkt eine starke Trocknung der Luft auf 55 bis 60% rel. Luftfeuchtigkeit [*43*]. Bei großen, kastenförmigen Verdampfern, die gleichzeitig als Gefrierfach dienen und bei welchen deshalb die Luftzirkulation durch Einbauten gehemmt werden muß, neigen diese, z. B. die Tropfplatte und die Verdampfertür, wegen der höheren Luftfeuchtigkeit zum Schwitzen. Abhilfe ist möglich durch eine isolierte Ausführung dieser Teile sowie durch eine gute Luftzirkulation zwischen Verdampfer und Tropfplatte. Bei Kühlschränken, die mit gesonderten Verdampfern für Gefrierfach und Normalfach ausgerüstet sind, ist die relative Luftfeuchtigkeit nahe 90%. Hier können viele Teile, die bei geschlossenem Schrank kalten Luftströmen ausgesetzt sind und beim Öffnen mit warmer Außenluft in Berührung kommen, beschlagen. Dazu gehören die Decke des Innenbehälters, die Tropfrinnen unter schmalen Wandplattenverdampfern, Sonderbehälter für Fleisch, die besonders kalt gehalten werden. Bei hohen Werten der Luftfeuchtigkeit ist Abhilfe fast nur noch durch leichte Beheizung möglich (an Stellen, wo dies zulässig erscheint) oder durch Ausbildung der Teile in einer Form, daß das Schwitzwasser an einer gewollten Stelle abtropfen kann. Hierfür eignen sich z. B. schräg gestellte, elektrolytisch behandelte Aluminiumbleche [*44*]. Auch Lackieren unter Zusatz von 0,1% Silikon oder mit Teflon, das bei 280 °C eingebrannt wird, zeigt gute Resultate [*45*].

4. Form und Größe.

Die äußere Form von Haushaltkühlschränken muß den Aufstellungsmöglichkeiten in der Küche entsprechen. Sie ist daher stark von der Entwicklung der Küche zu einem funktionell ausgebildeten Arbeitsraum abhängig. In der konservativen Küche war die übliche Schrankform zweifellos die günstigste Lösung. In der modernen Einbauküche muß der Kühlschrank mit seinen Maßen den — meist genormten — Maßen der Küchenmöbel, die als Einbaueinrichtung aneinandergereiht werden, angepaßt sein. Es hat sich hierfür der Tischkühlschrank — meist mit einer Tischhöhe von 85 oder 90 cm und der Einbaukühlschrank als geeignet erwiesen. In beiden Fällen ist die für den Kühlschrank vorgegebene Grundfläche meistens 60×60 cm² [*46*]. In den sehr kleinen, modernen Arbeitsküchen mit 5 bis 8 m² Grundfläche steht oft selbst diese Grundfläche nicht zur Verfügung. Es sind deshalb in den letzten Jahren Wandkühlschränke, die in bequemer Reichhöhe an die Wand gehängt werden, entwickelt worden.

Schon diese äußere Form, die Art der Aufstellung, die Reichhöhe, die Art der Türöffnung, die Reinigungsmöglichkeiten, z. B. durch Rollenfüße zum Abrücken — all dies sind wesentliche Gesichtspunkte für die zweite Grundforderung — die arbeitstechnische Anpassung an die Küchenfunktionen. Hierüber existieren zahlreiche Untersuchungen von Formgestaltern, Arbeitsphysiologen und hauswirtschaftlichen Instituten, die sich allerdings leider nicht mit dem Kühlschrank als solchem befassen. Wie wichtig diese Fragen sind, zeigt Abb. 6, aus der ersichtlich ist, daß die bequemste Reichhöhe zwischen 0,9 und 1,05 m liegt und das z. B. das Bücken zu einem nur 25 cm hohen Kühlschrankrost in einem Tischkühlschrank fast die 100fache Arbeit erfordert [*47*]. Andere Untersuchungen zeigen, daß bei einem Wandkühlschrank für Schrankhöhe und Tiefe, Aufhängehöhe und Rostanordnung ganz bestimmte optimale Maße vorhanden sind [*48*] (Abb. 7).

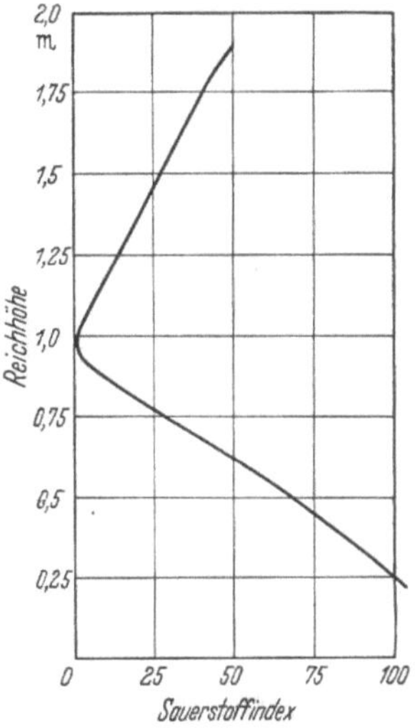

Abb. 6. Sauerstoffindex für Reichhöhen mit Arm durch Strecken und Bücken.

Wichtig ist auch die mit der Form zusammenhängende Anordnung von Gefrierfächern oder getrennten Gefrierabteilen. Nach amerikanischen Untersuchungen wird das Normalkühlfach etwa 5mal häufiger benutzt als die Gefrierfächer. Diese können daher weit unter der bequemen Reichweite angeordnet werden, wobei der Zugriff durch schubladenförmige Ausbildung des Faches erleichtert werden kann (Abb. 8).

Für den Benutzungswert ist weiterhin die Türöffnungsbreite und die Schranktiefe von wesentlicher Bedeutung. Je größer die Öffnung, und zwar die waagerechte Abmessung, desto besser ist der Nutzungswert. Öffnungsbreiten unter 45 cm sollten vermieden werden. Für die Schranktiefe gibt es eindeutige Grenzen: der Schrank darf nicht wesentlich tiefer als 70 cm sein, damit er noch durch schmale Türen transportiert werden kann. Dies ist gleichzeitig auch das Maß, das den Einbau eines Innenbehälters mit höchstens 60 cm Tiefe (Reichweite mit gestrecktem Arm) erlaubt. Andererseits sollte der Innenbehälter auf keinen Fall weniger als 35 cm tief sein, damit Flaschen liegend gelagert werden können.

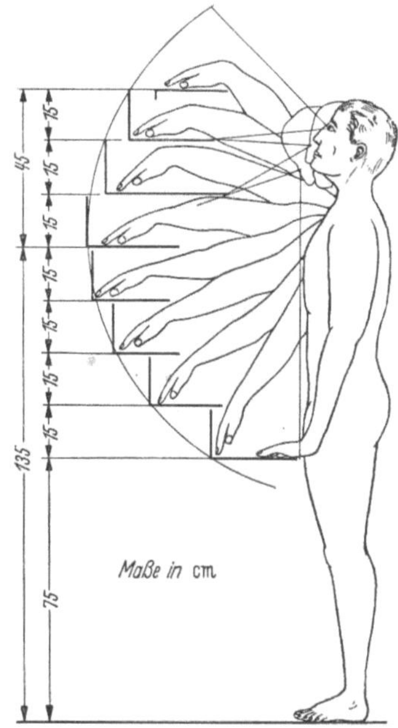

Abb. 7. Reichweiten eines aufrecht stehenden Menschen im Hinblick auf die Fachanordnung bei Wandschränken.

Da die Schränke häufig in Ecken oder neben anderen Möbeln aufgestellt werden, sollte die Tür beim Öffnen nicht über die Seitenwand hinausschlagen. Dies ist eine um so schwieriger zu lösende Aufgabe, je dünner die Isolierstärke ist. Die meisten europäischen Fabrikate erfüllen heute diese Forderung nach möglichst unbehinderter Aufstellungsmöglichkeit noch nicht. In den Vereinigten Staaten dagegen ist unter den letzten Entwicklungen kaum mehr ein Modell mit andersartiger Türausbildung zu finden. Es werden dafür Scharniere, die für die Autoindustrie entwickelt wurden, verwendet.

Der Schrank sollte überhaupt so wenig wie möglich Platz beanspruchen. Deshalb wird angestrebt, den meistens an der Rückwand angebauten Kondensator und den dafür erforderlichen Luftschacht zu vermeiden. „Flach an die Wand" ist die Devise, die mit belüfteten, im Maschinenfach eingebauten Kondensatoren oder mit sog. Wandverflüssigern, bei welchen die Verflüssigerrohrschlange wärmeleitend mit dem Außengehäuse des Kühlschrankes verbunden ist, erreicht wird. Auch die Isolierung beansprucht besonders bei kleinen Schränken erheblichen Raum, so daß vom beanspruchten Raum nur etwa 30 bis 40% als gekühlter Raum zur Verfügung stehen. In den letzten Jahren konnte aber durch verbesserte Kälteschutzstoffe, die eine Herabsetzung der Isolierdicke von 6 bis 7 cm auf 3 bis 4 cm erlaubten, und durch kleine und einbaugünstigere Kältekompressoren erhebliche Fortschritte erzielt und die Raumausnutzung bis um 50% gesteigert werden [*49*, *50*] (Abb. 9).

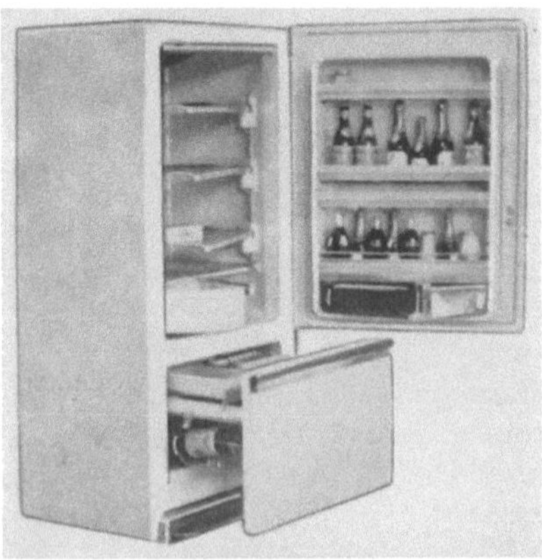

Abb. 8. Kühl-Gefrierschrank-Kombination mit 450 *l* Inhalt der Firma General Electric. Das Gefrierfach von 150 *l* Inhalt ist als Schublade ausgebildet, die auf Rollen herausziehbar ist. Die Roste im oberen Teil des Schranks sind herausschwingbar.

Die laufende Verbesserung der Raumausnutzung ist auch wichtig wegen der im Lauf der Jahre zunehmenden Nachfrage nach Schränken mit größerem Kühlvolum. Es lassen sich über den Bedarf an gekühltem Volum je Mitglied eines Haushaltes kaum Angaben machen, da dieser Bedarf zu sehr von den Lebens- und Einkaufsgewohnheiten, dem Lebensstandard, der Arbeit in der Küche u. a. m. abhängt und beim Besitzer eines Kühlschrankes anscheinend durch das Vertrautwerden mit der Kälteanwendung laufend wächst. So lag in den Vereinigten Staaten von Amerika im Jahre 1935 bei einer Marktsättigung von rd. 50% der Schwerpunkt des Absatzes bei Schränken zwischen 150 und 180 *l*. Im Jahre 1952 lag der Hauptbedarf bei einer Marktsättigung von 87% bei Schränken zwischen 250 und 300 *l*! [*4*] (Abb. 10). Eine ähnliche Entwicklung ist auch in Deutschland festzustellen. Noch im Jahre 1953 war bei einer Marktsättigung von rd. 6% der Anteil der Schränke unter 100 *l* Inhalt größer als 60%. Im Jahre 1959 lag bei einer Marktsättigung von über 30% der Hauptanteil mit rd. 70% in der Größe zwischen 120 und 140 *l*. Es findet eine von der Marktsättigung oder der mittleren Benutzungsdauer abhängige Verschiebung nach oben statt. Diese ist besonders für die Entwicklung in Ländern, die noch keine erhebliche Marktsättigung haben, wichtig.

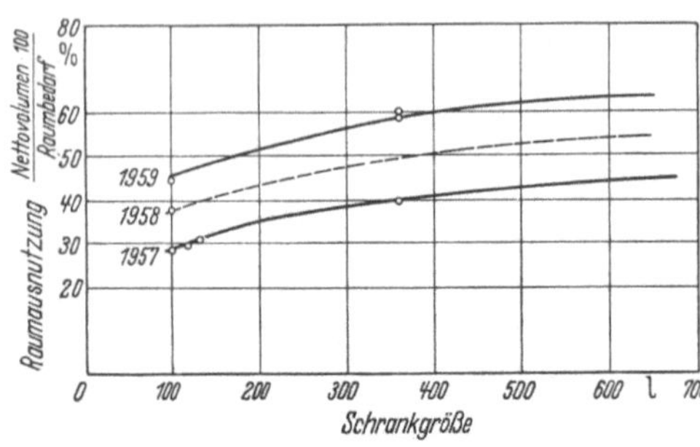

Abb. 9. Die Steigerung der Raumausnutzung bei Haushalt- und Gewerbekühlschränken durch bessere Konstruktionen und verbesserte Kälteschutzstoffe.

In den Ländern mit hoher Marktsättigung ist eine andere Entwicklung zu beobachten, ähnlich der des Zweitkraftfahrzeugs („second car"). Es werden als zweiter Kühlschrank kleine Typen, z. B. Tischkühlschränke, Barschränke u. ä. gekauft mit 60 bis 100 *l* Inhalt [*51*]. Es scheint sich hier auch eine neue Form des Kühlschrankes einzubürgern, der zwischen Eßplatz und Kochteil der Küche in die dort aufgestellten Anrichtemöbel eingebaut wird und von beiden Seiten zugänglich ist. In der Zukunft wird die Entwicklung von Form und Größe dahin gehen, daß der Kühlschrank in dem ausgeklügelten Arbeitsplatz „Küche" überhaupt keinen Platz mehr wegnehmen wird, sondern in der richtigen Lage für bequemes Beschicken und Entnehmen eingebaut ist [*47*] oder an der Decke hängt, von wo die regalartig ausgestalteten Fächer durch Druck auf einen Knopf in Augenhöhe herabgelassen werden [*35*].

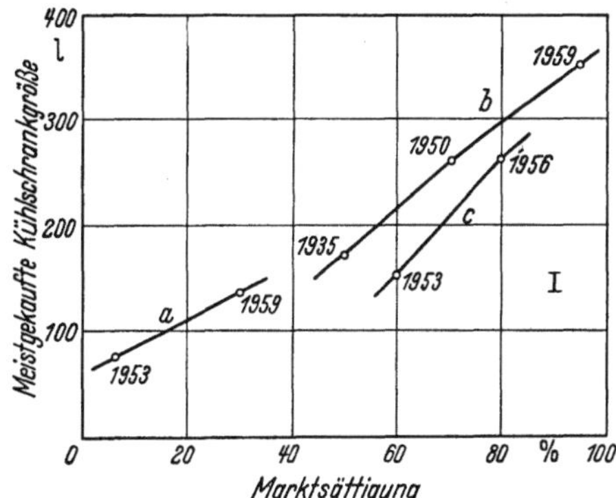

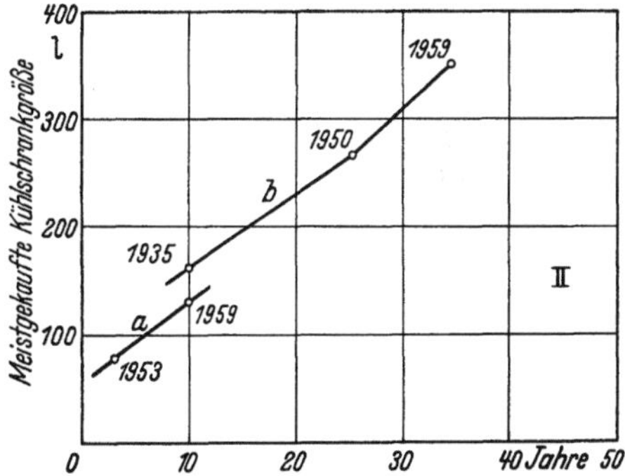

Abb. 10. Die am häufigsten gekaufte Kühlschrankgröße in Abhängigkeit von der Marktsättigung (I) und in Abhängigkeit von der Dauer eines ungestörten Kühlschrankmarktes (II).
a Deutsche Bundesrepublik, *b* Vereinigte Staaten von Amerika, *c* Kanada.

5. Gute Bedienbarkeit und zweckmäßige Ausstattung.

Für die Raumaufteilung im Schrank und die Ausstattung mit Rosten, Behältern, Etageren, Fächern usw. muß nach der arbeitstechnisch günstigsten Form gesucht werden. Hierzu sind Untersuchungen erforderlich über die normale Handhabung eines Kühlschrankes, die Menge und Art der Kühlgüter, die zeitliche und räumliche Folge von Beschickung und Entnahme. Leider scheinen diese Erfahrungen noch das „Gewußt wie" der einzelnen Konstrukteure zu sein, die sorgsam gehütet werden, um bei der nächsten Saison mit neuen arbeitstechnischen Vorteilen überraschen zu können. Die für einen 4-Personen-Haushalt in Deutschland heute übliche Beschickungsmenge ist in Tab. 6 zusammengestellt. Gegenüber den Vereinigten Staaten von Amerika fällt auf, daß fast gar keine Gefrierkonserven eingelagert werden, während dort bis zu 50% des Schrankinhaltes dafür reserviert sind. Wichtig ist gute Zugänglichkeit und Übersichtlichkeit. Roste müssen

Tabelle 6. *Statistische Werte der in Deutschland üblicherweise im Kühlschrank bevorrateten Lebensmittel* (*z. T. nach* [*52*]).

Art des Lebensmittels	Menge
Eier	15 bis 20 Stück
Wurst	0,5 bis 1 kg
Fleisch	1 kg
Butter und andere Speisefette	1,5 bis 2 kg
Käse	0,5 kg
Obst	1,5 bis 2 kg
Gemüse	1 bis 1,5 kg
Zitronen	5 Stück
Frischmilch in Flaschen	2 bis 3 *l*
Getränke in Flaschen	3 bis 5 Flaschen
Speisereste	2 bis 3 Schüsseln
Konserven	3 bis 5 Dosen

daher in den Abständen verstellbar und — neuerdings — auch herausschwenkbar sein. Durch Klapproste oder genügend große Fächer muß Raum für die verschiedensten Flaschen vorhanden sein. Hierzu wird zweckmäßig der untere Teil der Türinnenfläche ausgenutzt. Der Schrank gewinnt durch Ausstattung der Tür mit Etageren und Fächern an Übersichtlichkeit. Ein Käsefach, oft mit Feuchthaltevorrichtung, das Butterfach, teilweise mit regelbarer Heizung, um die Butter streichfähig zu erhalten, die Eierleisten für mindestens 20 Eier und Fächer für Flaschen gehören hierbei zur Normalausrüstung. In besonderen Fächern werden die richtigen Lagerbedingungen für Gemüse, Obst und Fleisch eingehalten. Dies wird z. B. durch Abdecken der Fächer, durch Anblasen mit besonders kalter Luft, durch Anordnung direkt unterhalb des Verdampfers u. ä. erreicht. Für Deutschland weniger wichtig, für Länder aber, in denen viel eisgekühlte Getränke gewünscht werden, von großer Bedeutung ist die Eiswürfelherstellung und deren leichte Handhabung. Die früher benutzte Aluminium-Schale mit festem Einsatz wird verdrängt durch Eiswürfelschalen mit mechanischen Ablösevorrichtungen für die Eiswürfel, durch Kunststoffeinsätze mit geringer Adhäsion zu Metall und Eis (Polyäthylen), oder durch automatische oder halbautomatische Geräte zur Eiswürfelerzeugung. In solchen Schränken ist dann ein Teil des Tieftemperaturfaches für die Lagerung eines Eiswürfelvorrates reserviert.

Die Ausbildung des Türschlosses ist für die Bedienbarkeit von großer Bedeutung. Zum Öffnen der Tür sollte die Hausfrau nicht die Hand frei haben müssen, sondern das Schloß sollte durch leichten Zug oder Druck, z. B. mit dem Ellenbogen, betätigt werden können. Es können hierfür geeignete Griffe und Pedale in Verbindung mit magnetischen Verschlüssen oder sog. Aufreißschlössern verwendet werden. Diese gestatten, den Schrank auch von innen zu öffnen. Dies ist in den Vereinigten Staaten von Amerika gesetzliche Vorschrift, um tödliche Unfälle spielender Kinder, die sich in größeren Schränken eingeschlossen hatten, zu vermeiden.

Weiterhin gehören zur Normalausstattung automatisch beim Öffnen der Tür aufflammende Innenbeleuchtung und mehr und mehr eine automatische oder halbautomatische Abtauvorrichtung. Über die Vorteile einer Automatisierung besteht keine Einigkeit, da dann u. U. gerade bei besonders großer Kälteanforderung, z. B. durch Eiswürfelherstellung, starker Beschickung u. ä. die Abtauung einsetzen kann. Das Abtauwasser wird nicht mehr wie früher in einer Schale aufgefangen und weggeschüttet, sondern in besondere Verdunstungsschalen geleitet, die entweder durch die Verflüssigungswärme oder elektrisch beheizt sind.

Eine wichtige Beobachtung ist, daß die Hausfrauen diese weitgehend automatisch funktionierenden Schränke nur mehr selten reinigen, da der Schrank keine Wartung mehr erfordert. Leichte und schnelle Reinigungsmöglichkeit durch Herausnehmen aller Einbauten, Beständigkeit der Kunststoffteile gegenüber heißem Wasser, leichtes Abrücken des Schrankes durch Gleitschuhe oder Rollen müssen bei der Konstruktion beachtet werden. Es dürfen nirgends schlecht zu säubernde Winkel bleiben, die bei der immer höher liegenden Luftfeuchtigkeit im Schrank Herde für Schimmel- und Bakterienkolonien werden [*53*].

6. Leistungsreserve und Lebensdauer.

Der Benutzer erwartet, daß der Kühlschrank am heißesten Tag des Sommers seine größte Leistung in Gestalt zahlreicher Eiswürfel, kaltgestellter Speisen und Getränke und bei stärkster Beanspruchung durch Türöffnen abgibt. Da dies für normale Benutzungsfälle eine sehr erhebliche Überdimensionierung der Kältemaschine bedeuten würde, die sowohl im Betrieb wie in der Anschaffung unwirtschaftlich wäre, ist die Frage der maximalen Betriebsbeanspruchung und der Leistungsreserve ein wichtiger Diskussionsgegenstand für Normen- und Verbraucherausschüsse. In fast allen Ländern besteht Einigkeit, daß für gemäßigte Klimazonen eine Berechnungs- und Prüftemperatur der Außenluft von +32 °C (90 °F) ausreichend ist, während bei tropischen Bedingungen die europäischen Länder die 40 °C-Grenze gegenüber der 110 °F (43,3 °C)-Grenze der angelsächsischen Länder bevorzugen. In den Normen, die gerade auf diesem Gebiet eine entscheidende Bedeutung haben, wird außerdem bei der Grenztemperatur eine Leistungsreserve verlangt, die entweder durch eine elektrische Heizlast von etwa 0,06 bis 0,1 Watt/*l*-Schrankinhalt nachgeahmt, oder in der Begrenzung der Laufzeit der Kältemaschine auf z. B. 80% festgelegt, oder in regelrechten Beschickungsversuchen mit Türöffnen, Einstellen von Wasserschalen usw. nachgeprüft wird (vgl. Abschn. B 3).

Die Lebensdauer eines guten Kühlschrankes wird mit etwa 12 bis 15 Jahren angegeben [*14*]. In England ist bei einer Umfrage festgestellt worden, daß nach 10jähriger Benutzung nur bei $^1/_4$ der Schränke eine Reparatur erfolgt war, vorzugsweise an Türschlössern, Beschlägen und Dichtungen [*53*]. Diese lange Lebensdauer wird aber in den Vereinigten Staaten nicht ausgenützt; der alte Schrank wird schon nach 7 bis 8 Jahren ersetzt.

7. Geräuschlosigkeit.

An den Kühlschrank werden wie an alle automatisch schaltenden Haushaltgeräte immer höhere Anforderungen hinsichtlich der Geräuscharmut gestellt. Die Festlegung einer Grenze ist beim heutigen Stand der Schallmeßtechnik noch nicht möglich. Erst in jüngster Zeit sind Untersuchungen über reproduzierbare und objektiv vergleichbare Lautheitsmessungen durchgeführt worden, die eine Normmessung der abgestrahlten Schallenergie erlauben werden. Diese Untersuchungen zeigten auch die Zusammenhänge zwischen Art des Schalles und subjektiver Empfindung auf. Der abgestrahlte Schall soll ein breites Frequenzband, keine Einzelfrequenzen, keine Richtungscharakteristik und nach hohen Frequenzen stark fallenden Schalldruck haben [*54*]. Am besten scheinen noch immer subjektive Vergleichsuntersuchungen zu sein, die durch Geräuschanalysen unterstützt werden [*55, 56*]. Die Angabe einer mittleren Lautstärke erweist sich dabei nicht als sinnvoll. Als sehr grober Richtwert kann ein Schalldruck <35 db oder eine Lautheit <30 DIN-PHON angegeben werden. Dabei werden aber empfindliche Benutzer immer noch bei den Einschalt- und Abschaltvorgängen Beanstandungen anmelden.

Zusammenfassend darf man feststellen, daß der Haushaltkühlschrank ein Gerät ist, bei dessen Konstruktion eine große Zahl von Gesichtspunkten beachtet werden muß, die z. T. einander widersprechen, wie z. B. gute Raumausnutzung, also dünne Isolierung und kleiner Energiebedarf. Die Kältetechnik ist nur ein relativ kleiner Teil des Ganzen. Formgestalter und Arbeitsphysiologen haben oft einen größeren Anteil, nicht zu vergessen die Kompromisse, die aus rein kostenmäßigen Gründen bei einem derartigen Massenartikel zum Erreichen der Konkurrenzfähigkeit erforderlich sind.

III. Berechnung von Haushaltkühlschränken.

1. Für die *Berechnung* von Haushaltkühlschränken sind folgende Gesichtspunkte besonders wichtig:

a) Die *Außenoberfläche* darf bei der maximal vorkommenden Luftfeuchtigkeit nicht schwitzen. In den Vereinigten Staaten wird eine maximale Außentemperatur von 32 °C (90 °F) und eine gleichzeitige relative Luftfeuchtigkeit von 60 bis 70% als Berechnungsgrundlage angenommen. Das bedeutet, daß die Temperatur der Schrankoberfläche bei einer Innentemperatur von rd. 3 bis 5 °C nicht unter 25 bis 27 °C absinken darf [37]. In Deutschland ist hierfür keine Festlegung getroffen worden, aber für den Gewerbekühlschrank war im Entwurf von DIN 8952 [42] festgelegt, daß bei 25 °C Umgebungstemperatur und 75% relativer Luftfeuchtigkeit nur 1% der Außenoberfläche schwitzen darf. Diese Angabe war auch im Entwurf der Prüfnorm für Gefriertruhen enthalten, wurde aber in beiden Fällen als für eine Norm unzweckmäßig wieder fallengelassen.

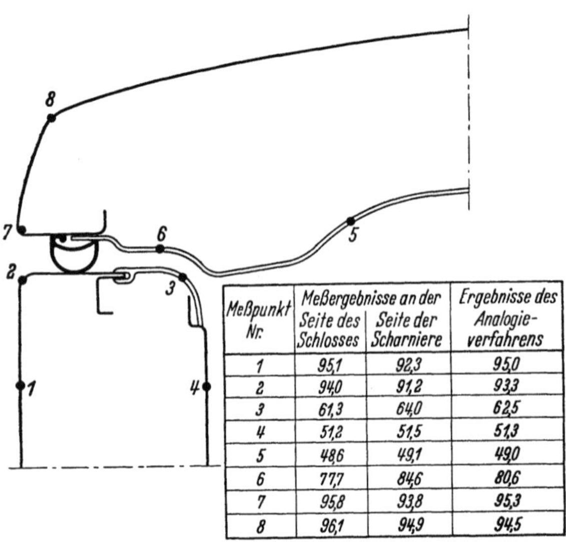

Meßpunkt Nr.	Meßergebnisse an der Seite des Schlosses	Meßergebnisse an der Seite der Scharniere	Ergebnisse des Analogieverfahrens
1	95,1	92,3	95,0
2	94,0	91,2	93,3
3	61,3	64,0	62,5
4	51,2	51,5	51,3
5	48,6	49,1	49,0
6	77,7	84,6	80,6
7	95,8	93,8	95,3
8	96,1	94,9	94,5

Abb. 11. Vergleich der Messung mit elektrischem Analogieverfahren nach [58] und einer thermometrischen Messung des Temperaturfeldes an der Türdichtung eines Haushaltkühlschranks.

b) *Wärmebrücken* sind nicht nur wegen der erhöhten Gefahr des Schwitzens unerwünscht, sie können den Wärmeeinfall in den Schrank ganz erheblich erhöhen, z. B. bis um etwa 50% durch eine ungeschickte Ausbildung der Türabdichtung. Da solche Konstruktionsdetails schlecht berechnet werden können, kann man sich mit Erfolg eines elektrischen Analogieverfahrens bedienen. Dabei wird die Konstruktion als ebener Schnitt aus dünnen, elektrisch leitenden Folien nachgebildet, auf welchen die Konturen der wärmeleitenden Bleche, Scharniere usw. aus Draht aufgelötet sind. Es kann zwischen Analogmodell und Ausführung gute Übereinstimmung erzielt werden [58] (Abb. 11).

c) Die *Leistung der Kältemaschine* muß so groß sein, daß bei der maximalen Berechnungstemperatur der Wärmeeinfall durch die Schrankisolierung Q_1 und die Wärmebelastung durch die Beschickung Q_2 gedeckt werden. Der stündliche Wärmeeinfall Q_1 ist aus der mittleren Isolieroberfläche F_m in m², der Wärmeleitzahl λ des Isoliermaterials in kcal/m h °C und der mittleren Isolierdicke δ in m leicht zu berechnen

$$Q_1 = F_m \cdot \frac{\lambda}{\delta}(t_a - t_i). \tag{1}$$

Die Wärmeübergangswiderstände innen und außen können dabei neben dem Wärmeleitwiderstand der Isolierung vernachlässigt werden; mit t_a und t_i werden die Außen- und Innentemperatur bezeichnet.

Nach Schmidt [59] kann die für den Wärmeeinfall maßgebliche Oberfläche F_m in m² auch angenähert aus dem Innenvolum V des Schrankes in m³ errechnet werden nach

$$F_m = 6\left(\sqrt[3]{V} + \delta\right)^2. \tag{2}$$

Der Fehler liegt bei kleinen Schränken bei etwa 3% und wächst für große Schränke bis zu rd. 8%, wobei Gl. (2) etwas zu kleine Werte liefert. Für t_i wird nach der deutschen Prüfbestimmung für Haushaltkühlschränke DIN 8950 [*60*] +6,0 °C bei einer Außentemperatur von $t_a = 32$ °C für normale Klimabedingungen und $t_i = +8{,}0$ °C bei $t_a = 40$ °C für tropische Klimaverhältnisse verlangt. Die französische Norm [*61*] sieht $t_i = +5$ °C, für $t_a = +30$ °C bzw. +40 °C vor. Die amerikanischen und englischen Prüfvorschriften verlangen $t_i = 6{,}7$ °C (44 °F) bei $t_a = 32{,}2$ °C (90 °F) bzw. 43,3 °C (110 °F). In der Praxis sind die Temperaturen t_i aber wesentlich niedriger, meist zwischen 2 und 3 °C.

Abb. 12. Die in einen Kühlschrank von 250 *l* Inhalt eindringende Wassermenge abhängig von der Türöffnungsdauer und der relativen Luftfeuchtigkeit. Zahl der Türöffnungen 80/24 h, Umgebungstemperatur 32,2°C, *a* Taupunkt der Luft 25,5°C, *b* Taupunkt der Luft 15,5°C.

Wesentlich schwieriger ist die Berechnung der Wärmebelastung durch Beschickung Q_2. Diese wird maßgeblich durch die Zahl und Dauer der Türöffnungen bestimmt, da jedesmal eine von der Temperatur und Luftfeuchtigkeit abhängige Wärmemenge als Warmluft und Wasserdampf in das Schrankinnere eindringt (Abb. 12 und 13).

Die Wärmemenge hängt stark von der Luftfeuchtigkeit ab und wächst mit der Öffnungszeit nicht linear. In praktischen Untersuchungen wurde festgestellt, daß die Kühlschranktür 10- bis 100mal täglich geöffnet wird. Die Öffnungszeit schwankt zwischen 8 und 23 s [*62*]. Sind Kinder im Haushalt, kann die Zahl der Türöffnungen bis 140 steigen. Diese Bedienung konzentriert sich auf einen Zeitraum von maximal 16 Stunden. Die Türen von Gefrierfächern werden (z. B. in den USA) etwa 25mal täglich geöffnet, also häufiger, als man zunächst annehmen sollte. Es wird empfohlen, für die Berechnung und Prüfung pro Türöffnung je 10 s Dauer anzusetzen [*63, 64*]. Für die Beschickung mit Lebensmitteln läßt sich kaum ein vernünftiger Mittelwert angeben, da dieser stark von den Lebensgewohnheiten (z. B. großer Konsum an gekühlten Getränken) und der Familiengröße abhängt. Bei verschiedenen Herstellern werden jedoch Beschickungsprüfungen durchgeführt, die einen Hinweis geben. Zum Beispiel wurde eine Liste der Lebensmittel aufgestellt, die ein Durchschnittshaushalt verbraucht und diese dann in der Prüfung durch wassergefüllte Gefäße ersetzt. Es werden Gläser von rd. 0,5 *l* Inhalt und Flaschen von rd. 1 *l* Inhalt verwendet. Die Belastung zu Beginn des Versuches ist bei einem 300 *l*-Schrank ungefähr 30 kg Wasser von 25 °C, in der Folge werden dann Gläser und Flaschen nach einem bestimmten Programm eingebracht und entnommen und außerdem täglich 3mal 0,5 kg Eis ausgefroren [*62*]. Bei anderen Prüfverfahren werden je Liter Schrankinhalt 0,06 *l* Wasser eingebracht und jeden

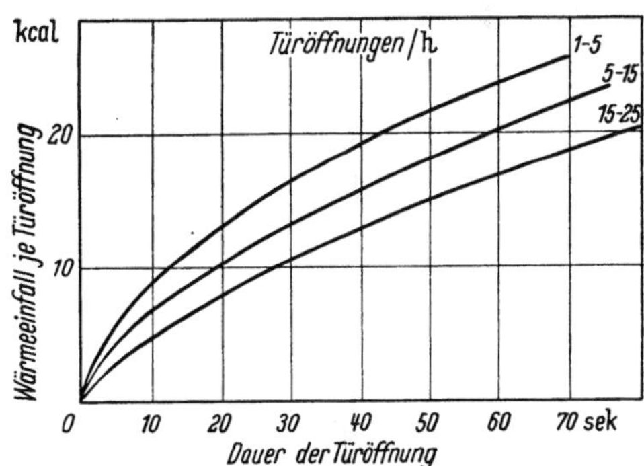

Abb. 13. Wärmeeinfall in einen Kühlschrank von 600 *l* Inhalt abhängig von der Zahl und Dauer der Türöffnungen. Umgebungstemperatur 30°C, relative Luftfeuchtigkeit rd. 50%.

Tag $^1/_6$ der Beschickung erneuert. Außerdem wird die Kühlraumluft noch mit nassen Tüchern befeuchtet, um eine dem normalen Gebrauch ähnliche Bereifung des Verdampfers zu erhalten [*65*].

Ein Vergleich dieser verschiedenen Belastungsprüfungen zeigt, daß die Wärmebelastung bei $Q_2 = 5$ bis 15 kcal/h je 100 *l* Schrankinhalt liegt. In einer Reihe von Prüfvorschriften [*60, 42, 65, 66*] sind daher elektrische Belastungen an Stelle der Beschickung vorgesehen, die zwischen 0,06 W/*l* und 0,16 W/*l* liegen. Diese elektrische Belastung ergibt sowohl für die Prüfung wie die Berechnung der Kältemaschinenleistung sehr gute Anhaltswerte. Den Einfluß der elektrischen Belastung auf die relative Laufzeit der Kältemaschine zeigt Abb. 14. Die in DIN 8950 [*60*] festgelegte Belastung von 0,06 W/*l* Nettoinhalt wird seit 10 Jahren bei Prüfungen angewendet. Die danach geprüften Haushaltkühlschränke haben in der Praxis durchaus befriedigt.

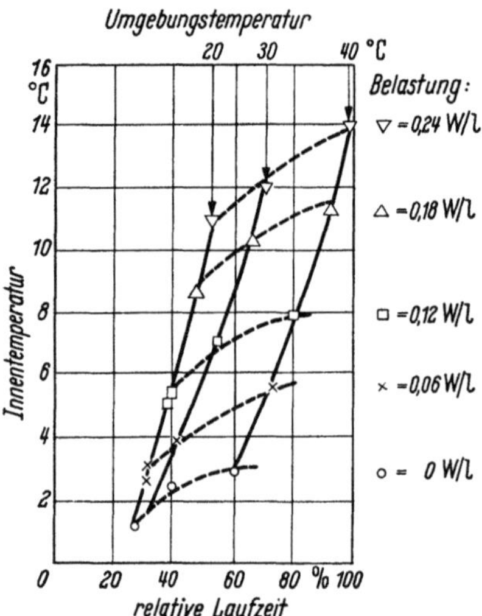

Abb. 14. Belastungskennlinien für einen Kühlschrank von 600 *l* Inhalt, abhängig von der Umgebungstemperatur und der elektrischen Belastung.

d) Der Verdampfer muß so groß sein, daß die der Kälteleistungsberechnung zugrunde gelegte *Verdampfungstemperatur* nicht unterschritten wird. Da die Temperatur der Verdampferoberfläche die relative Luftfeuchtigkeit im Schrankinneren maßgeblich bestimmt, muß die Verdampfungstemperatur nach unten begrenzt werden. Es werden Werte zwischen —15 bis —20 °C empfohlen. Bei der Berechnung des Verdampfers muß die Beeinflussung der Konvektionsströmung durch Einbauart, Tropfschale und Bauform beachtet werden. Untersuchungsergebnisse darüber sind bei Gutschmidt [*39*] und Schmidt [*59*] zu finden. Die Wärmedurchgangszahlen *k* für nicht künstlich belüftete Verdampfer liegen zwischen 5 bis 7 kcal/m² h °C. Einen Anhaltspunkt für die Größe des Verdampfers gibt Abb. 15.

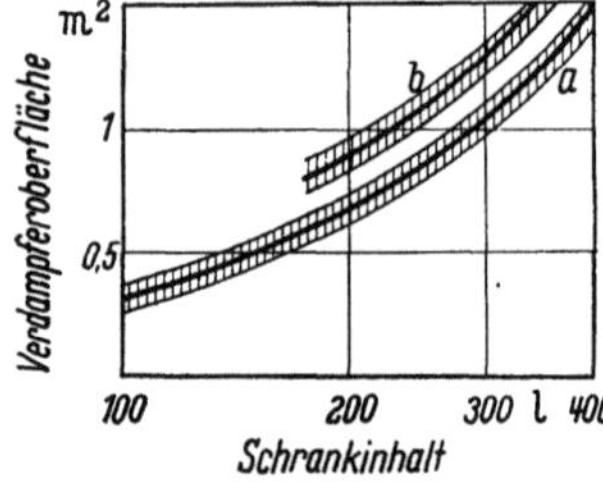

Abb. 15.
Die für Haushaltkühlschränke benötigte Verdampfergröße.
a U-Form- und Plattenverdampfer,
b Kastenverdampfer als Tiefkühlfach.

e) Die *Regeleinrichtung* für die Schrankinnentemperatur muß für einen sehr weiten Bereich der Außentemperatur von rd. 10 bis 40 °C bzw. 43 °C und der Belastung vom leeren, ungeöffneten Schrank bis zur Spitzenbelastung bemessen sein. Üblicherweise werden zur Regelung Verdampferthermostate verwendet, deren Fühler an einer geeigneten Stelle des Verdampfers befestigt sind. Die Verdampfertemperatur ist bei der fast durchweg eingebauten Kapillarrohrdrosselung des Kältemittels von der Innentemperatur und Beschickung des Schrankes sowie der jeweiligen Kälteleistung der Kältemaschine abhängig. Der Thermostat muß deshalb einen genügend großen Verstellbereich haben, um den verschiedenen Betriebsverhältnissen angepaßt werden zu können. Häufig ist noch erwünscht, daß der Thermostat erst dann wieder die Kältemaschine einschaltet, wenn der Verdampfer über 0 °C erwärmt und damit abgetaut ist. Dies erfordert zwischen Ein- und Ausschaltpunkt eine große Schaltdifferenz. Üblicherweise haben die Thermostaten Schaltdifferenzen von 10 bis 15 ° und einen Verstellbereich von 5 bis 10 °. Der Thermostat wird so ausgewählt, daß bei rd. 10 bis 15 °C Außentemperatur der ungeöffnete, leere Schrank bei wärmster Einstellung noch nicht unter 0 °C abgekühlt wird und daß bei einer Außentemperatur von +32 °C der Schrank mit Belastung auf eine Temperatur unter 6 °C eingeregelt werden kann.

Normalerweise überwiegen bei der Berechnung eines Haushaltkühlschrankes die wirtschaftlichen und marktpolitischen Fragen die technischen bei weitem. Die Kälteleistung des jeweils günstigsten Kältekompressors liegt fest. (Tab. 7).

Tabelle 7. *Kälteleistungsbereich von gekapselten Motorverdichtern für Haushaltkühlschränke.*

Antriebsleistung (PS)	Kälteleistungsbereich bei $t_0 = -10$°C; $t = +40$°C (kcal/h)
$^1/_{10}$	80 bis 120
$^1/_8$	140 bis 180
$^1/_6$	200 bis 250

Die Größe des Schrankes und seine Ausstattung werden durch die Marktanforderungen bestimmt. Es bleibt also dem Berechner nur überlassen, durch Variation der Isolierstärke, der Verdampfergröße, der Kondensatorgröße und

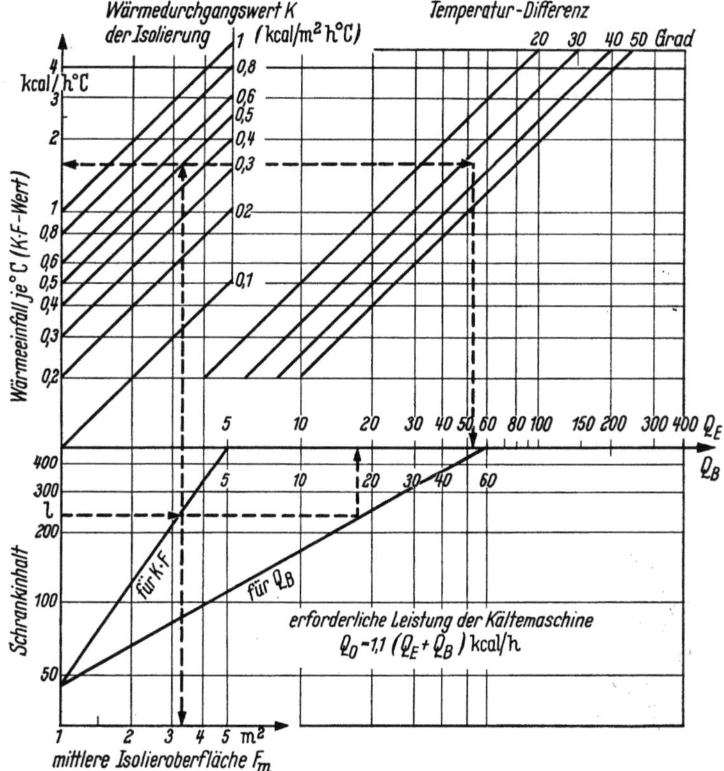

Abb. 16. Nomogramm zur überschlägigen Ermittlung der erforderlichen Kälteleistung für Haushaltkühlschränke. (Erläuterungen im Text.)

evtl. der Kompressorleistung (hier sind aber nur Sprünge von einer Größe zur anderen möglich) die optimale Lösung zu finden. Für überschlägige Rechnungen ist daher das in Abb. 16 dargestellte Nomogramm nützlich. Das Nomogramm ermöglicht für eine bestimmte Schrankgröße oder — bei genauerer Kenntnis der Konstruktion — für eine bestimmte Wärmeeinfallsfläche den Wärmeeinfall Q_1 für verschiedene Isolierwerte und Temperaturdifferenzen und die kalorische Belastung Q_2 zu bestimmen. Die Kälteleistung muß etwa sein:

$$Q_0 = 1{,}1\,(Q_1 + Q_2)\,. \tag{3}$$

In Abb. 16 ist das Berechnungsbeispiel für einen 240 l-Schrank eingezeichnet. Als Isolierung wurde Glaswolle mit $\lambda = 0{,}03$ kcal/m h °C in $\delta = 6$ cm Stärke verwendet ($k = \lambda/\delta = 0{,}5$ kcal/m² h °C). Die mittlere Isolieroberfläche ist $F_m = 3{,}2$ m². Die Temperaturdifferenz zwischen Außen und Innen wird nach DIN 8950 mit $\Delta t = 40 - 8 = 32°$ angenommen. Q_1 ist 52 kcal/h, Q_2 — ebenfalls nach DIN 8950 mit 0,06 W/l eingesetzt — ist 18 kcal/h. Die Kältemaschine muß also mindestens $Q_0 = 80$ kcal/h bei der vorgesehenen Verdampfungstemperatur leisten.

IV. Prüfung von Haushaltkühlschränken.

1. Prüfnormen. Wesentlich wichtiger für die Bemessung und Beurteilung von Haushaltkühlschränken war von jeher die *Prüfung* unter bestimmten Bedingungen. Schon im ersten Jahrzehnt des Bestehens einer nennenswerten Fertigung sind in den USA hierzu sehr wichtige und heute noch gültige Untersuchungen angestellt worden. Für einen objektiven Vergleich wurde eine Verbrauchszahl

$$\sigma = \frac{\text{Wattstundenverbrauch in 24 h}}{\text{Temperaturdifferenz} \times \text{mittl. Kühlschrankfläche}}$$

eingeführt, die der Wärmedurchgangszahl der Isolierung direkt, der Leistungsziffer der Kältemaschine ε umgekehrt proportional ist. Die Beschickung wurde durch eine elektrische Belastung nachgeahmt [*67*]. Auch in Deutschland wurden Mindestnormen mit Meßvorschriften für Energiebedarf, Temperaturen, Belastung gefordert [*68*]. Die wesentlichen, für die weitere Entwicklung maßgeblichen Prüfnormen entstanden in den Jahren 1935 bis 1940. In Tab. 8 wird ein Überblick über solche Prüfnormen gegeben. Neben diesen allgemeingültigen Normen sind eine Reihe von Werksprüfnormen bekannt geworden, bei welchen außer den physikalisch exakt meßbaren Größen noch viele andere Eigenschaften des Kühlschrankes geprüft werden [*62* bis *66*].

Tabelle 8. *Prüfnormen für Haushaltkühlschränke.*

Deutschland

1936 Technische Lieferbedingungen für Elektrohaushaltkühlschränke. Entwurf der VDEW. Revidiert 1952/53. Unveröffentlicht.
1951 Entwurf DIN 8950 — Prüfung von Haushaltkühlschränken. Kältetechn. Bd. 3 (1951) S. 17—63.
1953 DIN 8950, 1. Ausgabe. Berlin 1953.
1955 VDE 0730, Teil 1 und 2. — Vorschriften für Geräte mit elektromotorischem Antrieb für den Hausgebrauch und ähnliche Zwecke. Wuppertal und Berlin 1955.
1960 DIN 8950, 2. Ausgabe. Berlin 1960.

Frankreich

1949 Cahier des Charges et Code d'essais des Réfrigateurs ménagers à compression et à absorption. Rev. Gén. du Froid Bd. 27 (1950) H. 8.
1958 NF D 38-301. Paris 1958.

England

1940 BS 922 — 1940, Domestic electrical refrigerators.
1959 BS 1691 — 1959, — Electrical Refrigerators and freezers for househould use. British Standard Institution, London.

Tabelle 8. (Fortsetzung).

Schweiz

1937 Publ. No. 136, SEV Vorschriften und Regeln für elektrische Haushaltungskühlschränke. Bull. SEV (1937) Bd. 16, S. 382ff.

USA

1937 Test code for mechanically operated household refrigerators. Publ. by Techn. Comitee of NEMA. Refr. Engng. Bd. 36 (1937) H. 3, S. 157—169.

1947 ASA-B 38. 2/44. American standard test procedures für household refrigerators (mechanically operated).

1950 NEMA-Standard method of computing foodstorage-volume and shelf area of automatic household refrigerators. Air cond. Refr. News vom 31. 7. 1950, S. 17.

1955 Revidiert zu ASA-B 38. 1/55.

1956 ASA-B 38. 2/56, revidierte ASA-B 38. 2/44.

International

1953 Publikation No. 10 der CEE (Internationale Commission für Regeln zur Begutachtung elektrotechnischer Erzeugnisse). Anforderungen an Geräte mit elektromotorischem Antrieb für den Hausgebrauch und ähnliche Zwecke. Deutsche Übersetzung. Wuppertal und Berlin 1953.

Bei der Entwicklung eines neuen Kühlschrank-Modells müssen geprüft werden [*69*]:

a) Relative Laufzeit, Innentemperatur, Regelbarkeit bei hohen und tiefen Außentemperaturen,

b) Verhalten bei Belastung mit elektrischer Energie oder — wegen der einsetzenden Bereifung des Verdampfers noch besser — mit offenen Gefäßen gefüllt mit Wasser,

c) Inneres und äußeres Schwitzen, Wärmebrücken,

d) Bereifungs- und Abtauverhalten. Relative Luftfeuchtigkeit im Schrankinnern, Tauwasserabführung, Tauwasserverdunstung,

e) Geschmacks- und Geruchsübertragung,

f) Geräusche,

g) Abkühlung, Eisbereitung, Anlauf bei Über- und Unterspannung, Wiederanlauf nach kurzer Standzeit.

In Anlehnung an die vorhandenen Prüfnormen resultiert daraus etwa das folgende Prüfprogramm:

Prüfraumtemperatur (°C)	Art der Prüfung	Zweck der Prüfung
15	keine Last	Regelfähigkeit des Thermostaten, Füllung. Temperaturen in den Fächern.
15	Eisbereitung	Verdampferoberflächentemperatur. Eisleistung.
25	keine Last	Regelfähigkeit des Thermostaten. Temperaturen in den Fächern. Energiebedarf.
40 bzw. 43	ohne Last Abkühlung	Relais, Überstromauslöser. Wicklungstemperatur. Maximale Verflüssigungstemperatur.
40 bzw. 43	keine Last	Regelfähigkeit des Thermostaten. Füllung. Temperatur in den Fächern. Vorprüfung der Leistungsfähigkeit der Kältemaschine.
40 bzw. 43	mit Last	Leistungsreserve. Bereifungsverhalten des Verdampfers. Abtauvorrichtung.
40 bzw. 43	Eisbereitung	Eisleistung bei Maximalbedingungen.
32	mit Feuchtlast (nasse Tücher) und Türöffnen	Reifbildung, Abtauung, Wasserabfuhr und ggf. dessen Verdunstung. Temperaturen in den Fächern.

Die Einrichtung der Prüfräume ist in den meisten Prüfnormen vorgeschrieben: die Temperatur und oft auch die relative Luftfeuchtigkeit muß in engen Grenzen regelbar sein, z. B. dürfen nach DIN 8950 die Abweichungen nicht über

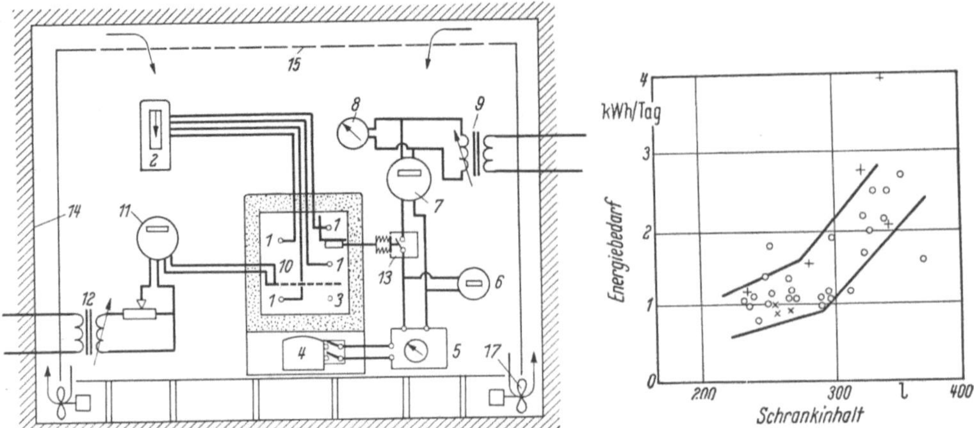

Abb. 17. Meßanordnung zur Prüfung von Haushaltkühlschränken (Schema).

1 Temperaturmeßstellen, *2* Temperaturschreiber, *3* Vergleichs-Temperatur-Meßstelle, *4* Kältemaschine, *5* Widerstandsmeßbrücke zur Temperaturmessung der Wicklung, *6* Laufzeitzähler, *7* Energieverbrauchszähler, *8* Spannungsmesser, *9* Spannungsregler, *10* Heizrost, *11* Heizlastzähler, *12* Regeltransformator, *13* Thermostat, *14* Meßraum mit isolierten Wänden, *15* Lochdecke, *17* Ventilatoren zur Luftzirkulation.

Abb. 18. Energiebedarf von 37 amerikanischen Haushaltkühlschränken.
○ übliche Ausrüstung,
× ohne Abtauschalter,
\+ mit Gefrierfach.

$\pm 0{,}5$ °C, der Temperaturgradient nicht größer als 1 °/m sein. Für die Temperaturmessung sind Meßvorrichtungen vorgeschrieben, z. B. Thermoelemente mit einer wärmeträgen Masse. Eine typische Meßanordnung ist in Abb. 17 wiedergegeben.

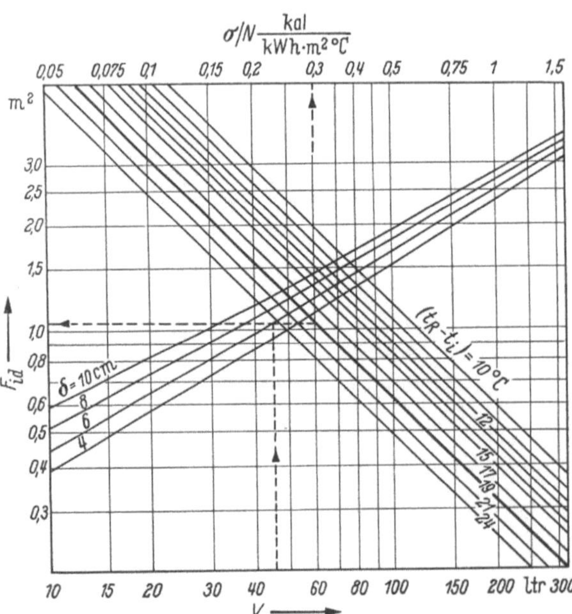

Für vergleichende Prüfungen genügt die Standardisierung der Prüfmethoden allein nicht. Zum Beispiel ist der Energieverbrauch nur sehr wenig von der Schrankgröße abhängig, wie Abb. 18 zeigt. Schmidt [*59*] hat hierfür die schon von Philipp und Spreen hergeleitete Verbrauchszahl σ als Wertmaß aufgegriffen und für den Fall einer Wärme-

Abb. 19. Nomogramm zur Bestimmung der Verbrauchszahl δ von Haushaltkühlschränken nach [*59*].

N Tagesverbrauch in kWh, σ mittlere Isolierstärke, $t_R - t_i$ Temperaturdifferenz zwischen Raumtemperatur und Kühlschrankinnentemperatur, F_{id} mittlere (idealisierte) Kühlschrankoberfläche.

belastung des Schrankes neu abgeleitet. Deckt die Kältemaschine lediglich die Verluste durch den Wärmeeinfall Q_1, ist

$$\sigma = \frac{860 \cdot N}{6 \cdot 24 \left(t_R - t_i\right) \left(\sqrt[3]{V} + \delta\right)^2}$$
$$= \frac{k}{\varepsilon} \left[\frac{\text{kcal}}{\text{m}^2\,\text{h}\,{}^\circ\text{C}}\right]. \tag{4}$$

Muß außerdem noch die Beschickungsbelastung Q_2 abgeführt werden, ist

$$\sigma_b = \frac{k}{\varepsilon} \cdot \left[1 + \frac{q_b}{6 \cdot k \cdot (t_R - t_i)} \cdot \frac{\sqrt[3]{V}}{\left(1 + \frac{\delta}{\sqrt[3]{V}}\right)^2}\right]. \tag{5}$$

q_b ist die auf den Liter Schrankinhalt bezogene stündliche Wärmebelastung durch die Beschickung, z. B. nach DIN 8950 $q_b = 0{,}0516$ kcal/l h. In Abb. 19 ist ein Nomogramm zur Bestimmung der Verbrauchszahl σ wiedergegeben.

2. *Prüfergebnisse* an Haushaltkühlschränken sind an verschiedenen Stellen veröffentlicht worden [*38, 59, 66*]. Am aufschlußreichsten sind die Vergleichsmessungen an 100 Haushaltkühlschränken im Kältetechnischen Institut in Karlsruhe [*59*]. In den Abb. 20 bis 22 sind die Ergebnisse als Häufigkeitskurven wiedergegeben. Diese weisen aus, wieviel Prozent der insgesamt untersuchten Schränke den auf der Ordinate

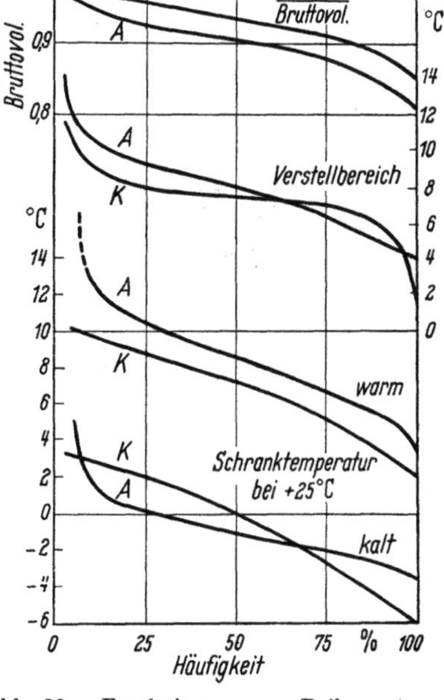

Abb. 20. Ergebnisse von Reihenuntersuchungen an insgesamt 100 Haushaltkühlschränken nach [*59*], dargestellt als Häufigkeitsverteilung folgender Meßwerte: Häufigkeit des Verhältnisses $\frac{\text{Nettovolum}}{\text{Bruttovolum}}$ als Maß der Raumausnutzung. Breite des Verstellbereichs des Thermostaten. Temperatur im Schrankinnern bei wärmster und kältester Stellung des Thermostaten bei einer Meßanordnung nach DIN 8950 und 25 °C Raumtemperatur.
A Absorptionskühlschränke,
K Kompressionskühlschränke.

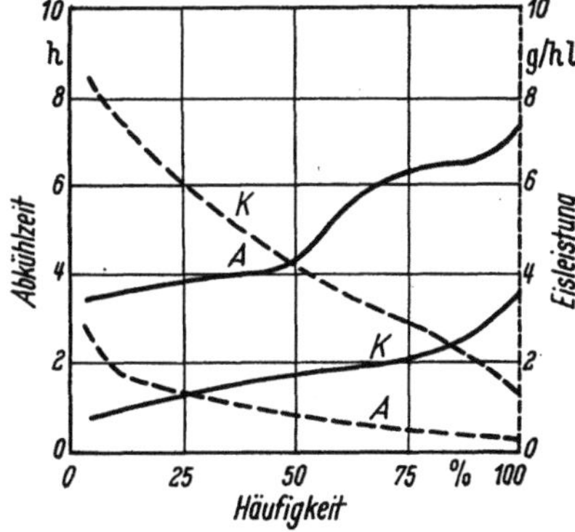

Abb. 21.
Ergebnisse von Reihenuntersuchungen an insgesamt 100 Haushaltkühlschränken nach [*59*], dargestellt als Häufigkeitsverteilung folgender Meßwerte:
Häufigkeit des Erreichens einer bestimmten Abkühlzeit nach DIN 8950 (———), Eisgefrierleistung (– – – –),
A Absorptionskühlschränke,
K Kompressionskühlschränke.

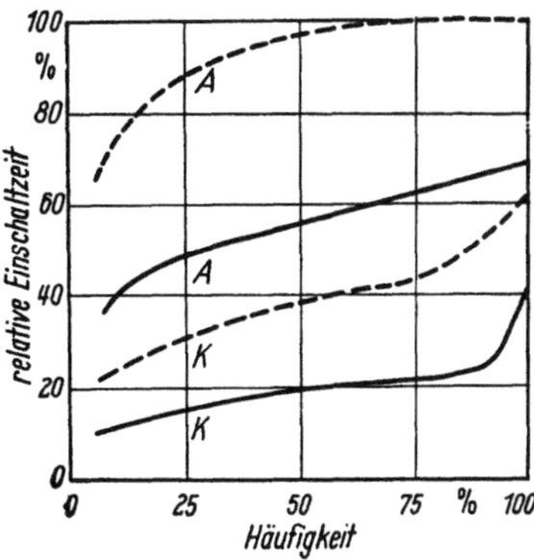

Abb. 22.
Ergebnisse von Reihenuntersuchungen an insgesamt 100 Haushaltkühlschränken nach [*59*], dargestellt als Häufigkeitsverteilung folgender Meßwerte:
Häufigkeit einer bestimmten relativen Einschaltzeit des Kältesatzes, bei Normalbedingungen nach DIN 8950 (25 °C Raumtemperatur, 6 °C Innentemperatur) (————), bei Maximallast nach DIN 8950 (30 °C Raumtemperatur, 6 °C Innentemperatur.) (– – – –), *A* Absorptionskühlschränke,
K Kompressionskühlschränke.

eingetragenen Meßwert über- oder unterschritten haben. Schneidet man die Häufigkeitsbereiche 0 bis 10% und 90 bis 100% als die Felder, in denen die guten oder schlechten „Ausreißer" liegen, ab, dann erfaßt man im Mittelstück der Kurven $^4/_5$ aller Werte und kann jeweils auf der Ordinate den Streubereich und den Mittelwert bei 50% Häufigkeit ablesen. Diese Werte sind auch in Tab. 9 zusammengestellt. Die Ergebnisse an amerikanischen Schränken weichen hiervon nicht erheblich ab. Kleinere Kompressor-Kühlschränke von 100 bis 250 *l* Inhalt haben bei 25 °C einen Energieverbrauch von 0,4 bis 1,0 kWh/24 h, größere amerikanische Schränke von 200 bis 300 *l* Inhalt bei 32 °C einen solchen von 1,0 bis 2,0 kWh/24 h. Die relative Einschaltdauer der Kältemaschine ist bei Tropenbedingungen etwa 50 bis 60%. Bei den europäischen Modellen wird die gleiche Leistungsreserve für das hiesige, gemäßigte Klima vorgesehen. Die Abkühlzeit ist generell etwa 2 Stunden.

Tabelle 9. *Mittel- und Grenzwerte als Ergebnisse der Reihenuntersuchung.*

		Mittlerer Wert	Abweichung nach oben	Abweichung nach unten
Hauptmaße im Schrank			+ 3 mm	−3 mm
Verhältnis $\frac{\text{Nettovolum}}{\text{Bruttovolum}}$	A	0,905	+ 5%	−6%
	K	0,93	+ 4%	−5%
Verstellbereich des Thermostaten	A	+8,0 °C	+ 2,7 °C	−2 °C
	K	+7,3 °C	+ 0,9 °C	−2,4 °C
Wärmste mittlere Kühlschranktemperatur bei Normalbedingungen	A	+8,5 °C	+ 4,5 °C	−3,2 °C
	K	+7,2 °C	+ 2,5 °C	−3,7 °C
Kälteste mittlere Kühlschranktemperatur bei Normalbedingungen	A	−1,0 °C	+ 3,8 °C	−1,8 °C
	K	0,0 °C	+ 3,0 °C	−4,8 °C
Relative Einschaltzeit bei Normalbedingungen	A	55%	+ 20%	−27%
	K	19%	+ 32%	−40%
Relative Einschaltzeit bei Maximallast	A	96%	+ 4%	−23%
	K	39%	+ 33%	−41%
Abkühlzeit	A	4,4 h	+ 50%	−28%
	K	1,7 h	+ 59%	−47%
Eisleistung	A	0,8 g/*l* h	+137%	−56%
	K	4,2 g/*l* h	+ 83%	−50%
Verbrauchszahl bei Normalbedingungen	A	$2{,}57\ \frac{\text{kcal}}{\text{m}^2\ \text{h}\ ^\circ\text{C}}$	+ 34%	−14%
	K	$0{,}56\ \frac{\text{kcal}}{\text{m}^2\ \text{h}\ ^\circ\text{C}}$	+ 79%	−41%
Verbrauchszahl bei Maximallast	A	3,55	+ 20%	−27%
	K	0,85	+ 59%	−35%

A Absorptionskühlschränke; K Verdichterkühlschränke.

V. Konstruktion und Fertigungsmethoden.

1. Konstruktion, Aufbau.

Die Konstruktion der Haushaltkühlschränke ist stark abhängig von den verwendeten Materialien und den Fertigungsmethoden. Mit dem Übergang zur Massenfertigung wurde die bis in die dreißiger Jahre allgemein verwendete Holzgerüst-Blechschalen-Bauweise, die beim Bau von Gewerbeschränken und Verkaufskühlmöbeln heute noch vorherrschend ist (s. S. 84), verlassen zugunsten der Ganzmetallbauweise in der Art der frei tragenden Karosserie im Fahrzeugbau. Grundlegende Konstruktionsfaktoren sind [*70, 71, 72*]:

weitgehende Verwendung genormter Werkstoffe und Vorprodukte, Einhaltung durch die Vorfertigung gegebener Maße (z. B. Blechbandbreite),

Anwendbarkeit typischer Fertigungseinrichtungen für große Stückzahlen, z. B. Spritzguß für Kunststoffteile,

kleinste Anforderung an Maßhaltigkeit der Einzelteile, um bei Massenfertigung einfache Fertigungsmethoden und kleine Ausschußquoten zu ermöglichen.

Für das *Außengehäuse* sind je nach der grundlegenden Form als Schrank oder als Tischkühlschrank 2 Konstruktionsformen zu unterscheiden: Bei Schränken ist das Hauptstück ein u-förmig gebogenes Mantelblech, das die beiden Seitenwände und die obere Decke des Schrankes bildet. Die Seitenwände sind bis zum Boden heruntergezogen zur Verkleidung des Maschinenfaches. Das oft zur Verstärkung gesickte Rückwandblech und das je nach der Form des Maschinenfaches abgekantete Bodenblech werden mit dem Mantelblech durch Punktschweißung verbunden. Da die Vorderfront des Gehäuses, an welchem der Kühlgutbehälter befestigt wird, besonders stabil sein muß, erhält das Mantelblech vorn einen Doppelfalz, der eine erhöhte Festigkeit ohne zusätzlichen Rahmen und gleichzeitig eine günstige Befestigungsmöglichkeit für den Kühlgutbehälter ergibt. Neuerdings sind die dabei erforderlichen Rundungen von wenigstens 50 mm Radius zwischen Seitenwänden und Decke durch den neuen, scharfkantig-winkligen Stil der Kühlschränke der Baujahre ab 1959 verdrängt worden durch eine abgewandelte Bauweise, bei welcher der Doppelfalz an den Abkantungen zwischen Seitenwand und Decke ausgeklinkt und nach dem Biegen von Hand autogen nachgeschweißt wird. Dieser Arbeitsgang macht ein nachträgliches „Verputzen" der Schweißnaht (Nachschleifen von Hand) erforderlich.

Bei Tischkühlschränken werden die Seitenwände, Boden und Rückwand entweder einzeln hergestellt und anschließend durch Punktschweißung verbunden oder das Gehäuse wird in der Form eines liegenden U hergestellt. Auch in diesem Fall sind zur Versteifung an der Vorderfront Doppelfalze erforderlich. Die Tischplatte, die in den meisten Fällen aus einer mit Melaminharz beschichteten Holzspanplatte besteht, wird bei einigen Konstruktionen auf das allseitig abgeschlossenes Blechgehäuse aufgeschraubt, bei anderen bildet die Tischplatte selbst mit einer entsprechenden Abdichtung die obere Abdeckung des Gehäuses. Diese Konstruktion ermöglicht die Ausbildung relativ scharfkantiger Formen.

Der *Kühlgutbehälter* besteht entweder aus emailliertem Stahlblech oder aus Kunststoff. Bei ersterem werden Rückwand und Seitenwände aus einem Stück gebogen und Boden und Decke nach dem Rollnahtverfahren eingeschweißt. Diese Behälter, die an den 4 Ecken im Außengehäuse aufgehängt werden müssen, erfordern dort ebenfalls in den vier vorderen Ecken angebrachte Aufhängewinkel, die so konstruiert sein müssen, daß zwischen Kühlgutbehälter und Außengehäuse keine Wärmebrücke entsteht. Es werden zu diesem Zweck Zwischenlagen aus

Kunststoff verwendet. Ebenso muß der vordere Spalt mit Kunststoffleisten abgedeckt werden. In den Seitenwänden müssen Löcher für die Rostauflage, an der Decke solche für die Verdampferaufhängung vorgesehen werden. Die Kunststoffbehälter werden entweder aus Platten im sog. Vakuumziehverfahren tiefgezogen oder in einem Stück gespritzt. Beim Tiefziehverfahren muß bei der Formgebung der Materialfluß beim Ziehen und die Ausformmöglichkeit beachtet werden. Scharfe Kanten und starke Verformungsgrade sind nicht möglich. Die größten Ziehtiefen liegen bei etwa 500 mm. Die Behälter können aber so konstruiert werden, daß die Rostauflage und der vordere Abdeckrahmen schon eingeformt sind. Sie sind deshalb in der Fertigung erheblich billiger als Stahlblechbehälter (Abb. 23).

Abb. 23. Aus einer Polystyrol-Platte im Vakuumtiefziehverfahren hergestellter Kühlgutbehälter für Haushaltkühlschränke.

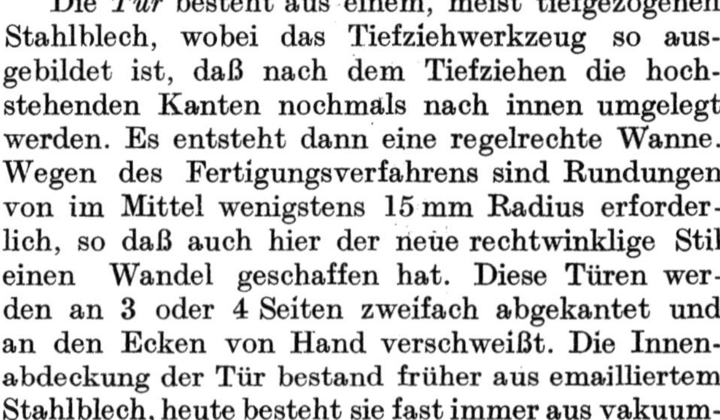

Die größten Möglichkeiten in der Gestaltung bietet das Spritzgußverfahren. Allerdings sind die Formen sehr teuer, so daß für die Amortisation erhebliche Fertigungsstückzahlen erforderlich sind. Es können aber in solche Behälter alle Befestigungselemente für Roste, Verdampfer, Klappen usw. mit eingeformt und außerdem nahezu scharfkantige Abmessungen erreicht werden.

Die *Tür* besteht aus einem, meist tiefgezogenen Stahlblech, wobei das Tiefziehwerkzeug so ausgebildet ist, daß nach dem Tiefziehen die hochstehenden Kanten nochmals nach innen umgelegt werden. Es entsteht dann eine regelrechte Wanne. Wegen des Fertigungsverfahrens sind Rundungen von im Mittel wenigstens 15 mm Radius erforderlich, so daß auch hier der neue rechtwinklige Stil einen Wandel geschaffen hat. Diese Türen werden an 3 oder 4 Seiten zweifach abgekantet und an den Ecken von Hand verschweißt. Die Innenabdeckung der Tür bestand früher aus emailliertem Stahlblech, heute besteht sie fast immer aus vakuumverformten Kunststoffplatten, in welche Vertiefungen für Etageren, Butter- und Käsefach, Eierleisten usw., schon eingeformt sind. Beide beschriebenen Teile werden längs der Türblechumkantung unter Zwischenlage der Türdichtungsleiste miteinander verschraubt.

Alle *Blechteile* werden sorgfältig gegen Korrosion geschützt. Dazu wird z. B. zunächst gebondert und dann, meist mehrfach, lackiert. Die Decklackschicht ist für das Aussehen des Kühlschrankes mitbestimmend und muß daher glatt und fehlerlos sein. Je nach dem angewendeten Lackierverfahren (Tauchen, Spritzen) müssen die Teile auch lackiergerecht ausgebildet sein.

Die Verbindungselemente zwischen den oft aus verschiedenen Werkstoffen bestehenden Teilen müssen für die Massenfertigung geeignet sein. Stahlblech auf Stahlblech wird nach Möglichkeit punktgeschweißt und — wenn erforderlich — nachträglich durch Ausgußmasse abgedichtet. Für viele Zwecke ist auch die Bördelfalzung (Konservendosenverschluß) in verschiedenen Formen gut einsetzbar; sie ergibt dichte Nähte. Bei Verbindung von Kunststoff mit Blechen oder Kunststoffen untereinander werden Schrauben mehr und mehr durch Nieten — insbesondere einseitig bearbeitbare, sog. „Popp-Nieten" — und verschiedenartig geformte Klemmen, die sog. „Speed-nuts" ersetzt. Insbesondere letztere sind für alle Arten von Aufgaben, wie Feststellen von Schraubenmuttern, zum Festklemmen von Stiften, zum Anklemmen von Dichtungen usw. entwickelt worden [*73*].

2. Werkstoffe.

Für den Kühlschrankbau werden Metalle, Kunststoffe, Gummi-, Isolier- und Klebstoffe, Dichtungsmittel, Lacke aller Art und ggf. Emaille eingesetzt. In großen Zügen ist zu unterscheiden in Konstruktionswerkstoffe, die bestimmte Festigkeitseigenschaften haben müssen, Isolierstoffe und Oberflächenschutz- oder Verbesserungsstoffe, die nach Korrosionsschutz, Festigkeit und Aussehen ausgewählt werden. Ein besonderer Hinweis ist für den Einsatz von Kunststoffen und Isolierstoffen erforderlich.

Vor dem zweiten Weltkrieg ist im Kühlschrank etwa ½ kg Kunststoffe, hauptsächlich für einige Abdeckungen verwendet worden. Nach dem Krieg war die Kunststofftechnik wesentlich weiter entwickelt, die Verwendung auf 1 ½ bis 2 kg angestiegen. Im Jahre 1953 waren es schon 7 bis 8 kg pro Schrank [*74*]. Heute gibt es Schränke, die nahezu gänzlich aus Kunststoffen hergestellt sind (s. S. 49). Sehr wichtig für die Konstruktion ist die Kenntnis der Materialeigenschaften und der möglichen Fertigungsverfahren [*75*]. Für letztere sind die Materialstärke, die Größe des Formteiles und die herzustellende Stückzahl maßgeblich; so kann z. B. beim Spritzguß kaum eine dünnere Wandstärke als 0,5 mm hergestellt werden. Bei größeren Formstücken wächst die Größe der Spritzgußmaschinen zu rasch an, so daß heute die Grenze bei etwa 1 m² projizierter Fläche liegt. Es ist dann vorteilhafter, von der vorgeformten Platte auszugehen und mit wesentlich billigeren Vakuumformwerkzeugen zu arbeiten. Nachteilig bei Kunststoffen ist das Verschmutzen durch elektrostatische Aufladung. Für den Transport und die Zurschaustellung des Schrankes kann mit „*Antistatics*" die Verstaubung verhindert werden. Dies sind meist in Wasser lösliche Chemikalien, die in dünner Schicht auf den Kunststoffteilen aufgebracht, eine elektrostatische Aufladung durch sofortiges Ableiten der Ladungen verhindern. Im praktischen Betrieb wird so häufig gereinigt, daß diese Erscheinung keine Rolle spielt [*76*].

Von den verschiedenen, in der Kältetechnik bekannten *Isolierstoffen* [*77*] werden nur einige im Kühlschrank benutzt. Nach dem Krieg wurden noch Baumwolle, Kapok, Holzfasern und Harnstoffschäume verwendet [*78*]. Diese verschwanden aber schnell, da sie den Anforderungen, nämlich mechanisch und chemisch stabil, geruchlos, feuchtigkeitsunempfindlich, schimmel- und bakterienfest zu sein, nicht entsprachen [*79*]. Heute wird hauptsächlich Glas- und Steinwolle verwendet, wobei durch feineres Verspinnen der Fäden (Durchmesser $< 1\,\mu$) dichteres und sorgfältigeres Isolieren und durch Verwendung kunstharzgebundener Platten die Isolierdicke bis auf *5 cm* reduziert werden kann. Da die Isolierung immer noch mehr als 50% des Volums eines Kühlschrankes beansprucht, wird nach neuen Isolierstoffen gesucht (s. S. 49) [*80*]. Hierbei spielen die Kunststoffschäume eine wesentliche Rolle.

Im folgenden wird ein Überblick über die heute gebräuchlichsten Werkstoffe gegeben:

a) Stahlblech, z. B. nach DIN 1623, St V bis St VIII, 0,5 bis 2 mm dick, bevorzugt 0,75, 0,88, 1,00 mm, je nach Verformungsgrad und Beanspruchung. Oberflächenschutz durch Emaillierung mit säurebeständiger, schlagfester Emaille oder Lackierung nach vorhergehender Entfettung und Phosphatierung im allgemeinen mit Einbrennlack. Etwa 80% Formate nach Zeichnung, 20% Normalformat 1 × 2 m².

b) Aluminium für Verdampfer, Zierleisten, Abdeckungen usw., im allgemeinen Eloxalqualitäten. Im Inneren des Kühlschrankes im allgemeinen eloxiert, z. T. lackiert.

c) **Kupfer** und Kupferlegierungen werden im allgemeinen nur mit Oberflächenschutz eingesetzt. Zum Beispiel Tombakverdampfer, Firmenzeichen, Zierleisten.

d) **Kleinteile,** wie Schrauben, Muttern, Federn aus Stahl. Oberflächenschutz bei nicht sichtbaren Teilen: galvanisch verzinkt oder vercadmiert und meistens bichromatiert; an sichtbaren Stellen: im allgemeinen verchromt, teilweise auch Verwendung polierter rostfreier Stähle.

e) **Kunststoffe** [*75*]. Vorwiegend *Thermoplaste* als Spritzteile oder Platten. *Polystyrole* werden z. B. für Gemüseschalen, Deckel, im allgemeinen in Normalqualität, für mechanisch stärker beanspruchte Teile, wie Etagerenbügel, Kühlgutbehälter und Türinnenverkleidungen, als schlagfeste Polystyrole (Polystyrol-Butadien), im Vakuum verformt oder aus Granulat gespritzt, verwendet. *Polyamide* werden eingesetzt, z. B. als Scharniere oder Scharnierteile und im Schloßmechanismus. *Polyäthylene* werden verwendet für Abdeckplatten, Auflagestifte usw. *Polyvinylchlorid* wird als Weich-PVC z. T. als Blendrahmen oder als Dichtungsleisten verwendet. PVC-Mischpolymerisate für Türinnenverkleidungen und Kühlgutbehälter (als Platten im Vakuumverfahren verformt). *Polymethacrylate* werden verwendet für durchsichtige Teile, die eine kratzfeste Oberfläche und eine gewisse Wärmebeständigkeit aufweisen müssen, z. B. wenn sie in heißem Wasser gereinigt werden. In neuester Zeit führen sich dafür auch *Polykarbonate* stark ein. *Duroplaste* finden im Kühlschrankbau direkt keinen Einsatz, lediglich bei Zubehörteilen wie Fassungs- und Schalterkörpern. *Polyesterharze* werden noch nicht verwendet. *Preßstoffe* auf Phenol- bzw. Melaminbasis werden für Abdeckklappen, Schalterknebel und in der Elektrik verwendet. Melaminharzgebundene Papierbahnen oder Holzspäne ergeben die Abdeckplatten für Tischkühlschränke.

f) **Gummi** als Dichtungsmaterial, alterungsbeständig und geruchsfrei, meist in sog. Lebensmittelqualität.

g) **Isolierstoffe** sind fast ausschließlich kunstharzgebundene Matten aus Glas- oder Steinwolle, in Festmasse geschnitten.

h) **Dichtstoffe** [*75*], meist nicht härtbar, üblicherweise aus Kautschuk oder Kunstkautschuk mit entsprechenden Füllstoffen.

i) **Lacke** [*75*, *81*] für Außenoberflächen sind meistens Alkydharze und deren Modifikationen, hochelastisch, haftfest, licht- und chemikalienbeständig. Für Innenteile werden Epoxy-Harzlacke und deren Kombinationen mit Melamin- und Alkydharzen als sehr korrosions- und schlagfeste Überzüge verwendet. Als Emaille werden Zirkon- oder Titan-Fritten verwendet [*82*], die bei etwa 750 bis 800 °C eingebrannt werden.

Sehr wichtig ist die *laufende Überwachung der Werkstoffe*. Bei den riesigen Mengen, die verarbeitet werden, müssen statistische Qualitätskontrollen eingeführt werden, bei welchen z. T. 3 %, z. T. nur 1 % der eingehenden oder gefertigten Stücke geprüft und die Ergebnisse nach statistischen Verfahren ausgewertet werden [*83*].

Für die üblichen Werkstoffe werden dafür meistens die bekannten, genormten Prüfverfahren verwendet.

Die Beurteilung und Überprüfung von Oberflächenschichten und Kunststoffen ist besonders schwierig. Dies um so mehr, als es eine große Zahl von Prüfverfahren gibt, von denen leider nur ein kleiner Teil genormt ist. Zum Beispiel kann bei Lackschichten die Härte nach Buchholz (DIN-Vornorm 53153) geprüft werden. Die Prüfung nach Erichsen (DIN 53156) gibt neben der Gitterschnittprüfung nach DIN 53151 Aufschluß über die Haftfestigkeit. Korrosionsprüfungen können nach dem Salzsprühtest nach DIN 50907 oder nach einem

Tropentest nach DIN 50016 durchgeführt werden. Hinzu kommen Abriebprüfungen, Prüfung auf Porenfreiheit, Schichtdickenmessungen u. a.

Ebenso umfangreich sind die notwendigen Prüfungen an Kunststoffen. Es müssen nicht nur die mechanischen Eigenschaften, sondern auch Geruchsabgabe, physiologische Harmlosigkeit, Tiefziehfähigkeit, Kaltsprödigkeit usw. nachgeprüft werden. Es fehlen hier zum größten Teil noch geeignete und genormte Verfahren. Unter anderem ist zu beachten, daß aus Kunststoffen Weichmacher und Schwermetall-Stabilisatoren in anliegende Lebensmittel diffundieren können. Auch die Ausbildung innerer Spannungen, die z. B. bei Anwendung von Lösungsmitteln zu Spannungsbrüchen führen, muß bei der Verarbeitung beachtet werden.

3. Fertigungseinrichtungen.

Ein Kühlschrank wiegt 40 bis 60 kg. Die in einer Fabrik täglich anfallenden Fertigungsstückzahlen liegen zwischen 500 und 3000. Im Materialtransport müssen deshalb täglich zwischen 20 bis 200 t bewältigt werden. Es werden dafür weitgehend Gabelstapler und Förderbänder eingesetzt. Das Material wird möglichst nahe an der Weiterverarbeitungsstelle eingelagert. Die Eingangskontrolle muß sich auf Stichprobeprüfungen beschränken. Im weiteren Verlauf wird das in Arbeit befindliche Stück je nach Zweckmäßigkeit auf Rollenbahnen, Hängeförderern oder Rutschen weiterbefördert. In einigen Fabrikationsstätten (den am besten organisierten) wird das Werkstück sogar von Hand zu Hand weitergereicht [*85*].

a) Das **Blech** wird zumeist in Fixmassen bezogen, andernfalls am Ende des Blechlagers mit Tafelscheren zugeschnitten. Die zugeschnittenen Blechtafeln werden auf Ziehpressen, Stanzen und Abkantmaschinen verformt, gelocht und gebogen (Abb. 24). Am Gehäusemantel kann der vordere Doppelfalz im Durchlaufverfahren über eine Rollenstrecke abgekantet werden. Der Mantel wird dann

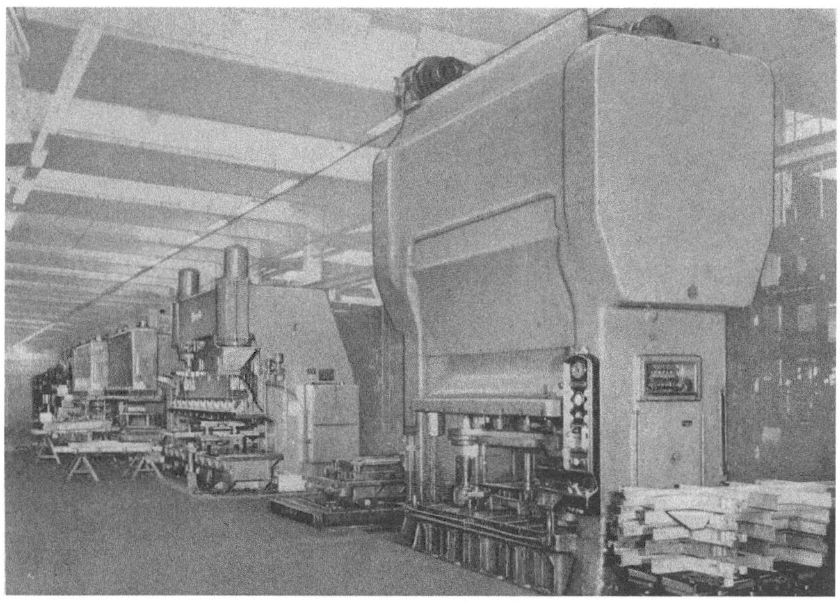

Abb. 24. Pressenstraßen zur Fertigung von Kühlschrankgehäuseteilen. Im Vordergrund eine Tiefziehpresse. Die folgenden Maschinen sind Abkantpressen (Werkphoto Firma Siemens).

auf einer Tangentialbiegepresse zum U verformt. Solche Pressen können waagerecht oder senkrecht arbeitend gebaut werden. Die fertigen Blechteile werden in großen Vorrichtungen durch Punktschweißung verbunden. Bei einfachen Ausführungen wird die Punktschweißzange von Hand nacheinander von Punkt zu Punkt geführt (Abb. 25). Bei großen Stückzahlen lohnen sich Punktschweißautomaten, in denen das ganze Gehäuse auf einmal zusammengeschweißt wird. Soweit die Kühlgutbehälter aus Blech gefertigt werden, werden Boden und Decke auf großen Rollnahtschweißpressen mit den in einem Stück U-förmig gebogenen

Abb. 25. Punktschweißstände für Handschweißzangen zum Zusammenheften der Blechteile eines Tischkühlschrankgehäuses (Werkphoto Siemens).

Seiten- und Rückwänden verbunden [*86*]. Ist das Gehäuse roh fertig, setzt die Oberflächenbehandlung ein. Diese kann nur noch im Durchlaufverfahren beherrscht werden (Abb. 26). Die Teile durchlaufen zunächst eine Bonderanlage mit Entfettung, Phosphatierung, Spülung und Trocknung (Abb. 27) [*87*], dann die erste Farbspritzanlage für Grundlack, die Einbrennstrecke, sodann eine Nacharbeitsstrecke, in der durch Spachteln und Schleifen kleine Lackierfehler behoben werden können, schließlich die Decklack-Spritzzone und die zweite Einbrennstrecke. Vor dem Abnehmen des Teiles (Gehäuse oder Tür) vom Kreislaufförderer wird noch eine Sicht-Endkontrolle eingeschaltet. Für das Lackieren werden mehr und mehr arbeits- und lacksparende Verfahren eingesetzt. Vom ursprünglichen Hand-Pistolenspritzen wurde zunächst auf das automatische Pistolenspritzen übergegangen. Dabei sind schon beträchtliche Einsparungen an Arbeitskräften möglich (z. B. für 1000 Schränke täglich 6 Mann). Bei neueren Verfahren wird die Preßluft durch Dampf oder reinen Flüssigkeitsdruck („airless-Verfahren") ersetzt. Große Bedeutung hat das elektrostatische Lackieren, insbesondere das sog. *Randsburg*-Verfahren erlangt. Dabei wird der Lack durch rotierende Scheiben fein versprüht und gleichzeitig auf etwa 10 kV aufgeladen. Die Farbtröpfchen werden vom geerdeten Blechteil elektrostatisch angezogen

(Abb. 28). Der Lackverlust durch Danebenspritzen wird dabei wesentlich verkleinert; es sind Lackersparnisse bis 50% möglich [*88*]. Aus Blech gefertigte Kühlgutbehälter werden zunächst — meist von Hand — mit der Grundemaille gespritzt, sodann getrocknet und mit der Deckemaille fertiggespritzt. Dann durchlaufen die Behälter einen Emaillierofen, bei welchem heute zur Wärmeersparnis ganz allgemein Vorwärm- und Abkühlstrecken gegenläufig nebeneinander liegen. Diese Fertigung wird aber mehr und mehr zugunsten der *Kunststoff-Innenbehälter* verlassen.

b) Die Türinnenverkleidung und der Kühlgutbehälter werden heute fast ausschließlich aus **Kunststoff** hergestellt. Meistens werden zugeschnittene Tafeln aus Polystyrol in 1,5 bis 2 mm Stärke für die Tür, in 3 bis 5 mm Stärke für den Kühlgutbehälter von Halbzeugherstellern bezogen. Bei großen Stückzahlen lohnt sich die Aufstellung eines Extruders, so daß das Granulat bezogen wird und nach dem Extruder möglichst aus der noch warmen Platte das fertige Stück gezogen wird. Dazu werden Vakuum-Ziehmaschinen benötigt, bei welchen die Kunststoffplatte in einem Rahmen eingespannt, zunächst bis zur Plastifikation erwärmt und bei großen Ziehtiefen durch Luftdruck zu einem Ballon aufgeblasen wird. Dadurch werden gleichmäßigere Wandstärken erreicht. In diesen Ballon

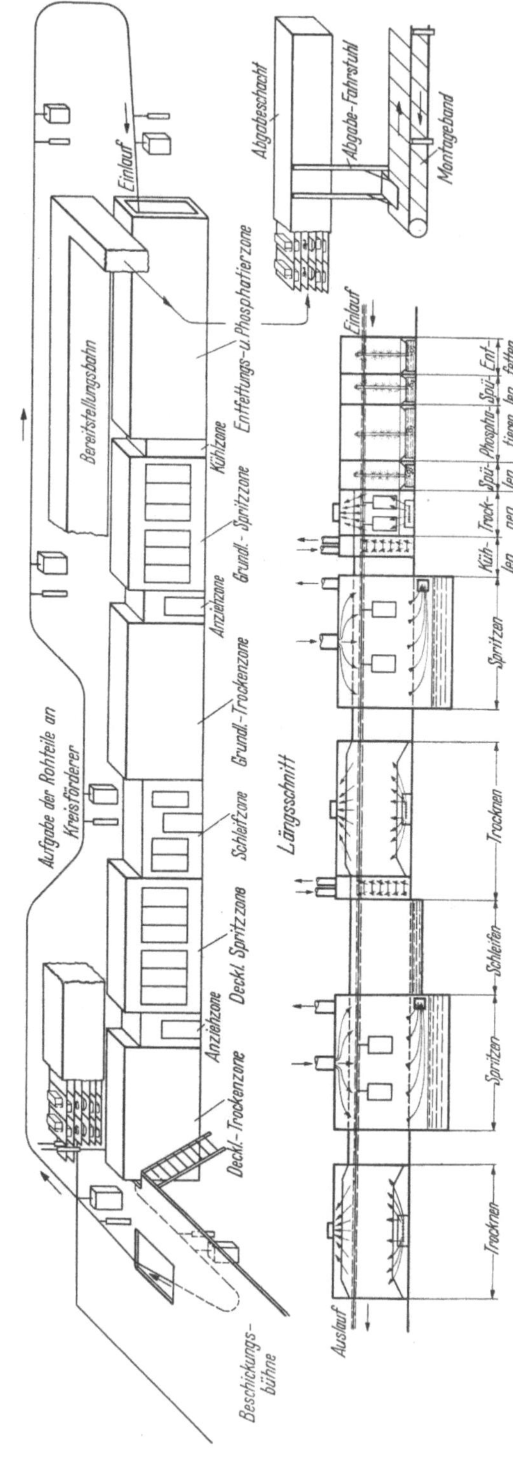

Abb. 26. Schematische Darstellung der Oberflächenbehandlungsstraße und der Bereitstellungsbahn zum Montageband im Haushaltgerätewerk der Firma Siemens, Berlin (Werkzeichnung Siemens.)

hinein wird die Ziehform gefahren, die alle Formelemente im Negativ aufweist. Dann wird der Ballon evakuiert, so daß der äußere Luftdruck die

Abb. 27. Durchlauf-Bonderanlage mit Hängeförderer zur Oberflächenbehandlung von Kühlschrankgehäuseteilen (Werkphoto Linde.)

noch plastische Platte auf die Ziehform aufpreßt. In welcher Weise schließlich die Platte verformt ist, zeigt Abb. 29. Auch kleinere Teile wie Tropfschalen, Verdampferklappen u. ä. können nach diesem Verfahren hergestellt werden. Doch ist hier meistens das bekannte Spritzgußverfahren wirtschaftlicher. Neuerdings werden auch Kühlgutbehälter gespritzt. Die Anschaffung dafür erforderlicher Spritzmaschinen lohnt aber nur für sehr große Stückzahlen ab etwa 1000 Stück/Tag. In den meisten Fällen werden die gespritzten Kunststoffteile als Fertigteile bezogen.

Abb. 28. Lackversprühanlage nach dem Verfahren „Randsburg III". Die horizontal mit großer Geschwindigkeit rotierende Scheibe ist elektrostatisch auf rd. 10 kV aufgeladen. Sie bewegt sich oszillierend von oben nach unten. Der Lack läuft der Scheibe im Zentrum zu und wird versprüht. Die Kühlschrankgehäuse umkreisen an einer Förderkette den Spritzstand und werden dabei um ihre Achse gedreht.

c) Trotz der sehr großen Stückzahlen werden häufig auch andere Zubehörteile, wie **Verdampfer, Kondensatoren, Roste** und auch der gekapselte **Motorkompressor** von anderen Fabriken bezogen.

Verdampfer werden heute aus geprägten Stahl- oder Messingblechen zusammengelötet, aus Aluminiumblech mit aufgelöteten Aluminium-Rohrschlangen oder nach dem sog. „Rollbond"-Verfahren hergestellt, bei welchem 2 Aluminiumbleche miteinander preßverschweißt werden. An Stellen, die mit einer graphithaltigen Masse bedruckt wurden, tritt keine Verschweißung ein. Es entsteht ein dem Druckbild entsprechendes Kanalsystem, welches anschließend hydraulisch aufgeweitet wird [*89, 90*]. Alle Aluminiumteile — es werden nicht nur Verdampfer, sondern auch Saugleitungen, Filter und Trockner aus Aluminium hergestellt — können untereinander durch Löten oder Schweißen verbunden werden. Der Übergang von Aluminium- zu Kupferrohren wird durch eine Preßschweißung bewerkstelligt. An der Verbindung entsteht eine sehr spröde Cu-Al-Legierung, die so dünn wie möglich bleiben muß. Die Verbinder müssen einzeln geprüft werden und dürfen beim Löten nicht über 180 bis 200 °C

Abb. 29. Verformungsprobe an einem tiefgezogenen Kühlgutbehälter aus thermoplastischem Kunststoff. Die Originalabmessungen des vor dem Tiefziehen aufgemalten Schachbrettmusters ist am linken unteren Rand noch zu erkennen (Werkphoto Siemens).

erwärmt werden. Außen ist ein guter Korrosionsschutz durch Kunststoff-Schrumpfschlauch oder -Überzüge erforderlich, um an der Kontaktstelle elektrolytische Zersetzung des Aluminiums zu vermeiden [*91*]. Überhaupt ist der Korrosionsschutz bei Aluminium ein sehr heikles Problem. Leider ist aber noch kein geeigneteres, gleich billiges Material für Verdampfer gefunden worden. Es liegen heute über 10jährige Erfahrungen vor, die zeigen, daß vor allem eine sorgfältige Reinigung von Flußmittel und anderen Rückständen erforderlich ist und daß dann eine Bonderbehandlung und anschließendes mehrfaches Lackieren mit Epoxy-Harzen den besten Schutz bietet. Eloxierte Schichten sind der starken mechanischen Beanspruchung nicht gewachsen [*92, 93*]. „Rollbond"-Verdampfer werden ganz allgemein von anderen Fabriken bezogen, gelötete Al-Verdampfer meistens in Durchlauflötöfen mit Schutzgasatmosphäre im eigenen Werk hergestellt. Letzteres Verfahren hat den Vorteil, daß fast gleichzeitig die verschiedensten Verdampferformen hergestellt werden können und dafür nur einfache Vorrichtungen erforderlich sind.

Kondensatoren werden teilweise bezogen, teils auch im eigenen Werk gefertigt. In jedem Fall wird eine vorgebogene Stahlrohrschlange durch Punktschweißung mit einem Blech, Streckmetallgitter oder einzelnen Drähten verbunden. Der Drahtkondensator und der Kaminkondensator der Firma Reiert, Schwetzingen, sind am stärksten vertreten. Beim Drahtkondensator werden beiderseits der Rohrschlange etwa 100 Drahtstücke jeweils an jedem Kreuzungspunkt von Rohr und Drahtstück durch Punktschweißung verbunden. Beim Kaminkondensator nach Reiert wird in ein Blech eine Vielzahl von Lamellen eingestanzt derart, daß die Luft beim Hochsteigen durch die Lamellen hindurch in den durch die Form des Bleches gebildeten Kamin eintreten und abziehen kann [*94*]. Da die Kondensatoren kaum Korrosionsangriffen ausgesetzt sind, genügt eine einmalige Tauchlackierung, u. U. sogar mit lufttrocknendem Lack.

Kühlschrankroste werden aus Stahldraht, der gebogen und punktgeschweißt wird, aus geprägtem und gestanztem Aluminiumblech, aus Aluminiumdrähten und -profilen, die miteinander verklemmt werden, aus geprägtem und gestanztem nichtrostendem Stahl und aus gespritztem Kunststoff (als Gitter) hergestellt. Die billigste und gebräuchlichste Fertigung sind Stahldrahtroste. Sie haben den Vorteil, zu der Fertigung der anderen Teile einschließlich deren Oberflächenbehandlung zu passen. Sie werden gebondert und mehrfach mit Epoxy-Harzen lackiert oder neuerdings mit Kunststoffüberzügen nach dem Wirbelsinterverfahren versehen. Dabei wird der über Schmelztemperatur des Kunststoffes erwärmte Rost in ein durch Lufteinblasung „flüssig" gemachtes Kunststoffpulverbad getaucht. Dabei *schmilzt* Pulver an und überzieht die Rostoberfläche mit einer Schicht. Diese kann dann durch Nacherwärmung im Ofen zu einem homogenen Film verschmolzen werden. Die gestanzten und geprägten Roste sind sehr schön und stabil, aber teuer. Kunststoffroste haben den Nachteil, daß sie aus Festigkeitsgründen ziemlich stark konstruiert werden müssen und daher bis zu 10% des Innenvolums beanspruchen können. Roste müssen korrosions- und abriebfest sein [*95*].

d) Die Montage der vielen Einzelteile zum fertigen Kühlschrank nimmt viel Platz in Anspruch und kann nur auf Plattenbändern und Rollenstraßen, die seitlich durch Schaukelförderer oder durch Vormontagebänder mit dem Montagematerial beschickt werden, durchgeführt werden. Die Montagestrecken

Abb. 30. Montage- und Fertigungshalle einer Kühlschrankfabrik mit einer Fertigungskapazität von mehr als 1000 Kühlschränken pro Tag (Werkphoto Bosch, Stuttgart).

sind oft weit über 100 m lang und mit einem halben Hundert Montagearbeitern besetzt. Da auf dem Band nicht nur 1 Type montiert wird, müssen bei Typenwechsel die neu gebrauchten Montageteile schnell, ohne umständliche Transportarbeit zur Verfügung stehen. Die Zuliefer-Transportbänder werden deshalb meistens gleichzeitig als Vorratsbänder benutzt und zu diesem Zweck an der Decke der Montagehalle in vielen Bahnen verlegt. Es gibt auch Systeme, bei welchen das Vormaterial auf „Bahnhöfen" gesammelt und je nach den Fertigungsprogrammen an das Montageband eingeschleust wird [*96, 97*] (Abb. 30). Auf dem Montageband werden zunächst am Gehäuse die Fugen wasserdampfdicht ausgespritzt, dann die vorgeschnittene Matten- oder Plattenisolierung eingesetzt und der Kühlgutbehälter eingeschoben. Danach wird dieser befestigt und wenn erforderlich, werden Abdeckleisten angebracht. Als nächster Schritt wird die Kältemaschine eingebaut, die an einem Vormontageband schon betriebsfertig mit Kondensator und Verdampfer zusammengelötet, getrocknet, evakuiert und mit Kältemittel gefüllt wurde. Nach dem Befestigen des Verdampfers wird die Verdampferklappe anmontiert und der Thermostat angeschlossen. Neuerdings wird die gesamte elektrische Installation schon außerhalb des Schrankes anschlußfertig vorbereitet als sog. Kabelbaum, um am Montageband Zeit und Platz zu sparen [*98*]. An diesen Kabelbäumen hängt oft auch schon die Beleuchtungseinrichtung und deren Druckschalter, der Thermostat und ggf. vorhandene Heizelemente für Butterdosen, Stege und Tropfplatten. Die Tür ist auf einem Vormontageband mit Isolierung, Schloß, Innenverkleidung und der ganzen Ausrüstung wie Butterfach, Etageren usw. versehen worden. Sie wird am Hauptband am Gehäuse angeschlagen und der richtige Sitz der Dichtung wird nachgeprüft.

e) Am Ende des Bandes sind die **Endkontrollen.** Es wird noch einmal die Dichtheit des Kältekreislaufes geprüft, die Dichtheit des Schrankgehäuses und der Türdichtung, das Betriebsverhalten, mindestens das Anlaufverhalten bei Über- und Unterspannung, die elektrische Sicherheit und das Geräusch [*85*]. Die Geräuschmessung ist nicht nur eine Kontrolle, um keine „lauten" Schränke an den Kunden zu schicken, sondern kann gleichzeitig als statistische Fertigungsüberwachung ausgebaut werden [*99*]. Die Dichtheitsprüfung des Kältekreislaufes ist in Anbetracht der 5jährigen Garantie, die dafür zu leisten ist, von größter Bedeutung. Es wird dafür entweder der Leak-detector der Firmen General-Electric oder Leybold oder ein Gasanalysator, der auf Helium anspricht, eingesetzt. Dabei wird der evakuierte Kältekreislauf kurz in eine Heliumatmosphäre gebracht [*85, 100*]. Die Vielzahl der Kontrollen kann hier nicht beschrieben werden. Der Erhaltung einer dauernd gleichbleibenden Qualität und Betriebssicherheit kommt bei der Massenproduktion höchste Bedeutung zu. Der Kontrollaufwand ist daher oft mit dem Fertigungsaufwand vergleichbar und in seiner Bedeutung ebenso wichtig wie die Fertigung selbst.

4. Konstruktive Einzelheiten in Ausstattung und Kältekreislauf.

a) **Abtauverfahren** werden etwa seit 1950 angewandt und können als großer Fortschritt in der technischen Gestaltung des Haushaltkühlschrankes bezeichnet werden. Besonders bei Gefrierfächern muß dieses beim Abtauen nicht mehr geleert werden, das Versagen der Kühlung wegen vereisten Verdampfers entfällt. Es können 2 Verfahren unterschieden werden: Beim ersten wird das Kältemittel als Wärmeträger benutzt, beim zweiten wird die Wärme direkt durch Leitung oder Strahlung in den Verdampfer geleitet. Beim ersten Verfahren gibt es folgende Möglichkeiten:

α) Im Kältekreislauf ist vor dem Verdampfer eine elektrische Heizung eingebaut, die das verflüssigte Kältemittel wieder verdampft. Der Kompressor läuft beim Abtauprozeß weiter. Das Kältemittel kondensiert teilweise im Verdampfer und heizt ihn auf.

β) Durch Überbrückung des Kondensators und der Kapillare durch ein Magnetventil werden die heißen Dämpfe direkt in den Verdampfer geleitet. Der Kompressor läuft beim Abtauprozeß weiter (Abb. 31).

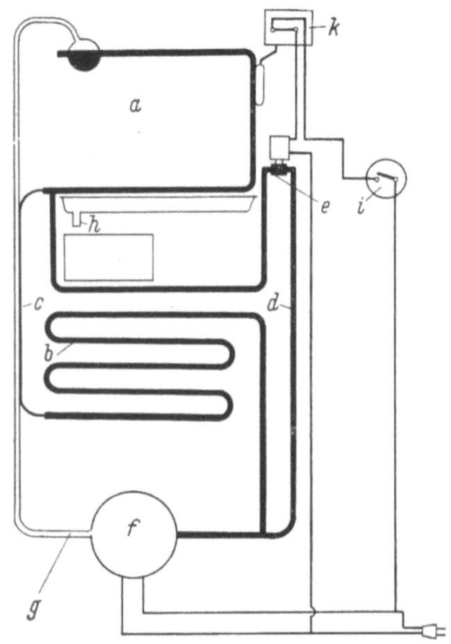

Abb. 31.
Abtauschaltung mit Magnetventil zur Überbrückung der Kapillare und des Verflüssigers. Die heißen Druckgase werden direkt in den Verdampfer geleitet.
a Verdampfer, *b* Verflüssiger, *c* Kapillare, *d* Heißgasleitung, *e* Magnetventil, *f* Verdichter, *g* Saugleitung, *h* Tropfschale mit Tauwasserbehälter, *i* Schaltuhr zum Einleiten des Abtauvorgangs, *k* Temperaturwächter zum Beenden des Abtauvorgangs.

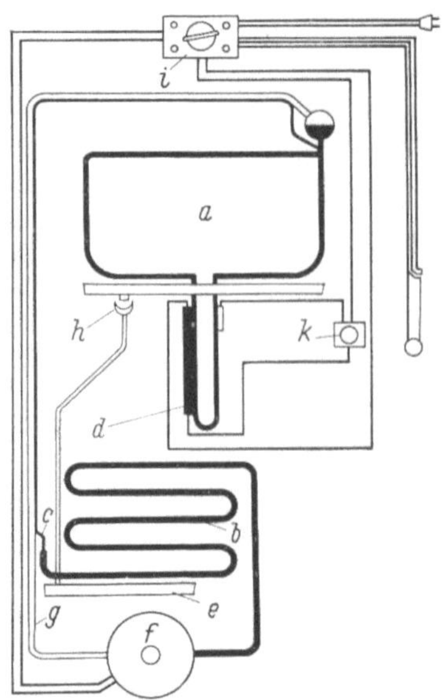

Abb. 32.
Abtauschaltung nach dem Prinzip der Zirkulationswarmwasserheizung. An einem Flüssigkeitssack am Verdampfer ist eine Heizung angebracht. Das erwärmte Kältemittel zirkuliert im Verdampfer.
a Verdampfer, *b* Verflüssiger, *c* Kapillare, *d* Elektrisches Heizelement, *e* Verdunstungsschale für Tauwasser, *f* Verdichter, *g* Saugleitung, *h* Tropfschale mit Wasserableitung, *i* Zählschaltwerk zum Einleiten des Abtauvorgangs, *k* Temperaturwächter zum Beenden des Abtauvorgangs.

γ) Am tiefsten Punkt des Verdampfers befindet sich ein mit einer Rohrschlange verbundenes elektrisches Heizelement. Beim Heizen zirkuliert das Kältemittel infolge natürlicher Konvektion (Abb. 32). Der Kompressor läuft nicht.

δ) Die natürliche Konvektion wird unterstützt durch das aus der Kapillare in den Verdampfer strömende Kältemittel (Injektorwirkung).

Bei der direkten Beheizung sind wesentlich höhere Heizleistungen erforderlich (bis 700 W).

Das Abtauen wird entweder durch Druck auf einen Knopf in Gang gesetzt oder automatisch durch ein Zählwerk, welches die Zahl der Türöffnungen zählt oder die Dauer der Türöffnungen addiert, oder nachts durch eine Schaltuhr betätigt. Beendet wird der Abtauvorgang entweder durch einen Temperaturfühler, einen Zeitmesser oder eine Kombination von beiden. Das Schmelzwasser wird bei einfachen Ausführungen in einen Tauwasserbehälter abgeführt, der — wenn er nicht regelmäßig geleert wird — in den Schrank überlaufen kann. Häufiger wird das Tauwasser in Abdunstschalen im Maschinenfach, die teilweise noch elektrisch beheizt werden, verdunstet.

Bei der Abtaueinrichtung muß beachtet werden, daß in der kalten und feuchten Jahreszeit das Abtauen schwieriger ist, ebenso auch die Verdunstung. Es muß sicher verhindert werden, daß vor dem endgültigen Abtropfen des Verdampfers der Kältekreislauf wieder einsetzt, da sich sonst „Tropfsteinhöhlen" bilden.

Nachteile der Abtauverfahren sind, daß der Schrank weniger oft gereinigt wird, u. U. die Lebensdauer des Kompressors durch nasses Ansaugen kürzer wird und beim Ausfall der Automatik eine Aufheizung des Schrankinhaltes stattfinden kann [*101*]. In den Anfängen der Entwicklung überwogen diese Nachteile [*102*]; inzwischen wurde ein hermetisch gekapselter, temperaturempfindlicher Schnappkontakt entwickelt, der am Verdampfer befestigt werden kann. Dieser schaltet bei einer bestimmten Temperatur des Verdampfers die Abtauheizung ab. Er hält bei einer Schaltleistung von 650 W 6000 Schaltungen sicher aus [*103*] (Abb. 33).

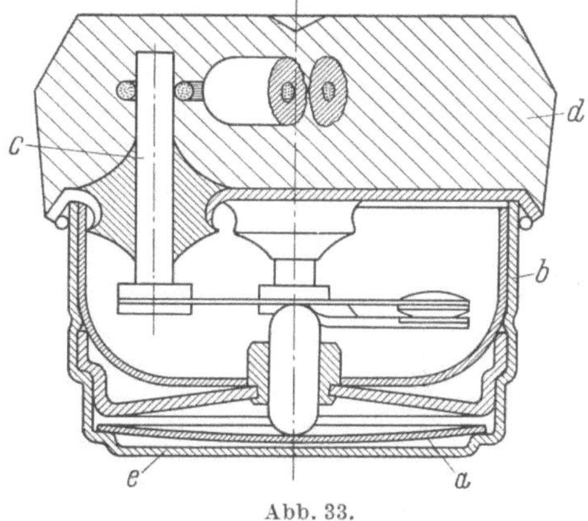

Abb. 33.
Abtauschnappschalter, vakuumdicht gekapselt, die Anschlüsse feuchtigkeitsdicht in Gummi einvulkanisiert. Die Bimetallscheibe schaltet bei 5—10°C ab. *a* Bimetallscheibe, *b* vakuumdichte Kapsel, *c* Stromdurchführung, gleichzeitig als Kontakt ausgebildet, *d* Gummiumhüllung, *e* Wärmekontaktfläche.

Bei Kühlschränken mit 2 Verdampfern kann der Normalfach-Verdampfer so dimensioniert werden, daß er nach jedem Schaltzyklus abtaut. Der Gefrierfach-Verdampfer wird nicht abgetaut. Bei Kühlschränken mit Zwangsluftumlauf, d. h. außerhalb des Kühlfaches liegendem Verdampfer, wird beim Abtauen der Ventilator abgeschaltet, so daß keinerlei Beeinflussung der Kühlfachtemperatur durch die Abtauwärme auftritt [*104*]. Es kann deshalb öfter und schneller abgetaut werden.

b) Zweitemperatur-Kältekreisläufe werden für Kühlschränke mit getrenntem Normal- und Gefrierfach benötigt. In beiden Fächern soll die Temperatur geregelt werden, und zwar in einem auf +3 °C, im anderen auf etwa —18 °C. Es sind fast immer 2 Verdampfer vorhanden, wenn von den neuesten Ausführungen mit zwangsbelüftetem Verdampfer abgesehen wird; hier wird die Temperaturregelung durch die Steuerung der Kaltluftströme erreicht. Aufgabe des Konstrukteurs ist es, mit kleinstem Aufwand an Regelarmaturen beide Verdampfer so an die Saugleitung anzuschließen, daß keine Öl- und Kältemittelverlagerungen auftreten können. In der amerikanischen Patentliteratur sind über 100 verschiedene Schaltungen veröffentlicht worden. Es kann unterschieden werden zwischen Schaltungen, bei welchen beide Verdampfer im selben Kältekreislauf liegen, und solche, in denen ein Verdampfer mit einem zweiten Kondensator in Art einer Kaskade an den ersten Kältekreislauf angehängt ist [*105*] (Sekundärkältekreislauf). In Abb. 34 ist ein Schaltschema der ersten Art gezeigt [*106*]. Der Gefrierfachthermostat schaltet die Kältemaschine *1*, der Normalfachthermostat das Magnetventil *11*. Beim Abkühlen des Schrankes muß das Kältemittel zunächst durch beide Verdampfer *7* und *8* hindurch. Ist im Normalfach die gewünschte Temperatur erreicht, öffnet das Magnetventil, das Kältemittel gelangt dann direkt in den Gefrierfachverdampfer. Wenn dort auch die gewünschte Temperatur erreicht ist, schaltet die Kältemaschine ab. Eine andere elegante Form der Regelung erfolgt durch Beheizung der Kapillaren.

Beide Verdampfer sind mit je einer Kapillare an die Hochdruckseite angeschlossen. Bei Erreichen der gewünschten Temperatur wird die betreffende Kapillare elektrisch erwärmt, wodurch sie praktisch schließt. Bei den Schaltungen mit Sekundärkreislauf wird z. T. von der Möglichkeit Gebrauch gemacht, daß in Wärmeaustauscherplatten, die nach dem „Rollbond"-Verfahren hergestellt werden, ohne Schwierigkeiten zwei getrennte Kanalsysteme hergestellt werden können, die in gutem Wärmekontakt stehen. In einem Kanalsystem verdampft das Kältemittel des Primärkreislaufes, im zweiten kondensiert das Kältemittel des Sekundärkreislaufes. Durch diesen wird die höhere Temperatur in den Schrankfächern gesteuert. Der Verdampfer des Sekundärkreislaufes muß tiefer als der Hauptverdampfer liegen, damit das dort kondensierte Kältemittel wieder in ihn zurückfließen kann. Es läßt sich aber auch die kapillare Saugwirkung feiner Sintermetalle ausnutzen, die in die Flüssigkeitssteigleitung eingebaut werden, wenn der Hauptverdampfer tiefer als der Sekundärverdampfer liegt.

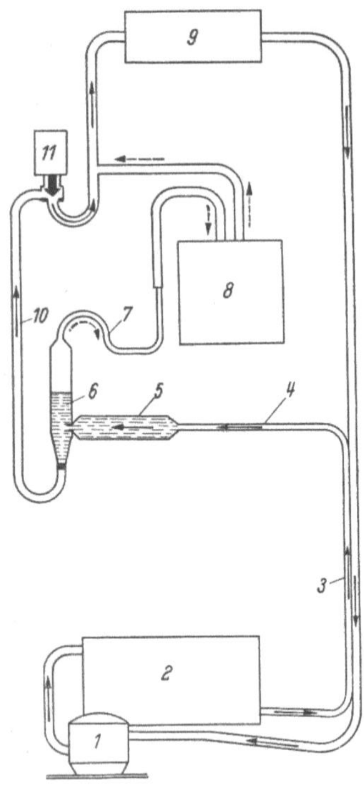

Abb. 34. Schema eines Zweitemperatur-Kältekreislaufes.
1 Motorkompressor, *2* Kondensator, *3* Wärmeaustauscher, *4* Drosselkapillare, *5* Trockner, *6* Abscheider, *7* Drosselleitung, *8* Verdampfer als Kühlplatte (Normalfach), *9* Verdampfer (Gefrierfach), *10* Nebenschlußleitung, *11* Magnetventil.

c) **Die Zwangsluftumwälzung** wurde erstmals 1958 in den Vereinigten Staaten für große Kühlschränke mit besonderem Gefrierfach eingeführt. Der Grund war, daß bei solchen Schränken das Abtauen der Verdampfer ohne Beeinträchtigung der Ware durchgeführt werden muß. Durch die am Verdampfer getrocknete Luft wird jede Reifbildung innerhalb des Gefrierfaches verhindert [*104*]. Der Verdampfer — entweder ein Plattenverdampfer, der hinter der Rückwand des Kühlgutbehälters eingebaut ist, oder ein kleiner Lamellenverdampfer, der ebenfalls außerhalb des eigentlichen Kühlgutbehälters meist unten in der Nähe des Maschinenfaches angeordnet ist — liegt im Luftstrom eines kleinen Radialgebläses. Dieses erhöht die Luftumwälzung im Schrank auf den 10- bis 20fachen Betrag gegenüber freier Konvektionsströmung. Die Förderleistung dieser Kleinventilatoren mit 70 bis 120 mm Durchmesser und nur einigen Watt Energieaufnahme liegt bei einigen hundert Litern Luft pro Minute. Zum Beispiel wurde ein 280 *l*-Schrank mit einem Ventilator von 560 *l*/min Förderleistung ausgerüstet [*107*]. Die Schaltung erfolgt derart, daß die Kältemaschine abschaltet, wenn eine bestimmte Temperatur am Verdampfer erreicht ist. Der Ventilator läuft weiter. Wenn die Temperatur im Kühlgutbehälter tief genug ist, schaltet auch der Ventilator ab und gleichzeitig die Abtauheizung am Verdampfer ein. Beim Wiederanfahren bleibt durch ein Verzögerungsrelais der Ventilator so lange abgeschaltet, bis der Verdampfer wieder kalt ist, damit keine feuchte und evtl. warme Luft in den Kühlgutbehälter geblasen wird.

Später wurde festgestellt, daß die Zwangsluftumwälzung den Vorteil einer sehr gleichmäßigen, nahe dem Gefrierpunkt liegenden Temperaturverteilung bietet. Diese wird dazu ausgenützt, z. B. in abgeschlossenen Behältern sehr günstige Lagerbedingungen zu schaffen, oder durch eine geeignete Luftführung bestimmte Stellen des Schrankes, wo z. B. Fleisch aufbewahrt wird, besonders stark zu kühlen. So hat die Firma Philco das sog. „*air-wrap*“-Verfahren entwickelt, das nach einer Vergleichsuntersuchung der United States Testing Co. mit sieben anderen Spitzenfabrikaten die Lagerdauer von Fleisch um 104%, von Gemüse um 34% und von Speiseresten um 84% verlängert. Ein geschlossener Behälter ist allseitig von etwa 0 °C kalter Luft umspült; im Behälter ist es feucht, kalt, und es herrschen keine Luftströmungen. Die Firma RCA-Whirlpool hat das sog. „*jet-cold-shelf*“-Verfahren entwickelt. Hier wird die abgekühlte Luft durch einen hohlen, mit zahlreichen parallelen Kanälen über die ganze Schrankbreite reichenden Rost in der Schrankmitte so ausgeblasen, daß der ganze Kühlgutbehälter von einem kalten Luftstrom durchspült ist (Abb. 35). Ähnliche Verfahren, die z. B. als „cold-mist-freshener“ (Frigidaire), „cold-injector“ (Westinghouse) bezeichnet werden, arbeiten nach ähnlichen Prinzipien [*108*].

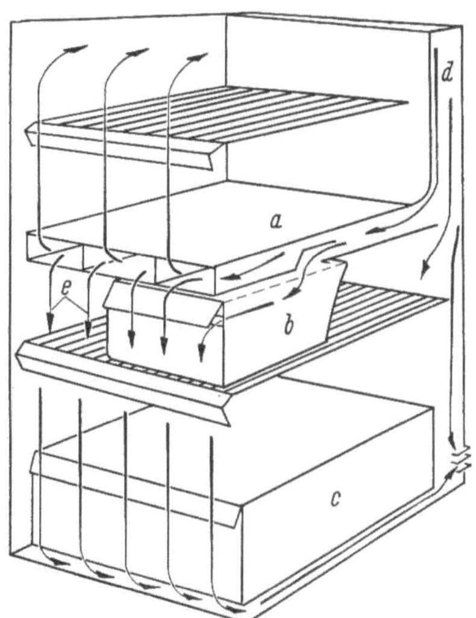

Abb. 35. Das „jet-cold-shelf“-Verfahren nach RCA-Whirlpool.
a Kaltluftrost, *b* Fleischschale, *c* Gemüseschale, *d* Kaltluftkanal, *e* Kaltluftschleier.

d) **Würfeleisbereiter** sind besonders in Ländern, wo viel Eisgetränke verbraucht werden, wichtig. In den Vereinigten Staaten von Amerika sind daher die altehrwürdigen flachen Aluminium-Eis*schalen* mit gitterförmigem Einsatz, in dem etwa ½ *l* Wasser zu rd. 20 Eiswürfeln gefroren wird, schon längst durch bequemere Verfahren ersetzt worden. Dabei soll der einzelne Eiswürfel ohne Abtauen der ganzen Schale entnommen werden können. Dies ist z. B. durch flexible Schalen aus Kunststoff möglich, durch Gittereinsätze mit Hebelsystemen, die die Eiswürfel herausbrechen und schließlich durch halbautomatische Verfahren, bei welchen der Würfeleisbereiter im Kühlschrank fest eingebaut ist und an die Wasserleitung angeschlossen werden muß. Am häufigsten werden Gefrierschalen mit mechanischen Losbrechvorrichtungen benützt, wobei neuerdings diese mit einem Eiswürfelbehälter, der im Gefrierfach des Schrankes eingebaut ist, verbunden sind[1].

e) **Schlösser und Scharniere** sind für die Bedienbarkeit und die Aufstellmöglichkeiten wichtig. Bei Kühlschrankschlössern werden heute drei verschiedene Grundformen unterschieden: das Spannschloß, das Aufreißschloß und die magnetischen Türverschlüsse. Beim Spannschloß wird beim Öffnen ein Griff nach außen gezogen und dabei eine Feder gespannt und verriegelt, die beim Schließen der Tür in dem Moment entspannt wird und den Riegel fest anzieht, wenn dieser durch den Schloßstollen leicht bewegt worden ist. Solche Schlösser ziehen selbst an und üben trotz leichtester Schließmöglichkeit hohe Anzugskräfte (bis 30 kg) aus. Beim Aufreißschloß kann der Griff nicht bewegt werden, sondern der Riegel springt mittels einer Feder und Ablaufkurven auf und zu, wenn er in den Schloßstollen eingegriffen hat und mit der Tür darin bewegt wird. Der Anpreßdruck ist gering (etwa 4 bis 7 kg). Das Schloß kann, ent-

[1] Vgl. auch den Abschnitt „Eiserzeugung“ auf S. 528 dieses Bandes.

sprechend der amerikanischen Gesetzgebung, von innen geöffnet werden. Bei magnetischen Verschlüssen wird an der Tür ein Magnet, meist federnd, aufgehängt, der am Gehäuse selbst oder einem besonderen, oft auch federnd eingebauten Anker angreift. Es lassen sich auch in die hohle Dichtung magnetisierte Stahlleisten einschieben, die die Dichtung über ihre ganze Länge an das Gehäuse anpressen. Die Scharniere werden neuerdings so konstruiert, daß die Tür beim Öffnen nicht über die Flucht der Schrankseitenwand überschlägt. Zwei der dafür möglichen Prinzipien sind in Abb. 36 gezeigt.

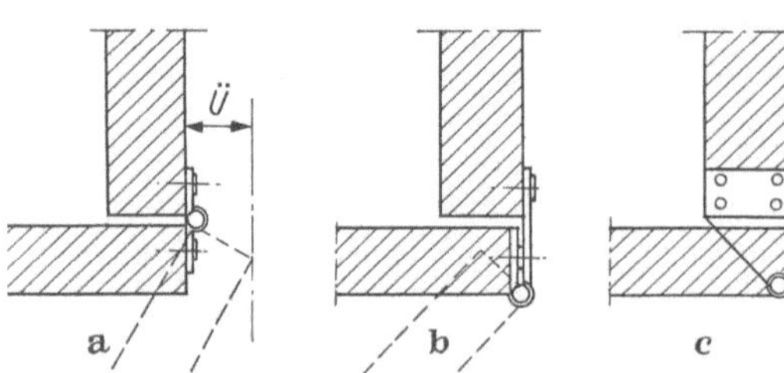

Abb. 36. Das Türanschlagen bei Kühlschränken.
a) Nach außen aufschlagende Tür (Ü Türüberstand), b) seitlich angeschlagene Tür ohne Überschlag, c) oben und unten eingehängte Tür ohne Überschlag.

f) Die Ausstattung und Formgestaltung hat in den letzten 10 Jahren in allen Ländern erhebliche Fortschritte gemacht. In Abb. 37 ist diese Entwicklung an Hand eines kleinen Kühlschrankes von rund 120 *l* Inhalt gezeigt (a bis e).

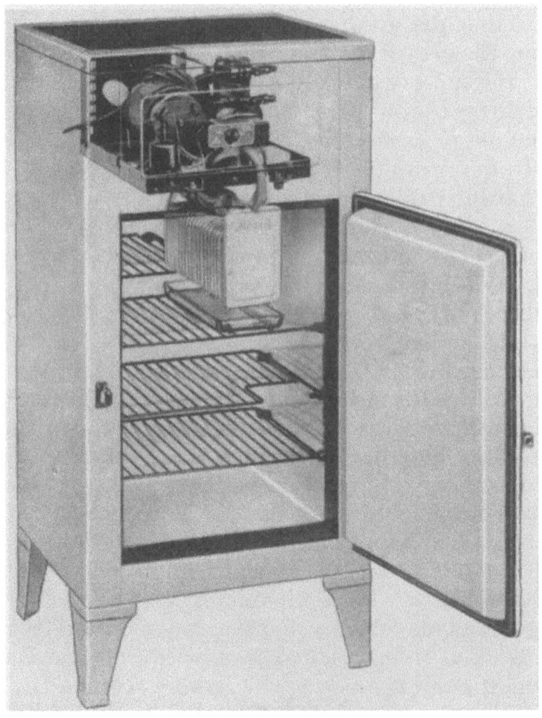

Abb. 37 a.

Bei größeren Schränken kann die Ausstattung üppiger sein. Der große, über die Schrankbreite gehende Verdampfer mit Klappe, der als Gefrierfach benutzt werden kann, ist hier selbstverständlich (Abb. 38). Ebenso gehört heute auch in den Kleinstschrank eine Gemüseschale, in die Türinnenverkleidung ein Butterfach und Eierleisten.

In den Vereinigten Staaten von Amerika ist mit dem verstärkten Bedarf an Gefrierkonserven das Gefrierfach zu einem selbständigen Teil des Schrankes ausgewachsen, der bevorzugt unten als Schubfach (Abb. 8) oder mit gesonderter Tür eingebaut wird. Die Bedienbarkeit wird durch herausschwenkbare Roste, die zudem noch in der Höhe beliebig verstellbar sind, verbessert. In den meisten Fällen ist aber mindestens ein Rost, oft alle, auf Rollen herausziehbar und in der Höhe verstellbar. Hinzu kommen bei den ausgesprochenen Luxusmodellen Butterfächer mit regelbarer Heizung („weich“ – „hart“), die im Abschnitt C erwähnten Kaltluft-Einrichtungen, Fußpedale zum Türöffnen, besondere Fächer für Fleisch, Käsefächer mit Feuchthalteeinrichtung usw. [*107*] (siehe S. 42).

Abb. 37 b.

Eine bemerkenswerte Entwicklung sind die von der üblichen Schrankform abweichenden *Tisch-* und *Wandkühlschränke*. Der Tischkühlschrank kann wegen seiner vorgegebenen Baumaße nicht größer als etwa 160 *l* gebaut werden. Seine Ausstattung reicht aber an die der Normalschränke gleicher Größe durchaus heran [*49*] (Abb. 39). Diese räumliche Begrenzung besteht beim *Wandkühlschrank* nicht in gleichem Maße. Der erste Schrank dieser Art wurde 1957 gezeigt [*109*]. Es können heute 2 Bauformen unterschieden werden: ein kleiner Schrank von 130 bis 160 *l* Inhalt,

Abb. 37 c.

Abb. 37 d.

Abb. 37 e.

Abb. 37a—e. Die Entwicklung eines kleinen Haushaltkühlschranks von rd. 120 *l* Inhalt im Ablauf von 20 Jahren (Werkphotos der Firma Bosch, Stuttgart).

a) Kühlschrank mit 120 *l* Inhalt aus dem Jahre 1936. Oben eingebauter Verdichter, Rohrschlangenverdampfer. Emaillierte Kühlgutbehälter. Holzrahmen-Bauweise, b) Kühlschrank mit 100 *l* Inhalt, Baujahr 1950. Ganzstahlbauweise. Aufgesetzte Tür. Maschinenfach unten. Elektrische Beleuchtung, c) Typ 110 S, Baujahr 1953. Maschinenfach verkleinert. Gemüseschale, Butterfach, 2 Etageren in der Kunststofftür-Innenverkleidung, d) Typ 125 S, Baujahr 1956. Gemüseschale vergrößert und mit Glasplatte abgedeckt. Gemeinsames Butter- und Käsefach, Eierleisten, e) Typ 140 S, Baujahr 1958.

0,8 bis 1 m lang, 0,45 bis 0,50 m tief und 0,7 bis 0,8 m hoch. Die Tür wird entweder nach oben geklappt, was zu einem sehr übersichtlichen Kühlgutfach

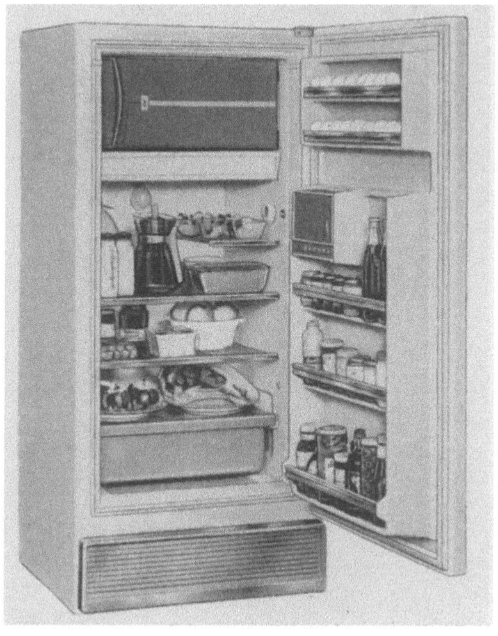

Abb. 38. Haushaltkühlschrank mit 300 *l* Inhalt der gemäßigten Preisklasse der Firma RCA-Whirlpool (USA). Gefrierfach 40 *l*, Gemüseschale, Butterfach, Eierleisten. Magnetischer Türverschluß in den Dichtungsleisten. Tür nicht überschlagend.

Abb. 39. Tischkühlschrank mit 150 *l* Inhalt der Firma A. Teves. Verdampferfach zur kurzfristigen Lagerung von Gefrierkonserven mit 14 *l* Inhalt, Gemüseschale, Eierleisten, Butter- und Käsefach, nicht überschlagende Tür, selbst anziehendes Schloß.

führt (Abb. 40) oder es sind 2 Türen vorhanden, die aber einen störenden Mittelsteg bedingen (Abb. 41). In den USA sind wesentlich größere Modelle entwickelt worden, die den neuzeitlichen Bestrebungen nach völligem Einbau

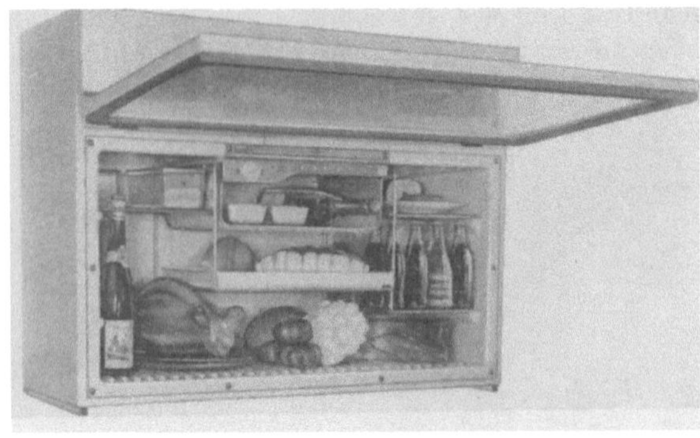

Abb. 40. Wandkühlschrank der General Electric von 135 l Inhalt für den europäischen Markt.

1 m lang, 0,43 m tief, 0,80 m hoch, Gewicht 50 kg.

Abb. 41. Wandkühlschrank mit 155 l Inhalt, davon 15 l Tiefkühlfach. 100 cm breit. 85 cm hoch, 49 cm tief. Butter- und Käsefach, herausnehmbare Eierleiste (Werkphoto Bosch, Stuttgart).

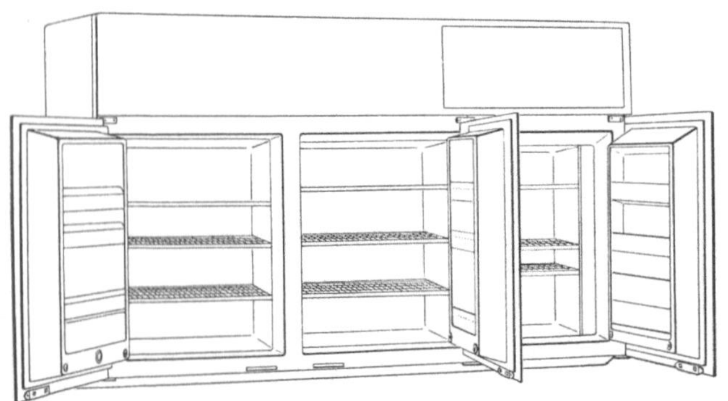

Abb. 42. Wandschrank der General Electric von 330 l Inhalt für den amerikanischen Markt.

Abmessungen: 1,65 m lang, 0,45 m tief, 1,00 m hoch. Gefrierfach 130 l, magnetischer Türverschluß.

des Kühlschrankes in die Kücheneinrichtung sehr entgegenkommen. Der Schrank der General Electric hat 330 *l* Inhalt, davon rd. 130 *l* gesondertes Gefrierfach, magnetische Türverschlüsse, Butterfachheizung und automatisches Abtauen. Das Maschinenfach liegt über dem Schrank. Die Tiefe ist nur 0,45 m, die Länge allerdings 1,65 m (Abb. 42).

VI. Neue Bauweisen durch Verwendung von Kunststoffen und Kunststoffschäumen.

Die ersten Versuche aus dem Jahre 1940 [*110*], die gebräuchlichen Faser-Kälteschutzstoffe durch aufgeschäumte Kunststoffe zu ersetzen, gingen von dem Gedanken aus, nicht mehr die sehr viel Transportraum beanspruchenden Isolierstoffe zur verarbeitenden Fabrik zu bringen, sondern nur den massiven Grundstoff und daraus an Ort und Stelle den Isolierstoff zu schäumen. Nach 10 Jahren waren in Deutschland und in den USA die ersten brauchbaren Kunststoffschäume entwickelt worden [*111*]. Nach nunmehr weiteren 10 Jahren haben die Kunststoffschäume eine sehr entscheidende Weiterentwicklung im Kühlmöbelbau eingeleitet. Während bei der bisher üblichen Ganzstahlbauweise der Kälteschutzstoff keinerlei Festigkeitseigenschaften zu haben brauchte und kein Konstruktionswerkstoff war, sind einige Kunststoffschäume mechanisch so fest, daß sie als tragendes Element verwendet werden können.

Inzwischen war auch eine Reihe von Thermoplasten (z. B. Polystyrol, PVC und PVC-Mischpolymerisate) und Duroplasten (z. B. Polyesterharze) so weit entwickelt, daß daraus mit Erfolg Kühlschrankgehäuse, Türen, Kühlgutbehälter und Türinnenverkleidungen hergestellt werden konnten. Bei dieser Entwicklung waren ohne Zweifel die europäischen Hersteller führend [*112*]. Die ersten, aus Kunststoffplatten tiefgezogenen Innenbehälter machten noch einen sehr primitiven Eindruck [*113*]. Zusammen mit der gegenüber den Faserisolierstoffen gänzlich anderen Verarbeitungstechnik der Kunststoffschäume entsteht somit in den letzten Jahren eine neue Bauweise, der „Kunststoffschaum-Schrank“ [*114*]

1. Verwendbare Kunststoffschäume.

Mit den heute verfügbaren Verfahren können aus den verschiedenartigsten Kunststoffen sowohl starre wie elastische Schäume hergestellt werden. Die Wärmeleitzahl ist abhängig von der Zahl und der Größe besonders der geschlossenen Zellen, die in vielen Fällen durch die Herstellungstechnik zu beeinflussen ist. Durch Füllen der Zellen mit hochmolekularen Dämpfen läßt sich die Wärmeleitzahl noch weiter herabsetzen. So kann man durch Verwendung von R 11 als Füllgas einen Wert von $\lambda = 0{,}015$ kcal/hm °C erreichen. Bei einem hohen Anteil an geschlossenen Zellen haben die Schäume einen hohen Diffusionswiderstand, so daß sie u. U. ohne Dampfsperre verwendet werden können [*80, 115*]. Es ist jedoch nur eine begrenzte Anzahl von Kunststoffschäumen technisch einzusetzen, da zahlreiche Stoffe wegen der Material- oder Schäumkosten von vornherein ausscheiden. Außer der Wirtschaftlichkeit müssen noch verlangt werden: bessere Isolierfähigkeit als bei Faserstoffen, genügende mechanische Festigkeit zur Eignung als Konstruktionswerkstoff, Widerstandsfähigkeit gegen Fäulnis und Alterung, Formbeständigkeit, Dampfdichtheit. In Tab. 10 ist eine Gegenüberstellung der heute bekannten Schäume gemacht, aus der hervorgeht, daß lediglich der *Polyvinylchloridschaum*, die *Polyester-* und *Polyätherschäume* und der *Polystyrolschaum* diese Bedingungen erfüllen. Alle diese Schäume haben heute schon technische Bedeutung erlangt. Am teuersten ist

Tabelle 10. *Tragfähige*[1] *Schaumstoffe auf Kunststoffbasis. Übersicht der Schaumstoff-Eigenschaften im Hinblick auf ihre Eignung als Werkstoff für „Schaumstoff-Verbundkonstruktionen“.*[2]

Rohstoffbasis[4] der Schaumstoffe. Kennzeichen	Phenolformaldehyd	Harnstoff-Formaldehyd[3]	Polyvinylchorid	Polystrol	Polyurethan	
					CO_2-getrieben	R 11-getrieben
Wirtschaftlicher Raumgewichtsbereich (kg/m³)	40 bis 60	5 bis 15	30 bis 60	11 bis 30	30 bis 150	30 bis 50
Festigkeit	gut (hart, etwas spröde)	gering (weich)	sehr gut (zähfest)	sehr gut (zähfest)	sehr gut (hart)	sehr gut (zähfest)
Porenstruktur	50% geschlossene Zellen	offene Zellen	geschlossene Zellen	geschlossene Zellen	65 bis 80% geschlossene Zellen	95% geschlossene Zellen
Isoliervermögen	gut	befriedigend	gut	gut	befriedigend	sehr gut
Zulässiger Temp.-Bereich (°C)[5]	+130 bis −200	+150 bis ±0	+60 bis −200	+60 bis −200	+120 bis −200	+70 bis −30
Wasseraufnahme	gering	hoch	sehr gering	sehr gering	gering	sehr gering
Wasserdampf-Diffusionsdichte	mittel	gering	sehr hoch	sehr hoch	mittel	sehr hoch
Art der Anwendung in der Praxis	Platten Ausschäumen noch in Entwicklung	Platten in Folien eingehüllt	Platten, Formteile	Platten, Formteile und Ausschäumen (Dampfstoß)	Formteile und Ausschäumen von Hohlräumen (exothermer Reaktionsverlauf)	
	nur für Montagebauweise (Kleben) geeignet			geeignet für Füllbauweise von Schaumstoff-Verbundkonstruktionen nach Vorbehandlung der Deckschichten		

[1] Es werden nur harte Schaumstoffe behandelt.

[2] Unter Schaumstoff-Verbundkonstruktionen sind zu verstehen: a) Montage- oder Klebebauweise für die Kombination von Schaumstoffen mit Deckschichten aller Art, b) die Füllbauweise, bei welcher der Schaumstoff in eine durch die Deckschicht vorgegebene Form eingefüllt wird.

[3] Schaumstoffe auf Harnstoff-Formaldehyd-Basis sind weiche, watteartige Körper, die kaum konstruktive Bedeutung im Sinne einer Schaumstoff-Verbundkonstruktion erlangen werden.

[4] Hierzu: H. A. SCHEURLEN, Methoden zur Herstellung von Schaumstoffen unter besonderer Berücksichtigung von Treibmitteln, Zeitschrift „Kunststoffe“ 47 (1957), H. 8, S. 446—455.

[5] Die angegebenenen Grenzen der Temperaturbeanspruchung sind auf Grund der Erfahrungen im Dauereinsatz in der Praxis gewählt. Offene, poröse Schäume können für Temperaturen unter 0 °C wegen der geringen Diffusionsdichte nur mit Dampfsperren eingesetzt werden. Der Einsatz von R 11-getriebenen Polyurethan-Schaumstoffen bei Temperaturen unter −30 °C ist problematisch, da bei diesem Temperaturbereich ein Brechen der geschlossenen Zellen infolge des durch die Kondensation des Treibmittels entstehenden Unterdruckes eintritt. Oberhalb +70 °C tritt ein Brechen der Poren infolge des Treibmittel-Überdruckes ein.

Tabelle 11. *Technische Eigenschaften von Kunststoffschäumen, die als Konstruktionswerkstoffe geeignet sind.*

Basis / Eigenschaften	Polystrol				Polyäthylen mit Treibmittel	Polyvinylchlorid mit Treibmittel	Polyurethan		Phenol-Formaldehyd
	Styrofoam	Styropor P		Styropor H			CO_2-getrieben	R 11-getrieben	
Raumgewicht (kg/m³)	27 bis 38	20	60	60	32 bis 35	30 bis 60	30 bis 150	30 bis 50	40 bis 60
Porengröße (mm)	0,2 bis 2	0,01 bis 0,1	0,005 bis 0,05	0,005 bis 0,05	0,5 bis 1,0	0,01 bis 0,1	0,01 bis 1,0	0,01 bis 1,0	0,01 bis 0,1
Druckfestigkeit (kp/cm²)	2 bis 2,5	1,5	4,5	4,5	2,5	2 bis 6,5	1,5 bis 20,0	1,5 bis 3,0	2 bis 3,0
Thermischer Ausdehnungskoeffizient (Mittelwerte)	$4 \cdot 10^{-5}$	$5 \cdot 10^{-5}$		$5 \cdot 10^{-5}$					
Wärmestandfestigkeit °C	70	70 bis 80	70 bis 80	90 bis 100	70 bis 90	70 bis 80	80 bis 160	60 bis 80	140
Wärmeleitzahl bei Zimmertemperatur (kcal/m h °C) (im Plattengerät)	0,028	0,027	0,027	0,027	0,028	0,028	0,031	0,021 vorläufiger Wert	0,028
Wasserdampf-Diffusionswiderstandsfaktor (Luft = 1)	100	40 bis 100	200 bis 300	200 300			5 bis 25	60	

noch der Polyvinylchloridschaum, da die Erzeugung der gewünschten geschlossenen Zellen nur durch Anwendung hoher Drücke beim Ausschäumen möglich ist [*75*]. Die technischen Eigenschaften dieser Schäume sind in Tab. 11 zusammengestellt [*114*].

2. Fertigungsverfahren.

Für die Wirtschaftlichkeit der Anwendung sind die Aufschäumverfahren von ausschlaggebender Bedeutung:

a) Beim **Polystyrolschaum** werden entweder Schaumstoffblöcke hergestellt durch Entspannung der unter Druck stehenden, treibmittelhaltigen Schmelze bei Austritt als endloser Strang aus einem Druckautoklaven (z. B. Styrofoam). Beim zweiten, heute wesentlich häufiger angewendeten Verfahren werden treibmittelhaltige Polystyrolpartikel durch Dampf oder heißes Wasser erhitzt und dadurch „vorgeschäumt" (z. B. Styropor). Dafür sind in den letzten Jahren automatische Anlagen entwickelt worden. Das noch nasse Schaumkügelchen-Haufwerk muß dann in Silos mehrere Tage lang zwischengelagert werden, um abzutrocknen und den Treibstoff in den Zellen gegen Luft auszutauschen, die dann beim Fertigschäumen als Treibmittel wirkt. Dazu wird das locker fließende Material, dessen Schüttgewicht dem später gewünschten Raumgewicht des Isolierkörpers entsprechend eingestellt werden kann, in die Schäumform gefüllt. Diese muß — ähnlich einer Gießform — alle gewünschten Konturen im Negativ enthalten, einschließlich evtl. vorhandener Kerne. Die Form ist so ausgebildet, daß sie den beim Fertigschäumen auftretenden Schäumdruck von rd. 1 bis 1,5 kp/cm² und den zum Schäumen erforderlichen Heizdampfdruck von rd. 3 bis 4 atü aufnehmen kann. Im allgemeinen wird durch Einleiten von Dampf das Kugelhaufwerk fertiggeschäumt. Es ist bei diesem Verfahren möglich, Behälter, die die Schäumtemperatur von rd. 115 °C aushalten, mit in die Schäumform einzusetzen. Werden die mit dem Schaumstoff in Kontakt kommenden Flächen mit geeigneten Klebern überzogen, dann verbinden sich beim Fertigschäumen Behälter und Schaumstoffschicht zu einer steifen Einheit. Bei entsprechender Ausbildung der Schäumformen und der Heizdampfdüsen läßt sich dieses Verfahren noch erweitern. Es werden dann z. B. Außengehäuse und Innenbehälter in die Form eingesetzt, ggf. noch notwendige Verstärkungsrahmen, das Ganze mit vorgeschäumtem Material ausgefüllt und dann fertiggeschäumt. Es entstehen dabei komplette Gehäuse, bei welchen die tragende Funktion durch den Kunststoffschaum-Behälter-Verband erhalten wird (Abb. 43). In letzter Konsequenz kann auch auf das Zusammenfügen der einzelnen Bleche von Außen- und Innengehäuse verzichtet werden, so daß nur noch Einzelbleche in die Form eingestellt und die fertigen Kühlmöbelgehäuse nachher entnommen werden. An die Stelle der Schweißvorrichtung tritt im Fertigungsablauf die Schäumform. Die Konstruktion muß nicht mehr „schweißgerecht", sondern „schäumgerecht" sein. Nachteilig ist der große Platzbedarf für Vorschäumung und Zwischenlagerung und die wegen der erforderlichen Druckfestigkeit und Heizbarkeit hohen Kosten und Gewichte der Schäumformen.

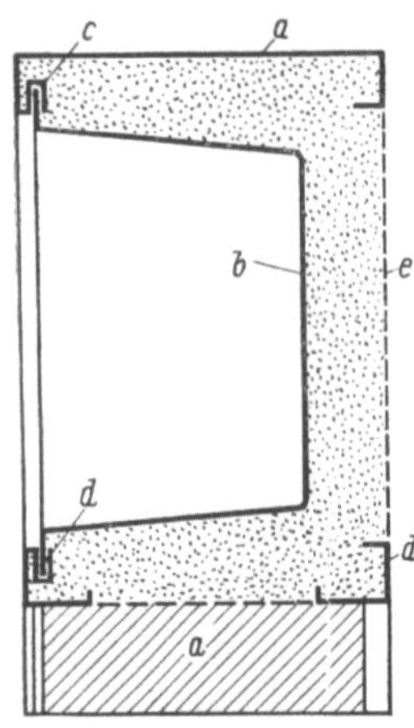

Abb. 43. Blech-Kunststoffschaum-Verbundkonstruktion eines Kühlmöbelgehäuses.

a U-förmig gebogenes Mantelblech,
b Innenbehälter,
c Doppelfalz zur Verstärkung und Abdichtung,
d untere Gehäusetraversen,
e Kunststoffschaum.

Weiterhin ist die Notwendigkeit, Dampf, also Feuchtigkeit, in die entstehende Isolierung einzuführen, nachteilig. Eine Verbesserung des Verfahrens ist durch die Anwendung von Hochfrequenzerwärmung zu erwarten, bei welcher das Material von innen her ausschäumt. Der Schäumprozeß kann dabei an der Formoberfläche gestoppt werden. Dadurch werden die Formen nicht heiß, müssen keinen so hohen Druck aushalten und können dadurch leichter gebaut werden.

b) Bei den **Polyurethanschäumen (Polyester- und Polyätherschäumen)** liegt der Anreiz für die Anwendung im einfachen Schäumverfahren. Das Schäumen beruht auf der Addition oder Anlagerung von Diisocyanaten an Umsetzungsprodukte aus Dicarbonsäuren und mehrwertigen Alkoholen unter Abspaltung von Kohlendioxyd (Polyurethane). Auch durch Adduktion von Polyäthern und Diisocyanaten lassen sich derartige Schäume herstellen (Polyätherschäume). Die Rohstoffgemische können entsprechend den gewünschten Eigenschaften (Hartschaum, elastischer Schaum, unterschiedliches Raumgewicht usw.) ausgewählt und zusammengesetzt werden. Nach Eingießen der Rohstoffgemische in die auszuschäumenden Hohlformen bläht sich dieses dort ohne weitere Wärmezufuhr zum fertigen Schaum auf. Das Aufschäumen beginnt fast unmittelbar nach dem Mischen der Komponenten. Man hat deshalb sog. Mischköpfe entwickelt, in denen die durch Dosierpumpen genau abgemessenen Einzelkomponenten mit Turborührwerken oder durch Hochdruckinjektionsdüsen intensiv miteinander verquirlt werden. Dann werden sie sofort in die Schäumform „geschossen". Es sind heute schon vollautomatische Schäumanlagen mit Mischköpfen und Dosiereinrichtungen bis zu einer Leistung von 25 kg pro Minute erhältlich. Durch eine ebenfalls vollautomatisch arbeitende Kälteanlage wird gleichbleibende Zähigkeit und Reaktionszeit durch konstante Temperatur der Einzelkomponenten erreicht. Die Schäumformen müssen einem Schäumdruck von etwa 0,8 atü standhalten und brauchen weder heiz- noch kühlbar zu sein. Sie können sehr leicht gebaut werden, sind daher transportabel und in einen Fertigungsablauf leicht einfügbar. Die Verweilzeit des Schaumkörpers in der Form bis zur Aushärtung ist nur etwa halb so lang wie bei Polystyrolschaum (etwa 10 Minuten). Dadurch erscheint das Verfahren auch für die Massenproduktion geeignet. Allerdings ist der Endzustand der Aushärtung erst nach etwa 6 bis 10 Stunden erreicht und dann erst eine volle Belastung möglich.

Außer diesen für die Fertigung angenehmen Eigenschaften haben diese Schäume noch den Vorteil, daß das Schäumen in einfacher Weise auch mit halogenierten Kohlenwasserstoffen, z. B. R 11 durchgeführt werden kann. Dadurch lassen sich die Wärmeleitzahlen auf etwa die Hälfte herabsetzen. Das in den Zellen eingeschlossene Schwergas scheint nur so langsam auszudiffundieren, daß für die Lebensdauer eines Kühlmöbels praktisch mit der ursprünglichen Wärmeleitzahl gerechnet werden darf (vgl. Tab. 11). Dies bedeutet, daß die seither üblichen Isolierdicken von Haushaltkühlschränken von 5 bis 6 cm auf die Hälfte reduziert werden können.

c) Außer durch Schäumen in der Form, einem Verfahren, das immerhin schon gewisse Fertigungsstückzahlen wegen der Amortisation der Schäumform voraussetzt, können Kühlmöbel auch aus **Verbundplatten** zusammengebaut werden nach einem Fertigungsverfahren, das sehr viel Ähnlichkeit mit der Holzverarbeitung hat. Diese Verbundplatten enthalten einen Kern aus Schaumstoff, auf den beiderseits mit Kleber eine Deckschicht (Platte oder Folie) aufkaschiert ist („sandwichs"). Als Deckschicht können Holz, Metalle, extrudierte Kunststoffplatten aus Thermoplasten und glasfaserverstärkte Polyesterharze verwendet werden. Bei Kunststoffen als Deckschicht muß dabei auf Ultraviolettempfindlichkeit und Versprödungsneigung geachtet werden [*112*]. Die

Platten werden auf Holzbearbeitungsmaschinen geschnitten, mit Gehrungen versehen und nach Art eines Kartons zusammengefaltet (Abb. 44). Zum Verbinden und Abdichten der Fugen dient z. B. Epoxy-Harz. Die Materialkosten sind bei einer solchen Fertigung höher als bei üblichen Bauweisen, die Werkzeugkosten aber bis zu 80% niedriger [*116*].

Abb. 44. Zusammenfalten von Kunststoffschaum-Verbundplatten zu einem isolierten Gehäuse (Kühlschrank) nach [*116*].

3. Praktische Beispiele.

a) Für die Verarbeitung von **Polystyrolschaum** liegen die größten Erfahrungen vor. Die Firma Allgemeine Elektricitätsgesellschaft (AEG) stellt seit 1958 einen Tischkühlschrank von 125 bzw. 150 *l* her, bei welchem um ein tragendes Gerüst aus verzinkten Winkelblechprofilen die Isolierung geschäumt wird. Anschließend werden die Seitenwände und die Tischplatte aufgeklebt und mit Schrauben fixiert. Die Rückwand und der Boden bleiben unverkleidet. Der vakuumverformte Innenbehälter wird in die dafür ausgeformte Höhlung des Isolierkörpers eingeschoben und verklebt. Der Schrank ist wesentlich leichter geworden und hat eine um 20% größere Raumausnutzung (Abb. 45 und 46) [*49, 117*] als die frühere Ausführung in konventioneller Bauweise. Die Firma Brown, Boveri & Cie., A. G. hat schon im Jahre 1956 ein Verfahren entwickelt, Gefriertruhengehäuse bei gleichzeitigem Einsetzen von Außenmantel und Innenbehälter montagefertig zu schäumen. Ebenso stellen die Firmen Escher Wyss, Lindau und E. Traub, Weinsberg, Gefriertruhen her, die aus einem Stück geschäumt sind. Die Außenverkleidung ist in diesen Fällen aus Kunststoff [*114*].

b) In den USA wird bevorzugt schwergasgeschäumter **Polyätherschaum** verwendet. Die Firma General Electric stellt serienmäßig Kühlschränke her, bei welchen die Isolierung nur mehr 22 mm stark ist. Die Formen wandern auf einer Fertigungsstraße, werden zunächst vorgewärmt, dann mit einem Mischkopf gefüllt und schließlich zur Beschleunigung des Aufschäumens und Aushärtens durch einen Warmlufttunnel geschickt. Andere Firmen (z. B. Frigidaire) gingen mit der Isolierstärke nur auf etwa 30 mm

Abb. 45. Tischkühlschrank mit einstückiger Styropor[(R)]-Isolierung, Inhalt 150 *l*. Die tragende Konstruktion besteht lediglich aus einem Gerüst aus verzinkten Winkelblechen und dem dazwischen eingeschäumten Styropor[(R)] (linkes Bild) (Werkphoto AEG).

zurück, in allen Fällen konnte aber eine Vergrößerung der Raumausnutzung von fast 50% erzielt werden. Bei Gefrierfächern wurde die Isolierung auf 40 mm reduziert [*50*, *107*]. In Deutschland wurde von der Firma Alaska, Burgneustadt/ Rhld., im Jahre 1958 ein Kleinkühlschrank entwickelt, dessen Außen- und Innen-

Abb. 46 a.

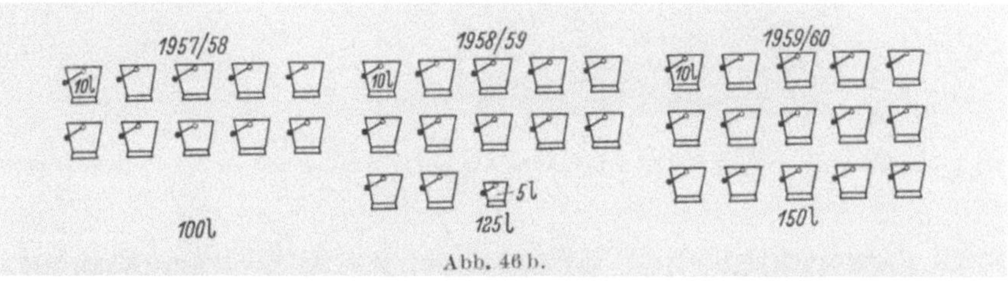

Abb. 46 b.

Abb. 46. Die größere Raumausnutzung bei einem Tischkühlschrank von 85 cm Bauhöhe durch Verwendung von Kunststoffschaumisolierung. Alle 3 Modelle haben die gleichen Außenabmessungen. Das Modell 1957/58 ist in der üblichen Stahlblech-Bauweise. Die beiden anderen Modelle sind mit Styropor$^{(R)}$ isoliert. a) Ansicht der Schränke, b) Inhalt.

gehäuse aus einem Stück Polystyrolplatte vakuumverformt ist. Der entstehende Hohlraum wurde früher mit Polyätherschaum ausgegossen (Abb. 47) [*118*].

c) Verbundplatten sind von der Firma Westinghouse zum Bau von Ganzkunststoff-Kühlschränken benutzt worden. Sie bestanden aus Polystyrolschaum,

Abb. 47. Absorptions-Kühlschrank der Firma Alaska mit 60 *l* Inhalt. Außenmantel und Kühlgutbehälter sind in einem Arbeitsgang aus einer PVC-Folie tiefgezogen. Die Isolierung besteht aus einem der Kühlschrankform genau angepaßten Schaumstoffkörper aus Styropor$^{(R)}$. Früher wurde der Hohlraum mit Polyurethanschaum ausgegossen.

der außen mit Aluminium und innen mit Polystyrolplatten kaschiert ist. Für die Türen wurden z. T. auch glasfaserverstärkte Polyesterplatten verwendet. Der Schrank von rd. 370 *l* Inhalt wog nur 28 kg und war somit um 75 kg leichter als die übliche Metallausführung. Es sind 800 Versuchsschränke als Wandkühlschränke gebaut worden [*116*] (Abb. 48).

Abb. 48. Zusammenbau eines Wandkühlschranks der Firma Westinghouse aus Verbundplatten nach [*116*].

C. Geschlossene Tieftemperatur- und Gefriermöbel. [1]

I. Wirtschaftliche Zahlen, Produktionswerte, Marktsättigung.

Das Gefrieren von Lebensmitteln zu deren Konservierung findet immer weitere Anwendung. In den USA haben die dafür geeigneten Gefriermöbel schon etwa im Jahre 1938 industrielle Bedeutung erlangt. In Deutschland setzte die Entwicklung erst ab 1952 ein, nachdem zuvor durch die Gemeinschaftsgefrieranlagen (s. S. 115) insbesondere das Interesse der Bauern an der Gefrierkonservierung geweckt worden war. Die Entwicklung des Umsatzes in den beiden Ländern ist in Abb. 3 dargestellt. Die Marktsättigung ist in den Vereinigten Staaten etwa 30%, wobei auf dem Land mit nahezu völliger Sättigung gerechnet werden muß. Sie erreichte dort schon im Jahre 1949 nahezu 60% bei einer Gesamtsättigung von 15%. In Deutschland dürfte die Marktsättigung heute mit etwa 250000 aufgestellten Gefriermöbeln bei 1,5 bis 2% liegen, wobei sich diese Möbel fast ausschließlich in bäuerlichen Haushaltungen befinden.

---

[1] Im deutschen Sprachgebrauch werden die Worte Tiefkühlmöbel und Gefriermöbel nebeneinander benützt, ohne daß eine klare Unterscheidung gemacht wird. Insbesondere hat ein Tiefkühlmöbel in den meisten Fällen etwa die gleichen Eigenschaften hinsichtlich Temperatur und Gefrierleistung wie ein Gefriermöbel. Erstmals werden nun im Entwurf der DIN 8953 „Prüfbestimmungen für geschlossene Tiefkühl- und Gefriermöbel“ [*127*] eindeutige Unterscheidungsmerkmale festgelegt: ein Tiefkühl(lager)möbel ist nur zur Lagerung schon eingefrorener Waren bei $-18\,^{\circ}$C (oder darunter) geeignet. Es muß keine Möglichkeit haben, auch Waren einzugefrieren. Ein Gefriermöbel muß dagegen eine bestimmte Gefrierleistung haben (vgl. S. 59). Herausgeber und Verfasser sind der Meinung, daß das Wort Tiefkühlen im deutschen Sprachgebrauch in mißverständlicher Form einmal für „Gefrieren“, zum anderen für „Lagern bei tiefer Temperatur“ benützt wird. Beide Begriffe entsprechen aber nicht dem Wortsinn. Es wird deshalb in den folgenden Abschnitten für Tiefkühlmöbel der Ausdruck „Tieftemperaturmöbel“ benützt.

Über die Entwicklung in anderen Ländern ist wenig bekannt. In Schweden, Norwegen und Dänemark scheint die Entwicklung ähnlich wie in Deutschland zu sein, ebenso in England. In Frankreich und Italien hat das Gefrierkonservieren noch keine Freunde gefunden. Die Anwendung von Tieftemperaturmöbeln beschränkt sich dort im wesentlichen auf den Verkauf von Speiseeis (vgl. auch Abb. 3 und Tab. 2 und 3).

Von großer Bedeutung für die Marktentwicklung sind die erheblichen Verschiebungen, die im Lauf der Jahre hinsichtlich Größe und Ausführung stattgefunden haben. In den ersten Jahren wurden in den USA wie noch heute in

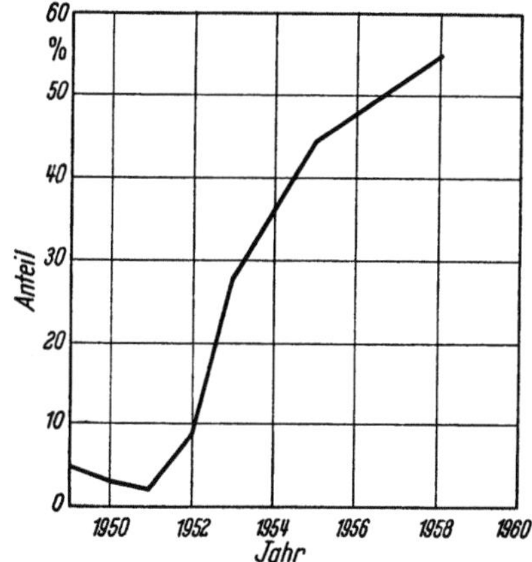

Abb. 49. Anteil der Gefrierschränke am Gesamtumsatz von Gefriermöbeln in den Vereinigten Staaten von Amerika.

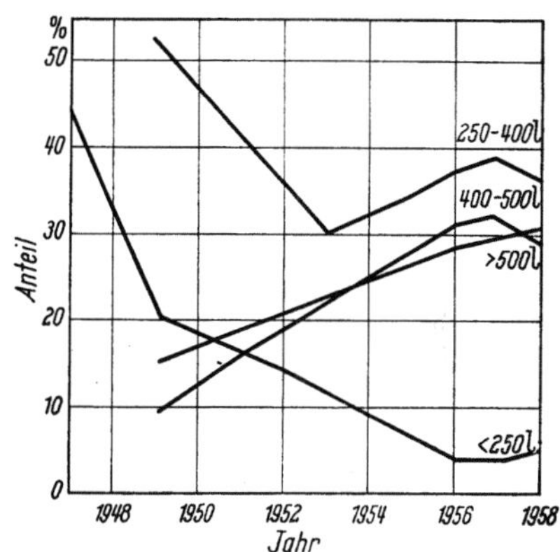

Abb. 50. Die Größe der in den Vereinigten Staaten von Amerika verkauften Gefriermöbel in *l*-Inhalt in den Jahren von 1947 bis 1958.

Deutschland nur Gefrier*truhen* verkauft, bis dann sehr plötzlich der Umschwung zum Gefrier*schrank* einsetzte [*14, 119, 120*] (Abb. 49). Auch hinsichtlich des Nutzraumes hat sehr rasch eine Abkehr von den kleinen Möbeln mit weniger als 250 *l* eingesetzt zugunsten der Möbel von 300 bis 500 l, die heute am häufigsten gekauft werden (Abb. 50). In Deutschland ist der Anteil der Möbel mit weniger als 250 l noch etwa 60 %. Aber auch hier ist eine Verschiebung zu größeren Inhalten zu beobachten.

Die Fertigungsstückzahlen sind in einzelnen Ländern schon groß genug, um einigen Firmen eine ausgesprochene Massenfertigung wie bei Haushaltkühlschränken zu ermöglichen. Häufig werden die Tieftemperaturmöbel sogar auf den gleichen Fertigungseinrichtungen mit den gleichen Vorrichtungen hergestellt. Daneben besteht — zumindest noch in Deutschland — die mehr handwerkliche Fertigung in Mittel- und Kleinbetrieben.

Tieftemperatur- und Gefriermöbel werden von Bauern, Stadthaushaltungen und dem Lebensmittelhandel gekauft. In den Vereinigten Staaten ist dabei heute der Hauptabnehmer der Stadthaushalt, der sich mehr und mehr auf die Verwendung von Gefrierkonserven einstellt, die in reicher Auswahl angeboten werden. Bei den Bauern besteht ein beträchtlicher Nachhol- und Ersatzbedarf. Im Handel ist das geschlossene Möbel schon längst durch andere Ausführungen (vgl. Abschnitt D) verdrängt worden. In Deutschland ist der Hauptabnehmer der Bauer; der Lebensmittelhandel benötigt die Truhen nur für kleine Läden mit kleinem Umsatz, der Stadthaushalt hat noch keinerlei Bedarf.

II. Betriebliche Anforderungen.

Tieftemperaturlagern — Gefrieren, Bedienbarkeit, Lagerungskapazität.

Das Gefrier- und Tieftemperaturmöbel wird von der Hausfrau, insbesondere der Bauersfrau, wegen der gegenüber den anderen Konservierungsarten erheblichen Zeitersparnis beim Verarbeiten der Lebensmittel, der besseren Qualitätserhaltung und der Möglichkeit einer reichhaltigen Auswahl und Abwechslung bei den Mahlzeiten geschätzt. Außerdem sind Ersparnisse durch Großeinkauf in den günstigsten Zeiten möglich, die bis zu 15 $/Monat betragen sollen. Für 90% aller Stadthaushalte ist in den Vereinigten Staaten dies der ausschlaggebende Grund für die Anschaffung [*121*]. Die Ware verbleibt bis zu einem halben Jahr in dem Möbel, muß aber jederzeit schnell gefunden und entnommen werden können. Ihr Wert ist erheblich. Ein Ausfall der Kältemaschine oder eine längere Stromabschaltung können zu ihrem Verderb führen. Die Gefrierkonserve tritt bei der Zubereitung der Mahlzeiten neben die frische Ware oder ersetzt sie sogar völlig. Ähnlich wie beim Haushaltkühlschrank (s. S. 10) ergeben sich hieraus folgende Anforderungen:

Übersichtliche Lagerung, rasches Ein- und Auslagern. Schnelles Gefrieren,
Aufstellung möglichst nahe oder in der Küche, kleiner Platzbedarf,
Möglichst geringe Betriebskosten und eine lange Lebensdauer, sichere Funktion mit Alarmeinrichtung,
Ausreichender Lagerraum bei günstigsten Lagerbedingungen.

Der in Abb. 49 dargestellte Umschwung in den USA von der Gefriertruhe zum Gefrierschrank, der in Ausstattung, Konstruktion und Fertigung dem Haushaltkühlschrank entspricht, war im wesentlichen darauf zurückzuführen, daß letzterer diesen Anforderungen wesentlich besser entspricht als die Gefriertruhe.

1. Notwendiges Fassungsvermögen und Stapelfähigkeit. Für die Beurteilung, wie groß der notwendige Inhalt eines Gefriermöbels für eine bestimmte Familiengröße sein sollte, wurde ein Fragebogen mit Empfehlungen ausgearbeitet. Die Gefrierkonserven wurden dabei in die 3 Gruppen: Gemüse, Früchte, Fleisch und Fisch eingeteilt. Danach ist die beste Ausnutzung des Gefriermöbels gegeben, wenn je Familienangehörigen und je Monat durchschnittlicher Einlagerungszeit 60 bis 70 *l* Inhalt angenommen werden. Wegen der durchschnittlich längeren Lagerzeiten in bäuerlichen Haushaltungen muß dort mit etwa 150 *l* pro Kopf, in der Stadt mit etwa 30 *l* pro Kopf gerechnet werden [*120*]. Mit der breiteren Verwendung von Gefrierkonserven werden diese Zahlen aber vergrößert werden müssen. So wird z. B. in den USA für eine 4köpfige Familie auf dem Land ein Schrank mit über 1500 *l* Inhalt, für einen städtischen Haushalt von ungefähr 500 *l* Inhalt empfohlen.

Die Ausnutzung des Lagerraumes ist bei rechteckigen Formen am größten und übertrifft die zylindrischer Behälter um ein Fünftel. Durch Unterteilung wird die Ausnutzbarkeit wesentlich beeinträchtigt, z. B. durch Gitter und Körbe um etwa 15%. Die Form der Verpackung ist ebenfalls von erheblichem Einfluß. Kleine rechteckige Packungen gestatten eine Ausnutzung bis 80%, größere von 65 bis 75%. Am schlechtesten ist die Ausnutzung bei zylindrischen Verpackungen mit 40 bis 45%. Nach der US-Prüfvorschrift für Gefriermöbel ASA B 38.3 - 1955 [*123*] wird die Lagerkapazität mit 0,56 kg je Liter Nutzraum angegeben. Der Praxis besser angepaßt dürften die in Tab. 12 angegebenen Werte sein [*124*]. Die Stapelfähigkeit und Zugänglichkeit ist bei Truhen schlecht, auch wenn die einzelnen Waren in eingehängte Drahtkörbe gepackt werden (Abb. 51). Bei Schränken können je nach Größe 3 bis 4 Roste (Verdampferroste) eingebaut und die Innenseite der Tür kann mit Etageren ausgerüstet werden (Abb. 52). Allerdings wird dadurch das Fassungsvermögen verkleinert, aber der Zugang zur Ware wird erheblich erleichtert. Die Sichtfläche ist größer und wenn der Schrank

Tabelle 12. *Fassungsvermögen von Gefriermöbeln an verpackten Lebensmitteln.*

Warenart	Warenmenge in kg je l Nutzraum		
	minimal	maximal	im Mittel
Fleisch	0,5	0,55	0,52
Obst in Zuckerlösung	0,4	0,95	0,56
Ungezuckertes Obst	0,25	0,4	0,33
Gemüse	0,25	0,55	0,4

allmählich geleert wird, wird Abstell- und Gefrierfläche frei, was bei der Truhenform nicht der Fall ist. Es besteht die Möglichkeit, einzelne Roste als Rollroste oder Schubladen auszubilden. Die Etageren können die Masse standardisierter Gefrierpackungen erhalten und in Form von Füllschächten ausgebildet werden, so daß oben nachgefüllt und unten entnommen werden kann.

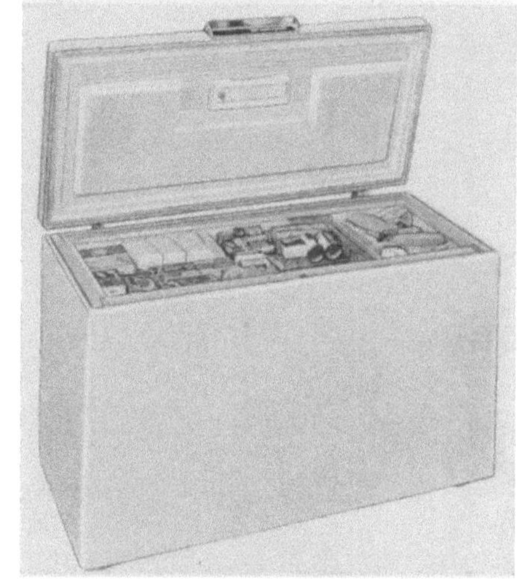

Abb. 51. Gefriertruhe mit 600 l Inhalt der Firma Whirlpool Corp., USA.
Lagerkapazität 340 kg, Gewicht leer 180 kg, Antriebsleistung des Verdichters $^1/_4$ PS. Höhe bis Deckelkante 940 mm. Tiefe 830 mm, Länge 1800 mm. Belegte Grundfläche 1,5 m². Innenbeleuchtung, Warnlicht, zwei verschiebbare Drahtkörbe.

2. *Die Gefrierleistung* von Schränken und Truhen ist, bezogen auf die für die Belegung mit Ware zur Verfügung stehende, gekühlte Ablagefläche, etwa gleich groß. Allerdings ist in Schränken diese Fläche bis doppelt so groß wie in Truhen. Bei letzteren können nur etwa 12% der Beschickungsmenge in direktem Kontakt mit gekühlten Flächen gefroren werden. Dabei dauert es etwa 3 Stunden, bis die Ware auf Gefriertemperatur (rd. —3 °C) abgekühlt ist und etwa 16 Stunden bis zum Durchfrieren. Muß die Ware in 2 Schichten gelegt werden, verlängert sich die Gefrierzeit auf das Achtfache, bei 3 Schichten auf das Neun- und Zehnfache. Es soll daher nur in direktem Kontakt gefroren werden und keine warme Ware auf schon eingefrorene gelegt werden, da dann in letzterer erhebliche Temperaturanstiege auftreten können [*125*]. Wird während des Gefrierens die Ware umgeschichtet, kann die Gefrierdauer um 25 bis 33% verringert werden, wobei die Laufzeit der Kältemaschine entsprechend länger wird. Diese Maßnahme hat daher nur Sinn, solange die relative Laufzeit des Kältekompressors noch unter 85% liegt. Fleisch gefriert wesentlich schneller als Gemüse, aber in jedem Fall soll nur eine bestimmte Menge auf einmal eingefroren werden, etwa 20 bis 50 g je Liter Nutzraum [*126*]. In dem deutschen Normentwurf DIN 8953 „Prüfung von geschlossenen Tiefkühl- und Gefriermöbeln" ist für die Gefrierleistungsbestimmung eine Beschickung mit 50 g je Liter Nutzraum vorgesehen

[*127*][1]. Die Gefrierleistung ist bei Beschickung des leeren oder teilweise gefüllten Möbels annähernd die gleiche.

3. Die Frage, ob *Truhen- oder Schrankform*, ist ausgiebig diskutiert worden [*128*, *129*]. Es ist technisch einfacher, eine Truhe betriebssicher zu bauen, aber der Schrank hat größere Vorteile in der Benutzung. Der kleinere Grundflächenbedarf ermöglicht es, ihn in die Küche zu stellen. Das Entfernen des Reifansatzes ist einfacher, wenn die Decke des Gefriergutbehälters gekühlt wird, da sich dann an dieser Stelle der größte Teil sammelt und abgekratzt werden kann. Die Abdichtung der Tür erfordert jedoch mehr Sorgfalt. Es ist ein Schloß mit starkem Anzug oder eine besonders anschmiegsame Dichtung erforderlich. Ein Schrank neigt leichter zum äußerlichen Schwitzen, besonders an den Aufhängungen des Innenbehälters und den Türrahmen-Abdeckleisten. Da der Schrank meistens näher am Wohnbereich aufgestellt wird als eine Truhe, muß auch mehr auf Geräuscharmut geachtet werden. Er wird auch häufiger geöffnet als eine Truhe. Da aber die Öffnungszeiten wesentlich kürzer sind, ist der Energiebedarf nicht oder nur unwesentlich höher als bei Truhen (Abb. 53).

Abb. 52.
Gefrierschrank mit 450 *l* Inhalt der Firma R. Bosch. Lagerkapazität 250 kg, Gewicht leer 205 kg. Antriebsleistung des Verdichters 1/4 PS. Höhe 1,90 m, Breite 0,82 m, Tiefe 0,76 m, belegte Grundfläche 0,7 m², 1,54 m² Rostabstellfläche, 6 Türetageren für Gefrierkonservenpackungen.

4. *Das Abtauen* ist bei den Truhen noch nicht befriedigend gelöst. Die Reifbildung auf dem Gefriergutbehälter beeinflußt die Betriebsdaten derart, daß bei der üblichen Anbringung des Thermostatfühlers an der Wandung des Behälters die zunehmende Reifschicht zu einem Anstieg der Lagertemperatur bei gleichzeitiger Abnahme der relativen Laufzeit führt. Wird der Temperaturfühler im Raum aufgehängt, dann wird wohl die Lagertemperatur aufrechterhalten, der Energiebedarf steigt aber an (Abb. 54). Es wird deshalb empfohlen, die Reifschicht auf den Behälterwandungen nicht über 1 bis 1,5 cm anwachsen zu lassen, da dadurch der Nutzraum schon erheblich verkleinert, das Beschicken behindert wird und warm eingelegte Pakete an der Wand festfrieren können. Zum Entfernen der Eisschicht wird Abkratzen oder Entleeren der Truhen und Abtauen durch Abschalten empfohlen [*130*]. Eine Lösung fand die schwedische Firma Osby-Pannan: Hierbei ist der Gefriergutbehälter nicht Verdampfer, sondern dieser ist als einreihiger Lamellenverdampfer im oberen Teil der Truhe ringsherum herausnehmbar angeordnet. Dies wird durch flexible Kältemittelleitungen erreicht. Zum Abtauen wird die Truhe geöffnet, der Verdampfer hochgehoben und bei abgeschalteter Maschine eine Tauwasserschale untergefahren.

[1] In der Einspruchsverhandlung vom Februar 1961 ist die Beschickungsmenge auf 70 g je Liter erhöht worden.

Das in der Truhe verbleibende Kühlgut erfährt kaum eine Temperatursteigerung (Abb. 55).

Die meisten der heute verkauften Gefrierschränke haben keine Abtaumöglichkeit; aber mit steigender Anwendung der Zwangsluftumwälzung in Kühlschränken beginnt dieses Prinzip auch beim Gefrierschrank angewendet zu werden. So hat z. B. die Firma General Electric einen Gefrierschrank entwickelt, bei welchem die gesamte Rückwand des Gefriergutbehälters aus einem Rollbond-Verdampfer besteht, über welchen von einem Ventilator, der im obersten Fach angebracht ist, Luft gesaugt wird. Die abgekühlte und getrocknete Luft wird mit starkem Strahl in dieses Fach

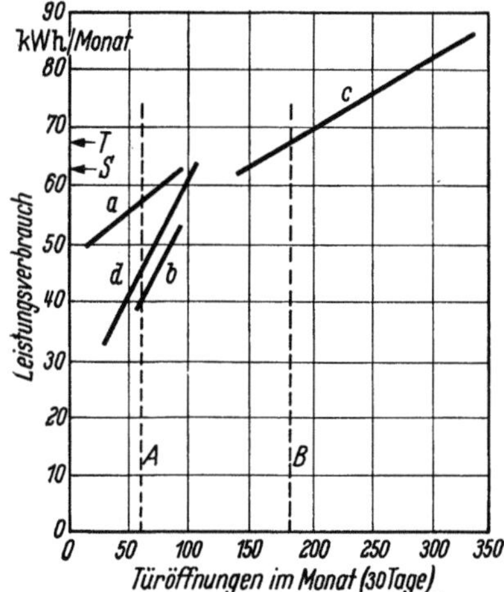

Abb. 53. Leistungsverbrauch von Gefrierschränken und Gefriertruhen.

Leistungsverbrauch im Prüfraum ohne Öffnen der Tür bei einer Innentemperatur von $-18°C$ und einer Raumtemperatur von 32,2°C. *T* Gefriertruhen, *S* Gefrierschränke. Leistungsverbrauch im Haushalt: *a* Gefriertruhen in geheizter Umgebung, *b* Gefriertruhen in ungeheizter Umgebung, *c* Gefrierschränke in geheizter Umgebung (in der Nähe der Küche), *d* Gefrierschränke in ungeheizter Umgebung. Durchschnittliche Zahl der Türöffnungen im Monat: *A* Gefriertruhen, *B* Gefrierschränke.

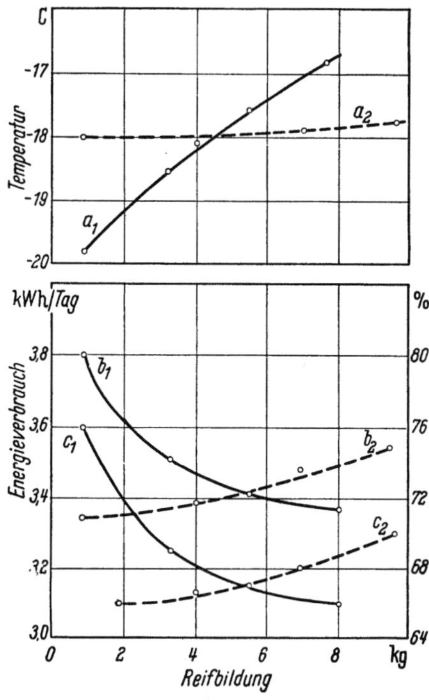

Abb. 54. Einfluß der Reifbildung auf die Betriebsdaten eines Heimfrosters.

1. Steuerung der Maschine durch die Verdampfungs-Temperatur: a_1 Mittelwert der Temperaturen im Gefrierfach, b_1 Energieverbrauch in 24 Stunden, c_1 relative Einschaltzeit.
2. Steuerung der Maschine durch die Temperatur im Gefrierfach: a_2 Mittelwert der Temperaturen im Gefrierfach, b_2 Energieverbrauch in 24 Stunden, c_2 relative Einschaltzeit.

geblasen, so daß hier hohe Gefriergeschwindigkeiten erzielt werden. Der Verdampfer kommt nicht mehr mit dem Gefriergut in Berührung. Er wird mittels Heißgas, das über ein Magnetventil in ein zweites Kanalsystem eingeleitet werden kann, abgetaut. Ein ähnliches Prinzip wird bei den neuesten Entwicklungen der Firma RCA-Whirlpool angewendet. Für den Benutzer sind die Vorteile erheblich. Wände, Roste und Einsätze bleiben reiffrei. Dünne Niederschläge, die sich beim Türöffnen bilden können, sublimieren nachträglich. Die gefrorenen Packungen bleiben sauber, gut lesbar und frieren nicht fest. Das Abtauen geschieht automatisch durch eine Schaltuhr, das Tauwasser wird verdunstet (Abb. 56).

5. Der große Wert und die Empfindlichkeit der in einem Gefriermöbel eingelagerten Ware zwingt dazu, den Benutzer bei Ausfällen der Kältemaschine

oder bei Stromabschaltungen so schnell wie möglich zu *alarmieren*. Bei voraussehbaren Stromabschaltungen wird heute schon darauf Rücksicht genommen. Zum Beispiel haben die deutschen Hersteller von Tieftemperaturmöbeln den Elektrizitätsversorgungsunternehmen empfohlen, nicht länger als 1,5 bis 2 Stunden abzuschalten. Die Temperaturerhöhung beträgt bei vollem Möbel etwa 0,7 bis 1 °C je Stunde, bei nur zu $^1/_4$ gefülltem Möbel kann sie aber das Doppelte betragen. Da die Ware auf keinen Fall antauen sollte, darf eine Temperaturerhöhung über —12 bis —14 °C nicht eintreten [*120*]. Wird diese Temperaturgrenze überschritten, so muß eine Alarmeinrichtung einschalten. Es sind die verschiedensten Systeme entwickelt worden. In jedem Fall schaltet ein Temperaturfühler entweder über eine Batterie oder den Netzstrom ein Warnlicht oder akustisches Signal ein. Batteriesysteme haben den Vorteil, auch bei Stromausfall, z. B. durchgebrannter Sicherung, noch anzuzeigen, aber den Nachteil, daß mit der Dauer die Batterie sich auch ohne Entnahme erschöpft und dann das System ohne Eigenwarnung ausfällt. Von der Netzspannung gespeiste Alarmsysteme scheinen deshalb auf die Dauer doch betriebssicherer. Ein einfaches System ist z. B. die Verwendung eines Temperaturreglers mit zweitem Kontakt, der bei etwa —12 °C schaltet. Solange die Temperatur tiefer und Netzspannung vorhanden ist, leuchtet eine Lampe grün. Bei höherer Temperatur wird auf rot umgeschaltet. Brennt keine Lampe, ist das Netz aufgefallen. Wichtig ist, daß der Temperaturfühler an einer Stelle sitzt, die möglichst bald und bei jedem Füllungszustand des Möbels anspricht. Diese kann nur durch Versuche gefunden werden. Meistens ist es das vom Kompressor im Kältekreislauf am weitesten entfernte Fach und dort die Stelle nahe des größten Wärmeeinfalls. Wie unterschiedlich Alarmeinrichtungen ansprechen, ist aus [*131*] zu entnehmen.

Abb. 55. Tiefkühltruhe mit 335 *l* Inhalt der Firma Osby-Pannan, Osby. Mit Styropor(R) isoliert. Außen Stahlblechgehäuse, Aluminiumblech-Behälter. Der Verdampfer besteht aus einer berippten Kupferrohrschlange, die im oberen Teil des Behälters eingehängt ist und zum Abtauen in der im Bild gezeigten Weise herausgehoben werden kann (Werkphoto Osby).

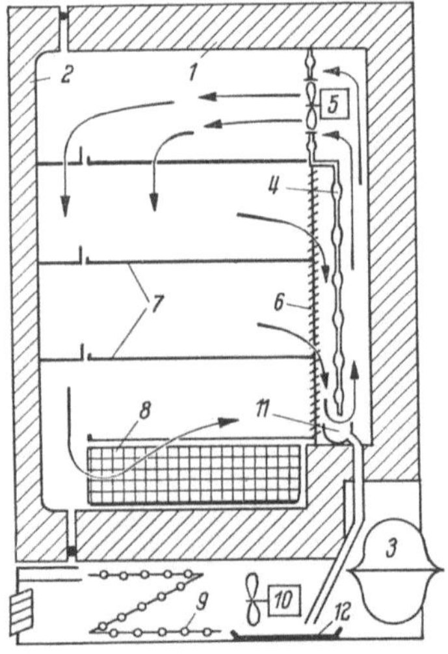

Abb. 56. Schematischer Schnitt durch einen Gefrierschrank mit Zwangsluftumlauf.
1 Isoliertes Gehäuse, *2* Tür mit Etageren, *3* Verdichter, *4* Verdampfer, *5* Innenventilator, *6* Rückluftgitter, *7* Abstellroste, *8* Ablagekorb, *9* Verflüssiger, *10* Ventilator, *11* Tropfrinne mit Ableitung, *12* Verdunstungsschale.

III. Berechnung und Prüfung.

Das Tieftemperaturmöbel ist wie der Haushaltkühlschrank als Massenerzeugnis sehr verschieden beansprucht und muß daher nach Standardwerten dimensioniert werden. Solche Normen, die gewisse, nachzuprüfende Mindestanforderungen aufstellen, sind in den Vereinigten Staaten von Amerika [*123*], Frankreich [*132*], England [*133*] und neuerdings auch in Deutschland [*127*] ausgearbeitet worden [*134, 135, 136*]. Es können folgende Grundsätze festgehalten werden:

α) Die Innentemperatur muß bei einer höchsten Außentemperatur von +32 °C — für Tropen +40 °C oder +43 °C (110 °F) — auf — 18 °C (0 °F) gehalten werden können. Eine Leistungsreserve wird dabei nicht unbedingt für erforderlich gehalten.

β) Das leere Möbel muß bei höchster Außentemperatur abkühlbar sein, d. h. die Kältemaschine muß das völlig warme Möbel bis auf — 18 °C abkühlen können. Das gleichzeitige Abkühlen und Gefrieren von Ware wird nicht verlangt.

γ) Das mit Ware vollgepackte Möbel soll eine derartige Temperaturverteilung aufweisen, daß der Lagerraum möglichst vollständig zur Lagerung bei — 18 °C ausgenützt werden kann. In den Prüfbestimmungen wird entweder die Temperaturverteilung eingegrenzt (kein Punkt wärmer als — 16 °C) oder wird (z. B. in DIN 8953/Entwurf [*127*]) eine Stapelgrenze eingeführt, die eine Angabe über den wirklich nutzbaren Raum gibt. Die Beschickungsversuche werden mit ,,Testpackungen" durchgeführt [*137*].

δ) Nur im deutschen Entwurf DIN 8953 wird die Gefrierleistung gemessen. Definitionsgemäß muß ein Gefriermöbel eine Gefrierleistung von mindestens 7 kg/100 *l* und Tag haben. Wird diese Leistung nicht erreicht, ist das Möbel nur zum Lagern schon gefrorener Ware geeignet und wird als Tiefkühlmöbel bzw. Tieftemperaturmöbel bezeichnet.

ε) Die Festlegungen über Schwitzwasserbildung auf der Außenoberfläche des Möbels decken sich — soweit überhaupt vorhanden — mit denjenigen für Haushaltkühlschränke, werden aber meistens etwas schärfer formuliert, da diese Möbel auf dem Lande oft in relativ feuchten Räumen stehen und besonders am Sockel sehr gefährdet sind.

1. Für die *Berechnung* muß zwischen Truhe und Schrank und zwischen zwangsbelüftetem Verdampfer und Verdampferbehälter unterschieden werden.

Der Innenbehälter von *Truhen* ist meistens gleichzeitig Verdampfer und besteht entweder aus mit Rohren belegten Blechen oder aus einem Rollbond-Verdampfer. Die Oberfläche ist mehr oder weniger durch die Abmessungen der Truhen vorgegeben und kann nur durch Einbau von Zwischen-Verdampferplatten vergrößert werden. Für die Berechnung des Wärmeeinfalles muß die mittlere Oberflächentemperatur des Behälters eingesetzt werden, die meistens 5 bis 7 °C unter der Lagertemperatur liegt. Diese Temperatur hängt ab von der Dicke und Wärmeleitzahl des verwendeten Bleches, dem Abstand der aufgelegten Rohre und deren Wärmekontakt mit dem Blech. Die höchste Temperatur, die auf dem Blech zwischen zwei angelegten parallellaufenden Rohren auftritt, kann nach [*136*] berechnet werden.

Es läßt sich ein von den Materialkosten und dem Herstellaufwand abhängiger wirtschaftlicher Rohrabstand und eine wirtschaftliche Blechstärke für den Behälter ermitteln. Bei den üblichen Stahlblechbehältern mit Wandstärken von 0,7 bis 0,9 mm liegen die wirtschaftlichsten Rohrabstände bei 80 bis 120 mm, guter Wärmekontakt vorausgesetzt.

Die Temperatur, die sich in der Oberflächenschicht der eingelagerten Lebensmittel einstellt, wird an allen Stellen, die gegenüber einer unter — 18 °C gekühlten Fläche liegen, ebenfalls unter — 18 °C sein. Gegenüber dem ungekühlten Deckel und dem evtl. ungekühlten Bodenblech des Innenbehälters können jedoch höhere Temperaturen auftreten. Diese hängen ab von der Wärmedurchgangszahl dieser ungekühlten Wandungen, der mittleren Wärmeleitzahl der eingefüllten Ware, der Schichtdicke der Füllung und der Lage und Entfernung der gekühlten von den ungekühlten Flächen. Je höher die Ware in eine Truhe gepackt werden soll, desto besser muß deren Deckel isoliert werden. Nach [*136*] ist die höchste Temperatur in der Oberflächenschicht in der Mitte zwischen den gekühlten Wänden

$$t_{i\,\max} = \frac{t_i}{\cosh(\beta \cdot h)},$$

$$\beta = \sqrt{\frac{k}{\lambda \cdot \delta}},$$

k Wärmedurchgangszahl der ungekühlten gegenüberliegenden Wand (kcal/m² h °C),
λ Wärmeleitzahl des Stapelgutes (kcal/m h °C),
δ Schichtdicke des Stapelgutes (m),
h halber Abstand der gekühlten Flächen (m),
t_i Temperatur des Stapelgutes an den gekühlten Flächen.

Bei *Schränken* werden häufig an Stelle der Wandungen des Behälters die eingebauten Roste als Verdampfer benützt (Verdampfer-Roste). Es gibt dabei eine Anordnung mit Rohrschlangen, auf welche lediglich dünne Drähte als Rost aufgeschweißt sind. Für einen derartigen Verdampfer gelten die gleichen Berechnungsprinzipien wie für jeden berippten Rohrschlangenverdampfer. Allerdings wird meistens die Fläche nicht aus wärmetechnischen Gesichtspunkten, sondern wegen der erforderlichen Abstellflächen und der erforderlichen Tragfähigkeit sehr groß und stark dimensioniert. Bei der anderen Anordnung, die aber mehr und mehr verlassen wird, sind die Abstellflächen geschlossene Gefrierplatten, für welche die für Behälterwandungen gültigen Gesichtspunkte angewandt werden müssen.

Wichtig ist die Berücksichtigung von Undichtheiten an der Tür. Durch den Temperaturunterschied zwischen innen und außen ist die schwere, kalte Luft bestrebt, nach unten durch Undichtheiten auszuströmen und durch oben gelegene Spalten warme und feuchte Außenluft einzuziehen. Die für diesen Austausch wirksame Druckdifferenz kann nach [*136*] aus der zwischen Umgebung und Innenbehälter herrschenden Temperaturdifferenz und der Höhe des Behälters berechnet werden.

Der zusätzliche Kältebedarf durch Luftaustausch und Ausfrieren des Wasserdampfes kann beträchtlich sein.

Für die Beschickung und Entnahme und die damit verbundenen Kälteverluste sowie für die Leistungsreserve zum Gefrieren muß mit etwa 20 % mehr Kälteleistung gerechnet werden als sich aus der Kältebedarfs-Berechnung ergibt [*129, 135*].

Wird an Stelle der freien Konvektion und der reinen Wärmeleitung durch Konktakt zwischen Ware und Verdampfer die Kühlung mit Zwangsluftumwälzung vorgenommen, dann müssen die Vorteile der reiffreien Lagerung und der Abtaumöglichkeit durch einen erheblichen Mehrbedarf an Kälteleistung erkauft werden. Es wird nicht nur das Verhältnis von Nutzraum zu gekühltem Bruttovolum ungünstiger, da für Kanäle und den Ventilator Raum benötigt wird, sondern der Wärmeeinfall wird noch zusätzlich erhöht durch Energieaufnahme des Ventilators, den verstärkten Luftaustausch am Türspalt und die Wärmeentwicklung beim Abtauen. Da bei bewegter Luft der Türfalz mit der Dichtung intensiver gekühlt wird, ist auch die Gefahr der Vereisung des Türspaltes und des äußeren Schwitzens größer. Der Türspalt muß daher geheizt werden, was zusätzliche Kälteleistung und Energieverbrauch bedeutet.

In Tab. 13 sind einige Erfahrungswerte für die Dimensionierung von Gefriermöbeln zusammengestellt. In den wenigsten Fällen wird eine Berechnung

Tabelle 13. *Erfahrungswerte für die Dimensionierung von Gefriermöbeln.*

	Inhalt l			
	100 bis 150	200 bis 250	300 bis 400	500 bis 600
Anschlußleistung des Verdichters in PS	$^1/_8$ bis $^1/_6$	$^1/_6$ bis $^1/_5$	$^1/_5$ bis $^1/_4$	$^1/_4$ bis $^1/_3$
Durchschnittlicher Energiebedarf kWh/24 h	0,8 bis 1,2	1,2 bis 2,0	2,0 bis 3,0	3,5 bis 4,5
Gekühlte Fläche m²	0,3 bis 0,5	0,5 bis 0,8	1,0 bis 2,0	2,5 bis 3,5
Wärmedurchgangszahlen (kcal/m² h °C)				
Seitenwände und Boden	0,25			
Deckel oder Tür	0,3			
Isolierstärken cm	7 bis 8	8 bis 10		10
Höhe bei Truhen	<900	900 bis 950		950 bis 1000

gesichertere Unterlagen erbringen. Noch wichtiger als beim Haushaltkühlschrank ist die Erprobung nach den verschiedenen Prüfmethoden. Bei der Entwicklung und Konstruktion von Gefriermöbeln ist der Test noch immer der einzige Weg, um Rückschläge zu vermeiden. So kann z. B. bei Möbeln mit Zwangsluftumlauf die Abstimmung von Verdampfergröße, Luftleistung und Abtauzyklus nur durch den Versuch erreicht werden.

2. Die *Versuche* werden meist nach bestehenden Normen durchgeführt. Zum Beispiel wird in der *ASA B 38.3-1955* [*123*] das leere Möbel mit einer Anzahl Temperaturmeßstellen an genau vorgeschriebenen Stellen versehen und dann bei verschiedenen Prüfraumtemperaturen die relative Laufzeit des Kompressors, die mittlere Innentemperatur und der Energiebedarf gemessen. Weiterhin wird das Möbel mit Testpaketen, die mit in Salzlauge getränktem Hartholzsägemähl gefüllt sind (Gewicht etwa 550 g), beschickt und die Temperaturverteilung in diesen Paketen bestimmt. Schließlich werden noch Abkühlversuche durchgeführt. In der *französischen Prüfnorm* [*132*] sind keine Gefrierversuche vorgesehen, da die Möbel nur zum Aufbewahren schon gefrorener Ware dienen sollen. Die Temperatur wird im leeren Möbel 5 cm unterhalb der Behälterdecke, im Schwerpunkt und 5 cm über dem Boden gemessen. Keine dieser Temperaturen darf höher als -16 °C sein, die Mitteltemperatur muß unter -18 °C liegen. Die Temperaturschwankungen sollen höchstens 1 Grad betragen. Es ist neben den üblichen Funktionsprüfungen bei $+30$ °C (bzw. 40 °C) ein Abkühlversuch vorgeschrieben und es wird die Erwärmung nach dem Abschalten der Kältemaschine gemessen. Dabei ist die Truhe bis zu einem bestimmten Maß mit Testpaketen gefüllt. Im deutschen *Normentwurf DIN 8953* [*127*] werden fast alle Messungen bei voll beschicktem Möbel durchgeführt. Die Testpakkungen haben die Abmessungen $50 \times 100 \times 200\,\text{mm}^3$ und sind mit 1 kg Tylose SL 600 [*137*] gefüllt, deren Gefrierpunkt bei etwa -2 °C liegt. Gemessen wird nur an den Oberflächen der Beschickung, wobei man sich auf solche Flächen beschränkt, die ungekühlten Wänden, z. B. dem Deckel, gegenüberliegen. Nutzraum ist nur, was unterhalb -18 °C liegt. Die Ebenen, bis zu welchen noch Ware gestapelt werden kann, ohne über -18 °C erwärmt zu werden, sind durch Stapelmarken angegeben. Es wird bei $+32$ °C (bzw. $+40$ °C) der Energiebedarf, die relative Laufzeit und die Temperatur in den Oberflächenschichten gemessen. Außerdem werden mit dem leeren Möbel Abkühlversuche vorgenommen. Wenn die Kältemaschine so groß dimensioniert ist, daß in dem Möbel Ware gefroren werden kann, wobei ein Mindestwert von 7 kg/Tag je 100 l Inhalt vorgeschrieben ist, kann es als Gefriermöbel bezeichnet werden.

Neben den Normprüfungen werden von allen Firmen noch Werksteste durchgeführt. Zum Beispiel wird in einem Raum von 32 °C und 85% rel. Luftfeuchtigkeit das Möbel 4 Tage lang betrieben und täglich bis zu 25mal geöffnet und zum Teil mit zu gefrierender Ware beschickt. In einem Lebensdauertest über wenigstens 3 Monate wird die Prüfraumtemperatur jeweils einen halben Tag auf +32 °C und auf +20 °C eingestellt. Die relative Luftfeuchtigkeit bleibt 75%. In Schwitz- und Vereisungstesten wird das Möbel bei +5 °C und +43 °C und unterschiedlichen Luftfeuchtigkeiten betrieben. Hinzu kommen noch Prüfungen der Transportfestigkeit, der Festigkeit der Einbauten (mit 5facher Belastung!) und der Dichtheit des Gehäuses gegen Diffusion.

IV. Konstruktiver Aufbau und Fertigung.

Hinsichtlich Konstruktion und Fertigung sind sehr viele Parallelen zum Haushaltkühlschrank vorhanden. In vielen Fällen werden Gefriermöbel und Haushaltkühlschränke von denselben Fachleuten konstruiert und in derselben Fabrik gebaut. Es werden deshalb hier lediglich die abweichenden Punkte beschrieben.

1. Der *Innenbehälter* von Truhen besteht überwiegend aus Stahlblech. Bei Schränken wird in größerem Umfang Aluminiumblech verwendet, da hier die Schwierigkeit, außen Rohre anbringen zu müssen, entfällt. In einigen Fällen hat sich der Rollbond-Verdampfer eingeführt, der zu einem geschlossenen Rechteck gebogen wird. Als Boden wird ein Al-Blech eingeschweißt oder neuerdings eingerollt. Bei den Stahlblechbehältern wird außen eine Rohrschlange als Verdampfer aufgewickelt. Der Radius der Behälterecken muß dann mit dem möglichen Biegeradius der Rohre übereinstimmen. Andernfalls werden vorgebogene Rohrschlangen an die Wände des Behälters angepreßt. Die Rohrschlangen bestehen vorwiegend aus Cu, da dann keine Korrosion zu befürchten und die Verarbeitung (Biegen, Löten) leicht ist. Mit Stahlrohren liegen auch gute Erfahrungen vor, wenn z. B. durch nachträgliches Tauchen in Asphaltlack für einen guten Korrosionsschutz gesorgt wird. Andernfalls tritt Lochfraß (Kontaktkorrosion) an den Berührungsstellen mit dem Stahlblech auf. Eine sorgfältige Vorbehandlung der Rohre und Bleche ist wesentlich. Damit wird aber die Stahlrohrausführung fast so teuer wie die Cu-Rohr-Ausführung [*138*].

Ein Problem ist das Anbringen der Rohre auf den Behälterwänden derart, daß ein guter Wärmekonktakt entsteht. Meistens werden über die Rohre Bänder gelegt und diese mit dem Behälterblech durch Punktschweißung verbunden. Auch Laschen, die um die Rohre greifen und am Behälter angeschweißt werden, sind brauchbar. In beiden Fällen entstehen im Blech Schweißnarben, die ausgeschliffen werden müssen. Al-Rohre sind auch schon auf Al-Behälter aufgeklebt worden. Zumindest werden gut wärmeleitende Kitte zum Ausfüllen der Fugen zwischen Rohr und Behälterwandung verwendet. Tauchen in Asphalt gibt Schutz gegen Korrosion und füllt ebenfalls die Spalte aus.

Verdampferroste in Schränken bestehen häufig aus einer Aluminium-Rohrschlange, auf welche ein durchbrochenes Al-Blech oder Al-Drähte aufgelötet sind. Bei entsprechendem Oberflächenschutz sind auch Stahl-Ausführungen möglich.

Als Oberflächenbehandlung wird bei Stahl und Aluminium lackieren mit Epoxyharzen empfohlen. Der Lack sollte wenigstens aus 2 Schichten bestehen. Pigmentierte Harze sind günstiger als klare Lacke. Verdampferroste aus Stahl sollten vorher verzinkt werden [*139*].

2. *Die Tür- bzw. Deckelkonstruktion* weicht ebenfalls vom Haushaltkühlschrank ab. Die Anforderungen an einen dichten und dicht bleibenden Falz sind wesentlich höher. Die Tür erhält Innenverstrebungen. Sie darf sich nicht

verziehen, auch wenn bis zu 50 kg Ware in den Etageren gestapelt werden. Die Innenverkleidung der Tür besteht aus emailliertem oder lackiertem Stahl- oder Aluminiumblech, ebenso die Etagerenleisten. Die Verwendung von Kunststoffen ist wegen der hohen Belastung und der Versprödung in der Kälte nicht zu empfehlen. Die Scharniere sind meist nachstellbar, um ein Verziehen des Gehäuses bei unebener Aufstellung ausgleichen zu können. Das Verziehen der Gehäuse muß durch Dreipunktaufstellung oder Nachstellschrauben verhindert werden. Bei Truhendeckeln muß deren Gewicht durch Federn in den Scharnieren ausgeglichen werden. Meistens sind im unteren Teil des Scharnierbandes Druckfedern eingebaut, die über Rollen und eine Kurvenscheibe das Deckelgewicht so ausgleichen, daß der geschlossene Deckel mit seinem ganzen Gewicht auf der Dichtung lastet, aber schon nach etwa 15 ° Öffnungswinkel bis zur vollen Öffnung in jeder Lage stehenbleibt. In Verbindung mit weichen Dichtungen kann die Gewichtsentlastung so eingestellt werden, daß kein Schloß mehr erforderlich ist, welches den Deckel noch zusätzlich anzieht. Bei Schränken muß wegen des möglichen Luftaustausches durch Spalte die Dichtung sehr gut schließen. Es werden dafür entweder Schlösser mit hoher Anzugskraft oder sehr weiche und elastische Dichtungen verwendet. Polyvinylchlorid-Dichtungen mit Glasfasereinlage als Polster haben sich gut bewährt. Auch die von Haushaltkühlschränken her schon bekannten Dichtungen mit Magneteinlagen schließen gut.

3. *Äußeres Schwitzen und Durchfeuchten* der Isolierung sind 2 Erscheinungen, die die Lebensdauer von Tieftemperaturmöbeln stark herabsetzen. Das Durchfeuchten der Isolierung kann durch völlig dampfdichte Bauweise des Gehäuses verhindert werden. Dies bedeutet, daß alle Spalte, sofern sie nicht vermieden werden können, mit enggelegten Punkten geschweißt werden müssen, möglichst gleich unter Beilegen einer Dichtmasse. Das einfache Ausspritzen der Fugen mit Kitt wie beim Haushaltkühlschrank genügt nicht. Dieser erste Auftrag von Dichtungsmasse wird beim Lackieren mit eingebrannt. Nach dem Lackieren sollte das Innere des Gehäuses noch einmal mit heißem Wachs ausgegossen werden, um auch die feinsten Risse zu schließen. In der Fertigung muß die Dichtheit, z. B. durch Vakuumteste, geprüft werden. Das äußere Schwitzen kann durch konstruktive Maßnahmen, insbesondere durch Vermeiden von Wärmebrücken an der Aufhängung des Innenbehälters eingeschränkt werden. Das Isoliermaterial muß dicht sein, es dürfen keine Konvektionsströmungen innerhalb der Isolierschicht auftreten [*140*]. Trotzdem bleiben die Abdeckung der Isolierung an der Tür bzw. am Deckel, die Stellen nahe der Türdichtung und der Boden der Möbel gefährdet. Schwitzende Truhenböden können Holzfußböden zerstören. Die Abdeckung muß aus möglichst schlecht wärmeleitendem Material hergestellt sein und so geformt sein, daß im Querschnitt die Länge der Verbindung von Außenmantel zu Innenbehälter wenigstens 10 cm lang ist. Es wird Gummi oder Kunststoff verwendet. Der Spalt zwischen Türinnenverkleidung und Abdeckung soll so schmal wie möglich sein, am besten unter 10 mm. Trotzdem ist meistens eine Heizung erforderlich, entweder durch eine elektrische Heizkordel von 2 bis 5 Watt Leistung je Meter oder durch eine Beheizung des Außenmantels mittels der Verflüssigungswärme der Kältemaschine. Dazu wird die Verflüssigerrohrschlange in ähnlicher Weise innen am Außengehäuse befestigt wie der Verdampfer am Innenbehälter. Die Rohrbefestigung ist jedoch noch schwieriger, da am Außengehäuse auf keinen Fall Punktschweißstellen erkennbar sein dürfen. Bei diesem sog. *Außenwandverflüssiger* kann auf den sonst üblichen Verflüssigerventilator verzichtet werden. Allerdings bereitet die Wärmeabfuhr aus der Kompressorkapsel dann größere Schwierigkeiten, die aber durch Ölkühler oder Vorverflüssiger zu lösen sind [*141*].

4. *Die Ausstattung* ist bei Truhen noch relativ einfach, bei Gefrierschränken nähert sie sich der des Haushaltkühlschrankes. Der Temperaturregler ist häufig außerhalb des gekühlten Raumes angebracht und daher leicht zugänglich. Es besteht noch keine einheitliche Meinung darüber, ob bei Tieftemperaturmöbeln der auf —18 °C eingestellte Temperaturregler überhaupt verstellbar und zugänglich sein soll. Es sind sogar schon Versuche gemacht worden, die Kältemaschine überhaupt ohne Regler im Dauerlauf arbeiten zu lassen und sie so zu bemessen, daß bei *höchsten* Umgebungstemperaturen im Inneren gerade noch —18 °C gehalten werden können. Bei anderen Bedingungen wird die Innentemperatur entsprechend tiefer. Verstellbarkeit und Zugänglichkeit setzen sich aber mehr und mehr durch. Die neuesten amerikanischen Modelle haben Temperaturregler im Schrankinneren mit einem Verstellbereich von —15 bis —24 °C.

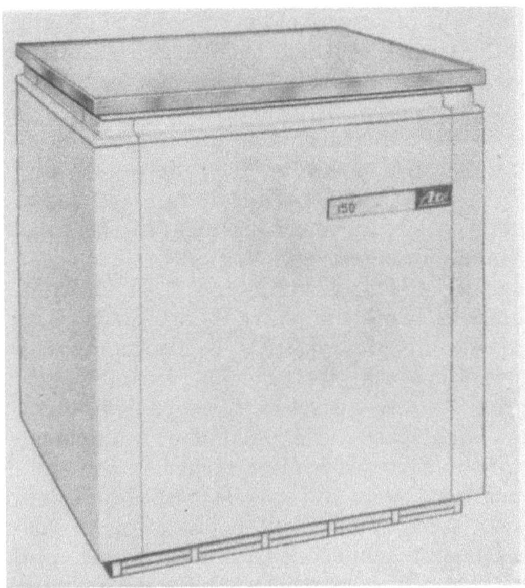

Abb. 57. Tischdeckel-Heimgefriertruhe der Firma Alfred Teves mit 150 *l* Inhalt. Die Höhe der Truhe stimmt mit der genormten Tischhöhe in Einbauküchen von 85 cm überein (Werkphoto A. Teves).

In den Truhenbehältern sind meist Drahtgitterkörbe eingehängt. Sie werden aus Stahldraht punktgeschweißt und im Wirbelsinterverfahren mit Kunststoff überzogen. Bei größeren Truhen ist im Deckel innen eine Beleuchtung angebracht. Die Schränke sind mit 4 bis 6 Rosten oder Gefrierplatten ausgerüstet, in der Tür sind ebenso viele Etageren vorgesehen. Meistens sind 1 oder 2 Roste (nicht Verdampferroste) in der Höhe verstellbar. Auf Platten kann die Ware festfrieren, weswegen hier meistens Zwischenroste mitgeliefert werden. Der Rost- und Etagerenabstand richtet sich nach den genormten Paketabmessungen der Gefrierkonserven. Die Innenbeleuchtung ist schwieriger anzubringen als bei Truhen. In der Tür ist sie bei weitem Öffnen unwirksam, im Innenbehälter ist sie meistens von Ware verdeckt. Sie wird deshalb auch bei teuren Modellen oft weggelassen. Herausziehbare Drahtkörbe für größere Gefrierkonservenpakete und eine schachtähnliche Füllvorrichtung für Fruchtsaftgefrierkonserven gehören in den USA zur normalen Ausstattung.

5. In der *Fertigung*, die z. B. in [*142*] beschrieben wird, sind die meisten Arbeitsgänge die gleichen wie beim Haushaltkühlschrank. Lediglich der Bau des Innenbehälters und ggf. der Einbau des Außenwandverflüssigers weichen davon ab. Da der Verdampfer in den meisten Fällen ein Konstruktionselement des Möbelgehäuses ist (hie und da auch der Verflüssiger), kann bei der Endmontage der vorgefertigte Kältesatz nicht mehr betriebsfertig und geprüft eingebaut werden, sondern der Kältekreislauf wird erst auf dem Montageband endgültig geschlossen, getrocknet, evakuiert und mit Kältemittel gefüllt. Die Dichtheitsprüfung ist daher schwieriger, die Endprüfung wird langwieriger und erfordert mehr Platz. Die meisten Hersteller bauen aus Sicherheitsgründen einen besonders großen Trockner ein. Oft wird auch das beim Haushaltkühlschrank vorherrschende

Prinzip des hermetisch geschlossenen Kältekreislaufes zugunsten eines leichter zu bewerkstelligenden Kundendienstes, z. B. Auswechseln eines Motorkom-

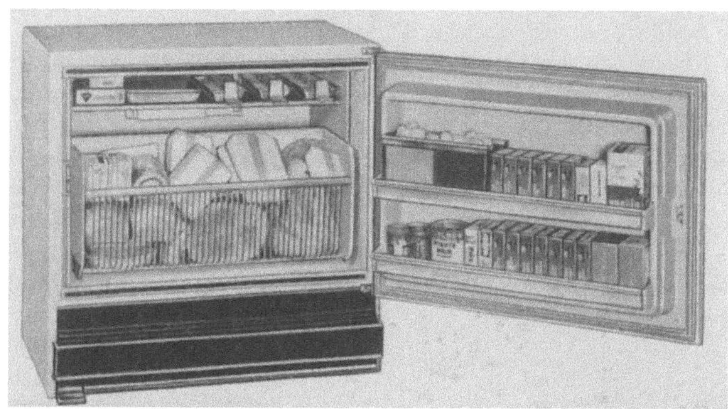

Abb. 58. Kleingefrierschrank zum Unterbau in Küchenmöbel mit 180 *l* Inhalt der Firma RCA-Whirlpool, USA. Höhe 0,88 m, Breite 0,9 m, Tiefe 0,64 m. Verdichterleistung 1/7 PS. Würfeleisbereiter. Zwangsluftumlauf. Innenbeleuchtung. Türöffnen durch Pedal.

pressors, verlassen und an einigen wichtigen Stellen eine Schraubverbindung an Stelle der Lötverbindung eingesetzt.

6. Die wichtigsten, heute bekannten Ausführungen sind:

die *Tisch-Kühltruhe* mit 90 bis 130 *l* Inhalt in denselben Abmessungen wie die Tischkühlschränke, d. h. 85 bis 90 cm hoch, höchstens 60 cm tief; der Deckel ist auf seiner Oberseite mit einer Tischplatte versehen (Abb. 57),

die *Deckel-Truhe* mit 150 bis 600 *l* Inhalt (Abb. 51). Die Höhe der Truhe bis zum Deckel ist 90 bis 96 cm, die Tiefe zwischen 70 und 75 cm. Bei größeren Truhen ist der Innenbehälter durch eine Verdampferplatte in ein Gefrierfach und ein größeres Lagerfach unterteilt,

der *Klein-Gefrierschrank* zum Unterbau in Küchenmöbel oder zum Einbau als Wandschrank, Inhalte bis 180 *l*. Zur Vergrößerung des Inhaltes werden zwei gleichartige Möbel nebeneinandergebaut (Abb. 58 und 59),

der *Gefrierschrank* mit 200 bis 800 *l* Inhalt (Abb. 52).

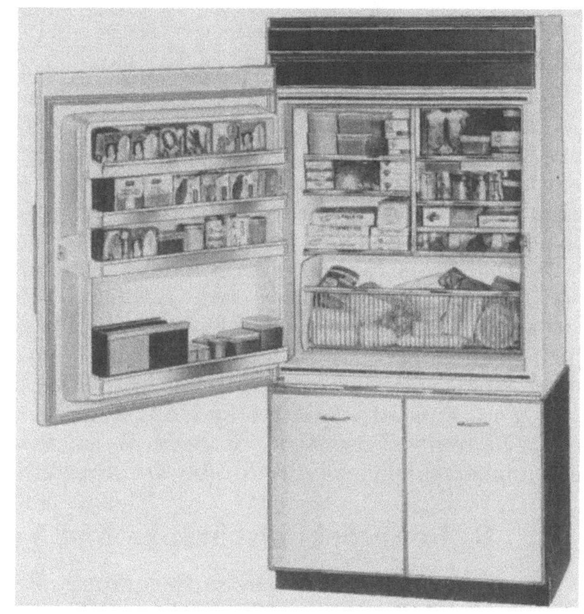

Abb. 59. Wand-Gefrierschrank mit 300 *l* Inhalt der Firma RCA-Whirlpool, USA.
Höhe 1,28 m, Breite 0,92 m, Tiefe 0,64 m. Verdichterleistung 1/5 PS. Eiswürfelbereiter, Innenbeleuchtung, Aufreißschloß, Zwangsluftumwälzung.

V. Neue Bauweisen durch Verwendung von Kunststoffschäumen[1].

Die Anwendung von Kunststoffschäumen bringt bei der Fertigung von Tieftemperatur- und Gefriermöbeln noch mehr Vorteile als beim Haushaltkühlschrank. Bei Schäumen mit hohem Diffusionswiderstand kann auf viele Maßnahmen zum Abdichten der Gehäuse verzichtet werden. Die Blech-Schaumstoff-Verbundbauweise ist wesentlich verwindungssteifer als ein normales Blechgehäuse, so daß Versteifungselemente, zusätzliche Stützen für den Innenbehälter u. ä. weggelassen werden können. Die Schwierigkeiten wegen der Ausbildung von Wärmebrücken an der Abdeckleiste entfallen. Es sind daher heute schon eine Reihe von Konstruktionen bekannt, die auf der Verwendung von Kunststoffschäumen aufgebaut sind [*143*]:

Abb. 60.
Innenbehälter einer Gefriertruhe, hergestellt nach dem Rollbond-Verfahren, mit Polystyrolschaum isoliert. Die Isolierung besteht aus einem Stück und wird mit dem Innenbehälter geschäumt (Werkphoto A. Teves, Frankfurt).

1. Eine Tieftemperaturtruhe der Firma A. Teves besteht aus einem Rollbond-Verdampfer-Einsatz von 140 *l* Inhalt, der in entsprechenden Schäumformen mit einer Polystyrolschaumstoffschicht von 9 cm umschäumt wird. Der Behälter wird dadurch so stabil, daß er als versteifendes Element für einen darübergestülpten Außenmantel benützt werden kann (Abb. 60).

2. Die Tieftemperaturtruhen der Firma Brown, Boveri & Cie., A. G., Mannheim, bestehen aus einem Blechaußengehäuse und einem berohrten Stahlblech-Innengehäuse. Beides wird völlig ohne gegenseitige Verbindung in eine Schäumform mit Kern eingesetzt und mit Polystyrolschaum ausgeschäumt. Es entsteht ein sehr stabiles Gehäuse ohne jede Wärmebrücke zwischen innen und außen. Der obere Rand der Truhe wird mit Kunststoffleisten abgedeckt. Der Boden, der ohne Blechverkleidung bleibt, erhält eine Dampfsperre.

3. Die Firma Escher-Wyss, Lindau, verwendet einen stabilen Innenbehälter aus Aluminium, der nach dem Rollbond-Verfahren mit Kanälen für das verdampfende Kältemittel versehen ist. Dieser Behälter ist mit Styropor-Formteilen isoliert, die aufgeklebt werden. Um die Isolierung wird als Trägerplatte eine kunststoffgetränkte Hartspanplatte gelegt, welche anschließend mit einer PVC-Folie als Außenverkleidung beklebt wird. Der Deckel ist in „Sandwich"-Bauweise hergestellt. Isolierstoff ist Styropor, Außenverkleidung eine melaminharzgebundene Platte, die als Abstellfläche dienen kann.

D. Gewerbekühlschränke und Verkaufskühlmöbel.

I. Wirtschaftliche Bedeutung, Produktionswerte.

Vor 30 Jahren war die Verwendung isolierter und gekühlter Möbel im Lebensmittelhandel noch nahezu unbekannt. Vereinzelt gab es im Flaschenbierhandel Eisschränke, in denen dann meistens noch Butter u. ä. empfindliche Lebensmittel

[1] Ausführliche Beschreibung der Bauweise vgl. S. 49.

gelagert wurden. Im Hochsommer war abends jedoch die Milch sauer geworden, das Obst überreif, der Käse fortgelaufen. Auch die heute selbstverständlichen hygienischen Erkenntnisse für den Umgang mit Lebensmitteln waren damals noch wenig entwickelt. Aus den Eisschränken entstanden dann zunächst große, mehrtürige Kühlschränke, die sog. Gewerbekühlschränke und in den Jahren vor dem zweiten Weltkrieg schließlich die Schaukühlmöbel, auch Kühlvitrinen genannt, aus denen sich die heute üblichen, offenen Verkaufskühlmöbel herausbildeten.

Fast jeder Gewerbezweig hat im Lauf der Jahre seine eigenen, den besonderen Bedürfnissen angepaßten Kühlmöbel entwickelt. Mit dem Wandel der Verkaufsmethoden haben sich auch die Verkaufskühlmöbel geändert. So wurde z. B. noch vor wenigen Jahren die Milch zum größten Teil vom Handel in großen Kannen bezogen und offen ausgeschenkt. Die dafür konstruierten Milchkühl-Verkaufsmöbel hatten Vorratsräume für diese Kannen, später gekühlte Milchwannen mit Meß-Zapfhähnen, Abteile für Käse und Butter. Mit dem fortschreitenden Übergang auf in Flaschen oder in Tetrabeutel verpackte Milch wurden diese Möbel abgelöst durch offene, regalähnliche Möbel, in denen die Milchflaschen griffgerecht in einem gekühlten Luftstrom bereitstehen [*144*]. Ein ähnlicher Wandel tritt allmählich auch beim Fleischverkauf ein. Früher hingen an warmen Tagen die Fleischstücke in einem Gewerbekühlschrank, für die Frischwurst waren Abteile eingerichtet, in denen die Platten mit der Wurst abgestellt wurden. Der Laden erschien fast leer. Inzwischen geht der Verkauf mehr und mehr zur verpackten, koch- oder bratfertigen, abgewogenen Fleischportion über. Diese wird sichtbar in schöner Auslage, nach Sorten geordnet in flachen, muldenförmigen Schaukühlmöbeln, offen, durch einen Kaltluftschleier gekühlt, dem Kunden angeboten. Es ließen sich hier noch zahlreiche ähnliche Beispiele aus dem Fischhandel, dem Gemüseverkauf, den Gaststättenbetrieben u. ä. aufführen.

Es darf ohne Übertreibung gesagt werden, daß in vielen Fällen überhaupt erst das Verkaufsmöbel die Voraussetzungen geschaffen hat, um den Verkauf schnellverderblicher Lebensmittel wie Milch, Fisch, Fleisch in dem außerordentlichen Maß zu steigern, das in den letzten Jahren zu beobachten ist. So stieg z. B. der Umsatz an Lebensmitteln in den USA von 16 Millarden $ im Jahr 1939 auf 75 Millarden $ im Jahr 1959, eine Steigerung, die in erster Linie auf den erhöhten Konsum höherwertiger, schnellverderblicher Güter zurückzuführen ist.

Den größten Auftrieb erhielt die Entwicklung von Verkaufskühlmöbeln durch die Einführung der Selbstbedienungsläden und der sog. Supermärkte. In den Vereinigten Staaten ist diese Umstellung nahezu abgeschlossen. Der kleine Bedienungsladen ist bedeutungslos geworden. In der Bundesrepublik und anderen europäischen Ländern hat dieselbe Entwicklung in den letzten Jahren stürmisch eingesetzt (vgl. dazu Abb. 61). In England waren 1950 rd. 500 Selbstbedienungsläden mit 1,5 % am Gesamtumsatz an Lebensmitteln beteiligt, 1957 waren diese Zahlen auf rd. 2500 SB-Läden mit 15 bis 17 % des Umsatzes angestiegen. Da alle SB-Läden (und Supermärkte) in ihrem Warensortiment Obst und Gemüse führen, etwa die Hälfte auch eine Frischfleischabteilung angegliedert hat und diese Waren 12 bis 15 % des Umsatzes ausmachen, ist der Bedarf an gekühlten Schau- und Verkaufsmöbeln entsprechend groß.

Diese Entwicklung brachte daher nicht nur eine ungeahnte Steigerung in der Produktion und damit die Möglichkeit, Prinzipien der Großserienfertigung anzuwenden, sondern auch die Wandlung vom reinen Aufbewahrungs- und evtl. Schaukühlmöbel zum Verkaufsmöbel. Das heutige Verkaufskühlmöbel ist eine sehr wesentliche Verkaufshilfe und daher fast ausschließlich nach den dafür maßgeblichen Prinzipien entworfen.

Einen zweiten maßgeblichen Impuls erhielt die Entwicklung durch die Einführung der Gefrierkonserve. In den Vereinigten Staaten stieg der Verbrauch an Gefrierkonserven von 680000 t im Jahre 1949 auf fast 3 Mill. t im Jahre 1960. Das sind rund 5% des Gesamtumsatzes an Lebensmitteln. Schon 1955 waren etwa 270000 Läden, das sind 70% aller Lebensmittelgeschäfte, mit insgesamt 350000 Verkaufs-Tieftemperaturtruhen ausgerüstet. Dabei wurde in diesen Läden 93% des Gesamtumsatzes getätigt [145]. Der wesentliche Anstieg setzte etwa im Jahre 1950 ein. Damals verfügten die Läden, die Gefrierkonserven führten, im Mittel über Verkaufs-Tieftemperaturmöbel mit einer Gesamtlänge von 7,50 m, im Jahre 1954 waren es 10 m. In den Restaurants wurde zu diesem Zeitpunkt schon mehr als $^1/_3$ der verwendeten Lebensmittel als Gefrierkonserve bezogen, was eine entsprechende Ausrüstung mit Gefrierlagereinrichtungen, meistens Gefrierschränken, zur Voraussetzung hat [155]. In der Bundesrepublik Deutschland wurden 1956 erst 7000 t Gefrierkonserven verkauft, 1959 waren es aber schon 20000 t. In Tab. 14 ist der Pro-Kopf-Verbrauch an Gefrierkonserven in verschiedenen Ländern zusammengestellt, in Tabelle 15 die entsprechende Weiterentwicklung in der Einrichtung von Lebensmittelgeschäften mit Verkaufs-Tieftemperaturtruhen. Bezeichnend für die Entwicklung in Europa ist Schweden. Dort wurden 1947 in 400 Lebensmittelläden rd. 200 t Gefrierkonserven verkauft. Bis 1958 war der Verbrauch auf 17000 t angestiegen. Für 1959 wird er auf 20000 geschätzt [156].

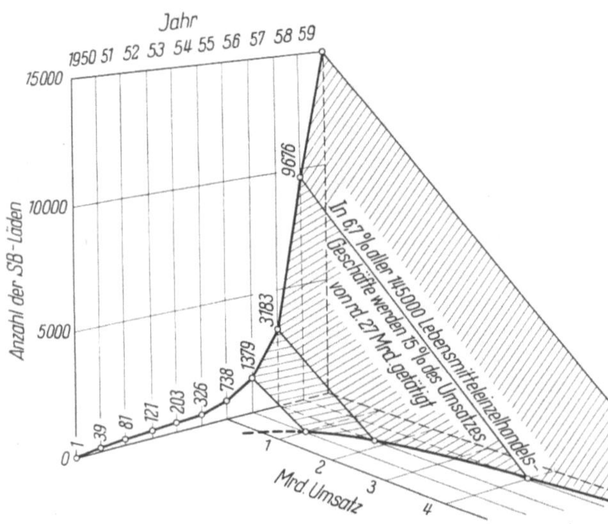

Abb. 61. Die Entwicklung des Selbstbedienungs-Lebensmittelladens (SB) in der Bundesrepublik Deutschland seit 1950 in Anzahl und Umsatz.

Die Wandlungen im Bedarf an den verschiedenen Typen von Verkaufskühlmöbeln, die für deren technische Entwicklung ausschlaggebend waren, ist am eindruckvollsten an der amerikanischen Entwicklung zu erkennen. Noch 1949 waren etwa 33% aller hergestellten Verkaufskühlmöbel geschlossen oder zumindest verglast. Nur 14% waren offene Verkaufs-Tieftemperaturmöbel. In den Jahren 1954/55 tritt mit dem verstärkten Vordringen des Supermarktes ein deutlicher Umschwung ein. Der Umsatz stieg um 20%, aber nur zugunsten der offenen Verkaufskühlmöbel und der Verkaufs-Tieftemperaturmöbel [146, 147]. In den letzten beiden Jahren hat sich der Anteil der verschiedenen Typen stabilisiert. Gewerbe-Kühlschränke sind auf 6% abgesunken. Dies ist bevorzugt der Bedarf in Gaststättenbetrieben (Küchen). Tieftemperaturmöbel sind auf 30% Anteil gestiegen, ebenso die offenen Verkaufskühlmöbel. Am meisten gefragt sind die raumausnützenden, mehretagigen Selbstbedienungskühlregale, deren Anteil noch einmal von 12,8 auf 13,8% angestiegen ist [148] (vgl. Tab. 16). In Deutschland ist der Umsatz an Verkaufskühlmöbeln nach einer Stagnation in den Jahren 1953 bis 1956 wieder sehr erheblich angestiegen, ebenfalls eine Folge der Einführung von

Selbstbedienung und Gefrierkonserven (Tab. 17). Die z. Z. noch gültige Statistik läßt allerdings keine Schlüsse auf die gleichzeitig eingetretene Verlagerung in den Ausführungsarten zu.

Tabelle 14. *Pro-Kopf-Verbrauch an Gefrierkonserven in verschiedenen Ländern im Jahre 1958.*

Land	Menge kg/Kopf
Vereinigte Staaten von Amerika	28 (1/4 Obst, 1/5 Fleisch, fast 1/3 Fertiggerichte)
Schweden	2,3 (1/2 Fisch, 1/2 Obst und Gemüse)
Holland, Belgien, Schweiz . .	1,6 bis 2
Norwegen	1,35 (3/4 Fisch, 1/4 Obst und Gemüse)
Finnland	0,9
Bundesrepublik Deutschland . .	0,27 (fast 1/2 Geflügel, 1/4 Gemüse)

Tabelle 15. *Anzahl der in Lebensmittelgeschäften aufgestellten Verkaufstieftemperaturtruhen in den Jahren 1955 bis 1959.*

Land	Jahr				
	1955	1956	1957	1958	1959
Bundesrepublik Deutschland	5000	6000	10000	18000	20000
Schweden	10000	—	—	—	15000
Holland	—	—	—	—	10000
Dänemark	—	—	1400	2800	5500
Finnland	—	500	—	—	2500
Norwegen	4000	5500	—	—	—

Tabelle 16. *Anteil verschiedener Möbeltypen an der Gesamtproduktion von Verkaufskühlmöbeln in den Vereinigten Staaten von Amerika.*

Art	Jahr										
	1949	1950	1951	1952	1953	1954	1955	1956	1957	1958	1959
Geschlossene, verglaste VKM. . .	22,6	18,2	14,4	12,4	11,9	9,4	8,0	6,5	5,3	4,9	5,2
Offene, ein- und mehrstöckige VKM, Temperatur >0 °C . .	25,8	29,3	30,3	28,4	28,7	27,3	26,1	26,4	27,4	29,3	29,8
VKM für Gemüse, offen und geschlossen . .	9,9	13,9	14,4	13,8	13,6	12,6	13,1	11,5	11,2	10,9	10,8
Tieftemperaturmöbel offen	14,4	14,6	16,5	18,3	21,3	25,1	29,5	32,2	31,3	31,6	29,8
Gewerbekühlschränke	9,8	8,2	10,2	9,9	9,6	9,4	6,9	7,1	6,8	7,7	5,9
Kühlzellen	6,5	7,2	6,3	5,4	5,4	6,3	7,0	7,4	7,9	7,8	8,7

Tabelle 17. *Der Produktionsumfang gewerblicher Kühlmöbel (Verkaufskühlmöbel) in der Bundesrepublik Deutschland in den letzten Jahren.*

	1950	1951	1952	1953	1954	1955	1956	1957	1958	1959
Produktionswert gesamt (Mill. DM)	25	28	50	65	70	69	68	79	96	138
Gewerbekühlschränke einschl. Flaschenkühlschränken Stück	—	—	—	—	—	—	—	13875	13459	19848
Verglaste Vitrinen	—	—	—	—	—	—	—	8070	9600	12115
Offene Kühlmöbel über 0 °C Stück	—	—	—	—	—	—	—	21945	23064	31962

Über die Anzahl der im Betrieb befindlichen gewerblichen Kühlmöbel sind aus Deutschland keine Zahlen bekannt. Aus zwei amerikanischen Untersuchungen aus dem Jahre 1955 [*149, 150*] kann jedoch auch auf die Verhältnisse in Deutschland für die nächsten Jahre geschlossen werden. Danach waren in 235 Lebensmittelgeschäften — vom kleinsten Eckládchen bis zum größten Supermarkt — mit insgesamt 58000 m² Grundfläche (ungefähr 250 m² pro Laden) aufgestellt:

rd. 1100 lfd. Meter geschlossene Fleischvitrinen,
rd. 1150 lfd. Meter offene Verkaufskühlmöbel über 0 °C,
rd. 400 Verkaufstieftemperaturmöbel,
238 Möbel für den Verkauf von Milchprodukten,
nur 112 Gewerbekühlschränke und
147 Flaschenkühlmöbel.

Das mittlere Alter der Möbel war 7 Jahre.

In 207 Restaurants mit insgesamt 11500 Sitzen (ungefähr 55 Sitze pro Gaststätte) standen 318 Gewerbekühlschränke, 95 Tieftemperaturmöbel, 192 Flaschenkühlmöbel und 253 Eiskremtruhen. Das mittlere Alter der Möbel betrug 8 Jahre.

Als letzte Entwicklung, die wiederum erheblichen Einfluß auf die Gestaltung der gewerblichen Kühlmöbel haben wird, ist der Übergang zum Verkauf aus Automaten und zum automatisierten Verkauf zu erwähnen. In den Vereinigten Staaten von Amerika ist der Verkauf aus Automaten vom Jahre 1953 mit 135 Mill. $ auf 220 Mill. $ im Jahre 1958 angestiegen. Im gleichen Zeitraum ist die Zahl der in Betrieb befindlichen, gekühlten Verkaufsautomaten von 700000 Stück auf 1,2 Mill. Stück angewachsen. Die Produktion an Automaten betrug 1953 1,36 Mill. $, 1959 schon 2,13 Mill. $, davon 40% mit Kältemaschine. Die meisten gekühlten Automaten sind für Getränke [*151*]. Die Entwicklung hat im Jahre 1957 verstärkten Auftrieb durch Versuche mit „automatischem Verkaufen" erfahren. Hierbei wird der Kaufvorgang auf die Auswahl der gekühlt zur Schau gestellten Artikel beschränkt, Zusammenstellen und Ausliefern erfolgt selbsttätig [*152*]. In einem Fall wird die Ware am Kunden vorbeigeführt, bei der gewünschten Ware drückt er auf einen Knopf, und am Ende des Ladens erhält er seine ganze Auswahl fertigverpackt vom Band [*153*]. In einem anderen Fall kann er in den gekühlten elektronischen Automaten mittels eines Schlüssels seine Wünsche eingeben, die Rechnung wird auf den Schlüssel aufgedruckt. Aus 154 Waren sollen 60 verschiedene Sorten in 30 Sekunden ausgesucht werden können [*154*]. Auch in Deutschland ist das Verkaufsautomatengeschäft innerhalb der letzten 10 Jahre von kleinsten Anfängen auf einen Umsatz von rd. 60 Mill. DM gestiegen, so daß hier ähnliche Entwicklungen zu erwarten sein werden.

II. Betriebliche Anforderungen.

Wenn schon der Haushaltkühlschrank neuerdings als Arbeitsgerät angesprochen werden muß (vgl. S. 11), so gilt dies für die gewerblichen Kühlmöbel in noch höherem Maße. Das Verkaufsmöbel ist ein Verkaufswerkzeug geworden. Einige Grundsätze, die für alle Möbel gemeinsam gelten, sollen im folgenden diskutiert werden. Daneben gibt es zahlreiche Sonderwünsche, wie z. B. die besonders enge Rostanordnung bei Bäckerei-Tortenschränken u. a. m. Gefordert wird:

a) Auf wenig Raum ein möglichst großes Warenangebot, das für den Verkauf zudem noch übersichtlich angeordnet sein soll.

b) Leichte Bedienbarkeit, Beschickung und guter Zugriff zur Ware (Entnahme).

c) Einhaltung der Lagertemperatur, große Betriebssicherheit, schnellste Reparaturmöglichkeit, Auswechselbarkeit der funktionswichtigen Teile.

d) Gute Sichtbarkeit der Ware, Ausleuchtung ohne Blendung und ohne Schatten. Anregung zum Kauf durch Farbkontraste. Es muß der Eindruck der Frische und Sauberkeit hervorgehoben werden.

e) Leichte Reinigung und keine Verschmutzung. Keine Staubfänger, keine Schwitzwasserbildung, keine beschlagenen Spiegel oder Scheiben, keine Wasserlachen.

f) Automatischer Betrieb einschließlich automatischem Abtauen. Beschränkung der Wartung auf das Mindestmaß, nämlich die Reinigung.

g) Weite Einsatzmöglichkeiten, z. B. Verwendbarkeit für die verschiedensten Lebensmittel (Gefrierkonserven und frische Ware) durch einfaches Umschalten, Umbaumöglichkeiten durch Standardisierung der Maße, z. B. Aneinanderbauen zu langen Reihen.

1. Grundformen.

Diese Forderungen lassen sich für die verschiedenen Zwecke nicht mit einem Möbeltyp erfüllen. Es sind deshalb verschiedene Grundformen entwickelt worden:

a) Der Gewerbekühlschrank hat 250 bis 2500 l Inhalt, meist mehrere Türen, die auch verglast sein können, mehrere, teilweise geruchsgetrennte Abteile und

Abb. 62. Gewerbekühlschrank mit 2000 l Inhalt und acht verglasten Schiebetüren. Länge 2,43 m, Höhe 1,93 m, Tiefe 0,76 m. Kältemaschine mit $^1/_2$ PS Antriebsleistung gesondert aufgestellt. Geeignet u. a. als Verkaufs- und Schaukühlmöbel für Getränke in Flaschen und Milchprodukte. Innen Zwangsluftumwälzung. Beleuchtung mit Leuchtstoffröhren (Werkphoto Fleetwood, USA).

eine dem Zweck angepaßte Innenausstattung. Er wird verwendet im kleinen Lebensmittelgeschäft mit wenig Umsatz, in größeren Geschäften dort, wo Ware, die nicht häufig verkauft wird, hinter Glas ausgestellt werden soll und für Milchprodukte. Neuerdings auch dort, wo sehr wenig Grundfläche für Schaukühlmöbel zur Verfügung steht. In Küchen von Gaststätten, Krankenhäusern u. ä. dient er als Zwischenlager für angearbeitete Speisen oder als Puffer für fertige Gerichte. Die Inneneinrichtung besteht dann aus herausziehbaren Rosten, herausfahrbaren Gestellen, Tabletts u. ä. Häufig ist er von 2 Seiten her zu öffnen, um als Durchreiche verwendet werden zu können (Abb. 62).

b) Die Kühlvitrine ist ein geschlossenes Kühlmöbel, bei welchem die Front verglast ist und in dessen gekühltem Raum Roste oder Wannen angeordnet sind,

Abb. 63. Verglaste Kühlvitrine zum Verkauf von Frischfleisch oder Feinkost mit in der Höhe verstellbaren Rosten. Auf der Rückseite sind 4 Schiebetüren, ein Klapptisch zum Schneiden und Verpacken und ein Rollenhalter für Verpackungspapier. Im unteren Teil sind Vorratsfächer (Werkphoto Hussmann, USA).

so daß die Ware dem Käufer gut sichtbar angeordnet werden kann. Es gibt Ausführungen, bei welchen nur das Oberteil, das als Schaukasten ausgebildet ist, gekühlt ist. Bei anderen ist das Unterteil durch Klapp- oder Schiebetüren zugänglich und als gekühltes Vorratsfach ausgebildet. Es gibt auch Modelle, die auf schon vorhandene Ladentische aufgesetzt werden können (Aufsatzvitrinen). Wird in der Vitrine Fisch verkauft, dann besteht der untere Teil aus einer geschlossenen Wanne, in die kleinstückiges Eis gefüllt wird. Der Schaukasten ist von hinten durch Schiebetüren zugänglich. Oft ist auf der Bedienungsseite auch eine Ablage zur Aufstellung von Waagen, zum Einpacken, Zerteilen usw. angebracht. Die Front ist abgeschrägt, meist in einem Winkel zwischen 10 ° und 14 °, um Lichtreflexe auf den Glasscheiben zu vermeiden und ein möglichst großes Gesichtsfeld freizugeben (Abb. 63). Diese Möbel werden in mittleren Geschäften ohne Selbstbedienung, in Feinkost- und Fischgeschäften benützt. Ihr Vorteil ist, daß die zur Schau gelegte Ware auch über Nacht dort verbleiben kann. Sie sind der Vorläufer der offenen Verkaufskühlmöbel.

c) Die offene Verkaufskühltruhe mit oder ohne Spiegelaufsatz und mit oder ohne gekühltem Vorratsfach im Unterteil ist für die Selbstbedienung entwickelt worden nach dem Prinzip der auf Tischen oder Truhen gestapelten und feilgebotenen Ware. Der optische Eindruck des massierten Angebotes wird durch die Spiegel noch auffälliger. Die Roste können je nach Menge und Art der Ware in der Höhe und Schräge verstellt werden. Die Maße der truhenförmigen Möbel müssen so sein, daß beim Herantreten jeder Punkt der Auslage leicht mit gestrecktem Arm erreicht werden kann. Diese Möbel sind für große Geschäfte mit hohem Umsatz geeignet (Abb. 64). In vielen Fällen werden sie von hinten, d. h. von der Spiegelseite her beschickt. Die Spiegel können dazu verschoben werden. In etwas kleineren Geschäften wird auch von vorn, aus dem unteren

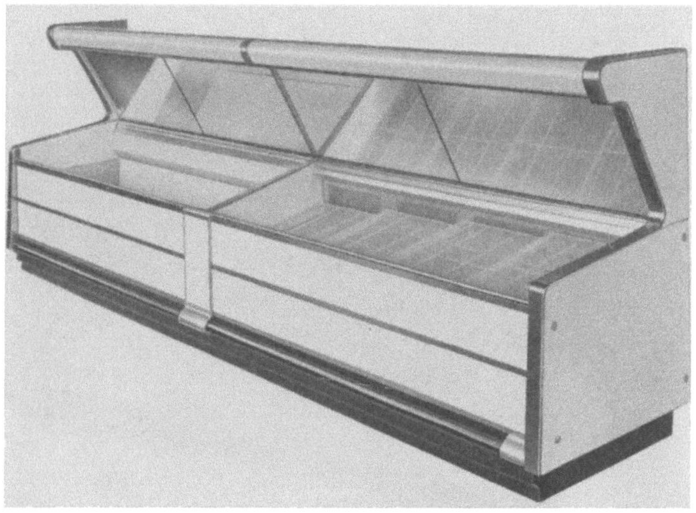

Abb. 64. Kombinierte Schaukühltruhe mit 1050 l Inhalt, 3,8 m^2 Auslegefläche und getrennt montierbarem Spiegelaufsatz. Fronthöhe 84 cm, Gesamthöhe 179 cm, Länge 513 cm, Tiefe 108 cm. Der linke Truhenteil ist als Tieftemperaturtruhe für den Verkauf von Gefrierkonserven ausgebildet. Der rechte Teil, vom linken durch eine isolierte Zwischenwand getrennt, dient zum Verkauf von Frischfleisch.

Vorratsfach nachgefüllt. Im Verkaufsprinzip gleichartig, nur in der Konstruktion Gestaltung und Auslegung des Kältekreislaufes verschieden sind

d) die **offenen Schau-Tieftemperaturtruhen** zur Ausstellung und dem Selbstbedienungsverkauf von Gefrierware und Eiskrem.

e) Die **Mehretagen-Selbstbedienungs-Kühlregale** sind Möbel, bei welchen übereinander mehrere Auflagen für Waren angeordnet sind, z. T. zusätzlich mit Spiegeln ausgerüstet. Die Auflagen sind meist mit Umluft gekühlt. Die Abmessungen müssen so gewählt sein, daß aus allen Fächern die Ware gleichmäßig leicht entnommen werden kann (Abb. 65). Wegen der relativ schlechten Kühlmöglichkeiten ist keine lange Lagerzeit erreichbar. Die Möbel eignen sich hauptsächlich für Selbstbedienungsläden und Supermärkte mit hoher Umschlagsquote. In den unteren Fächern werden meistens Flaschen, in den oberen verpackte Ware (Milchprodukte) angeboten. Die Möbel können in langen Reihen nebeneinander und auch Rücken an Rücken gestellt werden.

f) Die **Kühlinsel** oder **Gondel** ist eine Kühl- oder Tieftemperaturtruhe, die von allen Seiten gleichmäßig zugänglich ist, in der Mitte des Verkaufsraumes aufgestellt wird und grundsätzlich offen ist. Hie und da werden in der Mitte des Möbels noch Aufbauten, evtl. in Regalform, angebracht, die auch gekühlt sein können. Bei teureren Modellen sind diese Regale scheibenförmig und drehbar. Die Kühlinsel dient zum Auslegen eines besonders billigen Angebotes, eines „Reißers“, soll womöglich ortsbeweglich und je nach Art des Sonderangebotes für verschiedene Temperaturen einstellbar sein. (Abb. 66).

Die Zahl der verschiedenen Typen ist kaum übersehbar. Allein für Selbstbedienungsläden wurden in Deutschland Ende 1959 rd. 250 verschiedene Modelle

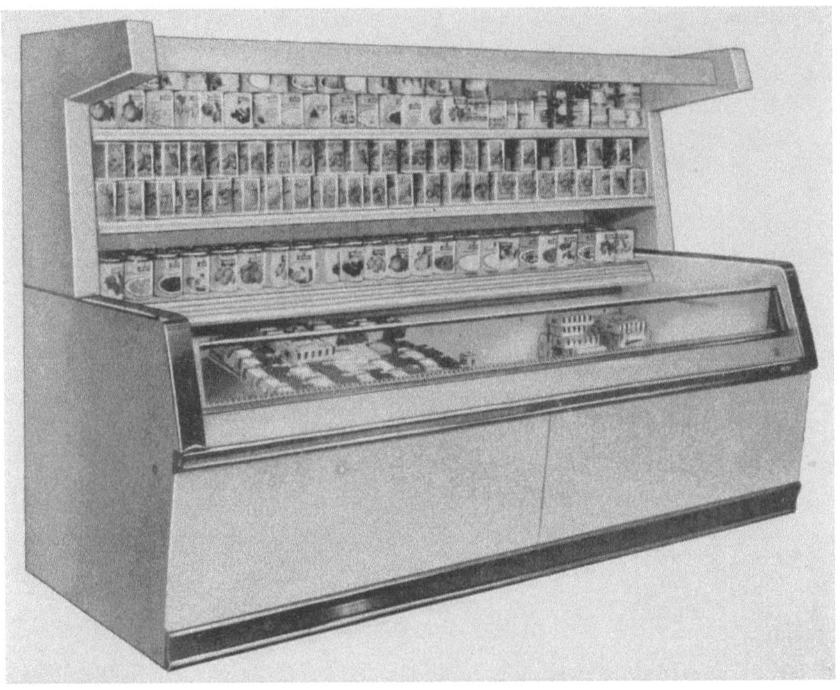

Abb. 65. Kühlregal mit in der Höhe verstellbaren Regalen für Temperaturen >0 °C. Das Kühlmöbel besteht aus zwei getrennten Abteilen, den Regalen mit Luftschleier (der Verdampfer ist hinter den Regalen und den Luftaustrittsöffnungen) und dem unteren Truhenteil mit Luftumwälzung, in dem noch Vorratsfächer untergebracht sind. 179 cm hoch, 366 cm lang, 108 cm tief. Die Ware ist nie weiter als 60 cm (Griffweite) vom Käufer entfernt (Werkphoto Hill, USA.).

angeboten, die in die Hauptgruppen Kühlregale mit zwei, drei und vier Stufen, Kühltruhen, Tieftemperaturtruhen und Sondermodelle eingeteilt werden können. Innerhalb der Gruppen ist noch einer Unterteilung nach der Länge von 1,50 m, 2 m, 2,5 m, 3 m und 5 m gemacht worden [*157*].

Abb. 66.
Kühlinsel mit 285 *l* Nutzraum. 1 m hoch, Grundfläche $1{,}6 \times 0{,}9$ m². Auf Laufrollen montiert. Die Kältemaschine mit $^1/_2$ PS Anschlußleistung ist im Sockel eingebaut (Werkzeichnung Tyler Refr. Int., Schwelm).

2. Bessere Raumausnutzung.

Die heutigen Grundformen, auch das mehrstufige Kühlregal, entsprechen noch nicht den Wünschen nach möglichst intensiver Ausnutzung des sehr teueren und kaum erhältlichen Ladenraumes. In den Vereinigten Staaten ist daher schon vor 5 Jahren ein Forschungs- und Entwicklungsprogramm aufgestellt worden, um neue Verkaufsmöbelformen zu finden [*145*]. Zum Beispiel erfordert das immer größer werdende

Sortiment an Gefrierkonserven einen Übergang von den seither benutzten Tieftemperaturtruhen zu mehrstufigen Verkaufs-Tieftemperaturregalen, wie sie schon für Temperaturen oberhalb 0 °C vorhanden sind. Bei diesen Entwicklungen wird der Konstrukteur mehr und mehr voraussetzen dürfen, daß die Läden klimatisiert oder wenigstens temperiert sind [*158*]. Dies ist für die Dimensionierung der Kältemaschine und der Kühlvorrichtungen für solche Möbel wegen des starken Einflusses von Luftbewegung, Luftfeuchtigkeit und Temperatur von großer Bedeutung und wird oft erst wirtschaftlich und

Abb. 67. Offene Kühlzelle mit Verkaufsregal, von hinten nachfüllbar. Die Waren sind durch einen Kaltluftschleier geschützt (Werkphoto Hussmann, USA).

technisch brauchbare Lösungen ermöglichen. Die Entwicklung führt zur Anwendung von Kaltluftschleiern, hinter welchen in senkrecht übereinander angeordneten Regalen die Waren leicht zugänglich angeordnet sind. Die meisten amerikanischen Hersteller bauen schon zerlegbare Kühlräume, deren Vorderfront offen und mit Regalen ausgerüstet ist. Die Regale können von hinten aus dem Kühlraum beschickt werden [*159*] (Abb. 67). Eine weitere Entwicklung ist eine automatische Beschickungseinrichtung, bei welcher die Waren in dem Kühlraum auf Bändern angeordnet sind und selbsttätig zu den vorn in der Verkaufsfront aufgebauten Fächern nachgeschoben werden. Solche Konstruktionen sind dank der weitgehend verpackt angelieferten Lebensmittel möglich geworden [*160*]. Die letzte Konsequenz in dieser platzsparenden Entwicklung führt zu regalähnlichen Möbeln, die im Laden vom Boden bis zur Decke reichen und vom darüberliegenden Stockwerk aus beschickt werden. Das Bedienungspersonal kreuzt nicht mehr die Wege des Käufers. Die Ladeneinrichtung wird sehr übersichtlich und raumsparend. Alle Vorbereitungsarbeiten werden in das erste Obergeschoß des Gebäudes verlegt [*161*] (Abb. 68).

Ein anderer Weg zu besserer Raumbenutzung sind gewerbeschrankähnliche Kühlmöbel mit sehr leicht bedienbaren Glasschiebetüren oder teilweise offener Front, die in langen Reihen nebeneinandergestellt werden [*162*].

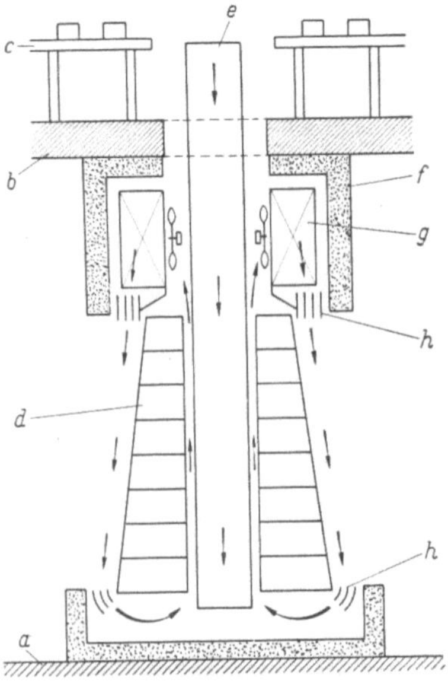

Abb. 68. Schematische Darstellung einer raumsparenden Verkaufseinrichtung mit regalförmiger Warenauslage. Beschickung von oben und Kaltluftschleier. Prinzipielle Darstellung einer Lösungsmöglichkeit (nach Verfasser).

a Erdgeschoß, (Verkaufsladen), *b* Decke zum ersten Obergeschoß, *c* Verpackungstische, *d* Warenauslage, *e* Beschickungseinrichtung, *f* isolierte Verkleidung (Verkaufsmöbel), *g* Verdampfer, *h* Luftleitbleche.

3. Einhaltung der richtigen Temperaturen.

Von größter Bedeutung ist diese Forderung bei Gefrierkonserven. Sowohl in den Vereinigten Staaten von Amerika wie in der Bundesrepublik Deutschland wird von Staats wegen versucht, für Transport und Lagerung eine Mindesttemperatur von —18 °C gesetzlich zu erzwingen. Angeregt wurden diese Bestrebungen durch die Hersteller der Gefrierkonserven, da die Qualitätserhaltung ausschließlich vom einwandfreien Funktionieren der Tiefkühlkette abhängt. In beiden Ländern wird allerdings dieses Gesetz sowohl vom Einzelhändler wie vom Kältemaschinen- bzw. Verkaufskühlmöbelhersteller als verfrüht abgelehnt [*163, 164*]. Bei ersteren sind kommerzielle Gründe ausschlaggebend. Die Kühlmöbelindustrie hat jedoch technisch sehr ernste Einwände: wohl ist es heute möglich, Verkaufskühlmöbel so zu bauen, daß in einer angegebenen Zone der Beschickung eine Temperatur von —18 °C herrscht, aber nach einem Jahr Betriebszeit wird häufig vom Kundendienst festgestellt, daß die Luftkanäle durch Staub, der in den Läden aufgewirbelt wird, total verschmutzt sind; Luftströmungen sowie die Strahlung von Heizquellen und starken Beleuchtungskörpern usw. sind direkt in die Truhenöffnung gerichtet u. a. m.

Die Meßmethoden zur Feststellung der Oberflächentemperatur sind noch sehr verschieden und bedürfen einer Normung. Die Möbel werden nicht den Empfehlungen des Herstellers entsprechend beschickt, sondern die Ware so hoch gestapelt, daß Warmluft von außen angesaugt wird und dadurch die automatischen Abtausysteme überfordert werden [*165*]. Manche dieser Mängel können durch verbesserte Konstruktionen, z. B. durch Einbau von Luftfiltern, Entwicklung geeigneter Abtauheizungen, Schaltuhren, Thermostaten u. ä., vermieden werden.

4. Bedienbarkeit und Verkaufshilfe.

Die Erkenntnis der Bedeutung des gewerblichen Kühlmöbels als Verkaufshilfe oder Arbeitsgerät hat in den letzten Jahren zu vielen Verbesserungen an den Einrichtungen geführt. Gewerbekühlschränke haben eine Inneneinrichtung, die z. B. aus herausrollbaren Schalen oder Tabletts besteht, die sofort zum Servieren benutzt werden können. Damit die Kältemaschine räumlich nicht stört, wird sie auf der Decke des Schrankes montiert. Roste erhalten vorn eine über die ganze Breite gehende Rolle, um Pakete leicht einschieben zu können. Offene Verkaufskühlmöbel haben eine Fronthöhe von nur mehr 84 cm. damit sich der Benutzer über die Auslage beugen kann. Von großer Bedeutung ist die Farbgebung und Materialwahl geworden. Die Kantenabdeckungen werden z. B. aus mattgebürstetem V 2 A-Stahl hergestellt, da das ursprünglich verwendete polierte Material Blendreflexe gab und jeder Kratzer und Fingerabdruck sichtbar war. Die Ware braucht einen hellen Hintergrund. Hier haben sich Kunststoffe besser bewährt als rostfreie Stähle, die immer dunkel erscheinen, oder Email, das reflektiert. Um jede Warenform in den besten Blickwinkel des Käufers rücken zu können, werden bis zu zehn verschiedene Stellungen der Roste in Höhe und Winkel vorgesehen. Für die Verpackung sind besondere Packtische entwickelt worden, die ähnlich einer flachen Truhe ausgebildet sind und auf deren innerem Boden, dem eigentlichen Packtisch, Rollen angeordnet sind, die einen leichten Transport von einer Arbeitsstelle zur anderen ermöglichen (z. B. zuschneiden, wiegen, verpacken, etikettieren) (Abb. 69a und b). [*166*, *167*, *168*]. Die Beleuchtung erfolgt heute durchweg mit Leuchtstoff-Röhrenlampen. Die Beleuchtungsstärke soll etwa 50 HK pro Meter Verkaufsmöbel sein. Die Leuchten werden mit Schirmen abgedeckt und möglichst so angebracht, daß Blick- und Lichtrichtung zur Ware hin dieselben sind, um Schatten zu vermeiden.

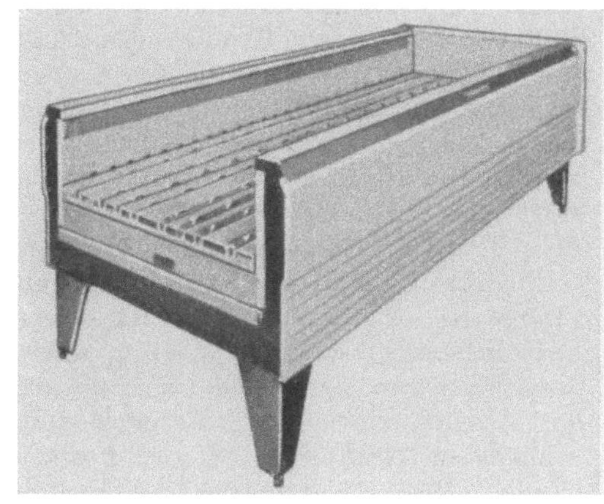

Abb. 69a.

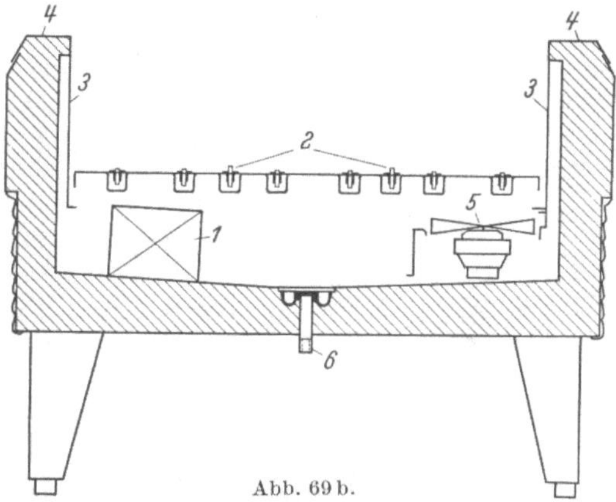

Abb. 69b.

Abb. 69a u. b.
Gekühlter Packtisch für Lebensmittel, insbesondere Fleisch. Werkphoto und Schemazeichnung Hussmann.
1 Verdampfer, *2* Rollentisch, *3* Luftkanäle, *4* Abdeckung aus nichtrostendem Stahl, *5* Lüfter, *6* Wasserabfluß.

III. Berechnung und Prüfung.

1. Für die *Berechnung* sind zunächst dieselben Gesichtspunkte zu beachten wie für Haushaltkühlschränke und Gefriermöbel. Dies gilt insbesondere für die Bemessung der Isolierstärken, die Vermeidung von Wärmebrücken und die Berechnung des Kältebedarfes infolge Wärmeeinfalles durch die isolierten und geschlossenen Wände. Die dort angeführten Grenzwerte der Umgebungstemperatur (32 °C) und der relativen Luftfeuchtigkeit (80%) gelten auch hier, in erster Linie für geschlossene Möbel, z. B. Gewerbekühlschränke. Für diese können die der Bemessung zugrunde gelegte Umgebungsbedingungen nicht hoch genug sein. Solche Möbel stehen oft in Küchen, feuchten Nebenräumen, gewerblichen Produktionsräumen mit hohem Feuchtigkeitsanfall oder hoher Temperatur und werden außerdem meistens sehr stark benützt. Im deutschen Normentwurf [*42*] ist eine Umgebungstemperatur von 32 °C und eine relative Luftfeuchtigkeit von 75% vorgesehen.

Bei der Bemessung offener Verkaufskühlmöbel müssen mildere Bedingungen angenommen werden, um noch zu wirtschaftlich tragbaren Größen der Kältemaschine und der Verdampfer zu kommen. In der einzigen, bisher bekannten Prüfnorm, dem englischen Standard 3053—1958 [*160*], wird z. B. eine Umgebungstemperatur von 32 °C bei 50% relativer Luftfeuchtigkeit als Grenzwert eingesetzt (Enthalpie rd. 17 kcal/kg). Tatsächlich stehen diese Verkaufskühlmöbel immer in Räumen, in denen aus Gründen des Komforts des Kunden und der Werbewirkung ein möglichst behagliches Klima herrschen soll. In den USA sind nahezu alle Supermärkte und Selbstbedienungsläden klimatisiert, in Europa läßt sich z. T. das Klima in solchen Läden durch ausreichend groß bemessene Lüfter noch in erträglichen Grenzen halten, z. T. werden aber auch heute schon Klimaanlagen eingerichtet. Es sind deshalb ernsthafte Bestrebungen festzustellen, die für die Berechnung und Messung offener Verkaufskühlmöbel maßgeblichen Umgebungsbedingungen auf rd. 25 °C und 50% relative Luftfeuchtigkeit festzusetzen (Enthalpie rd. 12 kcal/kg). Da beim offenen Kühlmöbel der Wärmeeinfall durch Luftaustausch mit der Umgebung einer der maßgeblichsten Faktoren ist, hätte diese Festlegung erheblichen Einfluß auf die Bemessung der Kältemaschine und der Abtauvorrichtungen. Genauso unterschiedlich wie die offenen und geschlossenen Kühlmöbel bei der Festsetzung der Umgebungstemperaturen behandelt werden, sind auch die Berechnungsgrundlagen für die erforderliche Kälteleistung.

Beim Gewerbekühlschrank und geschlossenen Verkaufskühlmöbeln wird angenommen, daß diese Möbel nicht nur zur Lagerung schon gekühlter Ware benutzt werden, sondern in erster Linie auch zum Abkühlen warmer Waren dienen müssen. Untersuchungen über Art und Menge der Warenbeschickung sind leider nicht veröffentlicht worden, sie variieren auch sehr stark mit der Anwendung des Möbels im Küchenbetrieb einer Gaststätte, als Flaschenkühlschrank in einer Kantine, oder als kleines Lager im Einzelhandelsgeschäft. In DIN 8952 [*42*] ist deshalb nach längeren Vergleichsuntersuchungen an Gewerbekühlschränken, die sich in der praktischen Verwendung bewährt hatten, festgelegt worden, daß die Wärmebelastung durch Beschickung bei der Berechnung und Prüfung durch eine konstante Heizlast von 0,12 Watt pro Liter Nettoinhalt nachzuahmen sei. Damit ist die Berechnung des Kältebedarfes eines Gewerbekühlschrankes auf dieselben Verfahren wie beim Haushaltkühlschrank zurückgeführt. Es kann für überschlägige Berechnungen sogar das dort angegebene Nomogramm (Abb. 16) benutzt werden. Bei verglasten Schaukühlmöbeln müssen die Schauöffnungen selbstverständlich mehrfach verglast werden. Die Bemessung erfolgt nach den bekannten Gesetzmäßigkeiten derart, daß bei *mittleren* Umgebungsbedingungen kein Schwitzen eintritt. Erfahrungsgemäß genügen bei 0 °C Innentemperatur 2 Scheiben mit einer Luftschicht von 20 bis 25 mm, bei —18 °C Innentemperatur sind 4 Scheiben mit je 15 mm Zwischenraum erforderlich. Auf die Möglichkeit, die Isolierwirkung der Zwischenräume durch Füllen mit schweren Gasen, z. B. CO_2, zu erhöhen, sei hingewiesen (vgl. Abschn. IV 3c).

Die offenen Verkaufskühlmöbel unterscheiden sich von den geschlossenen Ausführungen wesentlich durch den überwiegenden Einfluß des Wärmeeinfalles auf die Warenoberfläche, dem gegenüber die Wärmebelastung durch Beschickung bedeutungslos wird. Die offene Fläche beansprucht einen derartigen Anteil der verfügbaren Kälteleistung, daß zum Abkühlen von Ware überhaupt keine Reserven zur Verfügung gehalten werden können. In offene Verkaufsmöbel kann und darf nur abgekühlte bzw. bei —18 °C eingefrorene Ware eingelagert werden. Bei der Berechnung ist zu unterscheiden zwischen Möbeln mit Zwangsluftumlauf und mit stiller Kühlung. Letztere wird nur in Tieftemperaturtruhen verwendet.

Die Wärmeübertragung von der eingelagerten Ware zum gekühlten Behälter bzw. zu eingebauten Verdampferplatten ist nach [*136*] zu berechnen, wobei zwischen Ware und Platte eine Wärmeübergangszahl von $\alpha = 5$ kcal/m² h °C angenommen werden darf. Die Oberfläche von Behältern und eingeschobenen Verdampferplatten muß so groß sein, daß die von oben in die freiliegende Warenoberfläche einströmende Wärme abgeführt werden kann. Für diesen Wärmeeinfall sind 2 Faktoren maßgeblich: die Wärmestrahlung auf Grund der erheblichen Temperaturdifferenz zwischen der Warenoberfläche und der Umgebung und die Wasserdampfdiffusion aus der Raumluft infolge des ebenfalls erheblichen Wasserdampfdruckgefälles. Um den Strahlungseinfluß klein zu halten, ist es erforderlich, die gekühlten Wände möglichst hoch über die Warenoberfläche hinausragen zu lassen und den Abstand zwischen den gekühlten Wänden auf höchstens 40 cm zu beschränken. Dadurch wird der auf die Warenoberfläche projizierte Anteil niedrig tempererierter Flächen größer und der Einfluß außen liegender Strahler abgeschirmt. Das Eindringen von Wasserdampf und Warmluft kann durch eine genügend hohe Schutzzone von ruhender, aber nicht gekühlter Luft vermindert werden. In erster Näherung dürfen für die Berechnung dieser Schutzzone die Diffusionsgesetze angewendet werden. Bei der üblichen Höhe der Schutzzone von 7 bis 10 cm kann auch der Warmluft- und Feuchtigkeitsanfall näherungsweise aus der Annahme, daß zwischen Schutzzone und Umgebung ein etwa hundertfacher Luftwechsel pro Stunde besteht, berechnet werden.

Bei Möbeln mit Zwangsluftumwälzung herrschen theoretisch an der Warenoberfläche dieselben Bedingungen wie bei stiller Kühlung, wenn laminare Strömung der Kaltluft über der Ware vorausgesetzt wird. Diese ist soweit wie möglich anzustreben, da jede Verwirbelung eine Vermischung mit warmer und feuchter Umgebungsluft bedeutet, also einen Kälteverlust. Die Berechnung des Kältebedarfes tritt an Bedeutung zurück gegenüber der Notwendigkeit, die Temperatur der Warenoberfläche vorauszubestimmen und die Einflüsse auf diese Temperatur so zu steuern, daß die Warenoberfläche (Stapelgrenze) im Möbel so hoch wie möglich gelegt werden kann. Die Höhe der Stapelgrenze ist maßgeblich für den zur Verfügung stehenden Nutzinhalt des Möbels, wie dies z. B. in DIN 8953/Entwurf 1960 [*127*] festgelegt wurde. Zur theoretischen Abschätzung dieser Temperatur ist zu beachten, daß der Strahlungseinfluß, der etwa mit $\alpha_s = 5$ kcal/m² h °C angenommen werden kann, größer ist als der Wärmeübergang von der Ware an den Kaltluftfilm, der etwa $\alpha_k = 3$ bis 4 kcal/m² h °C beträgt. Die mittlere Temperatur der Kaltluft muß also erheblich unter der gewünschten Temperatur der Warenoberfläche liegen. Wohl strömt auch Wärme in den Warenstapel ab und wird an andere gekühlte Flächen abgeführt, aber da die Wärmeleitzahl der meist locker gestapelten Waren klein ist (λ etwa 0,2 kcal/m h °C), bleibt die Menge gering. Ein Berechnungsverfahren ist in [*136*] angegeben.

2. Über die *Prüfung* von Gewerbekühlschränken ist schon berichtet worden [*64*]. Meßergebnisse an einem 600 *l*-Schrank sind in Abb. 14 wiedergegeben. Die Prüfung nach DIN 8952/Entwurf 1960 [*42*] erfolgt nach denselben Grundsätzen wie bei Haushaltkühlschränken.

Für offene Verkaufskühlmöbel ist nur der englische Standard 3053-1958 bekannt: „Britische Norm für offene und geschlossene gekühlte Verkaufsmöbel, soweit diese für den Einzelhandel mit gefrorenen, verpackten Lebensmitteln vorgesehen sind und der Einsatz auf die gemäßigte Zone begrenzt ist“; er ist nach ähnlichen Grundsätzen aufgebaut wie der neue Entwurf DIN 8953/1960 für Tiefkühl- und Gefriermöbel. Es wird das mit Testpaketen beschickte Kühlmöbel geprüft und die Temperatur in der Warenoberfläche kontrolliert. Allerdings muß die Meßstelle nicht in der tatsächlichen Oberfläche, sondern im Mittelpunkt des obersten Pakets liegen. Die geforderte Temperatur ist nur —15 °C. Es dürfte fraglich sein, ob diese relativ milden Bedingungen bei Einführung eines Gesetzes über Mindesttemperaturen bei Gefrierkonserven [*163*, *165*] aufrechterhalten werden können. Es dürfte empfehlenswert sein, bis zum Vorliegen einer deutschen Prüfvorschrift für offene Verkaufskühlmöbel nach dem Entwurf DIN 8953/1960 zu arbeiten und lediglich die Gefrierversuche wegfallen zu lassen. Damit können auch dieselben Prüfeinrichtungen wie für Haushaltkühlschränke und Gefriermöbel benutzt werden.

Meßergebnisse sind bisher nicht veröffentlicht worden. Der Kältebedarf einer offenen Tieftemperaturtruhe ist etwa 3mal so groß wie der einer geschlossenen Truhe gleicher Abmessungen, wobei $^3/_4$ der gesamten Kälteleistung zur Deckung des Wärmeeinfalles durch die obere Öffnung verbraucht werden. Aus Firmenangaben konnten in Tab. 18 einige Betriebswerte für verschiedene Arten von Verkaufsmöbeln zusammengestellt werden.

Tabelle 18. *Kältebedarf von offenen Verkaufskühlmöbeln bei 32 °C Raumtemperatur, für 16 Stunden Laufzeit des Verdichters berechnet.*

Möbelart	Nutzinhalt l	Innentemperatur °C	Verdampfungstemperatur °C	Kälteleistung kcal/h
Gefriertruhen für Gefrierkost	750	—18	—31	750
	1100	—18	—31	1100
Gefriertruhen für Speiseeis	750	—24	—31	950
	1100	—24	—31	1400
Verkaufskühltruhen für Fleisch	450	—1	—12	950
	700	—1	—12	1450
Verkaufskühltruhen für Obst	600	+2	—7	1100
	900	+2	—7	1600

IV. Konstruktiver Aufbau und Fertigung.

Die gewerblichen Kühlmöbel werden im Vergleich zu Haushaltkühlschränken und Tieftemperaturtruhen in kleinen Stückzahlen gefertigt, in Deutschland wurden sie früher — abgesehen von Gewerbekühlschränken — sogar nach Maß hergestellt. Oft übernehmen auch die Ladenbaufirmen die Herstellung der Kühl-Verkaufsmöbel. Es ist daraus eine große Zahl kleiner und mittlerer Gewerbebetriebe entstanden, die sich in die ohnehin kleine Produktionszahl teilen müssen. Erst langsam beginnt sich das von einigen bedeutenden Firmen serienmäßig hergestellte Verkaufskühlmöbel durchzusetzen. In den Vereinigten Staaten von Amerika hingegen ist die Entwicklung zum Serienmöbel abgeschlossen. Es haben sich allmählich einige Großhersteller herausgebildet, deren Stückzahlen eine Großserienfertigung mit großen Blechverarbeitungsmaschinen und Vorrichtungen erlauben. Durch Lizenzvergaben und Nachbau gelangen die dort entwickelten Konstruktions- und Fertigungsprinzipien nun auch bei uns zum Durchbruch, obwohl es auch schon früher nicht an Versuchen gefehlt hat, Gewerbekühlschränke in Ganzstahlbauweise auf den Markt zu bringen.

Die für kleinere Stückzahlen geeignete Fertigungsart ist die *Gemischtbauweise*, in welcher auch Kleinserien von 50 bis 200 Stück wirtschaftlich gebaut werden können. Es ist ein tragendes Holzgerüst vorhanden, das innen und außen mit oberflächenbehandeltem Stahlblech oder mit Kunststoffplatten verkleidet wird und dessen Zwischenfächer mit Isolierstoff ausgefüllt werden. Das verwendete Holz erhöht das Gewicht und die Kosten, ist anfällig gegen Fäulnis und holzzerstörende Insekten, kann sich werfen und führt damit zu Fugen und Ritzen in der äußeren Verkleidung.

Die *Ganzstahlbauweise* ist nur bei großen Stückzahlen wirtschaftlich, da die großen Möbeleinheiten riesige Bearbeitungsmaschinen, Schweißvorrichtungen und Lackieröfen benötigen. Die Fertigung unterscheidet sich prinzipiell nicht von der eines Haushaltkühlschrankes. Die Möbel sind bei richtiger Fertigung wesentlich stabiler und langlebiger als solche mit Holzgerüst.

Die Anwendung von *Kunststoffschäumen* ermöglicht ebenfalls die Herstellung kleiner Serien (s. Abschn. IV. 4).

1. Konstruktiver Aufbau.

a) Bei der **Gemischtbauweise** wird das Gerüst aus Fichten- oder Kiefernholz hergestellt. Das Holz muß gegen Fäulnis und Insektenfraß imprägniert werden; das Imprägnierungsmittel muß geruchlos sein. Es werden entweder Kanthölzer in der Stärke der Isolierdicke verwendet oder — besser — getrennte Brettergerüste für Außen- und Innenverkleidung, um Wärmebrücken zu vermeiden. Die Außenverkleidung muß dampfdicht sein, also entweder aus lackiertem oder emailliertem Stahlblech, Aluminiumblech oder wasserdampfdichten Kunststoffplatten bestehen, oder es muß eine Dampfsperre eingebaut werden. Die Stoßfugen der einzelnen Tafeln müssen mit elastischen Kitten, Gummiprofilen od. dgl. abgedichtet werden. Der Innenbehälter kann ähnlich wie beim Haushaltkühlschrank oder der Tieftemperaturtruhe ausgebildet sein, d. h. fugenlos. Dies ist im Hinblick auf die Reinigung, das Eindringen von Insekten zu den Lebensmitteln u. ä. wünschenswert. Häufig ist der Innenbehälter aber aus einzelnen Tafeln hergestellt, die meistens aus verzinktem Stahlblech, Kunststoff oder Kunststoff-kaschierten Holzfaserplatten bestehen. Die Kanten und Fugen müssen dicht abgeschlossen sein, der Boden sollte immer aus einer wasserdichten Wanne bestehen. Die Türen sind ebenfalls eine Holzrahmenkonstruktion, die

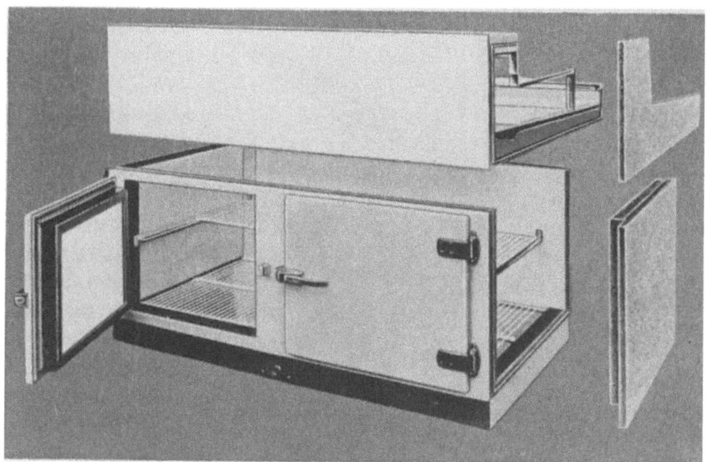

Abb. 70. Baukasten-Bauweise von Verkaufskühlmöbeln nach dem Rohmöbel-Bauprogramm der Firma Linde, Mainz-Kostheim. Die gezeigten Teile sind: Aufsatz FS 10—130 cm lang, mit Verdampfer, Zierleisten, Abdeckungen. Unterbau FN 10—130 cm lang, mit Verdampfer, 2 Türen, Boden- und Einlegeroste. Seitenteile. Dieselben Bauteile werden auch in einer Länge von 193 cm hergestellt.

außen mit Blech, innen meist mit Kunststoff verkleidet ist. Die Befestigung von Schloß und Scharnieren kann in einfachster Weise mit Holzschrauben geschehen. Wird diese Bauweise sorgfältig ausgeführt, z. B. entsprechend den dafür ausgearbeiteten Technischen Lieferbedingungen [*170*], ist eine Qualität erreichbar, die eine Lebensdauer von 10 bis 15 Jahren erwarten läßt. So hat z. B. die Firma Linde, Mainz-Kostheim, diese Bauweise in ihrem EMK-Programm (Einbau-Kühlmöbel) bis zu einem wohldurchdachten Baukasten-Aufbausystem weiterentwickelt, bei welchem mit vier verschiedenen Aufsatzteilen und 2 Unterbauten eine denkbar große Variationsbreite der verschiedensten Bauformen erreicht wird (Abb. 70). Nur die hintere Front dieser Möbel ist mit weißlackiertem Stahlblech fertig verkleidet. Die anderen Flächen sind noch roh (Rohmöbel) und können nach dem Zusammenbau entsprechend den Erfordernissen und Wünschen des Ladenbauers verkleidet werden [*171*].

Bei Gewerbekühlschränken werden häufig auch emaillierte Innenbehälter verwendet.

Es liegt auf der Hand, daß bei der beschriebenen Bauweise durch Verwendung schlechten Holzes, durch Nagelverbindungen statt feuchtigkeitsfester Verleimungen, durch ungeeignete Plattenabdeckungen (z. B. lackierte Holzspanplatten) u. a. m. Möbel entstehen können, die schon nach 2 bis 3 Jahren aus dem Verband gehen, durch eingedrungene Feuchtigkeit zu faulen beginnen, stinken, verschmutzen, kurz, die dann unbrauchbar werden.

b) Die **Stahlbauweise** ist aus der Bauweise moderner Haushaltkühlschränke entwickelt werden. Das Außengehäuse ist eine selbsttragende Stahlblechkarosserie, punkt- oder autogengeschweißt und fugenlos. Der Innenbehälter wird häufig aus verzinktem Stahlblech hergestellt, die Verbindungen entstehen durch Falzen. In den Innenbehälter kommen dann die verschiedenen Einsätze, die wiederum aus lackiertem Stahlblech, Aluminiumblech oder rostfreiem Stahl bestehen.

Das Ganze ruht auf einem Gestell aus Profileisen. Die Vorderfront ist meistens gesondert abnehmbar aufgehängt und der Reinigung wegen feueremailliert. Da die Möbel häufig in Selbstbedienungsläden stehen, sind noch Stoßleisten für die Einkaufswägelchen erforderlich, die meist aus rostfreiem Stahl hergestellt sind. Abb. 71 gibt einen guten Einblick in den Aufbau eines solchen Möbels. Alle für den Haushaltkühlschrank beschriebenen Konstruktionsprinzipien, wie z. B. Verstärkungen durch Doppelfalze, Einprägen von Sicken, Vermeiden von Wärmebrücken, Korrosionsschutz gelten hier in derselben Weise.

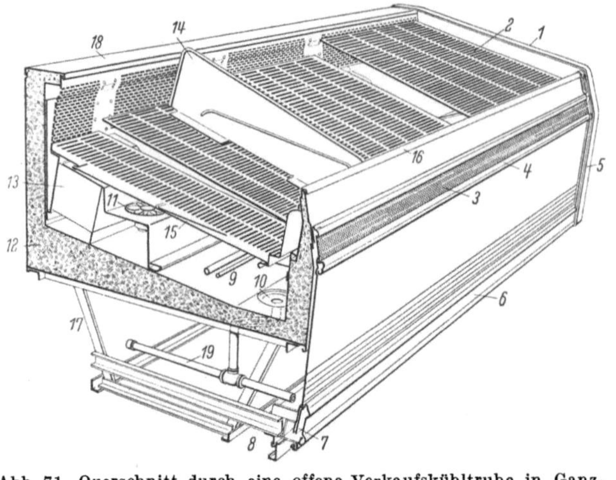

Dasselbe trifft für die *Werkstoffe* zu. Es werden beim Ganzstahlmöbel nur wenig Kunststoffteile verwendet, da diese der starken Beanspruchung nicht immer gewachsen sind.

Abb. 71. Querschnitt durch eine offene Verkaufskühltruhe in Ganzstahl-Bauweise für Selbstbedienungsläden (Werkzeichnung Hill, USA). *1* Endstück mit Abdeckung aus nichtrostendem Stahl, abnehmbar, *2* in Höhe und Schräglage verstellbare Auslageroste aus Stahldraht, verzinkt und lackiert, *3* Farbband aus Kunststoff, *4* Stoßkante für Einkaufswagen aus nichtrostendem Stahl, *5* Abschrägung des Möbels, um möglichst nahe herantreten zu können, *6* abnehmbare Fuß-Stoßkante aus nichtrostendem Stahl, *7* Kanal für elektrische Installation, *8* Kanal für Wasserab- und Zuflußleitungen, *9* Kältemittelleitungen, *10* Wasserabfluß (Abtauwasser, Sprühwasser), *11* Ventilator, *12* Isolierung, *13* Verdampfer, *14* Trennbleche aus Aluminium, *15* Luftleitblech, um bei hochgestellten Auslegerosten eine Durchströmung der Ware zu erzwingen, *16* beheizte Abdeckleiste, *17* Traggerüst aus Winkelprofilen, *18* Abdeckung und Warenablage, dient als Montagefläche für Spiegelaufsätze, *19* Wasserablauf.

Für Abdeckungen wird rostfreier Stahl, neuerdings auch eloxiertes Aluminium verwendet. Als Isolierung wird überwiegend Glas- oder Steinwolle verwendet. Die Innenbehälter sind in einigen Fällen dieselben wie für geschlossene Tieftemperaturtruhen (s. S. 66).

2. Fertigungseinrichtungen.

Möbel in Gemischtbauweise werden in Werkstätten, die meist aus Schreinereibetrieben hervorgegangen sind, gebaut. Neben den üblichen Holzbearbeitungsmaschinen sind kleine Abkantbänke, Tafelscheren, Schweißplätze, Bohrmaschinen und evtl. kleine Stanzen notwendig, um die Verkleidungsbleche zu bearbeiten. Wenn lackiert wird, kommt als Grundierung bevorzugt ein sog. „washprimer" zur Anwendung, der ein Phosphatieren oder Bondern erspart. Die Decklacke sind lufttrocknend und werden mit Handspritzpistolen aufgetragen. Die Betriebe sind — wenigstens in Deutschland — nicht größer als 200 bis 300 Mann. Einzel- und Serienfertigung läuft nebeneinander.

Für die Ganzstahlbauweise sind für die Gehäuse, die bis 3,5 m lang sind, entsprechend große Abkantpressen, Tafelscheren und sonstige Blechbearbeitungsvorrichtungen erforderlich, angefangen beim Blechlager, das für so lange Formate eingerichtet sein muß. Die Schweißvorrichtungen, in denen die Teile zusammengespannt werden, müssen wegen der allseitigen Zugänglichkeit drehbar sein. Bonder- und Lackiereinrichtungen müssen für die großen Gehäuse eingerichtet sein, da vor dem Zusammenschweißen und „Verputzen" nicht lackiert werden kann. Die Endmontage wird auf Rollenstraßen durchgeführt, da für eine ausgesprochene Bandfertigung die Typenzahl zu groß ist. Große Schwierigkeiten bereitet auch die Bereitstellung der zur Fertigmontage benötigten Kleinteile, Beschläge, Roste, Rollen, Spiegel, Schiebetüren, Bänder u. a. m. Um bei der Vielzahl dieser Teile alle Typen schnell liefern zu können, sind hier große Lagerbestände für mindestens 3 bis 4 Monate erforderlich, die bei Erreichen eines Mindestbestandes wieder aufgefüllt werden [*172*].

In vielen Fällen wird der Kältekreislauf nicht vollständig eingebaut, sondern nur der Verdampfer (meist Lamellen-Rohrschlangen-Verdampfer, Plattenverdampfer oder Truhen-Einsatz mit aufgelegten Rohren). Diese Teile müssen innerlich sauber und trocken sein. In den Fällen, bei denen der ganze Kältekreislauf betriebsfertig eingebaut wird, sind dieselben Vorsichtsmaßnahmen, Prüfungen und Probeläufe erforderlich wie beim Haushaltkühlschrank.

3. Konstruktive Einzelheiten.

a) Die **Umluftkühlung** wird bei offenen Verkaufskühlmöbeln seit etwa 10 Jahren angewendet. Grund dafür war, daß — ähnlich wie bei geschlossenen Gefrierschränken und Zweitemperatur-Kühlschränken — bei offenen Tieftemperaturtruhen der Verdampfer abgetaut werden kann, ohne daß die Ware entnommen werden muß. Bei den Verkaufs-Tieftemperaturtruhen mit Plattenverdampfern führte das unbequeme Handhaben der ausgestellten Gefrierkonserven, die während des Abtauens in einem Gefrierraum aufbewahrt werden müssen, dazu, daß nur selten abgetaut wurde und demzufolge die dicken Eisschichten das Zurschaustellen der Waren behinderten.

Die Umluftkühlung hat jedoch auch Nachteile. Der innerhalb des isolierten Raumes eingebaute Verdampfer, die Ventilatoren und Luftkanäle haben erheblichen Platzbedarf, so daß der verfügbare Nettoinhalt nur mehr etwa die Hälfte des isolierten Bruttovolums erreicht. Die Kanaleinbauten und die Abdeckung des Verdampfers bilden zusammen einen zweiten Innenbehälter (Abb. 71), der zusätzlich Kosten verursacht. Die abgedeckten Kanäle, besonders die Ansaugseite, verschmutzen leicht, wenn die Ansaugöffnung nicht richtig abgedeckt ist, so daß Teile von Waren u. a. hineinfallen können. Der Kältebedarf kann bis auf das Doppelte ansteigen, wenn durch falsche Strömungsverhältnisse feuchtwarme Außenluft mit angesaugt wird. Für die richtige Bemessung der Umlufteinrichtung sind die Literaturstellen [*173*, *174*] zu beachten:

α) Die Strömung über die Waren muß laminar sein und unter 0,4 m/s betragen. Das Geschwindigkeitsprofil kann so ausgebildet sein, daß direkt über der Gutoberfläche eine höhere Geschwindigkeit herrscht. Das ergibt eine tiefere

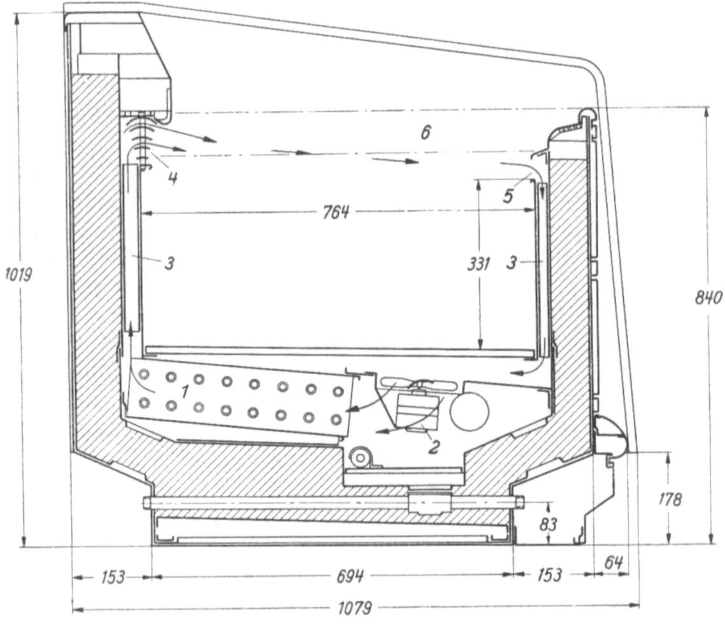

Abb. 72. Offene Verkaufs-Tiefkühltruhe mit Luftumwälzung, im Querschnitt. (Werkzeichnung Tyler, USA.) *1* Verdampfer, *2* Ventilator, *3* Luftkanäle mit Leitblechen, *4* Luftaustrittsöffnung mit Leitblechen, *5* Luftansaugöffnung, *6* Schutzzone.

mittlere Lufttemperatur und bessere Wärmeübertragungsverhältnisse; an der Grenzschicht zur Umgebungsluft dürfen aber auf keinen Fall Wirbel auftreten.

β) Die Luftströmung muß über die ganze Länge des Möbels gleichmäßig sein, sowohl bei der Ausblasestelle als auch, was sehr wichtig ist, bei der Ansaugöffnung. Ungleichmäßige Ansaugverhältnisse führen zum Ansaugen warmer Außenluft.

γ) Das Vermischen mit Warmluft muß durch eine hinreichend hohe Schutzzone und Strömungshindernisse, z. B. Glasscheiben, Aufbauten, vermieden werden.

Ein Beispiel einer Umluft-Schau-Tieftemperaturtruhe zeigt Abb. 72. In den senkrechten Kanälen sind Luftleitbleche eingebaut, um über den ganzen Querschnitt eine gleichmäßige Luftverteilung zu bekommen. An der Ausblasestelle sind Umlenkbleche angebracht, um eine möglichst wirbelfreie Ausströmung zu erreichen. Die Ansaugöffnung ist abgedeckt und von einer Schutzzone überlagert.

Bei Kühlregalen ist eine verlustfreie Luftumwälzung wesentlich schwieriger zu verwirklichen. Es ist deshalb bisher noch nicht möglich gewesen, Tieftemperaturregale für Temperaturen um −18 °C zu bauen. Ein Beispiel für ein Kühlregal zeigt Abb. 73, wobei zu beachten ist, daß zwei getrennte Luftkreisläufe benutzt werden. Das Schema gehört zu dem Kühlregal nach Abb. 65. Auch hier ist im unteren Teil die hohe Schutzzone erkennbar. Im oberen Teil tritt die Luft aus feinen, über der ganzen Fläche verteilten Schlitzen aus.

Bei geschlossenen Gewerbekühlschränken und großen Gefrierschränken sind die gleichen Gesichtspunkte wie auf S. 42 u. 58 zu beachten. Bei Gefrierschränken für Brötchen können Kontaktplatten und Umlaufkühlung kombiniert werden [*175*].

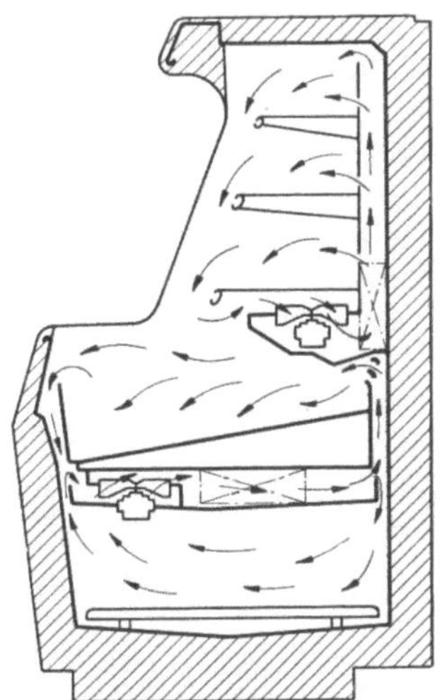

Abb. 73. Luftumwälzung in einem Kühlregal mit zwei getrennten Luftkreisläufen und 2 Verdampfern. Ansicht des Kühlregals, vgl. Abb. 65.

b) Abtaueinrichtungen. Das Abtauen *geschlossener* Verkaufskühlmöbel erfolgt nach denselben Verfahren wie auf S. 39 beschrieben. Oft kann bei Zwangsluftumwälzung und Temperaturen über 2 °C auf besondere Vorrichtungen überhaupt verzichtet werden, da der Verdampfer so bemessen werden kann, daß er während der Standzeiten der Kältemaschine durch die vom Ventilator durchgeblasene Luft völlig abgetaut wird. Die Verdampfungstemperatur muß dann oberhalb —7 °C liegen und die relative Laufzeit größer als 70% sein.

Bei *offenen* Verkaufsmöbeln ist der Reifanfall jedoch um so viel größer, daß ein Abtauen nur mit Hilfe zusätzlich zugeführter Wärme möglich ist. In offenen Kühltruhen muß mit 1,5 bis 2,5 kg, maximal mit 3,5 kg Reif täglich gerechnet werden. Wie oft abgebaut werden muß, hängt von der Ausbildung des Verdampfers und der Luftführung ab. Es ist vorteilhaft, am Eintritt des Verdampfers große Rippenabstände, die gegen Ende immer kleiner werden, vorzusehen, da dadurch eine größere Wärmeaustauschfläche bei größerem Reifspeichervermögen auf gleichem Raum untergebracht werden kann [*174, 176, 177*].

Trotzdem wird wegen der Raumausnutzung die Verdampferfläche meistens zu klein gehalten, so daß mehrmals am Tage abgetaut werden muß. Dies kann z. B. mittels elektrischer Heizkabel von 1200 bis 2000 Watt geschehen, die in den Verdampfer eingebaut werden und auch um Tropfplatten, Abflußrohre u. ä. gewickelt sind. Diese Heizung wird mittels Schaltuhr bis 4 mal täglich für 10 bis 15 Minuten eingeschaltet. Gegen Überhitzung schützt ein Sicherheitsthermostat [*178*]. Der Reif an anderen Stellen des Kühlmöbels kann jedoch mit automatischen Mitteln schlecht entfernt werden. Er muß hier noch von Zeit zu Zeit mit der Hand abgekratzt werden. Andernfalls muß das Möbel bei der wöchentlichen Reinigung zum Abtauen abgeschaltet werden [*176*]. Eine Möglichkeit, die Reifablagerungen in den Kanälen und am Lufteintritt zu verhindern, besteht darin, die Umluft mehrere Male durch Umleitkanäle über den Verdampfer zu leiten und dadurch scharf zu trocknen [*174*].

Der Abtauvorgang muß so rasch wie möglich abgeschlossen sein. Es ist deshalb erforderlich, ein wirksames Abtausystem zu verwenden und häufig abzutauen. Die zusätzlichen Kälteverluste durch das Abtauen sind dann kleiner als bei selteneren und entsprechend länger dauernden Abtauperioden. Der Abtauvorgang muß so gesteuert werden, daß die eingelagerten Waren während dieser Zeit nicht unzulässig warm werden. Zum Beispiel dürfen Gefrierkonserven sich nicht über —15 °C erwärmen. Zu den verschiedenen Verfahren, die in Betracht gezogen werden können, gehören das Abtauen durch Umschalten des

Kältekreislaufes (Heißgasabtauung), das Abtauen mit elektrischer Energie und — wenn auch wenig angewandt — das Abtauen mit Wasser [*179*], wobei jedes Verfahren Vor- und Nachteile hat. Bei der elektrischen Heizung besteht die Gefahr der Überheizung, der Dampfbildung auf den heißen Heizrohren, der Durchfeuchtung der Heizrohrisolierung bei langen Standzeiten durch Diffusionsvorgänge und elektrischer Kurzschlüsse; vorteilhaft ist die relativ einfache Schaltung der Automatik, die in praktisch unbegrenzter Menge zur Verfügung stehende Energie, die Austauschbarkeit der Heizvorrichtung ohne daß der Kältekreislauf berührt werden muß. Bei der Heißgasabtauung besteht der größte Vorteil darin, daß die Wärme direkt im Verdampferrohr entsteht und der Abtauvorgang dadurch sehr beschleunigt wird. Nachteilig ist der große Aufwand an Umschaltventilen, die zu Störungen führen können. Die Steuerung erfolgt in den meisten Fällen durch eine Schaltuhr, die den Vorgang einleitet und durch einen Druckschalter oder Temperaturfühler, der den Druck oder die Temperatur am Verdampfer mißt und bei Erreichen eines genügend hohen Wertes abschaltet.

c) **Glasabdeckungen** dürfen nicht schwitzen, auch nicht in den Zwischenschichten. Die Scheiben müssen deshalb mit diffusionsdichten Rahmen luftdicht aufeinandergeklebt werden. Vor dem Verschließen des Hohlraumes muß dieser getrocknet werden. Zweckmäßig werden innen am Rahmen noch kleine Behälter mit einem Trockenmittel angebracht, um Feuchtigkeit, die durch Undichtigkeiten eindiffundiert, zu absorbieren. Wird der Hohlraum nach dem Trocknen mit CO_2 oder Chlormethyl gefüllt, ist die Isolierwirkung wesentlich besser als mit Luft. Derartige Gläser werden serienmäßig hergestellt (*Thermopan*-Gläser). Das Glas selbst muß widerstandsfähig gegen Fruchtsäuren und Fettdämpfe sein, damit es nicht im Lauf der Zeit eintrübt [*173*].

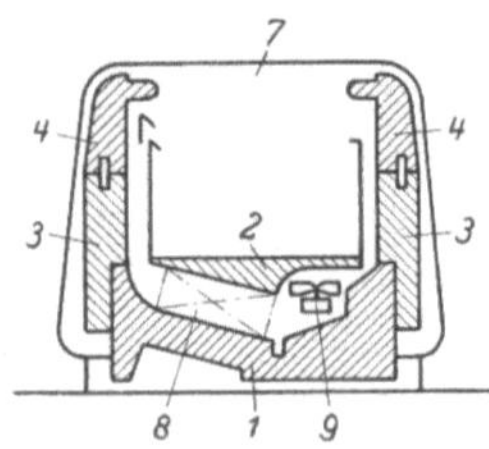

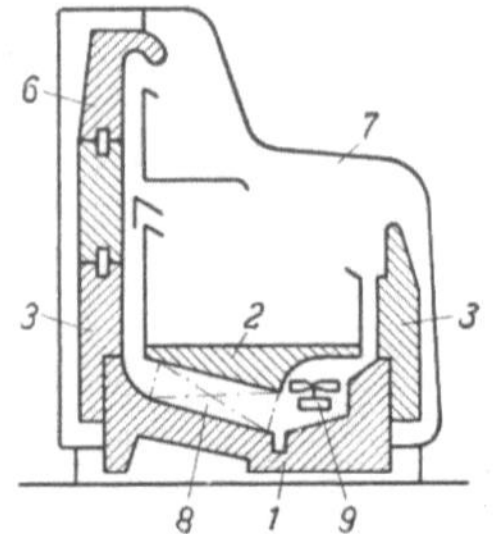

Abb. 74. Kunststoff-Formstück-Bauweise für Verkaufskühlmöbel nach Linde, Mainz-Kostheim.

1 Bodenteil, *2* Zwischenboden zum Abdecken von Verdampfer *8* und Ventilator *9*. *3* unteres Wandteil, *4* oberes Wandteil, *6* Oberteil, *7* Seitenteil.

4. Anwendung von Kunststoffschäumen.

Die auf S. 49 u. 70 beschriebenen neuen Fertigungsmöglichkeiten gewinnen auch für größere Verkaufskühlmöbel an Bedeutung. Die kleinen Serien-Stückzahlen erlauben jedoch noch keine Anwendung großer, für komplette Möbel bemessener Schäumformen, besonders nicht der druckfesten und teuren Dampfschäumformen für Polystyrolschaum. Es sind daher für dieses Fertigungsverfahren noch keine Anwendungsbeispiele bekannt geworden. Hingegen hat die Verwendung von „sandwich“-Platten, wie auf S. 53 beschrieben, den großen Vorteil, daß ohne teure Vorrichtungen und mit Holzbearbeitungsmaschinen gefertigt werden kann. In Frankreich ist z. B. eine Konstruktion bekannt geworden, bei welcher PVC-Schaum-Verbundplatten benutzt wurden. Die Außenseite bestand aus weißlackiertem, dünnem Stahlblech, die Innenseite aus gehämmertem Aluminiumblech. Die Schnittkanten wurden, soweit sichtbar, mit Kunststoffprofilleisten abgedeckt. Die Verbindung zwischen Längsteilen und Querwänden wurde über Gewindedübel, die in den Schaumstoff eingeklebt wurden, und Schrauben hergestellt. Praktische Bedeutung hat das Verfahren noch nicht erlangt.

Ein zweites Verfahren ist von der Gesellschaft für Linde's Eismaschinen A. G., Mainz-Kostheim, zum Patent angemeldet worden [*180*]. Hierbei werden Formkörper aus Polystyrolschaum verwendet, die baukastenförmig zusammengefügt werden können. Es ist eine Höchstzahl von 7 Formstücken vorgesehen, die miteinander durch Kleben und Verstiften verbunden werden. Es können aus den Formstücken alle möglichen Verkaufskühlmöbel zusammengestellt werden. Eine Reihe von Konstruktionselemente wie Verdampferaufhängung, Wasserablauf, Tropfrinne sind bei der Herstellung des Formstückes schon mit eingeschäumt (Abb. 74). Die Außenwände sind mit dünnen Blechen verkleidet.

5. Aufstellung und Betrieb.

Im Gegensatz zum Haushaltkühlschrank oder zur Heimtruhe, die jederzeit an einem beliebigen Platz aufgestellt werden kann, der den Wünschen des Besitzers entspricht, muß beim Aufstellen eines gewerblichen Kühlmöbels auf seine Funktion als Arbeitsgerät bzw. Verkaufshilfe und auf seine relative Unbeweglichkeit geachtet werden. In vielen Fällen kann die Kältemaschine aus räumlichen Gründen im Möbel direkt nicht eingebaut werden. In anderen Fällen sind deren Geräusch, die Erschütterungen und die Wärmeentwicklung unerwünscht. Es müssen deshalb nach der Aufstellung des Möbels häufig noch Kältemittelleitungen verlegt werden, da die Kältemaschine an einem anderen Ort aufgestellt werden muß. Dadurch ist der Aufstellungsplatz des Möbels festgelegt.

In Gewerbekühlschränken ist die Kältemaschine fast immer eingebaut, z. T. auf der Decke. Die meisten *offenen* Verkaufskühlmöbel müssen aber sofort am endgültigen Platz aufgestellt werden, da die Kältemaschine getrennt aufgestellt werden muß. Die Entscheidung über den Aufstellungsort geht mit den Planungen über die verkaufstechnisch richtige Einrichtung des Ladens Hand in Hand. Deshalb haben die Hersteller der Verkaufskühlmöbel in den meisten Fällen heute Beratungsstellen für Ladeneinrichtungen geschaffen [*181*]. Dort stehen z. T. die modernen Verfahren des „lay-out“-Systems, des Planens mit Modellen, zur Verfügung. Es können sogar die einzelnen Modelle aus Papier selbst ausgeschnitten und zusammengeklebt werden, so daß der Lebensmittelhändler seine Planung selbst machen kann [*182*]. Die für die verkaufstechnisch richtige Ladeneinrichtung geltenden Gesichtspunkte sollen hier nicht behandelt werden [*168*]. Jedoch sind eine Reihe technisch-physikalischer Gesichtspunkte zu beachten, wenn die Möbel zufriedenstellend arbeiten sollen. Dabei sind zunächst die z. T. riesigen Abmessungen der Verkaufsräume zu beachten, in denen ganze Bäckereien, Eiskremfabriken und andere Vorbereitungsbetriebe mit untergebracht sind [*183*]. In solchen Hallen entstehen erhebliche Luftströmungen, die nicht über die offenen Zonen der Verkaufskühlmöbel hinwegstreichen dürfen. Genauso sind direkte Luftströme von Ventilatoren, aus Lüftungskanälen, Türen oder Fenstern zu vermeiden. Für Sonneneinstrahlung ist keine Kühleinrichtung berechnet. Aber auch die Strahlung starker Beleuchtungskörper ist schädlich und kann besonders die Temperatur von Gefrierkonserven um mehrere Grad erhöhen [*176*]. Die Luft soll frei von Staub und Fettdämpfen sein, um Verschmutzungen zu verhindern. Die relative Luftfeuchtigkeit muß in bestimmten Grenzen gehalten werden, die zudem noch vom Käufer als angenehm empfunden werden. Andernfalls ist Schwitzen der Außenflächen, schnelles Vereisen und Ausfall der Abtauautomatik zu befürchten. In vielen Fällen wird sich deswegen eine Klimatisierung der Läden empfehlen.

Fehler können auch während der Benutzung der Verkaufskühlmöbel gemacht werden. Es sind deshalb folgende Gesichtspunkte zu beachten:

a) Ware so stapeln, daß gute Luftzirkulation möglich ist.

b) Das Möbel nicht überfüllen. Stapelmarken müssen als obere Grenze beachtet werden.

c) Rechtzeitig abtauen oder die Abtauautomatik überwachen. Reif von Hand abkratzen. Von Zeit zu Zeit Möbel abschalten und völlig anwärmen lassen.

d) Möbel dann auch im Innern reinigen, Abdeckungen dazu abnehmen.

e) In Tieftemperaturtruhen nur verpackte Waren führen, da sonst starke Reifbildung aus der austrocknenden Ware entsteht.

f) Bei Tieftemperaturtruhen ständige Temperaturkontrolle vornehmen oder Warneinrichtung einbauen.

E. Kühlzellen und kleine gewerbliche Kühlräume.

I. Wirtschaftliche Bedeutung, Produktionswerte.

Der Kühlraum, oder — wie in manchen Teilen Deutschlands gesagt wird — das „Kalthaus", ist in den Jahren vor und nach dem ersten Weltkrieg entstanden aus dem Wunsch der Metzger, Gastwirte und Lebensmittelhändler, die ihnen bekannten Vorteile der Kaltlagerung in großen Kühlhäusern auf ihre wesentlich kleineren Bedürfnisse zu übertragen. Die technische Möglichkeit hierzu bot sich durch die Entwicklung kleiner, wartungsfrei arbeitender Kältemaschinen mit der erforderlichen Kälteleistung von 500 bis 20000 kcal/h. Leider ist zu keiner Zeit und in keinem Land über die Zahl der erbauten oder vorhandenen Kühlräume in gewerblichen Betrieben eine Statistik erstellt worden, so daß man auf Schätzungen angewiesen ist. Die Verbreitung von Kühlräumen ist in den verschiedenen Gewerbezweigen und Ländern sehr unterschiedlich. So kann z. B. angenommen werden, daß in Deutschland nahezu alle Metzgereien mit einem oder mehreren Kühlräumen ausgestattet sind, während in Frankreich und Italien dies nur bei modernen Betrieben in großen Städten der Fall ist. Dasselbe gilt für Kühlräume in Gaststätten. Hier ist auch der Umsatz an gekühlten Getränken dafür mitbestimmend, ob die Errichtung gekühlter Getränkelager, z. B. Bierkeller, erforderlich ist.

Die Kaltlagerung wird noch lange nicht überall dort angewendet, wo sie wirtschaftliche Vorteile brächte. So ist z. B. in fast allen Ländern Europas der Gemüse- und Obsthandel noch ohne wesentliche Kühleinrichtungen, obwohl die dadurch gegebene Möglichkeit der Verlängerung der Lagerdauer und der Verminderung des Verderbs diese Investitionen sicher in wenigen Jahren bezahlt machen würde. Vielen kleinen Gewerbetreibenden sind die Vorteile der Kälteanwendung noch wenig bekannt und jedes neue Verfahren begegnet großem Mißtrauen. Es werden daher heute noch laufend neue Anwendungsgebiete erschlossen, die z. T. wohl schon längst bekannt waren, aber in der Praxis wenig angewendet wurden, wie z. B. die Kaltlagerung von Pelzen zur Verhinderung von Mottenfraß, die Kaltlagerung lebender Pflanzen in Staudengärtnereien und Baumschulen und vieles mehr. Es ist aus diesen Gründen auch nicht möglich, von einem bestimmten Anteil der Markssättigung für Kühlräume zu sprechen. Viel eher ist es gerechtfertigt, eine bestimmte jährliche Zuwachsrate anzunehmen, die je nach dem Umfang, mit dem der Kaltlagerung oder Kältebehandlung neue Anwendungsgebiete erschlossen werden, größer oder kleiner ist.

In Abb. 3 ist die Entwicklung verschiedener Kältemarkte dargestellt, darunter die Produktionsentwicklung von Kältekompressoren kleinerer Leistung. Bezieht man diese vorsichtig auf die Wachstumsraten der verschiedenen Industriezweige, welche Kältekompressoren benötigen, wie z. B. der Klimatechnik, ist eine Schätzung der Anzahl für Kühlräume und ähnliche Zwecke verwendeter Kompressoren möglich. Danach ist die jährliche Zuwachsrate für Kühlräume in der Deutschen Bundesrepublik und in den USA mit 10 bis 15% etwa gleich groß. Allerdings ist in den USA diese relativ kleine Zuwachsrate auf eine hohe Sättigung *aller* Bereiche der gewerblichen Wirtschaft zurückzuführen. Die Produktion an Kältekompressoren war in den USA schon vor 10 Jahren etwa 10mal so groß wie in Deutschland und hatte in den folgenden Jahren eine Zuwachsrate von wenigstens 30 bis 35%. Eine ähnlich hohe Zuwachsrate besteht übrigens auch in der UdSSR. In den letzten 7 Jahren sind in den USA etwa 15 Mill. Kältekompressoren an die gewerbliche Wirtschaft verkauft worden (ohne Klimageräte), während in der Bundesrepublik im gleichen Zeitraum nur 300000 Stück hergestellt wurden. Verglichen mit der Absatzentwicklung des Haushaltkühlschrankes (Abb. 4) ist also die Verbreitung der gewerblichen Kälteanwendung in Deutschland, die vorzugsweise in der Form von Kühlräumen für Kaltlagerung auftritt, noch in den Anfangsstadien. Ähnlich liegen die Verhältnisse in den übrigen europäischen Ländern.

Ein Zuwachs dürfte in den nächsten Jahren insbesondere durch die zunehmende Einführung der Gefrierkonserve zu erwarten sein. Wenn der Handel die Notwendigkeit der Kaltlagerung von *frischen* Lebensmitteln noch unterschiedlich beurteilt, so bestehen bei der Gefrierkonserve keine Zweifel. Es ist deshalb in der letzten Zeit eine verstärkte Produktion von Tieftemperaturlagerräumen und Gefrierzellen festzustellen, eine Entwicklung, die derjenigen in den USA vor etwa 3 Jahrzehnten sehr ähnlich ist. Da die zukünftige Entwicklung des Gefrierkonservenmarktes nur schlecht vorauszusagen ist, neigen die Händler dazu, diese Tieftemperaturlagerräume zerlegbar, transportabel und vergrößerungsfähig errichten zu lassen. Dies führt dazu, daß die im letzten Weltkrieg für den Lebensmittel-Nachschub der Truppen stark geförderte Produktion von zerlegbaren Kühlräumen, den sog. Kühlzellen, immer stärker Fuß faßt. Während im Jahr 1952 in den USA der Anteil der Kühlzellen an allen „gewerblichen Kühlmöbeln" nur 5,4% betrug, ist er inzwischen auf 8,7% angewachsen (vgl. Tab. 16). In Deutschland ist die Produktion von Kühlzellen noch nicht statistisch erfaßt worden. Im Jahre 1959 dürften mindestens 500 Stück hergestellt worden sein.

Im übrigen gilt für die Entwicklung der Kühlräume dasselbe, was auch schon für gewerbliche Kühlmöbel gesagt wurde. Die immer größere Verbreitung der Selbstbedienungsläden und Supermärkte erzeugt einen wachsenden Bedarf an gekühlten Lagerräumen aller Art, so daß allein hieraus ein jährlicher zusätzlicher Bedarf von einigen zehntausend Kühlräumen erwächst.

II. Betriebliche Anforderungen.

Der Kühlraum oder besser Kaltlagerraum ist in erster Linie ein Lager für kurzfristigen Durchsatz des Lagergutes. Er muß bestimmten Bedingungen hinsichtlich Kapazität, Einrichtungen, Abmessungen, richtiger Lage im Fluß des Lagergutes (leichtes Einlagern, schnelle Entnahme) entsprechen. Es handelt sich meistens um ein Zwischenlager, das in einem Arbeitsprozeß eingeschalten ist. Die Güter werden dort entweder sachgemäß zwischengelagert (z. B. Fleisch in der Metzgerei) oder erfahren eine für die weitere Benützung notwendige Abkühlung (z. B. Bierkeller). Immer häufiger werden Kühlräume zu wesentlich umfangreicheren Aufgaben als zum einfachen Lagern oder Kühlen verwendet. Sie sind Einrichtungen, die Arbeitsprozesse erleichtern oder beschleunigen, Arbeitsgänge ersparen und Verluste verhüten sollen. Sie können z. B. in Großküchen zur Aufnahme vorgearbeiteter Speisen (Deckung einer Spitzenlast) oder zur schnellen Abkühlung dienen, um eine saubere Weiterverarbeitung zu ermöglichen (Portionieren von Fleisch, das sich kalt wesentlich besser schneiden läßt) [*168*].

Kleine Kühlräume dienen nur in den seltensten Fällen einer langfristigen Lagerung, bei der dann die Betriebskosten und damit die wirtschaftlichste kältetechnische Ausrüstung bedeutungsvoll werden.

Aus diesen Aufgaben, die natürlich für jeden Kühlraum im einzelnen wieder etwas andere sein können, erwachsen einige grundsätzliche Anforderungen:

1. Der Kühlraum muß *arbeitsgerecht* sein. Er muß schnell erreichbar sein, also möglichst auf demselben Stockwerk benachbart zu den Räumen liegen, wo der Bedarf auftritt. Der Fußboden sollte mit den übrigen Böden auf gleicher Ebene liegen, so daß er mit Wagen befahren werden kann. Vielfach ist eine Hängebahn zum Transport von schweren Kühlgütern, z. B. Rindervierteln, zweckmäßig; diese sollte von der Verladestelle bis in den Kühlraum hineinführen. Die Türen müssen stabil und doch leicht bedienbar, die Beschläge und Schlösser der robusten Beanspruchung gewachsen sein (Kantenschutz). Die Einrichtung muß den jeweiligen Bedürfnissen angepaßt werden, z. B. müssen für Fleisch entsprechende Gehänge an Decke und Wänden, für verpackte Lebensmittel Regale, für Speisen Gestelle für Tabletts u. ä. vorhanden sein. Die Innenmaße müssen auf die Abmessungen des Lagergutes, z. B. auf die Außenmaße von Kisten und Fässern abgestimmt sein. Die Einrichtung muß so angeordnet sein, daß innerhalb des Kühlraumes noch ausreichend Platz zum Hantieren ist, ohne daß zuviel der wertvollen Lagerfläche dafür verlorengeht. Aus dem gleichen Grund muß die Höhe ausreichend sein, so daß noch aufrecht stehend gearbeitet werden kann. Daher wird der Kühlraum wenigstens 2,40 m hoch gebaut, damit an der Decke noch Platz für Gehänge, Luftkühler u. ä. ist.

Viel zu selten wird beim Errichten eines Kühlraumes an Erweiterungsmöglichkeiten gedacht. Der Arbeitsablauf kann sich ändern, der Bedarf an Lagerfläche größer werden. Der ideale Fall ist der versetzbare und erweiterungsfähige Kühlraum, der in Gestalt der zerlegbaren Kühlzelle aus vorgefertigten Bauteilen schon verwirklicht ist. Schließlich muß der Kühlraum leicht sauberzuhalten sein. Die Wandverkleidung muß korrosionsfest, fugenlos und leicht abwaschbar sein. Von Zeit zu Zeit muß der Raum mit viel Wasser ausgeschwemmt werden können, ohne daß dieses dann in die Isolierung eindringen kann.

2. Im Kühlraum müssen die *richtigen Lagerbedingungen* herrschen und bei jeder Beanspruchung auch aufrechterhalten werden. Da für viele Kühlgüter nicht nur eine optimale Lagertemperatur, sondern auch optimale Verhältnisse der Luftfeuchtigkeit, der Luftbewegung, ja sogar der Gaszusammensetzung der Luft zu fordern sind, ist diese Aufgabe nicht einfach zu lösen und oft mit einer normalen Kälteanlage nicht mehr zu bewältigen. In der Regel wird nur die Temperatur durch Ein- und Ausschalten der Kältemaschine gesteuert. Die Fläche des Verdampfers wird dabei so bemessen, daß bei mittleren Betriebsverhältnissen, d. h. einer gewissen Wärmebelastung durch Beschickung und einem mittleren Wärmeeinfall durch die Umfassungswände, die Laufzeit der Kältemaschine und die sich dabei einstellende Oberflächentemperatur des Verdampfers eine ausreichende Entfeuchtung der Kühlraumluft gewährleistet. Schwierigkeiten treten in der kalten Jahreszeit auf, wenn die Kältemaschine fast nicht mehr läuft. Für diese Fälle werden in den Räumen z. B. automatisch einschaltende elektrische Heizkörper aufgestellt [*184*]. Es ist aber heute schon die Entwicklung von der Kälteanlage zur — möglichst einbaufertigen — Klimaanlage im Gange, die nicht nur kühlt, sondern auch be- und entfeuchtet, die Luft filtert und u. U. noch Gase zusetzt oder absorbiert [*185*]. Zur Zeit noch wird meistens eine Zu- und Abluftеinrichtung eingebaut, deren Klappen nach Bedarf geöffnet werden. Die Frischluft muß dabei dem Raum über den Verdampfer zugeführt werden, damit sie abgekühlt und entfeuchtet ist, bevor sie mit dem Kühlgut in Berührung kommt. Die

Kühlraumluft sollte 2- bis 5mal täglich erneuert werden. Bei kleinen Räumen genügt schon der Luftaustausch, der durch das Öffnen der Tür und unvermeidbare Undichtheiten verursacht wird (Abb. 75). Selbst sog. „dichte" Kühlräume haben noch täglich einen zweifachen Luftaustausch. Dieser ist allerdings zu gering, um z. B. die bei der Reifung von Obst entstehenden gasförmigen Abbauprodukte, in erster Linie CO_2, abzuführen [*186*].

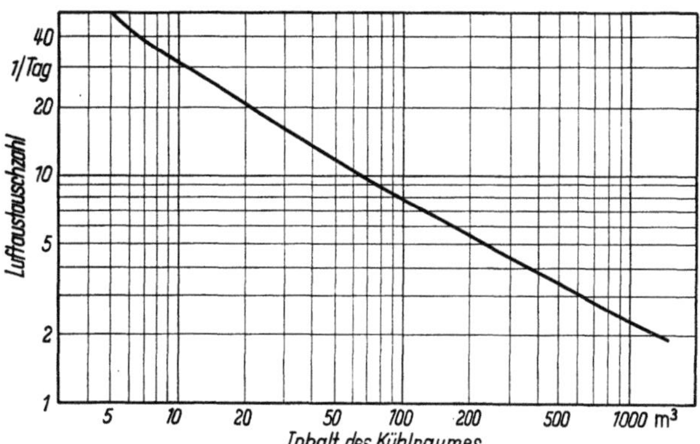

Abb. 75. Täglicher Luftaustausch in Kühlräumen, verursacht durch Türöffnen und Undichtheiten (ohne künstliche Belüftung).

Abgesehen von den Kühlräumen, die für bestimmte Waren mit festgelegten Lagerbedingungen vorgesehen sind, werden in den meisten Fällen in den Kühlräumen verschiedene Güter gleichzeitig und zusammen gelagert. Für diese Fälle haben sich die in Tab. 19 zusammengestellten Lagerbedingungen als zweckmäßig erwiesen. Die Einteilung der Luftfeuchtigkeit in 4 Klassen entspricht der relativ einfachen Regelmöglichkeit, die durch die Auswahl der Verdampferoberfläche und der Leistung der Kältemaschine gegeben ist. Die Angaben gelten für übliche Dicken der Kälteschutzschicht, wie sie in Abb. 76 angegeben sind [*187*]. Bei dünnerer Isolierung wird die relative Luftfeuchtigkeit niedriger, da die Laufzeit

Tabelle 19. *Empfohlene Lagerbedingungen und Berechnungsgrundlagen für die Bemessung von Verdampfern.*

Lagergut	Lagertemperatur °C	Feuchtigkeitszustand Klasse[1]	Verdampfertyp still, bewegt	Temperaturdifferenz für Berechnung (Grad)	Empfohlene Verdampfertemperatur °C
Gemüse	2 bis 2,5	I	st	8 bis 10	− 6 bis − 8
			bw	3 bis 6	− 1 bis − 5
Früchte	1,5 bis 2	II	st	10 bis 12	− 8 bis −11
			bw	5 bis 7	− 3 bis − 5
Fleisch	0,5 bis 1,5	II	st	10 bis 12	− 9 bis −12
			bw	5 bis 7	− 4 bis − 6
Geflügel	0,5	II	st	10 bis 12	−11 bis −13
			bw	5 bis 7	− 6 bis − 8
Fisch	+4	I	st	8 bis 10	− 4 bis − 6
Eier	0	I	st	8 bis 10	− 8 bis −10
Butter, Käse	5	III	st	12 bis 14	− 7 bis −10
			bw	7 bis 9	− 2 bis − 5
Getränke in Behältern	7	IV	st	14 bis 16	− 7 bis −10
			bw	9 bis 11	− 2 bis − 5
Gefrierkonserven	−18	II	st	6 bis 14	−25 bis −32
			bw	6 bis 8	−23 bis −26

[1] *Feuchtigkeitsklassen*: I Sehr hohe Luftfeuchtigkeit (>90%), da Kühlgut gegen Austrocknung empfindlich. Es verliert an Aussehen und u. U. auch Geschmack. Durch hohe Feuchtigkeit nur geringe Gefahr der Fäulnisbildung. II Hohe relative Luftfeuchtigkeit (~85%), da Kühlgut gegen Austrocknung empfindlich, gleichzeitig aber auch Gefährdung durch oberflächliche Fäulnisbildung (Schmierigwerden) besteht. III Mäßig hohe relative Luftfeuchtigkeit (70 bis 80%), da Kühlgut gegen Austrocknung unempfindlich. IV Niedrige Luftfeuchtigkeit (<70%), da wegen Verpackung kein Einfluß auf das Kühlgut.

der Kältemaschine länger und damit die mittlere Verdampfungstemparatur tiefer wird. Stärkere Isolierung ist nicht zu empfehlen, da dann das Einhalten einer nicht zu hohen Luftfeuchtigkeit immer schwieriger wird. Der Kühlraum für alle Zwecke, wie er häufig bei Großküchen oder in kleineren Lebensmittelhandlungen benötigt wird, ist auf eine Temperatur von + 2 bis 3 °C eingestellt, der Verdampfer wird für eine Differenz zwischen Kühlraumlufttemperatur und Verdampfungstemperatur von 10 ° berechnet.

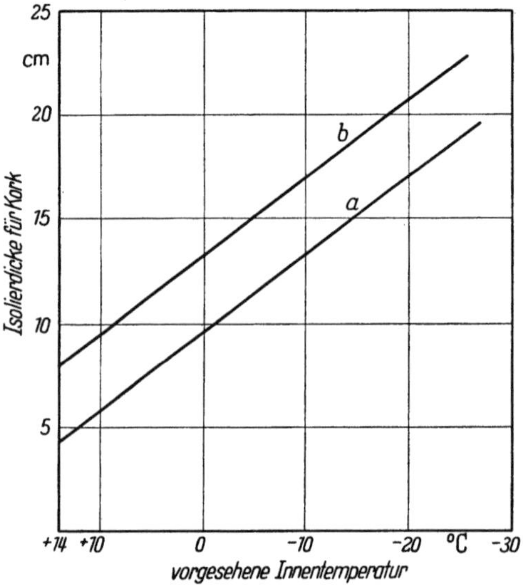

Abb. 76. Empfohlene Isolierdicke von Kühlräumen bei Verwendung von Kork oder gleichwertiger Isolierstoffe für a) gemäßigtes Klima, b) tropisches Klima.

3. Kühlräume müssen *den betrieblichen Anforderungen jahrelang standhalten* können. Sie werden — abgesehen von den vorgefertigten Kühlzellen — an Ort und Stelle errichtet. Es muß deshalb in dem meist schon vorhandenen Gebäude die Raumeinteilung, Bauweise und der Bauzustand für die Planung zugrunde gelegt werden. Hierbei ist auf die Eignung der vorgesehenen Räumlichkeiten und auf die angrenzenden Nebenräume zu achten. Feuchte und muffige Kellerräume, alte Stallungen, Waschküchen u. dgl. sind nicht geeignet, da auch bei sorgfältiger Isolierung das Durchschlagen der in den Wänden aufgespeicherten Feuchtigkeit, der Geruchsstoffe und u. U. der Salze nicht verhindert werden kann. In jedem Fall, bei dem die Gefahr des Eindringens von Grundwasser oder Bodenfeuchtigkeit besteht, muß die gesamte Isolierung in einen wasser- und wasserdampfdichten Mantel, z. B. aus in heißem Bitumen verlegter Dachpappe, eingehüllt werden. In den Nebenräumen soll kein Dunst oder Wrasen entstehen, der beim Öffnen der Kühlraumtüren in den Kühlraum eindringen kann. Dies würde zu starker Vereisung der Verdampfer, zum Beschlagen der Kühlgüter und u. U. zu Geruchsbelästigungen führen. Feuchte Umgebungsluft führt auch zu Schwitzwasserbildung auf der Tür; bei Tieftemperaturlagerräumen könnte die Tür sogar festfrieren. Um solche Erscheinungen auszuschalten, wird zweckmäßigerweise ein sog. Vorraum als Luftschleuse und Abkühlraum dem eigentlichen Kühlraum vorgeschaltet. Bei Tieftemperaturräumen wird der Türrahmen mit Heizkabeln (Leistung einige W) elektrisch geheizt.

Die größte Sorgfalt muß auf die Isolierung[1] verwendet werden. Da bei bauseitig errichteten Kühlräumen keine dampfdichte Außenverkleidung vorhanden ist, muß die Umfassung des Kühlraumes zunächst mit einer Dampfsperre versehen werden. Mindestens ist die Anbringung eines dichten und ebenen, jedoch rauhen Zementmörtels erforderlich, auf welchen dann die plattenförmige Isolierung aufgeklebt wird. In diesem Fall muß aber die Isolierung selbst einen hohen Wasserdampfdiffusionswiderstand besitzen. Statt Kork wird in den letzten Jahren in steigendem Umfang Styropor(R) (vgl. S. 49) verwendet. Durchfeuchtete Isolierungen sind die häufigste Ursache von Beanstandungen, z. B. zu hohem Ener-

[1] Vgl. auch Bd. I dieses Handbuches, S. 316.

gieverbrauch der Kältemaschine, die auch bei dauerndem Lauf den vermehrten Wärmeeinfall nicht mehr bewältigt. Die Wasserdampfdiffusion beeinflußt den Wärmefluß so erheblich, daß bis zu $^2/_3$ des gesamten Wärmeeinfalles dadurch verursacht werden können [*188*]. Es können auch unangenehme Gerüche auftreten, die aus langsam faulendem Isolierstoff stammen. Die Wandverkleidung kann durch aus der Isolierung eindiffundierende Farbstoffe dunkeln oder durch Unterfrieren abfallen. Die Feuchtigkeitswanderung in der Isolierung ist der größte Feind des Kühlraumes.

Bei fest eingebauten Kühlräumen, bei welchen die Isolierung direkt auf die Wände, den Fußboden und die Decke aufgebracht wird, sind diese Bauteile in derselben Weise wie die Isolierung dem Temperaturgefälle und demzufolge auch der Feuchtigkeitswanderung ausgesetzt. Dies ist besonders beim Bau von Tieftemperaturlagerräumen zu beachten, bei welchen die Gefahr des Unterfrierens besteht. Werden gekühlte Räume direkt auf dem Erdboden errichtet, dann fließt aus diesem durch die Bodenisolierung Wärme in den Kühlraum. Je nach den Temperatur- und Bodenverhältnissen sowie der Grundfläche des Kühlraumes kann die abfließende Wärme aus dem Erdreich nachgeliefert werden, andernfalls tritt eine langsame Abkühlung ein. Bei Tieftemperaturlagerräumen kann das darunter liegende Erdreich gefrieren. Das Fortschreiten der Abkühlung und der Frostzone innerhalb des Erdreiches kann berechnet werden [*189*]. Als Folge der Abkühlung bilden sich, besonders in lehmigen Böden, linsenförmige Wasseransammlungen, die beim Vordringen der Frostzone gefrieren und infolge der Volumvergrößerung den darüber befindlichen Boden mitsamt den Fundamenten und der Fußbodenkonstruktion anheben. Die Zerstörungen können sehr erheblich sein und treten oft erst nach Jahren auf [*190*]. Zur Verhinderung sind verschiedene Maßnahmen möglich: Tieftemperaturlagerräume nicht in die untersten Stockwerke einbauen; wenn dies nicht zu vermeiden ist, kann bei kleinen Abmessungen des Raumes durch Verstärkung der Isolierung die Gefahr gemildert werden. Sicherer ist der Einbau eines Hohlraumes unter dem Tieftemperaturlagerraum, der mit Warmluft beheizt wird. Gut bewährt hat sich auch der Einbau elektrischer Bodenheizkabel oder Rohrschlangen, die von Öl, Wasser oder heißen Kältemitteldämpfen als Heizmittel durchströmt sind [*191*, *192*].[1]

Alle Metallteile, insbesondere die Türbeschläge, Schlösser und die Aufhängeschienen im Kühlraum müssen korrosionsbeständig sein. Für die Innenausrüstung werden mit Erfolg korrosionsfeste Aluminiumlegierungen verwendet. Schlösser und Scharniere sind häufig aus feuerverzinktem Stahl- oder Temperguß. Wenn auch das Aussehen berücksichtigt werden muß, sind sie geschliffen, verchromt und poliert.

4. Kühlräume müssen gewissen *Sicherheitsvorschriften* entsprechen. Sie unterliegen als gewerblich genutzte Räume in Deutschland der Aufsicht der Gewerbeaufsichtsämter und der Berufsgenossenschaften, die zusammen mit der Kälteindustrie hierfür Vorschriften und Empfehlungen ausgearbeitet haben [*193*, *194*]. Ähnliche Vorschriften bestehen in den USA [*195*]. Der Hauptteil der Vorschriften befaßt sich allerdings mit der eigentlichen Kälteanlage, aber ein kleiner Teil hat auch Rückwirkungen auf den Bau der Kühlräume. Es muß z. B. gewährleistet sein, daß niemand in einem Kühlraum eingeschlossen werden kann. Kühlraumtüren müssen auch von innen zu öffnen sein, selbst wenn sie von außen mit einem Schlüssel verschlossen wurden. Desgleichen muß von innen her eine Signalanlage zu betätigen sein. Sind die Kühlräume gleichzeitig Arbeitsräume, dann sind hinsichtlich der Gefährlichkeit und der Menge des im Kältekreislauf befindlichen Kältemittels Einschränkungen zu beachten. Dasselbe gilt für Kühlräume in tiefen Kellern.

[1] Man vergleiche hiermit auch den Teil C II 7 im Abschnitt „Kühl- und Gefrierhäuser“, S. 208 ff. in diesem Band.

III. Berechnung [*187*].

Da Kühlräume die verschiedensten Aufgaben erfüllen müssen, und die unterschiedlichsten Größen von wenigen Quadratmetern bis zu hunderten Quadratmetern Grundfläche haben können, da sie außerdem verschieden stark isoliert werden, ist — abgesehen von den vorgefertigten Kühlzellen — jedesmal eine Berechnung der erforderlichen Kälteleistung nötig. Der Kältebedarf eines Kühlraumes setzt sich aus vier hauptsächlichen Quellen zusammen: dem Wärmedurchgang durch die Umfassung, dem Bedarf zum Abkühlen der ausgetauschten Luftmengen, dem Bedarf zum Abkühlen des eingebrachten Lagergutes und der Wärmeentwicklung von Beleuchtungskörpern, maschinellen Einrichtungen, arbeitenden Menschen u. ä.

1. *Der Wärmedurchgang durch die Wände* Q_1 wird in bekannter Weise (vgl. dies-s Handbuch Bd. III, S. 111) berechnet

$$Q_1 = k\,\Delta t\,F; \qquad \frac{1}{k} = \frac{1}{\alpha_i} + \frac{d_1}{\lambda_1} + \frac{d_2}{\lambda_2} + \cdots + \frac{1}{\alpha_a},$$

F Fläche der gesamten Umfassung des Kühlraumes (m^2),
k Wärmedurchgangszahl der Wand (kcal/m^2 h °C),
Δt Temperaturdifferenz zwischen außen und innen,
α_i innere Wärmeübergangszahl (kcal/m^2 h °C),
α_a äußere Wärmeübergangszahl (kcal/m^2 h °C),
$d_1, d_2 \ldots$ Dicke der verschiedenen Schichten der Wandkonstruktion (m),
$\lambda_1, \lambda_2 \ldots$ Wärmeleitzahl dieser Schichten (kcal/m h °C).

Für α_i kann bei stiller Kühlung 7, bei bewegter Kühlung 15 kcal/m^2 h °C eingesetzt werden. Für α_a wird allgemein 25 kcal/m^2 h °C angenommen.

Die gebräuchlichsten Isolierstärken sind in Abb. 76 dargestellt. Auf keinen Fall darf die Isolierung so dünn sein, daß auf ihrer Oberfläche der Taupunkt der Umgebungsluft unterschritten wird.

Als Umgebungsbedingung wird in den gemäßigten Zonen allgemein 30 bis 32 °C Lufttemperatur und 50 bis 60% relative Luftfeuchtigkeit angenommen. Für tropische Gebiete wird 40 bis 43 °C gewählt. Selbstverständlich kann nach örtlichen Gegebenheiten jeder andere Wert der Berechnung zugrunde gelegt werden. Ist eine Oberfläche des Kühlraumes der Sonnenbestrahlung ausgesetzt, kann dies durch Annahme einer entsprechend höheren Temperatur dieser Oberfläche berücksichtigt werden (vgl. Tab. 20).

In Abb. 77 ist der Wärmedurchgang durch einen Quadratmeter Isolierplatte (Kork oder gleichwertiger Isolierstoff), bezogen auf eine Temperaturdifferenz von 1 °C, 30 °C und 50 °C dargestellt.

Tabelle 20. *Berücksichtigung der Sonnenbestrahlung auf Kühlraumwände durch Annahme einer höheren Oberflächentemperatur. Es sind der normalen Umgebungstemperatur x hinzuzufügen in °C*

Art der Oberfläche	Ostwand	Südwand	Westwand	Dach (flach)
Schwarze Flächen (z. B. Dachpappe, schwarze Anstriche)	+5	+3	+5	+10
Dunkel gefärbte Flächen (z. B. Backsteine, ungestrichenes Holz, Zementmörtel, dunkle Farben)	+3	+2	+3	+8
Hell gefärbte Flächen (z. B. weiße Steine, heller Mörtel)	+2	+1	+2	+5

2. Der *Luftaustausch* ist eine schwer meßbare und in keinem Fall vorausbestimmbare Größe. In Abb. 75 sind für Kühlräume mit stiller Kühlung Werte angegeben, die sich in der praktischen Erprobung als ungefähr richtig erwiesen haben. Ist der Kühlraum über einen Luftkanal, der z. B. am Verdampferventilator mündet, zwangsbelüftet, muß die angesaugte Luftmenge aus den durch die Anordnung gegebenen Daten berechnet werden.

Der für die Abkühlung und Entfeuchtung der ausgetauschten Luftmenge erforderliche Kältebedarf kann aus dem Zustandsdiagramm für feuchte Luft (s. dieses Handbuch Bd. II, S. 278ff., Mollier-i,x-Diagramm) entnommen werden.

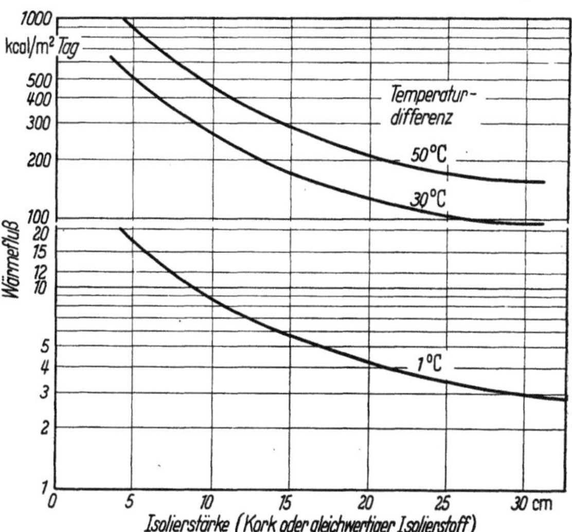

Abb. 77. Der Wärmedurchgang durch isolierte Wände von Kühlräumen in kcal pro Tag, abhängig von der Isolierstärke und der Temperaturdifferenz.

3. Die *Wärmebelastung* durch das Lagergut ist je nach den Aufgaben, die der Kühlraum zu erfüllen hat, sehr unterschiedlich. Wird z. B. das Gut schon abgekühlt eingelagert, ist für die Abkühlung keine Kälteleistung mehr aufzubringen. Im Normalfall wird aber in den Kühlraum täglich eine bestimmte Menge warmer Ware eingebracht und eine etwa ebenso große Menge kalter Ware entnommen. Die zum *Abkühlen erforderliche Kältemenge* Q_2, die in jeweils einem Tag erforderlich ist, errechnet sich aus

$$Q_2 = W c\,(t_a - t_i)$$

W Warenmenge in kg/Tag,
c spez. Wärme der Ware (kcal/kg °C),
t_a Anfangstemperatur der Ware, meistens Umgebungstemperatur (°C),
t_i Kühlraumtemperatur (°C).

Die spezifische Wärme des Kühlgutes muß aus Tabellen entnommen werden. Sie liegt für frische Lebensmittel zwischen 0,85 und 0,95 kcal/kg °C, für Lebensmittel mit kleinem Wassergehalt zwischen 0,5 und 0,7 kcal/kg °C und für Getränke bei 1 kcal/kg °C.[1] In vielen Fällen muß die Verpackung berücksichtigt werden, besonders bei Getränken in Flaschen, bei welchen etwa 30 bis 40% des Kältebedarfes für die Verpackung aufgebracht werden müssen. Bei leichter Verpackung genügt ein Zuschlag von 10%.

Eine weitere Wärmequelle, die bei frischen Lebensmitteln, besonders bei Obst und Gemüse zu beachten ist, ist die sog. Atmungswärme.[2] Diese entsteht durch die auch während der Lagerung fortschreitenden Reifungs- und Abbauprozesse der Ware. Bei Tieftemperaturlagerräumen, die gleichzeitig auch zum Eingefrieren von Gefrierkonserven dienen sollen, muß außer der zur Abkühlung benötigten Kältemenge auch die zum Gefrieren der Waren erforderliche Kältemenge berechnet werden.[1]

---

[1] Genauer rechnet man mit Enthalpiedifferenzen, die für verschiedene Lebensmittel in Band X dieses Handbuches auf S. 8 zu finden sind.

[2] Vgl. Band X dieses Handbuches, S. 9ff., insbesondere Tab. 3. Man beachte die Berichtigung am Schluß des Inhaltsverzeichnisses im vorliegenden Band.

4. *Die Wärmebelastung durch Arbeiten* im Kühlraum, durch Beleuchtung u. ä. muß auch berücksichtigt werden. In Abb. 78 ist die stündliche Wärmeabgabe eines arbeitenden Menschen dargestellt. Sie ist stark abhängig von der Kühlraumtemperatur. Die für Beleuchtung, Motoren (z. B. Ventilatormotor), Abtauheizung u. ä. aufgewendete Energie muß voll in Rechnung gestellt werden.

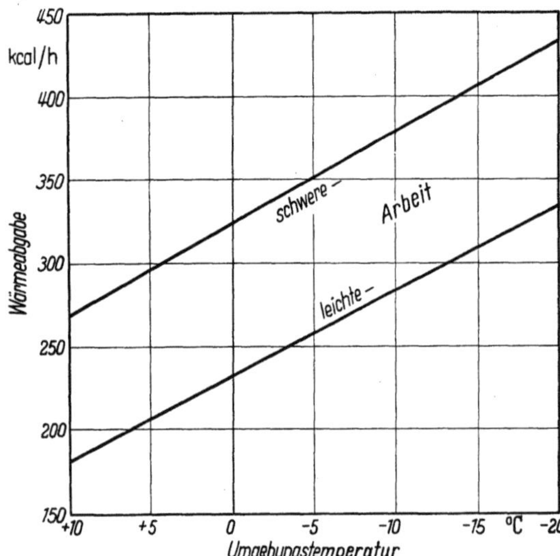

Abb. 78. Die Wärmeabgabe von Menschen an die Umgebung bei leichter und schwerer Arbeit, abhängig von der Umgebungstemperatur.

5. *Berechnungsmethoden.* Um die Leistung der Kältemaschine und die darauf abgestimmte Leistung der Verdampfer berechnen zu können, werden zunächst die jeweils in 24 Stunden anfallenden Wärmemengen aus den 4 Hauptquellen nach III 1 bis 4 berechnet und zum *Gesamtkältebedarf* pro Tag zusammengezählt. Für die Bemessung der Kältemaschine wird nunmehr eine bestimmte Laufzeit des Kompressors angenommen, die sich nach der Art der Verdampfer, der Höhe der Lagertemperatur und der gewünschten Leistungsreserve richtet. Bei einer Kühlraumtemperatur über +2 °C kann der Verdampfer durch die Kühlraumluft selbst abgetaut werden, wenn genügend lange Standzeiten vorgesehen werden. Die Laufzeit des Kompressors wird dann auf 15 bis 16 Stunden festgesetzt. Ist bei Kühlräumen mit ventilatorbelüftetem Verdampfer die Verdampfungstemperatur nahe 0 °C (vgl. dazu Tab. 19), dann ist die Reifbildung sehr schwach und bei

Tabelle 21. *Kurzmethode zur Berechnung des Kältebedarfes von Kühlräumen der Größenordnung 5 bis 50 m³ in kcal/Tag, für gemäßigte Zonen, Isolierdicke rd. 12 cm, nach* [*191*].

Voraussetzungen	I	II	III
Lage des Kühlraumes . .	Keller oder kühler Souterrain	ebenerdig unterkellert	Obergeschoß
Mittlere Umgebungstemperatur (°C)	+15 bis +18	+20 bis +25	+25 bis +28
Beschickung mit warmem Kühlgut (täglich)	rd. 50 kg pro m² Grundfläche	rd. 50 kg pro m² Grundfläche	rd. 75 kg pro m² Grundfläche
Begehung	wenig	normal	häufig
Kältebedarf in kcal/Tag für Art des Raumes:			
Vorräume, Bierkeller, Getränkekühler } +5 bis +8 °C	3600 + 450 (m³ — 5)	4000 + 500 (m³ — 5)	4500 + 550 (m³ — 5)
Haupträume für Lebensmittel aller Art } —2 bis +4 °C	5000 — 660 (m³ — 5)	6000 + 720 (m³ — 5)	7000 + 800 (m³ — 5)

In den Klammerausdruck ist für *m³* der Inhalt des Kühlraumes in m³ einzusetzen.

dauernd eingeschaltetem Ventilator die Abtauwirkung der Kühlraumluft sehr intensiv. In diesem Fall kann eine Laufzeit des Kompressors von 18 bis 20 Stunden festgesetzt werden. Bei Tieftemperaturräumen muß eine der verschiedenen

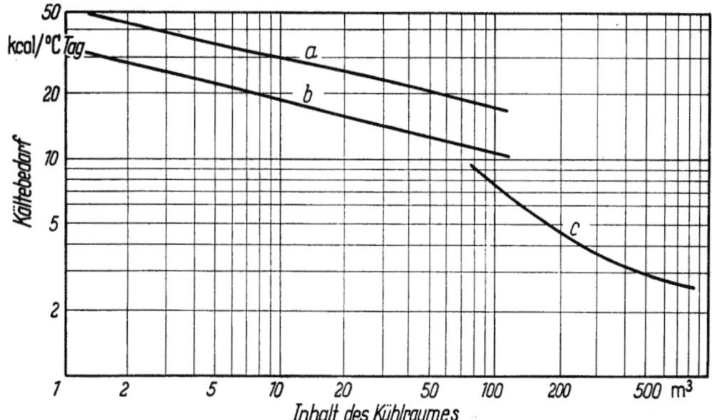

Abb. 79. Täglicher Kältebedarf von Kühlräumen, bezogen auf 1 °C Temperaturdifferenz zwischen Kühlraum und Umgebung, verursacht durch Beschickung mit Waren und Begehung. *a* starke Beanspruchung, *b* normale Beanspruchung, *c* bei langfristiger Lagerung.

Abtaumethoden [*179*] vorgesehen werden. Hierbei muß nur die für den Abtauzyklus notwendige Standzeit berücksichtigt werden. Im allgemeinen wird hier eine Laufzeit des Kompressors von 18 bis 20 Stunden angenommen. Der tägliche Gesamtkältebedarf dividiert durch die festgesetzte Laufzeit des Kompressors ergibt die notwendige stündliche Kälteleistung.

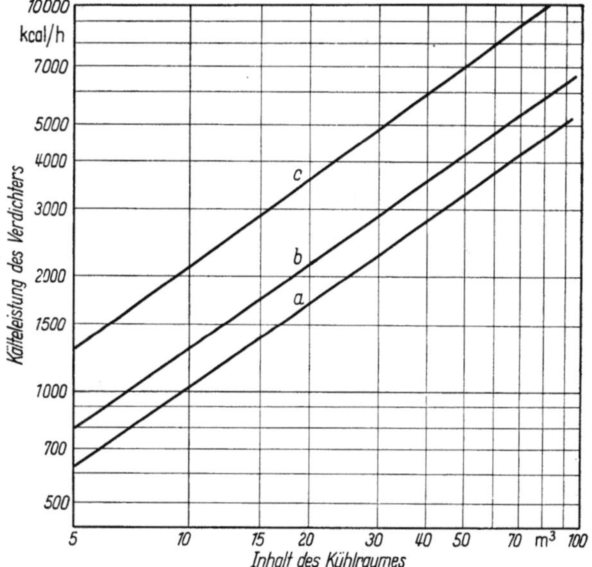

Abb. 80. Diagramm zur raschen und überschläglichen Bestimmung der notwendigen Kälteleistung des Kompressors bei der vorgesehenen Verdampfungstemperatur für Kühlräume bzw. Gefrierlagerräume. Isolierstärke 10 cm bzw. 16 cm Kork oder gleichwertiger Isolierstoff. Laufzeit des Kompressors 16 Std. *a* bei normaler Beanspruchung des Kühlraumes, *b* bei stark beschicktem und begangenem Kühlraum, *c* bei Gefrierlagerräumen.

Außer der für den Einzelfall durchzuführenden exakten Berechnungsmethode gibt es eine Anzahl von abgekürzten Verfahren, die von Faustregeln Gebrauch machen.

Bei der überschlägigsten Methode wird lediglich auf die Grundfläche, die Aufgabe und die Lage des Kühlraumes Bezug genommen [*191*]. Die Art und Dicke der Isolierung, die Bauhöhe des Kühlraumes und die vom Grundriß abhängige größere oder kleinere Umfassungsfläche wird nicht berücksichtigt. Das Berechnungsverfahren ist in Tab. 21 wiedergegeben. Ein genaueres, aber auch schon mit mehr Rechnungsgängen belastetes Verfahren wird im *Data Book* [*187*] angegeben. Dabei wird der Wärmedurchgang durch die Kühlraumwände nach dem exakten Verfahren berechnet und lediglich der Kältebedarf durch Beschickung und Begehung nach einer Faustregel angenommen. Letzterer ist in Abb. 79 dargestellt. Genaue Unterlagen zur Berechnung sind aus dem Taschenbuch für Kältetechniker von Pohlmann zu entnehmen [*203*].

Für einen ganz schnellen Überschlag der für eine bestimmte Kühlraumgröße notwendigen Kälteleistung kann die Abb. 80 benutzt werden. Da dabei eine Laufzeit der Kältemaschine von nur 16 Stunden pro Tag angenommen ist, ist in den Angaben eine große Reserve enthalten. Die angegebene Kälteleistung wird immer genügen, kann aber bei einer genaueren Berechnung sicher in vielen Fällen verkleinert werden, was im Wettbewerb der Firmen untereinander oft erforderlich sein wird.

IV. Aufbau und Fertigung.

Der Bau *ortsfester Kühlräume*, bei welchen in einem Gebäude ein vorhandener Raum entsprechend hergerichtet, isoliert, mit einer Wandverkleidung versehen und dem späteren Verwendungszweck entsprechend ausgestattet wird, ist eine ausgesprochen isoliertechnische Aufgabe. Diese Arbeiten werden in den seltesten Fällen von Firmen der Kälteindustrie, sondern fast ausschließlich von Isolierfirmen durchgeführt. Abgesehen von der Herstellung der isolierten Türen mit den erforderlichen Scharnieren und Verschlüssen, die außer im Kühlraumbau besonders auch beim Bau großer Kühlhäuser benötigt werden, ist keine für diese Kühlräume typische Bauteilfertigung vorhanden. Die fachgerechte Ausführung der Isolierarbeiten und der Innenausstattung ist sehr stark abhängig vom jeweiligen Fachwissen und der Sorgfalt des Isoliermeisters, der — ähnlich wie ein Maurermeister — durchaus ein selbständiger Handwerker sein kann. Es gibt einige detaillierte Anweisungen über die zweckmäßigsten Baustoffe, Kälteschutzstoffe, über die Maßnahmen zur Verhinderung der Durchfeuchtung der Isolierung usw. [*191*, *196*] (s. auch Bd. I dieses Handbuches, S. 316ff.), die jedoch im Rahmen dieses Abschnittes nicht behandelt werden können. Die folgenden Ausführungen beschränken sich auf die Ausführung von in der Fabrik gefertigten Bauteilen für Kühlräume und Kühlzellen aus solchen Bauteilen.

Die *zerlegbare Kühlzelle* aus vorgefertigten Bauteilen ist schnell errichtet, benötigt keine baulichen Vorbereitungen und kann leicht umgebaut oder vergrößert werden. Sie kann auch außerhalb eines Gebäudes aufgestellt werden, wobei nur leichte Fundamentpfosten und ein einfaches Schutzdach benötigt werden. Die Einsparungen an Baukosten sind dabei erheblich. Die Bauelemente werden genau wie ein Kühlmöbel sorgfältig konstruiert, in der Fabrik gefertigt und geprüft, so daß Überraschungen hinsichtlich Durchfeuchtung der Isolierung, vorzeitige Korrosionsschäden, ungeeignete Innenausstattung u. ä. kaum zu befürchten sind.

Zerlegbare Kühlzellen bestehen aus einzelnen, maßlich genormten Bauteilen. In erster Linie sind dies Wandteile, Bodenteile, Deckenteile, Eckstücke und Türstücke. Außerdem werden meistens noch besondere Teile mit Durchreichklappen und Schaufenstern, Teile für Zwischenwände usw. gefertigt. Alle Bauelemente sind maßlich so abgestimmt, daß aus ihnen die verschiedensten Größen von Kühlzellen mit einer oder mehreren Türen aufgebaut werden können. Ein Beispiel solcher Aufbaumöglichkeiten zeigt Abb. 81. Die Bauelemente können, da sie genormt sind, in so großen Stückzahlen hergestellt werden, daß sich eine industrielle Fertigung ähnlich wie bei Kühlmöbeln lohnt. Die Fertigungsmethoden sind deshalb auch im wesentlichen dieselben, wie schon auf S. 84 beschrieben. Die Bereitstellung großer und entsprechend teurer Vorrichtungen lohnt sich aber bei den kleinen Stückzahlen nicht. Es wird deshalb fast nur die Holzrahmen-Stahlblech-Verbundbauweise angewendet. Das einzelne Bauteil besteht aus einem kräftigen Holzrahmen, der gegen Fäulnis und Durchfeuchtung imprägniert ist. Das Imprägniermittel darf nicht riechen. Die äußeren Kanten des Rahmens sind mit Nut und Feder ausgestattet, um beim Zusammenschieben der benachbarten Bauteile einen dichten und stabilen Anschluß zu gewährleisten. Zwischen diesen Rahmen wird das Isoliermaterial gelegt, früher Kork, heute häufig kunstharzgebundene Glaswollplatten oder Platten aus Polystyrolschaum (Styropor(R)).

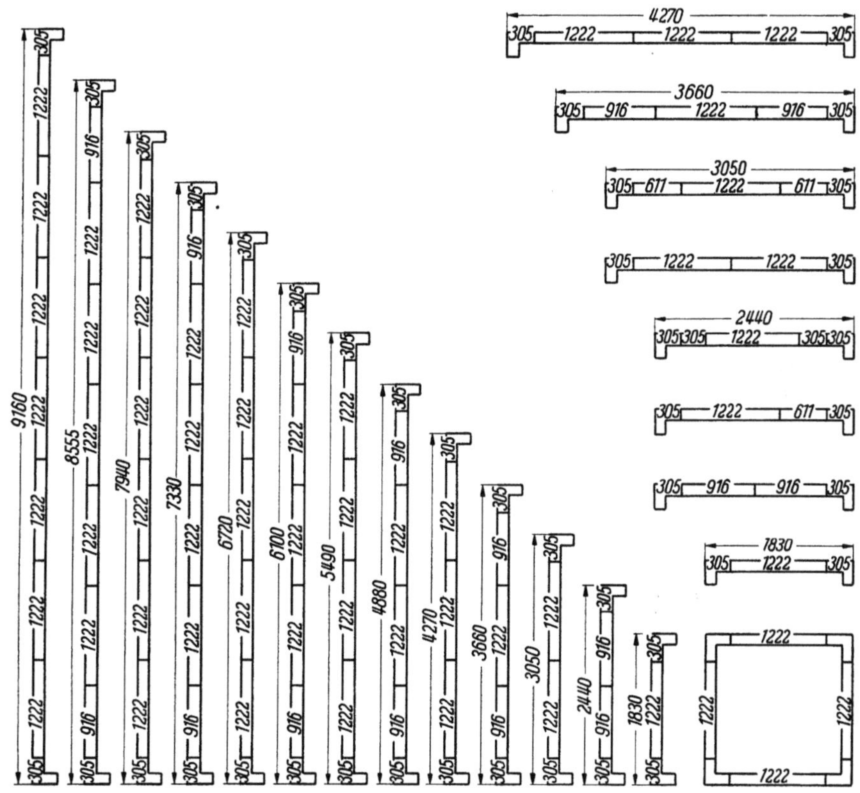

Abb. 81. Beispiel der Aufbaumöglichkeiten von Kühlzellen aus Fertigelementen (Werkzeichnung Tyler)

Beide Seiten des Rahmens werden dann mit entsprechend zugeschnittenen und abgekanteten Blechen belegt, die seitlich am Rahmen festgeschraubt werden. Die Bleche sind in derselben Weise oberflächenbehandelt wie bei Kühlmöbeln, meistens gebondert und zweimal einbrennlackiert [*197*] (Abb. 82). Für militärische Zwecke mußten die einzelnen Bauelemente so leicht sein, daß sie von 2 Mann ohne Hilfsmittel gehandhabt werden konnten. Dies führte zu Leichtbauelementen mit einem dünnen, doch stabilen Holzgerüst, das mit Aluminiumblech verkleidet wurde. Die Isolierung war eine sehr feinfädige Glaswolle. Bei dieser Entwicklung wog das schwerste Teil nur 130 kg. Die ganze Kühlzelle konnte von 2 bis 3 Mann in einer Stunde aufgebaut werden [*198*]. Die dabei verwendeten Gummidichtungen zum Abdichten der Fugen und die in die Elemente eingebauten Schnellverschlüsse hatten wesentlichen Anteil an der Verkürzung der Aufbauzeit. Ähnliche Verschlüsse, die die einzelnen Bauelemente fest miteinander verbinden, werden heute generell verwendet. In den Abb. 83 und 84 sind 2 Ausführungen gezeigt, aus welchen das Prinzip zu erkennen ist. Die Bauelemente werden aneinandergehakt und dann durch eine exzentrische Lagerung der Haken beim Weiterdrehen aneinandergespannt.

Das eingebaute Holzgerüst hat den Nachteil, daß es trotz der Imprägnierung durch die an den Fugen besonders starke Feuchtigkeitsbeanspruchung in 3 bis 5 Jahren morsch wird und dann unangenehme Gerüche abgibt. Außerdem bilden die von innen bis außen durchgehenden Holzstützen eine Wärmebrücke, die häufig zu Schwitzwasserbildung an den Fugen führt. Es ist deshalb schon vor Jahren mit Erfolg versucht worden, die selbsttragenden Eigenschaften von Kunststoffschäumen, z. B. in der Form von Sandwich-Platten (vgl. S. 53) auszunützen. Im einfachsten Fall könnte an die Verwendung von beidseitig mit Blech oder starken Kunststoffplatten kaschierten Kunstoffschaumtafeln, die auf das gewünschte Maß zugeschnitten sind, gedacht werden. Dies macht aber wegen der Kantenausbildung und des Kantenschutzes Schwierigkeiten. In Frankreich ist eine Konstruktion unter Verwendung von Polyvinylchloridschaum entwickelt worden, bei welcher die Oberflächen aus glasfaserverstärkten Polyesterharzen bestehen. Die Schmalseiten der Bauelemente sind mit eingeformt und erhalten eine Nut, in die ein Weichschaumkeil eingeschoben wird. Die Einzelelemente werden durch außen angebrachte Schnappverschlüsse miteinander verbunden (Abb. 85) [*199*]. In letzter Zeit ist auch in Deutschland eine fast vollständig aus Kunststoffen aufgebaute Tieftemperaturzelle hauptsächlich für die Lagerung von Gefrierkonserven entwickelt worden. Bei dieser Zelle sind auf 16 cm dicken Polystyrolschaumplatten

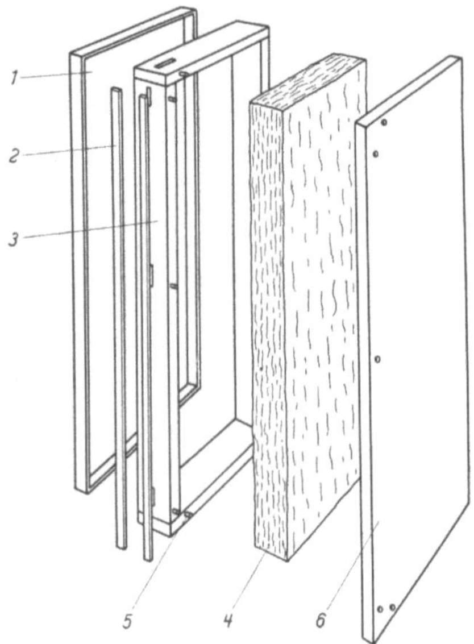

Abb. 82. Konstruktiver Aufbau des Wandelementes einer zerlegbaren Kühlzelle (Werkzeichnung Bally, Bally, Pennsyl.).

1 Außenmantel aus verzinktem und lackiertem Stahlblech, *2* Dichtungsleisten aus Neopren-Kautschuk, *3* Holzrahmen, *4* Isolierung aus kunstharzgebundener Glaswolle, *5* Verschlußelemente (siehe auch Bild 84). *6* Innenmantel aus Stahl- oder Aluminiumblech.

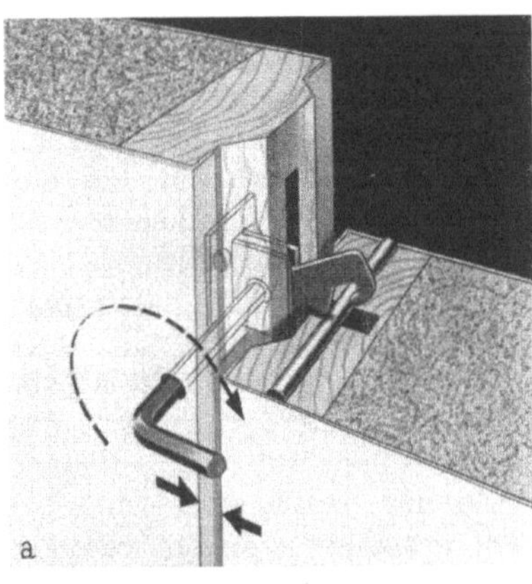

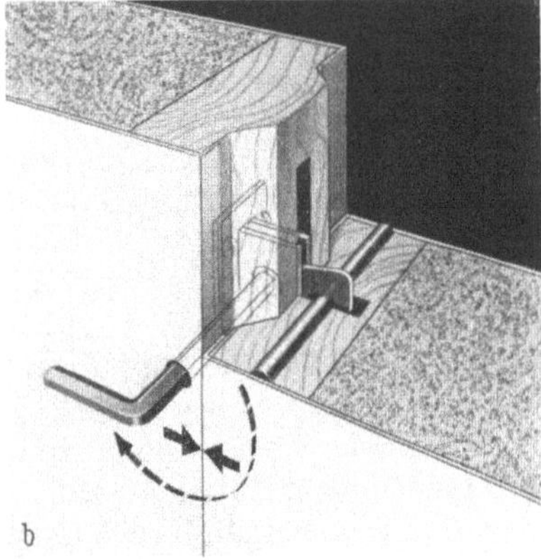

Abb. 83 a u. b.
Verbinder von Kühlzellenbauteilen, System Tyler, in a) offenem Zustand, b) geschlossenem Zustand.

starke Folien aus Polyvinylchlorid oder Polystyrol aufgeklebt. Zum Kantenschutz wird noch eine Holzleiste verwendet. Die Bauelemente werden durch Zuganker, die durch die Platten in Längsrichtung hindurchgehen, zusammengehalten [*200*] (Abb. 86).

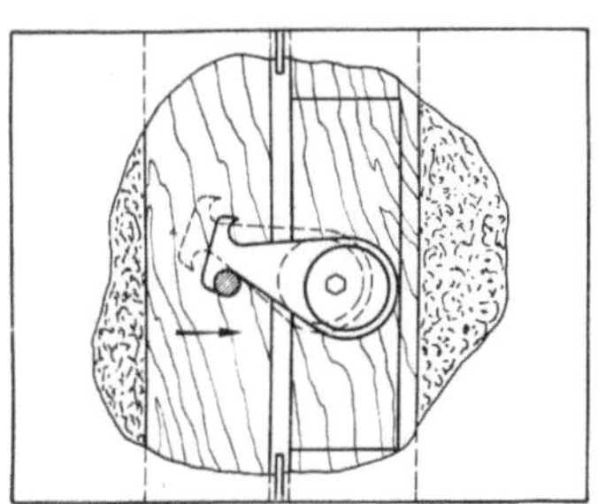

Abb. 84. Verbinder von Kühlzellenbaueinheiten, System Bally, mit exzentrischer Befestigung des Anzugshakens. Eine 90°-Drehung bringt den Haken zum Eingriff. Eine weitere 90°-Drehung verlagert den Drehpunkt des Hakens derart, daß er den angehakten Teil anzieht.

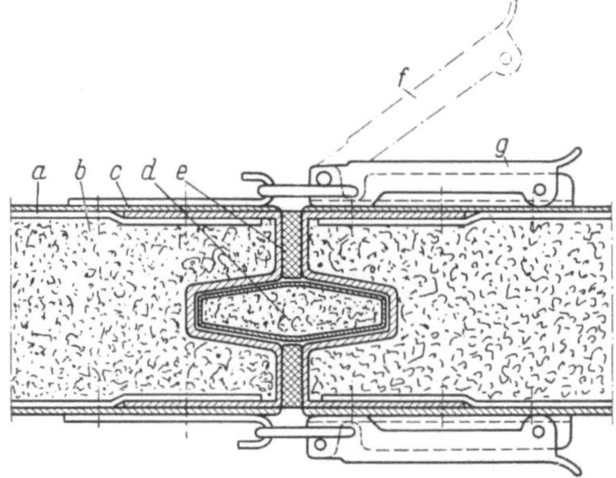

Abb. 85. Ausbildung der Verbindungsstelle einer zerlegbaren Kühlzelle mit Kunststoffschaumisolierung in Sandwich-Bauweise nach J. Remy.

a Verstärkung aus Stahlblech, *b* Wärmeschutzschicht aus Polyvinylschaum, *c* Oberflächenschutzplatte aus Polyesterharz, *d* Feder zur Nutverbindung aus Polyvinylschaum, *e* elastischer Polyvinylschaum zur Abdichtung, *f*, *g* Verriegelung in geöffneter bzw. geschlossener Stellung.

Die Größe des Einzelelementes richtet sich nach der erforderlichen Kühlraumhöhe und — aus wirtschaftlichen Gründen — nach den genormten Blechtafelmaßen. In USA werden von der Firma Bally, Bally, Pensylvania 3 Höhenmaße verwendet: 2,59 m (8′ 6″), 2,29 m (7′ 6″) und 1,98 m (6′ 6″). Die Firma Tyler wählte eine Außenhöhe von 2,67 m und eine lichte Kühlraumhöhe von 2,35 m

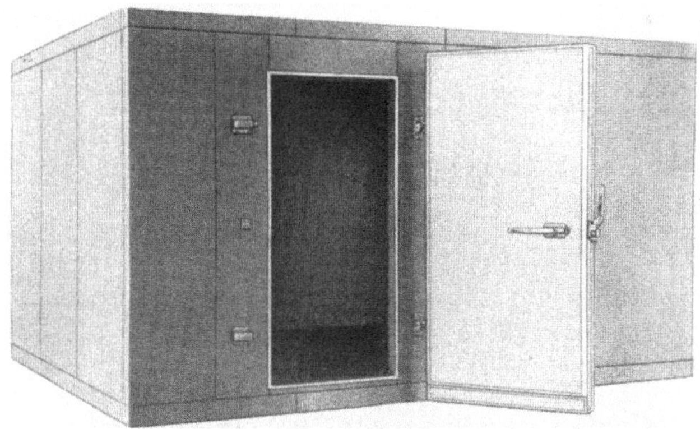

Abb. 86. Zerlegbare Kühlzelle, lieferbar in Größen von etwa 5 m³ bis etwa 50 m³ Bruttoinhalt, geeignet für Temperaturen bis −30 °C mit einer Isolierung aus Kunststoffschaum Styropor (*R*) und Verkleidungen aus Kunststoffplatten. (Werkphoto A. Teves, Frankfurt).

(Abb. 87). Es ist möglich, Deckenelemente einer Spannweite von 5 m noch frei tragend herzustellen. Bei größeren Spannweiten muß innerhalb der Kühlzelle ein Unterzug eingebaut werden. Die Isolierstärke richtet sich nach dem Verwendungszweck. Es werden im allgemeinen 2 Gruppen unterschieden: Kühlzellen für Normalkühlung mit rd. 10 cm Isolierung und Tieftemperaturzellen für — 18 °C mit rd. 15 cm Isolierung. Bei letzteren ist bezüglich der Dampfsperren, der Fugenabdichtung und der Türausbildung besonders sorgfältig zu verfahren. An schwitzwassergefährdeten Stellen werden oft elektrische Heizelemente eingebaut.

Bei Kühlräumen für Temperaturen über 0 °C kann — wenn aus arbeitstechnischen Gründen *eine* Bodenhöhe mit der Umgebung gefordert werden muß — auf die Bodenisolierung verzichtet werden. An Stelle der Bodenplatten wird dann nur ein Rahmen zur Aufnahme der Wandelemente aufgelegt. Der Kältebedarf wird dabei natürlich größer. Unter dem Kühlraum sollten keine Räume mehr liegen. Bei Tieftemperaturräumen ist diese Maßnahme nicht möglich.

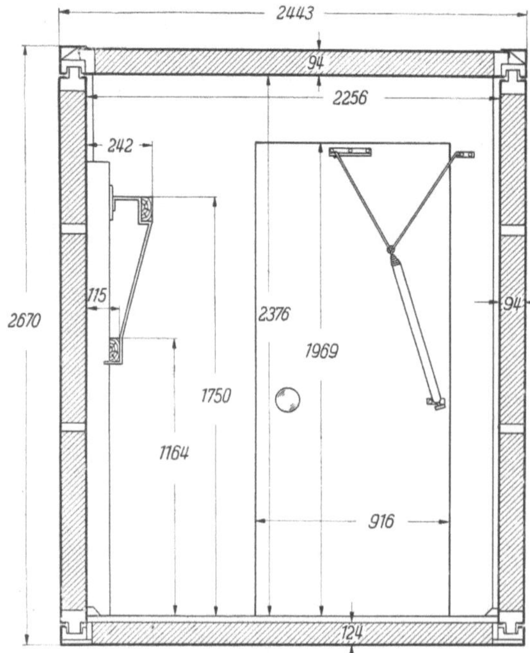

Abb. 87. Senkrechter Querschnitt durch eine Kühlzelle aus genormten Einzelelementen (Werkzeichnung Tyler).

Kühlraumtüren.

Die Türen gewerblicher Kühlräume und Kühlzellen müssen einer Reihe von Anforderungen genügen:

a) sie müssen ausreichend isoliert sein, so daß sich an der Außenoberfläche kein Schwitzwasser bildet,

b) sie dürfen den Warenfluß nicht beeinträchtigen und müssen leicht bedienbar sein,

c) sie müssen so konstruiert sein, daß auch bei Begehung des Kühlraumes möglichst wenig Wärme und feuchte Außenluft in den Kühlraum eindringen kann,

d) die Beschläge und Schlösser müssen dem rauhen Betrieb gewachsen sein; die Tür muß auch von innen zu öffnen sein,

e) der Verschlußmechanismus muß so konstruiert sein, daß er auch das Öffnen einer angefrorenen Tür erlaubt (Abdruckhebel).

Oft sind Kühlraumtüren zu klein und verkehrsbehindernd, weil bei der Planung möglichst kleine Wärmeverluste gewünscht wurden. Es ist vorteilhafter, größere Türquerschnitte zu wählen und hinter der isolierten Tür noch eine Pendeltüre einzubauen, die beim Begehen oder Einfahren mit Fahrzeugen aufgedrückt werden kann und wieder selbsttätig schließt. Früher wurden Holzpendeltüren verwendet, die aus einem Holzrahmen mit Blechbeschlag bestanden. Wesentlich günstiger sind Gummipendeltüren oder Pendeltüren aus durchsichtigem, elastischem Kunststoff. Solche Türen können bis —15 °C eingesetzt werden. Die bei großen Türquerschnitten verwendeten zweiflügeligen Türen werden zugunsten großer, einflügeliger Türen verlassen, welche besser schließen und bei welchen die Türrahmenheizung leichter anzubringen ist. Bei zweiflügeligen Türen muß auch der Falz zwischen den beiden Flügeln geheizt werden.

Das Klemmen, Einfrieren und die Bildung von Schwitzwasser innerhalb der Falze wird durch aufliegende Türen (Abb. 88) vermieden. Bei diesen Türen ist schon bei 90 ° Öffnungswinkel der volle Türquerschnitt frei.

Schnell bedienbar und mit bodengleichen Schwellen ausgerüstet sind Kühlraum-Schiebetüren, die deshalb besonders für häufig mit Fahrzeugen bediente Kühlräume geeignet sind. Sie können auch automatisch betätigt werden. Der dichte Verschluß wird bei diesen Türen durch Absenken und Anpressen erreicht. Dies ist jedoch nur erforderlich, wenn z. B. abends die Arbeiten im Kühlraum beendet sind und er dann die Nacht hindurch gut verschlossen sein soll [*200*].

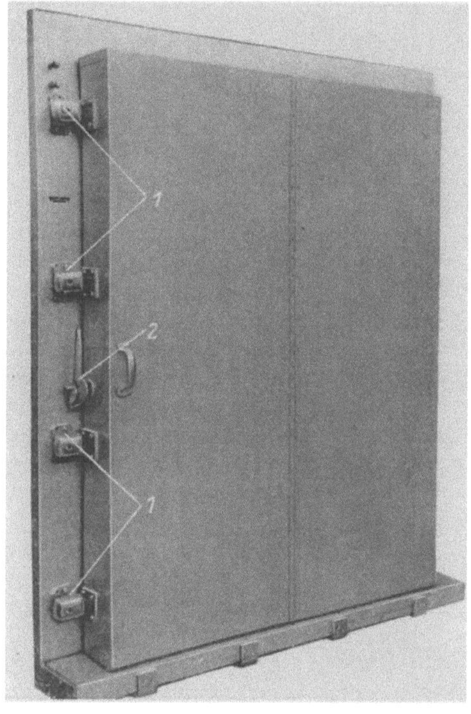

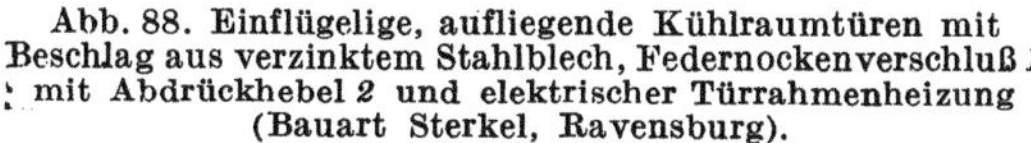
Abb. 88. Einflügelige, aufliegende Kühlraumtüren mit Beschlag aus verzinktem Stahlblech, Federnockenverschluß *1* mit Abdrückhebel *2* und elektrischer Türrahmenheizung (Bauart Sterkel, Ravensburg).

Abb. 89. Kühlraumtür, geöffnet, mit oberer Rahmenüberbrückung für Bahndurchführung. Verschluß mit 3 Federnockenriegeln. Öffnen mit zwei unabhängigen Abdrückhebeln von außen oder innen. (Werkphoto Sterkel, Ravensburg.)

Üblicherweise werden Kühlraumtüren in Holzrahmenbauweise mit Holz- oder Blechverkleidung hergestellt. Das Rahmenwerk besteht aus Kiefernholz und ist sehr stabil ausgeführt, da die Türen im allgemeinen schwer sind. Die Isolierung besteht meistens aus Kork, neuerdings Styropor(R) und bei sehr leichten Ausführungen aus kunstharzgebundenen Glaswollplatten. Zur Abdichtung der Falze werden Schaumgummiprofile verwendet. Bei bodengleichen Schwellen wird der Spalt zwischen Boden und Tür mit Lippenprofilen aus Gummi abgedichtet. Zum Schutz vor Beschädigungen werden die Türen teilweise bis 1,20 m über Boden mit verzinktem Eisenblech beschlagen.

Die Beschläge für Kühlraumtüren müssen besonders konstruiert sein, da die Türen beim Schließen allseitig angepreßt werden müssen. Die Scharniere sind daher an lange, federnde Türbänder angesetzt, die beim Schließen die Tür anpressen, oder es werden Doppelgelenkscharniere verwendet. Zwischen den beiden Gelenken des Scharniers ist ein Verbindungsteil, in welches Federn eingebaut sind, die die Tür am Scharnier auf den Türrahmen pressen.

Als Verschluß wurde früher häufig ein Schneckenpreßverschluß verwendet, der bei einer Drehbewegung des Türgriffes die Tür auf den Rahmen preßt. Nachteilig bei dieser Verschlußart ist die etwas umständliche Handhabung. Außerdem kann bei Tieftemperaturräumen mit diesem Verschluß die angefrorene Tür nicht abgedrückt werden. Wesentlich vorteilhafter ist der Federnockenverschluß, der heute fast allgemein angewendet wird. Dabei ist an der Tür ein Riegel angebracht, der am Ende etwas konisch verdickt ist und dann spitz zuläuft. Am Türrahmen befindet sich ein kleines Gehäuse, in welchem 2 Rollen so eingebaut sind, daß sie durch Federn mit verstellbarer Kraft zusammengepreßt werden. Beim Schließen wird durch die Schwungkraft der Tür der Riegel zwischen die Rollen gedrückt und so angezogen, daß die Tür auf den Rahmen gepreßt wird. Geöffnet wird mit einem Abdrückhebel, der gleichzeitig auch gestattet, eine angefrorene Tür zu lösen (Abb. 89). Bei dieser Bauart kann auch im Innern des Kühlraumes ein gleicher Hebel — unabhängig vom äußeren — angebracht werden, so daß ein Öffnen von innen ohne weiteres möglich ist. Die beim Schneckenpreßverschluß gefürchtete Wärmebrücke der durch die Isolierung hindurchgehenden Welle des Drehgriffes ist vermieden [*191*, *202*].

Ähnlich wie bei der Herstellung der Bauelemente zerlegbarer Kühlzellen werden auch beim Bau von Kühlraumtüren neuerdings mit Erfolg Kunststoffschäume verwendet. Leider sind bisher darüber noch keine Berichte veröffentlicht worden; es sind jedoch 2 Bauweisen bekannt geworden: In einem Fall wird die Türoberfläche aus zwei vorgeformten, glasfaserverstärkten Polyesterplatten hergestellt, in welche alle Verstärkungselemente zur Befestigung der Scharniere, der Schlösser, Dichtungselemente usw. bei der Herstellung mit eingelegt werden. Beide Platten werden dann mit einem Kern aus Polystyrolschaum zu einer Art Sandwichplatte verklebt. Im andern Fall wird die Tür aus zwei abgekanteten Deckblechen und einem dazwischen gelegten Verbindungsrahmen aus glasfaserverstärkten Polyesterharz in einer Schäumform zusammengesetzt und der Hohlraum mit Polyätherschaum gefüllt. Der Schaum verbindet die Einzelteile zu einer sehr stabilen und leichten Tür, die deshalb besonders bei Schiffskühlräumen verwendet wird. Die Handhabung der bisherigen, schweren Kühlraumtüren stellte auf Schiffen bei starkem Seegang immer eine Gefahr dar.

Schriftum.

[*1*] Plank, R.: Handbuch der Kältetechnik, Bd. I. Berlin/Göttingen/Heidelberg 1951.

[*2*] Roc, C. H.: Domestic refrigeration. The industry and its present product. Refr. Engng. Bd. 30 (1935) H. 1, S. 15—38.

[*3*] Spreen, C. C.: Household Refrigeration and Research work. Refr. Engng. Bd. 11 (1925) H. 12, S. 416/17.

[*4*] Fiske, D. L.: Refr. in the gay Nineties. Refr. Engng. Bd. 40 (1940) H. 6, S. 359—362.

[*5*] Bright, G. B.: Comparative Tests of household refrigerating machines. Refr. Engng. Bd. 12 (1927) H. 11, S. 323—352.

[*6*] —: Household-refrigerators. Ice and Refr. Bd. 69 (1925) H. 11.

[*7*] Plank, R.: Die Kältemaschine auf der Technischen Messe in Leipzig 1928. Z. ges. Kälteind. Bd. 35 (1928) H. 4, S. 70—72.

[*8*] — Haushaltkältemaschinen. VDI-Z. Bd. 71 (1927) H. 40, S. 1388ff.

[*9*] Krause, M.: Die deutsche Kältemaschine für den Haushalt am Scheidewege. Z. ges. Kälteind. Bd. 36 (1929) H. 3, S. 51—53.

[*10*] —: Die Kältemaschine auf der Leipziger Messe. Z. ges. Kälteind. Bd. 37 (1930) H. 4, S. 66—70.

[*11*] Pennington, M. E.: Annual report of the household refrigeration Bureau. Refr. World (1928) H. 2.

[*12*] Frey, W.: Groß-Berliner Kunsteis G.m.b.H. und der Rohrbeck Kühlschrank. Z. ges. Kälteind. Bd. 36 (1929) H. 2, S. 27—30.

[*13*] Frasier, R. T.: Life tests and refrigerators. Refr. Engng. Bd. 28 (1934) H. 1, S. 18—20.

[14] DONALD, W. J., G. MUFFLAY u. W. M. TIMMERMANN: The shape of things to come. I. The past. II. The present. III. The future. Refr. Engng. Bd. 61 (1953) H. 1, S. 45—49.
[15] WITHESEL, H. A.: A new method of load testing for domestic refrigerators. Refr. Engng. Bd. 27 (1934) H. 5, S. 240—247.
[16] v. BLEICHERT, W.: Die Kältetechnik auf der Technischen Messe in Leipzig. Z. ges. Kälteind. Bd. 40 (1933) H. 5, S. 77—79.
[17] —: Kältetechnik auf der Leipziger Frühjahrsmesse 1935. Z. ges. Kälteind. Bd. 42 (1935) H. 4, S. 74/75.
[18] TRESSLER, D. K.: Home freezers — present and future. Refr. Engng. Bd. 49 (1945) H. 2, S. 97—102; H. 3, S. 194—197.
[19] ERBACH, F.: Successful farm refrigerator fills many uses. Refr. Engng. Bd. 39 (1940) H. 6, S. 361—363.
[20] —: Wirtschaftliche Entwicklung der Haushalt-Gefrierer. Air Cond. Refr.-News Bd. 55 (1948) H. 8, S. 27. Ref. Kältetechnik Bd. 1 (1949) S. 135/36.
[21] —: Leipziger Frühjahrsmesse 1937. Z. ges. Kälteind. Bd. 44 (1937) H. 4, S. 70—73.
[22] SCHOLL, P.: Die Technik des Kühlschranks. 1. Aufl. Berlin 1932.
[23] JUL, M.: The role of refrigeration in the world's food supply. Publ. No. 12 Danish Meat Research Inst. 1959.
[24] THEVENOT, R.: Physionomie mondiale de l'équipement frigorifique. Rev. Gén. du Froid Bd. 35 (1958) H. 6, S. 551—563.
[25] VON CUBE, H. L.: Kältetechnik VDI-Z. Bd. 99 (1957) H. 7, S. 299—310; Bd. 100 (1958) H. 7, S. 289—299; Bd. 101 (1959) H. 7, S. 285—293; Bd. 102 (1960) H. 7, S. 273—281 — Die Kältetechnik heute und ihre Zukunftsaussichten. Firmenhandbuch der Kälteindustrie. 9. Aufl. Karlsruhe 1960.
[26] —: How will today's trends affect tomorrow's refrigerator? Refr. Engng Bd. 62 (1954) H. 9, S. 31—34. — ROGERS, W. M.: The housewife — she uses it. — DAVIS, K.: Sales — a challenge. — MENTHEY, G. L.: Frozen foods — in store and home. — PFEIFFER, A. J.: Design — the cristal ball.
[27] CHRISTENSEN, B.: Domestic refrigerators in Denmark. Kulde Bd. 13 (1959) H. 4, S. 39—43.
[28] —: Mitteilung des Generalsekretariats des CECOMAF (Comité Europ. des Constructeurs de Matériel Frigorifique), Paris (nicht veröffentlicht).
[29] —: Statistical abtracts of the United States 1959. Superintendent Documents US Gov. Printing Office, Washington 25, D.C.
[30] DE ROUVRAY, B.: Le développement spectaculaire de la construction des réfrigérateurs ménagers. Rev. Gén. du Froid Bd. 36 (1958), H. 11 S. 1089—1096.
[31] —: Elektrotechn. Gebrauchsgüter in den USA. ZVEI-Mitteilungen Bd. 12 (1959) H. 10, S. 12—15.
[32] —: The current economic position of domestic refrigerators. The Journ. of Refr. Bd. 2 (1959) H. 4, S. 93/94.
[33] KRUSPE, R.: Rationalisierung im Bau von Kleinkältemaschinen. Kältetechnik Bd. 6 (1954) H. 8, S. 216—222.
[34] RODGERS, W. M.: Domestic refrigerators. What Women want. Refr. Engng. Bd. 64 (1956) H. 9, S. 44—47.
[35] VON CUBE, H. L.: Der Haushaltkühlschrank im Jahre 1957. Kältetechnik Bd. 10 (1958) H. 2, S. 64—66.
[36] ZEARFROSS, E. W., u. E. P. SPEICHER: Optimum conditions for fresh food preservation in the domestic refrigerator. ASHR-J. Bd. 1 (1959) H. 10, S. 50—53.
[37] STODDART, E. S., u. E. C. HUMMEL: Methods of improving food preservation in home refrigerators. Refr. Engng. Bd. 65 (1957) H. 6, S. 33—38.
[38] SCHMIDT, H.: Amerikanische Kühlschränke in der Kritik von heute mit dem Blick auf morgen. Kältetechnik Bd. 7 (1955) H. 4, S. 107—110.
[39] GUTSCHMIDT, J.: Untersuchungen über die Geruchs- und Geschmacksübertragung in Kühlschränken. Kältetechnik Bd. 10 (1958) H. 8, S. 255—262.
[40] —: Whirlpool refrigerator purifies air. Air Cond. Heat Refr.-News Bd. 89 (1960) H. 4 S. 18.
[41] KÜHLWEIN, A.: Der Keimgehalt der Kühlschrankluft bei Verwendung von Luftfiltern. Kältetechnik Bd. 10 (1958) H. 7, S. 217—219.
[42] VON CUBE, H. L.: Entwurf DIN 8952 — Prüfbedingungen für Gewerbekühlschränke. Kältetechnik Bd. 12 (1960) H. 8, S. 235.
[43] COOK, S. V., u. F. F. STARR: Moisture migration in refrigerators. Refr. Engng. Bd. 56 (1948) H. 2, S. 149—151.
[44] KING, R. E.: How to minimize internal condensation in household refrigerators. Refr. Engng. Bd. 64 (1956) H. 11, S. 41—43.

[45] Spawn, O. J.: New finishes give refrigerator parts improved run off properties. Refr. Engng. Bd. 60 (1952) H. 9, S. 944/45.

[46] —: Küche und Bad im Wohnungsbau-Planungsgrundlagen. Erläuterungen zu DIN 18022. Bearbeitet vom Arbeitsausschuß Küche/Bad des Fachnormenausschusses Bauwesen im Deutschen Normenausschuß. 2. Aufl. Berlin 1958.

[47] Tarleton, F. L.: Planning, designing, selling built-Ins. Refr. Engng. Bd. 64 (1956) H. 5, S. 52—61.

[48] Lübbert-Griese, K.: Die Küche in Europa und Amerika. Beiheft Nr. 22 der Frau und ihre Wohnung. Darmstadt 1959.

[49] Sexauer, Th.: Kölner Herbstmesse 1959. Kältetechnik Bd. 11 (1959) H. 11, S. 380 bis 387.

[50] —: Refrigerator-Freezer features compactness. Air Cond. Heat. Refr. News Bd. 89 (1960) H. 4, S. 18.

[51] —: Domestic, electrically-operated refrigerators in Canada. An important government Survey. Mod. Refrig. Bd. 61 (1958) H. 721, S. 373—375.

[52] —: Häusliche Vorratswirtschaft. Bundesforschungsanstalt f. Hauswirtschaft. Manuskript. Stuttgart-Hohenheim, 1959.

[53] —: Wie beurteilt die engl. Hausfrau den Kühlschrank. Mod. Refr. Bd. 55 (1952) S. 400. Ref. Kältetechnik Bd. 6 (1954) H. 1, S. 24.

[54] Ashley, C. M.: Proposed standard to measure sound from equipment. ASHR-J. Bd. 1 (1959) H. 10, S. 43—49.

[55] Webb, H. E.: Noise problems in household refrigerators. Refr. Engng. Bd. 57 (1949) H. 10, S. 955—959.

[56] Baillif, E. A., u. J. P. Laughlin: Some refrigerators are still too noisy. ASHR-J. Bd. 1 (1959) H. 11, S. 64—71.

[57] —: Air conditioning refrigerating Data Book. Design Volume, 10. Aufl. New York 1957.

[58] Davey, P. E., u. J. C. Spooner: Application of an electric analogue to domestic refrigerator cabinets. Refr. Engng. Bd. 60 (1952) H. 12, S. 1300—1303.

[59] Schmidt, Th. E.: Reihenuntersuchungen an Haushaltkühlschränken. Kältetechnik Bd. 7 (1955) H. 4, S. 94—100.

[60] —: DIN 8950 — Prüfbestimmungen für Haushaltkühlschränke, 2. Aufl. Berlin 1960.

[61] —: NF-D-38-301. Cahier des charges et code d'essais des refrigerateurs ménagers à compression et à absorption. Paris 1958.

[62] Kalischer, M., u. G. G. McCloy: Laboratory simulation of field tests. Refr. Engng. Bd. 58 (1950) S. 1075ff.

[63] Roider, R F.: Field testing household refrigerators. Refr. Engng. Bd. 57 (1949) H. 9, S. 874—877.

[64] von Cube, H. L.: Prüfbedingungen für Kühlschränke, Speiseeisbereiter und Kühlaggregate. Kältetechnik Bd. 4 (1952) H. 4, S. 88—92.

[65] Schmidt, Th. E.: Amerikanische Testmethoden für Haushaltkühlschränke. Kältetechnik Bd. 4 (1952) H. 10, S. 260/61.

[66] von Cube, H. L.: Die Prüfung von Haushaltkühlschränken. Kältetechnik Bd. 3 (1951) H. 5, S. 115—120.

[67] Phillipp, C. A., u. C. C. Spreen: Household refrigeration. 1. Some standard tests for household refrigerating compressors. 2. Service tests on a complete standard make electric household refrigerator and a recommendation for rating such equipment. Refr. Engng. Bd. 13 (1927) H. 10, S. 301—309; H. 12, S. 355—362.

[68] Krause, M.: Normen für die Untersuchung von Kühlschränken. Z. ges. Kälteind. Bd. 35 (1928) H. 1, S. 8.

[69] McConnell, G. F.: Design of refrigerator systems for proper storage temperatures, humidities under service conditions. Refr. Engng. Bd. 64 (1956) H. 10, S. 52—[illegible].

[70] Knauer, E.: Material und Fertigung als Gestaltungsfaktoren im Kleinkältemaschinenbau. Kältetechnik Bd. 4 (1952) H. 10, S. 254—257.

[71] Höndorf, G.: Aus der deutschen Kühlmöbeltechnik. Kältetechnik Bd. 4 (1952) H. 10, S. 258—260.

[72] Scholtz, F. M., u. R. Fuchs: Absorptionskühlschränke. Kältetechnik Bd. 4 (1952) H. 10, S. 262—269.

[73] —: Ingenious fastenings speed and simplify refrigerator assembly. Refr. Engng. Bd. 59 (1951) H. 7, S. 657—659.

[74] —: Verwendung von Kunststoffen in englischen Kühlschränken. World Refrig. Bd. 3 (1952) H. 4, S. 183.

[75] Sauerbrunn, J.: Kunststoffe in der Kältetechnik. Kältetechnik Bd. 9 (1957) H. 7, S. 199—208.

[76] Yoxsimer, O. H.: The application of plastics to refrigerators. Refr. Engng. Bd. 58 (1950) H. 3, S. 235—241.

[77] Bauer, H.: Isolierstoffe und ihre Eigenschaften. Kältetechnik Bd. 10 (1958) H. 6, S. 188—192.
[78] Kuenzli, W. E.: Insulation choice for a home refrigerator. Refr. Engng. Bd. 55 (1948) H. 6, S. 560—565.
[79] Kuenzli, W. E.: The insulation of refrigerator cabinets. Refr. Engng. Bd. 59 (1951) H. 10, S. 980—983.
[80] Lawrenz, P. H.: New developments in thermal insulation for household refrigerators and freezers. Refr. Engng. Bd. 64 (1956) H. 11, S. 59—62.
[81] Sanger, R. N.: Kühlschranklacke. Refr. Engng. Bd. 57 (1949) Ref. Kältetechnik Bd. 2 (1950) H. 9, S. 217/18.
[82] Meacham, F. L.: What about porcelain enamel refrigerator finishes. Refr. Engng. Bd. 56 (1948) H. 4, S. 332.
[83] Schnabel, F.: Der Aufbau des Prüfwesens der Maschinenfabrik Sürth. Linde-Berichte Nr. 5 (1959) S. 26—33.
[84] Schlitt, F. W.: Untersuchungen zur Überwachung von Materialien und Verfahren zur Oberflächenbehandlung. Linde-Berichte Nr. 5 (1959) S. 15—25.
[85] Koch, O.: Serienfertigung von Kühlschränken in USA. Kältetechnik Bd. 9 (1957) H. 8, S. 248—251.
[86] von Cube, H. L.: Die Studienreise „Kältetechnik" Mai 1956 nach den USA. Kältetechnik Bd. 8 (1956) H. 7, S. 219—227.
[87] Dürr, H.: Wasch-, Beiz- und Phosphatieranlagen in der Kälteindustrie. Kältetechnik Bd. 12 (1959) H. 10, S. 528—531.
[88] Williams, D. C.: Production methods for applying enamel to home refrigerators. Refr. Engng. Bd. 58 (1950) H. 6, S. 578/79.
[89] Randle, M. M.: Roll bonding aluminum evaporators. Refr. Engng. Bd. 63 (1955) H. 8, S. 34—36.
[90] Perlik, A.: Herstellungsverfahren und Merkmale von Evidal-Verdampfern. Kältetechnik Bd. 10 (1958) H. 10, S. 331—334.
[91] Beck, E. G.: Connectors for Aluminum evaporators. Refr. Engng. Bd. 63 (1955) H. 8, S. 36.
[92] van der Berg, R. V.: Finishing systems for Aluminum evaporators. Refr. Engng. Bd. 63 (1955) H. 8, S. 37—40.
[93] Hadley, R. H.: Aluminum corrosion control in refrigeration service. Refr. Engng. Bd. 63 (1955) H. 8, S. 40—43.
[94] von Cube, H. L., u. G. Tofahrn: Formes économiques des condenseurs pour armoires frigorifiques ménagers. Bull. Inst. Int. du Froid, Annexe 1958 Bd. 2 S. 325—333.
[95] Hakel, E. J., u. J. B. Horvay: Painted Shelves — wartime substitute or peacetime development. Refr. Engng. Bd. 59 (1951) H. 5, S. 457/58.
[96] —: SSW eröffnet Hausgerätewerk in Berlin-Gartenfeld. Lichttechn. Bd. 9 (1957) H. 3, S. 122ff.
[97] Megerlin, C.: Das Kühlmöbelwerk Kostheim. Werkzeit. „Linde" Bd. 17 (1956) H. 2, S. 3—7.
[98] Pruehs, L. L.: Thermoplastic wiring for refrigerators. Refr. Engng. Bd. 58 (1950) H. 4, S. 362/63.
[99] Immer, F.: Möglichkeiten zur Geräuschbeurteilung in der Fertigungskontrolle von Haushalt-Kühlschränken. Linde-Berichte aus Techn. u. Wiss. (1959) Nr. 5, S. 34—43.
[100] Brightman, J. B., u. E. G. Chace: Leak detection on the refrigerator production line. Refr. Engng. Bd. 55 (1948) H. 6, S. 552—555.
[101] Alsing, C. F.: Methods of automatically defrosting household refrigerators. Refr. Engng. Bd. 60 (1952) H. 5, S. 485—488.
[102] Hornaday, J. R.: Automatic refrigerator defrosting — practical or not? Refr. Engng. Bd. 60 (1952) H. 9, S. 943ff.
[103] Kurtz, E. F.: Use of the bimetal disc thermostat as a defrost control. Refr. Engng. Bd. 61 (1953) H. 5, S. 531—533.
[104] —: Frost will never form in its new freezer-Frigidaire. Air Cond. Refr. News Bd. 84 (1958) H. 2, S. 4.
[105] Roider, R. F., u. H. W. Timmermann: The two-temperature refrigerator design and construction. Refr. Engng. Bd. 56 (1948) H. 8, S. 134—136.
[106] —: Fully automatic air-conditioned refrigerator. Air-Cond. Refr. News 20. 4. 1953, S. 9. Ref. Kältetechnik Bd. 6 (1954) H. 4, S. 108.
[107] —: Forced-air circulation cools refrigerator food faster. Air. Cond. Refr. News Bd. 82 (1957) H. 11, S. 27.
[108] —: Domestic refrigeration developments-US-trends. Mod. Refr. Bd. 62 (1959) Nr. 730 S. 50—55; Nr. 731 S. 153—158; Nr. 732 S. 246—252; Nr. 733, S. 350—356.

[*109*] Feniger, K.: Kühlschränke auf der Pariser Haushaltmesse 1957. Kältetechnik Bd. 9 (1957) H. 5, S. 148/49.
[*110*] Wolfert, E. R.: Foam insulation developments. Refr. Engng. Bd. 58 (1950) H. 9, S. 861.
[*111*] —: Present and future insulations for household units. Refr. Engng. Bd. 58 (1950) H. 9, S. 857—863.
[*112*] Schirp, W.: Die Herstellung von Gehäusen aus Kunststoff für Haushalt-Kühlschränke. Kältetechnik Bd. 8 (1956) H. 4, S. 128—131.
[*113*] —: First all-plastic refrigerator food chamber now in production. Refr. Engng. Bd. 60 (1952) H. 12, S. 1306.
[*114*] Stastny, F.: Zur Verwendung von Schaum-Kunststoffen, insbesondere aus Styropor, als Kälteisoliermaterial. Kältetechnik Bd. 12 (1960) H. 3, S. 75—80.
[*115*] Cammerer, J. S.: Neuzeitliche Schaumstoffe für Wärme- und Kälte-Isolierungen. Kältetechnik Bd. 9 (1957) H. 6, S. 175—177.
[*116*] —: New lightweight plastic home refrigerators can be cut to any desired size or shape. Refr. Engng. Bd. 64 (1956) H. 10, S. 70.
[*117*] Sexauer, Th.: Herbstmesse in Köln 1958. Kältetechnik Bd. 10 (1958) H. 10, S. 348 bis 352.
[*118*] Schirp, W.: Haushaltkühlschränke und Tiefkühltruhen 1958. Heiz., Lüft. Haustechn. Bd. 9 (1958) H. 2, S. 27—31.
[*119*] —: NEMA-report shows which size freezers, refrigerators sell best. Air Cond. Refr. News Bd. 86 (1959) H. 7, S. 4, H. 15, S. 8.
[*120*] Schmidt, Th. E.: Amerikanische Heimfroster. Kältetechnik Bd. 4 (1952) H. 10, S. 275—281.
[*121*] Fladoes, K.: Warum kaufen sich amerikanische Frauen Gefrierschränke? Electr. Merchdsg. Bd. 81 (1949) H. 12, S. 70; Ref.: Kältetechnik Bd. 4 (1952) H. 2, S. 46.
[*122*] Beveridge, E.: How large should a farm freezer be? Refr. Engng. Bd. 58 (1950) H. 9, S. 875/76.
[*123*] —: Methods of rating and testing home freezers. ASRE-Standard Nr. 13. Refr. Engng. Bd. 61 (1953) H. 6, S. 635—640. Veröffentlicht als ASA B 38-3-1955.
[*124*] Greene, D. S., u. V. E. Sater: Food storage capacity in home freezers. Refr. Engng. Bd. 57 (1949) Bd. 11, S. 1084—1086.
[*125*] Shelov, E., u. J. G. Woodroof: Rate of food freezing in chest- and upright home freezers. Refr. Engng. Bd. 62 (1954) H. 11, S. 45—48.
[*126*] Ehrenkranz, F., J. Banister u. R. Smith: Capacity load freezing time in home freezers. Refr. Engng. Bd. 62 (1954) H. 6, S. 62—64.
[*127*] von Cube, H. L.: Entwurf DIN 8953 „Prüfbedingungen für geschlossene Tiefkühlmöbel". Kältetechnik Bd. 12 (1960) H. 8, S. 236.
[*128*] Cooper, L. M. S.: Home freezers, chest versus upright — an engineering evaluation. Refr. Engng. Bd. 61 (1953) H. 9, S. 964—969.
[*129*] Farnor, R. B.: Heimfroster in Schrank- oder Truhenform. Gen. Elec. Rev. 1954 Bd. 9, S. 24—26. Ref. Kältetechnik Bd. 7 (1955) H. 10, S. 314.
[*130*] McCracker, E. C., u. M. G. Fisher: Frost deposit in the home freezer. Refr. Engng. Bd. 61 (1953) H. 2, S. 166/67.
[*131*] McCracker, E. C.: Freezer alarm performance. Refr. Engng. 58 Bd. (1950) H. 4, S. 354—356.
[*132*] —: Cahiers des Charges et code d'essais des conservateurs pour produits congelés à basse temperature. Rev. Gén. du Froid Bd. 26 (1949) H. 6, S. 493ff.
[*133*] —: British Standards 922 u. 1691:1959 - Electrical refrigerators and food freezers for household use. British Standards Inst. London 1959.
[*134*] von Cube, H. L., u. K. Preisendanz: Über die Prüfung von Tiefkühltruhen. Kältetechnik Bd. 10 (1958) H. 4, S. 116—121.
[*135*] Schmidt, Th. E., u. K. Preisendanz: Betriebseigenschaften von Gefriertruhen und Gefrierschränken und ihre Normung. Kältetechnik Bd. 12 (1960) H. 8, S. 230—235.
[*136*] Preisendanz, K.: Die Auslegung von Tiefkühltruhen für Haushalt und Gewerbe. BBC-Nachrichten Bd. 42 (1960) H. 1, S. 65—71.
[*137*] Riedel, L.: Eine Prüfsubstanz für Gefrierversuche. Kältetechnik Bd. 12 (1960) H. 8, S. 222—225. — Gutschmidt, J.: Über das Herstellen und Verpacken der Karlsruher Prüfmasse. Kältetechnik Bd. 12 (1960) H. 8, S. 226—229.
[*138*] Cappel, R. E.: Use of steel tube evaporators for home freezers Refr. Engng. Bd. 61 (1953) H. 9, S. 971/72.
[*139*] Spawn, O. J.: Selection of interior finish for home freezers. Refr. Engng. Bd. 61 (1953) H. 9, S. 972.
[*140*] Cover, L. E.: Insulation for home freezers. Refr. Engng. Bd. 61 (1953) H. 9, S. 970/71.

[141] Eichhorn, R. L.: Preventing exterior sweating on freezer cabinets. Refr. Engng. Bd. 61 (1953) H. 9, S. 969/70.
[142] —: New Amana plant boosting freezers and conditioners output. Air Cond. Refr. News Bd. 71 (1954) Nr. 1308, S. 1.
[143] Sexauer, Th.: Kühlmöbel auf der Kölner Frühjahrsmesse 1957. Kältetechnik Bd. 9 (1957) H. 4, S. 111—113.
[144] Tamm, W.: Kühlmöbel für den Milchhandel. Kältetechnik Bd. 3 (1951) H. 4, S. 96 bis 101.
[145] Vogel, S.: Frozen food sales show continuing increases. Indust. Refr. Bd. 129 (1955) H. 9, S. 56.
[146] —: Low temperature cases grab 30% of 55 commercial sales. Air Cond. and Refr. News Bd. 77 (1956) H. 12, S. 1 u. 9.
[147] —: Low temperature cases big gainers in commercial line. Air Cond. and Refr. News Bd. 76 (1955) H. 13, S. 1 u. 80.
[148] —: Commercial refrigerators shipments for 1958 top 1957 total by almost 5%. Air Cond. and Refr. News Bd. 86 (1959) H. 12, S. 1 u. 35.
[149] —: Survey shows how much equipment all food stores in big city have. 235 food stores studied. Air Cond. and Refr. News Bd. 76 (1955) H. 11, S. 10/11.
[150] —: Survey shows replacement market exists in restaurants for refrigeration products. Air Cond. and Refr. News Bd. 76 (1955) H. 13, S. 66—68.
[151] —: Automatic merchandising progresses astonishingly. Air Cond. and Refr. News Bd. 86 (1959) H. 13, S. 12.
[152] —: Automatic selling pushes into commercial refrigeration. Air Cond. and Refr. News Bd. 82 (1957) S. 1.
[153] —: Pushbutton shopping. Air Cond. and Refr. News Bd. 78 (1956) S. 21.
[154] —: IGA plans automatic shopping units in 12 cities starting in Sept. Air Cond. and Refr. News Bd. 78 (1956) H. 11, S. 1 u. 4.
[155] Findler, P. J.: A few facts and figures about the frozen food industry in the United States. Meeting of experts in the marketing of frozen produce in Europe. S. 10—12.
[156] Tegner, G.: The startling development of frozen foods in Sweden. Quick frozen foods, USA Bd. 22 (1959) H. 3, S. 219—228.
[157] —: Kühlgeräte für SB-Läden. Eine Zusammenstellung über SB-Kühlmodelle für Normal- und Tiefkühlung des Instituts für Selbstbedienung. Köln 1959.
[158] —: Food store trends. Air. Cond. and Refr. News Bd. 77 (1956) H. 10, S. 17.
[159] —: Warren producing „curtain air" merchandizer. Air Cond. and Refr. News Bd. 87 (1959) H. 13, S. 17.
[160] —: Reach-in uses air curtain as case door. Air Cond. and Refr. News Bd. 83 (1958) H. 8, S. 1 u. 21.
[161] —: Supermarket of tomorrow. Air Cond. and Refr. News Bd. 86 (1959) H. 12, S. 25.
[162] —: Calif. supermarket features huge 15-door dairy and beverage refrigerator case. Air Cond. and Refr. News Bd. 82 (1957) H. 8, S. 13.
[163] —: Begriffsbestimmung für TK. Die Tiefkühlkette (1959) H. 10, S. 10.
[164] —: Would constant 0 °F for frozen foods force grocers out of the business? Air Cond. and Refr. News Bd. 88 (1959) H. 9, S. 30/31.
[165] —: Case makers ask delay in adoption of proposed frozen food code. Air Cond., Heat. and Refr. News Bd. 87 (1959) H. 8, S. 1 u. 3.
[166] —: Color styling of commercial refrigerators proving worth as food store sales builder. Air Cond. and Refr. News Bd. 82 (1957) H. 9, S. 16.
[167] —: Tyler cases will feature 33-inch front. Air Cond. and Refr. News Bd. 77 (1956) H. 18, S. 1 u. 36.
[168] —: Air conditioning, refrigerating Data Book. Refrigeration applications. Vol. 1 No. 1 1959. New York 1958. Kapitel 38. Refrigerated food service equipment.
[169] —: Brit. Standard 3053—1958. Offene und geschlossene gekühlte Verkaufsmöbel.
[170] —: DDR-Standard TGL 7113/Febr. 1960. Gewerbekühlmöbel, Techn. Lieferbedingungen. Berlin: VEB-Verlag 1960.
[171] Sexauer, Th.: Die Kälteindustrie auf der ANUGA, Köln 1959. Kältetechnik Bd. 11 (1959) H. 11, S. 387—390; H. 12, S. 417—423.
[172] —: Inventory controls, purchasing plans, CRMA-production conference topics. Air Cond. and Refr. News Bd. 77 (1956) H. 17, S. 26/27.
[173] Canek jr., J. R.: Refrigeration in the food store. Refr. Engng. Bd. 60 (1952) H. 8, S. 831—836; H. 9, S. 946—949.
[174] Herrmann, B. L.: Handling the frost factor in low temperature case design. ASHR-J. Bd. 1 (1959) H. 10, S. 76/77.
[175] —: Gefrierschränke für Backwaren. Kältetechnik Bd. 8 (1956) H. 4, S. 148.

[176] McCloy, D. C.: Offene Tiefkühlmöbel müssen richtig bedient und gewartet werden. Quick Frozen Foods (1954) Bd. 1, S. 47.
[177] Versagi, F. J.: Defrosting. Air Cond. and Refr. News Bd. 88 (1959) H. 7, S. 34; H. 8, S. 20.
[178] Claude, H.: Verkaufstruhen für Tiefkühlkost. Kältetechnik Bd. 10 (1958) H. 2, S. 77—79.
[179] —: Commercial and industrial defrosting. — Holske, C. F.: General principles. — Luscombe, R. H.: Defrosting commercial equipment. — Wile, D. D.: Water defrost of blower coils. — Segal, S. C.: Automatic hot gas defrosting. — Anderson, G. A. M.: Warm air defrosting. — Garland, M. W.: Defrosting cold storage equipment. — Windham, E. A.: Chemical prevention of frost formation. Refr. Engng. Bd. 61 (1953) H. 3, S. 261—274.
[180] —: Pat.-Anmeld. 1807044/Kl. 17q/4/05 v. 30. 12. 58 v. Ges. Linde's Eismaschinen A. G.
[181] —: Development programm for commercial refrigeration. Mod. Refrig. Bd. 9 (1957) H. 712, S. 268.
[182] —: Operator's food store floor layout plan. Air Cond. and Refr. News Bd. 78 (1956) H. 16, S. 9.
[183] —: 1.093 ft. of refrigerated cases highlights giant new supermarket. Air Cond. and Refr. News Bd. 78 (1956) H. 17, S. 10/11.
[184] Brüschweiler, K.: Regelung von Temperatur und Feuchtigkeit in Fleischkühlräumen. Kältetechnik Bd. 7 (1955) H. 11, S. 331—333.
[185] Frey, M.: Künstliche Reifung, Desinfektion und Konservierung von Vegetabilien auf neuen Wegen (Gasconserv-System). International Fruit-World, Sommer 1955.
[186] Sainsbury, G. F., u. G. Fisk: Air leakage and gas concentrations in commercial fruit storages. Refr. Engng. Bd. 62 (1954) H. 3, S. 60/61.
[187] —: ASRE Air conditioning refrigerating Data Book Design Volum, 10. Aufl. New York, 1957/58. Kap. 13.
[188] Persson, P. O.: Betriebsuntersuchungen an Isolierungen von Kühl- und Gefrierräumen. Kältetechnik Bd. 9 (1957) H. 6, S. 169—174.
[189] Emblik, E.: Der Wärmefluß vom Erdboden in gekühlte Räume. Kältetechnik Bd. 11 (1959) H. 3, S. 66—69.
[190] Rasmussen, L.: Untersuchung über das Unterfrieren des Gefrierlagerhauses Norrköping. Kältetechnik Bd. 11 (1959) H. 7, S. 211—213.
[191] Stettner, H.: [illegible]älteanlagen 2. Aufl. Darmstadt 1952.
[192] [illegible] [illegible]aßnahmen gegen das Unterfrieren von Kühlhäusern. Kältetechnik [illegible] S. 72—77.
[193] —: UVV — Unfallverhütungsvorschriften Kälteanlagen VGB 20.
[194] —: DIN 8975 — Sicherheitstechnische Grundsätze für Bau, Ausrüstung und Aufstellung von Kälteanlagen.
[195] —: ASA B 9-53 — "Safety Code for Mechanical Refrigeration". Amerik. Standard Assoc. New York 1953.
[196] Cammerer, J. S.: Der Wärme- und Kälteschutz in der Industrie. 3. Aufl. Berlin/Göttingen/Heidelberg Springer 1951.
[197] Orth, R. W.: The quick-assembled walk-in cooler. Refr. Engng. Bd. 57 (1949) H. 10, S. 960.
[198] —: Lightweight efficient field refrigerator is developed by Army QM-Corps. Refr. Engng. Bd. 60 (1952) No. 6 S. 614/15.
[199] Rèmy, J.: Un Exemple de préfabrication d'une construction isothermique. Rev. Gén. du Froid Bd. 33 (1956) H. 6, S. 589—608.
[200] Bach, K.: Die Kältetechnik auf der Fleischer-Fachaustellung 1959. Kältetechnik Bd. 11 (1959) H. 9, S. 295—301.
[201] Knapp, W.: Schiebetüren und Luftschleier-Anlagen für Kühl- und Gefrierhäuser Kältetechnik Bd. 12 (1960) H. 7, S. 199—202.
[202] Schmidt, Th. E.: Kühlraumtüren. Kältetechnik Bd. 2 (1950) H. 8, S. 188/89.
[203] Pohlmann, W.: Taschenbuch für Kältetechniker 13. Aufl. Karlsruhe 1956.

Τῇ ἐρωμένῃ γυναικὶ χαριζόμενος ἔγραψεν.

Gemeinschaftsgefrieranlagen.

Von

Dipl. Ing. **J. Gutschmidt**

Bundesforschungsanstalt für Lebensmittelfrischhaltung, Karlsruhe.

Mit 34 Abbildungen.

A. Begriffsbestimmung.

Eine Gemeinschaftsgefrieranlage dient einer mehr oder weniger großen Anzahl von Familien eines Landkreises oder einer Gemeinde zum Haltbarmachen ihres Eigenbedarfes an leichtverderblichen Lebensmitteln. Neben den für die Gefrierkonservierung unbedingt erforderlichen Einrichtungen zum Gefrieren und zur Gefrierlagerung sind in den Anlagen normalerweise Räume und Geräte vorhanden, um die Lebensmittel zurichten, vorbehandeln und verpacken zu können. Außerdem stehen in manchen großen Anlagen Einrichtungen zum Schlachten, Räuchern und Pökeln zur Verfügung, so daß dann die gesamte Konservierungsarbeit eines Landhaushaltes in der Gemeinschaftsanlage vorgenommen werden kann.

Bei den Gemeinschaftsgefrieranlagen unterscheidet man je nach Aufbau und Isolierung der Lagefächer Kaltraum- und Warmraumanlagen. In einer Kaltraumanlage sind unisolierte Fächerschränke für die Aufbewahrung der gefrorenen Lebensmittel in einem normal begehbaren Gefrierlagerraum aufgestellt. Bei einer Warmraumanlage werden dagegen die Außenwände und Türen der zu einer Einheit zusammengebauten Gefrierlagerfächer isoliert, so daß diese wie ein Kühlmöbel in einem normal temperierten Raum aufgestellt werden kann. Je nachdem, ob die Fächer der Warmraumanlagen von der Seite oder von oben zugänglich sind, spricht man von der Schrank- oder der Truhenform. Sowohl die Kaltraum- als auch die Warmraumanlagen in Schrank- und Truhenform werden mit stiller oder bewegter Kühlung gebaut.

Gegenüber einem Haushaltsgefriermöbel hat ein Fach in einer Gemeinschaftsgefrieranlage eine Reihe von Vorteilen. Der Anschaffungspreis für ein Gefrierlagerfach in einer Warmraumanlage mittlerer Fachzahl beträgt in Westdeutschland gegenwärtig (1960) nur rund die Hälfte und der Stromverbrauch rund ein Drittel des für ein Gefriermöbel mit gleich großem Nutzinhalt erforderlichen. Außerdem können die Wartungs- und Reparaturkosten für den Fachbesitzer niedriger gehalten werden. Dank der größeren Kälteleistung einer Gemeinschaftsanlage bleibt der Temperaturanstieg im Lagerraum bei stärkerer Beschickung geringer, und bei einer etwaigen Störung steigt infolge des größeren Speichervermögens die Temperatur langsamer an. Die größere Kälteleistung der Maschine kann außerdem zum schnelleren Gefrieren frisch eingebrachter Lebensmittel im Lagerfach oder in einem besonderen Gefrierfach ausgenutzt werden.

Bei einer Einzelanlage hat man zwar die gefrorenen Lebensmittel jederzeit griffbereit im eigenen Haushalt vorrätig, in einer geschlossenen Siedlung mit eng beieinander liegenden Höfen und dementsprechend kurzen Wegen bis zu einer zentral gelegenen Anlage können jedoch die Vorteile einer Gemeinschaftsgefrieranlage durchaus überwiegen. Da andere zentral liegende Läden oder Betriebe ohnehin fast täglich besucht werden, bleibt der Aufwand für das Bringen und Abholen von Gefrierware verhältnismäßig gering. Für die in Streusiedlungen lebenden Landwirte bringt der Besitz einer eigenen Gefriertruhe für die Zwischenlagerung eines Wochenbedarfes im Haushalt als Ergänzung zum Fach in der Gemeinschaftsgefrieranlage Vorteile.

B. Entwicklung der Gemeinschaftsgefrieranlagen.

I. In Nordamerika.

Fortschrittliche Landwirte begannen in den USA zwischen 1900 und 1910 einen Teil ihrer Fleischvorräte in den Gefrierlagerräumen nahe gelegener Kühlhäuser gegen eine Gebühr aufzubewahren. Um die Gebühren für diese Einlagerung einfacher und gerechter festlegen zu können, ging man dazu über, an Stelle des Gewichtes den benutzten Raum der Berechnung zugrunde zu legen und das Fleisch in Holzverschlägen einheitlicher Größe zu lagern. Diese an die Interessenten vermieteten Kisten wurden im Gefrierlagerraum so übereinandergestapelt, daß sie Gänge bildeten, von denen aus die Deckel geöffnet werden konnten. Die Kistenstapel wurden um 1910 durch Fächerschränke mit verschließbaren Fächern (Schließfächer/Locker) abgelöst, die in speziell für diesen Zweck erbauten Gefrierlagerräumen aufgestellt und an einzelne Landwirte vermietet wurden. Die schnelle Verbreitung solcher Schließfachanlagen in den USA nach 1935 ist darauf zurückzuführen, daß mehr und mehr Anlagen zum Verarbeiten von Fleisch eingerichtet wurden und man die Vorteile einer sachkundigen Behandlung bei der Gefrierkonservierung für die Qualitätserhaltung und die Wirtschaftlichkeit dieser Anlagen systematisch propagierte. 1940 gab es bereits, auf 44 Staaten verteilt, 2870 Anlagen mit insgesamt 580000 Fächern, und bis 1950 stiegen die Zahlen stetig bis auf 11570 Anlagen mit 5,252 Mill. betriebenen Fächern an (s. Abb. 90). Von diesen Fächern waren 1950 rd. 80% vermietet[1].

In verschiedenen Staaten der USA sind bis ins einzelne gehende Vorschriften für den Bau und den Betrieb von Gemeinschaftsgefrieranlagen erlassen worden[2]. Die Genehmigung, eine neue Anlage in Betrieb zu nehmen, wird von der zuständigen Behörde nur erteilt, wenn der Bau, die Einrichtungen und Geräte den Vorschriften über die hygienischen Bedingungen entsprechen. Eine laufende Überwachung des Gesundheitszustandes des Personals ist meist vorgesehen.

Damit eine Gemeinschaftsgefrieranlage als Privatbetrieb wirtschaftlich arbeitet, muß sie nach amerikanischen Erfahrungen mindestens etwa 300 Fächer mit einem Inhalt von je etwa 170 *l* (6 cu. ft.) haben. 67% der 1950 in den USA gezählten Anlagen hatten daher mehr als 300 Fächer und 85% mehr als 200 Fächer und nur 3% weniger als 100 Fächer[3]. Anlagen mit einer kleineren Fächerzahl sind meist einem anderen Betrieb, wie z. B. einer Molkerei oder einem größeren

[1] MANN, L. B., u. P. C. WILKINS: Vortrag auf der Jahresversammlung der Nat. Frozen Food Locker Inst. am 19. September 1955 in Cincinnati, Zit. nach TRESSLER u. EVERS, s. Fußnote 4, S. 126, dort S. 225.

[2] Siehe Auszug aus dem Indiana State Board of Health 1949 in TRESSLER u. EVERS, s. Fußnote 4, S. 126, dort S. 226.

[3] DUNKER, C. F., u. O. G. HANKINS: Food Technol. Bd. 5 (1951) S. 293.

Lebensmittelgeschäft, angeschlossen, oder auch in einem größeren Warenhaus installiert.

Das Einkommen einer Gemeinschaftsgefrieranlage wird nicht nur durch das Vermieten von Schließfächern, sondern entscheidend auch durch die Übernahme der erforderlichen Konservierungsarbeiten bestimmt. 1950 wurde in 89% der Anlagen Fleisch verarbeitet und verpackt, 57% der Anlagen waren mit Einrichtungen zum Pökeln und Räuchern, 27% zum Schlachten von Tieren, 41% zum Auslassen von Fett und 22% zum Verarbeiten von Geflügel ausgestattet, so daß in vielen Anlagen alle erforderlichen Konservierungsarbeiten für den Haushalt übernommen werden konnten.

In den USA liegen rd. 80% der Gemeinschaftsgefrieranlagen in kleinen Städten von unter 10000 Einwohnern. 1950 waren 70 bis 90% der Schließfächer aller Anlagen an Farmer vermietet, der Rest an Stadtbewohner. Eingefroren wird zu 80 bis 90% Rind-, Schweine- und Kalbfleisch und im übrigen zu etwa gleichen Mengen Wild, Geflügel, Gemüse und Obst. Nach WARRINGTON und WILKINS[1] wurden 1945 im Jahresdurchschnitt in einer üblichen Gemeinschaftsgefrieranlage 78 kg Rindfleisch, 70 kg Schweinefleisch, 4,5 kg Geflügel, 7,5 kg Wild, 8,2 kg Obst und 6,4 kg Gemüse pro Schließfach gefroren.

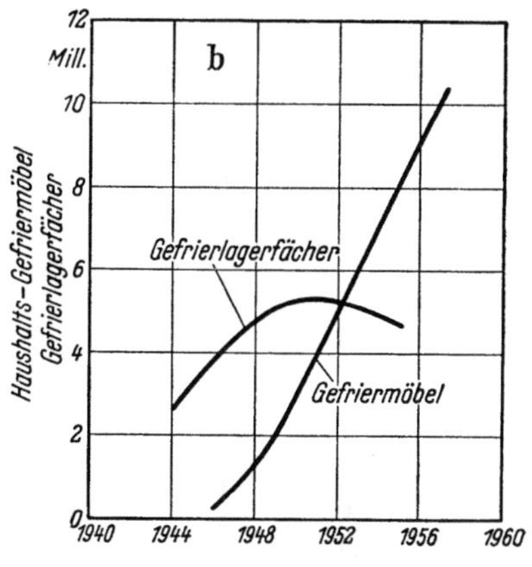

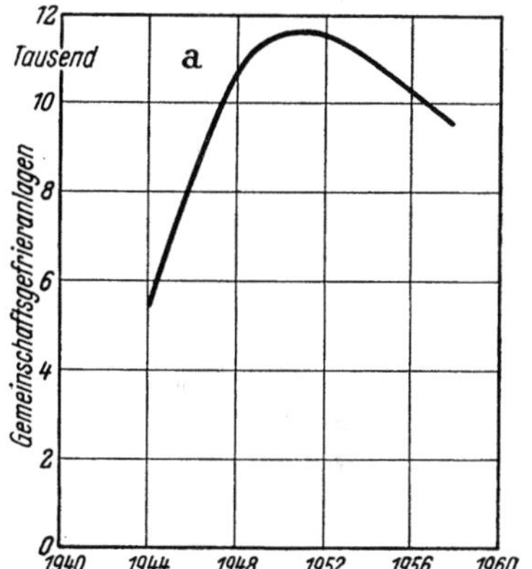

Abb. 90. Verbreitung von Gefriereinrichtungen für die Haltbarmachung des Eigenbedarfes an Lebensmitteln in den USA von 1944 bis 1958.
a) Anzahl der Gemeinschaftsgefrieranlagen, b) Anzahl der in den Gemeinschaftsgefrieranlagen zur Verfügung stehenden Lagerfächer und der Haushalts-Gefriermöbel (Gefriertruhen und Gefrierschränke).

Von 1951 an geht die Zahl der Gemeinschaftsgefrieranlagen und der vermieteten Schließfächer langsam zurück, da sich immer mehr Familien Haushaltsgefriermöbel für ihre Vorratshaltung anschaffen. Die schnelle Verbreitung dieser Gefriermöbel nach 1949 und der Rückgang an vermieteten Fächern in Gemeinschaftsanlagen ist aus Abb. 90b zu ersehen.

In den USA stieg die Zahl der Gefriermöbel von rd. 2,8 Mill. im Jahre 1950 auf rd. 9 Mill. im Jahre 1957 an[2]. Dagegen fiel die Anzahl der Gemeinschaftsgefrieranlagen von 11608 im Jahre 1951 auf 9611 im Jahre 1958[3], und die Gesamtzahl der Schließfächer zwischen 1950 und 1955 von 5,64 auf 5,26 Mill., also um 6,75%, ab; die Zahl der vermieteten Fächer in diesen Anlagen ging jedoch in dieser Zeit von 4,43 Mill. auf 3,61 Mill., also um über das Doppelte (18,5%) zurück. Stets gab es Kunden der Gemeinschaftsgefrieranlagen, die dort zwar ihre Lebensmittel einkauften, aber kein Fach in der Anlage gemietet hatten. Die Zahl dieser Kunden ging in diesen Jahren keineswegs zurück, sondern stieg von durchschnittlich 39 im Jahre 1950

---

[1] WARRINGTON, S. T. JR., u. P. C. WILKINS: Farm Credit Administ. Misc. Rep. 81, 1945; Zit. nach TRESSLER u. EVERS, s. Fußnote 4, S. 126, dort S. 233.
[2] Marketing Research Report Nr. 236 des US Dep. of Agriculture 1958.
[3] MANN, L. B.: Quick Frozen Food Bd. 21 (1959) H. 10, S. 127.

auf 173 pro Anlage im Jahre 1955. Damit stieg auch die Gesamtzahl der Kunden in den amerikanischen Gemeinschaftsgefrieranlagen von etwa 4 auf über 5 Mill. an.

Viele Familien, die sich eine Gefriertruhe oder einen Gefrierschrank gekauft haben, bleiben meist weiterhin Kunden der Gemeinschaftsanlage. Wenn auch nur wenige von ihnen ihr Mietfach in der Gefrieranlage für die langfristige Lagerung bestimmter Produkte behalten, so kaufen die meisten doch ihr Fleisch und von der Industrie gefrorene Lebensmittel beim Besitzer oder Verwalter der Gemeinschaftsanlage, so daß die Haushaltstruhen in regelmäßigen Abständen aus diesem Lager aufgefüllt werden[1]. Von den 1955 vorhandenen 10553 Gemeinschaftsgefrieranlagen verkauften 58% Eiscreme, 51% industriell gefrorene Produkte, 43% Großhandelspackungen Fleisch, 44% führten einen Kleinhandel in der Anlage, 41% belieferten Großabnehmer (Restaurants, Krankenhäuser), 15% verkauften Gefriermöbel und 16% versorgten Kunden nach einem bestimmten Lieferplan[2].

Neben den Gemeinschaftsgefrieranlagen sind Betriebe entstanden, die ausschließlich die Versorgung der Haushalte und Großabnehmer mit Gefrierware übernehmen. Dem erweiterten Aufgabenbereich entsprechend nennt man diese Anlagen „Frozen Food Center".

In *Canada* sind etwa 1200 hauptsächlich von 1944 bis 1950 gebaute Gemeinschaftsgefrieranlagen im Betrieb[3]. Von den insgesamt etwa 430000 Fächern sind normalerweise rd. 85% vermietet. Es wird zu 80% Fleisch gefroren, Wild und Geflügel nicht eingerechnet. Auch in einzelnen kanadischen Ländern muß die Errichtung einer Gemeinschaftsgefrieranlage von der Landesregierung genehmigt werden. Der Hauptzweck der Verordnungen und Vorschriften über Lage, Bau, sanitäre Einrichtungen, Behandlung der Ware, Lagertemperatur und Kontrollen ist, eine hygienische Verarbeitung der Lebensmittel zu sichern. Der Bau kleinerer Anlagen wurde durch die strengen Verordnungen unterbunden.

II. In Europa.

In Europa wird — wenn man von einzelnen Vorläufern absieht — erst nach 1945 mit dem Aufbau einer ländlichen Gefrierwirtschaft begonnen. Hier stand der Bau von Gemeinschaftsgefrieranlagen in Dänemark an erster Stelle. In wenigen Jahren gingen die meisten dänischen Landwirte dazu über, den größten Teil ihrer Vorräte durch Gefrieren haltbar zu machen. Ende 1952 standen in mehr als 2000 Gemeinschaftsgefrieranlagen 122500 Lagerfächer zur Verfügung, so daß 61% der 202000 dänischen Landhaushalten ein Lagerfach besaßen[4]. Ende 1958 wurde die Zahl der Gemeinschaftsgefrieranlagen auf 2300 geschätzt[5].

Zu Beginn des Aufbaues wurden in Dänemark in Anlehnung an die amerikanische Entwicklung einige größere Gemeinschaftsgefrieranlagen mit 100 und mehr Fächern in Kleinstädten oder größeren Dörfern gebaut, die auch von den Landwirten in der näheren Umgebung benutzt wurden[6]. In diesen auf genossenschaftlicher Basis arbeitenden Anlagen werden die Lebensmittel nur gefroren

---

[1] MADEIRA, R. L.: Quick Frozen Foods Bd. 17 (1955) H. 8, S. 318.

[2] Siehe Fußnote 1, S. 116.

[3] DRAYTON, L. E.: Trends in Locker Plants and Home Freezer, Canada Department of Agriculture Ottawa, Juni 1956.

[4] ANDERSEN, P. E.: in Arbeiten der Deutschen Landwirtschafts-Gesellschaft Bd. 24, S. 12, Frankfurt M.; DLG-Verlags-GmbH 1954.

[5] Marketing and Consumption of Frozen Fish in O.E.E.C.-Countries, S. 33 European Productivity Agency O.E.E.C. Paris 16, Mai 1960.

[6] BERGH, F.: Kulde Bd. 5 (1951) S. 68.

und gelagert. Das Gefrieren sowie die Ein- und Auslagerung der im Haushalt fertig zubereiteten und verpackten Produkte übernimmt eine Bedienung, die meist nur nebenberuflich von der Genossenschaft angestellt ist.

Die durchschnittliche Entfernung vom Hof der Fachbesitzer bis zur Anlage erwies sich bei diesen Anlagen als zu groß für dänische Verhältnisse, so daß man bald zum Bau kleinerer Anlagen mit 15 bis 30 Fächern überging. In diesen inmitten eines Dorfes oder frei liegender Höfe errichteten Anlagen bedient jeder Fachbesitzer sein Fach selbst. Die Lebensmittel werden, wie bisher üblich, im Haushalt verarbeitet und dann verpackt zum Gefrieren und zur Gefrierlagerung in die Gemeinschaftsanlage gebracht, da es einen Verarbeitungsraum und einen Kühlraum zum Abhängen des Fleisches nur in wenigen großen Anlagen gibt. Den Wartungsdienst übernimmt in der Regel ein Dorfhandwerker.

Eine Untersuchung in 140 Landhaushalten Fünens ergab, daß 1950 durchschnittlich 113 kg Fleisch, meist Schweinefleisch, 11 kg Obst und 8 kg Gemüse pro Jahr in einem Fach mittlerer Größe (180 *l*) eingelagert wurden.

Nach 1950 wird auch in der Landwirtschaft anderer europäischer Länder die Gefrierkonservierung mehr und mehr angewendet. In Schweden[1], Holland[2], Großbritannien[3], Frankreich[4], Schweiz[5], Österreich[6] und anderen Ländern sind Gemeinschaftsgefrieranlagen, z. T. auf privatwirtschaftlicher, z. T. auf kooperativer Basis errichtet worden. Ende 1958 standen in Schweden etwa 2000 Anlagen mit rd. 125000 Lagerfächern, in Norwegen etwa 1000 Anlagen mit rd. 150000 Lagerfächern, in Österreich etwa 1700 Anlagen mit rd. 53000 Lagerfächern, in Frankreich 10 Anlagen mit rd. 220 Fächern und in der Schweiz eine Lagerkapazität von etwa 14000 m³ zur Verfügung[7].

Von der größeren Anlage mit etwa 300 Schließfächern und allen für das Schlachten, Verarbeiten und Verpacken von Fleisch und anderen Produkten erforderlichen Einrichtungen und Arbeitskräften, wie sie in den USA vorwiegend gebaut worden sind, bis zur kleinen nur aus 10 bis 30 Lagerfächern bestehenden Anlage mit Selbstbedienung und -wartung, die sich in Dänemark als günstig erwiesen hat, findet man in Europa alle Größen in der jeweilig zweckmäßigsten Bauart und Ausstattung. Einen Überblick über die in den europäischen Ländern gebauten Arten von Gemeinschaftsgefrieranlagen, gibt die Entwicklung in Westdeutschland, da hier Anlagen verschiedenster Art und Größe gebaut worden sind.

III. In Westdeutschland.

Wie in anderen europäischen Ländern wurde auch in Deutschland von einigen fortschrittlichen Landwirten die Gefrierkonservierung schon vor 1940 angewendet, die ersten Gemeinschaftsgefrieranlagen wurden jedoch erst 1951 in Betrieb genommen. Die schnelle Ausbreitung dieser Anlagen in der westdeutschen Landwirtschaft von 1954 bis 1959 (s. Abb. 91) ist vor allem auf die intensive Aufklärungsarbeit des landwirtschaftlichen Beratungsdienstes über die Vorteile der Gefrierkonservierung für die Vorratshaltung im Landhaushalt und über die Wirtschaftlichkeit von gemeinschaftlich benutzten Gefriereinrichtungen sowie

[1] Emblick, E.: Kältetechnik Bd. 4 (1952) S. 104.

[2] Brink, J. in: Gefrieren und Gefriereinrichtungen S. 7, Stichting Landbouwhuishandkundig Onderzoek, Wageningen, 1956.

[3] Nichols, A. S.: Modern Refrig. Bd. 56 (1953) S. 276, 328, 366 u. 402.

[4] Hirtz, J.: Génic Rural Bd. 52 (1959) Nr. 7 u. 8, S. 382, s. auch Bull. Inst. Int. du Froid Bd. 39 (1959) S. 1699.

[5] Hodel, R.: Elektrizitätsverwendung Bd. 33 (1958) S. 63.

[6] Hochkönig: Der fortschrittl. Landwirt Bd. 36 (1958) Nr. 7.

[7] Siehe Fußnote 5, S. 118.

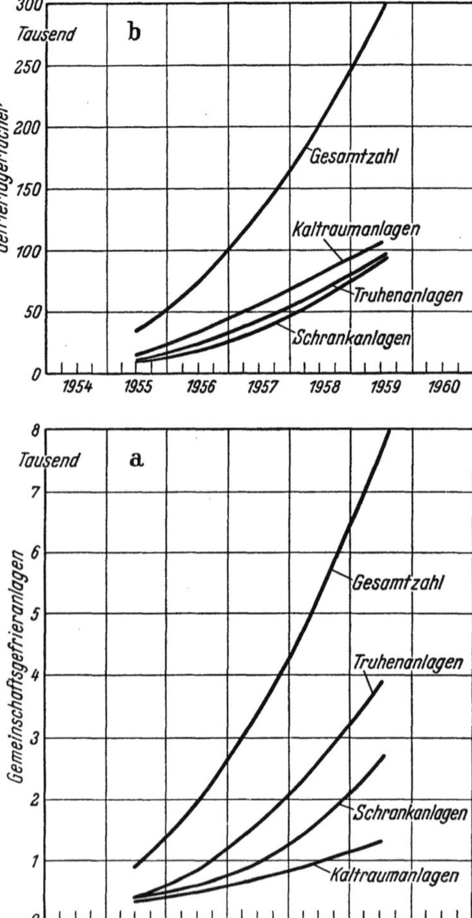

Abb. 91. Verbreitung von Gemeinschaftsgefrieranlagen in der Bundesrepublik Deutschland von 1954 bis 1959.
a) Anzahl an Kaltraum-, Schrank- und Truhenanlagen und die Gesamtzahl der Anlagen, b) Anzahl der in den Anlagen verschiedener Bauart und insgesamt zur Verfügung stehenden Lagerfächer.

auf die Werbung der Kälteindustrie und der Genossenschaften zurückzuführen.

Als bestes Werbemittel haben sich die Anlagen selbst erwiesen. Wenn in einer Gemeinde eine Anlage gebaut worden ist, folgen in der Regel bald weitere Anlagen gleicher Bauart in den umliegenden Dörfern. Auf diese Art entstehen Ausbreitungsgebiete für bestimmte Bauarten, z. B. von Kaltraumanlagen im Nordosten Niedersachsens, von Warmraumanlagen in Schrankform im Südosten Baden-Württembergs und in Truhenform im Norden Bayerns. Mit zunehmender Anlagenzahl treten beide Bauformen der Warmraumanlagen öfter nebeneinander auf, dagegen werden nach wie vor fast nur in Norddeutschland Kaltraumanlagen errichtet. Tab. 1 gibt einen Überblick über den Anteil der einzelnen Bauarten an der Gesamtzahl der Anlagen im Bundesgebiet sowie ihrer durchschnittlichen Fachzahlen und Fachgrößen am 30. Juni 1959[1]. Insgesamt

Tabelle 1. *Verbreitung von Gemeinschaftsgefrieranlagen verschiedener Bauart im Bundesgebiet, Stand: 30. 6. 1959.*

	Alle Bauarten	Kaltraum-anlagen	Warmraumanlagen	
			Schrankform	Truhenform
Zahl der Anlagen insgesamt	7712	1279*	2613	3820
Davon Anlagen mit Kühlraum	5082	1184	1833	2065
Anteil in Prozent der Gesamtzahl	100	17	34	49
Zahl der Lagerfächer insgesamt	290965	106761	91618	92586
Lagerfächer unter 150 *l*	35614	32770	1828	1016
Von 150 bis unter 200 *l*	18303	6621	7619	4063
200 *l*	171693	60608	47863	63222
Über 200 bis unter 250 *l*	55672	3893	30386	21393
250 *l* und mehr	9683	2869	3922	2892
Anteil in Prozent der Gesamtzahl	100	37	31	32
Durschnittliche Fachzahl/Anlage	38	83	35	24

* Davon sind 160 Karussellanlagen.

[1] Statistischer Monatsbericht des Bundesministeriums für Ernährung, Landwirtschaft und Forsten, Oktober 1959.

wurden zu diesem Zeitpunkt 7712 Anlagen mit 290965 Fächern gezählt, so daß rund ein Drittel der 24198 Gemeinden in Westdeutschland eine Gemeinschaftsgefrieranlage und etwa 15% der 2009715 landwirtschaftlichen Betriebe mit über 0,5 ha bzw. etwa 10% der 30926000 Einwohner der Landgemeinden ein Fach in einer solchen Anlage besaßen. Da einerseits viele Gefrierfächer Familien gehören, die nur einen größeren Garten haben und ein oder zwei Schweine und Geflügel halten und andererseits viele Familien im Landkreis wohnen, die als Anwärter auf ein Gefrierfach nicht in Betracht kommen, geben nur beide Werte zusammen einen Anhalt, in welchem Umfang gegenwärtig das Gefrieren von der auf dem Lande wohnenden Bevölkerung angewendet wird.

Wie Erhebungen über die Art und Menge der eingefrorenen Lebensmittel in 25 über das Bundesgebiet verstreuten Gemeinschaftsgefrierananlagen ergaben[1], lagerten alle Haushalte Schweinefleisch und Fleischwaren ein. Demgegenüber war der Anteil an gefrorenem Rindfleisch, Geflügel, Wild, Obst, Gemüse und Backwaren in den meisten Ländern gering. Geflügel, Gemüse, Obst und Backwaren wurden nur in den norddeutschen Ländern, insbesondere in Niedersachsen und Schleswig-Holstein in größeren Mengen gefroren. In Haushalten, die, wie z. B. in Bayern, Württemberg und Hessen, viel Fleisch einlagerten, betrug der Anteil an diesen Produkten 85 bis 100% im Jahresdurchschnitt. Er ging in norddeutschen Haushalten, in denen man viel Obst und Gemüse gefror, bis auf 40% zurück. Im Durchschnitt werden gegenwärtig bei zweimaligem Schlachten in einem 200 *l*-Gefrierfach eine Gefriergutmenge von 100 bis 140 kg Fleisch und Fleischwaren sowie Geflügel, 10 bis 40 kg Gemüse und 10 bis 20 kg Obst sowie etwa 10 kg Backwaren und sonstiges im Jahr gefroren werden.

C. Die Gefrierkonservierung in Gemeinschaftsanlagen.

In den meisten Gemeinschaftsgefrieranlagen werden die Lebensmittel nicht nur gefroren und bei tiefer Temperatur gelagert, sondern auch vorbehandelt, zugerichtet und verpackt. Eine Gemeinschaftsgefrieranlage besteht demnach in der Regel aus einem Kühlraum zum Abhängen des Fleisches, einem Arbeitsraum zum Vorbereiten, Zurichten und Verpacken des Gefriergutes, einem Gefrierabteil und dem Kaltraum mit den Gefrierlagerfächern (Abb. 92). In großen, vorwiegend amerikanischen Anlagen sind außerdem noch Einrichtungen zum Pökeln und Räuchern vorhanden (Abb. 94). Kaltraumanlagen haben in der Regel einen abgetrennten Raum für die Kältemaschinen. Für größere Gemeinschaftsgefrieranlagen werden meist Neubauten errichtet (Abb. 93).

I. Die Kühllagerung.

In Deutschland wurden Kühlräume ursprünglich nur als Schleusen vor dem Gefrierlagerraum der Kaltraumanlagen eingebaut, um ein Eindringen warmer und feuchter Luft zu verhindern. Der gekühlte Raum wurde gleichzeitig für die Vorkühlung und kurzfristige Aufbewahrung frischer Lebensmittel benutzt. Geschlachtet wurde das zum Gefrieren bestimmte Fleisch wie üblich in der kalten Jahreszeit. Der Bau eines Kühlraumes in Verbindung mit einer Gemeinschaftsgefrieranlage ist jedoch vor allem deswegen vorteilhaft, weil in ihm die zum Abhängen von Fleisch erforderliche tiefe Temperatur auch im Sommer

[1] GUTSCHMIDT, J., u. R. ZACHARIAS: Gefrierkonservierung. — Untersuchungen an Gemeinschaftsgefrieranlagen S. 28, Hiltrup b. Münster/W., Landwirtschaftsverlag GmbH, 1960.

vorhanden ist, so daß zu jeder Jahreszeit geschlachtet werden kann. Außerdem bietet er die Möglichkeit, notgeschlachtete Tiere bis zur Freigabe in der warmen Jahreszeit so zu lagern, daß ein stärkerer Qualitätsabfall vermieden wird. Dank dieser Vorteile und entsprechender Empfehlungen des Beratungsdienstes wurden 93% der bis Mitte 1959 im Bundesgebiet errichteten Kaltraum- und 61% der Warmraumanlagen mit Kühlräumen ausgestattet (s. Tab. 1).

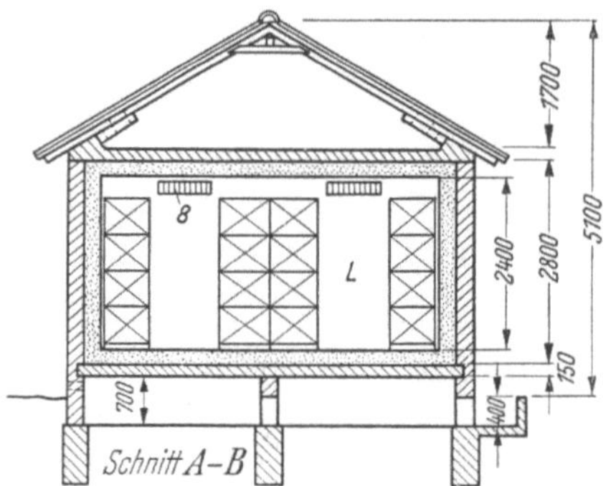

Der Kühlraum dient heute nahezu ausschließlich zum Abkühlen und Abhängen der Schlachttiere. Seine Größe richtet sich nach der Größe der Gefriergemeinschaft.

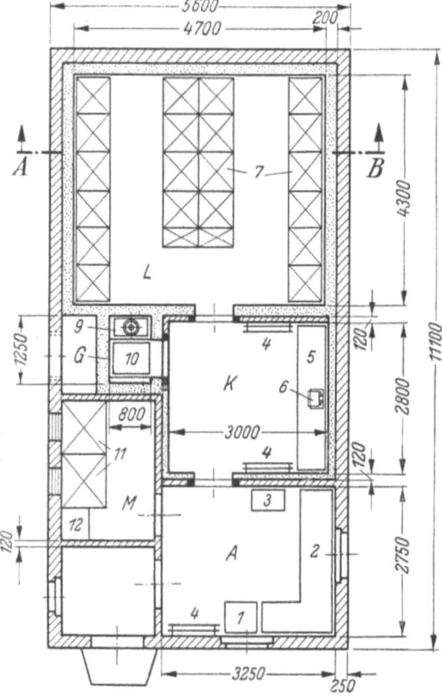

Abb. 92. Grund- und Aufriß einer typischen deutschen Kaltraumanlage mit 72 Lagerfächern von je 200 *l* Nutzinhalt (Neubau). *A* Arbeitsraum, Grundfläche rd. 9 m², *K* Kühlraum, Grundfläche rd. 8,5 m², Temperatur +2 bis +4 °C *G* Gefrierfach, Grundfläche rd. 1 m², Temperatur −23 bis −25 C, *L* Gefrierlagerraum, Grundfläche rd. 20 m² für 72 Lagerfächer, Temperatur −18 °C; *M* Maschinenraum für 2 Verdichtersätze.
1 Hackklotz, *2* Arbeitstisch, *3* Spülbecken, *4* Fleischgehänge, *5* Regal, *6* Luftkühler, *7* Fächerschränke mit 4 Fächern übereinander, *8* Längsrippenverdampfer, *9* Luftkühler, *10* Hordenwagen, *11* Verdichtersätze, *12* Geräteschrank.

Abb. 93. Außenansicht einer Gemeinschaftsgefrieranlage (Neubau). Raumaufteilung ähnlich Abb. 92.

Für kleinere und mittlere Anlagen bis etwa 60 Fächer kommt man mit einer Kühlraumfläche von 3 bis 4 m² aus, bei Kaltraumanlagen soll die Fläche nicht kleiner als 6 m² sein, da hier üblicherweise der Kühlraum als Schleuse dem Gefrierlagerraum vorgelagert wird und daher Platz für den Durchgangsverkehr frei gehalten werden muß. Wenn das Fleischgehänge günstig angebracht wird, kann man in einem solchen Raum 4 Schweinehälften und 2 Rinderhälften bzw. 4 Rinderviertel gleichzeitig abhängen. Es muß mit einem Zugang von 1 bis 2 Schweinen täglich gerechnet werden. Reifungsdauer s. Tab. 2.

In den USA ist die Fleischbehandlung und Verarbeitung eine wesentliche Aufgabe der Gemeinschaftsgefrieranlagen, so daß ein Kühlraum stets vorhanden ist. Neben dem Abhängeraum besitzen größere amerikanische Anlagen meist einen Abkühlraum mit einer Temperatur von +1 °C und starkem Luftwechsel zur Schnellabkühlung des Fleisches (s. Abb. 94). Als Platzbedarf für das Abhängen einer Rinderhälfte wird rd. 0,5 m² angenommen, der Gesamtraum zum Kühlen und Abhängen soll hier ein Drittel der Kaltraumgröße nicht unterschreiten.

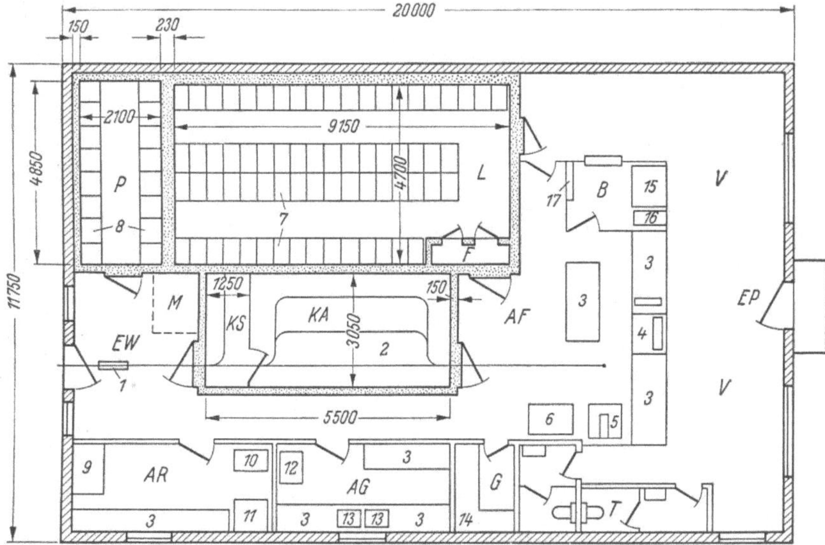

Abb. 94. Grundriß einer typischen amerikanischen Gemeinschaftsgefrieranlage mit 355 Lagerfächern von je 170 *l* (6 cu.ft.) Nutzinhalt nach McCoy und Smith.

EW Eingang und Annahme der geschlachteten Tiere und anderer Rohware, *KS* Kühlraum mit bewegter Luft zur Schnellabkühlung des Fleisches, Grundfläche rd. 4 m², Temperatur +2 bis +4 °C, Isolierstärke 15 cm, *KA* Kühlraum zum Abhängen des Fleisches, Grundfläche rd. 13 m², Temperatur +2 bis +4 °C, Isolierstärke 15 cm, *AF* Arbeitsraum zum Zerteilen, Zurichten und Verpacken von Fleisch, Grundfläche rd. 27 m², *AG* Arbeitsraum zum Reinigen, Zurichten, Vorbehandeln und Verpacken von Gemüse und Obst sowie Geflügel, Grundfläche rd. 12 m², *AR* Arbeitsraum für die Vorbereitungen zum Räuchern und Pökeln und zum Auslassen von Schmalz, Grundfläche rd. 13 m², *F* Gefrierabteil mit 7 Gefrierplatten, Grundfläche rd. 1,2 m², *L* Gefrierlagerraum (Kaltraum) mit 355 Schließfächern, Grundfläche rd. 42 m², Temperatur −18 °C, Isolierstärke der Außenwände rd. 23 cm, *P* Pökelraum, Grundfläche rd. 10 m², Temperatur 3 bis 4 °C, Isolierstärke 15 cm, *B* Büro, Verkauf, Schlüsselausgabe, *G* Geräteraum, *T* Toiletten, *V* Vorraum. Ausstellungsraum, *EP* Eingang für Schließfachbesitzer und sonstige Kunden.
1 Hängewaage, *2* Hängebahn für Tierhälften, *3* Arbeitstisch, *4* Waschbecken, *5* Knochensäge, *6* Hackblock, *7* Fächerschränke, *8* Lagergestelle für gepökeltes Fleisch, *9* Räucherkammer, *10* Vorbereitung zum Pökeln, Spritzeinrichtung, *11* Kessel zum Fett auslassen, *12* Heißwasserkessel, *13* Wasch- und Kühlbecken, *14* Regale für Geschirr und Geräte, *15* und *16* Verkaufseinrichtungen, *17* Schlüsselbrett.

Da kleinere Kühlräume normalerweise durch einen an einer Querwand angeordneten Verdampfersatz gekühlt werden, also keine Kühlschlangen an der Decke zu liegen brauchen, ist für den 3 bis 6 m² großen Kühlraum eine Höhe von 2,2 m ausreichend. In Kaltraumanlagen wird die Kühlraumhöhe jedoch meist durch diejenige des danebenliegenden Kaltraumes bei Warmraumanlagen durch die Mindesthöhe der Kühlraumtür von 1,8 m bestimmt. Der Fußboden sollte gefliеßt, die Wände 1,8 m hoch gekachelt werden (Abb. 95).

Tabelle 2.
Richtwerte für die Reifungsdauer von Tierhälften bei verschiedenen Temperaturen.

Tierart	Reifungsdauer in Tagen	
	bei 1 bis 3°C	bei 8 bis 12°C
Rind . . .	5 bis 7	3 bis 4
Schwein . .	2	1
Kalb . . .	2	1
Hammel . .	3 bis 5	2 bis 3

Zur Ausrüstung größerer Kühlräume gehört außer kräftigen rd. 1,9 m hoch befestigten Fleischgehängen noch ein Regal oder eine Wand zum Abstellen von Steigen, Körben, Schüsseln oder Paketen mit Lebensmitteln vor oder während der Verarbeitung. In amerikanischen Anlagen werden die Tierhälften auf Laufschienen hängend von der Anlieferung über eine Waage durch den Abkühlraum und Abhängeraum in den Verarbeitungsraum gefördert (s. Abb. 94). Für den Abkühlraum wird mit einer Schienenlänge von 1 bis 2 m und für den Abhängeraum mit einer Länge von 4 bis 6 m auf je 100 Schließfächer gerechnet.

Nach der Vorschrift über die Aufbewahrung von Tierkörpern, die der bakteriologischen Fleischuntersuchung unterliegen, muß bis zur Feststellung der Unverdächtigkeit des Fleisches der Tierkörper räumlich getrennt von anderem Fleisch und anderen Lebensmitteln und so aufbewahrt werden, daß ein Berühren des Fleisches durch Unberufene und insbesondere eine mittelbare und unmittelbare Berührung mit anderem Fleisch und anderen Lebensmitteln verhindert wird[1]. Es ist daher nicht möglich, notgeschlachtete Tiere gleichzeitig mit gesunden Tieren oder anderen Lebensmitteln einzulagern, und demnach zweckmäßig, große Anlagen, in denen häufiger notgeschlachtete Tiere gefroren werden sollen, mit zwei getrennten Kühlräumen auszurüsten. In kleinen Anlagen wird der Kühlraum vor Einbringen eines notgeschlachteten Tieres geräumt werden können, so daß man hier in der Regel mit einem Kühlraum auskommt.

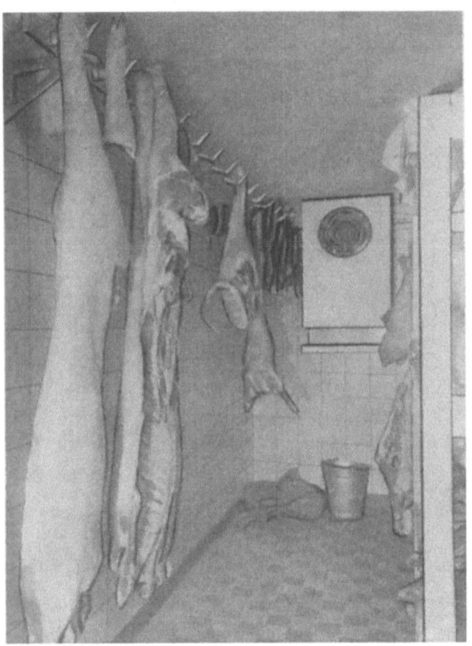

Abb. 95. Kleiner Kühl- und Abhängeraum in einer Gemeinschaftsgefrieranlage (A. Teves, Frankfurt/M.).

Im Kühlraum soll eine Temperatur von +1 bis +4 °C gehalten werden. Die Temperatur darf —1 °C, den Gefrierbeginn von Fleisch, nicht unterschreiten. Ein leichtes Aufheizen kann im Winter erforderlich werden, so daß eine Feuchtraumsteckdose zum Anschließen eines Heizkörpers im Raum vorhanden sein sollte. Der Kühlraum muß belüftet werden können.

Die Kälteleistung muß bei kleinen Anlagen ausreichen, um ein Schwein mit einem Schlachtgewicht bis zu 120 kg in 24 Stunden oder ein Rind mit einem Schlachtgewicht von rd. 300 kg in 60 Stunden von +35 auf durchschnittlich + 3 °C abzukühlen. Wenn die Anlage mehr als 60 Fächer besitzt, sollte die Kälteleistung ausreichen, um 2 kg Fleisch/Tag und Fach zu kühlen. Es wird mit einem doppelt so großen Zugang an Kühlgut gerechnet wie an Gefriergut, da stets nur ein Teil des Fleisches gefroren wird.

II. Das Verarbeiten und Verpacken.

Alle Produkte werden koch-, brat- oder eßfertig zugerichtet gefroren[2,3]. Das Fleisch wird in Tagesportionen aufgeteilt, das Gemüse geputzt, gewaschen

[1] Ausführungsbestimmungen A zum Fleischbeschaugesetz, Anlage 1 zu § 20, Absatz 3, Abschnitt II, s. A. SCHROETER u. M. HELLICH: Das Fleischbeschaugesetz, 7. Aufl., Teil II, S. 107, Verlag Paul Parey, Berlin 1960.

[2] TRESSLER, D. K., C. F. EVERS u. B. H. EVERS: Into the Freezer . . . and out. 2. Aufl. The Avi Publishing Comp. Inc. New York 1953.

[3] GUTSCHMIDT, J.: Das Haltbarmachen von Lebensmitteln durch Gefrieren, Arbeiten der DLG Bd. 33, 7. Aufl., Frankfurt M., DLG-Verlags-GmbH. 1959.

und gegebenenfalls zerkleinert und das Obst geschält, entsteint und zerteilt. Um unerwünschte Veränderungen während einer längeren Gefrierlagerzeit zu verhindern, wird Gemüse vor dem Einfrieren kurz abgekocht (blanchiert). Anschließend kühlt man es in kaltem Wasser schnell ab und läßt es gut abtropfen. Fleisch und Gemüse gefriert man in der Regel ohne Zusätze, während Obst meist mit Trockenzucker oder einem Aufguß, bestehend aus 35- bis 45 %iger Zuckerlösung, bedeckt wird. Über die Verarbeitung einzelner Produkte siehe Bd. X dieses Handbuches.

In größeren Gemeinschaftsgefrieranlagen steht daher, gleich ob sie für Fremd- oder Selbstbedienung eingerichtet sind, neben dem Kühlraum ein Arbeitsraum für die Weiterverarbeitung von Fleisch zur Verfügung (Abb. 92). Auch in kleinen Anlagen gibt es normalerweise neben dem Kühlraum einen Arbeitsplatz, damit auch hier das Fleisch unmittelbar nach dem Abhängen zerlegt, in Portionen aufgeteilt und verpackt werden kann. Gegenüber dem Verarbeiten im Haushalt wird dadurch nicht nur Zeit gespart, sondern das Fleisch kann auch besser und hygienischer behandelt werden.

Abb. 96. Arbeitsraum für das Vorbereiten und Verpacken von Fleisch und anderen Produkten in einer Kaltraumanlage. (Verband ländlicher Genossenschaften, Hannover-Braunschweig e. V.; Photo Steinmetz, Hannover). Rechts im Bild ein Hordenwagen zum Befördern und Gefrieren der verpackten Lebensmittel.

Der Arbeitsplatz muß mindestens 6 m² groß und für die Fleischverarbeitung eingerichtet sein. Der Fußboden ist mit dem für einen guten Wasserablauf erforderlichen Gefälle zu verlegen und zweckmäßigerweise rutschfest zu fliesen. Die Wände sollen gekachelt oder mit abwaschbarer Farbe gestrichen sein. Wascheinrichtungen mit fließendem Kalt- und möglichst auch Warmwasser sind erforderlich. Der Einbau einer Lüftungsklappe ist vorteilhaft. Der Raum muß gut beleuchtet werden. Stromanschlüsse sind in ausreichender Menge vorzusehen.

Die Ausrüstung einer Gemeinschaftsgefrieranlage richtet sich nach ihrer Größe, nach den Produkten, die dort verarbeitet werden sollen und nach Art und Umfang der Vorbereitungsarbeiten. Da in den amerikanischen Anlagen der Besitzer oder eine Bedienung die Verarbeitung der meisten Produkte übernimmt[1,2], sind die Anlagen entsprechend vollständig für das Verarbeiten von Fleisch, und auch oft von Gemüse und Obst eingerichtet (s. Abb. 94). In kleinen europäischen Anlagen wird meist nur Fleisch verarbeitet. Es sind dafür außer einer Wascheinrichtung noch ein Hauklotz und ein Arbeitstisch zum Aufteilen und Verpacken des Fleisches sowie Fleischgehänge vorhanden (s. Abb. 96). Die nötigen Werkzeuge, wie Hackbeil, Fleischsäge und verschiedene Messer hängen hier oft auf einem Wandbrett griffbereit. Wenn viel Obst und Gemüse gefroren

[1] Guest, W. E.: Refrigerated Locker Plant Manual, Nickerson & Collins Co., Chicago 1939.

[2] Siehe Fußnote 4, S. 126.

wird, ist es vorteilhaft, auch im Arbeitsraum kleinerer Anlagen Einrichtungsgegenstände zum Putzen, Waschen und Zerkleinern von Obst und Gemüse sowie eine Kocheinrichtung mit Kessel und Siebkörben zum Blanchieren von Gemüse und Töpfe zum Ansetzen und Auffüllen von Zuckerlösungen für Obst zur Verfügung zu haben. Die Anschaffung einer Maschine zum Entschoten von grünen Pflückerbsen dürfte sich nur für größere Anlagen lohnen.

Bevor die verarbeiteten Produkte vom Arbeitsraum in das Gefrierabteil oder in das Gefrierlagerfach gebracht werden, müssen sie verpackt werden. An die Verpackung werden hohe Anforderungen gestellt[1]. Sie soll nicht nur eine gute Festigkeit und Dehnbarkeit haben, um der Beanspruchung beim Umräumen in den kalten Lagerfächern gewachsen zu sein, sondern sie muß weitgehend wasserdampfdicht und hinreichend gasdicht sein. Da die Lagertemperatur in Gemeinschaftsgefrieranlagen nicht so tief und so konstant ist, wie in Gefrierlagerräumen für die langfristige Lagerung industriell gefrorener Lebensmittel, kommt es hier noch mehr auf einen guten Kontakt zwischen Ware und Packstoff an, damit eine Austrocknung innerhalb der Packung klein bleibt. Zum Einschlagen müssen daher schmiegsame Folien und Papiere verwendet werden. Der Packstoff muß neutral sein; er darf das Gut nicht nachteilig beeinflussen oder von diesem beeinflußt werden. Für das Verpacken werden die in Tab. 3 aufgeführten Verpackungen empfohlen[2,3]. Geeignete Packstoffe werden in großen auf privatwirtschaftlicher Basis arbeitenden Anlagen meist zum Verkauf angeboten.

Auf jeder Packung sollte der Inhalt und das Datum des Einlagerungstages angegeben werden, damit die Produkte übersichtlich im Lagerfach untergebracht und ohne langes Suchen entnommen und rechtzeitig verbraucht werden können.

III. Das Gefrieren.

Bevor die verpackten Lebensmittel in den Gefrierlagerfächern raumsparend dicht aneinander gestapelt werden, müssen sie die Lagertemperatur erreicht haben. Je nach Bauart und Größe der Gemeinschaftsgefrieranlage gefriert man in einem abgetrennten Abteil oder im Lagerfach. In den Gefrierabteilen und in den Lagerfächern wendet man die beiden üblichen Gefrierverfahren an; es wird entweder im Kaltluftstrom oder im Kontakt mit Verdampferplatten gefroren.

In großen Kaltraumanlagen baut man fast immer ein Gefrierabteil ein, auch wenn nicht — wie in einigen Staaten der USA — ein Gefrieren vor der Einlagerung ausdrücklich vorgeschrieben wird. Dieses Abteil kann als kleiner begehbarer Raum mit Regalen und stark bewegter Kaltluft[4] oder als Schrank mit Verdampferplatten (Abb. 97) ausgebildet sein. Meist wird jedoch das Gut auf Hordenwagen liegend, in ein Abteil eingeschoben (Abb. 98) und im Luftstrom gefroren. Die Temperatur der Platten beträgt üblicherweise —24 bis —28 °C, die der Kaltluft —22 bis —28 °C. Die Luft zirkuliert im leeren Abteil meist mit einer Geschwindigkeit von 1 bis 3 m/s.

In Warmraumanlagen mit bewegter Kühlung sind oft 2 Fächer als Gefrierabteile ausgebildet (Abb. 116). Es wird hier ein Teilstrom der Kaltluft oder der gesamte Kaltluftstrom zum Gefrieren der Produkte verwendet. Je nach der Ausführung der Anlage wird bei Lufttemperaturen von —20 bis —24 °C und Luftgeschwindigkeiten von 0,2 bis 1 m/s gefroren. Wenn man die Produkte in

---

[1] Siehe Bd. X dieses Handbuches, S. 605. — [2] Siehe Fußnote 3, S. 124.

[3] SHELOR, E., u. J. G. WOODROOF: Food Technol. Bd. 8 (1954) S. 490.

[4] TRESSLER, D. K., u. C. F. EVERS: The Freezing Preservation of Foods, 3. Aufl., Bd. I, S. 263. The Avi Publ. Comp., Inc., Westport, Conn. USA 1957.

Tabelle 3. *Empfehlenswerte Packstoffe und Verpackungen für die Gefrierlagerung von Lebensmitteln in Gemeinschaftsgefrieranlagen.*

Produkt	Verpackung	Art der Verwendung
Fleisch, Geflügel, Fisch, größere Backwaren u. ä.	Aluminiumfolie plan, Dicke 0,02 bis 0,03 mm	unter vorsichtigem Andrücken umhüllen.
	Polyäthylenfolie plan oder als Schlauch, Dicke, 0,04 bis 0,08 mm	plane Folie einschlagen und durch Klebeband oder Gummiringe gegen Aufgehen sichern, Schlauchfolie an beiden Enden um Verschlußstreifen (Planoclip) einrollen und verklemmen.
	Zellglas AST wetterfest*, Flächengewicht 35 g/m²	einschlagen und einfalten, heißversiegeln oder durch Gummiringe gegen Aufgehen sichern
	gewachste**, lackierte oder mit Kunststoff beschichtete Papiere, Flächengewicht 50 bis 90 g/m²	wie das Zellglas.
Gemüse, kleingeschnittenes Fleisch, Kleingebäck u. ä.	Beutel aus Polyäthylenfolie, Dicke 0,05 mm oder aus Polyäthylen beschichtetem Zellglas Beschichtungsdicke 0,05 mm, Becher aus festem, gewachstem Karton.	Füllöffnung nach dem Füllen um Verschlußstreifen (Planoclip) einrollen und verklemmen.
Obst ohne und mit Zucker, flüssige und breiige Produkte, wie Säfte, Eimasse und Spinat sowie fertige Gerichte.	Behälter aus Kunststoff, schlagfestem Polystyrol oder praktisch geruchsfreiem Polyäthylen, aus nicht rostenden oder rostgeschützten Metallen, aus Glas*** und Becher aus imprägniertem und gewachstem Karton.	Füllen und auf die übliche Art mit dem zugehörigen Deckel verschließen. Gläser auch mit Folie zubinden. Becher heiß versiegeln oder mit Metallwinkelstreifen verschließen.

* Wird z. T. durch eine zweite Verpackung aus Packpapier gegen Beschädigungen beim Umräumen geschützt.

** Die Wasserdampfdurchlässigkeit von Wachspapieren ist sehr unterschiedlich, nur hinreichend dichte sind geeignet.

*** Nur die leicht konisch zulaufenden Gläser (Sturzgläser) verwenden und nicht ganz füllen.

den Lagerfächern von Warmraumanlagen mit bewegter Kühlung gefriert, wird dafür gesorgt, daß die Pakete von der Kaltluft berührt oder umspült werden.

In Anlagen mit stiller Kühlung durch Verdampferplatten sind nur selten getrennte Abteile zum Gefrieren vorhanden, so daß hier normalerweise in den Lagerfächern gefroren wird. Je nach der Bauform der Anlage werden die Lebensmittelpakete entweder auf eine horizontal oder an eine vertikal eingebaute Verdampferplatte gelegt.

Nach Erhebungen im Bundesgebiet[1] betrug das Gewicht der in Gemeinschaftsgefrieranlagen eingefrorenen Packungen bei Schweinefleisch 1,4, Rindfleisch 1,7, Geflügel 1,4, Gemüse 1,0 und Obst 1,2 kg. Da die Dicke der eingefrorenen Fleischstücke zwischen 4 und 8 cm liegt, wurden 1,5 kg schwere, 6 cm dicke Rindfleischstücke, die, wie im Landhaushalt vielfach üblich, in 0,075 mm starke Polyäthylenfolie verpackt worden waren, in Gemeinschaftsgefrieranlagen verschiedener Bauart eingefroren, um die Gefrierzeiten einer Packung durchschnittlicher Größe zu ermitteln.[2] Bei einer Anfangstemperatur von +10 und einer Endtemperatur im Kern von —15 °C ergaben sich dabei Gefrierzeiten von 4,4 Stunden

[1] Siehe Fußnote 1, S. 121. — [2] GUTSCHMIDT, J.: Kältetechnik Bd. 9 (1957) S. 375.

im Gefrierabteil einer Kaltraumanlage bis 18,6 Stunden im Fach einer Truhenanlage ohne Wandberührung (siehe Tab. 4). Aus der zur Temperatursenkung von —1 auf —10 °C erforderlichen Zeit wurde nach PLANK[1] die mittlere lineare Gefriergeschwindigkeit im Fleisch bei den verschiedenen Bedingungen mit 0,2 bis 1 cm/h berechnet. Von TAMM[2] wurden Gefriergeschwindigkeiten in etwa gleicher Größe (0,3 bis 0,6 cm/h) für eine Truhen- und Schrankanlage ermittelt.

Abb. 97. Gefrierschrank mit waagerecht liegenden Verdampferplatten zum Kontaktgefrieren im Schließfachraum einer amerikanischen Gemeinschaftsgefrieranlage.

Um im Gefrierabteil mindestens 2 Chargen/Tag gefrieren zu können, darf die Gefrierzeit — wenn hinreichend Zeit für die Beschickung vorgesehen wird — insgesamt 10 bis 11 Stunden nicht übersteigen. Beim Gefrieren in einem Kaltluftstrom von —25 °C und 1 m/s kommt man mit einer geringeren Gefrierzeit aus, wenn die in Polyäthylenfolie ohne Lufteinschlüsse verpackten, frei liegenden Fleischstücke nicht dicker als 8 cm sind und nicht mehr als 3 kg wiegen (Höchst-

Abb. 98. Blick auf das Gefrierabteil einer großen Kaltraumanlage. Die verpackten Lebensmittel werden auf Hordenwagen in einer Schicht liegend im Kaltluftstrom gefroren (Escher Wyss, Lindau, Photo Weckbrodt, Hannover).

[1] Vgl. Bd. X dieses Handbuches, S. 36.

[2] TAMM, W.: Beilage zu Kältetechnik Bd. 7 (1955) Nr. 5 des Frigidaire-Werkes der Adam Opel AG Rüsselsheim.

Tabelle 4. *Gefrierzeit und mittlere lineare Gefriergeschwindigkeit von Fleischstücken in Gemeinschaftsgefrieranlagen verschiedener Bauart.*

Gefriergut: Rindfleisch; Gewicht der Stücke: 1,5 kg; Abmessungen der Stücke: Länge 20, Breite 13, Dicke 6 cm; Verpackung: Polyäthylenfolie 0,075 mm dick, in einfacher Schicht gut anliegend.

Bauart und -form der Anlage	Kaltraumanlage	Warmraumanlagen			
		Schrankanlage		Truhenanlage	
Kühlart der Lagerfächer	still	bewegt	bewegt	still	still
Gefriereinrichtung	Vorgefrierabteil	Vorgefrierfach	Lagerfach	Lagerfach	Lagerfach
Lage der Fleischpackung	frei auf Hordenwagen	frei auf Holzrost	Fachmitte, flach auf gefrorener Packung		an Verdampferplatte
Temperatur der Kaltluft bzw. der Gefrierplatte in °C	−25 bis −28	−20 bis −21	−17 bis −18	−17 bis −18	−21 bis −26
Luftgeschwindigkeit in m/sec	rd. 2	rd. 0,3	0,1 bis 0,2	—	—
Gefrierzeit z_0 bei einer Temperatursenkung von −1 auf −10 °C in Std.	3,0	4,7	9,3	13,5	8,8
Gesamtgefrierzeit z_g bei einer Temperatursenkung von +10 auf −15 °C in Std.	4,4	7,5	14,3	18,6	13,8
mittlere lineare Gefriergeschwindigkeit w_m = Fleischdicke/$2z_0$ in cm/h	1,0	0,64	0,32	0,22	0,34

abmessungen etwa 25 × 15 × 8 cm). Ein Gefrierabteil wird jedoch meist so entworfen, daß Fleischstücke üblicher Größe (Gewicht 1,4 bis 1,6 kg, Dicke 5 bis 7 cm) mit einer mittleren Gefriergeschwindigkeit von über 0,5 cm/h eingefroren werden können, damit bleibt die Gefrierzeit von −1 auf −10 °C unter 6 Stunden und die Gesamtgefrierzeit von +10 auf −15 ist kleiner als 8 Stunden.

Viele Lebensmittel können auch mit einer kleineren Gefriergeschwindigkeit eingefroren werden, ohne daß sich ihre Qualität stärker verändert[1,2]. Die Werte in Tab. 4 zeigen, daß eine für die meisten Produkte noch zulässige Gefriergeschwindigkeit von rd. 0,2 cm/h bei einzeln liegenden Packungen üblicher Größe auch im Lagerfach von Gemeinschaftsgefrieranlagen erreicht werden kann, wenn eine konstante tiefe Temperatur, d. h. eine der Beschickungsmenge entsprechende Kälteleistung vorhanden ist und für eine hinreichende Kälteübertragung gesorgt wird. Die Größe der Lebensmittelpackungen und ihre Verteilung im Fach sollten so gewählt werden, daß eine Gefrierzeit von 24 Stunden nicht überschritten wird. Ein Kontakt der frisch eingelagerten mit der bereits gefrorenen Ware sollte möglichst vermieden werden.

Bei größeren Kaltraumanlagen mit über 60 Lagerfächern ist zum Gefrieren eine Kälteleistung erforderlich, die ausreicht, um rd. 1 kg Lebensmittel/Fach am Tag zu gefrieren[3,4]. Bei kleineren Anlagen wurde wegen des Umfangs der Einzelbeschickungen eine Gefrierleistung von 1,5 kg/Fach und Tag, mindestens aber eine solche von 30 kg/Tag gefordert[4].

Für die Berechnung des Kältebedarfes sollte mit Rücksicht auf das Gefrieren von Gemüse im Hochsommer eine Einbringtemperatur von +20 °C angenommen werden, obgleich im Kühlraum abgehängtes Fleisch mit einer Temperatur von durchschnittlich +10 °C zum Gefrieren kommt. Nach RIEDEL[5] beträgt die Enthalpiedifferenz von stark wasserhaltigem Gemüse und Obst zwischen −18 und +20 °C rd. 100 kcal/kg, so daß zum Gefrieren ein Kältebedarf von 100 bzw. 150 kcal/Fach und Tag erforderlich ist. Die Enthalpiedifferenz für knochenloses Fleisch zwischen −18 und +10 °C ist rd. 70 kcal/kg[6], so daß man für Anlagen, in denen wenig Gemüse und Obst gefroren wird, der Berechnung der Kälteleistung oft einen Bedarf von rd. 75 kcal/kg Lebensmittel zugrunde legt.

Das Gefrieren in einem Gefrierabteil hat gegenüber dem Gefrieren im Lagerfach folgende Vorteile: Bei einigen Produkten kann durch ein schnelleres Gefrieren die Qualität günstig beeinflußt werden; das schon gefrorene Gut wird nicht durch frisch eingebrachtes wieder erwärmt; die Belastung der Anlage ist gleichmäßiger, wenn die Lebensmittel über ein Gefrierabteil laufen. Als Nachteil ist anzusehen, daß bei Selbstbedienung das Umräumen aus dem Gefrier- ins Lagerfach einen zweiten Gang zur Anlage erfordert. Als ungünstig wird ferner empfunden, daß gefrorene Ware einen größeren Stapelraum benötigt als frische, Eine festere Stapelung ist aber auch beim Gefrieren im Lagerfach nicht möglich,

---

[1] Siehe Fußnote 1, S. 121, dort S. 77.

[2] LEE, F. A., R. F. BROOKS, A. M. PEARSON, J. I. MILLER u. J. J. WANDERSTOCK: J. Amer. diet. Ass., Bd. 30 (1954) S. 351.

[3] McCOY, D. C., u. J. A. SMITH: Locker Plants in Air Conditioning-Refrig. Data Book, Refrig. Applications Vol. I, S. 30—12, The American Society of Refrigerating Engineers. New York 1, 1959.

[4] GUTSCHMIDT, J.: Aufbau und Betrieb von Gemeinschaftsgefrieranlagen, Schriftenreihe des AID, Land- und Hauswirtschaftlicher Auswertungs- und Informationsdienst e. V., Bad Godesberg, Heft 90, 2. Aufl. S. 13 u. 39, Frankfurt/M., Verlag Kommentator GmbH, 1957.

[5] RIEDEL, L.: Kältetechnik Bd. 2 (1950) S. 195.

[6] Derselbe: Kältetechnik Bd. 9 (1957) S. 38.

da die Lebensmittel bei richtiger Behandlung einzeln liegend gefroren und anschließend erst umgeräumt werden. Das Gefrieren im Luftstrom oder auf Verdampferplatten im Lagerfach kann jedoch demjenigen im Gefrierfach gleichwertig sein, wenn die frischen Lebensmittel getrennt von den gefrorenen einzeln liegend gefroren werden.

IV. Die Gefrierlagerung.

Die Lagertemperatur in Gemeinschaftsgefrieranlagen richtet sich nach der Lagerzeit des empfindlichsten Gutes. Da vom Landhaushalt hauptsächlich Schweinefleisch gefroren und 4 bis 6 Monate gelagert wird, ist eine Lagertemperatur von —18 °C oder tiefer erforderlich, wenn das Fleisch bei der Entnahme noch eine gute Qualität haben soll[1,2]. Für die Gefrierlagerung in Gemeinschaftsgefrieranlagen ist eine Temperatur von —18 °C (0 °F) allgemein üblich und wird in einer Reihe von Staaten der USA, so z. B. in Illinois und Indiana vorgeschrieben[3]. Ein Anstieg von rd. 3 °C ist nach diesen Vorschriften zulässig. Nach Richtlinien über den Bau und Betrieb von Gemeinschaftsgefrieranlagen in der Bundesrepublik[4] soll während des Normalbetriebes unabhängig vom Füllungsgrad der Anlage in den Lagerfächern —18 °C mit einer Toleranz von +1 °C bei einer Temperatur vor den Außenwänden von +25 °C gehalten werden können. Zum Normalbetrieb gehören eine Benutzungsfrequenz von einem Mal pro Fach und Tag und die Beschickung der Anlage mit der im vorstehenden Abschnitt angegebenen Lebensmittelmenge. Die Verdampferflächen müssen dabei entsprechend der Betriebsvorschrift saubergehalten werden. Etwa auftretende vereinzelte Temperaturspitzen dürfen —12 °C nicht überschreiten. Die mögliche Lagerdauer der einzelnen Produkte bei —18 °C ist sehr unterschiedlich (siehe Tab. 5) und richtet sich nach der Art und Zusammensetzung sowie der Vorbehandlung und Verpackung[5,6,7].

Tabelle 5. *Mögliche Lagerdauer gefrorener Lebensmittel bei einer Lagertemperatur von —18 °C.*

Lebensmittelart	mögliche Lagerdauer in Monaten
Rindfleisch, Wild, reine tierische Fette, Eiweiß, Gemüse mit Ausnahme von Salatgurken, Obst	10 bis 12
Kalbfleisch, Hammelfleisch, Wildgeflügel, junge Hähnchen, Suppenhühner, Eimasse, Eigelb	8 bis 10
Mageres Schweinefleisch, Knochen, Magerfische, Fischfilet, Gänse, Butter, Käse	6 bis 8
Fettes Schweinefleisch, Hackfleisch, ungewürzte Wurst, Speck angeräuchert, Innereien, Enten, Brot, Feingebäck, Salatgurken. . .	4 bis 6
Roher Speck, gewürzte Wurst, gefülltes Geflügel, Pasteten, die meisten Fertiggerichte	2 bis 4
Fettfische, Sahne, Schlagsahne, Eiscreme	1 bis 3
Kuchenteige, Brötchen, Formgebäck (Brezeln), Speisereste	bis 1 Monat

[1] Recommended Conditions for cold Storage of Perishable Foodstuffs S. 44, International Institute of Refrigeration, Paris 1959.

[2] Gutschmidt, J.: Kältetechnik Bd. 10 (1958) S. 38.

[3] Siehe Fußnote 4, S. 126, dort S. 226.

[4] Siehe Fußnote 4, S. 130, dort S. 14 u. 58. — [5] Siehe Fußnote 3, S. 124.

[6] Diehl, H. C., u. K. F. Warner: Freezing to Preserve Home-Grown Foods. Circ. Nr. 709 U.S. State Dep. of Agric. Washington D. C. Aug. 1945.

[7] Rolfs, Sh.: Freezing Foods at Home, 3. Aufl. 211 Foshay Tower, Minneapolis, Minn. 1949.

Die in den Lagerfächern von Gemeinschaftsgefrieranlagen sich einstellende relative Luftfeuchtigkeit liegt je nach der Bauart und der Größe der Verdampferfläche zwischen 40 und 90%[1]. Da die Produkte in Packstoffen mit hoher Wasserdampfdichtigkeit verpackt gelagert werden, ist die relative Luftfeuchtigkeit in den Lagerfächern von geringerer Bedeutung für die Qualitätserhaltung; sie sollte jedoch mit Rücksicht auf ungenügend verpackte Ware möglichst nicht unter 70% absinken.

Der Nutzinhalt der Gefrierlagerfächer einzelner Anlagen liegt in den USA zwischen 142 und 212 *l* (5 bis 7,5 cu.ft.) und in Deutschland zwischen 100 und 300 *l*. In den USA haben die Fächer durchschnittlich einen Nutzinhalt von 170 *l* (6 cu. ft.), in Deutschland von 200 *l* (siehe Tab. 1), so daß Fächer dieser Größe als Normalfächer gelten. In Deutschland steigt den wachsenden Ansprüchen gemäß auch der Bedarf an Gefrierlagerraum, so daß mit 50 bis 60 *l* Nutzraum für jede zu verpflegende Person gerechnet werden kann. Da in einem Landhaushalt Westdeutschlands durchschnittlich 5 Personen verpflegt werden, dürfte die durchschnittliche Fachgröße auf über 250 *l* ansteigen.

Für die Prüfung von Haushaltsgefriermöbeln ist in den USA nach Nema Standard[2] eine Beschickung mit maximal 56 kg Lebensmittel/100 *l* (35 lb/cu.ft.) vorgesehen. Nach dort vorliegenden Erfahrungen kann als maximales Fassungsvermögen der Fächer in Gemeinschaftsgefrieranlagen etwa 64 kg/100 *l* (40 lb/cu.ft.) angenommen werden, wenn hauptsächlich Fleisch eingelagert wird[2]. Es wird mit einem dreimaligen Umschlag pro Jahr gerechnet, so daß in einem 170 *l*-Fach 326 kg/Jahr oder rd. 0,9 kg/Tag (2 lb/Tag) eingelagert werden. Der Berechnung der Fachgröße in deutschen Anlagen wurde ein Fassungsvermögen von im Mittel 60 kg/100 *l* (Lagerung von rd. 60% Fleisch, 25% Gemüse und 15% Obst) zugrunde gelegt. Bei einem Fachinhalt von 200 *l* (Fassungsvermögen rd. 70 kg Fleisch, 30 kg Gemüse und 20 kg Obst), einem jährlich dreimaligen Umschlag des Fleisches und einer einmaligen Einlagerung von Gemüse und Obst können max. rd. 260 kg Lebensmittel im Jahr gefroren werden. Es ist demnach möglich, dreimal im Jahr ein Schwein zu schlachten und jedesmal rd. 50 kg Fleisch und Fleischwaren davon zu gefrieren (Tab. 6) und außerdem aus einer gemeinsamen Rinderschlachtung noch 30 kg Fleisch sowie zweimal im Jahr je 15 kg Geflügel einzulagern[3]

Tabelle 6. *Beispiel für die mögliche Aufteilung eines Schweines mit etwa 120 kg Lebendgewicht. Schlachtgewicht (verwertbare Teile nach der Schlachtung) rd. 95 kg.*

Produkt	Gewicht in kg	Davon anteilig in kg		
		Gefriergut	sonstige Dauerwaren	Frischverzehr
Speck und Fett	10	—	10	—
Fleisch und Wurstwaren	12	—	12	—
Fleisch für Frischwurst (Kochwurst)	12	10	—	2
Räucherfleisch	8	—	8	—
Entbeintes Frischfleisch	45	40	—	5
	87	50	30	7
Knochenanteil	8			
Schlachtgewicht	95			

[1] Siehe Fußnote 1, S. 121, dort S. 16.
[2] Nema Standard der National Electrical Manufacturers Assoc. vom 17. März 1955.
[3] Siehe Fußnote 4, S. 130, dort S. 48.

D. Bauarten von Gemeinschaftsgefrieranlagen.

Der Grundbestandteil einer Gemeinschaftsanlage, gleichviel ob es sich um einen einfach ausgeführten oder einen mit allen für die Konservierung der einzelnen Produkte ausgestatteten Betrieb handelt, ist der in Fächer unterteilte Gefrierlagerraum. Wenn die Lebensmittel im Haushalt verarbeitet und verpackt werden, besteht die Anlage meist nur aus diesem Raum, in dem die Ware dann sowohl eingefroren als auch gelagert wird, und aus der erforderlichen Kältemaschine. Die verschiedenen Bauarten der Gemeinschaftsgefrieranlagen, die Kaltraumanlagen und die Warmraumanlagen in Schrank- und Truhenform sowie die aus Bauelementen der Kalt- und der Warmraumanlage bestehenden Sonderbauarten unterscheiden sich nur im Aufbau und in der Unterteilung des Lagerraumes voneinander.

Die Entscheidung, welche der einzelnen Bauarten gekauft und gebaut werden soll, richtet sich vorwiegend nach den Anschaffungs- und Betriebskosten für eine Facheinheit. Von Bedeutung dafür ist weiterhin die Betriebssicherheit und Lebensdauer der Anlage sowie die Einfachheit bzw. Bequemlichkeit ihrer Bedienung und Wartung. Auch der Platzbedarf der Anlage kann die Wahl der Bauart beeinflussen[1,2].

Kaltraumanlagen, begehbare, mit unisolierten Fächerschränken ausgestattete Kalträume, werden von 30 Fächern[3] an aufwärts gebaut. Mit steigender Fachzahl nehmen die Baukosten schneller ab als bei anderen Bauarten, so daß ihr Hauptanwendungsbereich bei einem Bedarf von mehr als 50 Fächern liegt und Anlagen von über 80 Fächern fast ausschließlich als Kaltraumanlagen gebaut werden. Die 1959 gezählten 1279 deutschen Kaltraumanlagen hatten durchschnittlich 83 Fächer/Anlage. Alle großen Gemeinschaftsgefrieranlagen in den USA sind Kaltraumanlagen.

Bei Kaltraumanlagen mit mehr als 36 Fächern sind bereits die Anschaffungskosten pro Fach erheblich geringer als bei gleich großen Warmraumanlagen (Tab. 12 u. Abb. 123). Außerdem sind sie ihres einfachen Aufbaues wegen wenig störungsanfällig und haben eine lange Lebensdauer. Die Temperaturunterschiede im Raum und die Temperaturschwankungen können gering gehalten werden.

Als Nachteil der Kaltraumanlagen wird angesehen, daß bei der Bedienung der Fächer der Gefrierlageraum betreten werden muß. Obgleich der kurzzeitige Aufenthalt bei —18 °C — für die Entnahme eines Paketes genügt meist eine Zeit von weniger als eine Minute — nicht gesundheitsschädlich ist, so bleibt doch die unangenehme Kälteeinwirkung, vor der man sich durch warme Kleidung schützen muß. Auf diese Unannehmlichkeit und die Furcht vor Erkältungskrankheiten ist es zurückzuführen, daß in Westdeutschland nicht eine größere Zahl von Kaltraumanlagen mit 30 bis 60 Fächern gebaut wurde.

Warmraumanlagen, von warmen Räumen aus bedienbare Anlagen, werden in Truhenform hauptsächlich mit 8 bis 36, in Schrankform vorwiegend von 20 bis 48 Fächern gebaut. Die in Westdeutschland um 1959 meist gefragten Größen waren Truhenanlagen mit 24 und Schrankanlagen mit 36 Fächern (Tab. 1). Aber es werden auch Warmraumanlagen mit 70 bis 80 Fächern erstellt. In den USA sind,

---

[1] Siehe Fußnote 4, S. 130.

[2] VDI-Richtlinien 2164: Gemeinschaftsgefrieranlagen (Planungsrichtlinien) Verein Deutscher Ingenieure, Düsseldorf, März 1961.

[3] Wenn die Fachzahl als Größenangabe für eine Anlage verwendet wird, sind stets Fächer mit einem Nutzraum von durchschnittlich 200 *l* gemeint.

verglichen mit den dort üblichen Kaltraumanlagen wenig Warmraumanlagen und diese im wesentlichen in Schrankform mit 16 bis 100 Fächern gebaut worden.

Kleine Gemeinschaftsgefrieranlagen mit weniger als 30 Fächern baut man zweckmäßigerweise als Warmraumanlagen, da dann die Vorteile solcher Anlagen weniger durch einen wirtschaftlichen Nachteil erkauft zu werden brauchen (s. Abb. 123). Wenn 20 und weniger Fächer gewünscht werden, verwendet man ausschließlich Warmraumanlagen, da man sie dann meist in vorhandenen Räumen ohne große Um- und Einbauten unterbringen kann. Es ist hier auch wirtschaftlicher, eine Warmraumanlage zu wählen, da bei so kleinen Kaltraumanlagen die zum Begehen erforderliche Grundfläche im Vergleich zur genutzten Fläche verhältnismäßig groß ist.

Wenn man sich für die Anschaffung einer Warmraumanlage entschieden hat, muß noch die Bauform gewählt werden. Der Grundflächenbedarf von Anlagen durchschnittlicher Größe, beträgt bei Truhenanlagen etwa 1 m², bei Schrankanlagen mit 3 Fächerreihen übereinander etwa 0,5 m² für ein·200 *l* großes Normalfach, wenn der Platz für 1 m breite Bedienungsgänge und Luftkühler eingeschlossen wird (s. Tab. 9). Bei größeren Warmraumanlagen wird deshalb die Schrankform der Truhenform vorgezogen, zumal dann auch die kleinere Oberfläche/Fach der Schrankanlage einen merklichen Einfluß auf Anschaffungs- und Betriebskosten hat (Abb. 123). Bei kleinen Anlagen ist ein Truhenfach in der Regel nicht viel teurer als ein Schrankfach. Neben den Kosten beeinflußt das Aussehen und die Bedienungsweise die Wahl entscheidend. Die Benutzer müssen sich entschließen, ob sie lieber ein Truhen- oder ein Schrankfach bedienen wollen. Meist ist es einfacher, ein Truhenfach zu packen, aber ein Schrankfach kann oft übersichtlicher sein, so daß die gewünschten Pakete schneller gefunden werden.

Bei Anlagen mit mehr als 40 Fächern wird eine Warmraumanlage einer in Anschaffung und Betrieb billigeren Kaltraumanlage (s. Abb. 123) jedoch hauptsächlich wegen der Bedienungsweise vorgezogen; kann hier doch das einzelne Lagerfach wie beim Kühlschrank oder der Gefriertruhe vom normal temperierten Raum aus beschickt und geleert werden. Ob sich eine Gemeinde für die eine oder die andere Bauart entscheidet, hängt oft davon ab, welche Anlagen in den Nachbardörfern erstellt worden sind. Sie möchte die vorliegenden Erfahrungen der Nachbarn ausnutzen und eine genauso gute, d. h. vielfach eine nicht weniger bequeme und äußerlich ansprechende Anlage besitzen.

I. Der Aufbau der Kaltraumanlage.

Es gibt nur wenig Kaltraumanlagen, die außer dem eigentlichen Gefrierlagerraum (Kaltraum) mit den Schließfächern für die Gefrierlagerung nicht ein Gefrierabteil, einen Kühlraum, einen Verarbeitungsraum und einen abgetrennten Maschinenraum besitzen (s. Abb. 92). Es ist oft schwierig, für den Einbau solcher vollständigen Anlagen und der noch umfangreicheren amerikanischen Betriebe (Abb. 94) Bauten zu finden, in denen nicht nur geeignete Räume vorhanden sind, die sich gut einrichten lassen, sondern die außerdem noch zentral liegen. Wenn kein passender Altbau zur Verfügung steht, ist es zweckmäßiger und oft auch billiger, neu zu bauen. Weitaus die meisten in Norddeutschland errichteten Anlagen sind in Neubauten untergebracht (Abb. 93).

1. Aufbau und Einrichtung des Gefrierlagerraumes.

Nur trockene geruchfreie Räume sind für den Einbau eines Gefrierlagerraumes geeignet. Wenn möglich, soll der Raum, der Sonneneinstrahlung wegen, im Nordteil des Gebäudes liegen. Damit das Verhältnis von Wandfläche zu Nutzraum klein bleibt, sollte der Raum eine nicht zu sehr vom Quadratischen abweichende rechtwinklige Grundfläche haben. Raumgröße und -form müssen von der Zahl und den Abmessungen der Lagerfächer ausgehend bestimmt werden. Der Berechnung des Bodens ist eine Belastung von 1500 kg/m² zugrunde zu legen.

Wenn der Gefrierlagerraum nicht unterkellert ist, können Unterfrierungen auftreten[1]. Um diese zu vermeiden, ist ein freier Raum unter den der tiefen Temperatur ausgesetzten Teilen der Anlage vorzusehen, durch den die Luft zirkulieren kann (s. Abb. 92 und 104) oder — wenn es die örtlichen Verhältnisse gestatten — eine Aufschüttung aus 40 bis 50 cm Schlacken o. ä. anzubringen. Es empfiehlt sich, einen schwellenlosen Übergang vom Verarbeitungs- in den Kühlraum und weiter in den Gefrierlagerraum zu schaffen, damit Hordenwagen für den Transport des Gefriergutes verwendet werden können. Wände, Fußboden und Decke müssen eben sein. In einem Altbau etwa vorhandener Kalkputz an den Wänden ist vor Beginn der Isolierungsarbeiten restlos zu entfernen.

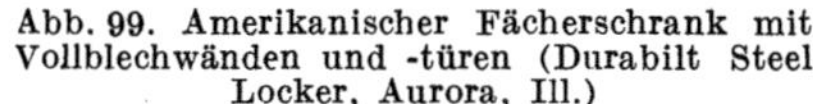

Abb. 99. Amerikanischer Fächerschrank mit Vollblechwänden und -türen (Durabilt Steel Locker, Aurora, Ill.)

Abb. 100. Amerikanischer Fächerschrank mit Gitterwänden (W. E. Guest, Chicago).

Eine gute Isolierung und eine dichte Sperrschicht gegen das Eindringen von Wasserdampf sind entscheidend für die Lebensdauer und wirtschaftliche Arbeits-

[1] Hamilton, J. J., D. C. Pearce u. N. B. Hutcheon: ASHRAE-J. Bd. 1 (1959) Nr. 4, S. 54.

weise der Anlage. Als Kälteisolierung werden in erster Linie expandierter Kork und Styropor verwendet. Für die Bestimmung der Isolierstärke des Gefrierlagerraumes und des Gefrierabteiles wird meist eine Innentemperatur von —20 °C, für die des Kühlraumes eine von ±0 °C gewählt. In Deutschland wird bei frei stehenden Anlagen mit der höchsten Tagestemperatur (+35 °C) gerechnet. Über die wirtschaftlichste Isolierstärke s. Bd. I, dieses Handbuches S. 382.

Die Wände des Kaltraumes sollen nicht gekachelt, sondern mit einem einfachen hellen Zementputz versehen werden, damit ggf. in die Isolierung eingedrungenes Wasser an den Verdampfer abwandern kann. Der Boden muß einen leicht zu säubernden, gegen Nässe unempfindlichen Bodenbelag haben. Es genügt ein Zementglattstrich. Da in den meisten Kaltraumanlagen die Fachbesitzer ihre Fächer selbst bedienen, muß die Tür des Gefrierlagerraumes mit besonderer Sorgfalt ausgewählt und eingebaut werden. Die Tür muß auch von Frauen leicht geöffnet und geschlossen werden können. Bei kleineren Anlagen genügt eine Türbreite von 70 cm, besser ist es jedoch, auch hier wie bei größeren Anlagen eine Breite von 80 cm zu wählen. Über Türausführungen s. Beitrag S. 169.

In fast allen Kaltraumanlagen wird das Gefriergut in Fächerschränken gelagert. Die aus Holz oder Stahlblech von der Industrie hergestellten Schränke haben meist volle Türen und Wände (Abb. 99), aber es werden auch Schränke mit Gitterwänden (Abb. 100) oder aus Maschendrahtgeflecht hergestellt, damit die Kaltluft durch die Fächer streichen kann. In der Regel sind auch hier die Türen aus Vollmaterial gefertigt oder sie haben verdeckte Schlitze.

Meist liegen 4 Fächer, bei amerikanischen Fächerschränken auch 5 und sogar 6 Fächer übereinander. Abmessungen von Lagerfächern einiger gängiger amerikanischer und deutscher Fabrikate sind in Tab. 7 angegeben. Um die Luftzirkulation im Raum nicht zu unterbinden, haben die Fächerschränke 100 bis 150 mm hohe Füße, so daß die Gesamthöhe bei den deutschen Anlagen in der Regel 2,10 m, bei den Anlagen in den USA mit meist rd. 450 mm hohen Fächern bis zu 2,8 m beträgt. Die hier mit der Fachunterkante 2,35 m über dem Boden liegenden Fächer müssen stets mit einer Treppe bedient werden, meist ist auch

Tabelle 7. *Innenabmessungen von Lagerfächern mittlerer Größe in amerikanischen und deutschen Gemeinschaftsgefrieranlagen.*

Land	Anlagenart	Fabrikat	Innenabmessung			
			Breite mm/in.	Höhe mm in.	Tiefe mm in.	Nutzinhalt ltr./cb.ft.
USA	Kaltraumanlage	1	457/18	457/18 (559/22)	762/30	159/5,62 (177/6,25)
		2	609/24	381/15 (508/20)	762/30	177/6,25 (212/7,5)
		3	508/20	432/17 (508/20)	762/30	167/5,90 (177/6,25)
Westdeutschland	Kaltraumanlage	1	700	500	650	228
		2	750	450	600	200
	Schrankanlage	1	775	550	600	230
		2	700	490	550	190
		3	725	550	560	223
	Truhenanlage	1	520	650	605	205
		2	510	620[1]	640	200
		3	490	570[1]	610	170

Klammerwerte: Maße der Schubladen im unteren Teil der Schränke.
[1] Bis zur Stapelgrenze.

für die Bedienung der 1,6 m über dem Boden liegenden Normalfächer in deutschen Anlagen ein Tritt oder eine kleine, leicht verschiebbare Treppe vorhanden. In den USA sind normalerweise die unteren Fächer der besseren Bedienungsmöglichkeit wegen als Schubladen ausgebildet (Abb. 97 u. 99), während in deutschen Anlagen oft durch Einsatzkörbe die Bedienung der unteren Fächer erleichtert wird (Abb. 101). Die Körbe sollten nicht größer als 50 l sein und sich leicht verschieben lassen[1].

Abb. 101. Einschiebkörbe in den unteren Fächerreihen aus Holz hergestellter Fächerschränke.

Die Türen der Fächer sind normalerweise mit eingebauten Schlössern oder mit Riegeln zum Anbringen eines Vorhängeschlosses versehen, da die Fachbesitzer bei Selbstbedienung den Wunsch haben, ihre Gefrierprodukte verschließbar unterzubringen.

Die Fächerschränke werden nebeneinander in geschlossenen Reihen an den Wänden entlang und bei größeren Anlagen auch Gänge bildend mit der Rückwand gegeneinander frei in den Raum gestellt (s. Abb. 92 u. 94). Zwischen den Fächerschränken und den Wänden sowie der Decke des Raumes muß genügend Raum für den Kaltluftumlauf frei bleiben. Die Räume werden meist so gebaut, daß nach dem Aufstellen der Schränke Bedienungsgänge von 1 m Breite frei bleiben. Die Gänge sollen nicht schmaler als 0,9 m sein.

2. Die Kühlung des Gefrierlagerraumes.

Der Gefrierlagerraum kann unabhängig von seiner Größe und Ausstattung mit stiller oder bewegter Kühlung auf der vorgeschriebenen Temperatur gehalten werden, wenn die Lebensmittel im gefrorenen Zustand in den Raum kommen. Beide Kühlverfahren sind üblich. Wenn auch neuerdings die bewegte Kühlung, infolge der Fortschritte im automatischen Abtauen in steigendem Umfang angewendet wird, so dürften doch die bisher errichteten Anlagen überwiegend mit stiller Kühlung arbeiten.

Eine stille Kühlung mit einer nur durch Temperaturunterschiede im Lagerraum hervorgerufenen natürlichen Luftbewegung wird bei Kaltraumanlagen in der Regel durch Deckenverdampfer, aber auch durch eine Mantel- oder Teilmantelkühlung erreicht. Voraussetzung für ihre Anwendung ist, daß die Lebensmittel vor dem Einbringen in den Gefrierlagerraum gefroren worden sind, also nur die von außen durch die Wände oder durch das Begehen und die Beleuchtung einfallende Wärme abgeführt zu werden braucht.

Da die Verdampferflächen in regelmäßigen Zeitabständen von Hand gereinigt und daher leicht zugänglich sein müssen, steht bei guter Ausnutzung des Gefrierlagerraumes nur die Decke über den Gängen zum Anbringen der Verdampfer zur Verfügung. Um auf diesem kleinen Teil der Decke eine ver-

[1] MERTENS, W.: Die Kälte, Bd. 8 (1955) S. 420.

Abb. 102. Längsrippen- oder Flossenverdampfer zur stillen Kühlung eines Kaltraumes. Aus Holzgittern aufgebaute Lagerfächer (Bergedorfer Eisenwerke A. G., Hamburg-Bergedorf).

Abb. 103. Längsrippenverdampfer zur stillen Kühlung eines Kaltraumes. Lagerfächer mit Vollblechwänden und -türen (Brown, Boveri & Cie., Mannheim).

hältnismäßig große Kühlfläche unterzubringen, wählt man für Gefrierlagerräume Längsrippen- oder Kanalplattenverdampfer (Abb. 97, 102 und 103). Je 4 bis 10 Rippenrohre oder Platten werden so zu Registern zusammengefaßt, daß der Abstand zwischen ihnen groß genug ist, um den Reif von den Kühlflächen abfegen zu können.

Eine gleichmäßige Temperatur stellt sich im Raum nur ein, wenn die abgekühlte Luft vom Gang aus am Boden, den Wänden und der Decke entlang zum Kühlkörper zurückströmen kann. Die Fächerschränke haben deshalb Füße und werden so gestellt, daß zwischen ihnen und den Wänden ein Abstand von mindestens 50 mm bestehenbleibt. Der freie Raum an der Decke soll etwa 100 mm höher sein als die Verdampferregister. Auch wenn die freie Deckenfläche zwischen den Fächerschränken gut ausgenutzt wird und sich die gewünschte Luftzirkulation ausbildet, muß mit einer Differenz zwischen Verdampfungs- und mittlerer Raumtemperatur von 8 bis 10 °C gerechnet werden. Diese Temperaturdifferenz kann also keineswegs so klein und die relative Luftfeuchtigkeit so hochgehalten werden wie in Kalträumen mit durchgehender Wand- und Deckenberohrung.

Da eine allseitige Berohrung des Gefrierlagerraumes nicht möglich ist, wurden Anlagen mit Mantelkühlung angeboten[1] (Abb.104), bei denen infolge des geringen Temperaturunterschiedes zwischen Wandflächen und Raumluft sich wesentlich günstigere Lagerbedingungen einstellen.

[1] NOORDZIJ, P.: Inrichting en Gebruik van Diepvrieskluizen, Publikation Nr. 18 aus dem Instituut voor Bewaring en Verwerking van Tuinbouwproducten, Wageningen, Holland, 1961.

Vom Luftkühler wird die gekühlte Luft in den Mantel geleitet, wo sie während des Umlaufs die von außen einfallende Wärme unmittelbar aufnimmt. Da die Mantelkühlung im Bundesgebiet patentiert wurde, sind ähnliche Anlagen, jedoch ohne einen Mantel an den Wänden gebaut worden. Hier wird die aus dem Luftkühler

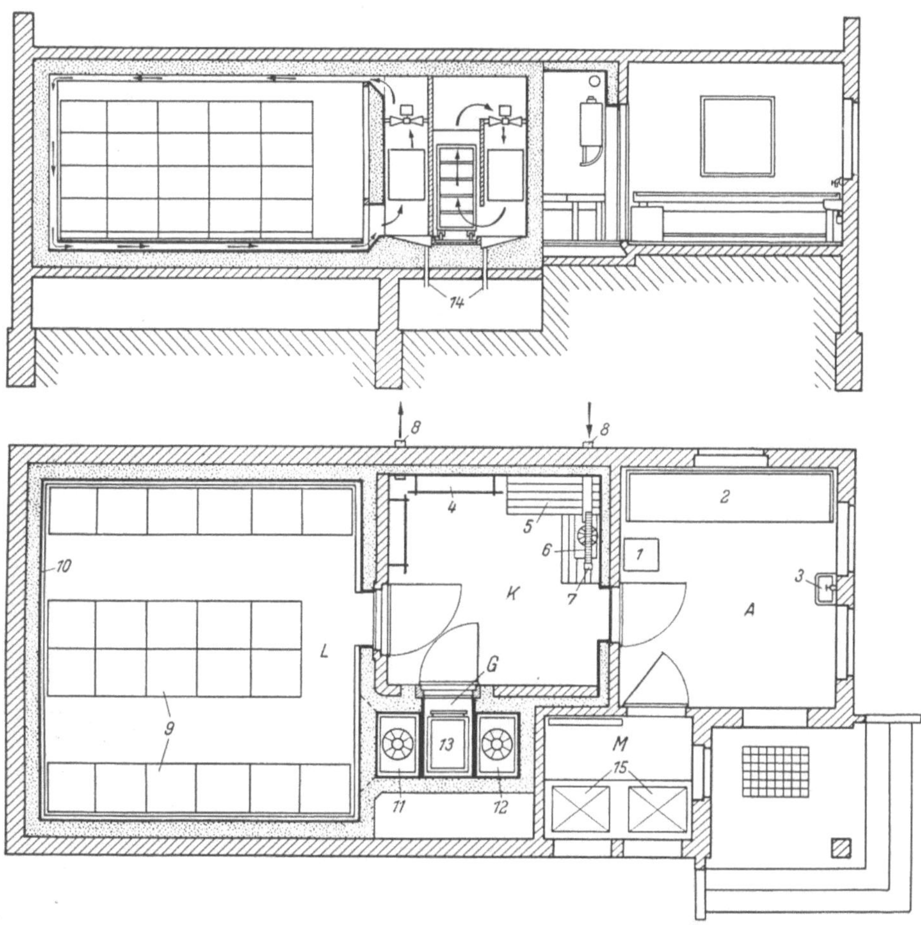

Abb. 104. Schema einer Kaltraumanlage mit Mantelkühlung nach DBP 944495 (Escher Wyss, Lindau). Im Aufriß wird die Luftbewegung im Mantel des Kaltraumes und im Gefrierabteil durch Pfeile angedeutet. *A* Arbeitsraum; *K* Kühlschrank, Temperatur +2 bis +4 C, *G* Gefrierfach, Temperatur −25 bis −28 °C, *L* Gefrierlagerraum, Temperatur −18 °C, *M* Maschinenraum.
1 Hackklotz, *2* Arbeitstisch, *3* Spülbecken, *4* Fleischgehänge, *5* Regal, *6* Luftkühler, *7* Heizkörper, *8* Lüftung, *9* Fächerschränke, *10* wasserdampfdichter Mantel, *11* Luftkühler für den Lagerraum, *12* Luftkühler für das Gefrierabteil, *13* Hordenwagen, *14* Ablauf für das Abwasser, *15* Verdichtersätze.

kommende Luft in eine Zwischendecke geleitet und strömt, da die Zwischendecke etwas kleiner als die isolierte Raumdecke ist, aus dem ringsum frei bleibenden Spalt an den Wänden frei nach unten und wird aus einem Zwischenboden wieder abgesaugt. Wie bei der Anlage mit Deckenverdampfern stehen auch hier die Fächerschränke nicht ganz an den Wänden, so daß die gebildeten Zwischenräume als Luftkanäle wirken. Die Luftbewegung im Raum ist daher meist schwächer als bei den Anlagen mit Deckenverdampfern. Da die Kaltluft hier nicht durch einen geschlossenen Mantel vom Lagerraum getrennt wird, stellt sich zwar keine so hohe relative Luftfeuchtigkeit im Raum ein wie bei der Mantelkühlung; die Differenz zwischen Verdampfungs- und Lufteintrittstemperatur im Kühler kann aber kleiner gehalten werden als bei Deckenverdampfern, so daß die Lagerbedingungen in der Anlage mit Zwischendecke meist günstiger als bei natürlicher Luftzirkulation sind.

Für eine bewegte Kühlung, bei der meist der ganze Lagerraum von Kaltluft durchströmt wird, verwendet man in der Regel Luftkühler, bestehend aus einem Lamellenverdampfer und einem oder zwei meist über dem Verdampfer eingebauten Ventilatoren oder Gebläsen (Abb. 105). Der Luftkühler wird an einer Stelle angebracht, von der aus die Kaltluft sich gleichmäßig im Raum verteilt, so daß keine toten Winkel entstehen. In großen Gefrierlagerräumen läßt man einen Raum von 300 bis 400 mm Höhe zwischen den Fächerschränken und der Decke frei und hängt den oder die Kühler so auf, daß die Luft in diesen Zwischenraum geblasen und im unteren Teil des Raumes wieder angesaugt wird.

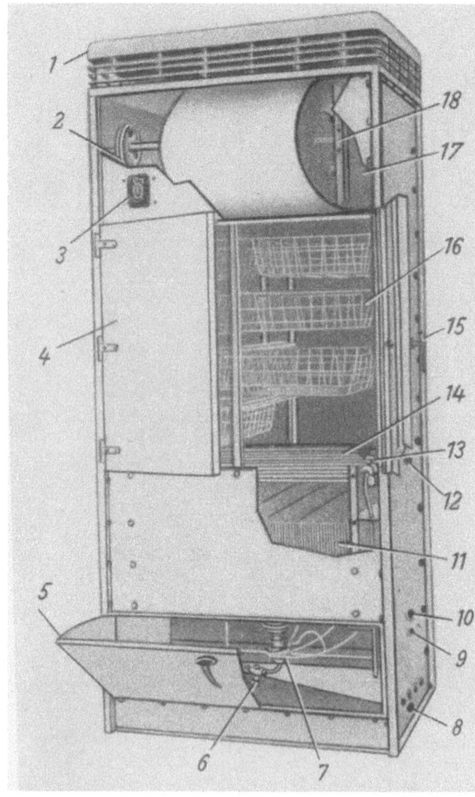

Abb. 105. Luftkühler für Kalträume mit Gefriereinrichtung (McQuay Inc., Minneapolis 13, Minn.).

1 Luftverteilungshaube, *2* verstellbarer Keilriemenantrieb, *3* Schalter zum Umschalten auf automatischen Betrieb, *4* Türen und Verkleidungsbleche mit weißem Einbrennlack geschützt, *5* Abnehmbare Auffangklappe für Tauwasser, *6* Kältemittelfilter, *7* Expansionsventil, *8* Anschluß für Tauwasserablauf, *9* Anschluß für flüssiges Kältemittel, *10* Anschluß für Saugleitung, *11* Fünf-Reihen-Lamellenverdampfer, *12* Wasseranschluß, *13* Wasserdurchgangsventil, *14* Wasser-Abtaubatterie, *15* Türverschluß, *16* verzinnte Gefrierkörper, *17* Gebläse, *18* Gebläselager.

In großen Anlagen werden, wie beim Arbeiten mit stiller Kühlung, die Lebensmittel in gefrorenem Zustand in die Lagerfächer gelegt, so daß — da die Luft in den Fächern nicht bewegt zu werden braucht — geschlossene Fächer verwendet werden können. Bei kleineren Anlagen wird jedoch oft in den Fächern gefroren, so daß die Kaltluft durch die Fächer strömen muß. Hier werden Fächer mit Gitterwänden aufgestellt und außerdem der Luftstrom so ausgeblasen oder angesaugt, daß eine Luftbewegung in allen Fächern gesichert ist. Bei kleinen Kaltraumlagen mit nur einer Reihe von Fächerschränken an jeder Längswand, wird z. B. die Kaltluft aus dem am Ende des Ganges hängenden Luftkühler meist frei in den Raum geblasen und über den Fächern angesaugt.

Die Luftkühler müssen so angebracht werden, daß das Tauwasser ohne Schwierigkeit nach außen oder in einen normal temperierten Raum abgeleitet werden kann (s. S. 157).

3. Das Gefrieren in Kaltraumanlagen.

In Kaltraumanlagen werden die Lebensmittel normalerweise gefroren, bevor sie in die Lagerfächer kommen. Man gefriert sie meist im Kaltluftstrom, aber auch im Kontakt mit Verdampferplatten.

Für das Gefrieren im Luftstrom werden die Lebensmittelpackungen üblicherweise gut verteilt, auf Hordenwagen liegend, vom Kühlraum oder Arbeitsraum in das Gefrierabteil geschoben (Abb. 96 u. 98). In diesem wird die Luft von einem Ventilator im Kreislauf durch den Luftkühler und über die Horden mit Lebensmitteln gefördert (Abb. 104). Der normalerweise als Lamellenverdampfer ausgebildete Luftkühler arbeitet oft mit einem eigenen Kältesatz. Neben diesen Abteilen werden auch begehbare Räume zum Gefrieren verwendet. In ihnen werden die Produkte in Drahtkörben liegend auf Regalen oder auf Verdampferrohren stark bewegter Kaltluft ausgesetzt.

In Gefrierlagerräumen mit bewegter Kühlung wird die zur Kühlung des Raumes verwendete Kaltluft auch mitunter zum Gefrieren der Lebensmittel verwendet (Abb. 105). Meistens sind dazu im oder in der Nähe des Luftkühlers Fächer oder Schränke vorgesehen, durch die ein Teil oder die ganze aus dem Kühler kommende Luft streicht, oder während des Gefrierens gelenkt wird.

Mehr als in Europa werden in den USA neben Luft- auch Plattengefriereinrichtungen in Gemeinschaftsgefrieranlagen verwendet. Die Verdampferplatten sind dann in einem Schrank untergebracht, der üblicherweise vom Kaltraum aus zugängig ist (Abb. 97). Diese Platten, deren Fläche gerade ausreichen soll, um den Spitzenanfall an Packungen in einer Schicht liegend zu gefrieren, sind bei stiller Kühlung des Gefrierlagerraumes an die Kältemaschine angeschlossen, die den Raum kühlt.

II. Die Warmraumanlage.

Warmraumanlagen in Schrank- und Truhenform werden in der Regel aus vorgefertigten Bauelementen oder größeren Baueinheiten an der Baustelle zu sammengesetzt.

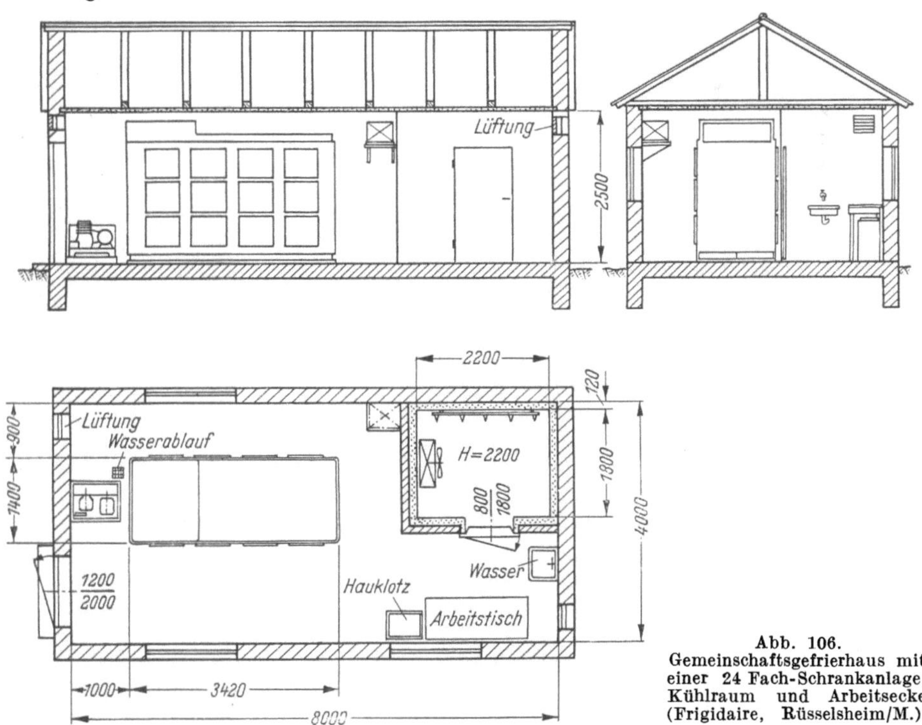

Abb. 106. Gemeinschaftsgefrierhaus mit einer 24 Fach-Schrankanlage, Kühlraum und Arbeitsecke (Frigidaire, Rüsselsheim/M.).

1. Der Aufstellungsraum.

Meist ist es leichter, einen vorhandenen Raum für die Aufstellung einer Warmraumanlage zu benutzen als für den Einbau einer Kaltraumanlage. Der Raum muß luftig, trocken und geruchfrei sein und soll möglichst ebenerdig liegen. Wenn kein passender Raum vorhanden ist, wird auch die Warmraumanlage

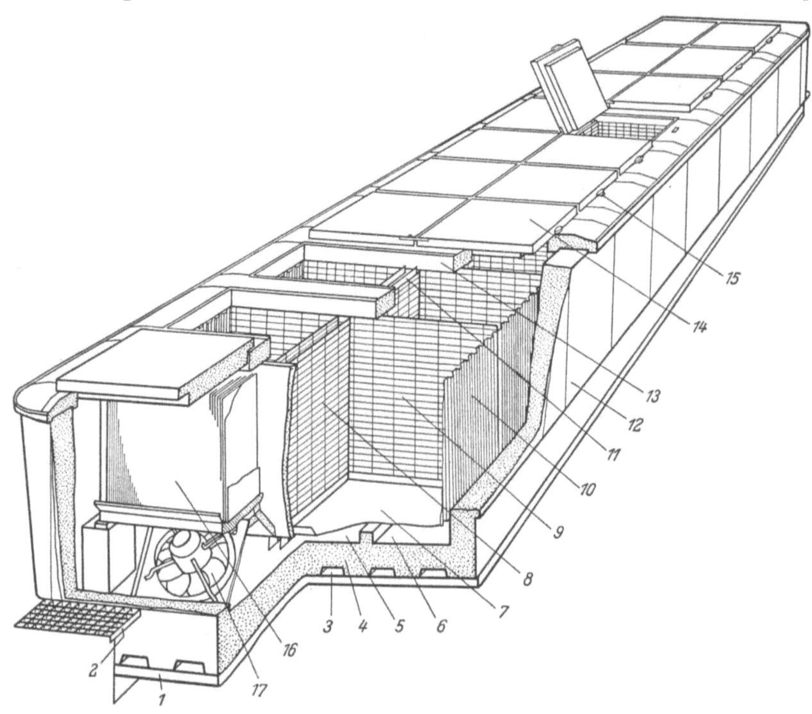

Abb. 107.
Schematische Darstellung des Aufbaus einer Truhenanlage mit Zentralkühler (Frigidaire, Rüsselsheim/M.).
1 Grundplatte, Gitter für Bodenbelüftung, *3* Kanäle für die Bodenbelüftung, *4* Styroporisolierung ohne Wärmebrücken, *5* Luftverteilungskanal, *6* Luftrücklaufkanal, *7* Fachboden, abgekantetes Aluminiumblech, *8* Doppelgitter aus Draht, Zwischenraum für Zuluft, *9* Drahtgitter als Trennwand benachbarter Fächer, *10* wellenförmige Bleche zur Luftführung, *11* Luftleitprofil, *12* Verkleidung aus Zincorblech mit Einbrennlack, *13* Deckelrahmen, *14* Doppeldeckel, *15* Deckelverschluß, *16* Lamellenverdampfer mit eingebauter Abtauheizung, *17* Lüfter.

besser in einem Neubau untergebracht. Pläne für geeignete kleine Zweckbauten werden oft von den Herstellern der Anlage bereitgestellt. In ihnen ist neben dem Platz für die Schrank- oder Truhenanlage fast immer ein weiterer für den Einbau eines Kühlraumes und ein Arbeitsplatz vorhanden (Abb. 106).

Eine Warmraumanlage muß auf einem ebenen, waagerechten Sockel oder Boden aufgestellt werden, damit die Wände und Isolierstücke ohne Schwierigkeiten zusammengefügt und miteinander unter Druck zusammengeklebt werden können. Auf eine neu verlegte Sockelplatte wird daher kaum verzichtet werden können. Es muß mit einer Bodenbelastung von 1000 kg/m² für eine doppelreihige Truhenanlage und von 1500 kg/m² für eine dreietagige Schrankanlage gerechnet werden.

Auch Warmraumanlagen müssen gegen Unterfrierungen geschützt sein. Bei der Truhenanlage (Abb. 107 u. 111) sind Lüftungskanäle in Längsrichtung, bei der

Schrankanlage (Abb. 113) quer dazu, in die Bodenisolierung eingelassen. Wenn die Isolierung mit einem gleichzeitig als Wasserdampfsperre wirkenden Klebstoff auf den Sockel geklebt wird, muß der Raum unterkellert sein oder das Fundament auf einer Schlacken- oder Schotterschicht liegen.

Auch wenn die Warmraumanlage in einem geeigneten trockenen Raum aufgestellt wird, läßt sich ein zeitweiliges Beschlagen der Türwand oder Abdeckung nicht immer vermeiden. Bei guter Isolierung der Anlage genügt eine natürliche Durchlüftung des Raumes, um ein solches Beschlagen bis auf wenige sehr feuchte Tage im Jahre zu verhindern. Um einer Taubildung vorzubeugen, wird die Kältemaschine gerne im gleichen Raum wie die Anlage untergebracht und die aus dem Verflüssiger kommende Luft über die Schrank- oder Truhenwände geleitet. In ungünstig liegenden Räumen kann der Einbau einer Vorrichtung zur Luftentfeuchtung erforderlich werden[1]. Es werden Schrankanlagen gebaut, bei denen die Raumluft in einem am Schrank entlanggeführten Kanal leicht gekühlt und dann nach der Erwärmung im Verflüssiger über die Schrankwände geleitet wird.

Abb. 108. Schnitt durch eine Schrankanlage, bei der Styropor nicht nur die Kälteisolierung übernimmt, sondern auch als tragende Wand dient (Frigidaire, Rüsselsheim/M.).

2. Der Aufbau von Schrank- und Truhenanlagen.

Schrank- und Truhenanlagen sind in der Normalbauweise doppelreihig frei stehend ausgeführt (Abbildung 107). Ihre Breite ist durch die Tiefe der einander gegenüberliegenden, von den Längsseiten aus zugängigen Fächer gegeben; ihre Länge kann der gewünschten Fachzahl entsprechend durch Aneinanderreihen mehrerer Baueinheiten variiert werden. Die einander gegenüberliegenden Fächer sind meist durch ein Drahtgitter oder einen Lattenrost voneinander getrennt. Auf die gleiche Art grenzt man die einzelnen Fächer in der Längsrichtung gegeneinander ab, wenn die Anlage mit bewegter Kühlung arbeitet. Bei stiller Kühlung durch Verdampferplatten bilden diese in Truhenanlagen die Grenzwände in der Längs-

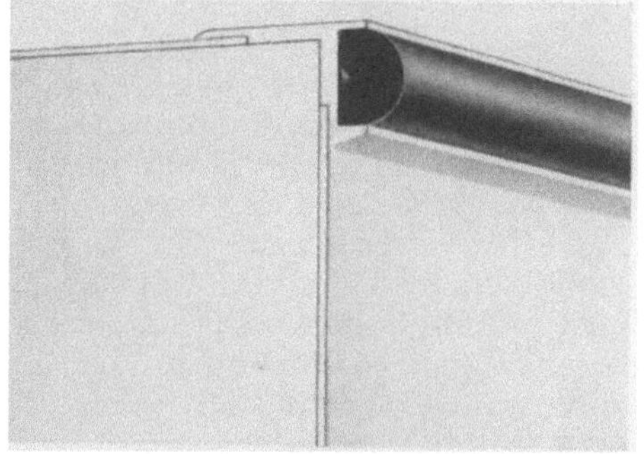

Abb. 109. Vergrößerte Darstellung des Schnittes durch den Türrahmen der Schrankanlage in Abb. 108 mit einem Kunststoffeckprofil und eingelassenem Dichtungswulst aus Moosgummi.

[1] Lang, O.: Die Kälte, Bd. 9 (1956) S. 404.

richtung (Abb. 111). An den ungekühlten Wänden sorgen Vorsatzgitter oder Wellbleche dafür, daß die Lebensmittel nicht anliegen und eine natürliche Luftzirkulation erhalten bleibt. Für die Isolierung der Außenwände von Warmraumanlagen wird fast ausschließlich Styropor, meist mit einem Gewicht von 25 bis 30 kp/m^3, verwendet. Styropor hat bei richtiger Verlegung nicht nur eine gute Isolierwirkung, sondern kann auch als tragender Baustoff verwendet werden. Es ist deshalb möglich, die Außenwände einschließlich der Türwände bei Schrankanlagen und die Abdeckung bei Truhenanlagen weitgehend ohne ein Stützgerüst aus Holz- oder Metallteilen zu bauen (Abb. 107 u. 108).

Für die Befestigung der Scharniere an den Türwänden der Schränke sind z. T. Holzdübel eingeschäumt, z. T. ist dafür ein Holzrahmen in die Isolierung eingelassen, der gleichzeitig zur Befestigung der Außenverkleidung verwendet wird. Die Außenverkleidung dient in der Regel gleichzeitig als Wasserdampfsperre. Wenn sie nicht wasserdampfdicht verfugt werden kann, wird auch eine wasserdampfdichte Folie auf der Außenseite der Isolierung vor der Montage angebracht. Die Verkleidung besteht meist aus Kunststoff oder einem mit Kunststoff beschichteten Stahlblech, bei den Truhen auch aus Stahlblech mit einem eingebrannten elastischen Lack, und ist unempfindlich gegen Stöße, Nässe und Verschmutzung. Die Türleibungen sind praktisch immer mit Kunststoff verkleidet.

Abb. 110. Gemeinschaftsgefrieranlage in Schrankform mit 30 Lagerfächern von je 280 l Nutzinhalt. Isolierung der Außenwände 17 bis 20 cm Styropor mit Resopalverkleidung. Türen aus Kunststoff frei tragend 11 cm isoliert. Eingebaute Türstockheizung (Escher-Wyss, Lindau).

Die Isolierstärke der Wände beträgt bei deutschen Anlagen 12 bis 20 cm. Sie sollte 12 cm nicht unterschreiten.

Die Türen und Deckel der Anlagen sind vielfach aus 2 Halbschalen hergestellt, von der die innere bei nahezu allen Anlagen aus schlag- und kratzfestem Kunststoff, die äußere entweder auch aus Kunststoff oder lackiertem Stahlblech hergestellt ist. Die Türschalen, die dicht über einem passenden Styroporformstück zusammengefügt sind, werden so stabil ausgebildet, daß die Beschläge direkt an ihnen befestigt werden können. Die Türen sind 10 bis 12 cm stark isoliert; eine Stärke von 8 cm sollte nicht unterschritten werden. Zwischen den Aufsatztüren und den Türen mit vollständig in den Türrahmen hineinragender Isolierung hat sich eine mittlere Bauform herausgebildet (Abb. 107 und 110).

Als Tür- und Deckeldichtungen werden meist Moosgummiwülste verwendet, die z. T. am Türrahmen in besonderen Kunststoffprofilleisten (Abb. 109 u. 111), z. T. an der Tür (Abb. 110), befestigt sind. Der Scharnierdrehpunkt und der Schloßkloben der Türen und Deckel sind oft verstellbar, so daß es möglich ist, den Anpreßdruck der Dichtung zu verändern. Der Dampfdruckunterschied zwischen der Luft in der Umgebung und im Innern der Anlage ist groß, so daß bei nicht einwandfreier Abdichtung der Türen und Wände der Wasserdampftransport zu einer sehr viel schnelleren Bereifung der Verdampfer führt als bei einer einwandfrei gebauten und betriebenen Anlage.

Auch bei dichten Türen und sorgfältigster Isolierung wird an den Türrändern von Schrankanlagen und den Deckelrändern von Truhenanlagen nicht der Dämmwert der durchgehenden Wand erreicht werden können, so daß die Türrahmen stets etwas kälter sind und bei hoher relativer Luftfeuchtigkeit im Lagerraum zuerst beschlagen. Am Anfang der Entwicklung sind durch Eisansätze an den Türrändern bei vielen schlecht aufgestellten Anlagen Schwierigkeiten und Schäden entstanden.

Durch den Einbau einer Türstockheizung in die Schrankwände kann dafür gesorgt werden, daß sich auch bei hoher relativer Luftfeuchtigkeit im Aufstellungsraum kein Niederschlag an den Türöffnungen bildet[1]. Da in gut belüfteten Räumen nur während weniger Tage im Jahre ein Luftzustand herrscht, der auch bei einer gut isolierten Anlage zu stärkeren Niederschlägen und Eisbildung führen kann, ist die Heizung normalerweise außer Betrieb und wird nur in ungünstigen Aufstellungsräumen oder bei warmem feuchtem Wetter in Betrieb genommen. Die Heizung wird dann mit der Kältemaschine aus- und eingeschaltet und arbeitet entweder während der Laufzeit oder während des Stillstandes der Maschine. Um ein Feuchtwerden der Türrahmen zu verhindern, genügt eine schwache Heizleistung. In einem Schranktyp werden z. B. Heizschnüre mit einer Leistung von 2 bis 2,5 W/m eingebaut.

Abb. 111. Fertigmontierter Teil einer Truhenanlage mit stiller Kühlung durch Verdampferplatten. Die Deckel der einander gegenüberliegenden Fächer hängen zusammen in einem Scharnierbolzen (Frigidaire, Rüsselsheim/M.).

Die Fächer von Warmraumanlagen haben meist einen Nutzinhalt von 200 *l*. Neuerdings werden Schrankanlagen mit größeren Fächern geliefert (s. Tab. 7). Die Tür- und Deckelöffnungen sollen einen großen Teil der Fachfront freilegen, damit das Fachinnere gut übersehen und leicht bedient werden kann. Die lichten Maße der Öffnungen liegen bei 450 bis 500 mm in der Länge und 420 bis 430 mm in der Höhe (Schrank) bzw. Tiefe (Truhe). Bei der Truhenanlage (Abb. 107 u. 111) ist auf einen Mittelsteg in der Truhenabdeckung verzichtet worden; die gegenüberliegenden Deckel hängen hier zusammen in einem Scharnierbolzen und dichten gegeneinander ab. Beim Öffnen wird der gesamte Querschnitt des Faches freigelegt.

3. Die Kühlung der Anlagen.

Sowohl Schrank- als auch Truhenanlagen werden mit stiller Kühlung durch Verdampferplatten und mit bewegter Kühlung durch umlaufende Kaltluft gebaut.

Bei den mit stiller Kühlung arbeitenden Warmraumanlagen wird jedes einzelne Fach durch eine oder mehrere Verdampferplatten gekühlt. In Truhen-

[1] Lang, O.: Die Kälte Bd. 7. (1954) S. 204.

anlagen grenzen die vertikalen Verdampferplatten die Fächer in der Längsrichtung gegeneinander ab (Abb. 111); in einer deutschen Schrankanlage liegen die Platten waagerecht und unterteilen das Fach in der Höhe, so daß im unteren Teil etwa zwei Drittel des Raumes für die Lagerung und im oberen Teil etwa ein Drittel für das Gefrieren und Lagern zur Verfügung stehen (Abb. 112). Es ist

Abb. 112. Schrankanlage mit stiller Kühlung durch waagerecht liegende, das Fach unterteilende Verdampferplatten (Brown, Boveri & Cie., Mannheim).

auch eine Truhenanlage mit Mantelkühlung durch bewegte Kaltluft entwickelt worden, bei der die äußeren Seitenwände und der Boden der Fächer den Innenraum kühlen.

Bei den Schrank- oder Truhenanlagen mit bewegter Kühlung ist der Luftkühler — ein Lamellen- oder Rippenrohrverdampfer mit angebautem Ventilator — meist am Ende des Fächerteiles oben (Abb. 113) oder unten (Abb. 116) eingebaut, oder er schließt sich als vollständiger Kühlteil mit der Kältemaschine zusammen an die Lagerfächer an (Abb. 114). Um eine gleichmäßige Luftzirkulation zu bekommen, wird die Luft üblicherweise vom Verdampfer aus in einen Kanal am Boden der Anlage entlanggeführt und strömt durch einen Deckenkanal wieder an den Verdampfer zurück. Nur ein Teil der Luft wird an der dem Kühlteil gegenüberliegenden Stirnwand nach oben geführt und nimmt im Kreislauf die vom Boden und durch die Decke und Stirnwand einfallende Wärme auf; der andere Teil strömt durch Schlitze im Bodenkanal und dann durch senkrechte von 2 Trenngittern zwischen den Fächern gebildete freie Querschnitte oder auch durch Schlitze im senkrechten Kanal und dann durch den oberen Teil der Fächer an den Türrändern entlang in den oberen Kanal (Abb. 113 u. 116). Bei der in Abb. 114 dargestellten Schrankanlage zirkuliert die Luft in umgekehrter Richtung durch die von den Wänden der Schubfächer gebildeten und die an der

Front der Fächer zwischen Isolierung und Fachwandung frei gelassenen Kanäle (Abb. 115). Einzelheiten über diese Anlage s. [1]. Bei einer guten Luftführung können

Abb. 113. Kaltluftzirkulation in einer Schrankanlage mit bewegter Kühlung (Frigidaire, Rüsselsheim/M.).

in einer richtig gewarteten und bedienten Anlage die Unterschiede zwischen den Temperaturen der einzelnen Fächer unter 1 °C gehalten werden.

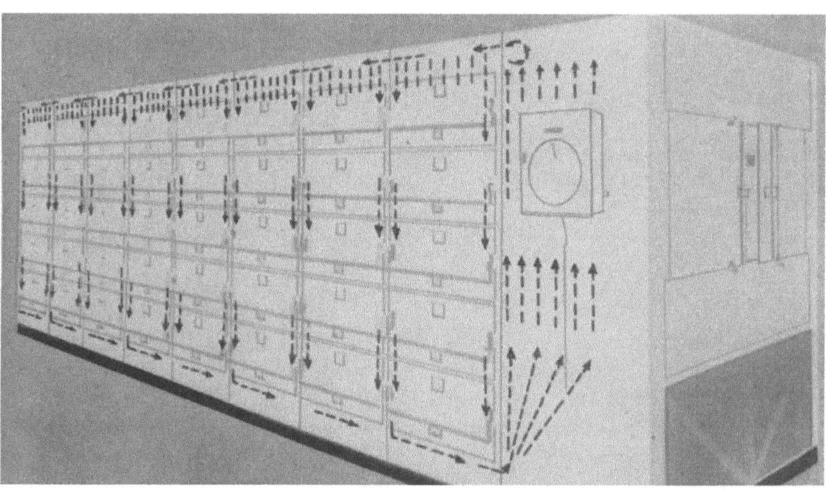

Abb. 114. Aus einzelnen Baueinheiten zusammengesetzte Schrankanlage mit 80 *l* als Schubläden ausgebildete Lagerfächer von je 170 *l* Nutzinhalt (Steel Partitions Inc., Jamestown, N. Y.; Type. Iceberg Refrigerated Locker Systems, Warmroom Series).
Vorn rechts das Maschinenteil mit Zentralverdampfer (s. auch Abb. 120). Die Kaltluftbewegung wird durch Pfeile angedeutet.

Bei Truhenanlagen wird normalerweise die Kaltluft durch einen Bodenkanal auf die einzelnen gegen den Kanal durch Gitter oder Bleche abgegrenzten Fächer

[1] Kuprianoff, J.: Kältetechnik Bd. 4 (1952) S. 138.

verteilt und unter der Abdeckung an den Verdampfer zurückgeführt. In einem neueren Anlagentyp wird der Luftstrom aus einem in Längsrichtung verlaufenden mittleren Bodenkanal in der Mitte zwischen den Fächern nach oben geleitet, sie streicht — abgelenkt — in Querrichtung über das Fach, an den Längsseiten wieder nach unten und durch seitlich im Boden liegende Kanäle zum Verdampfer zurück. Der Luftkreislauf in einer Truhenanlage mit bewegter Kühlung wird gedrosselt, wenn die Fächer überladen werden. Eine klare Anweisung für die Einlagerung ist daher erforderlich, auch das Anbringen einer Lademarke kann vorteilhaft sein.

Es läßt sich bei Warmraumanlagen mit den großen Temperaturunterschieden zwischen Außen- und Innentemperatur nicht vermeiden, daß beim Öffnen der Fächer Kälteverluste entstehen und durch die eintretende feuchte Warmluft die Verdampferflächen stärker bereifen. Kalte Luft fließt infolge ihres größeren spezifischen Gewichtes aus einem Schrankfach heraus und warme Luft fließt von außen nach, wenn man die Tür öffnet, während beim Truhenfach durch die Handhabung und beim Schließen des Deckels ein Austausch von kalter und warmer Luft erfolgt. Die bei der Schrankanlage durch das Türenöffnen entstehenden Kälteverluste werden meist überschätzt. Die Enthalpie der Luft ist klein, und außerdem enthält ein volles, gut gepacktes Fach nur wenig Luft[1]. Wenn die Schrank- oder die Truhenanlagen mit bewegter Kühlung arbeiten, wird die eintretende Warmluftmenge bei beiden etwa gleich groß sein. Da Warmluft von den Ventilatoren nur angesaugt wird, wenn Kaltluft an anderer Stelle austreten kann, und selten 2 Fächer gleichzeitig geöffnet werden, bleiben bei guten Anlagen die Kälteverluste und die zusätzliche Bereifung durch die Bedienung gering. Durch Undichtigkeiten können jedoch erhebliche Kälteverluste und starke Reifansätze hervorgerufen werden.

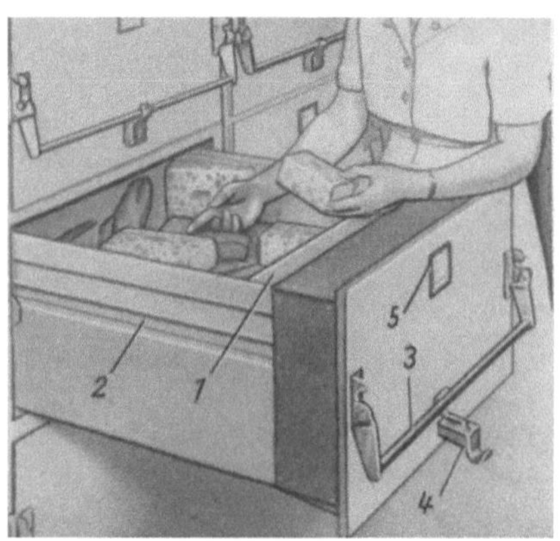

Abb. 115.
Lagerschubfach in der Schrankanlage Abb. 114.
1 Laufsteg, *2* Luftkanal, *3* Hebelverschluß, *4* Schwenkschloß, *5* Kartenrahmen.

4. Das Gefrieren in Warmraumanlagen.

In Schrank- und Truhenanlagen mit stiller Kühlung durch Verdampferplatten wird üblicherweise in den Lagerfächern gefroren. Die den Lebensmitteln entzogene Wärme wird im Fach selbst vom Kältemittel aufgenommen, so daß die Ware in den anderen Fächern kaum beeinflußt wird. Um die verpackten Produkte so schnell wie es im Lagerfach möglich ist zu gefrieren, muß man sie den kalten Platten möglichst gut anlegen. Waagerecht angebrachte Verdampferplatten sind zum Gefrieren geeigneter als senkrecht eingebaute, da auf ihnen das Gut besser einzeln nebeneinandergelegt werden kann (Abb. 112) und durch das Eigengewicht etwas angedrückt wird. Obgleich es oft schwierig ist, eine größere Anzahl von Packungen gleichzeitig in Kontakt mit senkrechten Platten zu bringen, können bei sorgsamer Handhabung auch in den damit ausgestatteten Truhen Lebensmittel ausreichend schnell gefroren werden[2]. Um die Gefrierzeit

[1] SHELOR, E., u. J. G. WOODROOF: Refrig. Eng. Bd. 62 (1954) H. 11, S. 45.
[2] Siehe Fußnote 1, S. 138, dort S. 47.

abzukürzen, baut eine dänische Firma in die Endfächer ihrer Truhenanlage mit stiller Kühlung waagerecht liegende Verdampferplatten ein und benutzt diese als Gefrierfächer. Die Platten liegen treppenförmig übereinander, so daß sie alle von oben beschickt werden können[1].

In Schrankanlagen mit bewegter Kühlung sind oft in der Nähe des Luftkühlers Gefrierfächer eingebaut. Durch diese geht der Gesamtstrom oder ein Teilstrom der aus dem Kühler kommenden Luft (Abb. 116), so daß die Lebensmittel in ihnen unter günstigeren Bedingungen (s. S. 129) als in den Lagerfächern gefroren werden können. In Truhenanlagen mit bewegter Luft wird häufiger als bei Schrankanlagen in den Lagerfächern gefroren. Wenn die Lagerfächer für das Gefrieren vorgesehen sind, sollten klare Anweisungen über die maximale Beschickungsmenge und die günstigste Verteilung der Produkte bei der Einlagerung gegeben werden. Vorteilhaft ist es, die Lebensmittelpackungen einzeln liegend oder locker geschichtet in Drahtkörben im oberen Teil des Faches zu

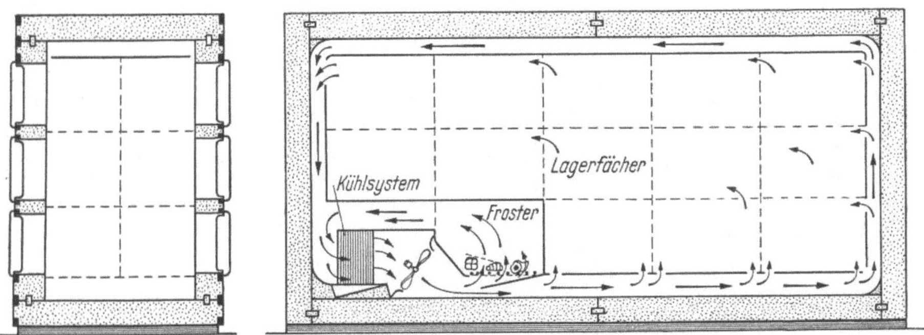

Abb. 116. Schematische Darstellung des Aufbaues und des Luftkreislaufes in einer Schrankanlage mit bewegter Kühlung (Escher Wyss, Lindau).
Durch das Gefrierfach geht erst Kaltluft, wenn der federnd gelagerte Bodenrost mit dem starr angebauten Luftleitblech durch das Gewicht eingelagerter Gefrierware belastet wird. Der Luftdurchsatz ist vom Gewicht abhängig.

gefrieren; hier ist die Luftbewegung in der Regel am stärksten. Durch das Gefrieren in Körben oder durch die Verwendung von schlecht wärmeleitenden Zwischenlagen kann die Erwärmung schon gefrorener Ware weitgehend unterbunden werden. Bei der Konstruktion der Anlagen sollte beachtet werden, daß die vom gefrierenden Lebensmittel kommende Luft nicht die Packungen im Nebenfach umspült und erwärmt.

III. Andere Bauarten.

Es gibt einige Bauarten von Gemeinschaftsgefrieranlagen, die die Vorteile der Warm- und der Kaltraumanlage — Bedienung vom warmen Raum aus und Verwendung eines Gefrierlagerraumes zur Lagerung der Gefrierware — miteinander verbinden. Sowohl in den USA als auch in Deutschland werden Anlagen gebaut, bei denen die Fächer nicht einzeln durch isolierte Türen oder Frontwände vom Warmraum getrennt sind, sondern jeweils 5 bis 8 als Schubladen ausgebildete Fächer hinter einer großen isolierten Tür liegen. Nach Öffnen dieser Tür kann der Benutzer seine Schublade herausziehen. Die in der Regel meist aus Drahtgeflecht bestehenden Schubläden können verriegelt und abgeschlossen werden, daher rührt die deutsche Bezeichnung Korbschließfachanlage.

[1] Abbildungen findet man in Arbeiten der Deutschen Landwirtschafts-Gesellschaft Bd. 24, 29 u. 32, Frankfurt/M. DLG-Verlags-GmbH., 1954.

In der Regel wird jedoch die Kombination von Kalt- und Warmraumanlage durch eine Transporteinrichtung möglich, mit der die einzelnen Fächer in oder an den normal temperierten Bedienungsraum gebracht werden. Ein Nachteil einer solchen Anlage ist, daß normalerweise nicht mehrere Fächer gleichzeitig bedient werden können.

Bei der in den USA gebauten Polar-Chest-Gemeinschaftsgefrieranlage der Armstrong Cork Co., Lancaster, Pa.[1] liegt der Bedienungsraum über dem Gefrierlagerraum, und in der Decke über den einzelnen stehenden Fächerschränken befinden sich isolierte Falltüren. Mit Hilfe einer kleinen elektrischen Hebevorrichtung, die an der Decke des Bedienungsraumes hängt und über jede Falltür

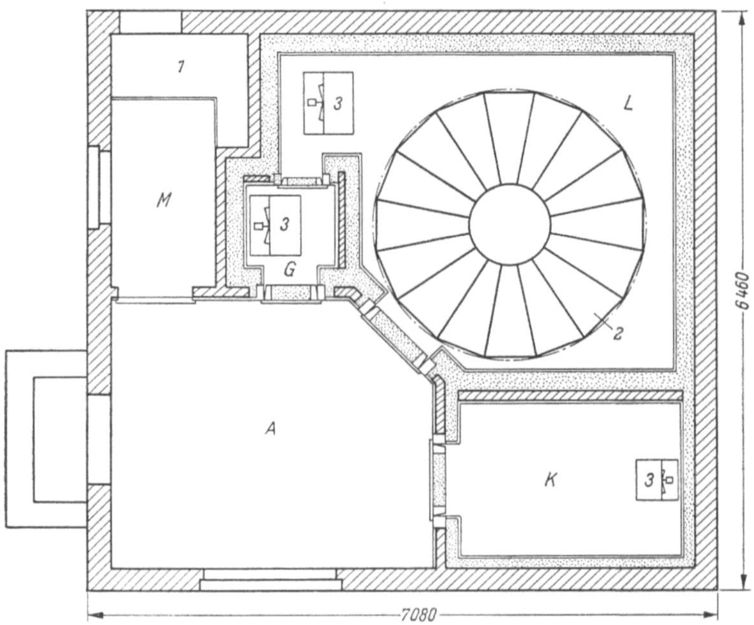

Abb. 117. Grundriß einer Karussellanlage (Rotofrostanlage der Ges. für Linde's Eismaschinen AG, Sürth bei Köln).
A Arbeitsraum, *K* Kühlraum, Temperatur +2 bis +4 C, *L* Gefrierlagerraum mit drehbarem Fächerschrank, Temperatur −18° C, *G* Gefrierabteil, Temperatur −25° C, *M* Maschinenraum. *1* Verdichtersätze, *2* drehbarer Fächerschrank, *3* Luftkühler.

gefahren werden kann, hebt man die Fächerschränke durch die Falltür in den Bedienungsraum, und zwar so hoch, daß das eigene Fach in der günstigsten Bedienungshöhe liegt. Besondere offene Hordengestelle dienen zum Gefrieren der zubereiteten frischen Ware im Luftstrom. Sie werden auf die gleiche Weise wie die Lagerfächer beschickt und in den Gefrierraum gesenkt.

Bei der gleichfalls in den USA arbeitenden Salem Automatic Gemeinschaftsgefrieranlage der Salem Engineering Comp. stehen die Fächerschränke im Gefrierlagerraum auf Stahlblechsockeln, die mit einer Transportkette auf einer ovalen Bahn vor eine Tür gezogen werden können, durch die man sie vom normal temperierten Raum aus nach Öffnen der über die ganze Schrankhöhe gehenden Kühlraumtür und der Tür des gemieteten Faches bedient. Durch Druckknopfschaltung werden die Fachreihen vor die Kaltraumtür gefördert[2].

---

[1] GORTNER, W. H., F. S. ERDMAN u. N. K. MASTERMAN: Principles of Food Freezing S. 104, New York: Wiley & Sons, Inc. 1948.

[2] Siehe Fußnote 4, S. 126, dort S. 269.

In ähnlicher Weise arbeitet eine in Deutschland von mehreren Firmen gebaute Gemeinschaftsgefrieranlage. Sie wird Karussellanlage genannt, weil hier die Fächer in einem Drehgestell untergebracht sind. Das in einem Gefrierlagerraum aufgestellte Drehgestell mit 3 bis 4 m Durchmesser ist in 8 bis 16 Sektoren aufgeteilt (Abb. 117), in denen je nach der Höhe des Gestelles 3 bis 8 sektorförmige Schubfächer übereinanderliegen.

Für die Bedienung der Fächer ist bei Anlagen kleiner und mittlerer Größe nur eine isolierte Tür vorhanden. Um nicht die oberen Schubladen mit Hilfe einer Leiter bedienen zu müssen, ist bei größeren Anlagen oft eine zweite gegenüber der ersten am Umfang versetzte Tür für die Bedienung der oberen Fächer vorhanden. Zu dieser Tür gelangt man über eine kleine Treppe (Abb. 118). Die

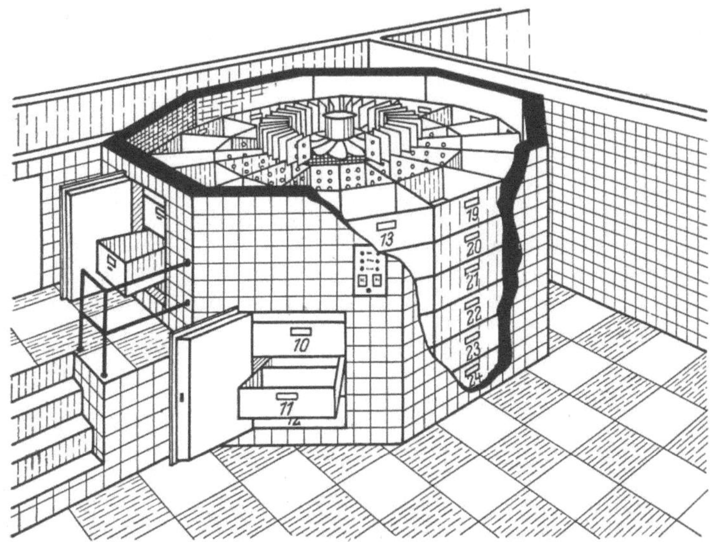

Abb. 118. Schematische Darstellung einer Karussellanlage mit zweistufiger Bedienung und in Gefrier- und Lagerfach unterteilten Schubladen (Sternfroster der Firma A. Teves, Frankfurt/M.).

Schubfächer sind z. T. aus einem Drahtgewebe und z. T. aus gelochten oder vollen Blechen gefertigt. Um sie bequem bedienen zu können, haben sie im allgemeinen einen Nutzinhalt von etwa 100 *l*.

Das Drehgestell wird in der Regel von einem Getriebemotor über einen Zahnkranz bewegt. Durch eine Druckknopfschaltung kann die gewünschte Fachreihe vor die Tür gebracht werden. Beim Öffnen der Tür wird die Stromzuführung des Antriebmotors unterbrochen, so daß keine Unfälle auftreten können.

Normalerweise wird der Gefrierlagerraum der Karussellanlage durch einen im Raum angebrachten Luftkühler auf einer Temperatur von —18 °C gehalten. Die Lebensmittel kommen hier im gefrorenen Zustand in die Lagerfächer. Meist werden sie wie bei der Kaltraumanlage auf einem Hordenwagen liegend im Kaltluftstrom gefroren (s. Abb. 117). Es gibt jedoch auch Karussellanlagen, bei denen in den Lagerfächern gefroren wird.

Die in Abb. 118 dargestellte Anlage z. B. hat unterteilte Schubfächer; der kleinere Fachabschnitt in der Spitze (Nutzinhalt 45 *l*) hat gelochte Wände und dient zum Gefrieren der Lebensmittel, während der größere Fachabschnitt (Nutzinhalt 65 *l*) Wände aus Vollblech hat und ausschließlich zur Lagerung verwendet wird. Um eine starke Luftbewegung im inneren Abschnitt der Fächer zu bekommen, ist der Luftkühler über der Mitte des Drehgestelles angebracht, und der Ventilator fördert die Kaltluft unmittelbar durch den in der Drehachse gebildeten Kanal zu den einzelnen Fächern. Die Luft strömt durch bzw. um die Fächer und dann am Umfang des Karussells nach oben an den Verdampfer zurück.

E. Leistung, Aufstellung und Betrieb der Kältemaschine.

I. Kältebedarf und Kälteleistung.

Der Kältebedarf einer Gemeinschaftsgefrieranlage wird bestimmt vom Wärmeeinfall durch die Wände und Türen des Kühlraumes, des Gefrierabteiles und des Gefrierlagerraumes bzw. der Gefrierlagerfächer, von der durch das Begehen des Kühl- und des Gefrierlagerraumes, und deren Beleuchtung oder durch das Öffnen der Türen und Deckel bei Warmraumanlagen eindringenden Wärme, vom Wärmeäquivalent der Ventilatorarbeit bei Anlagen mit bewegter Kühlung und von der für das Abkühlen und Gefrieren der Lebensmittel erforderlichen Kältemenge.

Für die Berechnung des Kältebedarfes sind u. a. folgende Werte gewählt worden, die als Richtwerte gelten können:

α) Allgemeine Rechenwerte für gemäßigtes Klima:
Außentemperatur 25 und 30 °C; Bodentemperatur 15 °C; Wassertemperatur 15 °C.

β) Raumtemperaturen:
Kühlraum +2 °C; Pökelraum +4 °C; Gefrierabteil −25 °C; Gefrierlagerraum −18 °C.

γ) Wärmedurchgangswerte der Gefrierlagerräume insgesamt einschl. Türen oder Deckel:
Gefrierlagerraum einer Kaltraumanlage $k \gtrless 0{,}22$ kcal/m² h °C; Truhenanlage $k \gtrless 0{,}25$ kcal/m² h °C; Schrankanlage $k \gtrless 0{,}3$ kcal/m² h °C.

δ) Benutzung:
Benutzungsfrequenz der Anlagen einmal/Fach und Tag, Wärmeeinfall durch Öffnen der Türen und Deckel 20 bis 30% des Einfalles bei geschlossener Anlage.

ε) Ventilator:
Bei Kaltraum- und Schrankanlagen rd. 20% } des Wärmeeinfalles
Bei Truhenanlagen .... rd. 25% } bei geschlossener Anlage.

ζ) Kühlen von Fleisch:
Kühlleistung 120 kg/Tag in Anlagen mit weniger als 60 Fächern; 2 kg/Fach und Tag in Anlagen mit mehr als 60 Fächern; Einbringtemperatur 35 °C; Endtemperatur +3 °C; Kältebedarf rd. 30 kcal/kg.

η) Gefrieren der Lebensmittel:
Gefrierleistung[1] 30 kg/Tag in Anlagen mit weniger als 20 Fächern; 1,5 kg/Fach und Tag in Anlagen mit 20 bis 60 Fächern; 1 kg/Fach und Tag in Anlagen mit mehr als 60 Fächern; Einbringtemperatur von Gemüse und Obst rd. 20 °C; von Fleisch rd. 10 °C in Anlagen mit Kühlraum und Verarbeitungsmöglichkeit; Endtemperatur −18 °C; Kältebedarf rd. 100 kcal/kg (Fleisch rd. 75 kcal/kg).

Laufzeit der Kältemaschine während des Gefrierens frischer Ware bei einer Außentemperatur von 25 °C nicht über 18 Stunden.

[1] Wenn ein Gefrierabteil mit eigener Kältemaschine eingebaut wird, sollte die Gefrierleistung 200 kg/Tag (50 kg/6 h) nicht unterschreiten. Die Kälteleistung der Maschine wird üblicherweise so gewählt, daß sie im Notfall als Reservemaschine für die Kühlung des Gefrierlagerraumes verwendet werden kann.

Für die Deckung des Kältebedarfes der in Abb. 94 im Grundriß dargestellten Kaltraumanlage mit 355 Lagerfächern von je 170 *l* Nutzinhalt wurden 2 Kältemaschinen mit wassergekühltem Verflüssiger gewählt, eine für den Betrieb des Kühl- und Abhängeraumes und des Pökelraumes mit einer Leistung von 3000 kcal/h bei einer Verdampfungstemperatur von 5 °C und eine zweite für das Gefrierabteil und den Gefrierlagerraum mit einer Kälteleistung von 3800 kcal/h bei der erforderlichen Verdampfungstemperatur von −28 °C (s. Tab. 8). Für die Berechnung des Wärmeeinfalles wurde die maximale Außentemperatur von +35 °C gewählt, dem Durchschnittswert wurde bei der Ermittlung der Kälteleistung durch die Wahl einer Laufzeit von 24 Stunden Rechnung getragen. Gefroren wird hier eine Lebensmittelmenge von 0,9 kg/Fach und Tag mit einer Einbringtemperatur von 7 °C, als Kältebedarf wurden 70 kcal/kg angesetzt.

Der Kältebedarf dieser Anlage ist mit rd. 12 kcal/200 *l*-Fach und h verhältnismäßig gering. Er liegt bei Kaltraumanlagen in der Regel zwischen 12 und 20 kcal/Normalfach und h, je nach der Größe der Anlage.

Der tägliche Bedarf und die stündliche Kälteleistung ausgeführter verschieden großer Warmraumanlagen sind in Tab. 9 zusammengestellt. Für das Abführen der durch die Wände eindringenden Wärme wurde mit einem Kältebedarf von

Tabelle 8. *Kältebedarf und Kälteversorgung der in Abb. 94 dargestellten Kaltraumanlage mit 355 Lagerfächern von je 170 l Nutzinhalt.*

Bestimmte Werte	Maßeinheit	Kühl- und Abhängeraum	Pökelraum	Gefrierabteil	Gefrierlagerraum
Raumtemperatur	°C	2	4	−27 (Platten)	−18
Isolierstärke (Korkschrot)	cm	15	15	23	23
Beschickungsmenge	kg/Fach und Tag	1,8	0,45	0,9	0,9
Einbringtemperatur	°C	35	7	7[1]	−18
Entnahmetemperatur	°C	2	4	−18	−18
Kältebedarf	kcal/Tag	32700	16000	22600	63300
Erforderliche Kälteleistung	kcal/h	1810	890	940	2640
Laufzeit der Maschine	h	18	18	24[2]	24[2]
Anzahl der Maschinen		1		1	
Erforderliche Kälteleistung	kcal/h	2700		3580	
Leistung der gewählten Maschine	kcal/h	3000		3800	
Verdampfungstemperatur	°C	−5		−28	
Kühlwassertemperatur	°C	21		21	
Antriebsleistung	kW	$^3/_4$		$2^1/_4$	

[1] Gilt nur für Fleisch, das unmittelbar nach der Entnahme aus dem Kühlraum zerlegt worden ist.

[2] Da der Berechnung des Kältebedarfes die maximalen Außentemperaturen von +35 °C zugrunde gelegt wurde, nimmt man für die Berechnung der Kälteleistung der Maschine eine Laufzeit von 24 Stunden an.

340 kcal/m² Oberfläche und Tag bei den Schrank- und mit 240 kcal/m² Oberfläche und Tag bei den Truhenanlagen unter der Annahme einer Temperatur von +30 °C vor der Anlage gerechnet. Für die Verluste an Kälte während der Bedienung wurde ein Bedarf von 120 kcal/Fach und Tag und für das Gefrieren 75 kcal/kg Gefriergut angesetzt. Es wurden die gleichen Größen für die Berechnung des Kältebedarfes der Anlagen mit Verdampferplatten und mit Zentralkühlung verwendet.

Bei den Anlagen mit Zentralverdampfer ist infolge der anfallenden Ventilatorwärme und des zusätzlichen Platzbedarfes für den Verdampfersatz der Bedarf höher als bei gleich großen Anlagen mit Verdampferplatten. Der Unterschied wird mit zunehmender Fachzahl geringer. Bei gleicher Fachzahl und Fachgröße ist der Kältebedarf einer Truhenanlage mit bewegter Kühlung infolge der größeren Oberfläche und der meist eingebauten stärkeren Ventilatoren größer als der einer Schrankanlage. Für eine Truhenanlage mit 24 Fächern liegt der Bedarf je nach der verwendeten Isolierstärke und Ventilatorleistung z. B. zwischen 28 und 40 kcal/Fach und h, während für eine dreietagige Schrankanlage ein Kältebedarf von 24 bis 30 kcal/Fach und h aus den Angaben verschiedener deutscher Firmen errechnet werden kann. Wie die Werte in Tab. 9 und der Verlauf der Kurven in Abb. 119 zeigen, wird hier der Unterschied in der Oberfläche und in der Lüfterstärke und daher auch im Kältebedarf mit zunehmender Fachzahl größer[1].

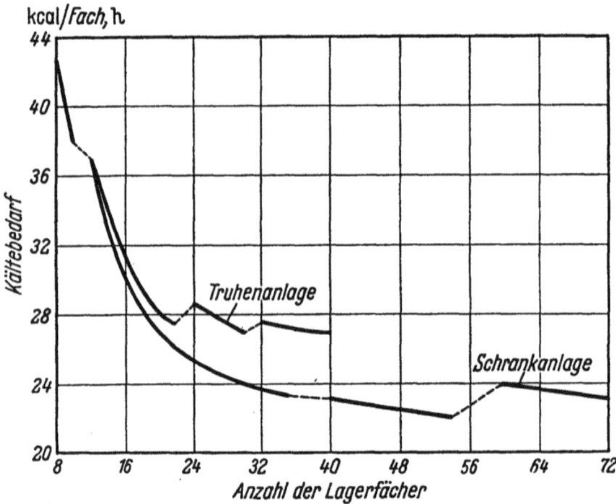

Abb. 119. Kältebedarf in kcal/Fach und h für eine doppelreihige Truhenanlage und eine dreietagige doppelreihige Schrankanlage nach RIEGER. Die Sprünge in den Kurven sind durch den Übergang zu stärkeren Lüftern bedingt.

Die Leistung der Kältemaschine wird so gewählt, daß im Normalbetrieb bei +25 °C eine Laufzeit von 18 Stunden nicht überschritten wird. Da die Fachzahl der Gemeinschaftsgefrieranlagen häufiger abgestuft wird als die Maschinenleistung, ein und dieselbe Maschinengröße also für Anlagen in einem bestimmten Größenbereich verwendet wird, liegt die Laufzeit der Maschinen in der Regel zwischen 14 und 18 Stunden (s. Tab. 9). Der zum Gefrieren erforderliche Kältebedarf beträgt etwa 25% des Gesamtkältebedarfes, so daß die Laufzeit auf 11 bis 14 Stunden zurückgeht, wenn nicht gefroren wird.

II. Auswahl und Aufstellung der Verdichtersätze.

Für Gemeinschaftsgefrieranlagen werden, der erforderlichen Verdampfungstemperatur und Kälteleistung entsprechend, Verdichtersätze mit stehendem einstufig arbeitendem Verdichter verwendet. Als Kältemittel nimmt man üblicherweise R 12, neuerdings auch R 22. Die Kältemaschinen arbeiten bei Anlagen unter 100 Fächern fast ausschließlich mit luftgekühlten Verflüssigern, so daß man von der Wasserversorgung unabhängig ist.

Obgleich wegen der guten Betriebssicherheit der Verdichtersätze von dem Einbau einer Reservemaschine abgesehen werden kann, ist es bei größeren Kaltraumanlagen vorteilhaft, einen Verdichtersatz für die Kühlung des Gefrierlagerraumes und einen zweiten für das Gefrieren der Lebensmittel zu verwenden und diesen so zu dimensionieren und zu schalten, daß er die Kühlung des Lagerraumes mit übernehmen kann. Für den Kühlraum und einen ggf. vorhandenen Pökelraum wird wegen der wesentlich höheren Temperatur zweckmäßigerweise eine gesonderte Kältemaschine verwendet (s. Tab. 8).

[1] RIEGER, G.: Die Kälte Bd. 13 (1960) S. 73.

Tabelle 9. *Abmessungen, Kältebedarf und Kälteleistung verschieden großer Gemeinschaftsgefrieranlagen mit Verdampferplatten und Zentralverdampfer in Schrank- und Truhenform nach Angaben der Firma Brown, Boveri & Cie., Mannheim.*

Anlagenart	Schrankanlagen						Truhenanlagen					
Lage der Fächer	Dreietagige Doppelreihe						Doppelreihe					
Kühlart	mit Verdampferplatten			mit Zentralverdampfer			mit Verdampferplatten			mit Zentralverdampfer		
Nutzfächer[1]	24	36	48	22	34	46	12	24	36	12	24	36
Außenmaße Länge m	3,50	5,05	6,60	3,50	5,05	6,60	3,81	6,89	9,96	4,33	7,40	10,47
Breite m		1,48			1,48			1,62			1,62	
Höhe m		2,12			2,12			0,96			1,04	
Grundfläche m²	5,2	7,5	9,8	5,2	7,5	9,8	6,1	11,2	16,1	7,0	12,0	16,9
Oberfläche m²	31,4	42,6	53,6	31,4	42,6	53,6	22,6	38,8	54,4	26,4	42,8	58,8
Gefrierleistung kg/Tag	36	54	72	33	51	69	30	36	54	30	36	54
Kältebedarf kcal/24 h	16300	22800	29400	17600	25000	32500	9100	14900	21300	11800	19800	26000
davon Wärmeeinfall												
durch die Wände	10700	14500	18200	10700	14500	18200	5400	9300	13000	6300	11500	14100
durch Türöffnen	2900	4300	5800	2600	4100	5500	1400	2900	4300	1400	2900	4300
durch Gefrieren	2700	4000	5400	2500	3700	5200	2300	2700	4000	2300	2700	4000
durch Ventilatorwärme[2]	—	—	—	1800	2700	3600	—	—	—	1800	2700	3600
Kältebedarf[1] kcal/200 *l*-Fach und h	21,5	20,5	19,5	24	23,5	22,5	31,5	26	25	41	34	30
Kälteleistung kcal/h bei +30 bis −10 °C	2800	4100	4100	2800	4100	5900	1480	1900	4100	1900	2800	4100
Kälteleistung kcal/h bei +30 bis −27,5 °C	1200	1800	1800	1200	1800	2500	650	850	1800	850	1200	1800
Motorleistung kW	1,2	1,5	1,5	1,2	1,5	2,2	0,85	1,2	1,5	1,2	1,2	1,5
Laufzeit h/Tag	13 bis 14	12 bis 13	16 bis 17	14 bis 15	13 bis 14	12 bis 13	10 bis 14	17 bis 18	12	13 bis 14	16 bis 17	14 bis 15

[1] Schrankanlagen: Nutzinhalt 260 *l*. Truhenanlagen: Nutzinhalt 200 *l*. Bei Anlagen mit Gefrierfächern entfallen 2 Lagerfächer.
[2] Laufzeit des Ventilators 18 h/Tag angenommen.

Wenn eine Kaltraumanlage als Neubau erstellt wird, bringt man meist die Kältemaschinen in einem abgetrennten Raum unter. Beim Einbau in vorhandene Gebäude steht der Verdichtersatz meist nahe beim Verdampfer in einem günstig liegenden Nebenraum. Der Platz muß sauber, trocken und leicht zugänglich sein. Eine ausreichende Zu- und Abfuhr der Kühlluft für den Kondensator muß gewährleistet sein[1].

Der Verdichtersatz wird bei Warmraumanlagen in der Regel im gleichen Raum wie die Anlage aufgestellt. Er soll zugänglich in der Nähe des Verdampfers und wenn möglich an der Nordwand des Raumes untergebracht werden. Auch hier ist für eine ausreichende Zu- und Abfuhr der Kühlluft für den Kondensator zu sorgen. Bei der Anlage nach Abb. 106 steht der Schrank frei im Raum und der

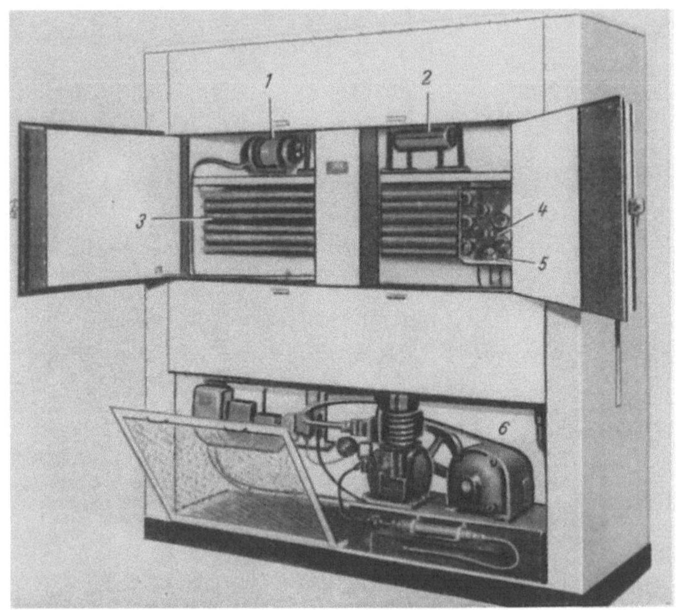

Abb. 120. Maschineneinheit der Schrankanlage nach Abb. 114.
1 Lüftermotor, *2* Lüfter, *3* Rippenrohrverdampfer, *4* Fühler des Expansionsventils, *5* Thermostatisches Expansionsventil, *6* Kältemaschine mit wassergekühltem Kondensator.

Verdichtersatz leicht zugänglich quer zur Gebäudewand an der Verdampferseite des Schrankes. Es entsteht so eine Luftzirkulation um das Schrankgehäuse herum, durch die ein Beschlagen der Türen und Wände verringert wird. Bei der in Abb. 114 dargestellten amerikanischen Schrankanlage ist die gesamte Kälteanlage als Baueinheit (Abb. 120) an der Stirnseite der Anlage montiert.

III. Verdampfer (Kühlkörper).

Die Verdampferform richtet sich nicht nur danach, ob die Anlage mit stiller oder bewegter Kühlung arbeitet, sondern auch nach ihrer Bauart.

1. Verdampfer für stille Kühlung.

Für die stille Kühlung in Kaltraumanlagen werden Längsrippen- oder Flossenverdampfer (Abb. 102 u. 103) und Plattenverdampfer (Abb. 133), für die im Warm-

[1] Siehe Fußnote 2, S. 97.

raumanlagen ausschließlich Plattenverdampfer (Abb. 111 u. 112) verwendet. Außerdem gebraucht man waagerecht liegende Plattenverdampfer zum Gefrieren der Lebensmittel in Gefrierschränken. Die Verdampfer werden in der für R 12-Kälteanlagen üblichen Weise hergestellt. Plattenverdampfer bestehen aus zwei durch Walzschweißung verbundene Stahlbleche mit ausgewölbten Kanälen und sind meist feuerverzinkt. Längsrippen- und Flossenverdampfer werden aus nahtlos gezogenen Stahlrohren mit Stahlblechrippen hergestellt. Die Platten und Längsrippenrohre werden so eingebaut, daß die Oberflächen mit einer Bürste vom Reif befreit werden können.

Für die Berechnung der Verdampferfläche in Gefrierlagerräumen mit freier Luftzirkulation wird eine Differenz zwischen mittlerer Raumlufttemperatur und Temperatur an der Verdampferoberfläche von 8 bis 12 °C je nach der Unterbringungsmöglichkeit der Verdampfer und der durchschnittlichen Bereifung angenommen. Bei Verdampferplatten wird mit einem k-Wert von 8 bis 9, bei Längsrippenverdampfern von 6 bis 7 kcal/m^2 h °C gerechnet.

Für den Kaltraum der Gemeinschaftsgefrieranlage nach Abb. 94 (Kältebedarf s. Tab. 7) wurde eine stille Kühlung durch Verdampferplatten gewählt und der Berechnung der Verdampferfläche eine Temperaturdifferenz zwischen Raumluft und Verdampferoberfläche von 9 °C und eine Wärmedurchgangszahl von 9 kcal/m^2 h °C zugrunde gelegt. Im Hinblick auf den für das Anbringen der Platten zur Verfügung stehenden Platz an der Decke über den Gängen wurden Platten in einer amerikanischen Standardgröße von 0,305 × 3,66 m (1 × 12 ft.), also mit einer Gesamtoberfläche von 2,24 m^2 eingebaut. Für einen Kältebedarf von 2640 kcal/h ergibt sich damit eine Plattenzahl von $2640/9 \cdot 2{,}24 \cdot 9 = 14{,}6$. Es wurden 16 Verdampferplatten in 4 Registern mit je 4 Platten in einem Abstand von 0,6 m von den Stirnwänden über den Gängen an der Decke aufgehängt.

Bei der Berechnung der erforderlichen Oberfläche der horizontalen Verdampferplatten im Gefrierabteil wurde davon ausgegangen, daß erfahrungsgemäß 1 m^2 Gefrierfläche für 54 Fächer (1 sq.ft./5 Fächer) ausreicht, so daß für 355 Fächer 6,6 m^2 (71 sq.ft.) erforderlich sind. Gefrierplatten der Standardgröße 0,56 × 1,83 m (22 × 72 in.) haben eine Auflagefläche von rd. 1 m^2 (11 sq.ft.), so daß das Gefrierabteil 7 Platten enthalten muß.

2. Verdampfer für bewegte Kühlung (Zentralkühler).

Für Anlagen mit bewegter Kühlung, gleich welcher Bauart, verwendet man als zentralen Luftkühler hauptsächlich Lamellenverdampfer. Diese Verdampfer bestehen in der Regel aus Kupferrohr mit aufgezogenen Aluminiumlamellen. Der Lamellenabstand beträgt meist 4 bis 5 mm, so daß eine große Oberfläche in einem kompakten kleinen Verdampferblock zusammengefaßt ist (Abb. 121 u. Tab. 10).

Die Verwendung von Verdampfern mit so geringen Lamellenabständen ist nur möglich, wenn sie eine Abtauheizung besitzen, die vollautomatisch betrieben werden kann. Wenn nicht automatisch abgetaut wird, sollte der Lamellenabstand 10 mm nicht unterschreiten, damit ein starker Reifansatz den Luftdurchgang nicht zu stark unterbindet.

Abgetaut wird durch Berieselung des Verdampfers mit Wasser, durch unter dem Verdampfer eingebaute Elektroheizgeräte oder durch Heizwiderstände, deren Futterrohre in die Verdampferlamellen eingepreßt und daher in direktem metallischem Kontakt mit diesen stehen bzw. in die Verdampferrohre eingebaut sind[1]; es wird auch nach dem Thermobanksystem durch die Verwendung

[1] LANG, O.: Die Kälte Bd. 8 (1955) S. 364.

Tabelle 10. *Abmessungen und Leistungen eines Lamellenverdampfers und der zugehörenden Ventilatoren (nach Angaben des Frigidaire-Werkes der Adam Opel AG, Rüsselsheim/Main)*

Type		FT-12	FT-16	FT-22	FT-30
Abmessungen					
Höhe } s. Abb. 121	mm	415	415	415	415
Maß A } s. Abb. 121	mm	205	205	255	275
Maß B } s. Abb. 121	mm	940	1200	1200	1200
Oberfläche	m^2	20,75	27,50	36,70	45,80
Grundleistung bei —30 °C Verdampfungstemperatur . . .	kcal/h °C	73	96	128	160
Abtauheizung					
Stromart und Spannung . . .		Drehstrom 220 Volt			
Leistungsaufnahme	Watt	850	850	850	850
Ventilator					
Anzahl		1	2	2	2
Motor	Art	Drehstrommotor 220/380 Volt			
Leistungsaufnahme	Watt	250	500	500	500
Wärmeabgabe	kcal/h	150	300	300	300
Flügeldurchmesser	mm	300	300	300	300
Füllung					
F-12	kg	1,0	1,3	1,8	2,2
Öl	kg	0,14	0,19	0,26	0,33

der gespeicherten Kondensationswärme[1] oder in ähnlicher Weise durch Erhitzung des angesaugten Kältemittels in einem in der Saugleitung eingebauten elektrischen Gaserhitzer abgetaut[2]. Beim letzteren Abtauverfahren wird das überhitzte Kältemittel vom Kompressor in einer eigenen Heißgasleitung direkt zum Verdampfer gefördert.

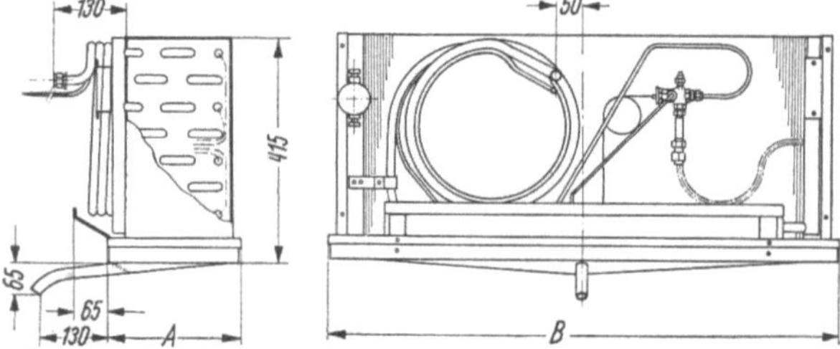

Abb. 121. Lamellenverdampfer für den Einbau in die Truhenanlage Abb. 107. Abmessungen s. Tab. 10.

Das Abtauen durch Berieselung mit Wasser und durch getrennt vom Verdampfer eingebaute Heizgeräte wird von Hand durchgeführt und nur bei Verdampfern mit größerem Lamellenabstand angewendet. Für das automatische Abtauen werden meist in den Verdampfer eingebaute Heizwiderstände verwendet. Ein Lamellenverdampfer mit 54 m^2 Oberfläche bei 4 mm Lamellenabstand wurde z. B. mit 6 Stabheizungen von insgesamt 3,6 kW Anschlußwert ausgerüstet. Wenn die Heizwiderstände in die Verdampferrohre eingebaut sind, kommt man mit einer geringeren Heizleistung aus (s. Tab. 10). Die eingeführten Heizdrähte müssen an den Rohrbogen gegen Beschädigungen beim Einbau des Verdampfers geschützt werden. Das Thermobanksystem arbeitet verlustlos und auch bei elektrischer Heizung des Kältemittels bleibt der Energieaufwand verhältnismäßig klein.

Die Auffangwanne und das Abflußrohr für das Tauwasser müssen gleichfalls während des Abtauvorganges beheizt werden. Außerdem ist durch Verlegen von Rohren mit nicht zu kleinen Durchmessern für einen guten Ablauf des Tauwassers zu sorgen.

[1] NELSON, C. W.: Commercial and Industrial Refrigeration, London: McGraw-Hill Publ. Comp. Ltd. 1953.

[2] Nach HANS GÜNTNER, Apparatebau, München 15. DBP angem.

Während beim Abtauen von Hand der Verdampferraum durch Schieber oder Klappen abgetrennt werden muß, damit keine Wärme in den Gefrierlagerraum dringt, werden die mit automatischer Abtauvorrichtung arbeitenden Lamellenkühler in der Regel so eingebaut, daß eine Abschirmung nicht nötig ist. Der Abtauvorgang dauert hier je nach Verdampfergröße, Bereifungsgrad, Heizleistung und Lage der Heizwiderstände 15 bis 20 min. Bei den Heißgas-Abtausystemen kann die Abtauzeit auf 5 bis 10 min. vermindert werden. Außerdem bleibt die Oberflächentemperatur des Verdampfers niedrig und damit die Lufterwärmung gering. Wie Messungen in mehreren Fächern einer Schrankanlage ergaben, blieb die Temperaturerhöhung während des Auftauvorganges unter 1 °C.

Vielfach werden Verdampferblock und Lüfter in einem Gehäuse mit der Tauwasserwanne und allen Anschlüssen zu einer Einheit zusammengebaut (Abb. 122). Aber auch bei getrenntem Einbau von Verdampferblock und Lüfter ist der Raumbedarf gering, so daß sich das Kühlsystem bei Schrank- und Truhenanlagen in einem Doppelfach normaler Größe unterbringen und montieren läßt, die Anfertigung eines Sonderaufbaues mit größeren Türen, also nicht erforderlich ist.

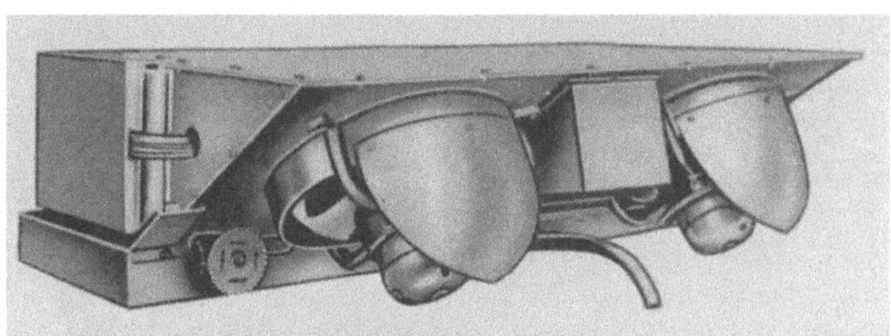

Abb. 122. Verdampfersatz mit Lamellenverdampfer. Lüfter, Gehäuse und Luftleitblechen für den Einbau in die Schrankanlage Abb. 113 (Frigidaire, Rüsselsheim/M.).

Auch in Kaltraumanlagen mit bewegter Kühlung werden Lamellenverdampfer als Zentralkühler verwendet. Für den Einbau im Kaltraum sind die Luftkühler als geschlossene Einheiten mit Verdampfer, Lüfter und Abtaueinrichtung in einem Gehäuse untergebracht. Der zur Kühlung des Raumes und zum Gefrieren dienende Luftkühler auf Abb. 105 wird mit Leitungswasser abgetaut.

IV. Regel- und Sicherheitseinrichtungen[1]

Die Kältemittelzufuhr und die Lagertemperatur werden in der üblichen Weise mit Hilfe von thermostatischen Expansionsventilen bzw. Thermostaten oder Pressostaten geregelt. Bei Truhenanlagen mit stiller Kühlung durch Verdampferplatten wird üblicherweise für je 5 Platten ein Expansionsventil vorgesehen. Zentralverdampfer arbeiten meist mit Mehrfach- oder Spinneneinspritzung, so daß hier thermostatische Druckausgleichsventile verwendet werden. Die entsprechenden Einbauvorschriften sind zu beachten.

Eine besondere Schaltung und Schaltkontrolle ist für das automatische Abtauen erforderlich. Bei der in Abb. 107 dargestellten Anlage wird wie folgt verfahren: Eine nach der Bereifungsgeschwindigkeit vorher eingestellte Schaltuhr setzt die Kältemaschine und die Ventilatoren zu der für das Abtauen gewünschten Zeit außer Betrieb und schaltet über ein Relais die Heizung im Verdampfer und im Tauwasserablauf ein. Ein Druckschalter in diesem Stromkreis ist bei Normalbetrieb geschlossen, so daß die Heizung gleich zu arbeiten beginnt. Der Stromkreis des Pressostaten wird bei Beginn des Abtauens unterbrochen, so daß die Kältemaschine nicht laufen kann. Wenn eine bestimmte Oberflächentemperatur

[1] Die Automatik von Kälteanlagen wird ausführlich im Band VI dieses Handbuches behandelt.

erreicht ist, schaltet der Druckschalter die gesamte Heizung ab und schließt den Stromkreis des Pressostaten. Die Kältemaschine läuft sofort an.

Im Steuerstromkreis der Ventilatoren, die normalerweise über einen Hilfskontakt beim Einschalten der Kältemaschine mit eingeschaltet werden, befindet sich ein Heizungsthermostat, welcher normalerweise bei —10 °C ab- und bei —15 °C einschaltet. Der Ventilatorstromkreis ist daher nach dem Abtauen unterbrochen, bis die Verdampfertemperatur auf —15 °C abgefallen ist. Dieses verzögerte Einschalten der Ventilatoren ist erforderlich, damit der dünne Wasserfilm, der nach dem Abtauen auf den Verdampferflächen haftet, vorher gefroren wird, also nicht in den Raum geblasen werden kann. Eine ähnliche Wirkung kann durch ein Verzögerungsrelais erzielt werden.

Neben dem Abtauthermostaten ist noch ein Wärmesicherheitsthermostat vorhanden, der beim Versagen eines Schaltgerätes nach Erreichen einer bestimmten Temperatur die Heizungen abschaltet. Hierfür werden auch mit der Niederdruckseite der Maschine verbundene Druckschalter genommen. Außerdem ist in fast jeder Gemeinschaftsgefrieranlage ein Gefahr- oder Alarmthermostat eingebaut, der meist so eingestellt ist, daß er bei einer Temperatur zwischen —12 und —15 °C ein optisches oder akustisches Warnsignal ein- und bei —15 bis —18 °C wieder ausschaltet.

Bei Kaltraumanlagen ist eine vom Lagerraum aus zu betätigende akustische Signaleinrichtung anzubringen, sofern die Tür nicht in jedem Fall von innen geöffnet werden kann[1].

F. Kosten und Wirtschaftlichkeit von Gemeinschaftsgefrieranlagen.

Die durch das Gefrieren entstehenden Kosten werden bestimmt durch die Abschreibung und Verzinsung der Anschaffungskosten und durch die laufenden Unkosten für die Benutzung.

I. Anschaffungskosten.

Wenn eine Gemeinschaftsanlage gebaut wird, treten neben den Ausgaben für den Einkauf und die Montage der unmittelbar zur Anlage gehörenden Einrichtungen und Maschinen fast immer noch weitere Kosten für bauliche Veränderungen, für Strom- und Wasseranschlüsse, Ankauf von Arbeitsgeräten u. ä. auf. Die möglicherweise bei der Erstellung einer Kalt- und Warmraumanlage in einem Neu- oder Altbau erforderlichen Ankäufe und Arbeiten sind in Tab. 11 zusammengestellt. Was zusätzlich angekauft werden muß und welche Nebenarbeiten anfallen, richtet sich stark nach den örtlichen Verhältnissen und nach den Ansprüchen der späteren Fachbesitzer.

Richtwerte für die Kosten eines Normalfaches mit einem Nutzinhalt von 200 l in den verschiedenen Bauarten sind in Tab. 12 aufgeführt. Den Werten liegen westdeutsche Durchschnittspreise aus dem Jahre 1956/57 zugrunde[2]. Bei den einzelnen Bauarten streuen die Werte je nach der Güte der verwendeten Baustoffe, der Größe der Kältemaschinen und des eingebauten Verdampfers sowie der Sorgfalt der Ausführung[3].

---

[1] Siehe Fußnote 2, S. 133.

[2] MERTENS, W., u. W. TIMM: Planung von Gemeinschaftsgefrieranlagen, Broschüre 153, Bad Godesberg; Land- u. Hauswirtschaftlicher Auswertungs- u. Informationsdienst e. V., März 1957.

[3] RIEGER, G.: Die Kälte Bd. 13 (1960) S. 281.

Tabelle 11. *Bei der Errichtung einer Gemeinschaftsgefrieranlage möglicherweise erforderliche Ankäufe und Arbeiten.*

	Mögliche Ankäufe und Arbeiten	Kaltraumanlage		Warmraumanlage	
		Neubau	Altbau	Neubau	Altbau
Bau und Installation	Ankauf eines Grundstückes	+	—	+	—
	Bauarbeiten einschl. Erdaushub	+	—	+	—
	Ankauf des Gebäudes oder Gebäudeteiles	—	+	—	+
	Umbau des Gebäudes, Errichtung neuer Wände u. dgl.	—	+	—	+
	Bau einer Zufahrtsstraße oder eines Gehweges	+	+	+	+
	Verlegen von Stromzuführungen, Netzanschluß	+	+	+	+
	Einbau eines Zählers	+	+	+	+
	Verlegen von Wasserzuführungsleitungen, Anschluß an Leitungsnetz	+	+	+	+
	Verlegen von Abwasserleitungen, Anschluß an Kanalisation	+	+	+	+
Kühlraum	Isolierung des Kühlraumes	⊙	⊙	⊙	⊙
	Kacheln und Fliesen	+	+	+	+
	Ankauf und Einbau der Kühlraumtür	⊙	⊙	⊙	⊙
	Elektrische Installation	+	+	+	+
	Ankauf der Kühlraumeinrichtung, Regale, Gehänge usw.	+	+	+	+
	Anbringen der Gehänge	+	+	+	+
	Ankauf einer gesonderten Kälteanlage für den Kühlraum	⊙	⊙	⊙	⊙
	Montage der Kälteanlage	⊙	⊙	⊙	⊙
	Anschaffung einer Heizeinrichtung	+	+	+	+
Verarbeitungsraum	Kacheln der Wände, Fliesen des Bodens	+	+	+	+
	Installation von Wasser- und Stromanschlüssen sowie Wasserablauf	+	+	+	+
	Ankauf der Einrichtungsgegenstände (Waschbecken, Warmwasserbereiter, Tisch, Hackklotz, Regale)	+	+	+	+
	Ankauf von Arbeitsgeräten (Beil, Messer, Waage, Bügelgerät usw.)	+	+	+	+
Gefrieranlage	Herrichten des Bodens, der Wände und der Decke	+	+	+	+
	Isolierung des Raumes bzw. der Räume	⊙	⊙	—	—
	Elektrische Installation	+	+	+	+
	Ankauf und Einbau von isolierten Türen	⊙	⊙	—	—
	Ankauf oder Anfertigung nicht isolierter Fächerschränke	+	+	—	—
	Ankauf einer Kälteanlage	⊙	⊙	—	—
	Ankauf einer Warmraumgefrieranlage mit allem Zubehör	—	—	⊙	⊙
	Montage der Gefrieranlagen und Kältemaschinen	+	+	+	+
	Anschaffung von Einsatzkörben	+	+	+	+
	Anschaffung von Horden bzw Hordenwagen zum Vorgefrieren	⊙	⊙	—	—

\+ Ankauf oder Arbeit kann erforderlich sein.
— Entfällt für diese Anlage.
⊙ Gehört üblicherweise zum Lieferumfang der Anlage.

Für den Preisvergleich in Tab. 12 ist angenommen worden, daß alle Anlagen in neu erstellten Gebäuden untergebracht werden. Der zur Verfügung stehende Raum läßt den Einbau eines Arbeitsraumes, eines als Schleuse dienenden Kühlraumes von 6 m² (etwa 14 m³ Inhalt) eines Gefrierabteiles und eines Maschinenraumes bei Kaltraumanlagen zu; bei Warmraumanlagen ist ein Arbeitsplatz und

Tabelle 12. *Anteilige Erstellungskosten und monatliche Belastungen für ein Gefrierlagerfach in DM. Richtwerte nach*

Art der Anlage		Kaltraumanlage 4 Fächer übereinander			
Anzahl der Lagerfächer		36	48	72	96
Kosten einschl. Installation und Montage	Gebäude[1]	212,—	197,—	168,—	140,—
	Gefrieranlage	—[2]	—	—	—
	Kühlraum	—[2]	—	—	—
	Gefrieranlage und Kühlraum	398,—	348,—	297,—	270,—
	Gebäude und Gefrieranlage mit Kühlraum	610,—	545,—	465,—	410,—
Monatliche Belastung durch Bau und Anschaffung	Abschreibung:				
	Gebäude 4%	0,71	0,66	0,56	0,47
	Gefrieranlage mit Kühlraum 6,7%	2,22	1,95	1,66	1,51
	Verzinsung des Kapitals 5%	2,54	2,27	1,94	1,71
	Abschreibung und Verzinsung insgesamt	5,50	4,90	4,20	3,70
Monatliche Unkosten durch Benutzung	Stromkosten, Tarif 0,10 DM/kWh	1,20	1,20	1,20	1,20
	Wartung, Reparatur, Versicherungen	2,50	2,20	2,—	1,80
	Benutzungskosten insgesamt	3,70	3,40	3,20	3,—
Gesamtbelastung (Abschreibung, Verzinsung, Benutzungskosten)		9,20	8,30	7,40	6,70

[1] Für die Berechnung der Baukosten wurde ein Preis von 50,— DM/m³ umbauten

[2] Kaltraumanlagen werden nur mit einem dem Gefrierlagerraum vorgelagerten Kühlraum

auch der Platz für den Kältesatz im Aufstellungsraum der Anlagen vorgesehen (s. Abb. 106), außerdem kann hier ein 3 m² (7 m³) großer Kühlraum eingebaut werden. Die Kosten für den Einbau des Kühlraumes sind in den Gesamtkosten eingeschlossen.

Aus den Richtwerten für die Kosten der Gefrieranlagen oder der Gefrieranlage mit Kühlraum ist zu ersehen, daß schon bei einer Anlage mit 36 Fächern die Kosten für den Bau einer Kaltraumanlage niedriger sind als für die Anschaffung einer Warmraumanlage, daß die Anschaffungskosten für ein Fach in einer Schrankanlage unter denjenigen für ein Fach in einer Truhenanlage liegen und daß bei kleineren Warmraumanlagen die stille Kühlung, bei größeren die bewegte Kühlung preismäßig günstiger ist.

Für die Beurteilung der Kosten ist jedoch die Lebensdauer der Anlage und die dementsprechend erforderliche Abschreibung wesentlich. Nach den vorliegenden Erfahrungen können bei sachgemäßer Herstellung der Anlagen und Montage in geeigneten Räumen folgende jährliche Abschreibungssätze angenommen werden:

Für die Gebäude mit Isolierung und die Einrichtung der Kühl- und Gefrierlagerräume, entsprechend einer Lebensdauer von 25 Jahren 4%.

Für Schrank- und Truhenanlagen einschließlich Isolierung und Einrichtung, entsprechend einer Lebensdauer von 20 Jahren 5%.

mit einem Nutzinhalt von 200 l in Gemeinschaftsgefrieranlagen verschiedener Bauart und Größe dem Preisstand 1956/57.

Warmraumanlage doppelreihig											
Schrankanlage, 3 Fächer übereinander						Truhenanlage					
stille Kühlung			bewegte Kühlung			stille Kühlung			bewegte Kühlung		
24	36	48	24	36	48	12	24	36	12	24	36
194,—	154,—	131,—	208,—	167,—	144,—	430,—	327,—	280,—	500,—	355,—	294,—
544,—	522,—	495,—	565,—	488,—	450,—	720,—	590,—	560,—	815,—	620,—	550,—
125,—	83,—	63,—	125,—	83,—	63,—	250,—	125,—	83,—	250,—	125,—	83,—
669,—	605,—	558,—	690,—	571,—	513,—	970,—	715,—	649,—	1065,—	745,—	633,—
863,—	759,—	689,—	898,—	738,—	657,—	1400,—	1042,—	929,—	1565,—	1100,—	927,—
0,65	0,51	0,44	0,69	0,56	0,48	1,43	1,09	0,93	1,68	1,18	0,98
3,74	3,38	3,12	3,86	3,20	2,87	5,42	4,—	3,63	5,95	4,16	3,54
3,60	3,17	2,87	3,75	3,08	2,74	5,83	4,35	3,87	6,52	4,58	3,87
8,00	7,10	6,50	8,30	6,90	6,10	12,70	9,40	8,40	14,10	9,90	8,40
1,50	1,50	1,50	2,—	2,—	2,—	1,50	1,50	1,50	2,—	2,—	2,—
2,20	2,—	1,90	2,20	2,—	1,90	2,50	2,20	2,—	2,50	2,20	2,—
3,70	3,50	3,40	4,20	4,—	3,90	4,—	3,70	3,50	4,50	4,20	4,—
11,70	10,60	9,90	12,50	10,90	10,—	16,70	13,10	11,90	18,60	14,10	12,40

Raumes angenommen.
gebaut.

Für die gesamte Kälteanlage sowie für die Strom- und Wasserinstallation entsprechend einer Lebensdauer von 15 Jahren 6,7%.

Von entscheidender Bedeutung für die Lebensdauer von Warmraumanlagen ist die Verhütung einer Tau- oder Reifbildung an den Türen, Deckeln und Wänden der Anlage[1].

Für die Gegenüberstellung in Tab. 12 wurde eine Abschreibung von 4% für das Gebäude und von 6,7% für die Gefrieranlagen einschl. Isolierung, Einrichtungen, Kälteanlage und Installation gewählt. Bei einer Verzinsung des für die Errichtung der Anlage mit Gebäude und Kühlraum erforderlichen Kapitals mit 5% liegt dann die monatliche Belastung zwischen 3,70 DM für ein 200 *l*-Lagerfach in einer Kaltraumanlage mit 96 Fächern und 14,10 DM für ein gleich großes Fach in einer Truhenanlage mit 12 Fächern und bewegter Kühlung.

II. Betriebskosten.

Neben den Kosten für die Amortisation und den Kapitaldienst entstehen laufend Kosten durch den Betrieb und die Benutzung der Anlage, die durch eine monatlich zu entrichtende Gebühr abgegolten werden müssen. In diese Gebühr

[1] Tamm, W.: Kältetechnik Bd. 7 (1955) S. 122.

sind je nach den vorliegenden Verhältnissen eingeschlossen die Kosten für:

Strom,
Wartung der Anlage,
Reparaturdienst,
Mieten für Grundstück oder Räume,
Versicherungen (Gefrier- und Kühlgut, Gebäude und Anlage, Haftpflicht),
Steuern (Grund- und Körperschaft-, Gewinn- und Umsatzsteuer),
Verwaltung (Organisation, Buchführung).

Die Höhe der einzelnen Posten kann sehr unterschiedlich sein und z. T. ganz entfallen. In einer amerikanischen Gemeinschaftsgefrieranlage mit 496 Schließfächern entstanden folgende jährliche Betriebskosten für ein 170 *l* großes Schließfach im Jahre 1950/51[1].

Arbeitsleistung 0,14 \$, Licht 0,06 \$, Kälteversorgung (Strom- und Wasserkosten, Reparaturdienst und andere durch den Betrieb der Kältemaschine entstehende Unkosten) 1,62 \$, Versicherungen 0,52 \$, Steuern 0,26 \$, Wartung 0,21 \$, Abschreibung 1,34 \$, Verschiedenes 0,36 \$, Verwaltung 0,22 \$, so daß die gesamten jährlichen Betriebskosten der Anlage 4,73 \$/Fach betrugen. Wenn nur 50% der Fächer vermietet wurden, erhöhten sich die Betriebskosten auf 9,11 \$/Fach. Die Jahresmiete für ein 170 *l*-Fach betrug durchschnittlich 14,14 \$.

Der Stromverbrauch ist auch bei einer konstanten Temperatur in und vor der Anlage nicht nur von der Bauart, sondern außerdem von vielen anderen Größen abhängig, wie die Fachzahl der Anlage, die Ausführung der Wände, Türen und Deckel, die Wahl der Kältemaschine und hier insbesondere der Form des Verdampfers, der Sauberhaltung der Verdampferflächen sowie von der Art und der Häufigkeit der Beschickung mit frischen Lebensmitteln.

Für eine Kaltraumanlage mit 40 Fächern wird z. B. ein Stromverbrauch von 11 bis 18 KWh/200 *l*-Fach im Monat, für eine mit 70 Fächern 9 bis 14 und für eine mit 100 Fächern 7,5 bis 12 KWh/Fach im Monat angegeben[2]. Bei Warmraumanlagen gleicher Bauart und Größe traten noch größere Unterschiede im Stromverbrauch auf.

In verschiedenen in den Jahren 1953 bis 1955 erstellten Anlagen wurde etwa ein Jahr lang der Stromverbrauch gemessen[3]. Nach den ermittelten Werten und anderen Angaben[4–6] kann mit folgenden durchschnittlichen Verbrauchswerten bei luftgekühlten Kältemaschinen gerechnet werden:

Kaltraumanlagen . . .	8 bis 16 KWh/Fach im Monat
Warmraumanlagen	10 bis 25 KWh/Fach im Monat
Truhenanlagen mit stiller Kühlung	10 bis 15 KWh/Fach im Monat
Truhenanlagen mit bewegter Kühlung .	15 bis 25 KWh/Fach im Monat
Schrankanlage mit stiller Kühlung . . .	12 bis 20 KWh/Fach im Monat
Schrankanlage mit bewegter Kühlung	15 bis 25 KWh/Fach im Monat

[1] WILKINS, P. C., u. L. B. MANN: US Dep. Agric., Farm Credit Admin. Bull. 71. Zit. nach Tressler & Evers s. Fußnote 4, S. 126, dort S. 241.

[2] Angaben des Verbandes ländlicher Genossenschaften, Hannover/Braunschweig e. V. vom 22. Januar 1957.

[3] Siehe Fußnote 1, S. 121, dort S. 25.

[4] Landwirtschaftskammer Westfalen/Lippe: Lebensmittelfrischhaltung durch Kälte, Landwirtschaftsverlag GmbH Hiltrup b. Münster.

[5] Siehe Fußnote 3, S. 160. [6] Siehe Fußnote 4, S. 130, dort S. 64.

Für die überschlägige Berechnung der Betriebskosten wird ein Verbrauch von 12 KWh/Fach im Monat für die Kaltraumanlage, von 15 KWh/Fach im Monat für die Warmraumanlage mit stiller und 20 KWh/Fach im Monat für die Warmraumanlage mit bewegter Kühlung angesetzt, ohne den mit steigender Fachzahl abfallenden Verbrauch zu berücksichtigen, und ein Strompreis von 0,10 DM/KWh angenommen.

In einer Gemeinschaftsgefrieranlage muß jemand darauf achten, daß die Kältemaschine einwandfrei arbeitet und daß die Räume sauber gehalten werden. Für die Überwachung und Wartung, die auch erforderlich ist, wenn die Besitzer eines Lagerfaches ihr Fach selbst bedienen, wurden in Verbindung mit Wirtschaftlichkeitsberechnungen in Westdeutschland Vergütungen von 10 bis 50 DM im Monat je nach Anlageart und Größe [1,2] angenommen. Für den Wartungsdienst der in Tab. 12 aufgeführten Anlage wurden gewählt:

für Kaltraumanlagen	mit 72 und 96 Fächern	DM	50,—/Monat
	mit 48 Fächern	,,	40,—/Monat
für Warmraumanlagen	mit 48 Fächern	,,	30,—/Monat
	mit 24 und 36 Fächern	,,	20,—/Monat
	mit 12 Fächern	,,	10,—/Monat

Für Reparatur- und Überholungsarbeiten an der Anlage wurde unabhängig von der Bauart ein jährlicher Unkostensatz von 3% der Anschaffungskosten der maschinellen Einrichtungen in Rechnung gesetzt.

Bei einer Gemeinschaftsgefrieranlage muß — wie bei jeder technischen Einrichtung — mit Störungen gerechnet werden, außerdem kann in oder vor der Anlage ein Personen- oder Sachschaden entstehen, für den die Fachbesitzer haftbar zu machen sind. Es ist daher vorteilhaft, sich durch eine Versicherung gegen diese und andere möglicherweise auftretende Schäden zu schützen. Eine Haftpflichtversicherung ist auf jeden Fall erforderlich. Auch eine neue, eigens für Gemeinschaftsgefrieranlagen in Westdeutschland geschaffene Schließfachinhalt-Versicherung sollte man ausnützen, da durch sie das Gefriergut gegen Verderb infolge eines Funktionsfehlers in der Gefrieranlage oder infolge Stromausfalls und Nichteinhaltung der für die Lagerung erforderlichen Temperatur geschützt wird. Je nach der Ausdehnung des Versicherungsschutzes und nach den durch die Organisation des Gefrierbetriebes anfallenden Ausgaben entstehen in Abhängigkeit von der Größe der Anlage Unkosten von 0,50 bis 1,— DM/Normalfach im Monat. Für die Berechnung der Gesamtkosten eines Lagerfaches wurde ein Betrag von 1,— DM/Fach im Monat für Versicherungen und allgemeine Verwaltungsausgaben unabhängig von der Art und der Größe der Anlage angenommen.

Die insgesamt anfallenden monatlichen Benutzungsgebühren für ein 200 *l*-Fach liegen unter diesen Voraussetzungen zwischen 3,— DM in einer Kaltraumanlage mit 96 Fächern und 4,50 DM in einer 12-Fach-Truhenanlage mit bewegter Kühlung (Tab. 12). Die unterschiedliche Höhe der Benutzungskosten bei den Warmraumanlagen gleicher Fachzahl ist durch den höheren Stromverbrauch der Anlagen mit bewegter Kühlung bedingt. Die Benutzungsgebühren für die kleineren Kaltraumanlagen liegen trotz der geringeren Stromkosten infolge der Mehrausgaben für die Wartung in der gleichen Höhe wie bei den Warmraumanlagen mit stiller Kühlung.

---

[1] Siehe Fußnote 3, S. 160. [2] Siehe Fußnote 4, S. 130.

III. Wirtschaftlichkeit der Anlagen.

Die Gesamtbelastung durch Abschreibungen, Zinsen und Benutzungsgebühren gestattet einen Kostenvergleich der Gemeinschaftsgefrieranlagen verschiedener Bauart untereinander. Die Kosten in Abhängigkeit von der Größe der Anlage sind in Abb. 123 für die einzelnen Bauarten dargestellt. Aus dem Verlauf der Kurven ergibt sich folgendes Bild:

Die Erstellungskosten und daher die Gesamtkosten einer Kaltraumanlage sind schon bei etwa 30 Fächern beachtlich niedriger als bei einer gleich großen Warmraumanlage. Da die Kostenunterschiede zwischen der Warm- und der Kaltraumbauweise sowohl in der Erstellung als auch im Betrieb mit zunehmender Fachzahl wachsen, ist bei Anlagen mit mehr als 50 Fächern der Bau einer Kaltraumanlage wesentlich vorteilhafter als die Anschaffung einer Warmraumanlage. Dieser wirtschaftliche Vorteil sollte bei einem Vergleich der beiden Bauarten berücksichtigt werden.

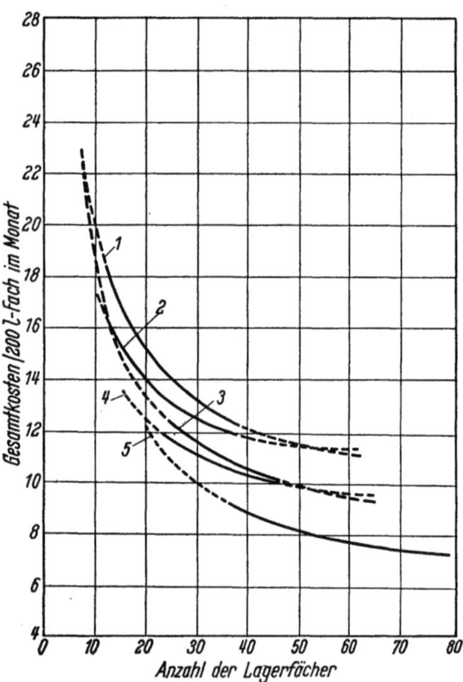

Abb. 123. Richtwerte für die durch Benutzung eines Normalfaches mit 200 *l* Nutzinhalt entstehenden Gesamtkosten einschließlich der Kosten für die Erstellung eines Neubaues und den Einbau eines Kühlraumes sowie der Betriebskosten und allgemeinen Unkosten.

1 Truhenanlage mit Zentralverdampfer, *2* Truhenanlage mit Verdampferplatten, *3* Schrankanlage mit Zentralverdampfer, *4* Schrankanlage mit Verdampferplatten, *5* Kaltraumanlage.

Schrankanlagen sind nach den der Tab. 12 zugrunde liegenden Preisangaben schon bei kleinen Anlagen mit etwa 20 Fächern billiger in der Anschaffung und im Betrieb als Truhenanlagen. Mit steigender Fachzahl fallen die Gesamtkosten für die Benutzung eines Lagerfaches bei den Schrankanlagen etwas stärker als bei den Truhenanlagen, weil bei ihnen das Verhältnis von Oberfläche zu Nutzinhalt mehr abnimmt. Da außerdem der geringere Platzbedarf der Schrankanlage insbesondere bei großen Anlagen Vorteile bietet, baut man größere Warmraumanlagen vorwiegend in Schrankform. Für kleine Anlagen mit 24 und weniger Fächern wird gern die Truhenform gewählt, da hier die Kostenunterschiede nicht so groß sind und der Platzbedarf weniger ins Gewicht fällt.

Die Fachkosten in Anlagen mit bewegter Kühlung durch einen Zentralverdampfer nehmen mit wachsender Anlagengröße stärker ab, als bei denen mit stiller Kühlung durch Verdampferplatten, da für den Übergang zu einem Zentralverdampfer größerer Leistung ein geringerer Aufwand notwendig ist, als bei den proportional zur Fachzahl steigenden Kosten für Verdampferplatten; außerdem macht der zusätzliche Raumbedarf für einen Zentralverdampfer prozentual um so weniger aus, je größer die Anlage wird. Während bei sehr kleinen Anlagen die Verwendung einer stillen Kühlung erheblich wirtschaftlicher ist als die einer bewegten, sind bei Anlagen mit mehr als 30 Fächern die Kostenunterschiede zwischen den beiden Kühlarten nur gering. Bei großen Warmraumanlagen mit mehr als 50 Fächern ist die Anlage mit Zentralverdampfer wirtschaftlicher, als die mit Plattenverdampfer.

Außer von der Wirtschaftlichkeit der Anlage wird die Entscheidung der Interessenten für oder gegen eine Anlage bestimmter Bauart und Ausstattung von anderen Eigenschaften beeinflußt (s. darüber S. 134).

IV. Die Wirtschaftlichkeit des Gefrierverfahrens im Landhaushalt.

Die Anwendung des Gefrierverfahrens im Landhaushalt bringt bereits dadurch Vorteile, daß man unabhängig von der Jahreszeit die Marktlage ausnützen kann. Schweine für den Eigenbedarf brauchen nicht mehr in der kalten Jahreszeit geschlachtet zu werden, sondern man kann sie schlachten und gefrieren, wenn die Schweinepreise besonders niedrig liegen. Der auf diese Weise erzielbare Gewinn wird noch deutlicher sichtbar bei Geflügel, das jetzt stets bei richtiger Schlachtreife geschlachtet werden kann. Dabei ist nicht nur die Ausnützung der Unterschiede in den Marktpreisen, sondern auch die Futterersparnis vorteilhaft.

Es liegt nahe, die Wirtschaftlichkeit eines neuen Verfahrens durch Vergleich mit den bisher verwendeten zu überprüfen. Eine Untersuchung des Aufwandes an Arbeitszeit, der Energiekosten für die Verarbeitung und Lagerung, sowie der Verpackungskosten und der Kosten für die Abschreibung der Anlagen und Geräte beim Eindosen und beim Gefrieren von Fleisch und Fleischwaren von E. STÜBLER[1] zeigte — wenn man von der Arbeitszeit für die Herstellung der Fleischwaren absieht — eine deutliche Überlegenheit des Gefrierens über die Dosenkonservierung im Landhaushalt. Wenn dreimal im Jahr geschlachtet wird, die durchschnittliche Lagerdauer im Schließfach also 4 Monate beträgt, ergeben sich Kosten von rd. 0,36 DM/kg für das Gefrieren im Vergleich zu rd. 0,55 DM/kg für das Eindosen von Fleisch, und rd. 0,46 DM/kg im Vergleich zu rd. 0,56 DM/kg für Gefrieren bzw. Eindosen von vorwiegend Fleischwaren. Dabei wurden die Anschaffungskosten für ein Lagerfach mit 200 *l* Nutzinhalt einschließlich Kühlraumanteil mit 625,— DM, ein Stromverbrauch von 15 kWh/Fach im Monat, ein Strompreis von 0,11 DM/kWh und Kosten für die Wartung, Reparatur und Versicherungen mit 2,— DM/Fach im Monat angenommen sowie ein Lagerverlust von 3% bei den Dosenkonserven in Rechnung gestellt (Tab. 13).

Nach den Angaben auf S. 132 können bei guter Ausnutzung jährlich rd. 260 kg Lebensmittel in einem Lagerfach mit 200 *l* Nutzinhalt gefroren werden. Bei Verwendung eines Faches in einer Schrankanlage mit 36 Lagerfächern und einer Gesamtbelastung (einschl. Abschreibungen für Neubau, Gefrieranlage und Kühlraum sowie Kapitalverzinsung und Benutzungskosten) von 10,60 DM/Fach im Monat, ergeben sich Kosten von rd. 0,50 DM/kg für die Gefrierkonservierung, ohne Verarbeitungs- und Verpackungskosten. Wenn — wie es oft der Fall ist — das Fach vom Besitzer gegen Barzahlung gekauft worden ist und fälschlicherweise nur die Benutzungskosten in Rechnung gestellt werden, gehen die Gefrierkosten auf rd. 0,16 DM/kg zurück.

Durch das Gefrieren kann die ursprüngliche Beschaffenheit der Lebensmittel besser als durch die bisher im Landhaushalt gebräuchlichen Konservierungsverfahren erhalten werden. Die Verbesserung der Ernährungsweise durch die Einführung der Gefrierkonservierung läßt sich rechnerisch nicht erfassen.

---

[1] STÜBLER, E.: Nutzen und Ordnung Bd. 6 (1955) S. 141.

Tabelle 13. *Arbeits- und Kostenaufwand bei der Gefrier- und Dosenkonservierung von Fleisch- und Fleischwaren nach Versuchsergebnissen von E. Stübler, z. T. umgerechnet.*

Konservierungsart	Dosenkonservierung		Gefrierkonservierung	
Konserviertes Produkt Verarbeitungsart Konservierte Menge	Schweinefleisch Fleischkonserven 30 Dosen (24,9 kg)	1 Schwein 1/3 Fleisch- und 2/3 Wurstkonserven 91 Dosen	Schweinefleisch Fleischkonserven 26,7 kg	1 Schwein 1/3 Fleisch- und 2/3 Wurstkonserven rd. 75 kg
Aufwand an Arbeitszeit[1] in Std.	2,0[2]	12,2	1,2[3]	12,4
Energiekosten				
Verarbeitung . . . . . DM	1,57	5,37	0,13	1,71
Gefrierlagerung[4] . . . . DM	—	—	1,32	3,96
Verpackungskosten[5] . . . DM	6,60	20,02	3,80	11,90
Abschreibungen für Geräte und Anlagen[6] . . . . . DM	1,50	4,50	2,80	8,40
Wartung, Reparatur, Versicherung . . . . . DM	0,50	1,50	1,60	4,80
Lagerverluste 3% . . . . DM Kosten 3,50 DM/Dose	3,50	11,50	—	—
Gesamtkosten . . . . . . DM	13,67	41,89	9,65	30,77

[1] Ohne Nebenzeiten durch Wege.

[2] Verarbeiten eines halben Schweines (Gewicht rd. 45 kg) zum Eindosen, Pökeln und Räuchern.

[3] Verarbeiten eines halben Schweines (Gewicht rd. 45 kg) zu Gefrierware (in den Kostenvergleich ist nur das Fleisch einbezogen).

[4] Benötigter Lagerraum 40 bzw. 120 *l*, Lagerdauer 4 Monate, Strombedarf 15 kWh/200 *l*-Fach im Monat, Stromkosten 0,11 DM/kWh.

[5] Dosen viermalige, Polyäthylenfolie dreimalige, Zellglasfolie einmalige Verwendung.

[6] Ohne Gebäude und Kapitaldienst, jedoch mit Kühlraum. Lebensdauer der Gefrieranlage 15 Jahre.

Kühl- und Gefrierhäuser[1]

Von
Dipl.-Ing. **W. Maake** und Ing. **H. J. Eckert.**
Beratende Ingenieure Hamburg-Altona.

Mit 69 Abbildungen.

A. Grundlegende Erwägungen beim Bau von Kühl- und Gefrierhäusern.

I. Charakteristische Merkmale.

Kühl- und Gefrierhäuser sind Bauten mit niedrigen Innentemperaturen und bestimmten, von der Art des Kühlgutes abhängigen Luftverhältnissen. Die physikalisch bedingten großen Unterschiede zwischen dem Zustand der Luft in den Kühl- und Gefrierräumen und der Außenluft verlangen sorgfältigste Beachtung bei der Bauausführung, um Schäden am Bauwerk und an den eingelagerten Gütern zu vermeiden. Durch den Einfluß der Güte des Bauwerkes auf die Güte des Lagergutes unterscheidet sich ein Kühl- und Gefrierhaus wesentlich von anderen Industriebauten.

II. Größe und Verwendungszweck.

Größe und Verwendungszweck sind bei Kühl- und Gefrierhäusern sehr verschieden und von den jeweiligen Bedürfnissen abhängig. Sie beeinflussen die bauliche Gestaltung und verlangen zu Beginn der Planung grundlegende Erwägungen.

Nach dem Verwendungszweck sind zu unterscheiden: Mehrzweckkühlhäuser und Sonderkühlhäuser. Bei der ersten Art handelt es sich meist um Mietkühlhäuser, die ihre Räume an Handel und Gewerbe vermieten und für die Lagerung von Kühlgütern verschiedenster Art bei unterschiedlichen Temperaturen eingerichtet sind. Die Entwicklung aber geht mehr nach der Einrichtung von Sonderkühlhäusern für die Lagerung eines bestimmten Kühlgutes mit einem dem betreffenden Kühlgut angepaßten Luftzustand. Hierzu gehören z. B.: Kühlhäuser für Fleisch in den Schlachthöfen, oder, wie in Südamerika

[1] Dieser Beitrag zum Handbuch der Kältetechnik war ursprünglich von Herrn Dipl.-Ing. W. Pohlmann, Hamburg, erbeten worden, der auch schon mit der Sammlung von Material und mit der Bearbeitung des Textes begonnen hatte, als ihn der Tod ereilte. Seine beiden engeren Mitarbeiter und Nachfolger, Dipl.-Ing. W. Maake und Ing. H. J. Eckert erklärten sich auf meine Bitte bereit, die begonnene Arbeit von Herrn Pohlmann zu Ende zu führen, wofür ich ihnen sehr dankbar bin. (Der Herausgeber.)

oder Australien, für den Gefrierfleischexport zusammen mit Gefrieranlagen; für Fisch in den Fischereihäfen zur Lagerung von an Bord gekühlter und gefrorener Ware; zur Aufnahme der Frischfischanlandungen als Ersatz der Auktionshallen und besondere Heringskühlhäuser. Abb. 124 zeigt den Grundriß

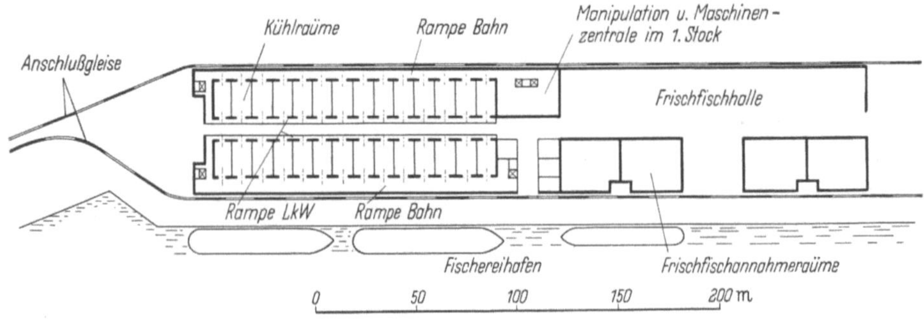

Abb. 124. Hafenkühlhaus, Lageplan.

eines Hafenkühlhauses im Fischereihafen. Vorkühlhäuser für Obst vor langen Transporten findet man z. B. in Südafrika[1], Frankreich oder Italien; ferner Kühlhäuser in landwirtschaftlichen Erzeugungsgebieten zur sofortigen Einlagerung nach der Ernte, oft auch gleichzeitig als zentrale Sammelstellen, siehe Abb. 125. Dazu gehören auch die Gemeinschaftsgefrieranlagen zur langfristigen

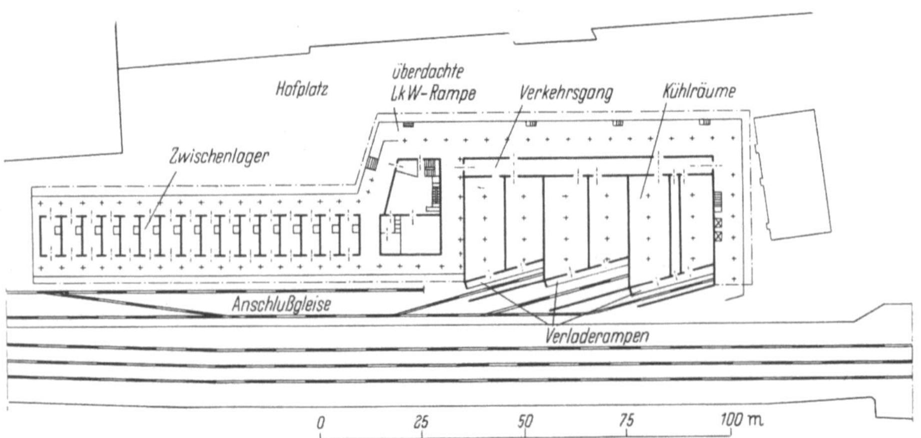

Abb. 125. Obstkühlhaus im Erzeugergebiet, Lageplan.

Lagerung des Eigenbedarfes der Landbevölkerung[2] und im Verbrauchergebiet Anlagen als Verteilerstellen des Großhandels für das Tiefkühl-Sortiment. Vielfach sind solche Sonderkühlhäuser keine Mietkühlhäuser, sie dienen vielmehr der Einlagerung von Waren des eigenen Geschäftsbetriebes.

Größenmäßig kann als unterste Grenze für ein Mietkühlhaus eine Nutzfläche von etwa 2000 m² angesehen werden, während nach oben keine Grenze besteht; es gibt Kühlhäuser von 15000 m² Nutzfläche und mehr; durchschnittlich liegt die Größe der Mietkühlhäuser zwischen 5000 und 10000 m². Einem

[1] COOPER, C. E. B.: The Deciduous Fruit Grower (Cape Town) Bd. 9 (1959) Nr. 2, S. 44/53.

[2] Siehe hierzu auch den Abschnitt über Gemeinschaftsgefrieranlagen in diesem Band, S. 115.

Sonderkühlhaus, das einem Fabrikationsbetrieb angegliedert ist oder von einer Handelsfirma für ihre eigenen Geschäftszwecke benutzt wird, liegen andere Gesichtspunkte der Wirtschaftlichkeit wie einem Mietkühlhaus zugrunde, weshalb hier auch Bauten mit kleinerer Nutzfläche anzutreffen sind.

Vom Internationalen Kälteinstitut in Paris wird durch die Kommission 5 ein Leitfaden der Kühlhauslagerung (Guide of Cold Storage) vorbereitet. Neben dem Bau und der Einrichtung von Kühlhäusern sollen Transport- und Lagerprobleme, die Einlagerungsbedingungen und Personalfragen behandelt werden. VERLOT und TKATCHEV berichteten beim Internationalen Kältekongreß 1959 in Kopenhagen über die Einteilung der Kühlhausarten[1].

III. Berechnung der Wirtschaftlichkeit.

Dem Bau eines Kühl- und Gefrierhauses muß eine Berechnung seiner Wirtschaftlichkeit unter Annahme verschiedener Betriebsbedingungen vorausgehen. Bei einem Mietkühlhaus ist die Wirtschaftlichkeit von den Anlagekosten, der

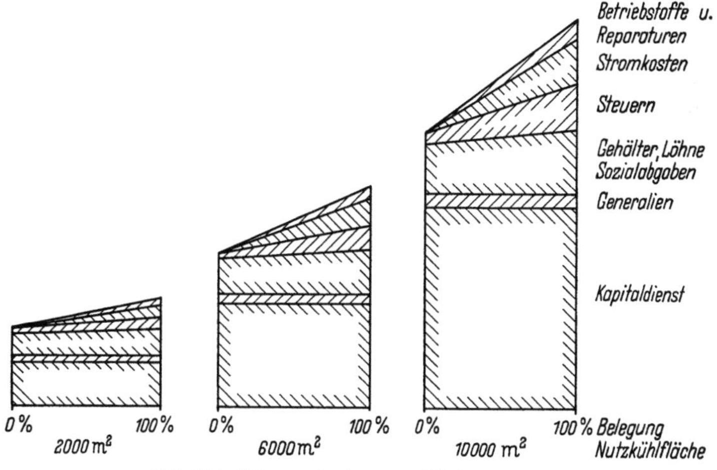

Abb. 126. Jahresunkosten von Mietkühlhäusern.

Größe der Nutzkühlfläche, der Belegungsstärke, dem Warenwechsel und dem Mietsatz abhängig. Die Baukosten und die erzielbaren Einnahmen müssen in einem bestimmten Verhältnis stehen, wenn eine Wirtschaftlichkeit auch bei einer nicht vollen Belegung zu erwarten sein soll. Die Baukosten werden durch die Bauweise und Raumaufteilung beeinflußt, sie berechnen sich nach der Größe des umbauten Raumes. Für die Höhe der Einnahmen ist die Größe der vermietbaren Kühlfläche bestimmend, daneben spielt der Warenumschlag eine Rolle. Das Verhältnis von Baukosten zu erzielbaren Einnahmen wird um so günstiger, je größer die in einem Bau untergebrachte Nutzkühlfläche ist. Ein Großkühlhaus ist, gleiche Belegungsstärke vorausgesetzt, wirtschaftlicher als ein Kleinkühlhaus, weil sich die Einnahmen in direktem Verhältnis mit der Nutzkühlfläche erhöhen, während die Betriebskosten nicht gleichmäßig mit der Kühlhausgröße wachsen.

In Abb. 126 ist die prozentuale Zusammensetzung der Jahresunkosten für Mietkühlhäuser verschiedener Größe in Abhängigkeit von der Belegungsstärke

---

[1] VERLOT, J.-B., u. N. TKATCHEV: Types and Activities of Cold Stores. Ber. Internationaler Kältekongreß 1959, Bd. 3, S. 365.

zusammengestellt. Die Gesamtunkosten setzen sich zusammen aus: Kapitaldienst, d. h. Verzinsung des Anlagekapitals und Abschreibungen, Gehälter und Löhne, Sozialabgaben, Versicherungen, Steuern, Kosten für Strom, Wasser und andere Betriebsstoffe, Reparaturkosten und Generalien. Selbst bei einem leerstehenden Kühlhaus läuft ein Teil dieser Kosten, vor allem der Kapitaldienst, unverändert weiter.

IV. Wahl und Größe des Baugeländes.

Bei der Wahl des Baugeländes ist auf folgende Punkte zu achten:

Die Verkehrslage soll günstig sein, d. h. das Grundstück soll Gleisanschluß besitzen und von dem Hauptstraßennetz gut erreichbar sein. Die Lage an einer Wasserstraße ist bei einem Binnenkühlhaus vorteilhaft, aber nicht ausschlaggebend, weil der Verkehr mit Binnenkühlschiffen wenig ausgebaut ist und dieser Verkehrsweg bei Vereisung ausfällt. Der Wasserweg erleichtert das Heranbringen von Betriebsstoffen und Materialien, auch kann er in Zukunft an Bedeutung für den Kühlgutverkehr gewinnen. Dagegen ist in Hafenstädten die Lage am Wasser für ein Kühlhaus sehr wertvoll mit Rücksicht auf das direkte Löschen überseeischer Kühl- und Gefriergüter in das Kühlhaus, das Übernehmen von Fischanlandungen und das direkte Beeisen von Fischereifahrzeugen.

Der Baugrund soll eine gute Tragfähigkeit besitzen, deshalb ist seine Beschaffenheit und die Höhe des Grundwasserspiegels zu untersuchen. Bei einem schlechten Baugrund sind Rammungen bis auf tragfähigen Boden nötig, die oft eine bedeutende Erhöhung der Baukosten verursachen. Besonders bei Hafenkühlhäusern ist mit solchen Rammungen zu rechnen. In Bergbaugebieten können Bergbauschäden und Geländesenkungen eintreten, denen durch eine zweckmäßige Fundamentierung begegnet werden muß.

Bei einem hohen Grundwasserspiegel sind die im Boden liegenden Bauwerksteile gegen das Eindringen von Wasser zu isolieren, im übrigen bedeutet das Grundwasser, sofern es eine Strömung besitzt, u. U. eine Verringerung der Gefahr des Auftretens von Bodenfrost bei Temperaturen unter 0 °C in den Kellerräumen, weil durch das Grundwasser ständig Wärme der Bodenplatte des Kühlhauses zugeführt und dadurch ein Gefrieren verhindert wird. Auf S. 208 finden sich weitere Ausführungen zu dieser Frage.

Bei dem großen Wärmeanfall in den Kondensatoren eines Kühlhauses und der Notwendigkeit, besonders in den Städten, Kühlwasser möglichst einzusparen, ist der Wasserbeschaffung bereits bei der ersten Planung besondere Beachtung zu schenken. Besteht die Möglichkeit, Eigenwasser zu beschaffen, dann muß durch eine Probebohrung und einen Pumpversuch die Ergiebigkeit eines Brunnens und die Beschaffenheit des Wassers festgestellt werden. Für die Ableitung des Wassers ist der Anschluß an die Kanalisation oder an ein Gewässer zu klären; ebenso evtl. Sielgebühren bzw. die Gebühren für Stadtwasser. Von gleicher Bedeutung ist die Frage der Stromversorgung des Grundstückes, die Klärung der Stromart, des Stromtarifes und der für den Anschluß an das Stromnetz noch aufzuwendenden Kosten. Die Beschaffung von Wasser und Strom beeinflußt sowohl die Anlage- als auch die Betriebskosten, sie gehört deshalb zu den ersten Erwägungen bei der Wahl des Grundstückes.

Die Größe des Grundstückes ist bei mehrgeschossigen Kühlhäusern von der Größe der Kühlhausnutzfläche nur wenig abhängig. Für jedes Kühlhaus ist ein großer Hofplatz für den Lastwagenverkehr nötig, denn auch zeitweise starker Verkehr muß sich glatt abwickeln können und die empfindlichen Kühl- und Gefriergüter dürfen nicht den Einflüssen des Wetters ausgesetzt bleiben. Das

Gelände soll so gewählt werden, daß die Rampenlängen die gleichzeitige Abfertigung mehrerer Waggons und Lastzüge erlauben und daneben ausreichende Abstellplätze vorhanden sind. Bei Hafenkühlhäusern mit der Möglichkeit, Schiffe direkt entladen zu können, müssen ausreichende Kaianlagen vorhanden

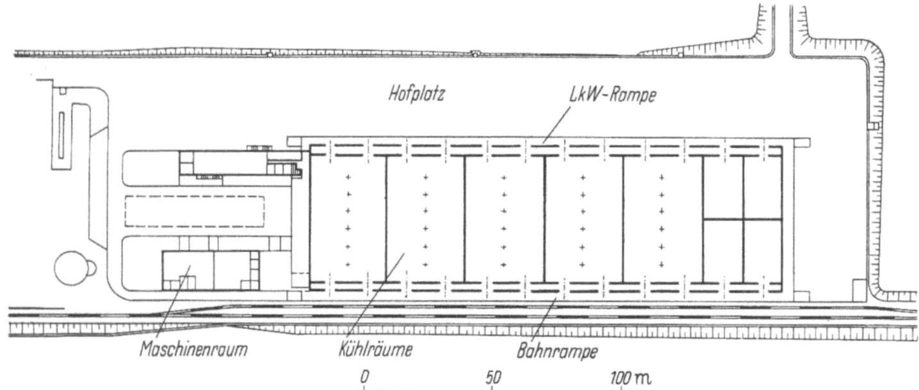

Abb. 127. Flachbaukühlhaus Kaiserslautern, Lageplan.

sein. An- und abfahrende Fahrzeuge sollen sich nicht stören. An die Möglichkeit einer Erweiterung muß schon bei der ersten Planung gedacht werden. Eine begrenzte Erweiterung kann durch Aufstocken, eine beliebig große durch Anbau erfolgen. Denkt man an eine spätere Aufstockung, so sind Fundamente und

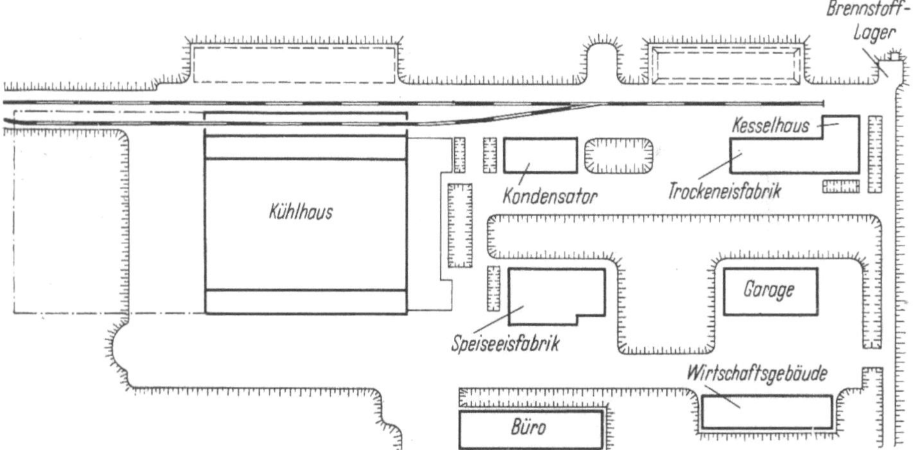

Abb. 128. Verteilerkühlhaus in Mitteldeutschland, Lageplan.

Baukonstruktion von vornherein für die dann auftretende Belastung zu bemessen; Maschinenhaus und Rohrkanäle müssen weitere Maschinen und Leitungen aufnehmen können, die Dachkonstruktion und Aufzüge müssen der späteren Gebäudeerhöhung Rechnung tragen. Dadurch wird der Erstbau der unteren Stockwerke verteuert, während der Aufbau weiterer Geschosse mit verhältnismäßig niedrigen Kosten auszuführen ist. Man verzichtet deshalb meist auf die Möglichkeit einer Aufstockung, um die Erstkosten nicht zu hoch werden zu lassen und sieht eine Erweiterung in der Horizontalen vor, wofür das Vorhandensein eines entsprechend großen Baugeländes Voraussetzung ist.

Weiterer Platz wird für Nebengebäude, wie Maschinenhaus, ein Bürohaus mit Wohnungen für den Maschinen- und Lagermeister, Garage, Werkstatt usw. beansprucht. Daraus ergibt sich je nach Größe des Kühlhauses und Erweiterungsabsicht eine Grundstückgröße von 5000 bis 10000 m² und mehr. Abb. 127

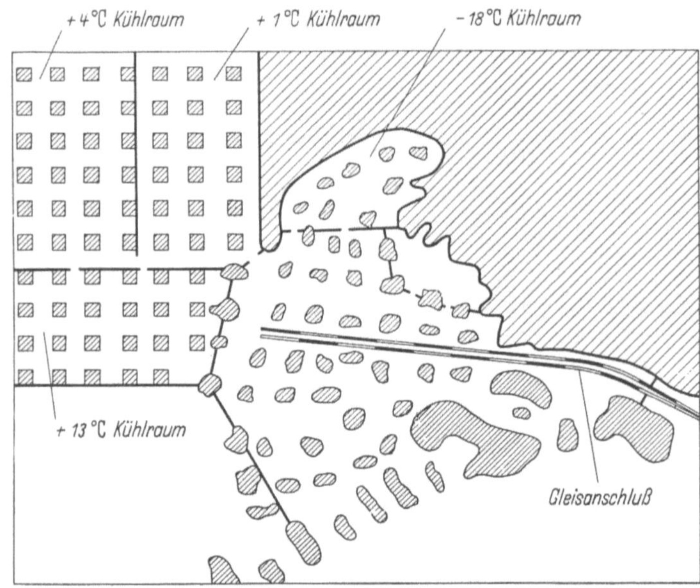

Abb. 129. Kühlhaus in den Kalksteinbrüchen von Kansas, USA, Grundriß.

zeigt den Lageplan des Flachbaukühlhauses Kaiserslautern und Abb. 128 ein in Verteilerkühlhaus in Mitteldeutschland.

Einen Sonderfall stellt der Bau eines Kühlhauses in einem Bergstollen oder in Felshöhlen dar.[1] Da möglichst auf eine Isolierung der Räume verzichtet

Abb. 130. Kühlhaus in den Kalksteinbrüchen von Kansas, USA, Ansicht.

werden soll, muß genau untersucht werden, ob keine Wasseradern in der Nähe verlaufen. Die Abb. 129 und 130 zeigen Grundriß und Ansicht eines Kühlhauses die den Kalksteinbrüchen in der Nähe von Kansas City, Kansas, USA.

[1] Lorentzen, G.: The design and performance of an un-insulated freezer room in rock. Ber. X. Intern. Kältekongreß, Kopenhagen 1959, Bd. 3, S. 291.

V. Angliederung einer Eisfabrik.

Die Herstellung und der Vertrieb von Kunsteis ist mit dem Kühlhausgeschäft, besonders bei Hafenkühlhäusern, oft eng verbunden. In den Fischereihäfen und an den Seefischmärkten ist die Eisherstellung unentbehrlich sowohl für die Versorgung der Fangfahrzeuge, wie für die Fischindustrie. Bei einem Kühlhaus im Binnenland wird sich die Zweckmäßigkeit der Angliederung einer Eisfabrik nur von Fall zu Fall nach den örtlichen Bedürfnissen entscheiden lassen; hierbei ist zu beachten, in welcher Höhe der Eisbedarf bereits durch andere Betriebe, Schlachthof oder Brauereien, gedeckt wird, daß Großstädte einen größeren Eisbedarf je Kopf der Bevölkerung haben als Kleinstädte, daß der Eisabsatz im Winter auf etwa 17% des Sommerabsatzes zurückgeht und daß die Transport- und Vertriebskosten etwa 40% der Eiserzeugungskosten betragen.

Zweckmäßig werden die Eisfabrikation und das Eislager in einem Sonderbau untergebracht, weil der Platzbedarf und die Raumhöhen für eine Eingliederung in den Kühlhausbau zu groß sind. Auch die betriebliche Trennung des Eisgeschäftes vom Kühlhausbetrieb ist ratsam. Folgende Zahlen geben einen ungefähren Anhalt für die Raumgröße zur Aufstellung eines Blockeiserzeugers, und zwar als Solegenerator mit Zubehörteilen (Tab. 1).

Tabelle 1. *Raumgrößen für Blockeiserzeuger verschiedener Leistung.*

Eisleistung t/Tag	Raumgröße m^2	m^2/t Eis	Raumhöhe m
5	35	7	5
10	50	5	5
20	80	4	5
30	112	3,75	5
50	160	3,2	5

Bei Herstellung von Destillateis oder durchlüftetem Eis ist ein weiterer Raum für die Hilfsapparate nötig. Die Kältemaschinen für die Eiserzeugung finden aus Gründen der vereinfachten Bedienung und Überwachung am besten in dem Maschinenhaus des Kühlhauses Aufstellung.

Ein Eislager für die Aufnahme von einer Wochen- bis Monatseiserzeugung ist für die Bereithaltung des Spitzenbedarfes in der heißen Jahreszeit stets vorzusehen. Es kann wirtschaftlicher sein, die in der kühlen Jahreszeit weniger beanspruchten Maschinen für die Schaffung eines größeren Eisvorrates auszunutzen, also mit einer kleineren Anlage an mehr Betriebstagen auf ein großes Eislager zu arbeiten, statt mit einer großen Anlage an weniger Betriebstagen auf ein kleines Lager. Da die Verhältnisse örtlich verschieden sind, so kann das jeweils Richtige nur von Fall zu Fall durch eine Berechnung entschieden werden.

Bei der Planung ist weiter zu beachten, daß sich der Fahrzeugverkehr an der Eisausgabe ungestört von dem Kühlhausverkehr abwickeln kann.

B. Raumaufteilung.

I. Bauform.

Der Kubus ist theoretisch die günstigste Form für ein Kühlhaus, weil er bei kleinster Oberfläche den größten Inhalt besitzt und damit der Wärmeeinfall und der Materialaufwand einen Mindestwert erreichen. Das Verhältnis des Inhaltes zur Oberfläche nimmt mit der Größe des Würfels zu; bei einer

Kantenlänge des Würfels von a beträgt es $a : 6$. So kommen z. B. bei einem Kühlschrank von 1 m Kantenlänge auf 1 m³ Inhalt 6 m² Oberfläche, bei einem Kühlhauskubus von 30 m Kantenlänge dagegen auf 1 m³ Inhalt nur $^1/_5$ m² Oberfläche.[1]

In der praktischen Ausführung sind häufig Abweichungen von der reinen Kubusform infolge anderer Umstände, wie Gestaltung des Grundstückes, Lage der Verkehrsanschlüsse, innere Raumaufteilung, Erweiterungsabsichten u. dgl. nötig.

Der einstöckige Flachbau benötigt eine sehr große Bodenfläche, einen Mehraufwand an Isoliermaterial und wegen des großen Wärmeeinfalles an den Außenflächen eine größere Maschinenanlage mit erhöhtem Energieaufwand. Die Vorteile liegen vor allem auf baulicher Seite und beim innerbetrieblichen Verkehr: Bei geringerer Belastung des Fundamentes entfallen die in den meisten Fällen sonst notwendigen, kostspieligen Gründungen; auch bei größeren Spannweiten können pfeilerlose Räume geschaffen werden. Der Mehraufwand für Isolierung und Kälteerzeugung kann zumindest teilweise durch vereinfachte

Abb. 131. Südseite des Kühlhauses Kaiserslautern.

Bauweise beim Flachbau wieder ausgeglichen werden. Durch Fortfall der Aufzüge und Treppenhäuser wird der hierfür erforderliche Raum eingespart. Die großzügige Anordnung langer Rampen zeigt die Abb. 131.

Die immer weitere Verbreitung der Stapelung auf Paletten verlangt zur guten Ausnutzung der Stapelgeräte größere Stapel- und Raumhöhen. Beim mehrstöckigen Kühlhaus werden die reinen Baukosten bei einer Vergrößerung der Raumhöhe und damit auch der Deckenbelastung erhöht. Die Förderkosten können beim einstöckigen Bau kleiner gehalten werden.

In Tab. 2 sind für ein Kühlhaus von 4000 m² Nutzkühlfläche und quadratischem Grundriß die Werte der bebauten Grundfläche, der äußeren Oberfläche, des Wärmeeinfalles und des benötigten gesamten Isoliermaterials bei einer verschiedenen Zahl von Stockwerken gleicher Höhe zusammengestellt. Der umbaute Raum ist in allen Fällen annähernd der gleiche; angenommen wurde eine Nutzkühlfläche von 70% der bebauten Bodenfläche, keine Unterkellerung und eine Innentemperatur von —25 °C in allen Räumen. Bei 7 Stockwerken hat der Bau annähernd die Kubusform.

Abb. 132 ist eine graphische Darstellung dieser Werte. Sie zeigt deutlich, daß die Unterschiede bei der 4- bis 7-stöckigen Bauweise gering sind und erst bei drei und weniger Stockwerken höhere Werte erreichen. Neben diesen Erwägungen sind für die Wahl der Bauform und der Zahl der Stockwerke noch andere Umstände maßgebend; so wird man für ein mehrstöckiges Kühlhaus

[1] Vgl. R. PLANK: Vergleich der Kosten für die Isolierung einstöckiger und mehrstöckiger Kühlhäuser. Kältetechnik Bd. 3 (1951) S. 205.

Tabelle 2.
Vergleichswerte für ein- und mehrstöckige Bauweise eines Kühlhauses von 4000 m² Nutzkühlfläche.

	Zahl der Stockwerke						
	1	2	3	4	5	6	7
Bebaute Grundfläche m² . . .	5200	2600	1770	1450	1160	900	780
Mehr-Grundfläche in Prozent gegen 7 Stockwerke	565	234	127	86	36	15,2	—
Äußere Oberfläche m²	11580	6770	5440	5160	4840	4460	4440
Mehr-Oberfläche in Prozent gegen 7 Stockwerke	160	53	23	16,5	16,5	9	—
Oberflächenisolierung m³ . . .	2500	1460	1150	1090	1010	930	930
Mehr-Oberflächenisolierung in Prozent gegen 7 Stockwerke	169	57	24	17,5	9	—	—
Gesamtes Isoliermaterial einschließlich Innenwände m³	2960	2090	1950	1900	1850	1800	1800
Mehr-Gesamtisoliermaterial in Prozent gegen 7 Stockwerke	64	16	8,5	5,5	2,7	—	—
Wärmeeinfall kcal/h	109000	65000	54000	52000	50000	47000	46500
Mehr-Wärmeeinfall in Prozent gegen 7 Stockwerke	135	40	17	12	8	1	—

von 4000 m² Nutzfläche die hohe Bauform mit 6 oder 7 Stockwerken u. U. ablehnen, weil sich bei einer 4- oder 5geschossigen Bauweise günstigere Raumgrößen, kleinere Verluste an Verkehrsgängen und kürzere Verkehrswege in der

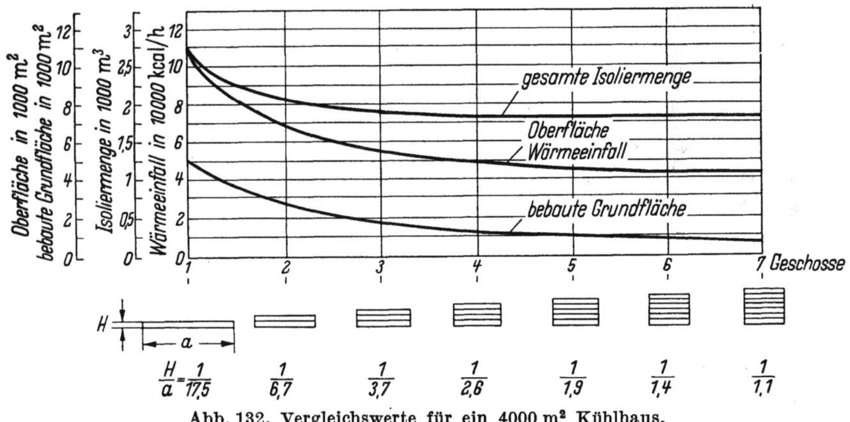

Abb. 132. Vergleichswerte für ein 4000 m² Kühlhaus.

Vertikalen ergeben. Weicht der Grundriß von dem hier angenommenen Quadrat ab, so werden die Unterschiede noch größer. Es sind deshalb zweckmäßig in jedem Einzelfall bei der Planung diese Überlegungen anzustellen.

II. Größen der Kühl- und Nebenräume.

Von dem gesamten umbauten Raum eines Kühlhauses entfällt nur ein Teil auf die eigentlichen Kühl- und Gefrierräume, ein beträchtlicher Teil wird von den Abfertigungsräumen, Vorräumen, Aufzügen, Treppenhäusern, Luftkühlern, dem Mauerwerk, der Isolierung und sonstigen Baukonstruktionen eingenommen. In älteren Kühlhäusern sind oft Hof, Rampen und Abfertigungsräume stark beengt, bei neuzeitlichen Kühl- und Gefrierhäusern legt man Wert auf Geräumigkeit, um die jahresbedingten stoßweisen Anlieferungen oder Ausgaben von Lebensmitteln schnell bewältigen zu können.

Manche Kühlgüter verlangen eine Vorprüfung oder Überprüfung während der Lagerung; Eier sollen durchleuchtet oder beim Ausbringen angewärmt werden, Gemüse und Obst soll aussortiert werden, Butter muß während der Lagerung überprüft werden. Bei der Lagerung von in Platten gefrorenem Fischfilet werden Verpackungs- und Schneideräume benötigt, hierfür müssen Räume mit zweckentsprechenden Einrichtungen vorhanden sein; sie sind notwendige Bestandteile eines modernen Kühlhauses. Ein geräumiger Abfertigungsraum ist für eine schnelle und reibungslose Abfertigung der Kühlgüter notwendig.

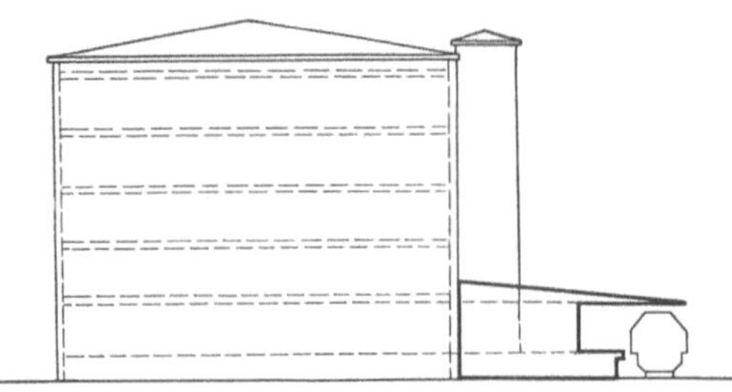

Abb. 133. Kühlhaus mit Anbau der Abfertigungsräume.

So angenehm große Nebenräume für den Warenverkehr sind, so gilt es doch bei der Planung nur das unbedingt Erforderliche zu berücksichtigen und nicht zu übertreiben, denn die Nebenräume erhöhen den umbauten Raum und damit die Baukosten, ohne einen Gewinn an Nettokühlraum zu bringen. Bei der Bedeutung des Kapitaldienstes für die Wirtschaftlichkeit des Betriebes kann diese leicht durch eine raumverschwendende Bauart in Frage gestellt werden. Wenn z. B. in einem Hafenkühlhaus das ganze Erdgeschoß Abfertigungszwecken dient, so ist das begründet, weil beim Löschen eines Überseedampfers oft große Warenmengen zu bewältigen und für den Weitertransport mit Eisenbahn oder Kraftwagen oder für Selbsteinlagerung zu verteilen sind. Bei einem Kühlhaus im Binnenland mit normalem Warenverkehr wäre ein derart großer Abfertigungsraum u. U. unwirtschaftlich. Die recht unterschiedlichen Zahlen, die man für die Baukosten bezogen auf den m² Nutzkühlfläche hört, haben zum großen Teil ihren Grund in der mehr oder minder zweckmäßigen oder verschwenderischen Raumaufteilung.

Abb. 134. Standardkühlhaus in Dessau.

Eine gute Lösung ist die Verlegung der Abfertigungsräume in einen einstöckigen Anbau in einfacher Bauart an das eigentliche Kühlhaus, wie es die Abb. 133, 134 und 135 zeigen. Es wird dann die hochwertige Baukonstruktion des Kühlhauses weniger durch die Nebenräume belastet.

Tab. 3 gibt für einige Kühlhäuser verschiedener Bauausführung und Größe den Anteil der einzelnen Räume und Konstruktionsteile in Prozenten der Bruttogrundfläche an.

In einem neuzeitlichen Kühlhaus verbleiben durchschnittlich 60 bis 75% der Bruttogrundfläche für Nutzkühlräume. Der Wert hängt von der Kühlhausgröße, der Bauweise, der Art der Kühlung und der Größe der Nebenräume ab.

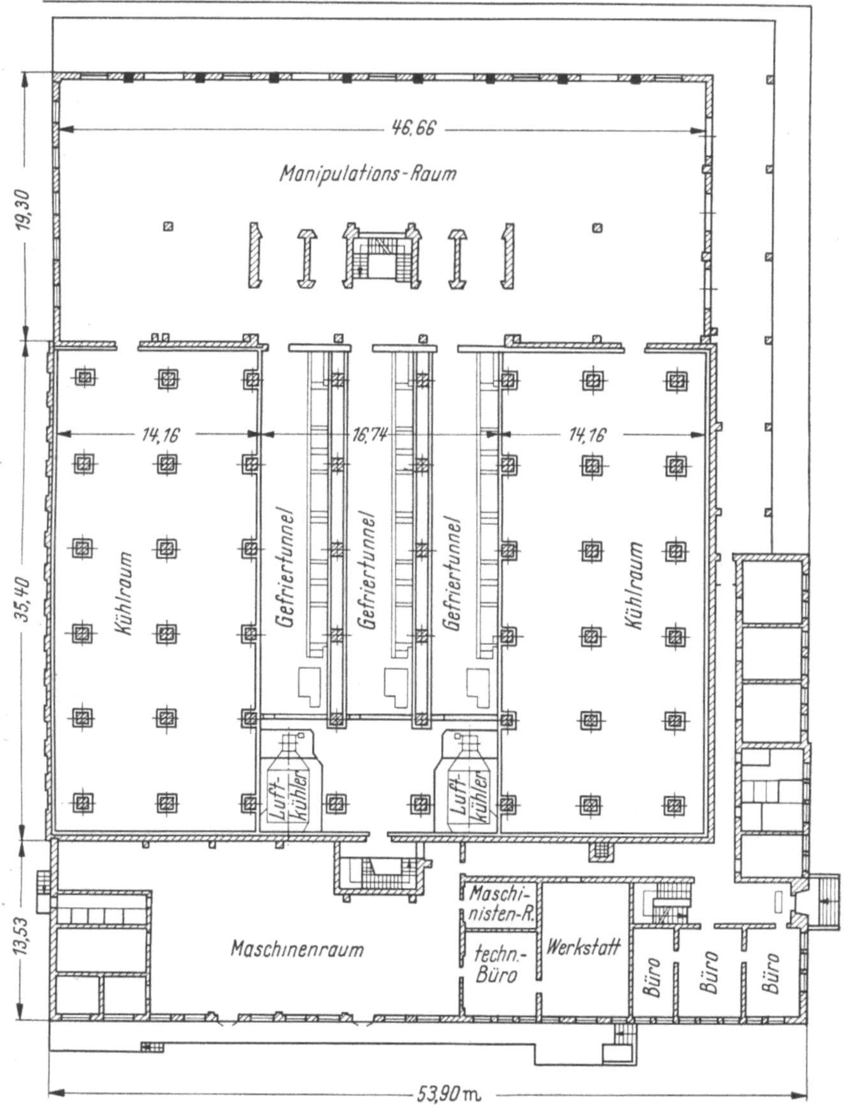

Abb. 135. Standardkühlhaus in Dessau, Erdgeschoß.

Als Größe für die einzelnen Kühlräume hat sich in Mietkühlhäusern eine Bodenfläche von 250 bis höchstens 400 m² bewährt, wobei für die Bemessung im einzelnen Falle die Grundrißgestaltung und Raumeinteilung mitspricht. Größere Raummaße sind für die Verteilung der Waren, die bauliche Aufteilung und den Warenverkehr ungünstig, kleinere Räume stellen zu viele kälte- und isoliertechnische Ansprüche und bedeuten einen größeren Anteil der Bodenfläche für Verkehrszwecke; sie sind deshalb unwirtschaftlicher als größere Räume.

Da sich kleinere Räume oft leichter vermieten lassen, können größere Räume durch den Einbau von Maschendrahtwänden in kleinere Raumgruppen unterteilt werden. Bei den neuen Spezialkühlhäusern, bei denen große Mengen gleichartiger Waren durch eine Zentralstelle ein- und ausgelagert werden, erfolgte vielfach die Einteilung in wesentlich größere Raumeinheiten. Die bei der Benutzung von Gabelstaplern notwendigen Gangbreiten fallen prozentual dann weniger ins Gewicht. So betragen die Raumgrößen z. B.

Tabelle 3. *Raumaufteilung von Kühlhäusern.*

Kühlhaus Nr.	Grundfläche aller Stockwerke brutto		Nutzkühlfläche aller Stockwerke		Bauwerk und Isolierung		Gekühlte Vorräume und Schleusen		Treppenhäuser, Aufzüge usw. ungekühlt		Luftkühler und Rohrschächte		Nebenräume, Büros usw.	
	m²	%	m²	%	m²	%	m²	%	m²	%	m²	%	m²	%
I	7140	100	4530	63,5	1075	15,0	450	6,3	621	8,7	358	5,0	106	1,5
II	6470	100	4770	73,8	780	12,0	266	4,1	388	6,0	246	3,8	20	0,3
III	5840	100	3550	61,0	795	13,6	110	1,9	1070	18,2	194	3,3	120	2,0
IV	3800	100	2447	64,5	627	16,5	332	8,7	274	7,2	120	3,1	—	—
V	9300	100	5772	62,0	1110	12,0	96	1,0	1800	19,4	522	5,6	—	—
VI	3320	100	2180	65,6	380	11,5	90	2,7	346	10,5	104	3,1	60	1,8

In Dallas, Texas etwa 5000 m²
in Los Angeles, Cal. etwa 13000 m²
in Chicago, Ill. etwa 15000 m²
(Wegen Überschreitung der zulässigen Brandabschnitte wird bei diesen Raumgrößen eine Sprinkleranlage vorgeschrieben)
in Kaiserslautern/Pfalz etwa 1600 m²

Die lichte Höhe der Kühlräume beträgt in mehrgeschossigen Kühlhäusern gewöhnlich 3,2 bis 3,5 m. Eine größere Raumhöhe hat eine größere Bodenbelastung infolge höherer Stapelung und höhere Baukosten zur Folge, ohne einen entsprechenden Ausgleich an Einnahmen zu erbringen. Bei vielen Waren ist der Stapelhöhe eine Grenze gesetzt, so bei gefrorenen Schweinen durch das seitliche Abrutschen der Stapel, bei anderen Gefriergütern durch die Tragfähigkeit des Verpackungsmaterials; in solchen Fällen sind bei hoher Stapelung besondere Schutzmaßnahmen, wie der Einbau seitlicher Verstrebungen oder Trageborde, erforderlich. Statt weniger Stockwerke mit höheren Räumen ist es oft wirtschaftlicher, ein Stockwerk mehr unter Beibehaltung normaler Raumhöhen vorzusehen. Über den Stapeln muß eine genügende Höhe für die Luftbewegung verbleiben, weshalb nicht höher als bis zur Unterkante der Luftkanäle oder Deckensysteme gestapelt werden soll. Unterzüge an der Raumdecke bedingen eine größere Raumhöhe als glatte Decken, welche der Führung der Luftkanäle und dem Luftumlauf kein Hindernis bieten. Bei Flachbauten und bei der Verwendung von Paletten, evtl. mit Seitenwänden, werden Stapelhöhen von 4 bis 5 m möglich, so daß hier eine Raumhöhe von 5 bis 6 m erforderlich wird.

III. Anordnung der Kühl- und Nebenräume.

Die Verteilung der Kühl- und Gefrierräume und der Nebenräume hat nach kältetechnischen und verkehrstechnischen Gesichtspunkten zu erfolgen. Gefrieranlagen (z. B. Gefriertunnels) für Fleisch und andere Gefriergüter wird man in das Erdgeschoß legen, um einen Transport der Ware vor dem Gefrieren nach den Obergeschossen zu vermeiden. In gefrorenem Zustand lassen sich die Waren einfacher und ohne Schaden zu nehmen in die Lagerräume der oberen Stockwerke verbringen. Sind die Gefrieranlagen nicht unterkellert, müssen entsprechende Vorkehrungen zum Schutz gegen Unterfrierung vorgesehen werden.

Für Kühlgüter, die bei 0 °C und darüber gelagert werden, benutzt man zweckmäßig die dem äußeren Wärmeeinfall mehr ausgesetzten Räume, wie etwa die Räume im obersten Geschoß. Der Wärmeeinfall begünstigt die Einhaltung eines gleichmäßigen Feuchtigkeitsgehaltes in der Luft, weil er für den fortgesetzten Betrieb der Kühlvorrichtung und damit für den Niederschlag der Luftfeuchtigkeit auf den Kühlflächen sorgt, während bei einem langen Stillstand der Kühlung, etwa in einem rings von Kalträumen umgebenen Raum, die Luft leicht einen zu hohen Feuchtigkeitsgehalt durch die Wasserverdunstung aus dem Kühlgut erreicht.

Die Zwischengeschosse sind wegen des geringeren Wärmeeinfalles für die Lagerung von Waren bei Gefriertemperatur oder die Einhaltung einer hohen Luftfeuchtigkeit geeignet. Je geringer der Wärmeeinfall, um so kleiner werden die Gewichtsverluste durch Verdunstung.[1]

Die Kellerräume benutzt man zur Vermeidung von Bodenfrost gern für die Lagerung von Waren bei 0 °C und darüber oder Waren mit einer großen Bodenbelastung, wie etwa Schmalz in Kisten. Kühl- und Gefrierräume mit Einzelzellen für Gewerbe und Handel oder mit Schließfächern für Haushaltungen u. dgl. werden im Erdgeschoß untergebracht, weil sie einen starken Verkehr und Warenumschlag mit sich bringen, der die Aufzüge zu sehr belasten würde. Derartige Einrichtungen werden zweckmäßig verkehrstechnisch von dem Großeinlagerungsbetrieb getrennt.

In amerikanischen Kühlhäusern findet man zuweilen eine Aufteilung in der Vertikalen in der Weise, daß in einem Flügel des Kühlhauses sämtliche Gefrierräume, in dem anderen Flügel alle Kühlräume übereinanderliegen. Dabei bleiben die Zwischendecken unisoliert, weil in sämtlichen Räumen eines Flügels annähernd die gleiche Temperatur herrscht. Diese Trennung von Kühl- und Gefrierräumen hat seine Vorteile, weil von Stock zu Stock die Kälte der Gefrierräume nicht in die Kühlräume übertreten und Frostschäden anrichten kann, was selbst bei einer guten Deckenisolierung möglich ist. Voraussetzung für eine solche Aufteilung ist aber eine volle Ausnutzung aller Räume oder bei einer nur teilweisen Belegung der Stockwerke, ein Mitkühlen der unbelegten Räume. Ein solches Kühlhaus besitzt keine Vielseitigkeit, sondern dient Spezialzwecken, weshalb es wenig Eingang gefunden hat.

Ein Dachgeschoß über den Kühlräumen läßt sich für die Lagerung von Material und die Unterbringung eines Vorwärme- und Prüfraumes für Butter ausnutzen. Auch Einrichtungen zum Klimatisieren von Frischluft für die Belüftung der Kühlräume oder für die Trockenhaltung von Räumen und Schächten, die der Bildung von Schwitzwasser ausgesetzt sind, oder Räume für das Anwärmen von Kühlgütern vor dem Ausbringen, wie etwa für Eier, werden häufig im Dachboden untergebracht. Es ist in solchen Fällen notwendig, einen Aufzug bis zum Dachboden durchzuführen.

Die Grundrißaufteilung eines Kühlhauses setzt eine gründliche Erfahrung im Kühlhauswesen voraus. Es handelt sich um eine zweckentsprechende Gruppierung von Kühl- und Gefrierräumen, Rampen, Luftkühlern und Rohrleitungsschächten. Es wurde bereits betont, daß aus Gründen der Wirtschaftlichkeit die Nutzkühlfläche nicht zu sehr durch die anderen Räume eingeschränkt werden darf. Zu vermeiden ist die Bildung von Schwitzwasser und Reif an den Stellen, wo warme Luft auf kalte Flächen trifft; die Belüftungsmöglichkeit der

---

[1] RUTOV, D. G.: Fleischwirtschaft der UdSSR (russisch), Bd. 2 (1956) S. 22 bis 27. — D. G. RUTOV u. P. A. ALEKSEYEV: Lagerbedingungen und Gewichtsverluste von Gefrierfleisch in ummantelten Kühlräumen. Ber. X. Intern. Kältekongreß, Kopenhagen, Bd. 3, S. 114.

Kühlräume soll unter Vermeidung von Schwitzwasserbildung erfolgen. Betriebstechnisch sind zu fordern: kurze und gerade Transportwege zu den Kühlräumen und Aufzügen, keine Behinderung durch Pfeiler, Zugänglichkeit der Luftkühler und Rohrschächte, ohne die Kühlräume betreten zu müssen, Vermeidung verzweigter Zuleitungen zu den Kühleinrichtungen, Rücksichtnahme bei der Anordnung der Treppenhäuser auf feuerpolizeiliche Vorschriften und die Geruchsübertragung von Stock zu Stock.

Für die Grundrißaufteilung läßt sich ein allgemeingültiges Schema nicht aufstellen, weil die örtlichen Bedingungen zu vielseitig sein können. Bestimmend für die vorteilhafteste Gestaltung und Raumgruppierung sind: die Größe des Kühlhauses, die Anpassung an das gegebene Grundstück und seine Verkehrsanschlüsse, die Zahl der Stockwerke und Aufzüge, durch die Art der Kühl- und Gefriergüter bedingte Sonderforderungen und eine etwa beabsichtigte spätere Erweiterung. Grundsätzliche Unterscheidungsmerkmale sind die Lage der Verkehrsanschlüsse und die Anordnung von Aufzügen und Treppenhäusern.

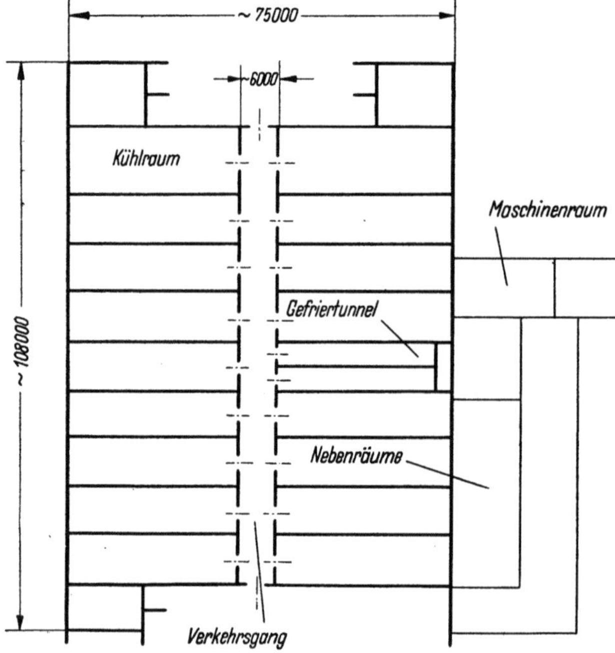

Abb. 136. Flachbaukühlhaus Grimmenthal.

Die Verkehrsanschlüsse können an 2 Kühlhausfronten liegen oder es kann nur eine einseitige Anfahrmöglichkeit bestehen; Aufzüge und Treppenhaus können zentral oder an den Außenfronten angeordnet werden. Aus der großen Zahl der Möglichkeiten sollen hier nur einige Beispiele kritisch betrachtet werden.[1]

In Abb. 136 ist der Grundriß eines Kühlhauses in Flachbauweise aufgezeigt. Die ebenerdig gelegenen Räume mit einer durchschnittlichen Größe von 300 m² bei 4 m Höhe sind beiderseits eines 6 m breiten Mittelganges angeordnet. An den isolierten Kühlhaus-Kernbau sind längsseits das Maschinenhaus und Verwaltungsgebäude angefügt. Über dem Mittelgang stehen im Dachgeschoß die Naßluftkühler der einzelnen Kühlräume.

Bei dem in Abb. 137 gezeigten Flachbau verläuft an den beiden Längsseiten des Gebäudes je ein etwa 3,5 m breiter Gang, der gleichzeitig als Vorraum dient und ebenso viele Zugänge zu den überdachten Rampen hat wie zu den Räumen. Die Kühlung erfolgt durch Decken- und Wandsysteme. Jeder der 6 Kühlräume mit je etwa 1600 m² Grundfläche ist als geschlossenes Bauwerk für sich erstellt und von den angrenzenden Räumen durch eine 2 cm breite Luftschicht getrennt.

[1] Die Beschreibung neuer „Standard"-Kühlhäuser in Mitteldeutschland findet man in einer Abhandlung von W. Pohlmann, Kältetechnik, Bd. 9 (1957) S. 210.

In Abb. 137 ist der Grundriß eines mehrstöckigen Kühlhauses mit zweifrontigen Verkehrsanschlüssen, zentral angeordneten Aufzügen *a* und einem

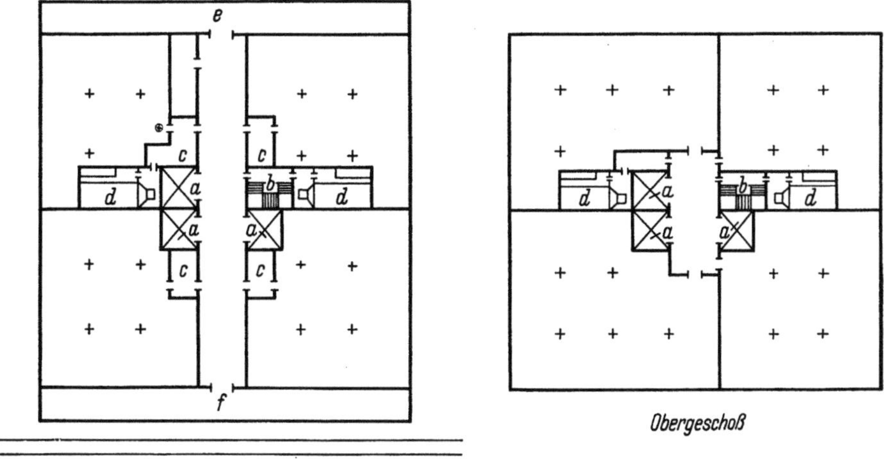

Abb. 137. Kühlhaus mit zweifrontigen Verkehrsanschlüssen.

Treppenhaus *b* schematisch dargestellt. Ein breiter Mittelgang verbindet die überdachten .bahn- und hofseitigen Rampen; er dient als Abfertigungsraum. Im

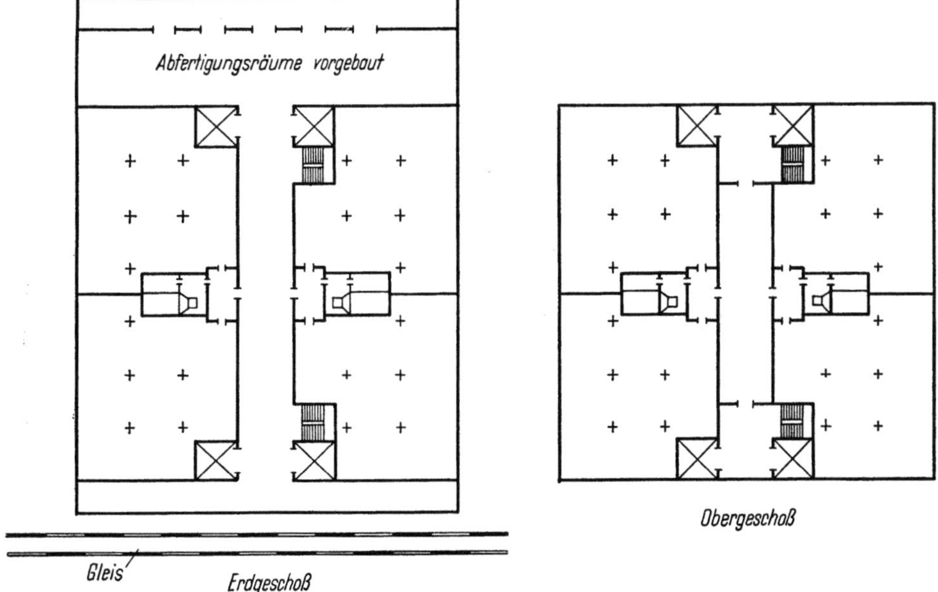

Abb. 138. Kühlhaus mit Aufzügen an den Außenfronten.

Erdgeschoß haben die Kühlräume gekühlte Verkehrsschleusen *c*, in den Obergeschossen ist nur ein zentraler gemeinsamer Vorraum, in welchem unmittelbar die Aufzüge münden, für alle Kühlräume vorhanden. Die Luftkühler *d* sind von dem Vorraum unmittelbar erreichbar. Diese Anordnung der Baugruppen ergibt ein günstiges Verhältnis der Nutzkühlfläche zu der Gesamtgrundfläche; bei einem Kühlhaus von 5000 m² Nutzkühlfläche beansprucht diese rd. 74% der Gesamtfläche aller Stockwerke (Nr. II in Tab. 3). Die waagerechten Transportwege sind kurz. Zur Vermeidung von Schwitzwasserbildung an den von allen Seiten durchgekühlten Aufzugs- und Treppenhauswänden sind besondere Maßnahmen nötig. Praktisch läßt sich die Luft in den Schächten gegen die Außenluft nicht abschließen, der Verkehr und die saugende Wirkung der Fahrkörbe im Schacht wird immer den Zutritt von Warmluft zur Folge haben. Ein wirksamer Schutz gegen die Schwitzwasserbildung ist eine Bewetterung der Schächte und des Treppenhauses mit trockener, bei feuchter Witterung angewärmter Außenluft, wobei die durchströmende Luft an den kalten Oberflächen beim Vorbeistreichen ihren Taupunkt nicht erreichen darf.

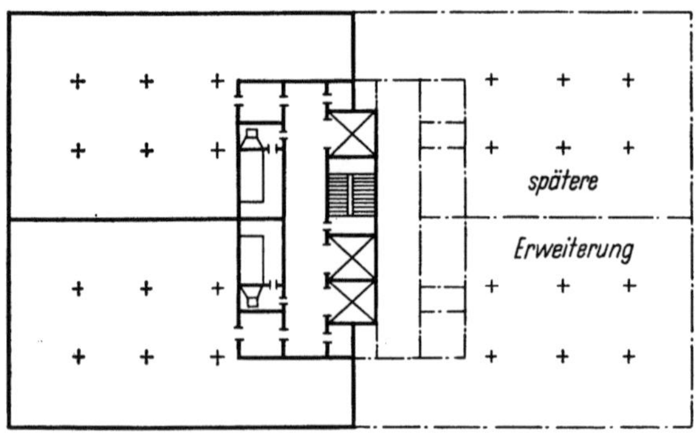

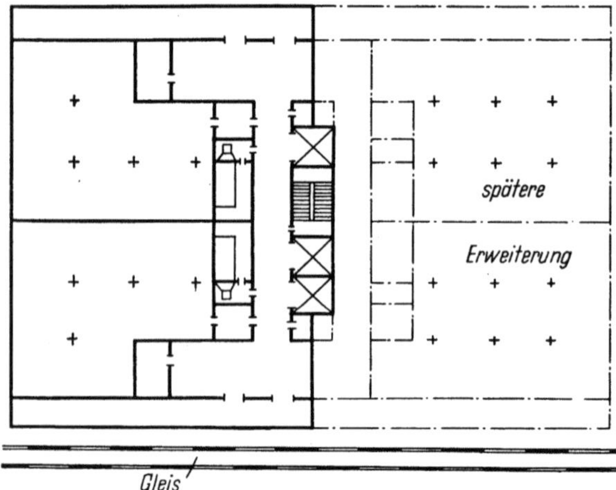

Abb. 139. Kühlhaus mit zentral gelegenen Aufzügen bei späterer Erweiterung.

Die Wasseraufnahme ungesättigter Luft an feuchten Flächen ist proportional dem Unterschied zwischen dem Sättigungsdruck des Wasserdampfes bei der Temperatur der feuchten Fläche und ihrem Teildruck in der Luft. Dieser Unterschied der Dampfdrücke läßt sich ebenso wie die Enthalpie der Luft unmittelbar aus dem Mollier-i,x-Diagramm ablesen[1]. Wenn die Temperatur des Schwitzwassers bzw. der Wandflächen über dem Taupunkt der Bewetterungsluft liegt, kann eine Trocknung der nassen Flächen erfolgen.

Abb. 138 zeigt für ein Kühlhaus mit zweifrontigen Anschlüssen die Grundrißgestaltung mit Anordnung von Aufzügen und Treppenhäusern an den Außenfronten. Wie in Abb. 137 besitzt das Kühlhaus eine bahn- und hofseitige Rampe mit Zugängen zu dem Abfertigungsraum im Erdgeschoß. In den Obergeschossen münden die Treppenhäuser und Aufzüge in ungekühlte, durch einen Mittelgang verbundene Vorräume. Die Mittelgänge sind gekühlt, sie dienen als gemeinsame Verkehrsschleuse für die Kühlräume und als Zugänge zu den Luftkühlern und Rohrleitungsschächten. Diese Anordnung beansprucht mehr Platz als die zen-

[1] Vgl. Bd. II dieses Handbuches, S. 278ff.

trale Lage der Verkehrswege; bei einem Kühlhaus von 5000 m² Nutzkühlfläche verbleiben für diese etwa 65% der Gesamtfläche. Die Anlagekosten und der Kapitaldienst sind etwas höher. Eine Schwitzwasserbildung in den Aufzugsschächten und Treppenhäusern ist nicht zu befürchten, weil ihnen durch die Außenwände beständig Wärme zugeführt wird. Auch vom Standpunkt des Feuerschutzes und der Geruchsübertragung ist die Lage der Schächte an den Außenfronten günstiger als die zentrale Lage, denn bei einem Brand in einem Kühlraum fehlt eine unmittelbare Zugwirkung durch die weiter von den Kühlräumen entfernt liegenden Schächte.

Der Grundriß eines Kühlhauses von etwa 3000 m² Nutzkühlfläche mit mehrseitiger Anfahrmöglichkeit und an der Außenfront gelegenen Aufzügen und Treppenhaus zeigt Abb. 139. Die beiden Kühlräume je Stockwerk haben Einzel-

Abb. 140. Kühlhaus in Southampton, Seeseite.

luftkühler, der Anteil der Nutzfläche beträgt 61% der Gesamtfläche. Bei dieser Raumaufteilung wurde Rücksicht auf einen Erweiterungsbau genommen, der in der Abbildung angedeutet ist. Die an der Außenfront liegenden Aufzüge bekommen dann eine zentrale Lage, der Anteil der Nutzkühlfläche an der Gesamtfläche wird günstiger.

Abb. 140 zeigt die Ansicht des Hafenkühlhauses Southampton von der Wasserseite her. Die aus den Schiffen gelöschte Ware wird von Kränen auf die im 1. und 2. Obergeschoß vorgebauten Balkons abgesetzt und gelangt von hier direkt in die Kühlräume. Vier nebeneinanderliegende Aufzüge sind im Innern des Gebäudes angeordnet und münden auf Vorräume, die in den Obergeschossen ebenfalls von den Balkonrampen aus zugänglich sind.

Bei dem in Abb. 141 gezeigten Hafenkühlhaus in Cuxhaven erfolgt die Beschickung der im 1. Obergeschoß liegenden Gefrierlagerräume von der Seeseite aus ebenfalls über eine vorgebaute Balkonrampe. Im Erdgeschoß des landseitig anschließenden Fabrikationsgebäudes sollten gesonderte Anfahrmöglichkeiten bestehenbleiben; die Aufzüge wurden daher als gesonderte „Beladestation“ außerhalb des Gebäudes verlegt und sind mit den Kühlräumen über einen geschlossenen Gang, der für die Straße eine freie Durchfahrt von etwa 5 m beläßt, verbunden.

Die Raumaufteilung eines Sonderkühlhauses für die Vorkühlung von Obst und Gemüse vor dem Eisenbahntransport zeigt Abb. 142, und zwar den Kältebahnhof in Limoges, Frankreich. Im Hauptgebäude befinden sich im Keller, Erdgeschoß und 2. Stock Kühlräume für Temperaturen um 0 °C, im 1. Obergeschoß ein Gefriertunnel und Tiefkühlräume sowie das Eislager, aus dem die Beeisung von Waggons von oben her erfolgen kann. Zwei Aufzüge in einem Treppenhausanbau an der Stirnseite münden auf die Rampen, die auf der einen

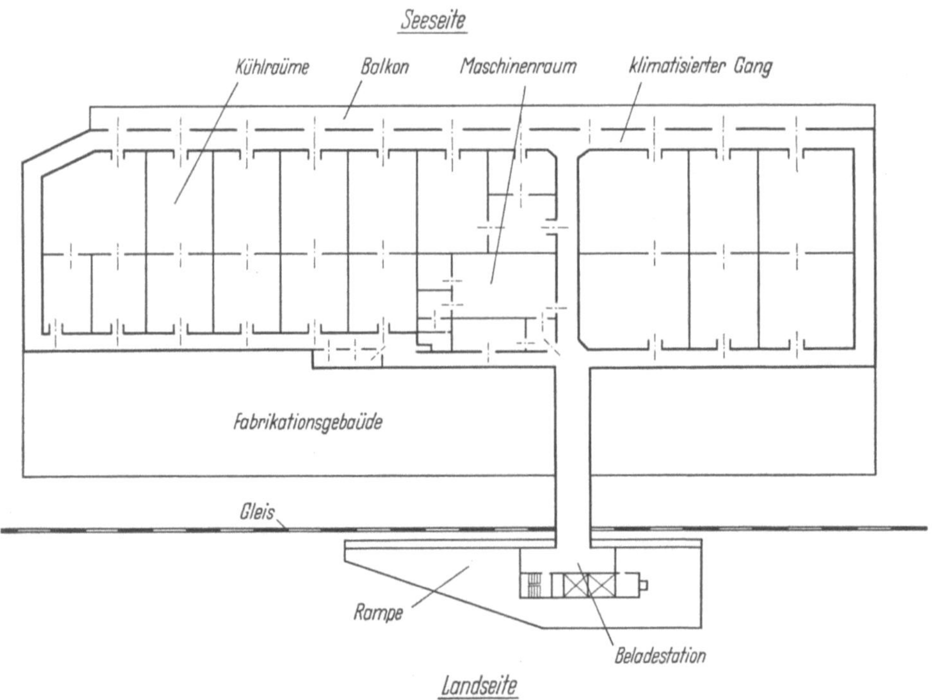

Abb. 141. Hafenkühlhaus in Cuxhaven mit gesonderter Beladestation.

Längsseite des Gebäudes für den Fahrzeugverkehr überdacht sind und auf der bnderen Längsseite vom Eislager überbaut sind und der Abfertigung der Eisenaahnwaggons dienen.

Für die reine Obstlagerung sind zuweilen die Lagerkeller stillgelegter Brauereien ausgebaut worden, in denen sich mit verhältnismäßig geringen Kosten große Lagerflächen schaffen lassen, die sich ausgezeichnet für die Lagerung von Obst in der Zeit von der Ernte bis zum Frühjahr eignen. Die oft tief in der Erde liegenden Keller besitzen starkes Mauerwerk, die Temperaturunterschiede während der Lagermonate gegenüber dem Erdreich sind nur gering, da eine Lagertemperatur von 0 bis +4 °C genügt, es kann deshalb auf eine Isolierung verzichtet und die Maschinenanlage klein gehalten werden. Die hohen Keller lassen eine hohe Stapelung und Bodenbelastung zu. Für eine gute Lüftung ist natürlich zu sorgen. Eine spezifische Kälteleistung von 65 kcal/m² Nutzkühlfläche, bezogen auf —10 °C Verdampfungs- und +25 °C Verflüssigungstemperatur, ist in solchen Fällen ausreichend. In den Sommermonaten lassen sich diese Anlagen für die Lagerung von Eiern oder Schmalz ausnutzen.

Die Vorräume oder Schleusen sind in vielen Fällen in den Kühlhausblock einbezogen, isoliert und z. T. auch mit Kühleinrichtungen versehen. Durch die Temperaturabstufung zwischen Kühlraum- und Außenluft sollte das Eindringen warmer Außenluft in den Kühlraum verhindert werden.

Durch Klimatisierung und Trockenhaltung der Vorräume werden das Bauwerk, der Putz, die Türen usw. geschont. Als zusätzlicher Schutz der Kühlräume gegen eindringende Wärme und Feuchtigkeit können z. B. in den Kühlraum einbezogene, nicht besonders isolierte Schleusen mit Pendeltüren und unter Umständen Luftschleieranlagen verwendet werden, wie z. B. beim Kühlhaus nach Abb. 127.

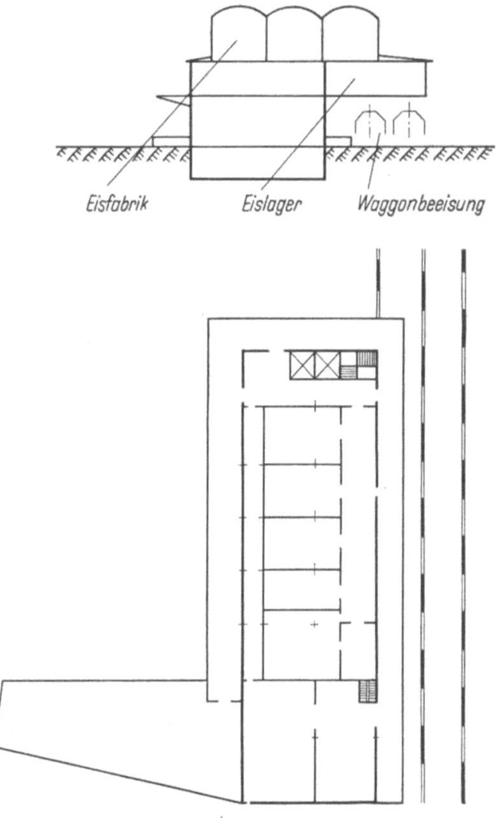

Abb. 142. Kältebahnhof für Obst und Gemüse in Limoges.

IV. Anordnung der Einbauten.

Sofern nicht Systeme für stille Kühlung oder Wand- bzw. Deckenluftkühler vorgesehen sind, ordnet man bei großen Kühl- und Gefrierräumen für jeden Raum einen eigenen Luftkühler an; bei kleineren Räumen genügt ein Luftkühler für zwei oder mehr Räume. Bei Einzelluftkühlern läßt sich leichter der Luftzustand regeln und eine Geruchstrennung von Raum zu Raum vornehmen. Viele Luftkühler bedeuten andererseits eine höhere Inanspruchnahme von Bodenfläche auf Kosten der Nutzkühlfläche und eine Vermehrung der Rohrleitungen, Bedienungsarmaturen, Motore und Ventilatoren. Da benachbarte Räume meistens mit gleichartigem Kühlgut belegt werden und sich ihr Luftzustand kaum unterscheidet, so wird in den meisten Fällen ein Luftkühler für zwei benachbarte Räume genügen, sofern ihre Gesamtgröße 500 bis 600 m² nicht überschreitet. Eine Geruchstrennung ist auch bei Einzelluftkühlern in demselben Stockwerk von Raum zu Raum kaum durchführbar, weil sich die Gerüche beim Warenverkehr den Vorräumen mitteilen. Man sollte sich deshalb auf eine Geruchstrennung von Stock zu Stock durch Vermeidung von Deckendurchbrüchen beschränken.

Ein gemeinsamer Luftkühler für 2 Räume hat den Vorteil, daß man den Luftkühler zur schnellen Abkühlung einer Ware zeitweise auf einen der Räume arbeiten lassen kann; die dann auftretende höhere Luftgeschwindigkeit in den Luftkanälen kann in Kauf genommen werden.

Immer müssen die Luftkühler dem Maschinenpersonal zugänglich sein, ohne daß es die Kühlräume hierfür zu betreten braucht. Eine zentrale Lage aller Luftkühler eines Stockwerkes ist deshalb günstig; sie vereinfacht auch die Führung der Rohrleitungsschächte, deren Lage schon bei dem Bauentwurf festzulegen ist, weil sich bei eisenarmierten Decken spätere Durchbrüche nicht

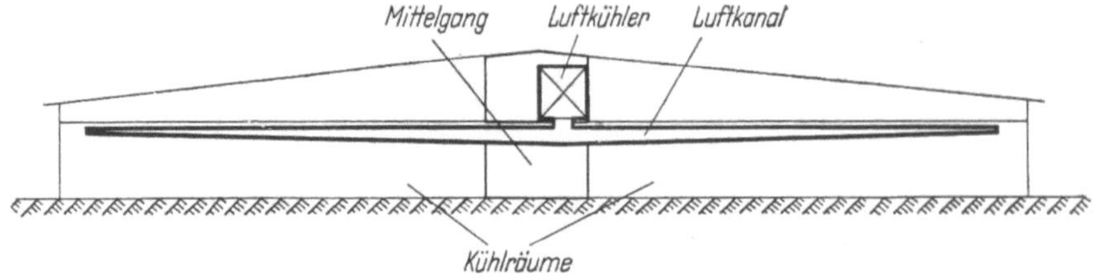

Abb. 143. Anordnung der Luftkühler über dem Mittelgang eines Flachkühlhauses.

mehr ausführen lassen. Eine Belüftung der Rohrschächte evtl. mit angewärmter Luft ist vorzusehen, weil sich in ihnen leicht Schwitzwasser und Reif an den Wänden und auf den isolierten Rohren bildet. Nach Verlegung und Isolierung der Rohre ist ein Vergießen der Durchbruchsöffnung notwendig, wenn sich die Durchbrüche in den Luftkühlerkammern befinden, um den Luftaustausch zwischen den Stockwerken zu verhindern. Es lassen sich hierfür keine allgemeingültigen Regeln aufstellen, es muß vielmehr von Fall zu Fall nach den örtlichen Verhältnissen entschieden werden. So gestattet z. B. die Lage des Rohrleitungsschachtes an der Außenseite des Gebäudes eine Anbringung von Fenstern und eine gute Belüftung mit Außenluft.

Abb. 144. Wandluftkühler mit Luftkanal (Frontverkleidung entfernt).

Die Frischluftzufuhr zu den Luftkühlern der einzelnen Stockwerke ist baulich oft schwierig zu lösen. Bei Lage der Luftkühler in der Nähe einer Außenwand oder von Nebenräumen, die in Verbindung mit der Außenluft stehen, kann die Frischluft durch einen Kanal unmittelbar dem Freien entnommen werden. Muß ein Frischluftkanal durch einen Kühlraum geführt werden, so ist er zur Vermeidung von innerer Schwitzwasserbildung oder Vereisung zu isolieren. Eine andere Ausführung ist die Aufstellung eines besonderen Luftkühlers auf dem Dachboden, der nur der Versorgung der Luftkühler in den verschiedenen Stockwerken mit bereits vorgekühlter Frischluft dient. Mit dieser Ausführung sind aber Deckendurchbrüche und Schächte verbunden, die aus den bereits angeführten Gründen möglichst vermieden werden sollten. Ein solcher Frischluftkühler wird sehr stark vereisen, auch ist in den Zuführungsschächten eine Schwitzwasser- und Eisbildung zu befürchten, da die Frischluftzufuhr nicht dauernd erfolgt.

Man hat vorgeschlagen, die Luftkühler nahe dem Maschinenhaus für sämtliche Kühlräume zusammenliegend unterzubringen, um kurze Leitungen für das Kältemittel und in den einzelnen Stockwerken große Nutzkühlflächen zu erhalten. Das bedeutet aber zahlreiche und lange Luftkanäle, viele große Decken- und Wanddurchbrüche und letzten Endes keinen Gewinn, sondern einen Verlust an Nutzkühlfläche, weil sich für die Führung der Luft viel größere Kanalquerschnitte ergeben als für die Zuführung des Kältemittels zu den in den Stockwerken stehenden Luftkühlern. Eine solche Anordnung der Luftkühler hat ferner infolge der hohen Widerstände einen großen Energieaufwand für die Förderung der Luft zur Folge. Die Abb. 143 bis 145 zeigen verschiedene Einbaumöglichkeiten von Luftkühlern.

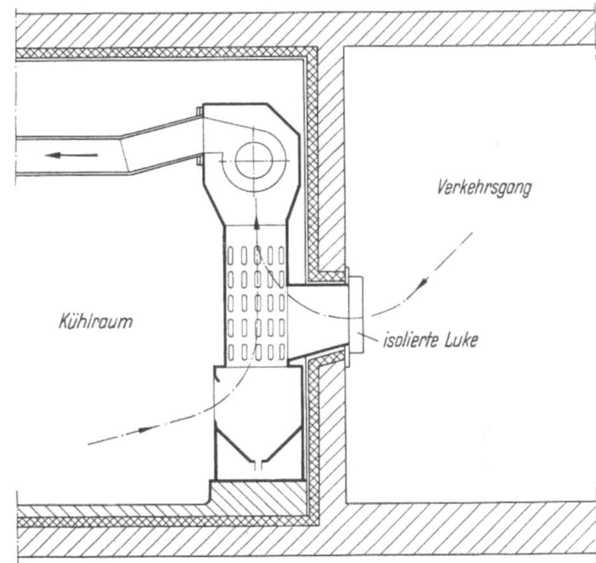

Abb. 145. Luftkühler im Kühlraum mit Frischluft- und Kontrollklappe vom Verkehrsgang.

C. Bauausführung.

I. Verschiedene Baukonstruktionen und Einzelheiten der Bauausführung.

Der Skelettbau in Eisenbeton mit Pilzdecken hat baulich so viele Vorteile vor anderen Bauweisen, daß er bei neuzeitlichen mehrstöckigen Kühl- und Gefrierhäusern bevorzugt verwendet wird. Bei einem Skelettbau läßt sich die Isolierung als eine geschlossene Ummantelung vom Keller bis zum obersten Geschoß durchführen, der Eisenbetonbau mit Pilzdecken hat unterzugsfreie glatte Decken, die einen unbehinderten Luftumlauf begünstigen und eine Anbringung der Luftkanäle, Rohrsysteme und Leitungen unmittelbar unter der Decke gestatten, was eine Ersparnis an Raumhöhe bedeutet. Abb. 146 zeigt das Einschalen einer Pilzdecke; die vorgefertigten Schalungen der Pilzköpfe sind in der Bildmitte erkennbar.

Eine Pilzdeckenkonstruktion im Kühlhausbau hat außerdem den Vorteil, daß diese glatten Decken weniger zu Staubansammlungen neigen und leicht zu reinigen sind; der gegenüber anderen Deckenbauarten verhältnismäßig hohe Stahlanteil wird z. T. durch geringeren Lohnanteil bei der Herstellung und vor allem durch die Vorteile der günstigen Luftführung und der gerade für Kühlräume wichtigen Reinhaltung ausgeglichen.

Wenn kleinere Kühlräume mit einer Belastung von 1 bis 2 t/m² und Abständen der Stützen bzw. tragenden Mauern von nicht mehr als etwa 4 bis 5 m erstellt werden, so können Pilzdecken ohne Köpfe gebaut werden, diese Bauart hat den Vorteil beiderseitiger glatter Flächen.

Sofern die Kühlraumdecke den Abschluß zu einem nicht begehbaren, jedoch belüftbaren Dachboden bildet, können Decken mit Überzügen gebaut werden.

Abb. 146. Einschalen einer Pilzdecke mit vorgefertigten Pilzkopfschalungen.

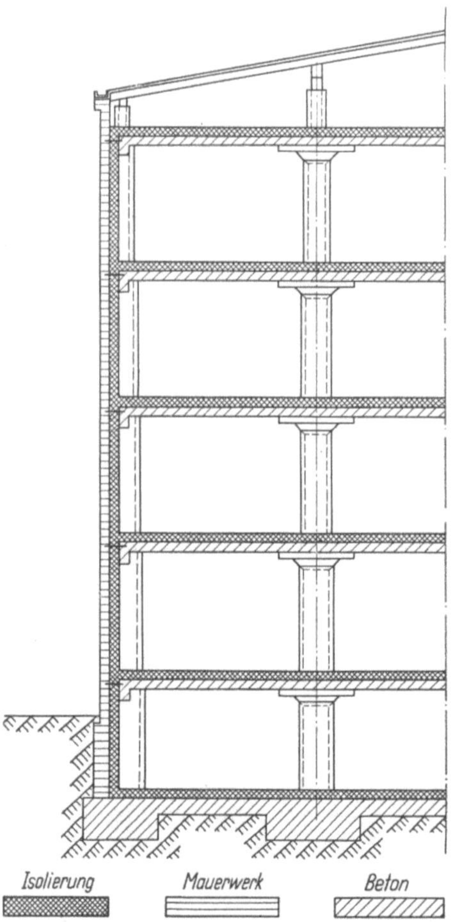

Isolierung Mauerwerk Beton

Abb. 147. Skelettbau in Pilzdeckenkonstruktion.

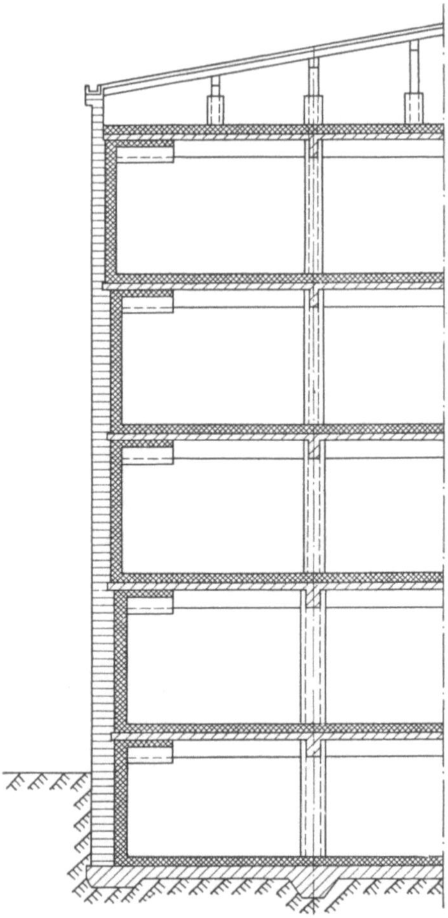

Abb. 148. Kühlhaus mit tragenden Außenwänden und Unterzügen.

Diese Bauart hat den Vorteil der glatten Decke zum Kühlraum; die Überzüge können als Stützkonstruktion für das Dach und Distanzbalken für die Dachbelüftung verwendet werden.

Der Skelettbau in Eisenkonstruktion läßt sich ebenfalls mit der Isolierung geschlossen ummanteln, jedoch sind bei der Bauart in Eisen die notwendigen Deckenunterzüge störend.

Bei der Bauweise mit tragenden Außenwänden aus Mauerwerk sind besondere isoliertechnische Maßnahmen zur Beseitigung der an den Deckenstößen entstehenden Wärmebrücken nötig. Pfeiler aus Mauerwerk bedingen störende Deckenunterzüge. Hohlsteine, Rahmenzellen und ähnliche Konstruktionen zur Schaffung einer glatten Deckenfläche zwischen den Unterzügen sind bei den Kühl- und Gefrierhäusern wegen der Gefahr einer Schwitzwasser- oder Eisbildung in den Hohlräumen unzulässig.

Die Abb. 147 und 148 zeigen die unterschiedliche Ausführung der Isolierung bei einem Eisenbeton-Skelettbau mit Pilzdecken und einem Bau in Mauerwerk mit tragenden Außenwänden.

Bei dem Skelettbau wäre eine Isolierung der Zwischendecken unnötig, wenn in allen Stockwerken stets die gleiche Temperatur herrschte. Da dies nur selten

Abb. 149. Säulenschutz durch Holzverkleidung an runden Säulen.

zutrifft, so werden die Fußböden der Zwischengeschosse isoliert, um Schwitzwasserbildung auf der wärmeren Seite zu vermeiden. Von unten brauchen die Decken nicht isoliert zu werden. Bei tragenden Außenwänden müssen außer der Fußbodenisolierung auch an der Decke Schutzisolierstreifen an den Stößen der Decke und Unterzüge mit den Außenwänden angebracht werden, um einen gleichen Temperaturabfall von der Außenluft bis zu der unisolierten Stelle der Decke zu erreichen, wie er an den isolierten Wandstellen besteht. Zur Vermeidung von Schwitzwasser an den Pfeilern müssen diese bei allen Bauweisen in ganzer oder halber Höhe isoliert werden. Die unisolierten Pfeiler erhalten einen Kantenschutz oder eine Holzumkleidung. Die Abb. 149 bis 151 zeigen hierfür verschiedene Ausführungsbeispiele.

Der Höhe von Eisenbetonbauten mit Pilzdecken ist dadurch eine gewisse Grenze gesetzt, daß der Pfeilerquerschnitt in den unteren Geschossen bei einer hohen Belastung sehr groß wird. In diesem Falle ist eine Eisenkonstruktion vorzuziehen, bei der sich kleinere Querschnitte ergeben. Da diese Grenze bei normalen Deckenbelastungen erst bei etwa 10 Stockwerken liegt, so tritt dieser Fall nur selten ein.

Der Isoliermantel des Skelettbaues wird an der Außenseite durch eine Vormauerung gegen Witterungseinflüsse geschützt. Sie ist unabhängig von dem anderen Bauwerk und hat nur sich selbst zu tragen. Diese Außenwand muß in den einzelnen Stockwerken mit dem Skelettbau verankert werden, um ihr die nötige Standfestigkeit zu geben und ein Ablösen von dem Bauwerk zu verhüten. Diese Gefahr besteht bei starkem Wind an der dem Winde abgekehrten Seite infolge des hier auftretenden Unterdruckes. In den Kriegsjahren trat dieser Fall öfters beim Niedergehen einer Luftmine in der Nähe eines Kühlhauses ein; durch den entstehenden Sog wurde die Außenwand aus ihrer Verankerung mit dem Skelettbau gerissen und nach außen ausgebeult.

Abb. 150. Säulenschutz durch Holzverkleidung an teilisolierten Säulen.

Die Verankerung der Außenwand mit dem Bauwerk kann in verschiedener Weise ausgeführt werden. Nach Abb. 152 sind in den Decken im Abstand der Pfeiler Profileisen NP 10 eingegossen, welche durch Rundeisen mit einem im Mauerwerk liegenden, das ganze Bauwerk umspannenden Rundeisenanker von 20 mm Durchmesser verbunden sind. Außerdem liegen in Abständen von 50 cm Ringeisen von 10 mm Durchmesser in den Fugen des Mauerwerkes. Für große Bauwerke ist die in Abb. 153 gezeigte Versteifung der Außenwand mit Pfeilern und Querbalken aus Eisenbeton in den einzelnen Stockwerken vorzuziehen. Die Außenpfeiler werden mit dem Skelettbau verankert, die Felder werden ausgemauert. Zur Verhinderung von Wärmebrücken ist für die Anker ein Material mit möglichst geringer Wärmeleitzahl zu verwenden. Stäbe aus Nylon oder einem ähnlichen Material haben sich schon gut bewährt.

Abb. 151. Kantenschutz durch Winkeleisen an isolierten Säulen.

Es handelt sich beim Skelettbau und der aus Isolierung und Außenmauer bestehenden Umkleidung um zwei voneinander unabhängige Baukörper, von denen sich der innere Bauteil bei Tiefkühlung in allen Richtungen zusammenzieht, während der äußere Bauteil infolge der Sonnenbestrahlung und anderen Wettereinflüssen weniger von der Innentemperatur beeinflußt wird. Ein Bau mit tragenden Außenwänden bildet im Gegensatz hierzu ein starres Ganzes, bei dem ein ungleiches Arbeiten der inneren und äußeren Bauteile zu Spannungen und leicht zu Rißbildung im Bauwerk führt. Bei dem Skelettbau ist es ratsam, eine Nachgiebigkeit an den Stoßstellen zwischen innerem und äußerem Bauteil durch Ausgießen mit einem elastischen Material, wie einem auch bei tiefen Temperaturen seine Elastizität nicht verlierenden Bitumen, zu erreichen.

Langgestreckte Bauwerke, wie z. B. das Kühlhaus Abb. 127, müssen in Brandabschnitte mit festen Trennwänden eingeteilt werden; zum Ausgleich der Ausdehnungen des Gebäudes infolge Temperaturschwankungen sind im Abstand von 30 bis 40 m Trennfugen vorzusehen. Abb. 154 zeigt die Ausbildung der Trenn-

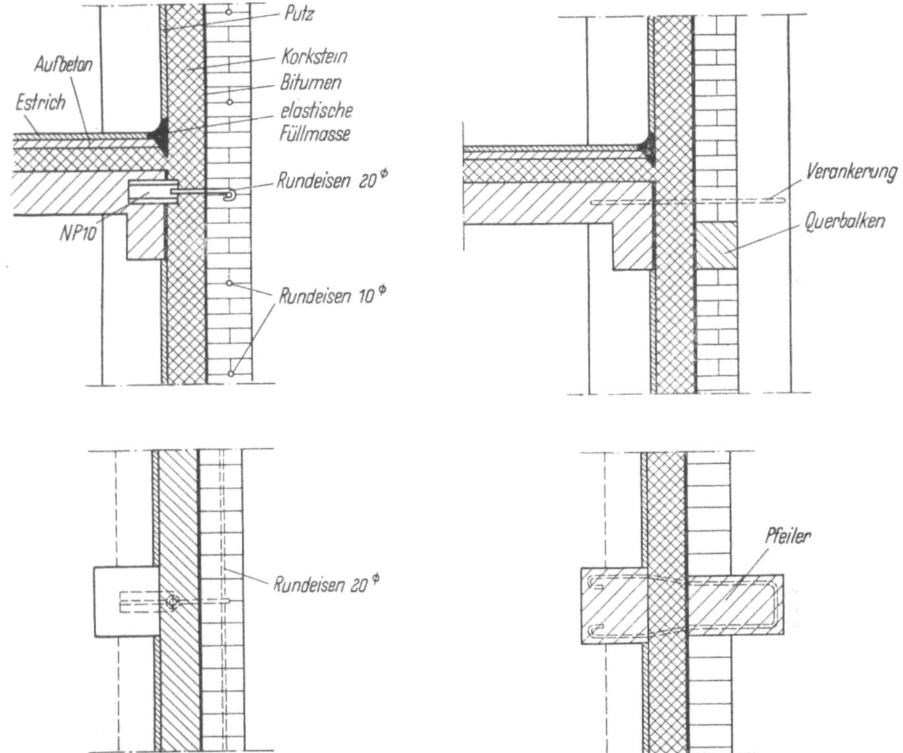

Abb. 152. Verankerung der Außenwand eines Kühlhauses mit Ringankern.

Abb. 153. Verankerung und Versteifung der Außenwand eines Kühlhauses mit Pfeilern und Querbalken.

fuge zwischen 2 Gebäudeteilen des im 1. Obergeschoß über der Fischauktionshalle liegenden Tiefkühlhauses Halle IXa in Cuxhaven. Die zu erwartenden Ausdehnungen sind größer, als daß sie mit Sicherheit durch das elastische Zwischenmaterial aufgenommen werden können, es besteht daher die Gefahr der Schwitzwasserbildung an den Randflächen der Tiefkühlräume. Um zu verhindern, daß sich bei ungünstigen klimatischen Bedingungen in der Trennfuge Eis bildet, wurde innerhalb der im Bereich der Tiefkühlräume auf etwa 8 cm verbreiterten Fuge eine Rohrschlange verlegt, die an den für die Anwärmung der Kühlraumtüren vorgesehenen Warmöl-Kreislauf angeschlossen wurde. Die Dehnungsfuge ist nach dem Verkehrsgang, der um die Kühlräume verläuft, durch eine abnehmbare Platte verkleidet. Damit in der unter den Tiefkühlräumen liegenden Auktionshalle keine Belästigung durch abtropfendes Schwitz-

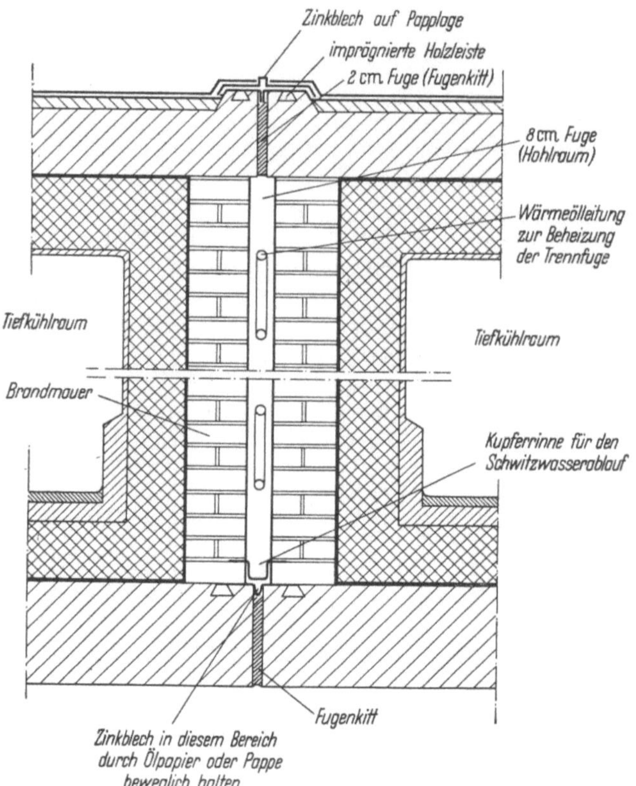

Abb. 154. Trennfuge zwischen 2 Tiefkühlräumen.

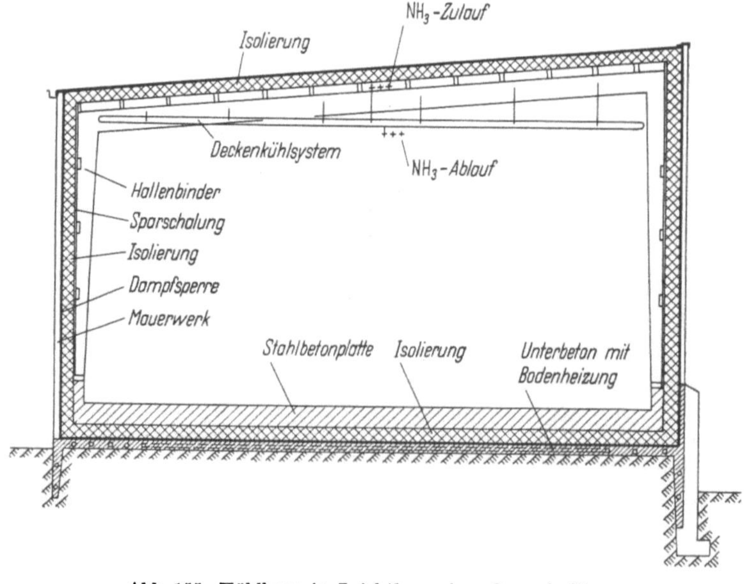

Abb. 155. Kühlhaus in Leichtbauweise, Querschnitt.

wasser aus der Fuge entsteht, ist eine Kupferrinne eingezogen und an den Säulen mit Abläufen versehen.

Der eingeschossige Flachbau ermöglicht eine kostensparende Bauweise; bei verschiedenen Großanlagen wurde das Dach als Decke der Kühlräume ausgebildet. Die gesamte Tragkonstruktion liegt innerhalb des geschlossenen Isoliermantels; die Aufhängung der Deckenkühlsysteme ist nunmehr möglich, ohne die Isolierung und die Sperrschicht durchbrechen zu müssen. Abb. 155 zeigt einen Querschnitt durch ein Tiefkühlhaus in Bremerhaven. Die in der Bodenisolierung

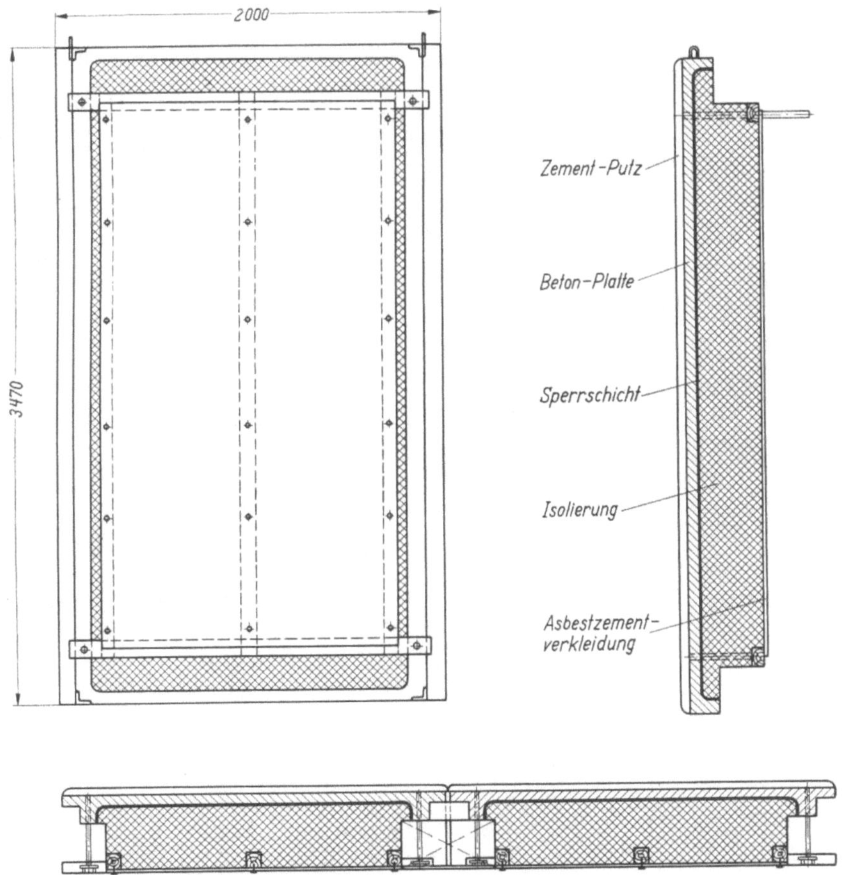

Abb. 156. Vorgefertigte Wandplatten.

eingebettete 30 cm starke Stahlbetonplatte mit Hartzement-Estrich trägt auf einem ringsherum hochgezogenen Sockel geleimte Bretterbinder mit einer Spannweite von etwa 10 m. Die Querbalken und Sparschalung zur Befestigung der Isolierung dienen gleichzeitig als Wandschutz und erlauben ein freies „Atmen" der Isolierung nach dem kalten Raum. Die Verwendung von imprägniertem Holz für Hallenbinder war bei der vorgesehenen Spannweite am preisgünstigsten; mit Fachwerkbindern aus Stahl oder Leichtmetall können säulenfreie Raumbreiten von 15 m und darüber erreicht werden.

Eine Verminderung der Mengen- und Qualitätsverluste, besonders bei der Lagerung nicht dampfdicht verpackter Waren, durch Erhöhung der hierfür erforderlichen Luftfeuchtigkeit, kann durch Verstärkung der Isolierung erreicht werden.[1] Besonders wirksam ist eine Bauart mit schützendem *Luftmantel*.[2] Die von außen in den Kühlraum eindringende Wärme wird hier bereits in einem Zwischenraum der Umgebungswände abgeführt. Nur die periodisch durch das Öffnen der Türen, durch Beleuchtung usw. eindringende Wärme wird durch besondere Kühlsysteme innerhalb des Kühlraumes entfernt. Bei dem in den Jahren 1955 bis 1957 errichteten Kühlhaus Nr. 12 in Moskau hat sich die Anbringung eines solchen Luftmantels bereits bewährt.

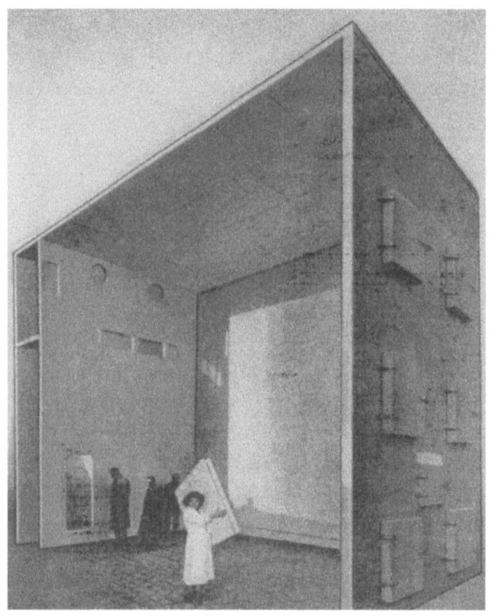

Abb. 157. Zerlegbares Kühlhaus aus Kunstschaumstoff-Platten.

Der Luftmantel wurde für jeden Kühlraum einzeln hergestellt; zwischen der auf der Innenseite der Außenschalung angebrachten Isolierung und der eigentlichen Kühlraumverkleidung befindet sich ein Zwischenraum, durch den gekühlte Luft zirkuliert. Die Systeme zur Kühlung der Luft in dem Mantel enthalten für die Außenwände je lfm 2,5 bis 3 m² Rippenrohr und für die Decken 0,6 bis 0,9 m² Rippenrohr je m² Grundfläche.

Die Baukosten für Kühlräume mit wärmschützendem Luftmantel liegen schätzungsweise 10% höher als bei der herkömmlichen Bauart. Bei dem Kühlhaus Nr. 12 in Moskau betrugen die Mehrkosten, bezogen auf die Gesamt-Herstellungskosten nur etwa 3%, sie wurden innerhalb von 18 Monaten durch den geringeren Schwundverlust und durch eine bessere Qualitätserhaltung des Lagergutes ausgeglichen. Die Verwendung vorgefertigter Bauteile ermöglicht eine Verringerung der lohnintensiven Bau- und Isolierungskosten. Beim Bau des bereits erwähnten Kühlhauses in Moskau wurden weitgehend industrielle Baumethoden angewandt. Das Kühlhaus ist als Skelettbau aus Eisenbeton mit Kragdecken auf Säulen erstellt. Die Kühlhauswände bestehen aus zusammensetzbaren Tafeln, die die Abmessungen 2 × 3,47 m und ein Gewicht von etwa 2250 kp haben (Abb. 156). Der tragende Bauteil der Wandplatten ist eine von 4 Seiten gerippte Eisenbetonplatte von 6 cm Stärke. Die Vorder-

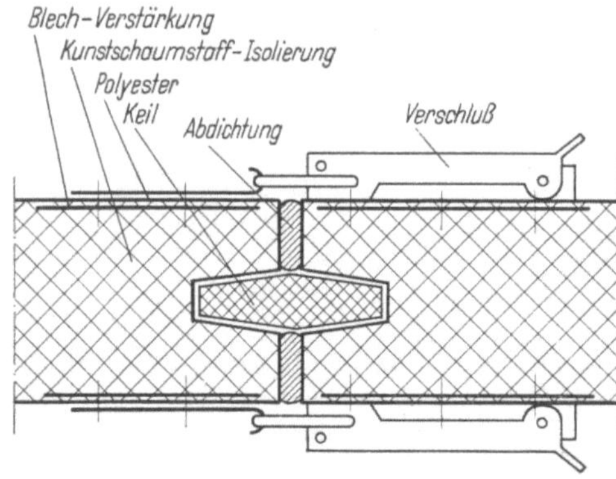

Abb. 158. Halterung der Bauplatten mittels Spannschlössern.

[1] BADYLKES, I.: „Einfluß der Isolierstärke in Kühlhäusern auf die Austrocknung der Ware". Cholodilnaja Technika (UdSSR) Bd. 31 (1954) H. 3, S. 45.

[2] RUTOV, D. G., u. P. A. ALEKSEYEV: Vgl. Fußnote 1 auf S. 181.

seite ist mit einem etwa 2 cm starken weißen Zementputz versehen. Auf der Innenseite ist eine Sperrschicht angebracht, die Isolierung besteht aus Mineralkork. Beim Zusammenbau bilden die senkrechten Rippen eine korbförmige Fuge, die mit Mörtel verstrichen und dann nachisoliert wird. Außer den zusammensetzbaren Wandplatten für die Außenwände wurden auch für die Innenwände des Kühlhauses, die Wände des Luftmantels und für das Dach entsprechende Bauelemente verwendet.[1]

Abb. 157 zeigt den Zusammenbau eines zerlegbaren Kühlhauses für eine Brauerei in Afrika vor dem Versand. Als Bauteile dienen Platten aus Kunstschaumstoff (Polyvinyl mit einem Raumgewicht von 40 kp/m^3) die beiderseits durch Polyester mit Glasgespinsteinlage und an den Kanten durch Blechkappen verstärkt sind. Die einzelnen Platten werden durch Spannschlösser zusammengehalten (Abb. 158), die Stöße der einzelnen Fugen durch eingelegte Keile gegen Verschiebung gesichert und durch elastische Zwischenlagen abgedichtet.

II. Zu erfüllende Forderungen.

1. Schutz gegen den äußeren Wärmeeinfall.

Die gewissenhafte Ausführung der Isolierung ist von größter Wichtigkeit für den Betrieb eines Kühl- und Gefrierhauses. Als Isolierstoffe kommen die verschiedensten Materialien zur Anwendung.[2] Am meisten verbreitet sind Kork in Form von expandierten Korksteinplatten oder als Backkork und die unter den verschiedensten Bezeichnungen angebotenen Kunstharzschaumstoffe auf Polystyrolbasis. Daneben werden verwendet besonders in

der Sowjetunion	Mineralkork, Torfplatten,
Schweden	Wellit,
Amerika	Stopfisolierungen verschiedener Art.

Die Isolierstärke muß in jedem Fall besonders berechnet werden, sie wird bei Verwendung von Styropor oder einem Isoliermaterial mit gleicher Wärmeleitzahl bei Innentemperaturen bis zu -25 °C, wie sie in neuzeitlichen Kühl- und Gefrierhäusern verlangt werden, etwa betragen:

Außenwände oberhalb des Erdreiches	22 cm
Decke des obersten Stockwerkes, sofern ein belüfteter Dachboden vorhanden ist	22 cm
Zwischendecken zwischen gekühlten Räumen	12 bis 14 cm
Fußböden über nicht gekühlten Räumen	20 cm
Trennwände zwischen gekühlten Räumen	16 cm (8 cm auf jeder Seite)
Trennwände zwischen gekühlten und ungekühlten Räumen	20 cm
Kellerfußboden bei Temperaturen bis etwa -3 °C	14 cm
Bei tieferen Temperaturen je nach Beschaffenheit des Erdreiches	20 cm und mehr

Liegen Gefrierräume über oder unter Kühlräumen, so ist im Kühlraum die Ware mit Vorsicht zu stapeln, weil auch bei einer guten Isolierung im Laufe der Zeit an der wärmeren Decken- oder Fußbodenseite Frost auftreten kann. Die Ware muß im Kühlraum dann etwa ½ m über dem Boden gestapelt werden, es ist ferner für eine gute Lüftung unter den Stapeln zu sorgen. Bei einer guten Ventilation, die das Absinken der Temperatur unter den Taupunkt an der betreffenden Stelle verhindert, verschwinden Reif und Nässe.

[1] Ssafonow, W.: Die Bauteile von Kühlhäusern, Cholodilnaja Technika, Bd. 32 (1955) H. 4, S. 23.

[2] Vgl. Bd. 1 dieses Handbuches, S. 316 bis 385.

Grundsätzlich sind alle Hohlräume zwischen den Isolierplatten zu vermeiden. Die Verlegung hat möglichst mehrschichtig mit versetzten Fugen in den einzelnen Schichten zu erfolgen. Eine Trennwand muß zur Vermeidung einer Wärmebrücke beiderseits isoliert werden, wobei eine einzige Lage auf jeder Wandseite genügt. Befindet sich die Wand zwischen einem gekühlten und ungekühlten Raum, so muß bei einer sonst unisolierten Decke ein Isolierstreifen an der Decke angebracht werden. Abb. 159 zeigt die Isolierung einer Leichtbauwand zwischen 2 Tiefkühlräumen. Die Wand ist auf einen Schaumglasstreifen aufgemauert und von beiden Seiten isoliert. Da eine seitliche Verankerung der Leichtbauwand durch Säulen und Außenwände möglich war, konnte hier auf eine Verankerung

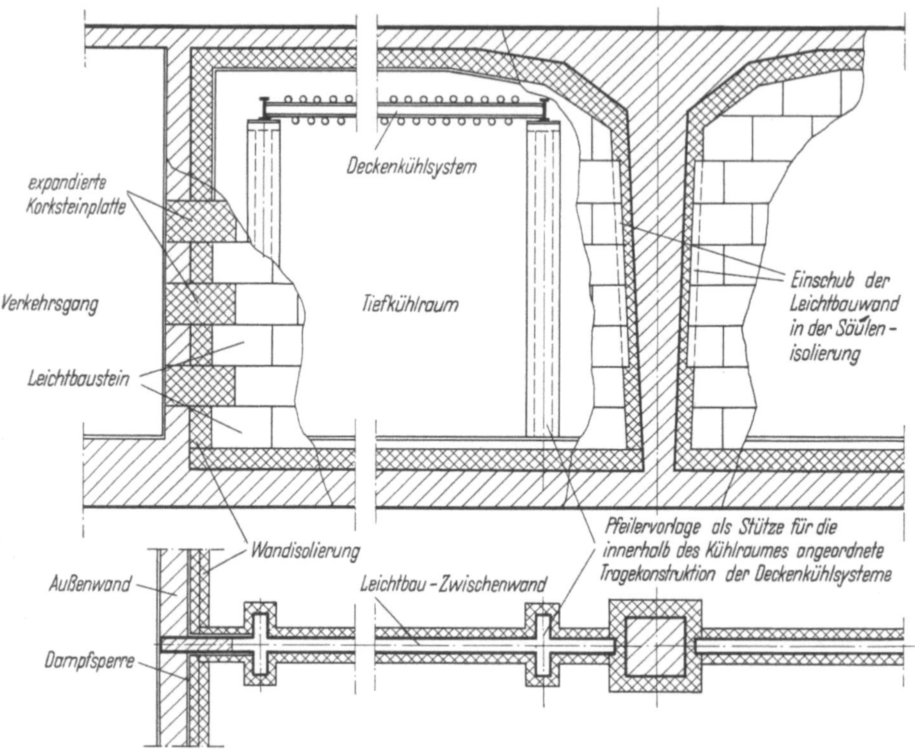

Abb. 159. Isolierung einer Leichtbauwand zwischen 2 Tiefkühlräumen.

der Zwischenwand in der Decke verzichtet werden. Wie aus der Abbildung ersichtlich, stößt die Trennwand an die durchgehende Deckenisolierung an. Die Zwischenwand wird mit der durchgehend isolierten Außenwand wie in einem Mauerverband verankert. Durch die Pfeilervorlagen, die zur Auflage der Träger für die Deckenkühlsysteme dienen, erhält die leichte Trennwand eine zusätzliche Versteifung.

Die Außenwände werden in der Weise isoliert, daß die geputzten bzw. zumindest glatt berappten Wände mit einem Kaltasphalt, d. h. mit einer Bitumenemulsion bzw. — nur wenn die Möglichkeit einer guten Belüftung gegeben ist — auch mit einer Bitumenlösung vorgestrichen werden. Wichtig ist, daß bei einem Voranstrich mit einer Bitumenlösung das Lösungsmittel restlos verdunsten kann, da andernfalls der verbleibende Geruch des Lösungsmittels die eingelagerte Ware beeinträchtigen kann.

Bei der Erstellung von Tiefkühlräumen wird auf diesen Voranstrich eine Sperrschicht geklebt, z. B. Bitumenpappe mit Alu- oder Folieneinlage. Nullgrad-Kühlräume werden meist nach dem Voranstrich mit Bitumen nochmals volldeckend gestrichen.

Die Wandisolierung wird mehrschichtig mit versetzten Fugen aufgebracht, wobei die erste Lage ganzflächig satt angesetzt wird und die zweite und weitere Lagen nur randgeklebt und an den Stoßfugen geklebt verlegt werden, um innerhalb der Isolierschicht keine weiteren Dampfsperren zu errichten. Für die Halterung des Putzträgers werden vor dem Ansetzen der letzten Isolierlage verzinkte Haken eingelegt bzw. werden Drahtschlaufen auf die letzte Isolierlage aufgeklebt.

Bei allen Isolierstoffen sind dieselben Vorsichtsmaßnahmen gegen Eindringen von Wasserdampf zu treffen (vgl. S. 202).

Ein Material von geringer Druckfestigkeit, wie Iporka, muß auf der Raumseite einen besonderen Schutz gegen Stoßbeschädigung erhalten, etwa in Form einer Vormauerung, einer Kunstholzverschalung oder Streckmetallbespannung, die als Putzträger dient.

Auf den planeben abgezogenen Betonfußböden werden die Isolierplatten in Zement oder heißflüssigem Korksteinkitt ganzflächig verlegt und die Fugen ausgegossen. Die zweite Lage wird mit gegen die erste Lage versetzten Fugen auf die untere Lage verlegt, die Fugen werden ausgegossen oder durch eine überlappt verklebte Isolierpappe gegen Nässe von oben geschützt. Bei Kellerfußböden wird auch die untere Lage in Bitumen oder auf einer Lage Isolierpappe zum Schutz gegen Bodenfeuchtigkeit verlegt. Die Fußbodenisolierung stößt in den einzelnen Stockwerken an die Außenwand an, auf ihr setzt sich die Wandisolierung auf; dadurch wird bei einem Skelettbau (s. auch Abb. 147) ein Spalt zwischen den Stockwerken vermieden, wie er bei einer durchgehenden Wandisolierung entstehen kann.

Die Deckenisolierung wird bei Neubauten oft in der Weise ausgeführt, daß die Platten auf die entsprechend tiefer angebrachte Deckenschalung verlegt werden und dann die Decke auf die Korkplatten geschüttet wird. Die zweite Lage wird mit der unteren Lage verklebt und gesichert; mit der Deckenschüttung wird sie durch Blechanker in den Fugen oder durch schräg eingeschlagene Stahlhaken verankert. Wegen der bei der Schüttung eintretenden Durchnässung der Platten eignet sich dieses Verfahren nur für solche Isolierstoffe, die durch Nässe keinen Schaden erleiden, oder für Isolierungen mit einem besonderen Schutz gegen Feuchtigkeit.

Die Abb. 160 und 161 zeigen den Aufbau einer Deckenisolierung aus Styroporplatten in 2 Lagen, die vor dem Schütten der Betondecke auf der Schalung verlegt wurden. Die Arbeiten für diese auf Schalung verlegte Deckenisolierung werden in folgender Reihenfolge ausgeführt: Auf die Holzschalung, die für das Schütten der Decke auf der Isolierung, der Stärke der Isolierung entsprechend, tiefer aufgebaut werden muß, wird der Putzträger aus verzinktem Maschendraht gespannt — eine Arbeit, die sich auf einer begehbaren Schalung wesentlich sauberer und leichter ausführen läßt als nachträglich als „Überkopfarbeit“ unterhalb der Deckenisolierung.

Auf den stramm gespannten Putzträger wird die erste Lage Styroporplatten verlegt, wobei die Stoßfugen voll verklebt werden. Beim Auflegen der ersten Isolierlage werden verzinkte Blechhaken in den Putzträger eingehakt, seitlich im Bereich der Stoßfugen in die Isolierplatte eingedrückt und somit der Putzträger mit der ersten Isolierplattenlage verankert. Die zweite Lage Isolierung sollte aus einem druckfesten Material gewählt werden, da die obere Lage bei der Ausführung der Eisenarmierung der Betondecke stärker beansprucht wird; sie wird randgeklebt und an den Stoßfugen vergossen auf die erste Lage mit versetzten Fugen aufgebracht. Es hat sich bewährt, die oberste Lage mit einer entweder beim Hersteller oder auf der Baustelle vor dem Ansetzen fertig verklebten Dampfsperre zu verlegen. Die Sperrschicht z. B. aus einer Bitumenpappe mit eingelegter Alu-Folie muß sorgfältig überlappt verklebt und mit Bitumen vergossen werden, insbesondere an den Durchführungen der verzinkten Verankerungen zur Halterung der ersten Isolierlage mit der Betondecke.

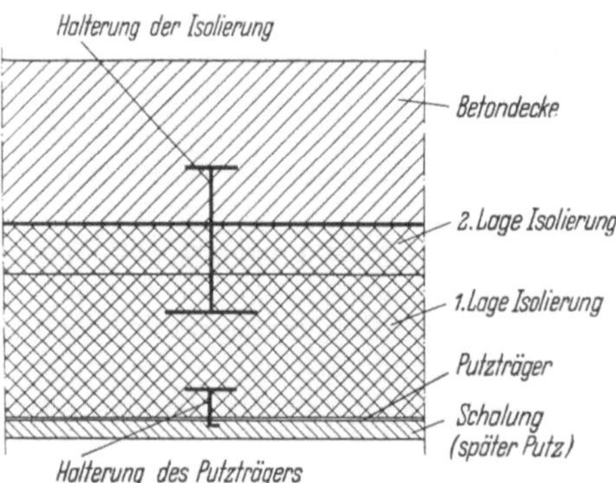

Abb. 160. Aufbau einer auf Schalung verlegten Deckenisolierung.

Durch die getrennte Aufteilung der Halterungen für den Putzträger und die Halterung der Isolierlagen an der Betondecke wird eine durchgehende Wärmebrücke vermieden, in deren Bereich meist eine starke Durchfeuchtung der Isolierung festgestellt werden kann. Wenn Isolierplatten von unten an die Decke angeklebt werden, müssen zuvor Haltedrähte oder Eisen in der Decke eingelassen werden, um daran den Putzträger zu befestigen.

Die isolierten Decken und Wände erhalten im allgemeinen einen Wandputz in einer Stärke von etwa 1,5 bis 2 cm, der bei Korkisolierungen aus reinem

Abb. 161. Aufbau und Verankerung einer zweilagigen Deckenisolierung auf Schalung.

Zementputz, bei Styropor und anderen Isolierstoffen aus verlängertem Zementmörtel besteht. Er erhält durch die Verwendung eines Putzträgers, wie verzinktem Maschendraht oder bei höheren Anforderungen auch Streckmetall eine bessere Festigkeit und bietet somit einen größeren Schutz gegen Stöße. Je nach Anforderung werden zusätzliche Vormauerungen vorgesehen, wie z. B. in Heringskühlräumen geflieste Sockel, in anderen Stapelräumen Holzlattenverschläge bzw. auch Alu-Blechverkleidungen.

Wenn auch mit Rücksicht auf eine mögliche Durchfeuchtung der Isolierung eine Schutzwand auf der Innenseite der Isolierung möglichst vermieden werden soll, so wird man aus verschiedenen Gründen — wie Brandschutz — hygienischen Gesichtspunkten, z. B. Reinigungsmöglichkeiten in Fleischkühlräumen — Schutz vor mechanischer Beschädigung der Isolierung — in vielen Fällen nicht darauf verzichten können.

Der Fußboden auf der Isolierung besteht aus einem Aufbeton 1 : 5 in einer Stärke von 4 bis 8 cm mit einer Baustahlgewebeeinlage und einem im gleichen Arbeitsgang aufgebrachten Zement-Estrich 1 : 3 in 3 cm Stärke. Gut bewährt haben sich Härtezusatzstoffe beim Auftragen des Estrichs, die ihm eine Widerstandsfähigkeit gegen Stöße geben und ein Abbröckeln der Kanten der Dehnungsfugen bei Karrenverkehr verhindern. Als Härtemittel dienen künstlich hergestellte Schmelzstoffe, Hartgußsplitter oder fein zerkleinerte Natursteine, die an der Baustelle dem Zementmörtel zugesetzt werden. Dehnungsfugen werden in Abständen von etwa 5 m vorgesehen und mit einem Spezialbitumen ausgegossen; sie dienen zum Ausgleich von Spannungen infolge von Temperaturunterschieden und beugen einer Rißbildung im Estrich vor. Hohlkehlen an den Wänden und Pfeilern erleichtern die Reinhaltung der Räume.

Reine Zement-Estriche werden von Heringslake und Milchsäure wie etwa in den Fleischkühlräumen angegriffen und mit der Zeit zerstört. Für solche Räume hat sich ein Fußbodenbelag aus Gußasphalt bewährt, der den weiteren Vorteil hat, daß er sich auch bei Gefriertemperaturen ausbessern läßt, was bei einem Zement-Estrich nicht möglich ist.

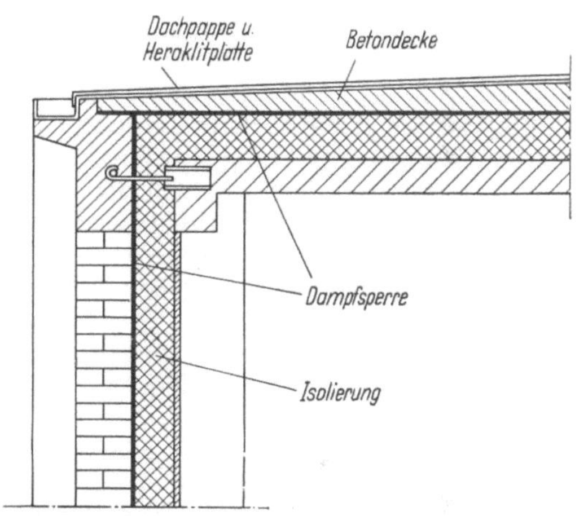

Abb. 162. Deckenisolierung bei Fehlen eines Dachbodens.

Wenn, wie es bei manchen Kühlhäusern der Fall ist, ein gut durchlüfteter Dachboden fehlt, so ist die Decke des obersten Geschosses unmittelbar der Sonnenbestrahlung und allen Witterungseinflüssen ausgesetzt. Es muß in solchem Falle die Isolierung mit besonderer Sorgfalt ausgeführt werden, wie in Abb. 162 dargestellt ist.

Der Estrich mit Dämmplatte schützt die Isolierung gegen äußere mechanische Einflüsse und gegen die Sonnenbestrahlung, die zu Oberflächentemperaturen bis zu 80 °C führen kann. Die Temperaturbeständigkeit der Isolierung ist in solchem Falle besonders zu prüfen.

Bei einem in Beton oder Mauerwerk ausgeführten Dachboden sitzen die Dachstützen unmittelbar auf der Pfeilerkonstruktion des Kühlhauses auf; sie sind zur Vermeidung von Schwitzwasser zu isolieren, wenn die oberste Decke von oben isoliert ist. Bei Holzausführung des Dachbodens können die Dachstützen auf Preßkorkplatten aufsitzen und brauchen nicht isoliert zu werden. Alle Holzteile müssen mit einem Feuerschutzmittel imprägniert werden.

Der Bau eines Dachbodens ist vorteilhaft, denn er bietet bei einer guten Durchlüftung einen Schutz gegen die ungewöhnlich hohe Erwärmung der obersten Kühlraumdecke und gegen eine Beschädigung der oberhalb der Decke verlegten Isolierung. Bei genügender Höhe kann der Dachboden zum Abstellen von Material und für Nebenräume, wie etwa einen Butterprüfraum u. dgl. ausgenutzt werden. Wenigstens ein Aufzug ist bis zum Dachboden hochzuführen.

Die Abrechnung der fertigen Isolierung geschieht nach Aufmaß nach den durch einen beim VDI gebildeten Ausschuß aufgestellten Bestimmungen für die Vornahme der Vermessung.

2. Schutz gegen das Eindringen von Wasserdampf.

Mit dem Einhalten immer tieferer Temperaturen in den Kühl- und Gefrierhäusern hat sich die Gefahr des Eindringens von Wasserdampf aus der Außenluft in das Bauwerk vergrößert. Seine Verhütung erfordert besondere bauliche Maßnahmen.[1]

Der Teildruck des stets in der Luft enthaltenen Wasserdampfes ist von der Temperatur und der relativen Feuchtigkeit abhängig, er beträgt z. B. bei +25 °C und 60% etwa 14 mm Hg, bei −20 °C und 90% aber nur noch etwa 0,8 mm Hg. Dieser Druckunterschied bewirkt ein Diffundieren des Wasserdampfes von der warmen nach der kalten Seite durch das poröse Bauwerk hindurch. Dabei erreicht der Wasserdampf innerhalb der Isolierung den Taupunkt, bei dem es zu einer Bildung von Wasser oder Eis kommt. Hierin liegt eine Gefahr sowohl für das Bauwerk als auch für den Wärmeschutz. Der in den Gefrierraum gelangende Wasserdampf kondensiert an den Kühlsystemen, wird zu Eis und bedeutet einen Mehraufwand an Energie.

Bei einem Kühlhaus bleibt das Temperaturgefälle, besonders in den Gefrierräumen, während des größten Teiles eines Jahres gleichgerichtet, nämlich von außen nach innen, wogegen es in einem gewöhnlichen Bauwerk im Sommer von außen nach innen, im Winter von innen nach außen verläuft. Es folgt daraus, daß sich das Eindringen von Wasserdampf in ein Kühl- und Gefrierhaus durch Anbringung einer wasserdampfdichten Sperre an der Außenseite der Isolierung eindämmen läßt. Entweder erhalten die Isolierplatten auf der Außenseite einen maschinell aufgetragenen elastischen Bitumenanstrich oder die glattgeputzte Wand selbst wird mit einem Bitumenanstrich versehen. Einen hohen Diffusionswiderstand bietet auch eine Bitumendachpappe mit einer Aluminiumfolieneinlage. Die Pappe wird entweder auf die Wandflächen überlappt geklebt oder vor dem Isolieren auf die Isolierplatten aufgebracht, hierbei muß an mindestens 2 Kanten ein etwa 5 cm breiter Streifen überstehen, damit eine Überlappung möglich ist. Auf der Raumseite darf keine Sperre vorhanden sein, denn hier muß die Wandfläche frei ausatmen und eingetretenen Wasserdampf an die Kühlflächen abgeben können. Jeder hermetische Abschluß der Gefrierräume auf der Innenseite etwa durch Wandfliesen bedeutet eine Gefahr für die Isolierung.[2]

Die Sorgfalt der Ausführung ist neben der Güte des Materials Grundbedingung für eine gute Abdämmung von Wärme- und Wasserdampfzutritt. Es trägt zur Erhaltung eines guten Zustandes dieser Bauteile bei, wenn größere Temperaturschwankungen in den Gefrierräumen vermieden werden, weil mit ihnen eine Richtungsänderung des Teildruckgefälles des Wasserdampfes verbunden sein kann. Selbst bei kurzzeitiger Nichtbenutzung der Gefrierräume ist es ratsam, sie durch vorübergehendes Anstellen der Kühlung stets auf Gefrier-

---

[1] Glaser, H.: Kältetechnik Bd. 10 (1958) H. 11, S. 358 und Bd. 11 (1959) H. 10, S. 345.

[2] Dürhammer, W., u. A. Orth: Kältetechnik. Bd. 10 (1958) S. 179.

temperatur zu halten. Dies erfordert nur wenig Energie, durch die Kühlung wird aber die Raumluft getrocknet und dadurch Feuchtigkeitsschäden, Schimmelbildung usw. vorgebeugt.

Bei einem Bauwerk mit tragenden Außenwänden ist kein so vollkommener Abschluß gegen den Wasserdampf der Außenluft vorhanden wie bei einem Skelettbau mit geschlossenem Isoliermantel, sofern nicht die Zwischendecken beiderseits isoliert werden. Bei Isolierschutzstreifen an den Deckenstößen ist der wasserdampfdichte Abschluß unterbrochen.

3. Schutz gegen die Ausbreitung von Bränden.

In einem Kühl- und Gefrierhaus ist in der Isolierung, in den Holzkanälen, Stapelhölzern, Paletten und in dem Kühl- und Gefriergut, besonders bei fettreichen Waren und Verpackungen in Holzkisten, eine Menge brennbaren Materials vorhanden. Es lagern hier große Werte von volkswirtschaftlicher Bedeutung, deshalb muß dem Feuerschutz größte Aufmerksamkeit geschenkt werden. Sollte ein Brand in einem Raum ausbrechen, so muß einem Übergreifen auf andere Räume und Stockwerke schon baulich vorgebeugt werden. Verbindungen zwischen den Stockwerken durch Aufzugsschächte, Treppenhäuser, Rohrleitungsschächte, Luftkanäle u. dgl. müssen durch feuersichere bzw. feuerhemmende Türen oder Klappen absperrbar sein. Deckendurchbrüche für die Luftführung sind möglichst ganz zu vermeiden. Gerade durch die leicht brennbaren Holzkanäle findet zumal bei laufendem Lüfter schnell eine Ausbreitung des Feuers von Raum zu Raum statt. Luftkanaldurchbrüche lassen sich durch eiserne Klappen sichern, die sich bei einem Brande durch Verbrennen einer Seilaufhängung selbsttätig schließen.

Bei einem geschlossenen Isoliermantel eines Skelettbaues kann bei Ausbrennen der Isolierung im Deckenstoß ein Feuer von Stock zu Stock überspringen. Dies kann durch Einfügen eines Riegels im Deckenstoß aus nicht brennbarem, isolierendem Material, wie etwa aus Zellenbeton, Schlackensteinen oder Schaumglas, verhindert werden.

Besondere Vorsicht ist schon während der Bauzeit zu üben, in der leicht ein Brand bei den Isolier-, Zimmer- und Schweißarbeiten an den noch ungeschützten Materialien entstehen kann. Es sollen möglichst unbrennbare, oder zumindest schwer entflammbare Materialien verwendet werden. Entsprechende Imprägnierungen müssen frei von Gerüchen, und soweit es sich um fest eingebaute Teile handelt, dauerhaft sein. Für den Brandschutz in Kühlhäusern wurden ausführliche Richtlinien aufgestellt, die sich auf die Bauzeit, die Feuerbekämpfung und die Betriebszeit beziehen. Einige wichtige Punkte aus diesen Richtlinien sind folgende:

Strenges Rauchverbot.

Keine unnötige Anhäufung von brennbaren Materialien, kein offenes Feuer in der Nähe brennbarer Materialien, Kochkessel, Schmiedefeuer u. a. nur im Freien aufstellen.

Elektrische Notleitungen sorgfältig instand halten, fertig verlegte Isolierungen unverzüglich mit Estrich, Vormauerung oder Putz versehen; bei Rohrisolierungen Außenabdichtung mit feuerhemmendem Mittel (Mineralfarbe) vornehmen, senkrechte Kanäle möglichst vermeiden, Deckendurchbrüche nur für die unbedingt notwendige Zeit offenhalten.

Möglichst wenig brennbares Material einbauen, falls Holz nicht ersetzbar, dann Feuerschutzimprägnierung, alle Räume sobald wie möglich mit Türen versehen, Luftkanäle an den Luftkühlern mit von außen leicht bedienbaren Klappen versehen.

Senkrecht durchlaufende Wand- und Rohrisolierungen durch nicht brennbare Zwischenschichten unterbrechen.

Jede ausführende Firma ist im Vertrag zum Abschluß einer Versicherung ihrer Lieferungen bis zur Gesamtfertigstellung zu veranlassen; in der Versicherung müssen Aufräumungs- und Abbrucharbeiten in ausreichender Höhe eingeschlossen sein; darüber hinaus schließt das

Kühlhausunternehmen eine Zusatzversicherung als Gesamtversicherung auf den Bauendwert mit Erhöhung dieser Summe um 20 bis 25% ab, um für Abbruch- und Aufräumungskosten gedeckt zu sein.

Der Feuerbekämpfung dienen folgende Maßnahmen:

Ausreichender Wasseranschluß mit mindestens 2 Schlauchleitungen.

Hochführung einer Wasserleitung mit Anschlüssen, Schlauchstücken und Strahlrohr in jedem Geschoß, Feuerlöscher in jedem Geschoß und an Stellen, wo brennbares Material lagert.

Bereithaltung von Gasmasken mit Zubehör an geeigneten und gekennzeichneten Stellen.

Feuerwachen und Kontrollgänge bei Nacht während der Bauzeit.

Bereithaltung von Feuerlöschern und gefüllten Wassereimern an der Arbeitsstelle bei Arbeiten mit offenem Feuer, Schweißen, Löten u. ä., Asbestmatten zum Schutz der Isolierung.

Tetra-Löscher für Maschinenhäuser und Garagen.

Verlegung und Instandhaltung der elektrischen Anlagen entsprechend der VDE-Vorschriften, jährliche Kontrolle durch Sachverständigen.

Zentrale Abschaltmöglichkeit des elektrischen Stromes.

Empfohlen wird die zentrale Anlage von Kohlensäuretanks mit Einzelleitungen nach jedem Raum.

Außer den mit Kohlensäure arbeitenden Löschanlagen findet man in Kühlhäusern auch Sprinkleranlagen, die bei Überschreiten einer bestimmten Temperatur selbsttätig ausgelöst werden. In beiden Fällen ist die Verlegung besonderer Löschleitungen nach allen Räumen nötig, was bereits bei der Planung zu berücksichtigen ist. Beide Systeme ersticken einen Brand schon im Entstehen. Bei einer Sprinkleranlage ist mit einem Wasserschaden an der Ware und Isolierung zu rechnen, eine Gefahr, die bei einer Kohlensäure-Löschanlage nicht besteht.

Die Treppen sind zur Feuersicherheit in besonderen Treppenhäusern mit festen Wänden unterzubringen. Unter feuerbeständigen Treppen versteht man solche aus glutsicher ummantelten Stahlteilen oder aus nichtbrennbaren Baustoffen. Jeden Arbeitsraum soll man über 2 Treppen verlassen können. Der Weg zu einer dieser Treppen soll möglichst nicht weiter als 30 m sein. Als zweite Treppe darf mit Genehmigung der Baupolizei eine Nottreppe angelegt werden.

Brandmauern sind in Abständen von etwa 30 bis 40 m anzuordnen. Sie sollen aus Ziegelmauerwerk mindestens 25 cm stark sein. Alle Öffnungen in Brandmauern sind auf das Mindestmaß zu beschränken und mit feuerhemmenden, selbstschließenden Türen zu versehen. Aus verkehrstechnischen Gründen müssen aber diese feuerhemmenden Türen, z. B. beim Betrieb mit Staplern und Elektrokarren, offengehalten werden; geöffnete Türen sind auch in Verkehrsgängen entlang von Kühlräumen erwünscht, um stagnierende Luftschichten zu vermeiden. Die Türen in den Brandabschnitten werden daher zweckmäßig durch Vorrichtungen offengehalten, die bei einem Brand schmelzen und diese Türen automatisch schließen lassen.

4. Schutz gegen die Übertragung von Gerüchen.

Manches, was für den Feuerschutz gilt, trifft auch für den Schutz gegen die Ausbreitung von Gerüchen im Kühlhaus zu, so das Vermeiden von Deckendurchbrüchen und das dichte Schließen aller Zugänge zu Aufzügen und Treppenhäusern. In Kühlhäusern für Sonderzwecke, bei denen es sich um ein gleichartiges Kühlgut im ganzen Gebäude handelt, sind besondere Maßnahmen gegen Geruchsübertragung bedeutungslos, dagegen müssen in einem Mietkühlhaus geruchsempfindliche Waren, wie Eier, Molkereiprodukte, Kühlfleisch u. dgl., vor stark riechenden Waren geschützt werden, indem man sie in Gebäudeteilen lagert, deren Luft in keiner Verbindung mit den anderen Räumen steht. Einige

Waren, wie Heringe in Fässern, Käse, Zwiebeln und Zitrusfrüchte sollten immer in abgesonderten Räumen oder Sonderkühlhäusern gelagert werden. Besonders groß ist die Gefahr bei Zitronen und Apfelsinen, deren ätherische Öle selbst das Mauerwerk durchdringen und sich in ihm durch Osmose verbreiten.

Mittel zur Geruchsbeseitigung sind Kalken, Desinfizieren mit einer Formalinlösung bzw. durch Vergasen von Formalintabletten über einer Flamme. Die Verwendung von Ozon hat sich sowohl zur Beseitigung von Gerüchen als auch bei der Bekämpfung von Schimmelpilzen bewährt; sie bedarf aber nach den Bestimmungen zur Änderung und Ergänzung des Lebensmittelgesetzes vom 21. 12. 1958 einer ausdrücklichen Genehmigung. Wenn die Belegung eines Kühlraumes wechselt, ist er immer zu desinfizieren und frisch zu kalken.

5. Rücksicht auf Einbau der Kühleinrichtungen.

Die Kühleinrichtungen bestehen aus den Luftkühlern und Luftkanälen, den Kühlrohrsystemen in den Räumen und den Rohrleitungen für das Kältemittel oder die Sole. Sie beeinflussen die Baugestaltung und müssen deshalb schon beim Bauentwurf berücksichtigt werden. Man muß sich bei der Planung darüber klar sein, ob mit direkter Verdampfung oder Solekühlung, ob mit Trocken- oder Naßluftluftkühlern gearbeitet werden soll, wie sich die Luftkühler im Gebäude verteilen und wie viele Räume an einen Luftkühler angeschlossen werden sollen. Eine nahe Zusammenfassung der Luftkühler in einem Geschoß und ein Übereinanderliegen in den einzelnen Stockwerken ist für die Rohrleitungsführung und die Zugänglichkeit von außen günstig; sie müssen für das Maschinenpersonal ohne ein Betreten der Kühlräume kontrollierbar sein. Es kann sich durch die Luftkühler mit ihren Fundamenten ein die normale Deckenbelastung überschreitendes Betriebsgewicht ergeben, so daß eine verstärkte Deckenkonstruktion nötig wird. Der Platzbedarf der Luftkühler ist von der Bauart abhängig; ein Naßluftkühler mit Raschigringen beansprucht nur etwa zwei Drittel des von einem Trockenluftkühler mit glatten Rohren eingenommenen Raumes.

Lage und Größe von Durchbrüchen müssen bei einem Eisenbetonbau mit Pilzdecken vor Herstellung der Decken festliegen, da ein späteres Durchbrechen ohne eine Verletzung der Armierung nicht möglich ist. Durchbrüche müssen außerhalb der Zone stärkster Armierung liegen, sie sind deshalb in ihren Maßen beschränkt. Die Abmessungen der Leitungsschächte hängen von der Zahl der zu verlegenden Rohrleitungen und Kabel ab, diese wieder von der Zahl der

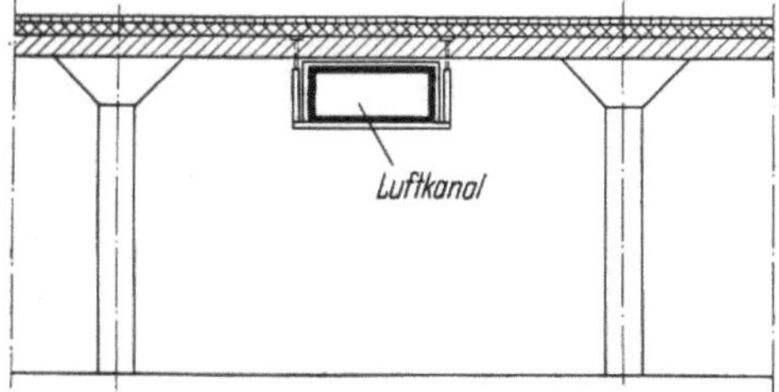

Abb. 163. Luftkanal an glatter Decke.

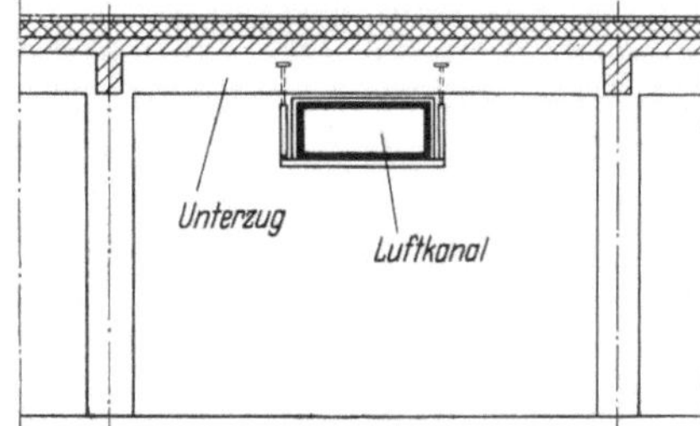

Abb. 164. Luftkanal an Decke mit Unterzug.

Luftkühler und davon, ob für höhere und tiefere Temperaturen getrennte Kreisläufe des Kühlmittels vorgesehen sind.

Für die Anbringung der Luftkanäle und Deckenberohrung hat der Pilzdeckenbau mit glatter Deckenfläche vor der Bauart mit Unterzügen den Vorteil, daß die Kanäle und Rohre unmittelbar unter der Decke liegen können. Unterzüge behindern den Luftumlauf und bedeuten einen Verlust an Raumhöhe, weil die Luftkanäle und Rohrsysteme unter ihnen verlegt werden müssen, wie aus Abb. 163 und 164 ersichtlich ist. Die Folge ist ein bis zu 10% größerer umbauter Raum gegenüber glatten Pilzdecken.

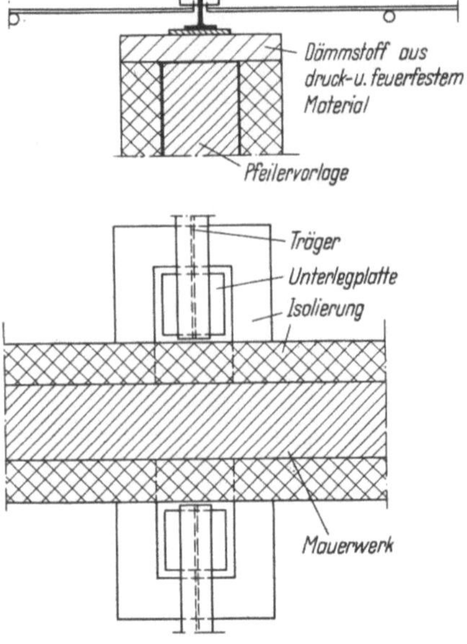

Abb. 165. Auflager einer Tragkonstruktion für Deckenkühlsysteme im Tiefkühlraum.

Soll die Luftumwälzung innerhalb des Kühlraumes über eine Zwischendecke als Saugdecke geführt werden, bzw. die Luftkühlung im Raum durch einzelne Wand- oder Deckenkühlsysteme erfolgen, dann sind die entsprechenden Aufhängeeisen beim Bau zu berücksichtigen.

Grundsätzlich sollte darauf geachtet werden — und dieses gilt besonders für den Bau von Tiefkühlräumen — daß Halterungen und Anker, die eine Wärmebrücke bilden, weitestgehend vermieden werden. So können Kühlsysteme auf gesonderte Stützkonstruktionen innerhalb des Kühlraumes aufgelegt werden, ohne die Isolierung durchbrechen und die Sperrschicht beschädigen zu müssen (Abb. 165). Um die Wartungskosten möglichst gering zu halten, soll der Stahlanteil für die Stützkonstruktion klein gehalten werden. Wie Abb. 159 zeigt, können die Stützen, z. B. als Pfeilervorlagen, an den Trennwänden aus Mauerwerk errichtet werden und gleichzeitig als Versteifung der Leichtbauwände dienen.

Für die Montage von Rohrleitungen und Kabeln, besonders auch in Rohrkanälen, Rohrschächten und im Maschinenhaus haben sich die einbetonierten Ankerschienen bewährt, sie ersparen eine genaue vorherige Bestimmung der vielen Befestigungspunkte.

6. Sicherheit der Fundamentierung.

Die Fundamentierung eines Kühl- und Gefrierhauses richtet sich nach der Tragfähigkeit des Baugrundes. Bei schlechtem Baugrund, wie er sich vielfach bei Hafenkühlhäusern findet, ist eine Pfahlgründung, die bis auf tragfähigen Baugrund reicht, vorzunehmen. Auf dem Pfahlrost ruht eine starke eisenarmierte Betonplatte, welche die Last gleichmäßig auf den Rost verteilt. Auch bei gutem Baugrund hat eine Bodenplatte vor Einzelfundamenten unter den tragenden Pfeilern den Vorteil, daß bei einer einseitigen Verteilung der Last im Kühlhaus Senkungen auf der mehr belasteten Seite vermieden werden. Einzelfundamente unter den Pfeilern verlangen einen sehr guten tragfähigen Untergrund.

Eine Pfahlrostgründung ist bei einem tiefliegenden tragfähigen Boden mit einem erheblichen Materialaufwand und großen Kosten verbunden, was vor Baubeginn bei der Berechnung der Wirtschaftlichkeit zu berücksichtigen ist. Auch die Maschinenfundamente müssen in solchen Fällen auf Pfählen ruhen; sie dürfen mit der Baukonstruktion des Kühlhauses nicht in Verbindung stehen, damit sich Erschütterungen nicht auf das Gebäude und Gebäudesenkungen nicht auf die Maschinen übertragen Die Abb. 166 bis 168 zeigen verschiedene Ausführungen der Fundamentplatte.

In Bergbaugebieten, wo mit Bergschäden gerechnet werden muß, ist der Gebäudesenkung und Rissebildung besondere Aufmerksamkeit zu schenken. Hier wird immer eine starke Bodenplatte am Platze sein. Große Gebäude mit einer 35 m übersteigenden Länge werden durch Dehnungsfugen, welche den ganzen Bau durchziehen, in einzelne Baukörper aufgeteilt; bei ungewissen Bodenverhältnissen sind mehr Dehnungsfugen anzubringen.

Als Pfeilerabstand hat sich bei mehrgeschossigen Kühlhäusern ein Maß von etwa 6 m als günstig und bis etwa 10 m als noch tragbar erwiesen, da sich dann die Deckenstärken und Unterzüge noch in normalen Grenzen halten.

Keller und Aufzugschächte, die unterhalb des Grundwasserspiegels liegen, müssen als wasserdichte Wanne ausgebildet werden; als Dichtungsmaterial werden mehrere Lagen Bitumendachpappe bzw. Bitumenanstriche verwendet. Es ist hier, wie bereits erwähnt, besonders auf die Verwendung geruchfreier Materialien zu achten.

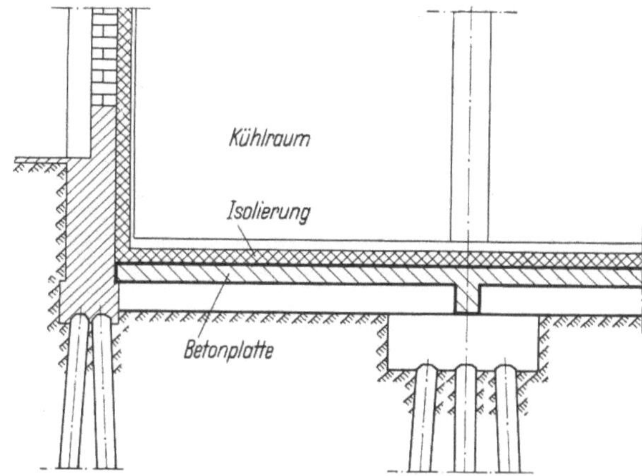

Abb. 166. Pfahlgründung eines Hafenkühlhauses auf einer Betonplatte mit Unterzügen.

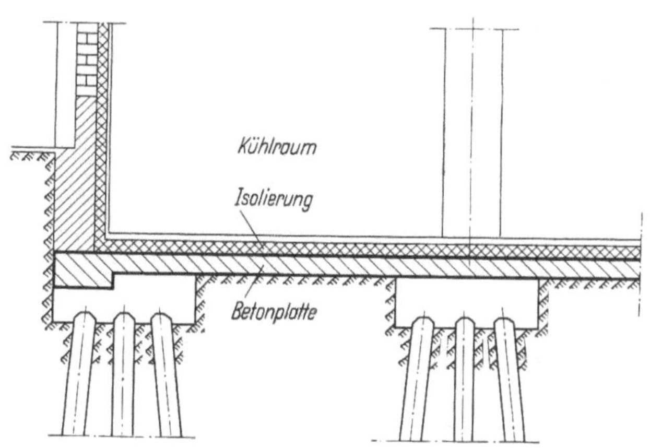

Abb. 167. Pfahlgründung eines Kühlhauses auf einer glatten Betonplatte.

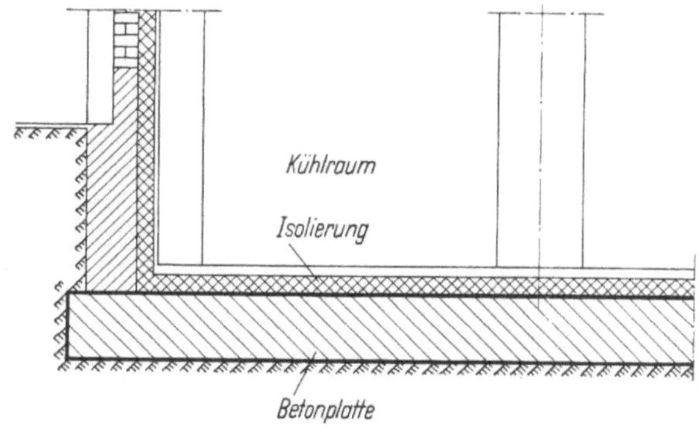

Abb. 168. Gründung eines Kühlhauses im Bergbaugebiet auf einer starken Betonplatte.

7. Vermeiden des Gefrierens des Erdreiches unter den Fundamenten.

Die Gefahr einer Hebung der Fundamente infolge von Eisbildung im Erdreich bei längerer Einhaltung von Gefriertemperaturen in den Kellerräumen hängt von der Bodenbeschaffenheit, dem Grundwasserstand, der Isolierstärke des Kellerbodens und der Temperatur in den Kellerräumen ab. Die Gefahr kann durch Maßnahmen vermieden werden, die sich entweder auf den Baugrund beziehen oder die bau- und isoliertechnischer Art sind.

Nicht alle Bodenarten neigen zum Gefrieren, man kann frostgefährliche und frostsichere Böden unterscheiden. Frostgefährlich sind bindige Erdstoffe, wie Ton, Lehm, lehmige Sande und Kiese sowie Stauberden, wie Löß und Schluff; frostsicher sind lehmfreie Sande und Kiese. Ein durch Gefrieren gehobener Boden bildet kein homogenes Ganzes mehr, er ist von zahlreichen Schichten und Linsen von reinem Eis durchzogen. Untersuchungen haben gezeigt, daß solche Böden eine bis zu zehnmal größere Wassermenge als vor dem Frost enthalten, es ist also eine Wasseranreicherung eingetreten, worin die Ursache für das zuweilen ungewöhnlich starke Hochfrieren liegt. Nichtbindende Böden reichern sich nicht mit Wasser an, es bilden sich in ihnen keine Eisschichten, sie frieren vielmehr als Ganzes durch. Ungleichmäßigkeit in der Beschaffenheit des Baugrundes wirkt sich ungünstig aus. Für ein Gefrieren ist also ein Baugrund aus frostschiebendem Boden und das Vorhandensein von Wasser Voraussetzung.[1-3]

Abb. 169. Verlegung der Ölrohre für eine Bodenheizung.

Es ist Sache einer sorgfältigen Baugrunduntersuchung, im Laboratorium festzustellen, ob an der Baustelle frostgefährliche Bodenarten in einer noch unter Einwirkung der Kühlhauskälte stehenden Tiefe vorhanden sind. Bei ungünstigem Boden ist es dann möglich, die Baugrube bis in eine frostfreie Tiefe auszuschachten und mit frostsicherem Sand oder Kies auszufüllen. Maßnahmen zur Entwässerung, Absenkung des Grundwasserspiegels und Abfangen des Schichtenwassers verbessern die Verhältnisse, besonders bei bestehenden Kühlhäusern, sie sichern aber keinen vollen Erfolg, weil der Gefriervorgang eine saugende Wirkung auf den umgebenden Boden ausübt.

Gegenüber dieser Behandlung der Frage als reines Baugrundproblem setzen sich die bau- und isoliertechnischen Maßnahmen zum Ziel, Gefriertemperaturen im Erdreich unterhalb der Kühlhaussole überhaupt zu verhüten. Dabei sind die Wärmezufuhr durch das Grundwasser und die Wärmeleitzahl der Bodenarten von Bedeutung und es ergeben sich daraus andere Forderungen an den Baugrund.[4]

[1] BLEY: Z. ges. Kälteind. Bd. 51 (1944) S. 61.
[2] KRISCHER, O.: Gesundheitsing. Bd. 57 (1934) S. 513.
[3] CAMMERER, J. S.: Wärme- und Kältetechnik Bd. 41 (1939) S. 56.
[4] LINDE, S. F.: Wärme- und Kältetechnik Bd. 44 (1942) S. 17.

Das Grundwasser führt ständig Wärme an die Unterseite der Fundamente heran, und zwar um so mehr, je besser die Wärmeleitfähigkeit des Erdreiches ist und je näher der Grundwasserspiegel an den Fundamenten liegt. Die Wärmeleitzahl von Sand ist etwa 1, die von Ton etwa 2 kcal/m h °C; bei tiefliegendem Grundwasserspiegel ist also der Wärmeübergang von dem Grundwasser an die Fundamente bei einem Tonboden besser als bei einem Sandboden. Der frostgefährliche Boden erweist sich als der bessere Wärmeleiter. An den außenliegenden Bodenflächen unter dem Kühlhaus findet ein Wärmeausgleich mit der umgebenden Erdoberfläche statt, erst im mittleren Teil der Bodenfläche verläuft der Wärmestrom senkrecht bis zur Zone der unveränderlichen Bodentemperatur. Es besteht deshalb bei einer kleinen Kühlhausbodenfläche nur eine geringe Gefriergefahr.

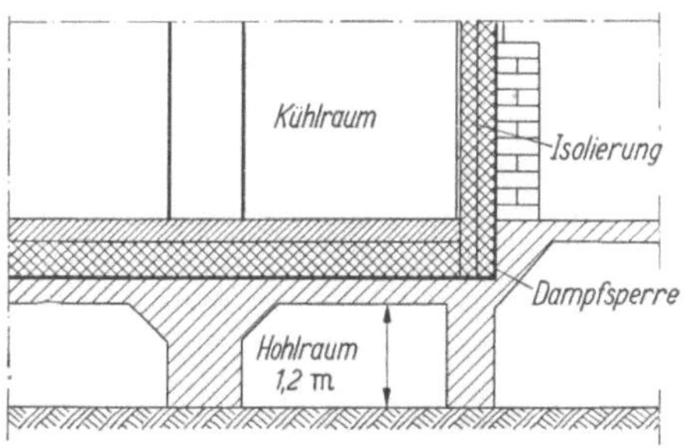

Abb. 170. Kühlraum mit Luftschicht als Schutz gegen Gefrieren des Erdreiches.

Die Herabsetzung des Wärmeaustausches allein durch eine Isolierung der Kühlhausbodenplatte führt bei ungünstigen Temperatur- und Bodenverhältnissen zu großen Isolierstärken, wie eine Nachrechnung des Temperaturverlaufes in der Bodenplatte zeigt.[1]

Man hat deshalb andere Maßnahmen angewandt, wie Anbringung durchlüfteter Kanäle unter dem Kellerfußboden oder Beheizung der Bodenplatte durch eingebaute Ölrohre (Abb. 169), oder durch elektrischen Strom. Bei durchlüfteten Kanälen empfiehlt sich eine Vorwärmung der Luft, um Schwitzwasserbildung oder gar Vereisung, die bei ungünstiger Witterung eintreten kann, zu vermeiden. Diese Einbauten sind kostspielig und bedeuten laufende Betriebskosten, die allerdings im Rahmen des Energiebedarfes eines Kühlhauses kaum ins Gewicht fallen. Es ist daher u. U. preisgünstiger, den Zwischenraum zwischen Kühlraumfußboden und Untergrund so groß zu machen, daß er auch ohne zusätzliche Einrichtungen einen genügenden Schutz bietet (Abb. 170).

8. Tragfähigkeit der Decken.

Die Tragfähigkeit der Decken wurde früher allgemein mit 1000 kg/m² für ausreichend gehalten. Neuerdings wurde mit der vermehrten Einlagerung von gefrorenen Lebensmitteln bei einer hohen und kompakten Stapelung die Forderung nach einer größeren Tragfähigkeit erhoben, so daß man bei neuzeitlichen Bauten 2000 bis 3000 kg/m² zugrunde legt. Die Belastung ist je nach Art und Verpackung der Ware und je nach Stapelhöhe sehr unterschiedlich. Eine weitere Belastung kann durch an der Decke befestigte Kühlrohre, bei denen auch die Vereisung zu berücksichtigen ist, oder durch Aufhängevorrichtungen für Fleisch eintreten. Für die Luftkühler ist die Belastung besonders zu bestimmen.

Bei den üblichen Stapelhöhen kann mit folgenden durchschnittlichen Belastungen gerechnet werden:

Lagerung von gefrorenen Schweinehälften oder Rindervierteln	850 bis 900 kg/m²
Schweine hängend (6 bis 7 halbe Schweine)	300 bis 350 kg/m²
Rinderviertel hängend (4 bis 5 Viertel)	350 kg/m²
Hammel hängend (5 bis 6 Stück)	150 bis 200 kg/m²
Butter in Fässern	800 bis 1000 kg/m²
Eier in Kisten	600 bis 700 kg/m²

[1] DEUBLEIN, O.: Kältetechnik Bd. 2 (1950) S. 72.

Schmalz in Kisten	1400 bis 1600 kg/m²
Äpfel in Stiegen: Stapelhöhe 2,4 m	750 kg/m²
Stapelhöhe 2,7 m	860 kg/m²
Stapelhöhe 3,6 m	1100 kg/m²
Gefrierkonserven in Packungen auf Paletten:	
Stapelhöhe 1,5 m	700 bis 1000 kg/m²
Stapelhöhe 3,0 m	1400 bis 2000 kg/m²
Stapelhöhe 4,5 m	2100 bis 3000 kg/m²

III. Spezifische Werte für den Materialverbrauch.

Bei der 1. Planung eines Kühl- und Gefrierhauses ist die Kenntnis des angenäherten Materialbedarfes wertvoll. Zwar ist es nicht möglich, genaue Werte anzugeben, weil sie zu verschieden sind je nach Baugröße, Bauweise, Raumaufteilung, Isolierstärken u. a. m. Der endgültige Materialbedarf wird sich immer erst an Hand eines Materialauszuges nach den Bauzeichnungen ermitteln lassen. Die hier genannten Werte sind deshalb als reine Anhaltswerte für ein Kühlhaus in Eisenbetonskelett-Bauweise mit Pilzdecken zu betrachten; sie sind auf den Quadratmeter nutzbare Kühlfläche bezogen.

Baueisen	70 bis 90 kg
Steine	100 bis 150 Stück
Zement	250 bis 300 kg
Isoliermaterial	0,4 bis 0,5 m³
Holz	0,004 m³
Eisen	60 bis 70 kg

D. Innenausstattung von Kühl- und Gefrierhäusern.

I. Kühleinrichtungen.

Der Zusammenhang der Kühleinrichtungen — Luftkühler, Luftkanäle, Kühlrohrsysteme und Rohrleitungen — mit dem Bauwerk wurde bereits auf S. 187 behandelt. Hier sei noch einiges über Einzelheiten der Kühleinrichtungen gesagt, soweit sie Bauliches betreffen.

Bei Trockenluftkühlern, die häufig abgetaut werden müssen, sind Tauwasserschalen nötig, die auf einer besonderen Isolierung ruhen oder auf Sockeln stehen,

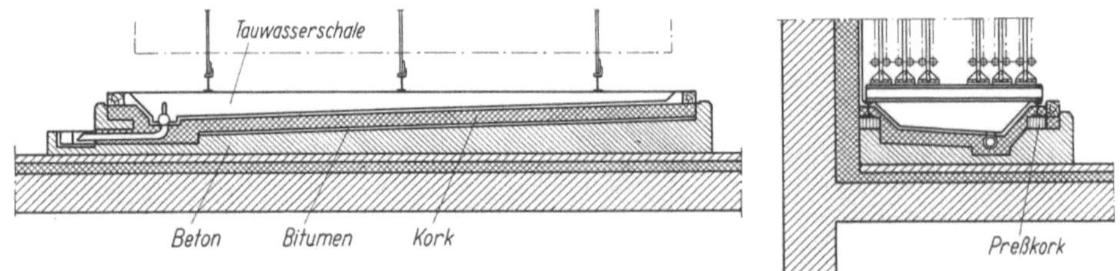

Abb. 171. Isolierung einer Tauwasserschale.

so daß die Luft sie von unten bestreichen kann. Dadurch soll das Anfrieren des Tauwassers an der Schale vermieden werden, was bei einer auf dem Betonsockel unmittelbar aufliegenden Schale infolge der gespeicherten Kälte leicht geschehen kann. Die Schale erhält Gefälle und einen verschließbaren Ablauf von großem Querschnitt, um auch Eis- und Schneestücke hindurchzulassen. Abb. 171 zeigt die Bauart einer isolierten Tauwasserschale. Die Abfluß- und Spülwasserleitungen müssen frostfrei verlegt, oder mit einer Heizung versehen sein. Tiefkühl- und Gefrierräume erhalten keine Entwässerung, da diese einfrieren würde.

Nachträgliche Stemmarbeiten sind bei einem Bau immer kostspielig und unerwünscht. Deshalb müssen bei der Bauausführung bereits alle Decken- und Wanddurchbrüche für Luftkanäle und Rohre festliegen, wozu auch die Anbringung von Aufhängeeisen zu rechnen ist. Bei nicht von unten isolierten Decken können die schon erwähnten Ankerschienen eingegossen werden, die ein gewisses Spiel bei der Montage erlauben. Sieht man Löcher in der Decke vor, so muß die

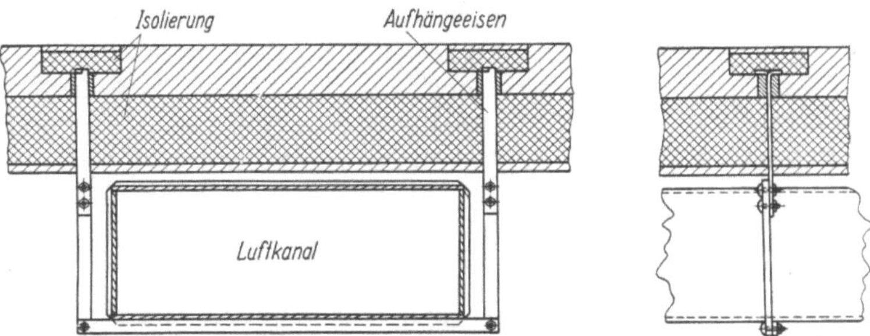

Abb. 172. Aufhängung eines Luftkanals an einer isolierten Decke.

Lage der Eisen genau fixiert sein; ist die Decke nur von unten isoliert, so bilden die Eisen Wärmebrücken, die zu nassen Flecken oder Eispunkten am Fußboden führen können; ein Verschließen der Löcher mit Isoliermaterial nach dem Vergießen der Eisen verhindert diese Erscheinung (s. Abb. 172). Auch das Einhängen der mit einem Querstift versehenen Eisen in konische Löcher hat sich bewährt.

Die Luftkanäle werden gewöhnlich in Holz ausgeführt, das gegen Schimmelbefall mit Eisenvitriol in einer Lösung von 700 g auf 1 *l* Wasser imprägniert wird. Über verschiedene Desinfektionsmittel für Holzteile in Kühl- und Gefrierräumen hat Grunow eingehende Versuche gemacht.[1] Die Bretter aus Kiefer oder nordischer Tanne werden gehobelt und gespundet, ihre Stärke soll nach dem Hobeln 20 mm betragen. Bindeleisten dienen zur Verbindung und Versteifung der Bretter, sie werden bei einer Kanalbreite bis zu 80 cm in Abständen von 2,5 m, bei größeren Breiten alle 1,5 bis 2 m angebracht. Die Aufhängeeisen sind mit guter Rostschutzfarbe zweimal zu streichen; bei Verzinkung darf der in der Deckenschüttung liegende Teil nicht verzinkt werden.

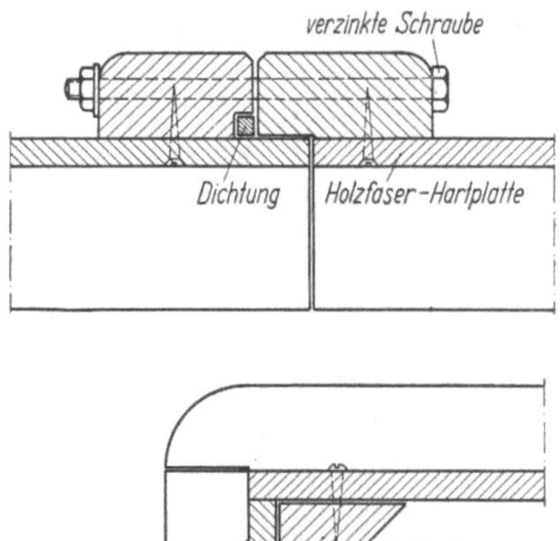

Abb. 173. Luftkanal aus Holzfaser-Hartplatten-Verbindung und Eckenversteifung.

Weiter kommt als Material für Luftkanäle verzinktes Eisenblech oder Aluminiumblech in Frage; dieses hat geringes Gewicht und den Vorzug, daß es sich leicht bearbeiten läßt, weder hygroskopisch noch brennbar ist, sich nicht verzieht und eine glatte Oberfläche besitzt. Preislich oft günstiger sind Holzfaserhartplatten, die schwer entflammbar sind, sich bei Feuchtigkeit nicht verziehen und auch glatte Oberflächen haben. Abb. 173 zeigt die Verbindungsstelle zweier Kanalstücke aus diesem Material.

[1] Grunow, H. G.: Die Fleischwirtschaft (1942) S. 137.

Die Luftkanäle sind mit Schlitzen versehen, die durch Schieber verschlossen und im Querschnitt einreguliert werden können. Für den Abschluß eines ganzen Luftstrange sdienen Absperrklappen. Eine besonders bei der Schnellabkühlung von Fleisch vorteilhafte gleichmäßige Luftbewegung im Raum erhält man bei Ausbildung des Saugkanals als Zwischendecke über den ganzen Raum. Werden dabei die einzelnen Saugöffnungen so bemessen, daß über dem ganzen Saugkanal der gleiche Unterdruck gegenüber dem Raum herrscht, kann auf besondere Schieber verzichtet werden.

Wenn zur Regelung der Luftfeuchtigkeit eine elektrische Heizvorrichtung im Druckkanal eingebaut wird, so muß zur Sicherung gegen einen Brand der Kanal an dieser Stelle mit Asbest ausgekleidet werden. Die Heizanlage darf nur in Verbindung mit dem Ventilator schaltbar sein und muß eine thermische Schutzschaltung besitzen.

Kühlsysteme werden an der Decke in gleicher Weise mit Aufhängeeisen befestigt wie die Luftkanäle. Bei einer Wandanordnung der Rohre muß eine Durchbrechung der Isolierung, besonders der Schutzschicht gegen das Eindringen von Wasserdampf vermieden werden. Man befestigt sie mit Bügelschrauben an senkrechten Halteeisen oder hängt sie an den wandseitig liegenden Deckenbalken auf und sichert sie gegen Pendeln durch Distanzstücke zur Wand. Um Wärmebrücken zu vermeiden und eine Durchfeuchtung der Isolierung bei durchbrochener Sperrschicht zu verhindern, sollen bei Tiefkühlräumen alle Halterungen möglichst nicht durch die Isolierung geführt werden. Abb. 165 zeigt die Auflage von Deckenkühlsystemen auf Trägern, die auf isolierten, gemauerten Pfeilervorlagen innerhalb der geschlossenen Raumisolierung angeordnet sind.

Die Auswahl des zweckmäßigsten Kühlsystems muß von Fall zu Fall entschieden werden.[1] Zur Verringerung des Eigengewichtes und der Kältemittelfüllung werden vielfach die glatten Rohre durch Rippenrohre und Lamellenrohre ersetzt. Um eine gleichmäßige Verteilung und gleichzeitig eine Verringerung des Kältemittels in den Kühlsystemen zu erreichen, wurden im Kühlhaus Nr. 12 in Moskau Systeme aus jeweils 3 Rohren an Stelle von Rohrschlangen entwickelt. Zwei obere Rohre liegen waagerecht, das darunterliegende dritte Rohr hat eine geringe Neigung und ist ganz mit flüssigem Kältemittel gefüllt. Mit den Dämpfen aus dem unteren Rohr gelangt auch Flüssigkeit nach dem einen Ende der oberen Rohre, aus denen ein Überschuß am anderen Ende der Absaugeseite, durch ein Sammelstück und Stutzen wieder nach unten fließen kann.[2]

Verringerte Kältemittelmengen können auch beim Betrieb mit Pumpen erreicht werden, wobei das unter dem Verdampfungsdruck stehende flüssige Kältemittel von oben in die Kühlsysteme eintritt.[3]

II. Kühlraumtüren

Kühlraumtüren sind stark Lufteinflüssen und mechanischen Beanspruchungen ausgesetzt. Um einen scharfen Übergang von tiefer auf höhere Temperatur abzudämmen, werden Vorräume angeordnet, die als Schleusen für eine Temperaturabstufung sorgen und die mit der Warmluft eindringende Feuchtigkeit abfangen. Aus verkehrstechnischen Gründen hat es sich als vorteilhaft erwiesen,

[1] Vgl. auch den Abschnitt über die Kälteanlage eines Kühl- und Gefrierhauses in Bd. VI dieses Handbuches.

[2] Kobulaschwili, Sh. N.: Cholodilnaja Technika. Bd. 31 (1954) H. 2, S. 5.

[3] Stoecker, W. F.: Liquid Ammonia Recirculating and Return Systems; Chicago Ill.: Nickerson & Collings Co. 1957

auf diese Vorräume zu verzichten und einen Schutz der Ware bei geöffneter Kühlraumtür durch selbstschließende Pendeltüren und evtl. zusätzlich durch Luftschleieranlagen zu erreichen. Bei der Anordnung der Pendeltüren in Gefrier-

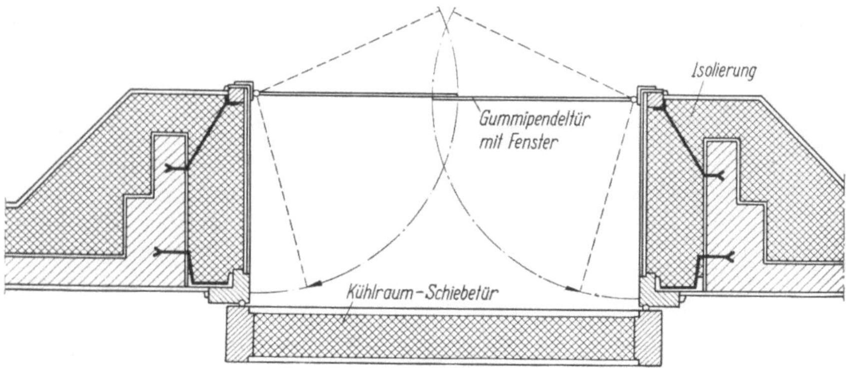

räumen (Abb. 174), muß darauf geachtet werden, daß sie auch bei geschlossener Kühlraumtür nach beiden Seiten aufschlagen können. Werden an Stelle des Vorraumes temperierte oder klimatisierte Verkehrsgänge vorgesehen, dann wird

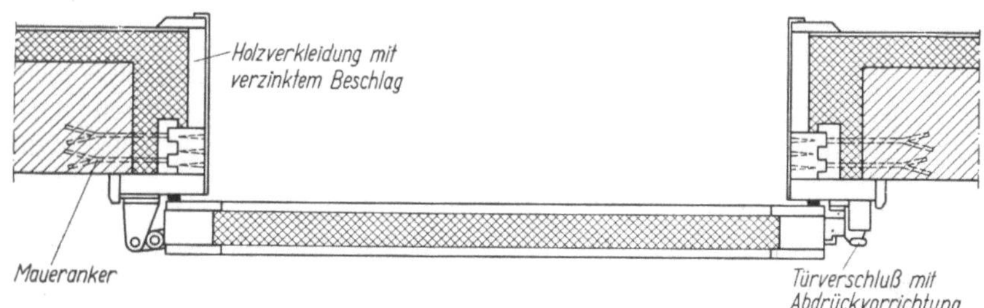

Abb. 175. Einflügelige Kühlraumtür (vorgesetzt).

außerdem ein Anfrieren der Türdichtungsflächen verringert.

Von einer Kühlraumtür wird verlangt, daß sie sich nicht wirft, daß sie dicht schließt, keine Luftspalte aufweist, gut isoliert und widerstandsfähig ist. Zur

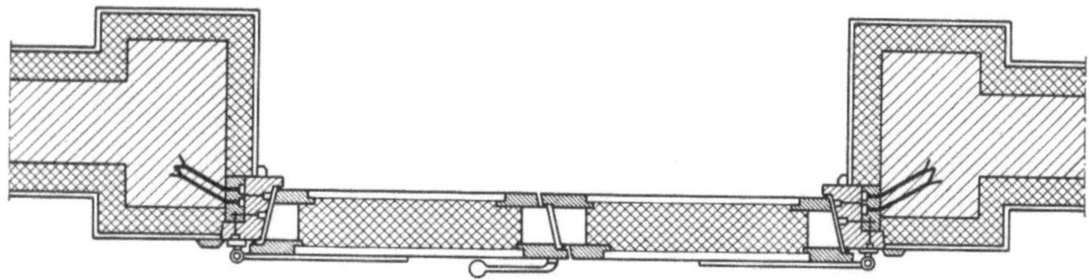

Abb. 176. Zweiflügelige Kühlraumtür.

Verarbeitung eignet sich nur trockenes, harzreiches Kiefernholz, für die Schwelle Eichenholz. Die Türflügel dichten auf 1, 2 oder 3 mit Profilgummi besetzten Falzen; der Verschluß soll den Türflügel gleichmäßig fest anpressen, die Hängebänder müssen schwer ausgeführt sein. Eine Verkleidung mit verzinktem Blech an der Tür, den Türpfosten und gefährdeten Kanten schützt gegen Stöße beim Karrenverkehr.

Wenn der Warenverkehr auf Karren oder mit Staplern erfolgt, sollen die Türen mit bodengleicher Schwelle ausgeführt werden. Beim Öffnen wird eine solche Tür durch die schrägen Laufflächen der Hängen angehoben, bei der geschlossenen Tür drückt das Eigengewicht der Tür die Profilgummistreifen an die Schwelle und dichtet damit den unteren Spaltraum ab.

Zu schmale Türen werden bei einem regen Karrenverkehr an den Kanten leicht abgestoßen; bei einem Warenverkehr auf Paletten mit einer maximalen Breite von 1,2 m hat sich eine Türbreite von 1,6 m bewährt. Bis zu etwa 1,3 m Breite werden die Kühlraumtüren im allgemeinen einflügelig ausgeführt, die vorgesetzte Bauart (Abb. 175) mit einer glatten Dichtungsfläche eignet sich dabei besonders für Tiefkühlraumtüren. Die zweiflügelige Kühlraumtür (Abb. 176) hat mehr Dichtungskanten, die bei ungünstigen Bedingungen zum Festfrieren neigen. Bei Tiefkühlräumen und größeren Türbreiten werden daher vielfach Schiebetüren verwendet, ihr Platzbedarf beim Öffnen ist gering und die Aufhängung der schweren Gewichte leichter. Abbildung 177 zeigt eine automatische Schiebetür in einem Tiefkühlraum.

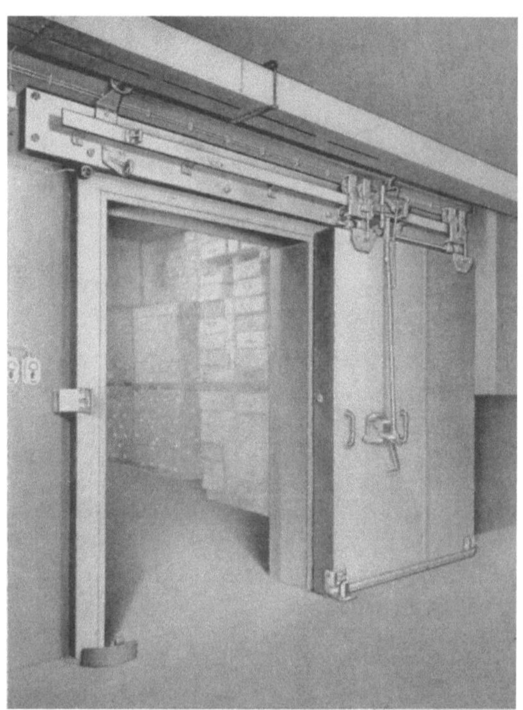
Abb. 177. Automatische Kühlraumschiebetür.

Bei kalten und feuchten Vorräumen besteht die Gefahr des Anfrierens der Kühlraumtüren an den Dichtungsflächen; um dieses zu vermeiden, werden die Anlageflächen durch elektrische Heizkabel oder eine Warmölleitung angewärmt. Widerstandsheizungen unter Zwischenschaltung eines Transformators, weniger klebende V 2 A-Blech-Anlageflächen und besondere Anstriche werden ebenfalls vorgenommen, um das Anfrieren zu vermeiden.

III. Transportmittel.

Die schnelle Abfertigung der Kühl- und Gefriergüter hängt von der Zahl und Lage der Transportmittel ab. Diese sind z. T. fest eingebaut, wie Aufzüge, Paternoster, Förderbänder, Krane u. dgl., z. T. beweglich, wie Karren, fahrbare Transportbänder, Rollenbänder und Stapelgeräte. Art und Anwendung dieser verschiedenen Transportmittel richtet sich nach der Lage und dem Benutzungszweck des Kühlhauses. So wird man Krane nur an der Wasserseite von Hafenkühlhäusern oder an einer Wasserstraße gelegenen Kühlhäusern antreffen, Paternoster und fest eingebaute Förderbänder nur in Sonderkühlhäusern für Kühlgüter mit gleichbleibenden Abmessungen, weil in einem Mietkühlhaus die Größen und Gewichte der Kühlgüter zu unterschiedlich sind. Fest eingebaute Aufzüge sind in jedem mehrgeschossigen Kühlhaus unentbehrlich;

man rechnet gewöhnlich mit einem Aufzug für je 1500 bis 2000 m² Kühlfläche. Die Tragfähigkeit soll beim Transport der Ware auf Kühlhauskarren mindestens 1500 kg betragen. Wird die Ware auf Paletten mit dem Gabelstapler auch über die Aufzüge gefördert, muß eine Tragkraft von etwa 3500 kg vorgesehen werden; und zwar 1000 kg für Ware und 2000 bis 2500 kg für Stapler mit Fahrer. Die

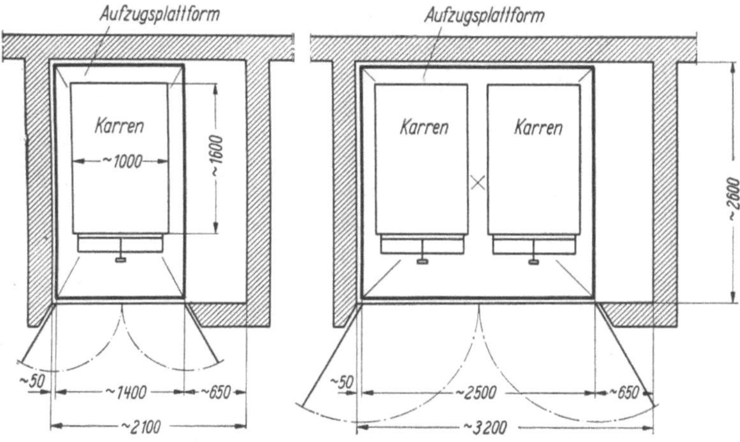

Abb. 178. Aufzüge für Kühlhauskarren.

Fahrgeschwindigkeit soll mindestens 0,5 bis 0,7 m/s betragen, sie beschleunigt bei mehrstöckigen Kühlhäusern sehr die Abfertigung. Mietkühlhäuser in Großstädten mit vielen gewerblichen Mietern, z. B. in der Nähe von Markthallen, besitzen oft eine größere Anzahl von Aufzügen an der Außenfront, was der schnellen und störungsfreien Abwicklung des Verkehrs zugute kommt.

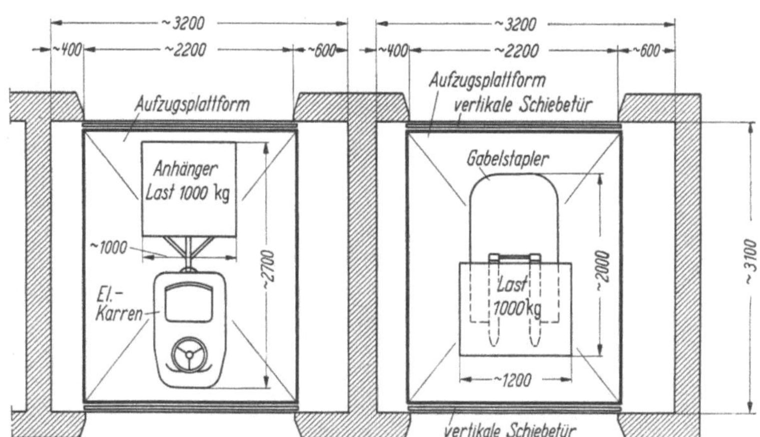

Abb. 179. Aufzugsgruppe für Gabelstapler und Elektrokarren mit Anhänger.

Die Plattformgröße der Aufzüge richtet sich nach den zu befördernden Transportgeräten. In der Abb. 178 sind die Maße von Aufzugsschächten und Plattformen für ein bzw. 2 Kühlhauskarren dargestellt. Die Abb. 179 zeigt eine Aufzugsgruppe für den Transport von je 1 Gabelstapler mit 1 t Last auf Palette bzw. für 1 Elektrokarren mit 1 Anhänger; die Aufzugstüren sind hier als vertikal öffnende Schiebetore ausgeführt, so daß bei gleichzeitiger Benutzung der beiden Aufzüge der Verkehr möglichst wenig behindert wird.

Abb. 180. Gabelstapler im Tiefkühlraum.

Fest eingebaute Transportbahnen und Hängevorrichtungen für Fleisch sind für solche Kühlhäuser wertvoll, in denen regelmäßig Fleisch abgekühlt oder eingefroren wird. Sie bestehen aus Rohrgleitbahnen, die entweder an in der Decke eingelassenen Ankerschienen hängen oder auf Konsolen oder Gerüsten auflagern. Von den Rampen führen die Transportbahnen zu den Hängebahnen in den Eingefrieranlagen und Schnellkühlräumen; die Verteilung auf die einzelnen Stränge erfolgt mittels verstellbarer Weichen. Diese Einrichtungen erleichtern die Raumbeschickung sehr und lohnen sich dort, wo laufend Fleisch gekühlt und eingefroren wird. Ihr Nachteil ist, daß die fest eingebaute Hängebahn die Stapelhöhe begrenzt, wenn der Raum für die Einlagerung andere Güter benutzt werden soll. Man kann dort, wo nur gelegentlich Fleisch eingefroren wird, Hängegerüste aus Holz bzw. aus verzinkter Profil- oder Rohrkonstruktion, die nach Gebrauch entfernt werden, in die Räume einbauen. Liegen die Eingefrierräume für Fleisch in einem Obergeschoß, so versieht man auch die Decke des Fahrstuhlkorbes mit einigen Rohrsträngen, die Anschluß an die Transportbahnen im Erd- und Obergeschoß haben.

Abb. 181. Durchgabeluke mit Rollenbahn für einen Tiefkühlraum.

Die Karren für den Warentransport innerhalb des Kühlhauses müssen leicht beweglich, kräftig und den Kühlgutabmessungen angepaßt sein. Zur Schonung der Estriche erhalten sie Gummibereifung. Neben Karren für Gefrierfleisch von etwa 1000 kg Tragkraft und einer Plattformgröße von $1{,}6 \times 1$ m Breite benutzt man kleinere Karren für in Kisten oder Fässern verpackte Güter bis etwa 600 kg Tragkraft. Eine größere Breite der Karren bedingt zu breite Gänge zwischen den Stapeln.

Für das Hochstapeln der Kühlgüter in den Räumen dienen Stapeltische zum Absetzen der Ware oder fahrbare Gabelstapler (Abb. 180). Bewegliche, aus Einzelstücken zusammengesetzte Rollenbahnen haben sich besonders in Sonderkühlhäusern bei gleichmäßiger Benutzung des Kühlraumes für eine bestimmte Ware im Anschluß an einen Gefriervorgang oder das Auslagern nach der Rampe bewährt. Das Rollenband wird dann durch eine dem

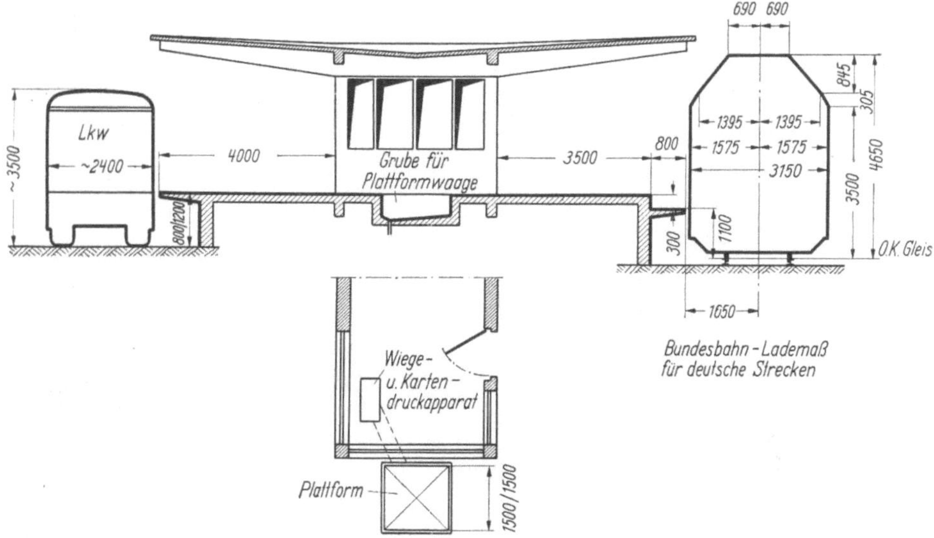

Abb. 182. Rampen für LKW und Waggontransporte mit Plattformwaage.

Warenmaß angepaßte und mit einer isolierten Luke verschließbare Wandöffnung geführt (Abb. 181). Um auch bei geöffneter Luke das Eindringen von Warmluft und Feuchtigkeit in den Kühlraum weitgehend zu vermeiden, soll ein pendelnd aufgehängter Schutzvorhang aus möglichst durchsichtigem Kunststoff oder Gummi vorgesehen werden.

Abb. 183. Waggontransport zum Kühlhaus auf Straßenroller.

Breite, überdachte Rampen, nicht unter 3,5 m Breite an den Verkehrsseiten des Kühlhauses, sind einer schnellen Abfertigung mehrerer Fahrzeuge sehr förderlich. Abb. 182 zeigt die Hauptabmessungen der Rampen für die Abfertigung von LKW bzw. von Eisenbahnwaggons; bei gleicher Höhe von Rampe und Waggonfußboden muß zum Öffnen der Waggontür die Rampenkante in der gezeigten Art ausgespart sein. Durch Einschieben von Zwischenstücken wird ein Höhenunterschied zwischen Rampe und Waggon vermieden. Bei Verlegung von Pflastergleisen ist die Anschlußseite für Eisenbahnwaggons auch für den Fahrzeugverkehr benutzbar.

Bei Kühlhäusern ohne Gleisanschluß, aber mit großem Hofplatz, ist das Heranfahren der Waggons mit Spezialfahrzeugen der Bundesbahn mit Erfolg angewandt worden. Die Waggons werden am Kühlhaus auf eine Hubbühne

Abb. 184. Überdachte Waggonrampe im Kühhaus.

gefahren und auf das Straßengleis abgesetzt und nach dem Entladen in gleicher Weise auf den Spezialwagen (Straßenroller) gehoben und mittels Schlepper abgefahren (Abb. 183).

Den besten Schutz gegen Wärme und Witterung bietet die Verlegung der Gleise in das Kühlhaus selbst; die Erdgeschoßrampe springt dann um die Breite

Abb. 185. Waggonrampen innerhalb eines Kühlhauses mit hydraulisch betätigten Brückenübergängen.

der Gleisanlage zurück (Abb. 184). Die Abb. 185 zeigt einen Ausschnitt aus der für einen großen Warenumschlag bestimmten Annahmehalle des Kühlhauses in Kapstadt, das speziell zur Vorkühlung von Obst vor dem Export nach Amerika und Europa dient. Hydraulisch versenkbare Bühnen ermöglichen ein Überfahren der Gleise in Rampenhöhe.

IV. Elektrische Installation.

Die elektrische Installation eines Kühlhauses umfaßt den Transformator, die Hoch- und Niederspannungsschaltanlage mit der Steuertafel, die Kraft- und Steuerleitungen, die Verbindungskabel für Temperatur- und Feuchtigkeits-Fernmeßeinrichtungen, einschließlich der Notrufanlage und Notbeleuchtung; ferner die Beleuchtung der Räume und Gänge einschließlich der Rampen und des Hofplatzes. Bei der Verwendung von Gabelstaplern und sonstigen Elektrofahrzeugen muß eine Batterieladestation vorhanden sein.

Die Hoch- und Niederspannungsschaltanlagen mit den Transformatoren werden möglichst in der Nähe des Maschinenhauses, des größten Stromverbrauchers angeordnet, um die Überwachung der maschinellen Einrichtungen möglichst an einem zentralen Punkt vornehmen zu können und um durch kurze Kabellängen die Anschaffungskosten und Spannungsverluste klein zu halten.

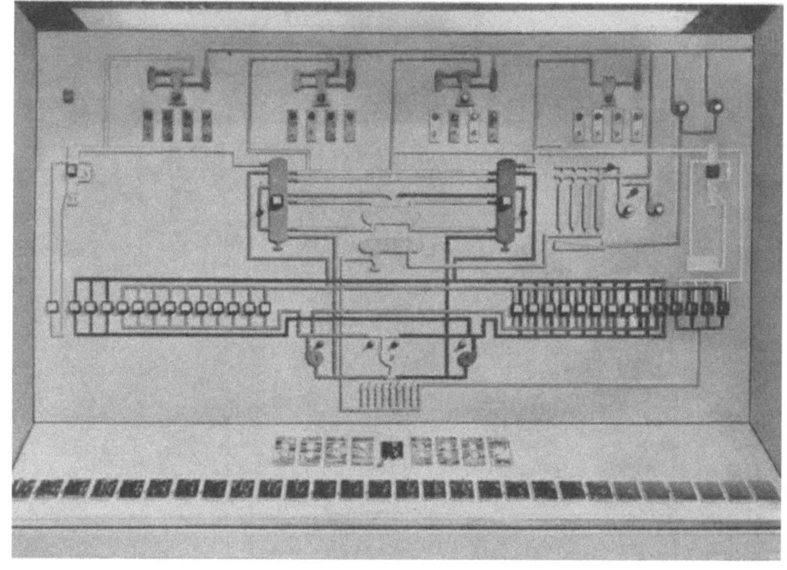

Abb. 186. Steuer- und Kontrolltafel in der Zentrale eines Kühlhauses in Lille.

Der hochspannungsseitige Anschluß an eine Ringleitung über 2 Einspeisungen bedeutet eine Reserveschaltung bei Ausfall einer Einspeisung. Außer den Zellen für die Einspeisungen sind die Zellen für den Trafoschalter des Elektrizitätswerkes, die Meßzellen, die Abgänge zu den Transformatoren und Reservezellen vorzusehen. Die Wirtschaftlichkeit der gesamten Anlage kann durch eine Blindstromkompensation erhöht werden.

Die Verwendung von Trocken- oder Clophen-Transformatoren erlaubt gegenüber dem bisher üblichen ölgekühlten Transformator eine Aufstellung innerhalb des Maschinenraumes direkt neben der Niederspannungsverteilung, außerdem entfällt der Ausbau von besonderen Ölauffanggruben.

Die Steuertafel soll in übersichtlicher, sinnfälliger Anordnung der Schalt-, Kontroll- und Meßgeräte den Betrieb und evtl. Störungen des gesamten Kühlhausbetriebes erkennen lassen (s. Abb. 186).

Nach den sicherheitstechnischen Grundsätzen für Bau, Ausrüstung und Aufstellung von Kälteanlagen, DIN 8975, muß außerhalb des Maschinenraumes ein gegen Unbefugte gesicherter Notschalter zur Außerbetriebsetzung der Kälteanlage vorhanden sein, sofern die Kälteanlage nicht unabhängig an eine außerhalb des Maschinenraumes befindliche Stromverteilung angeschlossen ist und von dort abgeschaltet werden kann. Es ist zweckmäßig, bei dem Notschalter auch einen Schalter für die Betätigung des Maschinenraumlüfters anzuordnen.

Für die Verlegung der Kabel sind im Maschinenraum abgedeckte Kanäle im Fußboden, in den Verkehrsgängen und Rohrleitungsschächten Ankerschienen zur Befestigung von Kabelbahnen vorzusehen.

Da es sich in einem Kühlhaus um Lager- und nicht um Arbeitsräume handelt, genügt eine schwächere Beleuchtung, in den meisten Fällen sind 40 bis 60 Lux ausreichend. Ein zu helles Licht ist für manche Kühl- und Gefriergüter schädlich, da hierdurch die Oxydation der Fette beschleunigt wird. Die Leuchtstofflampen haben wegen ihrer größeren Lichtausbeute bei gleichem Stromverbrauch gegenüber den Glühlampen eine weite Verbreitung gefunden. Die Lichtschalter sind bei Kühlräumen außerhalb der Räume anzubringen und mit einer Kontrolllampe zu versehen, bei sehr großen Räumen empfiehlt sich eine Serienschaltung.

Um einer versehentlich im Kühlraum eingeschlossenen Person die Möglichkeit zu geben, sich bemerkbar zu machen, ist innerhalb des Raumes in Türnähe ein beleuchteter Druckknopfschalter anzubringen. Durch diese Notrufanlage kann auf einem Tableau im Maschinenraum gleichzeitig ein optisches und akustisches Signal ausgelöst werden. Als weitere Sicherheitsmaßnahme dient eine Notbeleuchtung, die sich bei Ausfall der Hauptbeleuchtung des Kühlhauses selbsttätig einschaltet.

In besonderen Fällen empfiehlt es sich, ein Notstromaggregat aufzustellen, damit bei Ausfall des Netzstromes die Kälteversorgung aufrechterhalten werden kann.

V. Weitere Teile der Innenausstattung.

In dem Abfertigungsraum eines Kühlhauses bzw. auf der Rampe müssen in der Nähe der Aufzüge Schnellwaagen aufgestellt werden; sie sollen für den Karren- und Staplerverkehr leicht zugänglich liegen. Die Grube für die Plattformwaage ist mit einem Entwässerungsrohr zu versehen, das schon beim Schütten des Fußbodens vorzusehen ist. Eine Plattformgröße von $1{,}5 \times 1{,}5$ m und eine Wiegefähigkeit von 1500 kg sind im allgemeinen ausreichend. Zusätzliche Einrichtungen wie Wiegekarten- und Banddruckapparate erleichtern die Kontrolle über Zugänge und Abgänge.

Sofern die Stapelung nicht auf Paletten erfolgt, müssen Stapelhölzer benutzt werden, die unter den Warenstapeln und zwischen Kisten oder Fässern zur Erreichung einer guten Luftzirkulation verlegt werden. Sie müssen in verschiedenen Abmessungen in jedem Kühlhaus vorhanden sein, und es wird für sie eine beträchtliche Holzmenge benötigt, die bei der Aufstellung des Materialbedarfes nicht vergessen werden darf. Für die Stapelung von gefrorenen Schweinehälften oder Rindervierteln benutzt man Kanthölzer von 10×10 cm, die in Abständen von 1,5 m auf dem Fußboden verlegt werden. Auf 1 m² Bodenfläche rechnet man 0,65 lfm Kantholz. Für die seitliche Versteifung der Fleischstapel gegen Abrutschen benötigt man etwa 20% der auf dem Boden verlegten Holzmenge. Bei der Lagerung von Butterfässern oder Kistenwaren benutzt man Kanthölzer von $6{,}5 \times 6{,}5$ cm oder 5×10 cm flach gelegt und rechnet etwa auf 1 m² 4 Hölzer. Als Zwischenhölzer dienen Hölzer von 3×4 cm und etwa 20 cm Länge. Auch Stapeltische und Aufhängegerüste für Fleisch fallen unter diesen Holzbedarf. Die im Kühlgutverkehr verwendeten Paletten bestehen meist aus Holz, z. T. auch aus Stahlblech oder Leichtmetall. Die gebräuchlichsten Abmessungen sind

800×1000, 800×1200 und 1000×1200 mm, die Unterfahrhöhe beträgt 100 mm.[1] Im Kühlhaus sollten möglichst Paletten verwendet werden, die von 4 Seiten einfahrbar sind, da sie gleichzeitig auch eine gute Luftzirkulation ermöglichen. Für sperrige Güter, wie z. B. gefrorene ganze Fische, und Waren, bei denen die oberen Paletten nicht direkt auf die Ware der unteren Paletten abgesetzt werden können, eignen sich die als Behälter ausgebildeten Gitterboxpaletten.

Bei der Stapelung von Gefrierkonserven sind Zwischenhölzer nicht nötig, man legt vielmehr Wert auf eine dichte Stapelung, um die Austrocknungsverluste zu verringern. Für die Höhe der Stapelung ist die zulässige Deckenbelastung und, soweit nicht Gitterboxpaletten verwendet werden, die Druckfestigkeit der Verpackung maßgebend.

Sanitäre Anlagen, Toiletten, Wasch- und Umkleideräume für das im Kühlhaus beschäftigte Personal werden im Erdgeschoß bei den Abfertigungsräumen untergebracht, sofern nicht anderwärts besondere Gefolgschaftsräume vorhanden sind.

E. Wasserversorgung.

Die Beschaffung von kühlem Wasser in hinreichender Menge für die Kondensatoren der Kälteanlage gehört zu den wichtigsten, oft schwer zu lösenden Aufgaben beim Bau eines Kühlhauses. Ein Mangel an Kühlwasser oder seine zu hohe Temperatur macht sich in einem hohen Energieverbrauch der Kompressoren nachteilig bemerkbar. Es wurde schon bei der Besprechung der Wahl des Grundstückes (S. 172) auf die Wichtigkeit dieser Frage und die Möglichkeit des Baues eines eigenen Brunnens hingewiesen. Die Sicherung des Wasserrechtes sollte nicht vergessen werden. Selbst wenn die Anlagekosten eines Brunnens zuerst hoch erscheinen mögen, so machen sie sich stets durch geringere Betriebskosten bezahlt, wenn man kühles Wasser in genügender Menge erhält. Vorteilhaft ist die Anlage von 2 Brunnen, die in ihrer Wasserversorgung voneinander unabhängig sind, weil durch Verschmutzung eines Filters, einen Pumpenschaden od. dgl. die Förderleistung eines Brunnens nachlassen oder ganz ausfallen kann. Es ist deshalb auch die Anschlußmöglichkeit an das öffentliche Leitungsnetz vorzusehen; im Bedarfsfalle wird die Verbindung durch Einsetzen eines Verbindungsstückes hergestellt. Bei einer ständigen Verbindung könnte Wasser von den eigenen Pumpen in das Leitungsnetz gelangen, was aus hygienischen Gründen nicht zulässig ist.

Steht nicht genügend Kühlwasser zur Verfügung, so muß für die Kondensatoren eine wassersparende Bauart gewählt werden, welche die Verdunstungswärme des Wassers für die Kühlung des Kältemittels und seine Verflüssigung ausnutzt. Durch eine Rückkühlanlage kann der Wasserverbrauch weiter gesenkt werden. Verdunstungskondensatoren und Rückkühlwerke finden auch bei großen Anlagen eine immer weitere Verbreitung, um das an vielen Orten knapper werdende Wasser für wichtigere Verwendungszwecke zu erhalten. In Großstädten müssen außerdem die steigenden Kosten der Sielgebühren für das Abführen der Kühlwassermengen bei der Wirtschaftlichkeitsberechnung berücksichtigt werden.

Wenn das Kühlwasser einem Fluß oder stehenden Gewässer mit einer hohen Wassertemperatur im Sommer entnommen wird, muß die Kühlfläche des Kon-

[1] Siehe auch CH. SALLES, J. DALAS u. P. FOULET: Application de la palettisation intégrale dans l'entreposage frigorifique; Ber. Intern. Kältekongreß, Kopenhagen 1959, Bd. 3, S. 358.

densators entsprechend groß bemessen werden; wegen der Gefahr der Verschmutzung durch unreines Wasser ist eine leicht zu reinigende Bauart zu wählen, bei der die Rohre nicht verkrusten können. Bei Hafenkühlhäusern haben sich die leicht zu reinigenden Turmkondensatoren bewährt. Aus dem Hafenbecken können große Kühlwassermengen entnommen werden, so daß auch bei Abführung großer Wärmemengen im Sommer nur eine geringe Wassererwärmung zugelassen zu werden braucht.

Abb. 187. Montage von Turmkondensatoren an einem Hafenkühlhaus.

Grobe Verunreinigungen werden beim Ansaugen des Hafenwassers durch einen großen Saugfiltertopf ferngehalten. Die Saugrohre müssen zur Reinigung der Filter demontiert werden können, durch kräftige Reibepfähle sind sie gegen eine Beschädigung durch Wasserfahrzeuge zu schützen. Wo Schwankungen des Wasserspiegels durch Ebbe und Flut od. ä. eintreten, müssen die Kühlwasserpumpen und vor allem die Saugrohre ausreichend tief verlegt werden. Bei automatisch arbeitenden Anlagen müßten in diesem Fall selbstansaugende Pumpen verwendet werden; diese Pumpen sind aber gegen Schmutzwasser empfindlich. Bewährt hat sich die Verwendung robuster Kühlwasserpumpen in Verbindung mit Vakuumpumpen, die nur zum Ansaugen der Wassersäule eingeschaltet und automatisch abgeschaltet werden, sobald die Hauptpumpe fördert. Abb. 187 zeigt den Einbau von Turmkondensatoren in einem Hafenkühlhaus.

Abb. 188. Berieselungskondensator auf dem Dach des Maschinenhauses.

Auf den baulichen Teil des Kühl- und Maschinenhauses wirkt sich die Bauart des Kondensators insofern aus, als die wassersparenden Bauarten eine luftige und dabei gegen Sonnenbestrahlung möglichst geschützte Aufstellung verlangen. Die Aufstellung auf dem Dach des Maschinenhauses erfordert eine starke Dachkonstruktion und höhere Baukosten (s. Abb. 188); eine Aufstellung zu ebener

Erde (Abb. 189) benötigt eine nicht unerhebliche Grundfläche des u. U. wertvollen Baugeländes. Auch die heute mehr verwendeten Verdunstungskondensatoren und Rückkühlanlagen werden zuweilen auf dem Dach angelegt; so findet man in Amerika selbst die Wasserbecken mit Zerstäubungsdüsen auf den

Abb. 189. Berieselungskondensator ebenerdig neben dem Maschinenhaus.

Dächern von Kühlhäusern, besonders dort, wo zu ebener Erde nicht genügend Platz vorhanden ist.

Bei geschlossenen Kondensatorbauarten können die ablaufenden Kühlwassermengen zu Spülzwecken verwendet werden, z. B. in Schlachthofanlagen; es müssen hierbei entsprechende Auffangbehälter vorgesehen werden. Die Ausnutzung der Wärme des ablaufenden Kühlwassers hat bei Kühlhausanlagen im wesentlichen nur dort eine größere Bedeutung, wo Kälte- und Wärmebedarf etwa zu gleicher Zeit auftreten.

F. Maschinenhaus.

Die maschinelle Anlage für die Kälteerzeugung kann entweder im Kühlhaus selbst oder in einem besonderen Bauwerk untergebracht werden. Welche Anordnung vorzuziehen ist, hängt von den jeweiligen Verhältnissen ab und muß von Fall zu Fall entschieden werden. Die Vorteile eines Sonderbaues für die Maschinen sind die Einsparung von hochwertigem Raum im Kühlhaus, der sich für Lagerzwecke verwenden läßt, die zweckmäßige Gestaltungsmöglichkeit bezüglich Raumhöhe, Aufstellung von Kondensatoren auf dem Dach und Anordnung weiterer Maschinen für den Fall einer Kühlhauserweiterung, geschlossene Zusammenfassung von Maschinenraum, elektrischer Hoch- und Niederspannungsanlage, Werkstatt und Nebenräume in einem Gebäude.

Ein angegliedertes Maschinenhaus steht mit dem Kühlhaus durch einen Rohrkanal in Verbindung, bei dessen Bemessung eine etwaige spätere Kühlhauserweiterung zu berücksichtigen ist. Soll eine solche nicht durch Aufstockung, sondern durch einen Anbau geschehen, so ist das Maschinenhaus so anzulegen, daß sich auch für den Erweiterungsbau eine günstige Rohrleitungsführung ergibt. Es hat sich dafür eine abseitige Lage des Maschinenhauses bewährt. Beide Kühlhäuser stehen dann durch Rohrkanäle mit dem Maschinenhaus in Verbindung. Der Rohr- und Kabelkanal (Abb. 190) muß begehbar und trocken sein, was durch eine gute Belüftung und evtl. Anwärmung erreichbar ist. Seine Abmessungen richten sich nach der Zahl der verlegten Rohrleitungen und Kabel, die wieder von der Größe des Kühlhauses und der Art der Kühlung, ob Sole oder direkte Verdampfung, abhängt. Die Kühlungsart ist auch für die Ausmaße des Maschinenhauses maßgebend; bei Solekühlung ist wegen der Unterbringung der Solekühler und Solepumpen mehr Raum als bei direkter Verdampfung erforderlich. Die Wasserverhältnisse beeinflussen insofern die Bauart des Maschinenhauses, als die Aufstellung eines Berieselungs- oder Verdunstungskondensators auf dem Dach zu einer starken Dachkonstruktion zwingt. Die Wasserschale kann in diesem Fall aus wasserdichtem Beton ausgeführt werden.

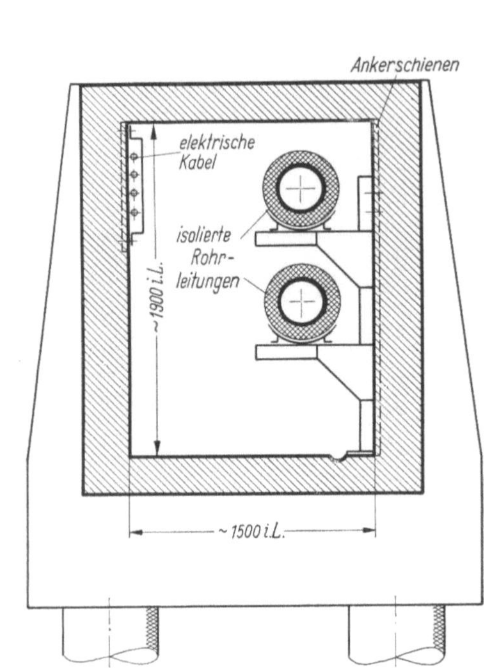

Abb. 190. Rohrleitungs- und Kabelkanal zwischen Maschinenhaus und Kühlhaus.

In dem Hauptraum des Maschinenhauses werden die Kompressoren mit ihren Antriebsmotoren aufgestellt (s. Abb. 191). Der Raum soll möglichst hell, geräumig und luftig sein und 2 Ausgänge, davon einen ins Freie besitzen. Ein

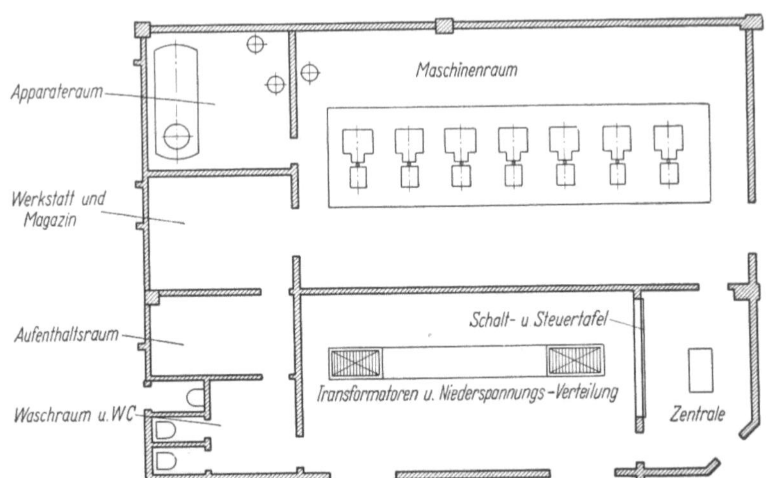

Abb. 191. Anordnung eines Maschinenraumes mit Nebenräumen.

eingebauter Laufkran mit einer für die schwersten Einzelteile bemessenen Tragkraft — es genügen heute meist 1,5 bis 2 t — dessen Laufbahn auf Wandkonsolen ruht, oder ein Deckenträger über den Maschinen für die Anbringung eines Demag-[1] oder Flaschenzuges sind für Montagezwecke erwünscht. Die Kälte-

[1] Elektrozug der Demag AG., Duisburg.

mittelsammler und Abscheider sollen möglichst in einem besonderen Raum untergebracht werden, damit bei evtl. Undichtigkeiten Störung und Belästigung durch gasdichte Türen auf die Ursprungstelle beschränkt werden können.

Die Fundamentierung der Kompressoren ist, nach Angaben der Hersteller der Maschinen, bis auf festen Baugrund zu führen. Diese Forderung ist nicht in allen Fällen zu erfüllen; sofern es sich um eine ebenerdige Aufstellung schwerer Kolbenkompressoren handelt, hat sich die Gründung auf einer gemeinsamen, armierten Betonplatte, die gegenüber den Gebäudefundamenten isoliert aufgestellt wurde, bewährt. Die Aufstellung von Kolbenkompressoren in einem Obergeschoß auf Betondecken ist auch in vielen Fällen durchgeführt, bedingt aber eine genaue Überprüfung (Abb. 192).

Bei Solekühlung ist eine Unterkellerung des Maschinenraumes für die Aufstellung der Solepumpen und Ölabscheider angebracht. Auch die Solekühler

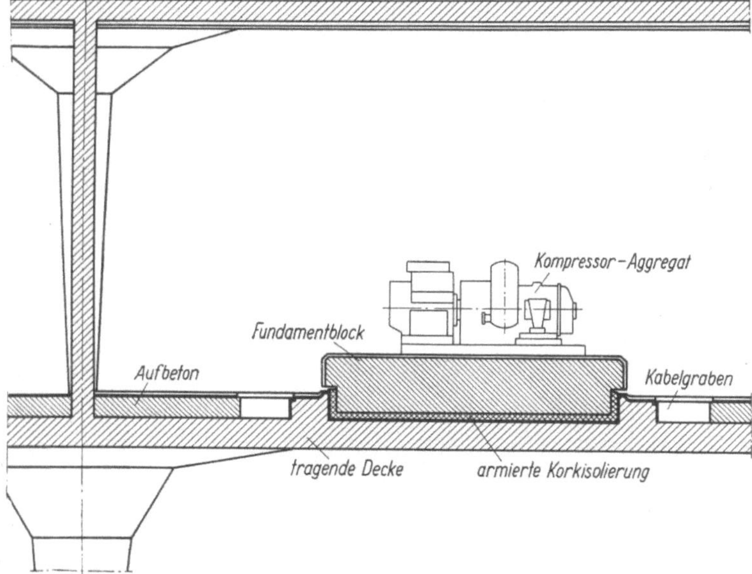

Abb. 192. Kompressorfundament auf einer Zwischendecke.

finden im Keller Aufstellung; um für den Ausbau der Verdampferschlangen eine genügende Raumhöhe zu gewinnen, muß u. U. die Kellerdecke über den Solekühlern ausgespart sein. Die Anbringung von Rohrleitungen und Kabeln an der Kellerdecke und im Rohrkanal wird durch in die Decke oder die Wände eingelassene Ankerschienen sehr erleichtert.

Bei Kühlung mit direkter Verdampfung erübrigt sich wegen Fortfalls der Nebenapparate oft eine Unterkellerung des Maschinenhauses. Rohrleitungen und Kabel können dann in abgedeckten Fußbodenkanälen verlegt werden.

Ein geschlossener Kondensator wird zweckmäßig in einem Raum neben dem Maschinenraum untergebracht, weil eine Reinigung des Apparates mit viel Nässe verbunden ist; es ist dann zweckmäßig, diesen Fußboden mit einem Gefälle und Abflußrohr zu versehen und die Wände mit Fliesen zu bekleiden.

Besonderer Wert ist im Maschinenraum auf Sauberkeit zu legen, deshalb sollen die Wände und Fundamentsockel und der Fußboden gefliest werden. Die Schalttafeln müssen sich in Ausführung und Gestaltung harmonisch in das Gesamtbild einfügen.

Außer diesen reinen Maschinenräumen sind im Maschinenhaus einige für die Aufrechterhaltung des Betriebes notwendige Nebenräume unterzubringen. Es sind dies:

Ein Raum für den Maschinenmeister, etwa 10 bis 15 m^2 groß, von dem aus der Maschinenraum überblickt werden kann.

Ein Umkleideraum für das Maschinenpersonal mit Waschgelegenheit und Toiletten.

Ein Materiallager für Ersatzteile der Maschinen und für Werkzeug.

Ein Geräteraum für Ammoniakflaschen und sonstiges Zubehör.

Eine Werkstatt mit einer Werkbank und evtl. Werkzeugmaschinen für die Vornahme kleiner Reparaturen. Bei Großkühlhäusern und Betrieben mit einem eigenen Fuhrpark lohnt sich der Bau einer größeren Werkstatt in Angliederung an das Maschinenhaus.

Ein Salzlager, wenn Solekühlung oder Eiserzeugung vorhanden sind, das bei Verwendung von Kochsalz unter zollamtlicher Kontrolle steht. Sofern für den Kühlhausbetrieb hochwertige Solen im offenen Kreislauf vorhanden sind, die leicht verwässern und eine laufende Verstärkung notwendig machen, sollte eine Einrichtung vorgesehen werden, die mittels Verdampfung unter Vakuum oder durch Verdunstung den Wasserüberschuß der Sole entzieht.

Wohnungen im Maschinenhaus für den Maschinen- und Lagermeister werden vielfach von der Gewerbepolizei nicht zugelassen. Die Wohnungen werden deshalb besser im Obergeschoß eines besonderen Gebäudes eingebaut, in dessen Erdgeschoß Büroräume und andere Nebenräume untergebracht werden können.

Kälteanlagen in Schlachthöfen.

Von

Dipl.-Ing. **A. Dauser**
Rodenkirchen/Rh.

Mit 41 Abbildungen.

A. Allgemeines.[1]

Schlachthöfe sind Betriebsstätten, in denen Vieh aller Art geschlachtet wird, um das Fleisch dieser Tiere, das in der menschlichen Ernährung eine ausschlaggebende Rolle spielt, in möglichst einwandfreier Beschaffenheit dem Verbrauch zuführen zu können. Die Errichtung und Verwaltung dieser Betriebsstätten erfolgt in der Regel durch die öffentliche Hand, z. B. durch die Stadtgemeinde, die sie gegen ein bestimmtes Entgeld den ortsansässigen Metzgern zur Benutzung überläßt. Bedenkt man, daß schon in einer Großstadt von einigen 100000 Einwohnern unter anderem allwöchentlich mehrere tausend Schweine sowie einige hundert Rinder und Schafe geschlachtet werden, so ergibt sich aus diesen Ziffern die Notwendigkeit, die Schlachtung der Tiere nicht etwa nach irgendwelchen zufälligen Gewohnheiten und Gebräuchen vorzunehmen, sondern ein System in den Ablauf dieser letzten Endes unvermeidlichen Verrichtungen zu bringen. Ein solches hat sich auch, bedingt durch eine Reihe von Erkenntnissen und Erwägungen, im Laufe der Zeit herausgebildet und bestimmt heute, abgesehen von geringfügigen Abweichungen, in allen Schlachthöfen den Betriebsablauf. Zu den wichtigsten Erkenntnissen auf diesem Gebiete gehören die Tatsachen, daß das Fleisch von Schlachttieren Krankheitskeime enthalten kann, die beim Genuß auf den Menschen übertragen werden können und daß das Fleisch nach Schlachtung einen bestens geeigneten Nährboden für verschiedene Kleinlebewesen abgibt, die es unweigerlich befallen und zersetzen, wenn dagegen keine besonderen Maßnahmen ergriffen werden. Eine Erwägung schließlich, die den Anlaß dazu gab, Schlachtungen von einem gewissen Umfang an zu überwachen und in geregelter Form durchzuführen, zielt darauf ab, dem Tier, das sein Leben für die Ernährung des Menschen hergeben muß, jede auch unbeabsichtigte Quälerei und vermeidbare Todesangst zu ersparen oder wenigstens soweit wie möglich abzukürzen. Diese Umstände haben dazu geführt, daß die Schlachtungen von Vieh für die menschliche Ernährung, die ursprünglich dem Metzgergewerbe ohne jede Einschränkung überlassen waren, unter behördliche Aufsicht gestellt wurden und mit Ausnahme der meldepflichtigen und ebenfalls unter Kontrolle gestellten Hausschlachtungen in ländlicher Gegend nur in den zu diesem Zweck ein-

[1] Es wird auf den Abschnitt „Fleisch“ in Bd. X dieses Handbuches, S. 127—207 hingewiesen.

gerichteten Schlachthöfen vorgenommen werden dürfen (Schlachthofzwang). Damit ist man auch in der Lage, den Schlachthofbetrieb sowohl den gesundheitspolizeilichen Vorschriften, aber auch dem jeweiligen Stand der technischen Entwicklung besser anzupassen, als dies bei Einzelschlachtungen in den verschiedenen Metzgereien möglich wäre. Daß im Zuge dieser Entwicklung die Handarbeit immer mehr durch die Maschine verdrängt wurde, ist selbstverständlich. Unter den maschinellen Einrichtungen, die ein derartiger Betrieb heute nicht mehr entbehren kann, steht in den Schlachthöfen jene zur Kälteerzeugung mit an erster Stelle. Denn nach den derzeitigen Erkenntnissen ist es nur durch eine sofort nach der Schlachtung einsetzende Temperaturabsenkung möglich, die vorhin erwähnte Zersetzung des schlachtwarmen Fleisches so lange aufzuhalten, bis es zum menschlichen Genuß zur Verfügung gestellt werden kann. Die Planung und Errichtung einer solchen Schlachthofkühlanlage muß sich dem Arbeitsablauf des Gesamtbetriebes anpassen und hat zum Unterschied von Kälteerzeugungseinrichtungen für andere Zwecke zu bestimmten Ausführungsformen geführt, die im folgenden näher behandelt werden sollen. Dabei soll zum besseren Verständnis erst der gesamte Arbeitsablauf im Schlachthof kurz geschildert werden. Hierauf soll auf die üblichen Bauformen der Schlachthöfe und schließlich auf die beim Entwurf einer Schlachthofkühlanlage zu beachtenden Gesichtspunkte sowie auf die einzelnen Bestandteile einer solchen Anlage näher eingegangen werden.

B. Der Arbeitsablauf im Schlachthof.

Die Aufzucht des Schlachtviehs erfolgt zum Teil in den im Umkreis des Schlachthofes liegenden ländlichen Bezirken, teils wird das Vieh aus weiter abliegenden Überschußgebieten herangebracht. Die Viehzüchter übergeben zu diesem Zwecke das Schlachtvieh den Viehagenten, die es mittels LKW oder per Bahn auf die den Schlachthöfen vielfach angeschlossenen Schlachtviehmärkte bringen und dort als Treuhänder des Produzenten an die Metzger verkaufen. In den Schlachthöfen der Bundesrepublik, auf die hier vorwiegend Bezug genommen wird, erfolgt dieser Transport fast ausschließlich zum Wochenende, so daß gewöhnlich an dem darauffolgenden Montag Schlachtviehmarkt und Hauptschlachttag ist. Wenn auch, besonders in den größeren Städten, noch dienstags geschlachtet wird, so ersieht man schon an der Einrichtung dieser periodischen Schlachtviehmärkte, daß der Schlachthofbetrieb ein Stoßbetrieb mit der Hauptbelastung zu Beginn jeder Woche ist. Ein großer Teil der Schlachthofeinrichtung wird daher nur an etwa 2 von 6 Werktagen voll ausgenützt, so daß der Betrieb als Ganzes gesehen und z. B. verglichen mit einem nach wirtschaftlichen Grundsätzen geführten Industrieunternehmen als wenig rentabel bezeichnet werden muß. Der Verkauf der Tiere findet also am Markttag in den meist auf dem Schlachthofgrundstück errichteten Rinder- und Schweinemarkthallen statt, die eine entsprechend große Zahl von Ställchen oder Buchten und Standplätzen mit Futtereinrichtungen für das Groß- und Kleinvieh enthalten. Durch ein zweckmäßig angelegtes Netz von Besichtigungsgängen ist den Interessenten Gelegenheit geboten, vor dem Kauf eine ihnen zusagende Auswahl zu treffen. Anschließend an die Übereignung der Ware von den Viehagenten an die Metzger werden die Tiere der Reihe nach in die Schlachthallen getrieben. Das Großvieh wird mit dem Bolzenschußapparat getötet, hierauf entblutet, enthäutet und nach Abtrennen des Kopfes und der Unterbeine auf ein Transportgeleise hochgezogen, auf dem es im schwebenden Zustand ausgeweidet, in 2 Hälften geteilt und zur vorgeschriebenen tierärztlichen Untersuchung weitergeschoben wird. Unter dem Kleinvieh, zu dem man Schweine, Kälber und Schafe zählt, stehen die Schweine zahlenmäßig an erster Stelle. Sie werden heute fast ausschließlich elektrisch betäubt, nach der älteren Methode am Boden liegend, nach neueren Verfahren sofort hochgezogen und hängend entblutet. Um die Borsten von der Tierhaut abschaben zu können, kommen die Tierkörper hierauf in einen mit Heißwasser gefüllten Brühbottich. Es folgt nun das vielfach maschinell vorgenommene Enthaaren, das Ausweiden, Zerteilen der Tierkörper in 2 Hälften und die tierärztliche Untersuchung. Bei dieser hängen die beiden Schweinehälften an einem Doppelhaken, der gleitend oder rollend auf einer meistens aus Rohren bestehenden Niederbahn leicht verschoben werden kann. Die beim Ausweiden anfallenden inneren Organe erfahren eine unterschiedliche Behandlung, je nachdem, ob sie vorzugsweise für Genußzwecke in Frage kommen (Leber, Niere, Lunge u. dgl.) oder

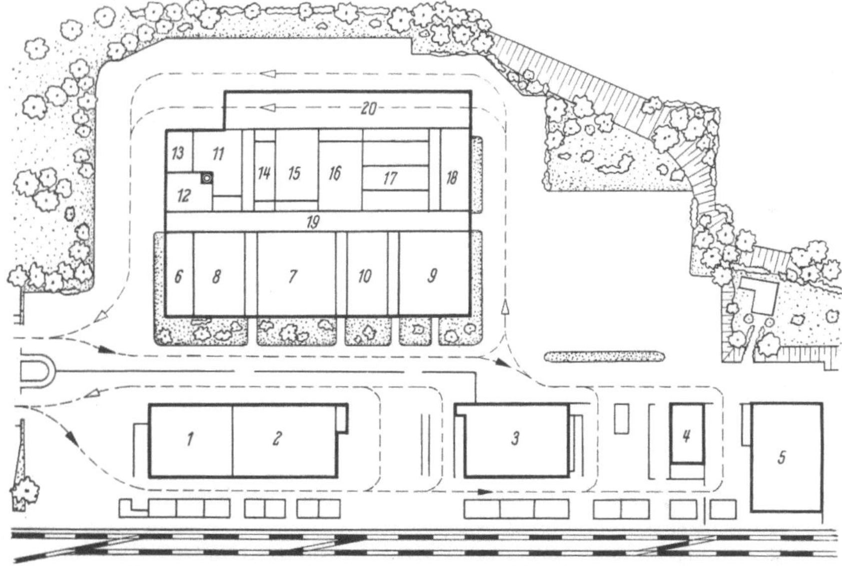

Abb. 193. Gebäudeeinteilung eines neueren Schlachthofes (Pforzheim).
1 Kälbermarkthalle, *2* Schweinemarkthalle, *3* Großviehmarkthalle, *4* Überstandsstall, *5* Sanitätsschlachthalle, *6* Verwaltung, *7* Kleinviehschlachthalle (kombiniert), *8* Kleinviehkaldaunenwäsche, *9* Großviehschlachthalle, *10* Großviehkaldaunenwäsche, *11* Fleischmarkt, *12* Maschinenraum, *13* Kesselhaus, *14* Gefrierraum, *15* Kleinviehschnellabkühlraum, *16* Zellenkühlraum, *17* Großviehschnellabkühlraum, *18* Garderobe, *19* Verbindungshalle, *20* Abholhalle.

ob dies nur in beschränktem Umfang bzw. gar nicht der Fall ist (Magen, Därme usw.). Die ersteren wandern, sobald die einwandfreie Beschaffenheit des Schlachttieres feststeht, in der Regel sofort in die Ladengeschäfte, die letzteren werden wegen ihres infektiösen Inhaltes abgesondert, in eigenen Betriebsräumen des Schlachthofes gereinigt (Kaldaunenwäsche) und für Metzgerzwecke, z. B. die Därme für die Wurstherstellung, weiter verwendet. Bei Kälbern wird die Schlachtung ähnlich wie bei Rindern vorgenommen, ein wesentlicher Unterschied besteht allerdings noch in einzelnen Schlachthöfen darin, daß die Tierkörper nicht geteilt und nicht enthäutet werden. Man will damit das Austrocknen des weniger festen Kalbfleisches verhindern. Schafe werden dagegen immer enthäutet und nach der Untersuchung durch den Tierarzt auf der Rohrbahn gleitend in die Kühlräume weiterbefördert. Die zahlenmäßig stark zurückgegangene Schlachtung von Pferden unterscheidet sich nicht wesentlich von jener des Großviehs, soll jedoch grundsätzlich in besonderen Schlachthallen vorgenommen werden. Bei neueren Planungen wird jedenfalls besonderer Wert darauf gelegt, daß die aus den Ställen zur Schlachtung getriebenen, äußerlich mit Schmutz behafteten Tiere den Transportweg der bereits enthäuteten Fleischstücke und der sonstigen für den menschlichen Genuß bestimmten Schlachtprodukte nicht kreuzen, mit diesen also auf keinen Fall mehr in Berührung kommen. Man will daher, nach einer oft gebrauchten Bezeichnungsweise, die „reine" von der „unreinen" Seite des Schlachthofbetriebes trennen. Es ist also auch vielfach unerwünscht, die geschlachteten Kälber, wie vorhin erwähnt, im Fell zu belassen, wovon aber der Fleischhandel aus dem ebenfalls genannten Grunde nicht gern abgeht. Erwähnt sei noch, daß seuchenkranke oder verdächtige Tiere getrennt von den gesunden Tieren in dem für sich abgeschlossenen Seuchen- oder Sanitätsschlachthof geschlachtet und dann ihrer weiteren Zweckbestimmung zugeführt werden müssen. Auf die Behandlung von finnigem Fleisch wird noch weiter unten näher eingegangen. Aus vorstehendem ersieht man jedenfalls, daß alle Schlachtprodukte in der Form von Rinder- oder Schweinehälften, enthäuteten oder im Fell belassenen Kälbern sowie Schafen an den Doppelhaken und z. T. auch an Mehrfachhaken einer Hoch- oder Niederbahn hängend die Schlachträume verlassen. Sie werden hierauf teils unmittelbar in die Ladengeschäfte der Metzger gebracht, teils machen sie einen in den eigens dafür eingerichteten Räumen des Schlachthofes vorgesehenen Abkühlungs- und Kaltlagerungsprozeß durch, für dessen Abwicklung fast alle neuzeitlichen Schlachthöfe mit Kühlanlagen ausgestattet wurden. Abb. 193 veranschaulicht die Gebäudeeinteilung eines in den letzten Jahren errichteten deutschen Schlacht- und Viehhofes, für die natürlich, je nach den örtlichen Gegebenheiten, noch verschiedene Varianten möglich sind.

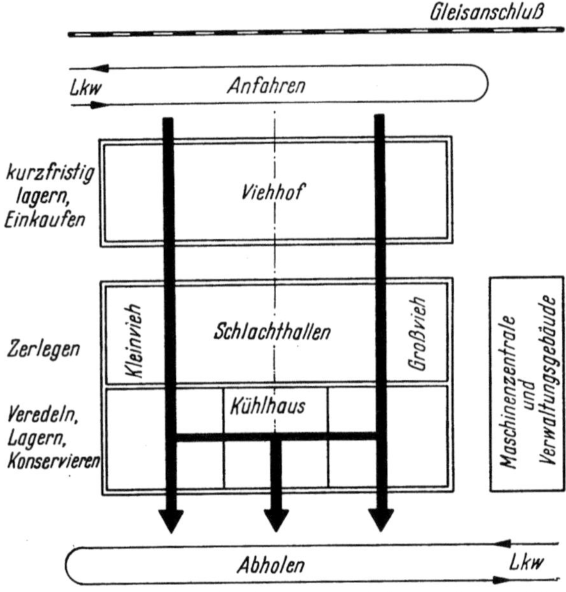

Abb. 194. Materialfluß in einem neuzeitlichen Schlachthof [9].

Grundsätzlich soll der Materialfluß etwa nach dem Schema der Abb. 194 erfolgen, um einen reibungslosen Ablauf der einzelnen Arbeitsvorgänge im Schlachthofbetrieb sicherzustellen [9].

C. Das Kühlverfahren und die Kühlräume.

Das in Deutschland etwa bis Kriegsende übliche Verfahren, nach dem die Abkühlung und Kaltlagerung der aus den Schlachthallen kommenden Tierkörper vorgenommen wurde, begann damit, daß man diese erst mit Außenluft von der Blutwärme um einige Grade herunterkühlte. Viele Schlachthöfe waren ja in der Weise angelegt, daß die Schlachthallen von den Kühlräumen durch eine sog. Verbindungshalle getrennt waren, die schon durch ihre architektonische Gestaltung und durch ihre Weiträumigkeit als Hauptachse des Schlachthofes in Erscheinung trat und dementsprechend auch als Hauptverkehrsstraße für die

Transportfahrzeuge der Metzger diente. Es lag daher nahe, die auf den Transportbahnen aus den Schlachthallen in der Richtung auf die Kühlräume zu rollenden Tierkörper eine Zeitlang in der Verbindungshalle zur ersten Vorkühlung hängen zu lassen, wozu sich der in dieser beiderseits offenen Halle meist vorhandene Luftzug als geeignetes Kühlmittel anbot (Abb. 195). Von hier aus wurden die Tierkörper, soweit sie nicht unmittelbar zum Abtransport verladen wurden, in eine Vorkühlhalle geschoben, in der sich das Transportgeleise in viele einzelne Zweige verteilte, an denen die Fleischstücke, deren Einbringtemperatur je nach

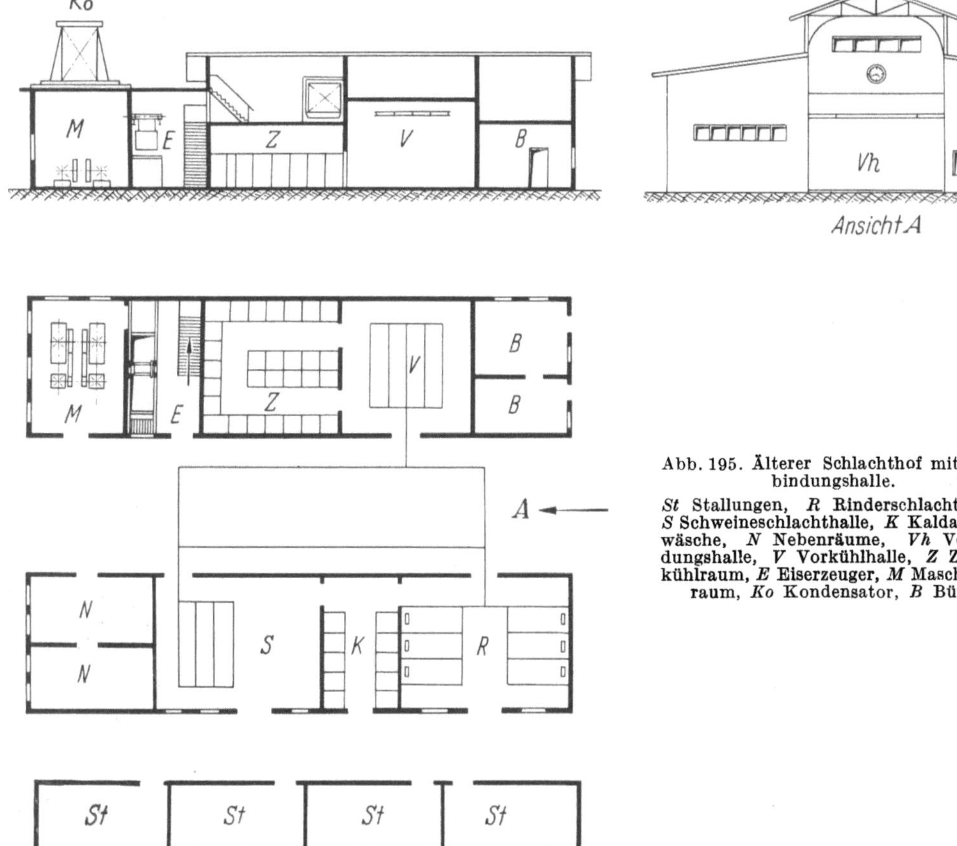

Abb. 195. Älterer Schlachthof mit Verbindungshalle.
St Stallungen, *R* Rinderschlachthalle, *S* Schweineschlachthalle, *K* Kaldaunenwäsche, *N* Nebenräume, *Vh* Verbindungshalle, *V* Vorkühlhalle, *Z* Zellenkühlraum, *E* Eiserzeuger, *M* Maschinenraum, *Ko* Kondensator, *B* Büro.

der Jahreszeit bei 20 bis 25 ° gelegen haben mag, etwa 24 Std. hängen blieben (Abb. 196). Je nach der Größe des Schlachthofes gab es nur eine einzige oder getrennte Vorkühlhallen für Groß- und Kleinvieh, immer aber wurden die Tierkörper in für alle Metzger der Stadt oder des Umkreises gemeinsamen Vorkühlräumen zur weiteren Abkühlung untergebracht. Die Kühlung erfolgte durch zirkulierende Kaltluft, die in einem außerhalb des Vorkühlraumes, etwa in einem Nebenraum oder im Dachgeschoß untergebrachten Luftkühler abgekühlt, entfeuchtet und durch ein unter der Decke des Vorkühlraumes hängendes Netz von Luftkanälen aus Holz gleichmäßig über das Kühlgut verteilt wurde. Nach dieser zweiten schon unter die Umgebungstemperatur erfolgten Vorkühlung wurden die größeren Tierhälften, also besonders die Rinderhälften, in zwei weitere Hälften unterteilt (geviertelt). Zu diesem Zwecke befand sich über dem ganzen Netz von

Transportgeleisen der Vorkühlhalle ein weiteres Netz von Hochbahnschienen, auf welchen die zum Abhängen der großen Tierkörper erforderlichen Laufkatzen verschoben werden konnten (Abb. 197).

Die nun schon leicht transportfähigen Stücke im Einzelgewicht von höchstens 75 kg wurden nun von den Metzgern teilweise direkt in ihre Ladengeschäfte transportiert, der größere Teil der vorgekühlten Ware gelangte jedoch in den Zellen- oder Hauptkühlraum. In diesem befand sich eine den örtlichen Verhältnissen angepaßte Zahl luftdurchlässiger Kabinen (Zellen), die an die einzelnen Metzger vermietet wurden und zur abschließenden Kühlung des vorgekühlten Fleisches auf etwa 2 bis 4 °C Innentemperatur bestimmt waren. Dementsprechend

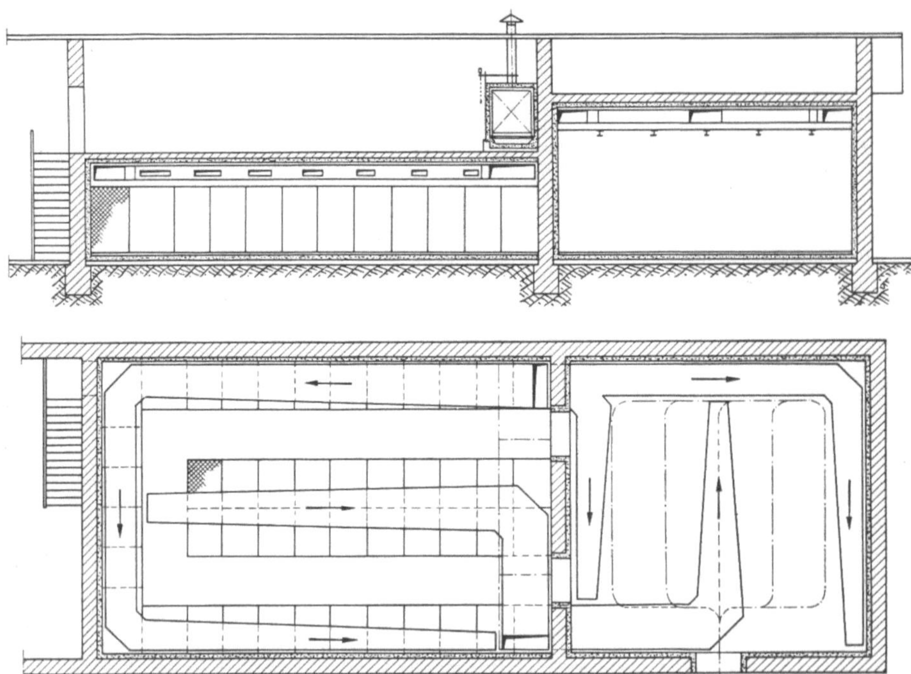

Abb. 196. Vorkühlhalle und Zellenraum eines älteren Schlachthofes.

blieben die Fleischstücke von dem einem Schlachttag folgenden Tag z. T. bis zum Wochenende, z. T. auch eine weitere Woche lang hängen. Auch in diesem Haupt- oder Zellenkühlraum erfolgte die Kühlung für gewöhnlich mittels zirkulierender Kaltluft, die entweder von dem Luftkühler des Vorkühlraumes, mitunter aber auch von einem besonderen Luftkühler entfeuchtet, abgekühlt und wie bei den Vorkühlräumen in Umlauf versetzt und verteilt wurde. Die Verwendung eines gemeinsamen Luftkühlers für den Vorkühl- und den Zellenkühlraum entsprach der Erwägung, daß diese beiden Räume ihren größten Kältebedarf niemals gleichzeitig, sondern in aufeinanderfolgenden Zeitabschnitten hatten (Abb. 196).

Ein weiterer Kühlraum von allerdings etwas untergeordneter Bedeutung, der in fast allen Schlachthöfen eingerichtet wurde, ist der Pökelraum. Er wurde entweder auch in einzelne aus Gitterstäben angefertigte, luftdurchlässige Kabinen unterteilt, oder er enthielt eine Reihe von gemauerten Behältern, in welche man die Fleischstücke übereinanderlegte und schichtenweise mit Salz bestreute. Das letztere löste sich im Zellsaft, wirkte dadurch wasserentziehend und somit konservierend auf das derart für längere Zeit eingelagerte Gut. Pökelräume wurden für gewöhnlich mittels unter der Decke der betreffenden Räume angeordneter Kühlkörper aus Rippenrohren auf +8 bis +10 °C gehalten, wozu man

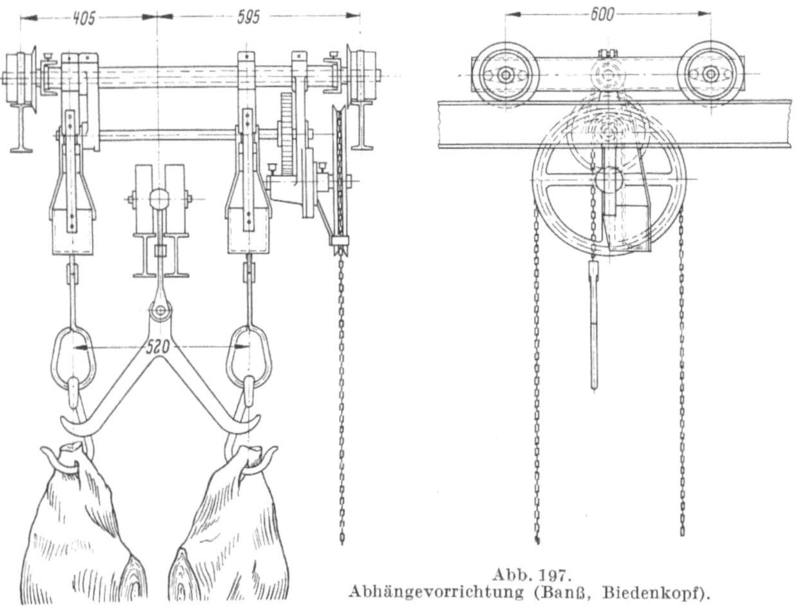

Abb. 197. Abhängevorrichtung (Banß, Biedenkopf).

aus dem Luftkanalsystem der benachbarten Vor- oder Zellenkühlräume etwas zusätzliche Luft einblies (Abb. 198). Eine Vermischung der feuchten, mit dem typischen Pökelgeruch behafteten Luft des Pökelraumes und der durch die übrigen Kühlräume zirkulierenden Luft wurde soweit wie möglich vermieden.

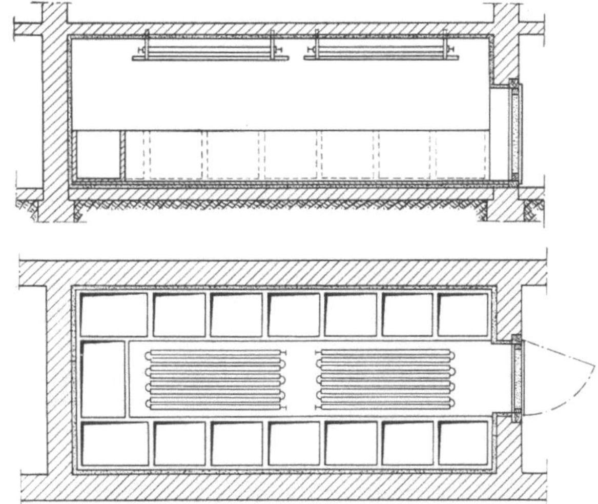

Abb. 198. Pökelraum eines Schlachthofes.

Als letzte Klasse von typischen Kühlräumen, die in den meisten mittelgroßen und größeren Schlachthöfen anzutreffen sind, sei der Gefrierraum für finniges Fleisch erwähnt. Finnen sind Parasiten im Fleisch einzelner Schlachttiere; sie stellen ein Entwicklungsstadium des Bandwurmes dar. Im Magen und Darm des Menschen, der solches Fleisch genießt, entwickelt sich der bekannte Bandwurm. Aus dem Verdauungstrakt des Wirtes können abgestoßene mit Eiern gefüllte Glieder mit Wasser, Pflanzenfutter u. dgl. in den Tiermagen geraten, von wo die aus den Eiern ausschlüpfenden Larven in den Tierkörper wandern und sich dort zu Finnen entwickeln. Finniges Fleisch, welches als solches bei der tierärztlichen Untersuchung erkannt wird, kann vollkommen unschädlich und für den menschlichen Genuß geeignet gemacht werden, wenn es mindestens 24 Std. auf einer Temperatur von -3 °C im Kern gehalten wird. Nun ist der Anfall von finnigen Rindern, die in erster Linie in Betracht kommen, in Deutschland nicht mehr sehr groß. Er kann unter mittleren Verhältnissen auf etwa 3% der geschlachteten Rinder geschätzt werden. Es genügt daher, die Gefrierräume für finniges Fleisch mit Grundflächen zwischen 6 bis 25 m² anzulegen. Man verlegt die Kühlkörper aus glatten Rohrschlangen mit einer Oberflächentemperatur von etwa -25 °C meistens an einer oder mehreren Innenwänden eines solchen Gefrierraumes und sorgt durch eine angemessene Luftbewegung innerhalb des Raumes für eine beschleunigte Abkühlung der Tierkörper (Abbildung 199).

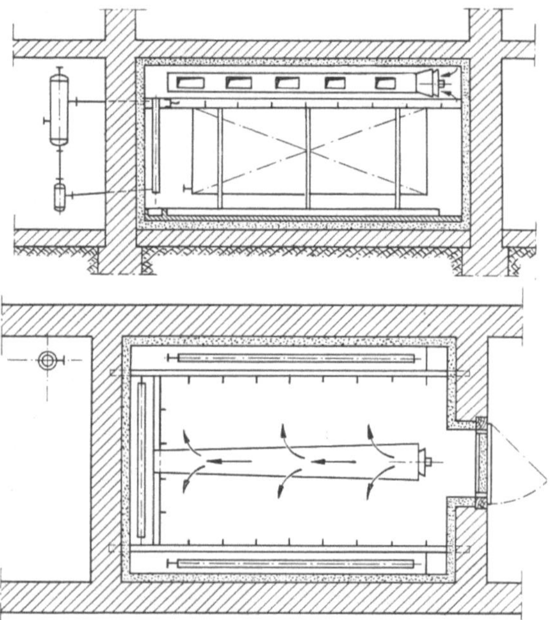

Abb. 199. Gefrierraum für finniges Fleisch.

Anlagen, die nach dem vorbeschriebenen Kühlverfahren arbeiten, waren etwa bis 1945 in Deutschland die Regel. Nachdem man mehr als 60 Jahre lang keine grundsätzlichen Änderungen im Aufbau der üblichen Schlachthofkühlanlagen vorgenommen hatte, begann man, angeregt durch Überlegungen, die zuerst von TAMM[1] angestellt wurden, neue Wege für die Kältebehandlung frisch geschlachteten Fleisches zu beschreiten. Eine Versuchsanlage im Schlachthof Berlin hatte gezeigt, daß die stufenweise und zeitlich stark in die Länge gezogene Abkühlung des Schlachtgutes sowohl die Gefahr einer Oberflächeninfektion aus der mitunter durchaus nicht einwandfreien Umgebungsluft vergrößerte und außerdem Anlaß zu Gewichtseinbußen durch eine viel zu weitgehende Verdunstung des Wassergehaltes im Fleisch gab. Bei Schlachthofkühlanlagen, die etwa seit dem vorgenannten Zeitpunkt neu erstellt, oder bei älteren Anlagen, die erweitert oder umgebaut werden, hat man daher folgende Richtlinien soweit wie möglich eingehalten:

1. Das Schlachtgut, welches, wie vorerwähnt, auf Hoch- oder Niederbahngeleisen rollend aus den Schlachthallen ankommt, wird ohne Aufenthalt in der Verbindungshalle sofort in die Kühlräume befördert.

2. In den letzteren wird das Fleisch in einem einzigen Abkühlvorgang von Blutwärme auf etwa $+4$ °C im Kern heruntergekühlt. Hierfür benötigt man bei Rinderhälften etwa 20, bei Schweinehälften etwa 14 Std. Mit Rücksicht auf den gegenüber der alten Kühlmethode beschleunigten Abkühlvorgang nennt man die dabei benutzten Betriebsräume „Schnellkühlräume"

3. Der vorgenannte Effekt wird außer durch eine entsprechend gesteigerte stündliche Kälteleistung der Kühlanlage durch eine erhöhte Luftgeschwindigkeit in den Kühlräumen bei möglichst hoher Luftfeuchtigkeit erzielt.

[1] Siehe die Literaturangaben auf S. 262.

Man stellt zu diesem Zweck die Luftkühler unmittelbar in die Kühlräume, stattet sie mit verhältnismäßig großen Kühlflächen aus Rippen- oder Flossen-

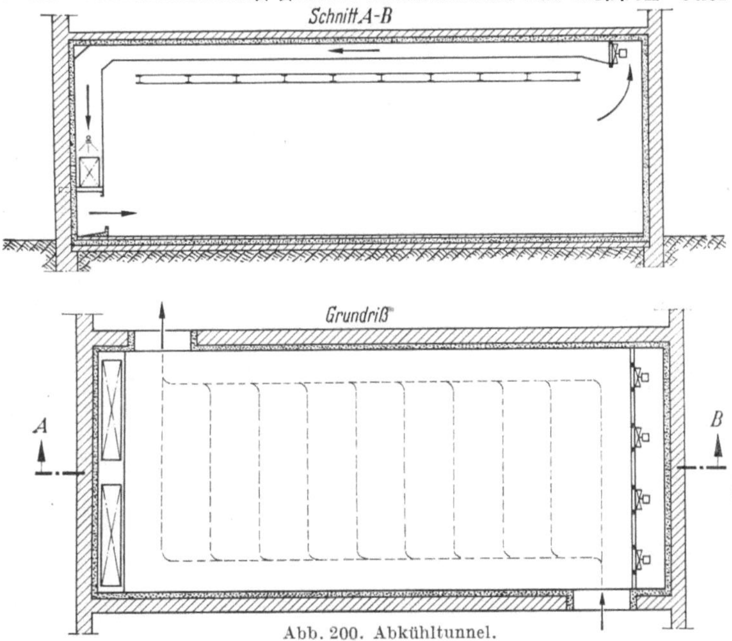

Abb. 200. Abkühltunnel.

rohren aus und läßt die Kaltluft auf kürzestem Weg auf die zu kühlenden Fleischstücke aufprallen. Dabei kann man entweder eine Art Parallelströmung der Kaltluft in der Richtung der Längsachse eines langgestreckten Raumes (Kühltunnel) anstreben oder eine Wirbelströmung in einem Raum mit beliebiger Grundrißform (Kühlkammer). Die Abb. 200 und 201 lassen den grundsätzlichen Aufbau von Kühlräumen der beschriebenen Art leicht erkennen. Abb. 202 zeigt die Anordnung mehrerer Wandluftkühler für Schnellkühlung in einem aus den letzten Jahren stammenden deutschen Schlachthof [*9*]. Dem schnell gekühlten Fleisch wird ein besseres Aussehen, größere Haltbarkeit und eine größere Schmackhaftigkeit nachgerühmt. Der Gewichtsverlust, der bei der Abkühlung und Kaltlagerung von unverpacktem, wasserhaltigem Kühlgut auftritt, ist etwa nur halb so groß wie bei dem bisher üblichen Verfahren. Der Kühlvorgang ist nach rund 24 Std. selbst für die größten Fleischstücke nahezu abgeschlossen, so daß in den Zellenkühlräumen nur noch eine geringe Nachkühlung erfolgt. Eine erst in

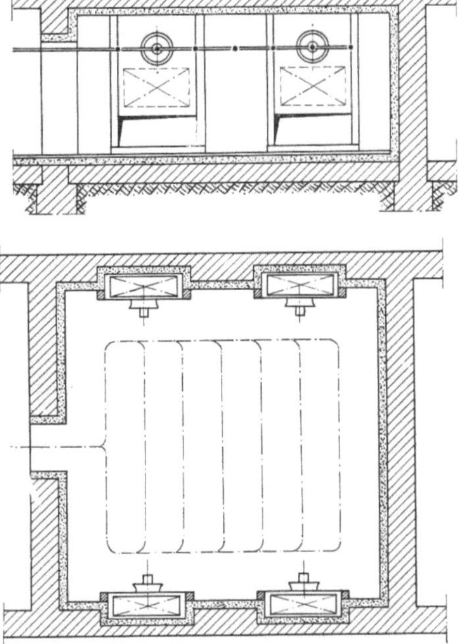

Abb. 201. Abkühlkammer.

jüngster Zeit bekannt gewordene Abwandlung dieses Verfahrens strebt eine weitere, starke Abkürzung der Abkühlzeit an, in der unter anderen NIEDEREHE und RASENACK [7, 8], die zukünftige Weiterentwicklung der Schnellkühlung vermuten. Dabei werden nach dem Vorbild dänischer Fleischwarenfabriken die

Abb. 202. Wandluftkühler für Schnellkühlung (Brown, Boveri & Cie, AG., Mannheim).

schlachtwarmen Tierkörper in einen ,,Schnellstkühlraum" gebracht, in dem sie bei einer Raumtemperatur von —10 bis —15 °C etwa 2 Std. verbleiben. Der Temperaturabfall wird auf diese Weise in allen Tiefen des einzelnen Fleischstückes erheblich beschleunigt, ohne daß jedoch die Oberfläche des letzteren

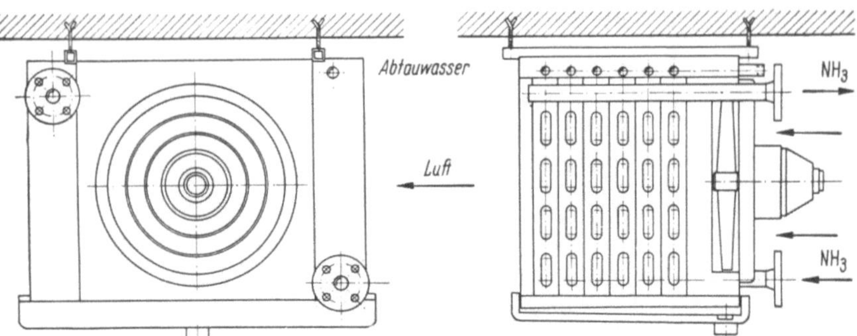

Abb. 203. Deckenluftkühler.

schon gefriert, was nicht erwünscht wäre. Nach dieser Schnellstkühlung verläßt das Fleisch entweder sofort den Schlachthof, oder es verbleibt dort noch zur weiteren Nachkühlung in den auf 0 °C gehaltenen Zellenkühlräumen. Diese sind jedenfalls nach Einführung der schnellen Abkühlung in fast allen Schlachthöfen größen- und zahlenmäßig stark zurückgegangen. Dies um so mehr, als die meisten Metzger ihren Ladengeschäften eigene, z. T. recht ausgedehnte Kleinkälteanlagen hinzugefügt haben und auf die Einlagerung der abgekühlten Fleischstücke in den Räumlichkeiten des Schlachthofes verzichten können. Soweit in den Schlachthöfen noch Zellenkühlräume eingerichtet werden, erhalten sie keine in den angrenzenden Räumen aufgestellen „Außen"-Luftkühler, sondern eine Anzahl von kleinen, in sich abgeschlossenen „Decken"-Luftkühlern im Blechgehäuse, die unmittelbar in den Zellenkühlraum eingebaut werden. Jeder derartige Deckenluftkühler (Abb. 203) besteht aus einem Flossenrohr-Kühlsystem, einem oder mehreren Ventilatoren und einer Wasserberieselung zum zeitweiligen Wegspülen des Reifbelages auf der Kühlfläche und dem Gehäuse, wobei letzteres zugleich zur Luftführung sowie zum Auffangen des Spritzwassers beim Abtauvorgang dient. Diese Deckenluftkühler werden über den Zellen eines Kühlraumes zahlenmäßig so verteilt, daß die Temperatur des Raumes gleichmäßig gehalten und alle dort aufbewahrten Fleischstücke von einem mäßigen Luftstrom umspült werden. Abb. 204 zeigt die Standardausführung eines solchen modernen Zellenkühlraumes; aus Abb. 205 erkennt man, daß sich Deckenluftkühler auch für Neben-

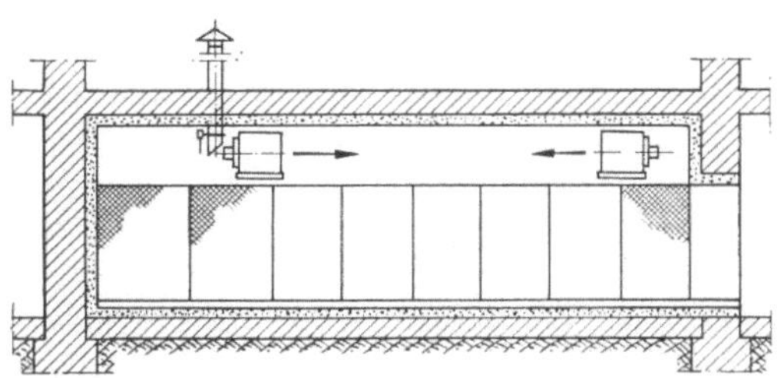

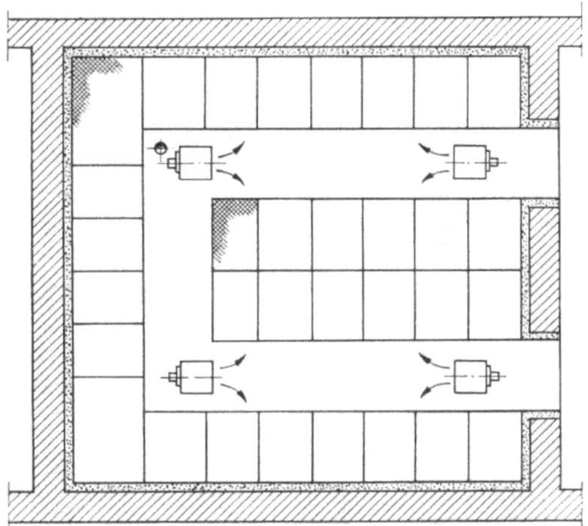

Abb. 204. Zellenkühlraum eines neuzeitlichen Schlachthofes.

Abb. 205. Deckenluftkühler für einen Innereienkühlraum (Brown, Boveri & Cie, AG., Mannheim).

räume im Schlachthofbetrieb, z. B. für einen Innereienkühlraum, vorteilhaft verwenden lassen [9]. In einzelnen Schlachthöfen ist man sogar dazu übergegangen, kombinierte Abkühl- und Zellenkühlräume zu erstellen. In einem solchen Falle wird das frisch geschlachtete Fleisch sofort in die Metzgerzellen gehängt. Die Luftleistung der Deckenluftkühler, die stark vermindert werden kann, wird zuerst auf ihre größte Leistung und nach Ablauf der erfahrungsmäßig benötigten Abkühlzeit auf die reduzierte Leistung eingestellt. Einzelne Deckenluftkühler können erforderlichen Falles ganz abgeschaltet werden. In der Regel dürften jedoch getrennte Abkühl- und Lagerräume vorzuziehen sein, schon aus dem Grunde, weil beim Einbringen von frisch geschlachtetem, blutwarmem Fleisch in Räume mit bereits durchgekühlter Ware auf der letzteren Feuchtigkeitsniederschläge entstehen können, welche das Aussehen und die Haltbarkeit des Kühlgutes beträchtlich herabsetzen würden.

D. Der Kältebedarf.

Dem Entwurf einer Schlachthofkühlanlage hat eine Kältebedarfsrechnung vorauszugehen, durch welche vor allem anderen die Kompressorgröße für den Betrieb dieser Anlage festgelegt werden soll. Jeder Berechnung dieser Art haftet eine gewisse Unsicherheit an, da einzelne Faktoren in derselben auf Schätzungen beruhen, der stündliche Kältebedarf während der Abkühlzeit sinkt, also keinen Festwert darstellt, und die Metzger von den Betriebseinrichtungen des für sie gebührenpflichtigen Schlachthofes oft einen recht willkürlichen Gebrauch machen, so daß mit gleichbleibenden und genau erfaßbaren Voraussetzungen für den Kältebedarf kaum gerechnet werden kann. Da außerdem die Gleichzeitigkeit des in den verschiedenen Räumen auftretenden Kältebedarfes einem unkontrollierbaren Wechsel unterworfen ist, spielt bei der Berechnung des Kältebedarfes einer Schlachthofkühlanlage bis zu einem gewissen Grade die praktische Erfahrung des projektierenden Ingenieurs eine wichtige Rolle. Als Hauptbestandteile des meistens für 24 Std. eines Sommertages ermittelten Kältebedarfes sind zu nennen:

1. Die Abkühlung des Kühlgutes[1],
2. Der Wärmeeinfall von außen,
3. Das Wärmeäquivalent für Ventilator- und Pumpenarbeit,
4. Die Abkühlung der Frischluft,
5. Verluste durch Beleuchtung, Begehung u. dgl.

Zu 1. Bei der Abkühlung des Kühlgutes hat man die bereits erwähnten 2 Fälle der langsamen und der möglichst raschen Abkühlung zu unterscheiden. Im ersten Falle wird man den Unterschied der Enthalpien vor und nach der Abkühlung durch die reichlich angenommene Abkühlzeit teilen und erhält damit den Anteil der stündlichen Kälteleistung für die Abkühlung des Kühlgutes.

Für den Fall der möglichst raschen Abkühlung, für die sich die Bezeichnung „Schnellkühlung" eingebürgert hat, entsteht die Frage, in welcher kürzesten Zeit man ein Fleischstück von gegebener Dicke auf eine vorgeschriebene tiefere Temperatur abkühlen kann und wie man die Temperatur und die Strömungsgeschwindigkeit der Kaltluft dabei zu wählen hat.[2] Zur Beantwortung dieser Frage kann man entweder den Weg der Rechnung oder jenen des Versuches einschlagen. Setzt man zum Zwecke der Rechnung, die, um überhaupt durchführbar zu sein, von einem möglichst ähnlichen Vergleichsprozeß ausgehen muß, Zylinder aus homogener Fleischsubstanz von 100 bis 300 mm Durchmesser

[1] Vgl. Bd. X dieses Handbuches, S. 6—9.
[2] Vgl. Bd. X dieses Handbuches, S. 12—17.

voraus, die mit Bluttemperatur von etwa 37 °C in einen kalten Raum von 0 °C gleichbleibender Temperatur gebracht werden und nimmt man Wärmeübergangszahlen zwischen 10 und 25 kcal/m² h grd an, so ergeben sich die in Abb. 206 dargestellten voll ausgezogenen Kurven. Die punktiert gezeichnete Linie gibt den vom Verfasser experimentell beobachteten Temperaturverlauf an einem Punkt einer Schweinehälfte in 14 cm Einstecktiefe wieder. Die Raumtemperatur war bei diesem Versuch allerdings nicht konstant, sondern fiel von +6 auf −2 ° ab. Man sieht aus dieser Gegenüberstellung von Rechnung und Versuch, daß die Ergebnisse recht beträchtlich voneinander abweichen. Berücksichtigt man außerdem, daß die als homogene Zylinder angenommenen Fleischstücke nur eine grobe Annäherung an die Wirklichkeit darstellen und der Wert für die Wärmeübergangszahl nicht genau bekannt ist, so muß man nach wie vor mit der erfahrungsmäßigen Abkühlzeit von 12 bis 14 Std. für Schweinehälften und 20 bis 22 Std. für Rinderhälften rechnen. Dabei ist angenommen, daß man gegen Ende der Abkühlperiode eine Raumlufttemperatur von 0 ° erreichen kann, und daß die mittlere Luftgeschwindigkeit im leeren Raum größenordnungsmäßig 0,5 m/s beträgt. Im voll behängten Raum, welcher der durchströmenden Kaltluft

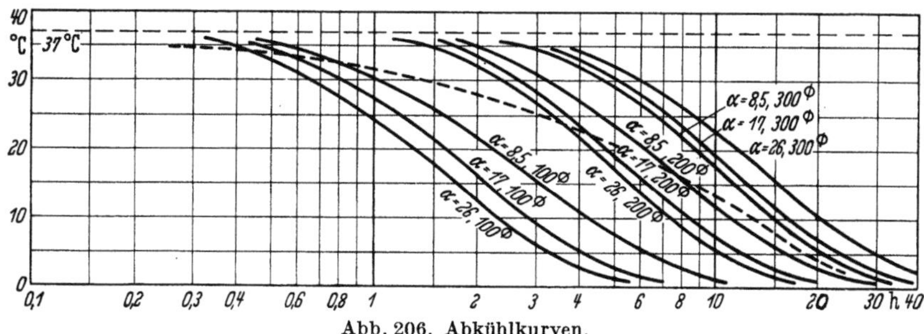

Abb. 206. Abkühlkurven.

schätzungsweise nur den halben Querschnitt bietet, kann man dann etwa mit der doppelten Luftgeschwindigkeit an der Fleischoberfläche, also mit etwa 1 m/s rechnen. Am Ende der Abkühlzeit wird sich dann erfahrungsmäßig eine Temperatur von etwa +5 ° in der Nähe des Fleischkernes einstellen, wobei die Qualität der Schlachttiere noch eine gewisse Rolle spielt. Größere Luftgeschwindigkeiten, wie sie vielfach im Schrifttum erwähnt werden, ohne daß man dabei erfährt, ob damit auf den leeren oder vollen Raum Bezug genommen wird, erhöhen den Leistungsbedarf der Ventilatoren recht beträchtlich, ohne daß die Abkürzung der Abkühlzeit damit im Einklang stünde. Überschlagswerte für die Fleischabkühlung und Kühlhaltung bezogen auf 1 m² Kühlraumbodenfläche, werden am Ende dieses Abschnittes genannt.

Zu 2. Der Wärmeeinfall von außen kann berechnet werden, wenn die Temperatur beiderseits der den betreffenden Raum umfassenden Wände und Decken sowie die Mauer- und Isolierstärken derselben bekannt sind. Aber auch hier stellen sich der oft rasch auszuführenden Rechnung bei näherer Betrachtung Schwierigkeiten in den Weg. Die wirtschaftlichste Isolierstärke, die auf die Lebenszeit der Anlage bezogen ein in der Regel allerdings sehr flach verlaufendes Minimum an Betriebs-, Anschaffungskosten und Amortisation ergibt, kann man in den meisten Fällen der Praxis mangels Zeit und verläßlicher Zahlenwerte kaum ermitteln. Die Temperatur der Nachbarräume, die man vielfach schätzen muß und die nur umständlich erfaßbare Speicherwirkung der Wände und Decken bringen eine weitere Unsicherheit in den Rechnungsgang. Es hat sich daher eingebürgert, bei Entwürfen eine Isolierung an den einzelnen Umfassungsflächen eines Kühlraumes von solcher Stärke vorzuschreiben, daß der Wärmeeinfall pro m^2 und Stunde den Wert von 8 kcal nicht übersteigt. Unter dieser Voraussetzung und bei Annahme von Isoliermaterial mit der üblichen Wärmeleitfähigkeit kommt man zu der Regel, daß die Isolierstärke in cm etwa halb so groß gewählt werden muß wie der Temperaturunterschied zwischen den Räumen beiderseits der zu isolierenden Flächen. Hat man also einen Raum von etwa 0 °C zu isolieren und betragen die mittleren Temperaturen in den Nachbarräumen bzw. 24, 16 und 12 °C, so wird man die betreffenden Trennwände oder Decken 12, 8 und 6 cm stark isolieren. Der stündliche Wärmeeinfall von außen läßt sich dann einfach so ermitteln, daß man die gesamte Raumoberfläche mit 8 kcal/h multipliziert.

Zu 3. Die Ventilator- und Pumpenarbeit läßt sich ohne weiteres errechnen, wenn man die geförderten Mengen und Widerstände kennt, die das strömende Medium (Luft, Sole u. dgl.) zu überwinden hat. Bei der Förderung von Kaltluft durch Kaltlager- oder Abkühlräume ist besonders die Frage nach dem dabei auftretenden Gesamtwiderstand, den die Ventilatoren zu überwinden haben, rechnerisch nur schwer festzulegen. Je nachdem, ob es sich um Glattrohr- oder befloßte Luftkühler, um eine Verteilung der Kühlluft mittels Holzkanälen oder ohne solche handelt, und je nach der Verteilung des Kühlgutes in den luftdurchströmten Räumen mit mehr oder weniger großen Zwischenräumen zwischen den einzelnen Stücken, schwankt dieser Widerstand erfahrungsgemäß zwischen 15 und 35 mm Wassersäule. Rechnet man für mittlere Verhältnisse mit etwa 25 mm WS Gesamtwiderstand und macht man, um die Größe des Antriebmotors zu ermitteln einen etwa 20% igen Zuschlag zu dem effektiven Leistungsbedarf des Ventilators, so kann man überschläglich mit etwa 6000 bis 7000 m^3/h Luftleistung je kW Motorleistung rechnen. Da besonders bei Schnellkühlräumen oft beträchtliche Luftmengen umgewälzt werden, erkennt man, daß der gesamte Leistungsbedarf durch die Ventilatorarbeit schon beachtlich erhöht werden kann.

Zu 4. Frischluft wird man in erster Linie Lagerräumen zuführen. Eine täglich 3- bis 6malige Erneuerung der Kühlraumluft dürfte mittleren Verhältnissen entsprechen, wofür etwa 12 kcal/m^3 Erneuerungsluft einzusetzen sind.

Zu 5. Die Verluste durch Beleuchtung, Begehung u. dgl. können nur geschätzt werden, größenordnungsmäßig dürften sie der in Abb. 207 enthaltenen Angabe entsprechen.

Mit den vorstehenden Hinweisen ist man ohne weiteres in der Lage, den stündlichen Kältebedarf eines Schlachthofkühlraumes zu berechnen, wenn man die Menge des Kühlgutes und die etwa gewünschte Abkühlzeit kennt. In vielen Fällen ist lediglich die Grundfläche dieser Räume und ihre Zweckbestimmung bekannt. Man kann dann, besonders um sich eine Übersicht zu verschaffen, den Kältebedarf auf den m^2 Bodenfläche und 1 Tag beziehen. Abb. 207 zeigt im linken Teil, welche annähernden Beträge in kcal/m^2/Tag für den Wärmeeinfall, den Luftumlauf, die Frischluftabkühlung und die Verluste abhängig von der Größe der Bodenfläche hier in Frage kommen. Zusammen mit der Kühlleistung ergeben sich dann z. B. für Rinder- und Schweinekühlräume die eingezeichneten Linienzüge. Der Berechnung ist die Annahme zugrunde gelegt, daß man auf 1 lfm. Abhängegeleise etwa 3 Schweine in Hälften (300 kg) oder 1 ½ Rinder in Hälften (450 kg) unterbringen kann. Der Kältebedarf in kcal/m^2/Tag in diesen Räumen steigt wider Erwarten mit der Größe der Räume deshalb an, weil die größeren Räume eine bessere Ausnützung der Grundfläche, also ein durchschnittlich größeres Gewicht Kühlgut je m^2 Bodenfläche zulassen. Auch für Zellenkühlräume, in denen keine Abkühlung mehr stattfindet, sowie für Gefrierräume für finniges Fleisch ist ein entsprechender Linienzug eingezeichnet. Der letztere, für den die

Bodenfläche am oberen Tafelrand abgelesen werden muß, stellt einen Erfahrungswert aus mehreren ausgeführten Anlagen dar. Eine einigermaßen exakte Rechnung läßt sich in diesem Falle nicht vornehmen, weil diese Gefrierräume sehr

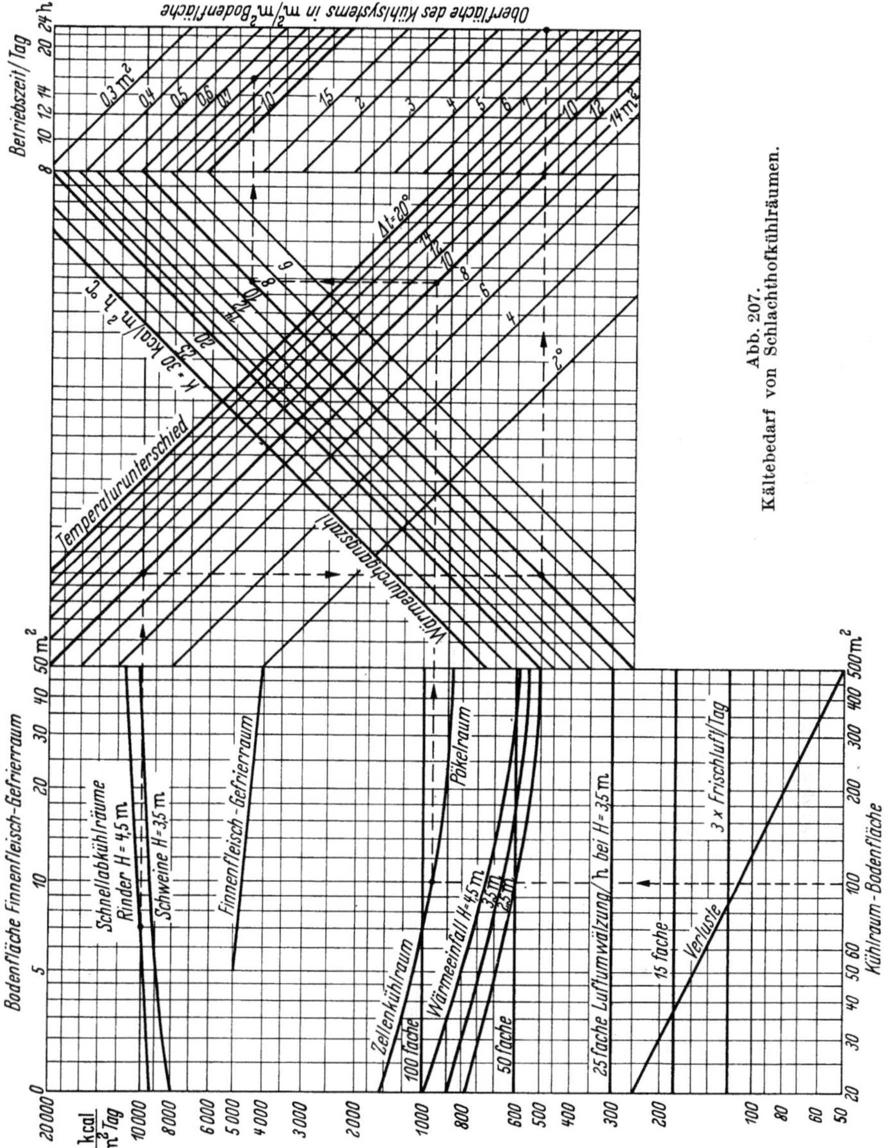

Abb. 207. Kältebedarf von Schlachthofkühlräumen.

unterschiedlich, meistens aber unterbelegt sind. Im rechten Teil der Abb. 207 ist eine Multiplikationstafel angefügt, der man bei geeigneter Wahl eines k-Wertes für die Berohrung, eines zu erwartenden mittleren Temperaturunterschiedes zwischen dem Kältemittel bzw. Kälteträger und der Raumluft sowie der gewählten Betriebszeit pro Tag sofort die erforderliche Kühlfläche in m²/m² Bodenfläche entnehmen kann. Falls man es nicht vorzieht, eine genauere Durchrechnung vorzunehmen, sieht man hieraus, daß man z. B. einen Rinderschnellkühlraum von 70 m² Bodenfläche unter Annahme eines k-Wertes von 10 kcal/m² h grd sowie eines Temperaturunterschiedes zwischen Kältemittel und Raumluft von 10 °C mit etwa 4 m² Kühlfläche pro m² Bodenfläche, einen Zellenkühlraum von 100 m² Bodenfläche mit etwa 0,7 m² Kühlfläche pro m² Bodenfläche berohren wird. Für einen Gefrierraum für finniges Fleisch von 10 m² Bodenfläche liegt dieser Wert etwa bei 2 m².

E. Die Ausführung der Kühleinrichtung.

Die bereits erwähnten Gesichtspunkte der früher üblichen langsamen und der jetzt gebräuchlichen Schnellkühlung haben zu einer beträchtlichen Änderung im Aufbau und z. T. auch in der Anordnung der einzelnen Teile einer Schlachthofkühlanlage geführt. Es dürfte sich daher empfehlen, auf die verschiedene Bauweise der Einzelteile, vor allem der Kompressoren, Kondensatoren und Verdampfer hinzuweisen und außerdem aufzuzeigen, wie sich die Kältemittelverteilung auf die meist in größerer Zahl vorhandenen Verdampfer geändert hat. Desgleichen ist es für das Verständnis einer neuzeitlichen Schlachthofkühlanlage unerläßlich, sich mit der Wirkungsweise der Automatik einer solchen Anlage vertraut zu machen, denn die Forderung, daß Betriebe dieser Art weitestgehend von der ständigen Aufsicht geschulten Personals unabhängig arbeiten müssen, tritt immer stärker in Erscheinung.[1]

I. Kompressoren.

Kennzeichnend für den Wandel im Kompressorbau ist der Übergang vom liegenden Langsamläufer (Abb. 208) zum stehenden Schnelläufer (Abb. 209). Dieser Wandel hat dazu geführt, daß man an Stelle weiträumiger Maschinenhallen heute Maschinenräume vorfindet, deren Grundfläche unter $^1/_4$ jener der älteren Bauweise gesunken ist. Dabei sind die Drehzahlen von etwa 100/min auf 1500/min und darüber gestiegen. Das Kompressorgewicht für etwa 100000 kcal/h ist gleichzeitig von etwa 5000 auf unter 1000 kg gesunken. Als weitere Merkmale in der Entwicklung dieser Maschinen seien noch genannt: Der Übergang von der Ein- auf die Mehrzylinder-Bauart, sowie von den schweren Kegel- auf die leichten Plattenventile (Abb. 210 u. 211), die Einführung der Druckschmierung mit einem in seiner physikalischen und chemischen Beschaffenheit sorgfältig geprüften Öl, die automatische Rückführung des letzteren aus dem mit Schwimmerventil versehenen Abscheider in das Kurbelgehäuse, sowie die mit einer Warnvorrichtung versehene Kontrolle des Öldruckes im Kompressor. Der Antrieb erfolgt fast ausschließlich mittels Keilriemens oder direkter Kupplung. Die Tauchkolben der nach dem Gleichstromprinzip gebauten Kompressoren werden zur Verminderung der Massenkräfte vielfach aus Leichtmetall, die Kurbelwellen aus hochwertigem Gußeisen hergestellt. Das Problem, eine rotierende Welle verläßlich abzudichten, welches vor 30 Jahren noch vielen Konstrukteuren Sorge machte, besteht nicht mehr. Der beispielsweise in Abb. 209 dargestellte 8-Zylinder-Kompressor für eine Drehzahl von $n = 1450$/min kann mit Hilfe verschiedener Steuerorgane automatisch entlastet angefahren und automatisch sowie von Hand verlustlos geregelt werden. Beide Vorgänge lassen sich dadurch ermöglichen, daß über pneumatisch, hydraulisch oder mechanisch betätigte Abhebeelemente die Ventilplatten der Saugventile von ihren Sitzen abgehoben werden, wodurch sich ein Leerlauf eines oder mehrerer Zylinder herbeiführen läßt. Der Kompressor eignet sich also ganz besonders für wartungsfreien Betrieb und

[1] Ausführlich wird die Automatik von Kälteanlagen im Bd. VI dieses Handbuches behandelt.

direkte Kupplung mit einem Kurzschlußläufermotor. Außer den einfach wirkenden Kompressoren mit Tauchkolben kommen bei größeren Leistungen auch doppelt wirkende Kompressoren mit Scheibenkolben in Anwendung (Abb. 212).

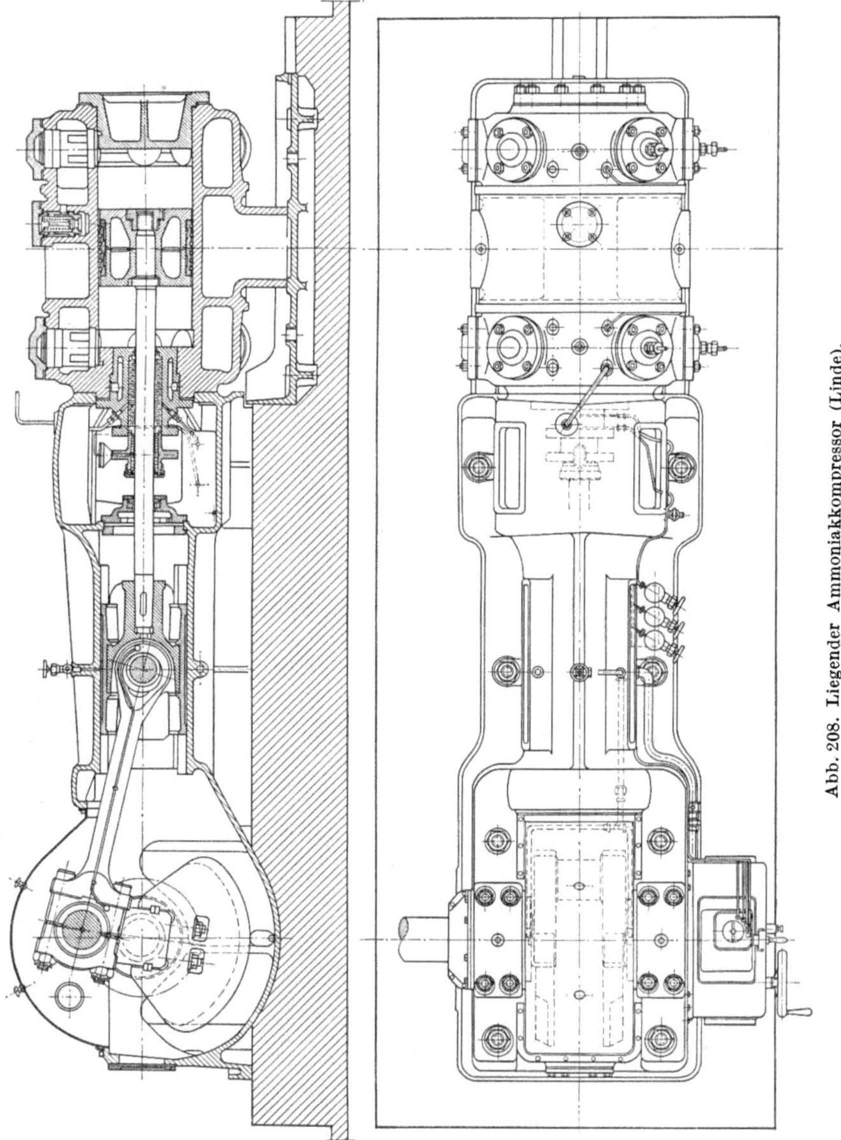

Abb. 208. Liegender Ammoniakkompressor (Linde).

Auch Kompressoren mit Rollkolben (Abb. 213) und solche mit Drehkolben (Abb. 214) fanden bereits Eingang in Schlachthofkühlanlagen. In allen diesen Fällen wird als Kältemittel so gut wie ausschließlich Ammoniak verwendet, nur bei sehr kleinen Anlagen und bei sehr weit gehender Aufteilung der Kälteleistung auf einzelne kleine Kompressoren findet man auch R 12 an Stelle von Ammoniak[1].

[1] Die Konstruktion von Kompressoren aller Art wird in Bd. V dieses Handbuches ausführlich behandelt.

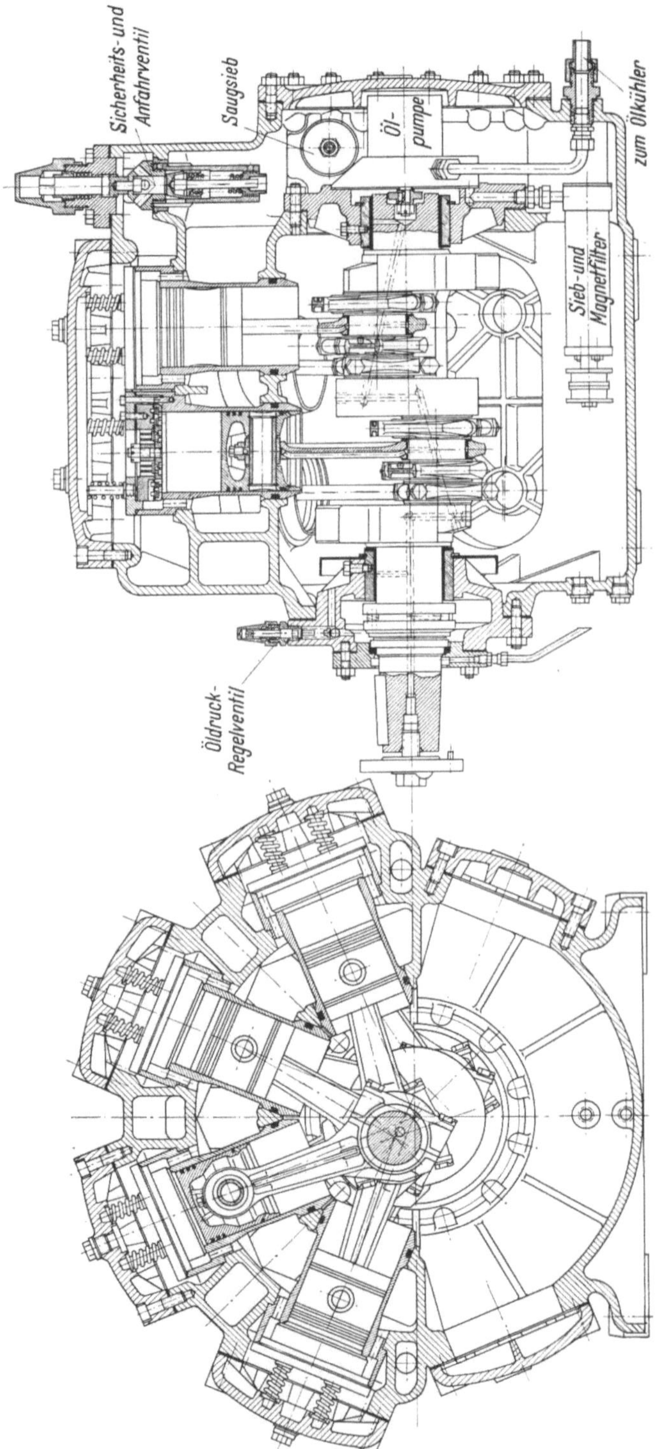

Abb. 209. Stehender einfach wirkender Ammoniakkompressor (Linde).

II. Kondensatoren[2].

Von Kondensator-Bauarten beherrschten früher die bekannten Röhrenkesselapparate und die alten Berieselungs-Kondensatoren mit natürlichem Luftumlauf das Feld, sie werden aber immer häufiger durch Berieseler mit

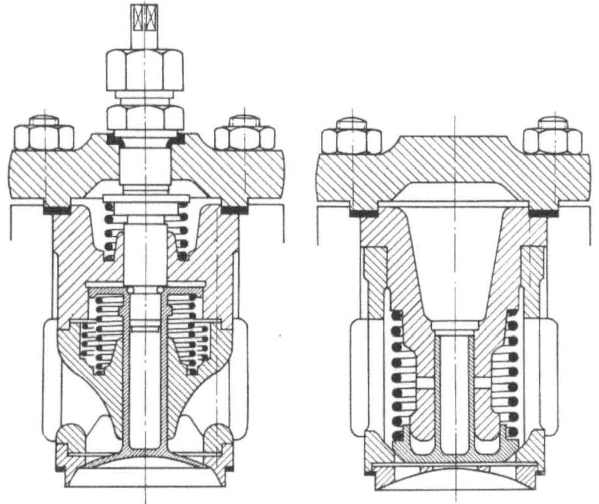

Abb. 210. Kegelventile eines älteren Ammoniakkompressors.

künstlicher Belüftung ersetzt (Abb. 215). Da ihr Frischwasserbedarf nur etwa 6% desjenigen von Röhrenkesselapparaten beträgt, begegnen sie bei dem steigenden Bedarf an Industriewasser einem zunehmenden Interesse.

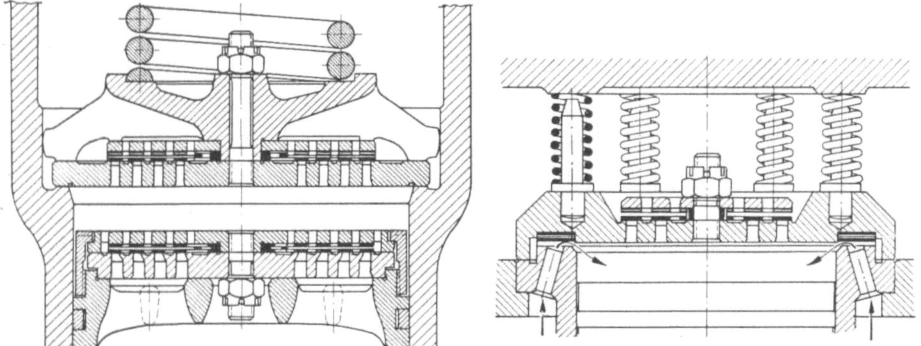

Abb. 211. Plattenventile eines neueren Ammoniakkompressors (Hoerbiger Ventilwerke, AG, Wien).

III. Verdampfer[1].

Eine recht augenscheinliche Veränderung ist im Aufbau der vorwiegend als Luftkühler gebauten Verdampfer vor sich gegangen. Der als langgestreckter, sorgfältig isolierter und z. T. zerlegbarer Tunnel gebaute, außerhalb der Kühlräume aufgestellte „Glattrohrluftkühler" (Abb. 216), ist dem innerhalb der Kühlräume untergebrachten, nicht isolierten und nur mit Blech oder Eternit um-

[1] Die Konstruktion von Kondensatoren, Verdampfern und sonstigen kältetechnischen Apparaten wird in Bd. VI dieses Handbuches behandelt.

kleideten Rippen- oder Flossenkühler (Abb. 217), gewichen. Bei beiden Bauformen ist es unvermeidlich, die mit Reif bedeckte Oberfläche der Kühlsysteme zeitweise

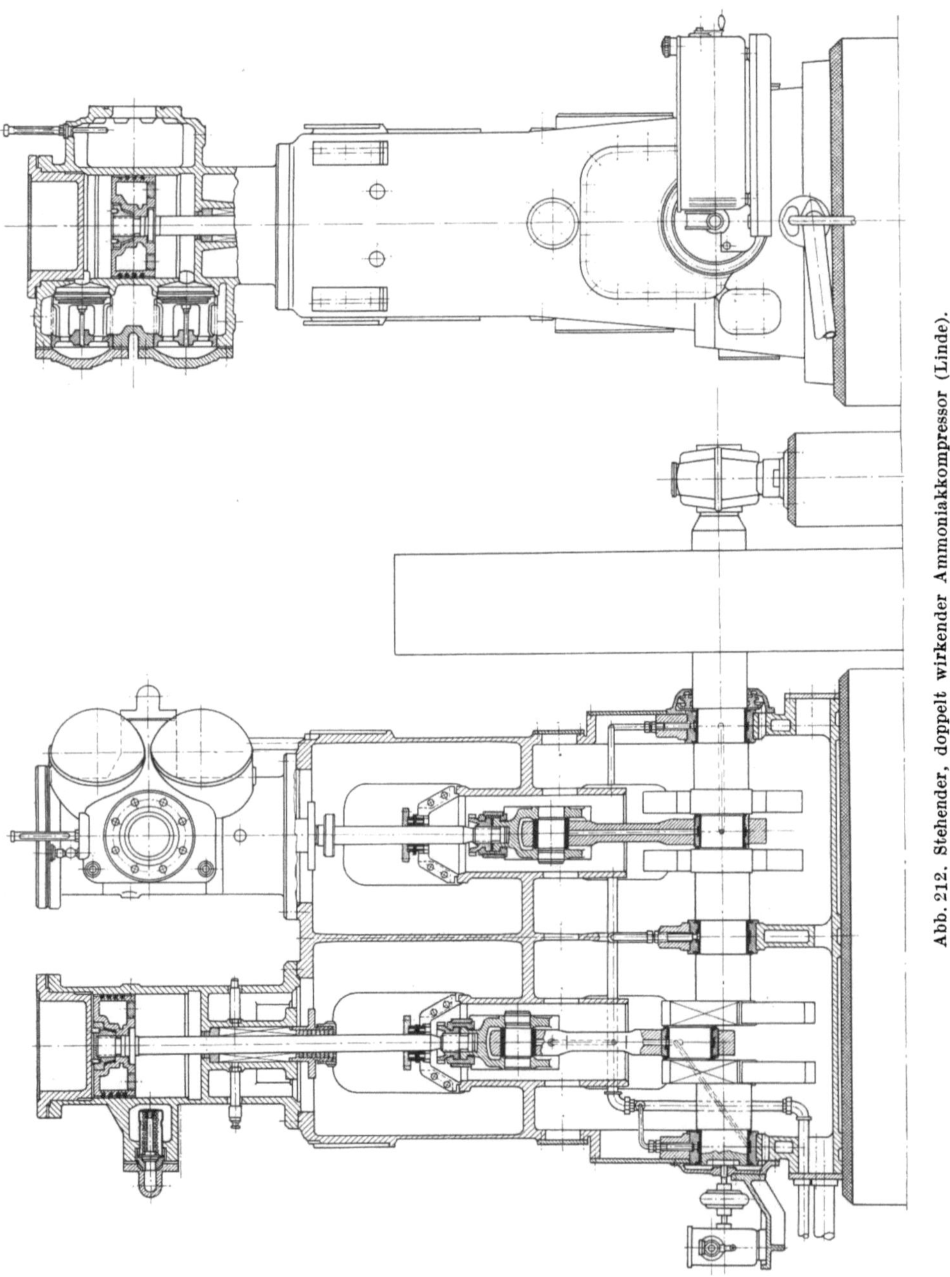

Abb. 212. Stehender, doppelt wirkender Ammoniakkompressor (Linde).

zu entfrosten, den Luftkühler also „abzutauen“. Die klassische Methode bestand seit vielen Jahren darin, daß man den Inhalt der Rohrschlangen in eine Sammelflasche ablaufen und hierauf Druckgas in die mit Reif bedeckten Systeme strömen ließ. Der Luftkühler wurde also kurzfristig als Kondensator benutzt, wozu natürlich ein weiterer Verdampfer vorhanden sein mußte, aus dem der Verdichter während des Abtauvorganges saugen konnte. Wie man aus Abb. 218, die ein sog. Abtauschema wiedergibt, erkennt, verlangt der Abtauvorgang die Betätigung einer Reihe von Absperrungen und Klappen in einer bestimmten Reihenfolge. Ein solcher Vorgang kann wohl auch automatisch ablaufen, erfordert aber einen verhältnismäßig hohen Aufwand an Schaltgeräten und gefährdet im Falle eines Versagens dann die Betriebssicherheit der Anlage. Man ist daher besonders bei automatisch arbeitenden Anlagen dazu übergegangen, die bereiften Kühlflächen mit Leitungswasser abzubrausen. Es genügt in diesem Falle, die Kältemittelzufuhr zu dem betreffenden Kühlsystem mittels eines Magnetventils periodisch abzustellen und eine Wasserabsperrung zu öffnen. Auch das Anwärmen der Flossenkühlsysteme mit Hilfe elektrischer Heizstäbe hat sich für den automatischen Betrieb als leicht zu steuernde Maßnahme erwiesen. Man braucht dann nur statt des Wasserventils einen elektrischen Schalter zu betätigen, um die gewünschte, örtliche Wärmezufuhr einzuleiten. Da besonders die Flossensysteme einen geringen Kältemittelinhalt besitzen, verdampft dabei der letztere in die offengehaltene Saugleitung, ohne daß es zu gefährlichen Drucksteigerungen kommen kann. Abbildung 219 zeigt ein Flossenkühlsystem mit elektrischer Abtauheizung, von der auch ein Teil in die Sammelschale des Kühlers verlegt werden kann, um Ansammlungen von Schnee in der Schale zu verhindern. Bei reichlicher Bemessung der Kühlfläche, die dann allerdings etwas höhere Anschaffungskosten bedingt, kann man im Betrieb einer Schlachthofkühlanlage den Reifniederschlag auf den Flossensystemen so gering halten, daß dieser bei abgestellter Kältemittelzufuhr und weiterlaufenden Ventilatoren von selbst abschmilzt. Damit

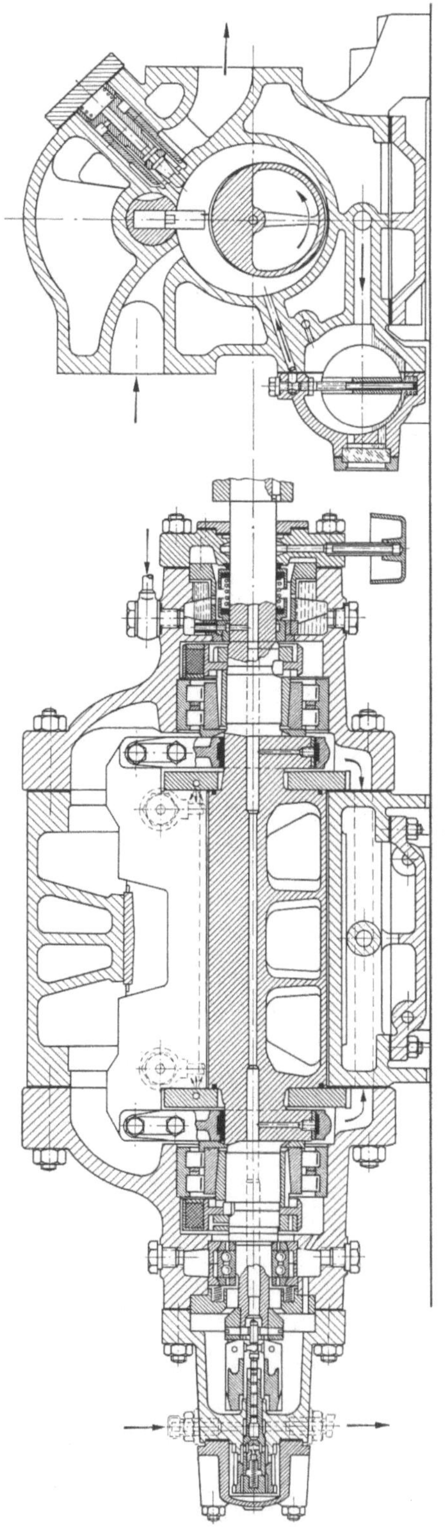

Abb. 213. Rollkolbenkompressor (Escher Wyss & Cie, AG, Zürich).

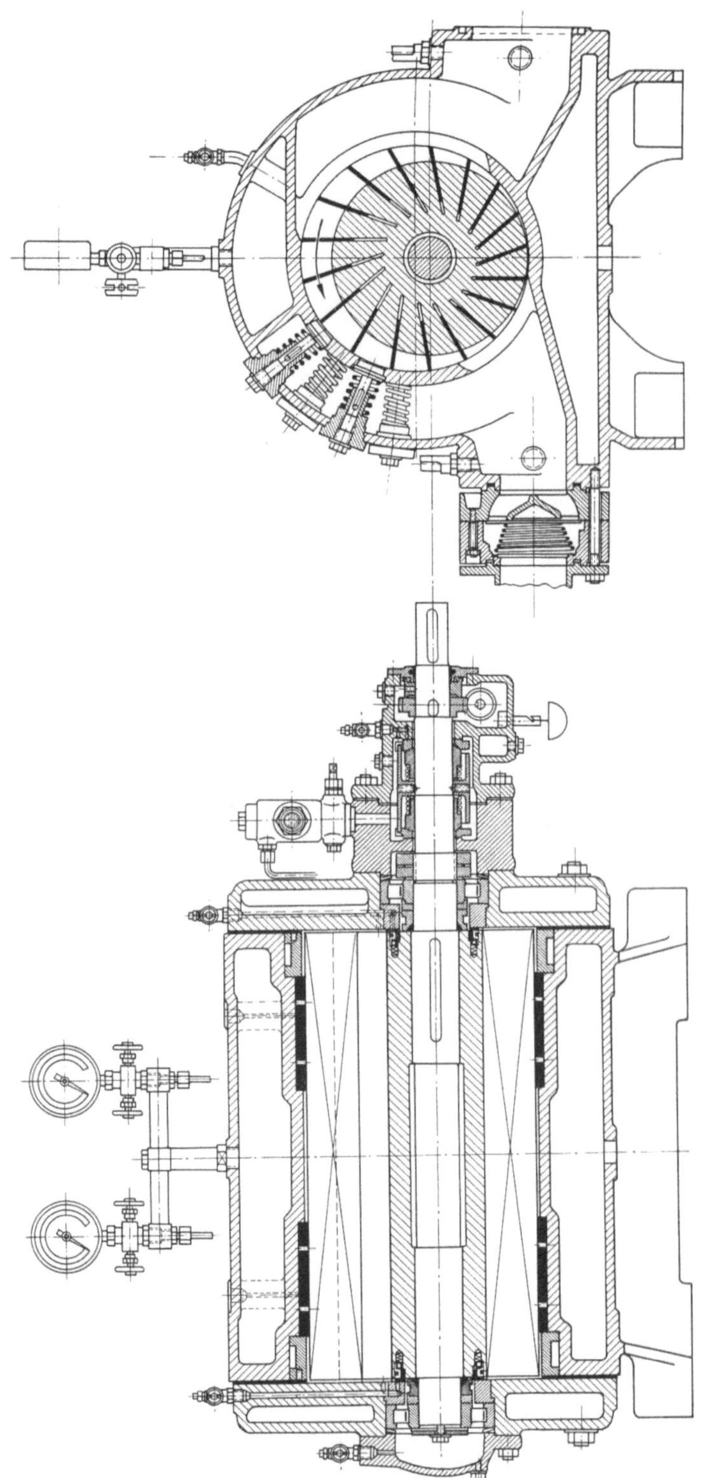

Abb. 214. Drehkolben-Vielzellenkompressor (Klein, Schanzlin & Becker, A,G Frankenthal).

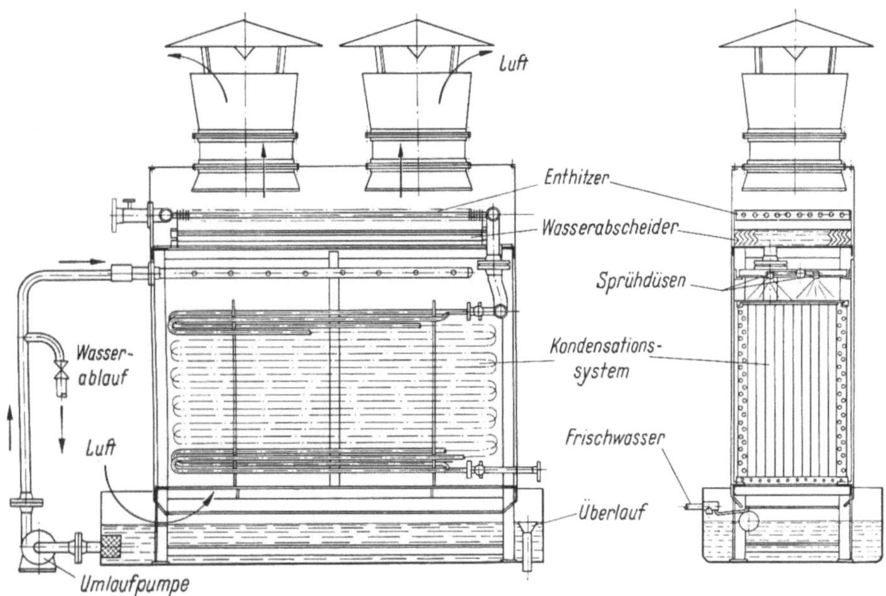

Abb. 215. Berieselungskondensator mit künstlicher Belüftung.

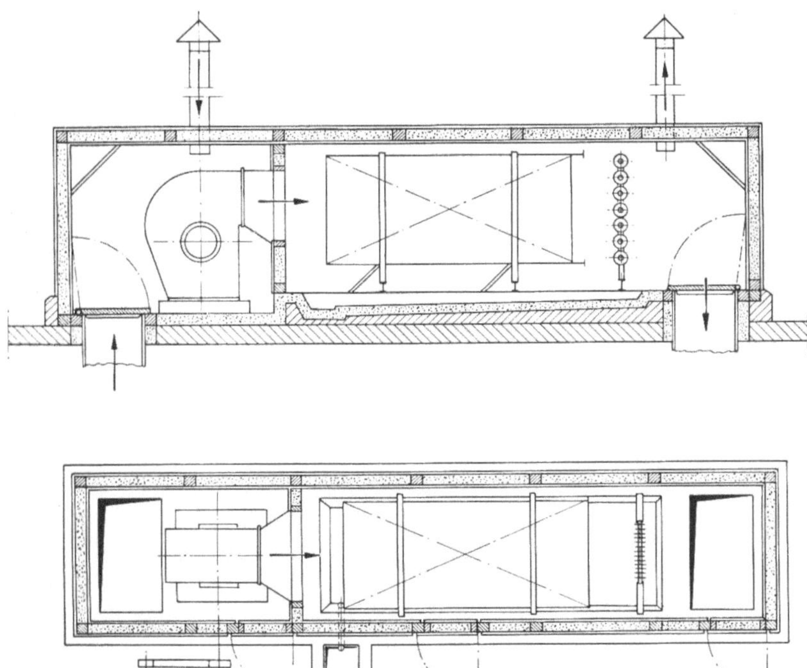

Abb. 216. Außenluftkühler älterer Bauart.

kann man eine Reihe von Manipulationen während des Betriebes vermeiden und den Aufwand an selbsttätigen Schaltgeräten auf ein Mindestmaß beschränken.

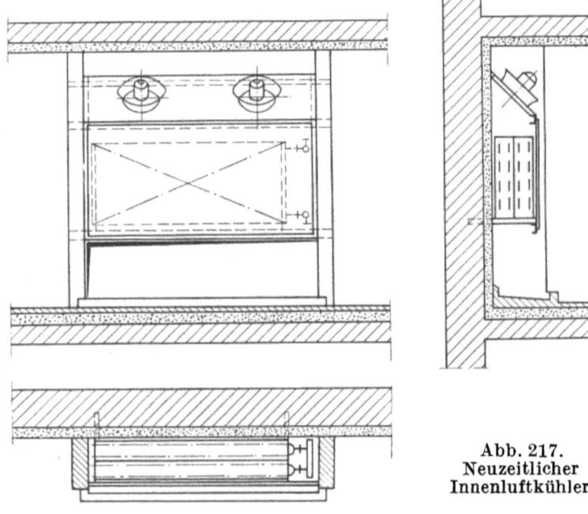

Abb. 217. Neuzeitlicher Innenluftkühler.

Außer den Wand- und Deckenluftkühlern, die z. Z. als normale Bauelemente für die Verdampfer in Schnellkühl- und Zellenkühlräumen gelten können, verwendet man noch Rippenrohrpakete in Pökelräumen zur stillen Kühlung. Sie werden zur Vermeidung des lästigen Tropfwassers mitunter nicht unter der Decke, sondern über den Pökelbottichen an der Wand angeordnet. Gefrierräume für finniges Fleisch enthalten entweder kleine Wandluftkühler wie Schnellkühlräume oder Wand-

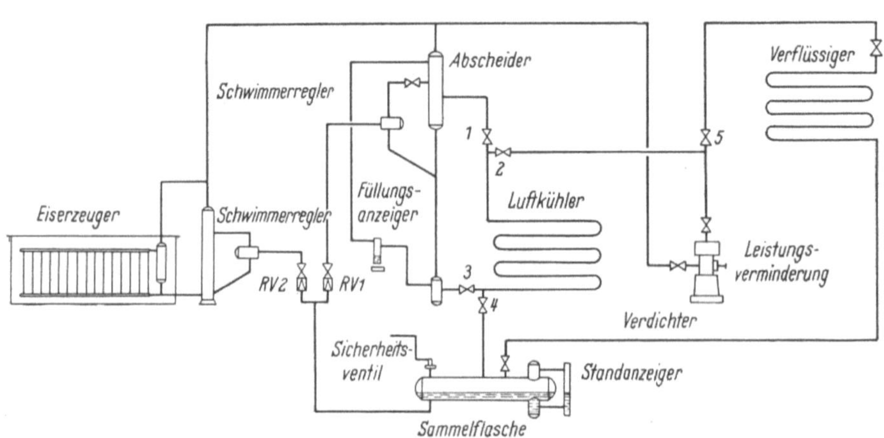

Abb. 218. Abtauschema.

Normaler Kühlbetrieb: Absperrungen *1*, *3*, *5* geöffnet, Absperrungen *2*, *4* geschlossen, Regelventile *RV 1* und *RV 2* geöffnet, Sammelflasche $^1/_4$ voll.
Umstellen zum Abtauen: Regelventil *RV 1* schließen, Luftkühler $^1/_4$ bis $^1/_2$ absaugen, Absperrungen *1* und *3* schließen, Absperrungen *2* und *4* öffnen, Absperrungen *5* drosseln, Verdichter auf halbe Leistung stellen, Füllungs- und Standanzeiger beobachten, Ventilator abstellen, Luftklappen schließen.
Umstellen zum normalen Kühlbetrieb: Absperrungen *2* und *4* schließen, Absperrungen *3* und *5* öffnen, Regelventil *RV 1* öffnen, Verdichter auf volle Leistung stellen, Ventilator anstellen, Luftklappen öffnen.

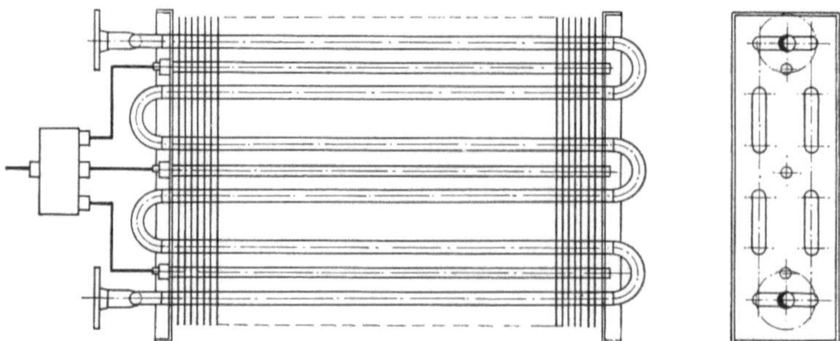

Abb. 219. Flossenkühlsystem mit elektrischer Heizvorrichtung.

systeme aus glatten Rohren, um das anhaftende Eis während der Stillstandsperioden der Anlage leicht abschmelzen oder, wie früher vielfach üblich, abkratzen zu können.

IV. Kältemittelverteilung.

Stehen dem planenden Ingenieur die vorgenannten Maschinen und Apparate in verschiedenen, meist genormten Größen zur Verfügung, so bedarf es noch

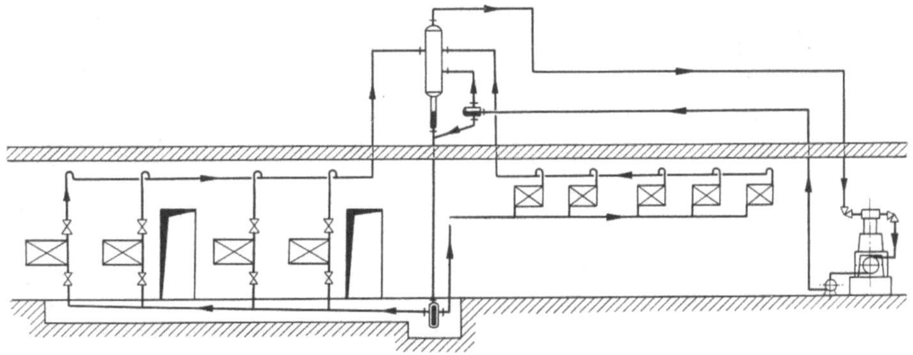

Abb. 220. Überflutungsbetrieb mit Kältemittelverteilung unten.

einer nicht zu unterschätzenden technischen Einfühlungsgabe, um diese Teile zweckmäßig zu einer befriedigend arbeitenden Gesamtanlage zusammenzubauen. Das hierbei im Vordergrund stehende Problem wurde bereits vorhin als Verteilung des flüssigen Kältemittels erwähnt. Bei älteren Anlagen, die z. T. noch „naß“, d. h. ohne Abscheider arbeiteten, gab man jedem Verdampfer einer räumlich noch so verzweigten Kälteanlage ein eigenes Regelventil. Wurde der Kompressor dann gelegentlich kalt, so mußte der Maschinist versuchsweise so lange an dem oder jenem Regelventil drosseln, bis das Druckrohr wieder eine höhere Temperatur annahm. Mit Einführung des Überhitzungsbetriebes erkannte man aber, daß es richtiger ist, auch für mehrere Verdampfer einer Anlage nur ein Regelventil zu verwenden und die aus einem hochgestellten Abscheider in einen tiefliegenden Öltopf abfallende Kältemittelflüssigkeit von dort in die verschiedenen Verdampfer nach dem Prinzip kommunizierender Gefäße aufsteigen zu lassen. Abb. 220 zeigt diese unter der Bezeichnung Überflutungsbetrieb bekannte Bauweise. Die Entspannung des vom Kondensator oder von der Sammelflasche kommenden

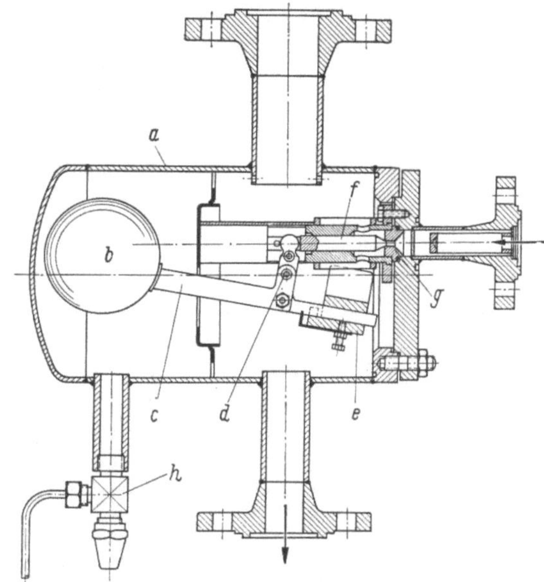

Abb. 221. Verdampferseitiger Schwimmerregler.
a Schwimmgehäuse, *b* Schwimmkugel, *c* Schwimmhebel, *d* Drehpunkt des Hebels, *e* Gegengewicht, *f* Ventilnadel, *g* Ventilsitz, *h* Entleerungsventil.

Kältemittels erfolgt dabei vielfach durch einen Schwimmerregler. Dieser kann entweder so gebaut sein, daß er einen bestimmten Flüssigkeitsstand im Abscheider einhält, also nur öffnet, wenn der Flüssigkeitsspiegel sinkt [verdampferseitiger Regler (Abb. 221)] oder daß er wie ein Kondenstopf öffnet, solange ihm Flüssigkeit zuströmt und schließt, wenn Dampf in das Kühlsystem überzutreten beginnt [kondensatorseitiger Regler (Abbildung 222)]. Im letzteren Falle muß natürlich die Füllung der Anlage mit Kältemittel genau abgestimmt sein und eine Sammelflasche, die beim verdampferseitigen Regler unbedingt nötig ist, kann entfallen. Die Anordnung des tiefliegenden Öltopfes stößt bei der Ausführung oft auf Schwierigkeiten, da man die Flüssigkeitszufuhr vom Öltopf zu den Verdampfern z. T. in Rohrkanälen unter dem Fußboden führen müßte, um vorhandene Verkehrswege (Türen u. dgl.) nicht zu versperren. Man kann unter Beachtung gewisser Feinheiten bei der Montage die Verteilung auch *über* den Kühlräumen vornehmen (Abb. 223), womit alle Rohrleitungen aus den Kühlräumen verschwinden. In der letzten Zeit hat sich schließlich nach dem Vorbild der Kühlhäuser die Verteilung des Kältemittels durch Pumpen eingebürgert (Abb. 224).

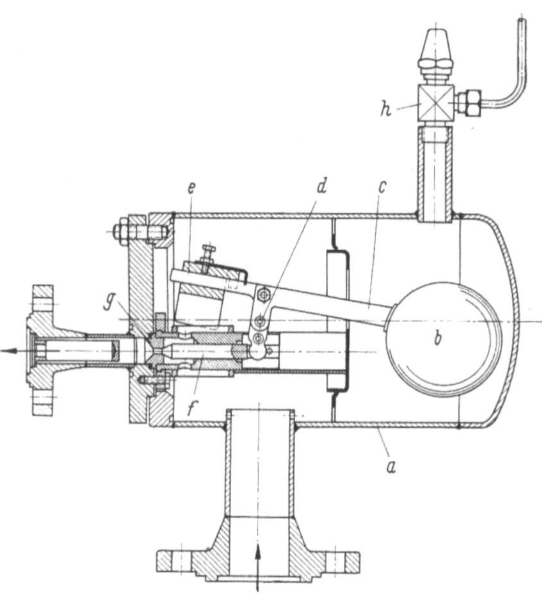

Abb. 222. Kondensatorseitiger Schwimmerregler.
a Schwimmgehäuse, *b* Schwimmkugel, *c* Schwimmhebel, *d* Drehpunkt des Hebels, *e* Gegengewicht, *f* Ventilnadel, *g* Ventilsitz, *h* Entleerungsventil.

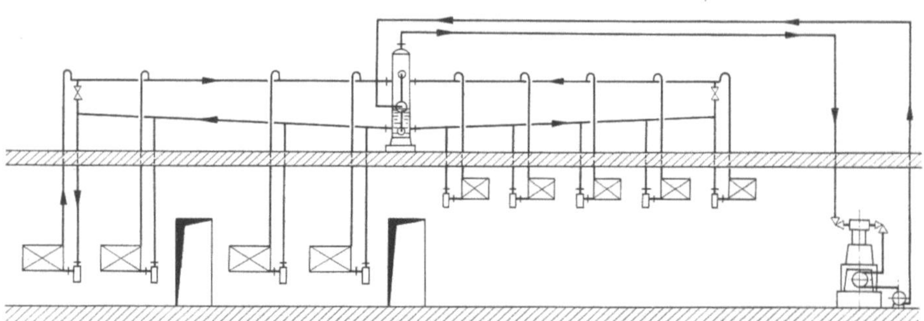

Abb. 223. Überflutungsbetrieb mit Kältemittelverteilung oben.

Der Umpumpbetrieb findet besonders bei größeren Anlagen in steigendem Maße Anwendung. Fördert man das Kältemittel im Überschuß durch die Verdampfer, wobei etwa 3- bis 4mal soviel Flüssigkeit durch jedes System gepumpt wird, als verdampft, so erzielt man auch beim Eintritt des Kältemittels von oben in den Verdampfer einen dem Überflutungsbetrieb gleichwertigen Wärmedurchgang und kann den Abtauvorgang mittels warmen Gases in einfacher Weise von Hand oder automatisch bewerkstelligen. Abb. 225

zeigt eine der gebräuchlichsten Ammoniakpumpen, die betriebssicher und anspruchslos in der Wartung ist.

Die Einführung des thermostatischen Regelventils hat der Verwendung des Schwimmerreglers, der oft einen geräumigen Abscheider benötigt, fühlbar

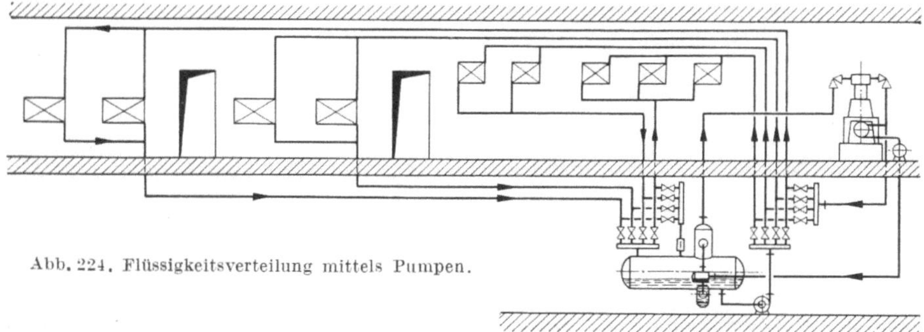

Abb. 224. Flüssigkeitsverteilung mittels Pumpen.

Abbruch getan. Der freie Querschnitt am Durchgang durch ein thermostatisches Regelventil wird von einer Membrane verändert, die auf einer Seite unter Verdampferdruck, auf der anderen unter dem Druck eines in einer Kapsel mit kapillarem Verbindungsrohr enthaltenen, für sich abgeschlossenen Gases oder

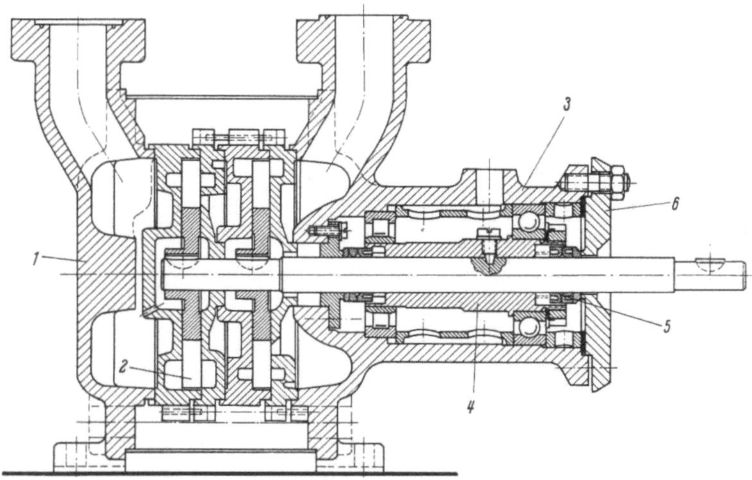

Abb. 225. Ammoniakpumpe (Th. Witt, GmbH., Aachen).
1 Pumpengehäuse, *2* Laufrad, *3* Lagergehäuse, *4* Wälzlagerbuchse, *5* Gleitringdichtung, *6* Äußerer Schleifflansch.

einer leicht siedenden Flüssigkeit steht (Abb. 226). Durch eine von außen her veränderliche Federkraft kann die Membrane eine einstellbare Vorspannung erhalten, womit eine Anpassung an verschiedene Betriebsverhältnisse möglich wird. Diese Einstellung wird in der Regel so vorgenommen, daß die Temperatur des Kältemitteldampfes am Austritt aus dem Kühler etwa um 7 °C höher liegt, als die Verdampfungstemperatur. Nimmt dieser Temperaturunterschied ab, was z. B. bei zunehmender Füllung des Verdampfers der Fall sein kann, so schließt das Ventil, im gegenteiligen Falle, also etwa bei Füllungsmangel, öffnet es weiter. Dieses Regelventil sorgt also bei ausreichender Füllung des Kühlers

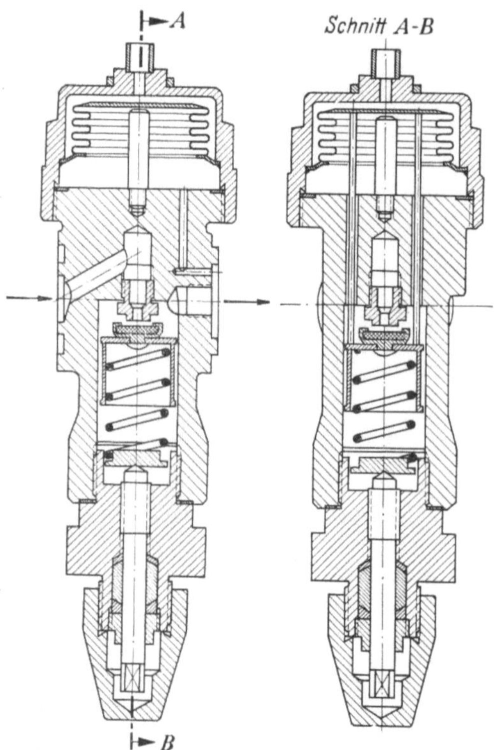

Abb. 226. Thermostatisches Regelventil (Danfoss, Nordborg, Dänemark).

für eine angemessene Überhitzung des angesaugten Dampfes, wodurch der Abscheider praktisch überflüssig wird. Wie die Abb. 227 und 228 erkennen lassen, kann man das flüssige Kältemittel sowohl von unten als auch von oben in die Kühlsysteme einspritzen. Im ersten Fall ist das Kühlsystem auf der Innenseite überflutet, im zweiten Fall dagegen nur oberflächlich benetzt. Das bedeutet, daß bei Einspritzung von oben und gleicher Kälteleistung die Kühlfläche größer bemessen sein muß als bei Einspritzung von unten.

V. Automatik[1].

Die Ausstattung einer modernen Schlachthofkühlanlage wäre nicht vollständig, wenn man ihre Bedienung und Überwachung ausschließlich dem Personal überlassen wollte. Die Entwicklung ging daher in den letzten Jahren so vor sich, daß man zunächst Einrichtungen schuf, die im Gefahrenfall, also etwa beim Ausbleiben des Kühlwassers, die Anlage selbsttätig

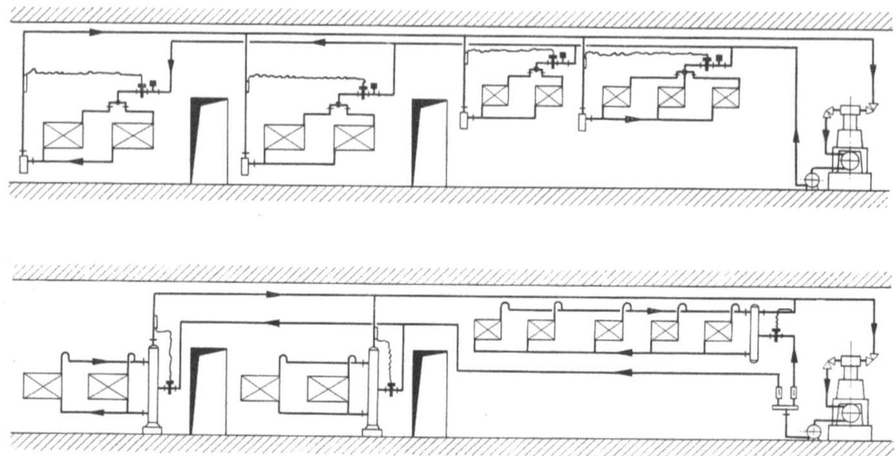

Abb. 228. Kühler mit thermostatischer Einspritzung von oben.

zum Stillstand bringen (Sicherheitsüberdruckschalter). Dazu war es allerdings nötig, die herkömmlichen, von Hand aus bedienten elektrischen Schaltgeräte (Hebelschalter) durch solche zu ersetzen, bei welchen der Schaltvorgang elektro-

[1] Vgl. Abschnitt „Automatik“ im Bd. VI dieses Handbuches.

magnetisch bewerkstelligt wird. Man braucht dann nur den Steuerstrom eines solchen in Abb. 229 dargestellten elektromagnetischen Schalters, den man

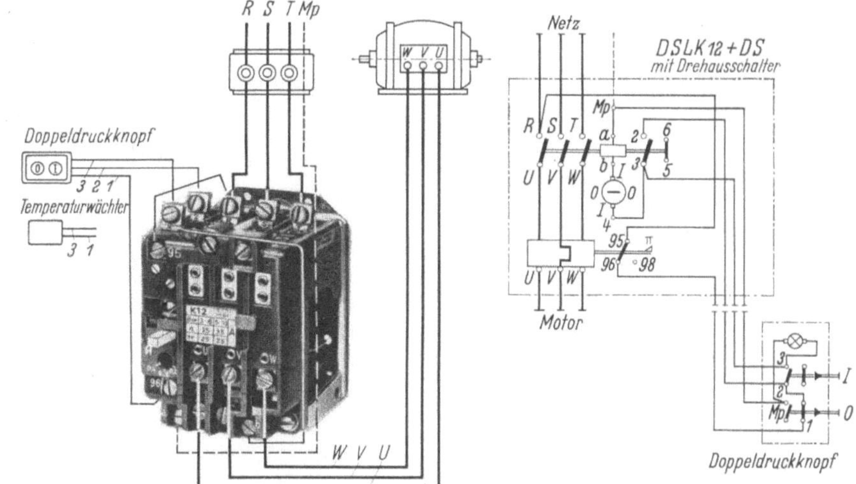

Abb. 229. Schaltschütz (Metzenauer & Jung, GmbH., Wuppertal-Elberfeld).

Schütz nennt, zu schließen oder zu unterbrechen, um auch größere, direkt einschaltbare Motoren in Gang zu setzen oder zum Stillstand zu bringen. Bei

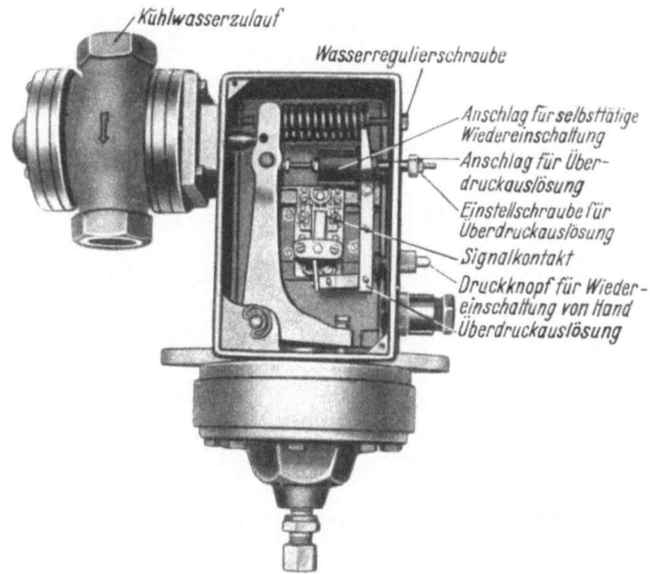

Abb. 230. Sicherheits-Überdruckschalter (Metzenauer & Jung, GmbH., Wuppertal-Elberfeld).

dem erwähnten Sicherheitsüberdruckschalter wirkt also der Kältemitteldruck im Kondensator, der bei Wassermangel ansteigt, auf einen Ausschaltmechanismus. Dieser Schalter (Abb. 230) ist ein Beispiel für eine Anzahl weiterer

Schaltgeräte, die ebenfalls auf einen in der Regel einstellbaren Druck ansprechen und unter der Bezeichnung „Pressostat" zusammengefaßt werden. Der Schaltmechanismus des Überdruckschalters wird vielfach so konstruiert, daß bei ansteigendem Verflüssigerdruck zunächst eine die Abschaltung vorbereitende, allmähliche Verstellung einzelner Getriebeteile erfolgt, die Abschaltung selbst aber bei Erreichen des einstellbaren Grenzdruckes plötzlich durch eine Kippbewegung vor sich geht. Man kann diese vorbereitende Verstellung eines Getriebeteiles dazu benutzen, um eine Wasserabsperrung allmählich weiter zu öffnen und sie bei fallendem Druck wieder ebenso zu drosseln, wodurch sich der Überdruckschalter gleichzeitig zum Kühlwasserregler ausbauen läßt. Um eine unbeabsichtigte Wiedereinschaltung zu verhindern, besitzt der Sicherheitsüberdruckschalter eine Sperre, die nach Beseitigung der Störung geöffnet werden kann, wenn man beabsichtigt, die Anlage wieder in Betrieb zu nehmen.

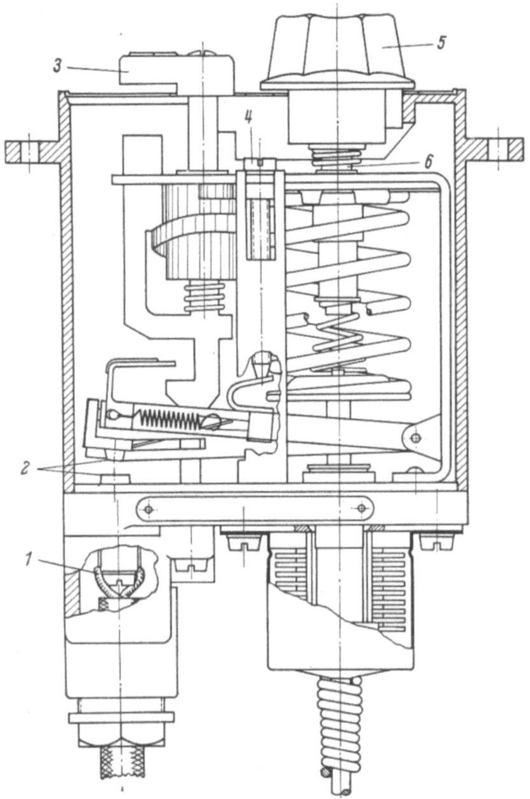

Abb. 231. Thermostat (Metzenauer & Jung, GmbH., Wuppertal-Elberfeld).
1 Kabelverschraubung, 2 Kontaktabstand, 3 Handschalter, 4 Differenzverstellschraube, 5 Drehknopf, 6 Spindel.

Genauso wie ein zu hoher Druck aus Sicherheitsgründen unerwünscht ist, will man auch einen zu niedrigen Ansaugedruck vermeiden, der sich z. B. durch unbeabsichtigten Dauerbetrieb der Anlage einstellen könnte, wenn dem Verdampfer zur selben Zeit keine oder verhältnismäßig wenig Wärme zugeführt wird. Dieser Fall kann etwa bei stark vereistem Verdampfer eintreten, bei dem der Wärmeaustausch durch die isolierende Reif- oder Eisschicht auf den Kühlrohren unterbunden wird. Der Kühlraum bleibt dann warm, die Maschine läuft weiter und saugt den Verdampfer unter Umständen so stark ab, daß er auf Unterdruck kommt. Störungen in der Schmierung, Einziehen von Luft durch die Kompressorstopfbüchse können dann die Folgen einer solchen Störung sein. Man stattet daher häufig auch Schlachthofanlagen mit einem Saugdruckschalter aus, der in gleicher Weise wie der Überdruckschalter bei der einstellbaren unteren Druckgrenze den Kompressormotor abstellt.

Gleichzeitig mit der Abschaltung der Anlage im Gefahrenfalle läßt man zweckmäßigerweise ein Signalgerät in Aktion treten. Das Personal kann dadurch akustisch gewarnt und optisch durch das Aufleuchten bestimmter Lampen auf die besondere Ursache der Störung, z. B. Überdruck oder mangelnder Öldruck hingewiesen werden.

Eine weitere Sicherheitseinrichtung des Schaltschützes ist der Überstromauslöser. Im Gegensatz zu dem Kurzschlußschutz durch Abschmelzsicherungen ist es die Aufgabe des Überstromauslösers, den Motor vor einer schädlichen Erwärmung infolge geringer oder lang dauernder Überlastung zu schützen. Der Motor wird in einem solchen Falle durch ein Wärmerelais abgeschaltet, bei dem der Einfluß der Umgebungstemperatur weitgehend kompensiert ist. Die Schaltbewegung kommt durch die Formänderung von Metallen unter dem Einfluß der Stromwärme zustande.

Mit den bisher genannten Geräten, dem Kühlwasserregler mit Sicherheitsüberdruckschalter, dem Signalgerät und dem Motorschutzschalter mit Überstromauslösung läßt sich die Sicherheit des Betriebes einer Schlachthofkühlanlage schon beachtlich verbessern. Eine derart ausgestattete Anlage wird allerdings im Gefahrenfall nur abgestellt und muß, nachdem der Grund für die Störung beseitigt wurde, oder wenn wieder Bedarf an Kälte vorliegt, von Hand in Betrieb gesetzt werden. Man nennt solche Anlagen halbautomatisch im Gegensatz zu solchen, bei denen auch der Anlauf aller Maschinen und Apparate selbsttätig erfolgt und die man dann sinngemäß vollautomatische Anlagen nennt.

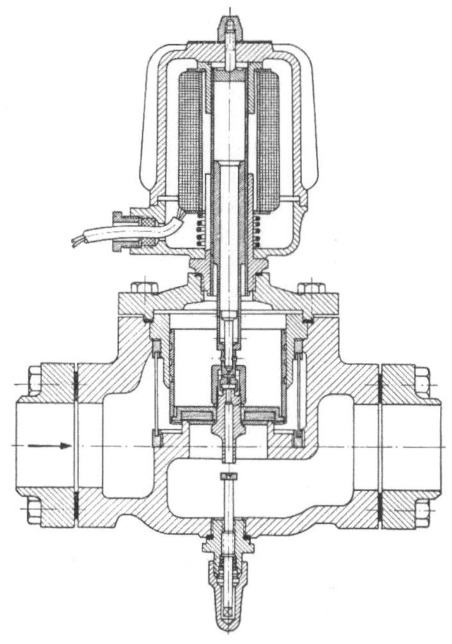

Abb. 232. Magnetventil (Danfoss, Nordborg, Dänemark).

Der Kältebedarf in einem zu kühlenden Raum der Anlage gibt sich in der Regel als Temperaturanstieg der Raumluft zu erkennen. Um ihn als Impuls auszunützen, muß ein weiteres Gerät eingesetzt werden, welches grundsätzlich dem Pressostat entspricht und dessen Schaltmechanismus wieder von der Ausdehnung oder Zusammenziehung eines temperaturempfindlichen Stoffes in Gang gesetzt wird. Geräte dieser Art, die sowohl hinsichtlich ihrer mittleren Betriebstemperatur, aber auch hinsichtlich ihrer Schaltdifferenz einstellbar sind, werden heute von vielen Firmen auf den Markt gebracht und sind unter der Bezeichnung „Thermostat“ bekannt.[1] Man kann also ein solches Instrument, wie es beispielsweise in Abb. 231 dargestellt ist, und das grundsätzlich nur einen Steuerstrom öffnet oder schließt, z. B. in einen Zellenkühlraum hängen und auf eine mittlere Betriebstemperatur von etwa +1 °C mit einer Schaltdifferenz von ± 1 °C einstellen. Es wird dann bei +2 °C ein- und bei 0 °C ausschalten. Anlagen, die nur aus einem Kompressor und einem einzigen Kühlraum bestehen, kommen jedoch in Schlachthöfen kaum vor. Wie schon früher erwähnt, sind es gewöhnlich mehrere Einzelräume, z. T. auch solche mit verschiedenen Temperaturen, die mit einem oder mehreren Kompressoren zusammen arbeiten. Ist also in einem von diesen Kühlräumen die für ihn in Frage kommende Temperaturgrenze erreicht, so muß die Kältemittelzufuhr zu ihm abgesperrt werden. Zu diesem Zweck wird in die Flüssigkeitszuleitung ein Magnetventil (Abb. 232) eingebaut, welches infolge der

[1] Vgl. die Fußnote auf S. 254.

Schaltbewegung des Thermostaten stromlos wird und daher schließt. Auf diese Art und Weise werden die einzelnen Räume so lange zu- oder abgeschaltet, bis der letzte Steuerstromkreis unterbrochen wird, mit dem zugleich das Kompressorschaltschütz abfällt. Steigt die Temperatur auch nur in einem Raum über den oberen Grenzwert, so wird gleichzeitig das betreffende Magnetventil geöffnet und der Kompressor in Gang gesetzt. Selbstverständlich muß nach dem Abstellen und vor dem Anstellen des Kompressors die Kühlwasserzufuhr geschlossen bzw. geöffnet werden, was entweder über die dabei auftretende Druckänderung im Kondensator der Kühlwasserregler oder ein Magnetventil in der Wasserleitung bewerkstelligt. Erfolgt die Wasserversorgung dagegen über eine Pumpe, so fällt gleichzeitig mit dem Schütz des Kompressormotors das Schütz der Kühlwasserpumpe ab. Man nimmt die Schaltung dann auch so vor, daß der Kompressor über einen Hilfskontakt des Pumpenschützes eingeschaltet wird, um so einen unzulässigen Druckanstieg infolge fehlenden Kühlwassers auszuschließen. Auch etwa vorhandene Ventilatoren in den betreffenden Kühlräumen müssen gleichzeitig zu- oder abgeschaltet werden.

Abb. 233 zeigt den Wirkschaltplan einer aus 2 Räumen bestehenden Anlage, in der noch jeder Raum unter Umgehung der automatischen Schalteinrichtung von Hand aus geschaltet werden kann. Bevor dieses Schaltbild näher erläutert wird, muß jedoch noch auf einen Umstand hingewiesen werden, der den Aufbau einer neuzeitlichen Schlachthofkühlanlage wesentlich mitbestimmt. Das Zu- und Abschalten einzelner Kühlräume, die zusammengenommen den gesamten Kältebedarf und damit die Kompressorgröße bestimmen, bleibt nämlich nicht ohne Einfluß auf den Betriebszustand. Wird z. B. durch Abschalten einzelner Räume der stündliche Kältebedarf auf die Hälfte des Gesamtbedarfes herabgesetzt, so fällt bei gleichbleibendem Ansaugvolum des Kompressors die Verdampfungstemperatur beträchtlich unter den für den gleichzeitigen Betrieb aller Kühlräume vorgesehenen Wert, also z. B. von —10 auf —20 °C. Dieser Abfall der Verdampfungstemperatur wäre jedoch für die in Betrieb verbleibenden Räume nicht zulässig, denn einerseits müßten diese Räume, wenn sie nicht vorher thermostatisch abgeschaltet würden, zu kalt werden; andererseits hätte die niedrige Verdampfungstemperatur einen unerwünscht hohen Feuchtigkeitsentzug aus der Raumluft zur Folge. Um diesem Übelstand abzuhelfen, muß man die Kompressorleistung dem augenblicklichen Kältebedarf anpassen. Dies kann man entweder durch Verminderung der Verdichterleistung, also etwa durch Veränderung der Drehzahl, oder durch Verstellung des Saugventilhubes erreichen. Von dieser Möglichkeit macht man allerdings im Betrieb von Schlachthofkühlanlagen nur selten Gebrauch. Mehr verbreitet ist dagegen ein anderes Verfahren, bei dem man die gesamte Kälteleistung auf mehrere, kleine Kompressoren verteilt und diese je nach Bedarf automatisch zu- und abschaltet. Als Maß für den Kältebedarf dient dabei der wechselnde Verdampferdruck. Das Zu- oder Abschalten einzelner Kompressoren wird dann von mehreren, auf verschiedene Verdampferdrücke eingestellten Pressostaten in die Wege geleitet.[1] Man kann jedoch auch mit einem einzigen Pressostat auskommen, der einen Maximum- und einen Minimumkontakt besitzt und seine Impulse an ein Programmschaltwerk gibt. Der in Abb. 233 gezeigte Wirkschaltplan enthält eine Einrichtung der zuletzt genannten Art und läßt die Wirkungsweise der automatischen Schaltung ohne weiteres erkennen.

Die der Darstellung zugrunde gelegte Anlage bestehe aus 3 Kompressoren, 1 Schnellkühl- und 1 Zellenkühlraum. Die Schnellkühlung werde von Hand

[1] Deutsches Bundespatent Nr. 842351.

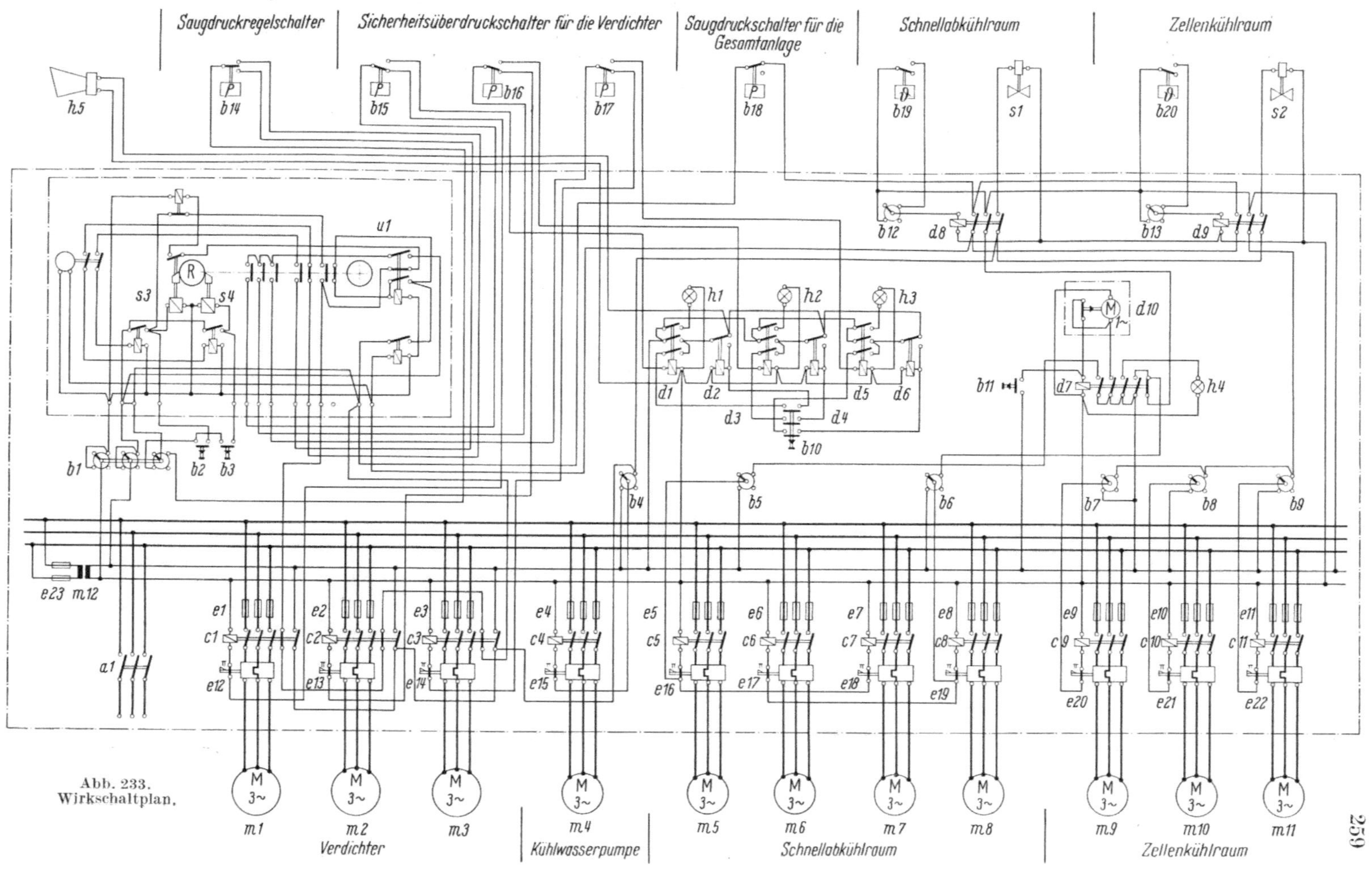

Abb. 233. Wirkschaltplan.

aus über den Druckknopf *b 11* eingeschaltet und bleibe eine einstellbare Zeit, z. B. 20 Stunden mit allen 4 Ventilatoren in Betrieb. Von da ab soll der Raum nur mit 2 Ventilatoren so lange gekühlt werden, bis der Thermostat *b 19* über das Hilfsrelais *d 8* das Magnetventil *s 1* in der Kältemittelzufuhr zum Schnellkühlverdampfer schließt und die restlichen Ventilatoren abstellt. Die 3 Ventilatoren des Zellenkühlraumes werden innerhalb einer oberen und unteren Grenztemperatur von dem Thermostat *b 20* über das Hilfsrelais *d 9* ein- und ausgeschaltet. Gleichzeitig wird das Magnetventil *s 2* geöffnet und geschlossen. Das Schütz der Kühlwasserpumpe *c 4* erhält zugleich mit jedem einzelnen Kompressorschütz Steuerstrom. Jeder Kompressor besitzt einen Überdruckschalter (*b 15* bis *b 17*). Sobald einer derselben anspricht, wird das zu ihm gehörige Kompressorschütz stromlos, die Signalhupe *h 5* ertönt und eine der Signallampen *h 1* bis *h 3* leuchtet auf. Die Schnellkühlzeit von 20 Stunden kann mittels der Zeitschaltuhr *d 10* eingestellt werden. Ein gemeinsamer Sicherheits-Saugdruckschalter *b 18* schützt die Anlage gegen Absinken des Saugdruckes unter einen einstellbaren Grenzwert. Wenn nun etwa der Thermostat *b 20* den Steuerstromkreis schließt, zieht das Hilfsschütz *d 9* an, wodurch die Ventilatoren im Zellenkühlraum in Gang gesetzt werden. Außerdem läuft im Programmschaltwerk *u* 1 der an dessen linkem Rand angedeutete Motor an und schließt in einstellbaren Zeitabständen, z. B. alle 3 Minuten, die durch ihn betätigten Steuerkontakte. Nun hängt es davon ab, ob sich die Kontaktzunge des Saugdruckregelschalters *b 14* in der oberen, unteren, oder in der Mittelstellung befindet. Diese 3 Stellungen entsprechen dem oberen und unteren Grenzwert oder dem normalen Saugdruck. Dementsprechend erhält entweder der Stellmagnet *s 3* oder *s 4* oder keiner von beiden Steuerstrom, macht ggf. eine kurze Hubbewegung und verdreht damit die Welle der Schaltwalze um eine Teilung des gezahnten Rades *R* in dem einen oder anderen Sinne. Durch jeden dieser Schaltschritte wird ein Kompressor zu- oder abgeschaltet; oder aber der Saugdruck hat seinen normalen Wert, dann bleibt die Zahl der eben in Betrieb befindlichen Kompressoren unverändert. Die Schaltwalze ist in Abb. 233 nur schematisch angedeutet und enthält in ihren entsprechend ausgemittelten Kontaktstreifen das eigentliche „Programm“ des ganzen Schaltvorganges. Nach einem etwaigen Spannungsausfall wird bei wieder einsetzender Spannung das Schaltwerk in die Nullstellung zurückgeführt, um zu vermeiden, daß alle zuvor in Betrieb gewesenen Motoren gleichzeitig anlaufen und das Netz in unzulässiger Weise überlasten. Durch einen kurzen Druck auf die Knöpfe *b 2* und *b 3* wird jeweils ein Schaltschritt in dem einen oder anderen Sinn der Schaltwalze eingeleitet, also jeweils ein Kompressor zu- oder abgeschaltet. Mittels der Drehumschalter kann die Anlage auf automatischen, auf Handbetrieb gestellt oder ganz abgeschaltet werden. Durch wechselweises Kombinieren der einzelnen zu einer Anlage gehörigen Kompressoren, die man erforderlichen Falles auch mit polumschaltbaren Motoren, also mit verschiedenen Drehzahlen antreiben kann, läßt sich eine ausreichend fein abgestufte Steigerung oder Verminderung der Kompressorleistung erzielen, so daß man in guter Annäherung für jeden Kältebedarf das diesem gerade entsprechende Ansaugvolum zur Verfügung hat. Man ist also dem Ziel, die Kompressorleistung stetig und wirtschaftlich in Abhängigkeit von dem augenblicklichen Kältebedarf regeln zu können, beträchtlich nähergekommen.

Damit sind jedoch nur die Grundprobleme der automatischen Betriebsweise von Großkälteanlagen beschrieben und ein Aufgabenbereich angedeutet, dessen erschöpfende Darstellung weit über den Rahmen dieser Ausführungen hinausgehen würde. Man ersieht jedenfalls aus den obigen Andeutungen und Beispielen, daß der Aufbau einer vollständigen Automatik für eine Schlachthofkühlanlage eine umfangreiche Planung vorausgesetzt, daß die Geräte der Automatik nur im Zusammenhang mit der übrigen Anlage richtig gewählt werden können und daß der Kälteingenieur, der sein Fachgebiet lückenlos beherrschen will, ohne gründliche Kenntnis auf dem Gebiet der elektrischen Schaltlehre nicht mehr bestehen kann.

VI. Zusätzliche Maßnahmen zur Qualitätserhaltung des Kühlgutes.

Im Betrieb von Schlachthofkühlanlagen zeigt es sich, daß außer der Einhaltung bestimmter, dem Kühlgut zuträglicher Temperaturen auch jene der relativen Feuchtigkeit in den Kühlräumen eine bedeutsame Rolle spielt. Ist diese zu niedrig, so trocknet das Fleisch besonders bei längerer Lagerung stark aus. Es verliert dann nicht nur an Gewicht, sondern auch an Geschmackswert. Ist die Feuchtigkeit dagegen zu hoch, so wird das Fleisch an der Oberfläche naß und schmierig. In der Regel wird in Kühlräumen eine relative Feuchtigkeit von 90%, in Zellenkühlräumen eine solche von etwa 85% eingehalten. Diese Feuchtigkeitsgrade lassen sich auch ohne weiteren Aufwand an Sondereinrichtungen erreichen, solange die tägliche Betriebszeit der Anlage nicht wegen zu geringen Kältebedarfes unter einen bestimmten Grenzwert sinkt. Da nämlich die Abkühlung der Umlaufluft an der kalten Oberfläche eines Kühlers und die Wasserabscheidung der feuchten Luft an derselben Fläche gleichzeitig und abhängig voneinander verlaufen, tritt besonders in der kühleren Übergangsjahreszeit, also im Frühling und Herbst, der Fall auf, daß die Kälteanlage wegen verringerten Kältebedarfes täglich mitunter nur wenige Stunden in Betrieb ist, da sonst die Temperatur in den Zellenkühlräumen gegen Ende der Woche zu stark absinken würde. Damit ist jedoch auch die Wasserabscheidung aus der Raumluft auf einen verhältnismäßig kurzen Zeitraum beschränkt und die von dem Kühlgut durch Verdunstung seines Wassergehaltes angereicherte Feuchtigkeit in seiner unmittelbaren Umgebung wird zu hoch. Man hilft sich in Fällen dieser Art damit, daß man vor den Austritt der Umlaufluft aus dem Kühler in den Raum Heizelemente einbaut, welche die bei tiefer Verdampfungstemperatur entfeuchtete Luft bis auf die gewünschte Raumtemperatur aufwärmen. Dieses Verfahren ist jedoch verhältnismäßig kostspielig, denn, wie schon bemerkt, kommt die erzeugte Kälte um so teurer zu stehen, je niedriger die dabei in Anwendung kommende tiefste Temperatur, also die Verdampfungstemperatur des Kältemittels, liegt. Andererseits muß man die vielfach elektrisch, also nicht gerade billig erzeugte Wärme mit der Kältemaschine unter Energieaufwand abführen, nur um den Wasserdampfgehalt der Luft herabsetzen zu können. Man arbeitet daher besonders in Zellenkühlräumen während der kühleren Jahreszeit gern mit verstärktem Luftumlauf, was man durch Lüfter erreichen kann, die entweder zusätzlich zu den Ventilatoren der Deckenluftkühler oder ganz ohne die letzteren die Raumluft in ausreichender Bewegung halten. Es muß jedenfalls dafür gesorgt werden, daß sich keine ruhende Lufthülle um die einzelnen Fleischstücke bilden kann, denn in einer solchen ist es bei Temperaturen um 0 °C auch bei relativ trockener Umgebungsluft nur schwer, eine befriedigende Fleischbeschaffenheit zu erzielen. Das Fleisch gibt fast immer eine gewisse, wenn auch geringe Feuchtigkeitsmenge an die Umgebungsluft ab, die bei gänzlich fehlender Luftbewegung als Dunstschleier am Kühlgut hängenbleibt und nur langsam durch Diffusion an die kalten Flächen der Kühlkörper abzieht.

Eine Maßnahme, die man ebenfalls in Schlachthofkühlräumen angewendet hat, um die Fleischqualität zu erhalten, besteht darin, daß man der umlaufenden Luft einen geringen Anteil Ozon, der in eigens dafür bestimmten Apparaten erzeugt wird, zusetzt. Nach neueren Beobachtungen erzielt man jedoch mit diesem Verfahren keinen nennenswerten Erfolg, eine Überdosierung kann sich sogar schädlich auswirken. Schließlich soll noch der Anwendung ultravioletter Strahlen in Kühlräumen gedacht werden.[1] Einrichtungen dieser Art, die in Amerika nicht selten angetroffen werden, und besonders in Fleischwarenfabriken ein Anwendungsgebiet besitzen, sollen imstande sein, das Fleisch einwandfrei zu erhalten, selbst wenn die Raumtemperatur wesentlich über der gewohnten Kühlraumtemperatur liegt. Bei höheren Temperaturen geht andererseits der Reifungsprozeß in den Schlachtprodukten rascher vor sich, man kann also, ohne das Fleisch längere Zeit in den Kühlräumen „abhängen" zu lassen, kurz nach der Schlachtung mit einer einwandfreien Oberflächenbeschaffenheit und einem zarten Gefüge der einzelnen Stücke rechnen. Die Anbringung der Strahlenlampen in einem Fleischkühlraum, wie er in Schlachthöfen üblich ist, dürfte allerdings nicht ganz leicht sein, denn die Strahlen besitzen kein großes Durchdringungsvermögen und wirken nur auf der Oberfläche, auf die sie unmittelbar auftreffen. Man braucht daher in voll behängten Räumen eine große Zahl von Lampen und es läßt sich wohl noch nicht voraussagen, ob diese zusätzliche Art der Fleischkonservierung in Schlachthofbetrieben größere Verbreitung finden wird.

Schrifttum.

[1] HEISS, H.: Bau, Einrichtung und Betrieb öffentlicher Schlacht- und Viehhöfe, Berlin: Springer 1932.
[2] WAGEMANN-KELLER: Lehrbuch der Schlachthofkunde. Berlin und Hamburg: Parey 1958.
[3] TAMM, W.: Die Kühlung von Fleisch, Beiheft Z. ges. Kälteind. Reihe 3, H. 4 (1930).
[4] KUPRIANOFF: Neuere Erkenntnisse über die Veränderungen von Fleisch beim Kühlen und Gefrieren. Kältetechnik Bd. 4 (1952) S. 156.
[5] BURKE, H.: Zur Frage der Schnellabkühlung von Fleisch. Kältetechnik 1956.
[6] BACHMANN, H.: Tafeln über Abkühlungsvorgänge einfacher Körper. Berlin: Springer 1938.
[7] NIEDEREHE, H.: Schweineschnellstkühlraum am Schlachthof Witten/Ruhr. Schlacht- und Viehhofzeitung 6/1959.
[8] RASENACK, O.: Der Kälteeinbau bei Schlachthöfen in betriebswirtschaftlicher und planungsmäßiger Hinsicht, Linde-Berichte aus Technik und Wissenschaft. 7/1959.
[9] WEIS, W.: Kältetechnik im Schlachthof, BBC-Nachrichten. 1/1960.
[10] RUTOV, D. G.: Calculation of the time of cooling of food products, Bull. Inst. Intern. du Froid, Annexe 1958—2, S. 415. Vgl. auch H. D. BAEHR, dieses Handbuch, Bd. 3, S. 145—157 und R. PLANK, dieses Handbuch, Bd. 10, S. 12—17.

[1] Näheres darüber findet man in Bd. X dieses Handbuches, S. 111ff.

Zweiter Teil.

Der Transport gekühlter Lebensmittel.

Gekühlte Eisenbahn-Güterwagen.

Von

Professor **N. S. Komarow**

Moskau.

und Dr. Ing., Dr. rer. nat. h. c., Dr. sc. agr. h. c. **R. Plank**

em. o. Professor an der Technischen Hochschule Karlsruhe.

Mit 57 Abbildungen.

A. Die Organisation des Kälteverkehrs.[1-3]

W. Pischel stellt mit Bedauern fest, daß die Eisenbahnverwaltungen der europäischen Länder, mit Ausnahme von Frankreich, bis vor wenigen Jahren sich für die Beförderung von Kühlgütern nicht genügend eingesetzt haben. Sie haben zwar Kühlwagen gebaut und sie auf Anforderung zur Verfügung gestellt, sich aber an der Schaffung der notwendigen Kühlkette (von Haus zu Haus) nicht beteiligt. In Deutschland kam es 1921 zur Gründung der privaten Kühltransit A. G. mit Kühlhäusern in Leipzig, Berlin, Hamburg und mit einem Park von 1200 bis 1500 Kühlwagen. Diese Gesellschaft wurde aber 1949 wieder aufgelöst. Eine Wandlung brachte in Deutschland, wie auch in anderen Ländern, erst der scharfe Wettbewerb der gekühlten Lastwagen auf der Straße (vgl. S. 415) und die sichtbaren Erfolge eines französischen Unternehmens (STEF, s. weiter). Einen ähnlichen Einfluß haben gekühlte Lastkraftwagen mit eingebauten Kältemaschinen auch auf die Entwicklung des Kühlgüterverkehrs auf den amerikanischen Eisenbahnen ausgeübt, wo man sich erst sehr spät entschlossen hat, maschinell gekühlte Eisenbahnwagen für den Transport von Gefriergütern zu bauen.

1. Die Gesellschaft STEF.

Schon 1919 hat der Minister der öffentlichen Arbeiten in Frankreich die französische Staatsbahn und die verschiedenen Privatbahnen beauftragt, Gesellschaften zu bilden, die den Transport und die Lagerung von Kühlgütern sowie

[1] Le trafic des denrées perissables et son organisation sur les réseaux ferroviaires européens: Schrift, herausgegeben von dem Centre d'Information des Chemin de fer Européens (CICE) (Sitz in Rom), 1955.

[2] Pischel, W.: Entwicklung und Gestaltung des europäischen Kühlverkehrs, Eisenbahntechn. Rundschau, Bd. 5 (1956) H. 8, S. 299 u. H. 9, S. 387. Unsere Darstellung stützt sich vorwiegend auf diese Veröffentlichung.

[3] Schröder, E.: Die technische Seite des Kühlverkehrs. Die Bundesbahn 27 (1953) H. 2, S. 85.

den Bau von Eisfabriken übernehmen sollten. Im Mai 1920 wurde dieser Anregung folgend die Société Française de Transport et Entrepôts Frigorifiques (STEF) gegründet. Nach dem zweiten Weltkrieg wurden alle Eisenbahngesellschaften zur Société Nationale des Chemins de fer Français (SNCF) vereinigt, welche den Wiederaufbau übernahm und der STEF die Betriebsführung aller ihr gehörenden Kühlwagen übertrug. Diese Gesellschaft besaß schon 1956 mehr als 700 Kühlwagen, eigene Kühlbahnhöfe (S. 291) sowie Kühlhäuser und Eisfabriken in Paris-Bercy, Perpignan, Avignon, Toulon, Limoges, Dijon und Straßburg. Sie nahm die Arbeit auch in Algier und Marokko auf. Die von ihr beförderten Kühlgutmengen stiegen von 50000 Tonnen im Jahre 1923 auf 1073000 Tonnen im Jahre 1954. Sie organisierte den Zubringerverkehr mit 250 gekühlten Lastkraftwagen, baute Eissilos mit Rutschbahnen sowie einen Meßwagen, um alle Vorgänge während des Transportes genau verfolgen zu können.[1]

Die STEF kühlt ihre Wagen fast ausschließlich mit Wassereis und macht von Trockeneis nur einen relativ geringen Gebrauch; das mag durch den Wunsch begründet sein, die eigenen Eisfabriken zu beschäftigen, in denen schon in den Jahren 1953 bis 1954 rund 100000 Tonnen Eis jährlich erzeugt wurden.

Es ist beachtlich, daß die STEF von einer Vorkühlung der Güter vor der Beladung der Kühlwagen kaum Gebrauch macht, weil die Kühlung während des Transportes angeblich billiger ist.[2] Diese Ansicht wird jedoch nicht allgemein geteilt. So wird z. B. in Italien von der Vorkühlung ausgiebig Gebrauch gemacht (s. S. 293).

2. Die Gesellschaft Interfrigo.

Im Oktober 1949 wurde von den Eisenbahnverwaltungen von Belgien, England, Frankreich, Italien, den Niederlanden und der Schweiz die Société Ferroviaire Internationale de Transports Frigorifiques (Interfrigo) mit dem Sitz in Brüssel gegründet. Im August 1959 wurde die Deutsche Bundesbahn nach langwierigen Verhandlungen sowohl innerhalb Deutschlands als auch auf internationaler Ebene als Mitglied mit den Rechten der Gründerstaaten aufgenommen. Die Aufnahme der Deutschen Bundesbahn entsprach einem dringenden Bedürfnis, da die Bundesrepublik das wichtigste Transitland Europas und das stärkste Empfangsland für Kühlgüter ist. Durch die Bundesrepublik werden die holländischen, französischen und dänischen Landwirtschaftserzeugnisse befördert (Gemüse, Milch, Käse und Fleisch), die italienischen Apfelsinen und Frühkartoffeln, die spanischen Apfelsinen, die über Seehäfen gelandeten Bananen und ein großer Teil der Seefische.

Die Interfrigo sollte sich des Wagenparks der verschiedenen Eisenbahnverwaltungen bedienen und nur einen kleinen Reservepark zur Deckung des Spitzenverkehrs unterhalten. Sie hat aber 1952 525 eigene Kühlwagen beschafft und 1955 wurde der Bau von weiteren 350 Kühlwagen beschlossen. Das widersprach den Interessen der Deutschen Bundesbahn (und wohl auch der anderen Bahnverwaltungen), die genügend Kühlwagen besitzt, um nicht nur den eigenen Bedarf zu decken, sondern auch um fremden Eisenbahnverwaltungen (Griechenland, Türkei, Nordische Länder) auszuhelfen.[3] Im Interfrigo-Verkehr empfing die

---

[1] Chevalier, H., u. J. M. Richard: Ber. IX. Intern. Kältekongreß Paris 1955, Bd. II, S. 7060.

[2] Chevalier, H.: Ber. IX. Intern. Kältekongreß Paris 1955, Bd. II, S. 7083.

[3] Die Deutsche Bundesbahn besaß folgende Anzahl von Kühlwagen:

1949	3679 Kühlwagen	1953	3601 Kühlwagen
1950	3567 Kühlwagen	1954	3697 Kühlwagen
1951	3951 Kühlwagen	1955	3785 Kühlwagen
1952	3451 Kühlwagen		

Bundesrepublik Deutschland im Jahre 1959 rund 37% der beförderten Wagen, während Frankreich und die Niederlande die Hauptversandländer sind.[1]

3. Die Gesellschaft Transthermos.

Schon vor dem Beitritt der Deutschen Bundesbahn zur Interfrigo mußte in der Bundesrepublik eine Gesellschaft gegründet werden, die, nach dem Beispiel der STEF, die Organisation und Unterhaltung der Kühlkette übernehmen könnte. Nach langen Verhandlungen gelang es, im Juni 1950 die *Transthermos* GmbH., Hamburg — Bremen — München zu gründen, die dann den Beitritt zur Interfrigo beschloß. Nach dem neuen Gesellschaftsvertrag vom August 1955 ist Gegenstand der Transthermos die Lagerung und Beförderung leichtverderblicher Güter vom Erzeuger bis zum Verbraucher. Die Deutsche Bundesbahn hat der Transthermos die Durchführung der Aufgaben übertragen, die sich aus dem Vertrag mit der Interfrigo ergaben. Die Transthermos unterhält Außenstellen in Bremerhaven, Berlin, München, Frankfurt a. M., Hamburg und Aarhus. Neben Kühlwagen für Wassereis und Trockeneis unterhält sie auch neun maschinelle Kühlwagen, System Altek (S. 297) in Dauermiete. Seit 1954 ist sie auch Generalvertreter der *Transfesa* (s. S. 266).

Im Gegensatz zur STEF verwendet die Transthermos in ihren Kühlwagen neben Wassereis in steigendem Maße auch Trockeneis, dagegen wird von Eissalz-Gemischen immer weniger Gebrauch gemacht, wie aus folgenden Verbrauchszahlen zu ersehen ist.

	Wassereis t	Salz t	Trockeneis t
1951	11000	2300	158
1952	17000	2300	545
1953	13700	1000	580
1954	14700	600	875
1955	30300	300	2149

Bei der Deutschen Bundesbahn besteht Frachtfreiheit für die Kühlmittelbeiladungen.

Die Transthermos arbeitet nicht nur mit Blockeis, sondern auch mit Eisschnee (s. S. 284). Die Eisblöcke werden zu Schnee gefräst und in die Kühlwagen eingeblasen. In München besitzt die Transthermos eine Fabrik für Röhreneis.[2]

Die Deutsche Bundesbahn hat der Transthermos die Kontrolle über den Transport der in deutschen Seehäfen gelandeten Bananen übertragen. Dabei ist aber die Auslastung der Wagen noch sehr schlecht, sie erreicht nur rund 5 Tonnen, da die Büschel nur in *einer* senkrechten Lage ohne Stapelung mit Zwischenböden geladen werden. Für Bananentransporte genügten aber auch isolierte Güterwagen ohne Eisfüllung. Da die Stauden bis zu 60 kg Gewicht und 1,2 m Höhe erreichen, wird es nach Einbau der Isolierung nicht möglich sein, in einer zweiten Etage die Stauden senkrecht zu stapeln, wie es von den Verfrachtern gewünscht wird. Man hat daher auch an die Verwendung von Großbehältern gedacht (S. 456), von denen 3 Stück auf einem Plattformwagen untergebracht werden könnten.[3]

Es sei noch auf eine Reihe von Rationalisierungsmaßnahmen im Kühlverkehr verwiesen, die Flemming nachdrücklich empfohlen hat, um Verlustquellen auszuschalten.[4]

4. Die Gesellschaft Refribel.

Ähnlich wie die STEF in Frankreich und die Transthermos in der Bundesrepublik arbeitet in Belgien seit September 1953 als Vertretung der Interfrigo

[1] Über die Entwicklung der Interfrigo in den Jahren 1951 bis 1959 vgl. Kältetechnik Bd. 12 (1960) S. 328.

[2] Vgl. in diesem Band, S. 519—525.

[3] Schmidt, L. L.: Obst u. Gemüse, Bd. 21 (1957) Nr. 5, S. 11.

[4] Flemming, H.: Kältetechn. Bd. 3 (1951) S. 125.

die „Régie des services frigorifiques de l'Etat Belge" (Refribel); sie ist ein staatliches Unternehmen, das hauptsächlich auf dem Gebiet der Lagerung von Kühlgütern tätig ist und 7 Kühlhäuser in Antwerpen, Gent, Brüssel, Namur, Lüttich, Charleroi und Oudenaarde besitzt.

5. Die Gesellschaft Transfesa.

Eine Sonderstellung im internationalen Kühlverkehr nimmt Spanien ein, da die Spurweite seines Eisenbahnnetzes (1674 mm) von derjenigen der meisten europäischen Länder (1435 mm) abweicht.[1] Daher mußte die Ware an den Grenzen (Port Bou/Cerbère und Irun/Hendaye) umgeladen werden. Jetzt hat die Gesellschaft „Transportes Ferroviares Especiales S. A., Madrid" (Transfesa) 1312 Wagen mit auswechselbaren Achsen eingesetzt, von denen 162 Kühlwagen sind. Unter den Empfangsländern der spanischen Ausfuhr steht Deutschland an der Spitze. Die Transfesa ist Vertreterin der Interfrigo für Spanien.

6. Fahrplan.

An der Verbesserung des internationalen Güterzugfahrplanes und an der Verkürzung der Aufenthalte auf den Grenzbahnhöfen wird fortgesetzt gearbeitet. Das gleiche gilt für den innerdeutschen Verkehr. Fische, die am Nachmittag in Bremerhaven oder Cuxhaven verladen werden, kommen mit dem Schnellgüterzug am nächsten Tag um 5 Uhr morgens im Rheinland und in Frankfurt a. M. an, so daß sie über die Groß- und Kleinhändler schon mittags konsumiert werden können. Mit Eilgüterzügen gelangt Obst und Gemüse von der spanischen Grenze in 50 Stunden nach Köln und in 60 Stunden nach Hamburg.

7. Behälter (Container).

Neben den Kühlwagen werden heute auch Kühlbehälter für die Beförderung von Lebensmitteln und sonstigen Kühlgütern eingesetzt.[2] Der Behälterverkehr hat in den letzten Jahren an Bedeutung zugenommen, er ermöglicht den Verkehr von Haus zu Haus. Bei der Deutschen Bundesbahn gab es 1956 unter den vorhandenen Großbehältern nur 42 Kühlbehälter, doch hat die Zahl inzwischen erheblich zugenommen. Das Fassungsvermögen beträgt 8 bis 9 m³ bei etwa 5 Tonnen Ladegewicht. Sie dienen zum Versand von Speiseeis innerhalb Deutschlands und von gefrorenen Fischen nach Frankreich. Die BASF benützt sie für den Versand von Trockeneis. Auch beim Versand von Lebensmitteln kommt als Kühlmittel vorwiegend Trockeneis in Frage, doch wird gelegentlich auch von Kältemaschinen Gebrauch gemacht. In Griechenland sind neben den Behältern der Transthermos auch solche der griechischen Gesellschaft Agrex in Umlauf. Näheres über Behälter s. S. 456.

8. Bezeichnungen für Kühlwagen.

In Übereinstimmung mit der europäischen Wirtschaftskommission, Arbeitsgruppe Beförderung schnellverderblicher Güter, wurden unter Mitwirkung des Bundesministerium für Verkehr folgende Bezeichnungen für Fahrzeuge, die dem Lebensmitteltransport dienen, eingeführt:

1. Belüftete Wagen (engins aérés): Gedeckte Wagen mit Einrichtungen zur Belüftung des Wageninnern,

---

[1] Auch Portugal, die UdSSR und Finnland haben andere Spurweiten.

[2] Der Behälterverkehr 1952, H. 8, S. 89 und 1954, H. 1/2, S. 6.

2. Isotherme Wagen (engins isothermes): Wagen mit isolierten Wänden, Böden und Dächern,

a) mit einer Wärmedurchgangszahl $k = 0{,}6$ kcal/m² h °C,

b) mit einer Wärmedurchgangszahl $k = 0{,}35$ kcal/m² h °C.

3. Kühlwagen (engins réfrigérants): Isotherme Wagen mit nicht maschineller Kühlung, die es gestatten, eine Temperatur unterhalb der für die jeweiligen Lebensmittel höchstzulässigen Temperatur einzuhalten. Das Kühlmittel muß in besonderen Behältern untergebracht sein,

4. Kühlmaschinenwagen (engins frigorifiques): Wagen für Innentemperaturen,

a) von +10 bis −10 °C,

b) von +10 bis −20 °C.

Isotherme Wagen mit Kompressions- oder Absorptions-Kältemaschinen die es gestatten, eine Temperatur unterhalb der für den Transport höchstzulässigen Temperatur einzuhalten.

5. Wärmewagen (engins calorifiques): Isotherme Wagen mit Vorrichtungen zur Wärmeerzeugung, die es gestatten, die Temperatur oberhalb der niedrigsten zulässigen Temperatur zu halten.

9. Wärmetechnische Prüfung ausgeführter Eisenbahn-Kühlwagen.

Im Interesse einheitlicher Prüfungsverfahren für die Wärmedurchgangszahl von Kühlwagen hat eine Arbeitsgruppe der Kommissionen 2 und 7 des Internationalen Kälteinstituts in Paris Vorschläge ausgearbeitet, die der Europäischen Wirtschaftskommission (Commission économique pour l'Europe) unterbreitet wurden.[1] Die Wärmedurchgangszahl ist definiert durch die Gleichung

$$k = \frac{Q}{F(t_a - t_i)}. \tag{1}$$

Darin ist Q der Wärmestrom in kcal/h, der durch die gesamte Oberfläche F in m² eines Kühlwagens hindurchgeht, wenn die mittlere Temperatur im stationären Zustand im Inneren des Wagens t_i °C und die Außentemperatur t_a °C beträgt. Es wird empfohlen, von der *Kühl*methode Gebrauch zu machen ($t_a > t_i$), also den Wagen zu kühlen und nicht zu heizen, wobei die mittlere Wandtemperatur ungefähr +20 °C betragen soll.

Die Prüfung der Wagen soll in isothermen Räumen vor sich gehen, deren gleichmäßige Temperatur bei +30 bis +35 °C mit Schwankungen von nicht mehr als +0,5 °C gehalten wird, wobei der Taupunkt bei $+25 \pm 2$ °C liegen soll. Die Wärmeaustauscher, durch die zur Vermeidung von Reifbildung eine Kühlflüssigkeit mit einer Temperatur nicht unter 0 °C geleitet wird, werden im Inneren der Wagen untergebracht. Die mittlere Innentemperatur soll im Beharrungszustand unterhalb +10 °C gehalten werden. Die Wärmeaustauscher sollen von Ventilatoren angeblasen werden, damit die an verschiedenen Stellen im Wagen gemessenen Lufttemperaturen sich um nicht mehr als 5 °C unterscheiden. Die Lage der Meßstellen ist genau vorgeschrieben. Das gleiche gilt für die Meßstellen außerhalb des Wagens, doch sollen dort die Temperaturunterschiede 2 °C nicht übersteigen.

Die Methoden der Erzeugung, Verteilung und Messung der Kälteleistung und des Wärmeäquivalentes der Ventilatorarbeit sollen vom Versuchsleiter bestimmt werden und den Kältemaschinenregeln des betreffenden Landes Rechnung tragen.

---

[1] Die Sitzungen dieser Arbeitsgruppe fanden statt: am 24. November 1958 in Paris, am 13. und 14. April 1959 in München und am 18. August 1959 in Kopenhagen.

Der Beharrungszustand gilt als eingehalten, wenn die mittleren Außen- und Innentemperaturen während einer Versuchsdauer von wenigstens 12 Stunden um nicht mehr als $\pm$ 0,5 °C schwanken und wenn die während 3 Stunden vor und nach dieser Versuchsdauer gemessenen Kälteleistungen untereinander um nicht mehr als 3% abweichen.

Als mittlere Oberfläche F des Wagens in Gl.(1) gilt der geometrische Mittelwert der inneren Oberfläche F_i und der äußeren Oberfläche F_a

$$F = \sqrt{F_i F_a}.$$

Besteht die innere Oberfläche aus Wellblech, dann ist für F_i nicht die gewellte Oberfläche, sondern nur ihre ebene Projektion einzusetzen.

Eine endgültige Annahme der in diesem Abschnitt gemachten Vorschläge ist noch nicht erfolgt.

Für die Prüfung von Kühlwagen aller Art für Straße und Schiene sind in verschiedenen Ländern Prüfhallen erbaut worden. In der Bundesrepublik wurde eine solche Halle 1958 in München errichtet, in der sowohl von der Heiz- wie auch von der Kühlmethode Gebrauch gemacht werden kann.[1] Die Halle wird nicht nur den deutschen Interessen gerecht, sondern steht auch anderen europäischen Ländern zur Verfügung. Sie dient der Aufgabe, die Spezialtransportmittel zu verbessern und deren Entwicklung zu fördern.

B. Bauarten von Eisenbahn-Kühlwagen für Wassereis mit oder ohne Salzzusatz und für Trockeneis.

I. Westeuropäische Bauarten.[2]

1. Das Kühlmittel.

Für Temperaturen von +3 bis +5 °C im Wagen kommt man mit Wassereis aus, das entweder in Blöcken oder auch zerkleinert in die Eisbehälter eingebracht wird. Diese befinden sich entweder an den Stirnseiten oder unter der Decke. Das Eis darf nicht vollständig schmelzen, es muß vielmehr bis zum Ende eines Transportes eine genügend große kälteabgebende Eisoberfläche vorhanden sein. Manchmal wird das Eis auch feingemahlen als Schnee über das Kühlgut im Wagen gespritzt.

Für Temperaturen bis −10 °C im Wagen wird von Wassereis mit Salzzusatz Gebrauch gemacht. Das günstigste Mischungsverhältnis besteht aus etwa 77,5% Eis und 22,5% Kochsalz. Nachteilig ist, daß solche Gemische an den Stahlteilen im Wagen Rost bilden und daß die aus dem Wagen abfließende Sole auch die Gleisanlagen und Brücken angreift.

Daher verwendet man beim Transport von gefrorenen Lebensmitteln, besonders wenn Temperaturen bis −20 °C verlangt werden, gerne Trockeneis (festes Kohlendioxyd), das man auch in Wellpappe verpacken kann, um die Kühlwirkung einzudämmen. Trockeneis hat den Vorzug, daß man es restlos ausnutzen kann. Es geht unter Atmosphärendruck aus dem festen Zustand bei −78,5 °C direkt in Dampf über; man bezeichnet diesen Vorgang als Sublimation.

[1] Kältetechnik. Bd. 10 (1958) S. 270.

[2] SCHRÖDER, E.: Eisenbahntechn. Rundschau, Bd. 6 (April 1957) H. 4, S. 107. Der Abschnitt stützt sich wesentlich auf diese Veröffentlichung. Vgl. auch E. SCHRÖDER: Die Bundesbahn, Bd. 27 (1953) S. 85 und Ber. IX. Intern. Kältekongreß Paris 1955, Bd. II S. 7023. — E. SPERLING und D. ZBORALSKI: Der Eisenbahner. Bd. 4 (1951) H. 7, S. 201 u. H. 11, S. 329.

Nutzt man neben der latenten Sublimationswärme auch noch die fühlbare Wärme des gebildeten Dampfes von —78,5 °C bis etwa —20 °C aus, dann ist die verfügbare Kältemenge von 1 kg Trockeneis etwa doppelt so groß wie von 1 kg Wassereis bei 0 °C. Da Trockeneisblöcke leicht mit einem spezifischen Gewicht von 1,4 kg/l (gegenüber Wassereis von 0,91 kg/l) hergestellt werden können, so ist die Kältemenge der Raumeinheit rund 3mal größer als bei Wassereis. Es steht also bei Verwendung von Trockeneis mehr Nutzraum im Kühlwagen zur Verfügung.

Von gefrorenen eutektischen Gemischen (Kryohydraten) wird in Eisenbahnwagen, im Gegensatz zu Lastwagen auf der Straße, kaum Gebrauch gemacht.

Die UIC (Union Internationale des Chemin de Fer) und das ORE (Office de Recherches et Essais) haben nach dem zweiten Weltkrieg eine durchgreifende Typisierung der Kühlwagen durchgeführt, bei der alle wichtigen Merkmale festgelegt wurden. Im wesentlichen handelt es sich um 2 Standardtypen:

Typ 1 mit einer Wärmedurchgangszahl $k \leq 0{,}6$ kcal/m² h °C,
Typ 2 mit einer Wärmedurchgangszahl $k \leq 0{,}35$ kcal/m² h °C.

Dabei sind in Westeuropa die drei folgenden Gattungen entstanden: die Interfrigo-Wagen von 1951, die Interfrigo-Wagen von 1955 (UIC, Typ 1) und die Universalwagen (Ganzmetall) der Deutschen Bundesbahn sowie die Transthermos-Wagen (UIC, Typ 2).

2. Der Interfrigo-Wagen von 1951.

Diese Wagen wurden von französischen, schweizerischen und belgischen Waggonfabriken gebaut (Abb. 234 und 235). Das Untergestell ist aus Walzprofilen

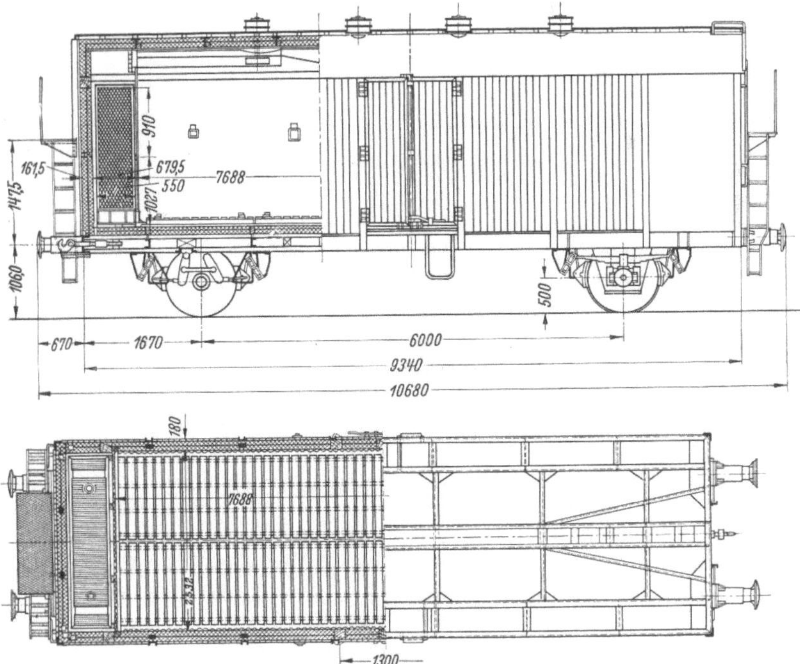

Abb. 234. Interfrigo-Wagen von 1951.

geschweißt. Der Wagenkasten besitzt ein Walzprofileisen-Gerippe das mit Holz verkleidet ist. Die innere Wand besteht aus Hartfaserplatten, auf die ein 1,5 mm dickes verzinktes Stahlwellblech geschraubt ist. Der hölzerne Fußboden ruht auf eichenen Querschwellen. An jedem Wagenende erstreckt sich über die ganze Wagenbreite ein Wassereisbehälter von 2,4 m³ Inhalt, unter dem der Fußboden zu einer Schmelzwasserwanne vertieft ist, aus der das Wasser über ein Siphon abgeleitet wird. Das Eis liegt auf einem Rost 20 cm über dem Fußboden. Eine zweiflügelige Tür in der Eisbehälter-Trennwand läßt eine Beeisung auch vom Wageninnern aus zu, gestattet das Resteis zu entfernen und den Behälter zu reinigen. Auf dem Dach, das aus 1,5 mm Stahlblech mit Fichtenholzverkleidung ausgeführt ist, sind 4 FLETTNER-Rotoren angebracht, welche über eine Welle durch das Wagendach die Ventilatoren im Wagen antreiben. Diese blasen die Luft oben in die Eisbehälter und die abgekühlte schwerere Luft tritt unten aus

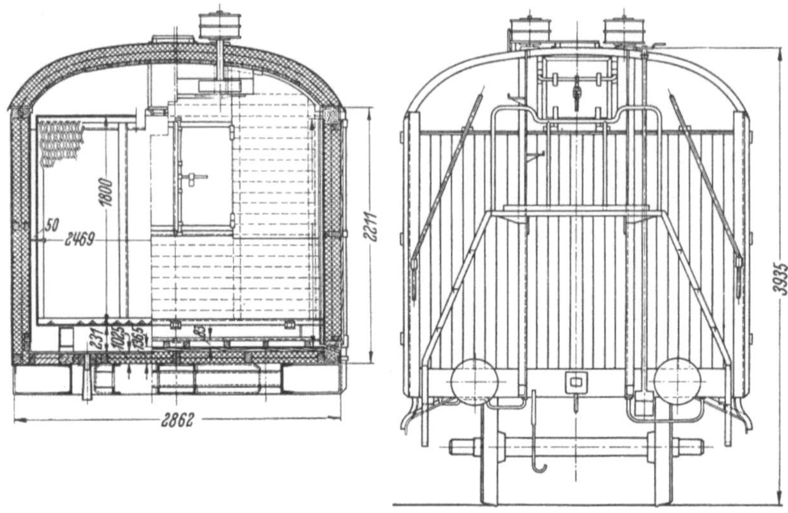

Abb. 235. Interfrigo-Wagen von 1951.

den Behältern aus. Auf dem Fußboden liegen Holzroste von 85 mm Höhe mit einem unteren Hohlraum für den Luftumlauf. Die beiden zweiflügeligen Wagentüren in den Seitenwänden sind 1300 mm breit und 2000 mm hoch. An jeder Stirnwand befindet sich unter dem Dach eine Eisladeluke und eine Ladebühne (Abb. 234). Die Wagen sind am Fußboden und an den Wänden mit 140 mm Onazote (64 kg/m³, $\lambda = 0{,}03$ kcal/m h °C) und im Dach mit 140 mm Isoflex (12 bis 14 kg/m³, $\lambda = 0{,}04$) isoliert. Die Wärmedurchgangszahl beträgt im Neuzustand $k = 0{,}55$ kcal/m² h °C. Die Wageneigenschaften sind aus Tab. 1 zu ersehen.

3. Die Interfrigo-Wagen von 1955.

Bei diesen Wagen (Abb. 236 und 237) ist der Wagenkasten in Ganzmetall ausgeführt; er besitzt außen eine hermetisch dicht verschweißte Stahlblechwand und innen eine verzinkte Wellblechwand. Die Ladetüren (1400 × 1875 mm) sind nach amerikanischem Vorbild einflügelig ausgeführt. Die Eisladeluken sind an den Wagenstirnseiten schräg im Dach angeordnet, um eine maschinelle Beeisung ohne Rohrkrümmer zu ermöglichen. Ein Teil der Wagen ist mit elektrischen Ventilatoren ausgerüstet, die in der Fahrt von einem vom Radsatz angetriebenen Generator gespeist werden. Im Stillstand können sie an das Ortsnetz angeschlossen und zum Vorkühlen des Wagens und der Ladung benutzt werden.

Im Wagen können 256 Fleischhaken eingebaut werden. Eisbehälter von 3,2 m³ Inhalt befinden sich an jedem Ende und haben in der Trennwand eine zwei-

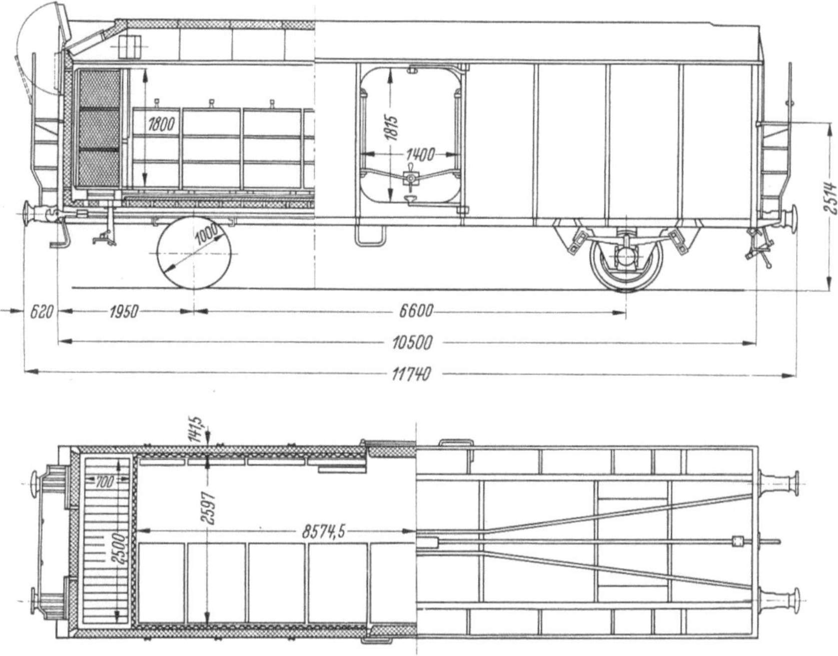

Abb. 236. Interfrigo-Wagen von 1955.

flügelige Tür zum Reinigen und Entleeren (Abb. 237). Die Gitterroste am Fußboden sind aus verzinktem Stahl. Der Fußboden ist mit 117,5 mm Onazote, die Wände und das Dach mit 120 mm Isoflex K 20 isoliert (14 kg/m³; dieses besteht aus schichtweise verklebten 25 mm dicken Glaswollmatten und gewellten Aluminiumfolien zwecks Verhinderung der Dampfdiffusion. Diese Isolierung ist nicht brennbar und rüttelfest. Mit den genannten Abmessungen gehören diese Wagen zum Standardtyp 1.

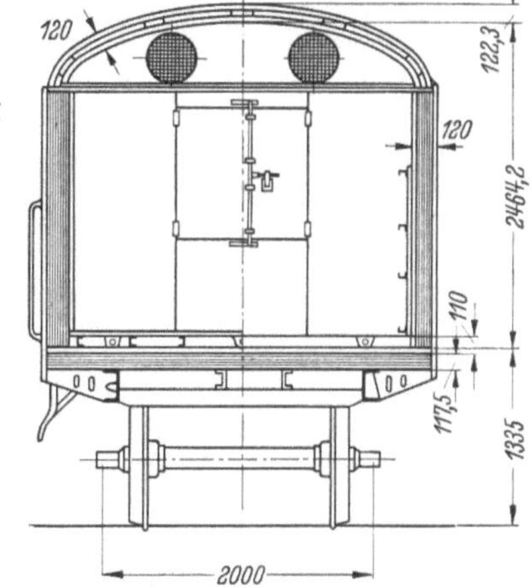

Abb. 237. Interfrigo-Wagen von 1955.

In den Wagen der Baureihe 1957/58 wurde die Isolierung so verstärkt, daß die Wärmedurchgangszahl nur noch $k = 0{,}4$ kcal/m² h °C beträgt. An der Innenseite eines jeden Eisbunkers sind unter der Decke je 2 Elektroventilatoren angebracht, welche die abgekühlte Luft aus den Bunkern absaugen und sie von beiden Stirnseiten entlang der Decke teilweise bis zur Wagenmitte drücken. Die Luft fällt durch die Kanäle zwischen der Ladung zu Boden und gelangt dann unter den Bodenrosten in die Eisbunker. Jeder Ventilator hat einen Stromverbrauch von 110 Watt. Bei normaler Fahrgeschwindigkeit fördern die 4 Ventilatoren 100 m³ Luft in der Minute.[1]

[1] BAUMGARTNER, E.: The Journal of Refrigeration Bd. 3 (1960) Nr. 3, S. 71.

4. Der Wagen der Deutschen Bundesbahn und der Transthermos G.m.b.H.

Bei diesen Wagen vom Standardtyp 2 mit $k = 0{,}3$ kcal/m² h °C handelt es sich um Ganzmetallwagen mit dem gleichen Untergestell wie beim Typ 1. Die Außenwände sind aus 1,5 mm Stahlblech mit einer Stützkonstruktion aus Winkeleisen, die Innenwände aus 2 mm Aluminiumwellblech, das Dach aus 1,25 mm Stahlblech und Winkelprofilen (Abb. 238). Im Wagen sind 16 Fleischhakenträger mit je 16 Fleischhaken untergebracht. Durch Verwendung von Leichtmetall wurde das Eigengewicht auf knapp 16 Tonnen beschränkt (Tab. 1). An beiden Stirnseiten befindet sich ein Eisbehälter von 2,53 m³ Inhalt für 1250 kg Wassereis. Wird mit Trockeneis gekühlt, dann werden beide Behältertrennwände an die Wagenstirnwände zurückgeschoben, womit $2 \times 1{,}35$ m² Ladefläche gewonnen werden. Die Eisladeluken befinden sich in den Dachstirnwänden. Es sind 4 Flettner-Ventilatoren vorgesehen.

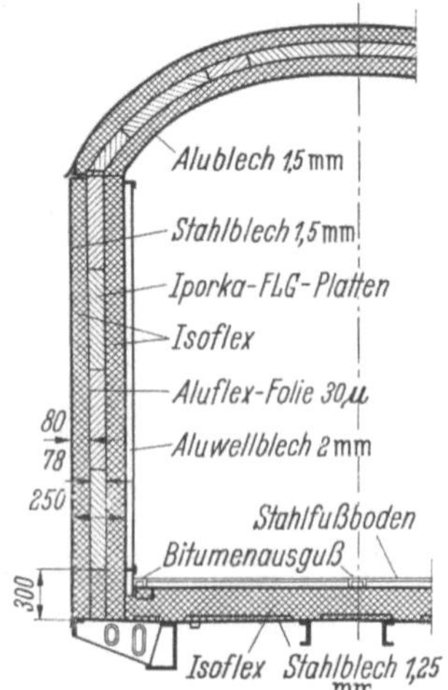

Abb. 238.
Wagen der Deutschen Bundesbahn und der Transthermos.

Der Trockeneisbehälter aus Aluminiumblech liegt im Scheitel des Daches in Wagenlängsrichtung. Durch die Flettner-Ventilatoren ist er in 2 Hälften geteilt, die je 425 kg Trockeneis fassen. Das Eis wird von der Stirnwand aus eingeladen. Der Schieber im Boden des Kanals (Abb. 239) ist mit der Eisbehältertrennwand verbunden; wird diese vorgezogen, so gibt der Schieber automatisch eine Öffnung frei, durch die das Wassereis in den Eisbehälter fallen kann. Gleichzeitig versperrt dann ein Gitter selbsttätig den Trockeneisbehälter.

Tabelle 1. *Wichtigste Merkmale verschiedener Wagen.*

Wageneigenschaften	Interfrigo-Wagen		Wagen der Deutschen Bundesbahn, Bauart UIC, Typ 2
	von 1951	UIC-Typ 1 von 1955	
Eigengewicht . . . . t	17,8	16,5	15,8
Ladegewicht[1] *A* . . . . t		15,5	16,0
B . . . . t	15,0	19,5	20,0
C . . . . t		19,5	20,0
Höchstladegewicht im S-Verkehr t	15,0	19,5	20,0
Nutzbare Ladelänge . . . . . mm	7688	8574	8527[2] 9665[3]
Nutzbare Ladebreite . . . . . mm	2532	2597	2297
Ladefläche . . . . m²	19,5	22	19,5[2] 22,2[3]
Laderaum . . . . m³	37,0	40,0	37,0[2] 42,2[3]
Fassungsvermögen der 2 Eisbehälter . . . . . m³	4,5	6,4	4,5 Wassereis; 1,6 Trockeneis
Fassungsvermögen der 2 Eisbehälter . . . . . kg	2500	3600	2500 Wassereis; 850 Trockeneis
Höchstgeschwindigkeit . . . km/h	100	100	100

[1] Zulässige Achslast auf den Strecken: *A* bis 16 t, *B* 16 bis 18 t, *C* 18 bis 20 t.
[2] Bei Benützung der Wassereisbehälter.
[3] Ohne Benützung der Wassereisbehälter.

Die 4 Flettner-Ventilatoren saugen die Luft in Wagenmitte an und drücken sie durch den Trockeneiskanal in den Wassereisbehälter; sie fällt darin nach unten und strömt unter den Fußbodenrosten zur Wagenmitte zurück. Es sind Luftklappen vorgesehen, die in 3 Betriebsstellungen verschiedene Kühlwirkungen hervorrufen (Abb. 240):

a) Wassereiskühlung (Abb. 240a),

b) Gedämpfte (normale) Trockeneiskühlung (Abb. 240b),

c) Starke Trockeneiskühlung (Abbildung 240c).

Die Wagen sind an den Wänden und im Dach mit 250 mm und am Fußboden, mit 160 mm Isoflex oder Iporka, in wasserdichter Kunstfolie verschweißt, isoliert (Abb. 238).

Abb. 239. Trockeneisbehälter im Wagen der Deutschen Bundesbahn.

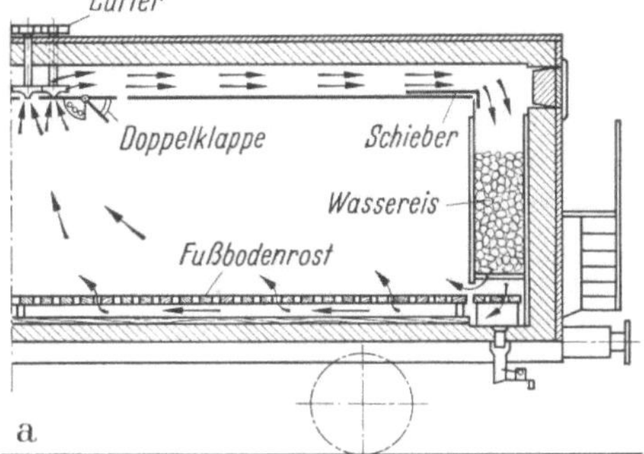

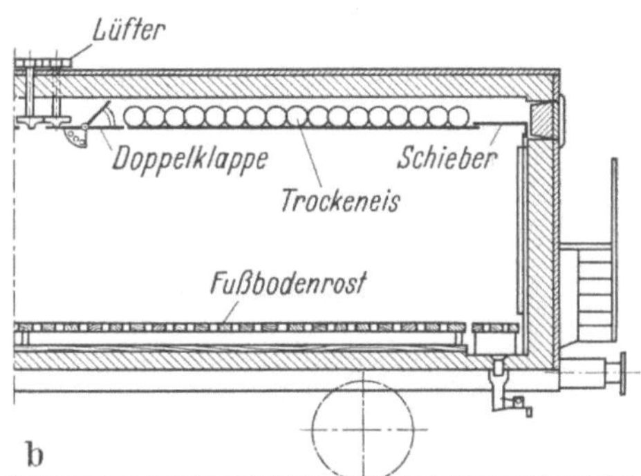

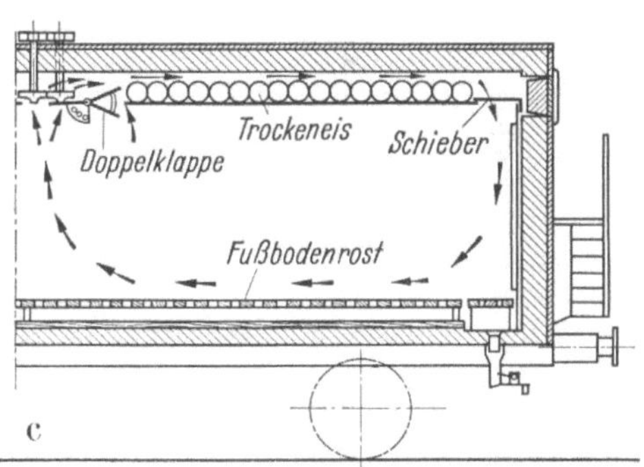

Abb. 240. Stellung der Luftklappen in den Wagen der Deutschen Bundesbahn.
a) bei Wassereiskühlung, b) bei normaler Trockeneiskühlung, c) bei starker Trockeneiskühlung.

5. Italienische Kühlwagen.

Der Transport von schnellverderblichen Lebensmitteln, besonders von Obst und Gemüse, ist in Italien von großer wirtschaftlicher Bedeutung. Es ist daher verständlich, daß man sich in neuerer Zeit bemüht, möglichst vollkommene Kühlwagenbauarten zu entwickeln. Man ist vor allem bestrebt, die Eisbehälter zu vergrößern, um so viel Eis aufnehmen zu können, daß sich Nachbeeisungen unterwegs erübrigen. Außerdem hat man versucht, durch Änderung der Gestalt der Eisbehälter den Luftumlauf durch freie Konvektion im Wagen zu verbessern. So berichtet Altieri[1] über erfolgreiche Versuche im Forschungsinstitut der italienischen Staatsbahnen mit Eisbehältern, deren unterer Teil sich von der

[1] Altieri, M.: Il Freddo, Juli—August 1958, S. 25 — Bull. Institut Intern. Froid, Annexe 1958—4, S. 177.

üblichen Form nicht unterscheidet, während der obere Teil konsolartig die Ladung überragt. Solche Eisbehälter (Abb. 241) wurden in Kühlwagen älterer Bauart eingesetzt und ihre Wirkung mit derjenigen üblicher Eisbehälter verglichen. Die neuartigen Eisbehälter faßten zusammen 4,5 Tonnen Eis, wovon die größere Hälfte im oberen Teil Platz fand; sie brauchten auf der langen Strecke von Lugo di Romagna bis Bremen bei einer Reisedauer von über 3 Tagen nicht nachbeeist zu werden. Das Eis im oberen Teil konnte bis zu seinem vollständigen Verbrauch ausgenutzt werden, während bei den üblichen Eisbehältern die Kühlwirkung praktisch aufhört, wenn unten noch 600 bis 700 kg Eis verbleiben. Mit

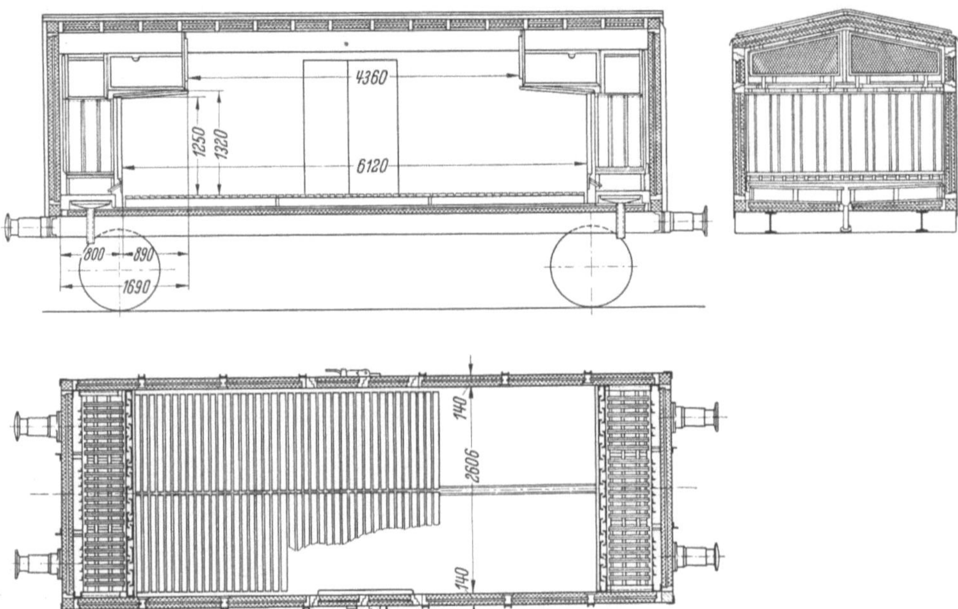

Abb. 241. Einbau neuartiger Eisbehälter von 6 m³ Inhalt an beiden Enden eines italienischen Kühlwagens mit 16 m² Grundfläche und 27,5 m³ Inhalt.

den neuen Behältern wurden tiefere und gleichmäßigere Temperaturen im ganzen Wagen erreicht.

Trotzdem besteht kein Zweifel, daß man mit erzwungener Luftströmung durch Ventilatoren eine raschere und gleichmäßigere Abkühlung der Ladung erreicht. Dabei sind elektrisch oder von der Achse angetriebene Ventilatoren wesentlich wirksamer als FLETTNER-Rotoren, die nur durch den Fahrwind betätigt werden. Die Erfolge der amerikanischen Kühlwagen (System *Preco*, s. S. 280) bewogen die italienischen Staatsbahnen in Zusammenarbeit mit der Firma Marelli ein ähnliches System zu entwickeln. FASOLI[1] berichtet, daß dieses System aus folgenden Teilen besteht: 1 Wechselstromgenerator mit permanenten Magneten, 4 Elektroventilatoren und 1 Kasten, in dem die Sicherungen und die Kondensatoren untergebracht sind. Es handelt sich um ein Einphasensystem, bei welchem die Ventilatoren immer die gleiche Drehrichtung behalten — entgegen der freien Konvektionsströmung — unabhängig von der Bewegungsrichtung des Zuges. Die Ingangsetzung der Elektroventilatoren erfolgt durch Vermittlung von Kondensatoren (die eine kleine Komplikation der Ausrüstung bedeuten),

[1] FASOLI, M.: Il Freddo, Juli—August 1958, S. 13.

sobald die Zuggeschwindigkeit 15 km/h erreicht. Die Wirksamkeit der Luftumwälzung wird dadurch kaum verringert, da so kleine Geschwindigkeiten nur beim Rangieren auf Bahnhöfen vorkommen. Die Leistung der Ventilatoren hängt von der Zuggeschwindigkeit ab und erreicht 8000 m^3/h bei einer Geschwindigkeit von 120 km/h. Beim amerikanischen „Preco"-System mit 3 Phasen ist eine automatische Inversion von 2 Phasen vorgesehen, wenn der Zug seine Bewegungsrichtung ändert und man vermeiden will, daß sich dabei der Drehsinn der Ventilatoren ändert. Dies beutet eine Komplikation im Bau der Generatoren, die bei dem hier beschriebenen Einphasensystem fortfällt. Außerdem kann die zufällige Unterbrechung einer Phase beim Dreiphasensystem erhebliche Störungen der Anlage verursachen, während beim Einphasensystem nur der betroffene Elektroventilator während der Fahrt zum Stillstand gebracht wird.

II. Bauarten der UdSSR[1].

1. Wagen mit Deckeneisbehältern.

Bezüglich der älteren Bauarten der hölzernen 2achsigen Wagen mit Eisbehältern an den Stirnflächen sei auf die Literatur verwiesen.[1] Nach dem zweiten Weltkrieg wurden in der Maschinenfabrik in Brjansk und dem Wagenreparatur-

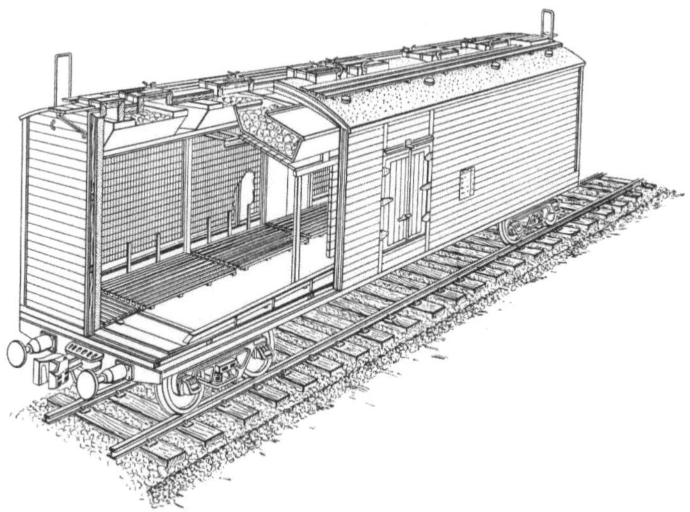

Abb. 242. Außen- und Innenansicht eines Kühlwagens der UdSSR. (1948) mit 10 Deckeneisbehältern.

werk in Tambow nach der vom Forschungsinstitut für den Eisenbahntransport entworfenen Bauart 4achsige Metallwagen mit Deckeneisbehältern gebaut.[2] Ursprünglich waren 8 Deckenbehälter vorgesehen, doch wurde die Zahl dann auf 10 (Abb. 242) und zuletzt sogar auf 12 (Abb. 243) erhöht. Die Behälter sind paarweise quer zur Fahrtrichtung angeordnet und miteinander verbunden. Über den Behältern sind im Dach die Eisladeluken angeordnet. Es wird zugegeben, daß die Deckenbehälter gewisse Nachteile haben, so die erschwerte Reinigung, die längere Ladezeit, die Gefahr des vollständigen Leerlaufes der Behälter bei undichter Soleklappe (s. Abb. 244) und die erschwerte Reparatur. Diese Nachteile

[1] Karzew, P. T.: Isothermische Wagen (russ.), S. 21—65. Moskau: Staatsverlag für Eisenbahntransporte 1955.

[2] Siehe Fußnote 1, dort S. 66—72.

sollen sich im praktischen Betrieb aber wenig fühlbar machen und durch die seltener notwendige Ladung kompensiert werden. Außerdem ist bei Deckenbehältern die Kälteabgabe zeitlich und die Temperaturverteilung räumlich gleichmäßiger, auch können tiefere Temperaturen erreicht werden. Es kommt hinzu, daß durch den Fortfall der Eisbehälter an den Stirnseiten die Ladefläche nicht unwesentlich vergrößert wird. Gegenwärtig werden bei den 4achsigen Wagen, die bis 1954 gebaut wurden, die Behälter an den Stirnflächen durch Deckenbehälter ersetzt.[1]

Die Hauptabmessungen der Wagen mit 12 Deckenbehältern sind aus Abb. 244 zu ersehen. Die Ladefläche beträgt 33,7 m², der nutzbare Laderaum 64,5 m³,

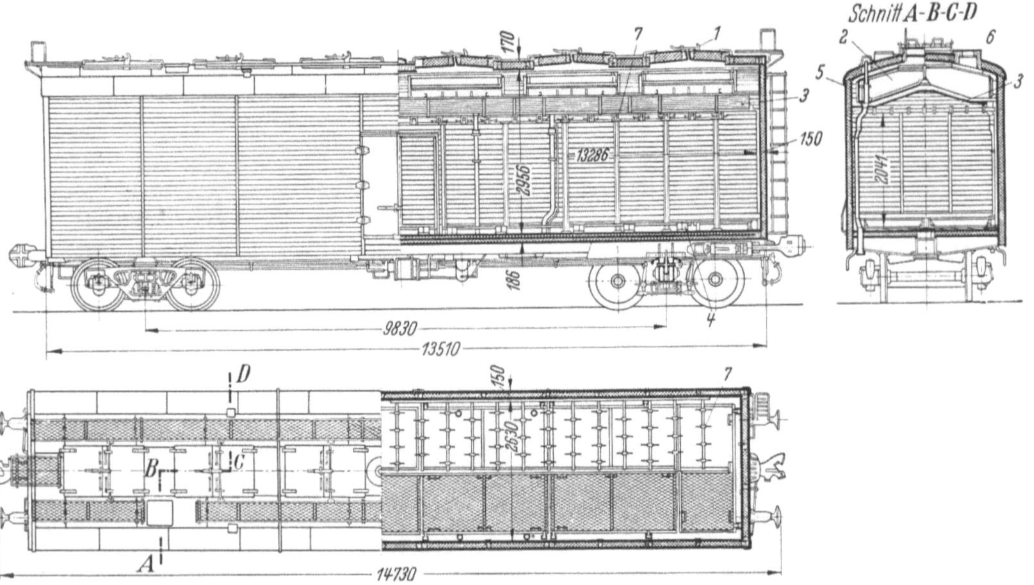

Abb. 243. Kühlwagen der UdSSR (1952) mit 12 Deckeneisbehältern.
1 Eisladeluke, *2* Deckeneisbehälter, *3* Tropfschalen, *4* Fußbodenroste, *5* Soleablaufvorrichtung, *6* Ventilationsluke, *7* Fleischhaken.

das nutzbare Ladegewicht 24 Tonnen, der Inhalt der Eisbehälter 10,4 m³, deren Kühlfläche 74,5 m² und das Eisgewicht 5 Tonnen. Im Wagen sind 195 Fleischhaken untergebracht. Die Isolierung ist ziemlich schwach und entspricht etwa dem Standardtyp 1 (S. 269). Die Wände mit einer Gesamtdicke von 150 mm sind mit 104 mm Iporka und einer Ruberoidplatte von 1 mm isoliert. Die 170 mm dicke Decke hat eine Isolierung von 124 mm Iporka mit 2 Ruberoidplatten. Der 186 mm dicke Fußboden hat eine Isolierung von 102 mm Mineralwolle mit 2 Lagen Ruberoid und 3 Lagen Bitumen. Der Boden ist mit 120 mm Holzrosten bedeckt, die einen Luftumlauf quer zur Fahrtrichtung ermöglichen. Auf dem Dach sind 6 zweiflügelige Ladeluken angeordnet, von denen jede 2 gegenüberliegende Eisbehälter versorgt. In der Längsrichtung sind die Behälter paarweise mit Rohrstücken verbunden, so daß eine einzige Vorrichtung für den Soleablauf (Abb. 244) von 2 Behältern dient. In den Boden des Behälters *1* ist das untere Ablaufrohr *2* eingesetzt; es wird durch eine Klappe verschlossen, die sich an den Sattel *3* im kegelförmigen Ende des Ablaufrohres anschmiegt. Die Klappe ist

[1] DEMJANKOW, N., u. ZAO-I-CHAI: Cholodilnaja Technika (russisch), Bd. 36 (1959) Nr. 1, S. 49.

durch einen Metallring *4* befestigt, der neben dem Gummiring *5* angeordnet ist. Das untere Ablaufrohr *2* ist mit dem oberen *6* verbunden; dieses ist mit einem Schutzmantel *7* aus gelochtem, verzinktem Blech umgeben, um es vor Verschmutzung zu schützen. Im oberen Ablaufrohr sind in zwei Drittel Höhe vom Behälterboden Öffnungen *8* vorgesehen, durch welche die überschüssige Sole automatisch aus den Behältern abfließen kann. Das obere offene Ende dieses Rohres mündet an der Wagendecke. Der Gummiring *5* schließt die Öffnung des Eisbehälters dicht ab, die zum Ablassen der gesamten Sole dient, welche sich beim Schmelzen des Eises gebildet hat; diese Öffnung dient auch zum Durchspülen und Reinigen des Behälters. Das obere Ende des Rohres *6* über dem Dach wird durch eine Platte *9* verschlossen, die durch das Handrad *12* und die Schraube *10* gegen das obere Rohrende gepreßt wird. Das untere Ablaufrohr *2* mündet unter dem Fußboden in einem hydraulischen Verschluß (Siphon). Im Wagen sind im ganzen 6 solche Ablaufrohre von 75 mm Durchmesser vorgesehen.

Unter den Böden der Eisbehälter verlaufen hölzerne mit verzinktem Eisenblech ausgeschlagene Tropfschalen, die das Kondenswasser und etwaige Sole aus undichten Stellen der Behälter auffangen und zugleich den Luftumlauf durch die gebildeten Spalten von 80 mm Höhe regeln. Die Tropfschalen münden in Rinnen, die längs der Seitenwände des Wagens verlaufen und die Flüssigkeit in die Ablaufrohre leiten. Die Ventilation der Wagen wird durch 2 Luken ermöglicht, die in einer Entfernung von einem Sechstel der Wagenlänge von den Stirnwänden angeordnet sind.

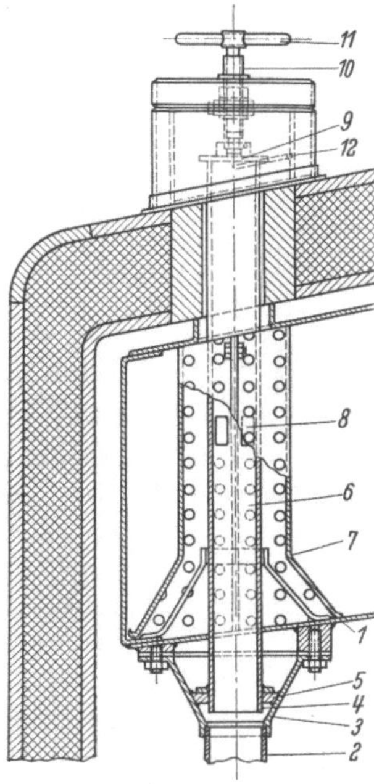

Abb. 244. Ableitung der Sole aus Deckenbehältern mit Eis und Salz.

1 Boden des Eisbehälters, *2* unteres Ablaufrohr, *3* konische Abstützfläche der Verschlußklappe, *4* Metallring, *5* dichtender Gummiring, *6* oberes Ablaufrohr, *7* Schutzmantel, *8* Überlauf, *9* Verschlußplatte, *10* Schraube, *11* Handrad, *12* oberes Rohrende.

2. Das Kühlsystem mit Soleumlauf von Kleimjonow.

Die einfache Füllung der Behälter an den Wagenstirnseiten oder an der Decke mit Eis und Salz zwecks Erzielung von Temperaturen unter 0 °C befriedigt nicht in jeder Beziehung: die Temperatur im Wagen ist nicht gleichmäßig, sie kann nur schwer geregelt und den verschiedenen Kühlgütern angepaßt werden, auch läßt sie sich nicht tief genug absenken. Gelegentlich wurden zur Erreichung tieferer Temperaturen Salzgemische, bestehend aus Kochsalz, Ammoniumnitrat, Ammoniumchlorid und Natriumnitrat[1], verwendet.

Der russische Ingenieur KLEIMJONOW hat 1934 vorgeschlagen, zur Erreichung tieferer und gleichmäßigerer Temperatur einen Umlauf der aus Eis und Kochsalz gebildeten Sole durch Ausnutzung der verschiedenen spezifischen Gewichte in kommunizierenden Rohren zu erzeugen.[2] Die Wirkungsweise ist aus Abb. 245

---

[1] COLBERT, J. W., C. P. LENTZ u. E. A. ROOKE: Refr. Eng. Bd. 59 (1951) H. 10, S. 960.

[2] FOMIN, A., u. I. KLEIMJONOW: Cholodilnaja Technika (russ.), Bd. 29 (1952) H. 1, S. 27. — Referat in Kältetechn. Bd. 5 (1953) S. 212. — P. T. KARZEW, S. 74—80, s. Fußnote 1 auf S. 275.

zu erkennen: links oben befindet sich ein durch einen Deckel dicht verschließbarer isolierter Behälter A, der mit Salz gefüllt ist und durch eine Falleitung mit dem Eisbehälter B verbunden ist. Rechts, etwas unterhalb des Salzbehälters A ist die Kühlbatterie C angeordnet, welche die tiefe Temperatur im Wagen aufrechterhält. Nach Füllung des Behälters A mit Salz und B mit Eis werden die Verbindungsleitungen und die Batterie C mit Wasser gefüllt und alle 4 Hähne geschlossen. Bei Inbetriebsetzung werden zunächst die Hähne auf der linken Seite geöffnet, wonach ein Teil der konzentrierten Sole in den Eisbehälter herabsinkt und Eis unter Kälteerzeugung zu lösen beginnt. Sodann werden die übrigen Hähne geöffnet und das leichtere Wasser auf der rechten Seite strömt aufwärts in den Salzbehälter A. Hier wird Salz gelöst und die gebildete spezifisch schwerere Sole sinkt wieder nach B herab. Damit ist der Solekreislauf eingeleitet, der dann dauernd weiterbesteht. Temperaturen bis -12 °C können bei $+30$ °C Außentemperatur in den Kühlwagen gleichmäßig aufrechterhalten werden. Werden höhere Temperaturen verlangt, so kann das entweder durch Drosselung der Ventile oder noch besser durch Herabsetzung der Konzentration der umlaufenden Sole erreicht werden, indem man einen Teil durch die unter dem Soletank befindliche Leitung unter Umgehung des Soletanks fließen läßt.

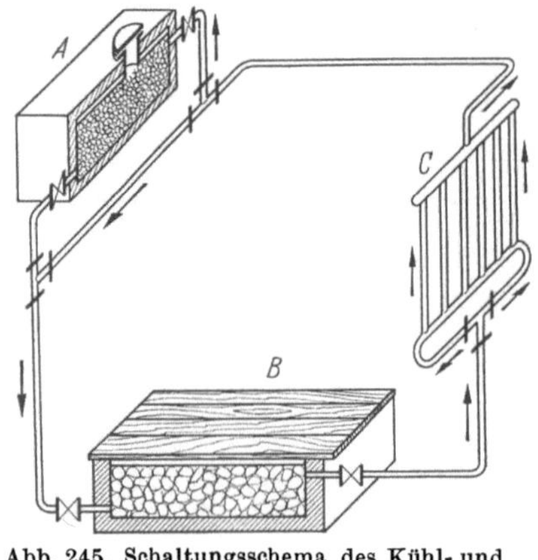

Abb. 245. Schaltungsschema des Kühl- und Soleumlaufsystems nach Kleimjonow.

Eine größere Zahl von Kühlwagen nach diesem System wurde erst ab 1949 von der Maschinenfabrik in Brjansk erbaut. Wie aus Abb. 246 zu ersehen ist, befindet sich an jeder Seite des Kühlwagens ein Kühlsystem der oben beschriebenen Bauart; es besteht aus dem Solekonzentrator A, dem Kälteerzeuger B, der Kühlbatterie C, den Verbindungsleitungen und den 4 Hähnen von 100 mm Durchmesser (nach Abb. 245). Außerdem sind ein Füllstutzen, ein Ablaufrohr und ein Reinigungsstutzen für den Eisbehälter vorgesehen. Die Kühlbatterie erstreckt sich über die ganze Wagenbreite und besteht entweder aus 16 Rippenrohren (Grundrohr: Außendurchmesser 60 mm, Rippendurchmesser 160 mm), die sich auf jeder Seite über die halbe Wagenlänge erstrecken, oder aus 8 Rippenrohren auf jeder Seite über die ganze Wagenlänge.

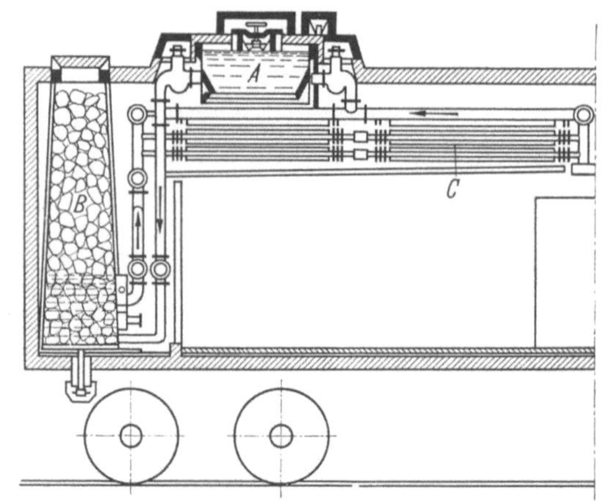

Abb. 246. Einbau des Kühlsystems von Kleimjonow in einen Kühlwagen. A Salzkonzentrator, B Kälteerzeuger, C Kühlbatterie.

Die 4achsigen Ganzmetallwagen nach Kleimjonow haben eine Bodenfläche von insgesamt 35,9 m², eine Ladefläche von 28,2 m², ein Gesamtvolum von 107 m³, ein Ladevolum von 70 m³, eine Tragfähigkeit von netto 21,2 Tonnen, eine Eisfüllung von 5,5 Tonnen, eine Tara von 38 Tonnen und eine Oberfläche der Kühlbatterien von 246 m². Mit der angegebenen Eisfüllung konnten die Wagen beim Transport von Gefrierfleisch aus Baku nach Moskau 72 Stunden ohne Nachfüllung in Betrieb bleiben. Die Isolierung (mit Iporka) entspricht einer Wärmedurchgangszahl von 0,4 kcal/m² h °C.

Gewisse Komplikationen beim Betrieb dieser Wagen und die Tatsache, daß sich maschinell gekühlte Wagen (vgl. S. 296) immer stärker einführen, gaben Veranlassung, den Bau weiterer Wagen nach dem System von KLEIMJONOW aufzugeben.

III. Bauarten in den USA[1] und in Kanada.

Von den etwa 130000 Kühlwagen in den *Vereinigten Staaten* sind rund 100000 von dem normalen RS-Typ mit einer Gesamtlänge von 40′ (12,2 m). Davon sind 6000 bis 7000 dauernd durch Instandsetzungen außer Betrieb. Nur etwa die

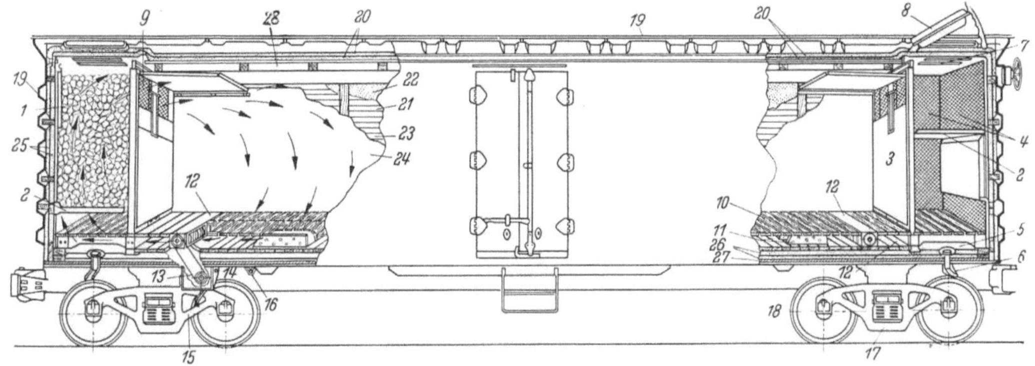

Abb. 247. Kühlwagen mit Zwangsumlauf der Luft, nach dem System der Preco Inc., Los Angeles. *1* Eisbehälter, *2* Eisroste, *3* Trennwand des Eisbehälters, *4* Behältergitter, *5* Wasserverschlußklappe, *6* Schmelzwasser-Abflußrohr, *7* Ladeluke, *8* Lukendeckel, *9* Luftaustrittsöffnung, *10* Bodenroste, *11* Längsträger für die Bodenroste, *12* Gehäuse der Ventilatoren mit anschließendem Luftkanal, *13* Riemenantrieb der Ventilatoren, *14* Schaltmechanismus, *15* Schalthebel, *16* Konsole für den Hilfselektromotor, *17* Wagengestell, *18* Stahlrad, *19* Stahlmantel des Wagens, *20* Deckenisolierung, *21* Wandverkleidung, *22* Seitenwandisolierung, *23* Luftspalt, *24* Wageninnenwand, *25* Isolierung der Stirnwand, *26* Bodenisolierung, *27* unterer Bodenbelag, *28* Wagendecke.

Hälfte der Wagen ist modern ausgeführt, d. h. mit Ventilatoren für zwangsläufigen Luftumlauf versehen. Ein großer Teil der Wagen ist völlig veraltet und sollte so bald wie möglich durch neue ersetzt werden.

Nach KELLEY[1] hatten etwa 40% der Wagen eine Isolierstärke von 4½″ (114 mm) am Boden und in der Decke und von 4″ (102 mm) in den Wänden. 48% haben eine Isolierstärke von 3 bis 3½″ (76 bis 89 mm). Der Rest der Wagen ist noch schwächer isoliert.

Die neuen Wagen sind wesentlich vergrößert und verbessert. Sie haben eine Länge von 50′ (15,24 m), eine Nutzlast bis 38 Tonnen, sind in Ganzmetallbauart mit Stahlblech von 2,5 mm ausgeführt, besitzen Eisbehälter an den Wagenenden für insgesamt 4,5 Tonnen Eis und Isolierstärken von 150 bis 175 mm. Als Isolierstoff wurde bisher vorwiegend Glaswatte verwendet; neuerdings wird jedoch zunehmend von Schaumstoffen und Kunststoffen auf der Basis von Polystyrol, Polyvinylchlorid und Harnstoff-Formaldehyd Gebrauch gemacht. So hat z. B. Styropor eine Wärmeleitzahl von rund 0,04 kcal/m h °C.

[1] PLANK, R.: Amerik. Kältetechnik, 3. Bericht, S. 173. Düsseldorf: DIV 1950. — J. N. KELLEY u. R. B. TEWKSBURY: Refrig. Engng. Bd. 60 (März 1952) S. 268.

Der größte Fortschritt im amerikanischen Kühlwagenbau wurde durch die Einführung der erzwungenen Luftbewegung im Kühlwagen ab 1947 erzielt. Der Zwangsumlauf der Luft verbürgt vor allem eine gleichförmige Temperatur an allen Stellen im Wagen. In den Abb. 247 und 248 sind die von der Preco Inc. in Los Angeles, Calif., ausgerüsteten Wagen dargestellt, die sich gut bewährt haben.

An beiden Enden dieser Wagen (Abb. 247) sind Eisbehälter *1* angeordnet, in denen je zwei hochklappbare Eisroste *2* vorgesehen sind. Wird der obere Rost hochgeklappt, dann kann der Behälter voll mit Eis gefüllt werden; wird dagegen der untere Rost hochgeklappt, dann kann im Behälter nur die obere Hälfte mit Eis gefüllt werden. Die Innenwand *3* ist verstellbar und kann bei hochgeklappten Rosten bis an die Vorder- bzw. Hinterwand des Wagens verschoben werden, um Platz zu gewinnen, wenn der Wagen unbeeist benutzt wird. Während sich die Luft bei den Wagen ohne Ventilatoren in den Behältern von oben nach unten und in der Wagenladung von unten nach oben bewegt, wird beim „Preco“-System die Richtung der Luftbewegung umgekehrt. Die Ventilatoren arbeiten dabei gegen die Schwerkraft und sorgen dafür, daß die Temperaturverteilung im Wagen möglichst gleichförmig wird. Über dem Boden des Wagens sind in einem gewissen Abstand Roste *10* aus Holz, Eisen oder Aluminium verlegt, die sich auf die Längsträger *11* stützen. Auf beiden Seiten des Wagens sind in den Gehäusen *12* je 6 oder 7 Ventilatoren mit radialen Flügeln von 170 mm Durchmesser angeordnet, welche die Luft unabhängig von der Bewegungsrichtung der Wagen durch die Öffnungen zwischen den Bodenrosten ansaugen und sie durch die Eisbehälter drücken, aus denen die gekühlte Luft durch die Öffnungen *9* über das Kühlgut strömt. Durch die Saugwirkung der Ventilatoren, die mit 2100—2300 U/min betrieben werden, wird die kalte Luft gezwungen, durch das Kühlgut nach unten zu fließen. Die Ventilatoren werden bei der Fahrt des Wagens durch ein mit Hartgummi überzogenes Reibrad angetrieben, das auf ein Wagenrad gepreßt wird, wenn der Hebel *15* des Schaltmechanismus *14* in Abb. 247 nach rechts gedrückt wird. Die Drehbewegung wird durch den Riemen *13* auf die Ventilatorenwelle übertragen. Einzelheiten sind aus Abb. 248 besser zu ersehen, in welcher auch der $^3/_4$-PS-Hilfsmotor zu erkennen ist, der an der Konsole *16* (Abb. 247) befestigt wird, wenn der Wagen einen längeren Aufenthalt hat und man die Ventilatoren weiterlaufen lassen will. Der Hebel *15* wird dann in die linke Stellung gebracht, wobei sich das Reibrad vom Wagenrad abhebt. Durch die Ventilatoren und deren Antrieb wurde das Gewicht der Wagen

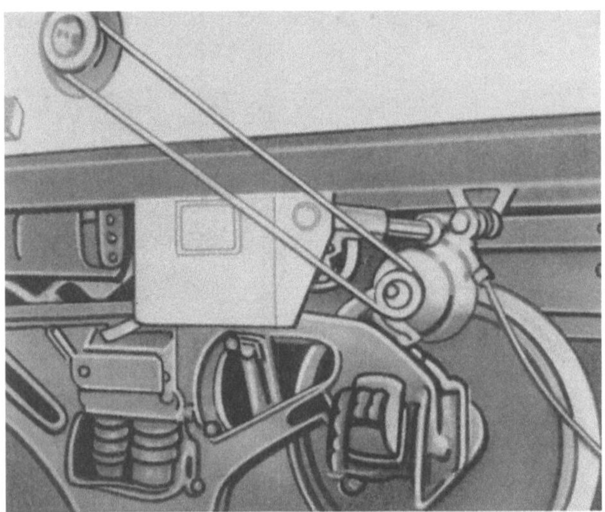

Abb. 248. Antrieb der Ventilatoren im Stillstand des Preco-Wagens von einem Hilfselektromotor.

nur um 300 kg erhöht; man hat aber auf der anderen Seite durch Verwendung von Aluminium und hochwertigen Stahlrosten etwa 1600 kg an Gewicht gespart.

Neuerdings werden die Ventilatoren vorzugsweise oben an der Trennwand des Eisbehälters angeordnet (Abb. 249), wodurch sie leichter beobachtet und gereinigt werden können. Auch wird es dadurch möglich, die Höhe der Fußbodenroste zu verringern und den Nutzinhalt des Wagens etwas zu vergrößern. Man kommt dabei auch mit 2 Ventilatoren auf jeder Seite aus. Die Ventilatoren werden von Elektromotoren angetrieben, die den Strom von Generatoren erhalten, welche ihrerseits von der Wagenachse angetrieben werden. Es wird aber auch von einer Übertragung durch biegsame Wellen Gebrauch gemacht (Abb 249).

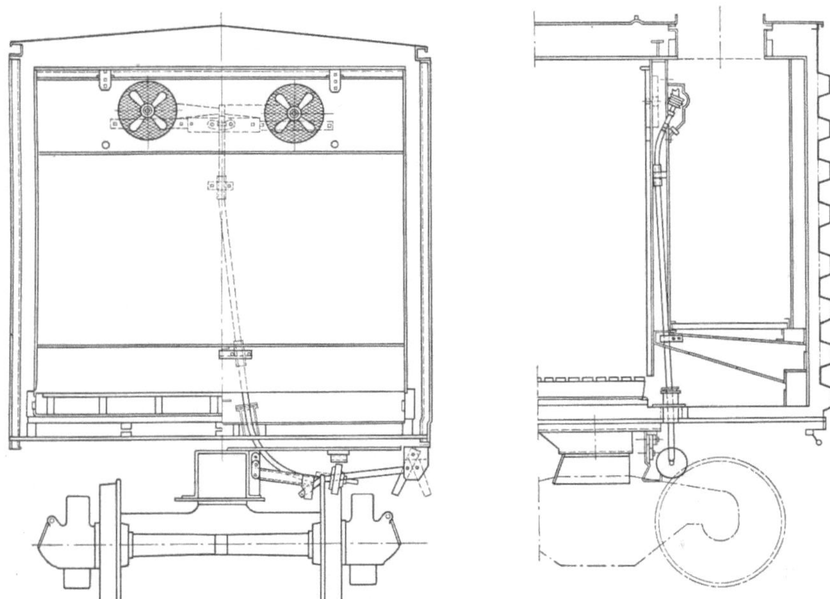

Abb. 249. Kühlwagen mit Zwangsumlauf der Luft mit oben angeordneten Ventilatoren und Antrieb durch biegsame Wellen.

Alle Antriebe, welche sie auch seien, erfordern eine aufmerksame Bedienung und setzen das Vorhandensein geeigneter Stromquellen bei längeren Aufenthalten voraus, wenn Temperaturschwankungen im Wagen vermieden werden sollen.

Auf die Verwendung von Trockeneis beim Eisenbahntransport gefrorener Waren wurde schon auf S. 272 bei den Wagen der Deutschen Bundesbahn hingewiesen. Der erste Eisenbahnwagen mit ausschließlicher Kühlung durch *Trockeneis* wurde in den USA 1928 gebaut.[1] Thermostatisch gesteuerte Luftklappen dienten zur Temperaturregelung. Die isolierten Trockeneisbehälter, von denen jeder 900 kg faßte, waren an den Stirnwänden angeordnet. Das CO_2-Gas konnte entweder ins Freie oder in den Wagen geleitet werden, wo es bei manchen Lebensmitteln eine die Frischhaltung verlängernde Wirkung ausübte. In Konzentrationen über 10% kann es aber auch nachteilig wirken.

Für die Regelung der Lufttemperatur im Wagen wurden bei Verwendung von Trockeneis verschiedene Verfahren vorgeschlagen.[2] Dabei scheint die Verwen-

[1] Martin, W.: Refrig. Engng. Bd. 37 (1939) Nr. 3, S. 151; vgl. auch: Die Kälteind. Bd. 36 (1939) S. 39. — C. W. King: Ice and Refrig. Bd. 82 (1933) S. 343.

[2] Kuprianoff, J.: Die feste Kohlensäure, 2. Aufl. Stuttgart: Ferd. Enke, 1953, dort S. 75 und 80—84.

dung eines sekundären Kältemittels im geschlossenen Kreislauf mit regelbarer Umlaufmenge[1] sich nicht einzubürgern. Die Wände der Trockeneisbehälter werden sorgfältig isoliert, während der ebene oder berippte Boden ohne Isolierung bleibt; die Regelung der Kälteabgabe wird dann durch verschieden starke Lagen von Pappe oder eines anderen Isolierstoffes zwischen dem Boden des Behälters und den Trockeneisblöcken erreicht.

Trockeneis wird in den USA in großem Umfang für den Transport von Eiskrem auf der Schiene und auf der Straße verwendet. Überall dort, wo Temperaturen unterhalb —10 °C mit Sicherheit einzuhalten sind, erscheint Trockeneis zuverlässiger als Gemische von Wassereis und Salz. Nur der hohe Preis des Trockeneises und die Unmöglichkeit, es überall zu erhalten, beschränken seine Anwendung und öffnen der maschinellen Kühlung die Tore. Sonderwagen für den Transport von Trockeneis sind besonders stark — bis 300 mm — isoliert.

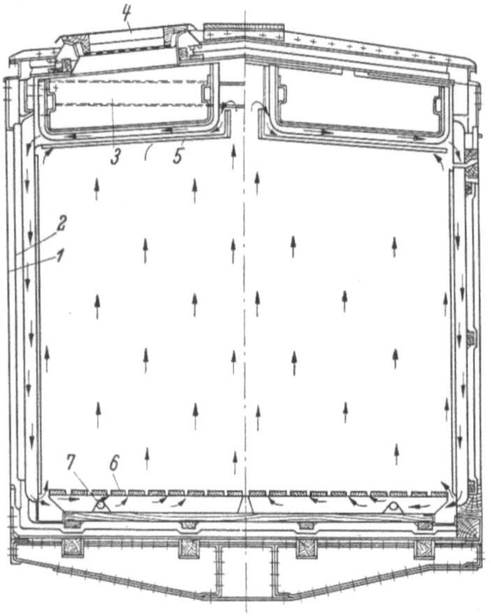

Abb. 250. Querschnitt durch einen kanadischen Kühlwagen mit Deckeneisbehältern.
1 Stahlmantel, *2* Isolierung, *3* Behälter für Eis und Salz, *4* Eisluke, *5* Tropfschale, *6* Fußbodenroste, *7* Heizrohr.

Die Kühlwagen in *Kanada* werden zur Hälfte mit Eisbehältern an der Stirnwand, zur anderen Hälfte mit Deckeneisbehältern gebaut. Letztere gelten als die moderneren, sie werden für den Transport von Gefrierwaren bevorzugt[2]. Es handelt sich um 4achsige Ganzmetallwagen von 50′ (15,24 m) Länge mit 5 bis 6 Tonnen Eisladung, die für 2 bis 3 Tage ausreicht. Abb. 250 zeigt einen Querschnitt durch diesen Wagen, dessen Einrichtung der auf S. 275 beschriebenen Ausrüstung der russischen Wagen sehr ähnlich ist. Nach den Vereinigten Staaten besitzt die Sowjetunion die größte Zahl von Kühlwagen. Kanada steht mit 10000 Wagen an dritter Stelle.

IV. Die Beeisung von Kühlwagen.

In den *Vereinigten Staaten*, wo der Eisenbahn-Kühlverkehr einen außerordentlichen Umfang angenommen hat, findet man auf den wichtigsten transkontinentalen Ost-West-Linien große Stationen für die Nachbeeisung ganzer Kühlzüge, so z. B. in Kansas City, in Denver, Col. u. a. Diese Stationen stehen mit benachbarten Blockeisfabriken und Eislagern in unmittelbarer Verbindung, von wo die Eisblöcke auf Förderbändern zu den längs der Geleise aufgebauten, in Wagendeckenhöhe gelegenen Beeisungsrampen („Estakaden") gebracht werden. Diese Rampen sind oft sehr lang — in Kansas City z. B. 1372 m — so daß auf jeder Seite 100 Kühlwagen Platz finden. Die Beeisung eines Kühlzuges von 70 Wagen dauert etwa 1 Stunde. Die Rampen werden manchmal 2stöckig ausgeführt (Abb. 251). Vom unteren Stockwerk, auf der Höhe des Wagendaches, werden die auf einem Förderband zugeführten großen Eisblöcke von 135 kg

[1] BRODESSER, R. A.: Refrig. Engng. Bd. 39 (1940) S. 377. In diese Reihe gehört auch das BROQUINDA-Verfahren, vgl. die Kälteind. Bd. 36 (1939) S. 39 u. 105.
[2] LENTZ, C. P., u. W. H. COOK: Refrig. Engng. Bd. 59 (1951) S. 148.

in die Eisbehälter der Kühlwagen befördert; vom oberen Stockwerk, das sich in 6 m Höhe über dem Geleise befindet, wird zerkleinertes Eis und Salz durch konische Trichter eingebracht, die auf einer Schiene am Rande der oberen Plattform verschoben werden. Bis zum zweiten Weltkrieg geschah die Verladung in Handarbeit, wobei erhebliche Verluste durch längere Aufenthalte des zur Verladung bereitgestellten Eises in Erwartung der Kühlzüge entstanden. Seit 1947 wurde die Beeisung mit zerkleinertem Eis und Eisschnee mechanisiert, wobei die entsprechenden Maschinen entweder auf einem Geleise neben den Kühlwagen und in gleicher Höhe oder auf einer Rampe in etwa 4 m Höhe aufgestellt wurden. Alle diese Maschinen können sich durch eigene Kraft mit einer

Abb. 251. Zweistöckige Plattform für die Beeisung von Kühlwagen.

Abb. 252. Förderanlage zur mechanischen Beeisung von Kühlwagen.

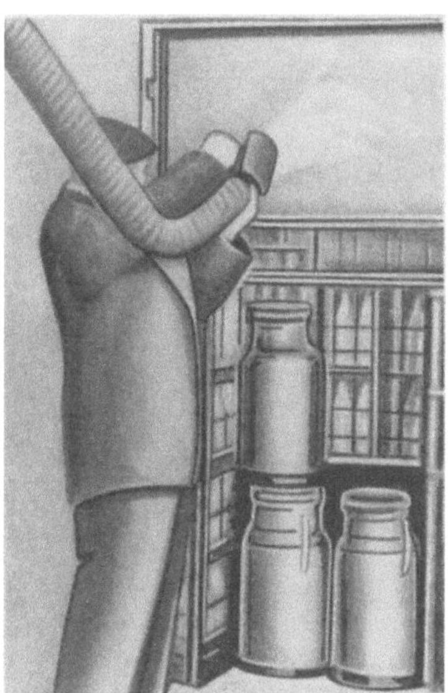

Abb. 253. Einblasen von Eisschnee in einen Kühlwagen.

Geschwindigkeit bis zu 6 km/h fortbewegen und fördern nach beiden Seiten. Das Eis wird ihnen auf Förderbändern zugeführt. Solche Förderanlagen (Abb. 252) werden auf 3achsigen Rahmen von etwa 17 m Länge aufgebaut; in dem

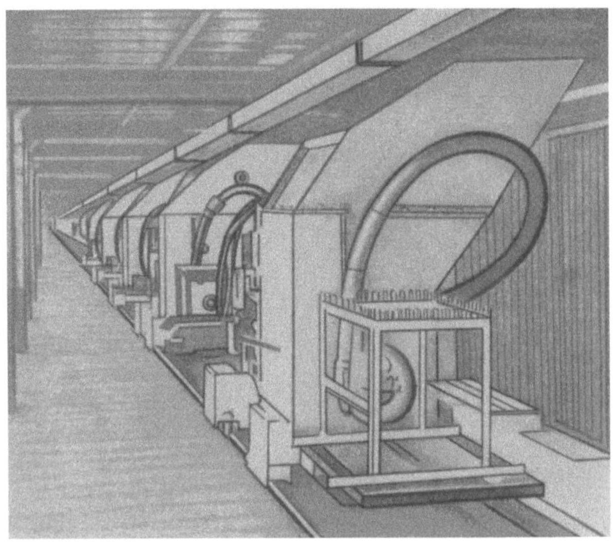

Abb. 254. Apparate zum Einblasen von Eisschnee.

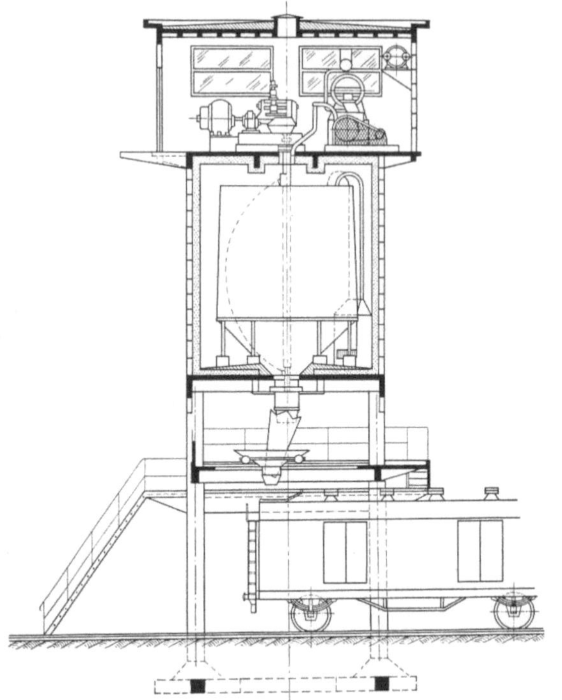

Abb. 255. Splittereisfabrik mit Eislager und Beeisungsvorrichtung über dem Bahngeleise.

Turm von etwa 9 m Höhe sind die Antriebsmotoren, die Zerkleinerungsmaschine, der Salzbehälter, der Aufzug für Eis und Salz, der obere Führerstand und zwei weit ausholende Arme für die Beeisung der Wagen untergebracht. Auf der anderen Seite des Rahmens befindet sich die Maschine für die Bereitung von Eisschnee, der durch Schläuche von 127 mm Durchmesser mit Druckluft in die Kühlwagen eingeblasen wird. Abb. 253 zeigt das Einblasen in einen mit Milchkannen beladenen Wagen, während in Abb. 254 eine Reihe von Apparaten für das Einblasen von Eisschnee gezeigt ist. Auch diese Apparate sind auf Geleisen beweglich angeordnet. Von Eisschnee wird auch beim Kühltransport von Gemüse vielfach Gebrauch gemacht.

Auch in *Frankreich* hat die Kühlwagenbeeisung dank den Bemühungen der STEF (s. S. 263) erhebliche Fortschritte gemacht, wenn auch die Kosten einer Mechanisierung infolge des geringeren Umfangs der Kühltransporte noch nicht gerechtfertigt erscheinen. Man hat aber Fabriken für Röhren- oder Splittereis[1] gelegentlich in turmartigen Gebäuden direkt über den Geleisen untergebracht, wodurch die Beeisung der Wagen, bei nicht sehr großen Zahlen sehr

[1] Vgl. S. 519ff. u. 525ff. dieses Bandes.

vereinfacht wird. Ein Beispiel zeigt Abb. 255. Weitere Einzelheiten werden auf S. 291 in Zusammenhang mit den Vorkühlanlagen gebracht. Es wird auch auf die Seiten 490 und 502 im Abschnitt „Eiserzeugung" verwiesen.

An der deutsch-schweizerischen Grenze in Basel wurde auf Schweizer Boden von der Bahnhof Kühlhaus A. G. in Basel eine moderne Beeisungsanlage mit einer Leistung von 60 Tonnen Eis pro Tag errichtet[1], die nach dem Rapid-Eis-Verfahren von WILBUSCHEWITSCH (vgl. S. 504) arbeitet. Basel ist einer der wichtigsten europäischen Knotenpunkte für den Verkehr von schnell verderblichen Lebensmitteln in der Nord-Süd- und der Ost-West-Richtung.

V. Vorkühlanlagen für Eisenbahntransporte.

1. Vor- und Nachteile.

Die Frage, ob die Kühlung der zu befördernden schnell verderblichen Lebensmittel, besonders von Obst und Gemüse, ausschließlich während des Transportes erfolgen soll, oder ob es technisch und wirtschaftlich günstiger ist, die Waren vor dem Transport in besonderen Vorkühlanlagen abzukühlen, wird von den zuständigen Fachleuten nicht einheitlich beantwortet. Während man z. B. in Frankreich unter Führung der STEF neuerdings von einer Vorkühlung im Eisenbahntransport ganz absieht, macht man in Italien sehr ausgedehnten Gebrauch davon (s. S. 293).[2] Die verschiedenen Ansichten stießen beim IX. Internationalen Kältekongreß in Paris ziemlich hart aufeinander.[3]

Während bei Schiffstransporten über weite Strecken die Vorkühlung und das Gefrieren in stationären Anlagen allgemein üblich ist (s. S. 170)[4], weil die Lebensmittel nicht selten längere Zeit auf ein Kühlschiff warten müssen, fällt dieser Punkt bei Eisenbahntransporten schwächer ins Gewicht.

Zugunsten einer Vorkühlung vor dem Transport wird angeführt, daß diese in stationären Anlagen das Kühlgut sehr viel schneller auf tiefe Temperaturen bringen kann, bei denen schädliche Veränderungen unterbunden werden, als es im Kühlwagen im allgemeinen möglich ist. Das angelieferte Kühlgut kann sofort kalt gelagert werden und braucht nicht auf die Ankunft eines Kühlzuges zu warten. Vorgekühlte Ware kann notfalls in gewöhnlichen isolierten Eisenbahnwagen (engins isothermes, s. S. 267) ohne Eis auf kürzere Entfernung befördert werden.

Bei großen Entfernungen, z. B. von Italien nach Skandinavien, kann man bei vorgekühlter Ware unter Umständen eine Nachbeeisung der Kühlwagen auf dem Transport vermeiden. Ganz allgemein erscheint die Anwendung einer Vorkühlung um so berechtigter, je größer die zu bewältigende Entfernung des Zielortes der Ladung ist. Die Vorkühlanlagen können während der Jahreszeit, in der Obsttransporte wegfallen, für die Kaltlagerung anderer Lebensmittel verwendet werden.

Diesen Vorzügen steht der Nachteil gegenüber, daß die Ware zweimal verladen werden muß. Die Abkühlungsgeschwindigkeit im Kühlwagen ließ sich außerdem durch den Einbau von kräftigen Ventilatoren wesentlich steigern, wodurch auch die früher beobachteten großen Temperaturdifferenzen innerhalb

[1] Kältetechnik, Bd. 12(1960) S. 323.

[2] FASOLI, M.: Il Freddo, Juli—August 1958, S. 13—22.

[3] Vgl. die Diskussionen im Anschluß an einen Vortrag von H. CHEVALIER: Ber. IX. Intern. Kältekongreß Paris 1955, Bd. II, S. 7083—7093.

[4] Es sei besonders auf die Südafrikanischen Vorkühlanlagen für Früchte in Kapstadt, Port Elizabeth und East London verwiesen. Vgl. z. B. PLANK, R.: Beihefte z. Z. ges. Kältend., Reihe 3, H. 8, Ges. f. Kältewesen, Berlin 1937.

der Ladung bedeutend verringert wurden. In den Kühlwagen der STEF wurden die Temperaturdifferenzen auf diese Weise von 6 °C auf 1,5 °C herabgesetzt.

Es gibt verschiedene Verfahren der Vorkühlung:

1. Die Behandlung in gewöhnlichen Kühlräumen oder die Unterbringung in Kühltunnels,
2. die Lagerung in Vakuumkammern unter Verdunstung von Wasser aus der (ggf. angefeuchteten) Ware,
3. die Vorkühlung der beladenen Eisenbahnwagen durch stationäre oder fahrbare Kaltluftanlagen, oder in Vakuumkammern.

Die Kosten der Vorkühlung betragen in Kühlräumen und Kühltunnels etwa 3 bis 4% des Wertes des Kühlgutes und sinken auf 1,5 bis 2%, wenn die Vorkühlung in den Eisenbahnwagen selbst durchgeführt wird.

Flemming meint, daß nur fahrbare Vorkühlanlagen erfolgreich genutzt werden können, weil man sie in verschiedenen Erntegebieten nacheinander einsetzen kann.[1]

Bei Schiffstransporten ist die Vorkühlung allgemein üblich.

2. Der zeitliche Temperaturverlauf bei der Vorkühlung.

In sehr vereinfachter und angenäherter Weise läßt sich der zu erwartende Temperaturverlauf bei der Vorkühlung von G kg Kühlgut mit der spezifischen Wärme c und der Oberfläche F bei einer Wärmeübergangszahl α vom Kühlgut an das umgebende Kühlmittel wie folgt berechnen:

Die übertragene Wärmemenge dQ ruft eine Temperatur*senkung* dt hervor

$$dQ = -G\,c\,dt$$

oder im Zeitelement dz

$$\frac{dQ}{dz} = -G\,c\frac{dt}{dz}, \tag{1}$$

worin $-\frac{dt}{dz}$ die Abkühlungsgeschwindigkeit darstellt.

Die Temperatur t_0 der kalten Umgebung (in der Regel Luft) ist zugleich die Grenztemperatur, bis zu der das Kühlgut in unendlich langer Zeit abgekühlt werden könnte. Das Gesetz der Wärmeübertragung im Zeitelement dz lautet:

$$dQ = \alpha F(t - t_0)\,dz. \tag{2}$$

Aus (1) und (2) folgt

$$-G\,c\frac{dt}{dz} = \alpha F(t - t_0).$$

Setzt man den konstanten Wert $\frac{G\,c}{\alpha F} = \frac{1}{a}$ und die veränderliche Temperaturdifferenz $t - t_0 = \Theta$, dann wird nach Integration

$$z = -\frac{1}{a}\ln\Theta + \text{const.}$$

Beim Beginn der Vorkühlung, z. Z. $z = 0$ sei die Temperaturdifferenz Θ_0. Mit dieser Grenzbedingung wird

$$z = -\frac{1}{a}\ln\frac{\Theta}{\Theta_0}$$

[1] Flemming, H.: Kältetechnik, Bd. 3 (1951) S. 125.

oder

$$\Theta = \Theta_0 e^{-az}. \tag{3}$$

Bei konstanter Umgebungstemperatur t_0 nimmt also die Temperatur der Ware nach einem Exponentialgesetz mit der Zeit ab. Ist zu den Zeiten z_1 bzw. z_2 die Temperaturdifferenz Θ_1 bzw. Θ_2, dann wird

$$\frac{\Theta_1}{\Theta_2} = e^{a(z_2 - z_1)}. \tag{4}$$

Im Zuge der Untersuchungen der STEF auf diesem Gebiet[1, 2] hat J. M. RICHARD den sehr zweckmäßigen Vorschlag gemacht, die Vorkühlungsgeschwindigkeit durch die sogenannte „*Halbwertzeit*“ $z_{1/2}$ auszudrücken, worunter das Zeitintervall verstanden wird, in dem die Temperaturdifferenz $\Theta = t - t_0$ auf den halben Wert herabsinkt. Mit $\Theta_2 = \frac{\Theta_1}{2}$ und $z_2 - z_1 = z_{1/2}$ erhält man aus Gl. (4)

$$z_{1/2} = \frac{\ln 2}{a}. \tag{5}$$

Der Begriff der Halbwertzeit ist aus der Theorie des Zerfalls radioaktiver Substanzen entnommen. Man erkennt aus Gl. (5), daß $z_{1/2}$ für einen gegebenen Fall der Vorkühlung während des ganzen Prozesses konstant bleibt. Die Absenkung von einem Anfangswert Θ_1 auf $\Theta_{1/2}$ dauert also ebensolange wie von $\Theta_{1/2}$ auf $\Theta_{1/4}$, von $\Theta_{1/4}$ auf $\Theta_{1/8}$ usw. Es ist also $z_{1/2}$ ein sehr brauchbares Maß für die im Laufe der Zeit abnehmende Abkühlungsgeschwindigkeit $\left(-\frac{dt}{dz}\right)$. Man bezeichnet die Größe $z_{1/2}$ als die „Zeitkonstante“.

Für die Vorkühlanlage von Obst in Perpignan wird von der STEF z. B. ein Wert $z_{1/2} = 2h$ angegeben.[1] Bei einer Temperatur der Kaltluft von 0 °C und einer Anfangstemperatur des Kühlgutes von 30 °C erhält man also nach 2, 4 bzw. 6 Stunden usw. eine Temperatur von 15, 7,5 bzw. 3,75 °C usw. im Kühlgut. Eine genauere Theorie des Temperaturverlaufes bei der Vorkühlung hat RICHARD entwickelt.[2, 4]

Im allgemeinen beträgt die Temperatur der in die Wagen eintretenden Kaltluft 0 °C oder nur wenig darunter, um die Gefahr des Gefrierens der Früchte zu vermeiden. In den ältesten amerikanischen Vorkühlanlagen wurde aber die Temperatur bei häufigem Richtungswechsel der Luftströmung wesentlich tiefer gesenkt (s. S. 291).

KOMAROW[3] hat aus Messungen der Abkühlungsgeschwindigkeit zahlreicher namhafter Sachverständiger zugehörige Werte von $z_{1/2}$ berechnet (Tab. 2).

Neuerdings ist die STEF mit ihren Untersuchungen über die Vorgänge beim Transport von Lebensmitteln in Kühlwagen noch einen Schritt weitergegangen. Um die Versuchszeiten zu verkürzen und die Zahl der Beobachtungen zu erhöhen, wurde von einem Analogieverfahren Gebrauch gemacht, das jetzt immer häufiger zum Studium von Wärmeleitungs- und Wärmeübergangsvorgängen angewandt wird. An Stelle der elektrischen Analogie wurde aber hier die hydraulische Analogie benutzt.[4] Das Verfahren beruht darauf, daß die Differentialgleichungen

---

[1] Bericht über die Tagung der Kommission 4 des Internationalen Kälteinstituts in Wageningen im April 1953, Annexe 1954—1 zum Bulletin dieses Instituts, S. 95—114. (Vorgetragen von J. B. VERLOT.)

[2] CHEVALIER, H., u. J. M. RICHARD: Ber. IX. Intern. Kältekongreß Paris, Bd. II, S. 7060—7063. H. CHEVALIER: daselbst S. 7083.

[3] KOMAROW, N. S.: Die Kältetechnik in den ausländischen Eisenbahnen, Moskau, Staatl. Eisenbahntransport-Verlag 1958, S. 58—59.

[4] RICHARD, J., u. J. LECHIEN: Etude des problèmes de transports frigorifiques au moyen d'un calculateur analogique original. Bull. Institut Internat. Froid, Bd. 40 (1960) Nr. 1, S. 246—264.

für den zeitlichen Verlauf der Wärmeübertragung als Funktion der Temperaturdifferenz einerseits, und für den zeitlichen Verlauf der zwischen 2 Behältern ausgetauschten Flüssigkeitsmenge als Funktion des Höhenunterschiedes andererseits vollkommen analog gebaut sind. Es muß nur dafür gesorgt werden, daß die Flüssigkeit im hydraulischen Modell laminar strömt. Dies wird durch den Einbau von sog. „Restriktoren" in den Flüssigkeitsstrom erreicht; sie bestehen aus genau kalibrierten senkrechten Rohren, in die ebenfalls genau kalibrierte Nadeln

Tabelle 2. *Halbwertzeit (Zeitkonstante)* $z_{1/2}$ *bei der Vorkühlung von Obst.*

Kühlverfahren	Kühlgut, Art der Verpackung	$z_{1/2}$ in Stunden
Gewöhnliche Kühlräume mit schwachem Luftumlauf	Äpfel und Birnen in Kisten von 18 kg	
	nicht eingewickelt	13 bis 17
	eingewickelt	23 bis 28
Große Kühlräume mit verstärktem Luftumlauf in senkrechter Richtung (150facher Luftumlauf/h)	Weintrauben	8 bis 10
	Pflaumen	11 bis 15
	Birnen	15 bis 22
Kühltunnels großer Abmessungen, Luftgeschwindigkeit 5 m/s	Weintrauben	7
	Pflaumen	9
	Birnen	14
Versuchstunnels in USA bei Luftgeschwindigkeit um 3 m/s	Äpfel in Kisten	2,5 bis 4
	Weintrauben in Kisten ohne Deckel	0,5
Kaltluftstrahl, der auf die Früchte mit 9 bis 16 m/s auftrifft	Äpfel in Kisten (12,5 m/s)	0,67
	Pfirsiche nicht eingewickelt in Lattenkisten	0,43
	Pflaumen unverpackt (9 m/s)	0,13
	Kirschen in Schalen von je 7 kg (16 m/s)	0,11
Kühlwagen mit Luftkühlung durch stationäre Anlagen	Je nach Dichte der Stapelung	3 bis 6
Kühlwagen mit erzwungenem Luftumlauf	Weintrauben	6
	Kirschen in Kartons	8
Berieselung mit Eiswasser von +1 °C	Äpfel in Kisten von je 9 kg Wasserverbrauch 9 *l*/min	0,49
	Kirschen	0,08
	Pfirsiche	0,25
	Weintrauben	0,08

mehr oder weniger tief koaxial eingeführt werden, wobei der Ringraum zwischen Rohr und Nadel ziemlich eng sein soll.

Das hydraulische Netz besteht aus mehreren Gefäßen, welche die Rollen der Außenluft, der Innenluft, der Nutzladung und der Eisladung vertreten. Diese Behälter sind durch Restriktoren untereinander verbunden, welche den Wärmeübergangszahlen entsprechen.

Diese hydraulische Ähnlichkeitsapparatur schließt noch verschiedene elektrische Servomechanismen und Relais ein. Nach Einstellung der Transportbedingungen, der Anfangswerte der Temperaturen und der Größe der Eisladung, werden die Flüssigkeitsströme, welche die verschiedenen ausgetauschten Wärmemengen darstellen, durch Öffnung von Solenoidventilen alle gleichzeitig in Gang gesetzt. Die Flüssigkeitsstände in den verschiedenen Behältern verändern sich dann sofort und veranschaulichen die vorhandenen Temperaturdifferenzen. Dabei entspricht in der Apparatur der STEF

1 Grad Celsius — 5 mm Höhenunterschied,
1 Kilogrammcalorie — 0,01 cm³,
1 Stunde Transportdauer — 30 Sekunden Betrieb der Apparatur.

Daher entspricht einer Wärmekapazität (Wasserwert) von 1 kcal/°C ein Durchflußquerschnitt des Behälters von 0,02 cm², und einem Wärmeaustausch von 1 kcal/h °C entsprechen 0,04 cm³/min cm. Ferner wurde die Apparatur so abgestimmt, daß einer Änderung des Flüssigkeitsstandes von 5 mm im letzten Behälter eine Menge von 100 kg geschmolzenen Eises entspricht.

Die STEF glaubt, daß mit dieser Apparatur, die jetzt laufend im Betrieb ist, in wenigen Monaten Hunderte von Transportfällen behandelt werden können, die für die Bearbeitung eines Instruktionsbuches für eine wirtschaftliche Ausnutzung von Kühlwagen erforderlich sind. Einzelheiten des Baues und Betriebes einer solchen Apparatur sowie Versuchsergebnisse sind der Originalarbeit zu entnehmen.

3. Ausgeführte Vorkühlanlagen für Obst.

a) In den USA. Die ältesten Vorkühlanlagen wurden in Kalifornien von der Gay Engineering Corp. in Los Angeles errichtet. Die erste Versuchsanlage wurde 1907 in Roseville gebaut. Es folgten große Anlagen für den Obstexport in Colton,

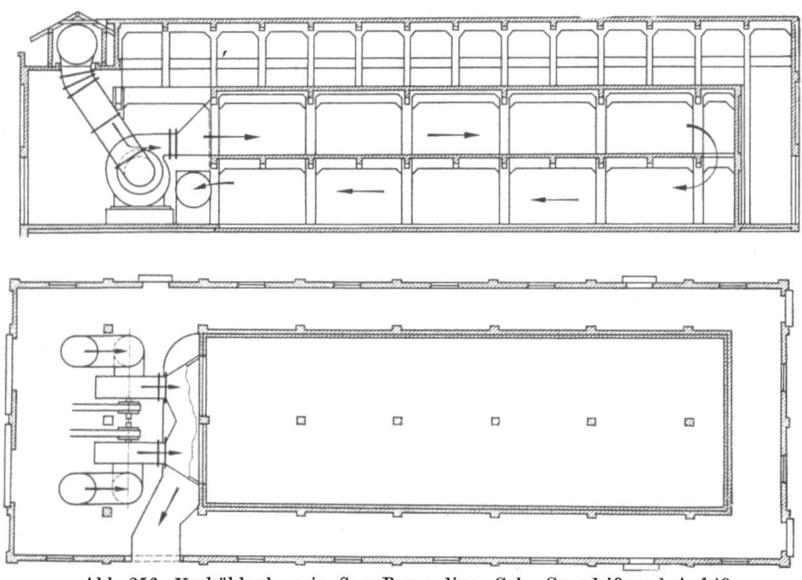

Abb. 256. Vorkühlanlage in San Bernardino, Cal., Grundriß und Aufriß.

San Bernardino und Las Vegas.[1] Die Anlage in San Bernardino ist in den Abb. 256 und 257 in großen Zügen dargestellt. Das frisch geerntete Obst wird in die Kühlwagen eingebracht, durch die dann mehrere Stunden kalte Luft geblasen wird. Danach werden die Wagen beeist und befördert. Der 2stöckige Luftkanal

[1] Die ausführlichste Beschreibung dieser Anlagen mit Zeichnungen findet man im Reisebericht von K. P. Tichozky, O. I. Krassowsky und O. O. Dreier: Die gegenwärtige Lage der Eisenbahntransporte in den Vereinigten Staaten, 2 Bände mit einem Atlas. St. Petersburg, 1912 (russisch).

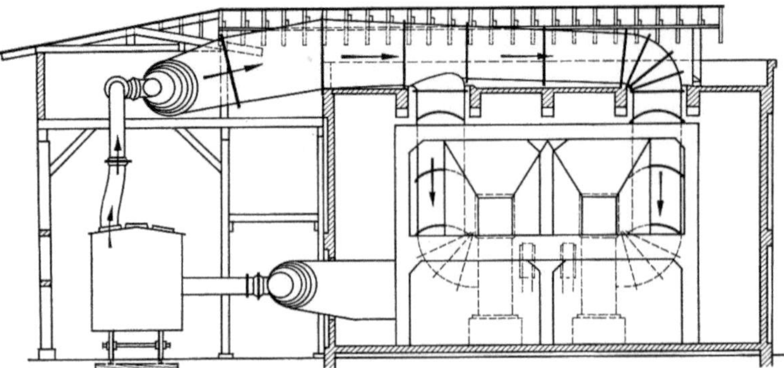

Abb. 257. Vorkühlanlage in San Bernardino, Cal., Querschnitt.

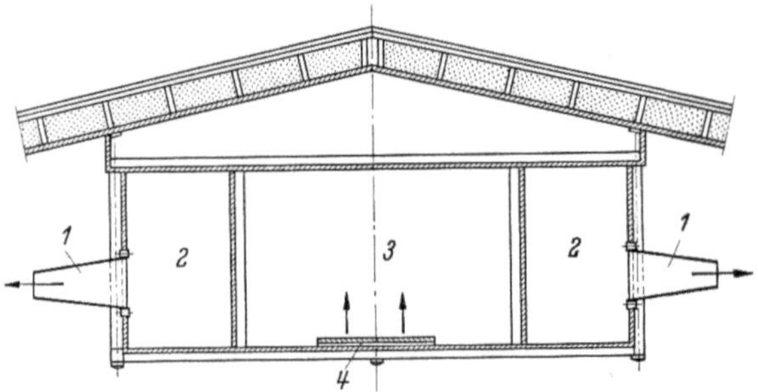

Abb. 257a. Kombinierter Saug- und Druckkanal mit Düsen.
1 Düse, 2 Druckkanäle, 3 Saugkanal, 4 Öffnung mit Schiebern.

Abb. 258. Kühlbahnhof der STEF in Perpignan, Gesamtansicht.

ist 210 m lang; die kalte Luft strömt durch den unteren Kanal und wird von hier durch Abzweigungen den Kühlwagen zugeleitet. Die aus den Wagen austretende erwärmte Luft kehrt durch den oberen Kanal zu den Luftkühlern für Sole und zu den Ventilatoren zurück. Es konnten gleichzeitig 28 Wagen gekühlt werden. Durch jeden Wagen wurden stündlich 8500 m³ Luft geblasen. Die beweglichen Schläuche zur Verbindung der Wagen mit den Luftkanälen hatten einen Durchmesser von 25″; sie waren durch quadratische Holzflanschen mit dichtender Zwischenlage an die Eisluken in den Wagenenden angeschlossen. Die Richtung der Kaltluftströmung durch die Wagen wurde alle 20 bis 30 Minuten geändert, um eine gleichmäßige Durchkühlung der Ladung zu erreichen. Die Lufttemperatur wurde gegen Ende der Vorkühlung bis −12 °C gesenkt und die Vorkühldauer betrug 4 bis 6 Stunden.

In neuerer Zeit erfolgt in den USA die Vorkühlung von Obst und Gemüse vor dem Transport vorwiegend in Kühlhäusern, wodurch man sich von der rechtzeitigen Gestellung von Kühlwagen frei macht. Diese Kühlräume werden außerhalb der Saison von Stein- und Kernobst auch für die längere Lagerung von Zitrusfrüchten benutzt. Trotz größerer Investitionen erweist sich daher die Vorkühlung in stationären Kühlräumen häufig wirtschaftlicher als unmittelbar in den Kühlwagen.

Für die Intensität der Vorkühlung und die Abkürzung ihrer Dauer ist die Luftverteilung und Strömungsgeschwindigkeit der Luft in den Kühlkammern von entscheidender Bedeutung. In modernen amerikanischen Vorkühlanlagen werden die Saug- und Druckkanäle in Raummitte unter der Decke angeordnet (Abb. 257a). Der Saugkanal *3* liegt in der Mitte, die erwärmte Luft wird von unten durch eine Öffnung *4* mit einstellbaren Schiebern angesaugt. Auf beiden Seiten des Saugkanals liegen die Druckkanäle *2*, aus denen die kalte Luft durch kegelförmige Düsen *1* aus verzinktem Eisenblech von 100 und 80 mm Durchmesser und 110 mm Länge ausströmt. Die Düsen sind in Abständen von 1,2 m angeordnet. Die Kanäle werden häufig aus Celotexplatten von 10 mm Stärke ausgeführt.

In den USA werden etwa 65% aller Obsttransporte vorgekühlt, und zwar etwa 48% von stationären Anlagen (Kühlkammern, Tunnels, Eiswasser, Vakuumkühlung) und 17% unmittelbar in Kühlwagen.

b) In Frankreich. Große Kühlbahnhöfe für Obst hat die STEF (s. S. 263) in Südfrankreich (Limoges, Avignon, Perpignan) errichtet. Wir beschränken uns auf die Beschreibung der Anlage in Perpignan, die in den Abb. 258 bis 261 dargestellt ist.[1] Sie besteht aus folgenden Gebäuden (Abb. 259 u. 260):

1. Einem Kühlhaus *A* mit 13 Kühlräumen von insgesamt 3300 m³ für Temperaturen von −18 °C bis +2 °C und einem Eislager für 700 Tonnen Eis,

2. Zwei Vorkühlhäusern B_1 und B_2 mit zusammen 14 Vorkühlräumen von je 60 m², in denen 170 Tonnen Lebensmittel in 16 Stunden von 25 auf 5 °C abgekühlt werden können. Außerhalb der Obstsaison werden diese Räume für die Lagerung anderer Kühlgüter verwendet,

3. Einem Vorkühlhaus *C* für Eisenbahnwagen mit drei doppelten Kaltluftgebläsen zur gleichzeitigen Vorkühlung von 6 Eisenbahnwagen von +25 auf +5 °C in 6 Stunden, entsprechend einer Kühlung von 110 Tonnen Lebensmittel je Tag,

4. Einer Eisfabrik (oberhalb des Kühlhauses *A*) mit einer Leistung von 120 Tonnen in 20 Stunden in Blöcken von 40 kg,

5. Einem Eisturm (Abb. 261), aufgestellt über dem Geleise *N° 11* (Abb. 259), ausgerüstet mit Röhreneiserzeugern mit einer Leistung von zusammen 60 t/Tag,

---

[1] Der Kühlbahnhof in Limoges ist auf S. 187 beschrieben.

Die im Gebäude untergebrachte Kältemaschinenanlage besteht aus zwei vertikalen 4zylindrigen NH_3-Kompressoren gleicher Größe von Brissoneau und Lotz, angetrieben von 400-PS-Asynchronmotoren; ein Kompressor von

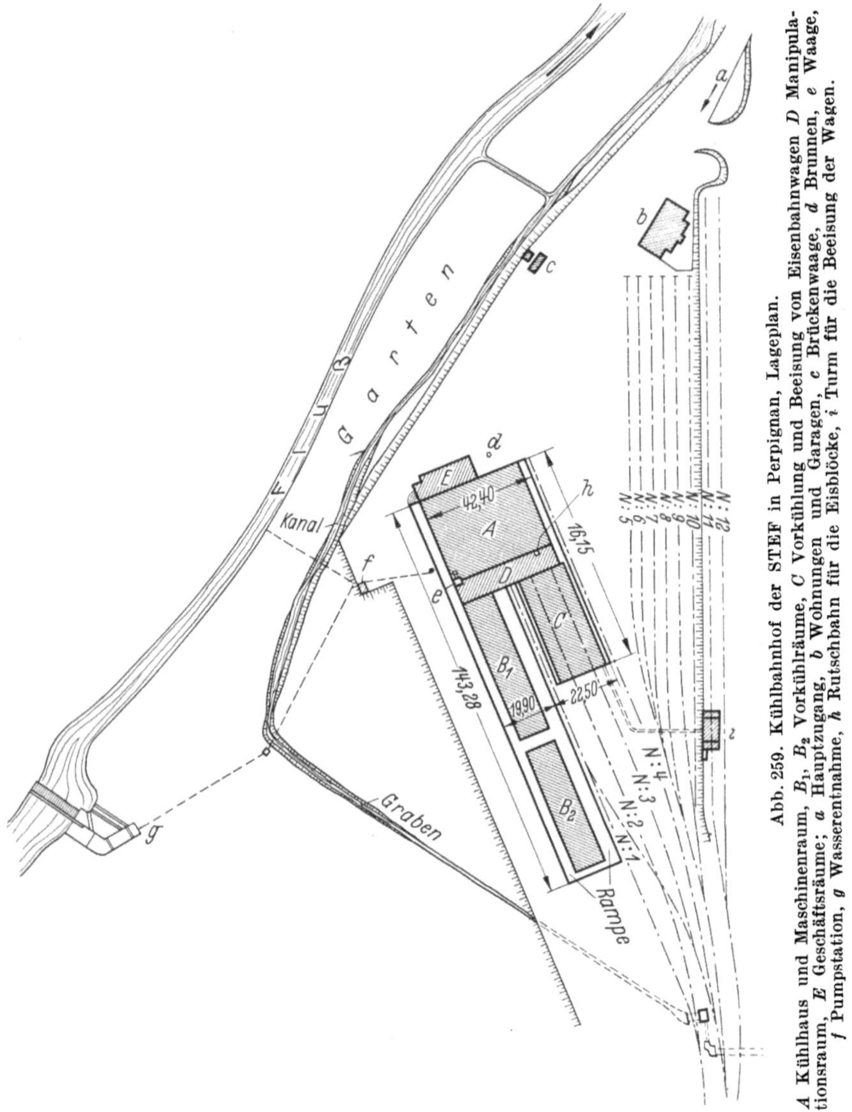

Abb. 259. Kühlbahnhof der STEF in Perpignan, Lageplan.

A Kühlhaus und Maschinenraum, B_1, B_2 Vorkühlräume, *C* Vorkühlung und Beeisung von Eisenbahnwagen *D* Manipulationsraum, *E* Geschäftsräume; *a* Hauptzugang, *b* Wohnungen und Garagen, *c* Brückenwaage, *d* Brunnen, *e* Waage, *f* Pumpstation, *g* Wasserentnahme, *h* Rutschbahn für die Eisblöcke, *i* Turm für die Beeisung der Wagen.

790000 kcal/h bei $-12/+32$ °C und 730 U/min versorgt die Eisfabrik, der andere bedient die Vorkühlanlagen (B_1, B_2, C) und den Eisturm und leistet bei $-15/+32$ °C 500000 kcal/h bei 560 U/min. Ein dritter NH_3-Kompressor mit 12 Zylindern in W-Bauart, 2stufig, mit einer Leistung von 122000 kcal/h bei $-30/+32$ °C und 730 U/min bedient das Kühlhaus A. Die ganze Anlage arbeitet mit Solekühlung.

In Frankreich werden jährlich etwa 175000 Tonnen Früchte transportiert. Davon werden nur etwa 10% vorgekühlt.

c) In Italien. Die italienischen Eisenbahnen machen von der Vorkühlung in größtem Umfang Gebrauch. Dabei werden vielfach äußere Kältequellen herangezogen; daneben wurde aber in Zusammenarbeit mit der Firma Marelli auch ein Kühlsystem entwickelt, bei dem 4 Einphasen-Elektroventilatoren im Wagen selbst eingebaut sind. Sie können im Stillstand durch eine äußere Stromquelle oder bei der Fahrt durch einen im Wagen untergebrachten Generator, der von der Achse angetrieben wird, mit Strom versorgt werden. Man vertritt die Ansicht,

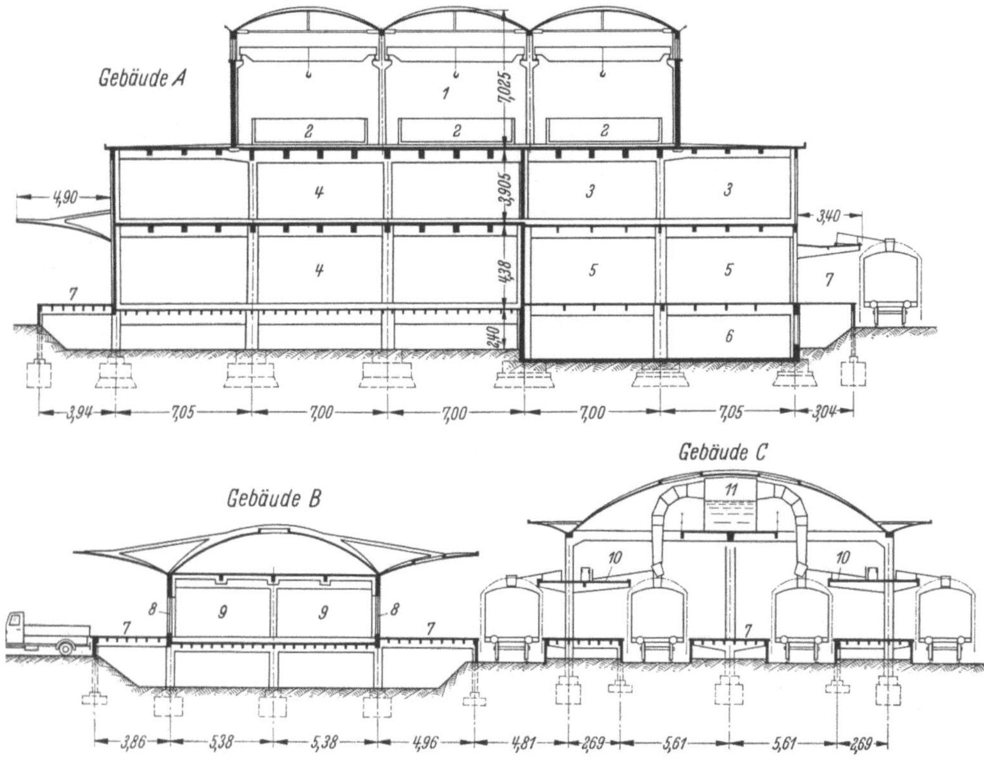

Abb. 260. Querschnitte durch die Gebäude A, B und C nach Abb. 259.
1 Eisfabrik, *2* Eisgeneratoren, *3* Eislager, *4* Kühlräume, *5* Luftkühler und Pumpen, *6* Kondensatoren, *7* Bahnsteige, *8* isolierte Tür, *9* Vorkühlräume, *10* Beeisung, *11* Luftkühler.

daß eine Verzögerung in der Abfertigung der Wagen um 6 bis 8 Stunden zwecks Durchführung der Vorkühlung immer gerechtfertigt ist.[1]

Große Vorkühlstationen für Eisenbahnwagen wurden in Verona, Mailand, Palermo und Altedo errichtet. Die Station in Verona (Abb. 262) hat im Grundriß die Form eines Kreises und besteht aus drei konzentrischen Ringen von 25, 70 und 107 m Durchmesser. Im Zentrum befindet sich eine Drehscheibe mit Geleisen für 2 Kühlwagen. Von hier zweigen nach allen Seiten 5,5 m breite Galerien ab, die mit Ausnahme einer, mit den Bahnhofsgeleisen verbundenen, alle gekühlt werden und der Beladung, Entladung und Vorkühlung der Wagen dienen. Zwischen den Galerien sind Kühlräume in Trapezform für Früchte angeordnet. Im äußeren Ring sind sieben große Kühlräume für relativ langfristige Lagerung eingebaut; hier ist auch die Kältemaschinenanlage mit einer Leistung von 1200000 kcal/h untergebracht. Auf dem zweiten Stockwerk des mittleren Ringes

[1] Fasoli, M.: vgl. Fußnote 1 auf S. 274.

befinden sich die Eisfabrik für 60 t/Tag und 2 Eislager von je 300 Tonnen. Gleichzeitig können in 10 Minuten 4 Wagen beeist werden. 15 Luftkühler für direkte NH_3-Verdampfung sind unter der Decke der Galerien angeordnet; die Kühlschlangen von 30/38 mm Durchmesser haben eine Länge von 44 km. Jeder Luftkühler ist mit einem Ventilator für 300 m^3/min ausgerüstet. Die Vorkühldauer eines Wagens beträgt im Durchschnitt 6 Stunden. In den 7 Galerien können gleichzeitig 19 Wagen vorgekühlt werden. Die maximale Tagesleistung beträgt daher 76 Wagen.

Abb. 261. Turm für die Beeisung von Kühlwagen in Perpignan.

Die Vorkühlanlagen in Mailand und Palermo haben einen elliptischen Grundriß (Abb. 263). In der Mitte des Gebäudes sind lange Galerien mit asphaltierten Wegen für gekühlte Lastkraftwagen und Geleisen für Eisenbahnkühlwagen vorgesehen. Die Fahrzeuge gelangen in die Anlage auf den längsten Galerien und werden über die zentrale Drehscheibe in die radialen Galerien zur Be- oder Entladung geschoben. Es können gleichzeitig 28 Wagen behandelt werden. Die Vorkühldauer beträgt 6 Stunden und die Tagesleistung 112 2achsige Wagen. Zwischen den Galerien befinden

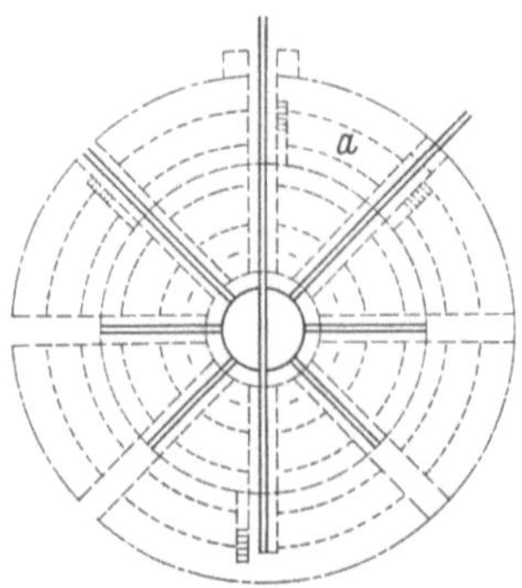

Abb. 262. Vorkühlanlage in Verona.

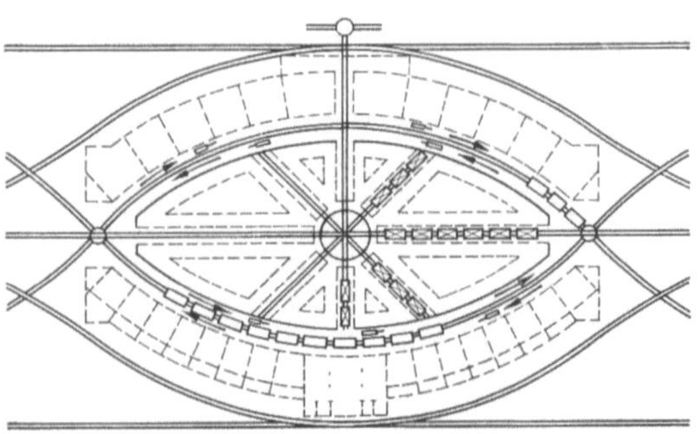

Abb. 263. Vorkühlanlage in Palermo und Mailand.

sich Vorkühlräume von dreieckiger Form. Außen im Gebäude sind Arbeitsräume für die Untersuchung, Sortierung und Verpackung der Früchte vorgesehen.

Die Ende 1955 erbaute Vorkühlstation in Altedo-Bologna (Abb. 264) dient hauptsächlich der Behandlung von Birnen, Pflaumen und Pfirsichen. Für die Annahme und Sortierung der Kühlgüter ist eine Fläche *1* von 350 m² vorgesehen.

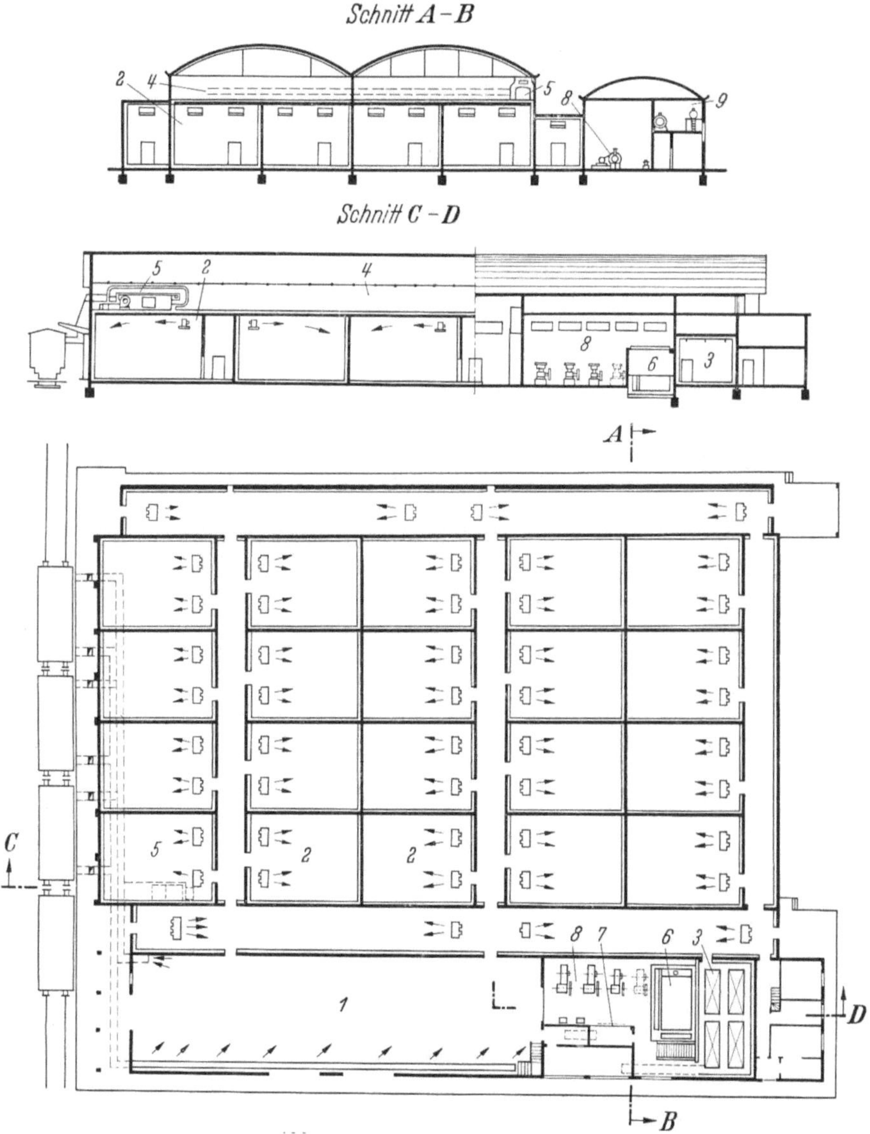

Abb. 264. Vorkühlanlage in Altedo.
1 Manipulationsraum, *2* Kühlräume, *3* Eislager, *4* Raum für Verpackungsmaterial, *5* Luftkühler für Kühlwagen, *6* Eiserzeuger, *7* Schalttafel, *8* NH_3-Kompressoren, *9* Kondensatoren und NH_3-Pumpe.

Die Kühlräume *2* umfassen 11500 m³. Außerdem ist eine Eisfabrik von 8 t/Tag in 25-kg-Blöcken und ein Eislager von 150 m³ vorgesehen. Das 2stöckige Kühlhaus hat zwei gekühlte Längskorridore, die auf die Eisenbahn- und Lastwagenrampen münden, und 3 Querkorridore zum Betreten der Kühlräume. Auf dem zweiten Stockwerk befindet sich das Lager für das Verpackungsmaterial, das auf Transportgurten in den gekühlten Manipulationsraum *1* befördert wird. An diesen Raum schließt sich die Maschinenanlage. Die Kühlräume *2* und die Korridore werden durch Luftkühler für direkte NH_3-Verdampfung gekühlt. Für die Kühlung der Wagen und des Manipulationsraumes ist ein besonderer Luftkühler *5* vorgesehen. Die kalte Luft wird den Wagen durch bewegliche Schläuche zugeführt. Das flüssige Ammoniak wird mit Zentrifugalpumpen zwangsweise umgewälzt. Es sind 2 Kompressoren von je 200000 kcal/h mit Antriebselektromotoren von 75 PS vorgesehen. Für die Eisfabrik ist ein weiterer Kompressor von 70000 kcal/h mit einem Elektromotor von 27 PS aufgestellt.

C. Der Eisenbahntransport mit Kältemaschinen.

I. Einzelne Maschinenwagen.

1. Ältere Bauarten.

Schon vor dem ersten Weltkrieg (1908) wurden in Deutschland maschinell gekühlte Wagen für die russischen Eisenbahnen gebaut. Die Firma Humboldt in Köln-Kalk lieferte solche Kühlwagen (Abb. 265) nach den Plänen des russischen

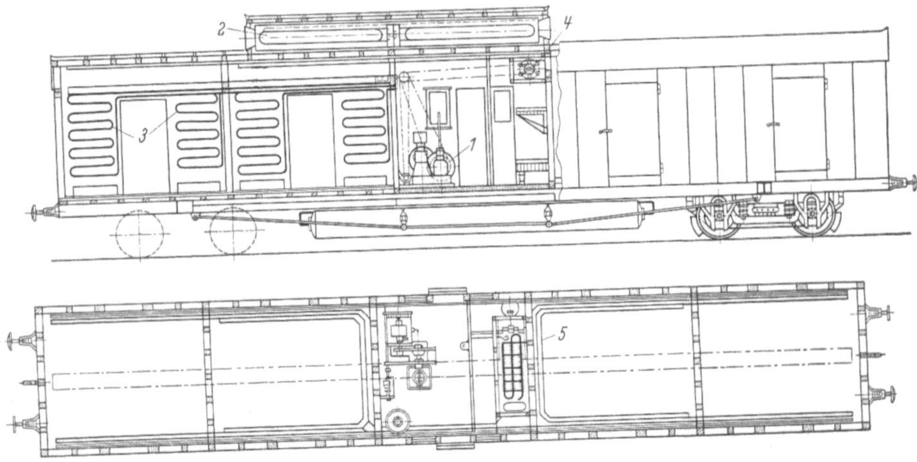

Abb. 265. Maschinell gekühlter Wagen der Firma Humboldt
1 Kompressor, *2* Kondensator, *3* Verdampfer, *4* Luftkühler, *5* Luftkanäle.

Ingenieurs W. L. SILITSCH mit einer Ammoniakkältemaschine von 12000 kcal/h, die von einem 8-PS-Ölmotor angetrieben wurde. Je 2 Kühlkammern waren zu beiden Seiten des zentral gelegenen Maschinenraumes vorgesehen.

Um 1920 baute die Firma Freundlich, Düsseldorf, einen Kühlwagen für den Transport von Fleisch, bei dem der von der Wagenachse angetriebene stehende NH_3-Kompressor an einem Wagenende untergebracht war. Auch in Frankreich wurden schon 1908 maschinell gekühlte Güterwagen vereinzelt in Betrieb genommen.[1]

Im Jahre 1925 besaß die North American Car Corporation 41 maschinell gekühlte Wagen, in denen Ammoniakkompressoren der Baker Ice Machine Co. von der Wagenachse angetrieben wurden. Die Verdampferschlangen wurden teilweise in Solebehältern angeordnet, die als Kältespeicher dienten. Diese

[1] Génie civil, 1908, S. 384; vgl. auch Kälteind. 1909, H. 2.

Wagen wurden später durch den Einbau thermostatischer Ventile und anderer Neuerungen wesentlich verbessert.[1] Um 1925 erschienen auch die Kühlwagen der Safety Heating and Lighting Co., die mit periodischen Adsorptionsmaschinen

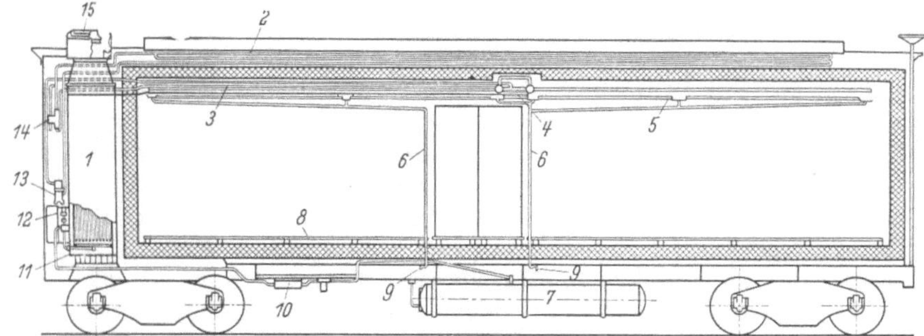

Abb. 266. Kühlwagen mit Adsorptions-Kältemaschine der Silica Gel Corp.
1 Adsorber, *2* Kondensator, *3* Verdampfer, *4* Fühler des Thermostaten, *5* Tropfschalen unter dem Verdampfer, *6* Entwässerung, *7* Propantanks, *8* Heizrohre, *9* Siphon, *10* Druckregler für das Propan, *11* Brenner, *12* Thermostat, *13* Schwimmer-Regelventil, *14* Rückschlagventile, *15* Ventilator.

der Silica Gel Corp. ausgerüstet waren.[2] Abb. 266 zeigt die Einrichtung eines solchen Wagens. Als Adsorptionsstoff diente kolloidale Kieselsäure, als Kältemittel Wasser oder Schwefeldioxyd. 80 Wagen dieses Systems waren mehrere Jahre im Betrieb.

Erfolgreicher waren die in Belgien in den Jahren 1931 bis 1933 entwickelten Maschinenwagen der Gesellschaft Altek in Antwerpen[3] (Abb. 267). Der 2stufige

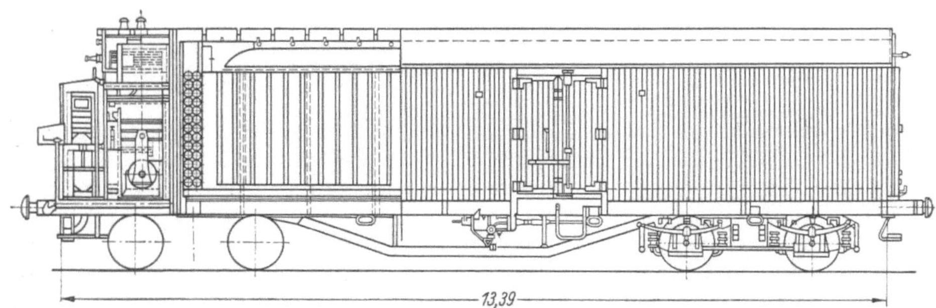

Abb. 267. Maschinell gekühlter Wagen, System Altek.

NH_3-Kompressor und der ihn antreibende Zweitakt-Dieselmotor waren im nicht isolierten Wagenende untergebracht und beanspruchten 15% der Grundfläche. Der luftgekühlte Kondensator befand sich auf dem Dach. Der Luftkühler für direkte Verdampfung war neben dem Maschinenraum angeordnet.

Später (1947) hat man in Amerika Güterwagen mit periodisch wirkenden Ammoniak-Absorptionsmaschinen nach den Patenten der Frigid Transport Company, Inc. ausgerüstet.[4] Diese Wagen wurden von der Birdseye-Snider Division der General Foods Corporation für den Transport von gefrorenen

[1] Wood, E. C.: Refrig. Engng. Bd. 26 (1933) S. 11.
[2] Railway Age vom 18. Februar 1928. — J. Cassiday: Power, Bd. 69 (1929) S. 49. — W. Pohlmann: Kälteind. Bd. 25 (1928) S. 57.
[3] Levy, F.: Proc. Brit. Ass. Refrig. Bd. 28 (1931/32) Nr. 1.
[4] Johnson, H. D., u. D. H. Rose: Report U.S. Dept. of Agric., Production and Marketing Administration, Washington, Mai 1947.

Lebensmitteln verwendet.[1] Wie aus Abb. 268 zu ersehen ist, sind unter dem Wagen 2 Behälter *1* mit 860 kg flüssigem Ammoniak und zwei größere Behälter *2*, die mit Wasser gefüllt sind und als Absorber wirken, untergebracht. Nach Öffnen der vom Thermostaten beeinflußten Regelventile *6* gelangt flüssiges, entspanntes Ammoniak durch die Steigleitung in die an der Wagendecke angeordneten Rippenrohrverdampfer *3*. Die dort gebildeten Dämpfe werden in den Wasserbehältern *2* absorbiert. Diese sind mit Kühlrippen versehen und haben zusammen ein Fassungsvermögen von 2900 *l*. Die Wasserfüllung beträgt jedoch nur 1900 *l*, um der Ausdehnung bei der Absorption des Ammoniaks Rechnung zu tragen. Die Verdampferrohre von 1″ Durchmesser sind 260 m lang und mit Rippen von 2″ Durchmesser versehen (120 Rippen je Meter Rohrlänge). In dem Wagen konnte bei 33 °C Außentemperatur eine Temperatur von —18 °C aufrechterhalten werden. Der Wagen besitzt einen Laderaum von 55 m³.

Auch in England hat man versucht, Absorptionsmaschinen in Eisenbahn-Kühlwagen für die Beförderung gefrorener Lebensmittel zu verwenden, doch

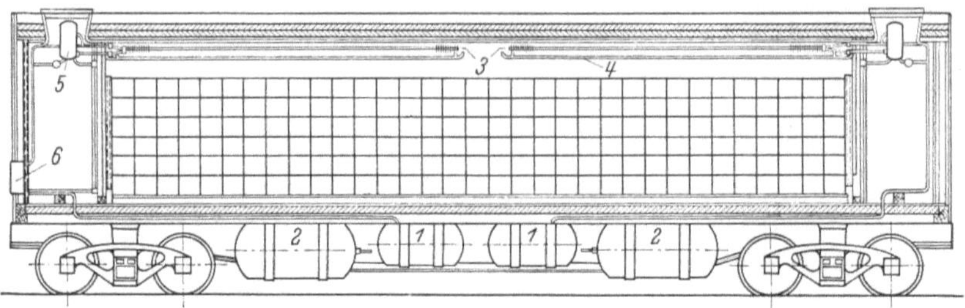

Abb. 268. Kühlwagen mit periodischer NH_3-Absorptions Kältemaschine der Frigid Transport Co. Inc. *1* Behälter mit flüssigem Ammoniak, *2* Absorber, *3* Verdampfer-Rippenrohre, *4* Tropfschalen, *5* Abscheider, *6* Regelventil und Thermostat.

handelt es sich hier um trockene Absorptionsmaschinen ($CaCl_2 + NH_3$) mit einer Leistung von 6000 kcal/h.[2] Die notwendige Heizwärme kann von der Dampflokomotive bezogen werden. Für den Transport von nicht gefrorenen Lebensmitteln werden keine extrem tiefen Temperaturen verlangt. Eine erhebliche Kältereserve kann vor Antritt der Fahrt aufgespeichert werden.

Die London Midland and Scottish Railway hat 1935 in Zusammenarbeit mit der Liverpool Refrigeration Company und später mit der United Dairies Engineering Company in London Maschinen dieser Art entwickelt.[3] Die erste Maschine wurde 1940 praktisch erprobt und gut befunden: $CaCl_2$ wird auf Schalen in einem aus flachen Rohren bestehenden Austreiber-Absorber verteilt, der an dem Gestell unterhalb des Wagens befestigt ist und mit Dampf beheizt wird.

Das ausgetriebene Ammoniak wird in einem auf dem Dach des Wagens angeordneten Rippenrohr-Kondensator verflüssigt und fließt dann über ein Schwimmerventil in den im Wagen untergebrachten Verdampfer. Beim Beginn der Kühlperiode wird Wasser in den Dampfraum des Austreiber-Absorbers eingelassen. Dieses Wasser wird durch natürlichen Umlauf in einem Verdunstungskühler abgekühlt, der sich an einem Ende des Wagens befindet. Am Schluß der Kühlperiode, wenn der Austreiber wieder beheizt werden soll, werden die Wasser-

[1] Food Industries Bd. 19 (Juli 1947) S. 80.
[2] Eames, T. A.: Modern Refrigeration Bd. 48 (März 1945) S. 57.
[3] Andrews, H. L.: Ber. VIII. Internat. Kältekongr. S. 663, London 1951. — Proc. Brit. Institute of Refrig. London, Bd. 48 (1944/45) S. 83.

ventile geschlossen, und das in den Röhren enthaltene Wasser wird durch ein Schwimmerventil in den Kühlwasserbehälter befördert. Dorthin gelangt auch das sich während der Heizperiode ansammelnde Kondensat, wodurch der Wasserverlust, der durch Verdunstung eintritt, reichlich gedeckt wird. Für die automatische Regelung, die nur in der Betätigung von Ventilen besteht, sind verschiedene Lösungen gefunden worden. Die Anlage leistet 1500 kcal/h und hat eine Gesamtleistung von 13000 kcal je Kühlperiode, so daß sie 8 Stunden hintereinander zu kühlen vermag. Tab. 3 enthält die charakteristischen Daten einer solchen Anlage, wenn sie einmal mit Kalziumchlorid und Ammoniak, ein anderes Mal mit Lithiumchlorid und Monomethylamin betrieben wird.

Tabelle 3. *Vergleich von Absorptionsmaschinen beim Betrieb mit verschiedenen Arbeitsstoffen.*

Kältemittel	Ammoniak	Monomethylamin
Absorptionsmittel	Kalziumchlorid	Lithiumchlorid
kg nutzbares absorbiertes Kältemittel je kg Absorptionsmittel	0,92	2,19
Schüttgewicht des Absorptionsmittels kg/*l*	0,24	0,14
kg absorbiertes Kältemittel je Liter Absorptionsmittel . .	0,22	0,31
Verdampfungswärme des Kältemittels kcal/kg bei —10 °C	310	208
Theoretische Kälteleistung je kg Absorptionsmittel	285	455
Theoretische Kälteleistung je Liter des Austreiber-Absorbers	69	64
Höchster Druck bei einer Verflüssigungstemperatur von 38 °C in ata	16	6

Nach einer zufriedenstellenden Laufzeit von mehreren Jahren unter schwierigen Bedingungen wurde festgestellt, daß im Innern der Maschine keinerlei Korrosionen aufgetreten waren und daß sich das Absorptionsmittel nicht verändert hat.

2. Neuere Bauarten.

Erst nach dem zweiten Weltkrieg wuchs das Interesse an maschinell gekühlten Eisenbahnwagen, besonders für den Transport gefrorener Lebensmittel. Es standen nun auch kompakte Maschinenbauarten mit unschädlichen Kältemitteln zur Verfügung und die Automatik hat einen hohen Grad der Vollkommenheit erreicht.

a) Bauarten in den USA. Es werden jetzt fast ausschließlich elektrisch angetriebene Freon-Kältesätze verwendet. Der Strom wird in Generatoren erzeugt, die mit Dieselmotoren direkt gekuppelt sind. Der Antrieb der Kältemaschine von der Wagenachse ist ganz aufgegeben.

Im Jahre 1950 gab es unter den 130000 amerikanischen Kühlwagen erst ganz wenige mit eingebauter Kältemaschine.[1] 3 Systeme befanden sich im Stadium des Experimentes: Thermo-King, General Motors (-Frigidaire) und ein von den Ingenieuren der Santa Fé Eisenbahn entwickeltes System. Eine kurze Beschreibung dieser Systeme mit Skizzen findet man im Bericht über eine von der OEEC organisierte Studienreise.[2] Die Urteile waren damals noch sehr zurückhaltend.

Indessen sahen sich die großen Eisenbahngesellschaften veranlaßt, die Entwicklung von maschinell gekühlten Wagen besonders für den Transport von Gefriergütern in jeder Weise zu fördern, da solche Transporte in steigendem Maße von der Schiene auf die Straße abwanderten, nachdem Lastwagen mit Maschinenkühlung bereits einen relativ hohen Stand technischer Vollkommenheit erreicht hatten. Aus dem erst kürzlich erschienenen Bericht einer französischen Kom-

[1] Elfving, T. M.: Ber. IX. Intern. Kältekongr. Paris 1955, Bd. II, S. 7003.

[2] The Cold Chaine in the USA, Teil II, S. 217 u. 267—275. Zu beziehen durch den Deutschen Bundes-Verlag, Bonn.

mission über ihre im Sommer 1953 durchgeführte Studienreise nach den USA[1] ist zu entnehmen, daß in der Zeit von 1950 bis 1953 235 Maschinen-Kühlwagen in Betrieb genommen wurden, und zwar:

durch die Santa Fé Eisenbahn 10 Wagen, ausgerüstet von Frigidaire, 10 Wagen von Carrier und 10 Wagen von Trane,

durch Pacific Fruit Express 14 Wagen von Frigidaire und 11 Wagen von Trane,

durch Fruit Growers Express 164 Wagen von Frigidaire und 11 Wagen von Thermo-King.

Die Ergebnisse der Versuchsfahrten waren so günstig, daß Fruit Growers Express der Frigidaire-Gesellschaft die Ausrüstung von 1000 weiteren Kühlwagen in Auftrag gab, deren Bauweise in dem genannten Bericht ausführlich beschrieben ist. Die Isolierung des Fußbodens besteht aus 7,5 cm tierischem Haar und 7,5 cm imprägnierter Glaswolle. Die Wände sind mit 15 cm und die Decke mit 22,5 cm imprägnierter Glaswolle isoliert. Bitumenpappe verhindert überall das Eindringen von Feuchtigkeit.

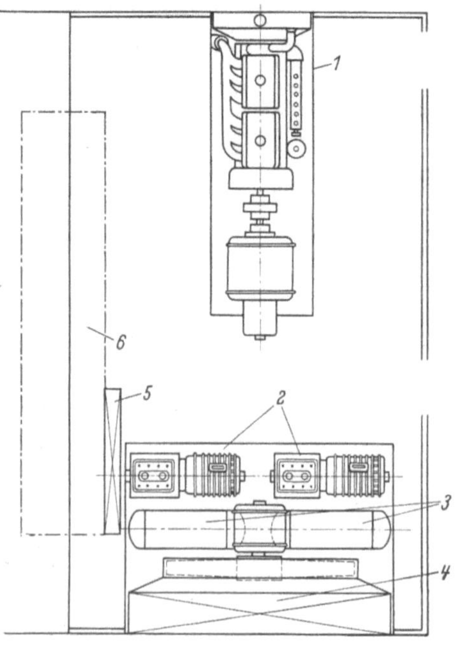

Abb. 269. Kältemaschinen-Anlage von Frigidaire im Eisenbahn-Kühlwagen.
1 Dieselmotor mit Generator, *2* hermetisch gekapselte Kältemaschinen und Anstriebsmotor, *3* Flüssigkeitssammler, *4* Verflüssiger, *5* Schalttafel, *6* Verdampfer.

Die Maschinenanlage ist an einem Wagenende untergebracht und beansprucht auf der vollen Wagenbreite eine Länge von 1,3 m, während der ganze Wagen eine Nutzlänge von 10,1 m, eine Nutzbreite von 2,51 m und eine Nutzhöhe von 2,2 m über den Fußbodenlatten hat. Die Maschinenanlage besteht (Abb. 269) aus einem 2zylindrigen Dieselmotor *1* von 34 PS, gekuppelt mit einem Generator von 20 kW für Drehstrom von 60 Perioden und 220 Volt. Daneben sind auf gemeinsamer Grundplatte 2 Kältesätze *2* aufgestellt, von denen jeder aus einem hermetisch mit dem Antriebsmotor gekapselten Kompressor, einem luftgekühlten Verflüssiger *4* mit Flüssigkeitssammler *3* und einem Rippenrohrverdampfer *6* als Luftkühler besteht. Die Kälteleistung beträgt 7500 kcal/h bei —18 °C im Wagen und 38 °C Außentemperatur. Beide Verflüssiger sind übereinander angeordnet und bilden einen Block, der von einem Ventilator von 5 PS belüftet wird. Auch die beiden Verdampfer bilden übereinander einen Block, der von drei auf der gleichen Welle angeordneten Ventilatoren belüftet wird. Dieser Luftkühler ist (Abb. 270 und 271) an der Rückwand des Maschinenraumes angeordnet und durch eine dünne Bretterwand, die von den Fußbodenlatten bis zur falschen Decke reicht, vom Nutzlagerraum des Wagens getrennt. Der Antriebsmotor für die Ventilatoren ist an der Decke des Maschinenraumes angeordnet. Der Luftumlauf ist aus den Abb. 270 und 271 zu ersehen.

[1] Zu beziehen von der Revue Générale du Froid, Paris, 129 Boulevard Saint Germain.

Die Luftkühler werden zweimal täglich durch eine elektrische Widerstandsheizung abgetaut. Im Winter können diese Widerstände für die Wagenheizung verwendet werden. Die Kompressoren können thermostatisch ein- und ausgeschaltet werden. Sie reichen aus, um im Wagen eine Temperatur von —22 °C aufrechtzuerhalten. Der genannte Bericht enthält ergänzend noch zahlreiche wirtschaftliche Überlegungen und Angaben über die Tarife der Transporte.

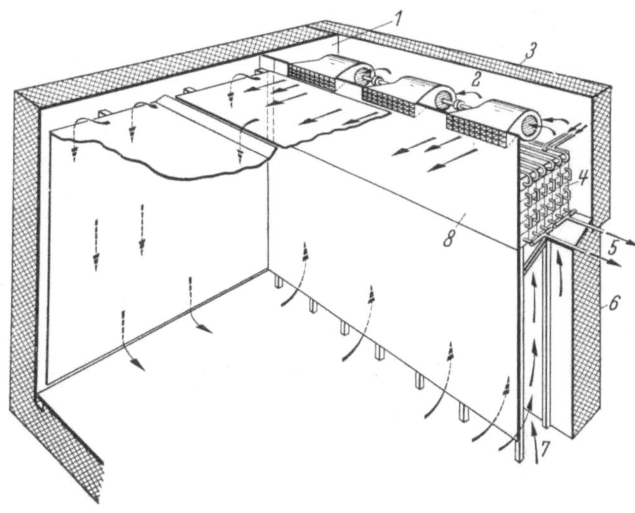

Abb. 270. Luftkühler und Ventilatoren zur Kältemaschinen-Anlage nach Abb. 269.
1 Motor, *2* Ventilatoren, *3* isolierte Wand, *4* Verdampfer, *5* Raum für die Kältemaschinen, *6* isolierte Wand, *7* Luftansaugkanal, *8* verstellbare Wand.

Es sollen jetzt noch andere Systeme maschineller Kühlwagen kurz gekennzeichnet werden[1]:

System Thermo-King. (Thermo-King Railway Corp., Minneapolis, Minn.). In den neueren Ausführungen wird von einem 30-PS-4-Zylinder-Verbrennungsmotor für Dieselöl Gebrauch gemacht, in dem das Öl elektrisch beheizt und verdampft wird, wonach es im Verbrennungsraum durch einen Funken entzündet wird. Der Motor ist mit dem 6 zylindrigen R-12-Kompressor gekuppelt. Die Kälteleistung beträgt rund 7500 kcal/h bei

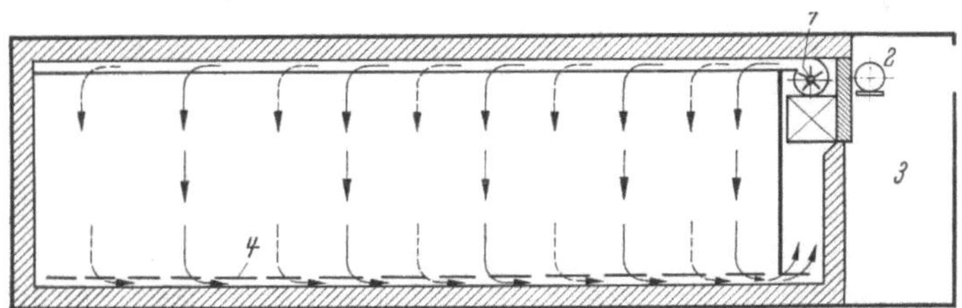

Abb. 271. Luftführung.
1 Ventilatoren, *2* Antriebsmotor, *3* Raum für die Maschinenanlage. Ausgezogene Pfeile ——→ Luftführung durch das Kühlgut; gestrichelte Pfeile – –→ Luftführung um das Kühlgut hinter den falschen Wänden.

—18 °C im Wagen und 38 °C Außentemperatur. Motor, Kompressor, Anlasser, Verflüssiger, Verdampfer und die Ventilatoren mit ihren Antriebsmotoren sind in ein gemeinsames Gehäuse eingebaut und bilden eine sog. „packaged unit“ (Abb. 272), die auf eine aus dem Wagen herausziehbare Plattform gesetzt und dann auf Rollen in den Wagen geschoben werden kann. Die ganze Anlage wiegt 1525 lbs.[2]

System Trane (The Trane Company, La Crosse, Wisconsin). Ein 52-PS-6-Zylinder-Hercules-Dieselmotor treibt einen 25-kW-Drehstromgenerator von

[1] Aus dem Bericht für 1955 der Association of American Railroads.
[2] Vgl. Kältetechnik Bd. 4 (1952) S. 313.

220 Volt und 60 Perioden. Der R-12-Kompressor leistet nominell 45000 kcal/h bezogen auf eine Verdampfungstemperatur von 40 °F = 4,44 °C. Die Kühlfläche des Verflüssigers beträgt 82,5 m², die des Verdampfers 51,5 m².

Abb. 272. Kältemaschinen-Anlage (packaged unit) von Thermo-King beim Einschieben in den Kühlwagen.

System Carrier (Carrier Corp., Syracuse, N. Y.). Die dieselelektrische Kraftanlage ist für 20 kW bemessen und wiegt 2000 lbs. Es sind zwei R-12-Kompressoren mit einer nominellen Leistung von je 22500 kcal/h (bei $t_0 = 4{,}44$ °C) vorgesehen, die von Elektromotoren von je 7,5 PS angetrieben werden. Jeder Kompressor ist mit einem Kondensator und Verdampfer verbunden. Bei schwacher Belastung genügt es, nur eine Einheit zu betreiben. Beide Einheiten wiegen zusammen 2490 lbs. Für das automatische Abtauen der Verdampfer und die Beheizung der Wagen im Winter sind elektrische Heizkörper vorgesehen.

System Waukesha. Während bei allen bisher erwähnten Systemen die Kraftanlage im Wagen untergebracht ist, liegt sie beim Waukesha-System auf Schienen unter dem Wagen und kann leicht herausgezogen werden (Abb. 273). Der 42-PS-6-Zylinder-Dieselmotor ist mit einem 20-kW-Drehstromgenerator (220 V) direkt gekuppelt; diese Kraftanlage wiegt 2100 lbs. Ein Ventilator kühlt den Generator und den Radiator des Motors. Der Motor wird von einer Akkumulatorenbatterie von 24 V in Betrieb gesetzt. 2 Behälter von je 750 *l* enthalten den Brennstoff für den Motor. Im Wagen sind zwei unabhängige Freon-Aggregate von je 4500 kcal/h bei −18 °C im Wagen und 32 °C Außentemperatur untergebracht. Jedes Aggregat besteht aus einem 3zylindrigen Kompressor, gekuppelt mit einem 6PS-Motor bei 1750 U/min, aus dem Kondensator mit Sammler für flüssiges Freon, dem Verdampfer mit Ventilator und einer Heizvorrichtung; es wiegt 1150 lbs. und ist in einem hermetisch verschlossenen Gehäuse eingebaut (Abb. 274). Im oberen breiteren Teil des Gehäuses befinden sich der Kompressor und der Kondensator, im unteren Teil — der Luftkühler — Verdampfer und der Ventilator. Das Gehäuse ist so bemessen, daß es durch die Dachluke in den Bunker eingesetzt werden kann; dabei befinden sich der Verdampfer und Ventilator innerhalb des Wagens, während der Kompressor und

Abb. 273. Dieselgenerator auf Schienen unterhalb des Wagens (System Waukesha).

Kondensator aus der Dachluke herausragen und vom Dach zugänglich sind. Für Gefriertransporte wird an jedem Wagenende eine solche Einheit eingesetzt, für Kühltransporte — nur an einem Ende. Kühlung bzw. Heizung der Wagen sind vollkommen automatisiert.

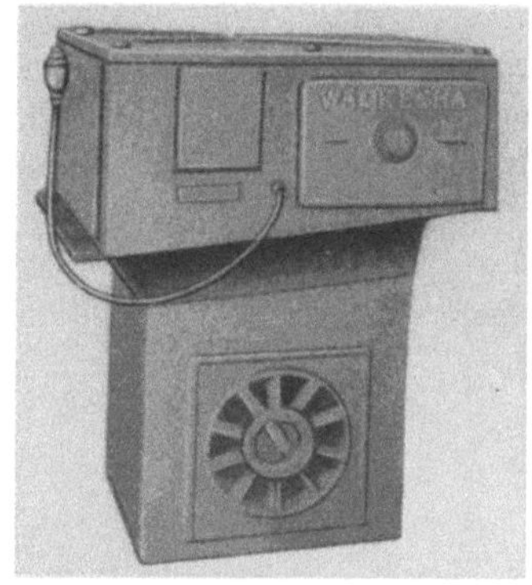

Abb. 274. Hermetisch eingebautes Freon-Aggregat System (Waukesha).

System Saylor-Beall, Dole, Fairbanks-Morse. Bei diesem System werden an Stelle der Luftkühler-Verdampfer mit Ventilatoren Hohlplatten mit eutektischen Lösungen verwendet, wobei der Luftumlauf nur durch natürliche Konvektion erzeugt wird (Abb. 275). Die etwas schräg unter der Wagendecke aufgehängten Platten sind 3 m lang und 1,2 m breit. Innerhalb der Platten befinden sich quadratische Rohre von $^3/_4''$ Kantenlänge, in denen Freon verdampft (Abb. 276); sie sind von der eutektischen Lösung umgeben, deren Zusammensetzung sich nach der gewünschten Temperatur im Wagen richtet. Die erforderliche Verdampfungstemperatur liegt 10 °C unterhalb der Gefriertemperatur des Eutektikums. Die Kälteleistung des Freon-Aggregates der Brunner Manufacturing Company beträgt etwa 3000 kcal/h bei —29 °C Verdampfung. Die ganze Anlage mit den eutektischen Platten wiegt 6100 lbs. Beim Stillstand der Kälteanlage steigt die Temperatur im Wagen dank der aufgespeicherten Kälte stündlich nur um 0,5 °C.

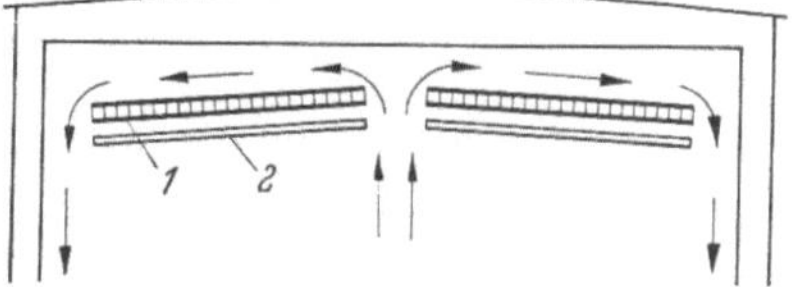

Abb. 275. Lage der Kühlplatten mit eutektischer Lösung (System Saylor-Beall). *1* Platte, *2* Tropfschale.

Pacific Fruit Express Company (PFE). Die weitere Entwicklung von maschinell gekühlten Güterwagen in USA schilderte Elfving[1] am Beispiel des Vorgehens der PFE, die gemeinsam den Southern Pacific und Union Pacific Eisenbahnen gehört. Diese Gesellschaft besaß um 1952 noch keinen einzigen maschinell gekühlten Wagen. Bis 1958 waren aber schon 714 solche Kühlwagen in Betrieb. Dann entschloß man sich, weitere 1000 Wagen in den eigenen Werkstätten in Los Angeles zu bauen, und zwar zu einer Hälfte Wagen von 50 Tonnen mit einer Länge von 15,25 m und zur anderen Hälfte von 40 Tonnen und 12,20 m Länge. Diese Serie im Werte von 21 Mill. Dollar wurde im Februar 1959 dem Betrieb übergeben. Von den tausend Kälteanlagen hat PFE der Carrier Corporation die Ausrüstung der 500 Kühlwagen von 50 Tonnen in Auftrag gegeben. Von den 40 Tonnen Wagen wurden 300 von der Trane Company, 175 von Carrier und 25 versuchsweise von der Equipment Specialities Division of Union Asbestos and Rubber Co. ausgerüstet (s. weiter unten).

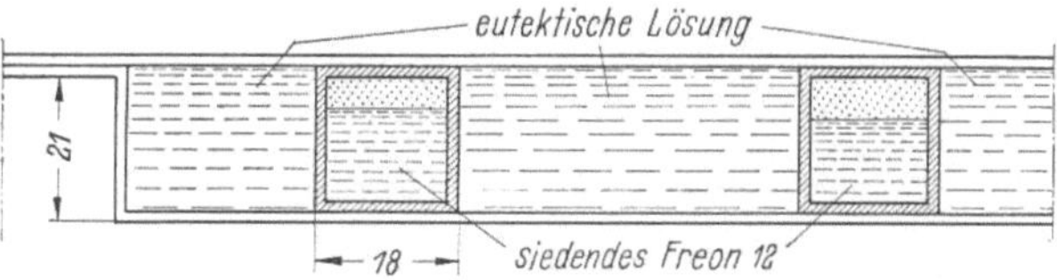

Abb. 276. Hohlplatten nach Abb. 275 mit eutektischer Lösung und quadratischen Verdampferrohren.

[1] Elfving, T. M.: Ber. X. Intern. Kältekongr. Bd. 2, S. 304. Kopenhagen 1959. — F. Richter: Modern Railroads, Juli 1958.

ELFVING ist überzeugt, daß in Zukunft Tausende solcher Wagen zu bauen sein werden, um den steigenden Wünschen der Verfrachter von Lebensmitteln zu genügen. Ursprünglich gab die Schnellgefrierindustrie den Anstoß zum Bau dieser Wagen, jetzt aber werden sie noch stärker für den Transport von frischem Obst und Gemüse verlangt. Deswegen werden neuerdings universelle Kühlwagen (all purpose cars) gebaut, in denen nach Wunsch Temperaturen von —18 bis +18 °C eingehalten werden können.

Vorherrschend in den USA bleibt zunächst die dieselelektrische Energieerzeugung und die Herstellung der Kälteanlage in mehreren größeren zusammengebauten Teilen, und zwar: 1. Kältesatz (Kompressor und Kondensator), 2. Verdampfer für direkte Verdampfung mit eingebautem Heizkörper, 3. Ventilatoren,

Abb. 277. Versuchsanlage für direkten Antrieb mit Kompressor und Kondensator von Carrier (hinten) und Diesel motor der Witte Engine Works, Division of United States Steel Corp.

4. Elektrische Schalttafel, 5. Schalttafel für die kältetechnischen Regelapparate, 6. Thermostatische Regelung. Für den Transport frischer Lebensmittel ist Heizung ebenso wichtig wie Kühlung. Bei 38 °C Außentemperatur und —18 °C im Wagen beträgt die Kälteleistung bei den 50-Tonnen-Wagen 6000 kcal/h und die Stromerzeugung 15 kW. Bei den 40-Tonnen-Wagen sind die betreffenden Werte 4500 kcal/h und 12,5 kW.

Die dieselelektrische Stromerzeugung bietet den großen Vorteil, daß der Strom für die Kompressoren und Ventilatoren bei längeren Aufenthalten notfalls auch vom Netz bezogen werden kann. Indessen bemüht man sich auch, den Kompressor direkt von einem Dieselmotor anzutreiben, um an Kosten zu sparen und den Brennstoffverbrauch herabzusetzen (Abb. 277). Die höheren Bedienungs- und Unterhaltungskosten sind dabei nicht zu unterschätzen, auch wenn das Personal der Eisenbahngesellschaften gut geschult wird.[1]

Die Kaltluftführung ist meist die gleiche wie in Abb. 271, wobei der ganze Kühlraum von Kaltluftströmen ummantelt ist. Neuerdings werden aber auch 20% der Luft durch Diffusoren in der Decke in den Kühlraum eingelassen und

[1] Den direkten Antrieb hatte schon Thermo King benutzt (s. oben).

nur 80% strömen außen durch die Mantelräume[1]; dies wurde beim Transport von frischem Obst und Gemüse als notwendig erkannt.

Equipment Specialities, Division of Unions Asbestos and Rubber Company. Diese Gesellschaft hat eine Anlage entwickelt, in welcher der dieselelektrische Teil, die Kälteerzeugungsanlage und die Luftkühleranlage getrennte zusammengebaute Einheiten (packaged units) bilden. Der kälteerzeugende „Equipco"-Teil mit der Umlaufpumpe für das sekundäre Kältemittel ist in Abb. 278 dargestellt.[2] Er besteht aus einem halbhermetisch gekapselten 3-Zylinder-W-Kompressor mit Antriebsmotor, einem luftgekühlten Kondensator mit Flüssigkeitssammler, einem Wärmeaustauscher (zwischen dem verflüssigten Kältemittel und den kalten Gasen in der Saugleitung), einem Verdampfer (links unten), einer Umlaufpumpe für das sekundäre Kältemittel und den notwendigen Regelapparaten. Davon getrennt ist der Rippenrohr-Luftkühler, der an der Grenze zwischen Maschinen- und Laderaum aufgestellt ist. Die Kühlfläche dieses von der Kälteerzeugungsanlage getrennten Teiles kann so groß gemacht werden, daß die Notwendigkeit eines automatischen Abtauens entfällt. Durch die Rohre des Luftkühlers strömt Trichloräthylen, das im Verdampfer ständig abgekühlt wird. Im Kreislauf des Trichloräthylens ist auch ein Heizkörper für den Winterbetrieb vorgesehen. Der Luftkühler ist mit dem Verdampfer durch biegsame Rohre und einfache Kupplungen und mit dem Generator der Stromerzeugungsgrundlage durch Kabel verbunden. Die Kälteerzeugungsanlage wird mit Gabelstapler in den Wagen eingesetzt, ohne daß Kältemittelleitungen unterbrochen zu werden brauchen. Abb. 278 zeigt den kompakten Zusammenbau dieser Einheit.

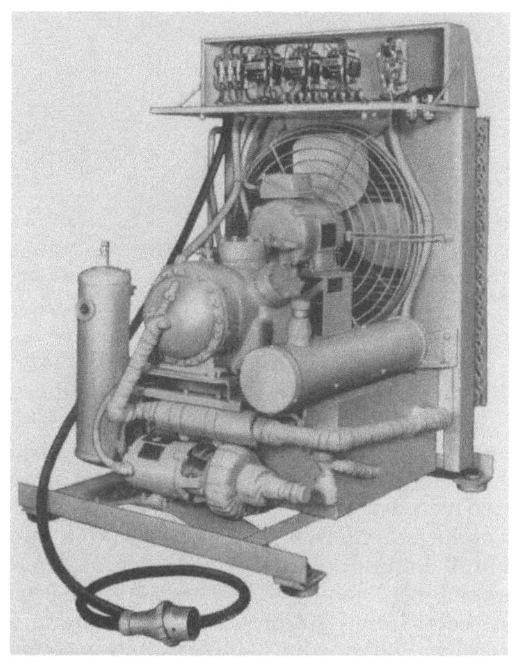

Abb. 278. „Equipco"-Kälteerzeugungsanlagen mit Umlaufpumpe für Trichloräthylen.

Von der *Worthington Gesellschaft* wurden auch Kühlwagen der arabischen Eisenbahnen mit Kälteanlagen ausgerüstet. Die Innenmaße des Wagens waren 12192 mm Länge, 2438 mm Breite und 2489 mm Höhe. Der Maschienraum beanspruchte eine Länge von 2280 mm. Wegen der sehr hohen Außentemperatur, die bis zu 52 °C erreicht, wurden 2stufige R-12-Kompressoren eingebaut; von den 4 Zylindern in V-Bauart bilden drei die Niederdruckstufe und einer die Hochdruckstufe. Die Zwischenkühlung wird durch Einspritzen von flüssigem R 12 über ein thermostatisches Regelventil erreicht, dessen Fühler am Saugrohr des Hochdruckzylinders anliegt. Der Hochdruckzylinder ist mit einer Entlastungsvorrichtung für den Anlauf versehen. In jedem Wagen sind 2 Kompres-

[1] Vgl. F. Richter: Fußnote 1 auf S. 303. [2] Vgl. Fußnote 1 auf S. 303.

soren, 2 Verdampfer und 2 luftgekühlte Kondensatoren (unter dem Wagendach) eingebaut. Die Kompressoren werden durch Dieselmotoren angetrieben. Das Schaltungsschema ist in Abb. 279 dargestellt.

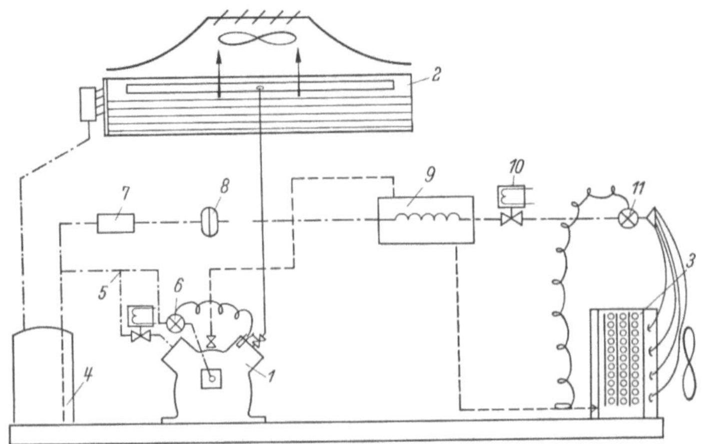

Abb. 279. Schema der Kälteanlage von Worthington für die arabischen Eisenbahnen.
1 Kompressor, *2* Kondensator, *3* Luftkühler-Verdampfer, *4* Flüssigkeitssammler, *5* Einspritzen von flüssigem R12, *6* Zwischenkühler, *7* Trockner, *8* Filter, *9* Wärmeaustauscher, *10* Solenoidventil, *11* thermostatisches Ventil.

b) Englische Bauart. Die Gesellschaft J. Stone u. Co. (Deptford) Ltd. in Deptford, London, hat einen maschinell gekühlten Güterwagen für die Interfrigo (s. S. 264) entwickelt und sich dabei zum Teil auf die Erfahrungen stützen können, die sie beim Bau von Stone-Carrier-Klimaanlagen für Eisenbahn-Personenwagen gesammelt hat. Die Kälteanlage, die unter dem Laderaum untergebracht ist, wird von der Wagenachse angetrieben und ist mit Kältespeichern versehen. Es besteht außerdem die Möglichkeit, den Wagen vor Antritt der Fahrt durch Anschluß der Anlage an das Netz vorzukühlen. Beim Stillstand wird also der Kompressor von einem Drehstrommotor angetrieben, der an das Netz angeschlossen ist. Setzt sich der Zug in Bewegung, dann wird bei Erreichung einer bestimmten Geschwindigkeit die Magnetkupplung eingeschaltet, die den Antrieb des Kompressors – und über einen Riemen auch eines Gleichstromgenerators – von der Wagenachse über ein Zahnradgetriebe und eine Antriebswelle bewirkt. Der Generator speist eine 24-Volt-Batterie und treibt die Motoren der vorhandenen Ventilatoren an.

Der Luftkühler ist der einzige Teil, der im Laderaum Platz beansprucht. Die Verdampferrohre tauchen in eine eutektische Lösung, welche in flachen Behältern untergebracht ist, die von der Kaltluft umströmt werden. Es muß dafür gesorgt werden, daß die Ventilatoren auch beim Stillstand des Wagens weiterlaufen und die aufgespeicherte Kälte ausgenützt wird.

Die Erbauer behaupten, daß diese Anlage kein Bedienungspersonal auf der Fahrt benötigt.

c) Kanadische Bauarten. In Kanada hat man 1948 begonnen, sich mit dem Entwurf von maschinellen Kühlwagen zu beschäftigen.[1] Um Erfahrungen zu sammeln, haben dann die beiden großen transkontinentalen Eisenbahngesellschaften Canadian National (C.N.) und Canadian Pacific (C.P.) je einen Ver-

[1] Die ältesten Arbeiten von O. C. Young und Mitarbeitern sind veröffentlicht in Fisheries Research Board Can. Prog. Repts. Pacific Coast Stat. No. 77 (1948) S. 100; No. 78 (1949) S. 21; No. 79 (1949) S. 27; No. 82 (1950) S. 11, No. 86 (1951) S. 21.

suchswagen gebaut, über deren Einrichtung und Versuchsfahrten kurz berichtet werden soll.[1]

Der C.N.-Wagen ist in Abb. 280 und der C.P.-Wagen in Abb. 281 dargestellt.

Im C.N.-Wagen waren der Dieselmotor von 34 PS mit dem Generator von 20 kW und die Freon-Kälteanlage unter dem Wagenrahmen angeordnet, während der Luftkühler-Verdampfer auf der Decke Platz fand. Der 8-Zylinder-Kompressor gekapselter Bauart leistete 6000 kcal/h bei 1,32 ata im Saugstutzen und 11,2 ata im Druckstutzen.[2] Er wurde von einem 7,5-PS-Motor angetrieben. Der Verdampfer hatte eine Kühlfläche von 62,6 m². Bei einem Druckabfall von

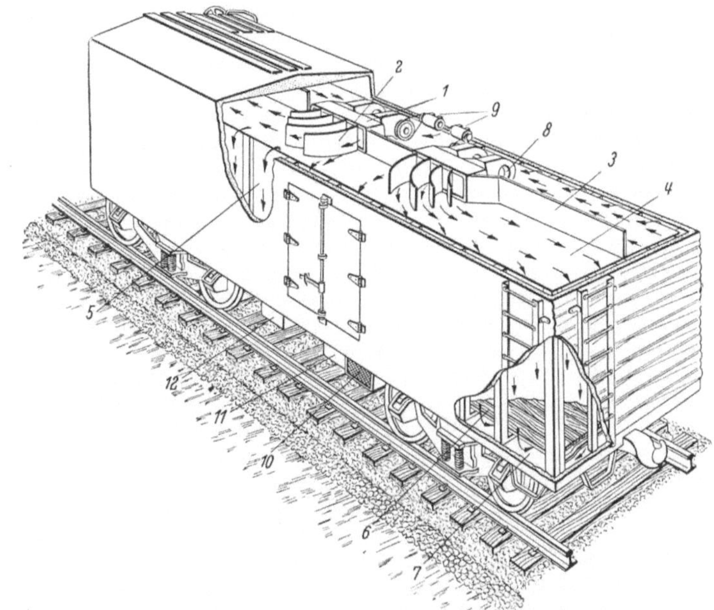

Abb. 280. Maschinell gekühlter Eisenbahnwagen der Canadian National Railway.
1 Verdampfer, *2* Deflektoren für die Luftströmung, *3* Trennwand für die Luftströme, *4* Wagendecke, *5* Luftkanäle längs der Wände, *6* Bodenroste, *7* Raum zwischen den Rosten und dem Boden, *8* Ventilatoren, *9* Antriebsmotoren der Ventilatoren, *10* Kälteanlage (Hochdruckteil) und Dieselgenerator (auf der Gegenseite), *11* Schalttafel, *12* Brennstoffbehälter (über die ganze Wagenbreite).

20 mm WS betrug der Luftumlauf 99 m³/min. Die Temperatur im Laderaum wurde bei Kühlung und Heizung thermostatisch geregelt; der Fühler war an der Decke des Laderaumes angebracht.

Im C.P-Wagen waren der Dieselmotor von 39 PS mit dem Generator von 25 kW und der Kälteanlage im Maschinenraum an einem Wagenende untergebracht. Der 6-Zylinder-Kompressor offener Bauart leistete 10900 kcal/h bei den gleichen Betriebsbedingungen wie oben. Er wurde von einem 15-PS-Motor angetrieben. Der Verdampfer hatte eine Kühlfläche von 51 m². Der Luftumlauf betrug 127 m³/min beim gleichen Druckabfall wie oben. Es waren 3 Thermostaten vorgesehen: der eine zur Regelung der Temperatur über 0 °C, der zweite für Temperaturen unter 0 °C und der dritte diente als Sicherheitsthermostat, um Temperaturen oberhalb der Gefriergrenze von frischen Produkten zu gewährleisten. Die Fühler der beiden ersten Thermostaten waren im Rückfluß-Luft-

[1] Lentz, C. P., u. E. A. Rooke: Ber. IX. Intern. Kältekongreß Paris 1955, Bd. II, S. 7007.

[2] Die im Bericht unter Fußnote 2 genannten Druckwerte sind offenbar in atü angegeben.

strom unter dem Verdampfer angeordnet; der Fühler des dritten befand sich an der Decke des Laderaumes.

In beiden Wagen konnte die Luft je nach den Anforderungen entweder durch die Ladung oder durch den umhüllenden Mantelraum strömen.

Bei den Versuchen konnte in beiden Wagen eine Temperatur von —18 °C erreicht werden, doch zeigten sich noch mehrere Nachteile, da die Kälteanlagen in ältere, früher mit Eis gekühlte Wagen eingebaut waren.

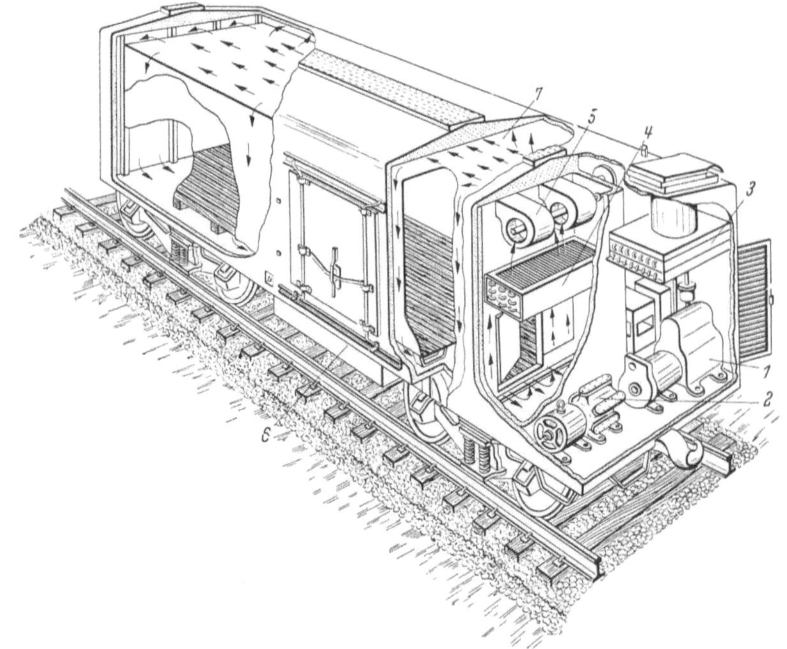

Abb. 281. Maschinell gekühlter Eisenbahnwagen der Canadian Pacific Railway.
1 Dieselgenerator, *2* Kompressor mit Elektromotor, *3* Kondensator und Radiator des Dieselmotors mit Ventilator, *4* Verdampfer, *5* Ventilator, *6* Brennstoffbehälter, *7* umhüllende Luftkanäle.

d) Tschechoslowakische Bauart.[1] Bei den ersten im Jahre 1952 gebauten Wagen befand sich die von der Firma Tatra gelieferte Kälteanlage an einem Ende des Wagens und beanspruchte eine Länge von 2700 mm bei voller Breite. Der Maschinenraum bestand aus 2 Abteilen, die durch eine Querwand von rund 2 m Länge so voneinander getrennt waren, daß eine offene Verbindung von 500 mm Länge übrigblieb. In einem der Abteile waren untergebracht: Dieselgenerator (30 PS/25 kW), zwei R-12-Kompressoren von zusammen der 6500 kcal/h bei —24/+39 °C, angetrieben von einem Elektromotor von 9,2 kW sowie die Manometer- und Regel-Schalttafel; im anderen Abteil: zwei luftgekühlte Kondensatoren von zusammen 76 m² Kühlfläche, 2 Flüssigkeitssammler, die elektrische Schalttafel und ein Schlafsessel für den Mechaniker. Der Luftkühler mit 167 m² Kühlfläche befand sich im Laderaum an der Wand des Maschinenraumes; 2 Ventilatoren von zusammen 5900 m³/h wurden von Elektromotoren von zusammen 2,2 kW angetrieben. Auch der Ventilator für den Kondensator wurde von einem 2,2-kW-Motor angetrieben. Der Laderaum hatte nur eine Nutzlänge von 10270 mm.

[1] Vgl. auch J. LINZBOTH: Chladici vozy (Eisenbahnkühlwagen), Prag 1959.

Eine Prüfung dieses Wagens im Moskauer Forschungsinstitut für die Fleischindustrie ergab zwar befriedigende Leistungen der Maschinenanlage, aber eine mangelhafte Ausführung des Untergestells und des Wagenkastens, so daß der Wagen für die Eisenbahnen der Sowjetunion als ungeeignet befunden wurde.

Über die neuere Entwicklung von maschinell gekühlten Eisenbahnwagen hat IBL berichtet.[1]

e) Deutsche Bauarten. Die Firma Brown, Boveri u. Cie hat eine größere Anzahl betriebsfertig zusammengebauter Kälteanlagen für Tiefkühlwagen nach Schweden

Abb. 281a. Betriebsfertig eingebaute BBC-Einschub-Kältemaschine mit elektrischem Antrieb in einem Kühlwagen der schwedischen Eisenbahnen. Oben der luftgekühlte Kondensator, in der Mitte der Motor für den Ventilator des Kondensators, unten der Motor für den Kompressor.

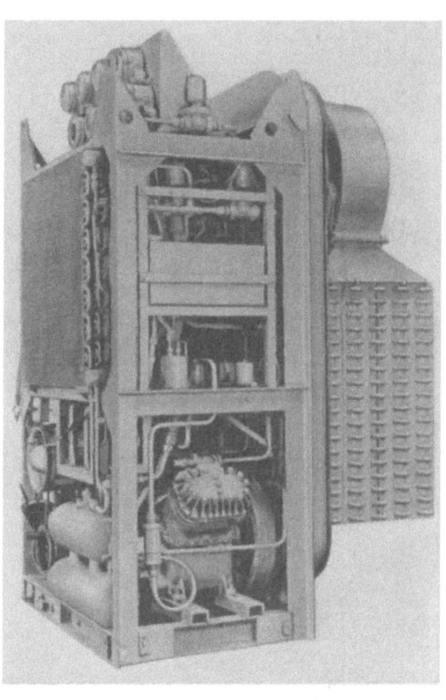

Abb. 281b. BBC-Einschub-Kältemaschine, angetrieben durch Verbrennungsmotor. Links Kompressor, Kondensator und Antriebsmotor, rechts hinter einer isolierten Trennwand der Verdampfer.

geliefert.[2] Die Antriebselektromotoren werden aus dem elektrischen Oberleitungsnetz gespeist; unter Verwendung von Transformatoren, Gleichrichtern und Glättungsdrosselspulen wird der Fahrstrom aus der durch die Wagen geführten Heizleitung entnommen und aus Wechselstrom von 1000 V und $16^2/_3$ Hz in Gleichstrom von 220 V umgewandelt. Jeder Wagen ist mit zwei gleichen voneinander unabhängigen und untereinander austauschbaren Kältemaschinen ausgerüstet. Jede dieser Maschinen ist vollständig betriebsfertig montiert (Abb. 281a) und kann, wie beim Thermo-King-System (Abb. 272) auf Laufschienen in das Maschinenabteil des Wagens eingeschoben werden. Die vollautomatische Temperatursteuerung arbeitet so, daß jeweils die eine Maschine die Grundlast übernimmt, während die andere nur bei erhöhtem Kältebedarf, z. B. beim Vorkühlen des Wagens zugeschaltet wird. Nach jedem Schaltspiel wird die Grundlast auto-

[1] IBL, V.: Annexe 1958—4 zum Bull. d. Instit. Intern. d. Froid, S. 91 (Ber. über eine Tagung in Prag im September 1958).

[2] LAUSER, R.: BBC-Nachrichten. Bd. 42 (1960) H. 1, S. 27.

matisch von der einen Maschine auf die andere verlegt. Jeder Kompressor leistet 3000 kcal/h bei einer Temperatur des Laderaumes von —23 bis —25 °C und einer Außentemperatur von 25 °C; die Antriebsmotoren haben eine Leistung von je 6 kW. Jeder Kondensator hat eine Kühlfläche von 40 m² und wird durch

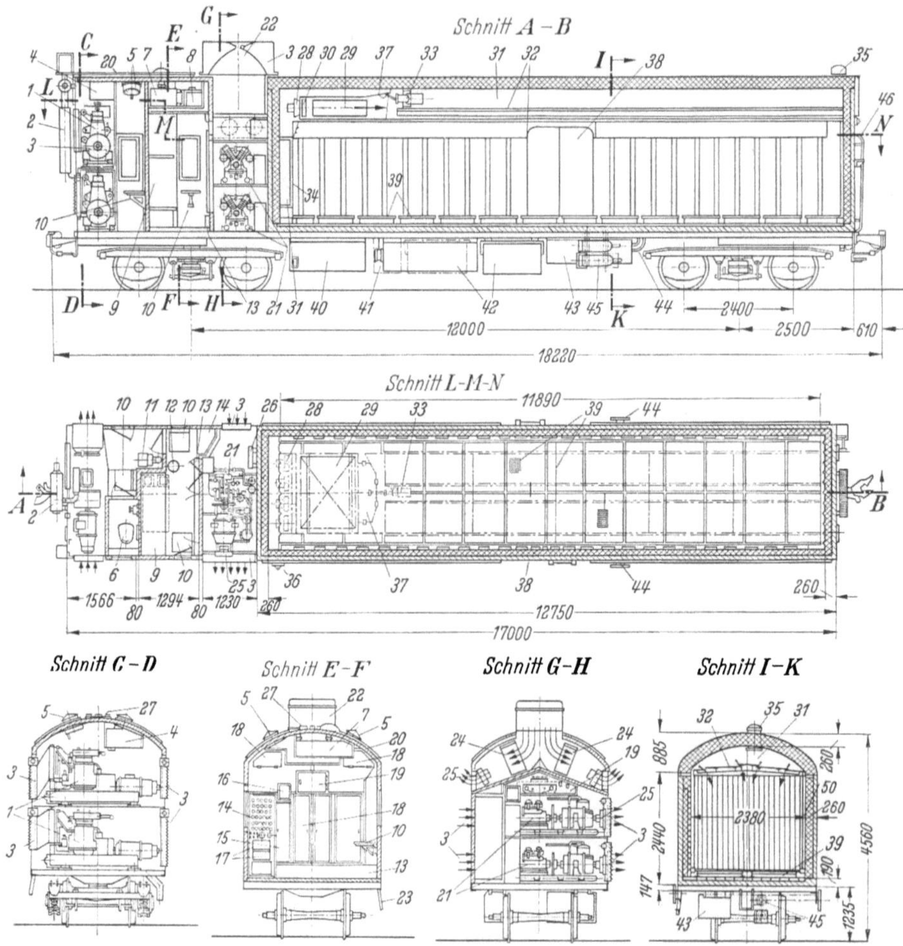

Abb. 282. Maschinell gekühlter Wagen der Waggonfabrik Dessau für die Eisenbahnen der UdSSR.
1 Dieselgenerator, *2* Auspuffrohr, *3* Öffnung mit Jalousie, *4* Brennstoffbehälter, *5* Luftabsaugeventilator, *6* Toilette, *7* Wasserbehälter, *8* Gleichrichter und Transformator, *9* Wandbrett zum Liegen, *10* Klapptisch, *11* Kessel der Warmwasserheizung und Kochplatte, *12* Schemel, *13* Kanal für die Heizrohre, *14* Hauptschalttafel, *15* Tür zum Maschinenraum, *16* Schalttafel für die Fernthermometer, *17* Schalttafel für die Motoren, *18* Luke zum Maschinenraum, *19* Kasten zur Unterbringung der Regelventile und Wärmeaustauscher, *20* Sonnenstrahlungs-Schutzblech, *21* Kompressoren, *22* Haube über dem Kondensatorraum, *23* Fußtritt, *24* Kondensatoren, *25* Ventilatoren, *26* Heizkörper, *27* Stege, *28* Ventilator des Luftkühlers, *29* Luftkühler, *30* elektrische Heizkörper, *31* Luftkanal, *32* falsche Decke, *33* Servomotor, *34* Trennwand aus Metall zur Abgrenzung des Luftkanals, *35* Luftabsaugeventilator, *36* Lufteinlaß, *37* Klappen, *38* Tür zum Laderaum, *39* Lattenfußboden, *40* Kasten für Apparate, *41* Akkumulatorenbatterie, *42* Brennstoffbehälter, *43* Kasten für Reserveteile, *44* Handbremse, *45* Freonbehälter, *46* Treppe.

einen Schraubenventilator beaufschlagt. Jeder Lamellenverdampfer hat eine Kühlfläche von 60 m². Die zugehörigen Schleudergebläse werden über eine Wellendurchführung durch die isolierte Trennplatte zwischen der Hoch- und Niederdruckseite von Motoren mit einer Leistung von je 3 kW durch Keilriemen angetrieben. Die elektrische Abtaueinrichtung wird mit Wechselstrom von max. 305 Volt gespeist; sie ist mit einer einstellbaren Zeitschaltuhr versehen. Die Ausführung in Abb. 281 b unterscheidet sich von der in Abb. 281 a nur dadurch, daß die Kältemaschinen von einem Zweitakt-Dieselmotor von 12 PS über Keilriemen angetrieben werden. Das Abtauen der Verdampfer wird hier durch magnetische Umsteuerung der Kondensator- und Verdampferfunktion erreicht.

Die Waggonfabrik in Dessau hat neben Kühlgruppen bzw. Kühlzügen, bestehend aus 5, 12 und 23 Wagen (s. S. 312), die nach Angaben des Verkehrsministeriums der UdSSR gebaut wurden, auch einzelne maschinell gekühlte Wagen für die Eisenbahnen der UdSSR und anderer Volksrepubliken gebaut. Das erste Modell aus dem Jahre 1954 soll nicht ganz befriedigt haben. Daher wird hier nur über das zweite Modell aus dem Jahre 1957 berichtet.[1]

Die Einrichtungen des Wagens sind aus dem Aufriß, Grundriß und 4 Querschnitten in Abb. 282 ersichtlich. Der Wagen besteht aus dem Laderaum, dem Dienstraum, dem Kältemaschinenraum und dem Diesel-Generatorraum. Die Hauptabmessungen des Wagens sind in Tab. 4 angegeben. Beim Transport

Tabelle 4. *Hauptabmessungen des Wagens nach Abb. 282.*

Gesamtlänge	mm	17000
Gesamte Breite	mm	3000
Nutzlänge des Laderaumes	mm	11890
Nutzbreite des Laderaumes	mm	2380
Nutzhöhe des Laderaumes an der Wand	mm	2000
Nutzhöhe des Laderaumes in der Mitte	mm	2270
Nutzfläche des Laderaumes	m^2	28
Nutzinhalt des Laderaumes	m^3	56
Außenfläche des Laderaumes	m^2	171
Länge des Dienstraumes	mm	2000
Breite des Dienstraumes	mm	2830
Länge des Kältemaschinenraumes	mm	1230
Breite des Kältemaschinenraumes	mm	2830
Länge des Diesel-Generatorraumes	mm	940
Breite des Diesel-Generatorraumes	mm	2830
Tara des vollausgerüsteten Wagens	t	53,8
Nutzlast	t	25

von Gefrierware wurde bei einer Außentemperatur von 35 °C eine Temperatur im Laderaum von —20 °C verlangt. Beim Transport nicht vorgekühlt geladener Früchte wurde bei der gleichen Außentemperatur verlangt, daß 15 Tonnen Ladung innerhalb von 28 Stunden von +30 auf +4 °C abgekühlt werden können. Im Winter sollte bei —45 °C außen eine Innentemperatur von +12 °C eingehalten werden können.

Der Rechenwert der Wärmedurchgangszahl beträgt $k = 0{,}25$ kcal/m²h °C, doch wurde mit Rücksicht auf die Alterung der Isolierung (Styroflex und Piatherm) praktisch nur mit $k = 0{,}5$ gerechnet.

Die Kältemaschinenanlage besteht aus zwei übereinander angeordneten 2stufigen Freon-Kompressoren der Fabrik „Kälte", Berlin. Jeder Kompressor leistet bei —10 °C 9750 kcal/h und bei —30 °C 3920 kcal/h. Von den 4 Zylindern in V-Anordnung dienen drei der Niederdruckstufe und einer der Hochdruckstufe (Zylinderdurchmesser 74 mm, Hub 80 mm, Drehzahl 700/min). Jeder Kompressor ist mit einem Elektromotor von 8 kW direkt gekuppelt und wird von einem Ventilator angeblasen. Der Maschinenraum ist mit dem Dienstraum durch die Luken *18* verbunden. Die 2 Kondensatoren von je 70 m² Kühlfläche sind

[1] SCHAPOWALENKO, M. M.: Isothermische Wagen und Wagengruppen mit maschineller Kühlung. Staatl. Verl. für Eisenbahntransporte, Moskau 1959.

über dem Dach des Maschinenraumes angeordnet und werden von 2 Ventilatoren mit Leistungen von je 4260 m³/h angeblasen; die Luft wird durch die Haube *22* angesaugt und durch Öffnungen in den Seitenwänden des Wagens ausgeblasen. Die beiden Verdampfer von je 45 m² Kühlfläche sind im Luftkühler vereinigt, der unter der Decke des Laderaumes liegt. Jeder Verdampfer wird von 2 Ventilatoren angeblasen. Die 4 Ventilatoren fördern 16800 m³ Luft in der Stunde. Zwischen den Ventilatoren und den Verdampfern sind die elektrischen Heizkörper für das Abtauen und für die Beheizung im Winter angeordnet. Die Kaltluft wird hinter dem Luftkühler über die falsche Decke *32* durch regelbare Öffnungen in dieser Decke in den Laderaum und unter den Lattenfußboden geleitet und wird von dort durch den Luftkanal *31* wieder vom Ventilator angesaugt. Ein Teil der Luft wird durch Öffnungen oberhalb der Trennwand *34* auf kurzem Wege direkt aus dem Oberteil des Laderaumes angesaugt.

Für die Stromerzeugung dienen 2 Dieselgeneratoren einer Leipziger Fabrik von je 28 PS.

Nach dem gegenwärtigen Stand der Kühlwagen auf den Eisenbahnen der UdSSR sind 6% mit maschineller Kühlung ausgerüstet, 14% haben Eiskühlung mit Deckenbeeisung und 80% Eiskühlung mit Beeisung an den Stirnflächen[1].

II. Kühlzüge.

Neben einzelnen maschinell gekühlten Güterwagen wurden auch ganze Kühlzüge, sei es mit einer zentralen Kälteanlage, sei es mit Einzelanlagen in jedem Wagen und nur mit einer zentralen Energieerzeugungsanlage ausgerüstet. Einen

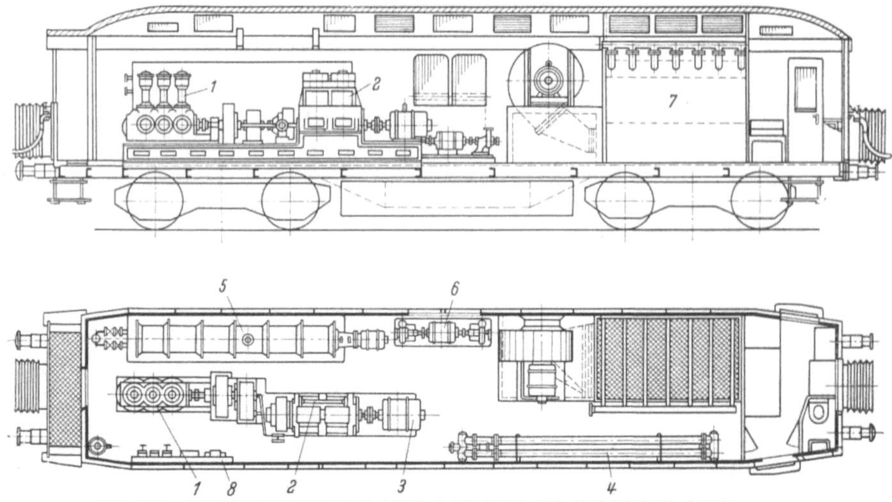

Abb. 283. Kältemaschinenwagen eines Kühlzuges der Gesellschaft Linde.

1 Kompressor, *2* Dieselmotor, *3* elektrischer Generator, *4* Kondensator (wassergekühlt), *5* Verdampfe für Solekühlung, *6* Pumpen für Kühlwasser und Sole, *7* Rückkühlwerk für das Kühlwasser, *8* Regelstation.

der ersten Versuche in dieser Richtung unternahm noch vor dem ersten Weltkrieg die Gesellschaft Linde gemeinsam mit der Firma Felser in Riga, deren Kältemaschinenwagen in Abb. 283 dargestellt ist, an den sich an beiden Seiten solegekühlte Güterwagen anschlossen. Die Einzelheiten sind aus der Abbildung zu ersehen.

---

[1] Matalasow, S. F.: Eisenbahntransport (russisch), Bd. 42 (1960) H. 2, S. 22.

In sehr viel größerem Maßstab setzte der Bau und die Inbetriebnahme von Kühlzügen um 1950 ein, nachdem die UdSSR der Waggonfabrik in Dessau Aufträge für den Bau großer Kühlzüge erteilt hatte.[1] Gleich zu Anfang wurden Züge mit 23 Wagen gebaut. Dabei befanden sich in der Mitte hintereinander ein Kältemaschinenwagen, ein Wagen für die Dieselgeneratoren und ein Wagen für das Bedienungspersonal, die alle durch gedeckte Plattformen miteinander verbunden sind. An beiden Seiten dieser Gruppe wurden je 10 gekühlte Güterwagen mit Soledurchfluß angehängt (Abb. 284).

Die Einrichtung des Kältemaschinenwagens ist aus Abb. 285 in großen Zügen zu ersehen. Die beiden stehenden einstufigen 4-Zylinder-NH_3-Kompressoren *2*

Abb. 284. Kühlzug der Waggonfabrik Dessau mit 23 Wagen. Auf dem Bild sind links der Kältemaschinenwagen, der Dieselwagen und der Dienstwagen zu sehen. Dahinter zehn gekühlte Wagen.

von je 88000 kcal/h bei —15 °/+30 °C sind mit je einem Drehstrommotor *1* von 40 kW bei 955 U/min direkt gekuppelt. Die Kompressoren sind wassergekühlt, wobei das Wasser im geschlossenen Kreislauf durch einen Radiator fließt. Zwei luftgekühlte Kondensatoren *7* sind am anderen Wagenende unter einer Zwischendecke angeordnet; jeder hat eine Oberfläche der Rippenrohre von 690 m^2. Die Kühlluft wird durch eine Öffnung im Dach angesaugt und durch einen Winkelkanal mit Hilfe des Ventilators *6* aus einer Öffnung in der Seitenwand des Wagens ausgestoßen. Unterhalb des Wagens sind am Rahmen 2 Sammelbehälter von je 180 *l* für das im Kondensator verflüssigte Ammoniak befestigt. Durch die Röhren der beiden auf der Zwischendecke angeordneten Mantel- und Röhrenverdampfer fließt die $CaCl_2$-Sole oder Eissol; jeder Verdampfer hat eine Kühlfläche von 35,5 m^2. Die kalte Sole wird mit 2 Zentrifugalpumpen von je 35 m^3/h durch sämtliche Kühlwagen geleitet, wobei sie sich um 2 °C erwärmt. Die Antriebsmotoren der Pumpen haben eine Leistung von je 6,5 kW. Für jedes Kälteaggregat ist auf dem Dach ein Soleexpansionsgefäß von 100 *l* vorgesehen, das gleichzeitig der Entlüftung dient. Außerdem sind 2 Sole-Reservebehälter 13 von je 850 *l* vorgesehen. An allen wichtigen Stellen sind Thermometer

[1] GOLUBKOW, W., u. N. LWIZYN: Cholodilnaja Technika (russisch) Bd. 31 (1954) H. 3, S. 5. — W. HERRMANN: Technik (Berlin) 1956, S. 211.

und Manometer angeordnet. Die gesamte Länge des Wagens mit Puffern betrug erst 15 m und ab 1958 17 m.

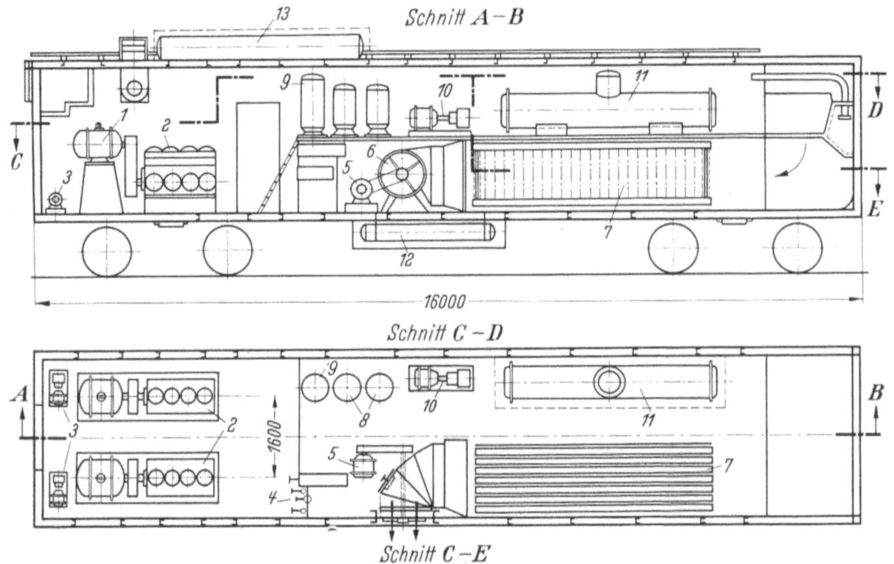

Abb. 285. Kältemaschinenwagen des Kühlzuges der Waggonfabrik Dessau.

1 Antriebselektromotor, *2* NH_3-Kompressor, *3* Kühlwasserpumpe, *4* Regelstation, *5* Antriebsmotor des Ventilators für den Kondensator, *6* Ventilator, *7* Kondensator, *8* Ölabscheider, *9* Zwischenkühler, *10* Solepumpe, *11* Verdampfer, *12* NH_3-Sammelbehälter, Behälter für Reservesole.

Die Anordnung der wichtigsten Teile im Diesel-Generator-Wagen ist in Abb. 286 dargestellt. Vorgesehen sind 2 Hauptdieselmotoren *1* von je 100 PS

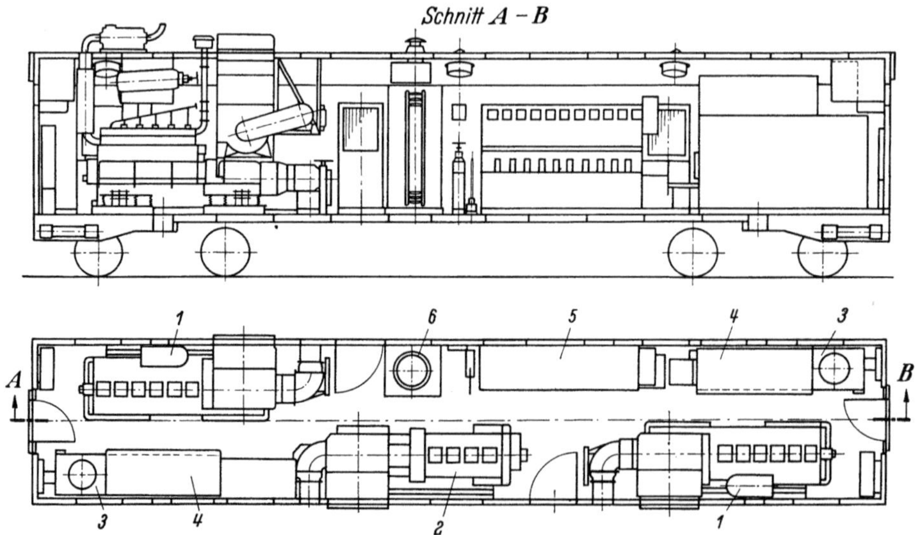

Abb. 286. Dieselgenerator-Wagen des Kühlzuges der Waggonfabrik Dessau.

1 Dieselgenerator von 100 PS, *2* Hilfsdieselgenerator von 60 PS, *3* Ölbehälter, *4* Brennstoffbehälter (auch unter dem Wagen), *5* Schalttafel, *6* Heizkessel.

mit Drehstromgeneratoren von je 60 kW; ein Hilfsdieselmotor von 60 PS dient für die Ladung der Akkumulatorenbatterie, die sich unterhalb des Dienstwagens befindet, und für die Stromversorgung einzelner Motoren im Kältemaschinenwagen in Zeiten der Überlastung. Der Brennstoffvorrat von 8050 l ist auf verschiedene Behälter *4* aufgeteilt; er reicht aus für Fahrten bis zu 12 Tagen. Für

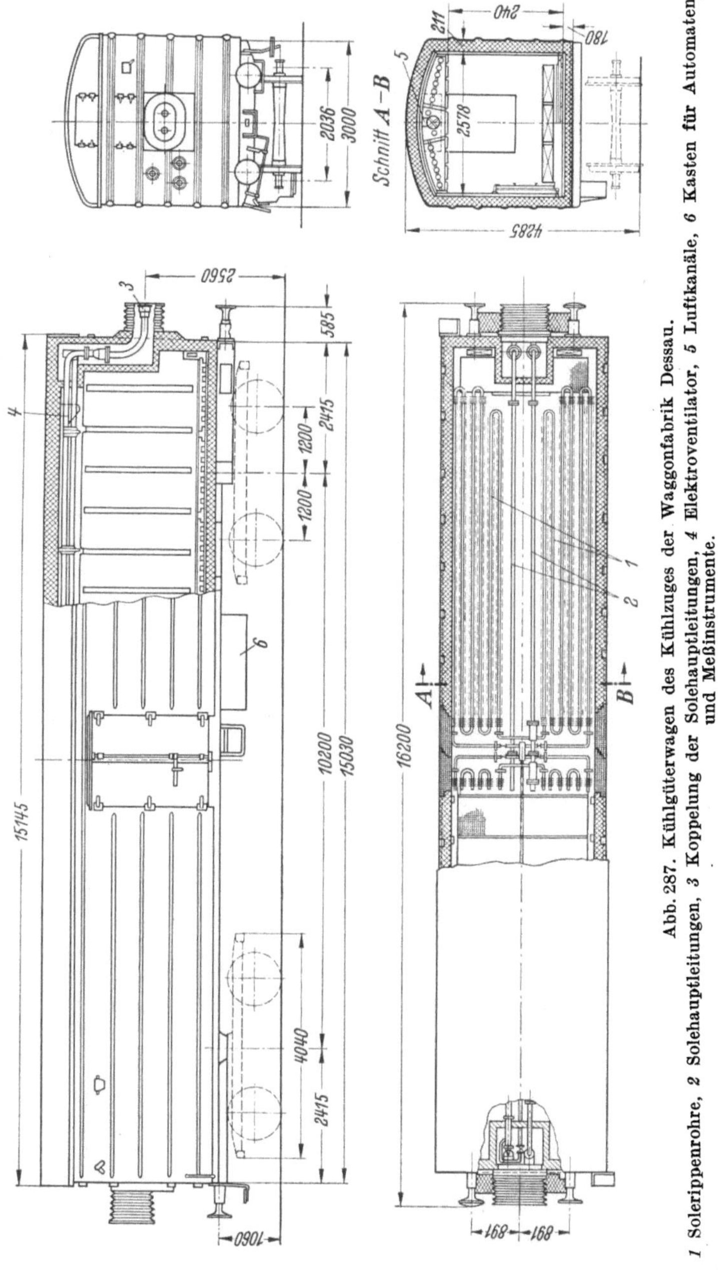

Abb. 287. Kühlgüterwagen des Kühlzuges der Waggonfabrik Dessau. *1* Solerippenrohre, *2* Solehauptleitungen, *3* Koppelung der Solehauptleitungen, *4* Elektroventilator, *5* Luftkanäle, *6* Kasten für Automaten und Meßinstrumente.

die Beheizung des Wagens ist ein Heizkessel *6* eingebaut. Für die Belüftung der Dieselgeneratoren sind Fenster in den Seitenwänden und im Dach vorgesehen.

Im Dienstwagen sind folgende Räume angeordnet: 2 Zweibett- und 2 Vierbettkabinen, 1 Küche mit Herd, 1 Kühlschrank und Geschirrschrank, 1 Speise-

und Aufenthaltsraum mit Radioempfänger und Bücherschrank, Toilette, Duschraum, Heizraum und Gang. Unter dem Wagen befindet sich die Akkumulatorenbatterie, unter der Decke sind Behälter für Trink- und Waschwasser untergebracht.

Jeder der 20 Kühlwagen (Abb. 287) hat eine gesamte Länge mit Puffern von 16,20 m.[1] Die Iporka-Isolierung hat an den Wänden eine Dicke von 193 mm, an der Decke 236 mm und am Fußboden 112 bzw. 140 mm. Im Mittel ist $k =$ 0,40 kcal/m² h °C. Die Kühlung erfolgt durch 4 Rippenrohrbatterien an der Decke mit zusammen 200 bis 220 m² Kühlfläche. Abb. 288 zeigt das Schema der Soleleitungen in den Kühlwagen: die Sole aus dem Verdampfer wird durch eine an der Decke befestigte isolierte Hauptsoleleitung *2* allen Wagen zugeführt und durch die 110 mm höher liegende isolierte Hauptleistung *3* von den Wagen zurückgeführt. In jedem Wagen zweigt ein Solestrom von der Hauptleitung *2* durch ein Rohr *11* und dem Verteiler *7* in die an der Decke angeordneten 4 Rohrbatterien ab und kehrt durch den Sammler *8* in die Hauptleitung *3* zurück. Die Temperatur im Wagen wird durch Veränderung der Soleumlaufmenge durch die Batterien mit Hilfe des Magnetventils *5* geregelt, dessen Öffnung vom Maschinenwagen aus eingestellt wird. Für den Winterbetrieb sind in jedem Wagen 3 oder 4 Elektroöfen von je 3 kW untergebracht.

In jedem Wagen sind sowohl Deckenventilatoren für den inneren Luftumlauf zwecks gleichmäßiger Temperaturverteilung und Verbesserung des Wärmeüberganges an die Kühlrohre, wie auch Ventilatoren für den Luftwechsel im Wagen vorgesehen, der beim Transport mancher Kühlgüter erforderlich ist.

Die langen Kühlzüge mit 23 Wagen haben sich zum Teil als schwer manövrierfähig erwiesen. Nur wenige Kühlhäuser und Verladestationen verfügen über so lange Plattformen und es mußten daher oft einzelne Wagen abgekoppelt und rangiert werden. Außerdem ergeben sich manchmal lange Wartezeiten wegen fehlender Ladungen.[2] Die Waggonfabrik Dessau hat daher auch Kühlzüge mit 12 Wagen gebaut — 10 Kühlwagen, 1 Kältemaschinenwagen und 1 Wagen zur Hälfte für die Dieselgeneratoren, zur anderen Hälfte für das Dienstpersonal. Je 5 Kühlwagen befinden sich an beiden Zugenden. Diese Züge sind mit 2stufigen NH_3-Maschinen ausgerüstet; von der Hochdruckstufe wird aber nur bei Außentemperaturen über 15 °C Gebrauch gemacht.

Später wurden in Dessau auch Gruppen von nur 5 Wagen mit dezentralisierter Kühlung nach dem Schema der Abb. 289 gebaut.[3] Zwei kleine R-12-Kompressoren von der Fabrik in Scharfenstein von je 4750 kcal/h bei —25/+45 °C mit Antriebsmotoren von 6 kW befinden sich in jedem Wagen. Die Laderäume werden durch Luft mit Hilfe eines Luftkühler-Verdampfers gekühlt. Der mittlere Wagen enthält in einer Hälfte 2 Dieselgeneratoren des Dieselmotorenwerkes in Leipzig von je 90 PS, die alle Wagen mit Strom versorgen. In einem benachbarten Wagen ist ein kleiner Dienstraum vorgesehen.

Schließlich hat die Maschinenfabrik in Brjansk auch noch Gruppen aus 3 Wagen nach Abb. 290 gebaut, in denen Laderaumtemperaturen von +14 bis —20 °C bei Außentemperaturen von +30 bis —45 °C einzuhalten sind. In jedem Wagen sind zwei einstufige Kälteaggregate mit 4-Zylinder-Kompressoren in V-Bauart mit 11500 kcal bei —15/+30 °C oder 4200 kcal/h bei —27/+37 °C aufgestellt. Die beiden luftgekühlten Kondensatoren haben eine Kühlfläche von je 62 m². Für die Stromerzeugung dienen 2 Dieselgeneratoren von je 48 kW.

[1] Einzelheiten über den Bau der Kühlwagen findet man im Buch von M. M. SCHAPOWALENKO: Isothermische Kühlwagen und Wagengruppen mit Maschinenkühlung. Moskau, Staatl. Verlag für Eisenbahntransport 1959.

[2] DEMJANKOW, W., u. S. NEKRUTMAN: Cholodilnaja Technika (russisch), Bd. 33 (1956) H. 1, S. 29.

[3] Ausführliche Beschreibung bei M. M. SCHAPOWALENKO: S. 78—114, s. Fußnote

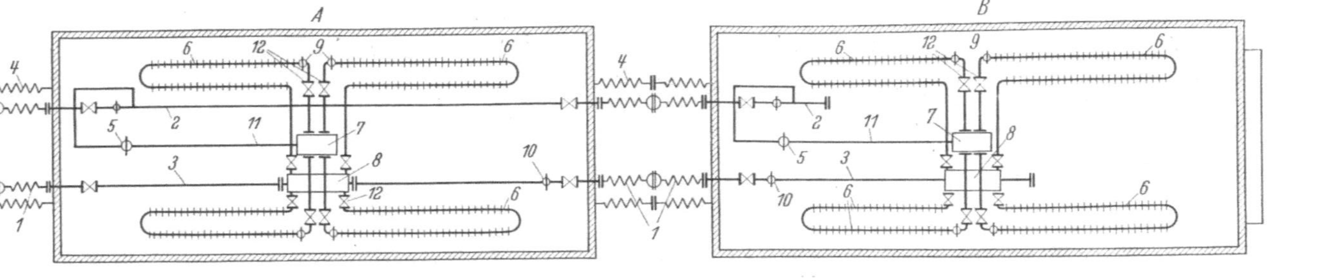

Abb. 288. Schema der Soleleitungen in den Kühlwagen.

A Wagen in der Mitte des Zuges, *B* erster oder letzter Wagen: *1* Wellgummi-Verbindungsstücke der Soleleitungen, *2* Hauptzuleitung der Sole, *3* Hauptrückleitung, *4* isolierte Harmonika um die Hauptsoleleitungen, *5* Elektromagnetisches Ventil, *6* Rippenrohr-Kühlbatterie, *7* Kollektor (Soleverteiler), *8* Kollektor (Solesammler), *9* Entleerungsstutzen, *10* Sicherheitsventil, *11* Verbindungsrohr von der Hauptsolezuleitung zu den Rippenrohrbatterien, *12* Ventile.

Abb. 289.
Gruppe aus 5 Wagen der Waggonfabrik Dessau.

1 Laderaum, *2* Kältemaschinenraum, *3* Übergang, *4* Dienstraum, *5* Raum für Dieselgeneratoren.

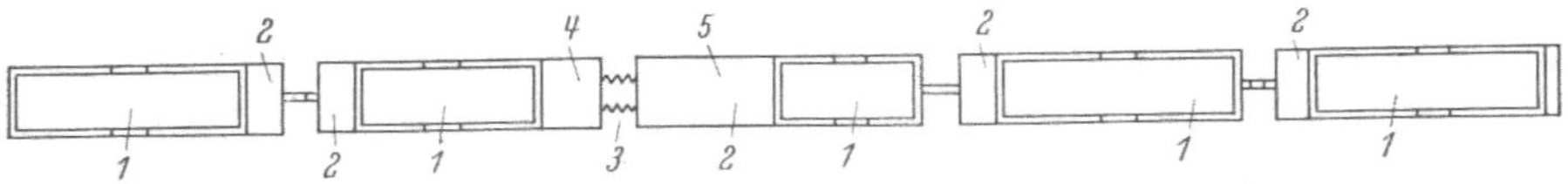

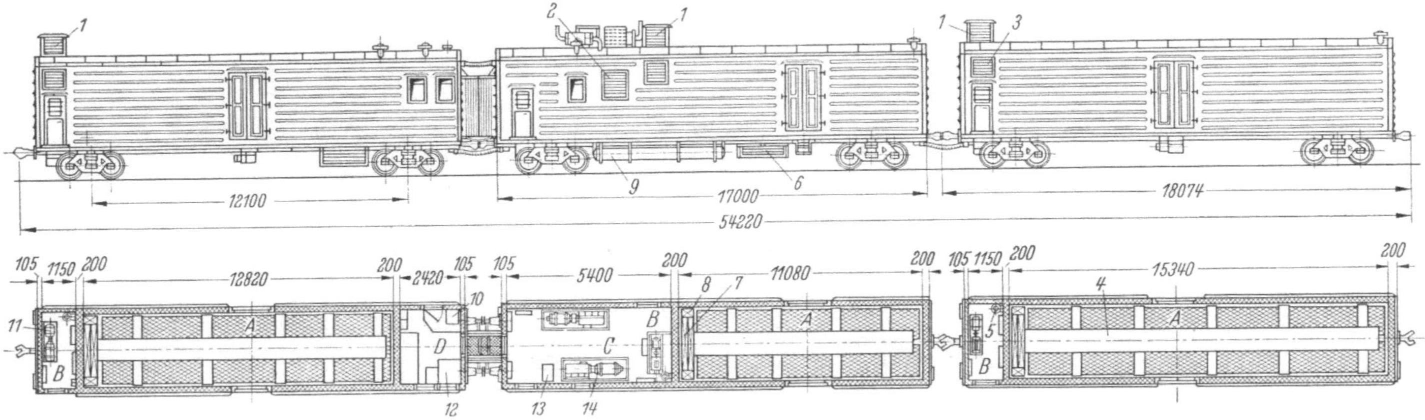

Abb. 290. Gruppe aus 3 Wagen der Lokomotivfabrik in Brjansk.

A Laderaum, *B* Kältemaschinen, *C* Dieselgeneratoren, *D* Dienstraum; *1* Lufteintritt zum Kondensator, *2* Lufteintritt zu den Radiatoren der Dieselmotoren, *3* Luftaustritt, *4* Luftkanal, *5* Freonbehälter, *6* Akkumulatorenbatterie, *7* Luftkühler, *8* Elektroofen, *9* Brennstoffbehälter, *10* Heizkessel, *11* Kompressor, *12* Toilette, *13* Ölbehälter, *14* Dieselgenerator.

Seetransport von Kühlgütern.

Von

Obering. **H. Ofterdinger**
Hamburg

und Dipl.-Ing. **F. W. Schröder**
Hamburg-Bergedorf.

Mit 60 Abbildungen.

A. Kurzer Überblick über die geschichtliche Entwicklung.

Der Beginn der Kühltransporte über See fällt in die zweite Hälfte des 19. Jahrhunderts [*1*]. Auf Grund der damaligen Wirtschaftslage herrschte in einigen europäischen Ländern ein beachtlicher Fleischmangel; dagegen war in Australien und Amerika ein Fleischüberschuß vorhanden. Aus dieser Situation heraus ergab sich die Überlegung, ob und wie Fleisch mit Schiffen transportiert werden könne. Es wurden daher zahlreiche Versuche mit den seinerzeit bekannten technischen Möglichkeiten durchgeführt, die teils ohne, teils mit Erfolg endeten [*2*]. Einen grundlegenden Fortschritt brachte erst die Schöpfung der Ammoniak-Kältemaschine durch Carl von Linde in den Jahren 1875 bis 1880. Die ersten Ammoniak-Schiffskälteanlagen wurden auf Schiffen der „White-Star-Linie" und des „Rotterdamsche Lloyd" mit Erfolg eingebaut. Etwa 10 Jahre später trat dann die Kohlendioxyd-Kälteanlage in den Vordergrund. Es ist anzunehmen, daß die Dichtigkeitsfragen bei Ammoniakanlagen eine ausschlaggebende Rolle bei diesem Wechsel gespielt haben. Ende des vorigen Jahrhunderts war die Firma I. und E. Hall, Dartford, führend im Bau von Schiffskälteanlagen, und zwar mit Kohlendioxyd als Kältemittel. Man baute in dieser Zeit bereits Schiffe mit größeren Laderaumkühlanlagen, die sowohl dem Transport von Fleisch als auch von Früchten dienten.

Die Versorgung Deutschlands war um 1900 auf Grund seiner geographischen Lage verhältnismäßig günstig [*3*]. Fleisch hatte es damals genügend und Obst konnte es aus den südlichen Nachbarländern erhalten. Die Größe des Schiffskühlraumes richtete sich daher zunächst mehr nach den Handelsbeziehungen und weniger nach den eigentlichen Bedürfnissen. Erst nach dem ersten Weltkrieg änderte sich diese Lage; daher begann auch der Bau von Schiffskälteanlagen in Deutschland erst später als im Ausland. Die erste Firma, welche sich im großen Stil auf den Bau von Schiffskälteanlagen spezialisierte, war die Firma Georg Niemeyer, Hamburg-Harburg, welche die ersten CO_2-Anlagen 1908 zur Lieferung brachte. Um 1913 folgten Atlas-Werke, Bremen. Daneben bemühte man sich auch, Ammoniak als Kältemittel weiter zu verwenden und die Anlagen entsprechend sicher und gasdicht zu bauen, um die kältetechnischen Vorteile des Ammoniaks gegenüber denen des Kohlendioxyds auszunutzen. So lieferte die Firma Niemeyer 1921 die ersten NH_3-Kälteanlagen für eine größere Reihe von Schiffen. Ihre Kompressoren waren doppelt wirkender Bauart mit Kreuzkopf, Kolbenstange und Kolbenstangenstopfbuchse. Aber bereits 1924 konnte diese Firma die ersten Gleichstromkompressoren mit Wellenabdichtung auf verschiedenen Schiffen einbauen.

Abb. 291. Stehender, dampfangetriebener CO_2-Kompressor (Bauart Astra-Niemeyer).

Nach dem ersten Weltkrieg haben sich dann auch andere deutsche Firmen mit dem Bau von Schiffskälteanlagen befaßt, die bisher nur Landanlagen gebaut hatten, wie Rheinmetall Borsig A. G., Berlin, Maschinenfabrik „Germania", Chemnitz/Sa., u. a.

Jedenfalls verwendete man Kälteanlagen an Bord zunächst nur zum Transport von verderblicher Ladung, während man für die Verpflegung der Besatzung weiterhin ungekühlten oder soweit möglich auf Eis gelagerten Proviant vorsah. Später erst — etwa um die Jahrhundertwende — begann man, auch für den Proviant maschinell gekühlte Räume einzubauen; heute ist ein Seeschiff ohne Proviantkühlanlage undenkbar.

Da früher alle Schiffe Dampfantrieb hatten, ergab es sich von selbst, daß auch die Kältemaschinen Dampfantrieb erhielten. Man pflegte Dampfzylinder und Kompressorzylinder auf gemeinsame Ständer (Abb. 291) oder Rahmen zu montieren. Außerdem baute man noch möglichst den Kondensator in diese

Abb. 292. Liegender Zweizylinder-CO_2-Kompressor (Bauart Niemeyer).

Ständer oder Rahmen (Abb. 292) hinein, so daß man recht große und schwere Aggregate erhielt. Nach Möglichkeit wurden an diese Aggregate noch Kühlwasserpumpen angehängt, um eine besondere Dampfmaschine zum Antrieb dieser Pumpen zu sparen. Ließ sich dies nicht durchführen, z. B. bei sehr großen

Leistungen, dann war man zur Förderung von Kühlwasser und Sole auf Duplex-Dampfpumpen angewiesen. Ventilatoren zum Umwälzen der Luft in den Laderäumen wurden meist vermieden; konnte man auf solche nicht verzichten, dann wurden auch diese von Dampfmaschinen angetrieben, die außerhalb des Laderaumes aufgestellt wurden.

Die Dampfmaschinen der Kompressoren arbeiteten mit einem Betriebsdruck von etwa 8 atü und machten höchstens 100 U/min. Bei kleineren Leistungen wählte man stehende Maschinen mit 2 Kurbeltrieben auf einer Welle, den einen für die Dampfmaschine, den anderen für den Kompressor. Maschinen mit großer Leistung waren liegender Bauart. Hier lagen die Kompressorzylinder hinter den Dampfzylindern und wurden mittels durchgehender Kolbenstangen angetrieben.

Erst als der Dieselmotor etwa 1912 als Hauptantrieb Eingang in die Schiffahrt fand, ging man mehr und mehr zum elektrischen Antrieb der Hilfsmaschinen

Abb. 293.
CO_2-Kompressoren mit Gleichstrommotoren direkt gekuppelt (n = 400 Upm) (Bauart Astra-Niemeyer).

über. So wurden kurz vor dem ersten Weltkrieg CO_2-Kältemaschinen von der Firma Niemeyer entwickelt, die mit langsam laufenden Gleichstrommotoren ($n = 400$ U/min maximal) direkt gekuppelt wurden (Abb. 293). Es waren Gleichstromkompressoren mit Saugventilen innerhalb der Kolben. Damit waren alle Voraussetzungen für die Entwicklung von entsprechenden NH_3-Gleichstromkompressoren in gekapselter Form gegeben (Abb. 294).

Während der Zeit zwischen den beiden Weltkriegen wurde der Bau von Ammoniak-Kältemaschinen weiter verbessert, wobei besonders Wert auf Betriebssicherheit bei den Verhältnissen an Bord eines Schiffes mit seinen Schräglagen, Vibrationen, Erschütterungen usw. gelegt wurde. Dabei ging man auch im Schiffskältemaschinenbau nach und nach zum Kältemittel Ammoniak über, bis schließlich Kohlendioxyd in den Hintergrund treten mußte und heute von den fluorierten Kohlenwasserstoffen (Frigen, Freon, R-12) gänzlich verdrängt worden ist. Man kann sagen, daß die CO_2-Schiffskälteanlagen heute der Geschichte angehören. Howells [4] gibt dazu folgende Übersicht:

1890 wird zum erstenmal eine CO_2-Kälteanlage auf einem Schiff eingebaut.

1907 Über die Hälfte aller Schiffskälteanlagen — vor allem größere Anlagen — arbeiten mit CO_2 als Kältemittel.

1932 erreicht der prozentuale Anteil der CO_2-Anlagen seinen Höhepunkt.

1959 Soweit bekannt, sind keine CO_2-Kälteanlagen mehr für Schiffe in Bau.

In dieser Zeit haben die CO_2-Verdichter eine weite Entwicklung durchgemacht [4].

Dagegen hat sich Ammoniak in Schiffskälteanlagen bis heute behaupten können. Bereits die ersten beiden erfolgreichen Fleischtransportschiffe fuhren mit Ammoniak; davon eines mit einer Kompressions- und das andere mit einer Absorptionsanlage. Es ist interessant festzustellen, daß Absorptionsanlagen bis heute nur selten auf Schiffen eingebaut wurden, während die NH_3-Kompressionsanlagen eine 80jährige Bewährung hinter sich haben und auch weiterhin eingebaut werden. Ihr Anteil lag im Laufe der Jahre zwischen 20 und 30% der Schiffsladungsanlagen. Da die Kompressions-Endtemperaturen bei NH_3 relativ

Abb. 294. Stehender Einzylinder-Ammoniak-Kompressor, direkt gekuppelt (Bauart Niemeyer).

hoch liegen, werden vielfach 2stufige Kompressoren mit Zwischenkühler eingebaut. Etwa 30% der NH_3-Ladungsanlagen sind 2stufig.

Die ersten R-12-Ladungskälteanlagen wurden um 1932 gebaut; ihre Zahl blieb bis Anfang des zweiten Weltkrieges gering, da das Kältemittel zunächst nur in den Vereinigten Staaten von Amerika hergestellt wurde. Um so beachtlicher ist sein Aufstieg zum gebräuchlichsten Kältemittel auf See. Während die ersten R-12-Anlagen nur klein waren, wird dieses Kältemittel heute bis zu den größten Leistungen an Bord verwendet.

Die Unterbringung der Maschinen und Apparate für die Kälteanlage an Bord bereitet oft große Schwierigkeiten bei der Planung. Es wird immer angestrebt, den Maschinenraum so gedrängt wie möglich zu halten, um den vorhandenen Platz vor allem für die Kühlräume zur Verfügung zu haben. Daher ergeben sich in den meisten Fällen sehr enge Maschinenräume, in die die Kompressoren, Motoren, Kondensatoren, Sammler, Pumpen, Schaltgeräte usw. nur unter äußerster Raumausnutzung nach gründlicher Planung untergebracht werden können. Ohne Sonderausführungen, wie z. B. Deckenanordnungen für die Kondensatoren, besondere Stutzenstellungen für die verschiedenen Rohranschlüsse, Links- und Rechtsausführungen von Kompressoren usw., kommt man dabei selten aus. Bis vor einigen Jahren hat man sich allgemein mit diesen Forderungen abgefunden. Im Zuge der heute vorherrschenden Rationalisierungsbestrebungen sind vor allem von amerikanischen Firmen neue Wege beschritten worden. Auf Grund der Erfahrungen, die man z. B. mit den anschlußfertigen Klimaaggregaten gesammelt hat, ist man dazu übergegangen, auch für Ladungskälteanlagen entsprechende Einheiten zu entwickeln (Abb. 295).

Diese enthalten auf einem stabilen Fundament, das in den Schiffsverband eingefügt werden kann, alle notwendigen Aggregate und Verbindungsrohrleitungen. Es sind also nur noch die Anschlußleitungen zu verlegen. Bei der Vorplanung weiß der Schiffbauer bereits die Einbaumaße und während der Abwick-

Abb. 295. Anschlußfertige Baueinheit für Ladungskälteanlagen, genannt „YORK PAK". Leistung der Einheit: 2 × 20 hp, etwa 2 × 60000 kcal/h bei $t = -18\,°C$. (Wiedergabe mit Genehmigung der York Corporation, York Pa., USA).

lung des Baues sind kaum noch besondere Ingenieurarbeiten erforderlich. Die Vorteile dieser Bauart liegen auf der Hand und es ist zu erwarten, daß sie in der Zukunft auch in Europa neben der individuellen Bauweise eingeführt werden wird.

Die Mehrzahl der Kühlschiffe kann ihre Laderäume auf etwa —10 bis —12 °C herabkühlen; es besteht die allgemeine Tendenz, Neubauten für noch tiefere Temperaturen einzurichten. Möglicherweise wird der Transport von Gefrierfleisch zukünftig ohne Knochen oder in Dosen erfolgen; aus diesem Grunde kann es sein, daß der Bedarf an Gefrierfleischtonnage nicht mehr stark ansteigen wird. Die Transportkapazität von Kühlschiffen ist eng verbunden mit dem Markt des Bestimmungshafens, der dortigen Kühlhauskapazität und der Art der Kühlladung. So kann bekanntlich Gefrierfleisch monatelang in Kühlhäusern gelagert werden, im Gegensatz zum gekühlten Fleisch und zu Früchten, die schnell verbraucht werden müssen. Nur solche Häfen werden daher von Kühlschiffen angelaufen, in denen die entsprechenden Voraussetzungen zum Löschen der Ladung und zu ihrer Verteilung vorhanden sind. Ein zukünftig größerer Import von Kühl- und Gefrierwaren setzt eine Vergrößerung der Lagerkapazität voraus und erfordert eine verbesserte und weiter ausgebaute Verteilungsmethode. Vielleicht kommen dann auch größere Kühlschiffe zum Einsatz als bisher. Der weitere Ausbau des Seetransportes von Kühl- und Gefriergütern wird also weitgehend von der Entwicklung der „Kühlkette" an Land beeinflußt werden.

Es wurde aber in beschränktem Rahmen auch noch ein anderer Weg beschritten: wo kleinere Mengen verderblicher Nahrungsmittel verschifft werden, sind heute vielfach auch Gefrierbehälter im Gebrauch (vgl. S. 374 u. 456), für deren Seetransport keine Kühlschiffe benötigt werden.

B. Bauarten von Ladungskälteanlagen für Seetransporte.

Kein Schiff gleicht dem anderen, selbst wenn es sich um sog. Nachbauten handelt. Das gilt auch für Kühlschiffe mit ihren zahlreichen Variationsmöglichkeiten, ganz gleich, ob es sich um die Schiffsgröße, die Schiffstype, die Gestaltung der Laderäume, die Art und Ausführung der Isolierung, die Kühlungsart oder gar um die Vielzahl der Kühlgüter handelt, um nur einige Hauptpunkte zu nennen. Auf all diesen Gebieten trifft man auf eine kaum übersehbare Vielfältigkeit. In den folgenden Kapiteln sollen daher die Hauptpunkte mit ihren charakteristischen Merkmalen erläutert werden, wobei nur auf die für den Seetransport von Kühlgütern eigenen Gesichtspunkte eingegangen wird. Für ein vertieftes Studium der allgemeinen kältetechnischen Fragen sei auf die anderen Bände dieses Handbuches bzw. auf die allgemeine Literatur hingewiesen.

I. Die Kühlgüter.

Im seemännischen Sprachgebrauch unterscheidet man zwischen „Minus- und Plusladung", d. h. zwischen Ladung, die bei Temperaturen unter bzw. über dem Gefrierpunkt des Wassers befördert wird. Gelegentlich wird auch von „Gefrier"- bzw. „Kühlladung" gesprochen.

Im wesentlichen kommen folgende Kühlgüter für den Seetransport in Frage:

Minusladung	*Plusladung*
Gefrierfleisch	Frische Fische (auf Eis)
Leber	Eier in Schale
Kühlfleisch (—1 °C)	Äpfel
Gefrorene Fische	Birnen
Gefrorene, ausgeschlagene Eier	Saatkartoffeln
	Zitrusfrüchte
	Weintrauben
	Bananen
	Schellack

Voraussetzung für die tadellose Ablieferung einer Kühlladung nach einer Reise am Bestimmungsort, ist ein einwandfreier Anlieferungszustand. Obwohl diese Tatsache — besonders für den Kältefachmann — eine Selbstverständlichkeit ist, kann nicht deutlich genug immer wieder darauf hingewiesen werden [*3*]. Daher gehört es zu den Aufgaben des Bordpersonals, die Qualität der Ware bereits beim Laden zu prüfen und minderwertiges Gut zu beanstanden oder zurückzuweisen.

Ferner ist auf folgendes zu achten:

a) Instandhaltung und Zurichtung der Ladekühlräume vor dem Laden,
b) richtige, der Art des Kühlgutes entsprechende Stauweise,
c) zweckentsprechende Luft- und Temperaturverhältnisse während der Fahrt,
d) sorgfältiges Laden und Löschen der Kühlgüter.

Anschließend soll über die Beschaffenheit, Verpackung, Stauweise, Temperatur usw., d. h. also über die Behandlung der einzelnen Kühlgüter an Bord berichtet werden.

Gefrierfleisch. Rinderviertel und Hammel werden in doppeltem Jutegespinst eingenäht und im Laderaum unter bester Ausnutzung des Raumes gestapelt. Die Stapelhöhe spielt dabei keine Rolle, da die Ware kaum druckempfindlich ist. Die Laderäume werden bis zu 7 m Höhe voll beladen. Man erreicht dadurch eine hohe Staudichte von etwa 300 bis 350 kg/m³. Verschiedene Fleischsorten dürfen wegen ihrer Geschmacksempfindlichkeit nicht durcheinander geladen werden.

Kaninchen und Geflügel werden allgemein in Lattenkisten hochkant gestapelt und dazwischen Latten von etwa 1″ Stärke gelegt. Üblicherweise wird eine Raumtemperatur von —12 °C eingehalten.

Leber. Sie wird in Kisten verpackt, die zur Aufrechterhaltung des Feuchtigkeitsgehaltes mit Mull oder Pergamentpapier ausgeschlagen sind. Einzeln gefrorene Leber wird auch stückweise eingewickelt und dann in Kisten verpackt. Die Kisten werden mit dazwischenliegenden Latten von etwa 1″ Stärke gestapelt. Die Raumtemperatur beträgt —12 °C.

Kühlfleisch kommt für die deutsche Schiffahrt kaum in Frage, dagegen häufig für die britische. Das Fleisch wird hängend transportiert. Um eine gute Raumausnutzung zu erreichen, soll die Deckshöhe etwa 2 m zwischen dem Boden und der Unterkante der Fleischstangen betragen. Die Fleischstangen dürfen nicht wärmeleitend mit dem Schiffskörper verbunden sein, da sonst das Fleisch an den Berührungsstellen mit dem Haken leicht warm wird und zum Faulen neigt. Das Fleisch ist derart aufzuhängen, daß sich die einzelnen Stücke möglichst nicht berühren können. Man rechnet mit einer Staudichte von etwa 150 kg/m² Grundfläche bei etwa 2 m Raumhöhe. Die Raumtemperatur beträgt ungefähr —1 °C.

Auf britischen Schiffen werden die Kühlräume für den Kühlfleischtransport auch gasdicht verschlossen und der Luft werden 10 bis 12% Kohlendioxyd zugesetzt. Dieser Gasgehalt hemmt hauptsächlich das Flächenwachstum der Schimmelpilze und den bakteriologischen Verderb des Fleisches. Er verzögert aber auch den biologischen Abbau um das Doppelte bis Dreifache.

Gefrorene Fische. Zum Transport eignen sich nur solche ganze Fische oder Fischfilets, die nach einem Schnellgefrierverfahren tiefgefroren sind. Ganze Fische werden frei im Raum gelagert oder in Kisten in den Laderaum eingebracht, während die Filets in ihren Packungen gestapelt werden. Die Raumtemperatur ist unterschiedlich und richtet sich nach der Fischsorte und nach der Dauer der späteren Lagerung. Je fetter der Fisch ist, um so tiefer soll die Lagertemperatur sein; auch bei längerer anschließender Lagerhaltung ist eine tiefere Temperatur vorzuziehen. So werden allgemein Raumtemperaturen von —18 bis —28 °C gefordert, gelegentlich noch tiefere. Gefrorene *Dorschleber* z. B. verträgt bei —25 °C eine Lagerzeit von 2 Wochen, bei —35 °C von 2 Monaten und bei —50 °C von 5 Monaten, ohne daß der Gehalt an Vitamin A und die chemischen Eigenschaften des Fettes sich ändern [*5*].

Die Staudichte richtet sich nach dem Inhalt des Raumes [*6*]. Man kann mit folgenden Werten rechnen:

Raumgröße [m³]	Staudichte [kg/m³]
100	etwa 500
100 bis 500	550 bis 600
500 und mehr	650 bis 750

Eier. Gefrorene, ausgeschlagene Eier kommen in 3 Arten vor: Gefrorenes Eiweiß, gefrorenes Eigelb und gefrorenes Vollei. Sie werden in Blechbehältern von 5, 10 und 15 kg Inhalt befördert und mit Hilfe von Stauhölzern gestapelt. Man erreicht eine Staudichte von etwa 1000 kg/m³ und hält die Räume bei —12 bis —16 °C.

Frische Eier in besonderen Eierkisten werden bei Raumtemperaturen von —0,5 bis +1 °C transportiert. Die Kisten sind besonders vorsichtig zu laden und zu löschen, um Verluste zu vermeiden. Wie die Erfahrung zeigt, ist es zweckmäßig, viel Stauholz zwischen den Kisten zu verwenden. Das Gehen über die Kisten ist zu unterlassen. Die Stauhöhe soll nicht mehr als 3,6 m betragen.

Butter und Käse werden bei +5 bis +8 °C befördert [*7*].

Frische Fische schüttet man einfach in den Fischraum des Fischereifahrzeuges. Durch diese Art der Lagerung ist eine maschinelle Kühlung nicht möglich, da unbedingt vermieden werden muß, daß die Fische teilweise gefrieren; andererseits müssen aber alle Fische — also auch im Kern der Schüttung — möglichst schnell abgekühlt und kalt gehalten werden. Sie werden daher zusammen mit kleinstückigem Eis in den Lagerraum eingebracht. Auch beim weiteren Transport an Land müssen die Fische auf Eis liegen. Wenn das Eis kühlen soll, muß es schmelzen. Die Raumtemperatur soll also keinesfalls unter 1 °C liegen.

Werden frische Fische eingesalzen in Fässern transportiert, so wird eine Raumtemperatur von etwa —2 °C gehalten.

Früchte stellen im Gegensatz zur Gefrierladung „lebendes" Kühlgut dar. Es treten bei seiner Lagerung verwickelte Stoffwechselvorgänge auf, die während des Transportes durch Kühlung der Räume gehemmt werden. Die verzögernde Wirkung durch die Kühlung macht sich aber bei den verschiedenen Arten und Sorten unterschiedlich bemerkbar. Es ist daher falsch, anzunehmen, eine Frucht könne um so länger frisch gehalten werden je tiefer die Laderaumtemperatur gehalten wird.

In kältetechnischer Hinsicht ist die Fruchtladung am schwierigsten zu behandeln. Es ist vor allem der Atmungsvorgang zu verzögern, durch den die Reifung der Frucht eingeleitet wird [*8*].

Äpfel und Birnen werden in Kisten verpackt bei etwa +0,5 °C gelagert und kommen vorgekühlt an Bord. Bei der Stapelung der Kisten sind Stauhölzer vorzusehen. Der Kohlendioxydgehalt im Laderaum ist ständig zu beobachten und die Raumluft zu erneuern.

Zitrusfrüchte, also Apfelsinen, Zitronen oder Grapefruit, werden in gleicher Art befördert wie Äpfel und Birnen, jedoch müssen die Raumtemperaturen höher liegen, und zwar für Apfelsinen bei etwa +4 °C, für Zitronen bei etwa +8 °C und für Grapefruit bei +11 °C. Bei diesen Früchten ist sehr darauf zu achten, daß ihr Geruch nicht auf anderes Kühlgut, vielleicht im darüberliegenden Kühlraum, übertragen wird. Besonders frische Eier können dadurch an Wert verlieren.

Bananen, eine außerordentlich empfindliche Ladung [*9*], sind bei +11,7 °C zu befördern. Diese Temperatur ist auf ±0,5 °C genau einzuhalten. Die Bananen kommen frisch, also warm an Bord und sind dort in kürzester Zeit, d. h. in möglichst 24 Stunden auf die Lagertemperatur abzukühlen. Diese Notwendigkeit muß bereits bei der Bemessung der Kälteanlage unbedingt beachtet werden. Im allgemeinen werden die Bananenstauden senkrecht stehend gestapelt, und zwar zwei stehende Schichten übereinander. Darüber wird eine liegende Schicht angeordnet, und zwar alles ohne Verpackung. Das dicke Stielende wird nach unten bzw. gegen die Luftblaserichtung gelegt. Einige wenige Plantagen liefern sehr lange Stauden mit schwachen Stielen, die nur liegend gestapelt werden können. Diese werden mit Wellpappmänteln oder Lattenverschlägen versehen und müssen in der Luftrichtung liegen, damit die Kühlluft durch die Stauden dringen kann. Neuerdings werden auch alle Stauden für normale Stauung in Polyäthylenbeutel gesteckt, damit sie durch Reiben und Scheuern weniger Schaden erleiden. Die Beutel bleiben zum Lufteintritt offen und sind mit etwa 15 mm großen Löchern perforiert.

Um das Stauen im Schiffsraum zu erleichtern und den seitlichen Druck der Stauden gegeneinander bei Seegang möglichst herabzusetzen, werden die Kühlräume durch Lattenverschläge in sog. *Bins* unterteilt. Man baut von Deck zu Deck senkrechte Pfosten fest ein und schiebt dazwischen kräftige Bohlen. Die Bins haben eine Grundfläche von etwa 4×4 m (Abb. 296).

Abb. 296. Blick in einen Laderaum mit Bananenbins (Werkphoto Karl Löher, Hamburg).

Die Staudichte bei unverpackten Bananenstauden beträgt 100 bis 120 ft^3/t oder etwa 300 kg/m^3. Verpackte Stauden erfordern etwa 50% mehr Raum, entsprechend etwa 200 kg/m^3.

Bananen entwickeln verhältnismäßig viel Kohlendioxyd. Der CO_2-Gehalt ist daher bei dieser Ladung besonders scharf zu beobachten. Die Luftumwälzung im Kühlraum wird bei Bananenschiffen besonders groß bemessen, um eine Ansammlung von Kohlendioxyd am Boden des Raumes zu vermeiden.

Ebenso wie das Laden soll auch das Löschen der Fracht möglichst schnell erfolgen und wird daher mit speziellen mechanischen Förderanlagen vorgenommen. Das Ausreifen der Frucht erfolgt an Land.

Saatkartoffeln werden in die Kühlräume geschüttet und bei einer Temperatur von etwa +3 °C befördert.

Schellack. Dieses ist kein eigentliches Kühlgut. Weil aber alle Arten bei etwa 40 °C schmelzen und dann minderwertig werden, transportiert man Schellack gern in Kühlräumen. Dazu werden Schellack und Schellackrohstoffe in Kisten oder Säcke verpackt. Beim Laden ist darauf zu achten, daß nicht schon geblockter Schellack vorliegt, d. h. solcher, der schon einmal begonnen hat, in sich zu fließen. Die Raumtemperatur soll nicht über +35 °C und nicht unter ±0 °C liegen. Es dürfen nur Zwischendeckräume beladen werden.

II. Schiffstypen.

So verschieden wie die Kühlgüter und ihre Transportbedingungen sind, so unterschiedlich werden auch die Schiffe und die Kälteanlagen gebaut. Man kann ihre Ausführungsformen daher kaum mit festen Regeln erfassen. Schon die Größen der Ladekühlräume variieren außerordentlich. Es gibt eine Reihe von Schiffen, auf denen nur 2 Kühlräume von je 30 bis 50 m^3 Inhalt vorhanden sind, andere Schiffe haben zwei entsprechende Räume mit einem Inhalt von je 120 bis 200 m^3. Bei großen Frachtschiffen wieder wird häufig nur ein Teil der Laderäume gekühlt, die einen Gesamtinhalt von 2000 bis 5000 m^3 aufweisen. Die ausgesprochenen Kühlschiffe sind jedoch nur kleinere Schiffe von etwa 2000 bis 4000 BRT; alle ihre Laderäume können gekühlt werden, deren Gesamtinhalt etwa 6000 bis 9000 m^3 je Schiff, bei sehr großen britischen Schiffen [*10*] sogar bis 12000 m^3 beträgt.

Die genannten Zahlen stellen die Nettoinhalte dar, d. h. die Inhalte sind innerhalb der Raumisolierung gemessen. Der Raum außerhalb der Isolierung, also von Blech zu Blech gemessen, ergibt den Bruttoinhalt, während der Netto-Netto-Inhalt den Raum erfaßt, der dem Reeder tatsächlich zur Verfügung steht. Er ist also der Nettoinhalt abzüglich aller Einbauten wie Luftkanäle, Luftkühler u. dgl. mehr.

Grundsätzlich sollte bei der Projektierung eines Schiffes mit Ladungskälteanlage darauf geachtet werden, daß der Kältemaschinenraum im oder wenigstens in unmittelbarer Nähe des Hauptmaschinenraumes angeordnet wird, um dem Maschinenpersonal die Überwachung der Kälteanlage zu erleichtern. Außerdem wird dann die Verlegung der elektrischen und Wasserleitungen vereinfacht. Um die Kältemittelleitungen kurz und damit die Leitungsverluste klein zu halten, sollten die Ladekühlräume wiederum in nächster Nähe der Kältemaschinenanlage liegen.

Im großen ganzen wurden bis zum zweiten Weltkrieg die Schiffskälteanlagen nur für bestimmte Kühlgüter gebaut. So gab es Schiffe, die ausschließlich dem Transport von Gefrierfleisch dienten und andere, mit denen nur Bananen befördert wurden. Nur selten ging man weiter und versah die Gefrierfleischschiffe mit Einrichtungen wie Fleischhaken, Luftumwälzung usw., um ggf. auch Frischfleisch befördern zu können. Dementsprechend wurden Bananenschiffe nur gelegentlich als Fruchttransporter gebaut, so daß sie neben Bananen auch andere Früchte wie Weintrauben, Zitrusfrüchte, Äpfel u. dgl. befördern konnten. Erst beim Wiederaufbau der Handelsflotten nach dem zweiten Weltkrieg ging man grundsätzlich dazu über, die Ladungskälteanlagen so zu bauen, daß je nach der Marktlage alle Kühlgutarten vom Gefrierfleisch bis zur Banane befördert werden können.

Der von den Reedereien gewünschte Temperaturbereich der Laderäume liegt allgemein zwischen -12 und $+12$ °C. Es macht sich aber immer mehr die Tendenz bemerkbar, die untere Temperaturgrenze noch weiter herabzusetzen, so daß heute vorwiegend Anlagen für den Temperaturbereich zwischen -18 bis -20 °C und $+12$ °C verlangt werden.

III. Gestaltung der Laderäume.

Schiffe mit gekühlten Laderäumen und besonders die ausgesprochenen Kühlschiffe sind relativ schnelle Schiffe. Während sie früher eine Reisegeschwindigkeit von 13 bis 16 kn hatten, werden sie in den letzten Jahren für 18 bis 19 kn gebaut. Eine weitere Steigerung über 19 kn hinaus ist gegenwärtig unwahrscheinlich, ausgenommen Fahrgastschiffe mit Kühlräumen. Aus strömungstechnischen

Gründen sind die Schiffskörper daher besonders schlank zum Bug und Heck scharf zulaufend gebaut. Die Räume in der Mitte der Schiffe haben somit in der Regel rechteckige Grundflächen und fast senkrechte Wände, während die Räume im Vor- und Hinterschiff nahezu dreieckige Grundflächen und sehr schräge Bordwände aufweisen.

Die Räume werden heute wohl ausschließlich durch Luftkühler mit Zwangsluftumwälzung gekühlt. Diese und die dazugehörigen Luftkanäle lassen sich naturgemäß in einem rechteckigen Raum weit zweckmäßiger und oft auch raumsparender anordnen, als in den schrägen Vor- und Hinterschiffsräumen. Um dort eine gute und gleichmäßige Kühlung sicherzustellen, bedarf es besonderer sorgfältiger Überlegungen.

Es ist selbstverständlich, daß man sich in einem reinen Kühlschiff mit diesen schiefen Räumen im Vor- und Hinterschiff abfinden muß. Soll jedoch nur ein Teil der Laderäume gekühlt werden, dann sollte man für die wertvolle Kühlladung die bestgeeigneten und günstigst gelegenen Räume zur Verfügung stellen.

Bei der Gestaltung der Kühlräume muß aber auch bedacht werden, daß die Luftkühler während der Fahrt zugänglich sein müssen und die Möglichkeit, Frischluftkanäle einzubauen, vorhanden ist. Diese Forderungen lassen sich am besten erfüllen, wenn die Räume in der Nähe des Hauptmaschinenraumes liegen, wie schon aus anderen Gründen im vorhergehenden Abschnitt empfohlen wurde.

IV. Isolierung.

Bei Landanlagen sind die Kühlraumwände im allgemeinen glatt und gerade, aus Steinen gemauert oder in Beton gegossen. An Bord liegen dagegen vollkommen andere Verhältnisse vor. Die Kühlraumwände bestehen aus Stahlblech mit vielen Versteifungen; die Decken haben Unterzüge aus U- oder T-Trägern, die Bordwände Bulbeisen [*11, 12*], gelegentlich noch mit Winkelversteifungen. Unterzüge und Spanten sind durch Kniebleche miteinander verbunden. Man bedenke, daß die Spantenentfernungen etwa 500 bis 800 mm betragen.

Um nun den Verlust an wertvollem Laderaum [*4*] so klein wie möglich zu halten, wird die Isolierung auf die Innenflächen der Stahlkonstruktion aufgebracht, also zwischen die Spanten und Decksbalken. Es bleiben damit viele Wärmebrücken bestehen, so daß die Isolierung erheblich an Wirkung verliert. Man kann also auch nicht mit den Isolierstärken und Wärmedurchgangszahlen rechnen, wie sie bei Landanlagen üblich sind.

Je nach der gewünschten Kühlraumtemperatur wählt man eine Mindestisolierstärke von 200 bis 300 mm. Damit aber der Einfluß der zahlreichen Wärmebrücken nicht zu groß wird, verlangt man außerdem, daß die Isolierung die Versteifungen um mindestens 60 mm, möglichst jedoch 80 mm überragt.

Diese Angaben sind nur allgemein gültig. Eine feste Norm für die Isolierstärke und ihre Ausführung gibt es nicht, da die Wünsche der Reedereien, die lange erfolgreich Kühlschiffe in Betrieb haben, sehr verschieden sind. Auch legt man keinen allzu großen Wert auf gleiche Isolierwirkung an den verschiedenen Flächen. Die Hauptsache ist, daß die Räume bei maximalen Außentemperaturen auf den gewünschten Mindesttemperaturen gehalten werden können. Verglichen mit den Verhältnissen in einem Kühlhaus, wird an Bord also unwirtschaftlich isoliert. Wenn man aber bedenkt, daß es sich auf dem Schiff stets um eine kurzfristige Lagerung handelt, und daß eine um 25 mm stärkere Isolierung einen Verlust von über 100 Tonnen Ladung bei einem größeren Kühlschiff bedeuten kann, dann erkennt man die ganz anders gelagerten Bedingungen, die die Art und Ausführung der Isolierung bestimmen.

Da die Spanten, Träger usw. die Wirkung der Isolierung stark vermindern und dadurch die Vorgänge der Wärmeleitung wesentlich komplizierter als beim Bau von Kühlhäusern werden, ist der Wärmeeinfall in die Laderäume beim Bau von Kühlschiffen nicht ohne weiteres im voraus zu berechnen [*13*]. Die Wärmedurchgangszahl kann vorher nur abgeschätzt werden. Daher gibt es natürlich viele Mißerfolge, denen nur durch größere und teurere Kältemaschinen begegnet werden kann. Nur bei Kenntnis aller Einzelheiten und Umstände im betriebsbereiten Schiff wird eine zuverlässige Berechnung möglich sein und nur bei absolut konstanten Verhältnissen im Innenraum und in der Umgebung kann die Wärmedurchgangszahl am leeren oder beladenen Schiff gemessen werden. Solche Versuche sind aber sehr zeitraubend und vor allem kostspielig.

Von Lorentzen und Brendang [*13*] wurden 8 Jahre lang entsprechende Messungen auf norwegischen Schiffen durchgeführt. Bei 8 Schiffen ergaben sich dabei Wärmedurchgangszahlen zwischen 0,3 und 0,6 kcal/m² h °C. Für die Vorausberechnung ist die Kenntnis des Einflusses der Spanten, Träger usw. wichtig. Dank der elektrischen Analogieverfahren konnten hier günstigere Anordnungen und Formen der Spanten und Blindhölzer ermittelt werden [*14*]. Der verwickeltere praktische Fall wurde aber noch nicht so eingehend untersucht. Merlin [*15*] hat den Wärmefluß durch ein isoliertes Zwischendeck und ein teilweise isoliertes Deck in dem Kühlraum eines Bananendampfers gemessen. Er kommt dabei zu dem Schluß, daß die viel billigere teilweise Isolierung wohl einen schlechteren k-Wert hat, jedoch der niedrigere Preis die durch den Wärmeeinfall verursachten Mehrkosten rechtfertigt. Er errechnet für den Fall, daß das Schiff im Hafen liegt, bei trockenem und windstillem Wetter und bei leeren Kühlräumen $k = 0{,}8$ kcal/m² h °C; auf See und mit beladenen Räumen ist $k = 1{,}3$ kcal/m² h °C.

In der Praxis sieht es nun so aus, daß meistens eine Kältemaschinenfirma mit dem Bau der Kühlanlage beauftragt wird, bevor die Werft mit dem Bau des Schiffes beginnt, also zu einer Zeit, zu der der Schiffskörper erst in groben Zügen auf dem Reißbrett festliegt. Außerdem kann die Kältemaschinenfirma in der Regel zu dieser Zeit noch nicht erfahren, welcher Isolierstoff gewählt und welche Isolierfirma mit der Lieferung dieser Teile betraut wird. Die Kältemaschinenfirma ist also gezwungen, einen mittleren Wärmedurchgangswert anzunehmen, diesen ihrem Auftraggeber bekanntzugeben und zu bitten, die notwendigen Voraussetzungen zu erfüllen. Gewöhnlich werden Werte von 0,45 bis 0,5 kcal/m² h °C angegeben. Aber erst die Kühlprobe kann später erweisen, ob die Annahme der Firma richtig war und ob die Isolierfirma entsprechend geliefert und gearbeitet hat.

Der größte Teil der Kühlladung wird meist nur in einer Richtung befördert. In der anderen Richtung wird häufig allgemeine Ladung mitgenommen, d. h. in die isolierten Räume werden schwere Stahlkonstruktionen, Profilstähle, Automobile od. dgl. geladen. Es ist daher notwendig, daß die Isolierung auf dem Boden, an den Wänden und an den Lukenrändern in geeigneter Weise versteift und gesichert wird. Zur Abdeckung der Bodenisolierung wird am zweckmäßigsten Teakholz verwandt, sonst Oregon, Kiefer oder Yang, evtl. auch Asphalt mit Armierung. Zur Verkleidung der Wand- und Deckenisolierung nimmt man Holz auf Nut und Feder, Sperrholz, Aluminiumblech, verzinktes Stahlblech oder Holz und darauf Internit (Holzfaser mit Zement).

An das Isoliermaterial werden folgende Anforderungen gestellt:

Möglichst feuerfest und nicht entflammbar,
nicht hygroskopisch,
von niedrigem spez. Gewicht.

Das in Frage kommende Material kann man in Gruppen einteilen:

1. Naturstoffe: Kork, Torfoleum,
2. Kunststoffe: Steinwolle wie Rockwool, Silan u. dgl., Glasfaser wie Gerrix, Fiberglas u. dgl., Polystyrol- u. ä. Erzeugnisse,
3. Aluminium in Form von geknitterten Folien (Alfol).

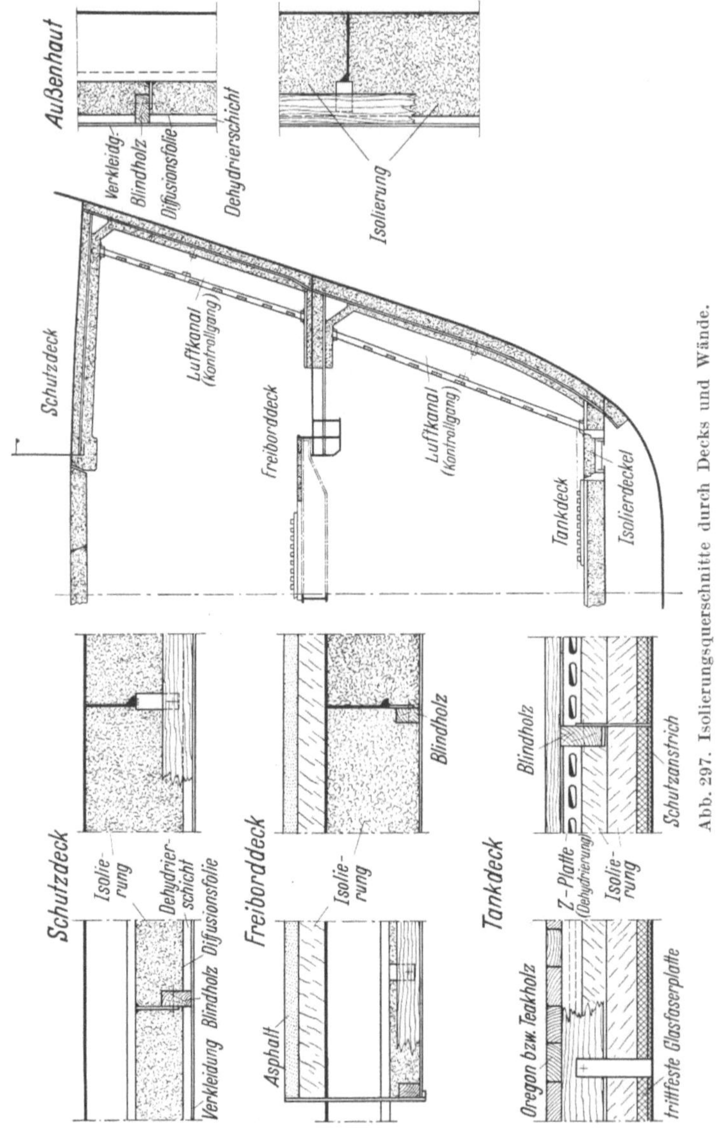

Abb. 297. Isolierungsquerschnitte durch Decks und Wände.

Kork ist als Isolierstoff seit 1910 in Gebrauch und solange man an Bord nicht schweißte, war es gut zu verwenden. Während der letzten 30 Jahre sind aber viele mit Kork isolierte Schiffe ausgebrannt oder vollständig verbrannt und das häufig im Hafen oder an einer Werft. Eine Temperatur von 200 bis 250 °C kann Kork zum Glimmen bringen; dieses Glimmen schreitet etwa 1″ pro

Stunde weiter. Wenn nun eine Stelle der Wandbeplattung eines Kühlraumes zu heiß wird, vergehen etwa 6 bis 8 Stunden bis das Feuer im Kühlraum ausbricht. Dies ist der Nachteil einer Korkisolierung.

Daher wird heute die Verwendung von feuerfesten Isolierstoffen wie Steinwolle und Glasfaser oder auch Alfol angestrebt. Ob es gelingt, die verschiedenen Kunststoffe genügend feuerfest und preiswert für den Schiffsgebrauch herzustellen, muß abgewartet werden.

Viele Reeder klagen über die sehr hohen Instandhaltungskosten für die Isolierung der Tankdecke (Doppelboden). Gerade an dieser Stelle wird eine Isolierung gefordert, die eine hohe Belastung ertragen kann. Abb. 297 zeigt u. a. die Ausführung einer Isolierung des Doppelbodens. Um zur Behebung von Havarieschäden den Doppelboden leichter freilegen zu können, ohne viel Schaden anzurichten, stellen manche Reedereien die Forderung, die Tankdecken-

Abb. 298. Abnehmbare Tankdeck-Isolierung (Werkphoto Karl Löher, Hamburg).

isolierung abnehmen zu können. Abb. 298 gibt eine entsprechende Ausführungsart wieder.

An Spanten, Decksbalken usw. werden vor dem Isolieren Blindhölzer angebracht (Abb. 297), an denen nach der Fertigstellung der Isolierung die Verkleidung angeschraubt werden kann. Im allgemeinen ist der Doppelboden eines Schiffes als Aufnahmebehälter für Brennstoff und Wasser ausgebildet. Das bedingt, daß die einzelnen Teile dieser Behälter zugänglich sind. In der Tankdecke des Doppelbodens befindet sich daher eine ganze Reihe von Mannlöchern. Die Bodenisolierung muß also an diesen Stellen ausgespart sein und mit gut schließenden isolierten Deckeln versehen werden (Abb. 297).

Besondere Sorgfalt ist bei der Ausführung der Luken aufzuwenden. Die Lukensülle (Rahmen) werden einerseits zur Isolierung andererseits zum Schutz mit kräftigen Holzbalken verkleidet. Diese Balken sind gut zu befestigen, die Kanten abzurunden und mit starkem, verzinktem Blech zu verkleiden, damit sie beim Laden und Löschen möglichst wenig leiden. Ebenso sind die quer im Lukensüll liegenden Schiebebalken oder Scherstöcke zu verkleiden. Die Balkenverkleidungen der Lukensülle und der Scherstöcke bilden die Zargen für die einzelnen isolierten Lukendeckel. Auf Abb. 299 sind die Verkleidungen der Scherstöcke sowohl im unteren als auch im oberen Deck gut zu erkennen. Die Lukendeckel sind hinter den Luken abgelegt. Die Konstruktion der Einzelteile ist auf Abb. 300 dargestellt. Abb. 301 zeigt einen Scherstock im Bau.

Abb. 299. Blick in einen Laderaum mit geöffneten Luken und eingesetzten Scherstöcken. Die Lukendeckel sind im Hintergrund abgesetzt (Werkphoto Karl Löher, Hamburg).

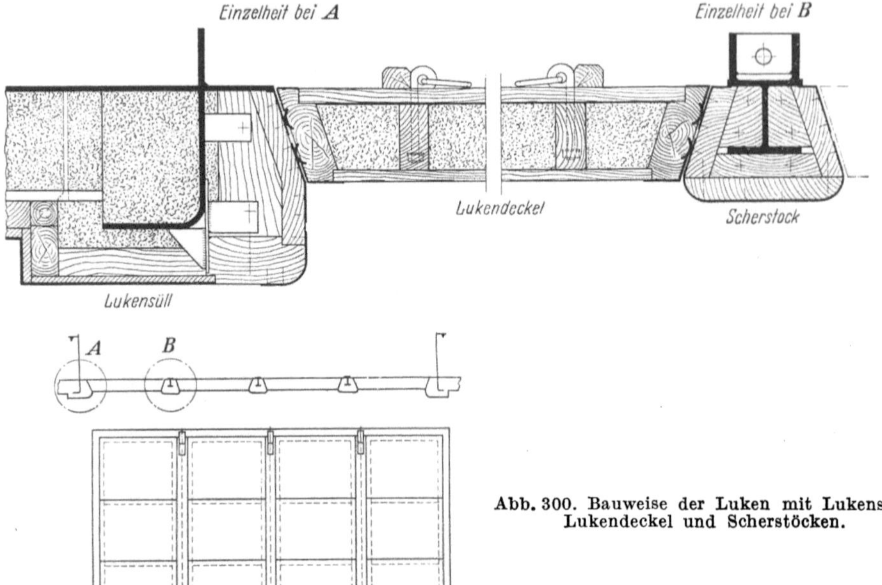

Abb. 300. Bauweise der Luken mit Lukensüll, Lukendeckel und Scherstöcken.

Die Türen der Ladungs- und Proviantkühlräume werden sehr kräftig ausgeführt und mit schweren Beschlägen versehen. Die Vorreiber der Türen von Proviantkühlräumen müssen derart ausgebildet sein, daß die Türen nicht nur von außen, sondern auch von innen geöffnet werden können (Abbildung 302).

Abb. 301. Scherstock im Bau (Werkphoto Grünzweig und Hartmann, Ludwigshafen).

Sollen an der Decke eines Kühlraumes Fleischhaken vorgesehen werden, dann sind dementsprechend Rohre von etwa 1″ Stärke mit Hilfe von Profileisen anzubringen. Auch hier muß darauf geachtet werden, daß sich in der Deckenisolierung keine Wärmebrücken bilden. Zu diesem Zweck muß auch hier wieder auf Blindhölzer zurückgegriffen werden. Abb. 303 zeigt einen Laderaum mit Fleischgehängen.

Gestapelte Kühlladung soll nicht direkt auf dem Boden des Kühlraumes liegen. Die Räume erhalten daher Grätings (Lattenroste), deren Auflagen in Richtung des Luftstromes anzuordnen sind. Dieses ist deutlich auf Abb. 304 zu erkennen. Links im Bild sieht man die Austrittsöffnungen für die Luft aus dem Luftkanal. Die Luft kann also von links nach rechts auch unter der Gräting hindurchstreichen.

Um eine Berührung der Ladung mit den Raumwänden zu vermeiden, erhalten die Wände sog. Wegerungen aus kräftigen Holzbalken (Abb. 299 u. 303) oder bei Alu-Auskleidung der Räume aus Alu-Profilen (Abb. 305).

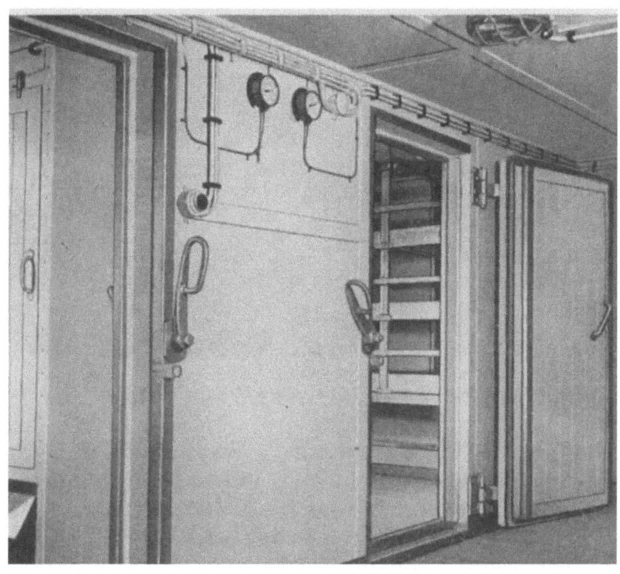

Abb. 302. Kühlraumtüren (Werkphoto Karl Löher, Hamburg).

Von besonderer Bedeutung [16] für den Zustand der Raumisolierung ist die Frage der Ansammlung von Wasser in den Poren des Isoliermaterials. Es gelangt vor allem durch Diffusion des Wasserdampfes in die Isolierung und vergrößert die Kälteverluste erheblich. Bei Landanlagen sieht man zum Schutz auf der

Abb. 303. Ansicht eines Laderaumes mit Fleischgehängen (Werkphoto Karl Löher, Hamburg).

warmen Seite dampfdichte Diffusionssperren vor. Diese sind bei einer Isolierung an Bord überflüssig, da die stählerne Bordwand bereits diese Funktion übernimmt. Dagegen werden häufig Dehydratoren eingebaut [17]. Das sind kleine Luftkühler, welche entweder an den Kältemittelkreislauf (Kältemittel oder Sole)

Abb. 304. Anordnung der Bodengräting in Luftstromrichtung (Werkphoto Karl Löher, Hamburg).

angeschlossen werden oder eine eigene kleine Kältemaschine erhalten. Mit ihnen wird Luft getrocknet, die innerhalb kleiner, in der Raumisolierung angebrachter Kanäle zirkuliert. Die der Isolierung über die Luftzirkulation entzogene Feuchtigkeit kondensiert in den Dehydratoren. Sie sind mit Ventilatoren zur Bewegung der Luft ausgerüstet, erhalten — sobald Minustemperaturen auftreten — eine elektrische Beheizung und werden gewöhnlich über Schaltuhren periodisch geschaltet.

Gassner [16] hat die ausgeschiedene Wassermenge je Reise auf einigen deutschen Kühlschiffen mit Bananenladung gemessen, bei denen die Dehydratoren an die Ladungskälteanlagen angeschlossen waren. Das heißt also, daß sie

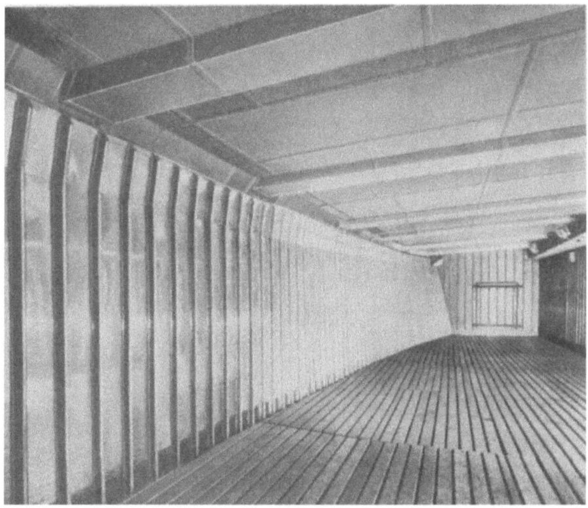

Abb. 305. Kühlraum mit Alu-Auskleidung und Alu-Wegerung (Werkphoto Grünzweig und Hartmann, Ludwigshafen).

nur während des Kühlprozesses, also auf der Heimreise, in Betrieb waren. Die gemessenen Wassermengen schwankten zwischen 312 und 508 kg.

Diese Schiffe hatten während der Ausreise keine Kühlladung. Die Kühlanlage war während dieser Zeit also auch nicht in Betrieb, eine Dehydrierung also nicht

Abb. 306.
Verlegung von Z-Platten auf die Bodenisolierung (Werkphoto Grünzweig und Hartmann, Ludwigshafen).

möglich. Abgesehen von Undichtigkeiten im Schiffskörper ist es also durchaus möglich, daß eine größere Menge Luftfeuchtigkeit aus dem Laderaum in die Isolierung hineindiffundierte. Es ist anzunehmen, daß bei Kühlschiffen, die immer Kühlladung befördern, kleinere Wassermengen gemessen würden.

Um einen Feuchtigkeitseinbruch während der Zeit zu vermeiden, zu der kein Kühlgut befördert wird, sollte bei diesen Schiffen die Dehydrieranlage eine eigene kleine Kälteanlage erhalten. Man ist dann unabhängig von der Ladungskühlanlage und schont die Isolierung.

In Abb. 297 sind die innerhalb der Isolierung befindlichen kleinen Luftkanäle dargestellt. Während die Bodenisolierung eine Lage Z-Platten (Zirkulationsplatten) von 60 mm Höhe erhält, liegt an der Decke und den Wänden zwischen Isolierung und Verkleidung ein Spalt von 30 mm Stärke als Luftkanal. Auf Abbildung 306 ist der Einbau der Z-Platten in die Bodenisolierung zu sehen. Bei der auf Abb. 307 fertiggestellten Wand- und Deckenisolierung sind die Luftkanäle nachträglich eingefräst und werden jetzt durch Befestigung der Verkleidung nach außen abgeschlossen.

Abb. 307. Eingefräste Luftkanäle an Wänden und Decke (Werkphoto Grünzweig und Hartmann, Ludwigshafen).

V. Kühlungsarten.

Bis etwa 1925 unterschied man die Kühlungsarten für die Laderaumkühlung sehr streng nach der Art der Luftbewegung, also nach „stiller bzw. bewegter Kühlung". Diese Unterteilung hatte durchaus ihre Berechtigung, weil damals die entsprechenden Schiffe nicht nur für bestimmte Reisen, sondern auch nur für ein bestimmtes Kühlgut vorgesehen wurden. Etwa in der zweiten Hälfte der zwanziger Jahre traten jedoch 2 Umstände ein, die hier eine Änderung schufen:

1. Der Naßluftkühler fing an, sich derart zu verbreiten, daß man auch im Schiffbau versuchte ihn einzuführen.

2. Man begann aus Rentabilitätsgründen zu überlegen, wie man nicht nur ein bestimmtes Kühlgut befördern, sondern je nach der Marktlage dieses beliebig wechseln könne.

Während man bis dahin glaubte, Minusladungen — im wesentlichen Gefrierfleisch — nur mit stiller Kühlung befördern zu können, stellte sich sehr bald heraus, daß dies ohne weiteres auch bei bewegter Kühlung möglich ist. Heute kommt die stille Kühlung nur noch in Sonderfällen vor, z. B. beim Transport von tiefgefrorenen Fischen, gesalzenen Fischen in Fässern (damit die Fässer nicht austrocknen) u. dgl.

Bei der stillen Kühlung wird von jeglicher künstlichen Luftbewegung im Ladekühlraum abgesehen. Um eine gleichmäßige Verteilung der Raumtemperatur zu erzielen, werden die Kühlsysteme bei Minusräumen an der Decke und an den Wänden, bei Plusräumen nur an den Wänden angeordnet. Die Systeme bestehen auch heute noch vorwiegend aus glatten Rohren. Ein Problem bereitet stets die gleichmäßige Kühlung im Bereich der Luke, besonders bei großen Räumen mit großen Ladeluken. In der Regel wurden früher auch an den Luken Kühlsysteme angebracht, die während des Ladens und Löschens herausgezogen werden konnten. Dazu waren entsprechende Absperrventile und Vorrichtungen notwendig, um keine Sole zu verlieren und um sowohl mit als auch ohne diese Systeme kühlen zu können.

Heute wird in den meisten Fällen die bewegte Kühlung vorgesehen, d. h. ein oder mehrere Ventilatoren saugen die Luft aus dem Kühlraum und drücken sie über ein Kühlsystem wieder in den Raum zurück. Die Luftumwälzung im Laderaum je Stunde richtet sich weniger nach der Kälteleistung, als nach der Art des Kühlgutes bzw. nach den verschiedenen Erfahrungen bei den einzelnen Kühlgütern. Entgegen der Gepflogenheit bei Landanlagen, das Kühlgut mit großen Zwischenräumen und Betriebsgängen zu stauen, wird bei Schiffsanlagen so dicht wie möglich gestapelt. Daher ist besonders auf gute Luftbewegung im ganzen Raum zu achten, um eine gleichmäßige Raumtemperatur zu erreichen. Diese Tatsache bedingt größere und stärkere Lüfter als bei Landanlagen.

Man spricht in diesem Zusammenhang von einer x-fachen Luftumwälzung je Stunde und versteht darunter das Verhältnis der Ventilatorleistung zum Netto-Netto-Laderauminhalt. Bei gleichem Kühlgut kann die Luftumwälzung verschieden gewünscht werden, je nach den gesammelten Erfahrungen und Ansichten der Reedereien. Stets ist aber die gute Durchlüftung der Laderäume und der darin gestapelten Kühlgüter von besonderer Bedeutung, da sie die Voraussetzung für das Einhalten der z. T. sehr engen Temperaturunterschiede ist.

Wie bereits erwähnt, sind im allgemeinen die Ladungskühlanlagen für Raumtemperaturen zwischen $-12\,^{\circ}\mathrm{C}$ für Gefrierfleischtransport und $+12\,^{\circ}\mathrm{C}$ für Bananentransport zu bemessen. Die größte Luftumwälzung benötigt man beim Bananentransport, einerseits um die Temperaturdifferenz zwischen Ein- und Austritt am Luftkühler möglichst klein zu halten (nicht mehr als 0,5 °C), andererseits damit sich nirgends das ausgeschiedene Kohlendioxyd anreichern kann.

Im allgemeinen sieht man eine 60fache Luftumwälzung je Stunde vor. Es gibt aber auch Reedereien, die eine noch höhere Luftumwälzung (80fach) fordern.

Bereits im Abschnitt B1 wurde darauf hingewiesen, daß alle Früchte Gase absondern, die Beschädigungen der Ladung verursachen können. Es genügt daher nicht, die Lüfter groß zu bemessen, sondern es muß außerdem für eine ausreichende Lufterneuerung gesorgt werden. Viele Fruchtarten scheiden während des Kühltransportes Äthylen [*8*, *18*] aus. Durch das Äthylen wird die Reifungsgeschwindigkeit nicht nur der Frucht, in der es entwickelt wurde, erhöht, sondern auch in den anderen Früchten. Auf Grund dieser Tatsache wird heute allgemein anerkannt, daß mehr Frischluft notwendig ist, als früher üblich war, um die Äthylenkonzentration niedrig zu halten. Ein vollständiger Luftwechsel alle 20 Minuten ist daher nicht mehr ungewöhnlich. Außerdem sollten aus dem gleichen Grunde keine verschiedenen Fruchtarten im gleichen Raum gelagert werden.

Manche Kühlschiffe sind mit Ozonanlagen ausgerüstet, um Schimmelansatz zu verhüten und um unangenehme Geruchsbildungen zu vermeiden. Diese Vorgänge sind aber noch nicht restlos geklärt. Soweit bekannt, können 1,4 Teile Ozon auf 1 Mill. Teile Luft beim Bananentransport schädlich wirken, während mit 0,5 oder weniger Teilen gute Ergebnisse erzielt wurden. Vorläufig verzichtet man aber sicherheitshalber nicht auf eine reichliche Frischluftzufuhr, auch wenn dieses eine höhere Belastung der Kühlanlage bedeutet.

Soweit die Ventilatoren durch Gleichstrommotoren angetrieben werden, sind die Motoren mit einer Drehzahlregelung ausgerüstet, z. B. von 1100 bis 1450 U/min. Ist jedoch Drehstrom an Bord, dann begnügt man sich mit polumschaltbaren Motoren mit Drehzahlen von z. B. 950 und 1450 U/min.

Die Ventilatoren werden derart bemessen, daß sie bei Fruchtfahrt mit voller Drehzahl der gewünschten Luftumwälzung entsprechen, während sie bei Gefrierfleischfahrten mit der geringeren Drehzahl betrieben werden.

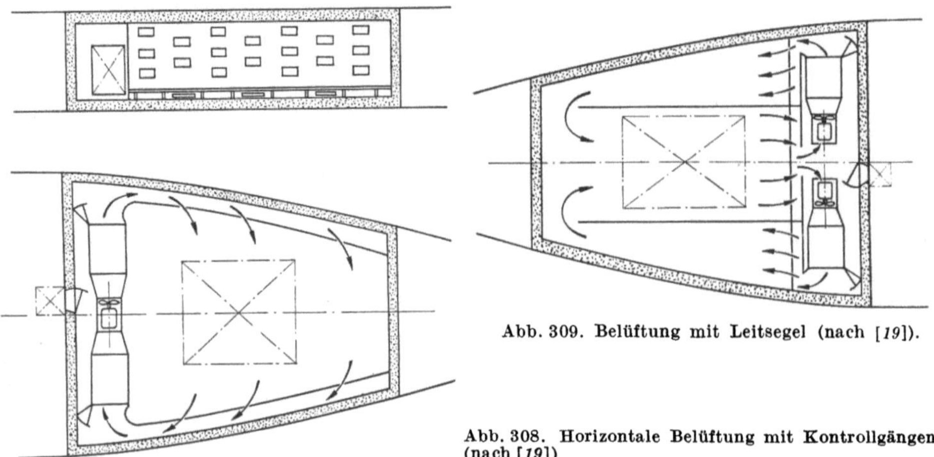

Abb. 309. Belüftung mit Leitsegel (nach [19]).

Abb. 308. Horizontale Belüftung mit Kontrollgängen (nach [19])

Die deutschen Kühlschiffe, die auch für Gefrierfleischtransporte vorgesehen sind, befördern in der Hauptsache Bananen [19]. Die Luftkanäle dieser Schiffe

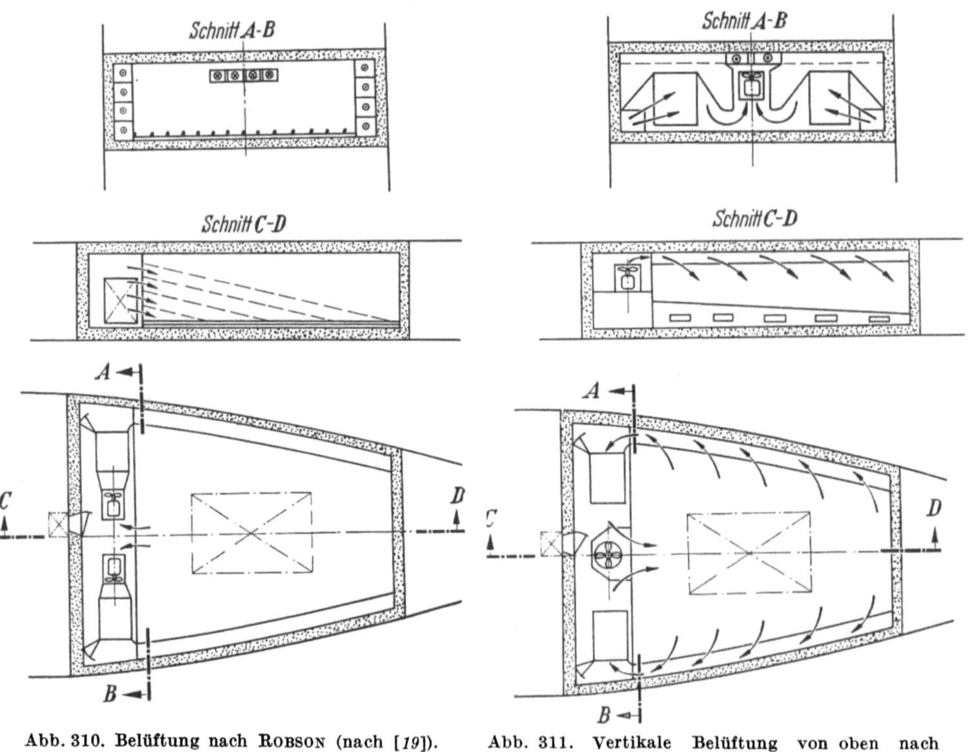

Abb. 310. Belüftung nach Robson (nach [19]).

Abb. 311. Vertikale Belüftung von oben nach unten (nach [19])

sind an den Bordwänden angeordnet, so daß die Luft horizontal quer durch den Raum von Bordwand zu Bordwand streicht. Da viele Reedereien der Ansicht sind, daß es zweckmäßig ist, die Ladung während der Fahrt zu kontrollieren, nehmen die Luftkanäle häufig die ganze Raumhöhe ein und sind begehbar, also gleichzeitig Kontrollgänge. Ihre ganze Fläche zum Kühlraum hin ist mit einstellbaren Luftöffnungen versehen (Abb. 308),

Vor dem zweiten Weltkrieg verzichteten einige Reedereien des In- und Auslandes ganz auf Luftkanäle. Sie unterteilten die Räume der Länge nach durch Leitsegel. Die Luft wurde auf der einen Seite des Leitsegels quer durch die Ladung hin und auf der anderen Seite wieder zurückgeblasen. Das Verfahren ist zwar billig, aber durch sehr lange Luftwege mit einer Reihe von Nachteilen verbunden (Abb. 309).

Heute wird häufig das Robson-Verfahren (Abb. 310) angewandt. Die beiden Bordwände erhalten je einen in der Höhe mehrfach unterteilten Druckkanal. Jeder Kanalteil ist mit einem entsprechenden Teil der Bodengräting verbunden. Die Luft wird also von beiden Bordseiten her unter die Gräting geblasen, dringt von unten in den Raum ein und wird von oben durch die Luftkühlerwand von den Lüftern wieder angesaugt.

Eine andere Art der Lüftung sieht eine doppelte Decke (Abb. 311) mit vielen Austrittsöffnungen vor. Die Luft wird in den Hohlraum hineingedrückt und durch zwei an den beiden Bordwänden unten angeordnete Kanäle abgesaugt. Um Laderaum zu sparen, können auch an den Bordwänden unter der Decke Saug- und Druckkanäle angeordnet werden. Man muß hierbei aber besonders auf der Druckseite Stichkanäle nach unten vorsehen.

C. Planung der Anlagen.

I. Kältebedarf.

Der Kältebedarf errechnet sich aus:

Wärmeeinfall durch Wände, Decken und Böden,
Wärmeäquivalent der Ventilator- und Solepumpenarbeit,
Abkühlung der Frucht, falls diese ungekühlt an Bord kommt.

Wie bereits im Kapitel „Isolierung" erläutert wurde, kann die gesamte Wärmedurchgangszahl k für die einfallende Wärme nicht dem theoretisch bestimmten Wert des Isoliermaterials usw. gleichgesetzt werden [*20*]. Um alle nicht erfaßbaren Einflüsse bei der Kälteberechnung zu berücksichtigen, wählt man auf Grund praktischer Erfahrungen einen k-Wert von 0,45 bis 0,55 kcal/m² h °C. Spätere Kontrollen bei der Erprobung der Anlagen haben die Richtigkeit des angenommenen Wertes zu erweisen.

Nach der Festlegung der Ventilatorgrößen läßt sich das Wärmeäquivalent ihrer Arbeit bestimmen. Die Solepumpenarbeit — falls es sich um eine entsprechende Kühlanlage handelt — muß zunächst geschätzt und später nachgeprüft werden.

Eine Abkühlung der Fracht kommt selten in Frage, höchstens eine geringe Nachkühlung, die bei der Berechnung des Kältebedarfes vernachlässigt werden kann. Eine Ausnahme kommt in jedem Fall aber bei dem Transport von Bananen vor (s. Abschnitt B I). Die abzuführende Wärmemenge wird in der bekannten Weise berechnet, wobei die spezifische Wärme mit $c = 0{,}92$ kcal/kg °C einzusetzen ist.

Zu dem so ermittelten Wert für den Kältebedarf sind noch etwa 25 bis 30% aufzuschlagen, um damit rechnerisch schwer erfaßbare Verluste zu decken, wie sie z. B. entstehen durch die Lufterneuerung, das Begehen der Luftkühler und Kontrollgänge, nicht erfaßbare Wärmeeinbrüche (Fundamente, Rohrdurchbrüche, Frischluftkanäle, Deckstützen, undichte Luken, Kabeldurchführungen, Wasserabflüsse usw.) und die Atmungswärme.

Merlin [*21*] hat für den Transport von Bananen unter Berücksichtigung einer Abkühlung der Ladung in 72 Std. den Kältebedarf wie folgt unterteilt:

Abkühlung der Ladung	50%
Abführung der Atmungswärme	20%
Kälteverluste durch Wandungen	15%
Kälteverluste durch Ventilatorarbeit	9%
Kälteverluste durch Lufterneuerung	1%
Verschiedene Verluste in Leitungen	5%

Ladungskälteanlagen unterliegen im allgemeinen der Aufsicht einer Klassifikations-Gesellschaft und sind daher nach den Vorschriften einer solchen zu erstellen. Grundlegend fordern alle Gesellschaften, daß eine Ladungskälteanlage aus mehreren Einheiten bestehen muß. Unter einer Einheit wird dabei ein Kompressor mit Kondensator und — falls vorhanden — auch Solekühler verstanden. Diese Einheiten sind derart zu bemessen, daß beim Ausfall einer Einheit mit den übrigen die gewünschten Raumtemperaturen bei einer Betriebszeit von 24 Std. pro Tag aufrechterhalten werden können. Es wird also zum Halten der Raumtemperaturen grundsätzlich ein Dauerbetrieb vorausgesetzt und nicht — wie vorwiegend bei Landanlagen — ein Aussetzbetrieb. Besonders beim Bananentransport wären mit dem Aussetzbetrieb gleichmäßige Temperaturen kaum zu halten. Die Reserveeinheit, die also stets vorhanden sein muß, kann zum Herunterkühlen herangezogen werden.

Für die Bemessung der Anlagen ergibt sich hieraus, daß zunächst der Kältebedarf zum Halten der Temperaturen bezogen auf eine Betriebszeit von 24 Std., errechnet wird und danach die Einheiten festzulegen sind. Soll die Leistung von einer einzigen Einheit aufgebracht werden, dann ist eine zweite gleich große Einheit als Reserve und zum Herunterkühlen aufzustellen. Die Leistungsreserve beträgt dann also 100%. Wird die Leistung jedoch von 2 Einheiten erzeugt, so ist eine dritte zusätzlich erforderlich; es steht damit eine Leistungsreserve von 50% zur Verfügung. Mit der Aufteilung der Kälteleistung auf mehrere Einheiten kann man aber nicht beliebig fortfahren, da schließlich die Reserveeinheit nicht mehr zum Herunterkühlen der Räume in einer annehmbaren Zeit ausreichen würde. Wenn es auch für die Abkühlzeiten keine Vorschriften gibt und sie selten vom Reeder präzisiert werden, so hat die Erfahrung doch gezeigt, daß man bei der Wahl einer Reserve von 40 bis 50% annehmbare Abkühlzeiten erhält. Es ist also günstig, wenn im ganzen 3 Einheiten gewählt werden. Diese Aufteilung läßt sich aber nicht immer durchführen, vor allem dann nicht, wenn die Kühlung mit direkter Verdampfung vorzusehen ist. Um bei solchen Anlagen den jeweiligen Kältebedarf der Leistung der Anlage gut anzupassen, wählt man die Zahl der Einheiten höher und sieht entsprechende Möglichkeiten zur Leistungsregelung vor.

Hier soll noch darauf hingewiesen werden, daß das Herunterkühlen einer Bananenladung auf Fruchtschiffen in annehmbarer Zeit oft die zwei- bis dreifache Kälteleistung erfordert, als sie anschließend zum Halten der Temperatur notwendig ist. Es kann also vorkommen, daß die vorgeschriebene Reserveeinheit allein nicht zum Herabkühlen ausreicht. Bei der Berechnung der Anlage ist dieser Fall also besonders nachzuprüfen.

Zur Ermittlung der Kälteleistung einer Kälteanlage für ein Bananenschiff wurde 1956 von Kerwin[1] eine Faustformel aufgestellt, die britische Reeder für Schiffe mit einem Kühlrauminhalt von ca. 200000 ft^3 gern anwenden. Danach

---

[1] Kerwin, M. A.: Vice President der Standart Fruit Co, New Orleans.

soll, umgerechnet in metrische Einheiten, die zu installierende Leistung 120 kcal/h je m³ Netto-Netto-Laderauminhalt betragen, wobei eine Verdampfungstemperatur von 0 °C, eine Fahrt durch die Tropen und die notwendige Reserve berücksichtigt sind.

II. Betriebsbedingungen.

Gegenüber ortsfesten Anlagen weisen die Betriebsbedingungen und damit der Aufbau von Schiffskälteanlagen recht weitgehende Besonderheiten auf. Abgesehen von den jahreszeitlich bedingten Temperaturschwankungen arbeiten ortsfeste Anlagen unter relativ gleichmäßigen, konstanten Bedingungen. Schiffsanlagen müssen dagegen häufig während einer Reise unter tropischen bis arktischen Verhältnissen betrieben werden. Weiter ist auf die hohe Aggressivität des Seewassers Rücksicht zu nehmen und schließlich müssen sehr oft die beengten Platzverhältnisse zur Unterbringung der Anlage beachtet werden.

Kühlwasser für die Kondensatoren steht als Seewasser in beliebiger Menge zur Verfügung. Daher kann die Wassererwärmung und damit die Verflüssigungstemperaturen niedrig gehalten werden.

Im allgemeinen reicht es aus, eine Kühlwasserzulauftemperatur von 30 °C zugrunde zu legen. Sollen die Schiffe jedoch durch den Suezkanal und nach Vorderindien fahren, dann muß mit einer Seewassertemperatur von 33 bis 35 °C gerechnet werden. Die Außenlufttemperatur liegt etwa 10 bis 15 °C höher als die Wassertemperatur.

Während der Fahrt ändert sich die Wassertemperatur dauernd. Dieser Umstand wirkt sich [*19*] sowohl auf den Energiebedarf als auch unter Umständen auf die tägliche Betriebszeit aus. Bei steigender Wassertemperatur steigt die Verflüssigungstemperatur und damit der Energiebedarf, während die Kälteleistung absinkt. Gleichzeitig wird aber die in die Kühlräume einfallende Wärmemenge wegen der ansteigenden Umgebungstemperaturen größer. In gewissem Grade lassen sich diese Schwierigkeiten durch den Einbau von Leistungsreglern der einen oder anderen Art umgehen. Auf jeden Fall ist es zweckmäßig, die Anzahl der Einheiten nicht zu klein zu wählen. Es können dann bei Dauerbetrieb je nach Bedarf mehr oder weniger Einheiten eingeschaltet werden.

Die Laderaumtemperaturen richten sich nach der jeweiligen Ladung, die auf jeder Reise eine andere sein kann. Es kommt auch vor, daß in den einzelnen Räumen je nach der Frachtlage verschiedene Kühlgüter bei unterschiedlichen Temperaturen befördert werden. Um allen Forderungen gerecht zu werden, muß sich die Leistung der Anlage nach den tiefsten Temperaturen richten. Da aber bei höherer Verdampfungstemperatur die Leistung der Anlage ganz wesentlich zunimmt, so erscheint sie bei höheren Raumtemperaturen erheblich überdimensioniert. Dieser Umstand ist bei der Festlegung der Kühlflächen in den einzelnen Apparaten zu beachten, und für alle in Frage kommenden Betriebszustände nachzurechnen. Außerdem ist es auch aus diesem Grunde zweckmäßig, Leistungsregelung, Drehzahlregelung und möglichst mehrere Einheiten vorzusehen. Das Gewicht der Maschinen und Apparate soll natürlich möglichst niedrig sein. Viel wesentlicher ist es aber, daß sie kleine Abmessungen haben und wenig Platz im Maschinenraum in Anspruch nehmen, damit ausreichend Bedienungsgänge, Raum zum Reinigen der Kondensatoren, zum Ausbau der Kolben, Kurbelwellen usw. vorhanden sind und möglichst Laderaum gewonnen wird.

III. Vorschriften.

Laderaumschiffskälteanlagen sind fast immer nach den Vorschriften und unter Aufsicht einer Klassifikationsgesellschaft zu bauen. Nur bei ganz kleinen Anlagen wird manchmal darauf verzichtet. Die betreffende Gesellschaft übergibt dem Schiff hierüber ein Zertifikat und überprüft laufend den Zustand der Anlage durch regelmäßige Besichtigungen. Nur mit diesem Zertifikat, das bei jeder Überprüfung verlängert wird, ist es möglich, daß das Schiff Kühlladung erhält. Die Verlader vertrauen nur einem Schiff, das ein gültiges Zertifikat vorlegen kann, eine wertvolle Kühlladung an, weil auch nur dann eine Versicherung abgeschlossen werden kann.

Die Vorschriften der einzelnen Klassifikationsgesellschaften [*22, 23, 24, 25*] sind einander ähnlich. Sie werden laufend den neuesten Erfahrungen und Erkenntnissen angepaßt und daher nahezu jährlich neu herausgegeben. Die für deutsche Firmen wichtigsten Gesellschaften sind:

Lloyds Register of Shipping, Germanischer Lloyd, American Bureau of Shipping, Det Norske Veritas, Bureau Veritas.

Soll eine Laderaumschiffskälteanlage mit dem Test einer solchen Gesellschaft erstellt werden, so muß etwa folgender Weg beschritten werden:

1. Von der Herstellerfirma ist der Bau der Anlage bei der Gesellschaft anzumelden, damit zu jeder Zeit ein Abnahmebeamter (Surveyor) abgestellt werden kann.

2. Die Lieferung mit allen technischen Daten ist bekanntzugeben, so daß die Gesellschaft in der Lage ist, die Leistung der Anlage in bezug auf den Verwendungszweck nachzuprüfen.

3. Alle Konstruktionszeichungen müssen der Gesellschaft zur Genehmigung eingereicht werden. Der Surveyor überzeugt sich davon, daß nur nach genehmigten Zeichnungen gebaut worden ist.

4. Zum Bau der Anlage ist ausschließlich von der Gesellschaft geprüftes Material zu verwenden, d. h., alles Blech- und Rohrmaterial ist auf dem Ursprungswerk von einem Surveyor durch Vornahme von Analysen, Zerreiß- und Biege-

Tabelle 1. *Probedrücke [atü] der verschiedenen Abnahmegesellschaften.*

		BL[1]		GL[1]		ABS[1]		BV[1]		NV[1]	
		Hydr.	Luft	Hydr.	Luft	Hydr.	Luft	Hydr.	Luft	Hydr.	Luft
Zylinder	NH_3	42	21	44	22	42	21	42	21	42	29
	R 22	42	21	44	22	42	21	38	19	42	29
	R 12	21	14	32	16	32	16	30	15	25	16
Kurbelgehäuse	NH_3	21	10,5	26	13	21	10,5	25	12,5	21	18
	R 22	21	10,5	26	13	21	10,5	25	12,5	21	18
	R 12	14	10,5	20	10	21	10,5	20	10	15	10
Kondensatoren	NH_3	35	17,5	44	22	42	21	42	21	42	29
	R 22	35	17,5	44	22	42	21	38	19	42	29
	R 12	24,5	14	32	16	32	16	30	15	25	16
Verdampfer	NH_3	35	17,5	26	13	21	10,5	32	19	42	29
	R 22	35	17,5	26	13	21	10,5	32	19	42	29
	R 12	24,5	14	20	10	21	10,5	25	15	25	16
Flüssigkeitssammler, Ölabscheider	NH_3	35	17,5	44	22	42	21	42	21	42	29
	R 22	35	17,5	44	22	42	21	38	19	42	29
	R 12	24,5	14	32	16	32	16	30	15	25	16

[1] BL Lloyds Register of Shipping; GL Germanischer Lloyd; ABS American Bureau of Shipping; BV Bureau Veritas; NV Det Norske Veritas.

Diese Tabelle ist unvollständig und soll lediglich einen Vergleich ermöglichen.

proben u. dgl. zu prüfen. Ebenso ist mit jeder Kurbelwelle, Stahlgußteilen usw. zu verfahren. Die Vorschriften geben Mindestwerte an, die bei den verschiedenen Prüfungen erreicht werden müssen. Weiter muß ein Surveyor die vorgeschriebenen Druckproben in der jeweils festgelegten Höhe an allen Maschinen und Apparaten abnehmen und bescheinigen (s. Tab. 1).

5. Nach dem Einbau an Bord erfolgt nochmals eine allgemeine Druckprobe der ganzen Anlage unter Aufsicht eines Surveyors.

6. Unter Aufsicht und nach Anweisung der Gesellschaft ist die Kühlprobe durchzuführen (s. Abschnitt F).

Auch die Anordnung der Kälteanlagen an Bord des Schiffes muß den Vorschriften der betreffenden Klassifikationsgesellschaft entsprechen. Grundsätzlich ist die Verwendung aller heute gängigen Kältemittel erlaubt. Während der Einbau einer Kälteanlage für R 12 oder R 22 jederzeit auch im Hauptmaschinenraum genehmigt wird, darf eine Ammoniakanlage nur in einem besonderen gasdicht abgeschlossenem und gut belüftetem Raum aufgestellt werden.

Auch auf Handels- und Fahrgastschiffen, die den Aufsichtsvorschriften der USA unterliegen, ist — entgegen einer oft vertretenen Auffassung — die Verwendung von Ammoniak als Kältemittel für allgemeine Kühlzwecke statthaft. Hierfür sind die Vorschriften der UNITED STATES COAST GUARD im Unterkapitel F (Schiffbau) und Unterkapitel N (gefährliche Ladung) maßgebend. Danach kann mit Ammoniak das direkte oder indirekte Verdampfungssystem gewählt werden. Lediglich zum Klimatisieren ist Ammoniak als Kältemittel nicht erlaubt, außer bei der Verwendung der indirekten Kühlung.

Die wesentlichen Punkte, die laut Lloyd's Register of Shipping [*22*] beim Bau einer Schiffskälteanlage zu beachten sind, sollen im folgenden aufgeführt werden:

1. Eine Kältemaschineneinheit umfaßt eine Kältemaschine mit Antriebsmaschine, einen Kondensator und bei Solekühlung auch den Solekühler, die so geschaltet werden, daß eine Einheit unabhängig von einer anderen arbeiten kann.

2. Es sind mehrere Einheiten anzuordnen, deren Leistung derart zu bemessen ist, daß die gewünschten Raumtemperaturen bei maximaler Seewassertemperatur und einer Betriebszeit von 24 Std. pro Tag auch dann aufrechterhalten werden können, wenn eine beliebige Einheit stillgelegt worden ist.

3. Das erforderliche Kühlwasser muß mindestens 2 Kühlwasserpumpen zu entnehmen sein. Die eine dieser Pumpen kann auch anderen Zwecken dienen, muß aber notfalls sofort der Kälteanlage zur Verfügung stehen.

4. Bei der Verwendung von Sole muß eine Reservepumpe eingebaut werden.

5. Wird als Kältemittel Ammoniak verwendet, so ist die Kältemaschinenanlage in einem wirksam ventilierten Raum unterzubringen, der vom Hauptmaschinenraum einschließlich Wellentunnel abgesondert sein muß.

6. Geeignete Ölabscheider sind für die Kältemittelleitungen vorzusehen.

7. Geeignete Filter sind in den Leitungen zu den Kompressoren und in die Flüssigkeitsleitungen zu den Reglern einzubauen.

8. Anlagen für R 12 und R 22 sind mit Kältemitteltrocknern auszurüsten.

9. Ist das Kühlmittel Sole, dann wird ein geschlossenes System mit einem Soleausgleichstank empfohlen.

10. Ein Sicherheitsventil und/oder Bruchplatte ist zwischen jedem Kompressor und seinem Druckabsperrventil einzubauen, dessen Ableitung der Saugseite des Kompressors zugeführt sein muß.

11. Alle Druckbehälter der Anlagen, die mit flüssigem Kältemittel gefüllt und vom Kreislauf isoliert werden können, sind mit Bruchplatten und Überdruckventilen in Serienschaltung oder anderen bewährten Einrichtungen zu versehen, deren Ableitung zu einem gesicherten Ort über Deck geführt wird.

12. Es sind Vorkehrungen zu treffen, daß alle Einzelteile der Kälteanlage leicht aufgenommen werden können, sei es für Besichtigungen, sei es zum Überholen. Ferner ist Raum vorzusehen, damit bei Kondensatoren und Solekühlern der Röhrenbündelbauart die Rohre herausgezogen und erneuert werden können.

13. Werden Anlagen mit thermostatischer Regelung betrieben, dann sind außerdem Handregelorgane vorzusehen, und zwar so, daß die thermostatischen Regelorgane umgangen und abgeschaltet werden können.

14. Die Rohrschlangen der Luftkühler sind in mindestens 2 Abschnitten anzuordnen, von denen jeder, falls notwendig, völlig abgeschaltet werden kann.

15. Um die Austrocknung der Ladung und das Vereisen der Kühlelemente auf ein Mindestmaß zu beschränken, wird empfohlen, die Kühlelemente so zu bemessen, daß die Temperaturdifferenz zwischen der Raumtemperatur und dem Kühlmittel höchstens 4,5 °C beträgt.

16. Sole- und Kältemittelrohre aus Stahl einschließlich ihrer Verbindungen sollen innerhalb der Laderäume und soweit sie isoliert werden, außen verzinkt sein.

17. Solebehälter und Soleleitungen sind auf der von Sole benetzten Seite nicht zu verzinken; anderenfalls müssen diese Teile mit einer Entlüftungsleitung versehen werden.

18. Der Zugang zu den Ventilatoren und Ventilatormotoren von Luftkühlern muß so ausgeführt sein, daß sowohl Ventilatoren als auch Motoren leicht für Reparaturzwecke oder Erneuerung ausgebaut werden können, während die Räume mit Kühlgut gefüllt sind.

20. Das Luftumwälzsystem ist derart auszubilden, daß die Luft allen Stellen des betreffenden Raumes einwandfrei zugeführt und vor allem abgesaugt werden kann, einschließlich des Raumes innerhalb der Lukensülle.

21. Wenn die Beförderung von Fruchtladung beabsichtigt ist, die durch niedrige Temperaturen ungünstig beeinflußt werden kann, so müssen die Räume beheizt werden können, falls die Fracht in oder durch Zonen befördert werden soll, in denen Temperaturen herrschen, die unter der Temperatur der Ladung liegen.

22. Sind Räume für den Transport von gaserzeugender Ladung bestimmt, so sind Lufterneuerungsanlagen vorzusehen. Die Lage der Frischluftöffnungen ist sorgfältig zu wählen, um den Eintritt verunreinigter Luft aus irgendeiner Quelle in die Räume auf ein Mindestmaß zu beschränken. Jeder Raum ist für sich mit luftdichten Frisch- und Abluftkanälen zu versehen.

23. Werden Kälteleitungen durch die Schotte oder Decks von Ladekühlräumen geführt, dann dürfen sie nicht in direkter Berührung mit der Stahlkonstruktion stehen. Die Luftdichtigkeit der Schotte und Decks ist zu gewährleisten.

24. Die Ventilatoren der Luftkühler sind nach der Fertigstellung der Laderäume zu prüfen und für jeden Raum ist dem Besichtiger eine Bescheinigung über die Ergebnisse auszuhändigen. Aus der Bescheinigung müssen der statische Druck, die Luftmenge und der Energiebedarf ersichtlich sein. Die Luftumwälzung in den einzelnen Räumen ist auf gute Verteilung zu prüfen.

25. Die gesamte Anlage ist unter Betriebsbedingungen zu prüfen. Vor dem Beginn der Erprobung haben sich die Besichtiger davon zu überzeugen, daß die elektrischen Instrumente, Meßgeräte und Thermometer genau anzeigen.

26. Ist die gewünschte, niedrigste Temperatur in allen Räumen gleich bzw. der Unterschied nicht größer als 3 °C, so ist bei der Kühlprobe die Raumtemperatur in allen Räumen gleichzeitig bis mindestens 1 °C unter die geforderte niedrigste Temperatur herunterzukühlen. Da mindestens 22 °C Differenz zwischen der Raum- und Außentemperatur ratsam ist, mag es notwendig werden, die Tem-

peratur im Kühlraum noch weiter zu erniedrigen, aber sie sollte nicht unter —29 °C liegen.

27. Falls die geforderten Temperaturen voneinander um mehr als 3 °C abweichen, so ist jeder Raum einzeln auf die Temperatur, wie oben beschrieben, zu bringen, wobei die normalen Temperaturdifferenzen zwischen den einzelnen Räumen annähernd erhalten bleiben sollen.

28. Während der Erprobung sollen die Ventilatoren mit etwa der höchsten Drehzahl laufen.

29. Sind die geforderten Temperaturen erreicht, so sind sie konstant zu halten, indem man einzelne Kälteaggregate stillegt oder die Drehzahlen der Kompressoren regelt, bis der Gleichgewichtszustand erreicht ist. Dieser ist für eine Zeit von 6 Std. aufrechtzuerhalten, falls es notwendig erscheint auch länger. (S. auch die Auswertung in Abschnitt F).

30. Während dieses Beharrungszustandes von 6 Std. sind alle maßgeblichen Temperaturen und Drücke in stündlichem Abstand aufzuzeichnen, ebenso die Drehzahlen und der Energiebedarf der Kompressoren und Ventilatoren sowie der Energiebedarf der Sole- und Kühlwasserpumpen.

31. Muß eine Anlage zu einer Zeit erprobt werden, in der außerordentlich niedrige Außentemperaturen herrschen, sind mit Lloyds Register Sonderabmachungen zu treffen. Es kann eine Erprobung unter Benutzung von Wärmequellen gefordert werden.

Wie bereits erwähnt, sind die angeführten Punkte der Vorschriften von Lloyd's Register entnommen. Im wesentlichen entsprechen diese Vorschriften denen der anderen Klassifikationsgesellschaften. Größere Unterschiede in den Bestimmungen bestehen jedoch zur Zeit noch in den Punkten 26 bis 31. Es ist aber anzunehmen, daß sie im Laufe der Zeit einander angeglichen werden.

Die einzelnen Vorschriften legen außerdem genau fest, welche Reserveteile mitzuführen sind und wie oft und wieweit die periodischen Besichtigungen zur Erneuerung oder Verlängerung der Zertifikate vorzunehmen sind.

Um die Sicherheit der Besatzung bzw. des Bedienungspersonals der Schiffskälteanlagen zu gewährleisten, gelten für deutsche Schiffe außerdem die Vorschriften der Seeberufsgenossenschaft [26, *27*], die weitgehend der Unfallverhütungsvorschrift Kälteanlagen [*28*], der DIN 8975 [*29*] und den AD-Merkblättern [*30*] angepaßt sind.

D. Bauweisen der Maschinen und Apparate.

Wie bereits früher erwähnt wurde, sind Absorptionskälteanlagen für Ladungs- und Proviantkühlung nur selten ausgeführt worden, trotzdem, vom energiewirtschaftlichen Standpunkt betrachtet, sehr oft die besten Voraussetzungen dafür vorliegen. Die Ursache dafür wird wohl in der geschichtlichen Entwicklung zu suchen sein. Nachdem die ersten Absorptionsanlagen gegenüber den Kompressionsanlagen an Bord versagt hatten, war kaum ein Reeder wieder bereit, ein entsprechendes Risiko mit einer ihm meist unbekannten und an Bord unerprobten Anlage einzugehen. Vor allem haben inzwischen die Kompressionsanlagen einen sehr hohen Stand der Reife an Bord erreicht.

Die für Ladungskälteanlagen erforderlichen Kälteleistungen sind durchweg nicht so groß, daß der Einsatz von Turboverdichtern in Frage kommt. Diese findet man an Bord nur bei sehr großen Schiffen für die Klimatisierung. Im allgemeinen arbeiten alle Ladungs- und Proviantkälteanlagen nach dem Kompressionssystem mit Kolbenkompressoren. Die weiteren Betrachtungen werden sich daher auf diese beschränken.

I. Kompressoren.

Konstruktion und Aufbau der Kompressoren für Schiffskälteanlagen sind heute im wesentlichen die gleichen wie für ortsfeste Anlagen. Sie müssen natürlich den hohen, in den Tropen vorkommenden Verflüssigungsdrücken gewachsen sein. Da aber die Maschinen vielseitigen Zwecken dienen sollen, wird diesem Umstand wohl stets schon bei der Konstruktion Rechnung getragen. Die normalen Typen werden von den Firmen von vornherein bereits für alle entsprechenden Prüfdrücke bemessen (s. Abschnitt C III, Tab. 1).

Wichtiger dagegen ist, daß die Schmierung der Kompressoren auch bei Schräglagen des Schiffes einwandfrei arbeitet. Dauernde Schräglagen, in der Längsrichtung um 10 ° und in der Querrichtung um 30 °, dürfen keine Störungen hervorrufen. Um diesen Forderungen zu entsprechen, werden die Kompressoren grundsätzlich mit ihren Wellenachsen längsschiff aufgestellt, das heißt also in Fahrtrichtung, wie dies überhaupt mit allen Maschinen im Schiffbau üblich ist.

Während früher der Kompressor mit seiner Antriebsmaschine direkt gekuppelt wurde, ist heute der Keilriemenantrieb als durchaus normal zu bezeichnen. Einerseits erleichtert diese Antriebsart die Montage, zum anderen kann die Drehzahl leicht der gewünschten Leistung angepaßt werden, abgesehen davon, daß Motoren mit normalen Drehzahlen verwendet werden können. Mit dem Drang nach leichteren, kleineren und billigeren Kompressoren treten mit zunehmender Betriebssicherheit auch im Schiffbau die Schnelläufer immer mehr in den Vordergrund. Mit diesen ist der direkte Antrieb über elastische Kupplungen wieder wirtschaftlich durchführbar. Allgemein betrachtet, liegen heute bereits die Drehzahlen der Kompressoren wesentlich höher als vor dem ersten Weltkrieg. Feste Angaben hierüber lassen sich aber nicht machen. Kompressoren großer Leistung haben geringere Drehzahlen als solche kleinerer Leistung. In diesem Zusammenhang muß aber auch bedacht werden, daß die Kältemaschinen von Ladungskälteanlagen oft während einer ganzen Reise ununterbrochen in Betrieb sind. Der Wert der Kühlladung ist in den meisten Fällen recht beachtlich, so daß die Kompressoren im Interesse der Betriebssicherheit nicht mit zu hohen Drehzahlen betrieben werden sollten. Sie liegen heute etwa zwischen 400 und 950 U/min., je nach der Größe der Leistung und nach den Wünschen und Ansichten der Reedereien, die oft sehr konservativ eingestellt sind.

Mit Rücksicht auf die Betriebssicherheit lassen die Klassifikationsgesellschaften Neuerungen oft nur zögernd zu, und grundsätzlich erst, wenn ausreichende Erfahrungen auf parallelen Gebieten vorliegen. Daher konnten erst jetzt gegossene Kurbelwellen und Pleuelstangen aus Kugelgraphit-Gußeisen in Kompressoren für Ladungskälteanlagen Eingang finden, nachdem sie sich in ortsfesten Anlagen bereits seit Jahren bewährt hatten.

An Kompressoren, die auf Kriegsfahrzeugen aufgestellt werden sollen, werden zum Teil noch weitergehende Forderungen gestellt. So verlangt die U.S.-Marine [*31*] sogar noch ein einwandfreies Arbeiten bei einer Schräglage in der Längsrichtung um 15 ° und in der Querrichtung um 45 °. Außerdem müssen die Maschinen bei schwersten Erschütterungen noch befriedigend funktionieren. Um Gewicht zu sparen, werden in einigen Ländern auch Sonderkonstruktionen mit geschweißten Gehäusen verlangt.

II. Kondensatoren.

Die Kondensatoren von Ladungskälteanlagen sind stets wassergekühlt. Sie werden heute nur noch als Röhrenkesselkondensatoren (shell and tube) hergestellt. Im Prinzip entsprechen sie den für ortsfeste Anlagen gebräuchlichen

Ausführungen, unterscheiden sich aber von diesen doch in manchen Punkten. Das bedeutet, daß der Hersteller dieser Apparate bereits in der Konstruktion zu Sonderausführungen greifen muß. Die Ursache hierfür ist, daß

1. als Kühlwasser das sehr aggressive Seewasser benutzt werden muß,
2. die Kondensatoren in den meisten Fällen für die extremen tropischen Verhältnisse zu bemessen sind und
3. zur Anpassung an die beengten Bordverhältnisse oft besondere Ausführungen notwendig werden.

Kondensatoren für R 12 und R 22 rüstet man daher mit Rohren aus Sondermessing SoMs 76 [*32*] aus, die in Rohrplatten aus Messing, vor allem Ms 60 (Munzmetall) [*33*] oder aus Stahl mit seewasserbeständiger Plattierung eingewalzt werden. Vor allem das SoMs 76 hat bei Seewasser eine hohe Wiederstandsfähigkeit [*34*] gegen Korrosion und Erosion, weil sich durch den Aluminiumzusatz eine harte, bei Verletzungen der Oberfläche selbstheilende Schutzschicht bildet.

Normales Kupferrohr ist nicht seewasserbeständig [*35*]. Ein Zusatz von 10% Nickel zum Kupfer gibt ein gut beständiges Material, wenn es außerdem noch 0,75 bis 1,5% Eisen enthält. Mit zunehmendem Nickelgehalt steigt die Widerstandsfähigkeit der Legierung. Da aber die Kondensatorrohre aus SoMs 76 wesentlich billiger sind als solche aus CuNi 20 Fe [*36*] und sich mindestens als ebensogut erwiesen haben, finden sie verbreitete Verwendung im Schiffbau.

Auch bei Rohren aus Kupferlegierungen kommen allerdings Anfressungen (sog. Lochfraß) vor. Man hat erkannt, daß die Rohrschäden vorwiegend an Schmutzablagerungen oder Ziehriefen ihren Anfang nehmen. Es ist daher wichtig, daß die Reinigung der Rohre im Betrieb mit größter Vorsicht durchgeführt wird, damit sie innen keine Schrammen oder andere Verletzungen der Oberfläche erhalten. Es sind also weiche Bürsten oder kalibrierte Holzpflöcke zu verwenden. Auch das Reinigen mit Wasser unter Zuhilfenahme von langen Spritzdüsen wird empfohlen.

Besonders bei R-12-Kondensatoren werden die Wasserrohre gern als Rillenrohre ausgebildet, um durch Vergrößerung der Oberfläche auf der Seite des relativ schlechten Wärmeüberganges den Wärmedurchgang zu vergrößern.

Ist das Kältemittel Ammoniak, dann läßt sich die beschriebene Ausführung nicht verwenden, weil es Kupfer und Kupferlegierungen angreift. Sowohl die Rohre als auch die Rohrplatten müssen aus Stahl sein. Da dieser Werkstoff allgemein nicht besonders seewasserbeständig ist, versucht man ihn zu schützen durch

1. seewasserbeständige Anstriche, die gut haftend aufzutragen sind,
2. geringe Wassergeschwindigkeit — nicht über 0,75 m/s,
3. möglichste Ausschaltung von vagabundierenden Strömen — (Kathodenschutz aus Zink, Magnesium, Weicheisen usw.)

Phosphatüberzüge [*37*] wirken nur lindernd aber nicht schützend, bilden jedoch einen guten Haftgrund für andere Überzüge. Lackanstriche mit seewasserbeständigen Rostschutzfarben sind nur beschränkt brauchbar, da es zur Zeit keinen Anstrich gibt, der längere Zeit absolut wasserdicht ist. Besser wären Neoprenüberzüge, die auch als selbstvulkanisierende Anstriche erhältlich sind. Jedoch können sie wegen ihres hohen Wärmeleitwiderstandes nur an den Teilen angewandt werden, die keine Wärme zu übertragen haben.

Man könnte eine bessere Seewasserbeständigkeit der Ammoniakkondensatoren durch die Verwendung von Edelstählen wie Chrom-, Chrom-Nickel- oder Chrom-Nickel-Molybdänstahl erreichen. Diese finden aber wegen ihres hohen Preises und wegen der schwierigen Verarbeitung in der Schiffahrt keine Verwendung.

Eine andere Möglichkeit besteht darin, daß man Wasserrohre aus Stahl mit einem seewasserbeständigen Futter versieht, zum Beispiel durch Einziehen von Rohren aus SoMs 76. Versuche sind in dieser Richtung verschiedentlich durchgeführt worden. Damit der Wärmedurchgangswiderstand sich dabei möglichst wenig ändert, muß ein einwandfreies Anliegen der Futterrohre an die Stahlrohre erreicht werden. Ebenso sind die Rohrplatten mit einem seewasserbeständigen Werkstoff abzudecken und wasserdichte und seewasserbeständige Übergänge zwischen Futter und Abdeckung zu schaffen.

Schon seit längerer Zeit gehen andere Bestrebungen in der Richtung, dem Seewasser durch entsprechende Maßnahmen seine Aggressivität zu nehmen [*38*]. In den USA wurde eine Chemikalie unter der Handelsbezeichung Aqua-Clear entwickelt (Hersteller: Sudbury Laboratory South Sudburg, USA), die in kristalliner Form in einem Behälter (feeder) untergebracht ist, durch den das gesamte Kühlwasser geleitet wird. Ein Teil der Kristalle löst sich dabei auf und soll dann Rostbildung, Salzablagerungen und Korrosionen in den Behältern, Rohrleitungen, Apparaten usw. verhindern. Es bilden sich im Wasser sog. Inhibitoren auf silikatähnlicher Grundlage, die schnell eine Isolierschicht auf jeder Oxydschicht aller Metalle herstellen. Die vom Seewasser benetzten Flächen werden also mit einem dünnen Film bedeckt, der die direkte Berührung zwischen Wasser und Metall verhindert, aber doch so dünn ist, daß er auf den Wärmedurchgang keinen meßbaren Einfluß hat.

Angeregt durch die vielfache Anwendung auf amerikanischen Schiffen haben auch deutsche Reeder in den letzten Jahren auf ihren Kühlschiffen probeweise „Aqua-Clear-Feeder“ einbauen lassen, in der Hoffnung, Zerstörungen in den Ammoniakkondensatoren auszuschalten. Abschließende Ergebnisse liegen bis heute noch nicht vor.

Da die Kühlwassermengen auf Kühlschiffen verhältnismäßig groß sind — etwa 300 m^3/h und mehr — muß auch der „Feeder“ sehr groß sein und an Bord untergebracht werden können. Dabei muß bedacht werden, daß nicht mit Umwälzwasser, sondern mit Frischwasser von See gekühlt wird, die Kristalle sich langsam auflösen und rechtzeitig ergänzt werden müssen.

Bei der Bemessung der Kondensatoren sind die hohen Kühlwassertemperaturen zu beachten (s. Abschnitt C II). Für Ammoniakanlagen wählt man Verflüssigungstemperaturen von nur 35 bis 38 °C, da der Energiebedarf mit steigender Verflüssigungstemperatur stark ansteigt und außerdem die Gefahr einer unzulässig hohen Kompressionsendtemperatur besteht. Bei R 12 kann man wegen der günstiger liegenden Überhitzungstemperatur bis etwa 42 °C gehen. Hieraus ergibt sich, da Kühlwasser in jeder Menge zur Verfügung steht, eine Wassererwärmung von 2 bis 3 °C.

Die Wasserrohre in jedem Kondensator sollen derart parallel zu Gruppen zusammengeschaltet werden, daß die Wasssergeschwindigkeit bei Verwendung von Stahlrohren keineswegs über 0,75 m/s liegt, während man bei Rohren aus SoMs 76 bedenkenlos die doppelte Geschwindigkeit wählen kann. Allerdings ist es wegen des steigenden Energiebedarfes unzweckmäßig, wesentlich höher zu gehen.

Eine gute Befestigung der Kondensatoren am Schiffskörper ist unbedingt erforderlich. Je nach den Platzverhältnissen werden sie in kräftigen Gestellen, die evtl. von Deck zu Deck gehen, gelagert oder nebeneinander an die Decke gehängt. Jedenfalls muß Sorge dafür getragen werden, daß sie auch bei Schräglagen des Schiffes unverrückbar fest verankert sind.

Die Wasseranschlüsse an den Vorlagen sollten derart angeordnet werden, daß eine umständliche Demontage von Rohrleitungen vermieden wird, wenn die

Vorlagen zur Reinigung und Besichtigung der Kondensatorrohre abgenommen werden müssen.

Die Kühlwasserpumpen werden in ihrer Förderleistung dem Kühlwasserbedarf der Kondensatoren angepaßt. Nach Möglichkeit sollte für jeden Kondensator eine Pumpe vorhanden sein. Wird dagegen für alle Kondensatoren eine gemeinsame Pumpe aufgestellt, dann muß die Wassermenge jedes in Betrieb befindlichen Kondensators — besonders bei Anwendung von Stahlrohren — an Hand der Wassererwärmung überwacht werden. Bei kleinen Kälteanlagen, die keine besondere Kühlwasserpumpe erhalten, werden zweckmäßig druckgesteuerte Kühlwasserregler vorgesehen, die aber auch aus seewasserbeständigem Werkstoff hergestellt sein müssen.

An jeden Kondensator wird ein Überdruck-Sicherheitsschalter angeschlossen, genauso wie zu jedem Kondensator einschließlich Flüssigkeitssammler ein Sicherheitsventil gehört (s. Abschnitt C V, Pos. 11).

III. Solekühler.

Die an Bord benutzten Solekühler unterscheiden sich kaum von den für ortsfeste Anlagen üblichen Bauarten. Ähnlich wie bei den Kondensatoren muß der Hersteller aber in den meisten Fällen zu Sonderausführungen greifen, da bei dem Entwurf die von den Klassifikationsgesellschaften vorgeschriebenen höchstzulässigen Betriebsdrücke und Berechnungsverfahren größere Wandstärken ergeben und die Apparate den an Bord gegebenen Raumverhältnissen angepaßt werden müssen. Das trifft vor allem für die Lage und Stellung der Anschlußstutzen zu. Eine enge Zusammenarbeit zwischen Werft und Apparatebauer ist hierzu unerläßlich.

Bis nach dem zweiten Weltkrieg wurden bei der Verwendung von Ammoniak, Steilrohrverdampfer bevorzugt, die in halboffene Behälter eingesetzt wurden. Diese Bauweise hatte den Vorteil, daß mit dem relativ großen Fassungsvermögen an Sole eine gewisse Kältespeicherung möglich war, wodurch die Einhaltung genauer Raumtemperaturen erleichtert wurde. Andererseits nahmen die Behälter viel Raum in Anspruch, von dem Gewicht ganz zu schweigen.

Mit dem Fortschritt in der Regeltechnik ist man dann allgemein zu den überflutet arbeitenden Röhrenkesselverdampfern übergegangen. Die Sole zirkuliert durch zahlreiche, beiderseits in Rohrplatten eingewalzte oder eingeschweißte Rohre, wobei sie durch Kammern in den Deckelvorlagen mehrfach umgelenkt wird. Die Rohre liegen also in einem Kessel mit aufgesetztem Dom und werden von dem verdampfenden Kältemittel umspült. Um während des Betriebes die Kältemittelfüllung des Verdampfers kontrollieren zu können, erhalten sie zweckmäßigerweise Flüssigkeitsstandsrohre. An ihrer Bereifung bzw. an ihrem Beschlagen mit Feuchtigkeit ist die Höhe des scheinbaren Flüssigkeitsstandes sichtbar.

Während man für Ammoniak-Solekühler einheitlich die oben beschriebene Bauweise verwendet, findet man bei Solekühlern für R 12 und R 22 eine Reihe von Bauformen, die nach verschiedenen Prinzipien arbeiten. Das ist dadurch bedingt, daß diese Kältemittel Öl lösen und daher besondere Maßnahmen notwendig werden, um das Öl aus den Verdampfern wieder in die Kompressoren zurückzuführen.

Man kann im wesentlichen 2 Bauarten unterscheiden, und zwar einmal die überflutet arbeitende und zum anderen die mit trockener Verdampfung betriebene Bauart. Bei der ersten handelt es sich meistens um liegende Röhrenkesselverdampfer, bei denen — wie bei den NH_3-Solekühlern — die Zirkulation der zu kühlenden Sole im Innern der Rohre und die Verdampfung des Kältemittels im Raum zwischen dem Rohrbündel und Mantel erfolgt [*39*] (Abb. **312**). Da der Wärmeübergang auf der Soleseite der Rohrwand bei den üblichen Solegeschwindigkeiten (bis etwa 2 m/s) um ein vielfaches größer ist, als derjenige zwischen dem verdampfenden Kältemittel und der Rohraußenwand, werden zum Bau dieser Apparate vorteilhaft Außenrippenrohre, ähnlich denen der Kondensatoren für R 12 verwandt. Zur Vermeidung von Korrosionen innerhalb des Apparates können diese aus SoMs 76 und die Rohrplatten aus Ms 60 hergestellt werden. Die Rohre können aber auch in Stahlböden eingewalzt werden, nur muß man dann mit elektrolytischen Korrosionen rechnen und dagegen entsprechende Schutzmaßnahmen treffen, oder es werden der ganze Apparat wie auch die Soleleitungen aus Stahl gefertigt. Auf die Verdampfer werden häufig reichlich bemessene, hochwirksame Wärmeaustauscher direkt aufgebaut (s. weiter).

Um die Ölrückführung aus dem Verdampfer sicherzustellen, sind verschiedene Maßnahmen notwendig. Zunächst einmal sollten mit diesen Verdampfern nur

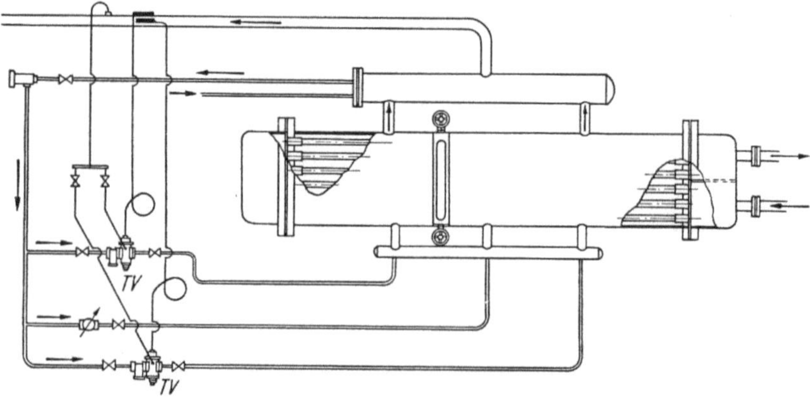

Abb. 312. R-12-Solekühler mit überflutetem Rohrbündel und Einspritzung durch thermostatische Regelventile (nach [*40*]); (*TV* Thermoventil).

Kompressoren arbeiten, die möglichst wenig Öl fördern. Außerdem ist der Einbau eines wirksamen Ölabscheiders in die Druckleitung unerläßlich. Vielfach sind zwischen Ölabscheider und Kurbelgehäuse besondere Ölbehälter angeordnet, aus denen das Kurbelgehäuse über ein Schwimmerventil mit Öl versorgt wird. Die spezifische Flächenbelastung der Verdampfer soll so hoch wie möglich gewählt werden. Die Rohre sind möglichst eng zu bündeln, damit die Flüssigkeitsmenge im Verdampfer möglichst klein wird.

Diese Maßnahmen zusammen mit der durch die Rippenrohre erzielten Oberflächenvergrößerung erleichtern die Rückführung des Öles — in Schaum- und Tropfenform — zusammen mit den angesaugten Dämpfen. Das mitgerissene Öl wird im Wärmeaustauscher entgast, wobei das vom Verflüssiger kommende Kältemittel unterkühlt wird.

Die Regelung der eingespritzten Kältemittelmenge und damit der Füllung im Verdampfer erfolgt mit thermostatischen Einspritzventilen, deren Fühler hinter oder am Wärmeaustauscher befestigt werden.

Auf Grund der vielfachen Möglichkeiten zur Lösung des Problems der Ölrückführung aus dem Verdampfer gibt es naturgemäß zahlreiche Abwandlungen in den technischen Ausführungen dieser Apparate, auf die hier nicht näher eingegangen werden soll.[1]

---

[1] Nähere Angaben findet man im Bd. VI dieses Handbuches.

Neben den überflutet arbeitenden Verdampfern verwendet man die Trockenverdampfer, die aus U-förmigen Glattrohrbündeln bestehen (Abb. 313) oder sog. schwimmende Köpfe haben, die in einem Mantel verlegt sind. Das Kältemittel verdampft im Inneren der Rohre; die zu kühlende Sole strömt im Raum zwischen Mantel und Rohrbündel, durch Umlenkbleche gelenkt, quer zu den Rohren.

Das Kältemittel wird in ähnlicher Weise wie bei den überfluteten Verdampfern eingespritzt. Auch hier baut man grundsätzlich reichlich bemessene Wärmeaustauscher ein.

Die Rückführung des Öles bietet beim Trockenverdampfer keine Schwierigkeiten, wenn die Geschwindigkeit der Sauggase am Austritt der Rohre richtig gewählt wird. Die gleichmäßige Verteilung der Flüssigkeit auf sämtliche Rohre, welche zur vollen Benetzung der Verdampferoberfläche unerläßlich ist, erfordert besondere konstruktive Maßnahmen.

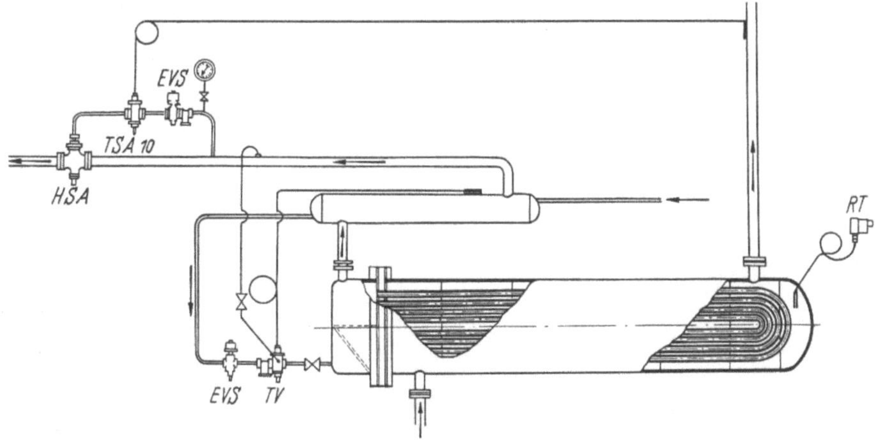

Abb. 313. R-12-Trockenverdampfer für Flüssigkeitskühlung mit Einspritzung durch Thermoventil (nach [*40*]); (*EVS* Magnetventil, *HSA* und *TSA 10* temperaturgesteuerter Sekundärregler, *RT* Thermostat).

Der Wärmedurchgang ist bei diesen Verdampfern nicht besonders gut und die Gestehungskosten liegen höher als bei den überflutet arbeitenden. Ihre Betriebssicherheit, besonders im Hinblick auf die Ölrückführung ist aber wesentlich höher. Zur Vergrößerung des Wärmedurchganges können geeignete Drallvorrichtungen in die Rohre oder es können Innen-Längsrippenrohre eingebaut werden. Auch durch den Einbau von Pumpen oder Strahlapparaten zur Erreichung eines mehrfachen Umlaufes des Kältemittels kann eine Steigerung des Wärmedurchganges dieser Apparate um 60 bis 80% bei den in der Praxis üblichen Temperaturdifferenzen erreicht werden [*40*] (Abb. 314). Dann sind aber auch wieder besondere Maßnahmen zur Sicherung der Ölrückführung erforderlich.

Bei einer weiteren Bauart wird die Sole wie bei den überflutet arbeitenden Verdampfern durch die Rohre geführt und das Kältemittel von oben über das Rohrbündel gesprüht und unten das Gas-Ölgemisch abgesaugt. Auch in diesem Falle werden vorteilhaft Außenrippenrohre verwandt, und ein reichlich bemessener Wärmeaustauscher ist unerläßlich.

Generell werden heute aber die trocken verdampfenden Bauarten mit Haarnadelrohren oder 2 Rohrböden gegenüber den überflutet arbeitenden für Ladungskälteanlagen mit Kolbenkompressoren bevorzugt. Der Grund dafür ist einfach darin zu suchen, daß diese Ausführungen sich als betriebssicherer erwiesen haben, und dieser Gesichtspunkt beim Betrieb von Ladungskälteanlagen ausschlaggebend ist. Andererseits werden die überflutet arbeitenden Typen dann für Klimaanlagen bevorzugt, wenn Turbokompressoren eingesetzt werden, da in diesen Fällen das Ölrückführungsproblem praktisch entfällt.

Im allgemeinen werden bei deutschen Schiffen die Solekühler isoliert und verkleidet mit in dem Kühlmaschinenraum aufgestellt. Ausländische Reedereien bevorzugen häufig die Anordnung eines besonderen Raumes zur Aufnahme der Solekühler, der Soleverteil- und Sammelgruppen sowie der Solepumpen. Der Raum wird derart isoliert, daß die genannten Apparate einer besonderen Isolierung nicht mehr bedürfen. Diese Aufstellungsart ergibt eine bessere Übersichtlichkeit und erleichtert die Durchführung von Überholungs- und Konservierungsarbeiten. Nachteilig wirkt sich jedoch die dauernde Bereifung

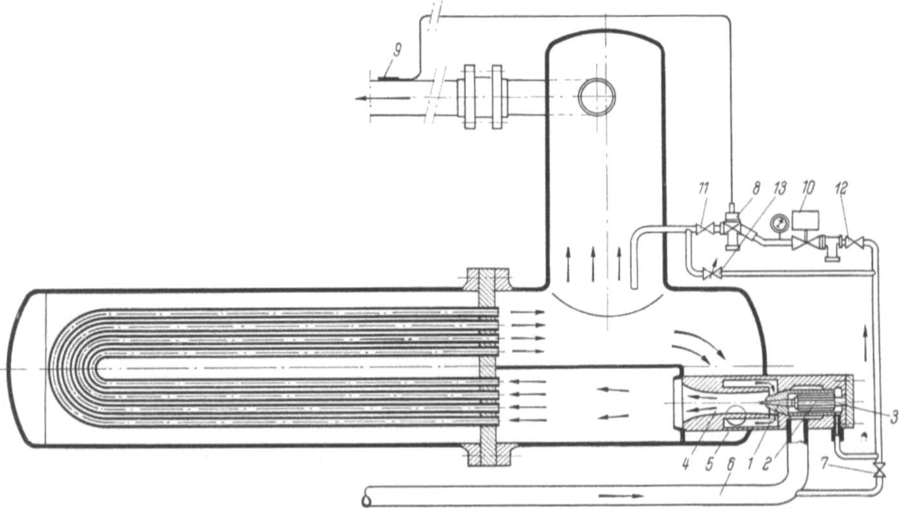

Abb. 314. R 12-Umlaufverdampfer für Flüssigkeitskühlung mit hilfsgesteuertem Injektor (nach [40]).

und Vereisung aller Teile aus, zumal der Raum sehr oft zur Bedienung und Überwachung der Gesamtanlage begangen werden muß und dabei die schwere, isolierte Tür vom Maschinenpersonal aus Nachlässigkeit nicht geschlossen gehalten wird.

IV. Kühlrohrsysteme.

Die Kühlrohrsysteme werden entweder für stille oder bewegte Kühlung (s. Abschnitt B V) gebaut. Die an den Wänden und Decken angeordneten Kühlrohrsysteme (Abb. 315) für stille Kühlung bestehen vorwiegend aus glatten Stahlrohren, die bei Solekühlung in Schlangenform gewickelt sind, während sie bei Anlagen mit direkter Verdampfung heute meist in Form von Steilrohrverdampfern gebaut werden.

Die Luftkühlsysteme für bewegte Kühlung sind rechteckige Rohrbündel, früher aus glatten Rohren, später aus Rippenrohren und neuerdings vorwiegend aus Rohren mit aufgesetzten Lamellenpaketen. Die Rohrstränge innerhalb einer Rohrwand eines Systems werden je nach der Eigenart des vorgesehenen Kältemittels parallel, hintereinander oder kombiniert geschaltet.

Rohre und Rippen bzw. Lamellen bestehen im allgemeinen aus Stahl. Die Systeme werden dann einschließlich ihrer Halterungen im Vollbad verzinkt.

Um ein vorzeitiges Zuwachsen der Lamellensysteme durch Reifansatz und ein damit verbundenes häufiges Abtauen zu vermeiden, wird von den Klassifikationsgesellschaften ein Lamellenabstand von mindestens 18 mm verlangt, wenn in den Laderäumen Minustemperaturen herrschen sollen. Nur bei Raumtemperaturen, bei denen niemals ein Bereifen der Verdampfer eintreten kann, werden kleinere Lamellenabstände gewählt. In diesen Fällen wurden bereits Kühlrohrsysteme mit Lamellenabständen von 3 bis 4,5 mm eingebaut. Es ist aber zu bedenken, daß solche Systeme durch die in dem starken Luftstrom mitgerissenen Schmutzteile, wie Stroh aus der Frachtverpackung u. dgl., leicht verstopfen können.

Abb. 315. Kühlsystem an Decke und Wänden (Werkphoto BBC).

Das Kühlrohrsystem eines Luftkühlers ist derart zu bemessen und derart zu unterteilen, daß beim Ausfall eines Teiles mit den restlichen Teilen die Raumtemperatur aufrechterhalten werden kann.

Tabelle 2. *Wärmedurchgangszahlen nach Versuchen von* LORENTZEN *an Schiffs-Luftkühlern.* (Die Werte enthalten die Druckverluste der Saugleitungen bis zum Kompressor.)

Schiff	Kühler-anzahl	Kältemittel	System	Umwälz-verhältnis	Luft-temperatur	Mittl. log. Temp. Diff.	Luftgeschwindigkeit	Wärmedurchgangszahl k
				G_{zirk}/G_{verd}	°C	°C	m/s	kcal/m² h °C
A	2	NH_3	Sole	—	3	4	4,9	26,5
B	1	NH_3	Sole	—	− 7	3,6	4,3	26,5
B	1	NH_3	—	—	− 7	3,5	8,0	32,5
C	1	CF_2Cl_2	Thermoventil	~1	12	11,4	7,9	8,4
C	1	CF_2Cl_2	Thermoventil	~1	12	6,8	6,9	6,3
C	1	CF_2Cl_2	Thermoventil	~1	12	4,6	5,7	2,6
D	4	CF_2Cl_2	Thermoventil	~1	−25	4,6	5	12,0
E	4	CF_2Cl_2	Thermoventil	~1	− 9,5	18,5	1,5	15,0
E	4	CF_2Cl_2	Thermoventil	~1	−26	11,5	1,7	13,4
E	4	CF_2Cl_2	Thermoventil	~1	−21,2	6,8	1,9	10,2
F	4	CF_2Cl_2	Thermoventil	~1	−22,3	8,2	2,9	6,8
G	1	CF_2Cl_2	Umwälzpumpe	2,3	−21	7,0	2,4	36,0
H[1]	2	CHF_2Cl	Umwälzpumpe	6	−24	5,5	2,95	28,5

[1] Landanlage.

In [*41*], der die obige Tabelle entnommen ist, sind Angaben über Bauart und Betriebszustand während der Messungen, durch die der Wärmedurchgang wesentlich beeinflußt wird, nicht enthalten.

Selbstverständlich ist eine reichlich bemessene Tropfwasser-Auffangschale vorzusehen, deren Abfluß (Speigat) auch bei Schräglage des Schiffes sicher funktionieren muß.

Für Kühlrohrsysteme mit direkter Verdampfung wird die Einspritzung mittels Thermoventil meistens bevorzugt. Größere Ammoniakverdampfer werden aber auch überflutet arbeitend gebaut, während bei allen Luftkühlern für R 12 die trocken verdampfende Bauweise das Feld beherrscht, da hier die automatische Ölrückführung entscheidende Bedeutung hat. Es dürfte bekannt sein, daß der Wärmedurchgang eines Trockenverdampfers mit Thermoventileinspritzung unter Umständen weniger als die Hälfte eines überfluteten unter entsprechenden Bedingungen beträgt. Die Tab. 2 gibt Meßergebnisse von Lorentzen [*41*] wieder, die an verschiedenen Schiffsluftkühlern durchgeführt wurden. Der Unterschied im Wärmedurchgang tritt mehr bei größeren als bei kleineren Einheiten auf, da mit der Zunahme der Verdampfergröße auch die Kältemittelverteilung beim Thermoventilbetrieb schwieriger wird. Es wurde schon mehrfach betont, daß bei der Unterbringung der Maschinen und Apparate an Bord die Platzfrage eine wesentliche Rolle spielt. Aus diesem Grunde macht sich auch hier bei größeren Anlagen ein Zug zur überflutet arbeitenden Bauweise bemerkbar. Unterstützt wird diese Richtung durch die zunehmende Betriebssicherheit der in den letzten Jahren entwickelten hermetischen Kältemittelpumpen, die sowohl für Ammoniak als auch für die fluorierten Kohlenwasserstoffe eingesetzt werden können.

V. Regelung.

Grundsätzlich werden bei Schiffsladeraum-Kälteanlagen während der ganzen Fahrt möglichst konstant bleibende Raumtemperaturen gefordert. Um dieses zu erreichen, kommt der Aussetzbetrieb kaum in Frage (vgl. Abschnitt C II). Das heißt, daß die Anlagen nicht — wie häufig bei ortsfesten Anlagen — beim Erreichen der unteren Raumtemperatur durch Thermostate ab- und beim Erreichen der oberen Temperaturgrenze wieder zugeschaltet werden, sondern während der Dauer einer Fahrt durchlaufen. Um nun die Kälteleistung an den jeweils erforderlichen Kältebedarf anpassen zu können, ist es zweckmäßig, die Anlagen weitgehend in mehrere Einheiten zu unterteilen und die Antriebsmotoren der einzelnen Kompressoren bei Gleichstrom mit Drehzahlregelung (Nebenschlußfeldregelung) auszurüsten. Wenn ein Drehstromnetz an Bord verlegt ist, werden polumschaltbare Motoren verwendet, um wenigstens jede Maschine mit zwei Drehzahlen betreiben zu können. Außerdem finden die bekannten Einrichtungen zur Leistungsregelung wie abhebbare Ventilplatten, Vergrößerung des schädlichen Raumes oder gesteuerte Bypasse zwischen Druck- und Saugleitung vielfach Anwendung.

Zur Regelung des umlaufenden Kältemittels benutzte man früher Handregelventile. Neuerdings finden auch bei Ladungskälteanlagen immer mehr thermostatisch gesteuerte Regelventile Eingang. Schwimmerregler gelten wegen der Schiffsbewegungen als nicht zuverlässig. Bei thermostatisch gesteuerten Anlagen ist der Einbau von Saugdruckreglern in der Saugleitung hinter dem Verdampfer zweckmäßig, wodurch ebenfalls eine gewisse Leistungsregelung erreicht wird, wenn auch nur in einem kleinen Bereich.

Bei Kälteanlagen mit Solekühlung muß die Schaltung derart vorgenommen werden, daß die Sole von jedem Solekühler zu jedem Laderaum gefördert werden kann. Hierdurch ist es gleichzeitig möglich, in jedem Solekühler eine andere Soletemperatur zu halten, eine Mischung von 2 Solen verschiedener Temperaturen vorzunehmen und jeden Laderaum je nach der gewünschten Raumtemperatur mit entsprechend temperierter Sole zu versorgen.

Wenn heute in ortsfesten Anlagen die Regeltechnik weitgehend Fuß gefaßt hat, also auch größte Anlagen vollautomatisch betrieben werden, erscheinen die Ladungskälteanlagen an Bord rückständig. Dabei darf man aber nicht vergessen, unter welchen wechselnden Betriebsbedingungen dort gearbeitet werden muß, und daß die Betriebssicherheit Vorrang vor jeder Bedienungsvereinfachung hat.

VI. Zubehör und Antriebsmaschinen.

Es wurde bereits erwähnt, daß der Zustand der Ladungskälteanlagen von den Klassifikationsgesellschaften durch regelmäßige Besichtigungen laufend überprüft wird. Eine der Forderungen an alle Maschinen, Apparate und an das Zubehör ist daher, daß diese Besichtigungen auch im Innern ohne allzu großen Aufwand möglich sind. Die Kompressoren mit ihren Zylinder- und Gehäusedeckeln erfüllen diese Forderung ohne weiteres. Bei Kondensatoren und Solekühlern müssen die Vorlagen zur Besichtigung der Rohrbündel abgenommen werden. Zweckmäßig ist es also, die Wasser- bzw. Soleanschlüsse derart anzuordnen, daß beim Abnehmen der Vorlagen eine größere Demontage von Wasser- oder Soleleitungen nicht erforderlich wird.

Um bei den Kreiselpumpen zur Kühlwasserversorgung bzw. Soleumwälzung die Demontage von Rohrleitungen zu vermeiden, werden sie zweckmäßig mit achsialgeteiltem Gehäuse vorgesehen. Die Rohranschlüsse liegen dann am feststehenden Gehäuseteil. Nach Abnahme des oberen Gehäuseteiles liegt die ganze Welle mit ihren Laufrädern frei und kann leicht herausgenommen werden.

Die Kühlraumventilatoren sind allgemein als Schachtventilatoren ausgebildet. Sie müssen mit so großen Klappen ausgerüstet sein, daß die Antriebsmotoren sich leicht auswechseln lassen. In diesem Zusammenhang soll darauf hingewiesen werden, daß auch die Zugänge zu den Ventilatoren so groß bemessen sein müssen, daß Motor und Laufrad auch bei vollkommen beladenem Kühlraum ausgewechselt werden können.

Alle Antriebsmotoren müssen den Vorschriften der jeweiligen Klassifikationsgesellschaft entsprechen. Leider gehen diese, wie Tab. 3 zeigt, nicht von einheitlichen maximalen Kühlmitteltemperaturen (Raumlufttemperaturen) aus. [*22*, *23*, *24*, *25*].

Tabelle 3. *Maximale Kühlmitteltemperaturen für die Bemessung von Elektromotoren (°C).*

Klassifikationsgesellschaft	Küstenfahrt	Tropenfahrt
Germanischer Lloyd	40	45
Lloyd's Register of Shipping . .	50	55
American Bureau of Shipping .	40	50
Det Norske Veritas	40	55
Bureau Veritas	50	55

Die Antriebsmotoren an Bord müssen* der Schutzart P 22 [*42*] entsprechen, die Ventilatormotoren sogar der Schutzart P 33. Unter der Bezeichnung Schutzart P 22 wird verstanden, Schutz gegen Berührung mit den Fingern, gegen mittelgroße Fremdkörper und Spritzwasser aus senkrechter und schräger Richtung. Motoren der Schutzart P 33 sind vollkommen geschlossen. Außerdem müssen alle Motoren mit Funkentstörung ausgerüstet sein.

Während früher an Bord von Schiffen ausschließlich Gleichstrom verwendet wurde, und zwar mit einer Spannung von 110 Volt, kommt heute Gleichstrom mit 220 Volt oder Drehstrom in Frage [*43*]. Im allgemeinen wird auf deutschen Schiffen ein Drehstromnetz für eine Spannung von 380 Volt und 50 Hz gewählt.

Es macht sich aber sehr stark die Tendenz bemerkbar, zu dem in Amerika bevorzugten Drehstrom mit 440 Volt und 60 Hz überzugehen.

Die wesentlichen Forderungen, die die Kältetechnik [*17*] an die Kompressorantriebe stellt, sind größtes Anzugsmoment und geringer Drehzahlabfall bei Belastung. Bei drehzahlregelbaren Motoren kommt noch die Forderung nach einer möglichst stufen- und verlustlosen Regelung hinzu. Um eventuell möglichen Schwierigkeiten beim Anlauf oder bei der Regelung von vornherein zu begegnen, müssen den Herstellern der Antriebsmotoren die Charakteristik und die Anlaufverhältnisse der Kältekompressoren bekannt gemacht werden.

Die Anlasser bzw. Selbstanlasser müssen den an Bord vorkommenden Verhältnissen angepaßt sein [*44*]. Sie entsprechen der Schutzart P 44, d. h. sie sind geschützt gegen Spritz- und Schwallwasser, gegen Berührung mit Hilfsmitteln aller Art und gegen Staubablagerungen im Inneren. Um zu vermeiden, daß die Kältemaschine ohne Kühlwasser anläuft, wird die Abhängigkeitsschaltung benutzt. Hierbei wird zunächst der Selbstanlasser des Kühlwasserpumpenmotors eingeschaltet. Dieser besitzt in einer Anlaßstufe einen Steuerkontakt, über den erst der Selbstanlasser des Kompressormotors Spannung bekommt.

Zur weiteren Sicherung sind Kompressoren und Kondensatoren mit Überdrucksicherheitsschaltern ausgerüstet, die bei unzulässig hohem Kondensatordruck — vielleicht wegen Wassermangel — die Kompressormotoren ausschalten. Darüber hinaus werden die größeren Kompressoren oft mit einem Öldruckdifferenzschalter versehen, der ebenso wie die Überdrucksicherheitsschalter in den Steuerstromkreislauf eingebaut ist. Sämtliche Sicherheitsschalter sollten mit Sperrungen ausgerüstet werden, damit die erneute Inbetriebsetzung erst erfolgen kann, nachdem die Störung beseitigt wurde. Häufig werden auch Alarmglocken oder Lichtsignale eingebaut, die das Bordpersonal bei Ausfällen warnen sollen. Zur Sicherung der Motoren erhält jeder einen Überstromschutz [*45*].

Es ist selbstverständlich, daß auch alle elektrischen Geräte Schlingerbewegungen, starken Erschütterungen, Schräglagen mit wechselnder Neigung, stark schwankenden Spannungsverhältnissen und häufigem Klimawechsel gewachsen sein müssen [*46*].

Reserveteile für jede Motortype sind entsprechend den Vorschriften der Klassifikationsgesellschaft vorzusehen. Bei weniger wichtigen Motoren genügt ein Satz Bürstenhalter mit Bürsten sowie ein Satz Lager. Für jede Motortype einer Ladungskälteanlage, d. h. Kompressor- und Pumpenmotoren, muß außerdem ein vollständiger Anker sowie eine Haupt- und eine Wendepolspule vorhanden sein. Für die Ventilatormotoren wird sogar ein vollständiger Motor je vorkommender Type gefordert.

Im Abschnitt B V wurden bereits die Ozonerzeuger erwähnt. Je nach der Größe des Schiffes werden ein bis zwei Ozonerzeuger aufgestellt, deren Leistung derart bemessen wird, daß die Laderäume einzeln nacheinander mit Ozon versorgt werden können. Das hierfür erforderliche Rohrleitungsnetz erhält entsprechende Verteilgruppen mit Absperrventilen. Die Rohrleitungen münden in die Luftkühler, damit bei der Luftumwälzung innerhalb der Laderäume eine gute Verteilung des Ozons erreicht wird.

Besonders beim Bananentransport ist die Kontrolle des Kohlendioxydgehaltes in den Ladekühlräumen wichtig. Zu diesem Zweck werden CO_2-Meßeinrichtungen, meist im Kältemaschinenraum, vorgesehen. Durch dünne Rohrleitungen wird etwas Luft aus einem Laderaum abgezogen, im Meßinstrumentenschrank analysiert und auf einer Skala der CO_2-Gehalt angezeigt. Eine Umschaltvorrichtung läßt die Entnahme einer Luftprobe aus jedem Laderaum zu.

Die einzige Möglichkeit, die Temperatur in den vollen Laderäumen festzustellen, bot früher die Anordnung von Peilrohrthermometern. Diese Art der Temperaturmessung wird auch heute noch aus Sicherheitsgründen von den Klassifikationsgesellschaften vorgeschrieben. Peilrohre sind Rohre von etwa 3″ Durchmesser, die von oben, also vom freien Deck aus, in die einzelnen Laderäume senkrecht hinunterführen. Jeder Raum erhält mindestens zwei Stück. Auf Deck erhalten die Rohre wasserdicht verschraubte Deckel, an denen je an einer Kette ein Thermometer, eintauchend in einem mit Sole gefüllten Becher, hängt. Die Länge der Ketten muß derart bemessen sein, daß die Thermometer etwa in halber Höhe des Raumes hängen, dessen Temperatur sie anzeigen sollen. Die Anordnung der Peilrohre ist meist nicht leicht, weil sie beim Löschen und Laden nicht hinderlich sein sollen und der Gefahr einer Beschädigung nicht ausgesetzt werden dürfen.

Die laufende Messung der Temperaturen in allen Laderäumen eines Kühlschiffes mit Hilfe dieser Peilrohrthermometer ist natürlich recht umständlich. Deshalb werden heute außerdem elektrische, möglichst selbstregistrierende Fernthermometeranlagen zusätzlich eingebaut. Es ist selbstverständlich, daß diese Meßinstrumente auch bei schwierigen Bordverhältnissen genau anzeigen müssen. Derartige Instrumente hat z. B. die Firma Siemens & Halske entwickelt und in den letzten Jahren sehr vervollkommnet; sie sind vorwiegend auf deutschen Kühlschiffen anzutreffen. Die USA, und zwar das US Departement of Agriculture, haben für Schiffe, die unter amerikanischer Charter fahren, besonders scharfe Bestimmungen für Temperaturmeßeinrichtungen herausgegeben, die von der Firma Honeywell in Minneapolis, Minn., eingehalten werden. Deutsche Reedereien, deren Schiffe Nordamerika regelmäßig anlaufen, werden häufig mit Temperaturmeßeinrichtungen ausgerüstet, die diesen Bestimmungen entsprechen.

Jeder Kompressor muß lt. Vorschrift der Klassifikationsgesellschaften in der Druckleitung einen Ölabscheider erhalten. Besonders bei R-12-Anlagen werden Ölabscheider mit automatischer Ölrückführung bevorzugt. Das hier wohl nicht zu vermeidende Schwimmerventil muß auch bei Schräglagen des Schiffes zuverlässig arbeiten.

Bei Solekälteanlagen wird zum Abtauen der Luftkühler ein besonderer Soleanwärmbehälter benutzt, dessen Inhalt entweder durch Abwärme oder auch elektrisch beheizt wird. Da beim Abtauen sowohl der Kompressor als meistens auch die Lüfter abgestellt werden müssen, steht deren Antriebsleistung zum Aufheizen der Sole zur Verfügung. Der Soleerwärmer erhält einen Sicherheitsthermostaten, der die Heizung bei unzulässiger Erwärmung abschaltet.

Bekanntlich sind R-12-Kälteanlagen äußerst empfindlich, wenn sich auch nur kleine Mengen Feuchtigkeit im Kältemittelkreislauf befinden. Bereits der normale Wassergehalt der Luft, die in einen zur Reparatur geöffneten Apparat eindringt, kann später Schwierigkeiten verursachen. Aus diesem Grunde wird oft, besonders bei großen Anlagen, der Einbau einer Vakuumpumpe gewünscht, die durch Rohrleitungen mit allen Maschinen und Apparaten fest absperrbar verbunden ist. War nun ein Apparat zur Besichtigung oder zur Instandsetzung geöffnet, dann wird erst mit Hilfe der Pumpe in diesem ein Vakuum erzeugt, um Luft und Wasser restlos zu entfernen, bevor er wieder an den Kältekreislauf angeschlossen wird.

E. Betrieb der Anlagen.

Um gekühlte Ladung erfolgreich transportieren zu können, muß nicht nur die Kälteanlage in Ordnung sein, sondern es müssen auch die Laderäume laufend instand gehalten werden [*3*]. Verwahrloste und schmutzige Kühlräume gefährden die Ladung. Vor der Übernahme einer Ladung steht daher an erster Stelle die peinlich genaue Reinigung der Räume einschließlich der Bilgen (Sammelbehälter im Doppelboden) und die vollkommene Beseitigung jedes fremden Geruchs. Alle Lenzeinrichtungen sind zu überholen (Entleerung der Sammelbehälter). Die Speigats (Wasserabfluß) müssen dicht schließen, desgleichen Bilgen- und Mannlochdeckel. Die Isolierung muß einwandfrei sein.

Alle Verbindungen, durch die warme Luft in die Kühlräume eintreten könnte, sind sorgfältig zu prüfen. Die Einrichtungen zur Frischluftversorgung müssen auf einwandfreies Funktionieren geprüft werden. Ferner sind die Kühlrohre auf Dichtigkeit zu kontrollieren. Die Temperaturmeßeinrichtungen müssen einwandfrei arbeiten und richtig anzeigen.

Beim Laden ist das Hauptaugenmerk darauf zu richten, daß in allen Fällen die Luft das Kühlgut allseitig umspülen kann. Deshalb müssen die Wände mit Holzwegerungen versehen sein. Der Raumboden ist mit einer Gräting auszulegen, und zwar in der Art, daß die kalte Luft unter dieser Gräting hindurchstreichen kann.

Nach dem Laden ist das Schließen der Luken mit größter Sorgfalt vorzunehmen, damit diese auch wirklich gut dichten. Vor der Übernahme der Ladung sind die Kühlräume vorzukühlen. Bei leeren Kühlräumen beginnt man allgemein mit dem Vorkühlen ein bis zwei Tage vor dem Erreichen des Beladehafens. Die Vorkühltemperatur sollte der später vorgesehenen Raumtemperatur entsprechen. Bei Festlegung der Vorkühltemperatur muß man aber berücksichtigen, daß wenn diese zu tief liegt, die Lademannschaft aus Gesundheitsgründen eventuell das Laden verweigert. Besonders in den Tropen ist in dieser Hinsicht mit Schwierigkeiten zu rechnen.

Während des Ladens wird meist nicht gekühlt, weil das Arbeiten in kalten Räumen bei in Betrieb befindlichen Ventilatoren sehr unangenehm ist. Sind nach dem Laden die Luken geschlossen, wird sofort die Kühlung fortgesetzt. Die gesamte Kälteanlage wird eingeschaltet, um möglichst schnell die dem Kühlgut entsprechende und vom Verlader vorgeschriebene Raumtemperatur zu erreichen. Ist diese Temperatur erreicht, dann wird die Kälteanlage durch Herabsetzen der Kompressordrehzahl bzw. durch Ausschalten der Reserveeinheit gedrosselt. Von jetzt ab muß darauf geachtet werden, daß zwischen Kälteerezeugung und Kältebedarf der Gleichgewichtszustand erhalten bleibt. Deshalb werden die Temperaturen in regelmäßigen Zeitabständen kontrolliert und zu Protokoll genommen.

Sollte es vorkommen, daß z. B. im Winter die Außentemperatur tiefer liegt als die erforderliche Kühlraumtemperatur, dann sind ggf. die Laderäume zu beheizen. Hierzu steht als eine Möglichkeit die Soleerwärmung zur Verfügung. In anderen Fällen werden an den Luftkühlern elektrische Heizwiderstände vorgesehen.

F. Abnahme von Ladungskühlanlagen und Versuchsergebnisse.

Die Erprobung einer Schiffskälteanlage soll einerseits den Beweis erbringen, daß mit der Anlage die geforderten Raumtemperaturen erreicht bzw. gehalten werden können, andererseits soll die Güte der Raumisolierung festgestellt werden. Während der erste Punkt sich relativ einfach durch die Beobachtung der Raumtemperaturen erledigen läßt (s. Abschnitt C III, Punkt 26 f.), ist der zweite Punkt schwieriger durchzuführen. Darum werden hier die wichtigsten Gesichtspunkte sowie die rechnerischen Zusammenhänge wiedergegeben.

Der Wert der Raumisolation [*16*] wird zahlenmäßig durch die mittlere Wärmedurchgangszahl zum Ausdruck gebracht. Für ihre versuchsmäßige Bestimmung sind im wesentlichen zwei grundlegend verschiedene Meßmethoden entwickelt worden. Die erste Versuchsart, *Wärmebilanztest* genannt, führt nach Erreichung des Beharrungszustandes in der Raumtemperatur über die durch die Raumisolierung eindringende Wärmemenge zu einer mittleren Wärmedurchgangszahl für die gesamten Umfassungsflächen der Laderäume. Die andere Methode ist der sog. *Twintest* nach NIEMANN [*49*], der von der Erwärmung des leeren Raumes durch die eindringende Wärme ausgeht. Dabei wird so verfahren, daß die Laderaumerwärmung zweimal hintereinander unter verschiedenen Bedingungen mit Zwischenkühlung auf den Ausgangswert durchgeführt wird. Aus beiden Erwärmungsstufen wird die gesuchte mittlere Wärmedurchgangszahl berechnet. Die rechnerischen und versuchstechnischen Zusammenhänge sehen für diese beiden Verfahren folgendermaßen aus:

Nach dem *Wärmebilanztest* ergibt sich die mittlere Wärmedurchgangszahl k_m aus der Beziehung $k_m = \frac{Q_T}{\Sigma(F\,\Delta t)} \left[\frac{\text{kcal}}{\text{m}^2\,\text{h}\,{}^0\text{C}}\right]$.

Darin bedeuten

F [m²] Umfassungsflächen der Laderäume,
Δt [°C] wirksame Temperaturdifferenz an den Umfassungsflächen,
Q_T $\left[\frac{\text{kcal}}{\text{h}}\right]$ eindringende Wärmemenge.

Die meßtechnische Aufgabe besteht in der Hauptsache darin, den Wert Q_T zu bestimmen, der als Unbekannte aus der Wärmebilanzgleichung hervorgeht:

$$Q_V = Q_T + (Q_L + Q_B + Q_D) \quad \left[\frac{\text{kcal}}{\text{h}}\right].$$

Die einzelnen Glieder dieser Gleichung, die durch Versuch bestimmbar sind, bedeuten:

Q_V [kcal/h] gesamte aus den Laderäumen abzuführende Wärmeleistung,
Q_L [kcal/h] stündliches Wärmeäquivalent der Ventilatorleistung,
Q_B [kcal/h] stündliches Wärmeäquivalent der Raumbeleuchtung,
Q_D [kcal/h] Leistungsaufwand für eingebaute Dehydrieranlage.

Die durch Luftwechsel infolge von Undichtigkeiten an Luken und Türen sowie durch Begehen der Räume eindringende Wärme kann in der Regel vernachlässigt werden.

Den größten Aufwand erfordert die Ermittlung der gesamten aus den Laderäumen abzuführenden Wärmeleistung Q_V, die der gesamten Kälteleistung der Anlage entspricht. Diese kann auf verschiedene Weise festgestellt werden [*47*, *48*]:

a) Bei der indirekten Kühlung über die Messung der Solemenge und deren Erwärmung, bei direkter Kühlung theoretisch über die Messung der umlaufenden Kältemittelmenge. In der Bordpraxis bereitet diese Methode allerdings erhebliche Schwierigkeiten und ist daher mehr den Prüfstandsversuchen vorbehalten.

b) Über die Kühlwassermenge des Kondensators und des Wärmeäquivalents der Kompressorarbeit, das aus den elektrischen Werten des Kompressorantriebsmotors bestimmbar ist.

c) Bei erzwungener Luftumlaufkühlung über die Luftmenge und deren Enthalpiedifferenz. Diese Versuchsmethode bedingt aber den größten meßtechnischen Aufwand, da neben der Bestimmung des stündlich umgewälzten Luftgewichtes und der Messung einer meist kleinen Temperaturdifferenz auch noch der Feuchtigkeitsgehalt der umgewälzten Luft festgestellt werden muß.

d) Über die Ablesung der Druck- und Temperaturwerte des Kältemittelkreislaufes und die vom Hersteller angegebenen Leistungsdaten des Kompressors.

Diese Methode eignet sich vor allem zur Gegenkontrolle oder nur zu einer überschläglichen Bestimmung der abgeführten Wärmemenge.

Nach dem *Twintest* ist die mittlere Wärmedurchgangszahl durch die Formel gegeben:

$$k_m = \frac{Q_L}{F} \frac{(1 - e^{-Z\varepsilon})}{\Delta t_h'' - \Delta t_a''(1 - e^{-Z\varepsilon})} \quad \left[\frac{\text{kcal}}{\text{m}^2\,\text{h}\,°\text{C}}\right].$$

Die mathematische Ableitung dieser Beziehung ist im Schrifttum zu finden [*49*].

Es wurde bereits gesagt, daß bei diesem Test zwei Erwärmungsstufen nacheinander gemessen werden. Bei der ersten Stufe erfolgt nach dem Herunterkühlen die Laderaumerwärmung bei abgestellter Kältemaschinenanlage nur durch die von außen eindringende Wärme, bei der zweiten Stufe dagegen nach erneutem Herunterkühlen durch die eindringende Wärme zuzüglich einem genau bestimmbaren Wärmeäquivalent, am besten dem der vorhandenen Lüfter. Eine abgewandelte Art des Twintestes kennt bei beiden Erwärmungsstufen außer der eindringenden Wärme ein bekanntes Wärmeäquivalent, jedoch von verschiedener Größenordnung [*47*]. Für diesen gelten ähnliche mathematische Zusammenhänge.

Die einzelnen Glieder der vorstehenden Formel haben folgende Bedeutung:

Q_L [kcal/h]	stündliches Wärmeäquivalent der Lüfterleistung während der zweiten Erwärmungsstufe,
F [m²]	Umfassungsflächen der Laderäume,
$\Delta t_h''$ [°C]	Temperaturanstieg im Laderaum nach der zweiten Erwärmungsstufe,
$\Delta t_a''$ [°C]	mittlere Temperaturdifferenz zwischen der Umgebung und dem Laderaum bei Beginn der zweiten Stufe,
Z [h]	Versuchsdauer,
$\varepsilon = \frac{k F}{\sum G c} \left[\frac{1}{\text{h}}\right]$	Beziehung zwischen der eindringenden Wärme und der Wärmekapazität des leeren Kühlraumes (logarithmisches Dekrement).

Hierbei berechnet sich ε wie folgt:

$$\varepsilon = \frac{1}{Z} \ln \frac{\Delta t_a'}{\Delta t_a' - \Delta t_h'}$$

und darin wiederum bedeuten

$\Delta t_a'$ [°C]	mittlere Temperaturdifferenz zwischen der Umgebung und dem Laderaum bei Beginn der 1. Stufe,
$\Delta t_h'$ [°C]	Temperaturanstieg im Laderaum nach der 1. Stufe.

Wie aus der Formel für den Twintest hervorgeht, kommt es hierbei im wesentlichen nur auf Temperaturmessungen an, die verhältnismäßig einfach durchgeführt werden können. Aus diesem Grunde bietet der Twintest in der praktischen Anwendung gegenüber dem Wärmebilanztest gewisse Vorteile.

Es sei noch erwähnt, daß neben diesen beiden wichtigsten Versuchsmethoden auch ein Verfahren von Joelsen bekannt ist (*50*, *51*, *52*]. Dieses geht von der Berechnung der Wärmeleitung über die einzelnen Wärmebrücken unter Berücksichtigung der konstruktiven Gestaltung der Laderaumisolierung aus.

Zum Vergleich von Meßergebnissen, die nach diesen drei Methoden gewonnen wurden, sind in Tab. 4 die entsprechenden mittleren Wärmedurchgangszahlen aus Versuchen auf Kühlschiffen aufgeführt [*47*].

Wie diese Ergebnisse zeigen, ist es möglich, die mittlere Wärmedurchgangszahl zu bestimmen, und man erhält damit sicherlich ein genaueres Bild über die Güte der Isolierung, als es früher durch den von den Klassifikationsgesellschaften lediglich geforderten sog. *Erwärmungstest* möglich war. Dieser Test stellt nämlich nur die Bedingung, daß der Temperaturanstieg im Laderaum 1 °C/h nicht überschreiten darf. Der Beobachtungszeitraum beträgt lt. Festlegung 12 Std. Hiermit

Tabelle 4. *Mittlere Wärmedurchgangszahlen in [kcal/m² h °C] von Kühlschiffisolierungen.*

	Isolierung	Wärme-bilanztest	Twintest	JOELSEN-Verfahren
Schiff *A*	Alfol und Torfoleum	0,46	—	0,49
Schiff *B*	Alfol und Torfoleum	0,48	0,51	0,45
Schiff *C*	Alfol und Torfoleum	0,48	0,50	0,45
Schiff *D*	Glaswolle und Torfoleum . .	0,60	0,59	0,58
Schiff *E*	Korkschrot	0,73	0,66	0,44
Schiff *F*	Korkschrot und Korkplatten.	0,77	0,61	—
Schiff *G*	Glaswolle	0,63	0,66	—

Hierzu sei bemerkt, daß es sich bei den Schiffen *A*, *B*, *C*, *D* und *G* um neuwertige Laderaumisolierungen handelt, während sich für die Schiffe *E* und *F* — mit Ausnahme beim JOELSEN-Verfahren — die Werte auf Kontrollmessungen älterer Isolierungen beziehen.

errechnet sich anhand der nachstehenden, an anderer Stelle [47] abgeleiteten Formel der mittlere Wärmedurchgangswert aus

$$\frac{k_m F}{\sum (G c)} \; \frac{\Delta t_a - \Delta t_e}{\ln \Delta t_a - \ln \Delta t_e} \leqq 1 \; [°\mathrm{C/h}]$$

mit

F [m²] Laderaumumfassungsflächen,

G [kg] Gewicht der sich erwärmenden Teile im Laderaum und innerhalb der Isolierung,

$c \left[\frac{\mathrm{kcal}}{\mathrm{kg\ °C}}\right]$ spezifische Wärme der sich erwärmenden Teile,

Δt_a [°C] mittlere Temperaturdifferenz am Anfang des Erwärmungstestes,

Δt_e [°C] mittlere Temperaturdifferenz am Ende des Erwärmungstestes.

Die letzte Formel zeigt offensichtlich, daß das Ergebnis dieses Testes nicht nur von der Güte der Isolierung, sondern auch von der wirksamen Temperaturdifferenz abhängt. Es hat sich praktisch gezeigt, daß bei etwa doppelter wirksamer Temperaturdifferenz im Sommer gegenüber der gleichen Messung im Winter der Temperaturanstieg [°C/h] wie zu erwarten auch etwa auf das Doppelte anstieg. Berücksicht man die wirksame Temperaturdifferenz nicht, so kommt man zu einem Trugschluß hinsichtlich der Güte der Isolierung.

Kurz zusammengefaßt, ergeben die vorstehenden Meßmethoden die Möglichkeit, sowohl die Wärmedurchgangszahl als Garantiewert festzustellen als auch den Isolierzustand von in Fahrt befindlichen Schiffen unter Kontrolle zu halten.

Während früher die Klassifikationsgesellschaften anhand des Erwärmungstestes Schlüsse auf die Güte der Raumisolierung zogen, werden z. Z. Überlegungen angestellt, andere und bessere Wege einzuschlagen. Es scheint, daß sich der Germanische Lloyd dem Twintest anpassen will. Dagegen geht Lloyd's Register of Shipping seit einigen Jahren einen anderen Weg. Diese Gesellschaft hat einen sog. *Balancetest* entwickelt, der wegen der Bedeutung für die Praxis, also für die Fälle, in denen diese Gesellschaft für die Abnahme einer Anlage maßgebend ist, anhand eines Beispiels erläutert werden soll:

Es handelt sich hier um eine Laderaumkälteanlage mit vier übereinanderliegenden Räumen und mit vier Ammoniak-Kälteeinheiten. In den Tropen sollten Raumtemperaturen bis zu —10 °C eingehalten werden können. Jeder Raum hatte seinen eigenen Luftkühler für direkte Verdampfung. Die elektrische Einrichtung war für Drehstrom 380 Volt, 50 Hz vorgesehen.

Im Abschnitt C III wurde in den Punkten 26 bis 31 bereits erwähnt, wie tief bei der Kühlprobe die Räume zu kühlen sind und auf welche Weise anschließend die Erreichung des Beharrungszustandes durchzuführen ist (Balancetest).

In der Tab. 5 sind in Spalte 2 und 3 die während des Beharrungszustandes gemessenen Ergebnisse eingetragen und in Spalte 4 und 5 ausgewertet. Die in Spalte 1 angegebenen Werte für $k \times$ Fläche werden jeweils von Lloyd's Register of Shipping in London entsprechend der Konstruktion der betreffenden Flächen, d. h. unter Berücksichtigung ihrer Versteifungen wie Spanten, Unterzüge, Knotenbleche usw., von Fall zu Fall errechnet. Außerdem teilte in diesem Fall Lloyd's Register, London, mit, daß das Verhältnis des gemessenen zum theoretischen Wärmedurchgang einen Wert von 1,5 nicht überschreiten durfte.

Tabelle 5. *Berechnung des theoretischen Wärmedurchganges aus den während eines Kühlversuches gemessenen Werten.*

Bezeichnung der für die Umgebungstemperaturen maßgebenden Flächen	1 $k \times$ Fläche [BTU/hr °F] von Lloyd's Reg. aufgegeben	2 Umgebungstemperaturen [°F] (gemessen)	3 Kühlraumtemperatur [°F] (gemessen)	4 Temp.-Diff. aus Spalte 2 u. 3	5 Theoret. Wärmedurchgang [BTU/hr]
Ladungskühlraum I					
Vorderes Begrenzungsschott . .	41,6	52,7	−1,3	54	2250
Schiffsseite BB	56,3	43		44,3	2495
Schiffsseite StB	56,3	43		44,3	2495
Hinteres Begrenzungsschott . .	52,0	59,4		60,7	3160
Oberes Deck	336,2	43		44,3	14900
Unteres Deck, vorn	16,0	52,7		54	864
					26164
Ladungskühlraum II					
Vorderes Begrenzungsschott . .	28,1	52,7	−1,7	54,4	1530
Schiffsseite BB	67,5	43		44,7	3020
Schiffsseite StB	67,5	43		44,7	3020
Hinteres Begrenzungsschott . .	61,8	59,4		61,1	3780
Oberes Deck, hinten	22,8	59,4		61,1	1395
					12745
Ladungskühlraum III					
Vorderes Begrenzungsschott . .	11,2	52,7	−1,3	54	605
Schiffsseite BB	102,5	43		44,3	4550
Schiffsseite StB	102,5	43		44,3	4550
Hinteres Begrenzungsschott . .	56,6	59,4		60,7	3440
Unteres Deck, vorn	2,6	52,7		54	140
					13285
Ladungskühlraum IV					
Vorderes Begrenzungsschott . .	6,9	51,8	−1,3	53,1	367
Schiffsseite BB	81,8	51,8		53,1	4350
Schiffsseite StB	81,8	51,8		53,1	4350
Hinteres Begrenzungsschott . .	36,7	59,4		60,7	2230
Unteres Deck	62,7	51,8		53,1	3340
					14637
				Gesamt-BTU/h	66831

Es ergibt sich nun der gemessene Wärmedurchgang aus der Differenz der von den Kompressoren erzeugten Kälteleistung und der Ventilatorleistung.

$$Q_{\text{gemessen}} = Q_{\text{Kompressor}} - Q_{\text{Ventilator}}.$$

Die Kompressorleistung wird anhand der während des Beharrungszustandes beobachteten Betriebsdaten aus den vom Hersteller der Kompressoren angegebenen Leistungskurven bestimmt.

In diesem Falle wurden die in Tab. 6 enthaltenen Werte festgestellt.

Die Ventilatorleistung wird aus den gemessenen elektrischen Daten errechnet. Die Stromaufnahme betrug 51,3 [Amp.] bei 380 [Volt] (Drehstrom). Mit dem Umrechnungsfaktor von 3413 [BTU/kWh] ergibt sich

$$Q_{\text{Ventilator}} = \frac{380 \cdot 51{,}3 \cdot \sqrt{3}}{1000} \cdot 3413 = 115000 \text{ [BTU/h]}$$

und der gemessene Wärmedurchgang wird:

$$Q_{\text{gemessen}} = 195000 - 115000 = 80000 \text{ [BTU/h]}.$$

Tabelle 6.

Kompressor-Nr.	Verflüssigungstemperatur [°F]	Verdampfungstemperatur [°F]	Kälteleistung [BTU/h]
I	59	−15,7	98000
II	61,3	−15,7	97000
	also insgesamt: $Q_{\text{Kompressor}} = 195000$ [BTU/h]		

Das Verhältnis des gemessenen zum theoretischen Wärmedurchgang (s. Tab. 5) ist also

$$\frac{80000}{66831} = 1{,}17$$

und überschreitet den von Lloyd's Register angegebenen Wert von 1,5 nicht.

Somit wird die gestellte Bedingung sowohl in bezug auf die Leistung der Kälteanlage als auch hinsichtlich der Güte der Isolierung erfüllt.

G. Proviantkühlanlagen.

Die Proviantkühlanlagen auf Schiffen dienen naturgemäß nicht dem ausgesprochenen Transport von Kühlgütern, sondern nur der Lagerung der Lebensmittel für die Verpflegung der Fahrgäste und der Besatzung. Kühlung ist also nur von Beginn der Ausreise des Schiffes bis zum Verbrauch der Lebensmittel notwendig. Trotzdem sollen diese Anlagen im Rahmen dieser Abhandlung wenigstens kurz gestreift werden.

Der Aufbau einer Proviantanlage und die Bauart der Maschinen und Apparate unterscheiden sich nicht von denen einer Ladungsanlage. Grundsätzlich muß aber gesagt werden, daß Proviantkühlanlagen niemals der Aufsicht einer Klassifikationsgesellschaft unterliegen, und daß diese Gesellschaften auch keine Vorschriften für den Bau von Proviantanlagen herausgegeben haben. Solche Anlagen werden daher stets nach den Bauvorschriften bzw. Wünschen und Erfahrungen der einzelnen Reedereien erstellt oder auch nach den Vorschlägen der Kältemaschinenfirmen, die dann von den Reedereien zu genehmigen sind. Anlagen deutscher Schiffe müssen auf jeden Fall den Sicherheitsvorschriften der Seeberufsgenossenschaft entsprechen [*26*, *27*].

Ein Frachtschiff ohne oder mit einer nur ganz geringen Anzahl von Fahrgästen (vielleicht 10 bis 12 Personen) erhält gewöhnlich einen Fleischraum, einen Fischraum und einen Gemüseraum (Abb. 316 u. 317). Häufig wird noch gefordert, daß eine kleine Menge Roheis erzeugt werden kann, das zur Kühlung von Getränken, zur Verwendung in Krankheitsfällen od. dgl. benutzt wird. Manchmal wird auch der Anschluß eines Wasserkühlers gewünscht zur Kühlung von 50 bis 100Liter/h Trinkwasser von +30 auf etwa +15 °C. Die Größe der Kühlräume richtet sich im allgemeinen nach der an Bord befindlichen Personenzahl und nach der Länge der Reise. Tankschiffe haben wegen ihrer langen Reisewege sehr viel größere Proviantkühlräume als gewöhnliche Frachtschiffe. Diese haben eher die Möglichkeit, ihren Lebensmittelvorrat zu ergänzen.

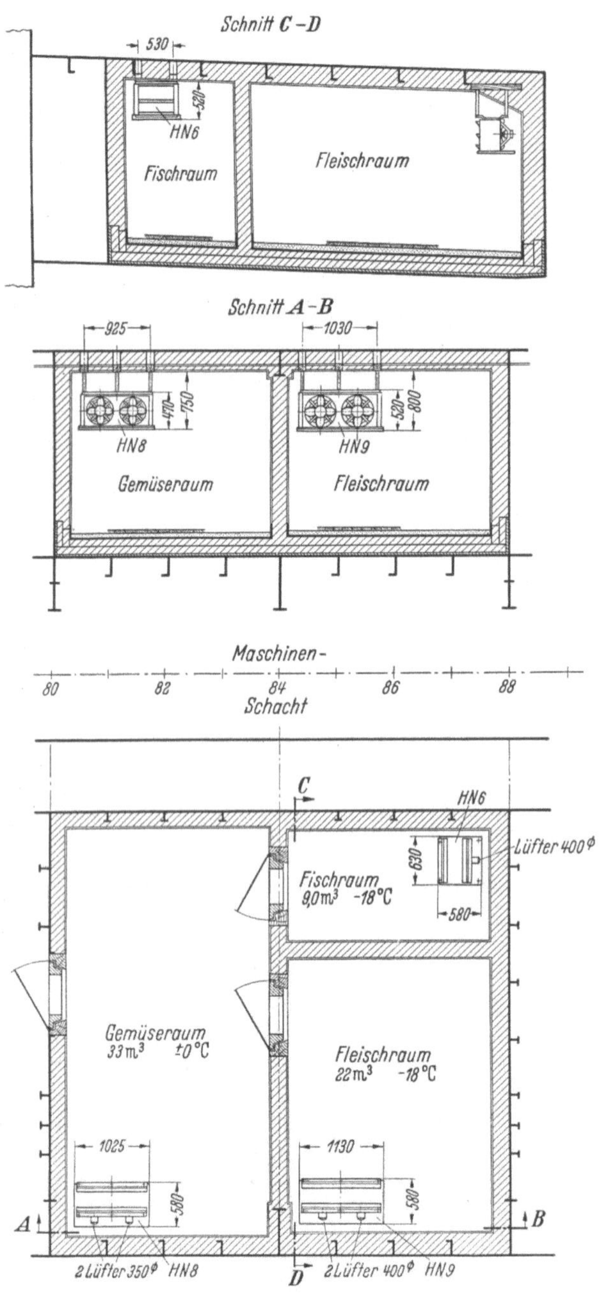

Abb. 316. Proviantkühlräume in einem Frachtschiff (Bergedorfer Eisenwerk AG, Hamburg).

Größere Frachtschiffe mit vielleicht 50 bis 80 Fahrgästen (Abb. 318) oder gar Fahrgastschiffe mit 500 bis 1500 Passagieren haben nicht nur erheblich größere, sondern auch zahlreichere Provianträume. So werden außer für die oben bereits genannten Kühlgüter noch weitere Kühlräume vorgesehen, und zwar je einer für Meiereiprodukte, für Wild und Geflügel, für Bier, Wein und andere Getränke und vielleicht für Stangeneis. Auf Fahrgastschiffen sind außerdem meist noch Räume für Eiscreme und sogar für Blumen vorhanden. Selbstverständlich richtet sich die Anzahl und Größe der einzelnen Kühlräume auch nach dem Komfort, den die Reedereien ihren Fahrgästen bieten wollen. Ferner wird auf den einzelnen Schiffsdecks zur Versorgung der Küchen, Pantrys und Anrichten eine Anzahl von Kühlschränken vorgesehen. Bei geringer Stückzahl können sie an die Proviantanlage angeschlossen werden, bei größerer Anzahl wird zweckmäßigerweise eine zentrale Anlage mit Sole vorgesehen. Große Fahrgastschiffe können bis zu 30 Schränken haben.

So ist es möglich, daß für ein modernes Fahrgastschiff mit vielleicht 1100 Passagieren etwa folgende Kühlstellen in Frage kommen (Tab. 7).

Es liegt auf der Hand, daß der für diese Kühlstellen erforderliche Kältebedarf nicht von einer einzelnen Kältemaschine gedeckt wird. Man wird die Kälteerzeugung auf mehrere Einheiten verteilen.

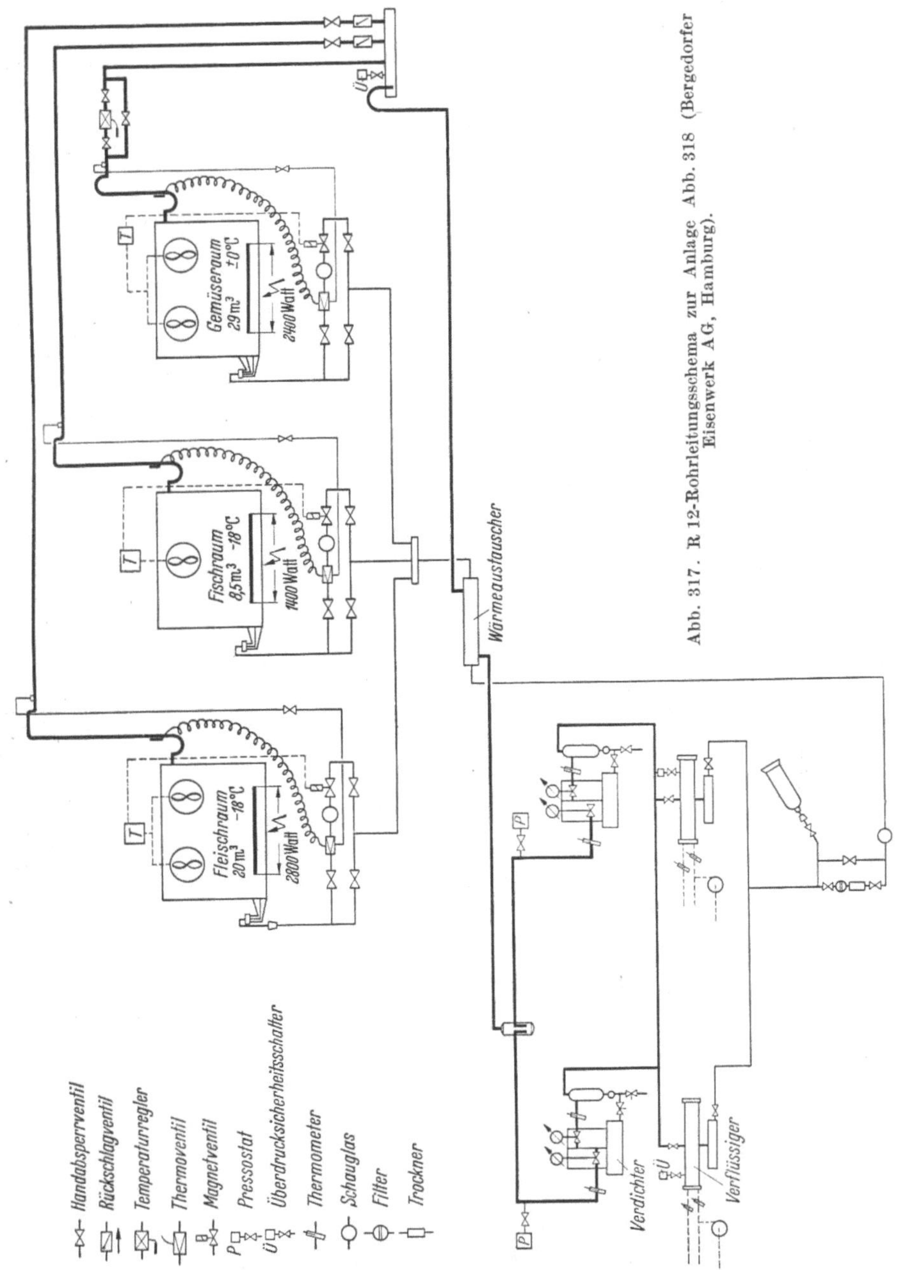

Abb. 317. R 12-Rohrleitungsschema zur Anlage Abb. 318 (Bergedorfer Eisenwerk AG, Hamburg).

Im Gegensatz zu den Ladungskühlanlagen werden die Raumtemperaturen bei Proviantkühlanlagen durch Zu- und Abschalten des oder der Kompressoren mittels Thermostate bzw. Pressostate aufrechterhalten, wie es bei Landanlagen entsprechender Größe üblich ist. Für die Bemessungen der Kompressoren ist es dabei besonders wichtig, die Laufzeit trotz der extremen Bedingungen in den Tropen nicht zu klein zu wählen.

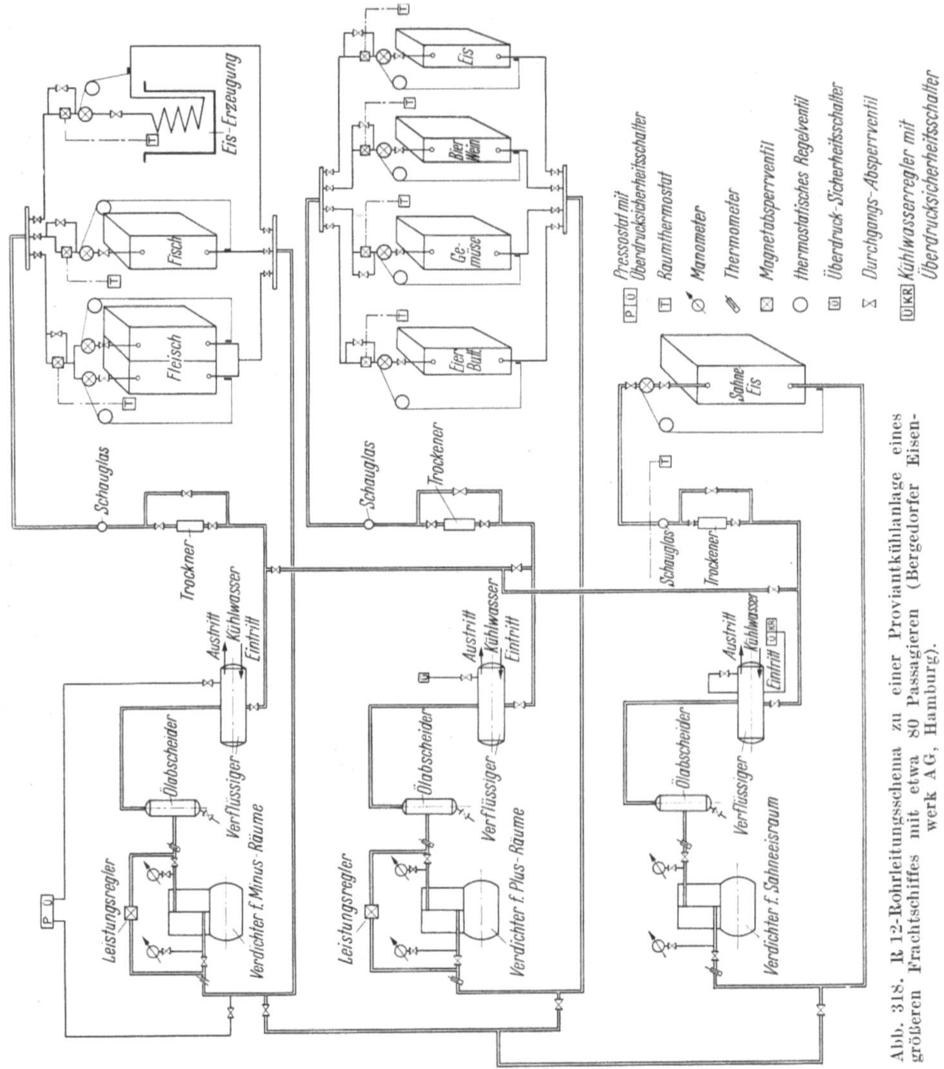

Abb. 318. R 12-Rohrleitungsschema zu einer Proviantkühlanlage eines größeren Frachtschiffes mit etwa 80 Passagieren (Bergedorfer Eisenwerk AG, Hamburg).

Reichlich bemessene Anlagen arbeiten in kalten Jahreszeiten und in kalten Gewässern nicht einwandfrei. Der Proviant leidet dann als Folge der zu kurzen Betriebszeit von vielleicht nur zwei Stunden pro Tag.

Während Tankschiff-Reedereien zur Kühlung des Proviants fast durchweg zwei Kältemaschinen mit je einem Kondensator fordern, erhalten die gewöhnlichen Frachtschiffe üblicherweise nur einen Kompressor. Für diesen wird bei Tropenfahrt oft nur eine Betriebszeit von 12 h/Tag vorgeschrieben, wenn es auch erfahrungsgemäß wünschenswerter wäre, eine solche von mindestens 15 bis

18 h/Tag vorzusehen. Bei Anlagen mit zwei Kompressoren fordert man eine Betriebszeit von 12 h/Tag, wenn beide Maschinen in Betrieb sind. Läuft nur eine Maschine, so ist die Betriebszeit entsprechend länger.

Der Kältemaschinenteil einer Proviantanlage untersteht naturgemäß dem Maschinenpersonal. Daher sollte er möglichst im Hauptmaschinenraum oder in seiner Nähe zur Aufstellung gelangen. Die Provianträume hingegen werden zweckmäßigerweise in der Nähe der Küche untergebracht, zumindest aber so, daß sie von dort aus leicht erreicht werden können.

Tabelle 7.

Kühlgut	Kühlraum-inhalt [m³]	Raumtemperatur [°C]
Fleisch	80	−18
Fleisch	70	−18
Fisch	35	−18
Gemüse, gefroren	85	−18
Roheis	20	− 5
Meiereiprodukte	10	−10
Früchte	80	+ 2
Gemüse, frisch	80	+ 2
Meiereiprodukte	40	± 0
Eier	20	+ 4
Räucherwaren	25	± 0
Kaviar	10	+ 3
Käse	15	+ 8
Getränke	90	+ 8
Auftauraum	15	+ 5
Kartoffeln	45	+ 8
Verschiedenes	80	+ 3
Blumen	15	+ 4
Pelze	15	+ 2
	830	

Man sollte schon bei der Projektierung des Schiffes diesen Gesichtspunkten Rechnung tragen und für eine günstige Lösung sorgen, so daß später die Kältemittelverbindungsleitungen möglichst kurz und vom kältetechnischen Standpunkt aus gesehen richtig verlegt werden können. Dies bezieht sich in erster Linie auf die zweckmäßige Anordnung der Regelventile für die einzelnen Kühlstellen bei den meistens mit direkter Verdampfung arbeitenden Kälteanlagen. Der Schiffsingenieur hat gern alle thermostatisch gesteuerten Regelgruppen in seinem Bereich, d. h. im Kältemaschinenraum. Der Kälteingenieur muß hingegen im Interesse eines einwandfreien Betriebes fordern, daß sich die Regelventile in allernächster Nähe ihrer Verdampfer, möglichst sogar innerhalb der Kühlräume befinden. Diese Forderung ergibt sich auch aus der Notwendigkeit, thermostatische Regelventile mit handelsüblichen Kapillarrohrlängen zu verwenden. Um in diesem Punkt zu einer annehmbaren Lösung zu kommen, bedarf es häufig langwieriger Verhandlungen.

H. Sonderbauarten.

I. Gefrieranlagen auf Fischereifahrzeugen.

In Band X dieses Handbuches ist das Gefrieren von Fischen und Krustentieren an Bord eingehend besprochen und der Vorgang des Gefrierens und Lagerns auf den verschiedenen Fabrikschifftypen beschrieben.

Ergänzend dazu sei gesagt, daß im April 1959 der Fabriktrawler „*Fairtry II*" von der Reederei Salvensen & Co. Ltd., Leith, in Dienst gestellt wurde. Die Seeausdauer (Reisezeit) dieses neuen Schiffes [*53*, *54*, *55*] wurde für 80 Fangtage berechnet, zuzüglich je 10 Tage für Hin- und Rückreise. Die vorhandenen zwei Laderäume nehmen insgesamt 650 t verarbeiteter und in 2600 Kartons verpackter Fische auf.

Die Verarbeitungsanlage umfaßt vier Filetiermaschinen der Fa. Nordischer Maschinenbau, R. Baader, Lübeck, einschließlich der zugehörigen Köpf-, Ausweide- und Enthäutungsmaschinen und der Förderbänder. Sie erlaubt eine fast ausschließlich mechanische Verarbeitung bei einer Leistung von 30 Tonnen Filet in 24 Std. Dabei ermöglicht ein Teil der Filetiermaschinen das Filetieren von Fischen unterhalb der Mindestgröße ohne vorheriges Ausweiden. Die Abfälle werden nach Passieren einer aus Norwegen gelieferten Tranpresse der Fischmehlanlage (Bauart Atlas/Stord, Kopenhagen) zugeführt. Die Anlage verarbeitet im kontinuierlichenBetrieb 50 Tonnen Fischabfälle täglich [*55*].

Eine Eiserzeugungsanlage versorgt den Bunker, in dem der Fang vor Beginn der Verarbeitung zum Entschleimen zwischengelagert wird.

Die Gefriereinrichtung besteht aus fünf Plattengefrierern mit je 12 Gefrierstationen, deren Gesamtleistung bei 30 Tonnen Filet in 24 Std. liegt.

Die aus 96 Mann bestehende Besatzung ist in Einzel-, Doppel- und Viererkabinen untergebracht. Neben verschiedenen Messen stehen ihr u. a. eine Wäscherei und auch ein Kinoraum zur Verfügung.

Die erste Fangreise der „Fairtry II" dauerte 17 Wochen und führte nach Island, Grönland und Neufundland. Das Fangergebnis betrug [*56*]: 600 Tonnen Gefrierfisch und Filets, 200 Tonnen Fischmehl und 13000 Liter Fischöl.

Zur Rentabilität von Fabrikschiffen wird gesagt, daß die Vorgängerin der „Fairtry II", die erste „Fairtry", in den bisher vier Jahren ihres Einsatzes jährlich 10% der Baukosten eingebracht hat, die 750000 Pfund Sterling betragen haben. Daraus sei zu schließen, daß sich diese Schiffe während ihrer Lebensdauer amortisieren. Die Kosten der „Fairtry II" dürften bei 1 Mill. Pfund liegen.

„Fairtry II", hat gegenüber der ersten „Fairtry" neben einer geringen Änderung der Hauptabmessungen als wesentlichen weiteren Unterschied einen dieselelektrischen Antrieb anstatt des reinen Dieselantriebes erhalten. Damit will man eine verbesserte Leistungsausnutzung sowohl beim Fang als auch bei der Verarbeitung erreichen. Zu den Verbesserungen gehört auch eine weiterentwickelte Fangeinrichtung, die eine schnelle Handhabung des Netzes ermöglicht. Außerdem wurden die Verarbeitungsmaschinen ergänzt und verbessert.

Zur Zeit wird das Gefrieren von Fischen auf Fischereifahrzeugen [*57*] wieder lebhaft diskutiert. Die Frage, ob man sich dabei mit dem Gefrieren ganzer Fische besonders in den ersten Fangtagen begnügen soll, ob man große Mutterschiffe baut, die den Fang auf hoher See von kleinen Fahrzeugen übernehmen, oder ob man schließlich Fabrikschiffe baut, die den Fang an Bord verarbeiten und restlos verwerten, ist wirtschaftlich noch nicht geklärt.

Auf jeden Fall bringt das Gefrieren auf See unmittelbar nach dem Fang eine wesentliche Verbesserung der Fischqualität [*58*]. Auf diesem Gebiet wird daher von fast allen fischfangenden Nationen der Welt mit großer Intensität gearbeitet, um die hierfür bestgeeignete Methode ausfindig zu machen und die Frage nach der Wirtschaftlichkeit von Gefrierschiffen zu klären. Eine einfache Übertragung der an Land gewonnenen Ergebnisse und die Verwendung der an Land bewährten Einrichtungen erweist sich mit Rücksicht auf die ganz anderen Betriebs- und Arbeitsbedingungen auf einem Schiff als nicht möglich. Das Gefrieren an Bord ist verhältnismäßig teuer, insbesondere wenn Fischfilets hergestellt werden sollen, so daß neben dem Fang z. T. recht arbeitsintensive Arbeitsgänge — Sortieren, Kühlen, Waschen, Schlachten, Ausweiden, Köpfen, Entgräten, Filetieren, Verpacken, Gefrieren und Einlagern — auszuführen sind. Darüber hinaus wird noch die Abfallverwertung betrieben. Wegen hoher Löhne, zeitlich ungleichmäßiger Ausnutzung der Arbeitskräfte, geringer Arbeitsleistung bei schlechter Wetterlage, hoher Investitionskosten, beachtlichen Platzbedarfs, starker Inanspruchnahme der Geräte durch Korrosion u. dgl. wird man zur Erreichung ausreichender Wirtschaftlichkeit der Gefriertrawler nur hochwertige Ware verarbeiten können oder erhöhte Absatzpreise brauchen, die durch bessere Qualität gerechtfertigt sein müssen.

Es ist allgemein bekannt, daß der richtige Einsatz der Kältetechnik [*59*] zu einem Kernproblem der Fischerei geworden ist, das zweifellos mit zu den schwierigsten gehört. Voraussetzung für eine erfolgreiche Behandlung der technischen Aufgaben ist genaue Kenntnis der Vielfältigkeit auf dem Gebiet des Fischereiwesens. Die Ingenieurarbeit wird noch dadurch besonders erschwert, daß die Seeleute nur ungern vom Althergebrachten abweichen oder sich von „Landratten" beraten lassen, auch wenn es sich um Dinge handelt, die dem Seemann nicht bekannt sein können. Erst in den letzten Jahren haben moderne technische Verfahren bei einigen großen Reedereien Eingang gefunden. Eine allgemein gültige Lösung zu finden, ist kaum möglich, da die geographischen und klimatischen Bedingungen sehr verschieden sind.

Es darf nicht verkannt werden, daß bei Schiffsneubauten ein erhebliches Kapital investiert werden muß und daß ein späteres Umbauen immer schwierig und teuer ist. So ist es verständlich, daß die Fischereiindustrie bei der Einführung technischer Neuerungen zurückhaltend ist. Dies mag ein Grund dafür sein, daß die meisten Versuche zur Einführung kältetechnischer Verfahren auf Fischdampfern, insbesondere das Gefrierverfahren lange Zeit, wenig erfolgreich waren.

Grundlegend ist zum Thema „Gefrieren an Bord" noch zu sagen, daß Gefrieren in tiefgekühlter Salzlösung heute nur noch selten durchgeführt wird. Bei den neueren Schiffen wird im Kaltluftstrom oder in Plattengefrierapparaten gefroren. Der übliche Plattengefrierschrank mit horizontalen Platten ist nur für Filet oder kleine Fische geeignet. Für große, nicht filetierte Fische muß ein anderes Verfahren, z. B. das Gefrieren im Kaltluftstrom gewählt werden. In der Praxis scheint sich gezeigt zu haben, daß man auf das Einfrieren ganzer Fische zugunsten von Fischfilet nicht verzichten kann und umgekehrt. Daraus kann gefolgert werden, daß in Zukunft Fabrikschiffe größerer Leistungen mit beiden Systemen ausgerüstet sein werden, also sowohl mit Plattengefrierern als auch mit einer Tunnelanlage zum Gefrieren im Kaltluftstrom.

Normale Plattengefrierapparate [*60, 61*] wie solche u. a. von den Firmen Bergedorfer Eisenwerk AG., Sabroe, Atlas-Kopenhagen, Jackstone, Amerio hergestellt werden (Abb. 319), bestehen im wesentlichen aus einer Reihe von horizontalen, übereinander angeordneten Platten, zwischen die das Gefriergut eingeschoben wird. Zum Einbringen des Gutes werden die Platten auseinandergezogen und dann hydraulisch zusammengepreßt. Hierdurch entsteht eine innige Berührung zwischen den Platten und dem Gefriergut. Innerhalb der Platten verdampft das Kältemittel bzw. zirkuliert Sole. Die Gefrierzeit beträgt etwa 1 Std. für 1″ Packungsstärke.

In England ist nach dem zweiten Weltkrieg ein Gefrierapparat bekannt geworden, der auf dem Schiff „Northern Wave" in großer Stückzahl eingebaut worden ist. Er wurde von der Torry Research Station entwickelt und von J. & E. Hall, Dartford, ausgeführt [*62, 63*]. Die Gefrierplatten, in denen das Kältemittel verdampft bzw. durch die die Sole zirkuliert, sind in diesem Fall senkrecht angeordnet und in horizontaler Richtung gegeneinander beweglich. Die Räume zwischen den Platten dienen der Aufnahme des Gefriergutes in Form von ganzen Fischen. Diese werden von oben her in die an den Seiten und unten verschlossenen Zwischenräume eingelegt. Dabei ist der untere Verschluß mit ausschwenkbaren Klappen ausgeführt. Nach dem Anwärmen der Gefrierplatten von innen her und nach Öffnen der Bodenklappen fällt das Gut in Plattenform nach unten heraus. Bei einer Gefriergutdicke von 115 mm soll die Gefrierdauer etwa 4½ Std. betragen [*64*].

Außerdem sei noch erwähnt, daß die Fa. Gesellschaft für Lindes Eismaschinen, Wiesbaden, wie auch die Fa. Ziemann, Ludwigsburg, ähnliche Apparate entwickelt haben. (Vgl. Abschnitt C IV.)

Abb. 319. Plattengefrierapparat mit horizontalen Gefrierplatten (niedrige Bauweise, ohne herausragende Teile, Isoliergehäuse und Gefrierapparat zerlegbar, vorzugsweise für Bordbetrieb) (Werkphoto Bergedorfer Eisenwerk AG, Hamburg).

II. Frischfischtransporte.

Sofort nach dem Fang wird der Fisch, sofern er als Frischfisch angelandet werden soll, in die Laderäume gebracht und dort zwischen kleinstückigem Eis eingelagert. Die gesamte hierfür erforderliche Eismenge wird vom Heimathafen mitgenommen.

Das Beeisen der Fische mit kleinstückigem Eis soll nicht nur Abkühlung und Kühlhaltung bewirken, sondern es soll außerdem durch langsames Abschmelzen erreicht werden, daß die Fische einerseits feucht bleiben und daß andererseits das ablaufende Schmelzwasser Bakterien und Schmutzteilchen mit wegschwemmt. Aus diesen Gründen muß darauf geachtet werden, daß die Raumtemperatur nicht unter +1 °C absinkt, weil sich sonst kein oder nicht genügend Schmelzwasser bilden kann.

Die Qualität der angelandeten Fische wird aber wesentlich auch durch die an Bord herrschenden hygienischen Verhältnisse beeinflußt [*74*, *76*]. Bekanntlich hängt die Verderbsgeschwindigkeit ausschlaggebend vom Anfangskeimgehalt ab. Es wird daher empfohlen, Borde, Wände, Schottbretter usw. mit frischem, heißem Wasser zu scheuern. Anschließend sollten die Laderäume bei geschlossenen Luken desinfiziert werden, und zwar nach dem Löschen und vor dem Auslaufen. Ebenso wichtig ist die sorgfältige Reinigung der Decks, Fischkörbe und Geräte mit Seewasser. Für ihre Haltbarkeit ist die Säuberung der Fische selbst ebenfalls entscheidend, insbesondere das Ausspritzen der Bauchhöhle.

Um die Fischladeräume leicht sauberhalten zu können, empfiehlt es sich, die Wandungen mit Aluminiumblech zu verkleiden und ebenso die Gestelle und Auflageflächen aus Aluminiumblech herzustellen [*68*, *71*].

Die Beeisung wird bei nordatlantischen Verhältnissen im allgemeinen so vorgenommen, daß auf 3 Teile Fisch 2 Teile Eis kommen. Dabei ist darauf zu achten, daß das Eis gleichmäßig zwischen die Fische gestreut wird. Es sollte sich aber auch zwischen den Raumwänden und den Fischen noch eine Eisschicht befinden, damit die eindringende Wärme abgefangen wird [*68* bis *73*]. Auch die Art und Größe der Eisstücke ist von Bedeutung [*75*]. Durch Zerkleinerung von Eisblöcken hergestellte Eisstückchen sind in der Regel scharfkantig und können die Fischhaut verletzen. Quetschungen und Beschädigungen der Fische müssen aber vermieden werden. Daher hat Kistenfisch die beste Haltbarkeit. Recht günstig ist aber auch die Stapelung auf Querschotte (etwa 10 cm Eis und 20 cm Fisch), wobei $^1/_3$ des Eises unter dem Fisch und $^2/_3$ obenauf liegen. Im Falle höherer Stapelung (3 shelves) soll $^1/_3$ des Eises unter, $^1/_3$ zwischen den Fischen verteilt und das letzte Drittel obenauf liegen.

Daneben ist aber die Randbeeisung zu den Außenwänden hin nicht zu vernachlässigen. Nach kanadischen Feststellungen soll die Eislage im Laderaum am Boden bei einer Reisedauer von 8 Tagen 20 cm und für jeden weiteren Tag 2,5 cm mehr betragen [*76*]. Gegen die Wände sollte die Eislage bei nicht isolierten Fischräumen etwa 15 cm sein. Entscheidend ist aber auch die gute Beeisung der obersten Lage.

Grundsätzlich ist wichtig, daß auf geringen Stapeldruck und guten Ablauf des Schmelzwassers geachtet wird, da die Gefahr der Infektion besonders für die unteren, stärker gequetschten Fischlagen durch das ablaufende Schmelzwasser besteht.

Von der Beeisungsart hängt die Abkühlungsgeschwindigkeit der Fische, nicht aber die erreichbare niedrigste Temperatur im Fischstapel ab [*75*].

Nach vorgenommenen thermoelektrischen Messungen in isolierten Fischräumen [*73*] wurden in Rumpfnähe nach 15 Std., mittschiffs nach 3 Std. Temperaturen um $1 \pm 0{,}5$ °C erreicht. Bei ausreichender Isolierung kann die Temperatur im Laderaum durch Beeisen auf 0 bis $+1$ °C gehalten werden, wie ausgeführte Messungen gezeigt haben [*69*]. Sie steigt aber in wärmeren Gewässern auf $+2$ bis $+3$ °C an. Der Temperaturanstieg durch Öffnen der Luken kann beträchtlich sein.

Ist die Stärke der Fischschicht zwischen zwei Eislagen 35 cm, also relativ hoch, so dauert es 4 Tage, bis die Temperatur im Kern annähernd 0 °C erreicht. Werden aber Fische und Eis gut gemischt bzw. ist die Fischlage zwischen den Eisschichten nur 10 cm dick, so dauert es nur 7 Std.; ist eine einzige Fischlage von Eis umgeben, so werden 0,5 °C in etwas über 2 Std. erreicht [*76*].

Schließlich sei noch auf die Gewichtsverluste der in den Laderäumen zwischen Eis eingelagerten Fische hingewiesen [*81*]. Während Kistenfische eine Gewichtszunahme um einige Prozent ergeben, zeigen die Fische, die in Hocken gestapelt werden, eine Gewichtsabnahme, die von der Dauer der Lagerung und von der Stapelhöhe (Preßdruck) abhängt. Die Gewichtsverluste sind nach den üblichen Fangreisen bei den ersten Fängen höher als bei den letzten und belaufen sich in der untersten Schicht bei einer Stapelhöhe von 1,2 bis 1,5 m nach 17 bis 18 Tagen auf 13 bis 14%, in der obersten Lage auf 3%. Der mittlere Gewichtsverlust von 7% soll einem Eiweißverlust von bis zu 3% entsprechen.

Versuche wurden in dieser Richtung von der Torry Research Station mit Kabeljau, Schellfisch und Schollen durchgeführt [*81*]. Dabei wurde im Durchschnitt ein Gewichtsverlust von 5 bis 6% festgestellt.

Unter gleichen Bedingungen scheint der Verlust bei Kabeljau etwas größer als bei Schellfisch zu sein, während er bei Schollen bedeutend geringer ist. Das Alter und die Größe der Fische beeinflussen die Gewichtsabnahme nicht. Eine deutliche Abhängigkeit von der Lagerdauer wurde jedoch festgestellt.

Für eine ausreichende Beeisung der frisch gefangenen Fische sind unter anderem maßgeblich: Saison, Fanggrund, Dauer der Fangreise, Konstruktion und Isolierung des Bootes, Luft- und Wassertemperatur. Für englische und französische Verhältnisse rechnet man mit 0,5 bis 1 Tonne Eis je Tonne Fisch [*67*]. Ähnliche Werte gibt HEISS an [*76*]. Demzufolge waren nach einer 6tägigen Fangreise wegen der durch nicht isolierte Wände eindringenden Wärme etwa 50% der zugegebenen Eismenge geschmolzen; der zur Abkühlung der Fische erforderliche Anteil betrug 40%. Bei längeren Reisen erhöht sich naturgemäß der erste Anteil, so daß es sich schon wirtschaftlich lohnt, der Isolierung besondere Beachtung zu schenken. Die benötigte Eismenge, lediglich zur Abkühlung der Fische, beträgt bei einer Seewassertemperatur von +12 °C nur etwa 0,15 kg/kg Fisch, während der wirkliche Eisverbrauch bei einer Fangreise von 18 Tagen in einem nicht isolierten Fischraum im Sommer mit 0,33, in Extrafällen sogar mit 1 kg/kg Fisch angegeben wird. Infolge dieses hohen Eisverbrauches beträgt die je Fangreise mitzunehmende Eismenge bei den im nördlichen Europa üblichen Größen der Fischereifahrzeuge bis zu 120 Tonnen [*69*].

In der Nordsee und im Nordatlantik treten im Sommer im Mittel Lufttemperaturen von +22 bis +25 °C und Wassertemperaturen bis +16 °C auf. Die Temperatur der lebenden Fische beträgt etwa +17 °C. Bei direkter Sonneneinstrahlung wurden auf dem Deck und an den Bordwänden bis zu +50 °C gemessen. Ein übliches Mittel gegen direkte Sonneneinstrahlung ist das Aufspannen von Sonnensegeln und die laufende Decksbespülung mit Seewasser.

Zur Verringerung der Eisverluste ist zunächst eine gute Isolierung des Laderaumes zu empfehlen. Um eine Erhöhung der Wärmeleitzahl der Isolierung durch eindringendes Schmelzwasser zu vermeiden, ist die vollständige wasserdichte Innenauskleidung des Laderaumes mit Aluminiumblech zu empfehlen.

Eine weitere Möglichkeit zur Verringerung des Eisverbrauches besteht im Einsatz von maschineller Kühlung. Es muß aber betont werden, daß diese Kühlungsart als Ersatz für die Kühlwirkung von schmelzendem Eis nicht in Frage kommt. Einerseits ist die Wirkung des Schmelzwassers zur Feuchthaltung der Fische und zum Wegschwemmen von Bakterien und Schmutzteilchen notwendig, andererseits liegen die Fische in sog. Hocken von etwa 1,3 m Länge, die in Höhen von etwa 1,2 m horizontal unterteilt sind; in diese Fischstapel kann Kaltluft aber nicht eindringen [*65*]. Maschinelle Kühlung kann lediglich dazu dienen, die Laderäume zu temperieren, um die Schmelzverluste des mitgenommenen Eises während der Ausreise bis ins Fanggebiet herabzusetzen. In diesen Fällen sind die Kühlsysteme für stille Kühlung an der Decke des Raumes angebracht. Die Seitenwände sind also frei und glatt und können dadurch saubergehalten werden. Die stündliche Leistung der Kältemaschinen kann für überschlägliche Rechnung bei Fischbunkern von 350 bis 450 m^3 Inhalt und für nordatlantische Verhältnisse mit etwa 15 kcal/h und m^3 Laderaum angenommen werden [*66*], ordnungsgemäße Isolierung vorausgesetzt. Will man diese Kälteanlagen auch während der Rückreise zur zusätzlichen Kühlung einsetzen, so hat das mit besonderer Vorsicht zu geschehen. Andernfalls wird die Luft zwischen Raumdecke und oberster Fischschicht zu tief abgekühlt. Die Fische würden aus Mangel an Schmelzwasser austrocknen und somit an Wert verlieren oder sogar verderben.

Im leeren Zustand der Laderäume während der Ausreise können die Temperaturen unter 0 °C z. B. bei —2 °C liegen. Dagegen während des Fanges und der Heimreise sollte +1 °C nicht unterschritten werden.

Versuche, die Kühlsysteme hinter Zirkulationswänden an den Bordwänden anzubringen, haben sich nicht durchsetzen können, ebensowenig wie das sog.

Jacket-System, das darin besteht, daß man den Laderaum mit einem Luftmantel umgibt. Dieser Mantelraum mit etwa 10 cm Breite soll zur Führung eines Kaltluftstromes von etwa 0 °C dienen und die eindringende Wärme abfangen.

Um eine Erwärmung der Fische im Zeitraum zwischen Fang und Einlagerung in Eis möglichst zu unterbinden, sind Versuche gemacht worden, das Waschen in frischem, fließendem Seewasser vorzunehmen. Unter Umständen wird dieses Waschwasser unter Beigabe von baktericiden Zusätzen künstlich gekühlt.

Nach LE DANOIS [*77*] lassen sich Fische am besten mit Meerwasser von —2 °C oder mit aus Meerwasser hergestelltem Eis konservieren [vgl. auch [*74*], S. 226]. Durch das Behandeln mit Meerwasser wird außerdem das Gewebe fester und für den nachfolgenden Transport widerstandsfähiger gemacht. Durch Süßwassereis werden Fische zwar konserviert [*78*], doch werden Geschmack und Ansehen infolge der Auslaugung durch das Schmelzwasser beeinträchtigt.

Bei der praktischen Herstellung von Meerwassereis können Salzgehalte von 10 bis 12‰ erzielt werden. Eis mit höherem Salzgehalt läßt sich nur unter großen Schwierigkeiten erzeugen; außerdem läßt es sich wegen seines weichen Zustandes schlecht transportieren und lagern. Für die Fischbeeisung ist Eis mit 10 bis 12‰ Salzgehalt gut geeignet und dem Süßwassereis weit überlegen. Die Lagerräume für das Meerwassereis werden auf —5 °C gehalten.

In warmen Fanggebieten führt die übliche schubweise Verarbeitung des Fanges zu unnötiger Erwärmung der Fische bis zu ihrer Beeisung. Es wurde daher das sog. Flotations-System empfohlen, bei dem die Fische kontinuierlich von den Reinigungstischen an Deck in die Fischräume übergeführt werden [*79*]. Der Wasserstrom wird von der Vorderseite des Deckhauses gespeist und fließt längs der Backbordseite. Über eine kleine Öffnung mittschiffs spült er die mitgeführten Fische auf eine Aluminium-Gleitbahn, die in den Lagerraum führt. Das Wasser läuft durch ein Sieb ab, während die Fische am Ende der Gleitbahn in Behältern aufgefangen, überprüft, sortiert und beeist werden.

Besondere Vorteile dieses Verfahrens sind:

a) bedeutende Herabsetzung der Verweilzeit der Fische an Deck, und zwar von durchschnittlich 135 auf 60 bis 70 Min. bis zu den zuletzt beeisten Fischen eines Hols.

b) schonendere Behandlung der Fische,

c) gute Kontrolle des Waschvorganges durch Änderung des Wasserstromes und des Anstellwinkels des Flotations-Systems,

d) infolge der verhältnismäßig kleinen Öffnung zum Fischraum (ca. 120 cm²) nur geringe Einströmung von Warmluft in den Laderaum,

e) sorgfältiges Beeisen der Fische,

f) Erhöhung der Arbeitsleistung (bei Anwendung des Flotations-Systems werden 200 Körbe in 2 Std. gegenüber früher 5 Std. von den gleichen Arbeitskräften verarbeitet).

Um eine Erwärmung der Fische zwischen Fang und Einlagerung möglichst herabzusetzen, wurde die bereits erwähnte Behandlung mit künstlich gekühltem Seewasser in Kanada und anderen Ländern untersucht. Während in Kanada der Fang in Behälter mit umlaufendem, gekühltem Seewasser von etwa —1,5 °C getaucht wurde, wobei sich gute Ergebnisse zeigten, hat man in Südafrika nicht ganz so befriedigende Erfahrungen gemacht. Auch in Deutschland wurden nach dem 2. Weltkrieg entsprechende Überlegungen und Versuche angestellt. Dieses Verfahren ist aber für deutsche Verhältnisse unwirtschaftlich und schon auf Grund der weiten Fangreisen ungeeignet [*80*].

III. Behälter (Container).[1]

In der Schiffahrt versteht man unter „Container“ isolierte Behälter mit eingebauten vollständigen Kühlanlagen von genügender Größe, um Raumtemperaturen zwischen ca. —20 °C und +4 °C zu halten. Die Energieversorgung erfolgt vom Bordnetz aus oder durch ebenfalls in den Behältern eingebaute kleine Benzinmotoren oder dgl. [*82*].

Der Einsatz dieser Behälter ist verschiedenartig. So werden sie an der Westküste der USA bis nach Alaska hinauf zum kombinierten Straßen-Schiffstransport benutzt. Auf Postschiffen, die kleinere Häfen z. B. auf den Bermudas und Jamaica anlaufen, finden sie Verwendung, um verhältnismäßig kleine Mengen Fleisch und andere gekühlte Lebensmittel zu befördern. Die Behälter werden aber auch auf größeren Schiffen eingesetzt, die mit Kühlräumen ausgestattet sind, um bei kurzen Anlegezeiten und kleinen Kühlgutmengen ein Öffnen der Luken und ein zu häufiges Betreten der Kühlräume zu vermeiden [*83*].

Die D. D. G. „Hansa“, Bremen, sowie namhafte Großreedereien in Holland benutzen in ihrem Ostasiendienst Behälter als Decksladung. Sie werden im Bestimmungshafen auf Eisenbahnwagen gesetzt und weit in das Innere des betreffenden Landes gefahren.

Eine führende Firma im Behälterbau für die Schiffahrt in Europa ist die „Machinefabriek Voorwaarts NV, Amsterdam“ [*84*]. Sie hat solche Behälter in den Größen gemäß Tab. 8 entwickelt:

Tabelle 8. *Behälterabmessungen nach „Voorwaarts“.*

12 m³ Inhalt	4,25 m lang	2,5 m breit	2,5 m hoch	etwa 3000 kg netto
15 m³ Inhalt	5,0 m lang	2,5 m breit	2,5 m hoch	etwa 3500 kg netto
18 m³ Inhalt	5,8 m lang	2,5 m breit	2,5 m hoch	etwa 4000 kg netto

Abb. 320. Behälter mit 18 m³ Inhalt für Raumtemperaturen bis —12 ° C (Werkphoto Voorwaarts, Amsterdam).

Abb. 320 zeigt den 18 m³-Behälter der Firma Voorwaarts für eine Raumtemperatur bis —12 °C mit luftgekühltem Aggregat und Benzinmotor für den Notfall.

Nach den U. I. C.-Bestimmungen sind isolierte Großbehälter in 5 Klassen mit den folgenden Kennzeichen eingeteilt [*85*]:

größte Breite 2,3 m,

Höhe bis zum Giebel 2,55 m,

höchstzulässige Längen 5 m, 3,5 m, 2,5 m und 1 m,

Betriebsgewicht der 1. bis 3. Klasse bis zu 5 Tonnen, der 4. bis 5. Klasse bis zu 2,5 Tonnen.

[1] Über Kühlbehälter vgl. auch S. 456 in diesem Band.

Abb. 321. Behälter kurz vor der Verladung (Werkphoto Karl Löher, Hamburg).

Die Kühlanlagen der Behälter arbeiten mit R 12 als Kältemittel und haben je nach Größe und Raumtemperatur luftgekühlte oder wassergekühlte Kondensatoren.

Bei den Behältern der Firma Voorwaarts besteht das Verdampfersystem aus verzinnten Kupferrohren, die an der Decke und den Wänden angebracht sind. Zusätzlich sind die Behälter mit einem Luftzirkulationssystem versehen, in dem ein im Maschinenabteil untergebrachter Ventilator die Luft durch eine entsprechende Leitung im Kühlbehälter hinter abnehmbare Luftzirkulationsplatten und über die Kühlrohre bläst. Wenn der Behälter nur zum Kühlen, d. h. nicht für tiefe Temperaturen eingesetzt wird, müssen die an der Decke befindlichen Rohrschlangen durch ein hierfür vorgesehenes Handabsperrventil verschlossen werden, die Kühlrohre an den Wänden bleiben hingegen in Betrieb. Die abnehmbaren Luftzirkulationsplatten sind an dem Holzgitter befestigt, welches die Kühlrohrschlangen an den Wänden schützt. Dadurch werden ausreichende Luftkanäle um die Rohre gebildet. Die Kälteanlage arbeitet mittels einstellbarem Thermostaten vollautomatisch. Die Raumtemperatur kann an einem Zeigerthermometer überprüft werden.

Abb. 322. Behälter als Decksladung an Bord (Werkphoto Karl Löher, Hamburg).

Aus Festigkeitsgründen besitzt der Behälter einen kräftigen Stahlrahmen, um den mechanischen Beanspruchungen besonders während des Versetzens standzuhalten. Die aus 20 cm starkem Rockwool-Material bestehende Isolierung liegt zwischen schweren Holzbalken. Die Verkleidung besteht innen aus 1 mm, außen aus 2 mm starkem verzinktem Stahlblech, der Boden ist mit einer Abflußrinne mit Ablaßverschluß versehen. In der Vorderwand befindet sich eine große Tür mit doppeltem Verschluß und mit Schutzeinrichtung gegen Regen- und Seewasser. Sie ist mit Handradverschluß sowie mit Zollverschluß versehen. Das Maschinenfach befindet sich an der entgegengesetzten Seite und ist leicht zugänglich. Seine Außenwände bestehen aus abnehmbaren Gittern, so daß Lüftung und Bedienung gewährleistet sind.

In den USA aber auch in Großbritannien werden Behälter sowohl im Straßen- als auch im Schienenverkehr in großer Zahl verwendet. Es ist leider nicht bekannt, inwieweit sie auch für den Transport auf dem Seewege in Frage kommen [*86*, *87*].

In der Bundesrepublik Deutschland befaßt sich u. a. auch die Firma Karl Löher, Hamburg, mit dem Bau von Behältern unter Verwendung von Kälteaggregaten der Firma Brown, Boveri u. Cie. Während Abb. 321 einen Behälter beim Anrollen auf einem Lastwagen zum Schiff zeigt (Ladetür sichtbar), ist derselbe auf Abb. 322 an Bord des Schiffes zu sehen, zwischen Schiffsladeluke und Bordwand stehend (geöffnetes Maschinenfach sichtbar).

IV. Flüssiggastransporte.

Verflüssigte Gase, wie Naturgas (Methan), aber auch Raffineriegase wie Propan und Butan sowie andere Flüssiggase, stellen Güter dar, bei deren Transport Kälteanlagen z. T. erforderlich sind. Ihre Bedeutung liegt einerseits in der zunehmenden Entwicklung der Kunststoffchemie, andererseits — besonders in jüngster Zeit — darin, daß der Transport von Naturgasen die Möglichkeit der Verwertung von Energiequellen erschließt, die bisher größtenteils ungenutzt blieben. Allein in Venezuela wurden 1959 wöchentlich ca. 350 Mill. Tonnen Methangas — entsprechend der Jahresförderung der Bundesrepublik Deutschland — in die Atmosphäre abgeblasen und verbrannt. Darüber hinaus dürfte der Transport von Flüssiggasen im Hinblick auf die zu erwartende Ausweitung von Kernenergieanlagen von entscheidender Wichtigkeit sein [*88*].

Die Flüssiggase können, wie bisher üblich, unter Druck für den Transport verflüssigt (Raumbedarf Flüssigkeit zu Gas = 1 zu 260) und dann auch bei erhöhtem Druck in druckfesten Stahlbehältern befördert werden. Neuerdings wird auch ein Verfahren angewendet, bei dem die Verflüssigung ebenfalls an Land erfolgt jedoch bis auf eine Flüssigkeitstemperatur, die dem Atmosphärendruck entspricht. In diesem Zustand wird das Flüssiggas an Bord genommen und kann ohne Kühlanlage dank der weiter unten beschriebenen Bauweise und Isolierung der Transportbehälter befördert werden. Die Entwicklung dieses neuesten, weit wirtschaftlicheren Transportverfahrens befindet sich seit 1955 in Bewegung. Ein abschließendes Urteil ist daher noch nicht möglich. Wegen der evtl. bevorstehenden großen wirtschaftlichen Bedeutung soll es jedoch zunächst betrachtet werden.

Im Februar 1959 gelang es erstmalig, eine Ladung von ca. 2000 Tonnen verflüssigtem Methan mit dem Tanker „Methane Pioneer" von Nordamerika nach Großbritannien zu bringen und in der Themsemündung zu löschen [*89*, *90*, *91*]. Der Transport erfolgte drucklos bei einer Temperatur von ca. —160 °C in 5 spezialisolierten Behältern. Die „Methane Pioneer" wurde aus dem ehemals unter liberischer Flagge fahrenden Frachter „Normarti" bei der Alabama Dry Dock &

Shipbuilding Co., Inc., umgebaut. Der frühere 6000 tdw-Frachter erhielt nach dem Umbau folgende Hauptabmessungen: Länge über alles 103,22 m, Breite 15,34 m, Tiefgang 7,51 m.

Die Maschinenanlage mit einem Sechszylinder-Diesel-Hauptmotor ist achtern angeordnet. Infolge der geringen Dichte des flüssigen Methans (0,415 kg/dm³) muß das Schiff mit erheblichem Ballast fahren. Mittels an Bord installierter Spezialpumpen wird die flüssige Ladung im Bestimmungshafen über eine Rohrleitung mit 15 cm Isolierung in Vorratstanks an Land gepumpt. Jeder dieser Tanks hat ein Fassungsvermögen von 1000 Tonnen. Der beim Umpumpen in die Vorratstanks vergasende Teil der Ladung wird in Gasometern aufgefangen. Vorerst wird vom flüssigen Methan als Kühlmittel noch kein Gebrauch gemacht. Dagegen wird es in gasförmigem Zustand mit dem in der Raffinerie von Shellhaven erzeugten Gas gemischt und als Stadtgas abgegeben. Das Methangas (Heizwert 9000 kcal/m³) wird dazu in einem besonderen Verfahren in ein Gas mit halbem Heizwert umgewandelt und somit dem Raffineriegas angeglichen [*88*].

Bei erfolgreichem Abschluß des wirtschaftlich und großtechnisch noch im Versuchsstadium befindlichen Transportverfahrens ist der Transport von verflüssigtem Naturgas (hochprozentiges Methan) in großem Maßstab vorwiegend von den Gewinnungsgebieten der USA und neuerdings auch der Sahara nach entfernten Absatzländern in Europa und nach Japan vorgesehen. In diesen Ländern wird das Stadtgas durch Verkokung von Steinkohle gewonnen.

Wirtschaftlichkeitsbetrachtungen haben gezeigt [*93*], daß der Einsatz großer Flüssiggastanker mit ca. 30000 Tonnen Ladekapazität für diese Zwecke rentabel sein könnte. Der Preis von verflüssigtem und im Absatzgebiet wieder vergastem Naturgas könnte durchaus mit dem aus Steinkohle im Verbrauchsland selbst produzierten Stadtgas konkurrieren und dieses evtl. erheblich unterbieten. Bei einer Entfernung von 4500 Seemeilen zwischen dem Ort der Erzeugung und dem des Verbrauchs wurde der Preis für wiedervergastes Methan je Bezugseinheit auf $ 0,512 bis 1,324 geschätzt. In Europa kostet Koksofengas entsprechend $ 1,00 und mehr.

Die erste — drei Wochen dauernde — Versuchsfahrt der „Methane Pioneer" erbrachte den Beweis, daß es technisch möglich ist, verflüssigtes Naturgas bei tiefer Temperatur über Tausende von Kilometern zu transportieren. Zur Ausbildung des Verfahrens bis zur wirtschaftlichen Reife wurden insgesamt 7 Versuchsfahrten geplant [*94*], von denen die vierte im August 1959 begann. Zuvor war das Schiff durch die Klassifikationsgesellschaften American Bureau of Shipping und Lloyds Register of Shipping einer Kontrolle unterzogen und in bestem Zustand befunden worden [*95*]. Das nach der dritten Versuchsfahrt in England aus Flüssiggas gewonnene Stadtgas war bereits billiger als dort aus Kohle erzeugtes Stadtgas [*94*]. Mit dem ersten handelsmäßigen Transport wird um 1962 gerechnet.

Das größte Problem bei der Verwirklichung des Projektes war die Gestaltung der Transportbehälter [*96*], die die tiefe Temperatur von —160 °C während der ganzen Transportdauer aufrechterhalten müssen. Stahl kommt als Werkstoff hierfür wegen seiner Trennbruchempfindlichkeit nicht in Betracht. Reines Aluminium zeigt demgegenüber beim Übergang von +15 °C auf —196 °C einen Zuwachs der Festigkeit um 30% [*97*]. Daher wurden in den Tanker fünf rechteckige Aluminiumbehälter mit äußerer Stahlummantelung eingebaut. Die Lösung der schwierigen Isolationsaufgabe wurde nach wiederholten Versuchen durch Verwendung einer 30 cm starken Balsaholzschicht gefunden, mit der die Aluminiumbehälter *innen* ausgekleidet sind. Die Balsaholzschicht steht dadurch mit dem flüssigen Methan in direktem Kontakt. Das in die Holzporen eindringende flüssige Methan gelangt hier infolge Wärmeeinfall von außen zur Verdampfung und bildet kleinste Gasbläschen, die durch das Holzgewebe festgehalten werden. Hierdurch wird eine hervorragende Isolationswirkung erzielt.

Trotzdem trat während der ersten Versuchsfahrt ein Verlust von rd. 10% der Ladung ein, einschließlich der Verluste während der Verflüssigung und Wiedervergasung. Durch technische Vervollkommnung während der folgenden Versuchsfahrten konnte dieser Wert auf 5 bis 6% vermindert werden. Eine Erhöhung der Wirtschaftlichkeit dürfte in einer kontinuierlichen Wiederverflüssigung dieser durch Wärmeeinfall verdampften Flüssigkeitsmenge mit Hilfe einer entsprechenden Kompressionskältemaschine (Kaskadenanordnung) liegen. In dieser Hinsicht wurden bereits von namhaften Firmen Untersuchungen angestellt, welche zeigten, daß noch manche Schwierigkeiten zu überwinden sind.

Abb. 323. Gastanker „Neviges" (nach [98]).

Grundsätzlich wäre die Aufgabe beim Transport von verflüssigtem Propan und Butan unter Atmosphärendruck die gleiche wie beim Methan, nur liegen die Temperaturen dabei weit weniger tief. Werkstoffbeanspruchung und -auswahl sind damit erheblich einfacher. Demgegenüber werden die bisher üblichen Transporte dieser Flüssiggase mit Spezialtankern durchgeführt, die das Transportgut bei Außentemperatur unter Druck in druckfesten, unisolierten Stahlbehältern befördern [92]. Man nimmt dabei den Nachteil von verhältnismäßig schweren, starkwandigen und die Ladefähigkeit des Schiffes vermindernden Behältern in Kauf. Der Betriebsdruck beträgt je nach Transportgut etwa 18 atü, der angewendete Prüfdruck liegt um 30 atü. Der Bau derartiger Spezialschiffe ist mit einem erheblichen Kostenaufwand verbunden.

Einige Beispiele hierzu seien nachfolgend aufgeführt: Zum Transport von flüssigem Propan und Butan aber auch von Ammoniak u. a. Stoffen in zylindrischen, liegend angeordneten Behältern erbaute die ehemalige Ottensener Eisenwerk A. G., Hamburg-Altona, heutige Schliekerwerft K. G., um 1956 die Flüssiggastanker „Neviges" und „Langenberg" [98] (Abb. 323). Die Kapazität der Behälter beträgt je Schiff 2590 m³, die Vermessung je Schiff 2239 Bruttoregistertonnen bei einer Länge über alles von 94,8 m. Hierbei wurden erstmalig liegende anstatt sonst stehende Tanks eingebaut, wodurch sich eine kleinere Anzahl von Behältern ergibt. (Betriebsdruck 17,5 atü, Prüfdruck 26,25 atü.)

In Italien, das selbst Exportland für verflüssigtes Naturgas ist, wurden bereits mehrere kleine Schiffe für Naturgastransporte fertiggestellt. Mit den auf diesem Gebiet gesammelten Erfahrungen wurde um 1959 eines der größten Spezialschiffe seiner Art durch die Werft Benetti in Viareggio erbaut: der Gastanker „Agipgas Terza“ [*99*] (Abb. 324). Er dient dem Transport von verflüssigtem Naturgas, das in 18 Tanks gespeichert wird. Die stehenden zylindrischen Behälter haben kuppelförmige Anschlußböden und reichen bis über das Hauptdeck hinaus. Das Schiff wurde für 1386 Bruttoregistertonnen vermessen. Es hat eine Länge über alles von 79,77 m und besitzt eine Ladefähigkeit von 950 Tonnen. Die 18 zylindrischen Gasbehälter haben ein Fassungsvermögen von insgesamt 1730 m³, einen Innendurchmesser von je 4200 mm und eine Bauhöhe von je rund 8300 bzw. 9000 mm. Das entspricht einem Inhalt von je 95 bzw. 105 m³. (Betriebsdruck 18 atü, Prüfdruck 33,5 atü.) Die Anschlüsse für die Gas- und Flüssigkeitsleitungen, für Dampf-, Sicherheits- und Entwässerungsventil sind an den oberen Anschlußböden der Behälter angebracht. Ein Laufsteg zwischen den beiden Behälterreihen ermöglicht die Bedienung der Ventile.

Abb. 324. Flüssiggastanker „Apiggas Terza“ (nach [*99*]).

Die Anschlüsse für die Flüssigkeits- und Gasleitungen werden von einem zentralen Kontrollstand ölhydraulisch betätigt. Von den vier mit Sicherheitsventilen ausgestatteten Ladeleitungen sind zwei für die Flüssigkeit, die anderen für das Gas bestimmt. Sie sind mit 5 Anschlußstellen verbunden, die sich auf das Hauptdeck entsprechend verteilen (je zwei auf die Steuerbord- und Backbordseite und eine auf das hintenliegende Kommandodeck). Die Hauptleitungen sind mit dem Pumpen- und Kompressorenraum verbunden, in dem sich drei Kompressoraggregate mit einer Förderleistung von je 40 m³/h befinden und 2 Kreiselpumpen mit einer Leistung von je 50 m³/h. Kompressoren und Pumpen sind von den Antriebselektromotoren durch gasdichte Schotten getrennt. Die Rohrleitungsführung gestattet das gleichzeitige Laden und Löschen zweier Produkte, ebenso das Umfüllen eines Ladegutes aus einem Behälter in einen anderen und entspricht somit allen Anforderungen. Die „Agipgas Terza“ besitzt eine eigene Gasspüranlage, die bei Explosionsgefahr ein Warnsignal gibt und ist außerdem mit einer Kohlensäure-Feuerlöschanlage ausgerüstet.

J. Ausgeführte Anlagen.

I. Kühlschiffe.

Nach dem ersten Weltkrieg dauerte es verhältnismäßig lange, bis in Deutschland der Kühlschiffbau wieder aufgenommen wurde. Erst im Jahre 1930 kamen die ersten beiden Kühlschiffe „Puma“ und „Panther“ von der Werft Bremer Vulkan an die Reederei Laeisz zur Ablieferung. Sie hatten einen Netto-Netto-Laderauminhalt von je 100000 ft³ und eine Geschwindigkeit von 13,5 kn. Die weiteren bis 1939 gebauten Kühlschiffe wurden nach und nach größer und schneller. Sie erreichten einen Inhalt von 220000 ft³ und eine Geschwindigkeit von 16 kn.

Die Pause nach dem zweiten Weltkrieg war kürzer. Bereits 1951 konnte die Deutsche Werft, Hamburg, die ersten beiden Kühlschiffe an die Reederei Laeisz ausliefern. Es waren die beiden Schiffe „Proteus“ und „Perseus“ mit je 217000 ft³ Inhalt und einer Geschwindigkeit von 17 kn. Die in der letzten Zeit fertiggestellten Schiffe für die Reedereien Laeisz, Harald Schuldt, Sloman jun., Horn usw. haben Netto-Netto-Inhalte von 240000 bis 250000 ft³ und Geschwindigkeiten von 18 bis 19 kn.

Die Kälteanlagen aller vor dem zweiten Weltkrieg gebauten deutschen Kühlschiffe arbeiten mit Kohlendioxyd als Kältemittel in Verbindung mit Sole; es handelt sich dabei um reine Bananentransporter. Die nach dem zweiten Weltkrieg erstellten deutschen Kühlschiffe erhielten dagegen vorwiegend Ammoniakkälteanlagen mit Sole; diese wurden so reichlich bemessen, daß auch Gefrierfleisch bei —12 °C befördert werden kann. Entsprechend den Vorschriften für Ammoniakkälteanlagen ist für diese Schiffe der abgeschlossene Kältemaschinenraum charakteristisch.

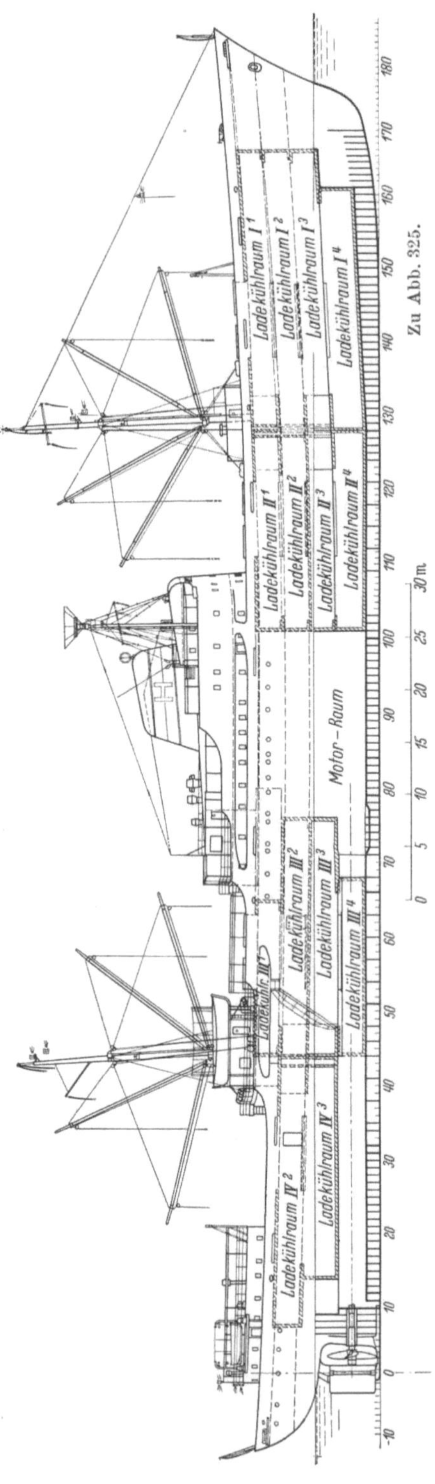

Zu Abb. 325.

Abb. 325 zeigt den Generalplan eines der neuesten Kühlschiffe mit einem Netto-Netto-Inhalt von etwa 240000 ft³. Der Hauptmaschinenraum liegt in der Mitte. Während auf der Steuerbordseite neben

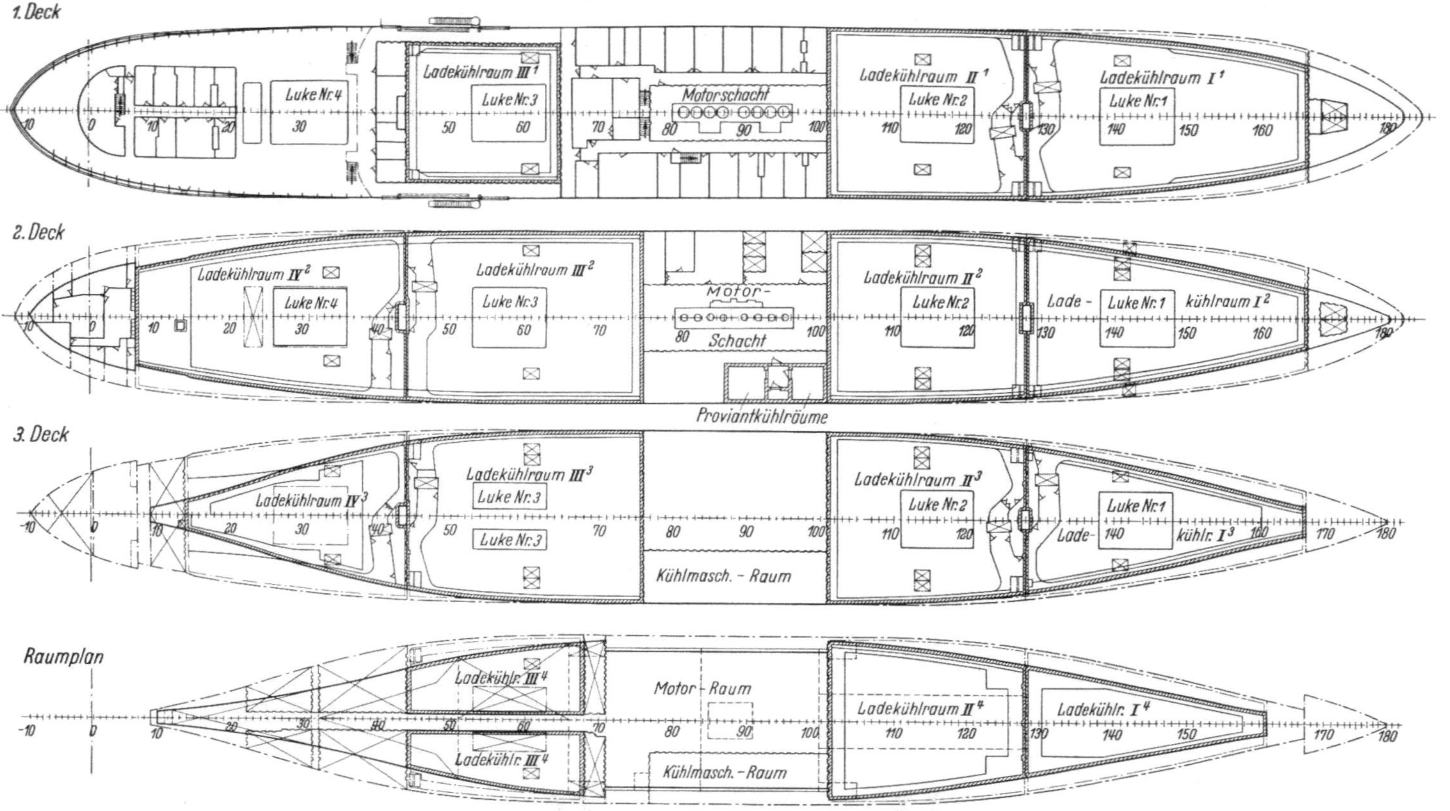

Abb. 325. Generalplan des Kühlschiffes M. S. „Hornkoog“ (Deutsche Werft, Hamburg).

der Hauptmaschine der Kältemaschinenraum untergebracht ist, sind auf der Backbordseite die Hilfsdiesel zur Stromerzeugung aufgestellt. Die beiden Laderäume I und II im Vorschiff sind in je vier übereinanderliegende Räume unterteilt, von denen je zwei von einem Luftkühler bedient werden. Dementsprechend ist jeweils das mittlere Deck isoliert, so daß, kältetechnisch gesehen, im Vorschiff 4 Kühlstellen vorhanden sind, die bei Bedarf verschieden temperiert werden können. Im Hinterschiff liegen die Räume III und IV. Diese sind oberhalb des Wellentunnels in je drei übereinanderliegende Räume unterteilt. Die Räume beiderseits des Wellentunnels im Bereich des Raumes III werden oft noch als Kühlräume eingerichtet, während sie im Bereich des Raumes IV anderweitig verwandt werden. Je nach der Einteilung des Hinterschiffes sieht man dort 3 bis 4 Luftkühler vor.

Die an den Bordwänden liegenden Luftkanäle sind begehbar und werden als Kontrollgänge benutzt. Ein Teil der vom Luftkühler kommenden abgekühlten Luft gelangt direkt in den Druckkanal des im gleichen Deck liegenden Laderaumes. Parallel hierzu wird der andere Teil durch im Deck befindliche Öffnungen in den Druckkanal des darüber- oder darunterliegenden Laderaumes geführt. Auf der gegenüber, an der anderen Bordwand liegenden Saugseite ist die Anordnung der Luftführung entsprechend ausgeführt. Die Laderäume selbst sind noch in Bananenbins eingeteilt.

Die Kältemaschinenanlage ist in drei Einheiten aufgeteilt. Davon wurde eine mit zwei gleichen Kompressoren von reichlich der halben Leistung einer Einheit ausgerüstet. Durch diese Maßnahme läßt sich die Kälteleistung besser an den jeweils benötigten Kältebedarf anpassen. Außerdem ist vorgesehen, daß eine der kleinen Maschinen zur Klimatisierung der Kammern und Gemeinschaftsräume herangezogen wird, so lange sie nicht zum Herunterkühlen der Kühlladung gebraucht wird.

Abb. 326 zeigt das Ammoniak- und Sole-Rohrleitungsschema einer solchen Ladungskälteanlage, Abb. 327 stellt die Unterbringung im Kältemaschinenraum dar.

Einige Kühlschiffe der vorgenannten Größe haben verschiedentlich auch Ammoniak-Kälteanlagen erhalten, die mit direkter Verdampfung in den Luftkühlern arbeiten. Abb. 328 zeigt den Generalplan eines solchen Schiffes. Der Aufbau ist sehr ähnlich dem der oben beschriebenen Schiffe. Das Vorschiff ist hier in drei Räume unterteilt. Jeder dieser Räume hat einen zentralen Luftkühler für alle übereinanderliegenden Unterteilungen. Um Laderaum zu gewinnen, wurden die 5 Luftkühler soweit wie möglich auf dem Oberdeck angeordnet. Diese Aufstellungsart kommt gleichzeitig der Sicherheit bei Ammoniakundichtigkeiten zu Gute. Auch hier sind die Luftkanäle zu Kontrollgängen ausgebildet. Abb. 329 zeigt einen solchen mit den deutlich sichtbaren Luftschiebern.

Die Kältemaschinen, Kühlwasserpumpen, Flüssigkeitsabscheider, Flüssigkeitssammler und Ventilgruppen sind zusammen im Kälte-Maschinenraum (Abb. 330) untergebracht. Die Kondensatoren sind im Raum oberhalb der Kompressoren angeordnet. In Abb. 331 ist das gesamte Ammoniakschema dargestellt.

Es liegt heute im Zug der Zeit, daß viele Reedereien vom Kältemittel Ammoniak abgehen und eines der fluorierten Kältemittel bevorzugen. Viele Kühlschiffe gleicher oder ähnlicher Größe fahren bereits mit diesen Kältemitteln, und zwar sowohl direkt verdampfend als auch mit Sole als Zwischenträger. Der Aufbau der Schiffe bleibt wie beschrieben bestehen. Nur auf den bei Ammoniakanlagen vorgeschriebenen besonderen Kältemaschinenraum verzichtet man natürlich. Die Schaltung entspricht sinngemäß derjenigen der Ammoniakanlagen;

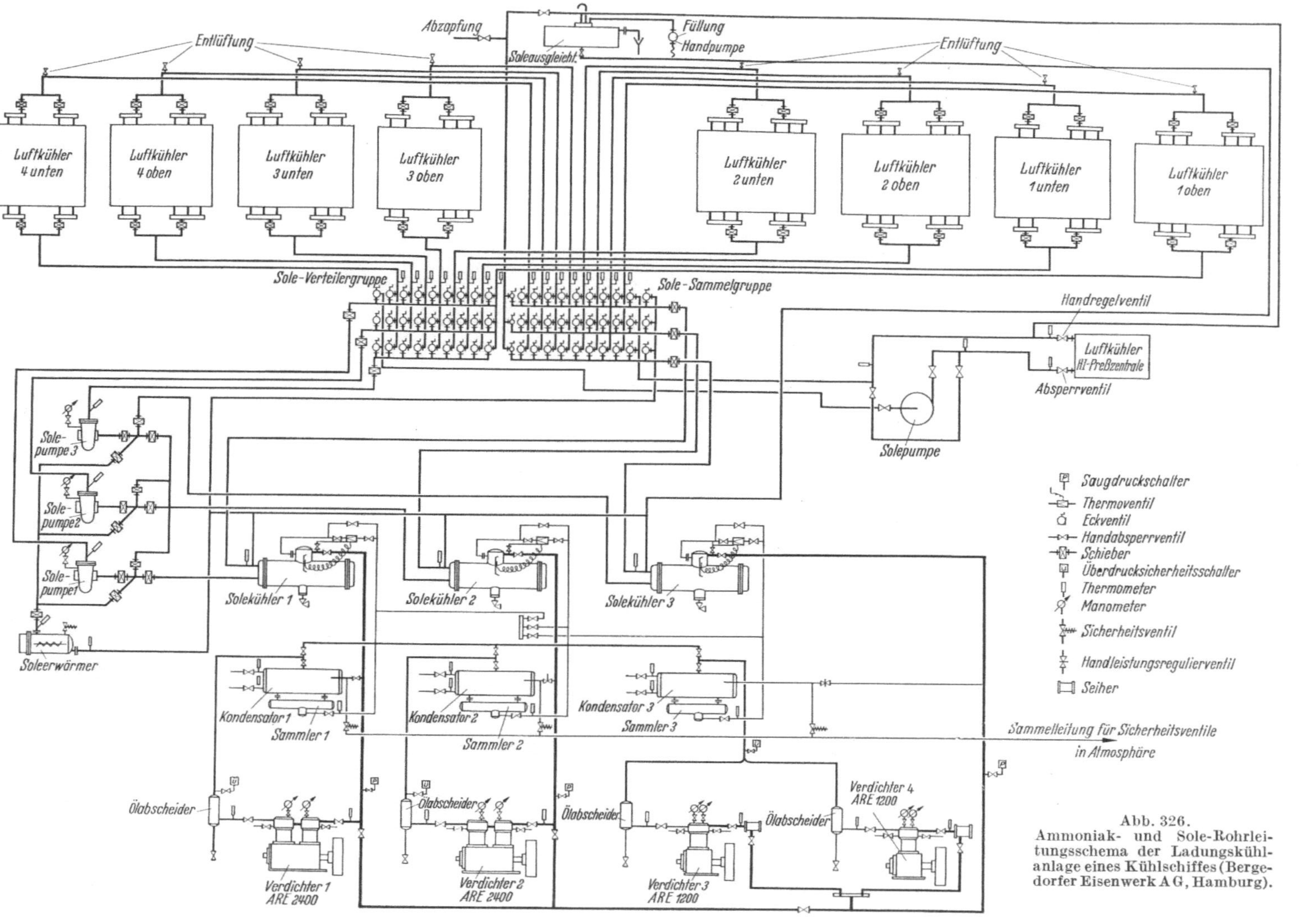

Abb. 326. Ammoniak- und Sole-Rohrleitungsschema der Ladungskühlanlage eines Kühlschiffes (Bergedorfer Eisenwerk AG, Hamburg).

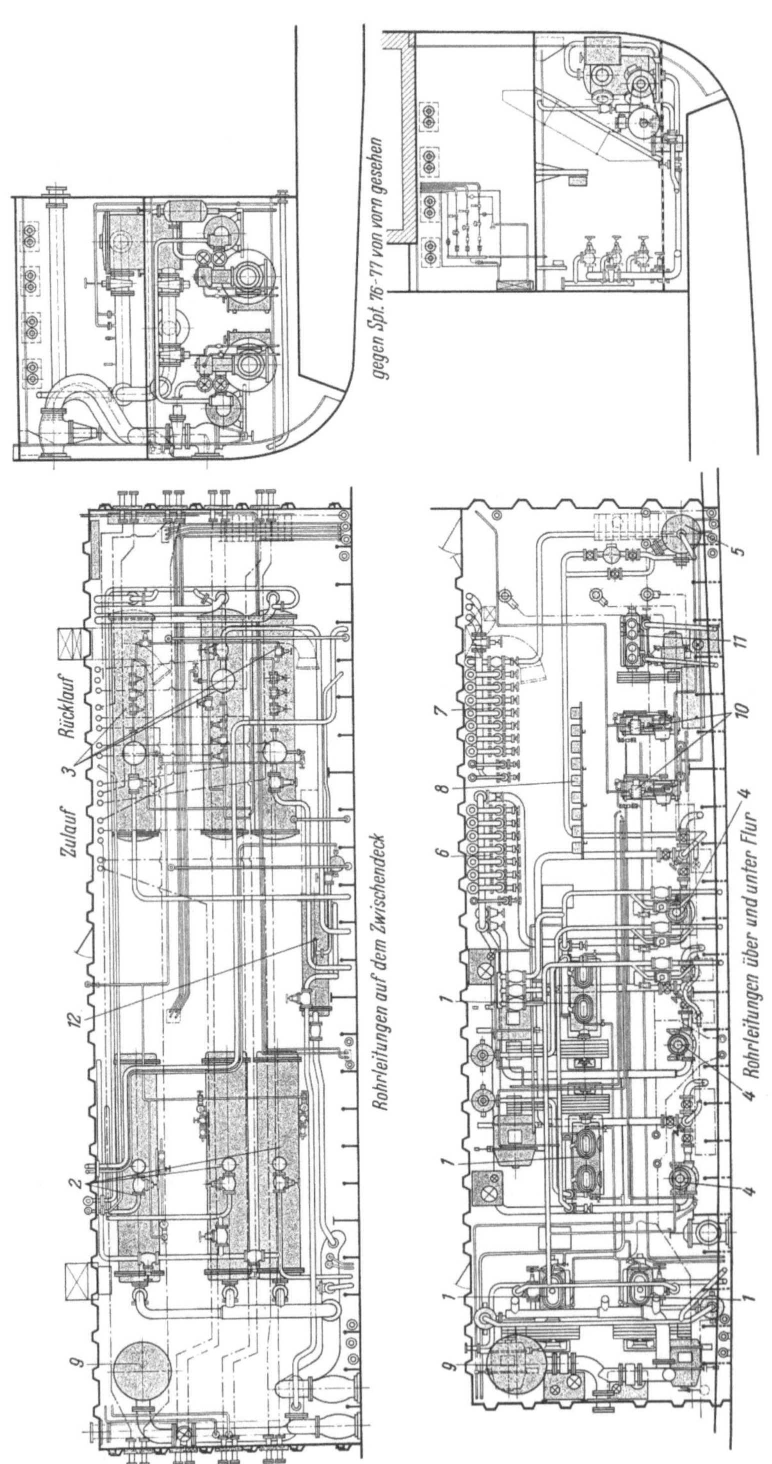

Abb. 327. Anordnung der Maschinen und Apparate sowie Rohrleitungen im Kältemaschinenraum des M. S. „Hornkoog“ (Deutsche Werft, Hamburg). *Ladungskälteanlage:* *1* Kompressoren mit Motoren, *2* Kondensatoren, *3* Solekühler, *4* Solepumpen, *5* Soleerwärmer, *6* Soleverteilgruppe, *7* Solesammelgruppe, *8* Fernthermometer, *9* Aqua-Clear-Feeder. *Proviantanlage:* *10* Maschinensätze. *Klimaanlage:* *11* Kompressor mit Motor, *12* Kondensator.

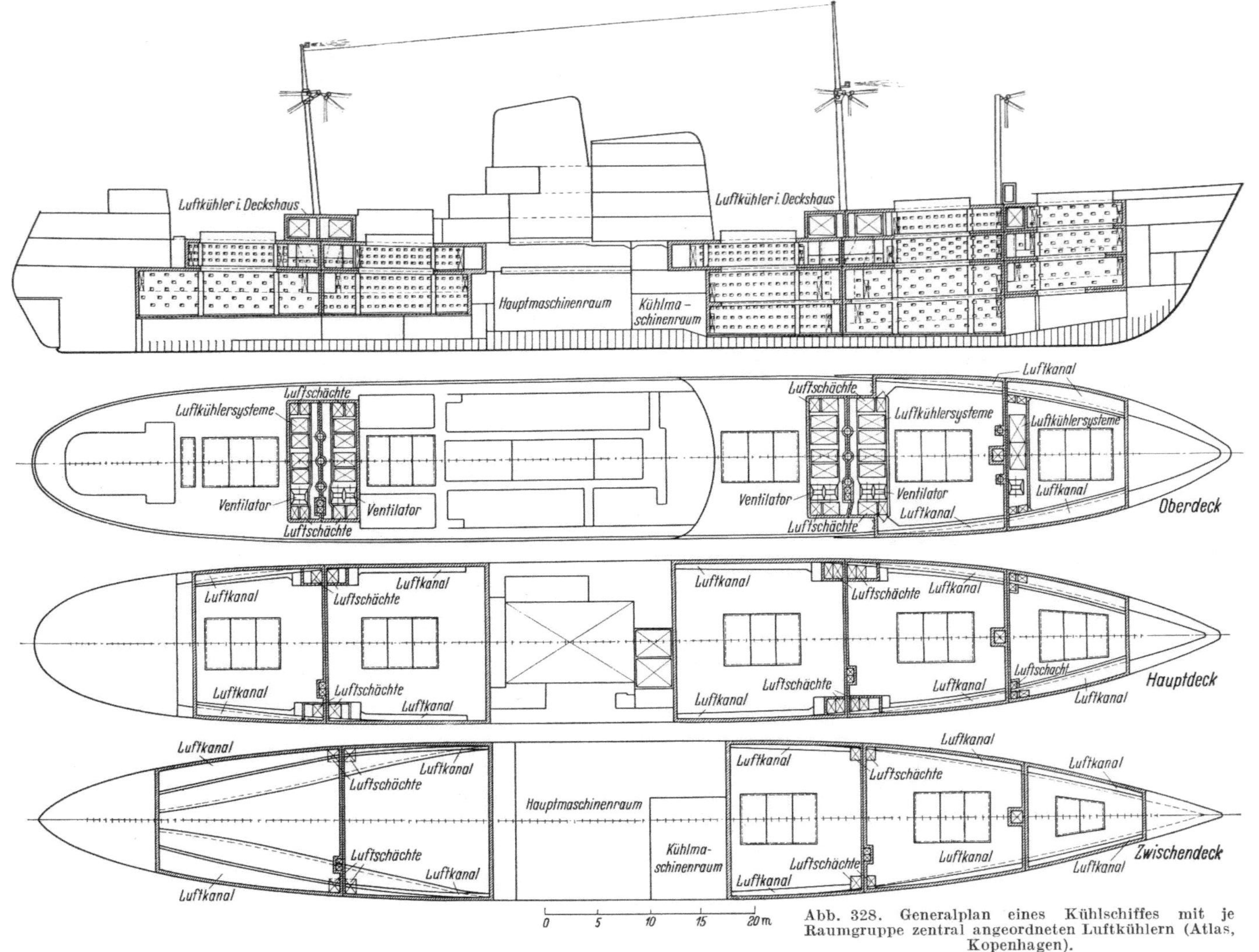

Abb. 328. Generalplan eines Kühlschiffes mit je Raumgruppe zentral angeordneten Luftkühlern (Atlas, Kopenhagen).

Abb. 329. Als Kontrollgang ausgebildeter Luftkanal (Werkphoto Atlas, Kopenhagen).

allerdings vermeidet man den Einbau von überflutet arbeitenden Verdampfern, sondern bevorzugt die trockene Verdampfung, um den Schwierigkeiten bei der Ölrückführung zu entgehen und damit die Betriebssicherheit der Anlagen nicht zu gefährden.

Gelegentlich geht man auch etwas andere Wege, wie z. B. beim Bau der „Fort"-Schiffe [*100*] der Reederei Compagnie Générale Transatlantique. Diese Schiffe „Fort Desaix", „Fort Carillon", „Fort Royal", „Fort Saint-Pierre" und „Fort Caroline" wurden auf den Werften Chantiers de Provence, Marseilles und Chantiers Loire-Normandie, Grand Queuilly gebaut und mit R-12-Kälteanlagen der Fa. Brissoneau et Lotz in Verbindung mit Sole ausgerüstet. Im Vorschiff haben je zwei, im Hinterschiff je drei übereinanderliegende Räume zwei Luftkühler, von denen immer der eine die Back-

Abb. 330. Kältemaschinenraum des Schiffes nach Abb. 328 (Werkphoto Atlas, Kopenhagen).

bordseite, der andere die Steuerbordseite der Laderäume belüftet. Die Luftkühler stehen im Deck oberhalb der zu kühlenden Räume und sind über senk-

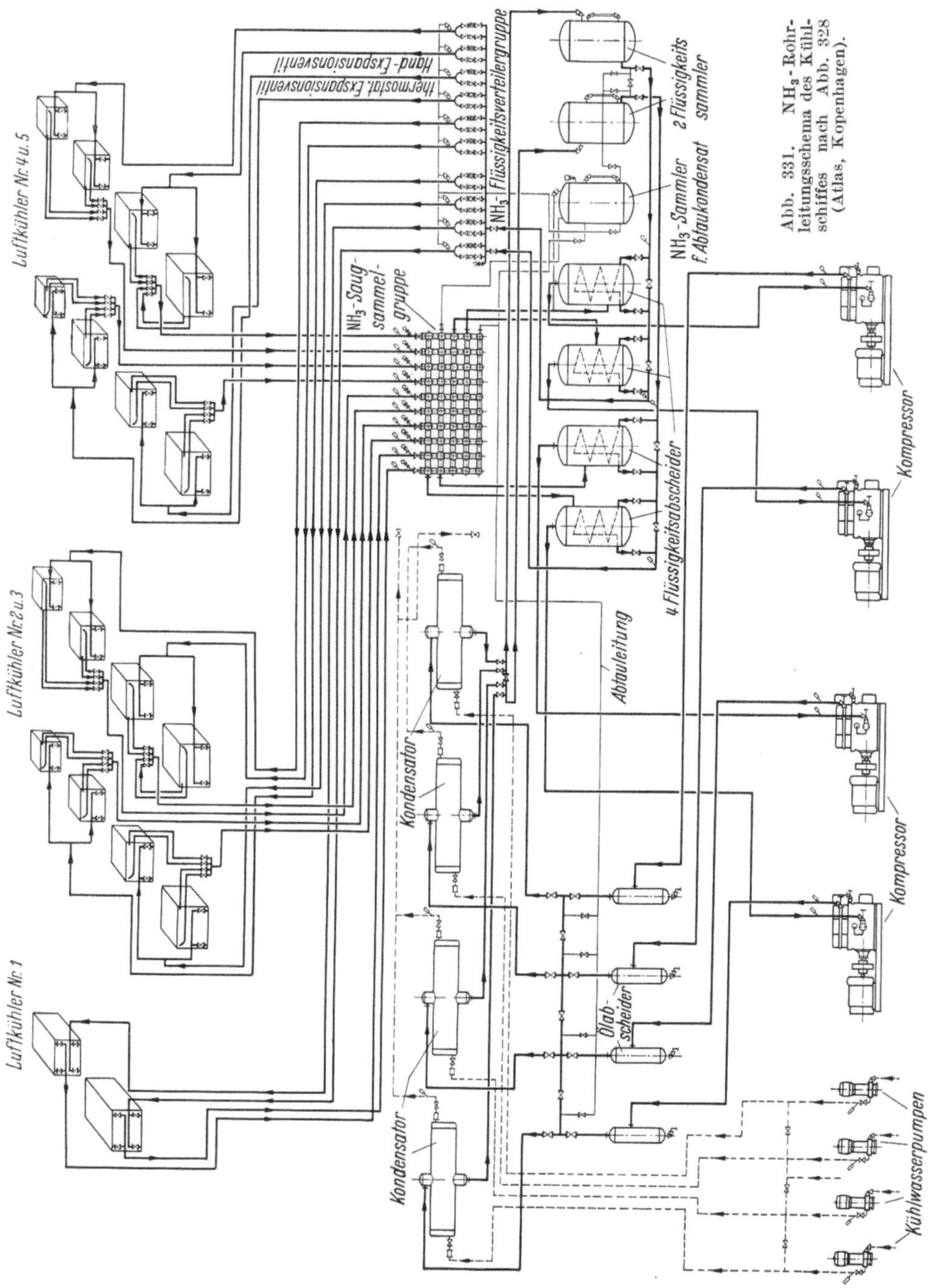

Abb. 331. NH_3-Rohrleitungsschema des Kühlschiffes nach Abb. 328 (Atlas, Kopenhagen).

rechte Hauptluftkanäle mit diesen verbunden. An diese Hauptkanäle sind in der Decke eines jeden Raumes Kanalsysteme zum Verteilen der Luft angeschlossen. Die kalte Luft durchstreicht jeden Laderaum von oben nach unten und gelangt durch die Bodengräting in Kanalsysteme, die ihrerseits wieder mit den senkrechten Hauptkanälen verbunden sind. Diese Schiffe sind ausschließlich für den Fruchttransport bestimmt.

Abb. 332. Soleraum. Im Vordergrund Soleverteil- und Sammelgruppen, hinten Solekühler. (Werkphoto Hall, Dartford).

Nach dem zweiten Weltkrieg wurde eine Reihe von Kühlschiffen für die Handelsflotte Großbritanniens gebaut, von denen jedes einen weit größeren Kühlrauminhalt besitzt als die bisher beschriebenen Schiffe. In Tab. 9 ist ein

Tabelle 9.

Name des Schiffes	Baujahr	Laderäume		Kältemittel	Tiefste Raumtemp. [°C]	Reederei
		Gesamtinhalt [ft³]	Anzahl			
Hornby Grange . .	1946	555820	78	CO_2	−12	Houlder Line
Cortona	1947	415040	53	CO_2	−12	Donaldson Line
Argentina Star . .	1947	459416	44	CO_2	− 9	Union internation. Comp.
Corinthic.	1947	518600	30	CO_2	− 9	Shaw Savil & Albion Co.
Persic	1949	513756	19	CO_2	− 9	Shaw Savil & Albion Co.
English Star . . .	1950	518965	40	CO_2	− 9	Blue Star Line
Port Vindex . . .	1950	538764	20	CO_2	−18	Port Line
Port Sidney . . .	1955	324520	16	CO_2	−18	Port Line
Cretic	1955	333430	25	R 12	− 9	Shaw Savil & Albion Co.
Carnatic	1957	395000	29	R 12	−18	Shaw Savil & Albion Co.

Teil dieser Kühlschiffe aufgeführt. Wie aus dieser Aufstellung ersichtlich ist, sind die bis 1950 gebauten Schiffe inhaltsmäßig gesehen etwa doppelt so groß wie die bisher beschriebenen und die drei zuletzt aufgeführten immerhin noch etwa 50% größer. Ferner arbeiten acht der zehn Schiffe mit dem alten Kältemittel Kohlendioxyd; erst die letzten haben Kälteanlagen mit fluoriertem Kältemittel erhalten. Besonders interessant ist die weitgehende Unterteilung des Gesamtladeraumes auf sehr viele Einzelräume. Diese Schiffe verkehren hauptsächlich zwischen dem Mutterland Großbritannien und Australien. Es wird ihnen nachgesagt, daß sie immer volle Kühlräume haben. Jeder der vielen Räume kann auf eine besondere Temperatur gekühlt werden, d. h. für jeden Raum muß ein Anschluß an die Soleverteil- und Sammelgruppen vorhanden sein. Bei der großen Anzahl der Räume sind diese Gruppen also außerordentlich umfangreich. Sie sind zusammen mit den Solekühlern in einem besonderen gut isolierten Raum neben dem Kühlmaschinenraum untergebracht und auf Abb. 332 zum Teil dargestellt (vgl. auch Abschnitt D III.)

Die bisher behandelten Kühlschiffe mit einem Laderauminhalt von etwa 220000 ft^3 und mehr, können nur mit Kühlfrachten, die in großer Menge anfallen, voll beladen und damit rentabel ausgenutzt werden. Hauptsächlich handelt es sich dabei um Bananen- und Gefrierfleischtransporte aus Ländern, die vom Export dieser Güter leben. Andere Lebensmittel wie Eier, Butter, Weintrauben, Aprikosen oder dgl. fallen jedoch nie in sehr großen Mengen an. Die im Liniendienst eingesetzten großen Schiffe eignen sich daher weniger zum Transport solcher Güter, wenn auch die Temperaturen der einzelnen Laderäume verschieden eingestellt werden können. Sie sind aber aus praktischen Gründen nicht in der Lage, jeden kleinen Hafen anzulaufen. Daraus ergibt sich die Notwendigkeit, auch kleine Kühlschiffe zu bauen mit etwa 30000 bis 50000 ft^3 Laderaum. Die Kälteanlagen dieser Schiffe sind so bemessen, daß ihre Leistung zur Erzeugung von Temperaturen zwischen —20 °C und +12 °C unter tropischen Bedingungen ausreicht.

Eine Reihe dieser Schiffe der Reederei Heinrich C. Horn, Hamburg, wurde in den letzten Jahren von der Firma Brown, Boveri & Cie mit Ladungskälteanlagen ausgerüstet. Gund [*101, 102*] beschreibt diese Schiffstypen: Die Kühlschiffe mit je einem Laderaum von 30000 ft^3 mit hintenliegenden Hauptmaschinenanlagen sind in zwei Laderaumgruppen aufgeteilt, in denen gleichzeitig und unabhängig voneinander verschiedene Temperaturen gehalten werden können. Zum Beispiel kann man im Vorschiff Bananen und im Hinterschiff Gefrierfleisch transportieren. Es ist Vorsorge dagegen getroffen, daß Kühlgutgerüche von einem in den anderen Raum übertreten können.

Abb. 333 stellt den Generalplan eines solchen Schiffes dar, und Abb. 334 zeigt schematisch die Luftführung durch die Ladekühlräume. Das Lüftungssystem für die Kühlräume, das in Zusammenarbeit mit dem Hermann-Föttinger-Institut, Berlin, entwickelt wurde, weicht von dem auf größeren Kühlschiffen üblichen ab. Bei diesem System wurde besonderer Wert auf strömungstechnisch einwandfreie Ausführung gelegt, um den Gesamtdruck der Umwälzventilatoren niedrig zu halten.

Die Kältemaschinenanlage besteht aus vier 2stufig arbeitenden R-22-Kompressoren; dabei arbeiten 3 Zylinder als Niederdruck- und 1 Zylinder als Hochdruckstufe. Die Drehzahl ist zwischen 700 und 950 U/min regelbar. Der Kolbendurchmesser beträgt 110 mm, der Hub 80 mm, die mittlere Kolbengeschwindigkeit max 2,52 m/s. Jeder Kompressor hat einen Saugtopf mit Siebeinsatz sowie einen Ölabscheider mit Schwimmerventil zur automatischen Ölrückführung. Zum Schutz des Kompressors gegen unzulässigen Überdruck ist zwischen Saug-

und Druckseite ein Sicherheitsventil eingebaut. Ferner sind an jedem Kompressor ein Überdrucksicherheitsschalter und ein Öldruckdifferenzschalter, beide

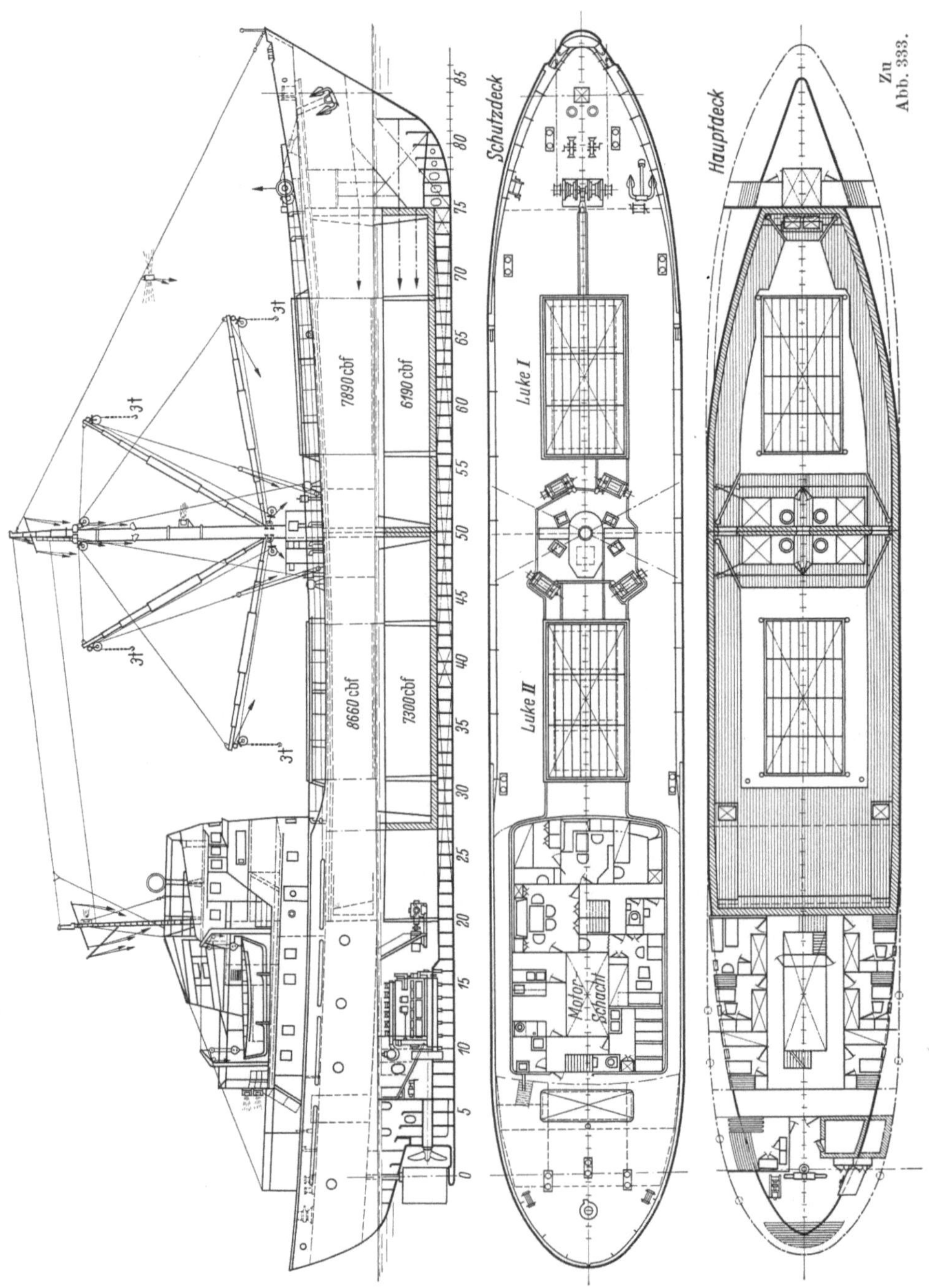

Zu Abb. 333.

mit Gegenkontakt für eine Alarmanlage, eingebaut. Die dazugehörigen Leuchtmelder befinden sich an der Hauptschalttafel. Die Kompressoren werden über

Keilriemen von Gleichstrom-Verbundmotoren mit 1480/1980 U/min und einer Leistung von je 20 kW angetrieben. Die für das Schiff notwendige elektrische Leistung wird von zwei Generatoren von je 70 kW und einem Hafengenerator mit 20 kW aufgebracht. Die Kompressoren können auch direkt mit dem Dieselmotor oder dem Generator gekuppelt werden, wie das auf einigen Schiffen geschehen ist.

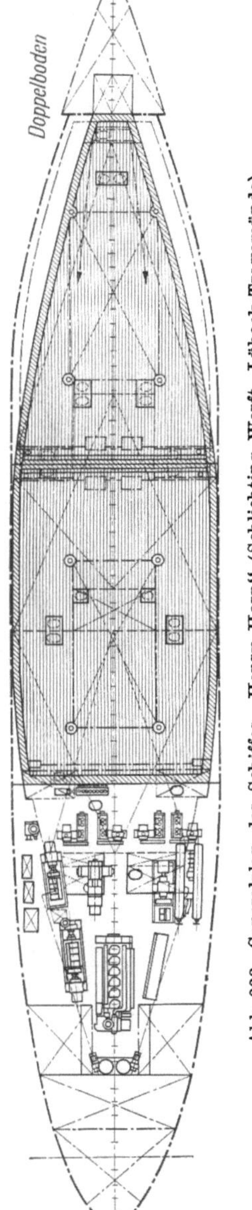

Abb. 333. Generalplan des Schiffes „Henry Horn“ (Schlichting Werft, Lübeck-Travemünde).

Die Aufteilung auf 4 Kompressoren erlaubt es, die Maschinenleistung bei den gewünschten Kühlraumtemperaturen den Außentemperaturen sowohl in den Tropen wie in heimischen Gewässern anzupassen. Beim Gefriertransport mit —20 °C Laderaumtemperatur und +45 °C Außentemperatur arbeiten z. B. 3 Kompressoren mit 950 U/min. Zum Abkühlen der Bananen auf +12 °C, die im allgemeinen ohne Vorkühlung eingebracht werden, also tropische Außentemperatur haben, sind für 48 Std. 3 Kompressoren mit voller Drehzahl in Betrieb. Sind die Bananen auf etwa +12 °C heruntergekühlt, dann muß nur noch ein Kompressor mit reduzierter Drehzahl laufen.

Die Schaltung der Ladungskälteanlage, die unter Aufsicht des Germanischen Lloyd gebaut und von ihm abgenommen wurde, ermöglicht es, daß jeder der 4 Kompressoren auf jeden der 4 Verdampfer bzw. auf jeden der Kondensatoren arbeiten kann. Da bei allen Betriebszuständen ein Kompressor als Reserve zur Verfügung steht, kann dieser für eine Klimaanlage benutzt werden. Fällt ein auf die Ladungskälteanlage arbeitender Kompressor aus, so muß eben auf die Klimatisierung verzichtet werden.

Die Anlage ist mit 2 Bündelrohr-Kondensatoren mit Rillenrohren aus seewasserbeständiger Bronze versehen; die Rohrböden sind mit Muntzmetall plattiert, die Deckel haben korrosionsfeste Auskleidung und leicht auswechselbare Zinkschutzstopfen. Zur Unterkühlung des flüssigen und zur Überhitzung des verdampften Kältemittels sind 2 Wärmeaustauscher eingebaut. Die 2 Kältemittelsammler mit Schauglas sind so dimensioniert, daß sie das gesamte in der Anlage befindliche Kältemittel aufnehmen können. In 2 Trockner- und Filtergruppen mit Umgehung wird das umlaufende Kältemittel gereinigt und getrocknet. Durch vier thermostatische Expansionsventile, die mit Handabsperrventilen versehen sind, wird das Kältemittel über Verteiler in die 4 Verdampfer eingespritzt. Damit die Regelgruppen leicht zu bedienen sind, wurden sie im Maschinenraum untergebracht. Die Verdampfer sind für direkte Verdampfung konstruiert; sie bestehen aus nahtlosem Stahlrohr mit aufgesetzten Stahllamellen in feuerverzinkter Ausführung. Um zu vermeiden, daß die Verdampfer häufig abgetaut werden müssen, wurde ein nicht zu enger Lamellenabstand gewählt.

Unterhalb der Verdampfer sind elektrische Heizstäbe installiert. Die Verdampfer können innerhalb kurzer Zeit abgetaut werden, indem man die Luft nicht durch den Laderaum sondern über den Verdampfer zurückführt. Dies wird durch Umschalten einiger Klappen erreicht. Das Abtauwasser wird in den Lenzbrunnen im Doppelboden geleitet.

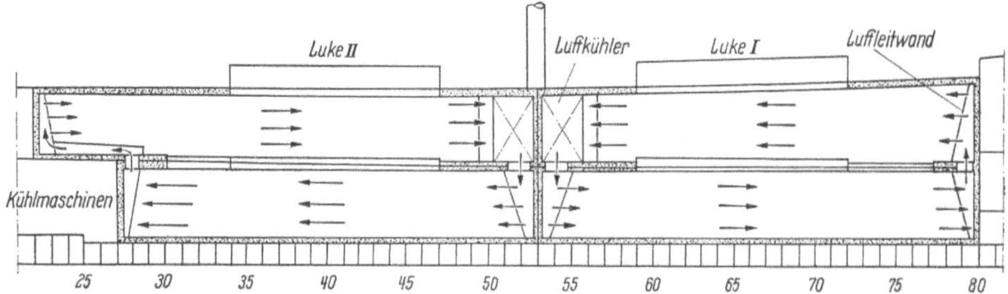

Abb. 334. Schema der Luftführung durch die Kühlräume der „Henry Horn" (BBC).

Bei Raumtemperaturen über null Grad (bei sog. Plus-Fahrt) kann die Verdampfungstemperatur in den Laderäumen durch zwei Saugdruckregulatoren mit Konstantdruckventil genau geregelt werden. Wenn die 4 Ventilatoren, bei denen die Drehzahl in einem Bereich von 30% geregelt werden kann, mit voller Drehzahl laufen, beträgt die Luftumwälzung etwa das 60fache je Stunde, bezogen auf den leeren Laderaum (Abb. 335). Diese hohe Luftumwälzung ist bei

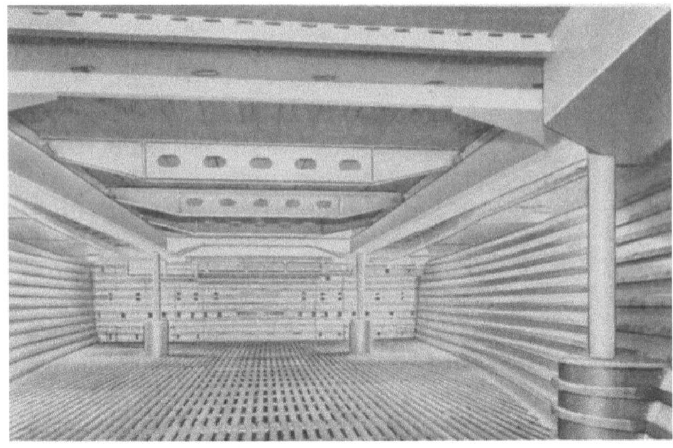

Abb. 335. Ladekühlraum. Blick auf die Luftverteilerkammer mit den verstellbaren Lufteintrittsschlitzen (Werkphoto BBC).

Fruchtfahrt (mit Temperaturen über null Grad) erforderlich. Bei Gefrierfracht werden die Ventilatoren mit reduzierter Drehzahl betrieben; die stündliche Luftumwälzung beträgt dann etwa das 30fache des Laderauminhaltes.

Die CO_2-Entwicklung der Früchte macht es notwendig, die Raumluft täglich bis zu zehnmal durch Frischluft zu ersetzen. Dafür ist ein eigener Ablüfter eingebaut. Die eintretende Frischluft wird über den Verdampfer geleitet und dabei gekühlt und getrocknet, so daß sich kein Tauwasser auf dem Kühlgut niederschlagen kann. Wird Fruchtladung im Winter transportiert, wenn die Außentemperatur unter der geforderten Innentemperatur liegt, so können die eingebauten Heizstäbe in Verbindung mit den Umwälzventilatoren zur Aufheizung des Laderaumes benutzt werden.

Die Isolierung der Räume (Abb. 336), die von der Firma Löher, Hamburg, ausgeführt wurde, und die Leistung der Kältemaschinen sind so abgestimmt, daß bei einer Außentemperatur von max +45 °C die geforderte tiefste Kühlraumtemperatur von —20 °C gehalten werden kann. Die Unterräume wurden mit Torfoleum und Gerrixplatten, die Oberräume aus Stabilitätsgründen mit dem leichteren Alfol isoliert. Um die Isolierung gegen Feuchtigkeit zu schützen, werden alle isolierten Flächen durch Dehydrier-Anlagen entfeuchtet. Es sind an Bord für die Laderaumgruppen I und II 2 Dehydriereinrichtungen vorhanden, die unabhängig voneinander arbeiten. Für diese Anlagen wird eine eigene kleine Kältemaschine desselben Typs und derselben Leistung wie für den Proviantkühlraum verwendet. Diese Maschinen sind so geschaltet, daß sie sich gegenseitig ersetzen können.

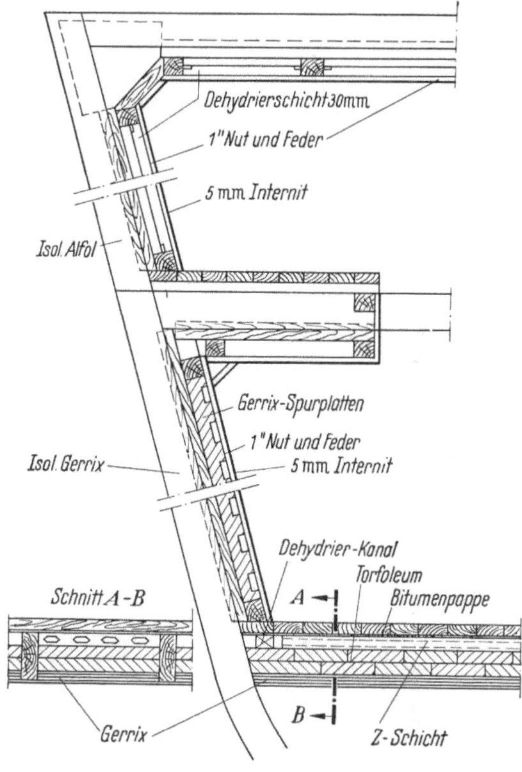

Abb. 336. Schnitt durch die Isolierung.

Diese kleinen Kühlschiffe mit rund 30000 ft³ Laderauminhalt wurden mit bestem Erfolg für Trauben-, Bananen- und Gefrierfleischtransport eingesetzt.

II. Frachtschiffe.

Bisher wurde nur von ausgesprochenen Kühlschiffen berichtet. Bei sehr vielen Frachtschiffen ist aber ein mehr oder weniger großer Teil der Laderäume als Kühlguträume ausgebildet. So zeigt Abb. 337 ein Frachtschiff, bei dem in den Räumen 2 und 3 Kühlladung jeglicher Art untergebracht werden kann. Der gesamte Kühlrauminhalt beträgt etwa 6000 m³. Abb. 338 stellt ein Frachtschiff dar mit Kühlräumen in Raum I. Schiffe dieser Art sind verschiedentlich gebaut worden. Teils wurden nur die unteren drei übereinanderliegenden Räume gekühlt, teils aber auch alle vier. Der Kühlrauminhalt liegt etwa zwischen 2000 und 3200 m³. Wegen der großen Entfernung bis zum Hauptmaschinenraum wurde der Kältemaschinenraum ebenfalls im Vorschiff in der Nähe der Kühlräume angeordnet und auf einen möglichst weitgehenden vollautomatischen Betrieb Wert gelegt.

Schließlich soll noch auf Abb. 339 hingewiesen werden. Trotz der Größe des Schiffes begnügte man sich hier mit zwei sehr kleinen Ladekühlräumen von je etwa 120 m³. Sie sind neben den Proviantkühlräumen angeordnet. Es lag in diesem Falle auf der Hand, die Kühlung der Laderäume mit derjenigen der Provianträume zu verbinden.

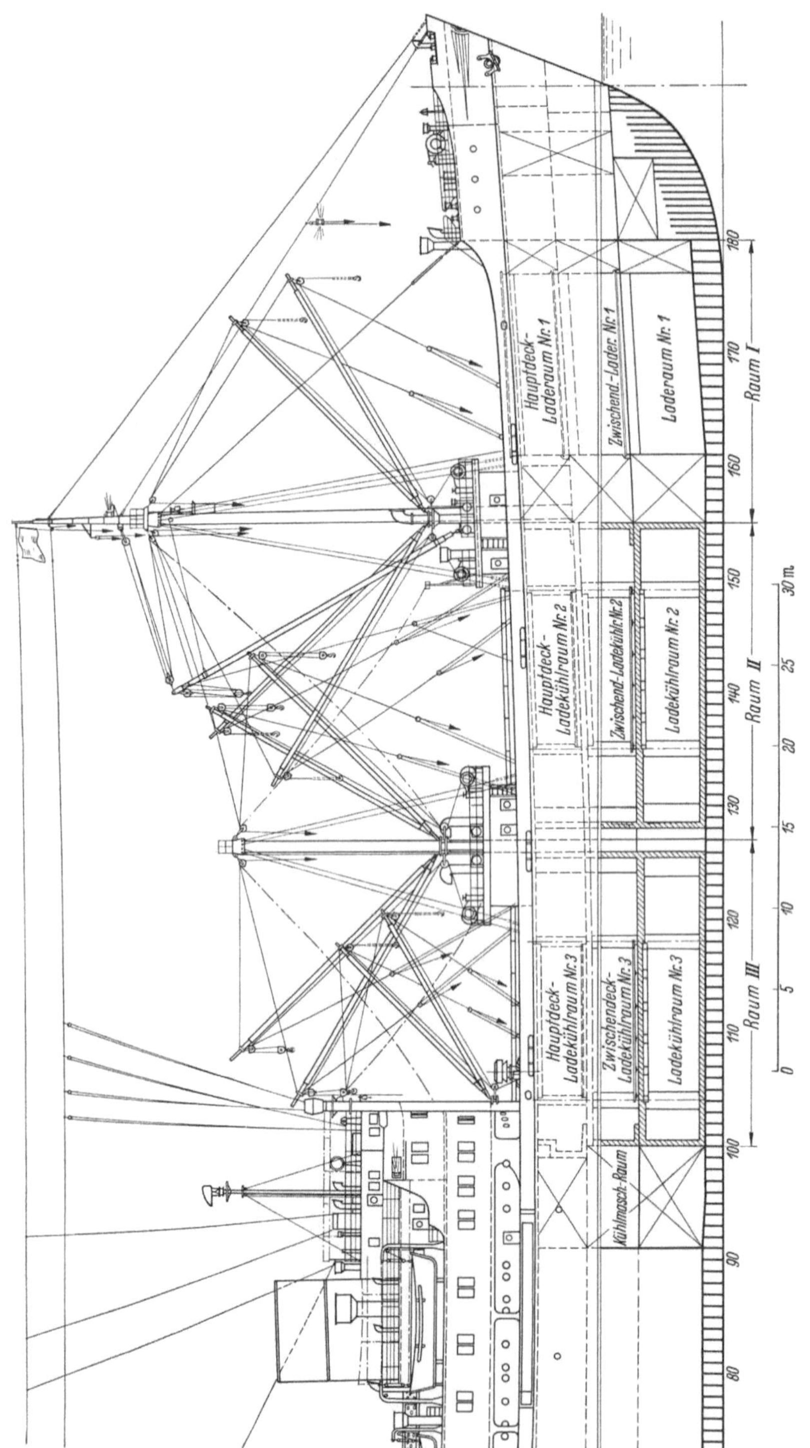

Abb. 337. Frachtschiff mit teilweise gekühlten Laderäumen (Raum 2 und 3) (Howaldtswerke Hamburg A G).

Häufig werden Laderäume auf Frachtschiffen nachträglich zu Kühlräumen umgebaut. Dabei entstehen immer Schwierigkeiten bei der räumlichen Unterbringung der Kältemaschineneinrichtung, noch mehr als bei Schiffsneubauten. Die Abb. 340 u. 341 veranschaulichen dieses sehr deutlich. Auf Abb. 340 ist ein solcher Kältemaschinenraum während der Montage, auf Abb. 341 betriebsfertig dargestellt.

III. Fischereifahrzeuge.[1]

Wie auf dem X. Internationalen Kältekongreß 1959 in Kopenhagen von Jul [*103*] betont wurde, kann in der Hochseefischerei, wenn Reisezeiten bis zu 9 Tagen in beiden Richtungen in Frage kommen, der Fisch bei der Anlandung bis zu 12 Tagen alt sein und dann nicht mehr als frisch bezeichnet werden. Um deshalb noch gute Qualitäten zu erhalten, muß mit der Konservierung bereits auf See begonnen werden.

Nach dem 2. Weltkrieg wurde auf diesem Gebiet sehr viel Entwicklungsarbeit geleistet. So wurden z. B. die an der Westküste der USA stationierten *Tuna*-Klipper mit Gefriereinrichtungen nach dem Tauchverfahren ausgerüstet, um die Fische im ganzen einzufrieren. Dadurch konnten die Boote bis zu 3 Monaten auf See bleiben. Der gefrorene Fisch wurde dann in Konservenfabriken weiterverarbeitet.

Die UdSSR hat insofern eine ungünstige geographische Lage, als der Weg zu den großen Fanggründen sehr weit ist. Es lag daher eine besondere Notwendigkeit vor, große Gefrierschiffe zu bauen. Heute besitzt die UdSSR ungefähr 30 moderne Gefriertrawler und damit die größte Gefrierflotte der Erde. Weitere Einheiten sind in Bestellung. Jeder dieser Trawler hat eine tägliche Gefrierleistung von 20 Tonnen und einen Laderaum für ungefähr 600 Tonnen. Diese Schiffe bleiben etwa 100 Tage auf See. In der UdSSR werden auch noch Schiffstypen mit Gefriertunnelanlagen oder anderen Gefriereinrichtungen an Bord gebaut. Sie arbeiten als Mutterschiffe für eine Anzahl Fangboote. Diese Typen haben eine Ladekapazität von 1000 bis 2000 Tonnen gefrorenen Fisch. Insgesamt verfügte die UdSSR am 1. 1. 1958 über 309 Gefrierschiffe mit einer täglichen Gefrierleistung von 2800 Tonnen [*104*].

Ein Fabrikschiff der ,,Puschkin“-Klasse, von der vor wenigen Jahren 24 Stück bei den Kieler Howaldtwerken gebaut wurden, ist auf Abb. 342 dargestellt. Das volle Netz wird über die im Hinterschiff angeordnete Aufschleppe auf das hintere Schutzdeck gezogen und hier geleert. Nach grober Sortierung gelangt der Fang durch Luken in den darunterliegenden Arbeitsraum auf dem Hauptdeck. Hier wird er weiterverarbeitet und zum Gefrieren vorbereitet. Der Abfall wandert in die unter dem Hauptdeck befindliche Fischmehlanlage, in deren unmittelbarer Nähe der Fischmehlraum liegt. Vor dem Arbeitsraum im Hauptdeck sind 2 Hordenwagen-Gefriertunnel aufgestellt, die von der Gesellschaft für Lindes Eismaschinen A.G., Wiesbaden [*105*], in Zusammenarbeit mit der Bauwerft gebaut wurden. Den Grundriß eines Apparates zeigt Abb. 343 und den Querschnitt Abb. 344. In der Mitte befindet sich der Flossenluftkühler *10* für direkte Ammoniakverdampfung und zu beiden Seiten davon je ein Hordenwagenkanal *11* mit je 4 Hordenwagen *12*. Jeder Hordenwagen hängt an einer auf Schienen fahrenden Laufkatze *13* und wird unten in Schienen *14* geführt. Beiderseits der Symmetrieebene sind je zwei übereinander angeordnete Ventilatoren vorgesehen, die die Luft in der durch Pfeile angedeuteten Weise im Kreislauf um-

[1] Vgl. Bd. X dieses Handbuches, S. 244 bis 263.

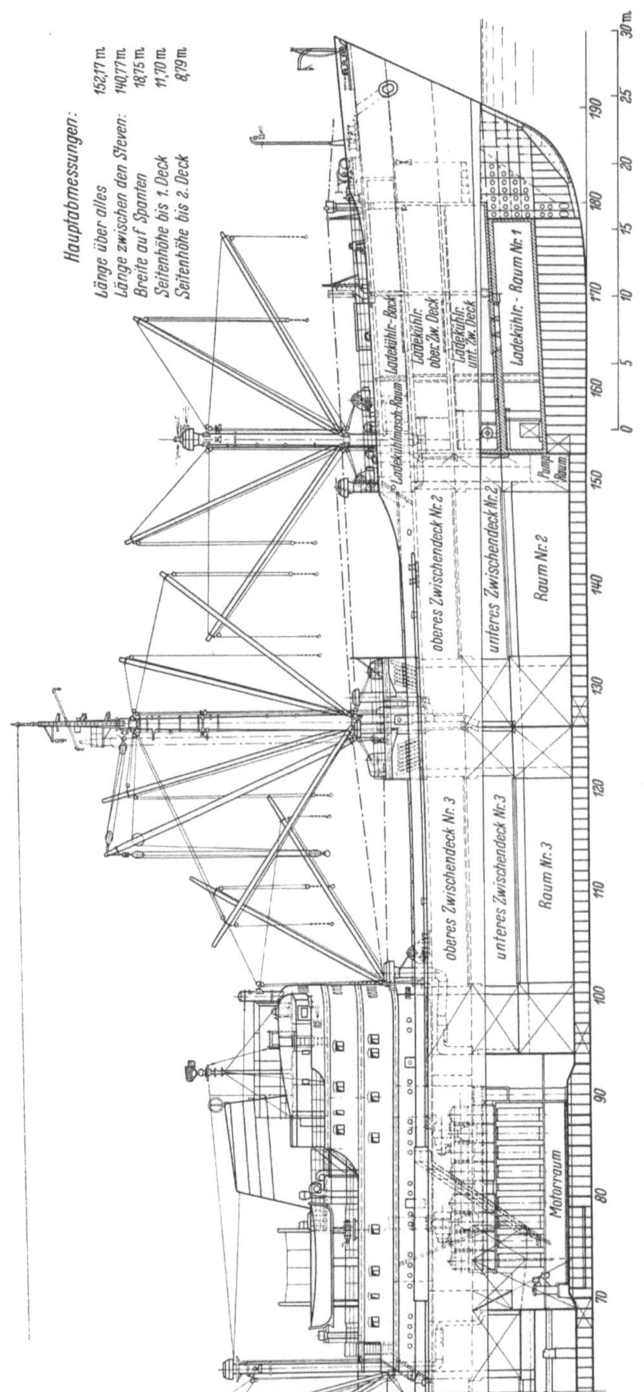
Hauptabmessungen:
Länge über alles 152,17 m
Länge zwischen den Steven 140,77 m
Breite auf Spanten 18,75 m
Seitenhöhe bis 1. Deck 11,70 m
Seitenhöhe bis 2. Deck 8,79 m
Ladekühlr.-Back
Ladekühlr. ober. Zw. Deck
Ladekühlr. unt. Zw. Deck
Ladekühlr.-Raum Nr. 1
Ladekühlmasch.-Raum
Pump-Raum
oberes Zwischendeck Nr. 2
unteres Zwischendeck Nr. 2
Raum Nr. 2
oberes Zwischendeck Nr. 3
unteres Zwischendeck Nr. 3
Raum Nr. 3
Motorraum
0 5 10 15 20 25 30 m

Zu Abb. 338.

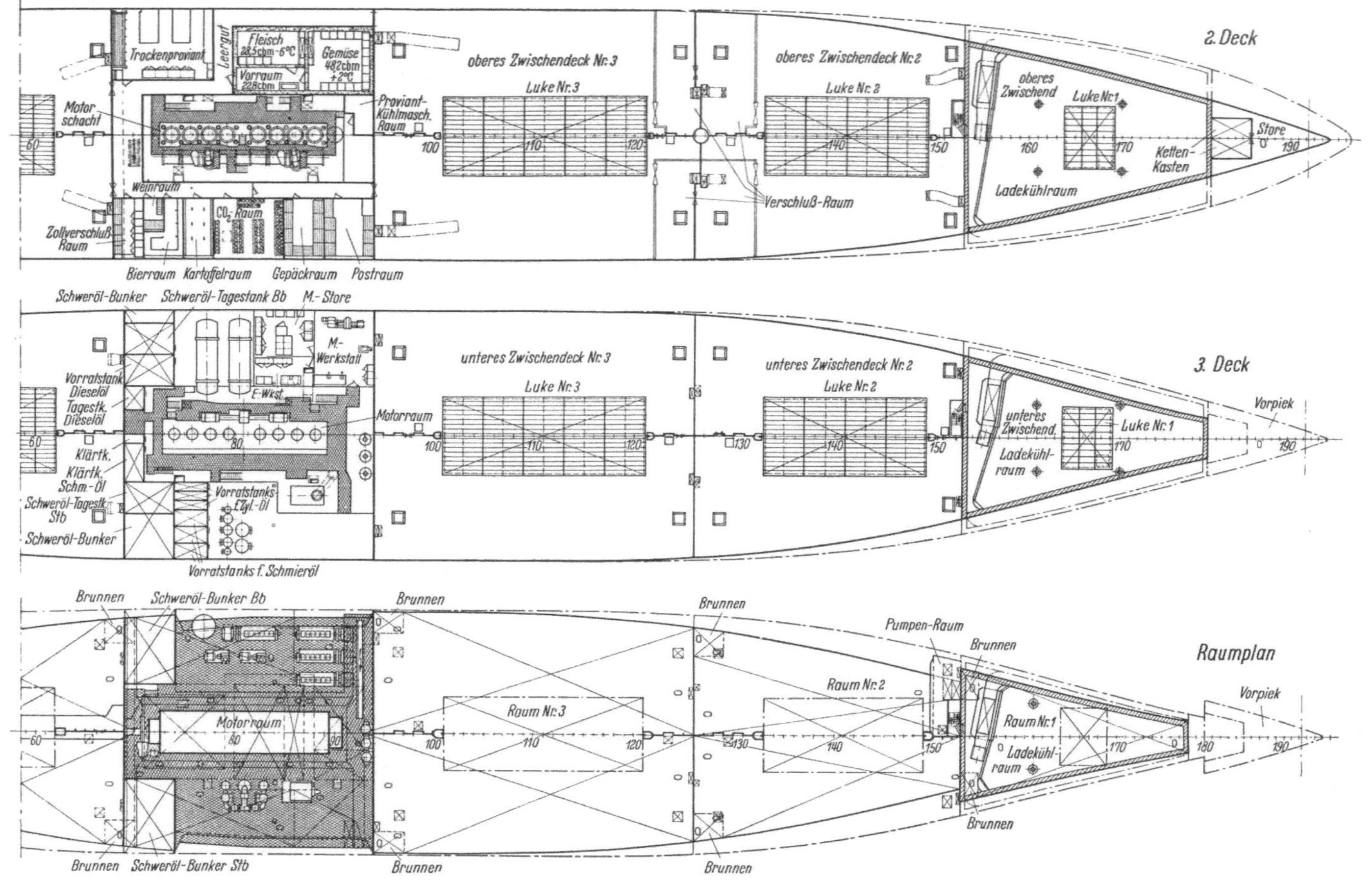

Abb. 338. Größeres Frachtschiff mit Raum I für Kühlladung. Die Kältemaschinen befinden sich unmittelbar hinter dem Kühlraum im 1. Deck, die Proviant-Kälteanlage im 2. Deck mittschiffs in der Nähe der Hauptmaschine (Deutsche Werft, Hamburg).

wälzen. Die beiden Luftkreisläufe sind durch Wände *15*, die mit der Symmetrieebene zusammenfallen, voneinander getrennt. Die Trennwände *16* zwischen

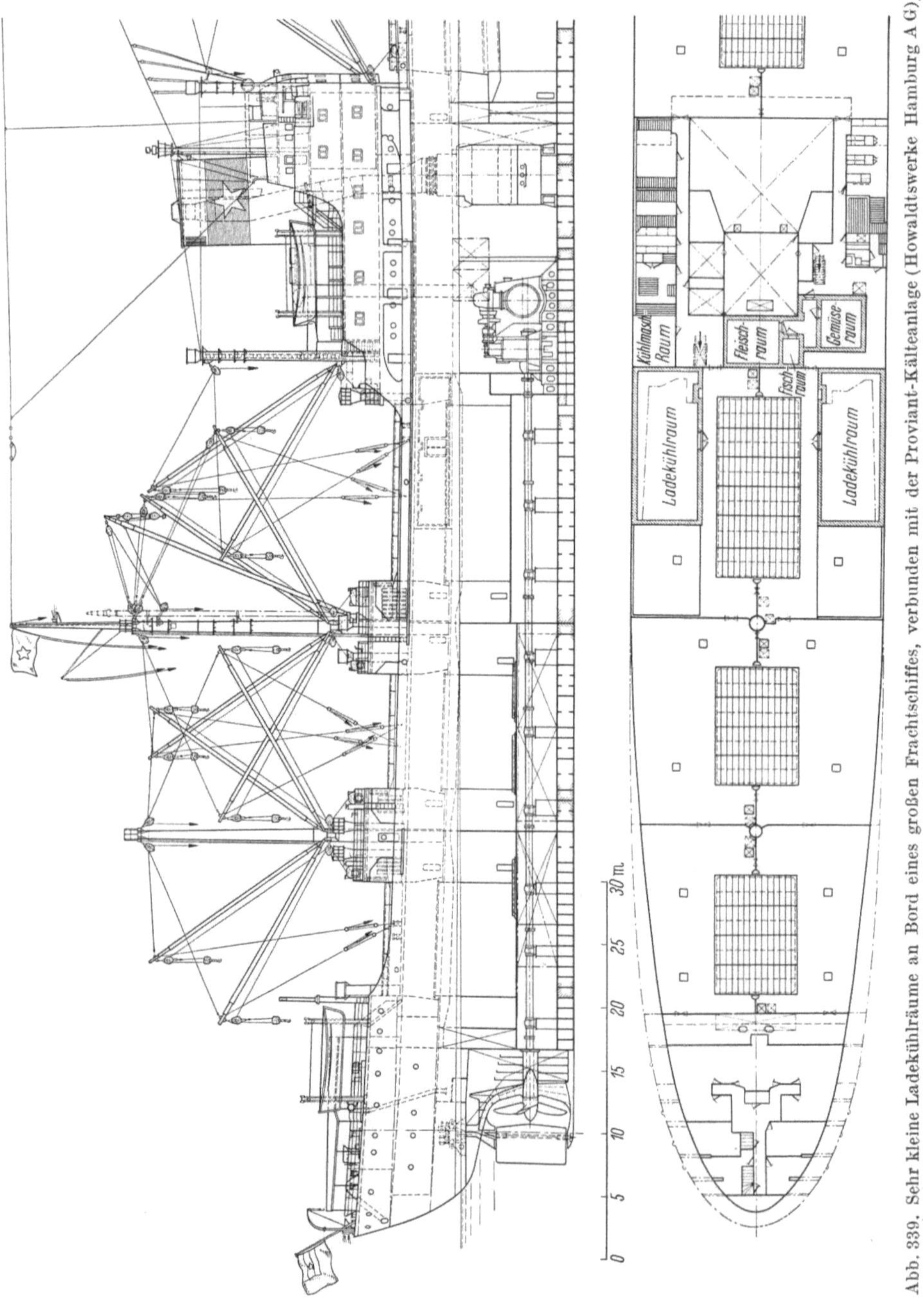

Abb. 339. Sehr kleine Ladekühlräume an Bord eines großen Frachtschiffes, verbunden mit der Proviant-Kälteanlage (Howaldtswerke Hamburg AG).

Hordenwagenkanal und Luftkanal sind aus einzelnen Feldern bestehende Schiebewände. Wenn es erforderlich ist, kann man sie beiseite schieben, um an die Schweißstellen der Luftkühlersysteme zu gelangen.

Abb. 341. Kältemaschinenraum und Soleverteilstation betriebsfertig (Werkphoto BBC).

Abb. 340. Kältemaschinenraum und Soleverteilstation während der Montage (Werkphoto BBC).

Der Luftkühler wird bei einer Ammoniakverdampfungstemperatur von etwa —40 °C betrieben. Der Verdampfer ist in zwei übereinanderliegende Gruppen unterteilt, deren Ammoniakstand getrennt durch Schwimmerregler gehalten wird. Die Flüssigkeitsabscheider befinden sich im darüberliegenden Deck. Der Kältemitteldampf wird von den Verdampfergruppen an mehreren Stellen abgesaugt, und zwar derart, daß beim Schlingern des Schiffes und dem damit verbundenen Verlagern der Füllung kein flüssiges Ammoniak angesaugt werden kann. Da die Gefrierschalen durch Deckel verschlossen sind, wird vom Fisch wenig Feuchtigkeit an die Luft abgegeben. Infolgedessen genügt es, den Luftkühler bei der entstehenden geringen Bereifung in Zeitabständen von 1 bis 2 Wochen abzutauen.

Die Hordenwagenkanäle *11* sind beiderseits durch Schiebetüren *17* verschlossen. Die Schienen sind an diesen Stellen durch schwenkbare Stücke *18* unterbrochen die nach Bedarf von Hand betätigt werden können.

Die Konstruktion der isolierten Schiebetüren ist in den Abb. 345 und 346 dargestellt. Jede Tür hat ringsherum eine Dichtung *19*, mit der sie auf dem geheizten Rohrrahmen *20* anliegt. Die Tür läuft auf Rollen *21* und wird von einem Hydraulikzylinder *22* auf- und zugeschoben. In der Mitte einer jeden Seite des rechteckigen Türblattes befindet sich eine hydraulisch betätigte Klaue *23*. In diese 4 Klauen fährt die Tür beim Schließen hinein. Daraufhin ziehen die Klauen an und pressen die Tür mit ihrer Dichtung an den geheizten Tür-

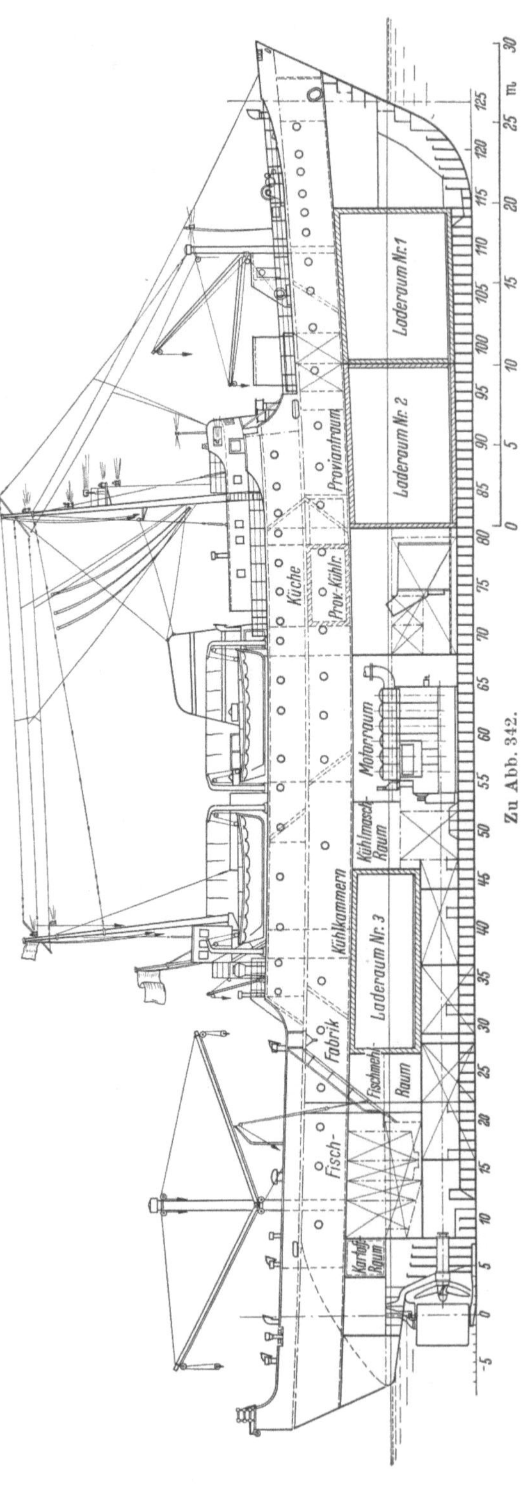

Zu Abb. 342.

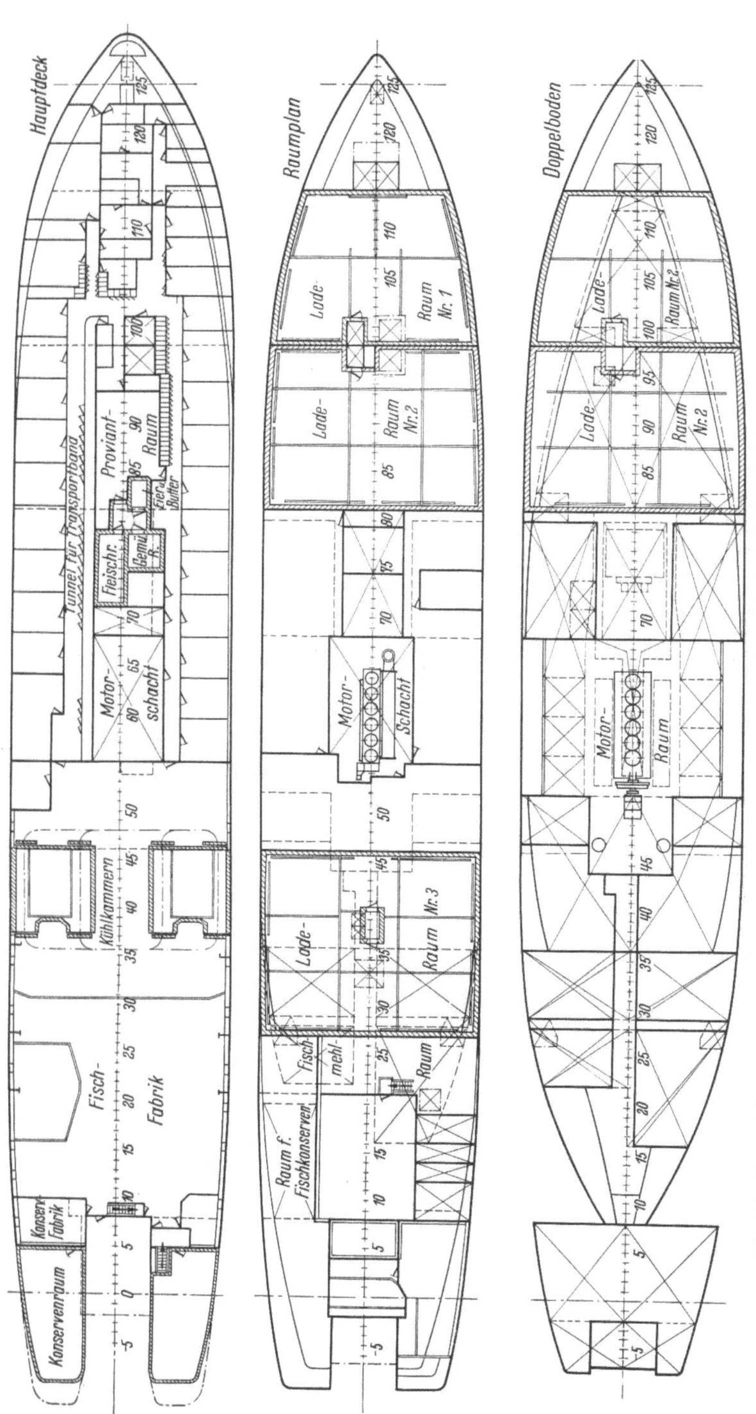

Abb. 342. Generalplan eines Fabrik-Trawlers der „Puschkin“-Klasse. Hauptdaten siehe Tab. 10 (Kieler Howaldtswerke AG).

rahmen. Jeder Tür ist ein hydraulischer Schalthebel zugeordnet, von dem aus die Klauen *23* und die Schubzylinder *22* gemeinsam geschaltet werden. Eine Tür

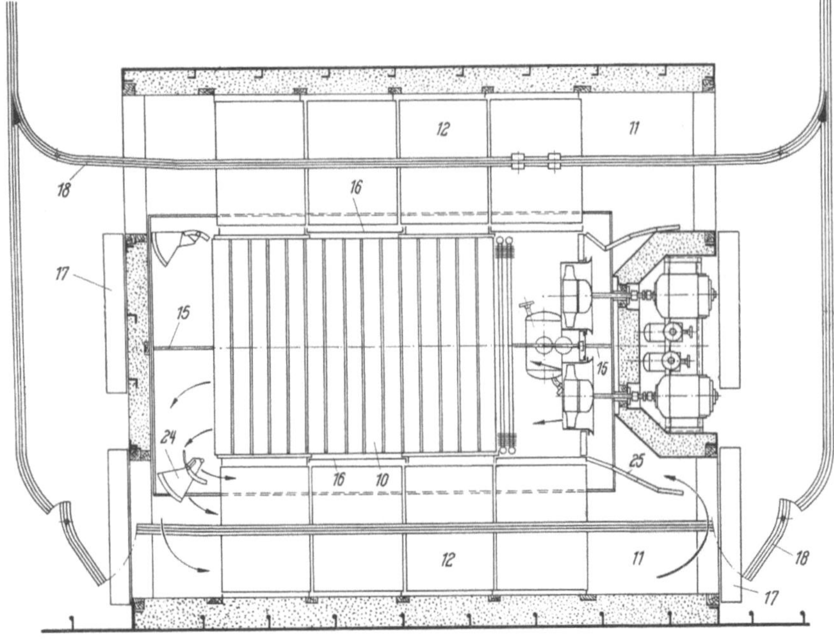

Abb. 343. Grundriß eines Hordenwagen-Gefriertunnels auf einem Trawler nach Abb. 342. *10* Flossenluftkühler, *11* Hordenwagenkanal, *12* Hordenwagen, *15* Zwischenwände, *16* Kanalwand, *17* Schiebetür, *18* schwenkbare Schiene, *24* Leitblech, *25* Leitblech. (Werkzeichnung der Ges. f. Linde's Eismaschinen AG, Wiesbaden).

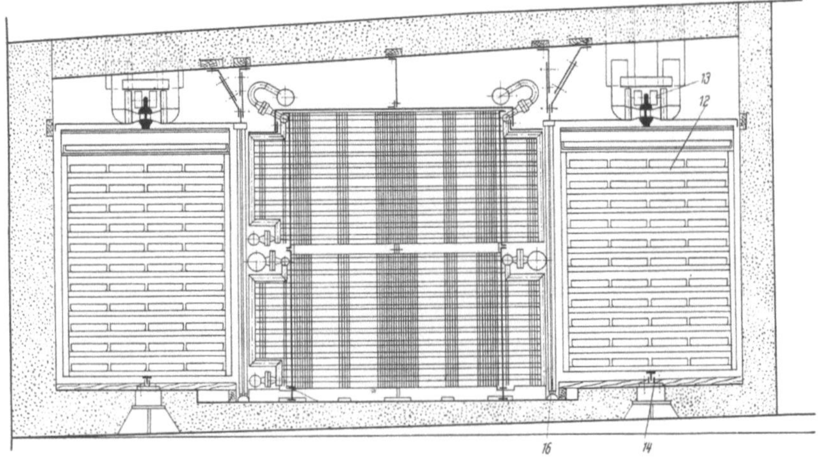

Abb. 344. Querschnitt durch den Gefriertunnel. *12* Hordenwagen, *13* Laufkatze, *14* Schiene, *16* Kanalwand (Linde, Wiesbaden).

wiegt etwa 350 kg; sie wird durch die hydraulische Betätigung spielend bewegt und ist bei Seegang dennoch stets gehalten, ohne sich in unerwünschter Weise bewegen zu können. Als Schiebetür braucht sie beim Öffnen wenig Platz.

Die lichten Maße der benutzten Gefrierschalen ergeben Gefrierblöcke von 800 mm Länge, 250 mm Breite und 50 bis 65 mm Dicke.

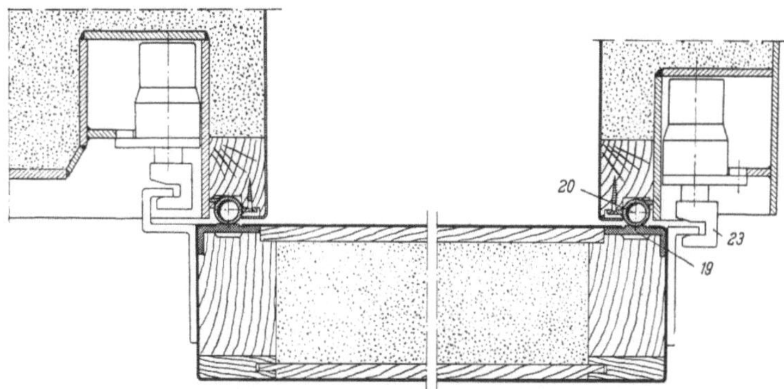

Abb. 345. Isolierte Schiebetür.
19 Dichtung, *20* geheizter Rohrrahmen, *23* Halteklaue (Linde, Wiesbaden).

Auf einem Trawler befinden sich zwei Tunnels nach Abb. 344. Nimmt man die Gesamtleistung zu 33 Tonnen in 21 Std. an, so beträgt die stündliche Gefrier-

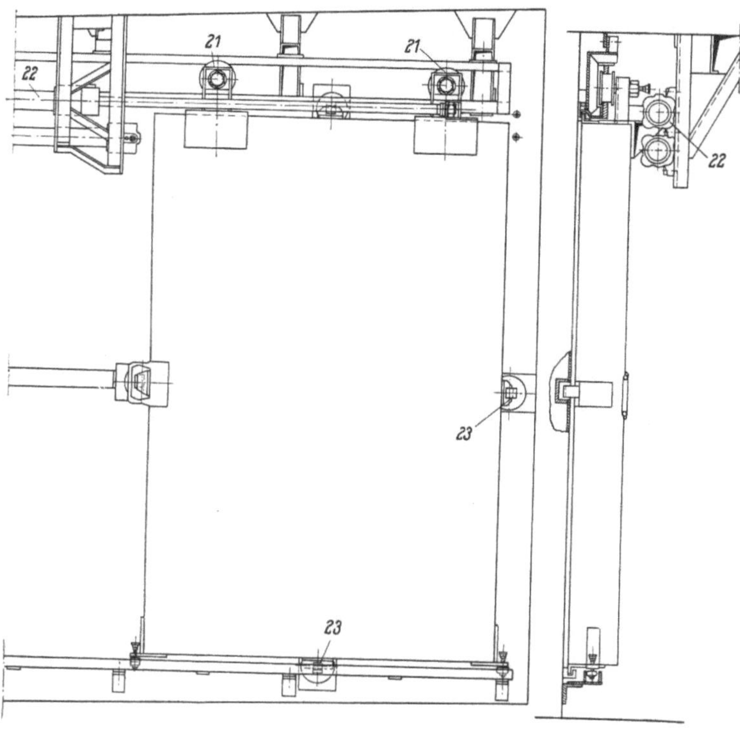

Abb. 346. Isolierte Schiebetür.
21 Laufrollen, *22* Hydraulikzylinder, *23* Halteklaue (Linde, Wiesbaden).

leistung 1560 kg oder 780 kg/h je Tunnel. Ein Tunnel enthält 8 Hordenwagen, die eine Fischmenge von etwa 3700 kg aufnehmen. Daher stehen für das Gefrieren einschließlich der Manipulationszeit für Ein- und Ausfahren von Hordenwagen

3700:780 = 4,7 Std. zur Verfügung. Zum Einfahren eines neuen Hordenwagens und Ausfahren eines Hordenwagens mit durchgefrorenen Schalen hat man etwa 5 Min. Zeit. Bei dieser Manipulation werden nur die Ventilatoren einer Tunnelhälfte stillgesetzt, während die andere Hälfte in Betrieb bleibt.

Nach dem Gefrieren wird das Gefriergut im Raum vor den Gefriertunneln glasiert, verpackt und mittels eines Transportbandes in die beiden im Vorschiff befindlichen Laderäume I und II befördert. Außerdem steht im Hinterschiff noch der Laderaum III für Gefriergut zur Verfügung. Diese Laderäume haben stille Solekühlung und sind für eine Raumtemperatur von −18 °C berechnet.

Die Kältemaschinenanlage liegt unterhalb der Gefrierzellen. 3 Kältemaschinen stehen für das Gefrieren und das Kühlen zur Verfügung mit 2 Kondensatoren und 2 Solekühlern.

In Tab. 10 sind die Hauptdaten eines Trawlers der „Puschkin"-Klasse angegeben.

Tabelle 10. *Hauptdaten eines Fabriktrawlers der „Puschkin"-Klasse.*

Länge zwischen Perp.	75,0 m	Trantanks	etwa 72 m³
Breite auf Spanten	13,4 m	Heizöltanks	etwa 252,9 m³
Seitenhöhe bis Hauptdeck	7,35 m	Treiböltanks	etwa 611 m³
Motorenleistung	1900 PS	Schmieröltanks	etwa 17,8 m³
Geschwindigkeit	12,5 kn	Speisewasser	etwa 26,1 m³
Ladekühlraum I	etwa 368 m³	Kühlwasser	etwa 13,3 m³
Ladekühlraum II	etwa 565 m³	Frischwasser	etwa 196 m³
Ladekühlraum III	etwa 425 m³	Trinkwasser	etwa 58 m³
Fischmehlraum	etwa 163 m³	Ballastwasser	etwa 511 m³
Konservenräume	etwa 182 m³		

IV. Walfangmutterschiffe.

Zum Schluß soll auf Kühleinrichtungen an Bord von Schiffen hingewiesen werden, die zwar an Zahl noch gering sind, aber immer mehr an Bedeutung gewinnen. Das sind die Gefrieranlagen auf Walfangmutterschiffen, die naturgemäß stets für verhältnismäßig große Leistungen bemessen werden.

Die Gesellschaft für Lindes Eismaschinen A. G., Wiesbaden, hat etwa 1957 ein besonderes Verfahren zum Einfrieren von großen Mengen Walfleisch an Bord entwickelt, und zwar werden dazu senkrechte, flache Gefriertaschen benutzt [*106*]. Es wurden mehrere solche Gefrieranlagen für neuere Walfangschiffe gebaut, deren Leistungen zwischen 75 und 100 Tonnen am Tag liegen. Einen eingehenden Bericht über eine dieser weitgehend automatisch arbeitenden Anlage gab Zimmer [*107*]:

Schon um das Jahr 1600 begannen Dänen, Franzosen und Deutsche mit dem Walfang. Der Fang erfolgte aus offenen Booten mit handgeschleuderten Speeren. Das Fanggebiet war hauptsächlich die norwegische Küste. Die Einführung des Dampfschiffes und die von den Norwegern entwickelte Harpunenkanone brachten den Walfang aber erst zur Blüte. Um 1886 bestanden bereits 19 Fanggesellschaften. Damals wurde hauptsächlich in den nordischen Gewässern bei den Färöern, Island und Grönland gefangen, jedoch lohnte sich der Fang in diesen Gebieten 1914 nicht mehr.

Zehn Jahre vorher hatte C. A. Larssen eine Expedition in die Antarktis unternommen und dort reiche Walvorkommen festgestellt. Um in diesen weit entfernten Gewässern fangen zu können, mußte man entweder Landstationen in Südafrika errichten oder große Walfangmutterschiffe als Kochereien einsetzen. Im Jahre 1925 wurden die ersten Schiffe mit Aufschleppe gebaut und eingesetzt, die ein großtechnisches Verarbeiten von Walen gestatteten. Damals begann die Zeit des unbeschränkten Jagens auf die Wale, so daß die Gefahr des Aussterbens der Wale am Südpol bestand. Im Jahre 1936 wurde deshalb eine Konferenz zum Schutz der Wale einberufen, deren Ergebnisse aber erst nach dem Krieg 1946 zum Tragen kamen. Die zur Kontrolle des Walfangs geschaffene gesetzgebende internationale Institution stoppt den Fang aller Flotten, wenn die festgesetzte Abschußquote für das Jahr überschritten ist. Bis 1955 durften noch 16000 Blauwaleinheiten abgeschossen werden, 1957 nur noch 14500.

Die hauptsächlichen Walarten die gejagt werden sind: Blauwal, Finnwal, Buckelwal, Pottwal und Seiwal.

Früher nutzte man lediglich das Fleisch zu Ernährungszwecken, das Walöl zu Leuchtzwecken und das Fischbein zur Schmuckherstellung. Durch die Erfindung der Fetthärtung zu Speisezwecken wurde die Verarbeitung des Walöles für Speisefette interessant; dies gab den Anlaß zum Ausbau der Fangflotten.

Es ist heute nicht mehr wirtschaftlich, alles Fleisch durch die Kocherei zu geben, da der Preis für das Walöl gefallen ist und auch das gewonnene Fleischmehl keinen sehr großen Wert darstellt. Man versucht daher, nicht nur Walöl, sondern auch Gefrierfleisch in großen Mengen vom Fang mit nach Hause zu bringen. Daher werden bei Neubauten von Walfangmutterschiffen fast immer die entsprechenden Gefrieranlagen mit eingebaut. Bei den älteren Mutterschiffen versuchte man, durch Ausbau von nicht mehr benötigten Einrichtungen Platz für das Erstellen von Gefrieranlagen zu gewinnen.

Am besten eignen sich zum Einfrieren die Filetstücke längs des Rückgrates. Der Wirbelknochen des Wales ist kreuzförmig ausgebildet, so daß 4 Fleischbahnen abgetrennt werden können. Da das Fleisch für die menschliche Ernährung bestimmt ist, wird während des Schlachtens und Abtrennens des Fleisches größter Wert auf Sauberkeit gelegt. Daher werden die Speckseiten und auch die Innereien auf dem Achterschiff entfernt; anschließend wird der Wal nach dem Vorschiff befördert, wo das Fleisch zum Eingefrieren abgesondert wird.

Die abgetrennten Fleischbahnen werden mit Seewasser abgespült, welches aus einem tiefliegenden Seekasten im Vorschiff entnommen wird. Beim Verarbeiten des Wales am Oberdeck muß das Schiff immer mindestens kleine Fahrt machen, damit die außenbordgehenden Abfälle nicht das Wasser rings um das Schiff verseuchen. Die abgetrennten Streifen des Walfleisches werden anschließend auf dem Oberdeck in Stücke von etwa 10 kg geschnitten und gelangen über ein Förderband, welches mit einem Splittersuchgerät ausgerüstet ist, in die Fleischschneidemaschine. Enthält ein Fleischstück Stahlsplitter von der Sprenggranate, so wird das Band automatisch stillgesetzt und das betreffende Fleischstück von Hand entfernt. In der Fleischschneidemaschine wird das Fleisch in 3 Schneidgängen in Stücke von etwa $120 \times 80 \times 30$ mm Größe geschnitten. Beim Schneiden wird dem Fleisch durch Düsen Wasser zugesetzt, damit das Blutwasser abgespült wird. Da die Fleischschneidemaschine ziemlich weit vorne im Vorschiff angeordnet ist, wird das geschnittene Fleisch mittels Förderschnekken anschließend nach achtern zur Fleischverteilstation transportiert.

Die Disposition der gesamten Gefrieranlage, die im D-Deck (4. Deck von oben) angeordnet ist, zeigt Abb. 347. Man erkennt die Fleischverteilstation *9*, die sich auf dem C-Deck (3. Deck von oben) mittschiffs befindet. Sie ist in 4 Behälter unterteilt. Die Behälter haben verhältnismäßig steile Wände und sind mit Rührflügeln versehen, damit das Fleisch innerhalb des Bunkers bewegt werden kann und keine Brücken bildet. Von den Bunkern transportieren jeweils Förderschnecken das Fleisch auf die Back- und Steuerbordseite des Schiffes zu den darunterliegenden 4 Gefrierreihen, von denen jede aus 10 Gefrierapparaten mit 12 Zellen besteht. Auf einer Seite der Reihen an den Füllstellen *8* werden die Füllapparate gefüllt. Hier steht jeweils ein Arbeiter und setzt je nach Bedarf die Förderschnecke in Bewegung. Er verteilt das zu den 12 Abteilen des Füllapparates herangebrachte Fleisch und füllt die Abteile bis zum Rand.

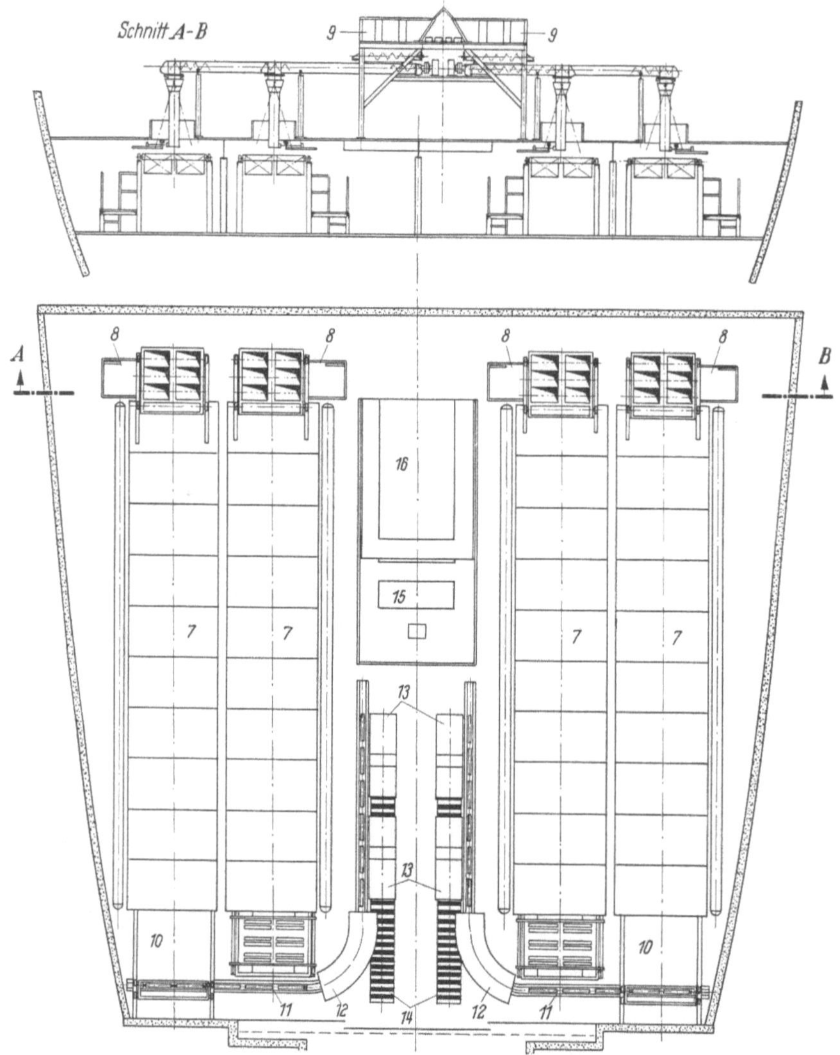

Abb. 347. Gesamtdisposition der Plattengefrieranlage auf einem Walfangmutterschiff. *7* je 10 Gefrierapparate mit 12 Zellen, *8* Füllstelle, *9* Fleischvorratsbehälter, *10* Abladestelle, *11* Glasierband, *12* Glasiertunnel, *13* Verpackungstische, *14* Transportbänder, *15* Zentralregelstelle, *16* elektrische Schaltgeräte (Linde, Wiesbaden).

Die gefrorenen Blöcke sind 800 mm lang, 500 mm hoch und 100 mm dick. Ein solcher Block wiegt etwa 36 kg. Den Einbau der Gefrierplatten zeigt Abb. 348. Es sind Hohlplatten, die von innen mittels Sole von —35 °C gekühlt werden. Durch Anordnung einer Mittelplatte *1* und von 2 Seitenplatten *2* entstehen Hohlräume entsprechend den Blockabmessungen. Da sich das Volum des Fleisches beim Gefrieren vergrößert, sind die Seitenplatten beweglich ausgeführt, damit sie diesem Vorgang folgen können.

Durch die Unterteilung der Formen werden von 1 Mittel- und 2 Seitenplatten immer 4 Blockformen gebildet. In einem Gefrierapparat sind drei solcher Plattengruppen vereinigt, so daß $3 \times 4 = 12$ Blockformen vorhanden sind. Die Gefrierapparate sind so konstruiert, daß sie von einem starken Rahmen allseitig umschlossen werden. Die zu einem Apparat gehörenden 3 Mittelplatten sind mit der Rahmenkonstruktion fest verschraubt, während die in Traggestellen befestigten drei linken und rechten Seitenplatten beweglich auf den Gleitflächen des Rahmens gelagert sind. Starke Zugfedern pressen die Seitenplatten fest an die Mittelplatte. An den beiden Stirnseiten des Apparates befindet sich ein Spreizmechanismus, welcher beim Entleeren der Gefrierzellen die Seitenplatten von den Mittelplatten abdrückt. Durch das Abdrücken wird zwischen dem gefrorenen Block und den Gefrierplatten auf beiden Seiten ein Spalt von etwa 5 mm geschaffen, so daß der Block leicht aus der Form gleiten kann. Beide Spreizvorrichtungen werden hydraulisch betätigt.

Im Schnitt (Abb. 348) sind die Isolierung *3*, die Mittelplatten *1*, die Seitenplatten *2*, die Deckel *4* und die Böden *5* zu sehen. Die Seitenplatten mit ihren Traggerüsten sind zusammen mit Kunstharzschaum isoliert. Um eine Beschädigung der Isolierung zu verhindern, ist auf diese eine Deckschicht mit Glasfasergespinnst aufgebracht, welche sehr widerstandsfähig ist.

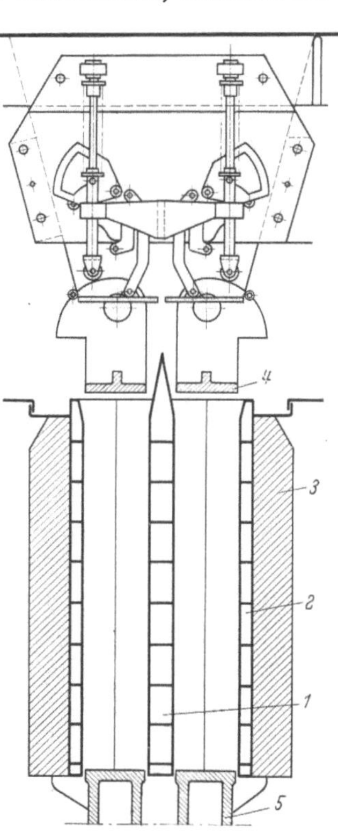

Abb. 348. Gefrierapparat mit geschlossenen Deckeln und Böden. (Linde, Wiesbaden).

Die 6 Deckel eines jeden Gefrierapparates sind, je drei nach links und drei nach rechts schwenkbar, in einem gemeinsamen Deckelrahmen untergebracht. An den Stirnseiten sind die Deckel untereinander mit Schubstangen verbunden. Geschwenkt werden sie durch die in Rahmen eingebauten hydraulischen Zylinder.

Der Deckelrahmen ist über Kugelgelenke mit vier hydraulischen Zylindern verbunden. Diese Zylinder heben und senken den Rahmen mit den Schwenkdeckeln beim Füllen und Entleeren des Apparates.

Die Böden des Gefrierapparates sind drehbar an den Mittelplatten gelagert und über ein Hebelgestänge mit einem Rahmen verbunden. Dieser Rahmen ist über Kugelgelenke mit Hydraulik-Zylindern gehalten. Durch Heben und Senken des Rahmens mittels dieser Zylinder werden die Böden geschlossen und geöffnet.

Die Hydraulik-Zylinder des Deckel- und Bodenrahmens sind an Konsolen des Gerüstes angeschraubt. Ebenfalls sind die Schienen und Zahnstangen für die Füll- und Blocktransportwagen angeschraubt, damit die Transportgeräte in ihren Abständen zu den Gefrierapparaten einwandfrei ausgerichtet und geführt werden können. Je 10 Gefrierapparate bilden eine Gefrierreihe. Die jeweils zusammengehörenden Gefrierapparate werden in der Werkstatt fertig montiert, angepaßt, funktionsgeprüft und gekennzeichnet, damit die Endmontage an Bord einfacher auszuführen ist. Eine fertig montierte Gefrierreihe in der Werkstatt zeigt Abb. 349.

In Abb. 350 ist schematisch der *Füllwagen* mit geöffneten Bodenklappen und mit geöffneten Gefrierapparatedeckeln zu sehen. Die Füllwagen bewegen sich auf den zuvor beschriebenen Fahrschienen oberhalb der Apparate und werden

Abb. 349. Fertigmontierte Gefrierreihe mit Füll- und Blockwagen (Werkphoto Linde, Wiesbaden).

elektrisch angetrieben. Jeder Füllwagen besitzt sechs der zum Füllen eines Gefrierapparates notwendigen Doppelgefäße. Die Größe der Gefäße ist so abgestimmt, daß sie die Füllung eines Blockes aufnehmen. An den Stirnflächen eines jeden

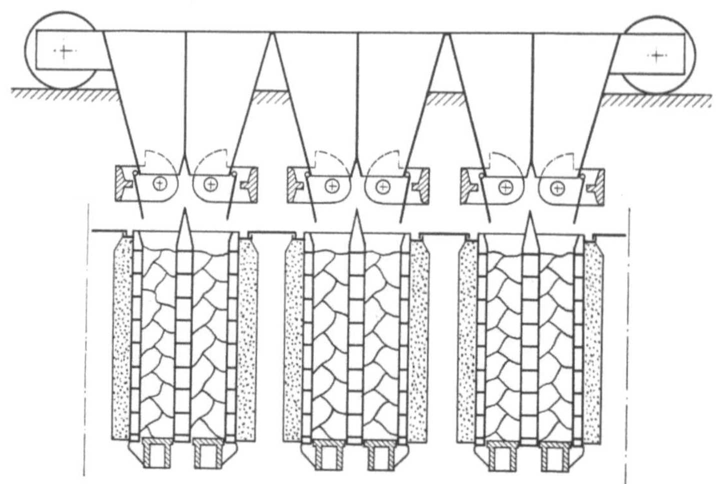

Abb. 350. Gefrierapparat und Füllwagen mit geöffneten Apparatedeckeln und Bodenklappen (Linde, Wiesbaden).

Doppelgefäßes ist die Schließmechanik angeordnet. Mit dieser Mechanik sind die Bodenklappen des Füllwagens verbunden. Eine sinnvolle Konstruktion hält diesen Boden beim Einfüllen von Fleisch an der Füllstelle zu. Steht nun der Füllwagen über einem Gefrierapparat und werden die Deckel des Gefrierapparates durch die Zylinder mit dem Rahmen hochgehoben und zur Seite geschwenkt, dann gleiten die Rollen der Spannstangen an den seitlichen Kurven der Deckel nach oben und die eingebaute Feder wird gespannt. Sobald die Gefrierzellendeckel in der Endlage angekommen sind, wird die Sperre für die Klappen des Füllwagens gelöst, die Klappen öffnen sich plötzlich durch ihr Eigengewicht und das Fleisch fällt in die Zellen. Beim Schließen der Gefrierzellendeckel werden die Bodenklappen der Füllzellen durch die zuvor gespannte Feder ebenfalls wieder geschlossen. Über jedem Gefrierapparat befinden sich hydraulisch betätigte Arretiervorrichtungen, die ein genaues Halten des Füllwagens über dem zu füllenden Apparat gewährleisten. Seitlich werden die Füllwagen durch Führungsrollen in ihrer Lage gehalten. Die Laufschienen für diese Führungsrollen sind einstellbar. Der Füllwagen wird elektrisch angetrieben und ist mit einer Rutschkupplung ausgerüstet, die bei evtl. auftretenden Störungen ein Überlasten des Motors verhindert. An beiden Endpunkten der Fahrbahn einer jeden Reihe sind Endschalter angebracht. Der Strom wird den Füllwagen durch Schleppkabel zugeführt, welche sich auf federgespannte Kabeltrommeln aufspulen.

Unter den 4 Gefrierapparatereihen sind jeweils Schienen und Zahnstangen angebracht, an welchen die elektrisch angetriebenen *Blocktransportwagen* fahren. Der Blocktransportwagen hat die Aufgabe, die gefrorenen und abgetauten Fleischblöcke vom Gefrierapparat abzuholen und nach dem Vorschiff zur Abladestelle zu bringen. Zu diesem Zweck befindet sich auf dem Blocktransportwagen eine elektrisch angetriebene Hebebühne, welche beim Abholen der Blöcke hochgefahren und, nach dem diese aus den Formen geglitten sind, wieder abgesenkt wird. Unter jedem Gefrierapparat befinden sich hydraulisch betätigte Arretiervorrichtungen, die ein genaues Halten des Blocktransportwagens unter den entsprechenden Zellen gewährleisten. An der Abladestelle wird die Hebebühne mit den gefrorenen Blöcken zum Absetzen auf das Band wieder hochgefahren. Außerdem befindet sich auf dem Wagen eine Sicherheitseinrichtung, die beim Entleeren eines Apparates den Fahrmotor so lange ausschaltet, bis alle Blöcke aus dem Gefrierapparat gekommen sind. Die Stromzuführung zu den Blocktransportwagen erfolgt ebenfalls mit Schleppkabel über Kabeltrommeln.

An den äußeren Stirnseiten der einzelnen Apparatereihen befinden sich die *Sole-, Sammel- und Verteilstücke* für die einzelnen Apparate. Die Mittelplatten sind fest mittels Leitungen und die Seitenplatten mit druckfesten Schläuchen angeschlossen. Die Sammel- und Verteilstücke sind über hydraulisch betätigte Dreiwegeventile mit den Hauptverteilungen für Kalt- und Warmsole verbunden. Beim Umschalten von Kalt- und Warmsole wird das Dreiwegeventil im Vorlauf automatisch von Kalt- auf Warmsole umgeschaltet. Nachdem die Warmsole die Kaltsole aus dem Apparat verdrängt hat, schaltet auch das im Rücklauf eingebaute Ventil auf Warmsole um. Die Verzögerungen dieser Schaltvorgänge werden über Zeitrellais gesteuert. Das Umschalten von Warm- auf Kaltsole geschieht auf die gleiche Art.

An der Abladestelle befindet sich vor jeder Reihe ein *Greifer*. Dieser hat die Aufgabe, immer zwei Blöcke vom Blocktransportwagen abzuheben und auf das Glasierband abzusetzen. Der Arbeitstakt des Greifers richtet sich nach dem des Glasierbandes. Der Greifer besitzt einen Tragbalken, auf welchem sich die hydraulisch betätigten Klauen befinden. Der Tragbalken wird durch elektrisch angetriebene Spindeln so hoch gehoben, daß die Blöcke über die Halterungen und Geländer gefahren werden können. Die Fahrbewegung des Greifers wird ebenfalls von einem Elektromotor bewerkstelligt, der über Zahnräder und Zahnstangen die Bewegung überträgt. Seitlich angebrachte Führungsrollen führen den Greifer längs der Schienen. Die Arretierungen sind ähnlich wie bei den anderen Transportgeräten aufgebaut. Endschalter begrenzen die Fahrbewegungen in beiden Richtungen.

Die von dem Greifer auf das *Glasierband* abgesetzten gefrorenen Blöcke werden in den Glasiertunnel befördert. In diesem Tunnel wird jeder Block durch eine Sprühvorrichtung von 6 Seiten mit Süßwasser von etwa +1 °C besprüht. Die auf dem Glasierband angebrachten Spitzen geben dem Block die notwendige Bodenfreiheit. Seitliche Halterungen, die versetzt angebracht sind, hindern den Block am Umfallen. Das ablaufende Glasierwasser wird in dem Auffangbecken unterhalb des Bandes gesammelt. Die auf Back- und Steuerbordseite angeordneten Behälter werden von einer Pumpe gemeinsam abgesaugt. Schwimmerventile auf den Behältern regeln den Wasserzulauf.

Die glasierten Blöcke kommen stehend vor den beiden *Packtischen* an. Dort werden die Blöcke vom Band abgekippt und auf den Packtisch gelegt. Ein Papiersack wird in die Haltevorrichtung eingeschoben und geöffnet. Durch Schrägstellen des Packtisches gleitet der Block durch einen leichten Schub des Packers in den Sack. Anschließend wird der Sack mit einer Maschine zugenäht. Die so verpackten Blöcke werden registriert, gewogen und mittels *Transportband* zum Aufzug und von dort in die Kühlräume befördert.

Mittschiffs nach achtern zu ist in dem Raum der *Kontrollstand* angeordnet, wo an einem Pult alle notwendigen Schaltungen ausgeführt werden können. Auf der dahinter angeordneten Schaltwand zeigen Leuchtschaltbilder die verschiedenen Bewegungsvorgänge, die automatisch ablaufen, einzeln an. In dem anschließenden Raum sind die elektrischen Schaltgeräte und Zeitlaufwerke für die Gesamtanlage untergebracht. Die wichtigsten Schaltgeräte sind auf Schlitten aufgebaut und nach Öffnen der Türen aus den Schränken herausfahrbar, damit man bei Störungen eine bessere Zugangsmöglichkeit hat.

Zur Versorgung des gesamten Druckölkreislaufes sind zwei *Hydraulikaggregate* vorgesehen, die das Öl zu allen Verbrauchsstellen in der Anlage drücken. Zur Steuerung der einzelnen Bewegungsvorgänge sind über jedem Gefrierapparat Magnetsteuerblöcke angeordnet, die durch Impulse vom Kontrollstand aus elektrisch gesteuert werden. Diese Steuerblöcke geben dem Drucköl den Weg zu oder von den Zylindern frei, so daß keinerlei menschliche Kraftanstrengung für den Ablauf der einzelnen Arbeitsvorgänge während des Gefrierprozesses notwendig ist.

Die Walfleischgefrieranlage arbeitet in allen wesentlichen Funktionen automatisch. An den Füllstellen sind 2 Mann als Bedienung vorgesehen, 2 Mann an den Greifern sowie 4 Packer an den Packtischen. Am Kontrollstand in der Mitte des Raumes werden alle Arbeitsvorgänge sichtbar angezeigt. Hier werden vom Betriebsleiter die erforderlichen Schaltungen vorgenommen, falls im automatischen Ablauf beispielsweise eine Gruppe wegen Störung überbrückt werden muß. Auch kann dort die stündliche Produktion der Anlage durch entsprechendes Einstellen der Zeitlaufwerke in gewissen Grenzen verändert werden.

In 22 Std. Betriebszeit soll die Leistung der Anlage etwa 3500 kg/h, für jede der 4 Apparatereihen daher etwa 875 kg/h betragen. Bei einem Blockgewicht von etwa 36 kg enthält jeder Apparat etwa $12 \times 36 = 430$ kg Fleisch. Daher sind in jeder Stunde für jede Reihe etwa 2 Apparate zu entleeren, d. h. alle 30 Min. muß ein Apparat entleert sein. Die Temperatur der Blöcke bleibt nach dem Glasieren im Kern unter −16 °C.

Um die verlangte Kälteleistung zum Gefrieren des Walfleisches aufzubringen, sind 4 NH_3-Doppelverbundkompressoren installiert, die je Doppelkompressor eine Kälteleistung von etwa 200000 kcal/h bei −40 °/+15 °C abgeben. Die Kompressoren arbeiten auf 2 Kondensatoren, wovon einer immer in Reserve ist.

Unter den Kondensatoren sind die NH_3-Sammelflaschen angeordnet. Die Leistung der Kompressoren ist auf 2 Mitteldruckflaschen, denen Ölsammler vorgeschaltet sind, aufgeteilt. Die Flüssigkeitsregelung der Mitteldruckflaschen ist mit Schwimmerreglern ausgeführt. Zum Bereiten der Gefriersole von —37 °C sind 2 Röhrenkesselverdampfer vorgesehen, die ebenfalls mit Schwimmerreglern arbeiten. Drei Solepumpen drücken die kalte Sole zu den Gefrierapparaten. Zum Kühlen der Laderäume auf —20 °C dient ein eigener Solekühler mit den dazugehörenden Pumpen. Die Sole zum Kühlen der Proviantträume wird in einem Mischsolekreislauf bereitet. Zum Abtauen der Gefrierapparate ist ein dampfbeheizter Soleanwärmer im Maschinenraum angeordnet. Die dazugehörigen Warmsolepumpen versorgen das Warmsolenetz zum Auftauen der Gefrierapparate. Mit Sole von etwa —4 °C wird in einem Glasierwasserkühler das Glasierwasser gekühlt. Um ein möglichst gefahrloses Arbeiten für die Bedienung im Maschinenraum zu gewährleisten, wurde eine zentrale Entölungsstelle geschaffen, an der das Öl von allen Apparaten gesammelt und abgelassen wird. Sicherheitsgeräte, NH_3-Regelstelle und Havarieentleerung vervollständigen die Anlage.

Schrifttum.

[1] Ofterdinger, H.: Aus der Geschichte des deutschen Schiffskühlmaschinenbaues. Die Kälte Bd. 4 (1951) Nr. 8, S. 215—218.
[2] Plank, R.: Dieses Handbuch, Bd. I, S. 152ff.
[3] Prinzing, O.: Schiffsladungskühlanlagen. Berlin: VDI-Verlag 1942.
[4] Howells, H. R.: Marine Refrigeration. World Refrigeration Bd. 10 (1959) Nr. 3 S. 31 u. Nr. 5, S. 28.
[5] Kamarinskaja, A.: Lagerung von Dorschleber bei tiefen Temperaturen. Cholodilnaja Technika Bd. 31 (1954) Nr. 3, S. 55.
[6] Nitotschkin, A. E., u. L. B. Bronstein: Gefrieranlagen für Fischerei-Trawler. Fischwirtschaft. Moskau (1954) Nr. 7, S. 4.
[7] Hales, K. C.: The marine transport of butter, eggs and cheese. Chemistry and Industry. London (1952) Nr. 31, S. 747.
[8] Flechtenmacher, W.: Bananenreifung. Kältetechnik Bd. 12 (1960) Nr. 2, S. 44.
[9] —: Les travaux du groupe d'étude de l'Institut International du Froid sur le transport de la banane. Fruits Outre-Mer. Paris Bd. 11 (1956) Nr. 4, S. 171.
[10] —: Keeping modern ships cool. Brit. Trade J., London Bd. 108 (1958) Nr. 1144, S. 133.
[11] —: Warmgewalzter Wulstwinkelstahl, DIN 1020, Ausg. Oktober 1959, Beuth-Vertrieb GmbH, Berlin/Köln.
[12] —: Warmgewalzter Wulstflachstahl, DIN 1019, Ausg. Oktober 1959, Beuth-Vertrieb GmbH, Berlin/Köln.
[13] Lorentzen, G., u. E. Brendang: Der Wärmeeinfall in gekühlte Schiffsräume. Kältetechnik Bd. 9 (1957) Nr. 2, S. 52 (Ber. des IX. Intern. Kältekongresses Paris 1955, Bd. II, S. 8065).
[14] Stephan, K.: Untersuchung der Wärmeleitfähigkeit isolierter Schiffswände mittels eines elektrothermischen Analogieverfahrens. Kältetechnik Bd. 9 (1957) Nr. 6, S. 160.
[15] Merlin, E.: Untersuchung des Wärmeflusses durch ein isoliertes Zwischendeck in den Kühlraum eines Bananendampfers. Kältetechnik Bd. 9 (1957) Nr. 2, S. 52 (Ber. des IX. Intern. Kältekongresses Paris 1955, Bd. II, S. 8085).
[16] Gassner, V.: Messungen auf Kühlschiffen. Hansa Bd. 96 (1959) Nr. 42/43, S. 2243.
[17] Münter, W., u. K. Vorkefeld: Elektrische Einrichtungen für Kühlschiffe. Schiff und Hafen Bd. 8 (1956) Nr. 2, S. 112.
[18] Tuchschneid, M. W.: Die Kältebehandlung schnell verderblicher Lebensmittel. Hannover: Brücke-Verlag K. Schmersow, 2. Aufl. (1951) S. 425—428 u. 447.
[19] Ofterdinger, H.: Schiffskühlanlagen. Kältetechnik Bd. 10 (1958) Nr. 11, S. 369.
[20] Prinzing, O.: Kühlschiff „Angelburg". Hansa Bd. 89 (1952) Nr. 13/14.
[21] Merlin, M.: Bemerkungen über Ammoniak- oder R-12-Kühlanlagen auf Frachtschiffen. Kältetechnik Bd. 4 (1952) Nr. 8, S. 214.
[22] —: Lloyd's Register of Shipping: Rules and Regulations for the Construction and Classification of Steel Ships. 71 Fenchurch Street, London EC 3: Selbstverlag.
[23] —: Germanischer Lloyd: Vorschriften für Klassifikation und Bau der Maschinenanlagen von Seeschiffen Hamburg 1, Ferdinandstraße 58: Selbstverlag.

[24] —: American Bureau of Shipping: Rules for the Classification and Construction of Steel Vessels. 45 Broad Street, New York 4; N. Y.: Selbstverlag.
[25] —: Det Norske Veritas: Rules for the Construction of Steel Ships. Radhusgatan 25, Oslo: Selbstverlag.
[26] —: See-Berufsgenossenschaft: Unfallverhütungsvorschriften für Dampf-, Motor- und Segelschiffe (Kauffahrteischiffe).
[27] —: Richtlinien betr. die Einrichtung und den Betrieb von Kälteanlagen auf Seeschiffen. Seeberufsgenossenschaft, Schiffssicherheitsabteilung, Hamburg. Ausg. Juli 1960.
[28] —: Unfallverhütungsvorschrift (UVV) Kälteanlagen. VGB 20, Oktober 1956, Carl Heymann-Verlag KG, Köln und Berlin (für die Deutsche Demokratische Republik gilt die Arbeitsschutzanordnung — ASA 522 Kälteanlagen).
[29] —: Kälteanlagen: Sicherheitstechnische Grundsätze für Bau, Ausrüstung und Aufstellung, DIN 8975, Berlin/Köln: Beuth-Vertrieb GmbH.
[30] —: AD-Merkblätter (Arbeitsgemeinschaft Druckbehälter), herausgegeben von der Vereinigung des Technischen Überwachungsvereins e.V., Essen. Berlin/Köln/Frankfurt: Beuth-Verlag GmbH.
[31] Thompson, G.: Entwicklungsrichtungen bei Kältemaschinen für die US-Marine. Refr. Engng. Bd. 59 (1951) Nr. 5, S. 453 [Bericht Kältetechnik Bd. 3 (1951) H. 12, S. 323].
[32] —: Kupferknetlegierungen, Sondermessing, Zusammensetzung, Richtlinien für die Verwendung. DIN 17661, Ausg. Februar 1958. Berlin/Köln: Beuth-Vertrieb GmbH.
[33] —: Kupferknetlegierungen, Messing, Zusammensetzung, Richtlinien für die Verwendung. DIN 17660, Ausg. Oktober 1957. Berlin/Köln. Beuth-Vertrieb GmbH.
[34] Nothing, F. W.: Erfahrungen über die Verwendung von Rohren aus NE-Metallwerkstoffen in der Schiffahrt. Schiffs-Ingenieur-Journal Bd. 6 (1959) Nr. 24, S. 8.
[35] Börnsen, H. A.: Kondensatorrohre. Hansa Bd. 96 (1959) Nr. 38, S. 2049 (s. auch Geschichte der Kondensatorrohre. Hansa Bd. 94 (1957) S. 1080).
[36] —: Kupferknetlegierungen, Kupfer-Nickel-Legierungen, Zusammensetzung, Richtlinien für die Verwendung. DIN 17664, Ausg. April 1959. Berlin/Köln: Beuth-Vertrieb GmbH.
[37] Heye, H. R.: Rostschutzfragen bei Verflüssigern von Schiffskühlanlagen. Kältetechnik Bd. 7 (1955) Nr. 3, S. 78.
[38] Börnsen, H. A.: Kühlung von Dieselmotoren durch Seewasser. Hansa Bd. 95 (1958) Nr. 1/3, S. 186.
[39] —: The Refrigeration Data Book, Basic Volume, Sixth Edition, ASRE, S. 451ff.
[40] Neuenschwander, A.: Automatik in Schiffskühlanlagen. Das Danfoss Journal Bd. 3 (1953) Nr. 4, S. 45.
[41] Lorentzen, G.: Evaporator Design and Liquid Feed Regulation. Annexe 1958—2, Supplément au Bulletin de l'Institut International du Froid, S. 244.
[42] —: Schutzart (Kapselung) von elektrischen Geräten; DIN 40050. Berlin/Köln: Beuth-Vertrieb GmbH.
[43] Wangerin, A.: Schiffselektrotechnik — Allgemeines Bordnetz. Hansa Bd. 95 (1958) Nr. 1/3, S. 125.
[44] Maerkisch, N.: Selbstanlasser für Schiffskältemaschinen. Kältetechnik Bd. 7 (1955) Nr. 1, S. 16.
[45] Hales, K. C.: The instrumentation of a refrigerated ship. Bulletin de l'Institut International du Froid, Paris (1954) 4. Sonderheft, S. 179—186.
[46] Metzenauer & Jung: Automatische Anlasser für den Schiffsbetrieb. Kältetechnik Bd. 7 (1955) Nr. 1, S. 32 (Mitteilungen aus der Industrie).
[47] Gassner, V.: Methode zur Bestimmung der mittleren Wärmedurchgangszahl. Hansa Bd. 95 (1958) Nr. 12/13, S. 599.
[48] —: Kältemaschinen-Regeln, 5. Aufl. Karlsruhe; C. F. Müller 1958.
[49] Niemann, H. H. R.: Berichte des IX. Intern. Kältekongresses. Paris 1955, Bd. II, S. 8056.
[50] Joelsen, E.: Die Berechnung von Schiffsisolierungen. Z. ges. Kälteind. (1930), S. 229.
[51] Niemann, H. H. R.: Kälteverluste durch die Isolierung von Schiffskühlanlagen. Schiff und Hafen (1950) Heft 11.
[52] —: Entwicklungstendenzen im Kälteschutz von Kühlschiffen. Schiff und Hafen Bd. 6 (1954) Heft 1, S. 1—13.
[53] —: Quick freeze factory trawler „Fairtry II". Shipbuilding and Shipping Record, London Bd. 93 (1959) Nr. 21, S. 661.
[54] —: Hamburger Abendblatt vom 2. Juni 1959.
[55] —: Fabriktrawler „Fairtry II", Hansa Bd. 96 (1959) Nr. 16/17, S. 838.
[56] —: Erste Fangreise der „Fairtry II", Hansa Bd. 96 (1959) Nr. 51/52, S. 2670.
[57] Plank, R.: Tiefkühlwirtschaft. Kältetechnik Bd. 10 (1958) Nr. 2, S. 37.

[58] Kuprianoff, J.: Technische Probleme beim Gefrieren von Fischen. Kältetechnik Bd. 7 (1955) Nr. 8, S. 215.

[59] —: Kältetechnik auf Fischereifahrzeugen. Kältetechnik Bd. 6 (1954) Nr. 1, S. 16.

[60] Ofterdinger, H.: Kühl- und Gefrieranlagen auf Fischereifahrzeugen. Allgemeine Fischwirtschaftszeitung Bd. 11 (1959) Nr. 1/2, S. 73.

[61] Kreutzträger, H.: Tiefgefrieranlagen in stationären fischwirtschaftlichen Betrieben. Allgemeine Fischwirtschaftszeitung Bd. 11 (1959) Nr. 1/2, S. 71.

[62] Eddie, G. C.: Recent developments in the freezing of fisch at sea, Chemistry and Industry, London Bd. 40 (1955) S. 124—152.

[63] —: Quick freezing at sea, „Fish News", Aberdeen, Sonderheft Mod. Fishing vom 8. Oktober 1957, S. 24, 26 u. 37.

[64] Kuprianoff, J.: Zur Frage des Fischgefrierens auf See. Kältetechnik Bd. 8 (1956) S. 114.

[65] Ofterdinger, H.: „Kühlung von Fischladeräumen". Hansa Bd. 87 (1950) Nr. 46/47, S. 1467.

[66] Höndorf, G.: Fischdampferkühlanlagen. Kältetechnik Bd. 3 (1951) Nr. 12, S. 316.

[67] Sondau, F.: Amélioriations à réaliser pour préserver la qualité du poisson frais. La Revue Générale du Froid Bd. 29 (1952) Nr. 9, S. 889.

[68] Castell, C. H., u. W. A. Mc Callum: Die Frischhaltung von Fisch in den Kühlräumen der Fischdampfer. Fish Res. Bd. of Can. Proj. Rep. of the Atlantic Coast Stat. Bd. 59 (1954) S. 15.

[69] Schmidt, Th. E.: Vierter italien. Kältekongreß in Padua 1955 (Fischbeeisung). Kältetechnik Bd. 7 (1955) Nr. 8, S. 249.

[70] Siebert, H.: Kälteanlagen auf Fischereifahrzeugen. Kältetechnik Bd. 7 (1955) Nr. 3, S. 82.

[71] —: Trawler für die russische Fischereiflotte, World Fishing Bd. 5 (1956 Nr. 2, S. 44 — Bericht in Kältetechnik Bd. 9 (1957) Nr. 2, S. 50.

[72] Rowan u. Siebert: Kühlgeschwindigkeiten von Fisch. Eighth ann. Rep. of the Fish-Ind. Res. Inst. Cape Town (South Afrika) (1954/55) S. 9 bzw. Kältetechnik Bd. 8 (1956) Nr. 1, S. 3.

[73] Williams, D. T.: Temperaturen in den Fischräumen der Fischdampfer. Sixth ann. Rep. of the Fish-Ind. Res. Inst. Cape Town (South Afrika) (1953) S. 9 bzw. Kältetechnik Bd. 7 (1955) Nr. 2, S. 54.

[74] Plank, R.: Handbuch der Kältetechnik, Bd. X, S. 214ff. Berlin/Göttingen/Heidelberg: Springer 1960.

[75] —: daselbst, S. 222ff.

[76] Heiss, H.: Stand der Forschung auf dem Gebiet der Behandlung und Kaltlagerung von Magerfischen. Kältetechnik Bd. 6 (1954) Nr. 7, S. 183.

[77] le Danois, Ed.: La glace d'eau de mer dans l'Industrie du Poisson. Revue générale du Froid Bd. 29 (1952) S. 923.

[78] —: Glace d'eau douce et glace d'eau de mer. Revue générale du Froid Bd. 29 (1952) S. 475.

[79] Cooper, C. E. B., u. C. E. Rousseau: Flotationssystem auf dem Fischdampfer. Eighth ann. Rep. of the Fish-Ind. Res. Inst. Cape Town (South Afrika) (1954/55) S. 7 bzw. Kältetechnik Bd. 9 (1956) Nr. 1, S. 25.

[80] Partmann, W.: Über die Verwendung von bakteriziden Zusätzen beim Waschen von Frischfisch. Kältetechnik Bd. 7 (1955) Nr. 9, S. 272.

[81] Cutting, C. L.: Loss of Weight and Shrinkage of Iced Fish on Trawlers. Fishing News (brit.) (1951) Nr. 1975, S. 10.

[82] —: Seegoing refrigerated trucks haul perishable cargo to Alaskan ports. Ind. Refrig., Chicago 127 (1954) Nr. 3, S. 19.

[83] —: Kühlbehälter auf Deck. Modern Refrigeration (1955) Nr. 688, S. 235, bzw. Kältetechnik Bd. 8 (1956) Nr. 2, S. 61.

[84] —: Refrigerated cargo containers. Shipbuilding and Shipping Record, London Bd. 82 (1953) Nr. 22, S. 713.

[85] Levy, F. L.: Kühlung bei Landtransporten. Kältetechnik Bd. 5 (1953) Nr. 8, S. 220.

[86] Plank, R.: Der Transport von Kühlgütern. Kältetechnik Bd. 10 (1958) Nr. 8, S. 241.

[87] Levy, F. L.: Die Kältebehälter der Britischen Transport-Kommission. Kältetechnik Bd. 10 (1958) Nr. 8, S. 251.

[88] —: Methane Pioneer. Spezialtransport für Flüssiggase. Hansa Bd. 96 (1959) Nr. 16/17, S. 834.

[89] Murphy, J. A. u. a.: Marine transportation of liquid methane, Proc. 5th World Petrol. Congress New York 1959, Sect. VIII, Paper 3.

[90] Grindrod, J.: Storage of liquid methane in Britain. Gas Age Bd. 123 (1959) Nr. 11, S. 19.

[91] —: Seetransport von Naturgas. Kältetechnik Bd. 11 (1959) Nr. 5, S. 155.
[92] —: Sabroe compressors in M. S. Rasmus Tholstrup, Sabroe News Nr. 39, August 1953.
[93] Szeszich, L. v.: Ocean Transportation of Liquified Gases. The Oil and Gas Journal, Vol. 57 (1959) Nr. 2, S. 76.
[94] —: Voyages Prove Gas by Tanker is Profitable. The Oil and Gas Journal Vol 57 (1959) Nr. 10, S. 88.
[95] —: Pioneer Passes Test. The Oil and Gas Journal Vol. 57 (1959) Nr. 35, S. 57.
[96] —: Gulf Coast Gas Ready for England. The Oil and Gas Journal Vol. 57 (1959) Nr. 1, S. 76.
[97] Moos, J.: Hochseetransport verflüssigten Erdgases. VDI-Z. Bd. 102 (1960) Nr. 1, S. 26
[98] —: Flüssiggastanker „Neviges" und „Langenberg". Hansa Bd. 93 (1956) Nr. 1/3, S. 141.
[99] —: Gastankschiff „Agipgas Terza". Schiff und Hafen Bd. 11 (1959) Nr. 9, S. 800.
[100] Neuenschwander, A.: The Refrigeration Equipment of the Banana Carrier M. S. „Fort-Royal", The Journal of Refrigeration Bd. 1 (1958) Nr. 4, S. 81.
[101] Gund, J.: Kälteanlagen für kleine Kühlschiffe. BBC-Nachrichten (1958) Nr. 1.
[102] —: 30000 ft^3-Tiefkühlschiff „Henry Horn". Hansa (1958) Nr. 5/6, S. 281.
[103] Jul. Mogens: Die Bedeutung der Kältetechnik in der Lebensmittelversorgung der Welt. Vortrag auf dem X. Internationalen Kältekongreß 1959 in Kopenhagen. Die Kälte Bd. 12 (1959) S. 647.
[104] Zaitsev, V. P., u. E. G. Pavlov: Fish Freezing on Bord of Ships in the USSR, Bulletin Institut International du Froid, Annexe 1958—2, S. 79.
[105] Hofmann, E.: Hordenwagen-Gefriertunnel für Fabriktrawler. Kältetechnik Bd. 10 (1958) Nr. 2, S. 51.
[106] —: Über einige neue Gefrierapparate-Bauarten. Kältetechnik Bd. 9 (1957) Nr. 10, S. 334.
[107] Zimmer, A.: Automatische Walfleischgefrieranlage auf einem modernen Walfangmutterschiff. Linde-Berichte aus Technik und Wissenschaft (1959) H. 6.

Gekühlte Lastkraftwagen.

Von

Dr. H. Bock.

Staatl. Ingenieurschule, Frankfurt/M.

Mit 37 Abbildungen.

A. Unternehmerische Konkurrenz.

Gekühlte Lastkraftwagen sind teuer, das gilt für Anschaffung und Betrieb. Im Betrieb ist nicht nur der eigentliche Kältetransport teuer, sondern man muß auch mit einem höheren Anteil an Leerfahrten und Standzeiten rechnen, als man bei universell verwendbaren Lastwagen gewohnt ist[1], wodurch die Belastung des Tonnenkilometers mit Amortisationskosten ansteigt. Das Fahrzeug ist nämlich für verschiedene Transportgüter nur sehr begrenzt verwendbar, weil die Isolierung empfindlich gegen Stoß, Infektion usw. ist. Außerdem bringt es, wenn schon eine Transportladung gefunden wird, zufolge der hohen Vorbelastung durch Isolieraufbau und nicht entfernbare Teile der Kälteeinrichtung wiederum eine schlechte Transportleistung.

Der gekühlte Lastwagen ist nur eines der Mittel des Kältetransportes neben Kühlschiff, Schienen- und eventuell Lufttransport. Er hat den anderen Transportmitteln gegenüber Vorteile, meist gemeinsam mit dem universellen Lastwagen, und Nachteile. Wirtschaftlich ist der Hauptnachteil gegenüber Wasser- und Schienenweg der höhere Transportpreis. Der Hauptvorteil liegt in der höheren Transportgeschwindigkeit und besseren Anpassungsfähigkeit. Der Schienentransport kann zwar Städte ebenso schnell oder schneller verbinden, praktisch jedoch nicht konkurrieren bei der Belieferung des Einzelhändlers oder beim Sammeln vom kleinen Erzeuger. Dieses an sich überzeugende Argument für den Straßentransport hat aber eine empfindliche Lücke. Obwohl Temperaturanstiege bei den meisten hier in Frage kommenden Gütern die Qualität und weitere Lagerfähigkeit tatsächlich und nachweisbar vermindern[2], können diese Einbußen doch durch Variation der Lagerbedingungen im ortsfesten Kühlhaus, durch günstige Wahl der Transportzeit, insbesondere unmittelbar vor der Abgabe an den Letztverbraucher, und durch zweckmäßige Lagerhaltung und Marktbeeinflussung bis zu einem gewissen Grade kompensiert werden. Das bedeutet dann praktisch, daß man bei geschickter Organisation die fraglichen Transporte auch im normalen, weder gekühlten, noch isolierten Lastkraftwagen durchführen kann, insbesondere auf kurzen Strecken, und damit hinsichtlich der Guts-

---

[1] Levy, L.: Kühlung bei Landtransporten, Kältetechnik Bd. 5 (1953) S. 218. Als Ausnutzung ist für Wagen 20% gegenüber Lagerhäusern 70% angegeben.

[2] Vgl. die verschiedenen Stellungnahmen z. B. in: Air Cond. & Refr. News Bd. 80 (1957) Nr. 3, S. 1. Kyltekn. Tidskr. Stockholm Bd. 16 (1957) Nr. 1, S. 1. Industr. Refr. vom Juni 1957, S. 17ff. (M. J. Copley) und Modern Refr. & Air Control Bd. 61 (1958) S. 1243.

qualität nicht merklich schlechter, hinsichtlich der Gesamtunkosten jedoch erheblich besser abschneiden kann.

Um die Frage einer zulässigen Lücke in der Kühlkette zu beurteilen, muß man berücksichtigen, daß der Temperaturanstieg im Normalfahrzeug durch behelfsmäßige Isolierung und sogar behelfsmäßige Kühlung mit Eis oder Trockeneis erheblich verlangsamt werden kann.

Für Gefriergut liegt das Problem nur scheinbar anders. Gewiß sind die Lagertemperaturen von beispielsweise Eiskrem oft schon nahe am Verderbpunkt, nämlich dem Schmelzpunkt der leichtest schmelzenden Eutektika in der Masse. Während man aber Kühlgüter nur bis zum Gefrierpunkt vorkühlen kann, besteht keine grundsätzliche Schwierigkeit, Gefriergüter in ortsfesten Kühleinrichtungen so weit zu unterkühlen, daß sie einen kürzeren Transport mit behelfsmäßigen Mitteln ohne Schaden überstehen.

Es soll hier nicht der Eindruck entstehen, als würde die Umgehung des gekühlten Lastkraftwagens bzw. des Kältetransportes überhaupt propagiert oder gar empfohlen. Es ist im Gegenteil nicht nur im Interesse der Kälteindustrie, sondern vor allem des Verbrauchers unbedingt zu begrüßen, wenn, wie in Frankreich, Isolier- und Kühlfahrzeuge für den Transport verderblicher Lebensmittel verbindlich vorgeschrieben sind[1]. Nur damit läßt sich eine gleichmäßige Qualität mit Sicherheit erreichen.

Das Voranstellen kritischer Gesichtspunkte bezweckte vielmehr, den äußerst engen wirtschaftlichen Spielraum sichtbar zu machen, in dem sich die technischen Lösungen bewegen müssen. Dabei muß sogar noch eine weitere Begrenzung beachtet werden: Kühlung, soweit sie hier interessiert, ist ja nur *ein* Mittel der Konservierung neben anderen, mit denen sie konkurrieren muß. Ältere Verfahren, die den Geschmack beeinträchtigen, wie Pökeln oder Trocknen, kommen kaum noch in Frage, neuere, wie Konservierung durch Antibiotika oder Bestrahlung, sind einstweilen noch in vorsichtiger Erprobung; die Konservierung in der Konservendose ist jedoch qualitativ nur hinsichtlich des Vitamingehaltes unterlegen, so daß hier eine sehr ernste Konkurrenz besteht.

In dieser Situation liegt es nahe, wenn man sich einmal für das gekühlte Fahrzeug entscheidet, diesem dann auch gleich die Aufgabe des Abkühlens und die Funktion des Lagerns zuzuweisen. Die erforderliche Vergrößerung der installierten Kälteleistung für die Abkühlung erhöht den Gesamtpreis nur unbedeutend und steigert die Nutzungsmöglichkeiten auch dann erheblich, wenn die Nutzlast allgemein etwas und bei der Abkühlfahrt sogar merklich verringert ist. Letzteres hängt damit zusammen, daß ungekühlte Ware so gestaut werden muß, daß der Umluftstrom überall Zutritt hat, während bei vorgekühlter Ladung nur der Wärmeeinfall von den Begrenzungsflächen des Wagens abgefangen werden muß, der Warenstapel in sich also fast undurchlässig für die Umluft sein kann. Da man jedoch aus isoliertechnischen Gründen ohnehin meist zu Lösungen mit großem Volum und kleiner Oberfläche kommt, bei denen die Ladefähigkeit durch das Gewicht und nicht durch das Volum des Transportgutes begrenzt ist, macht die Staubedingung der Abkühlung praktisch weniger aus, als man zunächst anzunehmen geneigt ist. Entscheidend fällt ins Gewicht, daß landwirtschaftliche Produkte unter Ausschaltung des Zwischenhandels direkt vom Erzeuger billiger als von jedem örtlichen Kühlhaus bezogen werden können.

Die Lagerfunktion kommt naturgemäß vor allem für kurzfristige Aufbewahrung, insbesondere für die Ganz- oder Halbtagsperiode der Milchwirtschaft

[1] Ber. IX. Intern. Kältekongreß Paris 1955, Bd. II. Vorträge von G. Migeon, S. 7017 und F. Herold, S. 7099. — E. Hüttebräucker: Behälterverkehr Bd. 4 (1955) Nr. 3, S. 25 bis 28.

in Frage, wo man sich ortsfeste Lagerräume und zusätzliche Umladungen sparen kann. Das gilt für das Verteilfahrzeug von der Molkerei und für den Melkwagen zwischen Kuh und Molkerei, der alle Funktionen in sich vereinigt: Melken, Messen, Abkühlen, Kühllagerung zur Überbrückung des täglich zweimaligen Melkens gegenüber der einmaligen Fahrt zur Molkerei und schließlich auch Transportieren.

Da für die Gesamtinvestition Fahrzeug und Isolieraufbau in jedem Fall, sogar beim Anhänger, den Schwerpunkt bilden, werden die zur Erhöhung der Anwendungsmöglichkeiten geforderte Vergrößerung der Kälteleistung und eventuell verschiedenartige Antriebsmöglichkeiten wirtschaftlich vertretbar.

Die verschiedenen Gesichtspunkte und wirtschaftlichen Bedingtheiten machen eine Entwicklungsprognose schwierig. Zur Zeit scheint es, als ob sich als universelles Kältetransportunternehmen nur die Eisenbahn behaupten kann, während das Straßenfahrzeug einerseits als schwerer Ferntransporter im Dienst von Großhandelsunternehmen und andererseits als Verteilfahrzeug, vor allem für Gefriergut, im bezirksgebundenen Einsatz Chancen hat.

B. Berechnung des Kältebedarfs.

Man pflegt die einzelnen Anteile des Kältebedarfes in 4 Gruppen zusammenzufassen, in denen die Haupteffekte in einer einfachen Formel erfaßt werden können, während man die Nebeneffekte durch empirische Zuschläge berücksichtigt. Die 4 Gruppen sind:

α) Wämedurchgang durch die Wände,
β) konvektiver Wärmeeinfall durch Begehen usw.,
γ) Kältebedarf des Kühl- bzw. Transportgutes,
δ) Wärmeäquivalent der Ventilatorleistung.

Diese Gruppierung bewährt sich auch bei der Behandlung des Kältefahrzeuges, zeigt hier jedoch einige Besonderheiten in der Rechnungsführung und den Ergebnissen, die eine nähere Behandlung nahelegen. Es sei die Reihenfolge der 4 Gruppen umgekehrt, wobei wir vom einfacheren zum komplizierteren fortschreiten.

Zu δ) *Wärmeäquivalent der Ventilatorleistung.* Im ortsfesten Kühlhaus ist der Ventilator, falls überhaupt vorhanden, meist mit separatem Elektromotor angetrieben, der im Kühlraum liegt, so daß sich der Kältebedarf einfach aus der Brutto-Leistungsaufnahme des Elektromotors ergibt. Dieser wird mit der Maschine eingeschaltet und entweder mit dieser oder durch einen Nachlaufschalter abgeschaltet. Letzteres gilt für Kühlraumtemperaturen über 0 °C, wo das Abtauen der Kühlflächen im Luftstrom möglich ist. Das Kälteäquivalent ist also praktisch einfach von der Kälteleistung des laufenden Kühlsatzes abzuziehen.

Im Fahrzeug hat man wegen der Raum- und Gewichtsausnutzung in der Regel stärkere Lüfterleistungen; der Antrieb erfolgt jedoch meist mit Wellen, die durch die Isolierung geführt sind und außen entweder mit dem Kühlsatz oder — insbesondere bei Eis- oder Trockeneiskühlung — von Turbinen im Fahrtwind angetrieben werden. Demzufolge ist hier die Nettoleistung, d. h. die Leistungsaufnahme des Lüfterrades allein zu berücksichtigen, vermehrt um die Wärmeleitung in der Welle. Wärmeleitung und Fahrtwindantrieb bilden eine Dauerbelastung.

Konstruktiv wäre die Hohlwelle, möglichst aus Kunststoff, zu empfehlen, der Betrag der Wärmeleitung ist jedoch sehr gering und wird in den Sicherheitszuschlägen zum Wärmedurchgang durch die Wände erfaßt.

Die Leistung des Ventilatorrades kann mit ersatzweisem Antrieb durch einen Elektromotor bekannten Wirkungsgrades gemessen werden. Dabei ist zu beachten, daß die Drehzahlen im Fahrzeugbetrieb meist schwanken; der starke Anstieg der Lüfterleistung mit der Drehzahl legt es nahe, als „mittlere" Drehzahl eine solche nahe der oberen Grenze zu wählen.

Bei Gefriergut-Ferntransportern ist vielfach eine automatische Abtauung des Verdampfers vorgesehen, die natürlich ebenfalls eine abschätzbare Wärmemenge in den isolierten Raum bringt. Man faßt diesen zusätzlichen Betrag zweckmäßig mit der Lüfterleistung zusammen, obwohl das Abtauen bei stehendem Lüfter und eventuell bei geschlossenen Klappen der Luftkanäle erfolgt.

Obwohl diese betriebsbedingten Belastungen, wie man sieht, nicht ganz einfach sind, sind sie doch praktisch nicht wesentlich, da sie neben den sonstigen Belastungen klein bleiben, so daß eine Abschätzung aus bekannten Unterlagen vollauf genügt.

Zu γ) *Kältebedarf des Kühl- bzw. Transportgutes.* Der Kältebedarf des Transportgutes setzt sich zusammen aus einer eventuell geforderten oder zulässigen Temperaturänderung während des Transportes und der sog. Atmungswärme, d. h. der Wärmetönung chemischer Reaktionen, die als biochemische Stoffwechselvorgänge im Kühlgut oder an seiner Oberfläche ablaufen.

Die Atmungswärme ist sehr stark von der Temperatur abhängig, bei Abkühlung um 10 °C sinken Reaktionsgeschwindigkeit und Wärmeerzeugung um den Faktor 2 bis 4. Die Beträge und ihre Temperaturabhängigkeit sind für verschiedene Obst- und Gemüsearten empirisch ermittelt und können in dem betreffenden Abschnitt dieses Handbuches nachgelesen werden[1]. Es muß an dieser Stelle jedoch auf zweierlei hingewiesen werden:

Zunächst erfordert die Abführung der Atmungswärme eine entsprechende Stapelung des Transportgutes, so daß der Umluftstrom auch die inneren Partien des Stapels kühlen kann. Bei dichter Stapelung entsteht ein Temperaturgefälle nach außen hin, das zum Verderb der Ware führen kann.

Zweitens ist aber der Anstieg der Atmungswärme mit der Temperatur meist steiler als der an sich auch schon steile Anstieg der Kälteleistung. Das bedeutet, daß das in der Kältetechnik sonst ganz allgemein stabile Gleichgewicht zwischen Kältebedarf und geregelter Kälteerzeugung bei wesentlicher Beteiligung von Atmungswärme bei einer bestimmten Temperatur labil wird. Wird durch ungünstige äußere Einwirkung oder betriebliche Störung diese Grenztemperatur einmal überschritten, dann gibt es kein Halten mehr, die Temperatur steigt trotz vorbildlich funktionierender Kälteanlage weiter an bis zum Verderb des Transportgutes.

Die grundsätzliche Bedeutung dieses gefährlichen Zusammenhanges wird oft nicht erkannt. Sie zwingt dazu, die labile Grenztemperatur genügend weit oberhalb der normalen Betriebstemperatur zu legen, d. h. die Kälteanlage erforderlichenfalls zu überdimensionieren. Das ortsfeste Kühlhaus besitzt gegenüber dem Fahrzeug stabilisierende Speicherkapazitäten, so daß kritische Zustände dort nicht auftreten.

Glücklicherweise ist die Gefahr beim Straßenfahrzeug dadurch gemildert, daß hier ja immer ein Fahrer dabei ist, der den Temperaturverlauf der Ladung überwacht.

Die Abkühlung des Gutes während des Transportes ist ein Sonderfall, der übrigens erst seit relativ kurzer Zeit mit der fortgeschrittenen Leistungsfähigkeit

---

[1] Dieses Handbuch, Bd. X, S. 11. Man beachte jedoch die dem Band beigegebene Berichtigung.

und Zuverlässigkeit der Kälteanlagen technisch beherrscht wird. Im Normalfall wird das Fahrzeug lediglich als Zwischenglied in der Kühlkette angesehen, die Ware wird vorgekühlt übernommen und soll mit der gleichen Temperatur wieder abgeliefert werden. Der entsprechende Anteil des Kältebedarfes ist also Null. Solange technische oder wirtschaftliche Schwierigkeiten mit der Kälteeinrichtung des Fahrzeuges bestehen, wird man jedoch die Ware unterkühlt in das Fahrzeug laden, so daß ein gewisser Temperaturanstieg während des Transportes zulässig ist, der keinen Kältebedarf, sondern umgekehrt eine verfügbare Kälteleistung bedeutet.

Insbesondere bei der Verteilung von Gefriergut an den Einzelhändler wird vielfach die Vorkühltemperatur 2 bis 4° unter die Normaltemperatur gelegt, um auch in ungünstigen Betriebsfällen eine Belastung der offenen Schautruhen des Einzelhändlers mit Abkühlleistung mit Sicherheit zu vermeiden.

Darüber hinaus kann man die aus dem zulässigen Temperaturanstieg verfügbare Kälteleistung so weit steigern, daß sie den Bedarf während des Transportes gänzlich oder doch überwiegend deckt. Für weniger empfindliche Kühl- und Gefriergüter ist das ein legitimes Verfahren der Transportkühlung, das insbesondere im Nahverkehr gehandhabt wird, ohne oder mit Isolieraufbau, ohne oder mit zusätzlicher Kühlung durch Eis oder Trockeneis — letzteres um gegebenenfalls Unterschiede im Wärmeeinfall und in der Transportzeit zu kompensieren. Erwähnenswert ist nur, daß gelegentlich auch Extremfälle vorkommen, z. B. Vorkühlung von Gefriergut auf die Temperatur der flüssigen Luft.

Insgesamt bietet die Berechnung des Kältebedarfes für Transportgut also keine Besonderheiten, lediglich die Bedeutung, Größe und eventuell das Vorzeichen der Belastung ist anders als bei den Normalfällen in ortsfesten Anlagen.

Zu β) *Konvektiver Wärmeeinfall durch Begehen usw.* Die nächste Gruppe der konvektiven Belastungen ist schon kritischer. Der übliche Fachausdruck „begehen" drückt aus, daß normalerweise nur die Belastung beim Öffnen der Türen, Einbringen und Entnehmen von Lagergut sowie bei eventuellen Ordnungs- und Sortierarbeiten im Kühlraum interessiert. Die Wärmeäquivalente von Beleuchtung und arbeitendem Menschen sowie eventueller Stapel- und Transportgeräte sind mit ausreichender Genauigkeit bekannt oder abschätzbar.

Weit schwieriger berechenbar sind die durch die Türen ausgetauschten Konvektionsströme und die pro Kubikmeter Luft übertragene Wärme, da die ausströmende Luft natürlich nicht einfach den mittleren Innenzustand hat, sondern durch kurzgeschlossene Wirbel bei Zu- und Abluft Mischzustände auftreten. Praktisch hält man sich an Erfahrungswerte und vermindert im ortsfesten Kühlhaus diesen schwer abschätzbaren Lastanteil durch Schleusen und Windfänge bis auf unbedeutende Reste.

Das ist nun beim Fahrzeug ganz allgemein nicht möglich; für Schleusen ist kein Platz, der Effekt zusätzlicher Vorhänge[1] oder von Gummipendeltüren ist fragwürdig und in jedem Fall für den Lade- und Entladevorgang störend, und die Möglichkeit, das Ladegeschäft an windgeschützter und schattiger Stelle abzuwickeln, wohl meist eine schöne Illusion, insbesondere beim Verteilfahrzeug, das ja gerade am häufigsten in dieser Weise belastet werden muß. Technisch allenfalls diskutable Vorschläge — Zugang vom Dach oder vom Fahrerhaus, dieses als Schleuse benutzend — scheitern an der unvermeidlichen Behinderung, Verzögerung und Komplizierung des Lade- und Entladevorganges. Vielleicht können Luftschleieranlagen eine merkliche Verbesserung bringen; ihr Platzbedarf ist

[1] Kunststoff-Vorhang hält die Fahrzeug-Temperatur 4 °C kälter. Air Cond. & Refr. News Bd. 81 (1957) Nr. 17, S. 5.

vertretbar, die Schaltung könnte vom Türschalter, der Antrieb von der Fahrzeugbatterie erfolgen.

Versucht man eine Abschätzung des konvektiven Wärmeeinfalles, so kommt man zunächst auf sehr große Zahlen. Die mittleren Windgeschwindigkeiten von einigen m/s lassen bei einer Türöffnung von 1 m^2 Luftwechsel von 1 m^3/s entsprechend dem Wärmeeinfall von 1000 kcal/min (!) erwarten. Offenbar liegt die Begrenzung in der niedrigen Wärmeübertragung auf Kühlgut und Innenwand. Nimmt man an, daß die Luftströmung bei offener Tür vergleichbar der vom Ventilator bei geschlossener Tür erzeugten ist — worin vermutlich schon eine gute Reserve einbezogen ist —, so sind die übertragenen Wärmemengen den Temperaturdifferenzen in diesen beiden Fällen proportional. Beim Kühlbetrieb kann man 5 °C als normale mittlere Temperaturdifferenz zwischen Luft und Kühlgut bzw. Innenwand annehmen, die Temperaturdifferenz zur Außenluft kann jedoch 30 °C für Kühlgut und 50 °C für Gefriergut betragen. Zusätzlich wäre noch eine Verdoppelung durch die Kondensationswärme des Wasserdampfgehaltes der Außenluft möglich. Das Verhältnis von Wärmeeinfall bei geöffneter Tür zur installierten Kälteleistung dürfte also in der Größenordnung 10 liegen.

Mit dieser Abschätzung ist die Lösung vorgezeichnet: Durch Organisation, Stapelung und Geschicklichkeit des Bedienungsmannes müssen die Öffnungszeiten klein gehalten werden; die Standzeitreserve des Kühlsatzes muß mindestens das 10fache der Türöffnungszeiten betragen.

Damit ist aber beim Fahrzeug das Problem noch nicht zu Ende. Man kennt aus der Klimatechnik eine konvektive Belastung infolge der Luftdurchlässigkeit der Wände und der Undichtigkeiten auch geschlossener Fenster und Türen. Man rechnet dort mit natürlichen Luftwechselzahlen zwischen etwa 0,5- und 4fachem des Luftinhaltes des Raumes pro Stunde. Der Zahlenwert hängt in leicht abschätzbarer Weise von der Bauausführung ab. Bei Übertragung dieser Erfahrung auf den Kühlraum sieht man sofort, daß der ortsfeste Kühlraum mit seiner zusätzlichen Isolierung und seinen Sperrschichten als Sonderklasse der Bauausführung anzusehen ist, daß dort also die Luftwechselzahlen vernachlässigbar klein werden. Es verbleibt von diesem Belastungsglied nur noch die Feuchtigkeitsdiffusion, die aber nicht als Wärmebelastung, sondern als Wasser- oder Eismenge gespeichert nur durch die Verschlechterung der Isolierung merklich wird.

Gegenüber diesem Normalfall des ortsfesten Kühlhauses stellt der Isolieraufbau des Fahrzeuges eine bewußt äußerst leicht gehaltene Bauausführung dar, die mit allen Außenflächen dem natürlichen Wind und dem zusätzlichen Fahrtwind ausgesetzt ist. Außerdem wird der Aufbau durch den Fahrbetrieb stärksten mechanischen Beanspruchungen, Beschleunigungen, Verwindungen und Schwingungen eines breiten, notwendig auch Eigenfrequenzen des Aufbaues umfassenden Frequenzbandes unterworfen. Fertigungstechnisch unvermeidliche Fugen der Außenhaut — punktgeschweißt, mit oder ohne Dichtung verschraubt oder vernietet und zusätzlich mit Lack verklebt — werden zumindest im Laufe des Betriebes undicht und lassen einen Luftstrom von Überdruck- zu Unterdruckzonen durch den Aufbau gehen. Zudem arbeitet der schwingende Aufbau teilweise wie ein Blasebalg.

Von der Isolierung des Aufbaues muß man vor allem fordern, daß sie leicht ist. Moderne Kunststoffschäume sind hinsichtlich der Isolierwirkung sehr gut geeignet, versagen aber teilweise gegenüber den mechanischen Beanspruchungen des Fahrbetriebes oder haben, wenn sie diesen genügen, nicht die ebenfalls zu fordernde Porendichtigkeit und hohen Dampfdiffusionswiderstand. Da aber durch Undichtigkeiten eindringende Feuchtigkeit hier nicht nur — wie im ortsfesten Kühlhaus — die Wärmeleitung der Isolierung vergrößert, sondern eine die

Nutzlast verkleinernde Vorbelastung darstellt, ist es verständlich, daß man vielfach der Isolierung mit gewellten Folien den Vorzug gibt. Man nimmt lieber schlechtere Isolierung und höhere Luftdurchlässigkeit in Kauf, um wenigstens gegen eine weitere Verschlechterung und gegen eine Gewichtszunahme gesichert zu sein.

Natürlich verwendet man Folien auch als dicht geklebte, geschlossene Sperrschichten. Insbesondere dürfte die Kombination von Aluminium und Kunststoff eine große Zukunft haben, da hierbei das Metall die Dampfdichtigkeit, der Kunststoff die Rißfestigkeit durch hohe Dehnbarkeit liefert.

Konstruktiv braucht man natürlich Außen- und Innengehäuse, beide in sich starr, hochbelastbar und gegeneinander fest, aber doch ohne Wärmebrücken verankert.

Die Vielzahl der widersprechenden Forderungen führt auf einen Kompromiß, bei dem jedenfalls eine erhöhte Luftdurchlässigkeit der Isolierung gegenüber festen Kühlhäusern anzunehmen ist. Trotzdem kann hier auf die zahlenmäßige Abschätzung verzichtet werden[1]. Diese konvektive Belastung ist nämlich im wesentlichen nur in der Fahrt überhöht; in der Fahrt verringert sich aber der Einfluß der Sonnenbestrahlung, so daß die praktische Konstruktionsbedingung nur auf folgende Forderung hinausläuft: Die durch Undichtigkeiten während der Fahrt auftretende konvektive Mehrbelastung des Isolieraufbaues muß kleiner sein als die Mehrbelastung, die durch Sonnenbestrahlung im Stand des Fahrzeuges auftritt. Und diese Grenze läßt sich praktisch erreichen.

Zu α) *Wärmedurchgang durch die Wände.* Als letzter Anteil an der Kältebedarfsberechnung ist nun der Wärmedurchgang durch die Wände zu behandeln. Es ist der wichtigste und meist größte Teil der Belastung; seine Berechnung mit empirischen Zuschlägen reicht vielfach aus, um ein brauchbares Gesamtergebnis zu erhalten. Beim Kühlfahrzeug sind zwei kritische Gesichtspunkte zu beachten: Luftkühlung und fehlende Speicherkapazität. Das Zusammenwirken beider führt dazu, daß die Leistungsfähigkeit der Fahrzeugkälteanlage annähernd nach der Spitzenbelastung bemessen werden muß, während beim ortsfesten Kühlhaus die mittlere Tagesleistung ausreicht. Im Tagesrhythmus schwankt einerseits die Leistungsfähigkeit der Kältemaschinenanlage, andererseits der Wärmeeinfall durch die Isolierung und damit der Kältebedarf. Um ein klares Bild zu erhalten, wollen wir hier nicht nur den 2. Teil, den Wärmeeinfall, sondern auch den 1. Teil, die Leistungsfähigkeit der Kältemaschine im Tagesrhythmus, kurz diskutieren.

Soweit im Folgenden Zahlen angegeben und benutzt werden, beziehen sich diese auf mitteleuropäische Klimaverhältnisse. In anderen Klimazonen sind entsprechend andere Zahlenwerte einzusetzen, die allgemeinen Zusammenhänge der Tagesrhythmik gelten aber auch in anderen Klimazonen natürlich in analoger Weise.

Sofern eine Kältemaschine eingesetzt wird, muß sie die Differenz zwischen Innentemperatur t_i und äußerer Bezugstemperatur nebst angemessenen Zuschlägen für die Wärmeübertragung am Verdampfer und Kondensator überwinden. Uns interessiert nun hier, wie die äußere Bezugstemperatur im jährlichen und täglichen Rhythmus bei den drei möglichen Betriebsarten: Wasserkühlung, Verdunstungskühlung und Luftkühlung schwankt. Die Mittelwerte der 3 Bezugstemperaturen müssen natürlich in enger Beziehung zur sog. Jahresisotherme, also dem Jahresmittel des betreffenden Klimas stehen und daher auch unter-

---

[1] Für die günstigeren Bedingungen des Eisenbahnwagens gibt E. W. Hicks (Ber. IX. Intern. Kältekongreß Paris 1955, Bd. II, S. 7119) 0,2 Luftwechsel/h an und dadurch Vergrößerung des Wärmeeinfalles um 11%.

einander annähernd gleich sein. Sie unterscheiden sich jedoch erheblich im Ausmaß der jährlichen und täglichen Schwankungen.

Bei Wasserkühlung des Kondensators mit Grundwasser schwankt die Wassertemperatur im Laufe des Jahres nur wenig, im Laufe des Tages nur dann merklich, wenn die Wasserleitungsrohre sehr ungünstig verlegt sind. In Mitteleuropa wäre dann beispielsweise eine Spitzentemperatur im Sommer von $t_w = 15$ °C anzutreffen, die nur um wenige Grad über der mittleren Jahrestemperatur liegt.

Bei Verdunstungskühlung ist als Bezugstemperatur die Kühlgrenze t_R einzusetzen, deren Spitzenwert von beiläufig +22 °C auch etwa mit dem Spitzenwert von Oberflächenwasser u. dgl. zusammenfällt. Damit haben wir schon eine jährliche Schwankung von mehr als 10°, die tägliche Schwankung kann schon einige Grad erreichen. Immerhin ist auch diese Schwankung noch klein gegenüber der Schwankung der Lufttemperatur, die in Mitteleuropa etwa 25° gegenüber dem Jahresmittel und bis zu etwa 10° gegenüber dem Tagesmittel betragen kann.

Man sieht daraus, daß ein Kältesatz für eine bestimmte kältetechnische Aufgabe, z. B. ein ortsfestes Kühlhaus, das die täglichen Schwankungen noch durch Wärmespeicherung ausgleichen kann, größer dimensioniert werden muß, wenn man in der Reihe Grundwasserkühlung, Verdunstungskühlung bzw. Kühlung mit Oberflächenwasser und Luftkühlung fortschreitet. Bei Luftkühlung hätte man der Projektierung dann etwa +28 °C als höchste (mittlere) Tagestemperatur der Luft zugrunde zu legen. Bei Klimaanlagen, bei denen ein wesentlicher Teil des Kältebedarfes unmittelbar mit der Schwankung der Außenlufttemperatur ansteigt, hätte man bei einer mitteleuropäischen Spitzenlufttemperatur von 35 °C immerhin schon mindestens 32 °C als Projekttemperatur bei Luftkühlung anzunehmen.

Bei der Fahrzeug-Kälteanlage ist natürlich Wasserkühlung unmöglich, Verdunstungskühlung unzweckmäßig, so daß nur die Luftkühlung übrigbleibt. Beim Ferntransporter darf man regelmäßig volle Beladung annehmen, so daß eine Speicherkapazität in der Ladung verfügbar ist, die zudem, wie oben bemerkt, in günstigen Fällen bereits unterkühlt übernommen werden kann. Trotzdem darf man sich nicht allzu weit auf die ausgleichende Wirkung der Ladung verlassen, da zufolge der dichten Stapelung nur die äußeren Schichten am Wärmeaustausch teilnehmen können. Beim Verteilfahrzeug muß man dagegen immer den ungünstigsten Fall berücksichtigen, daß nach der vorletzten Entladung mit ihrem zusätzlichen konvektiven Wärmeeinfall nur noch eine sehr kleine Restladung übrigbleibt. Die Kälteanlage muß daher bei Spitzenbelastung, Spitzentemperatur der Außenluft und leerem Fahrzeug noch eine Leistungsreserve haben. Bezugstemperatur muß also der tatsächliche Höchstwert der Lufttemperatur sein[1].

Wenden wir uns nach dieser Betrachtung über die Kälteerzeugung und Dimensionierung der Kältemaschine dem Wärmeeeinfall durch die Wände zu, so ergibt sich, daß bei der leichten Isolierung der Kühlfahrzeuge die Spitze des Wärmeeinfalles höher ist und mit geringerer Phasenverschiebung gegen die periodische Schwankung der Lufttemperatur auftritt, als man es von den schweren ortsfesten Isolierungen gewohnt ist. Eine theoretische Behandlung wurde von Bock[2] durchgeführt, der die wirksame Temperaturdifferenz zwischen Außentemperatur t_a und Innentemperatur t_i zusammensetzt aus der mittleren Tempe-

[1] Schlapfer, W.: 2stufige Kompression für Gefrierguttransport in der arabischen Wüste, Air Cond. & Refr. News (1956) S. 31.

[2] Bock, H.: Wärmedurchgang durch Kühlraumwände bei schwankender Außentemperatur. Kältetechnik Bd. 12 (1960) S. 330.

raturdifferenz Δt und der im Tagesrhythmus nach einer Cosinusfunktion der Zeit z und Kreisfrequenz ω schwankenden Zusatzdifferenz Θ:

$$t_a - t_i = \Delta t + \Theta \cos(\omega z) \tag{1}$$

Die Schwankung setzt sich zusammen aus der Schwankung der Lufttemperatur von beispielsweise 30° Mittelwert auf 35° Spitzenwert auf den im Schatten liegenden Wänden des Fahrzeuges und den unter dem Einfluß der Sonnenstrahlung auftretenden Übertemperaturen der bestrahlten Wände, die bekanntlich bis 75 °C und sogar darüber gehen können. Nimmt man an, daß die halbe Wandfläche besonnt, die andere Hälfte beschattet ist, so erhält man als Mittelwert beispielsweise $(5 + 45)/2 = 25° = \Theta$.

Der Wärmeeinfall in den Kühlraum setzt sich dann ebenfalls aus 2 Gliedern zusammen nach Gleichung (2)

$$\dot{q} = kF(\Delta t + \Theta x), \tag{2}$$

worin sich der Faktor x aus der Zeitkonstante der Wand ergibt und praktisch im ortsfesten Kühlhaus verschwindend klein, im isolierten Fahrzeug jedoch nahezu gleich Eins ist.

Man kann die hier zunächst einzeln abgeschätzte Übertemperatur Θ noch in Beziehung setzen zu der mittleren Temperaturdifferenz Δt und kommt damit zu der praktischen Formel von RUDNIK[1]

$$\dot{q} = kF\Delta t \cdot 1{,}75 \tag{3}$$

Mit den angegebenen Zahlenwerten würde sich aus Gl. (2) für den Kühlwagen mit +5 °C Innentemperatur ein Zuschlagsfaktor von 2,00, für den Gefrierwagen mit —20 °C Innentemperatur ein Zuschlagsfaktor von 1,50 in Gl. (3) ergeben.

Da die kleine Zeitkonstante systematisch unmittelbar mit der leichten Ausführung des Isolieraufbaues auf Fahrzeugen zusammenhängt, sind Zuschläge in dieser Größenordnung offensichtlich notwendig und aus dem skizzierten Zusammenhang heraus auch verständlich.

Praktisch überwiegt der hier zuletzt behandelte Wärmeeinfall durch die Isolierwände vielfach die vorher genannten 3 Belastungsglieder, so daß Gl. (3) jedenfalls überschläglich ausreicht, um die Größe des erforderlichen Kühlsatzes oder auch umgekehrt die erforderliche Güte und damit k-Zahl der Isolierung festzulegen. Damit ist die sehr komplexe Gesamtbelastung auf eine sehr einfache Formel gebracht, worin überraschenderweise der 75%ige Zuschlag überwiegend von dem Schwankungseffekt herrührt, der zufolge der starken Dämpfung ortsfester Kühlraumwände dort praktisch gar keine Rolle spielt.

C. Kälteverfahren.

I. Wassereis, Trockeneis, eutektisches Eis und Flüssiggase.

Der wesentliche Unterschied zur ortsfesten Kälteanlage besteht darin, daß die Fahrzeuganlage ihre Energieversorgung mit umfassen muß und daß das Fahrzeug in jedem Falle den Energievorrat mitführen muß. Das weitaus einfachste Verfahren benutzt als Energievorrat direkt die latente Wärme, die beim Schmelzen, Verdampfen oder Sublimieren eines genügend billigen Stoffes frei wird. Wegen des Platzbedarfes kann die in der Volumeinheit gespeicherte Kältemenge eine Rolle spielen, meist kommt es jedoch auf die pro Gewichtseinheit gespeicherte Kältemenge an, die in der Größenordnung 100 kcal/kg liegt. Das

---

[1] RUDNIK, H. E.: Die Entwicklung von Kältesätzen für Schienen und Straßenfahrzeuge. Kältetechnik Bd. 10 (1958) Nr. 8, S. 244.

ist vergleichsweise sehr wenig gegenüber der chemischen Energie eines Kraftstoffes in der Größenordnung 10000 kcal/kg, auch wenn man berücksichtigt, daß bei der Energieumwandlung über Arbeit in Kälte Verluste bis zu praktisch einer Zehnerpotenz entstehen.

Bei der Kühlung mit gespeicherter Kälte braucht man zwar keine schwere und teure maschinelle Ausrüstung, außer allenfalls einem Ventilator zur gleichmäßigen Verteilung, muß jedoch ein erhebliches Totgewicht an Speicherstoff im Fahrzeug mitschleppen. Seine Verringerung ist möglich durch Nachtanken in kurzen Abständen, wozu aber wiederum der betreffende Kälteträger unterwegs überall erhältlich sein muß. Schon aus diesem Grund kommen praktisch nur Wassereis und festes Kohlendioxyd als Kälteträger für allgemeine Verwendung in Frage, da beide wirtschaftlich sind und auch außerhalb der Fahrzeugkühlung vielseitige Verwendung finden.

Wassereis ist durch den sehr kleinen Materialwert und die kältetechnisch günstige Lage des Gefrierpunktes im Bereich seiner Anwendbarkeit — d. h. für Kühlung oberhalb 0 °C — so wirtschaftlich, daß die Anwendung anderer Kühlmethoden daneben an Bedeutung zurücktritt.

Ganz anders ist die Lage aber im Bereich der Gefriertemperaturen, praktisch also bei —20 °C. Das bevorzugte CO_2-Eis ist sowohl durch den Materialwert als auch durch die tiefe Sublimationstemperatur von —78,5 °C und damit die Erzeugungskosten so hoch vorbelastet, daß demgegenüber eine Maschinenkühlung mit ziemlich kurzen Amortisationszeiten wirtschaftlich überlegen ist.

Von sonstigen Kälteträgern kämen noch Eis-Salz-Mischungen in Frage. Bei letzteren kann die gewünschte Schmelz- und eutektische Gefriertemperatur passend gewählt werden, man kommt aber auf folgende Alternative: entweder läßt man das Gemisch verlorengehen, bereitet also stets von neuem Kältemischungen aus Eis und Salz. Dann wird ein Teil des Eises und Salzes schon beim Bereiten der Mischung zu ihrer Abkühlung verbraucht, es steigt also der Eisverbrauch erheblich an, und zudem kostet das verbrauchte Salz meist noch mehr als das verbrauchte Eis. Außerdem muß die Mischung im Betrieb gerührt werden, da die Schmelztemperatur andernfalls weit über die eutektische Temperatur ansteigt.

Arbeitet man andererseits ohne Verlust der Materialien, benutzt also eutektisches Eis oder Patronen, so hat man Schwierigkeiten mit den erforderlichen speziellen Einfrieranlagen, Korrosion, Entmischung der Eutektika und mit dem Umladen der Patronen. Bei letzteren ist außerdem die Kälteleistung pro Gewichtseinheit durch das Gewicht der Hülsen verringert.

Besonders der Gesichtspunkt der Ladekosten hat dazu geführt, daß man eutektische Patronen, sofern sie Anwendung finden, meist fest im Fahrzeug montiert und entweder mit gleichfalls fest eingebauter Kälteanlage über Nacht, ans ortsfeste elektrische Netz angeschlossen, oder aber über eingebaute Rohrschlangen einfriert, die ihrerseits an eine ortsfeste Kälteanlage angeschlossen werden.

Es sei in diesem Zusammenhang darauf hingewiesen, daß die Dicke d einer eutektischen Platte ein Maß für die damit erreichbare Kühldauer ist. Bezeichnet ϱ die Dichte, r die spezifische Schmelzwärme des Speichermaterials, α die Wärmeübergangszahl und $2F$ die Plattenoberfläche sowie Δt die Temperaturdifferenz, so ist die gespeicherte Kältemenge q:

$$q = \varrho\, r\, F\, d \qquad (4)$$

und der übertragene Wärmestrom $\dot{q}$:

$$\dot{q} = \alpha \cdot 2F \cdot \Delta t. \qquad (5)$$

Der Quotient der beiden Größen ist die Zeitkonstante Z der Platte:

$$Z = \frac{\varrho\, r\, d}{2\alpha\, \Delta t}, \tag{6}$$

$d = 1$ cm entspricht etwa 3 Stunden. Für rohrförmige Patronen ist der Radius des Rohres in die gleiche Formel einzusetzen. Zieht man derartige Patronenrohre zusätzlich in einen der üblichen Flossenverdampfer ein, so ist in Gl. (5) die Flossenfläche einzusetzen, d. h. die Zeitkonstante der Patrone wird weiterhin verringert. Damit könnte man Speicher mit genau angepaßtem und relativ kleinem Gewicht schaffen, um Pausen des Kältemaschinenbetriebes zu überbrücken. Praktisch haben sich derartige Kombinationen bisher nicht durchgesetzt, wahrscheinlich aus Kostengründen.

Hinsichtlich des Gewichtes kann man vergleichbare Kältespeicherung auch mit periodischen Ab- oder Adsorptionskälteanlagen erzielen[1], diese Typen seien jedoch später bei den Kälteanlagen im Zusammenhang behandelt.

Bei den stoffverbrauchenden Verfahren ist jedoch zu erwähnen, daß ja der Betriebsstoff des Kraftfahrzeugmotors beim Ottomotor ohnehin verdampft werden muß, wobei eine latente Wärme aufgenommen wird, die größenordnungsmäßig durchaus dem Kältebedarf entspricht. Bekannt geworden sind nur vereinzelte Versuche mit PKW-Kühlschränken, die durch Benzinverdunstung gekühlt wurden. Viel einfacher und weniger gefährlich wäre die Verwendung von „Flüssiggas", also Propan und evtl. Butan für den Fahrzeugmotor, wobei die Verdampfung im Isolieraufbau die Kälteleistung liefert, die anschließende Verbrennung die Arbeitsleistung des Fahrzeugmotors decken würde. Die Verdampferrohre würden mit reinem Propandampf ohne Überdruck gefüllt sein, die Mischung mit Verbrennungsluft würde erst im Eingang des Motors erfolgen. Da Propan ziemlich billig erhältlich ist, wäre diese Lösung wahrscheinlich wirtschaftlich günstig. Dagegen spricht vor allem, daß dann die Kälteerzeugung über den Propanverbrauch stark mit der Motorleistung gekuppelt wäre, ein eventueller Mehrbedarf an Kälteleistung würde zu einem unwirtschaftlich hohen Verbrauch an Propan führen. Praktisch spricht wohl noch eine gewisse Abneigung gegen Flüssiggas, der Wegfall der für den Motorbetrieb durchaus erwünschten Kühlwirkung des üblichen Verdampfers und schließlich überhaupt die Verbindung der Kompetenzen von Fahrzeug, Aufbau- und Kältefirma gegen dieses Verfahren.

In diesem Zusammenhang sei der Vorschlag von P. Schlumbohm[2] erwähnt. Er benutzt als Kältemittel gleichfalls Propan, das in der üblichen Flüssiggasflasche im Fahrzeug mitgeführt wird. Das Propan wird jedoch, wie Abb. 351 im Prinzip zeigt, in einem regulären Kältekreislauf umgewälzt, es wird zunächst eine mit Propan betriebene Kältemaschine vorgesehen. Der Antrieb dieser Kältemaschine erfolgt durch einen gleichfalls mit Propan betriebenen Verbrennungsmotor. Der besondere Vorteil des Verfahrens, Verwendung desselben Betriebsstoffes für Kältekreislauf und Verbrennungsmotor, führt dazu, daß die sonst sehr kritische Forderung an die Dichtheit des Kältekreislaufes hier weitgehend entfällt. Etwa in den Kältekreislauf hineingeratene Verunreinigungen, insbesondere Luft oder Auspuffgase, gelangen in den Sammler unten dem Kondensator der Kältemaschine. Von dort wird aber das Brenngas für den Motor

---

[1] Lieding, F.: Ein Kühlbehälter mit periodischer Absorptions-Kältemaschine. Kältetechnik Bd. 6 (1954) Nr. 8, S. 214.

[2] Schlumbohm, P.: US-Patent 1935749. Refrigerating Data Book 1942 u. 1951. Refrigerating Engng. April 1939 u. Juli 1941.

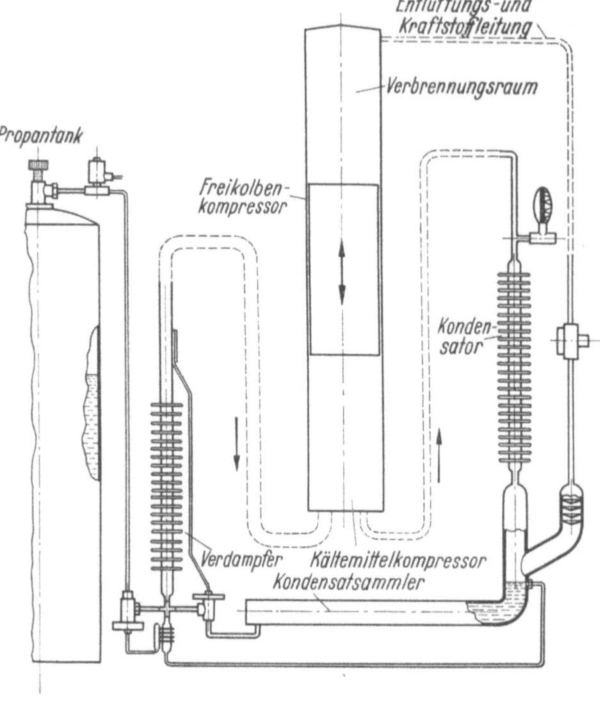

Abb. 351. Prinzip-Bild der Propan-Kältemaschine mit Freikolben-Motor (nach SCHLUMBOHM).

entnommen, so daß auch eventuelle Verunreinigungen laufend über den Verbrennungsraum wieder aus dem Kreislauf herausgeführt werden. Damit wird nach in dem Abb. 351 skizzierten Vorschlag z. B. ein Freikolbenkompressor[1] anwendbar, das Verfahren kann aber natürlich auch mit konventionellen Bauteilen durchgeführt werden, wie es Abb. 352 an einer Versuchsanlage zeigt. Für die Konstruktion des Kältekreislaufes weist SCHLUMBOHM darauf hin, daß man konstruktiv ja mit sehr viel kleinerem Volum und kleinerer, schneller umlaufender Kältemittelmenge auskommt, als man sie konventionell im Hinblick auf eventuelle Undichtigkeiten des Kreislaufes zu benutzen

Abb. 352. Fahrzeug-Kühlaggregat mit Propankreislauf und Propan-Verbrennungsmotor nach dem Verfahren von SCHLUMBOHM, jedoch mit konventionellen Bauteilen als Versuchsanlage.

[1] Der Freikolbenkompressor wird in Bd. V dieses Handbuches behandelt. Vgl. auch R. PLANK: Kältetechnik Bd. 13 (1961) S. 142.

pflegt. Zufolge des kleinen Propaninhaltes der Anlage bedeutet dann tatsächlich die Brennbarkeit des Kältemittels kein ernsthaftes Risiko mehr.

Wenn man die erforderliche Energie nicht in einem Kälteträger gespeichert mitführt, dann kommt als Energiequelle die chemische Energie von Kraftstoffen in Frage und es muß eines der bekannten Kälteverfahren zu Energieumwandlung benutzt werden. Praktisch werden fast nur Kompressionskältemaschinen angewandt. Die Kaltluftmaschine ist sowieso nur für sehr tiefe Temperaturen wirtschaftlich und scheidet daher aus, obwohl man bei offenem Betrieb die Kaltluft direkt durch den Aufbau blasen und damit das Verdampfergewicht sparen könnte und obwohl auch eine solche Maschine ggf. in jeder Autowerkstatt repariert werden könnte.

II. Absorptions-Kälteanlagen.

Erstaunlicher ist es schon, daß die Absorptionskälteanlage nicht schon häufiger für Fahrzeugkühlung entwickelt wurde.[1] Erfahrungsgemäß sind die Erschütterungen des Fahrbetriebes der Funktion solcher Anlagen nicht schädlich, eher nützlich. Abwärme steht vom Fahrzeugmotor im Kühlwasser und Auspuff ausreichend zur Verfügung, die Kombination mit Benzinbrennern für Standzeiten und Vorkühlung wäre kein Problem. Die hier benötigte Leistung in der Größenordnung von 1000 kcal/h liegt durchaus im Bereich des Möglichen. Die tatsächlichen Schwierigkeiten liegen in 2 Punkten begründet: Während die Kompressionsmaschine die Kälteleistung im Verdampfer und Kondensator zweimal übertragen muß, braucht die Absorptionsanlage in Verdampfer, Kocher, Absorber und Kondensator viermaligen Wärmeaustausch und das bedeutet eben doppeltes Gewicht dieser Teile, das durch den Ersatz von Motor gegen Brenner nur bedingt kompensiert werden kann. Weiterhin macht es schon erhebliche Schwierigkeiten, mit der einstufigen Absorptionsanlage und Luftkühlung die tiefen Verdampfungstemperaturen für Gefriertransporte mit brauchbarem energetischem und gewichtsmäßigem Aufwand zu erreichen.

Da beide Gesichtspunkte auch für viele Anwendungen auf anderen Gebieten eine Rolle spielen, ist tatsächlich die kontinuierlich arbeitende Absorptionskälteanlage für diesen Leistungsbereich noch wenig entwickelt. Da die Dampfblasenpumpe hier nicht mehr funktioniert, müßte man eine kleine Lösungspumpe mit Fremdantrieb, z. B. aus der Batterie einsetzen, könnte dann aber das System mit schnell umlaufenden kleinen Mengen an Kältemitteln relativ leicht bauen. Was bisher vereinzelt angewandt wurde, sind eigentlich nur Speicheranlagen, nämlich periodisch arbeitende Anlagen mit nur einem Behälter, in dem abwechselnd absorbiert und ausgekocht wird. Für den periodischen Dauerbetrieb wären mindestens zwei wechselschichtig betriebene Behälter erforderlich, womit dann auch durch kurzperiodisches Wechseln das Betriebsgewicht der Anlage bis auf das durch die Kühlflächen bedingte Mindestmaß reduziert werden könnte.

III. Kompressions-Kälteanlagen.

Wenden wir uns nach diesen Vorbemerkungen der Kompressionskältemaschine zu, so ergeben sich die verfahrensmäßigen Varianten aus den verschiedenen Lösungen folgender Fragen:

Erzeugung der Antriebsleistung: Fahrzeugmotor oder separater Motor; weiterhin kommt als Variante der Antrieb aus dem Ortsnetz durch zusätzlichen Elektromotor beim Stand des Fahrzeuges in Frage.

---

[1] Eine periodische Anlage mit Dampfheizung für Bahnbetrieb ist von H. I. ANDREWS beschrieben, Heating & Air Treatment Engineer Bd. 21 (1958), H. 6—10. — Ber. VIII. Intern. Kältekongreß London 1951, S. 663. Vgl. S. 298 in diesem Band.

Übertragung der Antriebsleistung: Mechanisch über Wellen oder Keilriemen, hydraulisch oder auch elektrisch.

Regelung: Ohne, bzw. nur mit Handregelung, Drosseln der Kälteleistung bei weiterlaufendem Kompressor, stetige Regelung der Kompressordrehzahl und schließlich die übliche Aus-Ein-Regelung über Magnet- oder sonstige Kupplungen bei weiterlaufendem Motor oder mit Stop und automatischem Anlauf des Motors.

Konstruktiv ist vor allem die Unterscheidung zwischen komplett zusammengebautem, leicht auswechselbarem Einschubaggregat (packaged unit) und den fest eingebauten Anlagen zu machen, bei denen Verdampfer und Luftleitungen im Isolieraufbau, der Kompressorsatz darunter („Unterflur") oder an der vorderen unteren Kante liegend oder an einer Ecke stehend in den Aufbau einbezogen ist.

Die Antriebsleistung des Kältesatzes macht mit wenigen kW nur einen geringen Teil der Leistung des Fahrzeugmotors aus und kann diesem daher ohne Bedenken zusätzlich zugemutet werden. Man spart bei dieser Antriebsart daher Kosten und zusätzliches Gewicht, gewinnt auch die Antriebsenergie mit geringerem Kraftstoffverbrauch, als ihn die kleinen Hilfsmotoren im allgemeinen erreichen können. Nachteilig ist, daß ein evtl. erforderlicher Kältebetrieb im Stand des Fahrzeuges mit dem großen Fahrzeugmotor nahezu im Leerlauf sehr unwirtschaftlich und verkehrstechnisch jedenfalls ohne Aufsicht meist unzulässig ist. Man behilft sich für diesen Fall meist mit einem zusätzlichen Elektromotor.

Es kommt dann meistens nur die fest eingebaute Anlage in Frage, die ja gegenüber dem Einschubaggregat weniger elastisch ist. Die Brauchbarkeit hängt von der geschickten Lösung der Kraftübertragung und der darin eingeschalteten Regelung ab, wobei es sehr auf die Lage des Motors und die Zugänglichkeit vorhandener, bzw. serienmäßig vorgesehener Hilfswellen, Riemenscheiben usw. ankommt. Soweit konstruktiv anwendbar, ist die mechanische Kraftübertragung über Kardanwellen oder Keilriemen am einfachsten und billigsten, die Regelung wird dann über Fliehkraft- oder Magnetkupplungen bewirkt.

Eine wesentliche Schwierigkeit liegt in der stark schwankenden Drehzahl des Fahrzeugmotors, wie sie sich aus den Verkehrsbedürfnissen ergibt. Der Drehzahlbereich umfaßt das Verhältnis 1 : 5 bei Diesel-, bis 1 : 10 bei Benzinmotoren. Demgegenüber läßt der übliche Kältekompressor mit Schleuderschmierung nur Drehzahlverhältnisse 1 : 2 bis 1 : 3 zu. Hat man keine Spezialkompressoren zur Verfügung, so muß man mit solcher Übersetzung ankuppeln, daß bei maximaler Motordrehzahl auch der Verdichter seine maximale Drehzahl erreicht. Die Fliehkraftkupplung muß dann bei der unteren zulässigen Drehzahl des Kompressors schalten. Die praktische Folge ist dann, daß die mittlere Betriebsdrehzahl des Kompressors ziemlich nahe der unteren Grenze und jedenfalls in der unteren Hälfte des zulässigen Bereiches liegt, daß man also recht große und schwere Kältesätze einbauen muß.

Moderne Entwicklungen spezieller Kompressoren — mit Ölpumpe zum Überwinden sehr kleiner Drehzahlen, gut ausgewuchtet und mit kurzem Hub zur Erreichung sehr hoher Drehzahlen und dabei mit relativ engen Ventilquerschnitten und daher nur mäßig mit der Drehzahl ansteigender Förderleistung —, lassen die direkte Kupplung von Motor und Kompressor bei sogar nur wenig überdimensioniertem Kondensator zu. Je höher die Spitzendrehzahl, desto kleiner und leichter wird natürlich der Kompressor, was im Fahrzeug eine viel größere Rolle spielt, als in der allgemeinen Kältetechnik, wo ja auch schon eine Entwicklung zu höheren Drehzahlen festzustellen ist.

Während die Anpassung der Drehzahlbereiche grundsätzlich möglich und sogar schon gelöst ist, bleibt die Unsicherheit der mittleren Drehzahl und damit die Abhängigkeit der effektiven Kälteleistung von der Verkehrslage unbefriedigend. Mechanische Getriebe sind zu schwerfällig und teuer, insbesondere, wenn man automatische Umschaltung fordert, z. B. über abwechselnd ansprechende Magnetkupplungen. Man hat jedoch mit gutem Erfolg hydraulische und vereinzelt auch elektrische Übertragungen angewandt. Die an sich beträchtlichen Kosten werden zumindest teilweise dadurch kompensiert, daß nun die Energieübertragung über Öl- oder elektrische Leitungen viel einfacher und räumlich ungebundener verläuft und auch vom Zugwagen zum Anhänger ohne Schwierigkeiten gelingt.

Hydraulische Antriebe werden so entworfen, daß schon im Leerlauf des Fahrzeugmotors die Betriebsdrehzahl des Kältekompressors erreicht wird. Bei steigender Motordrehzahl wird die Ölpumpe gedrosselt, so daß Ölstrom und Kompressordrehzahl konstant bleiben oder jedenfalls nur wenig ansteigen. Meist wird einfach dem Drucköl ein Nebenschluß durch ein Drosselventil geöffnet. Das hat natürlich den Nachteil, daß die dem Motor entnommene Antriebsleistung proportional mit der Motordrehzahl ansteigt und der Überschuß nur zur Erwärmung des Öles führt, die dann durch entsprechende Kühlung wieder abgeführt werden muß. Stetig regelbare Ölpumpen sind teurer, eine Drosselung des Ölstromes auf der Saugseite, die praktisch verlustlos arbeitet, bereitet offenbar noch technische Schwierigkeiten, es ist aber wohl damit zu rechnen, daß der hydraulische Antrieb, wenn er sich überhaupt durchsetzt, noch verbessert werden wird.

Die elektrische Kraftübertragung ist verhältnismäßig schwer und teuer und kann alle regelungstechnischen Anforderungen vorerst nur mit Gleichstrom erfüllen, so daß die Doppelausnutzung für Ortsnetzbetrieb wiederum nur mit zusätzlichen Geräten möglich ist. Trotz der regelungstechnischen Eleganz ist diese Lösung daher nur vereinzelt ausgeführt worden. Es bleibt abzuwarten, ob die Entwicklung der Transistortechnik eine wirtschaftliche Wechselstromübertragung bringt, die dann vor allem die Verwendung hermetischer Motorkompressoren ermöglichen würde.

Es sei an dieser Stelle erwähnt, daß die Energieübertragung zum Anhänger über die Laufräder, die im Eisenbahnbetrieb vielfach angewandt wurde, beim Straßenfahrzeug Rutsch- und Schleudergefahr verursachen kann und daher bedenklich ist.[1]

Man sollte eigentlich erwarten, daß die geschilderten Schwierigkeiten des Antriebes vom Fahrzeugmotor zu Kombinationen mit Speicherverfahren führen müßten. Insbesondere die Ausführung mit eingebauten eutektischen Soleplatten und gleichfalls fest eingebautem Elektrokältesatz müßte ja nur noch über eine Fliehkraftkupplung an den Fahrzeugmotor angekoppelt werden, um ohne jede Funktionsgefährdung zumindest den Aktionsradius, bzw. die meist mehr interessierende tägliche Nutzungsdauer erheblich vergrößern zu können. Umgekehrt könnte die Hinzunahme schon relativ leichter Speicher die aus Verkehrslage und Entladevorgängen resultierenden Lücken in der Kälteerzeugung überbrücken. Sofern man als Kältemittel Ammoniak verwendet — was im Straßenfahrzeug allerdings ebenso bedenklich ist, wie auf Schiffen — könnte man in diesem Zusammenhang auch an Sorptionsspeicher denken, aus denen das Ammoniak durch Abwärme des Motors oder durch die zeitweise überschüssige

---

[1] Vgl. jedoch: Vom Hinterrad angetriebene Kälteanlage mit hydraulischem Motor für gekühlten LKW-Anhänger, Food Engng. New York, Bd. 28 (1956) Nr. 8, S. 96 und 99.

Förderleistung des Kompressors während der Fahrt ausgetrieben werden könnte. Solche Sorptionsspeicher sind gewichtsmäßig nicht ungünstiger als Eutektika, konstruktiv und funktionell sogar einfacher und anpassungsfähiger. Tatsächlich ist hierüber nichts bekannt geworden, wahrscheinlich wurden solche Kombinationen aus hier unangebrachter Furcht vor allzu großer Kompliziertheit abgelehnt.

IV. Antrieb mit separatem Motor.

Die Verwendung eines separaten Motors für die Kälteanlage überwiegt zahlenmäßig die vorher beschriebenen Antriebsarten. Meist werden Ottomotoren gewählt, da sie leichter und billiger in der Anschaffung sind. Für den Dieselmotor würde sprechen der billigere Kraftstoff, der kleinere Kraftstoffverbrauch und daher kleinere Tanks und schließlich die niedrigere Gefahrenklasse des Kraftstoffes. Die beiden letzten Gesichtspunkte spielen im Bahnbetrieb oft eine entscheidende Rolle, für die Kühlung von Straßenfahrzeugen werden jedoch Dieselmotoren nur ausnahmsweise eingesetzt.

Der separate Motor sichert stabile Betriebsverhältnisse und genaue Anpassung der Kälteerzeugung an den Bedarf, unabhängig von der Fahrt. Das Kälteaggregat wird praktisch immer bei nahezu konstanter Drehzahl betrieben, da Steuerungen der Drehzahl z. B. von der Außentemperatur zu kompliziert werden und eine Leistungsregelung nur mit der Drehzahl wegen des schon oben festgestellten geringen zulässigen Drehzahlbereiches normaler Kältekompressoren doch nicht genügend anpassungsfähig ist an die sehr großen Schwankungen des Kältebedarfes.

Bei dem Motor ist auf genügende Geräuschdämpfung zu achten, da die Geräusche dieser kleinen Motoren in einem besonders lästigen Tonhöhenbereich liegen, der, wie bei den Mopeds, sehr unangenehm empfunden wird.

Die Energie wird hier natürlich mechanisch übertragen, der Ventilator des Verdampfers wird meist über eine durch die Isolierung gehende Welle mit Keilriemen angetrieben, vereinzelt findet man auch elektrischen Antrieb von der Lichtmaschine, die ja sowieso für Zünd-, Regel- und Startvorrichtungen und zum Laden der Batterie vorhanden sein muß.

Es sei hier erwähnt, daß Anschluß an die Fahrzeugbatterie meist möglich ist und auch vielfach Verwendung findet. Eine eigene Lichtmaschine ist jedoch im allgemeinen notwendig, wenn der Motor des Kälteaggregates nicht Magnetzündung hat, da die Batterie sonst bei längeren Standzeiten des Fahrzeuges durch den Zündstrom des Kälteaggregates zu stark entladen wird.

V. Regelung.

Die Regelung hat im Laufe der Zeit zahlreiche Stufen zunehmender Automatisierung mit vielfältigen Varianten durchlaufen. Am einfachsten ist das in sich starr gekuppelte, in der Drehzahl geregelte Aggregat, das vom Fahrer angelassen und abgestellt werden muß. Die dauernde Beobachtung des Innenthermometers wird natürlich durch Signalkontakte erleichtert, bisweilen ist das Abstellen auch bereits automatisiert. Durch Nebenschlußventile im Kältemittelkreis läßt sich die Kälteleistung leicht automatisch ab- und einschalten; hoher Verschleiß und Betriebsstoffverbrauch machen diese Lösung jedoch unwirtschaftlich. Das Abkuppeln der Kälteanlage kann über eine Magnetkupplung oder dgl. automatisiert werden, besser ist der Übergang auf eine niedrigere Leerlaufdrehzahl des Motors durch einen zweiten oder umschaltbaren Drehzahlregler, wobei das Abkuppeln der Kälteanlage durch eine Fliehkraftkupplung bewirkt werden kann. Das Anlassen des Motors erfolgt in jedem Falle vorteilhaft im Leerlauf; falls keine Fliehkraftkupplung oder sonstige Automatik vorgesehen ist, muß zumindest eine von Hand betätigte Kupplung vorhanden sein.

Der dauernde Leerlauf des Verbrennungsmotors führt notwendig zu erhöhtem Verschleiß und Brennstoffverbrauch, bekommt den Motoren auch sonst nicht besonders gut. Insbesondere Zweitakter fallen für diese Betriebsweise praktisch aus, da die Kerzen im Leerlauf verölen. Es ist daher ein großer Fortschritt, daß es in den letzten Jahren gelungen ist, den vollautomatischen Start der Motoren betriebssicher bei allen Witterungsverhältnissen zu erreichen. Dieser Erfolg ist um so beachtlicher, als der Kraftwagenmotor selbst diesen Vorzug bisher nicht hat. Mit der Anlaßautomatik läuft das Aggregat, vom Innenthermostat gesteuert, ebenso automatisch wie eine ortsfeste, elektrisch angetriebene Kälteanlage.

Da der Schwerpunkt der Anwendung von Maschinenkältewagen bei Gefriertransporten liegt, interessiert zwangsläufig auch das Abtauen der Verdampfer. Üblicherweise ist eine elektrische Heizeinrichtung vorgesehen, die im Stand an ein Ortsnetz angeschlossen wird. Sehr viel eleganter ist die Umkehrung des Kreislaufes zum Wärmepumpenbetrieb, die als Heizgasabtauung in verschiedenen, mehr oder weniger vereinfachten Verfahren zur Anwendung kommt. Im vorliegenden Fall ist zu beachten, daß das Verfahren auch noch bei —10 °C Außentemperatur funktionieren muß, da ja auch dann noch Kühlung erforderlich und Feuchtigkeitsabgabe zumindest des Transportgutes möglich ist. Da für die vollständige Umschaltung des Kältekreislaufes 4 Ventile betätigt, außerdem Luftklappen geschlossen und der Ventilator stillgesetzt werden müssen, das Abtauen auch erst etwa nach 6 Betriebsstunden erforderlich ist, begnügt man sich meist mit Handbetätigung. Seitdem es ein Kombinationsmagnetventil für die Umschaltung des Kreislaufes gibt, kommen jedoch in zunehmendem Maße automatisierte Vorrichtungen zur Anwendung bis zur Vollautomatik, die von einer Schaltuhr betätigt wird.

In diesem Zusammenhang ist zu erwähnen, daß der Wintertransport frostempfindlicher Güter, z. B. Früchte oder Blumen, Heizung im Isolieraufbau erfordert. Obwohl diese Heizung allein natürlich viel einfacher mit Abfallwärme des Motors, Katalytöfen oder dgl. zu erreichen ist, bedeutet die Umschaltbarkeit des Kältesatzes auf Wärmepumpenheizung einen großen Vorteil: das Fahrzeug wird vielseitiger verwendbar und besser ausnutzbar, die ohnehin vorhandenen Regelgeräte können auch für Heizung benutzt und damit kann eine enge Temperaturtoleranz erreicht werden. Auch diese Umschaltung von Kälte- auf Heizbetrieb nach Bedarf läßt sich noch automatisieren, womit die höchste Stufe erreicht und beschrieben wäre.

VI. Konstruktion.

Wenden wir uns abschließend noch der konstruktiven Alternative Einschub- oder Einbauaggregat zu, so besteht natürlich der anwendungstechnische Gesichtspunkt, daß eine leicht auszubauende Anlage wahlweisen Betrieb als maschinengekühltes oder als isoliertes Fahrzeug mit dann etwas erhöhter Ladefähigkeit erlaubt. Der damit erreichbare Vorteil ist jedoch jedenfalls bei großen Fahrzeugen nur gering. Verfahrensmäßig ist man dafür beim Einschubaggregat nicht ausschließlich auf komplette Anlagen mit separatem Motor beschränkt, sondern kann durchaus auch die Trennstelle zwischen Aggregat und Antrieb vom Fahrzeugmotor legen, also Keilriemen, Ölleitung oder elektrisches Kabel beim Ausbau abtrennen. Bei elektrischer Übertragung kann z. B. der im Fahrzeug fest eingebaute Generator im Sommerbetrieb das Kälteaggregat, im Winterbetrieb eine elektrische Heizung speisen.

Überwiegend spricht jedoch für das Einschubaggregat ein ganz anderer Gesichtspunkt: Natürlich können Störungen der Kälteerzeugung immer vorkommen, sei es durch Pannen an der Anlage, sei es durch äußere Einflüsse, z. B. Verkehrsunfälle. Eine Reparatur wird dann im allgemeinen mehr Zeit erfordern, als man der Ladung ohne Kühlung zumuten kann. Man muß dann im allgemeinen die Ladung in ein ortsfestes Kühlhaus einlagern und nach der Reparatur wieder übernehmen. Ist dagegen das ganze Aggregat schnell auszubauen und kann es durch ein bereitstehendes Austauschaggregat ersetzt werden, so spart man erhebliche Kosten und Zeitverlust.

Es ist klar, daß dieser Vorteil des Einschubaggregates erst zum Tragen kommt, wenn der Markt einen gewissen Umfang erreicht hat. Eine Firma, die sich mit ihren Aggregaten erst einmal so weit durchgesetzt hat, daß ein Netz von Kundendienststellen mit Austauschaggregaten wirtschaftlich tragbar wird, hat dann allein dadurch allen Konkurrenten gegenüber einen kaum noch einzuholenden Vorsprung.

Tatsächlich geht die historische Entwicklung wohl von der Einbauanlage, die mit normalen Geräten als Einzel- oder Sonderanlage zusammengebaut wird, zum Einschubaggregat, das hoch spezialisierte Einzelteile verwendet und leicht austauschbar ist, auch hinsichtlich der verschiedenen Typen, so daß bei Änderung der Betriebsbedingungen ein Aggregat größerer oder kleinerer Leistung in das Fahrzeug eingesetzt werden kann.

Diesen Vorteilen des Einschubaggregates, insbesondere des mit separatem Motor ausgerüsteten, steht allerdings auch ein Nachteil gegenüber: Praktisch kommt der Einbau ausschließlich über dem Führerhaus in der Stirnfläche des Aufbaues in Frage. Das bedeutet eine hohe Belastung des Isolieraufbaues, verlagert den Schwerpunkt des Fahrzeuges merklich nach oben (Kurvenstabilität) und belastet die Vorderachse. Fahrtechnisch ist das bei großen Lastkraftwagen und insbesondere Sattelaufliegern tragbar, bereitet jedoch bei Verteilfahrzeugen unter 3 Tonnen ernste Schwierigkeiten.

So wird es verständlich, daß die Entwicklung gerade der Verteilfahrzeuge andere Wege suchen muß, wobei die Einbauanlagen und der Antrieb vom Fahrzeugmotor vorerst jedenfalls im Vordergrund des Interesses stehen, eine eindeutig beste Lösung sich aber noch nicht durchgesetzt hat.

Speziell bei der Einbauanlage ist noch eine besondere Verdampferbauart möglich, die hier kurz behandelt sei, da ihre Berechnung praktisch oft Schwierigkeiten macht. Es handelt sich um die Belegung fast der ganzen Innenfläche des Aufbaues mit Blechen, auf denen Verdampferrohre aufgelötet oder anderweitig befestigt sind. Die Rohre können auf der inneren (Luft) oder äußeren (Isolierungs-) Seite liegen. Derartige Plattenverdampfer sind in Kühlmöbeln üblich, in Gefriertruhen sogar als praktisch vollständige Umrandung des Nutzraumes die Regel.

Der physikalische Vorteil liegt wesentlich darin, daß bei vollständiger Umhüllung des Kühlraumes die Differenz zwischen Verdampfungs- und Raumtemperatur kleiner wird als sonst üblich. Praktisch ist es ein Vorteil, daß der Ventilator wegfällt, der ganze Innenraum mit seinen glatten Wänden ohne alle Einbauten leicht zu reinigen ist und daß bei vorgekühlter Ware der ganze Raum voll gestapelt werden kann ohne Rücksicht auf den Zutritt der umgewälzten Luft. Ein Abtauen während des Betriebes ist nicht möglich, der Eisbelag stört aber andererseits auch nicht die Funktion. Da die Innenseite der Wand nun die kälteste gegenüber der sonst wärmsten Stelle im Kühlraum wird, ist der Wärmedurchgang durch die Wand zwar etwas vergrößert, das macht aber praktisch weniger aus, als der Leistungsgewinn durch die höhere Verdampfungstemperatur.

Wenn die Innenauskleidung sowieso in Blech vorgesehen ist, kommt Berohrung bei Gefriertransporten immer in Frage, womit natürlich nicht gesagt sein soll, daß es immer die beste Lösung ist. Letztlich hängt die Entscheidung von vielerlei Gesichtspunkten, insbesondere den Fertigungsmöglichkeiten und den Fertigungskosten ab. Wenn man aber Berohrung in Erwägung zieht, dann muß der Konstrukteur jedenfalls wissen, in welchem Abstand D er die Rohre vorzusehen hat. Diese praktische Frage führt auf eine gewöhnliche Differentialgleichung und wird durch Angabe von 2 Integralen beantwortet.[1]

Es genügt hier, das Ergebnis in vereinfachter Form anzugeben. Zunächst ist zu beachten, daß die Innenfläche ja jetzt selbst Kühlfläche ist, daß also ein etwas größerer k-Wert der Isolierung sich ergibt, in dem α_i, die Wärmeübergangszahl auf der Innenseite, unendlich gesetzt wird. Mit α_a, der Wärmeübergangszahl auf der Außenseite, d_{is} der Isolierdicke und λ_{is} der Wärmeleitzahl der Isolierung ergibt sich:

$$\frac{1}{k'} = \frac{1}{\alpha_a} + \frac{d_{is}}{\lambda_{is}}. \tag{7}$$

Weiterhin kommt es nun auf die Beziehung zwischen dem Rohrabstand D, der Wärmeleitfähigkeit λ_b und der Dicke d_b des Innenbleches an. Dabei kann noch ein Faktor beliebig gewählt werden, es ist aber praktisch, ihn etwa $= 1$ zu setzen, womit dann gilt:

$$D = \sqrt{\frac{\lambda_b\, d_b}{k'}} \tag{8}$$

Mit dieser Festlegung findet man dann mit der Außentemperatur t_a und der (Soll-) Innentemperatur t_i die Verdampfungstemperatur t_0:

$$t_0 = 1{,}13\, t_i - 0{,}13\, t_a \tag{9}$$

Schließlich benötigt man noch die mittlere Temperatur der Innenfläche $\bar{t}$, die maßgebend ist für den Wärmedurchgang durch die Wand und für die Wärmeübertragung im Innern des Kühlraumes zwischen den berohrten Wandteilen und den nicht berohrten, insbesondere der Tür. Hierfür gilt:

$$\bar{t} = 1{,}04\, t_i - 0{,}04\, t_a. \tag{10}$$

Die Gültigkeit von Gl. (9) und (10) hängt natürlich von der Gültigkeit von Gl. (8) ab; wenn man also den Rohrabstand D kleiner macht als nach Gl. (8) festgelegt, gelten Gl. (9) und (10) nicht mehr, beide Temperaturen werden höher.

Als Beispiel sei angegeben, daß für Aluminiumblech mit $\lambda_b = 160$ kcal/m hgrd $d_b = 0{,}5$ mm und $k' = 0{,}37$ kcal/m² h grd $D = 0{,}47$ m wird. Damit wird für $t_a = +55$, $t_i = -20$ °C, $t_0 = -29{,}75$ °C, $\bar{t} = -23{,}0$ °C.

Vergleicht man diese Zahlenangaben mit bekannt gewordenen Konstruktionen, so findet man, daß die Rohrabstände meist kleiner gewählt werden, als es notwendig wäre. Praktisch kann man natürlich auch zunächst eine Rohrlänge festlegen, damit und mit der zu berohrenden Innenfläche den mittleren Abstand berechnen und dann aus Gl. (8) den notwendigen Leitwert des Bleches $\lambda_b \cdot d_b$ ermitteln.

Am günstigsten hinsichtlich Gewicht und Festigkeit sowie auch Korrosion ist Aluminiumblech, die Schwierigkeit des Lötens kann mit verschiedenen Methoden, z. B. Kupferplattierung gelöst werden.

---

[1] Bock, H.: Berechnung der Verdampferbauart mit berohrten Wänden. Kältetechnik Bd. 12 (1960) S. 254.

Die Konstruktion von Fahrzeug- und Isolieraufbau fällt praktisch nicht mehr in die Zuständigkeit des Kälteingenieurs. Der Vollständigkeit halber sei jedoch erwähnt, daß neben den üblichen Motorwagen und Anhängern mit fest auf dem Chassis verbundenem Isolieraufbau und dem auf Seite 456 dieses Bandes behandelten Container (Behälter) bisweilen auch als Zwischenglied der sog. „Koffer" benutzt wird. Das sind Isolieraufbauten der üblichen Fahrzeuggröße, die sich äußerlich nicht unterscheiden, jedoch vom Chassis des Fahrzeuges gelöst und abgehoben oder abgezogen werden können. Zunächst ist das also nur ein konstruktiver und befestigungstechnischer Spezialbegriff der Fahrzeugbauer, man kann aber bei dieser Ausführungsform Spezialvorrichtungen beschaffen, mit denen die Koffer betriebsmäßig leicht und schnell vom Fahrzeug abgezogen und abgestellt werden können. Gegenüber dem Container ist der Koffer größer, leichter und billiger, er wird ja bei weitem nicht so hart beim Transport und Umladen beansprucht. Auch gegenüber einem besonderen Anhänger ist der Koffer noch billiger, so daß die Verwendung z. B. eines Motorwagens mit 2 Koffern verschiedene Vorteile bringen kann: Sei es, daß der Koffer in Ruhe mit kommissionsweise gepackter Ware beladen wird, während der Wagen mit dem anderen Koffer unterwegs ist, sei es auch, daß ein Koffer beladen abgestellt wird und ein ortsfestes Zwischenlager ersetzt bzw. bei Stoßgeschäften ergänzt.

D. Ausgeführte Anlagen.

Im vorhergehenden war ein Überblick über die wirtschaftlichen und technischen Probleme und Möglichkeiten der Lastwagenkühlung versucht worden, der mehr allgemeine Gesichtspunkte als spezielle und aktuelle Erfahrungen

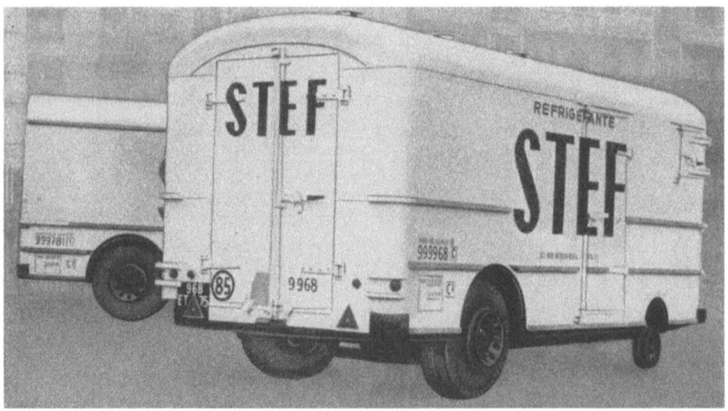

Abb. 353. Sattelanhänger der Firma Stef, isoliert und mit Stirnbunker für Eis. Eigengewicht: 4,9 t, Ladung: 6,1 t, Ladefläche: 7,63 m², Nutzraum: 16,5 m³.

betonte. Das geschah in der Hoffnung, daß damit eine Grundlage gewonnen würde, die weniger schnell veraltet, als eine bloße Darstellung des derzeit Bestehenden. Wenden wir uns nunmehr der Praxis zu, so zeigt eine Flut von einschlägigen Veröffentlichungen allein aus den letzten 10 Jahren, daß Vollständigkeit hier kaum noch möglich und auch wenig nützlich wäre. Dabei ist insbesondere zu bedenken, daß viele sehr wichtige Entwicklungen gar nicht aus Zeitschriftenaufsätzen zu ersehen sind, sondern nur in Patentschriften, Firmenprospekten und Annoncen einen Niederschlag finden, und daß darüber hinaus

z. B. über die Verwendung von Eis und Trockeneis — weil relativ unproblematisch — in der Literatur viel weniger zu finden ist, als dem Marktanteil entspricht.

Hinsichtlich der historischen Entwicklung und Priorität sei auf den einschlägigen Abschnitt im Band I dieses Handbuches, S. 150, verwiesen. Kritische Übersichten über die laufende Entwicklung finden sich regelmäßig in allen Fachzeitschriften[1], insbesondere sei auf die jährlichen Fortschrittsberichte in der Zeitschrift des VDI[2] und auf die Pflege dieser Berichterstattung in der Revue Générale du Froid[3] hingewiesen, regelmäßig offenbar im Anschluß an den Salon de l'Automobile[4].

Im folgenden soll daher nur ein Querschnitt gegeben werden, der an Hand von Bildern das Wichtigste in typischen Beispielen vorstellt.

Abb. 353 zeigt eine französische Ausführung eines eisgekühlten Sattelanhängers. Bezeichnend ist, daß lediglich die gefällige äußere Aufmachung und die

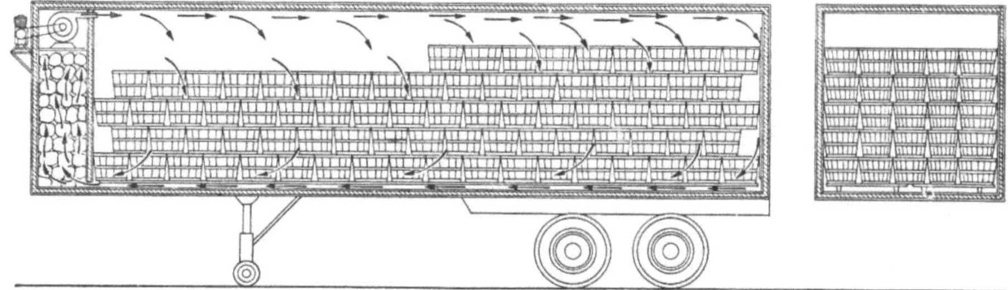

Abb. 354. Längs- und Querschnitt durch beladenen Kühlwagen mit Eis-Stirnbunker und Lüfter. Man erkennt die Anordnung der Kühlgut-Pakete.

Anordnung der Türen (zum Be- und Entladen sowie zum Eisbunker) gezeigt werden, da die Konstruktion und Einrichtung nicht mehr problematisch sind. Während im Eisenbahnwagen auch der Deckenbunker mit stiller Kühlung verwendet wird[5], hat sich im Straßenfahrzeug der Stirnbunker mit Ventilator, aus der Batterie bzw. dem Fahrzeugnetz gespeist, durchgesetzt, wie es Abb. 354 in der schematischen Zeichnung erkennen läßt. Aus derselben Quelle[6] sei in Abb. 355 eine Lösung des Problems gezeigt, wie man die Ladung luftdurchlässig und doch rüttelfest stapelt mit Körben in Form eines Pyramidenstumpfes. Für den Transport von Fleisch müssen die allgemein üblichen Gehänge auch im Fahrzeug vorgesehen werden, was erhöhte Anforderungen an die Festigkeit des

[1] Refrig. Engng. Bd. 59 (1951) Nr. 4, S. 351 — Food Engng. Bd. 26 (1954) Nr. 4, S. 90 — Güterverkehr Bd. 4 (1955) Nr. 4, S. 100 — Canadian Refr. & Air Cond. J. Bd. 21 (1955) Nr. 12, S. 23 u. 43 — Quick frozen Foods. August 1956, S. 154 — Industr. Refrig., Chicago Bd. 132 (1957) Nr. 6, S. 23 — Kyltekn. Tidskr. Bd. 16 (1957) Nr. 2, S. 30 — Strojirenstvi, Praha Bd. 7 (1957) Nr. 8, S. 627 — Techn. Rundschau, Bern, Bd. 50 (1958) Nr. 33, S. 5 — Modern Refrig. & Air Control, Bd. 61 (1958) S. 570 u. 621.

[2] v. Cube, H. L.: VDI-Z. Bd. 99 (1957) Nr. 7, S. 299 u. VDI-Z. Bd. 100 (1958) Nr. 7, S. 289; Bd. 101 (1959) Nr. 7, S. 285; Bd. 102 (1960) Nr. 7, S. 273; Bd. 103 (1961) Nr. 7.

[3] Rev. Générale du Froid, Bd. 31 (1954) Nr. 4, S. 319; Bd. 32 (1955) Nr. 4, S. 489; Bd. 35 (1958) Nr. 1, S. 53 u. Nr. 11, S. 1139.

[4] Rev. Gén. Frd. Bd. 34 (1957) S. 1111, auch Revue pratique du Froid, Bd. 10 (1954) Nr. 15, S. 47, Bd. 11 (1955) Nr. 26, S. 55 u. Nr. 27, S. 50; Bd. 12 (1956) Nr. 38, S. 53. Bd. 12 (1957) Nr. 11, S. 51 (1958) Nr. 151, S. 42 u. Nr. 152, S. 37.

[5] Lentz u. Cook: Transport and storage of perishables in Canada, Regrig. Engng. Bd. 61 (1953) Nr. 2, S. 160 u. 202. Vgl. auch Abb. 250 auf S. 282 dieses Bandes.

[6] Protecting perishable Foods during transportation by truck, Agriculture handbook Nr. 105, US Department of Agriculture, agricultural marketing service, Washington, D. C., Dezember 1956.

Aufbaues stellt. Leichtbau unter Verwendung von Aluminium ist dann vordringlich[1], wofür Abb. 356 ein Ausführungsbeispiel zeigt.

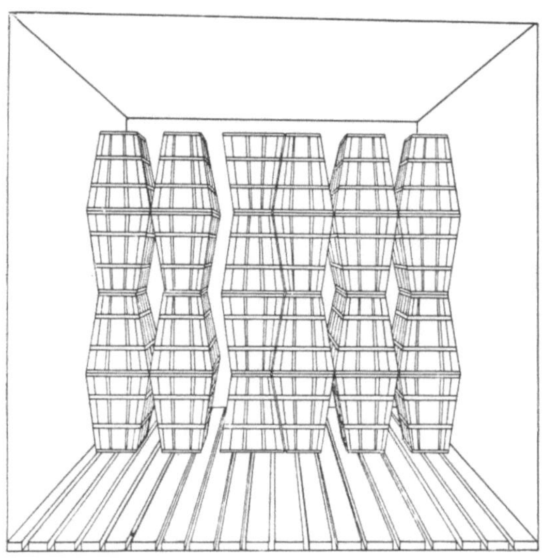

Abb. 355. Stauen von Bohnen in Körben, so daß die Luft durch den Stapel strömen und die Atmungswärme abführen kann.

Soweit die mechanische Beanspruchung des Aufbaues gering gehalten werden kann, beginnen sich die modernen Fertigungsverfahren mit Kunststoffen durchzusetzen: Die sog. „Sandwich"-Bauweise mit maschinell gefertigten Platten aus festen Schalen und Schaumstoffüllung, sogar in einem Stück gegossene Kunststoffaufbauten, wurden bereits hergestellt.[2]

Die Verwendung von Trockeneis für Gefriertransporte ist vor allem vom CO_2-Preis abhängig.[3] Konstruktiv bestehen keine wesentlichen Unterschiede gegenüber der Eiskühlung, lediglich die sehr tiefe Sublimationstemperatur macht eine Beschränkung der CO_2-Oberfläche erforderlich. Bei Eis läßt man natürlich die Umluft direkt über das möglichst kleinstückig gebrochene Eis oder z. B. Röhreneis streichen, um die Temperatur im Fahrzeug nahe an 0 °C heranzubringen und zugleich die meist erwünschte hohe relative Feuchtigkeit zu erreichen. Bei CO_2-Eis besteht dagegen eine Temperaturdifferenz von 60 °C zwischen Sublimationstemperatur und gewünschter Innentemperatur. Um dann die Solltemperatur gleichmäßig — räumlich und zeitlich — erhalten zu können, muß man bei gleichfalls starker Luftbewegung eine

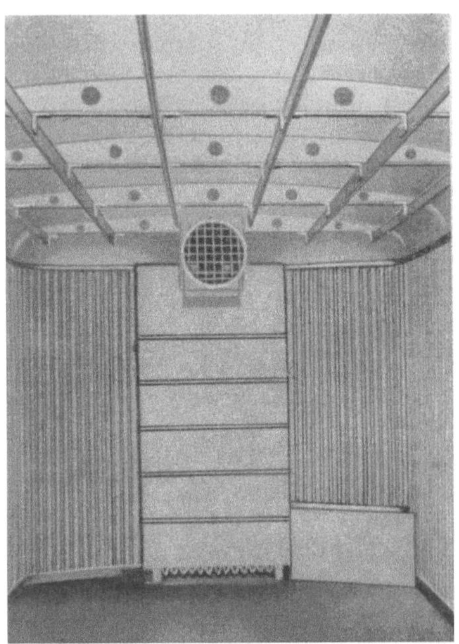

Abb. 356. Fleisch-Aufhängevorrichtung in einem Kühl-LKW. Im Hintergrund ist ein Bunker für Trockeneis mit Kühlgebläse zu sehen (nach Krekel).

[1] Krekel, P.: Leichtbau von Nutzfahrzeugen mit Aluminium, VDI-Z. Bd. 99 (1957) Nr. 14, S. 621 (Abb. 9) — Über die Verwendung von Magnesium s. Swisher in Ice Cream Review, Milwaukee, Wis. (1956) Nr. 7, S. 38 u. 66, sowie in The Milk Product Journ. Februar 1956, S. 18.

[2] Industr. Refrig. Bd. 129 (1955) Nr. 4, S. 4 — Air Cond & Refrig. News Bd. 79 (1956) Nr. 17, S. 17 — Food Engng. New York, Bd. 28 (1956) S. 10. Nr. 88, 91, 179 — Milk Dealer, Milwaukee, Bd. 46 (1957) Nr. 8, S. 54, 72, 74, 76 — Kälte Bd. 10 (1957) Nr. 5, S. 184.

[3] Eames, T. A.: Maßgebende Faktoren für die Verwendung von Trockeneis bei Kältetransporten in Großbritannien, Kältetechn. Bd. 9 (1957) S. 151.

ziemlich kleine, aber konstante Übertragungsfläche schaffen. Man packt daher das Trockeneis in besondere Bunker, wie es Abb. 357 zeigt[1], die zwar das gasförmige CO_2 in den Innenraum des Wagens entweichen lassen, den Umluftstrom aber auf den Kontakt mit den äußeren Bunkerwänden beschränken.

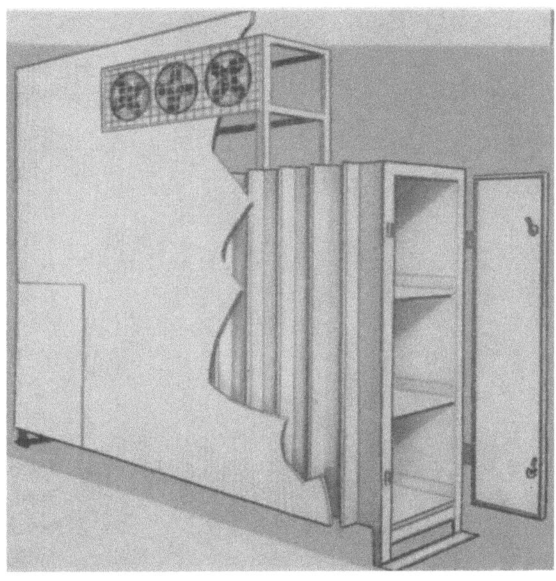

Abb. 357. Verschließbarer Trockeneisbunker. Gebläse und Kühlrippen sind so abgestimmt, daß die Kälteleistung beim Verbrauch des Trockeneises etwa konstant bleibt (nach v. CUBE).

In der Praxis ist diese Kühlung immer noch sehr verbreitet. Es sei hier erwähnt, daß es in der französischen Fachliteratur dafür die Bezeichnung „réfrigérant" gibt gegenüber der Maschinenkühlung („frigorifique").[2] Die Fertigung liegt bei den Fahrzeug- bzw. Aufbaufirmen und geschieht im allgemeinen ohne direkte Mitwirkung und Interesse der Kälteindustrie.

Bei der nächstwichtigen und verbreiteten Type ist die Lage genau umgekehrt; es ist keine Bevorzugung, wenn wir die Aggregate der Thermo-King Corporation in Minneapolis, Minnesota, USA, an erster Stelle behandeln. Diese Firma ist seit 20 Jahren auf Transportkühlung spezialisiert und ihre Erzeugnisse haben vielfach als Musterbeispiele gedient.

Abb. 358. Thermo-King, Modell M, Front-Einschub-Aggregat für Isolieraufbauten bis 7 m Länge. Größere Modelle K und RT (Thermo-King).

Es handelt sich um einbaufertige Einschubaggregate mit Benzinmotor und Vollautomatik. Im wesentlichen gibt es drei Leistungsgrößen, die durch die Buchstaben R, K und M (kleinste) gekennzeichnet werden. Die Normalausführung ist z. B. in Abb. 358 am Modell M zu ersehen, sie wird oberhalb des Fahrerhauses in die Stirnwand des Aufbaues eingeschoben und mit nur 4 Schrauben befestigt. Bei den beiden größeren Aggregaten wird diese Bauform mit dem Zusatzbuchstaben T hervorgehoben, da es bei diesen noch die andere Bauform L gibt. Form L wird gewählt, soweit die

[1] Kältetechn. Bd. 10 (1958) S. 271 (Abb. 2).
[2] Vgl. S. 267 in diesem Band.

Abb. 359. Thermo-King, Modell RL. Dieses und das kleinere KL sind weniger nach vorn, dafür tief nach unten ausladend, brauchbar, wenn über dem Fahrerhaus nicht genügend Platz ist (Thermo-King).

erforderliche Einbauhöhe nicht zur Verfügung steht, um die Aggregate über dem Führerhaus anzubringen. Abb. 359 zeigt ein RL-Aggregat, bei Anwendung dieser Bauform ist der Isolieraufbau etwas zurückgezogen und das Aggregat findet zwischen Führerhaus und Aufbau Platz.

Zu den einzelnen Typen gibt es jeweils mehrere Modelle: das Grundmodell 10, die Modelle 20 und 50 mit zusätzlichem Elektromotor für den Standbetrieb, was vor allem wegen der Geräuschfrage wichtig ist, sowie die Modelle 30 und 50 auch für Wärmepumpenheizung eingerichtet.

Statt der sonst üblichen Kältebedarfsrechnung wird hier die Auswahl der richtigen Größe einfach nach der nebenstehenden Tabelle 1 in Abhängigkeit von Aufbaulänge, Solltemperatur und Isolierstärke getroffen, im Zweifelsfalle wird das nächstgrößere Gerät genommen; die großen Aggregate RT und RL sind auch zur Abkühlung der Ladung während des Transportes vorgesehen.

Durch Entwicklung hochspezialisierter Einzelteile wie Aluminiumkompressor usw. sind bemerkenswert geringe Nettogewichte zwischen 345 und 619 kg erzielt worden.

Abb. 360 zeigt den Ferntransporter als Sattelschlepper mit eingebauter Type RL. In Abb. 361 ist eine bemerkenswerte Sonderausführung dargestellt,

Abb. 360. Sattelschlepper als Ferntransporter für 12 t Nutzlast.

Zuglänge 13 m, Nutzraum 9,5 × 2 × 2 = 38 m³, Isolierung 180 mm, Innentemperatur bis −20 °C. Ausrüstung: Thermo-King RL 30: Antrieb durch Benzinmotor. Vollautomatische Temperatursteuerung und Abtauung des Verdampfers. Umschaltbarer Kältekreislauf zum Heizen des Laderaumes (Werkphoto Blumhardt).

Tabelle 1.

Länge des Last-wagens	Lastwagen-temperatur in Celsius	Isolierung 76 mm	102 mm	152 mm	204 mm	Länge des Last-wagens	Lastwagen-temperatur in Celsius	Isolierung 76 mm	102 mm	152 mm	204 mm
	— 17.8	K	K	M	M		— 17.8	*	R	K	K
	— 12.2	M	M	M	M		— 12.2	R	K	M	M
	— 6.7	M	M	M	M		— 6.7	K	K	M	M
3.05 m	— 1.1	M	M	M	M	7.32 m	— 1.1	M	M	M	M
	1.1	M	M	M	M		1.1	M	M	M	M
	4.4	M	M	M	M		4.4	M	M	M	M
	10.0	M	M	M	M		10.0	M	M	M	M
	— 17.8	R	K	M	M		— 17.8	*	R	K	K
	— 12.2	K	M	M	M		— 12.2	R	K	K	K
	— 6.7	M	M	M	M		— 6.7	K	K	K	K
3.66 m	— 1.1	M	M	M	M	7.93 m	— 1.1	K	K	K	K
	1.1	M	M	M	M		1.1	K	K	K	K
	4.4	M	M	M	M		4.4	K	K	K	K
	10.0	M	M	M	M		10.0	K	K	K	K
	— 17.8	R	K	M	M		— 17.8	*	R	R	K
	— 12.2	K	M	M	M		— 12.2	R	K	K	K
	— 6.7	M	M	M	M		— 6.7	K	K	K	K
4.27 m	— 1.1	M	M	M	M	8.54 m	— 1.1	K	K	K	K
	1.1	M	M	M	M		1.1	K	K	K	K
	4.4	M	M	M	M		4.4	K	K	K	K
	10.0	M	M	M	M		10.0	K	K	K	K
	— 17.8	R	R	M	M		— 17.8	*	R	R	K
	— 12.2	K	K	M	M		— 12.2	R	R	K	K
	— 6.7	M	M	M	M		— 6.7	K	K	K	K
4.88 m	— 1.1	M	M	M	M	9.15 m	— 1.1	K	K	K	K
	1.1	M	M	M	M		1.1	K	K	K	K
	4.4	M	M	M	M		4.4	K	K	K	K
	10.0	M	M	M	M		10.0	K	K	K	K
	— 17.8	R	R	K	M		— 17.8	*	*	R	K
	— 12.2	R	K	M	M		— 12.2	R	R	K	K
	— 6.7	K	M	M	M		— 6.7	R	K	K	K
5.49 m	— 1.1	M	M	M	M	9.76 m	— 1.1	K	K	K	K
	1.1	M	M	M	M		1.1	K	K	K	K
	4.4	M	M	M	M		4.4	K	K	K	K
	10.0	M	M	M	M		10.0	K	K	K	K
	— 17.8	R	R	K	M		— 17.8	*	*	R	K
	— 12.2	R	K	M	M		— 12.2	R	R	K	K
	— 6.7	K	M	M	M		— 6.7	R	K	K	K
6.10 m	— 1.1	M	M	M	M	10.37 m	— 1.1	K	K	K	K
	1.1	M	M	M	M		1.1	K	K	K	K
	4.4	M	M	M	M		4.4	K	K	K	K
	10.0	M	M	M	M		10.0	K	K	K	K
	— 17.8	R	R	K	K						
	— 12.2	R	K	M	M						
	— 6.7	K	M	M	M						
6.71 m	— 1.1	M	M	M	M						
	1.1	M	M	M	M						
	4.4	M	M	M	M						
	10.0	M	M	M	M						

ein relativ kleines Verteilfahrzeug, in 2 Abteile mit verschiedenen Temperaturen unterteilt. Für einen derartigen Zweck würde man eher eine Einbauanlage

Abb. 361. Zubringerfahrzeug in Sonderausführung für 2,3 t Nutzlast. Vorderes Abteil von 8,6 m³ für −20 °C vierfach unterteilt mit 4 Seitentüren. Hinteres Abteil von 9,3 m³ durch Hecktür begehbar, regelbar für Temperaturen zwischen −10 und +10 °C. Kühlsatz Thermo-King K 10 (nach Kruspe).

erwarten[1], aber wie man sieht, geht es auch mit einem normalen Einschubaggregat unter Verwendung von entsprechenden Luftführungen.

Abb. 362. Innenansicht eines Kühlfahrzeuges mit Bodenrost, Abstandsleisten an den Seiten und Luftführungssegel entlang der Decke. Alle drei Einrichtungen sind erwünscht, um ausreichende Luftzirkulation durch und um die Ladung zu erreichen.

---

[1] Sattelschlepp-Kühlanhänger mit zwei Innenräumen verschiedener Temperatur. Food Engng., New York Bd. 28 (1956) Nr. 9, S. 90 u. 230.

Die Luftführung ist hier die einzige Aufgabe, die noch dem Fahrzeugbauer überlassen ist. Entlang der Decke reicht im allgemeinen die Strahlwirkung des Verdampferventilators zur gleichmäßigen Verteilung aus; eine Innenverkleidung aus gewelltem Blech oder Kunststoff erlaubt genügend Luftdurchgang an den Seitenwänden, so daß man sich auf einen luftdurchlässigen Zwischenboden und evtl. einen Saugkanal von dort zum Aggregat beschränken kann, um einer befriedigenden Durch- und Umströmung sicher zu sein. Abb. 362 zeigt eine empfehlenswerte, aber sicherlich nicht ganz billige Käfigkonstruktion.[1]

Abb. 363. Blick in das Maschinenabteil auf einem Lastwagenanhänger zum Transport von Gefrierkonserven.

Andere noch zu behandelnde Konstruktionen haben geringere Verbreitung gefunden und können sich wegen der großen Varietät auch kaum zu einer vergleichbaren Typisierung entwickeln.

Bleibt man zunächst bei den Aggregaten mit separatem Verbrennungsmotor, so handelt es sich im wesentlichen um die anderen möglichen Einbauorte. Der Einbau über dem Fahrerhaus ist beim Motorwagen oder Sattelauflieger bevorzugt wegen der günstigen Belüftung durch den Fahrtwind sowie deshalb, weil das Aggregat an dieser Stelle der geringsten Verschmutzung ausgesetzt wird. Die günstigste Lüftung entfällt z. B. schon bei einem Anhänger; gleichgültig, ob man das Aggregat an der Stirnseite oder in einer Längswand seitlich

Abb. 364. Tiefkühltransportzug, Baujahr 1942 (nach KRUSPE).

einbaut — wie es z. B. im Eisenbahnbetrieb in den USA gelegentlich geschieht[2] —, die Belüftung ist von vornherein schlechter. So haben die drei anderen Unterbringungsmöglichkeiten, vor allem auch im Hinblick auf die Schwerpunktlage und Höhe des Straßenfahrzeuges ihre Chancen. Die Unterflurbauart scheint mit Motor noch nicht ausgeführt zu sein, den liegenden Einbau zeigt Abb. 363[3], der

[1] Siehe Fußnote 6, S. 435.

[2] Vgl. Abb. 272 auf S. 302 in diesem Band.

[3] Gefriertransporte. Kälte Bd. 12 (1959) S. 81.

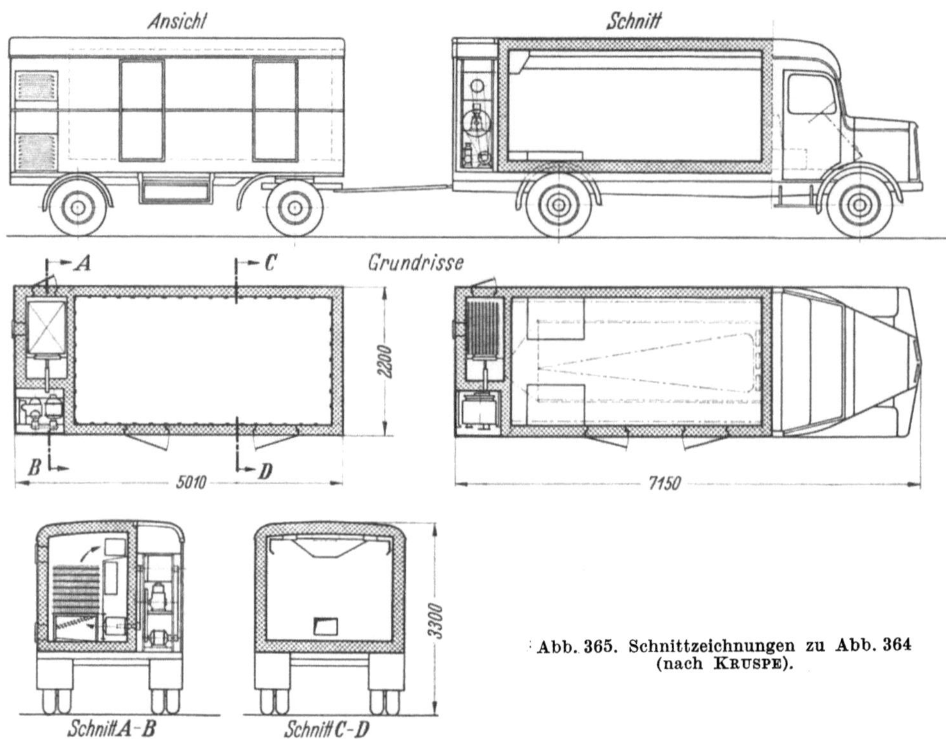

Abb. 365. Schnittzeichnungen zu Abb. 364 (nach Kruspe).

Abb. 366. Kältesatz zu Abb. 364 und 365 (nach Kruspe).

Verdampfer ist in der Nische des Nutzraumes über dem Aggregat eingebaut, der Raumbedarf der Einrichtung insgesamt daher erheblich. Die Turmbauweise ist in der Hinsicht günstiger, wie die Abb. 364—366,[1] und insbesondere der Einblick in ein anderes Fahrzeug mit ähnlichem Aggregat in Abb. 367[2] zeigen.

Alle vier Einbauorte können ohne Verbrennungsmotor mit den 4 Antriebsarten vom Fahrzeugmotor: Keilriemen, Kardan- bzw. flexible Welle, Elektro-

[1] Kruspe, R.: Maschinelle Kühlung von Transportfahrzeugen für den Straßenverkehr. Linde-Berichte aus Technik u. Wissenschaft Nr. 7, Dezember 1959, S. 3.

[2] Vgl. Fußnote 3, S. 441.

und schließlich hydraulische Übertragung kombiniert werden, und die meisten der 16 Kombinationen wurden auch schon ausgeführt. Abb. 368 zeigt zunächst eine Unterfluranordnung[1] des Kühlsatzes, die über eine Kardanwelle angetrieben

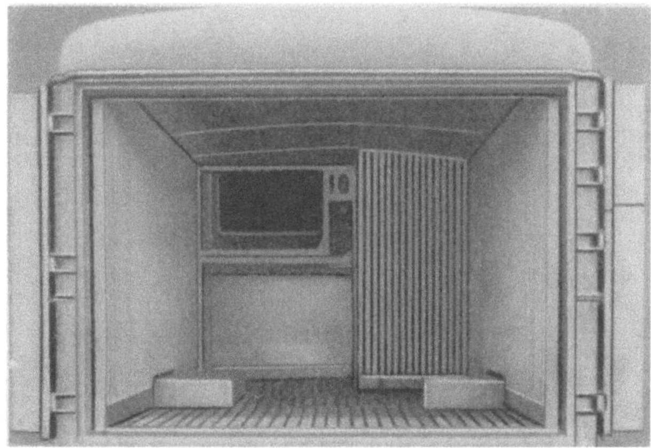

Abb. 367. Blick in den Wagenkasten eines Gefriertransporters. Links neben dem verkleideten Maschinenabteil der Ventilator-Verdampfer.

wird. Abb. 369[2] zeigt einen Kardanantrieb, der jedoch hier einen elektrischen Generator antreibt. Es handelt sich bei letzterem um einen Motorwagen mit Anhänger, beide Kühlsätze vom Generator elektrisch angetrieben, in Einbauanordnung, wie der Einblick in den Isolieraufbau nach Abb. 370[2] erkennen

Abb. 368. Mercedes L 319 D als Gefriertransporter mit BBC-Unterflur-Kühlsatz, der über eine Kardanwelle vom Fahrzeugmotor angetrieben wird.

läßt.[3] Man vergleiche dazu auch die entsprechende Entwicklung bei der General Electric Co.[4]

---

[1] Vgl. z. B. Air Cond. & Refr. News vom 23. Januar 1956, S. 32.
[2] Siehe Fußnote 1, S. 423.
[3] Rudnik, H. E.: Der modernste Kühlzug Europas. Kälte Bd. 9 (1956) S. 221.
[4] Tomkinson, S. E.: Elektrisch betriebene Fahrzeugkühlung gewinnt Bedeutung. Refr. Engng. Bd. 63 (1955) Nr. 11, S. 49 u. 135. Vgl. auch Refr. Engng. Bd. 62 (1954) Februar S. 39; Güterverkehr Bd. 3 (1954) S. 236.

Die hydraulische Übertragung wurde erst in den letzten Jahren von Escher-Wyss und Thermo-King entwickelt und beschränkt sich vorerst auf die Ein-

Abb. 369. Anordnung des Gleichstrom-Generators für einen vollelektrischen Kühlzug. Der Generator wird vom Nebenabtrieb des Fahrzeugmotors über eine Kardanwelle angetrieben (nach RUDNIK).

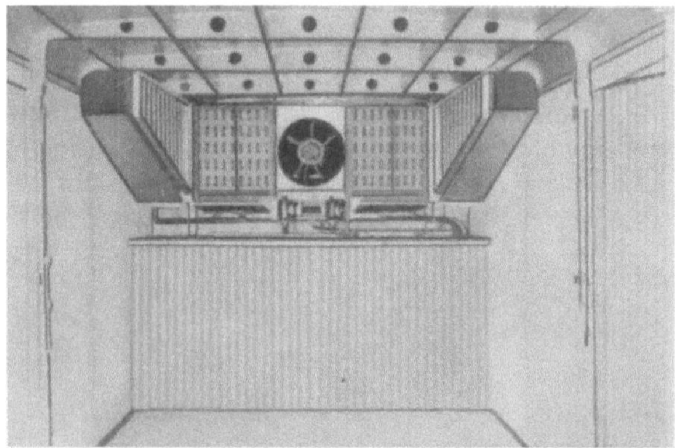

Abb. 370. Innenansicht des vollelektrischen Kühlzuges mit eingebautem Kühlsystem und Zubehör (nach RUDNIK).

schubaggregate über dem Führerhaus. Abb. 371 zeigt die prinzipielle Anordnung; der Hauptvorteil liegt darin, daß die Einbauhöhe und das Gewicht des Aggregates verringert werden.[1]

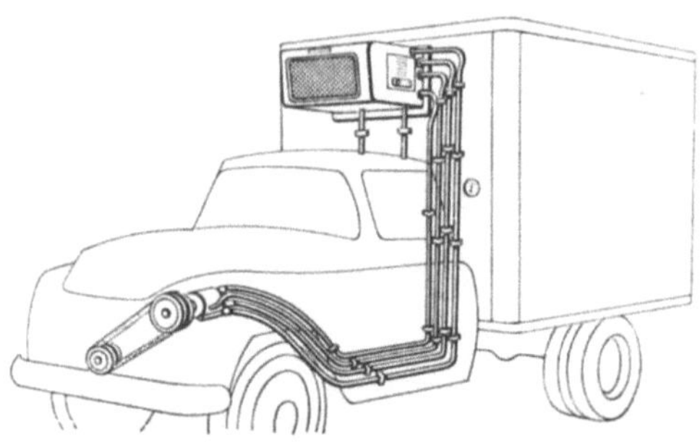

Abb. 371. Anordnungsskizze des H-Hydraulik-Modells von Thermo-King. Die Ölpumpe wird vom Fahrzeugmotor angetrieben. Das Einschubaggregat ist über Ölleitungen angeschlossen (Linde-Thermo-King).

Der Keilriemenantrieb ist besonders einfach, aber nur bei wenigen Fahrzeugen möglich. Geradezu ideal ist der Volkswagentransporter (VW) hierfür geeignet, er wurde daher auch von verschiedenen Firmen mit Einbauaggregaten versehen. Abb. 372 zeigt die Aus-

[1] Air Cond. & Refr. News vom 13. August 1956, S. 21; Food Engng. Bd. 29 (1957) Nr. 1, S. 99 u. 148; Industr. Refrig. Bd. 133 (1957) Nr. 5, S. 19.

führung der Gesellschaft Linde, wobei das Aggregat in Einschubbauweise mit einem Ausschnitt der Isolierwand und dem innensitzenden, belüfteten Ver-

Abb. 372. VW-Gefriertransporter mit Linde-Aggregat.

dampfer verbunden sein kann. Abb. 373 zeigt das entsprechende BBC-Aggregat[1] und Abb. 374 die dort benutzte Berohrung des Innenbleches mit 100 m Rohr von 8 mm Durchmesser.

Die beim VW-Transporter verbleibende Nutzlast von etwa 600 kg erscheint allerdings vielfach etwas zu knapp, so daß man entsprechende Einbauten an größeren Fahrzeugen gemacht hat, wie die Abb. 375, 376 und 377[2] vom Tempo-Matador, 378[3] vom Mercedes L 319 zeigen. Ein zugehöriges Schalt- und Signalbrett, in Sicht des Fahrers angebracht, nach Abb. 379[2] erleichtert die Bedienung und Kontrolle der Anlage.

Als nächste Type ist nun die Anlage mit eutektischen Speicherplatten zu erwähnen, wie sie Abbildung 380 zeigt. Die Berechnungsunterlagen findet man bei Pollak[4] mit Diagrammen ausgestattet, wei-

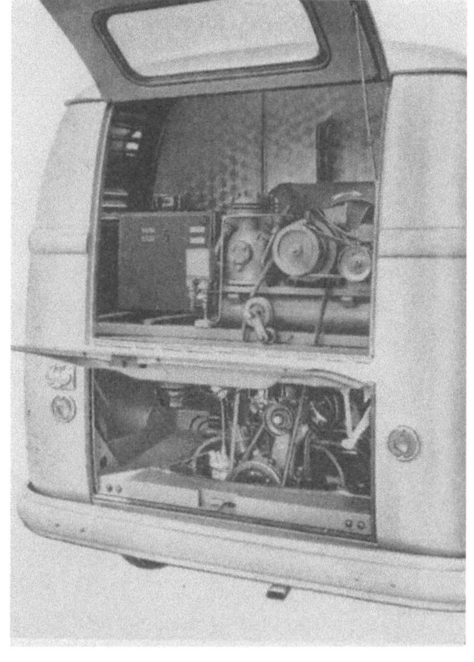

Abb. 373. BBC-Aggregat im VW-Gefriertransporter.

[1] Lauser, R.: Kältemaschinen in Straßen und Schienenfahrzeugen. BBC-Nachrichten Bd. 42 (1960) Nr. 1, S. 27.

[2] Pütz, W.: Der Tiefkühltransporter als Verteilfahrzeug innerhalb der Tiefkühlkette. Kältetechn. Bd. 10 (1958) S. 249.

[3] Siehe Fußnote 1, S. 442.

[4] Pollak, H.: Unique refrigerated van pays for itself in 2 years. Refr. Engng. Bd. 64 (1956) Nr. 12, S. 50 u. 86.

Abb. 374. Anordnung der Berohrung im VW-Gefriertransporter, BBC-Ausführung (VW).

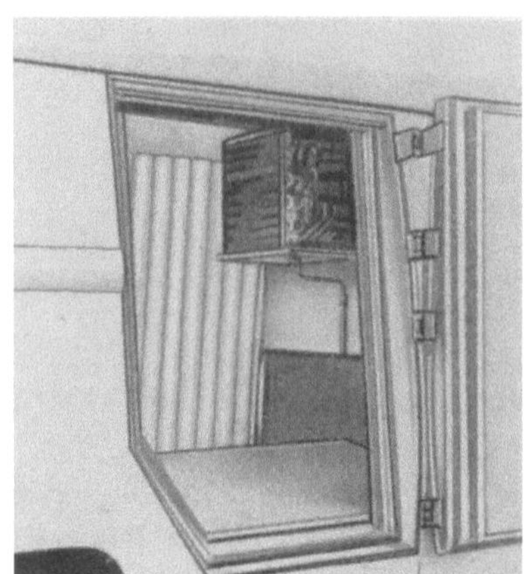

Abb. 375. Tempo-Matador als Gefriertransporter, Blick durch die (seitliche) Tür in den Laderaum und auf den Verdampfer (nach Putz).

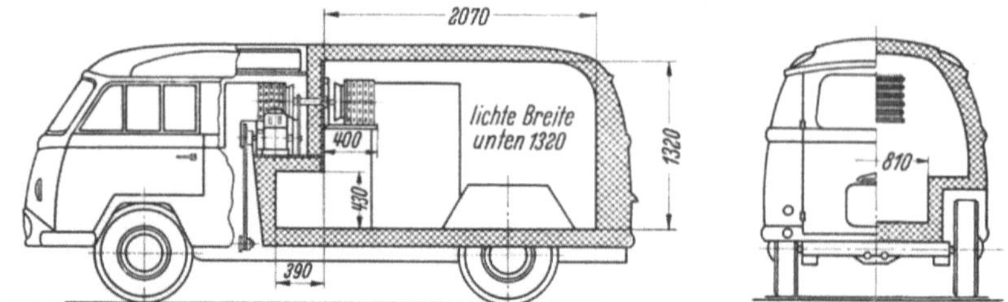

Abb. 376. Schnittzeichnungen zu Abb. 375 und 377 (nach Putz).

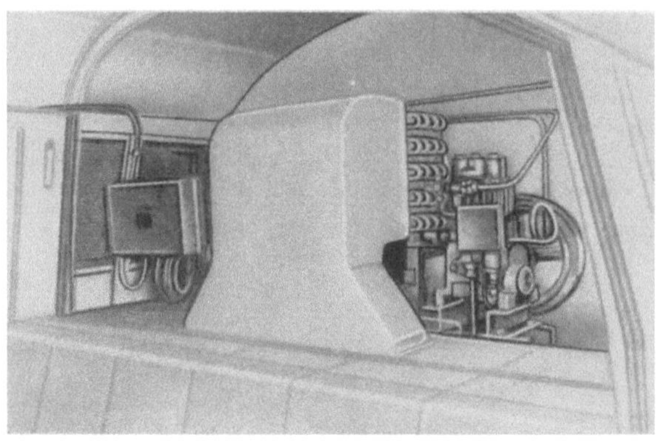

Abb. 377. Blick vom Fahrersitz in das Maschinenabteil, Kühlsatz und Kanal für Kondensator-Abluft (nach Putz).

tere Veröffentlichungen[1] zeigen, daß die Anwendung des Verfahrens den ganzen Bereich der Verteilfahrzeuge vom kleinen Lieferwagen bis zum mittleren LKW umfaßt. Der Kältesatz wird jetzt meist mit eingebaut, vielfach mit hermetischer

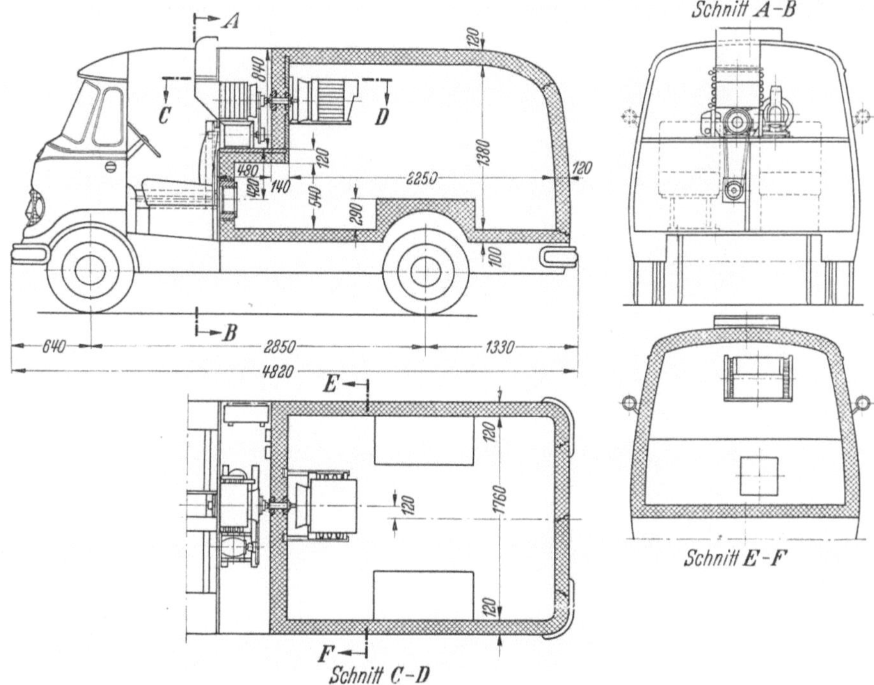

Abb. 378. Schnittzeichnungen von Mercedes-Benz-Kastenwagen Typ L 319 mit Linde-Aggregat, eingerichtet als Tiefkühlverteiler (nach KRUSPE).

Maschine; ältere Verfahren mit Anschluß an Ammoniakkältekreisläufe lassen sich auf Frigenanlagen nicht übertragen.

Damit wären die derzeit gebräuchlichen Verfahren und Konstruktionen in den wesentlichen und typischen Merkmalen aufgezeigt. Aus den damit möglichen

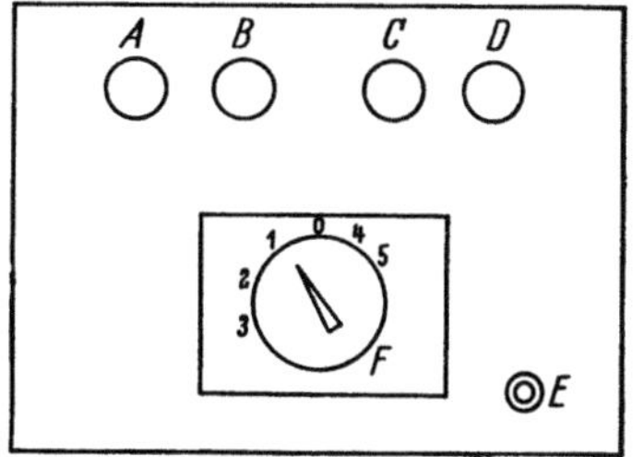

Abb. 379. Bedienungs- und Kontrollbrett, Ausführung Linde. *A* Signallampe: Netzstecker angeschlossen, *B* Signallampe: Abtauheizung eingeschaltet, *C* Signallampe: Kühlsatz läuft mit Elektromotor durch Anschluß am Netz, *D* Signallampe: Kühlsatz läuft durch Fahrzeugmotor angetrieben, *E* Druckknopf: Er dient in der Stellung „Abtauen" zum Einschalten der Abtauheizung und springt nach erfolgtem Abtauen automatisch heraus, so daß der Strom abgeschaltet bleibt. Wahlschalter mit den Stellungen: *0* Aus, *1* Netzbetrieb des Kältesatzes, automatische Temperaturregelung mit sparsamem Energieverbrauch durch Ein/Aus-Automatik, *2* Netzbetrieb des Kältesatzes, Dauerlauf, *3* Abtauen mit Netzanschluß, *4* Fahrzeugmotor-Betrieb des Kältesatzes, automatisch (analog *1*), *5* Fahrzeugmotor-Betrieb des Kältesatzes, Dauerlauf (analog *2*) (nach PUTZ).

Kombinationen werden sich die wirtschaftlichsten durchsetzen, sobald erst von der Verbraucherseite her eine gewisse Klärung der vorerst noch sehr weit divergierenden Anforderungen erfolgt ist. Wir wollen nun noch eine Anzahl spezieller

[1] VEENSTRA, H.: Kältetechn. Bd. 6 (1954) S. 167 — Industr. Refrig. Bd. 128 (1955) Nr. 3, S. 26 — Food Engng. Bd. 28 (1956) Nr. 4, S. 89 u. 188 — Danfoss Journal Bd. 7 (1957) Nr. 3, S. 41.

Anwendungsfälle und der dafür entwickelten Lösungen aufführen, um das Bild abzurunden.

Ein bisher nicht diskutiertes Verfahren könnte grundsätzlich große Bedeutung erlangen, nämlich die Ausrüstung des Fahrzeuges mit einem der üblichen kleinen

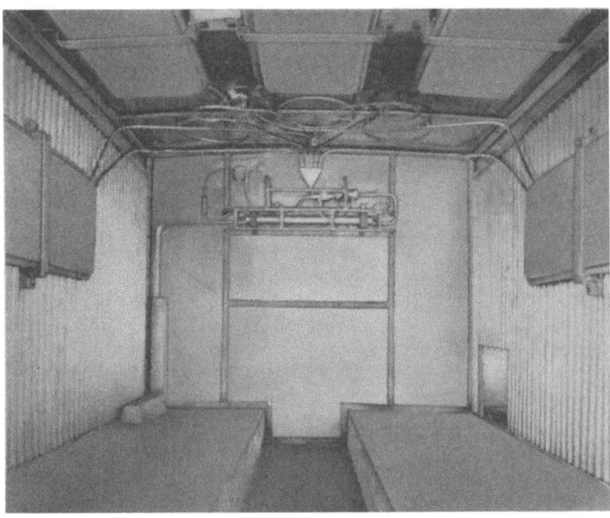

Abb. 380. Laderaum eines Gefrier-Transporters (etwa 2 t Nutzlast) mit 5 eutektischen Speicherplatten an Decke und Wänden und eingebautem Elektro-Kühlsatz.

Wechsel- oder Drehstromaggregate (mit Benzin- oder Dieselmotor) und der Anschluß serienmäßiger Kühl- oder Gefriermöbel an das so geschaffene Bord-

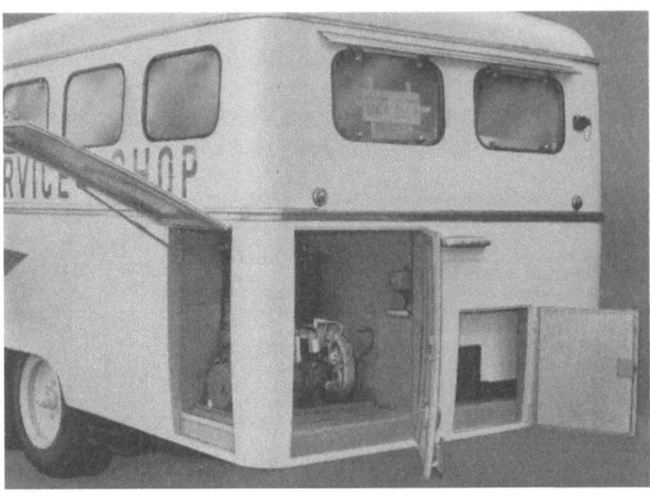

Abb. 381. Fahrbarer Tiefkühlkost-Selbstbedienungsladen mit eingebautem Aggregat: Benzin-Motor/Wechselstrom-Generator.

netz. Der Vorteil liegt in der geringen Erstinvestition und der großen Elastizität des Verfahrens; die Belieferung des Einzelhändlers kann in einer Fahrt alle Arten von Gütern nebeneinander bringen, und ein langsames Anwachsen des

Abb. 382. Blick in den Laden (Abb. 381) mit serienmäßiger Tiefkühltruhe.

Gefriergutumsatzes kann zunächst durch Aufstellen größerer oder mehrerer Truhen auf dem LKW ausgeglichen werden. Die Abb. 381 und 382 zeigen das Verfahren in einer sehr speziellen Anwendung, nämlich einem fahrbaren *Selbstbedienungsladen*, was auch im Hinblick auf die kurzen Wege vom Laden bis zur häuslichen Gefriertruhe eine interessante Lösung ist.

Abb. 383. Milch-Kühlanhänger mit BBC-Einschubkühlsatz für Netzbetrieb.

Die Besonderheiten der *Milchwirtschaft* haben auch hinsichtlich

Abb. 384. Melk-Wagen. Er enthält Melkmaschine, Milchmengenmesser (beides sichtbar), Milchtanks und Kühlsatz, Antrieb elektrisch und vom Fahrzeug-Motor.

des Transportes spezielle Lösungen gebracht.[1] Abb. 383 zeigt einen Milchwagen, dessen Kühlaggregat nur mit Elektroantrieb zum Anschluß an das Ortsnetz versehen ist. Das Fahrzeug dient gleichzeitig als Abkühl- und Lagerraum, während der relativ kurzen Zeit des Ausfahrens kann auf Kühlung verzichtet werden. Abb. 384 zeigt einen der erst seit wenigen Jahren entwickelten Melkwagen. In der Abbildung ist nur die Melkmaschine und Milchmeßeinrichtung zu sehen, die ebenso wie das Kühlaggregat, die Pumpen usw. von dem im Stand weiterlaufenden Fahrzeugmotor angetrieben werden. Das Fahrzeug fährt auf die Weide oder auch von Stall zu Stall, ein Schweizer reicht für ein ganzes Dorf aus. Die Milch wird in den Tank gepumpt und dort sogleich mit der Kältemaschine abgekühlt. Über Nacht wird der Kältesatz elektrisch angetrieben, am Morgen ist die Abendmilch kalt. Die Morgenmilch wird in einen zweiten Tank gepumpt und braucht, da sie unmittelbar anschließend in die Molkerei gefahren wird, nur so weit gekühlt zu werden, als es die Kältemaschine leisten kann.

Abb. 385. Transportraum des Blut-Kühlwagens mit Lüfter und Heizregister an der Stirnwand und Verdampfungsschlangen an den Innenwänden des Isolier-Aufbaues (nach Claus).

Eine gewisse Schwierigkeit bereitet hier das Sterilisieren der Milchtanks usw. mit Dampf, das hygienisch notwendig ist. Die auf den Milchtank aufgelöteten Verdampferrohre müssen dazu leergesaugt werden, damit es keine Pannen gibt.

Abb. 386. Transportgestell aus Holz für 24 Blutflaschen, je 250 cm³ Inhalt, Schwingungsarm aufgehängt (nach Claus).

Sehr interessant ist die Entwicklung des Speiseeisgeschäftes und die allmähliche Verlagerung von der Erzeugung am Ort zur fertig verpackt angelieferten Ware. Als Transportgut ist Speiseeis insofern ziemlich empfindlich, als es schon bei geringer Erhöhung der Temperatur — je nach Zusammensetzung nahe $-20\ ^\circ C$ — an Ansehnlichkeit verliert und klumpig werden kann. Es seien nur einige Literaturstellen angegeben.[2]

---

[1] Vgl. im Milk Dealer, Milwaukee. Aufsätze von J. Laurey (1956) Nr. 2, S. 126. — R. H. Dietrich: (1956) Nr. 6, S. 46 u. 62 sowie W. J. Thompson (1958) Nr. 8, S. 142 ferner J. C. Green: Air Cond. & Refr. News Bd. 79 (1956) Nr. 1449, S. 22 u. K. F. Leopold: Kältetechn. Bd. 9 (1957) S. 387. — G. M. Keller: Kälte Bd. 9 (1956) S. 264.

[2] Modern Refrig. Bd. 61 (1958) S. 621 — Ice Cream Rev. Milwaukee Bd. 42 (1958) Nr. 1, S. 73 u. Nr. 12, S. 46, 48. — Vgl. auch den Abschnitt Eiskrem in diesem Band ab Seite 569.

Abb. 385 zeigt einen Blutflaschentransportwagen[1], der mit Heiz- und Kühleinrichtung versehen ist. Vor allem ist die sorgfältige Federung der Transportgestelle zu beachten (Abb. 386), die Erschütterungen abfangen und einen dadurch bedingten Verderb des Blutes verhindern soll.

Werfen wir noch einen Blick auf militärische Kältetransportprobleme, die allerdings praktisch mit dem fahrbaren oder wenigstens transportablen Kühl-

Abb. 387.
Militär-Nachschub-Kraftfahrzeug mit Isolieraufbau und BBC-Einschubaggregat für Kälte-Transporte.

haus zusammenfallen.[2] Abb. 387 zeigt die typische Ausführung eines Militär-Nachschubfahrzeuges; bemerkenswert ist vielleicht, daß das Kälteaggregat hier nicht von Thermo-King stammt.

E. Vorschriften- und Prüfwesen.

Wie schon eingangs hervorgehoben, können Mängel der Transportkühlung durch organisatorische Maßnahmen kompensiert werden; es kommt immer auf die Geschicklichkeit des Fahrers und Ladepersonals an, ob grundsätzlich bestehende Schwierigkeiten und Belastungen sich voll auswirken oder vermieden werden. So ist es zu verstehen, daß tatsächlich der eine Unternehmer denkbar schlechte Erfahrungen macht, während der andere mit dem gleichen Fahrzeug zufrieden ist.

Prüf- und Abnahmebedingungen werden immer zwischen dem Käufer des Gesamtfahrzeuges und den verschiedenen Herstellerfirmen vereinbart; wieweit diese Bedingungen jedoch eine sinnvolle Betriebsgarantie darstellen und wieweit sie überhaupt interessieren, ist von Fall zu Fall ganz verschieden. Erst wenn die auf die Beurteilung des speziellen Falles zugeschnittenen Vereinbarungen durch verbindliche Normen eingeschränkt werden, ergibt sich eine Möglichkeit zur technischen Kontrolle der normgemäßen Ausführung.

Bei der Eisenbahn als reinem Transportunternehmen lag die Notwendigkeit solcher Festlegungen und ihrer Überprüfung von vornherein näher, auf diesem Gebiet gibt es daher auch schon recht vollständige Unterlagen, auf die sich die Entwicklung des Straßentransportes wegen der Ähnlichkeit der Probleme weitgehend stützen konnte.[3]

[1] Claus, M.: Blutkühlschränke und Blutkühlwagen als Straßenfahrzeuge. Technik, Berlin Bd. 10 (1955) S. 311. — Vgl. auch Beudin: Comment transporter le sang conservé? Annexe 1954—4 zum Bull. Instit. Intern. Froid S. 117.

[2] Fiske, D. L.: Solving the army's refrigeration problems. Refr. Engng. Bd. 65 (1957) Nr. 4, S. 45 u. 112.

[3] Ber. IX. Intern. Kältekongreß, Paris 1954: die Vorträge von E. W. Hicks, M. B. Smith u. O. Barr: S. 7053, D. Palmieri, S. 7106, A. Darlot u. J. Perrin, S. 7122 u. F. L. Levy, S. 7134.

Spezielle Messungen und Wirtschaftlichkeitsuntersuchungen an Straßenfahrzeugen wurden zwar vielfach ausgeführt, erreichten aber nur selten die Vollständigkeit, Zuverlässigkeit und das Niveau, das eine Veröffentlichung erlaubt; die bekannt gewordenen Ergebnisse[1] geben demzufolge mehr wertvolle Hinweise, als erschöpfende Auskunft.

Die allgemeine Organisation, Reglementierung, Normung und Prüfung des Kältetransportes auf Straßen hat sich in den letzten Jahren stark entwickelt, die Ergebnisse liegen jedoch zum großen Teil noch nicht vor, bzw. sind noch nicht abgeschlossen.

In den USA beschäftigt sich das Bureau of Standards mit dieser Materie, unter anderem laufen Untersuchungen über Dichtigkeit und Luftwechsel der Aufbauten, wobei Helium — statt früher CO_2 — als tracer-Gas benutzt wird.

In Europa ist Frankreich mit einer Verordnung vom 10. Dezember 1952 vorangegangen[2], inzwischen wurde die internationale europäische Organisation „Transfrigoroute Europe" in gewisser Parallele zu der Bahntransportorganisation „Interfrigo" geschaffen und hat die Arbeit in Anlehnung an die französische Entwicklung begonnen.[3]

In Deutschland ist die Norm DIN 8958 in Vorbereitung; Prüftunnel bestehen in München[4] und Stuttgart.

Als praktisches Ergebnis beginnt sich die Festlegung der k-Werte auf 0,6 kcal/m² h grd für Kühl- und 0,35 für Gefriertransporter durchzusetzen.

Anhang. — Flugtransporte.

Rückblickend scheint uns heute die Entwicklung des Flugzeuges etwa der des Kraftfahrzeuges auf der Straße parallelzulaufen, so daß bei der Behandlung von Kältetransporten ein besonderer Abschnitt für Lufttransporte am Platze ist. Trotz der äußeren Analogie sind jedoch die wirtschaftlichen und technischen Bedingungen des Flugtransportes so verschieden von allen anderen, daß man ihn mit ebensoguten Argumenten als Ausnahme ansehen und aus der technisch-wirtschaftlichen Behandlung vorerst ausklammern könnte.

Tatsächlich ist der Lufttransport teuer und schnell. Der hohe Preis beschränkt die Anwendung — von einigen Ausnahmen abgesehen — auf sehr wertvolle Transportgüter. Lebensmittel, die das Hauptkontingent der durch Kälteanwendung zu schützenden verderblichen Transportgüter stellen, fallen selten in diese Rubrik. Es bleiben also neben Blumen, Medikamenten und biologischem

[1] Refrig. Engng. Bd. 61 (1953) Nr. 5, S. 14 — Air Cond. & Refr. News vom 13. Februar 1956, S. 23 u. vom 11. Juni 1956, S. 25 — Quick Frozen Foods Bd. 19 (1957) Nr. 10, S. 193 — Industr. Refr. Bd. 133 (1957) Nr. 2, S. 28; (1958) Nr. 2, S. 35 u. (1958) Nr. 6, S. 14 — Modern Refrig. Bd. 59 (1956) S. 316; Bd. 60 (1957) Nr. 5, S. 207 — Modern Refr. u. Air Control Bd. 61 (1958) S. 1198 — Ber. X. Intern. Kältekongreß, Kopenhagen 1959. — M. Altieri: Notes sur l'essai des engins isothermes, réfrigérants et frigorifiques. — H. Veenstra u. P. Noordzij: An experimental van for transport of perishable foodstuffs and the measurement of heat transfer. — P. R. Achenbach u. C. W. Phillips: Heat sink method for measuring the cooling loads of refrigerated structures. — P. Noordzij: A non-steady-state method for measuring k-value of insulated transport vehicles.

[2] Siehe Fußnote 1, S. 416.

[3] Annexe 1954—4 zum Bull. Instit. Intern. Froid, ferner Krück: Die europäische Straßenkühlkette im Zeichen der Transfrigoroute Europe, Kälte 1956, S. 140. — G. Migeon: Rev. pratique du Froid Bd. 12 (1957) Nr. 141, S. 37 u. 44, ferner Ber. X. Intern. Kältekongreß, Kopenhagen 1959: — P. Clement: Comparaison des prix de revient de transports en véhicules routiers réfrigérants et frigorifiques, Bd. 2, S. 334 und G. Labonne: Le transport routier sous température dirigée, Bd. 2, S. 335.

[4] Kältetechn. Bd. 10 (1958) S. 271, Verkehrs-Rundschau vom 13. und 26. Juni 1958, S. 416, Sonderdruck der TÜV München.

Material vorwiegend Luxusgüter und Delikatessen übrig, die aber moderne Transportmaschinen im allgemeinen nicht auslasten und den Luftverkehr nicht finanzieren könnten.

Weiterhin ist zu beachten, daß in den normalen Flughöhen moderner Flugzeuge so tiefe Temperaturen herrschen, daß die Kühlung des Frachtraumes bis auf —20 °C weniger Schwierigkeiten bereitet, als die Erhaltung normaler Temperaturen. Im Zweifelsfalle würde daher am wirtschaftlichsten ein Betrieb sein, der beim Start mit CO_2-Eis, im Flug mit Außenluft und bei der Landung mit während des Fluges aufgespeicherter Kälte im Gut arbeitet. Selbst wenn unter diesen Bedingungen eine Isolierung in Frage käme, würde doch die „wirtschaftlichste Isolierstärke" angesichts des hohen Preises eines zusätzlichen Startgewichtes vermutlich nicht viel mehr sein, als ohnehin in der Doppelwandkonstruktion der Personenkabinen installiert ist.

Ähnlich wie bei der Klimatisierung der Fluggastkabine liegt auch beim Kältetransport die Hauptbelastung am Boden und insbesondere vor dem Start. Analog der dortigen Entwicklung wäre dann zu erwarten, daß Vorkühlgeräte vom Boden aus eingesetzt werden, Geräte, die verfügbar sind und z. B. im Eisenbahnbetrieb bisweilen Verwendung finden (S. 289).

Tatsächlich kommt vorerst nur Kühl- oder Gefriergut im Stückgutverkehr vor, das dann in entsprechenden Behältern verpackt ist. Der hohe Transportpreis der Gewichtseinheit rechtfertigt dann den Einwegbehälter aus Schaumstoff, Pappe u. a., der ja auch im Straßentransport verwendet wird.

Zufolge der relativ kurzen Transportzeiten im Flugzeug kommt für die Behälterkühlung auch in größeren Gebinden nur Speicherkühlung, vorwiegend mit dem gewichtsmäßig günstigeren Trockeneis in Frage; der Trockeneispreis spielt praktisch neben der Fracht keine Rolle.

Die ernsteste Gefährdung verderblicher Luftfracht liegt — jedenfalls in Europa — in der Zeit für die Zollabfertigung. Falls der Umfang dieser Fracht steigt, wird man zunächst wohl im Flughafen Kühl- und Gefrierräume einrichten müssen, um Zwischenlagerung und Abfertigung ohne Temperaturanstieg zu ermöglichen.

Da die in Verkehrsflugzeugen installierten Kältemaschinen verschiedener Art mit Kälteleistungen von etwa 40000 kcal/h ausschließlich der Klimatisierung dienen, so werden sie erst in Band XII dieses Handbuches behandelt werden.

Am ehesten könnte man erwarten, daß der Transport schnellverderblicher Güter in Frachtflugzeugen in USA einen gewissen Umfang erreicht hätte, weil dort weite Entfernungen zu überbrücken sind. Indessen muß festgestellt werden, daß dort bis heute Lufttransporte nur in sehr geringem Umfang durchgeführt werden. Erstmalig wurde dieses Problem bei der von der OEEC organisierten Studienreise europäischer Sachverständiger im Jahre 1950 behandelt.[1] Es zeigte sich, daß z. B. aus Kalifornien Blumen, Früchte, Gemüse und Fische (besonders Krustentiere) auf dem Luftwege befördert wurden, dabei betrug der Anteil von Blumen etwa 90%. Der Umsatz beim Blumentransport betrug immerhin für Kalifornien im Jahre 50 Mill. Dollar und weitere 50 Mill. für die Staaten Oregon und Washington. Wenn auch die Luftfrachten im Vergleich mit den Eisenbahnfrachten in USA noch verschwindend niedrig sind, so geht aus den von GLACHANT[1] bekanntgegebenen Vergleichszahlen doch hervor, daß die gesamten Luftfrachten von 1945 bis 1950 um das 8,5fache angestiegen sind, während die Eisenbahnfrachten von 1936 bis 1950 um weniger als das Doppelte

[1] The Cold Chain in the USA, Part II, S. 261, Paris 1952. — Vgl. auch CH. GLACHANT: Rev. Gén. d. Froid. Bd. 28 (1951) S. 137.

zugenommen haben. Wenn es zutrifft, daß nach vorliegenden Schätzungen die Luftfrachten in absehbarer Zeit auch nur 2% der Eisenbahnfrachten erreichen könnten, dann wäre zu deren Bewältigung eine Luftflotte von 3000 Douglas DC 4 oder von 900 Stratofreighters Boeing nötig, die täglich 8 Std. mit 65% Belastung fliegen müßten. Dabei fällt jedoch nur ein Teil der Frachten in die Kategorie der schnellverderblichen Güter.

Man kann fragen, welche spezifischen Vorteile der sehr schnelle Flugtransport z. B. bei Früchten gegenüber dem technisch schon sehr vollkommen entwickelten Transport auf der Straße oder der Schiene hätte. Auf große Entfernungen zwischen Ost und West könnten in USA dabei immerhin 48 Std. gespart werden. Bei den Transporten auf der Erde müssen die Früchte meist vor der Vollreife geerntet werden, während man sie beim Flugtransport auf dem Baum voll ausreifen lassen könnte, womit eine Qualitätssteigerung zu erreichen wäre. Der Austausch von Lebensmitteln zwischen den europäischen und den Überseeländern könnte durch schnelle Flugzeuge sehr gefördert oder überhaupt erst möglich gemacht werden. Man braucht nur an die tropischen Länder zu denken, die mit frischem Fleisch und Fischen versorgt werden könnten, während tropische Früchte (Ananas, Mango, Guava, Papaya, Avocadobirne) in baumfrischem Zustand in 24 Std. nach West- und Nordeuropa gebracht und hier in die Kühlkette eingeschaltet werden könnten. Erstreckt sich die Entfernung über mehrere Länder, dann entfallen beim direkten Flugverkehr die Zollaufenthalte an den verschiedenen Grenzen. Technisch dürfte es keine Schwierigkeiten bereiten, die kältetechnischen Verfahren, die für die Klimatisierung von Personenflugzeugen entwickelt wurden, auch zur Kühlung von Räumen in Frachtflugzeugen anzuwenden. GLACHANT[1] bemerkte schon, daß die Frachtflugzeuge ,,Stratofreighter" über die gleichen Kälte- bzw. Klimaanlagen verfügten wie die Personenflugzeuge ,,Stratocruiser" von Boeing. Die ,,Stratofreighter" hätten daher schon alle Forderungen erfüllt, die für den Lufttransport schnellverderblicher Güter zu stellen wären.

Wie langsam aber doch die Verwirklichung von Lufttransporten schnellverderblicher Güter fortschreitet, kann aus einer Gegenüberstellung des erwähnten Berichtes über die OEEC-Studienreise mit einem 9 Jahre später erstatteten Bericht von REDIT, einem Mitarbeiter des US Landwirtschaftsministeriums beim Internationalen Kältekongreß in Kopenhagen 1959 ersehen werden.[2] Er betont, daß bisher kein Frachtflugzeug mit speziellen Kühleinrichtungen versehen ist. Tiefe Temperaturen werden nur in gekühlten, isolierten Behältern aufrechterhalten. Im allgemeinen müssen empfindliche Güter vor der Ladung in das Flugzeug entsprechend vorgekühlt werden. Es werden meist die gleichen Behälter verwendet, wie bei Landtransporten: Holzkisten, Furnierkisten, Kartons aus glatter Pappe oder Wellpappe; letztere werden bei Blumentransporten oft befeuchtet. Die Abmessungen der Behälter werden gelegentlich dem Frachtraum zwecks bestmöglicher Ausnutzung angepaßt und die Beladung erfolgt mit Hilfe von Gabelstaplern. REDIT berichtet über einen Erdbeertransport, bei dem Trockeneis zur Vorkühlung am Verpackungsort verwendet wurde. Obwohl dabei die Temperatur der Ware auf 4,4 °C gesenkt werden konnte, stieg sie beim 3stündigen Transport zum Flugplatz und nach einer weiteren 3stündigen Wartezeit bis zum Abflug auf 16,5 °C.

Ein anderer Versuch mit Erdbeeren, wobei auch mit Trockeneis vorgekühlt wurde, verlief erfolgreicher.[3] Ohne sorgfältige und rasche Behandlung vor dem

---

[1] S. Fußnote 1, S. 453.

[2] REDIT, W. H.: Ber. X. Intern. Kältekongreß Kopenhagen 1959, Bd. II.

[3] BERGER, W. R.: Modern Packaging Bd. 14, November 1950, S. 125.

Verladen sind teure Flugtransporte nicht zu verantworten. Auch sollten die Laderäume im Flugzeug vor der Beladung ebenso vorgekühlt werden wie die Kabinen im Personenverkehr. Vorgekühlte Blumen werden in den Behältern durch zerkleinertes Eis, das in Kunststoff-Beuteln oder in Papier gewickelt beigegeben wird, während des Transportes kühl gehalten. Nasses, zerknittertes Zeitungspapier wird tiefgefroren. Die Behälter werden häufig durch Wolldecken isoliert, auch werden leichte Decken aus Glaswolle verwendet.

Auch in der französischen Luftfahrt ist man beim nicht sehr verbreiteten Transport schnell verderblicher Güter selbst im Innern Afrikas bisher ohne Kälteanlagen an Bord ausgekommen, wie aus einem Bericht von MAURER vom Institut du Transport Aérien in Paris zu ersehen ist.[1] Die Vorkühlmethoden der Güter bzw. der Ladekammern sind die gleichen wie in USA.

Eine Herabsetzung der Frachtsätze würde den Lufttransport schnellverderblicher Güter am ehesten vorantreiben.

Die zum Ausdruck gebrachte skeptische Beurteilung der Aussichten für eine wirtschaftliche Entwicklung gekühlter Lufttransporte schließt nicht aus, daß in Sonderfällen sehr interessante kältetechnische Aufgaben zu lösen sind, z. B. beim Transport verflüssigter Gase einschließlich Helium oder von bei —80 °C tiefgefrorenem Rindersperma preisgekrönter Bullen zwecks Verwendung in fernen Kontinenten. Evtl. kann auch die Freigabe militärischer Spezialentwicklungen für den zivilen Einsatz überraschende Perspektiven eröffnen, oder schließlich der steigende Lebensstandard den Gütertransport ebenso in die Luft verlagern, wie es mit dem Personentransport auf langen Überseestrecken in den letzten Jahren der Fall war.

Zum Transport von Lebensmitteln und Getränken gehören schließlich noch die kältetechnischen Einrichtungen der Bordküche auf Personenflugzeugen, also der Gefrierschrank für meist tischfertige Mahlzeiten und der Getränkekühlschrank. Sie unterscheiden sich von den Landanlagen vor allem darin, daß die Bordnetze mit Gleichstrom, meist sogar von recht niedriger Spannung, arbeiten. Der im Gleichstrommotor erforderliche Kollektor mit den sich abnützenden Kohlenbürsten schließt die Verwendung der sonst üblichen hermetischen Motorkompressoren aus. Der Einbau von Wechselrichtern verbietet sich aus Gewichtsgründen. Neuerdings sind Bestrebungen im Gange, das Bordnetz auf Wechselstrom von 400 Hz umzustellen, was also wieder eine Sonderausführung der Motoren erfordern würde.

Die Kälteanlage der Kühlschränke wird so eingebaut, daß die Kondensationswärme mit der Abluft der Bordklimaanlage abgeführt werden kann. Durch Verwendung von Aluminium ist man bemüht, das Gewicht der Kälteanlage herabzusetzen. Gefrorene Gerichte werden meist in besondere Behälter verpackt und mit Trockeneis gekühlt.

---

[1] MAURER: Ber. X. Intern. Kältekongreß Kopenhagen 1959, Bd. II.

Gekühlte Behälter.

Von

Dipl.-Ing. **Franz Lieding**

Rodenkirchen/Rh.

Mit 35 Abbildungen.

A. Begriffsbestimmungen und Einteilung.

Behälter gehören zu den Transportmitteln, die entwickelt wurden, um Güter verschiedener Art zu einer Ladeeinheit zusammenzufassen. Ihre Verwendung soll die Zahl der Güterbehandlungen während des Transportes vermindern und die unerläßlichen Behandlungen vereinfachen. Hierdurch werden nicht nur die Kosten, sondern auch die Risiken durch Verlust, Beschädigung und Diebstahl der Güter herabgesetzt. Der Einsatz der Behälter ist besonders vorteilhaft im gebrochenen (kombinierten) Verkehr, bei dem für die Beförderung der Güter mehrere verschiedene Verkehrsmittel benutzt werden.

Nach einer Definition des Bureau International des Containers (BIC) [*1*] versteht man unter *Behälter* oder Container[1]:

ein Transportmittel (Kasten, abnehmbarer Tank oder ähnliches Transportgefäß), das

a) von dauerhafter Beschaffenheit und so widerstandsfähig ist, daß es wiederholt verwendet werden kann;

b) besonders dafür gebaut ist, den Transport von Waren durch ein oder mehrere Verkehrsmittel ohne Umpacken der Ladung zu erleichtern;

c) mit Vorrichtungen versehen ist, die seine leichte Handhabung ermöglichen, insbesondere bei Umladung von einem Verkehrsmittel auf ein anderes;

d) so gebaut ist, daß es leicht beladen und entladen werden kann, und

e) einen Rauminhalt von mindestens 1 m^3 hat.

Der Begriff *Behälter* schließt weder Fahrzeuge noch gewöhnliche Packmittel ein.

Unter *gekühlten Behältern* sollen Behälter gemäß vorstehender Definition verstanden werden, in denen vorzugsweise leichtverderbliche Lebensmittel aber auch andere temperaturempfindliche Güter bei einer Temperatur transportiert werden können, die nennenswert unterhalb der Umgebungstemperatur liegt. Um das zu ermöglichen, müssen diese Behälter gegen Wärmeeinfall ausreichend geschützt sein. Sie können außerdem mit einer Einrichtung zur Aufnahme eines Kühlmittels, z. B. Eis, versehen oder auch mit einer Kältemaschine ausgerüstet sein.

---

[1] „Behälter" ist die deutsche Bezeichnung, während in den englisch- und französischsprechenden Ländern „Container" der gebräuchliche Ausdruck ist. Im folgenden wird ausschließlich die Bezeichnung „Behälter" verwendet.

Es hat sich gezeigt, daß, vorzugsweise für den Transport von Gefrierkost (quick frozen foods, denrées surgelées), auch Kühlbehälter mit geringerem Inhalt als 1 m^3 entwickelt wurden und im Verkehr Eingang gefunden haben. Die vom BIC mit der Einführung einer Mindestgröße vorgenommene Einschränkung des Begriffs Behälter scheint daher nicht zweckmäßig und durch die Praxis überholt zu sein. In die weiteren Betrachtungen sollen daher auch Behälter mit geringerem Inhalt als 1 m^3 eingeschlossen sein.

Normen für gekühlte Behälter bestehen nicht. Es gibt jedoch Vorschriften, wie z. B. den vom Internationalen Eisenbahnverband (UIC), einer Organisation der europäischen Eisenbahnen, herausgegebenen UIC-Kodex 590 VE [*2*], worin die technischen Bedingungen festgelegt sind, denen Behälter entsprechen müssen, wenn sie im internationalen Eisenbahnverkehr zugelassen werden sollen. In dieser Vorschrift werden die Behälter eingeteilt

nach der Größe,
nach der kältetechnischen Ausrüstung und
nach der Stärke des Wärmeschutzes.

Da diese Einteilung recht zweckmäßig erscheint, soll sie die Grundlage für die folgenden Betrachtungen bilden. Es werden also unterschieden

1. nach der Größe

a) *Kleinstbehälter* oder Kühltransportkisten mit einem Laderaum unter 1 m^3,
b) *Kleinbehälter* mit einem Laderaum von mindestens 1 m^3 und höchstens 3 m^3,
c) *Großbehälter* mit einem Laderaum über 3 m^3,

2. nach der kältetechnischen Ausrüstung

a) *Isothermbehälter* ohne kältetechnische Ausrüstung,
b) *Kühlbehälter* mit einer fest eingebauten Einrichtung zur Aufnahme eines Kühlmittels,
c) *Maschinenkühlbehälter* mit einer fest eingebauten oder abnehmbaren Kältemaschine,

3. nach der Stärke des Wärmeschutzes

a) *Stark isolierte Behälter*, bei denen die Wärmedurchgangszahl k einen Wert von 0,35 kcal/m^2 h °C nicht überschreitet (im UIC-Kodex 590 mit I. Klasse bezeichnet).

b) *Schwach isolierte Behälter*, bei denen die Wärmedurchgangszahl k zwischen 0,35 und 0,6 kcal/m^2 h °C liegt (im UIC-Kodex 590 mit II. Klasse bezeichnet).

Die gleichen Grenzwerte der Wärmedurchgangszahlen sind auch für die im internationalen europäischen Verkehr eingesetzten Straßenkühlfahrzeuge [*3*] sowie für gekühlte Eisenbahnwagen (vgl. S. 267) vorgeschrieben.

B. Berechnung des Kältebedarfs.

Die Einsatzbedingungen gekühlter Behälter sind denen gekühlter Lastkraftwagen so ähnlich, daß hinsichtlich der Berechnung des Kältebedarfs auf die entsprechenden Ausführungen im Abschnitt „Gekühlte Lastkraftwagen" dieses Handbuches verwiesen werden kann (vgl. S. 417).

Für den Einsatz von Isothermbehältern, die keine kältetechnische Ausrüstung besitzen, ist es meist von Bedeutung, die maximale Transportdauer bei einer vorgegebenen, zulässigen Erwärmung der transportierten Ware zu kennen. Solche Erwärmungsvorgänge werden wie die im Band III dieses Handbuches auf den Seiten 145 ff. behandelten Abkühlungsvorgänge berechnet; es ändern sich nur die Vorzeichen. Bei einer solchen Berechnung werden konstante Umgebungsverhältnisse vorausgesetzt, die in der Praxis aber gar nicht vorhanden sind. Wie im Abschnitt „Gekühlte Lastkraftwagen“ auf S. 423 erläutert ist, werden Windanfall, Sonneneinstrahlung, Begehen usw. durch empirisch gewonnene Zuschlagfaktoren auf den theoretisch errechneten Kältebedarf berücksichtigt. Da der infolgedessen nicht sonderlich genau bekannte Kältebedarf des Behälters die Grundlage aller weiteren Berechnungen darstellt, ist es wenig sinnvoll, für diese weiteren Berechnungen durch Berücksichtigung zahlreicher Einflußgrößen eine besonders hohe Genauigkeit anzustreben. Für die Praxis genügt es vollkommen, mit der einfachen Gleichung

$$z = \frac{G\,c\,(t_{wE} - t_{wA})}{C\,k\,F\,\Delta t_m}$$

zu rechnen. In dieser Gleichung bedeuten:

- z zulässige Transportdauer in Std.
- G Gewicht der Ladung in kg
- c spezifische Wärme der Ladung in kcal/kg °C,
- $G \cdot c$ Wasserwert der Ladung in kcal/°C,
- t_{wA} Temperatur der Ladung am Anfang des Transportes in °C,
- t_{wE} Temperatur der Ladung am Ende des Transportes in °C,
- $\Delta t_w = t_{wE} - t_{wA}$ zulässige Erwärmung der Ladung während des Transportes in °C,
- C Korrekturfaktor für Windanfall, Sonneneinstrahlung, Begehen usw.,
- k Wärmedurchgangszahl des Behälters in kcal/m² h °C,
- F mittlere Oberfläche des Behälters in m²,
- Δt_m Differenz zwischen mittlerer Umgebungstemperatur t_R und mittlerer Temperatur der Ladung in °C $= t_R - \frac{t_{wA} + t_{wE}}{2}$.

Der Korrekturfaktor C liegt zwischen 1,0 für kleine Behälter, die in geschlossenen Fahrzeugen transportiert werden, und 1,75 für große Behälter, die Wind und Wetter ausgesetzt sind.

An sich müßte noch der Wasserwert des Behälters berücksichtigt werden. Einerseits werden aber die Behälter so leicht wie möglich gebaut, der Wasserwert ist also im Verhältnis zu dem der Ladung relativ klein, andererseits ist die mittlere Temperatur des Behälters höher als die der Ladung, und die mittlere Temperaturdifferenz Δt_m ist somit kleiner. Schließlich ergibt die Vernachlässigung des Wasserwertes des Behälters etwas zu kleine Werte von z, was eine gewisse Sicherheit bedeutet, die, im Hinblick darauf, daß die Randschichten der Ladung ohnehin wärmer werden als der Kern, durchaus erwünscht ist.

C. Konstruktion.

I. Allgemeines.

Die konstruktive Ausbildung der Behälter hängt einerseits von ihrer Größe, andererseits von ihrem Verwendungszweck ab. Für eine Kühlkiste von 50 *l* Inhalt kommen andere Bauformen und Werkstoffe in Frage als für einen Kühlbehälter mit einem Inhalt von 5 m³ und mehr.

Eine ebensogroße Bedeutung für die Konstruktion hat die Art der zu befördernden Waren. So unterscheidet sich ein Behälter für Flüssigkeiten erheblich von einem solchen für Trockengut, und die erforderlichen Abmessungen der Behälter hängen u. a. vom Raumgewicht der Ladung ab.

Die im Behälter während des Transportes einzuhaltende Temperatur und die vorgesehene Transportdauer beeinflussen die Stärke der Isolierung, aber auch Art und Umfang der kältetechnischen Ausrüstung.

Auch die Art der Verkehrsmittel, mit denen der Behälter transportiert werden soll, muß bei der Konstruktion berücksichtigt werden. Der Verkehr auf der

Landstraße, auf der Schiene und über See stellt jeweils andere Anforderungen an Abmessungen, Stabilität, Korrosionsfestigkeit und andere Eigenschaften der Behälter.

II. Bauformen.

Alle bisher bekannten gekühlten Behälter gehören zu einer der folgenden drei Bauformen:

Truhenform mit oberem Deckel,

Schrankform mit seitlicher Tür und

Tank für Flüssigkeiten.

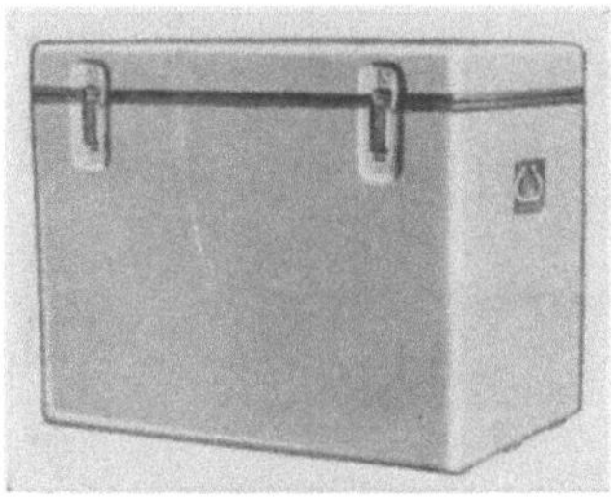

Abb. 388. Isothermbehälter.
Verkleidung außen: Polyester, glasfaserverstärkt, Verkleidung innen: tiefgezogene PVC-Wanne, Isolierung: 80 mm Styropor, k-Wert: 0,25 kcal/m^{2}h°C, Inhalt: 120 l, Eigengewicht: 21 kp. (Hersteller: Karl H. Bartels, Hamburg-Schenefeld).

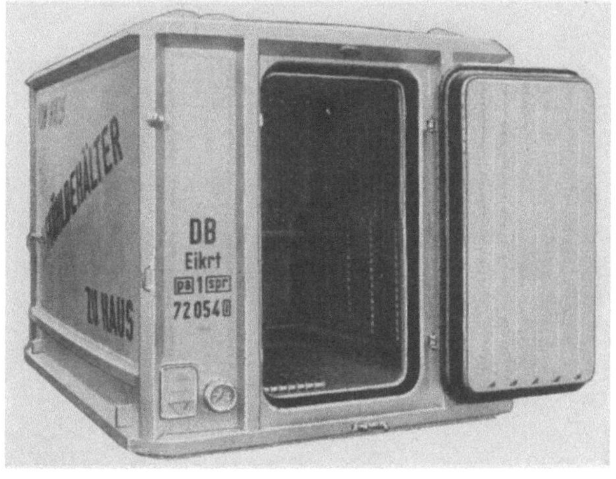

Abb. 389. *pa*-Kühlbehälter der Deutschen Bundesbahn.
Außenverkleidung 1,25 mm Stahlblech, Innenverkleidung 2,0 mm Leichtmetallblech, Isolierung 160 mm Moltopren bzw. Iporka, k-Wert 0,23 bzw. 0,21 kcal/m^2 h °C, Nutzbarer Inhalt 6,4 m^3, Inhalt des Eiskastens 0,85 m^3, Eigengewicht 1600 kp, Ladegewicht 3900 kp + 500 kp Eis. (Hersteller: Waggonfabrik Uerdingen AG, Krefeld-Uerdingen).

Die Truhenform ist besonders geeignet für Kleinstbehälter (bis zu 1 m^3 Inhalt), die auch ausschließlich in dieser Bauform hergestellt werden. Der Deckel ist abnehmbar oder mit Scharnieren angelenkt (*1a*) (Abb. 388).

Bei größeren Behältern wird das Be- und Entladen durch die obere Öffnung zu schwierig und deshalb werden diese in Schrankform gebaut. Die Tür befindet sich meist an einer Stirnseite (Abb. 389).

Behälter für den Transport von Flüssigkeiten sind als zylindrische Tanks ausgebildet (Abb. 390).

III. Abmessungen.

Während für Kleinstbehälter bisher keine Normen oder Vorschriften bekannt geworden sind, enthält der UIC-Kodex 590 des Internationalen Eisenbahnverbandes [*2*] Vorschriften bzw. Empfehlungen über die Abmessungen von Klein- und Großbehältern.

Abb. 390. *pa*-Bierbehälter Bauart „AG Weser" der Deutschen Bundesbahn.
Außenverkleidung 1 mm Leichtmetallblech, Innenbehälter 3 mm Stahlblech mit Kunststoffauskleidung, Isolierung 100 mm Alfol oder Iporka oder Styropor, k-Wert 0,4 bis 0,5 kcal/m^2 h °C, Inhalt 5 m^3, Eigengewicht 1000 kp, Ladegewicht 5000 kp, Betriebsdruck 3 atü. (Hersteller: „Weser" Flugzeugbau GmbH, Bremen).

Als Kleinbehälter im Sinne dieser Vorschrift gelten Behälter mit einem Laderaum von 1 bis 3 m³, die mit Rollen versehen sind und in gedeckte Wagen verladen werden können. Nach der Größe des Laderaumes sind sie in 3 Gattungen eingeteilt, für welche die empfohlenen Innenmaße in Tab. 1 angegeben sind.

Tabelle 1. *Empfohlene Innenmaße von Kleinbehältern nach UIC-Kodex 590 VE-Kapitel 2, § 6.*

Gattung	Laderaum (in m³)	Länge (in m)	Breite (in m)	Höhe (in m)
A	1	1,450	0,800	0,900
B	2	1,650	0,950	1,300
C	3	1,900	1,100	1,425

Die größten Außenmaße sind für alle Kleinbehälter wie folgt festgelegt: Länge 2,250 m, Breite 1,200 m, Höhe 1,800 m.

Als Großbehälter gelten Behälter mit über 3 m³ Laderaum. Die geschlossenen Behälter, zu denen gekühlte Behälter gehören, sind nach der Größe in fünf verschiedene Gattungen eingeteilt, deren größte Abmessungen in Tab. 2 angegeben sind.

Tabelle 2. *Größte Außenmaße von Großbehältern nach UIC-Kodex 590 VE-Kapitel 1, § 2.*

Bauart	Gattung	Masse (in m)		Größte Höhe über der Achse (in m)
		Länge (parallel zur Gleisachse)	Breite (rechtwinklig zur Gleisachse)	
Geschlossen	102	5,00	2,30	2,55
	72	3,50	2,30	2,55
	52	2,50	2,30	2,55
	32	1,50	2,30	2,55
	22	1,00	2,30	2,55

Außer den größten Außenmaßen ist auch der Querschnitt vorgeschrieben, der für alle Gattungen gleich ist (Abb. 391).

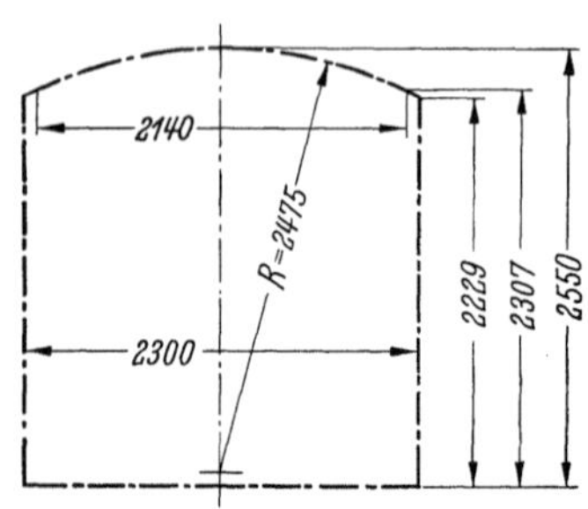

Abb. 391. Höchstumgrenzungslinien für die vom Internationalen Eisenbahnverband (UIC) zugelassenen Behälter der Gattungen 102, 72, 52, 32 und 22.

In den USA wurden im Auftrage der American Standards Association (ASA) von der American Society of Mechanical Engineers (ASME) Normvorschläge ausgearbeitet, die sich auf die äußeren Abmessungen beziehen. Es werden unterschieden:

a) Small Containers mit einer Bodenfläche bis zu 36 sq ft (3,34 m²),

b) Cargo Containers mit einer Bodenfläche von 36 bis zu 65 sq ft (3,34 bis 6,04 m²),

c) Van Containers mit Längen von 12 bis 40 ft (3,66 bis 12,2 m).

Während Small Containers und Cargo Containers etwa den in Europa üblichen Behältern in Größe und Ausführung entsprechen, handelt es sich bei den Van Containers praktisch um Lastkraftwagen- bzw. Anhänger-Aufbauten, die vom Fahrgestell abnehmbar sind.

Die von der ASME vorgeschlagenen Abmessungen sind in Tab. 3 angegeben [*6*].

Aus diesem Normvorschlag ist zu erkennen, welche Zahl von Behältergrößen benötigt wird, um allen Anforderungen gerecht zu werden.

Folgende Gesichtspunkte sind bei der Festlegung der Abmessungen von Behältern zu berücksichtigen:

a) Menge der als eine Ladeeinheit zu transportierenden Ware,

b) Raumgewicht der Ladung,

c) Tragkraft der zur Verfügung stehenden Ladevorrichtungen,

d) Art der Verkehrsmittel, mit denen der Behälter transportiert werden soll.

Wie bereits einleitend erwähnt, ist der Behälter das gegebene Hilfsmittel für den gebrochenen Verkehr. Sein Einsatz ist im allgemeinen dann am wirtschaftlichsten, wenn er an einer Stelle beladen und nach erfolgtem Transport an einer einzigen anderen Stelle entladen wird. Bei gekühlten Behältern ist das in verstärktem Maße der Fall, weil jedes Öffnen des Behälters Kälteverluste verursacht.

Nach Möglichkeit sollte daher der Behälter nicht größer sein, als zur Aufnahme einer Ladeeinheit erforderlich ist, denn Eigengewicht, Anschaffungs- und Transportkosten steigen mit zunehmender Größe. Liegt die Menge der zu transportierenden Ware fest, dann ergibt sich der erforderliche Raumbedarf aus ihrem Raumgewicht. Dieses ist für die verschiedenen Lebensmittel sehr unterschiedlich und liegt zwischen 200 kg/m³ für Eier in Kisten [*4*] und 400 bis 600 kg/m³ für in Kartons verpackte Gefrierkost [*5*] bzw. 1500 kg/m³ für Trockeneis, das auch häufig in Behältern transportiert wird [*6*].

Tabelle 3. *Abmessungen von Behältern nach Normvorschlag ASME (USA)*

a) Small Containers

Breite in Zoll	Länge in Zoll	Höhe in Zoll
36	29	28, 40, 60, 84
44	36	28, 40, 60, 84
54	44	28, 40, 60, 84
88	44	28, 40, 60, 84
88	54	28, 40, 60, 84
88	96	28, 40, 60, 84

b) Cargo Containers

Breite in Zoll	Länge in Zoll	Höhe in Zoll
96	54	60
96	54	84
96	75	60
96	75	84
96	75	100
96	88	84
96	88	100

c) Van Containers

Breite in ft	Länge in ft	Höhe in ft
8	12	8
8	17	8
8	20	8
8	24	8
8	35	8
8	40	8

Die obere Grenze der Behälterabmessungen ist vorzugsweise durch das zulässige Gesamtgewicht des Behälters in Verbindung mit dem Raumgewicht der Ware gegeben. Das zulässige Gesamtgewicht hängt zunächst von den benutzten Verkehrsmitteln ab. So darf z. B. das Gesamtgewicht der Großbehälter nach Tab. 2 laut UIC-Kodex 590 VE [*2*] 5 Tonnen nicht überschreiten, kann jedoch nach besonderer Vereinbarung zwischen den beteiligten Eisenbahnverwaltungen auf 7 Tonnen erhöht werden. Weiterhin ist die Tragkraft der zum Umladen des Behälters von einem Verkehrsmittel auf ein anderes zur Verfügung stehenden Ladevorrichtungen (z. B. Krane) zu berücksichtigen. So ist der 17 ft lange Van Container nach Tab. 3 mit Ladungen bis zu 18 Tonnen der größte, der von den z. Z. in USA handelsüblichen Gabelstaplern bewegt werden kann [*6*].

Weitere Grenzen für die Außenabmessungen sind durch die Lichtraumprofile der Eisenbahnen (Abb. 391) und die Straßenverkehrsvorschriften gegeben. Auf letztere ist z. B. die einheitliche Breite von 8 ft = 2,44 m für die Van Containers nach Tab. 3 zurückzuführen. In Deutschland beträgt die max. zulässige Breite von Fahrzeugen bzw. deren Ladung 2,50 m [*7*, *8*].

Wie aus Tab. 3 hervorgeht, sieht man in USA eine Länge von 40 ft = 12,2 m als das zulässige Maximum an. Zwei Behälter dieser Größe passen auf die neuen

85 ft langen Plattformwagen der amerikanischen Eisenbahnen (Abb. 22), so daß diese gut ausgenutzt werden. In einigen Staaten der USA sind zwar 40 ft lange Behälter im Straßenverkehr noch nicht zugelassen, man rechnet jedoch mit einer Änderung der entsprechenden Bestimmungen [9]. In Europa sind so lange Behälter bisher nicht üblich.

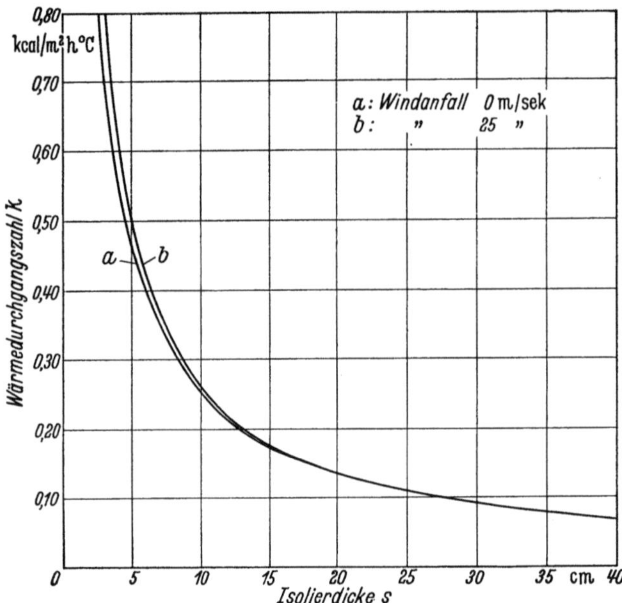

Abb. 392. Wärmedurchgangszahl (k-Wert), abhängig von der Isolierdicke (nach WIEDEMANN).

Bei gegebenen Außenabmessungen der Behälter erhält man die Innenabmessungen aus der Stärke der Isolierung. Diese hängt von dem zulässigen Kälteverlust des Behälters ab, aber auch von der Art des Isoliermaterials und der Konstruktion.

Aus dem Diagramm Abb. 392 kann die für ein ebestimmte Wärmedurchgangszahl k erforderliche Isolierstärke entnommen werden. Dem von WIEDEMANN [10] aufgestellten Diagramm liegen folgende Werte zugrunde:

Wärmeleitzahl des Isoliermaterials (gilt z. B. für Styropor)	$\lambda =$	0,028 kcal/m h °C,
Wärmeübergangszahl innen	$\alpha_i =$	1 kcal/m² h °C,
Wärmeübergangszahl außen bei ruhender Luft	$\alpha_a =$	8 kcal/m² h °C,
Wärmeübergangszahl außen bei Windanfall 25 m/s = 90 km/h	$\alpha_a =$	80 kcal/m² h °C.

Für eine Wärmedurchgangszahl $k = 0{,}35$ kcal/m²h °C, wie sie laut UIC-Kodex 590 [2] für stark isolierte Behälter (I. Klasse) verlangt wird (s. S. 457) braucht man demnach bei der Annahme von Fahrtwind eine Isolierstärke von etwa 75 mm, für schwach isolierte Behälter (II. Klasse) mit $k = 0{,}6$ kcal/m²h °C von etwa 45 mm. Diese Werte sind jedoch rein theoretisch, denn Wärmebrücken, wie sie durch Verbindungselemente zwischen Innen- und Außenhaut entstehen, erhöhen die Wärmedurchgangszahl erheblich. WIEDEMANN gibt an, daß auf die errechneten Werte Zuschläge von 50 bis 100% erforderlich sind.

Die größte bekannt gewordene Isolierstärke besitzt der speziell für den Transport von Trockeneis entwickelte Behälter Type AX der British Railways mit 254 mm, die kleinste ein Doppel-Wellpappkarton der Firma Schlienz, Bremerhaven, mit 35 mm starkem Isoliereinsatz [1a] (Abb. 395). Kleinst- und Kleinbehälter werden meist schwächer isoliert als Großbehälter, weil sie vorzugsweise für kurze Transporte in geschlossenen Fahrzeugen verwendet werden. Die amerikanischen Großbehälter sind meist 10 cm, seltener 15 cm stark isoliert [11], die Isolierbehälter der Deutschen Bundesbahn 16 cm (Abb. 388).

IV. Festigkeitsanforderungen.

Die Anforderungen an die Festigkeit der Behälter hängen einerseits von der Größe der Behälter, andererseits von den verwendeten Transportmitteln ab. Die härtesten Anforderungen werden an Großbehälter gestellt, die im Überseeverkehr eingesetzt sind.

Selbstverständlich müssen alle Behälter so stabil sein, daß sie voll beladen transportiert werden können, z. B. mittels Hubstapler oder Kran. Deswegen müssen Behälter wesentlich stabiler ausgeführt werden als beispielsweise Aufbauten für Lastkraftwagen und Anhänger. Bei letzteren wird nämlich ein großer Teil der Kräfte durch den Boden direkt auf das Fahrgestell geleitet.

Sowohl auf der Eisenbahn als auch auf der Straße sind die Behälter vertikalen und horizontalen Stößen ausgesetzt; beim Überseetransport ist mit einer zusätzlichen Belastung der Seitenwände infolge Schlagseite des Schiffes zu rechnen.

Abb. 393. Spezialschiff für Behältertransport der Pan-Atlantic Steamship Corp.

Bei Behältern, die mit der Eisenbahn transportiert werden, müssen Seitenwände und Befestigungsmittel einen Auflaufstoß mit einer Geschwindigkeit von 15 km/h aushalten [*2*]. Nach SPERLING und BETZOLD [*12*] treten dabei Verzögerungen von etwa 6 bis 9 g (g = Erdbeschleunigung) auf.

Im Überseeverkehr ist es üblich, mehrere Behälter übereinanderzustapeln (Abb. 393). UIC-Kodex 590 [*2*] verlangt daher, daß ein Behälter zwei weitere vollbeladene tragen kann. Nach WESTLING [*11*] werden in USA sogar bis zu 6 beladene Behälter übereinandergestapelt.

Beim Umladen der Behälter von einem Transportmittel auf ein anderes wird es sich nicht vermeiden lassen, daß sie gelegentlich irgendwo anstoßen oder sonstwie rauh behandelt werden. Derartige Beanspruchungen muß die Außenhaut aushalten, ohne undicht zu werden, weil sonst nach kurzer Zeit die Isolierung durchfeuchtet würde.

V. Werkstoffe.

Alle gekühlten Behälter bestehen aus Außenhaut, Innenhaut und der dazwischenbefindlichen Isolierung. Bei größeren Behältern ist evtl. noch ein Innengerüst vorhanden, um die erforderliche Festigkeit zu erzielen.

Als Werkstoffe für Außen- und Innenhaut kommen in Frage: Textilien, Pappe, Holz, Stahl, Aluminium, Kunststoffe und Kombinationen von diesen.

Textilien und *Pappe* kommen nur für Kleinstbehälter in Frage. Ihr gemeinsamer Vorteil ist das niedrige spezifische Gewicht.

Behälter aus *Textilien*, z. B. Baumwollsegeltuch (*1*a), sind bei Verwendung eines geeigneten Isoliermaterials flexibel und lassen sich in leerem Zustand zusammenfalten. Dadurch wird für den Rücktransport der leeren Behälter weniger Raum benötigt. Andererseits bedingt die geringe Steifigkeit der Behälter, daß die zu transportierende Ware entweder selbst genügend fest oder mit einer ausreichend festen Hülle umgeben ist, so daß sie durch die Beanspruchungen während des Transportes nicht deformiert oder sonstwie beschädigt werden kann. In einer Weiterentwicklung wurde dieser Behälter daher mit einem Innenbehälter und einer Bodenwanne aus Aluminium versehen (Abb. 394).

Abb. 394. Isothermbehälter aus Baumwollsegeltuch mit Leichtmetalleinsatz. Isolierung 80 mm Styropor, beiderseitig in Polyäthylenfolie eingehüllt, Inhalt 130 *l* und 240 *l*, Eigengewicht 16 kp und 22 kp. (Hersteller: Felten & Guilleaume, W. Sanner & Co., Köln).

Abb. 395. Isothermbehälter aus Doppelwellpappkarton. Isolieruug 35 mm Styropor, Inhalt etwa 25 *l*, Leergewicht 2,5 kp. (Hersteller: Dr. F. W. Schlienz & Co., Bremerhafen-M.).

Pappe wird in Form von Doppel-Wellpappkartons verwendet mit Isoliereinsätzen aus Polystyrolschaum [*1a*] (Abb. 395). Dieser Werkstoff ist so billig, daß seine gegenüber anderen Werkstoffen geringere Verschleißfestigkeit in Kauf genommen werden kann. Bei dem abgebildeten Behälter ist zu dem der in einem Stück geschäumte Isoliereinsatz lose in den Umhüllungskarton eingesetzt, so daß letzterer ohne große Kosten leicht ausgewechselt werden kann, wenn er verschlissen ist.

Abb. 396. Isothermbehälter. Außenverkleidung Sperrholz, Innenverkleidung Leichtmetallblech, Isolierung 80 mm Styropor, *k*-Wert 0,25 kcal/m^2 h °C, Inhalt etwa 120 *l*, Leergewicht 21 kp. (Hersteller: Karl H. Bartels, Hamburg-Schenefeld).

Holz, und zwar Sperrholz, wird als Außenverkleidung bei Kleinst- und Kleinbehältern verwendet (Abb. 396), als Innenverkleidung auch bei Großbehältern. Letztere erhalten zuweilen Böden aus Nut- und Federbrettern aus Hartholz, eine Bauweise, die aus dem Fahrzeugbau übernommen wurde. Auch Abstandsstücke zur Verbindung von Innen- und Außenhaut werden aus Holz hergestellt.

Holz ist ein ebenfalls vergleichsweise billiger Werkstoff, dabei verschleißfest und korrosionssicher. Besonders vorteilhaft ist, daß Reparaturen leicht ausgeführt werden können.

Stahl wird für die Außenhaut und das Gerippe, vor allem bei größeren Behältern verwendet (Abb. 389), seltener für die Innenhaut. Bei amerikanischen

Überseebehältern besteht die Außenhaut vielfach aus rostfreiem oder verzinktem Stahlblech. Die Eckpfosten dieser Behälter, die, wie vorerwähnt, große Belastungen aufnehmen müssen, sind generell aus Stahl [*11*].

Aluminium wird für die gleichen Zwecke verwendet wie Stahl, jedoch bestehen bei Überseebehältern einige Bedenken wegen der Korrosionswirkung von Seeluft, Seewasser und Rauchgas [*11*]. Außer als Innenverkleidung (Abb. 388 und 396) wird Aluminium wegen seines geringeren spezifischen Gewichtes im Gegensatz zu Stahl auch für die Außenverkleidung von Kleinstbehältern verwendet. In den USA erhalten Maschinen-Kühlbehälter vielfach Fußböden aus Aluminium-T-Profilen, die eine Luftzirkulation unterhalb der Ware ermöglichen.

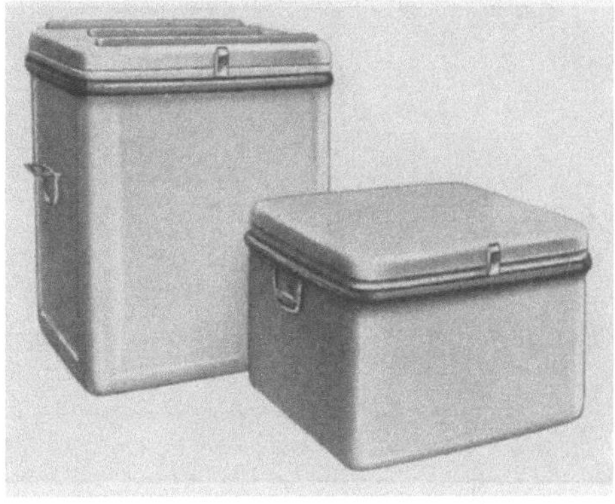

Abb. 397. Isothermbehälter. Außenverkleidung und Innenverkleidung glasfaserverstärktes Polyesterharz, Isolierung 50 mm Styropor, k-Wert 0,30 kcal/m² h °C, Inhalt 100 *l* und 200 *l*, Leergewicht 18 kp und 24 kp (Hersteller: Hermann Waldner KG, Wangen im Allgäu).

Ständig steigende Bedeutung für den Bau von Behältern gewinnen die *Kunststoffe*. Sie sind leicht und korrosionssicher, ihre Verarbeitung ist relativ einfach. Eine gewisse Schwierigkeit bereitet die geringe Schlagfestigkeit vieler Kunststoffe, weshalb sie häufiger als Innenverkleidung als für die Außenhaut verwendet werden. Glasfaserverstärktes Polyesterharz scheint sich am besten zu bewähren. Neben Kleinstbehältern (Abb. 387 und 397) werden auch schon Großbehälter (Abb. 398) vollständig aus Kunststoff hergestellt.

Das Isoliermaterial soll vor allen Dingen leicht, zugleich aber rüttelfest sein. Verwendet werden Glasfaser, Glaswolle, Fiberglass, Alfol, Wellit, Onazote, Styrofoam, Styropor, Moltopren und andere. Nähere Angaben über diese Isolierstoffe sind in Band I dieses Handbuches auf Seite 352 ff. zu finden. Hier soll nur kurz auf die besondere Eignung der einzelnen Isolierstoffe für Behälter eingegangen werden.

Abb. 398. 30 m³-Behälter aus glasfaserverstärktem Polyesterharz. (Hersteller: Samlesbury Engineering Limited, Samlesbury/England).

Faseriges Isoliermaterial, wie *Glasfaser*, *Glaswolle* und *Fiberglass*, ist ein vergleichweise billiger Werkstoff, dabei sehr elastisch und paßt sich unregelmäßigen Konturen gut an. Es wird in USA im Fahrzeugbau viel verwendet.

Nachteilig ist der sehr niedrige Diffusionswiderstandsfaktor und die Fähigkeit, bei undichter Außenhaut der Behälter große Mengen Feuchtigkeit aufzunehmen. Das führt im praktischen Betrieb zu einer erheblichen Verschlechterung der Wärmeleitzahl [*11*].

Zu beachten ist, daß faseriges Isoliermaterial infolge seiner geringen Druckfestigkeit nicht in der Lage ist, irgendwelche Kräfte aufzunehmen oder zu übertragen.

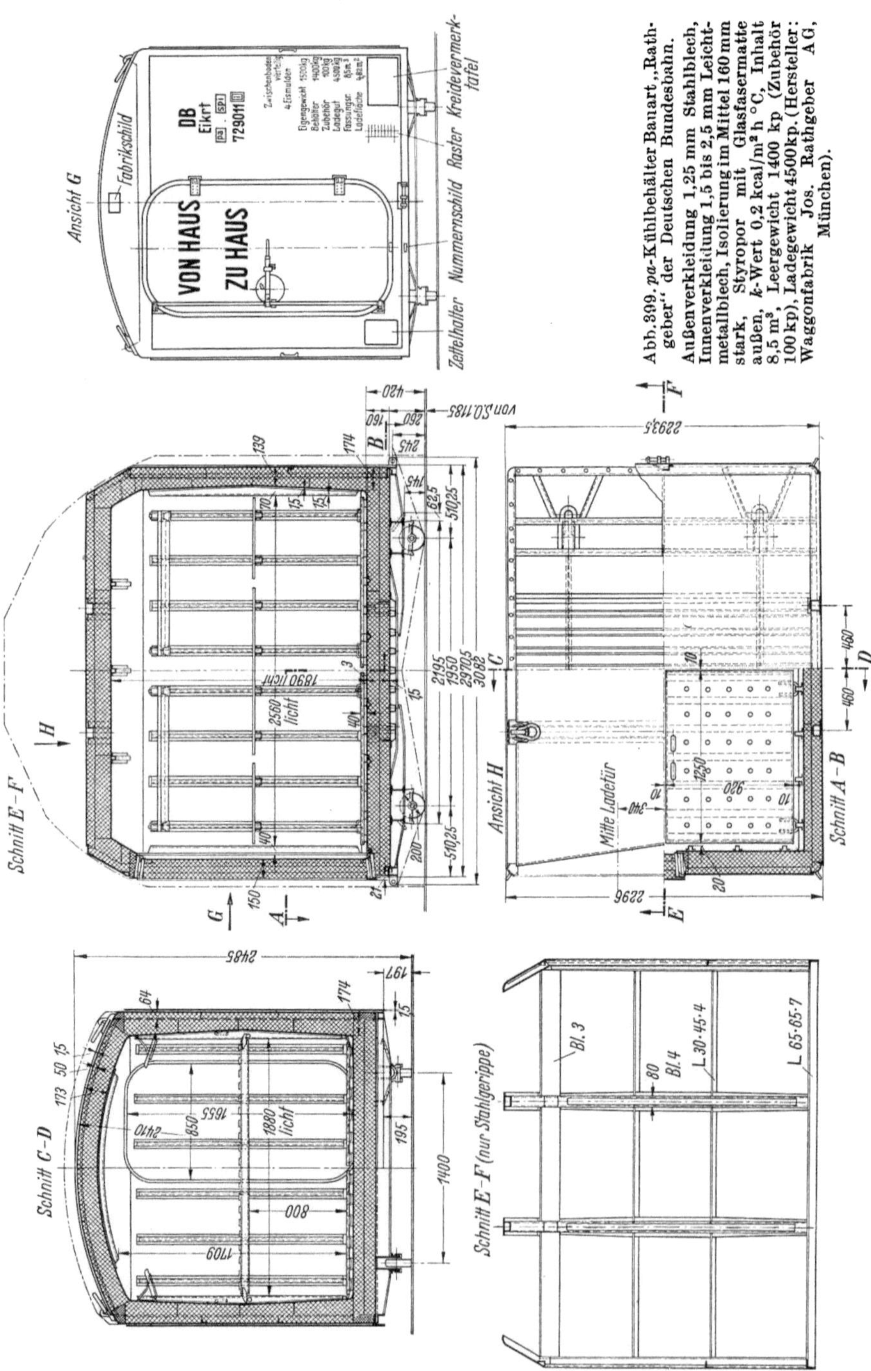

Abb. 399. *pa*-Kühlbehälter Bauart „Rathgeber" der Deutschen Bundesbahn. Außenverkleidung 1,25 mm Stahlblech, Innenverkleidung 1,5 bis 2,5 mm Leichtmetallblech, Isolierung im Mittel 160 mm stark, Styropor mit Glasfasermatte außen, k-Wert 0,2 kcal/m² h °C, Inhalt 8,5 m³, Leergewicht 1400 kp (Zubehör 100 kp), Ladegewicht 4500 kp. (Hersteller: Waggonfabrik Jos. Rathgeber AG, München).

Alfol und *Wellit* haben ebenfalls einen niedrigen Diffusionswiderstandsfaktor, im Gegensatz zu dem faserigen Isoliermaterial verschlechtert sich jedoch der Isolierwert bei Feuchtigkeitsniederschlag nicht erheblich. Zur Übertragung von Kräften sind auch diese Isolierstoffe nicht geeignet.

Zunehmende Bedeutung gewinnen die Schaumstoffe, wie *Onazote* (expandierter Hartgummi), *Styrofoam*, *Styropor* (auf Polystyrolbasis), *Moltopren* (Polyurethan) und andere. Raumgewicht, Festigkeit und Konsistenz dieser Isolierstoffe können in weiten Grenzen variiert und dem jeweiligen Verwendungszweck genau angepaßt werden. Sie sind daher zur Aufnahme und Übertragung von Kräften geeignet. Die Wärmeleitzahl ist niedrig, der Diffusionswiderstandsfaktor ist höher als bei den vorgenannten Isolierstoffen.

Unter Verwendung von Schaumstoffen als Isolierung lassen sich Behälter bauen, die keine besonderen Verbindungselemente zwischen Innen- und Außenhaut benötigen (Abb. 399). Infolge des Fortfalls der Wärmebrücken werden mit dieser Konstruktion sehr gute Wärmedurchgangszahlen erreicht.

Manche Schaumstoffe, wie z. B. Moltopren, können durch Mischung der Komponenten an Ort und Stelle hergestellt und somit in den zu isolierenden Zwischenräumen selbst geschäumt werden. Dabei gehen sie eine feste Verbindung mit den Umgrenzungswänden ein, die aus beliebigem Werkstoff bestehen können. Auf diese Weise entsteht die erstmals im Flugzeugbau angewandte Sandwich-Bauweise, die leichte dabei feste Bauteile mit hohem Wärmedurchgangswiderstand ergibt [*13*].

Bei der Auswahl des Isoliermaterials ist zu berücksichtigen, daß bei Sonneneinstrahlung die Temperatur der Außenhaut bis auf 75 °C ansteigen kann (s. auch S. 201 dieses Bandes). Nicht alle Isolierstoffe halten diese Temperatur aus, weshalb, wie beispielsweise bei dem in Abb. 399 gezeigten Behälter, auch verschiedene Isolierstoffe verwendet werden.

VI. Besondere Einrichtungen für die Handhabung.

Um die Handhabung der Behälter beim Umschlag zu erleichtern oder überhaupt erst zu ermöglichen, müssen sie mit gewissen Einrichtungen, Vorrichtungen oder Handhaben versehen sein.

Kleinstbehälter, deren Gesamtgewicht etwa 150 kg nicht übersteigt, können noch von Hand transportiert werden. Sie werden daher mit mindestens zwei Handgriffen ausgestattet (Abb. 387, 394, 396 und 397).

Größere und schwerere Behälter werden auf angebauten Rädern, mittels Gabelstapler oder Kran bewegt.

Abb. 400. Isothermbehälter für Transport von Trockeneis.
Außenverkleidung 1,5 mm Stahlblech, Innenverkleidung 1,0 mm verzinktes Stahlblech, Isolierung 100 bis 120 mm Styropor, Inhalt etwa 0,5 m³, Eigengewicht 235 kp, Ladegewicht 500 kp. (Hersteller: Karl H. Bartels, Hamburg-Schenefeld).

Die im Internationalen Eisenbahnverkehr zugelassenen Kleinbehälter nach UIC-Kodex 590 [*2*] müssen ein vierrädriges Fahrwerk besitzen (Raddurchmesser mindestens 225 mm, Radbreite mindestens 50 mm) und mit einer hochklappbaren Deichsel versehen sein (Abb. 400). Ebenfalls mit Rädern ausgerüstet sind die *pa*-Behälter für Behältertragwagen [*2*] (Abb. 399).

Abb. 401. Umschlag eines Behälters mittels Gabelstapler (Foto: Hermann Waldner K. C. Wangen im Allgäu).

Für die Verladung mit Gabelstapler ist es zweckmäßig, unten am Behälter entsprechende Aussparungen vorzusehen, in welche die Gabel eingreifen kann (Abb. 401).

Zur Verladung mittels Kran müssen oben am Behälter Ösen oder Ringe vorhanden sein, an denen die Behälter unter Verwendung von Hebeseilen mit Haken aufgehängt werden können. Laut UIC-Kodex 590 [*2*] ist die lichte Weite dieser Ösen so zu bemessen, daß ein Quadrat von 60 mm Seitenlänge eingezeichnet werden kann.

Bei amerikanischen Großbehältern sind die oberen und unteren Enden der Eckpfosten vielfach mit Schwalbenschwanzanschlüssen versehen, mit denen die Behälter auf Plattformwagen und Schiffsdecks, aber auch aufeinander befestigt werden können [*11*]. Zum Teil sind diese Behälter auch mit Rollen versehen, die einen leichten Übergang vom Sattelaufliegerfahrgestell auf den Eisenbahnwagen und umgekehrt ermöglichen (Abb. 402).

Eine Firma hat eine Befestigungsvorrichtung entwickelt, die durch den Gabelstapler betätigt wird. Wenn die Gabel eingeschoben wird, löst sich die Vorrichtung, wenn sie herausgezogen

Abb. 402. Van Container mit Rollen auf Spezial-Sattelaufliegerfahrgestell. (Hersteller: Fruehauf Trailers, Detroit/USA).

wird, schließt sie [*14*]. Diese Behälter können natürlich nur in Verbindung mit genau dazu passenden Spezialfahrzeugen verwendet werden.

Abb. 403. Isolierter Flüssigkeitsbehälter mit herausklappbaren Beinen auf Anhängerfahrgestell mit Hubvorrichtung. (Hersteller: E. Frech-Hoch AG, Sissach/Schweiz).

Es sind auch schon Behälter gebaut worden mit herausziehbaren oder herausklappbaren Abstellfüßen (Abb. 403). Diese werden in Verbindung mit Spezialfahrgestellen verwendet, die mit einer Hubvorrichtung ausgerüstet sind.

VII. Kältetechnische Ausrüstung.

Ein großer Teil der isolierten Behälter und wohl alle Kleinst- und Kleinbehälter besitzen keine kältetechnische Ausrüstung, sind also gemäß der Definition auf S. 457 *Isothermbehälter*. Selbstverständlich können aber auch diese Behälter durch Zugabe von Trockeneis zur Ladung gekühlt werden. Davon wird insbesondere beim Transport von Gefrierkost Gebrauch gemacht.

Kühlbehälter weisen demgegenüber definitionsgemäß eine fest eingebaute Einrichtung zur Aufnahme eines Kühlmittels auf. Als Kühlmittel kommen in Frage: Wassereis, Eis-Salzmischungen, eutektische Lösungen und Trockeneis.

Ein Kühlbehälter mit eingebautem Bunker für Wassereis bzw. Eis-Salz-Mischungen wurde z. B. in der Sowjetunion entwickelt [*15*]. Wie aus Abb. 404 zu ersehen, ist der Eisbunker als Deckeneisbunker mit schrägem Boden ausgebildet, der von oben beschickt wird. Das Schmelzwasser kann durch einen Gummischlauch abgelassen werden, der an einer an der Rückwand des Behälters befindlichen Klappe aufgehängt ist. Beim Öffnen der an Scharnieren befestigten Klappe wird die Öffnung des Schlauches nach unten gerichtet, und das Schmelzwasser kann ablaufen.

Die Verwendung eutektischer Lösungen ist möglich in Form von Patronen, die in einer stationären Kälteanlage ausgefroren und anschließend in den Kühlbehälter eingesetzt werden. Häufiger angewendet werden fest eingebaute Kältespeicherplatten, die mit eutektischer Lösung gefüllt sind und eine Verdampferschlange enthalten.

Mit solchen Platten sind die Kühlbehälter AFU der British Railways ausgerüstet [*16*], die in größerer Anzahl vorzugsweise für den Transport von Gefrierkost und Speiseeis eingesetzt werden. Abb. 405 zeigt das Schnittbild eines solchen Behälters. Die Platten werden mit Neoprene-Schläuchen unter Verwendung selbstdichtender Schnellkupplungen an stationäre, kundeneigene R-12-Kälteanlagen angeschlossen und aufgeladen. Die Schlauchkupplungen und das Expansionsventil befinden sich in einem von außen zugänglichen Kasten an der Stirnseite des Behälters neben der Tür. Der eutektische Punkt der Salzlösung in den Platten liegt bei —24,5 °C, die erforderliche Kälteleistung der stationären Kältemaschine beträgt 3000 kcal/h bei einer Verdampfungstemperatur von —32 °C. Das Aufladen der Platten dauert normalerweise etwa 12 Std.

Wenn man bedenkt, wie empfindlich R-12-Kälteanlagen gegen das Eindringen von Feuchtigkeit in den Kältemittelkreislauf sind und welche Vorsichtsmaßregeln deswegen bei der Montage normaler, stationärer Anlagen erforderlich sind, muß man die Leistung der Britischen Eisenbahnen und ihrer Kunden bewundern, die ein System zur Betriebsreife gebracht haben, bei dem der Kältemittelkreislauf immer wieder geöffnet und geschlossen wird.

Ein Vorzug aller Kühlbehälter ist, daß während des Transportes, sofern die mitgeführte Kühlmittelmenge für die vorgesehene Transportdauer ausreichend

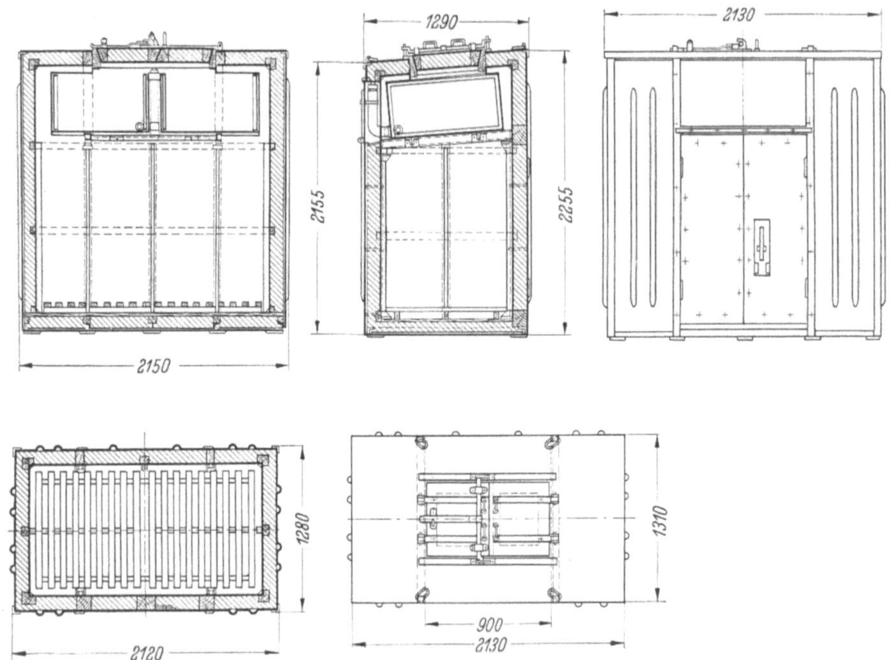

Abb. 404. Russischer 2,5 t-Kühlbehälter.
Außenverkleidung Stahlblech, Innenverkleidung Holz, Isolierung 100 mm Iporka, k-Wert 0,67 kcal/m² h °C, Gesamter Inhalt 3,86 m³, Nutzbarer Inhalt 2,25 m³, Eigengewicht 900 kp, Eismenge 400 kp, Ladegewicht 1200 kp.

bemessen ist, keine Energiezufuhr benötigt wird und auch keine Wartung durch geschultes Personal erforderlich ist. Kühlbehälter sind somit weitgehend unabhängig von der Art des verwendeten Transportmittels, jedoch begrenzt hinsichtlich der möglichen Transportdauer.

Ein gewisser Nachteil der Kühlbehälter besteht darin, daß ihre Innentemperatur nicht geregelt werden kann. Diese ergibt sich zwangläufig aus der Wärmedurchgangszahl des Behälters, dem Wärmespeichervermögen der Isolierung und der Ladung, den Eigenschaften des verwendeten Kühlmittels, der Größe der Wärmeaustauschflächen des Kühlmittelbehälters und der Umgebungstemperatur.

Maschinenkühlbehälter besitzen demgegenüber Einrichtungen zur automatischen Regelung der Innentemperatur, die zudem innerhalb gewisser Grenzen beliebig gewählt werden kann. Die eingebauten Kältemaschinen, gleichgültig nach welchem System sie arbeiten, benötigen allerdings zu ihrem Antrieb irgendeine Energiequelle, die entweder im Behälter mitzuführen ist (z. B. Benzin, Propan) oder vom Transportfahrzeug abgenommen wird (z. B. elektrischer Strom). In gewissen Fällen ist es auch noch von Bedeutung, daß die Verflüssigungswärme der Kältemaschine an die Umgebung abgeführt werden muß. Im allgemeinen macht das zwar keine Schwierigkeiten; beim Transport der Behälter über See, in unter Deck gelegenen Laderäumen der Schiffe, kann die Angelegenheit jedoch problematisch werden.

In dem Bestreben, die Vorteile von Kühlbehältern und Maschinenkühlbehältern zu vereinen und einen Behälter mit automatisch geregelter Innentemperatur zu schaffen, der während des Transportes keine Energiezufuhr und keine Wartung benötigt, entstand ein Kühlbehälter mit eingebauter periodischer

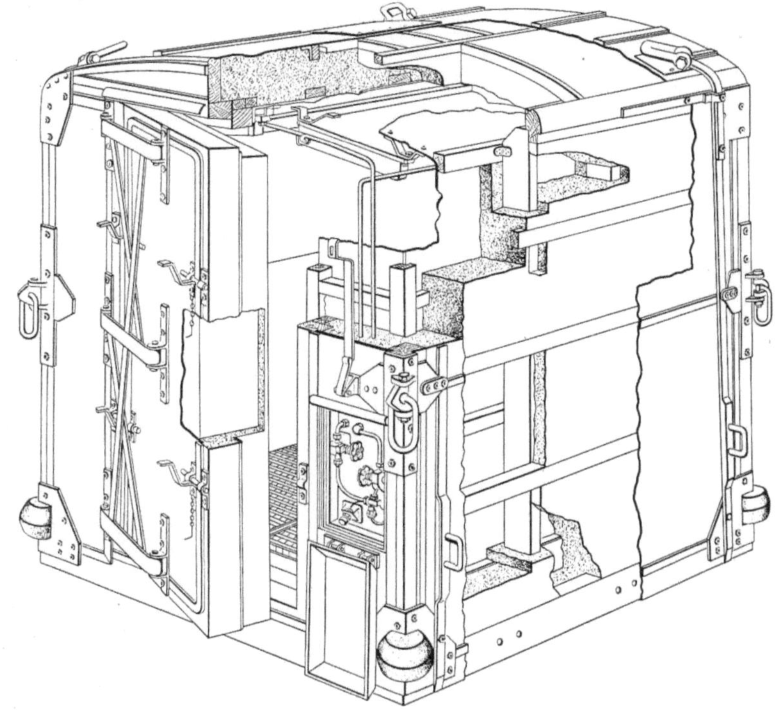

Abb. 405. Schnittbild eines Kühlbehälters Type AFU der British Railways.
Außenverkleidung Stahlblech, Innenverkleidung verzinktes Stahlblech, Isolierung 229 mm Onazote, k-Wert 0,19 kcal/m^2 h °C, Gesamter Inhalt 5,56 m^3, Nutzbarer Inhalt 5,28 m^3, Eigengewicht 2100 kp, Ladegewicht 3000 kp.

Absorptions-Kältemaschine, der von der Waggonfabrik Uerdingen AG und der Gesellschaft für Linde's Eismaschinen AG entwickelt wurde [*17*]. Es handelt sich um einen für den Transport auf Behältertragwagen geeigneten pa-Behälter. Der Hochdruckteil der Kältemaschine ist im hinteren Teil des Behälters untergebracht (Abb. 406); der als Rohrschlange ausgebildete Verdampfer ist auf die Decke des Innenbehälters aufgelötet. Die Arbeitsweise der Absorptionsmaschine ähnelt ebenso wie die der Kältespeicherplatten der eines Akkumulators. Unter Verbrauch von elektrischem Strom und Wasser wird die Maschine aufgeladen (Heizperiode), und die gespeicherte Energie dann für die Kühlung des Behälters während des Transportes nutzbar gemacht (vgl. Bd. VII dieses Handbuches, S. 234 ff.).

Während der Heizperiode wird aus der in den elektrisch beheizten Austreiber-Absorber-Gefäßen befindlichen Ammoniak-Wasser-Lösung das Ammoniak ausgedampft, im wassergekühlten Verflüssiger kondensiert und in flüssiger Form in einer Sammelflasche gespeichert Beim Kühlprozeß strömt das flüssige Ammoniak aus der Sammelflasche über ein thermisches Expansionsventil in den Verdampfer, wo es unter Aufnahme von Wärme aus dem Kühlraum verdampft. Der entstehende Ammoniakdampf strömt über das Temperaturregelventil zu den Austreiber-Absorber-Gefäßen zurück und wird von der darinbefindlichen Ammoniak-Wasser-Lösung absorbiert.

Das auf eine Temperatur zwischen —2,5 und 8 °C einstellbare Temperaturregelventil wird durch einen im Kühlraum angebrachten Temperaturfühler so gesteuert, daß es bei steigender Temperatur einen größeren, bei fallender Temperatur einen kleineren Querschnitt freigibt. Die verdampfende Ammoniakmenge wird dadurch dem jeweiligen Kältebedarf automatisch angepaßt. Die Dauer der

Abb. 406. Blick in das Maschinenabteil des Maschinenkühlbehälters mit periodischer Absorptionskältemaschine.

Außenverkleidung 1,25 mm Stahlblech, Innenverkleidung 1,5 mm Leichtmetallblech, Isolierung 160 mm Moltopren, k-Wert 0,23 kcal/m² h °C, Nutzbarer Inhalt 5,7 m³, Eigengewicht 2500 kp, Ladegewicht 3500 kp. (Hersteller: Waggonfabrik Uerdingen AG, Krefeld-Uerdingen, und Gesellschaft für Linde's Eismaschinen AG, Sürth/Rhein).

1 Austreiber-Absorbergefäße, *2* Sammelflasche, *3* Rektifikator, *4* Verflüssiger, *5* Schaltkasten, *6* Steuerventilsatz, *7* Temperaturregelventil, *8* Spannungswahlschalter, *9* Voltmeter, *10* Druckknopfschalter, *11* Wasserventil.

Heizperiode wird mit 6 bis 8 Std., die Kühldauer bei einer Innentemperatur von 3 °C und einer mittleren Umgebungstemperatur von 18 °C mit 120 Std. angegeben.

Wenn auch bei Versuchsfahrten mit diesem Behälter hervorragende Ergebnisse erzielt wurden [*18*], so konnte er sich doch nicht durchsetzen, weil einerseits die Kältemaschine zu schwer und vor allem zu teuer war, andererseits die für den Transport von Gefrierkost erforderlichen Temperaturen nicht erreicht werden konnten.

So sind denn Maschinenkühlbehälter praktisch ausschließlich mit Kompressions-Kältemaschinen ansgerüstet in gleichen oder ähnlichen Bauformen, wie sie für gekühlte Lastkraftwagen entwickelt wurden. Diese sind auf den S. 437 ff. dieses Bandes ausführlich beschrieben. Sie arbeiten mit R 12 oder R 22 als Kältemittel.

Die Anforderungen hinsichtlich Robustheit, Betriebssicherheit und Wartungsfreiheit der Kälteanlagen sind für Behälter allerdings höher als für Lastkraftwagen. Bei letzteren ist immerhin ein Fahrer vorhanden, der die Anlage überwachen und erforderlichenfalls auch gewisse Wartungsarbeiten ausführen kann. Beim Eisenbahntransport entfällt diese Möglichkeit. Auf Schiffen ist zwar tech-

Abb. 407. Maschinenkühlbehälter mit eingebauter Kompressionskältemaschine. Außenverkleidung und Innenverkleidung verzinktes Stahlblech, Isolierung 200 mm Steinwolle, tiefste Innentemperatur $-18\,^{\circ}$C, Inhalt etwa 15 m^3, Eigengewicht 4675 kp. (Hersteller: Maschinefabriek Voorwaarts, N. V., Amsterdam).

Abb. 408. Innenansicht des Maschinenkühlbehälters nach Abb. 407. Mit Verdampferschlangen aus verzinntem Cu-Rohr 25 mm Dmr. an Decke und Wänden.

nisch geschultes Personal vorhanden, jedoch sind die sonstigen Bedingungen erheblich schwerer, besonders, wenn die Behälter als Deckslast gefahren werden.

Ein solcher Behälter, der von der Maschinenfabriek Voorwaarts N. V., Amsterdam, entwickelt wurde [*19, 20*] ist in den Abb. 407 und 408 dargestellt.

Ein normaler luftgekühlter R-12-Verdichtersatz mit Antrieb durch Elektromotor ist in ein ziemlich großes Maschinenabteil eingebaut, das, abweichend von der bei Lastkraftwagen üblichen Praxis, in der oberen Ecke des Behälters angeordnet ist. Der Verdampfer besteht aus glatten, verzinnten Kupferrohren, die an Decke und Wänden des Innenraumes angebracht und durch vorgesetzte Holzlatten gegen Beschädigung geschützt sind. Das Maschinenabteil ist so groß, daß auch ein Verbrennungsmotor zum Antrieb des Verdichtersatzes eingebaut werden kann.

Hinsichtlich des Raumbedarfes weit weniger aufwendig sind Anbaukältesätze, wie sie in USA vorwiegend verwendet werden [*11*]. Sie werden mit wenigen Schrauben an der mit einer rechteckigen Öffnung versehenen Stirnseite des Behälters befestigt (Abb. 409) und können im Falle einer Panne verhältnis-

Abb. 409. Maschinenkühlbehälter mit Anbaukältesatz. (Foto: Thermo King Co., Minneapolis/USA).

mäßig leicht ausgewechselt werden. Der von einem Benzinmotor angetriebene luftgekühlte Verdichtersatz ist außerhalb des Behälters angeordnet, während der Verdampfer in den Laderaum hineinragt. Die Ventilatoren für den Verdampfer und den Kondensator sitzen auf einer gemeinsamen Welle und werden durch Keilriemen angetrieben. Die Anlage arbeitet vollautomatisch einschließlich des Abtauvorganges. Vielfach ist außer dem Benzinmotor noch ein Elektromotor vorhanden, der den Kältesatz antreibt, wenn ein Netzanschluß zur Verfügung steht, z. B. an Bord von Schiffen. Da sich gezeigt hat, daß die für den Straßenverkehr entwickelten Kältesätze Seebedingungen auf die Dauer nicht aushalten, wurden für diesen Zweck besonders ausgerüstete Typen entwickelt.

Behälter mit luftgekühlten Kältesätzen können über See nur als Deckslast transportiert werden, weil sonst die Verflüssigungswärme nicht abgeführt werden kann. Sollen Maschinenkühlbehälter in Laderäumen unter Deck gestaut werden, so müßten wassergekühlte Kondensatoren verwendet werden. Tatsächlich wurde inzwischen für die Verwendung in Behältern, die vorwiegend im Überseeverkehr eingesetzt werden, eine entsprechende Bauform entwickelt mit elektrischem Antrieb sowie je einem wasser- und luftgekühlten Kondensator. Da beim Stauen unter Deck über die Konturen der Behälter hinausragende Teile stören, ist man in diesem Fall von der so praktischen Anbauform wieder abgegangen. Die Anlage ist zweiteilig und wird in Aussparungen des speziell dafür konstruierten Behälters eingebaut (Abb. 410). Der Verdichterteil wird von außen in eine Stirnwand eingesetzt, der Verdampferteil daneben, jedoch von innen. Beide Teile werden durch biegsame Kältemittelleitungen miteinander verbunden. Abb. 411 zeigt den inneren Aufbau des Verdampferteiles, Abb. 412 den Verdichterteil. Ein großer Vorteil des ausschließlich elektrischen Antriebes besteht darin, daß gekapselte Motorverdichter verwendet werden können, wodurch die bei offenen Kompressoren erforderliche Gleitringdichtung und damit eine Störungsquelle wegfällt. Bei der Konstruktion dieser Kälteanlage wurde offensichtlich versucht, mit einem Minimum von Bedienungsaufwand auszukommen. So wird z. B. die Stromzufuhr zu den Ventilatoren der Kondensatoren automatisch unterbrochen, wenn die Wasserleitung angeschlossen wird. Der Verdampfer wird durch eingebaute elektrische Heizelemente abgetaut. Der Abtauvorgang wird von einem Differenzpressostaten gesteuert, der durch den Druckabfall der über den Lamellenverdampfer strömenden Luft beeinflußt wird. Überschreitet dieser Druckabfall infolge Bereifung des Verdampfers einen bestimmten Wert, wird der Abtauvorgang in Gang gesetzt. Die Beendigung erfolgt thermostatisch abhängig von der Temperatur

Abb. 410.
Zweiteiliger Einbaukältesatz, Thermo King, Type SL 5 –45.

Abb. 411. Verdampferteil des Thermo King Kältesatzes SL 5—45.

Abb. 412. Verdichterteil des Thermo King Kältesatzes SL 5—45.

der Oberfläche des Verdampfers. Die Abtauheizung kann auch zur Erwärmung des Laderaumes benutzt werden, wenn die Umgebungstemperatur niedriger ist als die gewünschte Innentemperatur des Behälters.

Ebenfall elektrisch angetrieben ist der Kältesatz eines Maschinenkühlbehälters, der von S. CORHANIDIS, Athen, vorzugsweise für den Transport von Obst entworfen und gebaut wurde [*21*]. Der mit einem gekapselten $^3/_4$ PS-Motorverdichter und luftgekühltem Kondensator ausgerüstetete Kältesatz wiegt nur 140 kg, kann somit von zwei Personen getragen werden und wird an den mit einer passenden Öffnung versehenen Behälter außen angehängt (Abb 413). Die Aufhängevorrichtung ist so konstruiert, daß der Kältesatz beim Anhängen durch sein Eigengewicht eine Gummidichtung an den Behälter anpreßt, wodurch ein luftdichter Abschluß erzielt wird. Als zusätzliche Sicherung sind am Behälter noch zwei mit Spannschlössern versehene Haken vorgesehen, die in passende Ösen des Kältesatzes eingehakt werden (Abbildung 414). Die Luftführung ist bei diesem Behälter umgekehrt wie sonst üblich (Abb. 415). Die kalte Luft wird vom Ventilator des Verdampfers durch einen kurzen, vertikalen Kanal unter einen doppelten Boden gedrückt und strömt durch die Zwischenräume zwischen den übereinandergestapelten Obststeigen hindurch zum Verdampfer zurück.

Aus Gewichts- und Raumgründen werden die Kälteanlagen sowohl für Fahrzeuge wie für Behälter im allgemeinen nur so groß bemessen, daß sie gerade in der Lage sind, die während des Transportes auftretenden Kälteverluste zu decken. Eine

Abb. 413. Kühlbehälter Bauart Corhanidis. Der tragbare Kältesatz wird angehängt.

nennenswerte Überschußleistung zur Abkühlung der Ware ist nicht vorhanden, und man setzt voraus, daß nur vorgekühlte Ware geladen wird. Die zur Vorkühlung erforderlichen stationären Einrichtungen sind nun aber nicht

Abb. 414. Kühlbehälter Bauart Corhanidis auf Eisenbahn-Plattformwagen.

in allen Erntegebieten vorhanden. Dieser Tatsache wurde bei der Entwicklung des Corhanidis-Behälters besonders Rechnung getragen. An Stelle des leicht abnehmbaren, leichten Kältesatzes für die Transportkühlung kann man nämlich

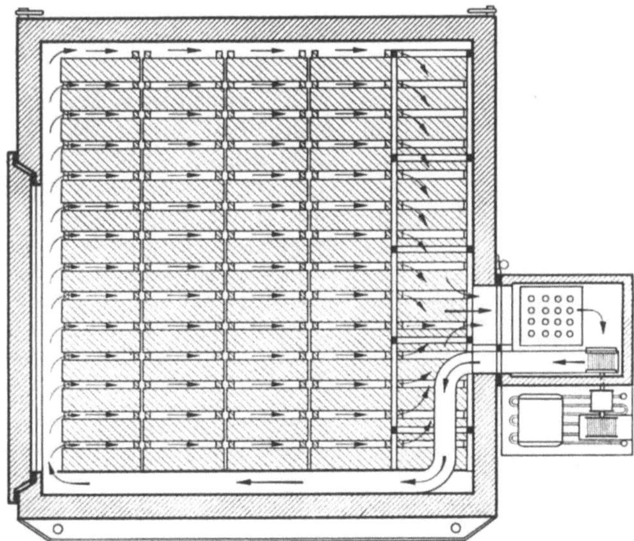

Abb. 415. Längsschnitt des Kühlbehälters. Bauart Corhanidis mit angehängtem Kältesatz.

einen fahrbaren Kältesatz mit der vierfachen Kälteleistung und entsprechend verstärkter Leistung des Verdampferlüfters anschließen (Abb. 416), womit eine ausreichend schnelle Abkühlung des Behälterinhaltes möglich ist [*22*].

Von der Waggonfabrik Uerdingen AG, Uerdingen, und der Gesellschaft für Linde's Eismaschinen AG, Sürth, wurde dieses System inzwischen weiterent-

Abb. 416. Kühlbehälter Bauart Corhanidis mit angeschlosenem, fahrbarem Kältesatz für die Vorkühlung der Ladung.

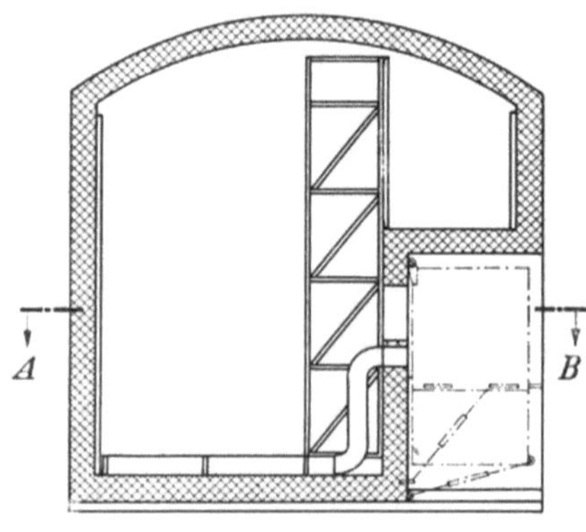

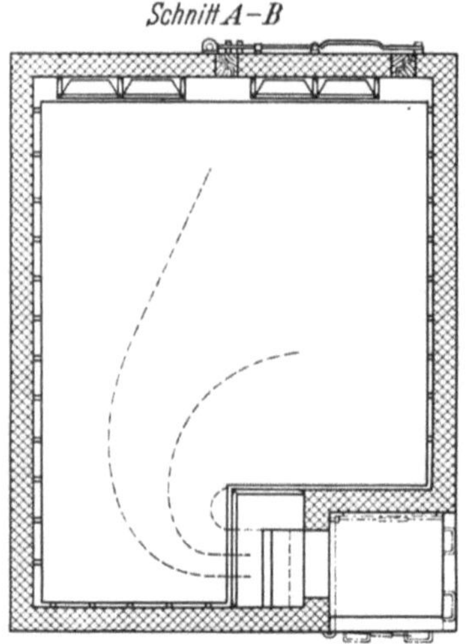

Abb. 417. *pa*-Kühlbehälter Bauart Uerdingen — Linde. Mit in eine Ecke eingebautem Anhänge-Kältesatz.

wickelt und an die dem UIC-Kodex 590 entsprechenden *pa*-Behälter angepaßt. Zur besseren Ausnutzung der zulässigen größten Abmessungen des Behälters wurde dieser an einer Ecke mit einer Aussparung versehen, in welche der Kältesatz eingesetzt wird [*23*] (Abb. 417).

Ein besonderes Problem bei den Maschinenkühlbehältern stellt die Regelung der Kältemaschine dar. Ist bei gekühlten Lastkraftwagen eine einfache Ein-Aus-Regelung von Hand noch denkbar (s. S. 430 dieses Bandes), so scheidet diese Möglichkeit bei Behältern grundsätzlich aus. Die Regelung muß automatisch erfolgen. Bei elektrischem Antrieb macht das keine besonderen Schwierigkeiten, weil die dafür erforderlichen Schaltgeräte auch bei stationären Anlagen verwendet werden und in zahlreichen, erprobten Ausführungen zur Verfügung stehen. Für den Transport der Behälter auf der Eisenbahn muß allerdings darauf geachtet werden, daß die Schaltgeräte rüttelsicher sind und die von den Schienenstößen hervorgerufenen dauernden Erschütterungen aushalten, ohne Schaden zu nehmen.

Bei Antrieb durch Benzin- oder Gasmotor sind, wie auf S. 474 dieses Bandes auseinandergesetzt wurde, die Verhältnisse viel schwieriger, und es hat langjähriger Entwickelungsarbeiten bedurft, bis Spezialfirmen, wie z. B. Thermo King, ausreichend betriebssichere Anlagen liefern konnten.

D. Betrieb.

I. Transporttemperaturen.

Leichtverderbliche Lebensmittel, für deren Transport gekühlte Behälter vorwiegend eingesetzt werden, sollten während des Transportes mit einer mög-

Tabelle 4. *Temperaturen für Verladung und Transport frischer Lebensmittel tierischer Herkunft.*[1]

Lebensmittel	Transportdauer 2 bis 3 Tage			Transportdauer 5 bis 6 Tage		
	Maximale[2] Ladetemperatur °C	Empfohlene Transporttemperatur °C	Annehmbare Transporttemperatur °C	Maximale Ladetemperatur °C	Empfohlene Transporttemperatur °C	Annehmbare Transporttemperatur °C
Frisches Fleisch[3] und Speck	+6	0 bis +6	0 bis +10	+3	0 bis +3	0 bis +6
Fisch in Eis	+5[4]	−1 bis +1	−1 bis + 2	+5[4]	−1 bis +1[5]	−1 bis +2[5]
Geflügel[3] und Wild[3]	+6	−1 bis +3	−1 bis + 6	+3	−1 bis +1	−1 bis +3
Eier	Die Grenzen der zulässigen Temperatur: 0 bis +15. Es müssen Vorkehrungen getroffen werden, um das Kondensieren der Luftfeuchtigkeit auf den Eiern während des Lade-, Transport- und Entladevorganges zu vermeiden.					
Milch (frisch und pasteurisiert)	+5	0 bis +5	0 bis +8	Transport für mehr als 2 Tage wird nicht empfohlen		
	(Höhere Temperaturen für einen Transport von 24 Stunden)					
	+2	0 bis +2	0 bis +5			
	(Höhere Temperaturen für einen Transport von 48 Stunden)					
Butter	+10[6]	nicht höher als +4	nicht höher als +12	+10[6]	nicht höher als +4	nicht höher als +12
Schnitt- und Schmelzkäse	—	0 bis + 20		—	0 bis +20	
Weichkäse: a) nicht fertig	+12	+8 bis +12	+6 bis +15	+10	+8 bis +12	+6 bis +12
b) fertig	+ 6	+4 bis + 7	+4 bis +10	Transport für mehr als 3 Tage wird nicht empfohlen		
Blaukäse	+10	0 bis +10	0 bis +10	+10	0 bis +6	0 bis +16
Innereien	+ 2	−1 bis + 2	−1 bis + 5	Transport für mehr als 48 Stunden wird nicht empfohlen		
Schmalz	—	nicht höher als +15		—	nicht höher als +15	
Fisch (geräuchert)	—	nicht höher als +10		+4	0 bis +4	0 bis +6

[1] Aus: Publication des Nations Unies Nr. 58. VIII. 1 „Transports de denrées périssables".
[2] Die minimale Ladetemperatur entspricht der minimalen Transporttemperatur.
[3] Es müssen Vorkehrungen getroffen werden, um eine Kondensation der Luftfeuchtigkeit auf den Oberflächen dieser Waren soweit wie möglich zu vermeiden.
[4] Unter Berücksichtigung der Temperaturerhöhung der Fische infolge Umpackung und Wiederbeeisung.
[5] Der Transport von Fischen während 5 bis 6 Tagen ist nur möglich, wenn die Fische bei der Abfahrt frisch waren und eine Qualitätsminderung während des Transportes in Kauf genommen wird.
[6] Dieses Maximum bezieht sich nur auf die „annehmbaren" Bedingungen. Die „empfohlene" Ladetemperatur darf nicht höher sein als +4 °C.

lichst kleinen Toleranz auf denjenigen Temperaturen gehalten werden, die zur Erreichung einer möglichst langen Lagerdauer erforderlich sind. Diese optimalen Temperaturen wurden in langjährigen Forschungsarbeiten ermittelt und sind in Band X dieses Handbuches auf S. 80ff. zu finden. Sofern es sich nicht um gefrorene Lebensmittel handelt, liegen diese Temperaturen, von wenigen Ausnahmen abgesehen, in der Nähe des Gefrierpunktes. Bei höheren Temperaturen geht die mögliche Lagerdauer zurück, bei niedrigeren erleiden die Lebensmittel Schäden.

Da es mit den meisten gegenwärtig in Europa zur Verfügung stehenden, gekühlten Transportmitteln offenbar nicht möglich ist, die optimalen Lagerbedingungen während des Transportes einzuhalten, hat das Internationale Kälteinstitut (IIF) im Auftrage der Arbeitsgruppe ,,Beförderung leichtverderblicher Lebensmittel" des Binnenverkehrsausschusses der Wirtschaftskommission für Europa (ECE) Temperaturtabellen für Verladung und Transport von Lebensmitteln aufgestellt [*24*], die in den Tab. 4 bis 7 wiedergegeben sind.

Tabelle 5. *Temperaturen für Verladung und Transport von frischen Früchten und frischem Gemüse sowie Lebensmitteln pflanzlicher Herkunft*[1].

Lebensmittel	Transportdauer 2 bis 3 Tage			Transportdauer 5 bis 6 Tage		
	Maximale[2] Ladetemperatur °C	Empfohlene Transporttemperatur °C	Annehmbare Transporttemperatur °C	Maximale Ladetemperatur °C	Empfohlene Transporttemperatur °C	Annehmbare Transporttemperatur °C
Kartoffeln	—	+5 bis +20	0 bis +20	—	+5 bis +20	0 bis +25
Kohl	minimale Temperatur 0			maximale Temperatur +25		
Blumenkohl	+ 8	0 bis + 8	0 bis +12	+4	0 bis +4	0 bis + 8
Rosenkohl	+12	0 bis +12	0 bis +20	+8	0 bis +8	0 bis +15
Salat	+ 6	0 bis + 6	0 bis + 8	+4	0 bis +4	0 bis + 6
Chicorée und Endivien	+10	0 bis +10	0 bis +15	+6	0 bis +6	0 bis +10
Grüne Erbsen in Schale	+ 5	0 bis + 5	0 bis + 7	Transport wird nicht empfohlen		
Grüne Bohnen	+ 6	0 bis + 6	0 bis + 8	Transport wird nicht empfohlen		
Bohnen (Phaseolus)	+ 8	0 bis + 8	0 bis +12	+6	+3 bis +6	+2 bis +10
Spinat	+ 6	0 bis + 5	0 bis + 8	Transport für 3 Tage und mehr wird nicht empfohlen		
Kastanien	nicht mehr als +25					
Frische Nüsse	+10	0 bis +10	0 bis +15	+8	0 bis +8	0 bis +10
Zwiebeln	minimale Temperatur −1			maximale Temperatur +25		
Artischocken	+10	0 bis +10	0 bis +15	+6	0 bis +6	0 bis +10
Wintermöhren, Rüben, Kohlrabi	minimale Temperatur 0			maximale Temperatur +20		
Möhren am Bund	+ 8	0 bis + 8	−1 bis +12	+6	0 bis + 6	−1 bis +10
Gurken	+10	+4 bis +10	+2 bis +15	+8	+4 bis + 8	+4 bis +12
Fenchel	+10	0 bis +10	0 bis +15	+6	0 bis + 6	0 bis +10
Melonen	+ 8	+4 bis + 8	+2 bis +10	+6	+4 bis + 6	+4 bis + 8
Pfefferschoten	+10	+4 bis +10	+2 bis +15	+8	+4 bis + 8	+4 bis +12
Tomaten: a) grün	+12	+8 bis +12	+6 bis +15	+10	+8 bis +10	+8 bis +12
b) reif	+ 8	+4 bis + 8	+2 bis +10	Transport wird nicht empfohlen		
Spargel	+ 5	0 bis + 5	0 bis + 8	+2	0 bis +2	0 bis +5

[1] Aus: Publication des Nations Unies Nr. 58. VIII. 1 ,,Transports de denrées périssables"

[2] Die minimale Ladetemperatur entspricht der minimalen Transporttemperatur.

Tabelle 5. (*Fortsetzung.*)

Lebensmittel	Transportdauer 2 bis 3 Tage			Transportdauer 5 bis 6 Tage		
	Maximale[2] Ladetemperatur °C	Empfohlene Transporttemperatur °C	Annhmebare Transporttemperatur °C	Maximale Ladetemperatur °C	Empfohlene Transporttemperatur °C	Annehmbare Transporttemperatur °C
Champignons[1] . .	—		0 bis + 4 (nur 24 Std.)	Transport für mehr als 24 Stunden wird nicht empfohlen		
Zitrusfrüchte . . .	nicht höher als +15	+5 bis +10	0 bis +15	nicht höher als +15	+5 bis +10	0 bis +15
Äpfel	keine Empfehlung	+3 bis + 6	0 bis +15	keine Empfehlung	+3 bis + 6	0 bis +15
Birnen.	+3	0 bis + 3	— 1 bis +10	+3	0 bis + 3	—1 bis + 8
Pfirsiche, Pflaumen, Zwetschen und Aprikosen . . .	+4	0 bis +4	— 1 bis + 8	+2	0 bis + 2	—1 bis + 6
Kirschen[2]	+4	0 bis +4	— 1 bis + 6	Transport wird nicht empfohlen		
Himbeeren[2] . . .	+3	—1 bis +3 (nur 1 Tag)	— 1 bis + 5 (nur 1 Tag)	Transport für mehr als 1 Tag wird nicht empfohlen		
Erdbeeren[2]	+3	—1 bis +3	— 1 bis + 4	Transport für mehr als 2 Tage wird nicht empfohlen		
Trauben[2]	+8	0 bis +8	— 1 bis +12	+6	0 bis +6	— 1 bis +8
Bananen[3] (Gros Michel) . .	≧+12	+12	+11 bis +14	≧+12	+12	+11 bis +14
Bananen[3] (Lacatan)	≧+15	+15	+15 bis +18	≧+15	+15	+15 bis +18
Ananas[3]	≧+10	+10	+ 7 bis +15	≧+10	+10	+ 9 bis +12
Bier.	+ 6	+4 bis +7	+ 4 bis +10	+ 6	+4 bis +7	+ 4 bis +10

[1] Da der Transport von Pilzen sehr schwierig ist, wird keine „empfohlene" Transporttemperatur angegeben.

[2] Es müssen Vorkehrungen getroffen werden, um eine Kondensation der Luftfeuchtigkeit auf den Oberflächen dieser Waren soweit wie möglich zu vermeiden.

[3] Man beachte, daß in diesem Fall eine minimale Ladetemperatur angegeben ist.

Tabelle 6.

Temperaturen für Verladung und Transport gefrorener Lebensmittel tierischer Herkunft[1].

Lebensmittel	Maximal[2] zulässige Temperaturerhöhung °C	Empfohlene Transporttemperatur °C	Annehmbare Transporttemperatur °C
Fleisch	4	≦—10	≦— 8
Innereien	4	≦—12	≦—10
Geflügel und Wild . . .	4	≦—12	≦—10
Butter und Fette[3]. . . .	—	≦—10	—
Eier.	4	≦—12	≦—10

[1] Aus: Publication des Nations Unies Nr. 58. VIII. 1 „Transports de denrées périssables".

[2] Die maximal zulässige Temperaturerhöhung von Beginn des Ladevorganges bis zum Ende des Transportes.

[3] Die Erhöhung der Temperatur der Butter und anderer Fette bringt praktisch keine physiologischen Probleme für kurze Zeiträume. Außerdem begrüßt man manchmal die Erhöhung der Buttertemperatur während des Transportes, um einen schnelleren Verkauf zu ermöglichen. Aus diesen Gründen ist in der obigen Tabelle für diese Lebensmittel keine Zahl angegeben worden für die maximal zulässige Temperaturerhöhung, ebenso nicht für die annehmbare Transporttemperatur.

Tabelle 7.
Temperaturen für Verladung und Transport von Gefrierkost tierischer und pflanzlicher Herkunft[1].

Lebensmittel	Maximal[2] zulässige Temperaturerhöhung °C	Empfohlene Transporttemperatur °C	Annehmbare Transporttemperatur °C
Fische und Krustentiere	4	≦ −18	≦ −15
Geflügel	4	≦ −18	≦ −15
Eier	4	≦ −18	≦ −15
Gemüse	4	≦ −18	≦ −12
Früchte	4	≦ −18	≦ −15
Fleisch und Innereien . .	4	≦ −18	≦ −15
Fertiggerichte	4	≦ −18	≦ −15
Fruchtsäfte	3	≦ −18	≦ −15
Fruchtsäfte, konzentriert	3	≦ −20	≦ −18

[1] Aus: Publication des Nations Unies Nr. 58. VIII. 1 „Transports de denrées périssables“.
[2] Die maximal zulässige Temperaturerhöhung von Beginn des Ladevorganges bis zum Ende des Transportes.

Als Ladetemperatur wird die Temperatur im Innern der Lebensmittel verstanden, nachdem sie in das Transportmittel eingeladen sind, bzw. bevor der Transport beginnt. Wenn die Temperatur der Lebensmittel während des Transportes innerhalb der „empfohlenen“ Temperaturgrenzen bleibt, besteht praktisch keine Gefahr, daß die Lebensmittel sich nachteilig verändern. Bleibt die Temperatur innerhalb der „annehmbaren“ Grenzen, ist das Risiko eines Schadens gering.

II. Hilfsmittel für den Behälterverkehr.

Für den wirtschaftlichen Erfolg der Verwendung von gekühlten Behältern ist es von großer Bedeutung, daß ihr Einsatz richtig organisiert ist. Wie bei allen Transportmitteln, muß auch bei den Behältern dafür gesorgt werden, daß

Abb. 418. Ackermann-Straßenfahrzeug bei Übernahme eines *pa*-Behälters. (Hersteller: Ackermann-Fahrzeugbau, Wuppertal-Vohwinkel).

sie möglichst ständig im Einsatz sind, damit sie sich bezahlt machen. Voraussetzung hierfür ist ein Melde- und Registriersystem, wie es z. B. bei den Eisenbahnverwaltungen für das rollende Material üblich ist. Der Einsatz von Maschinenkühlbehältern setzt darüber hinaus die Einrichtung von Service-Stationen voraus, die mit den erforderlichen Ersatzteilen ausgerüstet sind. Großbehälter erfordern zudem meist besondere Hilfsmittel für den Umschlag und zuweilen, wie auch schon vorher erwähnt, sogar Spezialtransportmittel. Hierfür noch einige Beispiele:

Abb. 418 zeigt ein Spezialstraßenfahrzeug der Deutschen Bundesbahn für die Beförderung von *pa*-Behältern. Dieses Fahrzeug ist so konstruiert, daß die Behälter vom Eisenbahnwagen auf das Straßenfahrzeug und umgekehrt umgeladen werden können, ohne daß dazu noch andere Hilfsmittel, wie z. B. Krane, benötigt würden. Eine amerikanische Lösung dieser Aufgabe ist in Abb. 402 dargestellt.

Abb. 419. Behälter auf Hebeböcken, System FERAUT-MARINI.

Nach einem italienischen Vorschlag (Abb. 419) werden rechts und links der Eisenbahnschienen hydraulisch betätigte Hebeböcke angebracht, die den Behälter hochheben, so daß ein Eisenbahnwagen oder ein Lastkraftwagenfahrgestell untergeschoben werden kann.

Ein eigenartiges Fahrzeug, nämlich ein Portalhubwagen, wurde in England entwickelt (Abb. 420). Der Behälter wird mit einer hydraulischen Klammer- und Hebevorrichtung aufgenommen.

Abb. 420. Portalhubwagen mit einer Tragfähigkeit von 10 t. (Foto: dpa).

In USA wurden sogar Spezialschiffe für den Transport von Behältern entwickelt. Die Abb. 6 und 421 zeigen ein solches Schiff. Es wurde mit einem Aufwand von 3,5 Mill. $ aus einem normalen C-2-Frachtschiff umgebaut und kann 226 Stück 35 ft Van Container (s. S. 460) aufnehmen, davon 166 unter Deck und den Rest als Deckslast. Bei dem Umbau wurden die Ladeluken auf nahezu die ganze Schiffsbreite vergrößert. Außerdem wurde auf dem Vor- und Achterschiff je ein 23 t Bockkran angebracht, der parallel zur Schiffsachse bewegt werden kann und dessen quer zur Schiffsachse liegende Fahrbahn für die Laufkatze seitlich herausgeklappt werden kann, so daß sie beim Be- und Entladen des Schiffes auf den Kai hinausragt (Abb. 422). Im Hafen werden somit keine stationären Verladeeinrichtungen in Anspruch genommen. Für den Betrieb von 60 Maschinenkühlbehältern stehen drei Stromerzeuger mit je 450 kVA Leistung zur Verfügung. Die für das Löschen und anschließende Laden des Schiffes erforderliche Zeit beträgt nur $^1/_5$ der bei einem normalen Frachtschiff benötigten [*25*], während die auf die Arbeitsstunde eines Schauermannes bezogene Umschlagleistung von 23 t auf 460 t gesteigert werden konnte, d. h. um das 20fache.

Abb. 421. Spezialschiff für Behältertransport der Pan-Atlantic Steamship Corp.
Länge 143 m; Breite 22 m; Fassungsvermögen 226 Behälter; Geschwindigkeit $15^1/_2$ kn.

Diese Einsparungen haben bereits die amerikanischen Hafenarbeitergewerkschaften auf den Plan gerufen, die von den Reedern eine Beteiligung an den durch die Einführung des Behälterverkehrs erzielten Gewinnen verlangen [*27*].

Die im Liniendienst zwischen der amerikanischen Ostküste und dem Golf eingesetzte Flotte der Reederei (Pan-Atlantic Steamship Corp.) besteht aus 6 Behälterschiffen. Dazu gehören 4500 Behälter, 2500 Sattelaufliegerfahrgestelle und 300 Zugmaschinen. Um die Behälter vom Hafen zum jeweiligen Bestimmungsort zu bringen, wurden außerdem Verträge mit 300 bis 350 selbständigen Fuhrunternehmern abgeschlossen [*26*]. Diese Zahlen geben einen Begriff von dem Umfang der Investitionen, welche durch die Umstellung auf den Behälterverkehr erforderlich werden können.

Abb. 422. Umladen eines Behälters vom Sattelauflieger in das Behältertransportschiff.

III. Prüfbestimmungen.

Nachdem sowohl für den Eisenbahn- wie auch für den Straßenverkehr gewisse Normen bezüglich der Wärmedurchgangszahl der isolierten Beförderungsmittel geschaffen worden waren (s. S. 267) ergab sich auch die Notwendigkeit, einheitliche Vorschriften für die Prüfung dieser Werte auszuarbeiten. Auf Wunsch der

Arbeitsgruppe „Beförderung leichtverderblicher Lebensmittel" des Binnenverkehrsausschusses der Wirtschaftskommission für Europa (ECE) hat das Internationale Kälteinstitut in Paris Empfehlungen für die Prüfung verschiedener Beförderungsmittel für schnellverderbliche Güter ausgearbeitet. Es kann hier auf eine Veröffentlichung von HÜTTEBRÄUCKER *[28]* und auf den Abschnitt über die wärmetechnische Prüfung von Eisenbahn-Kühlwagen auf S. 267 in diesem Band verwiesen werden. Die gleichen Bestimmungen gelten auch für die Messung der Wärmedurchgangszahl von Behältern.

Ergänzend sollen hier noch die Bestimmungen für die Feststellung der Leistungsfähigkeit der Kühleinrichtungen verschiedener Beförderungsmittel mitgeteilt werden.

Zum Zwecke der Vereinfachung sieht das nachstehend erläuterte Prüfverfahren von einer Anzahl von äußeren Einflüssen ab, wie Sonnenstrahlung, Anfeuchtung der Außenwand, Geschwindigkeit des Fahrzeuges, des Windes usw.; die Berücksichtigung dieser Einflüsse würde komplizierte Einrichtungen und sehr lange Versuchszeiten erfordern.

Um andererseits den normalen Temperaturschwankungen in den verschiedenen Tageszeiten Rechnung zu tragen, wurde ein Durchschnittswert der Außentemperatur angenommen, der während der ganzen Versuchsdauer eingehalten wird.

α) *Nicht maschinell gekühlte Beförderungsmittel.* Das leere Beförderungsmittel wird in eine Prüfhalle mit einer auf $\pm 0{,}5$ °C konstant gehaltenen Temperatur von 25 °C gebracht und einem Luftstrom mit einer Geschwindigkeit von 1 bis 2 m/s entlang der Wände des Beförderungsmittels ausgesetzt. Die Luft wird feucht gehalten, wobei die Temperatur des Taupunktes 18 °C $\pm$ 2 °C betragen soll.

Wenn die Innentemperatur des Beförderungsmittels in der Nähe der Prüfraumtemperatur liegt, sind die folgenden Arbeiten durchzuführen:

An den dafür vorgesehenen Stellen wird das vom Hersteller angegebene Höchstgewicht an Kühlmittel verladen. Die Türen, Klappen und verschiedenen Öffnungen werden geschlossen und die inneren Belüftungseinrichtungen des Beförderungsmittels, falls vorhanden, auf ihre höchste Leistung eingestellt. Die mittleren Innen- und Außentemperaturen sind mindestens alle 30 Minuten zu messen. Wenn die durchschnittliche Innentemperatur die für das untersuchte Beförderungsmittel festgelegte Grenze erreicht hat, wird der Versuch von diesem Augenblick auf mindestens 12 Stunden ausgedehnt.

Im Verlauf der Prüfung darf keine Nachladung von Kühlmitteln erfolgen.

β) *Maschinell gekühlte Beförderungsmittel.* Die Feststellung der Leistungsfähigkeit der Kühleinrichtung erfolgt in Deutschland nach DIN 8958, Prüfbedingungen für Kältemaschinen zum Einbau oder Anbau an isolierte Kühlmaschinenwagen und -behälter.

γ) *Wärmebeförderungsmittel.* Die mittlere Außentemperatur wird nahe 0 °C gehalten und die Heizeinrichtung in Tätigkeit gesetzt. Mindestens alle 30 Minuten werden die mittleren Innen- und Außentemperaturen gemessen und festgestellt, ob nach dem Erreichen des Dauerzustandes die Differenz zwischen diesen beiden Temperaturen über die Dauer von 12 Stunden auf einem Wert gehalten werden kann, welcher der für die vermutliche Klasse des Beförderungsmittels vorgesehenen Differenz mindestens gleich ist.

Wenn die Beheizung durch eine Wärmepumpe erfolgt, d. h., wenn das Beförderungsmittel zugleich ein Kühlmaschinen- und Wärmebeförderungsmittel ist, wird nur die Prüfung des Betriebes als Kühlmaschinenbeförderungsmittel vorgenommen. Wenn festgestellt wird, daß das Kühlaggregat fähig ist, eine Temperatur unter oder gleich -20 °C bei einer Außenlufttemperatur von $+30$ °C aufrechtzuerhalten, so ist es bestimmt imstande, eine Temperatur von +12 °C bei einer Außenlufttemperatur von —20 °C aufrechtzuerhalten.

Es ist beabsichtigt, diese Empfehlungen später in ein Abkommen über die internationale Beförderung leichtverderblicher Lebensmittel in Isothermbeförderungsmitteln aufzunehmen.

Schrifttum.

[1] Broschüre „Die Ladeeinheiten", herausgegeben vom Bureau International des Containers, Paris.

[1a] NEMITZ, G.: Kältetechnik Bd. 10 (1958) S. 242.

[2] Behälter — Technische Bedingungen. UIC-KODEX 590 VE des Internationalen Eisenbahnverbandes. 7. Ausgabe — 1. Januar 1958.

[3] Entschließung Nr. 192 des Binnenverkehrsausschusses der Wirtschaftskommission für Europa (ECE) — Verkehrsblatt des Bundesminister für Verkehr 1958, S. 294.

[4] POHLMANN, W.: Taschenbuch für Kältetechniker. Karlsruhe: C. F. Müller, 1956, S. 23.

[5] DANNIES, J. H.: Lexikon der Kältetechnik. H. Beucke und Söhne, Dissen: 1957, S. 192, 258.

[6] HESS, JOHN: Containerization. New York. Fleet Owner, Juli 1959, S. 63.

[7] Straßenverkehrs-Zulassungs-Ordnung — StVZO — in der Fassung vom 29. März 1956 (BG Bl. I, S. 271).

[8] Straßenverkehrs-Ordnung — StVO — in der Fassung vom 24. August 1953 (BG Bl. I, S. 1201).

[9] Container Standardization Subcommittee Report. National Defense Transportation Journal Vol. XV. Nr. 2/1959.

[10] WIEDEMANN, K.: Die Berechnung isolierter Behälter für Tiefkühlgüter. Die Kälte, Bd. 10 (1957) S. 320.

[11] WESTLING, L. L.: Refrigerated Cargo Containers. Ber. X. Intern. Kältekongreß Kopenhagen 1959, Bd. 2, S. 340.

[12] SPERLING, E., u. CH. BETZHOLD: Beitrag zur Berechnung der auftretenden Kräfte beim Auflaufstoß zweier Eisenbahnen. Glasers Annalen, Bd. 81 (1957) S. 135.

[13] HOPPE, P.: Kunststoffe im Flugzeugbau. Z. VDI Bd. 99 (1957) S. 492.

[14] Containerized Refrigerated Meat Delivrey. Industrial Refrigeration (Oktober 1959) S. 24.

[15] CHWOSTOW, E., u. M. SCHAPOWALJENKO: Isotherme in Metallkonstruktion ausgeführte Container. Cholodilnaja Technika Bd. 30 (1953) Nr. 4, S. 18.

[16] LEVY, F. L.: Die Kältebehälter der Britischen Transportkommission. Kältetechnik Bd. 10 (1958) S. 251.

[17] LIEDING, F.: Ein Kühlbehälter mit periodischer Absorptions-Kältemaschine. Kältetechnik Bd. 6 (1954) S. 214.

[18] LUDORFF, W., u. R. KREUZER: Der Fisch vom Fang bis zum Verbrauch. Bremerhaven: Carl Th. Görg, 1956, S. 55.

[19] Refrigerated Cargo Containers. Shipbuilding & Shipping Record (26. November 1953) S. 713.

[20] Shipboard Containers. Modern Refrigeration (Juli 1955) S. 235, s. auch Kältetechnik Bd. 8 (1956) S. 61.

[21] HAAS, W.: Versuchstransport von Erdbeeren aus Griechenland in Kühlbehältern. Bauart Corhanidis. Kältetechnik Bd. 8 (1956) S. 318.

[22] HAAS, W., u. G. NEMITZ: Kühltransport und Kaltlagerversuch mit griechischen Weintrauben. Kältetechnik Bd. 9 (1957) S. 380.

[23] BGM 1788851. Transportabler Kühlbehälter mit in einem besonderen Gehäuse untergebrachtem Verdichter-Kältesatz.

[24] Transport des denrées périssables. Publication des Nation Unies, Verkaufsnummer 58. VIII. 1.

[25] Containerization, the New Frontier in Transportation. Trunk Trailer Manufacturers Association, Washington (USA) July 1958.

[26] Trailers go to sea by the lift-on-way. Business Week vom 9. November 1957.

[27] Geteilte Freude am Behälterschiff. DVZ — Deutsche Verkehrszeitung Nr. 62/1960.

[28] HÜTTEBRÄUCKER, E.: Einheitliche Bestimmungen für die Prüfung der Isotherm-, Kühl-, Kühlmaschinen- und Wärmebeförderungsmittel. Der kombinierte Verkehr, H. 1/2 (1960) S. 3.

Dritter Teil

Die Eiserzeugung.

Eiserzeugung.

Von

Dipl.-Ing. **E. Schlitt**,

München.

Mit 93 Abbildungen.

Vorbemerkung.

Bis etwa zum Jahre 1870 war man zur Herstellung tiefer Temperaturen fast ausschließlich auf das jährlich anfallende Eis aus Seen und Flüssen angewiesen, das industriell in großem Umfang geerntet und gespeichert wurde [*1*]. Mit Inbetriebnahme der ersten Kunsteisfabriken im Jahre 1869 in Amerika und 1878 in Deutschland, denen dann die Errichtung zahlreicher weiterer Betriebe in Amerika und Europa folgte, begann eine stürmische Entwicklung von Kältemaschinen und Kunsteisfabriken, die auch trotz rationellerer Verfahren der Natureisgewinnung nicht mehr aufgehalten werden konnte, weil das Kunsteis wesentliche Vorteile vor dem Natureis hatte: Unabhängigkeit von der Witterung, Erzeugung des Eises im jeweiligen Verbrauchergebiet, unabhängig vom dort herrschenden Klima, und nicht zuletzt garantiert hygienisches Eis bei Herstellung aus einwandfreiem Trinkwasser und bei sauberer Betriebsführung. In Deutschland wurde in den dreißiger Jahren die letzte größere Natureisgewinnung an der Bille bei Hamburg stillgelegt, deren Eisspeicher bis dahin immer noch zur Deckung des Spitzenbedarfes in der Fischereisaison mithalf.

Heute wird Natureis nur noch in den nordischen Ländern und in der UdSSR gebraucht, da es dort in bester Qualität und in genügenden Mengen vorhanden ist.

Aussehen und Qualität des erzeugten Eises werden sowohl von der Beschaffenheit des Wassers als auch von der Art des Gefriervorganges wesentlich beeinflußt. In Brunnen- und Oberflächenwassern sind mehr oder weniger große Mengen Salze und Gase gelöst. Aus dieser Lösung frieren zunächst reine Eiskristalle aus, während sich die Salze im Restwasser konzentrieren. Die ausgefrorenen Kristalle sind um so reiner, je langsamer der Gefrierprozeß vor sich geht.

Abb. 423 zeigt das Volum von 1 kg Wasser und Eis in Abhängigkeit von der Temperatur bei 760 mm QS. Daraus ist die außerordentliche Sprengwirkung bei der Eisbildung in geschlossenen Behältern infolge der Volumvergrößerung zu erkennen.

Für die Bildung von reinem, kristallklaren Eis auf Seen und Flüssen, denen Wärme nur von der Oberfläche her entzogen werden kann, ist die Tatsache, daß Wasser bei +4 °C sein höchstes spez. Gewicht hat, von besonderer Bedeutung [*2*, *3*]. Die reinen, spezifisch leichteren Eiskristalle bleiben an der Oberfläche, während das mit Salz angereicherte, spezifisch schwerere Wasser in die unteren auf Grund ihrer Temperatur spezifisch schwereren Wasserschichten absinken kann. Da das Gefrieren in der Regel sehr langsam vor sich geht, bleibt den Gasblasen genügend Zeit zum Entweichen.

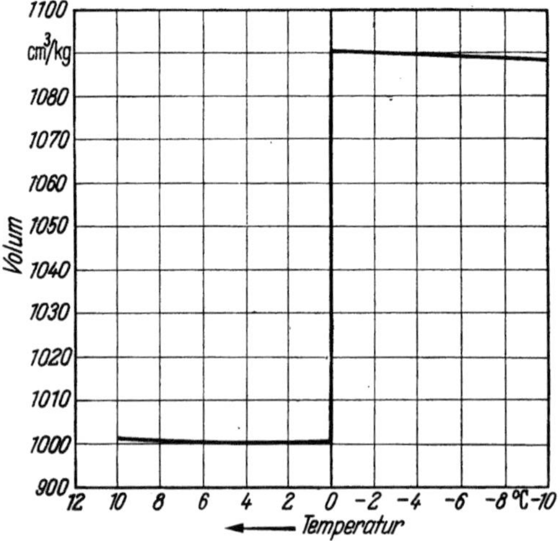

Abb. 423. Volum von 1 kg Wasser und Eis bei 760 mm QS und der Temperatur t °C.

Bei der üblichen Herstellung von Kunsteis in prismatischen Eiszellen, die im gekühlten Solebad hängen, beginnt die Eisbildung durch den allseitigen Wärmeentzug von außen nach innen, so daß Salze und Gasbläschen im Eis eingeschlossen werden. Vor allem durch diesen Einschluß der Gasblasen entsteht ein mattweißes trübes Eis. Durch Vorbehandlung des Wassers oder auch durch starke Zirkulation des Wassers während des Ausfrierens läßt sich die Qualität des Eises erheblich verbessern. Man unterscheidet die folgenden Arten von Kunsteis:

1. Matteis oder Trübeis (Abb. 424). Es entsteht aus Brunnen- oder Leitungswasser ohne jede Behandlung des Wassers vor oder beim Gefrieren,

Abb. 424. Matteislager mit Eisförderband (Werkphoto Stöhr, Offenbach).

Dichte 0,85 bis 0,86 kg/dm³. Durch die eingeschlossenen Luftblasen ist das Eis milchigtrüb. Gemahlenes Matteis eignet sich nicht zum Lagern in Bunkern. Es backt infolge der durch die Luftbläschen verursachten rauhen Struktur der Bruchflächen zu stark zusammen.

Abb. 425. Eislager mit Klareisblöcken.

2. Klareis (Abb. 425). Es entsteht beim Frieren von nicht zu hartem Brunnenwasser oder Leitungswasser, wenn während des Gefrierens in der Eiszelle eine genügend starke Zirkulation aufrechterhalten wird, um die ausfallenden Gasblasen von der Eisgrenzfläche fortzuspülen. Die Zirkulation wird durch Rütteln mit eingehängten Flossen oder durch Einblasen von Luft erreicht. Der Eisblock ist klar und durchsichtig bis auf einen trüben Kern, in dem

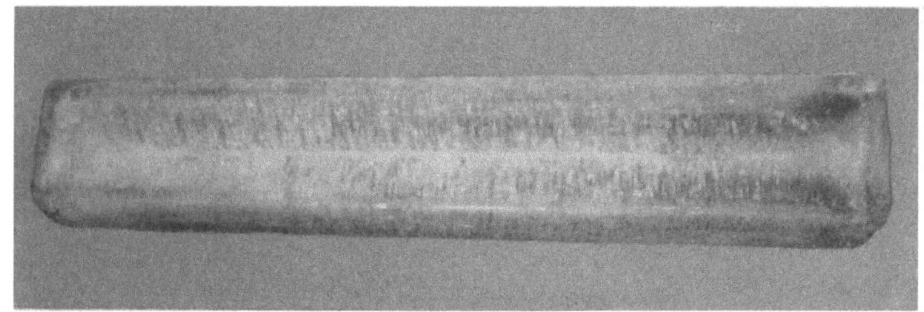

Abb. 426. Kristalleisblock aus chemisch vollentsalztem Wasser.

sich die Salze konzentrieren. Größe und Trübung des Kernes ist abhängig vom Herstellungsverfahren und von der Wasserbeschaffenheit.

3. Kristalleis (Abb. 426) wird aus voll entsalztem und sorgfältig entlüftetem Wasser hergestellt. Früher verwendete man ausschließlich destilliertes Wasser, heute wird häufig auch eine chemische Vollentsalzung unter Verwendung von Ionenaustauschern angewendet. Das Kristalleis ist bis auf eine leichte Trübung um die Längsachse des Blokkes glasklar. Das Eis schmilzt wegen seiner homogenen Struktur völlig gleichmäßig und ohne Rückstände ab. Es wird deshalb in allen Fällen, in denen Eis mit dem Kühlgut direkt in Berührung

Abb. 427. Röhreneis.

kommt, z. B. in der Fischerei, bevorzugt verwendet. Gemahlenes Kristalleis kann aus Bunkern leichter entnommen werden, da es weniger zusammenbackt. Kristalleis entsteht auch in vielen Kleineiserzeugern, wenn die Wasserbewegung an den Gefrierflächen genügend groß ist und der Salzgehalt des Gefrierwassers klein gehalten wird (Abb. 427). Die Dichte von Kristalleis ist 0,91 bis 0,92 kg/dm³.

Die Schmelzwärme der drei Eisarten ist praktisch gleich. Sie wird für Kristalleis mit 79,69 kcal/kg, für Matteis mit 79,64 kcal/kg angegeben [*4*].

A. Herstellungsverfahren.

I. Blockeiserzeugung im Solebad.

1. Matteis.

Die erste im Jahre 1878 von C. v. Linde für die Franziskanerbrauerei in München konstruierte Eiserzeugungsanlage (Abb. 428) ist bis heute in der grundsätzlichen Anordnung Vorbild für Blockeiserzeugungsanlagen geblieben. Der

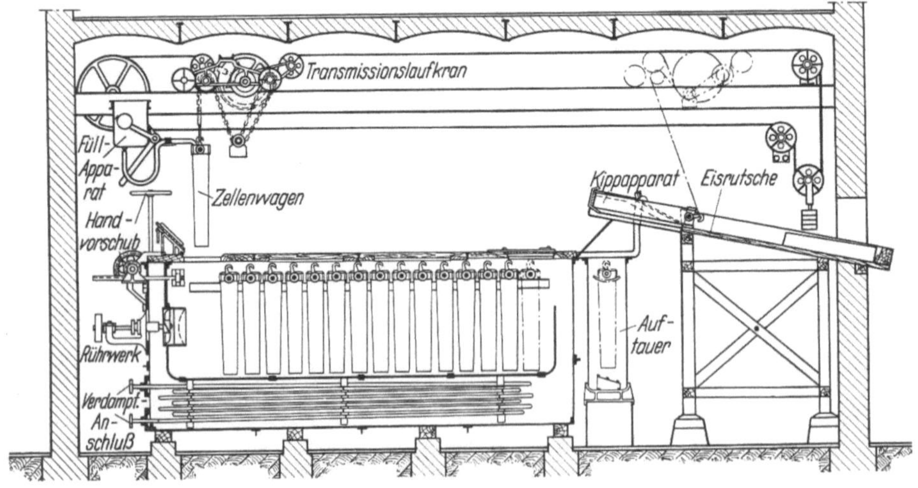

Abb. 428. Erste Blockeisanlage der Gesellschaft Linde aus dem Jahre 1878.

wesentliche Vorteil dieser Konstruktion war die Zusammenfassung einer größeren Zahl von Eiszellen in Zellenwagen, die auf Rollen laufen und sich im isolierten Kühlsolebehälter auf beiderseitigen Längsschienen bewegen lassen. Der erste Zellenwagen wird nach dem Ausfrieren der Eisblöcke mittels Kran aus dem Solegefäß herausgehoben und zum Lösen der Blöcke in das auf der Stirnseite des Generators aufgestellte Auftaugefäß eingetaucht. Zum Auftauen wird meist Abflußwasser vom Ammoniakkondensator benutzt. Mit Hilfe einer am Auftaugefäß befestigten Kippeinrichtung, die den ganzen Zellenwagen aufnimmt, werden darauf die Eisblöcke auf die Eisrutsche gekippt. Die Eisrutschen haben eine Neigung von 1 : 6 bis 1 : 8. Sie werden meist aus Holzbohlen hergestellt und mit Halbrundeisen zum besseren Rutschen der Blöcke beschlagen. Den entleerten Zellenwagen bringt der Kran darauf zum entgegengesetzten Ende des Eiserzeugers. Die Eiszellen erhalten hier vom Füllapparat neues Gefrierwasser und werden wieder in den Solebehälter (Generator) eingesetzt, in dem in der Zwischenzeit die Zellenwagen von der Vorschubeinrichtung um eine Zellenwagenbreite nach vorn bewegt wurden.

Die Füllapparate haben die Aufgabe, jeder Eiszelle eine bestimmte Wassermenge zuzuteilen, damit konstantes Blockgewicht gewährleistet ist. Man erreicht das durch Unterteilen des Füllbehälters in Taschen, die jeweils einen Zelleninhalt fassen (Abb. 429). Durch Schwimmer- oder Überlaufregelung stellt sich immer gleiche Füllhöhe im Füllbehälter ein. Um möglichst das Mitreißen von Luft in das Gefrierwasser zu vermeiden, legen sich die Ablaufrohre der einzelnen Taschen beim Füllen der Zellen an die Zellenwand an.

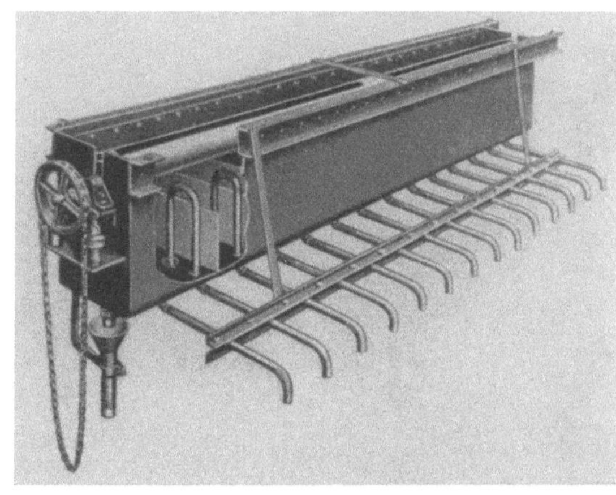

Abb. 429. Füllapparat für Blockeiszellen.

Bis in die dreißiger Jahre wurde die Sole durch Rohrschlangen gekühlt, die im Eisgenerator unter den Eiszellen eingebaut waren. Wie aus Abb. 428 ersichtlich wurde, ist durch Einbau eines doppelten Bodens und eines Rührwerkes für einen Solezwangsumlauf gesorgt.

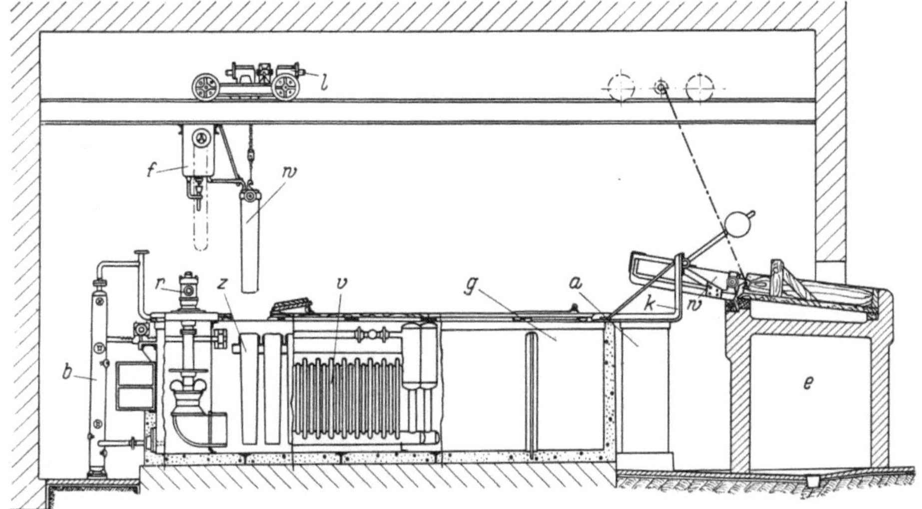

Abb. 430. Blockeisgenerator mit Steilrohrsystem.

g Eiserzeuger, *z* Eiszellen, *v* Verdampferraum mit Steilrohrverdampfer, *r* Rührwerk, *w* Zellenwagen, *k* Kippvorrichtung, *f* Füllvorrichtung, *b* Ausgleichflasche, *l* elektrischer Laufkran, *a* Auftaugefäß, *e* Eisrutsche.

Abb. 430 zeigt den etwa ab 1930 üblichen Aufbau von Eisgeneratoren. Zur Kühlung der Sole werden Steilrohrsysteme mit wesentlich besserem Wärmeübergang an einer Längsseite der Generatoren eingebaut. Ein vertikal montiertes Rührwerk, das sich ohne Entleeren des Generators jederzeit zur Revision ausbauen läßt, erzeugt einen kräftigen Soleumlauf.

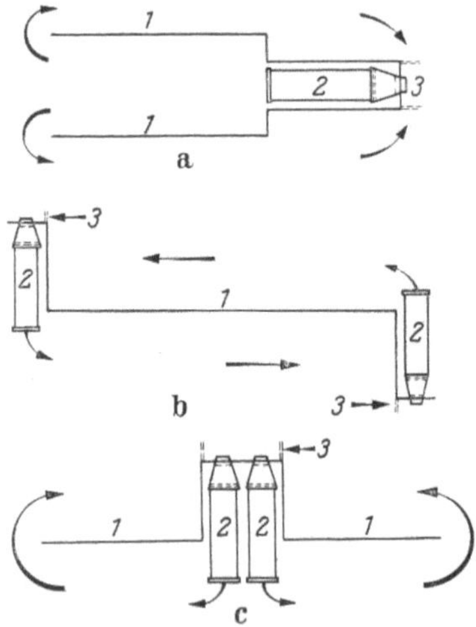

Abb. 431a—c. Anordnung von Mantel- und Röhrenverdampfern zur Kühlung der Eisgeneratorsole nach HENRY VOGT, Louisville, Ky.

In Amerika werden außer Steilrohrsystemen und anderen Hochleistungsverdampfern zur Kühlung der Generatorsole auch Mantel- und Röhrenverdampfer [*5*] mit einfachem Soledurchgang verwendet, die so an den Eisgenerator angebaut werden, daß ein kräftiger Soleumlauf gewährleistet ist (Abb. **431**).

Bei einer 1930 in Stockholm von der Firma Luth & Rosèn gebauten Eisfabrik [*6*] ist der Solekühler, ein Röhrenkesselverdampfer, neben dem Generator in einer Grube stehend angeordnet (Abb. **432**). Diese Anordnung hat den Vorteil, daß die Verdampferflächen während des Betriebes gereinigt werden können. Die stehende Anordnung ergibt zudem einen günstigeren Wärmeübergang. Weiter wird bei dieser Anlage, auf die später (S. 502) nochmals eingegangen wird, abweichend vom Üblichen, nicht durch Eintauchen, sondern durch Berieseln der Zellen abgetaut.

Die Eiszellen haben üblicherweise die Form sehr schlanker Pyramidenstümpfe mit rechteckigem oder quadratischem Querschnitt. Die Seitenwände

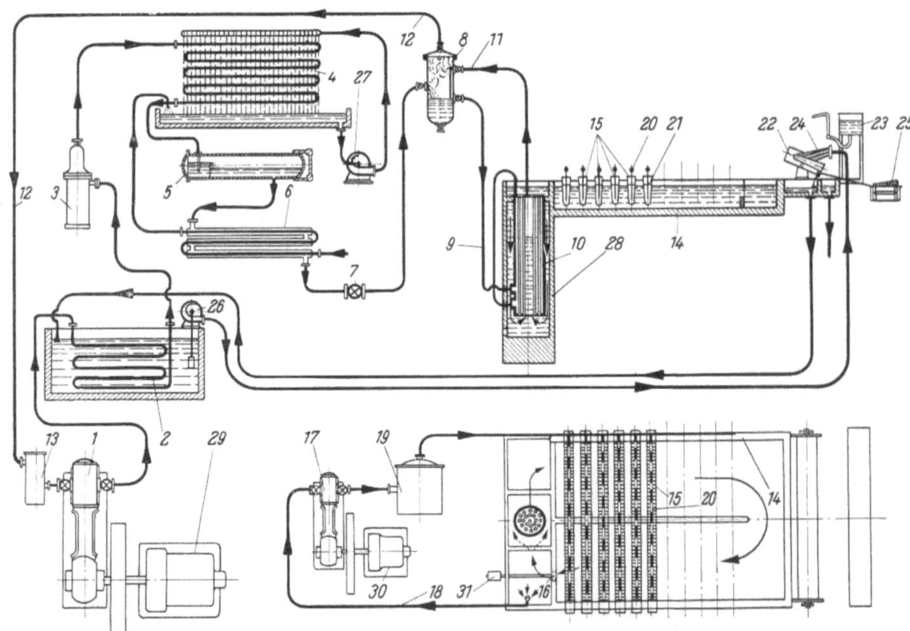

Abb. 432. Schema einer 1930 in Stockholm gebauten Eisfabrik.

1 Ammoniak-Kompressor, *2* Enthitzer und Wasseranwärmer für das Abtauwasser der Eiszellen, *3* Ölabscheider, *4* Kondensator, *5* Flüssigkeitssammler, *6* Nachkühler, *7* Regulierventil, *8* Abscheider, *9* Fallleitung, *10* Röhrenkesselverdampfer, *11* u. *12* Saugleitungen, *14* Betonsolebecken, *15* Eiszellen, *16* Rührwerk, *17* Luftkompressor, *18* Luftansaugleitung, *19* Windkessel und Ölabscheider, *20* Lufteinblasrohre, *21* Zellenrahmen, *22* Kippeinrichtung, *23* Fülleinrichtung, *24* Wasserbrause zum Lostauen der Eisblöcke, *25* Eisrutsche, *26* Wasserpumpe, *27* Kondensatorumwälzpumpe, *28* Verdampferbecken aus Beton, *29* bis *31* Motore.

sind vom Zellenboden zur oberen Öffnung hin schwach nach außen geneigt, damit sich der Eisblock möglichst leicht aus der Zelle löst. Zur Herstellung eignen sich geglühte SM-Stahlbleche von 1 bis 1,5 mm Stärke. Zum Schutz gegen Korrosion [7] werden die Zellen meist verbleit und häufig zusätzlich noch mit einem Schutzanstrich versehen. In Amerika werden auch vielfach verzinkte Eiszellen verwendet. Auf dem 5. Internationalen Kältekongreß 1928 in Rom wurden die in Tab. 1 angegebenen Normen für Eiszellen empfohlen [8].

Tabelle 1. *Normen für Eiszellen.*

	Eisinhalt	oberer lichter Querschnitt mm	unterer lichter Querschnitt mm	Höhe mm		
				im Lichten	Gesamt	
	5 kg	190 × 85	160 × 55	615	630	
	5 kg	180 × 80	160 × 60	505	515	
	7 kg	200 × 80	190 × 70	650	665	
	10 kg	190 × 110	160 × 80	835	850	In Europa
	12,5 kg	190 × 110	160 × 80	1101	1115	übliche Größen
	25 kg	245 × 150	217 × 137	1101	1115	
	25 kg	190 × 190	160 × 160	1101	1115	
	50 kg	380 × 190	340 × 160	1101	1115	
300 lbs	etwa 150 kg	280 × 560	254 × 534		1270	In USA
400 lbs	etwa 200 kg	280 × 560	254 × 534		1650	übliche Größen

Bei amerikanischen Zellen ist der Eisinhalt zum Ausgleich des Verlustes beim Zersägen der Blöcke um 10% größer als der Nennwert.

Abb. 433 zeigt die Konstruktion eines Zellenwagens; die Zellenwagen werden je nach Breite des Generators verschieden ausgeführt. Es bestehen allerdings Werksnormen.

Abb. 433. Zellenwagen mit Zellen und eingehängten Rührflossen.

Als Kühlsole [7] werden in der Regel wäßrige Lösungen von NaCl, $CaCl_2$ und $MgCl_2$ in einer der Verdampfungstemperatur entsprechenden Konzentration verwendet. Solen aus $CaCl_2$ und $MgCl_2$ sind hinsichtlich Korrosion günstiger als NaCl-Solen, die andererseits billiger sind und deshalb häufig gebraucht werden. Die Wasserstoff-Ionenkonzentration der Kühlsole soll etwa bei 7 bis 8 liegen.

Sehr geringe Korrosionserscheinungen zeigen Spezialsolen, die allerdings teuer sind. Sie bestehen meist aus gut gepufferten Mischungen von $CaCl_2$ und $MgCl_2$.

Wichtig ist, daß zum Ansetzen von Solen reine Salze verwendet werden, die vor allem keine Hypochlorite enthalten. Der in den USA häufig als wirksamer Korrosionsschutz verwendete Zusatz von Bichromat ist bedenklich, da er die menschliche Haut angreift.

2. Klareis.

Klareis läßt sich nur aus Wasser herstellen, das sich auf Grund seiner chemischen Zusammensetzung dazu eignet. Häufig ist eine chemische Vorbehandlung erforderlich, wobei in der Regel durch Zusätze von $Ca(OH)_2$, Na_2CO_3 oder $Al_2 \cdot (SO_4)_3$ die im Wasser gelösten anorganischen Stoffe in unlösliche Verbindungen umgewandelt werden und als Schlamm ausfallen. O. A. DE CELLE und A. J. AUTHENRIETH ermittelten, bis zu welchen Grenzmengen gewisse Stoffe in dem zu reinigenden Rohwasser noch gelöst sein dürfen, damit es zur Herstellung von Klareis benutzt werden kann. In Tab. 2 sind die Ergebnisse dieser Untersuchungen zusammengefaßt.

Tabelle 2. *Chemische Behandlung von Gefrierwasser* [*9*].

Stoff	Zulässige Grenzmengen
Kalzium und Magnesium-Karbonate (zusammengenommen)	Bis 70 mg/l ist eine Behandlung mit $Ca(OH)_2$ nicht erforderlich, aber eine Behandlung mit $Al_2(SO_4)$ ratsam, um die Karbonate in weniger schädliche Sulfate zu verwandeln. Über 70 mg/l bis zu beliebigen Mengen ist eine Behandlung mit $Ca(OH)_2$ stets erforderlich, wobei die Karbonate bis auf Mengen von 30 bis 40 mg/l ausfallen.
Eisenoxyd	Schon Mengen von 0,2 mg/l erfordern Behandlung mit $Ca(OH)_2$, da sonst eine Verfärbung des Eises eintritt.
Kalzium-Sulfat Magnesium-Sulfat Kalzium-Chlorid Magnesium-Chlorid Natrium-Sulfat Natrium-Chlorid Natrium-Karbonat	Das Natrium-Karbonat ist etwa 1,25mal schädlicher als die Sulfate, und die Chloride sind nur 0,75mal so schädlich wie die Sulfate. Die reduzierte Gesamtmenge G_r dieser Stoffe berechnet sich also wie folgt: G_r = Sulfate + 0,75 Chloride + 1,25 Natrium-Karbonat. Bei $G_r = 170$ mg/l kann ein erstklassiges Eis bei wirksamen Einblasen von Luft und bei mittleren Soletemperaturen erzielt werden. Bei $G_r = 170$ bis 350 mg/l muß zur Erzielung eines guten Eises bedeutend mehr Luft geblasen werden, und die Soletemperatur darf nicht unter $-8\,°C$ fallen. Bei $G_r > 350$ mg/l ist die Herstellung von klarem Eis zweifelhaft. Bei $G_r > 700$ mg/l ist die Herstellung von klarem Eis unmöglich.

Zur Ermittlung des zweckmäßigsten Verfahrens für die Wasserreinigung sind eingehende chemische Untersuchungen und auch praktische Gefrierversuche erforderlich [*10* bis *13*].

Trotz sorgfältiger Wasservorbehandlung wird das Eis aber, wie schon erwähnt, durch die im Eis eingeschlossenen Luftbläschen getrübt. Man suchte deshalb schon frühzeitig nach Einrichtungen, um während des Gefrierens die Luft aus der Eiszelle zu entfernen.

Die Anordnung der ersten von C. v. LINDE 1877 für die Weltausstellung in Paris gebauten Klareisanlage wurde bereits im ersten Band dieses Handbuches beschrieben [*14*]. LINDE fand aber bald ein einfacheres und wirtschaftlicheres Verfahren, ein Rüttelwerk, das unter der Bezeichnung: Flossenapparat bekannt geworden ist. Abb. 434 zeigt ein Schema des Verfahrens, das 1881 zum ersten Male angewendet wurde. Entsprechend der Zahl der in einem Zellenwagen zusammengefaßten Eiszellen sind Rührflossen aus Holz oder Stahl an einem Flossenträger befestigt, der, wenn die Flossen in die Eiszellen eintauchen, mit beiden Enden auf den Schwinghebeln der Schwingeinrichtung ruht und an deren Bewegung (40 bis 50 Hübe pro Min.) teilnimmt. Durch Mitnehmerbleche (Abb. 433) an den Zellenwagen wird der Flossenträger in der Mittelebene des Zellenwagens festgehalten und beim Verschieben des Zellenwagens mitgenommen. An einer bestimmten Stelle des Eiserzeugers müssen die Flossenträger herausgenommen werden, damit sie nicht einfrieren. Der trübe Kern kann deshalb ein gewisses Mindestmaß, das durch die Abmessungen und den Ausschlag der Flossen bestimmt ist, nicht unterschreiten.

Eine wesentliche Verringerung des trüben Kernes läßt sich durch Einblasen von Luft [*15*] in die Zellen während des Gefrierens erreichen, ein Verfahren, das zuerst in Amerika angewendet wurde, aber auch in Europa allgemein verbreitet ist. Man unterscheidet die nachstehend beschriebenen Verfahren:

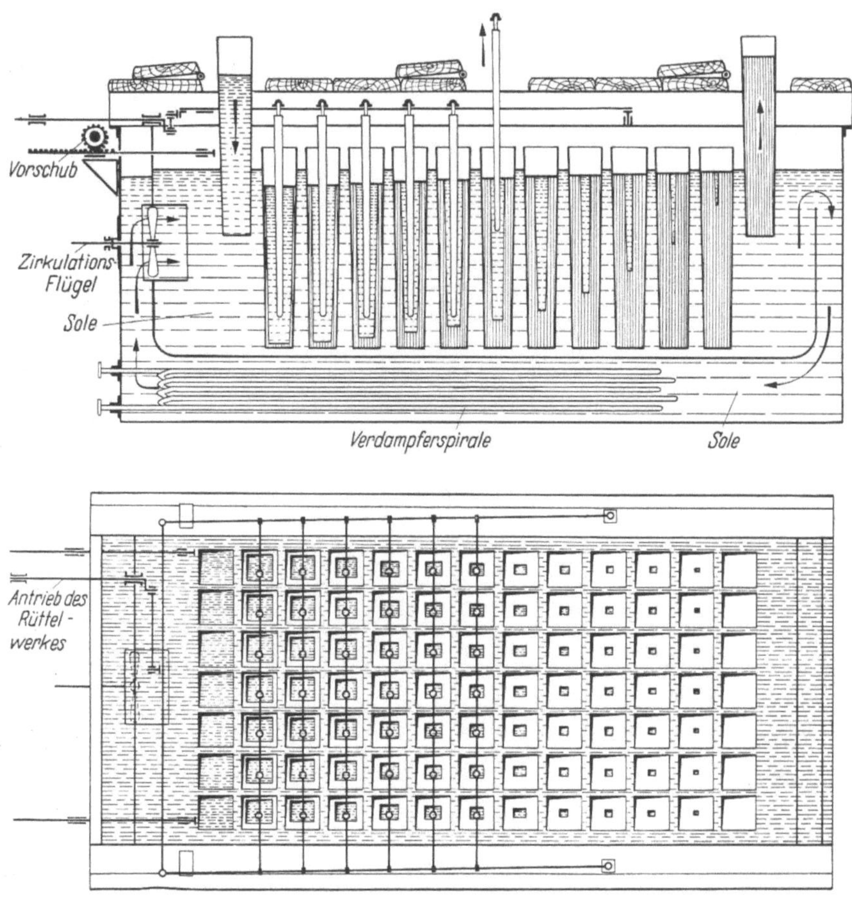

Abb. 434. Flossenapparat zur Herstellung von Klareis in einen Eisgenerator eingebaut.

a) Niederdruckverfahren. Preßluft mit einem Druck von 0,2 bis 0,25 atü wird durch das untere offene Ende von dünnen Rohren ausgeblasen, die in der Mitte der Eiszellen bis auf etwa $^2/_3$ der Zellenlänge in das Gefrierwasser eintauchen. Vor Ausfrieren des Blockes müssen die Rohre entweder rechtzeitig entfernt werden, wobei auch das salzhaltige Kernwasser abgesaugt und durch reines Wasser ersetzt werden kann oder man läßt sie in den Block einfrieren. In diesem Falle werden die Rohre — die noch zusätzlich kleinere seitliche Bohrungen haben, durch die die Luft austreten kann, wenn der untere Teil des Eisblockes bereits zugefroren ist — zum Entfernen aus dem Block mit heißem Wasser oder Dampf angewärmt.

Wie aus dem gezeigten Schema der Stockholmer Eisfabrik (Abb. 432) zu ersehen ist, wird die Einblaseluft vom Kompressor [*17*] aus dem Raum zwischen Eisgeneratorabdeckung und Solespiegel abgesaugt. Diese Luft ist bereits vorgekühlt und wesentlich trockener als die Außenluft. Es wird infolgedessen außer dem Ölabscheider [*19*] zwischen Kompressor und Eiszelle kein weiterer Abscheider benötigt. Eine Gefahr des Zufrierens der Einblasrohre besteht zudem kaum, da die Rohre bis zuletzt in der wärmeren Innenzone des Eisblockes liegen.

Die Tatsache, daß kurze Abschaltungen der Einblasluft die Qualität des Eises nicht verschlechtern, hat die amerikanische Firma Carbondale vorteilhaft ausgenutzt. Durch eine Umschalteinrichtung wird in Intervallen von etwa 30 Sek. abwechselnd die eine oder die andere Generatorhälfte durchlüftet. Man spart so die Hälfte der Energie und einen Teil der Ausgaben für die Kompressoranlage.

Der Luftbedarf beim Niederdruckverfahren ist etwa:

14 *l*/min für die 300 lbs Zelle,
10 *l*/min für die 50 lbs Zelle,
6 *l*/min für die 25 lbs Zelle.

Wegen der Luftanschlüsse arbeitet man im allgemeinen ohne Vorschub. Nachteilig ist bei diesem Verfahren das Hantieren mit den Einblaserohren.

b) Hochdruckverfahren. Das Hochdruckverfahren unterscheidet sich vom Niederdruckverfahren grundsätzlich dadurch, daß die Einblaseluft nach Abkühlung besonders sorgfältig getrocknet wird. Dadurch wird die Gefahr beseitigt, daß sich die Einblaserohre beim Abkühlen der Luft durch Ausfrieren von Feuchtigkeit verstopfen. Man kann deshalb beim Hochdruckverfahren die Einblaserohre, wie es in Amerika allgemein üblich ist, auch in einer Ecke der Eiszellen festschweißen, wo sie der kalten Sole unmittelbar ausgesetzt sind. Hierdurch wird das beim Niederdruckverfahren erforderliche umständliche Manipulieren mit den Einblaserohren vermieden.

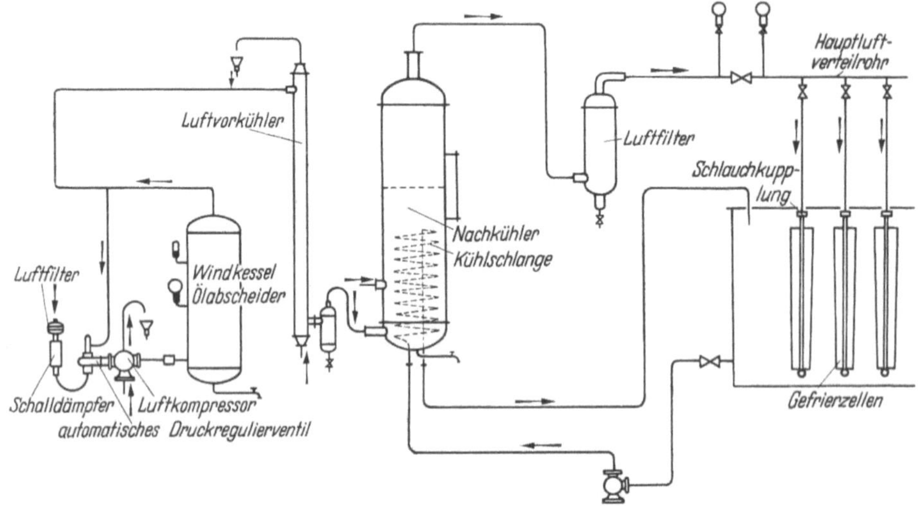

Abb. 435. Schema einer Hochdruckanlage (Linde-Prospekt).

Abb. 435 zeigt das Schema einer Hochdruckanlage. Die Luft wird auf 1,5 bis 2 atü verdichtet und über einen Ölabscheider, der gleichzeitig Luftspeicher ist, und einen Wasservorkühler zum Luftkühler und Trockner geleitet. Der Luftkühler ist ein zylindrischer Behälter mit eingebauter Rohrschlange, durch die kalte Generatorsole gepumpt wird. Um Betriebsstörungen durch Vereisen der Kühlfläche zu vermeiden, werden häufig zwei Luftkühler parallelgeschaltet und wechselweise betrieben. Statt der Rohrschlangenkühler werden auch Naßluftkühler verwendet, bei denen die Luft in einen kalten Soleregen (Generatorsole) geblasen wird. Diese Apparate sind billiger als Schlangenkühler, dafür entstehen aber Kosten für das Eindicken oder Verstärken der Sole, die durch das in der Luft enthaltene Wasser verdünnt wird. Um sicher ein Einfrieren der Luftblaserohre zu vermeiden, sollen nach PLANK [*16*] je nach Luftdruck und Soletemperatur die in Tab. 3 angebenen Mindesttemperaturen am Austritt des Kühlers erreicht werden.

Tabelle 3. *Mindesttemperaturen der Luft am Austritt des Kühlers.*

Kompressionsdruck der Luft atü	Mindestaustrittstemperatur der Luft aus dem Kühler in °C bei einer Soletemperatur von				
	−12 °C	−11 °C	−10 °C	−9 °C	−8 °C
1,6	−7	−6,0	−5,0	−4,0	−3,0
1,75	−6,5	−5,5	−4,0	−3,5	−2,0
1,90	−6,0	−4,5	−3,5	−2,5	−1,0
2,10	−5,0	−3,5	−2,5	−1,0	+0,0
2,50	−4,0	−2,5	−1,0	+0,0	+1,0

Vor Eintritt in die Luftverteilerleitung am Generator wird die Luft auf folgenden, dem Zellenquerschnitt entsprechenden Druck reduziert:

für 300 lbs-Zellen 1,25 atü,
für 400 lbs-Zellen 1,4 atü.

Der Energieverbrauch ist stündlich etwa 1 PS für 35 Zellen mit einem Inhalt von 300 lbs [*16*]. Er liegt um etwa 5 PS/t Eis höher als beim Niederdruckverfahren. Infolge der kräftigeren Durchlüftung ergibt aber auch minderwertigeres Wasser gutes Klareis, d. h. man kann u. U. gegenüber dem Niederdruckverfahren Kosten für die Wasseraufbereitung einsparen.

c) Platteneiserzeuger. Einige Bedeutung hat die Herstellung von Platteneis erlangt. Das Eis wird in Form von großen, nicht zu dünnen Platten in der Weise hergestellt, daß ebene, innen gekühlte Hohlwände außen von Gefrierwasser umspült werden.

Der Platteneisgenerator nach SMITH besteht aus einem großen, isolierten, 3 bis 4 m breiten und 2 bis 3 m tiefen Behälter, in den im Abstand von etwa 1 m solegekühlte Doppelwände eingebaut sind. Der Raum zwischen den Doppelwänden dient als Gefrierzelle. Er wird mit Wasser gefüllt, das an den mit Sole gekühlten, hohlen Zwischenwänden zu großen Platten friert. Bevor die an den gekühlten Wänden gefrorenen Eisplatten in der Mitte zusammenfrieren, werden sie durch Einleiten von warmer Sole in die Hohlwände abgetaut und an eingefrorenen Haken mittels Kran aus den Zellen gehoben (Abb. 436). Durch das einseitige Frieren verlängert sich zwar die Gefrierzeit (s. S. 500), dafür wird aber der Einschluß des salzhaltigen Restwassers vermieden. Der Einschluß von Luftblasen in das Eis wird durch Einblasen von Preßluft durch Düsen, die am Behälterboden in der Mitte der Gefrierzellen angebracht sind, vermieden. Die Eisplatten sind deshalb glasklar. Die Hohlwände können auch direkt durch verdampfendes Kältemittel gekühlt werden.

Nach einem Verfahren von PUSEY werden in diesem Fall die Hohlwände durch zwei Blechplatten gebildet, zwischen denen vertikal liegende Verdampferschlangen fest eingeschlossen sind.

Die Gefriertemperatur im Platteneisgenerator beträgt in der Regel −15 °C. Übliche Platteneisabmessungen sind: Gewicht 3 bis 4 Tonnen, Länge 3 bis 4 m, Höhe 2 bis 2,5 m, Dicke 0,25 bis 0,35 m. Die Gefrierzeit beträgt je nach Dicke der Platten 6 bis 12 Tage. Die Platten werden nach Fertigstellung entweder völlig zerkleinert (Wagen- und Schiffsbeeisung) oder in handgerechte Stücke zersägt.

Erwähnt sei noch das Arctic-Pownall-Verfahren [*17*] der Artic-Ice-Machine Co, Canton, Ohio (US-Patent 1481927), bei dem Eis nach dem Niederdruckverfahren in großen, in Solebehälter fest eingebauten Zellen gefroren wird. Das Eis wird wie bei dem Platteneisverfahren an eingefrorenen Traversen aus den Zellen gehoben.

Abb. 436. Platteneis (Werkphoto Linde).

3. **Kristalleis** (Destillateis).

Vollständig durchsichtiges und keimfreies Kristalleis wird aus destilliertem und durch Aufkochen entlüftetem Wasser hergestellt. In allen Fällen, in denen ölfreies Kondensat von Heizdampf zur Verfügung steht, z. B. aus Absorptionsanlagen oder Kochern der chemischen Industrie, kann das Kondensat nach Entlüften durch nochmaliges Aufkochen und anschließende Abkühlung direkt zur Eiserzeugung verwendet werden. Kostspieliger ist die Destillatgewinnung, wenn nur ölhaltiges Dampfmaschinenkondensat zur Verfügung steht.

Der Gesellschaft Linde wurde 1891 das in Abb. 437 dargestellte Verfahren zur Herstellung von reinem Destillat patentiert. In einem Destillationskessel wird reines Brunnenwasser durch kondensierenden Maschinenabdampf verdampft. Der reine Dampf wird in einem von einer Luftpumpe entlüfteten Oberflächenkondensator, der durch Ablaufwasser des Dampfmaschinenkondensators gekühlt wird, verflüssigt. Das Destillat wird darauf in einem ebenfalls an die Luftpumpe angeschlossenen dampfbeheizten Aufkocher entlüftet und von einer besonderen Destillatpumpe durch einen Kühler dem Destillatsammelbehälter zugeführt. Alle mit dem Destillat in Berührung kommenden Leitungen und Gefäße sind aus verzinntem Kupfer hergestellt. Zur Veredelung des Destillates wird häufig noch ein Aktivkohlefilter zwischen Sammelbehälter und Füllapparat geschaltet. Man erhält so ein völlig geruchfreies reines Destillat.

Nachdem in Betrieben Dampfmaschinen zur Energieerzeugung nicht mehr wirtschaftlich sind, werden wegen Fehlens von Abdampf Destillatanlagen kaum noch gebaut. Stattdessen werden häufiger Anlagen für chemische Vollentsalzung [*18*] eingesetzt. Mit Hilfe von Ionenaustauschstoffen, wie Permutit, Levalit oder Duolit, und durch eine der Wasserzusammensetzung entsprechende Dosierung von Salzsäure und Natronlauge läßt sich fast jedes Wasser zu einem brauchbaren Gefrierwasser für Klareis oder Destillateis verarbeiten. Unter Umständen

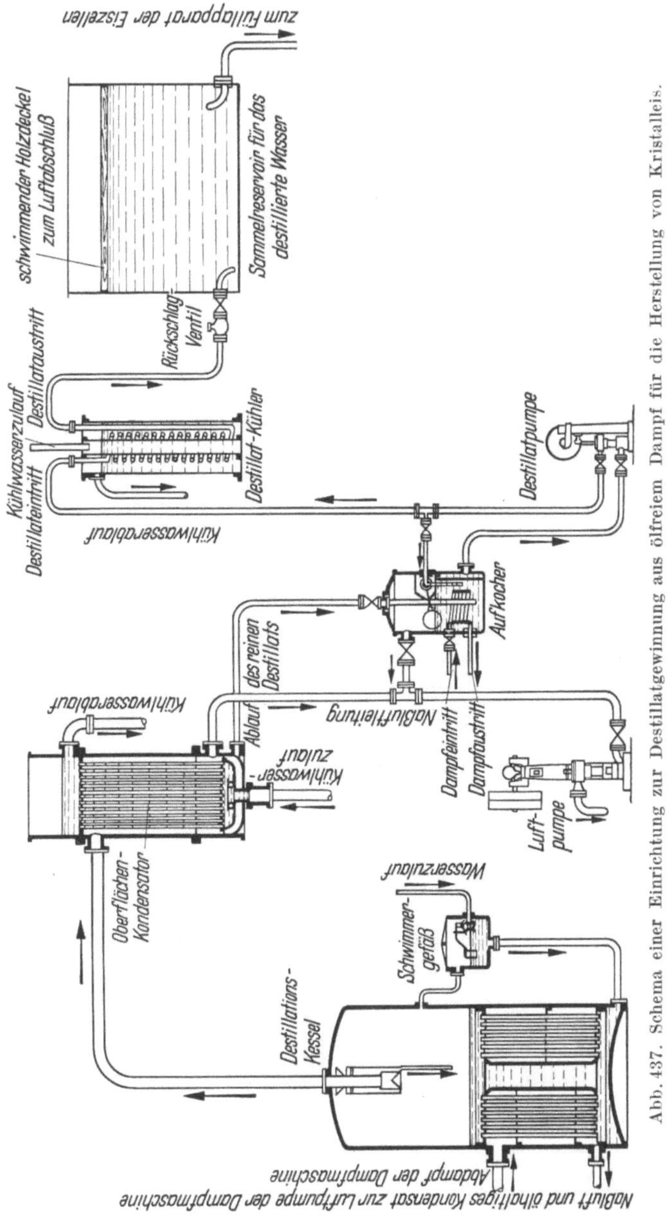

Abb. 437. Schema einer Einrichtung zur Destillatgewinnung aus ölfreiem Dampf für die Herstellung von Kristalleis.

ist noch eine Enteisenung vorzuschalten. Bei hohem Salzgehalt des Wassers kommt zu den Bedienungslöhnen für eine solche Anlage noch ein erheblicher Chemikalienverbrauch. Im Durchschnitt muß man mit Kosten von 2 bis 3 DM pro Tonne Eis rechnen.

4. Kältebedarf und Gefrierzeit.

Drei verschiedene wärmetechnische Vorgänge ergeben zusammen den Kältebedarf für die Herstellung von Eis aus Süßwasser.

1. Abkühlung des verfügbaren Wassers mit der spezifischen Wärme von 1 kcal/kg °C auf eine Temperatur von 0 °C,

2. Gefrieren des Wassers durch Entzug der Schmelzwärme von 79,8 kcal/kg,

3. Unterkühlung des Eises mit einer spezifischen Wärme von 0,5 kcal/kg °C auf etwa —5 °C.

Dieser theoretische Kältebedarf erhöht sich praktisch noch durch die verschiedenen Verluste:

Wärmeäquivalent der Rührwerks- oder Pumpenarbeit,
Wärmeeinfall in den Eiserzeuger,
Schmelzverlust beim Abtauen der Blöcke.

Je nach Größe des Eiserzeugers beträgt der Kältebedarf tatsächlich 110 bis 160 kcal/kg Eis.

Der Energiebedarf für die Herstellung von Blockeis liegt je nach Größe des Eiserzeugers zwischen 40 und 60 kWh/t Eis.

Für die Gefrierzeit, die bei der Eisherstellung im wesentlichen durch den Wärmewiderstand der während der Gefrierzeit an den gekühlten Flächen wachsenden Eisschicht bestimmt ist, hat PLANK [*19*, *20*] folgende Formel abgeleitet:

$$Z_0 = \frac{A}{t_m} b_0 (b_0 + B).$$

Hierin bedeuten:

Z_0 Gefrierzeit in Stunden,
t_m mittlere Soletemperatur während der Gefrierzeit,
b_0 Länge der kleineren Querschnittskante in m (Bei Eiszellen wird immer der größte Querschnitt am Kopfende der Eiszelle zugrunde gelegt),
A und B vom Kantenverhältnis $h_0/b_0 = n$ abhängige Zahlenwerte.

Die zum Abkühlen des Wassers auf 0 °C sowie die zur Unterkühlung des Eises abzuführende Wärme wurde zur Vereinfachung der Ableitung zunächst nicht berücksichtigt. Sie ist, ebenso wie die Wärmeverluste, durch einen im Zahlenwert A enthaltenen prozentualen Zuschlag zur Schmelzwärme des Eises erfaßt, der durch einen Vergleich zwischen den errechneten und praktisch gemessenen Gefrierzeiten bestimmt wurde.

Für verschiedene Kantenverhältnisse h_0/b_0 werden die Zahlenwerte A und B von PLANK [*19*] wie folgt angegeben:

$n = h_0/b_0$		A	B
1	(quadratische Zelle)	3120	0,036
1,5		4060	0,029
1,75		4340	0,027
2	häufig gebrauchtes Kantenverhältnis	4540	0,026
2,5		4830	0,0245
∞	Platteneis, das zwischen zwei gekühlten Platten gefroren wird	6250	0,020

Für Platteneis, das nur an einer Längsseite (h_0) gefroren wird, muß sinngemäß, wenn man die Dicke der fertigen Platte mit b_0 bezeichnet $b_0' = 2 b_0$ gesetzt werden; es wird dann

$$Z_0 = \frac{25000}{t_m} b_0' \times (b_0' + 0{,}01).$$

MEISTER [*21*] gibt auf Grund amerikanischer Versuche folgende Formel für die Gefrierzeit Z_0 für Platteneis von der Dicke d in Millimeter bei einer Kühlmitteltemperatur von $-15\,°C$ an:

$$Z_0 = 1{,}4\left(\frac{d}{25}\right)^2.$$

POHLMANN [22] gibt für die Konstante 1,4 der Formel von MEISTER den Wert 1,25 an.

STEINBACH [23] fand, daß die Gefrierzeit praktisch je nach Größe der Verluste des Eiserzeugers zwischen den von PLANK und MEISTER angegebenen Werten liegt, wobei die Formel nach PLANK kürzere Gefrierzeiten ergibt.

Die Formeln bestätigen die praktische Erfahrung, daß bei gleichbleibender Querschnittsfläche eines Eisblockes die Gefrierzeit mit sinkender Soletemperatur abnimmt und mit wachsender Dicke des Eisblockes nahezu quadratisch zunimmt, wobei man die kurze Querschnittskante b_0 als Dicke bezeichnet.

In Abb. 438 sind für einige Normaleiszellen (s. S. 493) in der Praxis gemessene für Durchschnittsgefrierzeiten verschiedene Soletemperaturen aufgetragen.

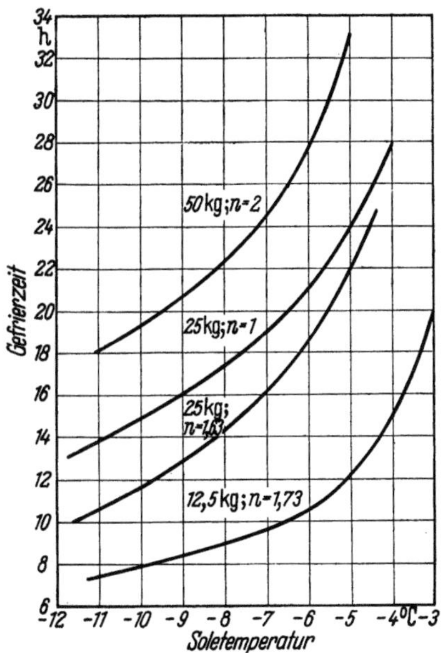

Abb. 438. Erfahrungswerte für die Gefrierdauer von Eisblöcken verschiedener Größe in Abhängigkeit von der Soletemperatur.

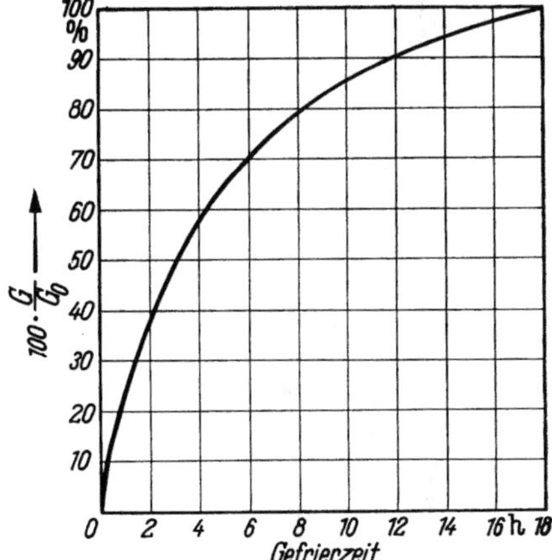

Abb. 439. Anteil G_0 in Prozent des Gesamtgewichtes G einer 25 kg Normaleiszelle, der bei einer Soletemperatur von $-7\,°C$ in der Zeit t ausgefroren ist.

In Abb. 439 ist für eine quadratische 25 kg Normaleiszelle das bei einer Soletemperatur von $-7\,°C$ im Verlauf der Gefrierzeit ausgefrorene anteilige Eisgewicht G/G_0 dargestellt. Die Kurve zeigt, daß nach 4 Std., d. h. in 22% der gesamten Gefrierzeit, schon 56% des Gesamtgewichtes G_0 der Eiszelle ausgefroren sind und daß 50% der gesamten Gefrierzeit zum Ausfrieren der letzten 17% benötigt werden.

Zur Verkürzung der Gefrierzeit und damit zur Vergrößerung der Eisproduktion der Generatoren wurden verschiedene Maßnahmen vorgeschlagen [26]:

a) Erniedrigung der Soletemperatur. Wie aus Abb. 438 zu ersehen ist, läßt sich durch Senken der Soletemperatur die Gefrierzeit erheblich verkürzen. Nachteilig ist, daß die damit verbundene Senkung der Verdampfungstemperatur die Kälteleistung der Anlage herabsetzt und die Leistungsziffer verschlechtert. Auch sind diesem Verfahren dadurch Grenzen gesetzt, daß die Eisblöcke bei zu tiefer Soletemperatur, vor allem, wenn aufbereitetes Gefrierwasser verwendet wird, beim Auftauen springen [27]. So springen Eisblöcke mit zu hohem Gehalt an löslichen Karbonaten bei Soletemperaturen unter —9 °C. Zu alkalisch reagierendes Gefrierwasser (infolge Zusatz von Kalk oder Alaun) führt ebenfalls zum Springen der Eisblöcke. Durch Zusatz von Chlorammonium kann die Tendenz zum Springen verringert werden.

b) Unvollständiges Ausfrieren der Eisblöcke. Wie aus Abb. 439 zu ersehen ist, spart man z. B. beim 25 kg-Block 55% der Gefrierzeit, wenn man nur 80% des Blockes ausfriert. Bei Ausfrieren von 90% des Inhaltes ist die Zeitersparnis gegenüber dem Vollausfrieren immer noch 33%. Der Mehraufwand an Arbeitszeit durch häufigeres Eisziehen und die größeren Abtauverluste durch Eindringen von warmem Wasser in den Block sind gegenüber der Einsparung an Gefrierzeit geringfügig. Wie in der Stockholmer Eisfabrik (Abb. 432) wird bei nicht voll ausgefrorenen Blöcken häufig auch durch äußeres Berieseln der schräggestellten Zellen abgetaut, wodurch Abschmelzverluste im Inneren des Blockes vermieden werden.

In Amerika sind nichtausgefrorene Blöcke mit „hohlem" Kern unter dem Namen „Shell-Ice" bekannt.

II. Blockeiserzeugung mit direkter Verdampfung [*28*, *29*].

Diese Verfahren, deren Entwicklung in den 30er Jahren begann, bezwecken eine Vereinfachung und Verbesserung der Blockeiserzeugung durch direkte Verdampfung des Kältemittels an den Wänden der Gefrierwasserbehälter, wodurch die Nachteile der Solekühlung, Korrosion an den Behältern und Zellen sowie große Temperaturdifferenz durch doppelten Wärmeübergang, vermieden werden. Zum Abtauen der Eisblöcke von den Zellenwänden werden in der Regel heiße Druckgase durch Umschaltung des Kältemittelkreislaufes in den Verdampfer geleitet.

1. Verfahren von Fechner.

Nach dem ersten, schon 1920 in England entwickelten Pluperfect-Verfahren [*30*] gewann das von FECHNER entwickelte *Raketeneis-Verfahren* (DRP 889004,

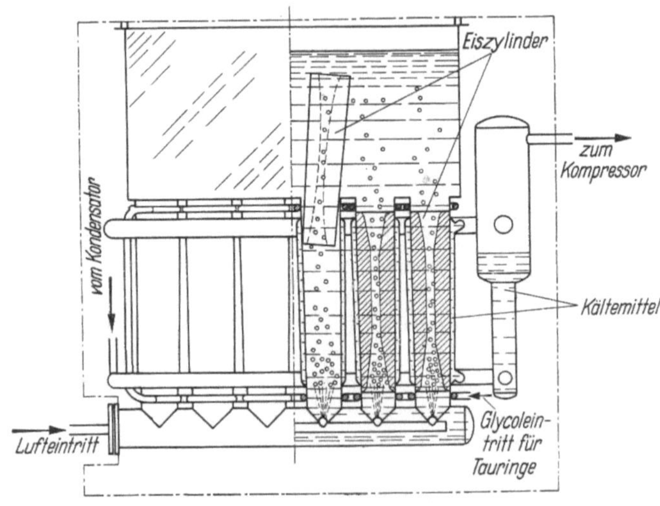

Abb. 440. Schema eines Fechner-Astra-Raketeneiserzeugers.

739581) praktische Bedeutung. Bei diesem Verfahren stehen ein unterer und ein oberer Wasserbehälter (Abb. 440) durch eine Anzahl senkrechter, mit Kühlmänteln umgebener Rohre in Verbindung. In den Kühlmänteln verdampft das Kältemittel, wobei das durch die Rohre zwischen den Behältern zirkulierende Wasser an den Rohrinnenwänden ausfriert. Die Wasserzirkulation wird durch Einblasen von Luft in den unteren Behältern noch so gefördert, daß alle Verunreinigungen und Luftblasen vom Eis weggespült werden und ein gutes Klareis entsteht.

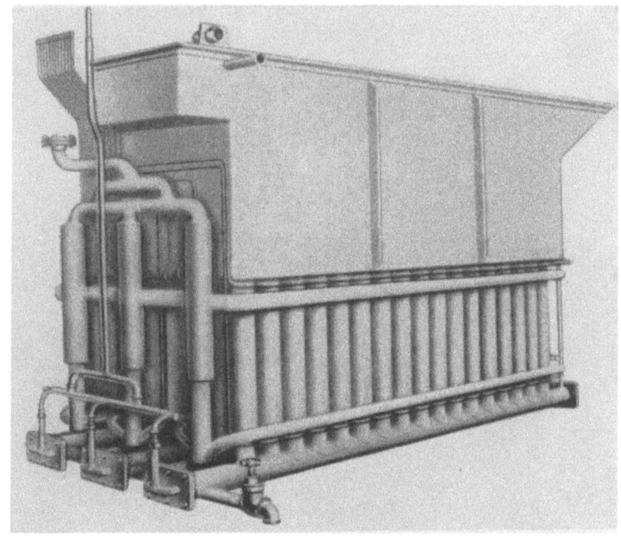

Abb. 441. Fechner-Astra-Raketeneiserzeuger für eine Leistung von 7,5 t/Tag, Blockgewicht 5 kg.

Nach Beendigung des Gefrierprozesses wird das Eis durch Einleiten heißer Druckgase in den Kühlmantel von der Innenwand der Rohre gelöst; es steigt „raketenartig" zum Wasserspiegel des oberen Behälters auf. Um das obere und untere Ende der Gefrierrohre sind zusätzlich mit Glykol beheizte Auftauringe gelegt, um ein Lösen der Blöcke sicherzustellen. Ferner wurden, um zu große Wärmeverluste durch das Hängenbleiben einzelner Eisblöcke zu vermeiden, die Eiserzeuger in Zellenreihen unterteilt, die einzeln abgetaut werden können, während die restlichen Zellen weiterfrieren und im Kondensator die Abtauwärme liefern. Die Kältemittelleitungen sind so angeordnet, daß zur Umschaltung vom Frieren zum Abtauen nur die Betätigung eines Vierweghahnes erforderlich ist.

Bei einem anderen auch für Schiffsanlagen geeigneten Apparat hat Fechner die gleiche Anordnung ohne Wasserbad verwendet. Das Gefrierwasser wird als dünner Film aus regelbaren Kegeldüsen an die Innenwände der Rohre gespritzt. Das nicht ausgefrorene Überschußwasser sammelt sich unter den Rohren und wird umgepumpt.

Die kompakten Anlagen (Abb. 441) wurden häufig als transportable Eisfabriken zusammen mit der Kühlanlage auf LKW-Anhängern montiert. Es wurden Aggregate mit einer Leistung bis zu 7,5 Tonnen in 24 Std. gebaut.

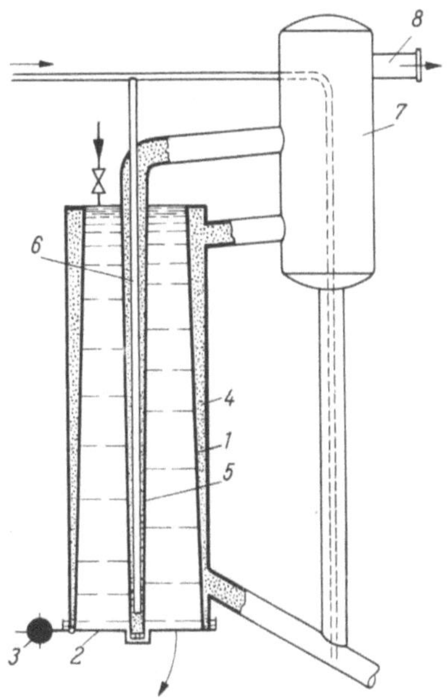

Abb. 442. Schema des Rapid-Eiserzeugers von Wilbushewich.

1 Eiszelle, *2* Bodenverschlußklappe, *3* Gegengewicht, *4* äußerer Kühlmantel, *5* inneres Kühlrohr, *6* Flüssigkeitseinspritzung in inneres Kühlrohr, *7* Abscheider, *8* Saugleitung.

Lang, Knür, Tamm und die ersten Brünner Maschinenführer haben verschiedene Blockeiserzeugungsverfahren mit direkter Verdampfung entwickelt, die von MAAKE [31] beschrieben wurden, die sich aber in der Praxis nicht einzubürgern scheinen.

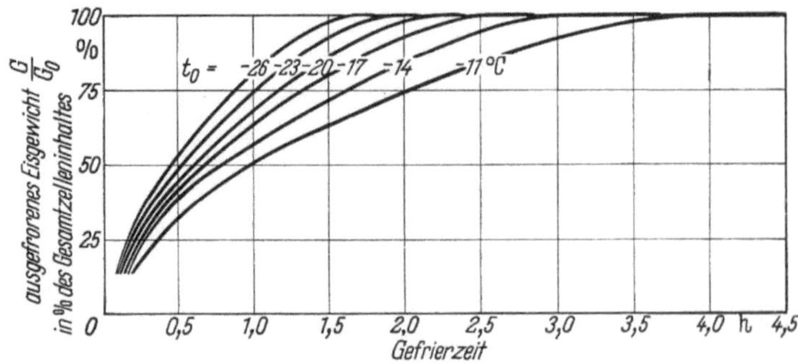

Abb. 443. Gefrierverlauf in einer Rapid-Eiszelle bei verschiedenen Gefriertemperaturen.

2. Rapid-Eis-Verfahren.

Ziel des unter dem Namen ,,Rapid-Eis" bekannt gewordenen und vielfach angewendeten Verfahrens von WILBUSHEWICH [31 bis 33] ist neben Anwendung direkter Verdampfung eine weitgehende Verkürzung der Gefrierzeit.

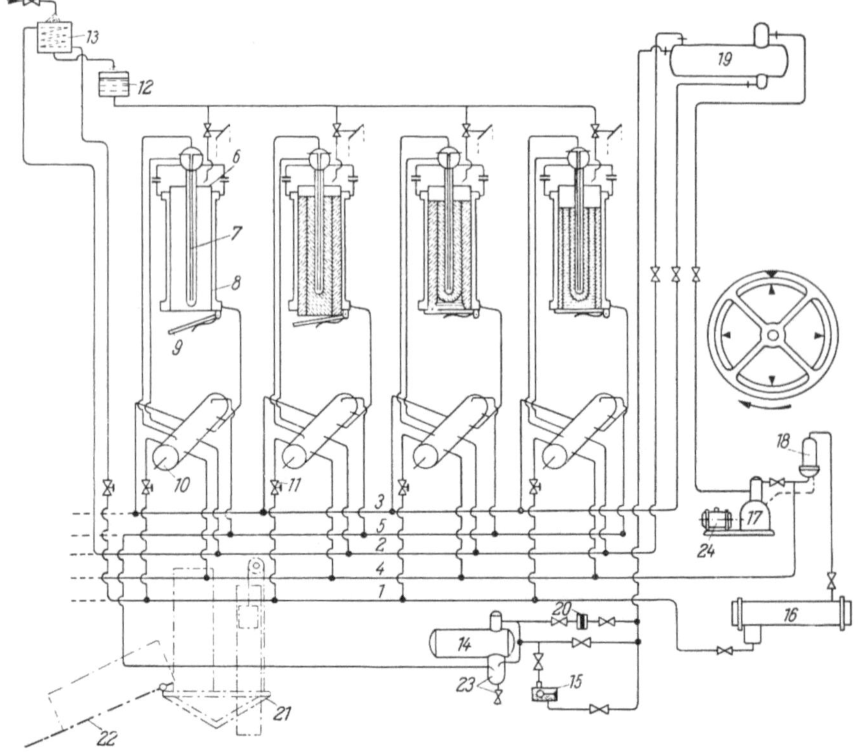

Abb. 444. Schema einer Rapid-Eis-Anlage nach WILBUSHEWICH erbaut von Plerch, Illertissen.
1 Flüssigkeitsleitung, *2* Saugleitung, *3* Fall-Leitung, *4* Heizleitung, *5* Pendelumleitung, *6* Eiszellen-Batterie, *7* Innenverdampfer (Finger), *8* Außenverdampfer, *9* Eiszellenklappe, *10* Umschalthahn, *11* Regulierventil, *12* Wasserfüllvorrichtung, *13* Wasservorkühler, *14* Pendulum, *15* Schwimmerventil, *16* Kondensator, *17* Kompressor, *18* Ölabscheider, *19* Flüssigkeitsabscheider, *20* Sicherheitsplättchen, *21* Eisempfänger, *22* Eiskippe, *23* Schmutzfänger, *24* Motor.

Wilbushewich vermeidet die durch den Wärmewiderstand der wachsenden Eisschicht bedingte Verlängerung der Gefrierzeit dadurch, daß er zusätzlich in der Mitte der Zelle ein oder mehrere Doppelrohre mit innerer Verdampfung des Kältemittels anordnet. Abb. 442 zeigt das Prinzip des Verfahrens: Eine sich nach oben verjüngende Zelle *1* ist unten mit einem Klappdeckel *2* verschlossen, der durch das Gegengewicht *3* oder eine Feder zugehalten wird. Die Stahlzelle ist von einem Kühlmantel *4* umgeben, in dem Kältemittel verdampft. In der Mittelachse der Zelle ist ein sich nach unten verjüngendes Kühlrohr *5* eingesetzt, in das durch das dünnere Rohr *6* flüssiges Kältemittel eingeführt wird. Kühlmantel und inneres Kühlrohr sind über den Abscheider *7* mit dem Kompressorsaugstutzen *8* verbunden. Nach Abkühlung der Zellenwände wird zunächst nur

Abb. 445. Rapid-Eisanlage mit 60 t Tagesleistung, Blockgewicht 50 kg.

wenig Wasser in die Zelle gegeben, das an der unteren Bodenklappe festfriert und damit die Zelle abdichtet. Darauf wird die Zelle ganz mit vorgekühltem Wasser gefüllt. Infolge des inneren Verdampferrohres gefriert nun das Wasser sowohl von außen nach innen als auch von der Mitte nach außen.

Th. Schmidt und H. Benzler [*32*] haben bei Versuchen an einer Rapid-Eisanlage mit einem lichten Zellenquerschnitt von 18×18 cm² unten und 15×15 cm² oben sowie 120 cm lichter Höhe und einem inneren Gefrierrohr von einem mittleren Durchmesser von 21,5 mm festgestellt, daß sich die Gefrierzeit infolge der zusätzlichen Abkühlung von innen durch das Gefrierrohr auf einen Bruchteil der in Abb. 438 angegebenen Zeit verkürzt. Abb. 443 zeigt den Gefrierverlauf in der genannten, mit 25 kg Wasser gefüllten Zelle bei verschiedenen Verdampfungstemperaturen [*32*]. Messungen in einem Hamburger Kühlhaus ergaben für einen 25 kg-Block Gefrierzeiten von 2 bis 3 Std. bei einer Verdampfungstemperatur von -15 bis -20 °C [*32*]. Inzwischen ist es gelungen, die Gefrierzeit unter 2 Std. herabzudrücken.

Zum Abtauen der Zelle werden der äußere Ringraum und das innere Verdampferrohr in einen tiefer liegenden Sammler entleert und mit heißen Druckgasen erwärmt. Die losgetaute Bodenklappe öffnet sich unter dem Druck des nach unten gleitenden Blockes, der durch eine durch Gegengewicht gebremste Bühne abgesenkt wird. Durch Einblasen von Luft läßt sich einwandfreies Klareis im Rapid-Eis-Erzeuger herstellen. Üblicherweise werden mehrere solcher Zellen zu einer Batterie zusammengefaßt. Die Umschaltung von Frieren auf Abtauen geschieht wie bei der Fechner-Anlage durch einfaches Betätigen eines Mehrweghahnes. Abb. **444** zeigt das Schaltschema einer größeren Anlage. Die Abb. **445** bis **447** zeigen eine ausgeführte Anlage sowie Beispiele von gefrorenen Blöcken verschiedenen Gewichtes.

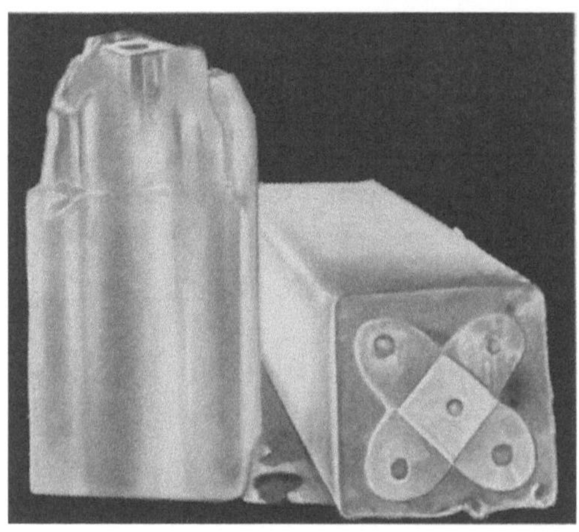

Abb. 446. 50 kg-Rapid-Eisblock.

Eine weitere Anwendungsmöglichkeit des Verfahrens zur Herstellung von Eisröhren mit 40 mm Außendurchmesser und 14 mm Innendurchmesser, die bei 1 m Länge 1 kg wiegen, zeigt Abbildung 448. Diese Röhren gefrieren in 6 Min. Die spezifische Eisleistung dieser Anordnung dürfte etwa 40% größer sein als die eines normalen Röhreneiserzeugers.

Die Eisfronten, die sich von der inneren und der äußeren Verdampferfläche her entgegenwachsen, treffen sich nach einer Berechnung von Plank [*33*] bei einem Durchmesser von 25,2 mm.

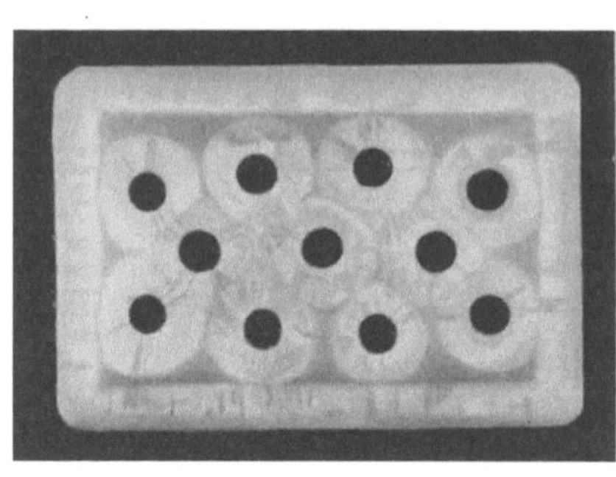

Abb. 447. 150 kg-Rapid-Eisblock.

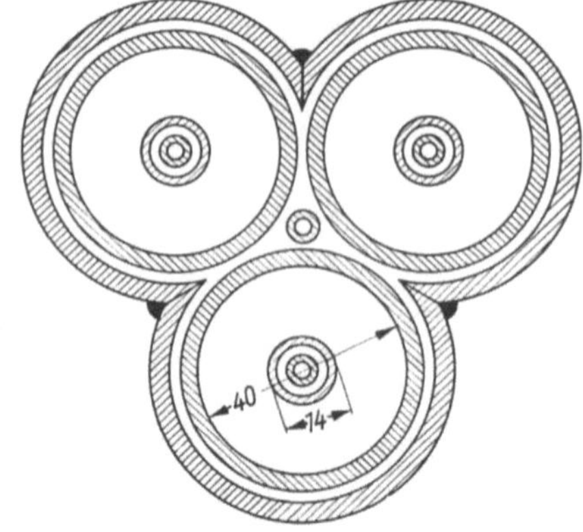

Abb. 448. Rapid-Eiszelle zur Herstellung hohler Eiszylinder.

3. Verfahren von Grasso.

Ein Verfahren der Firma Grasso, 's Hertogenbosch, Holland, das dem Rapid-Eis ähnliche Eisblöcke liefert, wurde auf dem 10. Internationalen Kältekongreß in Kopenhagen von C. Hoen [*34*] bekanntgegeben. Abb. 449 zeigt die Anordnung zur Herstellung eines quadratischen 25 kg schweren Eisblockes. Im Boden *3* eines Behälters *4* sind in regelmäßiger Gruppierung acht oben geschlossene Rohre *1* senkrecht eingeschweißt, in die konzentrisch dünnere Rohre *2* eingeführt sind. Die als Verdampfer wirkenden Rohre *1* sind gemeinsam an der Einspritzleitung *A* angeschlossen. Das Kältemittel verdampft in dem zwischen den Rohren *1* und *2* verbleibenden Ringraum und wird durch die Rohre *2*, die an der Saugleitung *B* angeschlossen sind, wieder abgesaugt. Um die im Gefrierwasser stehenden Verdampferrohre bilden sich ringförmige Eiszonen, die wie beim Rapid-Eis-Verfahren allmählich zusammenwachsen und so einen Eisblock bestimmter, aber nicht exakt begrenzter Größe ergeben. Der Eisblock wird durch heiße Druckgase von den Rohren abgetaut.

Der losgetaute Block steigt im Gefrierbehälter nach oben. Zum Lösen des Blockes vom Boden des Behälters ist unter dem Behälterboden noch eine zusätzliche Druckgasheizung *5* angebracht. Ein Eiserzeuger für 25 kg-Blocks mit einer Leistung von etwa 2,0 Tonnen je Tag besteht aus 2 Behältern mit je 6 Gruppen von 8 Rohren.

Die Gefrierzeit eines 25 kg-Blockes bei —10 °C wird von Hoen mit 3 Std. angegeben. Abb. 450 zeigt den Aufbau eines Eisgenerators der Fa. Grasso.

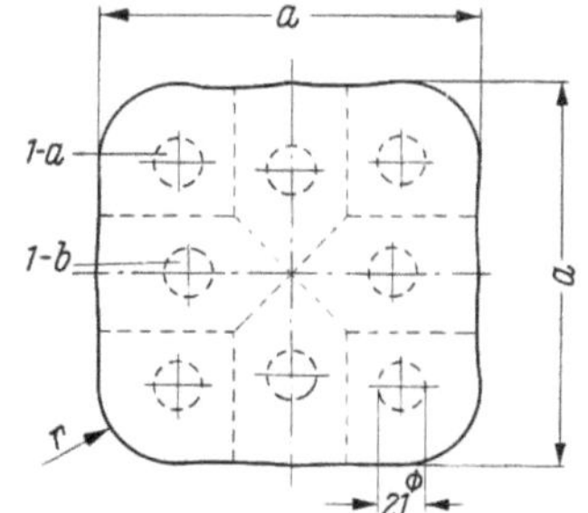

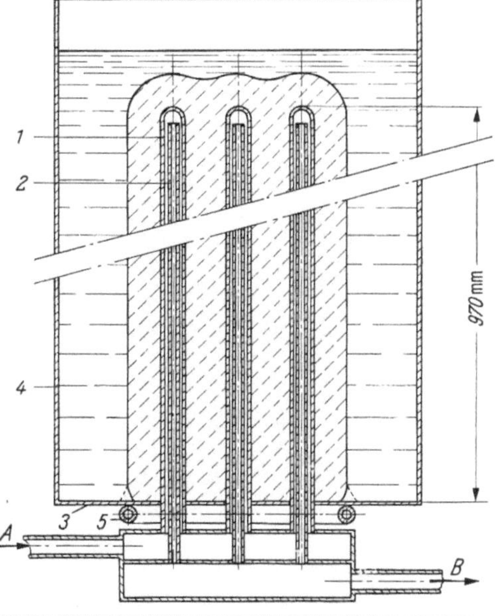

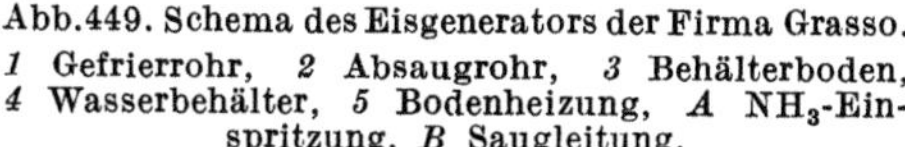
Abb. 449. Schema des Eisgenerators der Firma Grasso. *1* Gefrierrohr, *2* Absaugrohr, *3* Behälterboden, *4* Wasserbehälter, *5* Bodenheizung, *A* NH_3-Einspritzung, *B* Saugleitung.

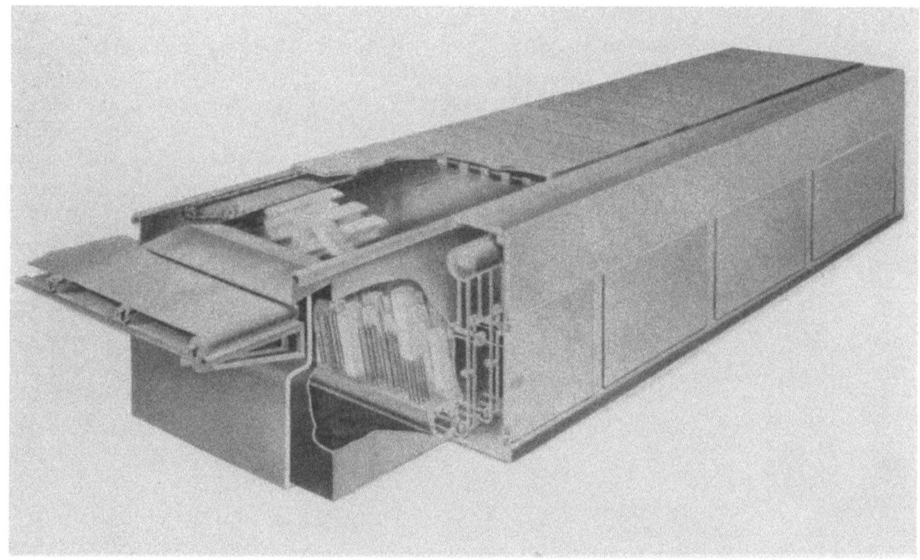

Abb. 450. Vollautomatische Eiserzeugungsanlage von Grasso.

4. Verfahren von Huber-Watt.

Kürzere Gefrierzeiten und eine Verringerung der Verluste durch Wegfall des Abtauens verspricht ein in Deutschland 1934 von der Maschinenfabrik Ziemann, Stuttgart, in Zusammenarbeit mit der Gebrüder Sulzer AG., Winterthur, nach Patenten von Huber entwickeltes Verfahren [*35*, *36*]. Wie Abb. 451 zeigt, besteht der wesentliche Teil der Anlage aus einer konischen Zelle *a* von quadratischem Querschnitt und blanker rostsicherer Innenoberfläche. In dem die Zelle umschließenden Kühlmantel *b* verdampft Kältemittel. Das Gefrierwasser wird der Zelle von oben und unten aus den miteinander verbundenen Behältern *g* zugeführt. In das untere Ende der Zelle ragt ein Stempel *c*, der durch einen Kurbeltrieb langsam vor- und zurückbewegt werden kann. Die Eiserzeugung geht so vor sich, daß zunächst bei stehendem Vorschubstempel die Zelle mit Wasser gefüllt und zum größten Teil ausgefroren wird. Der so entstandene konische, im oberen Teil hohle Eisblock wird nun vom Stempel von den Zellenwänden abgedrückt und so weit angehoben, daß zwischen Block und Zellenraum ein enger Spalt entsteht, der sich aus dem oberen und unteren Wasserbehälter sofort wieder füllt. Die dünne Wasserschicht friert in kurzer Zeit an Wand und Eisblock an und wird vom Stempel wieder von der Zellenwand abgedrückt. Auf diese Weise wächst aus der Zelle ein dem oberen Zellenquerschnitt entsprechender Eisblock, der bei der Konstruktion von Ziemann beim Wachsen gegen ein schräg gestelltes Blech *d* in gewünschter Länge abgebrochen wurde. Die Gefrierzeit im Ziemann-Apparat wird für einen 25 kg-Block mit 1,5 bis 2 Std. angegeben. Angaben über die Verdampfungstemperatur wurden nicht gemacht. Abb. 452 zeigt eine ausgeführte Anlage mit 10 Zellen. Da eine Entlüftung des Wassers in der Eiszelle bei diesem Verfahren nicht möglich ist, wird das erzeugte Eis matt.

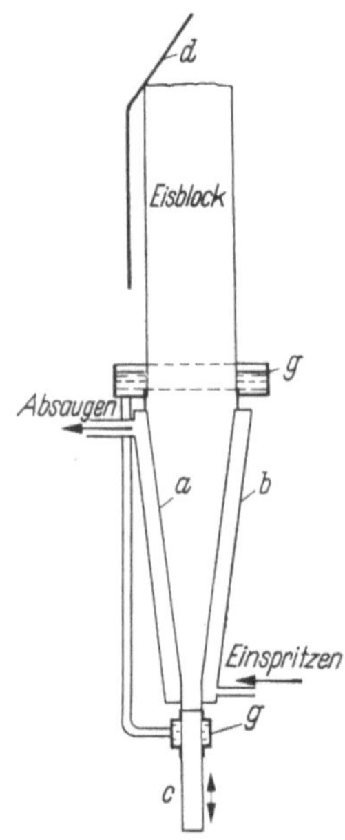

Abb. 451. Schema des Huber-Eiserzeugers. *a* konische Eiszelle, *b* Kühlmantel, *c* Eisauspreßstempel, *d* Eisabbrechkante, *g* oberer und unterer Wasserbehälter.

Abb. 452. Ansicht einer ausgeführten 10-Zellenanlage der Firma Ziemann.

Dieses einfache Prinzip bereitet aber konstruktiv erhebliche Schwierigkeiten, da sich das Eis nur von sehr glatten und möglichst gleichmäßig gekühlten Metalloberflächen einwandfrei abscheren läßt. Außerdem sind die Innenwände der Zelle durch die Ausdehnung des Wassers beim Gefrieren zusätzlich einem erheblichen Druck ausgesetzt. In Deutschland wurden wegen dieser Schwierigkeiten keine solche Apparate mehr gebaut.

In Amerika befaßte sich WATT mit dem gleichen Verfahren [37]. Er begann 1943 mit Versuchen über die Haftung von Eis auf Metalloberflächen [38]. Er arbeitete nach dem gleichen Prinzip wie HUBER, das er als „incremental Freezing" (Zuwachsgefrieren) bezeichnete. Seine erste Maschine (Abb. 453) erzeugte je nach größerer oder kleinerer Vorschubgeschwindigkeit runde volle Eisblöcke oder Eisröhren. Weitere Versuchsmaschinen wurden auch zum Einfrieren von Obstsäften sowie zur Herstellung von großen 400 lbs Eisblöcken verwendet. Die spezifische Gefrierleistung der neuesten Maschine gab WATT 1949 [37] mit rund 45 kg Eis/qm eisseitiger Verdampferfläche bei —15 °C Verdampfungstemperatur an.

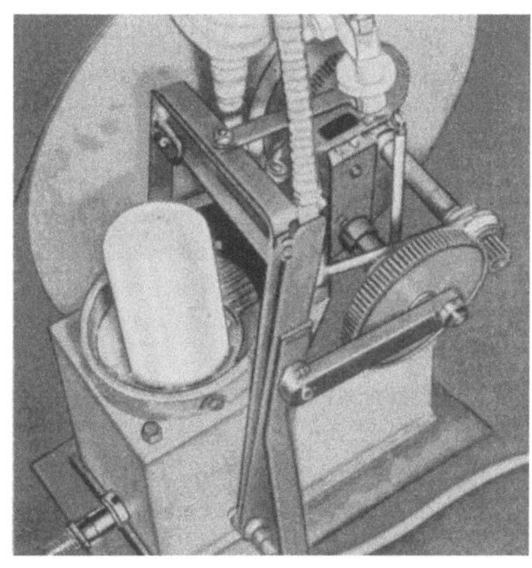
Abb. 453. Erster Eiserzeuger von R. WATT.

Der Energiebedarf betrug 67,5 kWh/t Eis. WATT stellte bei seinen Versuchen fest, daß für einwandfreien Betrieb der Maschine eine sorgfältige Abstimmung zwischen Verdampfungstemperatur, Gefrierzeit, Hub des Vorschubkolbens und der Neigung der Wände der Gefrierzelle erforderlich ist.

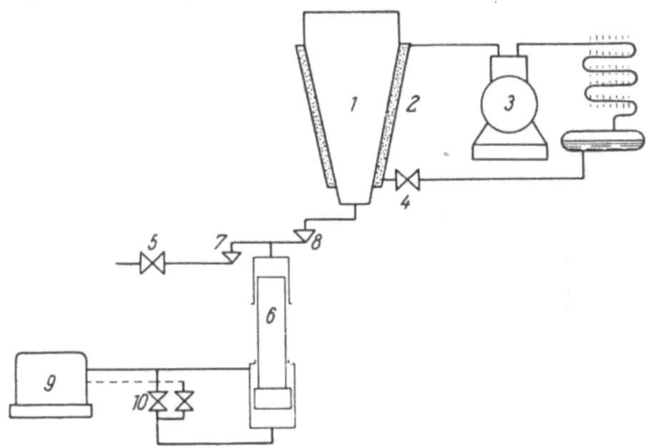

Abb. 454. Schematische Anordnung des Eiserzeugers von YAMADA. 1 Eiszelle, 2 Verdampfermantel, 3 Kompressor, 4 Einspritzventil, 5 Wassereinspeisung, 6 Wasserdruckpumpe, 7 u. 8 Wechselventile, 9 Ölpumpe, 10 Steuerventile.

5. Verfahren von Yamada.

YAMADA berichtete auf dem 9. Internationalen Kältekongreß 1955 [39] über erfolgreiche Versuche mit einer Anlage nach dem HUBER-WATT-

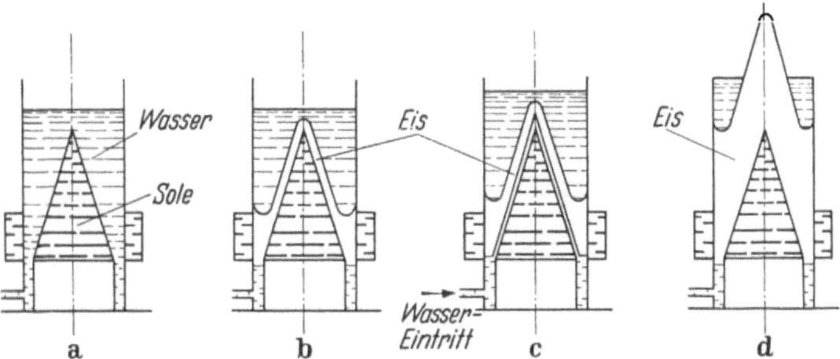

Abb. 455. Schematische Darstellung der Wirkungsweise des Eiserzeugers von YAMADA.

Prinzip, wobei das Auspressen des Eisblockes durch Wasserdruck erfolgte (Abb. 454). Auf dem 10. Internationalen Kältekongreß 1959 legte YAMADA [*40*] einen Bericht über die Weiterentwicklung dieses Verfahrens vor. Wie aus Abb. 455 zu ersehen, wurde die Konstruktion von HUBER-WATT aufgegeben. Die neue Apparatur wurde aus Bronze hergestellt und zur Vereinfachung der Versuche mit Sole gekühlt. Die Konstruktion hat nach Ansicht von YAMADA vor dem seither verwendeten Verfahren verschiedene Vorteile; vor allem konnte der zum Abpressen des Eises notwendige Druck reduziert werden; er wird bei dieser Anordnung mit 2 bis 4 kp/cm² angegeben. Die spezifische Eisleistung lag über 50 kg Eis/qm eisseitiger Verdampferfläche bei Soletemperaturen von —10 °C.

III. Kontinuierlich arbeitende Erzeuger von Kleineis [*41*].

1. Verfahren von Holden und Smith.

Der Gedanke, dünne Schichten von Eis auf gekühlten Flächen zu erzeugen, die dann mechanisch in Form von Eisscherben oder Schnee entfernt werden, ist nicht neu. Die ersten Erfindungen auf diesem Gebiet konnten aber bei dem damaligen Stand der Technik noch keine praktische Bedeutung erlangen. Schon 1894 erhielt DANIEL L. HOLDEN das US-Patent Nr. 530526 auf eine Maschine, bei der von einer unter Wasser liegenden gekühlten Fläche Eis abgeschabt und anschließend in einer Presse zu Blöcken geformt werden sollte.

1902 wurde S. SMITH, Philadelphia, das US-Patent Nr. 703353 erteilt. Sein Eiserzeuger bestand aus zwei gekühlten, sich langsam drehenden Trommeln, die ebenfalls unter Wasser lagen.

1913 erhielt wiederum L. HOLDEN das US-Patent Nr. 1054771 für eine ähnliche konstruktiv weiterentwickelte Maschine, die auch zur Herstellung von Preßblöcken aus Eisschlamm gebaut wurde.

2. Flak-Ice-Maschine.

1915 begann dann CROSBY FIELD mit der Konstruktion und Erprobung von Kleineiserzeugern. Er erhielt 1923 das US-Patent Nr. 1451901 für seine erste

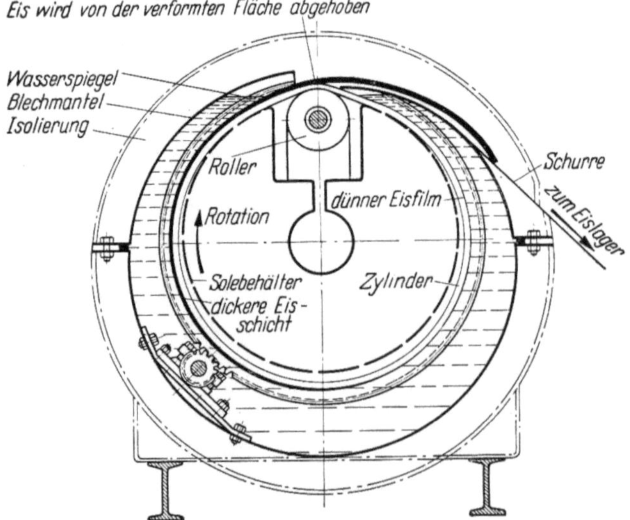

Abb. 456. Schema der Flak-Ice-Maschine von Crosby Field.

Flak-Ice-Maschine, bei der Eis, das auf einer sich unter Wasser drehenden, von innen durch Sole gekühlten Trommel gefroren wurde, durch Verformen der Trommeloberfläche abgelöst wird (Abb. 456). Zunächst wurde das Eis unter Wasser abgelöst. Bei späteren Konstruktionen (US-Patente Nr. 2005734 von 1935

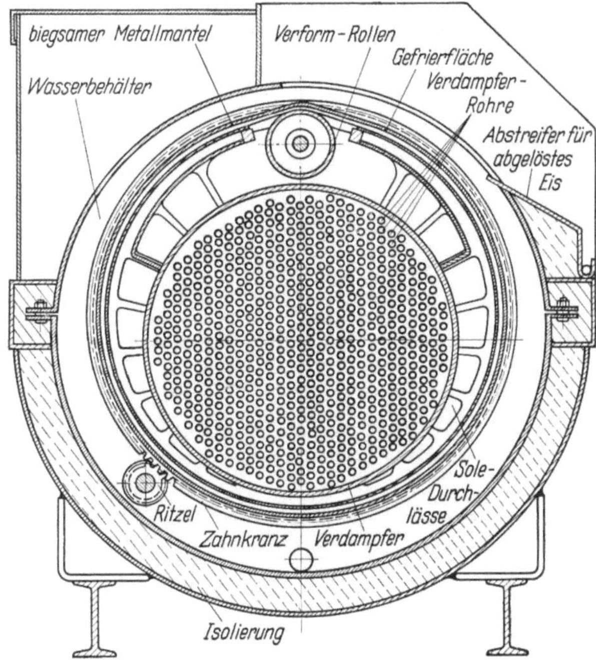

Abb. 457. Längsschnitt durch einen Flak-Ice-Erzeuger.

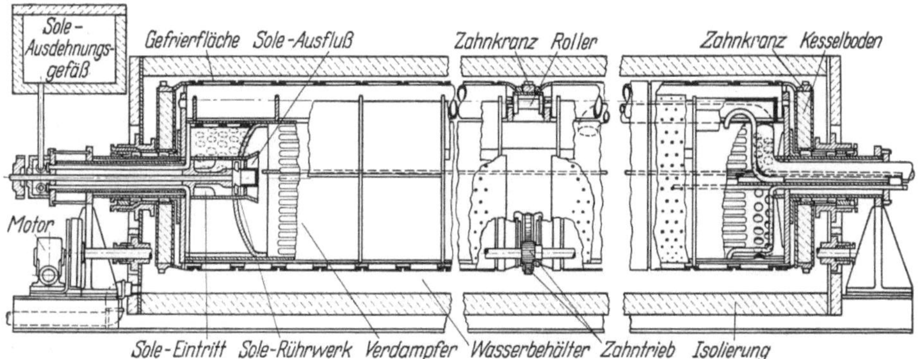

Abb. 458. Querschnitt durch einen Flak-Ice-Erzeuger.

und 2257904 von 1941) lag der obere Teil der Trommel über Wasser, so daß das Eis vor dem Absprengen von der Trommel noch trocken gefroren und unterkühlt wurde (Abb. 457, 458).

Die Flak-Ice-Maschinen [*42*, *43*] werden nach Patenten der Flak-Ice-Corporation von der York-Corporation in York, Pa. hergestellt.

Dem Vernehmen nach arbeitet die Flak-Ice-Corporation an der Umstellung der Maschine von Solekühlung auf direkte Verdampfung. Bei den erzeugten dünnen Eisschichten könnte die hierdurch erzielte höhere Wärmeübergangszahl auf der Kältemittelseite die Gefrierzeit erheblich verkürzen und damit die Eisleistung der Maschine erhöhen.

3. Pak-Ice-Maschine.

Etwa 1930 entwickelte W. H. TAYLOR den unter dem Namen *Pak-Ice-Maschine* (US-Patent Nr. 1930570) [*44* bis *46*] bekannt gewordenen Kleineiserzeuger

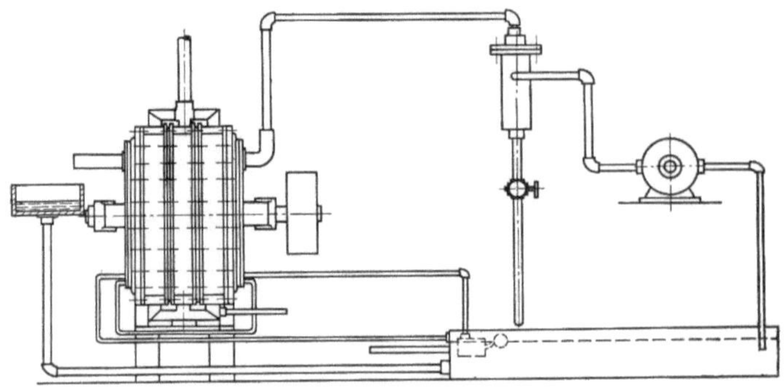

Abb. 459. Anordnung einer Pak-Ice-Maschine.

(Abb. 459, 460, 461), der in Deutschland durch Patent Nr. 612525 geschützt ist. Die Maschine besteht aus einer durch direkte Verdampfung gekühlten Trommel, die durch zwei Deckel verschlossen ist. An der zur Vergrößerung der Kühlfläche zickzackförmig ausgebildeten Innenwand der Trommel, gegen die vorgekühltes Wasser gespritzt wird, bilden sich Eiskristalle, die von einem mit 250 Umdrehungen/Minute umlaufenden Schaber, dessen Messer ebenfalls zickzackförmig ausgebildet sind, sofort abgekratzt werden. Der so gebildete Eisschlamm wird von dem im Überschuß eingespritzten Gefrierwasser aus der Maschine gespült und auf einem Sieb vom Wasser getrennt. Damit die abgeschabten kleinen Eiskristalle erhalten bleiben, muß das der Trommel zugeführte Gefrierwasser bis nahe 0° vorgekühlt sein. Es wird deshalb vor Eintritt in die Gefriertrommel durch Kanäle geleitet, die in den beiden Trommeldeckeln eingebaut sind und über die Trommeldeckel mit dem gekühlten Mantel in metallischer Verbindung stehen.

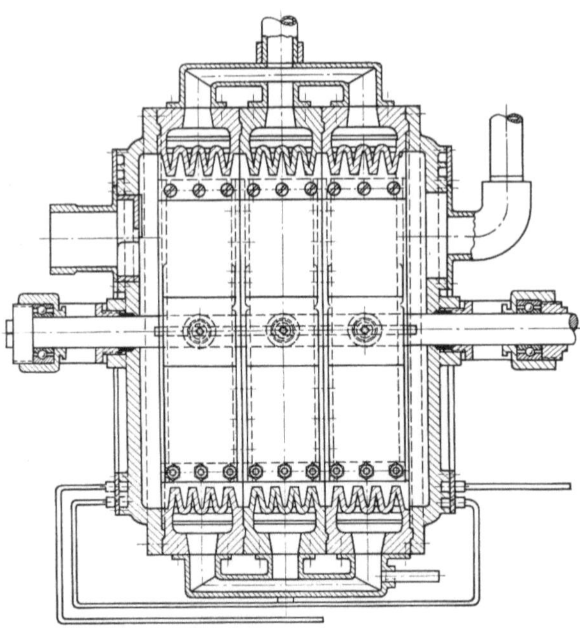

Abb. 460. Schnitt durch eine Pak-Ice-Maschine.

Da die Innenfläche der Trommel ständig frei von Eis geschabt wird, ist der Wärmeübergang durch Eisbildung unbehindert und gleichmäßig gut. Auf der Kältemittelseite ist durch Unterteilung der Trommel in kleinere Ringe (Sektionen), durch deren Zahl zudem die Leistung der Maschine variiert werden kann, für eine gleichmäßige und gute Wärmeübertragung gesorgt. Der k-Wert der Maschine wird mit 1400 kcal/m²h °C angegeben. Die Abmessungen der Maschine sind infolgedessen sehr klein.

Abb. 461. Pak-Ice-Maschine, Eisschaber mit Gefrierwassersprühdüsen.

Der erzeugte Eisschlick ist allerdings direkt nur zur Kühlung von Flüssigkeiten geeignet. Normalerweise wird er in einer von TAYLOR entwickelten Brikettpresse (Abb. 462) (US-Patent Nr. 1982824, deutsches Patent Nr. 602950) zu eiförmigen, meist 8,8 × 8,8 cm großen, etwa 230 g schweren Briketts gepreßt. Auch 450 g schwere Briketts sind gebräuchlich.

Der Preßdruck ist etwa 70 kp/cm².

Maschinen nach den TAYLOR-Patenten werden von der Vilter-Company in Milwaukee, Wis. hergestellt. Die Maschinen liefern bei — 15 °C Verdampfungstemperatur je Sektion etwa 5 Tonnen Eis/Tag. Es werden Maschinen bis zu 6 Sektionen, also bis zu 30 Tonnen/Tag gebaut. Der Energiebedarf für den Antrieb des Schabers beträgt bei der 30 Tonnen-Maschine etwa 12 PS.

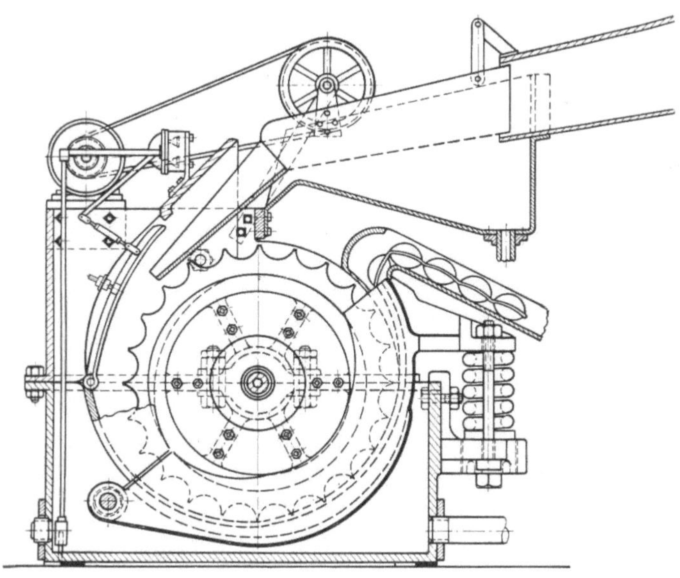

Abb. 462. Taylor-Brikettpresse für Pak-Ice.

4. Patente von Short und Raver.

Außer diesen beiden Verfahren, von denen die Packeismaschine wegen der einfacheren Konstruktion und wegen Anwendung direkter Verdampfung wohl den größeren Marktanteil gewinnen konnte, hat sich noch ein drittes Prinzip durchgesetzt, das sich erstmals in den Patenten von Short und Raver zeigt.

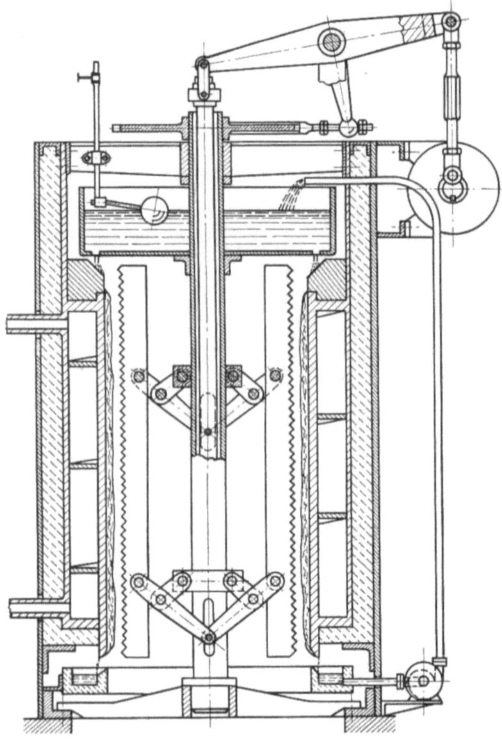

Abb. 463. Erzeuger von Kleineis, Patent von Frank Short, 1938.

Frank Short erhielt 1938 das US-Patent Nr. 2310468 für einen Eiserzeuger, bei dem Wasser über die Innenwand eines gekühlten stehenden Zylinders rieselt. Das gebildete Eis sollte, wie aus Abb. 463 ersichtlich, durch sich langsam drehende und dabei auf und ab bewegende Sägeblätter in schmalen Streifen abgetrennt werden.

Ein weiteres Patent (US-Patent Nr. 2308541) für eine Kleineismaschine wurde Francis M. Raver 1943 erteilt (Abb. 464). Das Eis wird auf einer horizontalliegenden innen gekühlten Trommel gefroren, die zu $^2/_3$ ihres Durchmessers in Wasser eintaucht und langsam gedreht wird. Das gebildete Eis wird von einer über der Trommel liegenden Messerwalze mit schraubenförmigen Messern abgetrennt.

5. Maschine von Sabroe.

Die dänische Schuppen-Eismaschine von Sabroe in Aarhus verwendet, wie Raver, zum Abtrennen des Eises eine Walze mit schrauben-

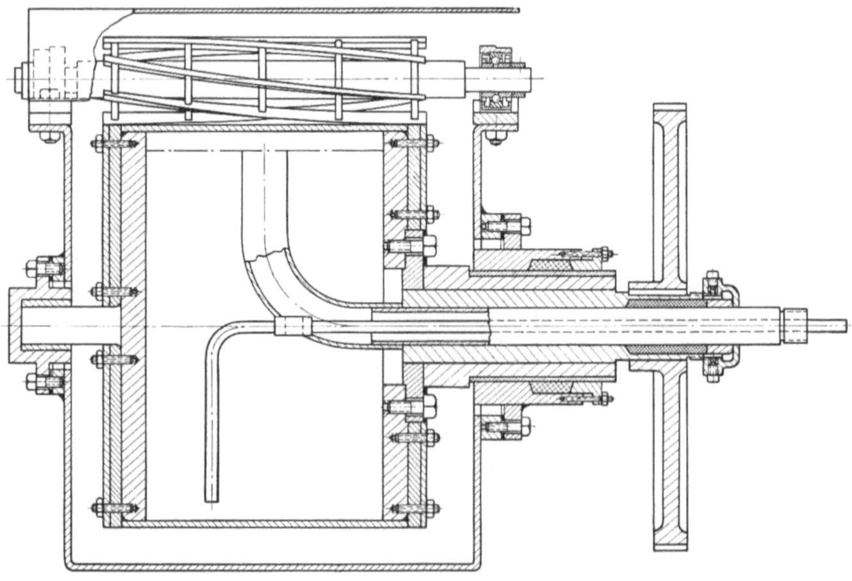

Abb. 464. Erzeuger von Kleineis, Patent Francis M. Raver, 1943.

förmigen Messern. Wie aus Abbildung 465 ersichtlich, wird das Eis an der Innenfläche eines stehenden, durch direkte Verdampfung gekühlten Zylinders erzeugt und von einer sich drehenden Messerwalze abgedrückt, die

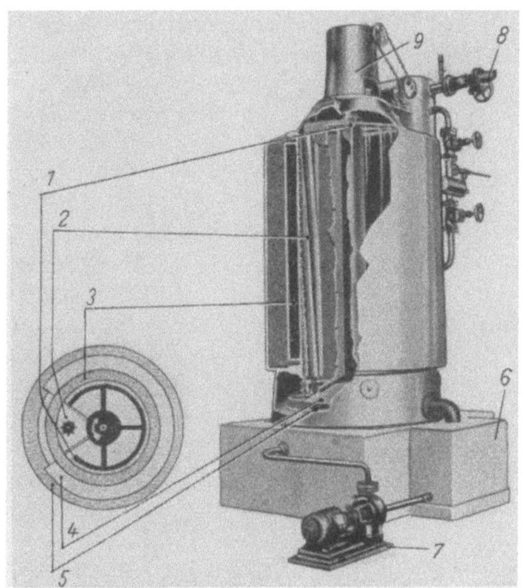

Abb. 465. SABROE-Schuppeneismaschine.
1 Sprührohr, *2* Messerwalze, *3* Gekühlter Mantel, *4* Wasserablenkblech, *5* Sammelraum für überschüssiges Gefrierwasser, *6* Gefrierwasserbehälter, *7* Gefrierwasser-Umwälzpumpe, *8* Saugleitung, *9* Antrieb für Messerwalze.

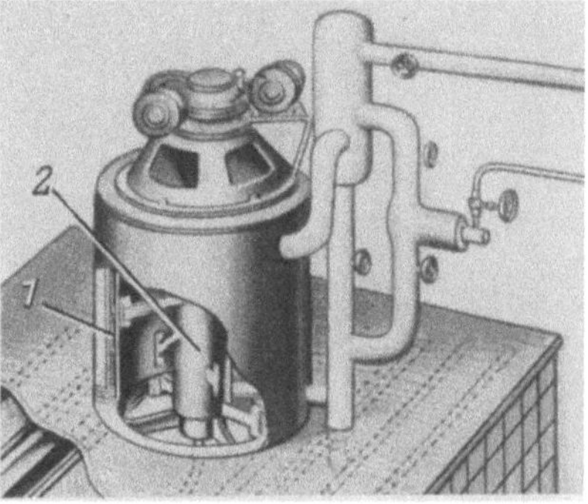

Abb. 466. SABROE-Breieismaschine.
1 Gekühlter Mantel, *2* Welle mit Eisschabern.

um die Mittelachse des Zylinders rotiert. Durch zwei von der Zylinderachse zum Innenmantel radial gestellte Bleche ist ein Kreissegment des Querschnittes, in dem auch die Abdrückwalze liegt, so abgeschirmt, daß es nicht vom eingespritzten Wasser berieselt wird. Dadurch wird das Eis trocken und unterkühlt entnommen. SABROE stellt diese Apparate mit Leistungen bis zu 12 Tonnen/24 Std. her. Die normale Verdampfungstemperatur ist —15 °C.

Bei der Breieismaschine von SABROE (Abb. 466) wird das an der Innenfläche des Zylinders gebildete Eis ähnlich wie bei der Packeismaschine von umlaufenden Schabern ständig entfernt und durch überschüssiges Gefrierwasser nach unten gespült. Es werden Maschinen mit einer Leistung von 140 bis 700 kg Eis/h bei —15 °C Verdampfungstemperatur gebaut.

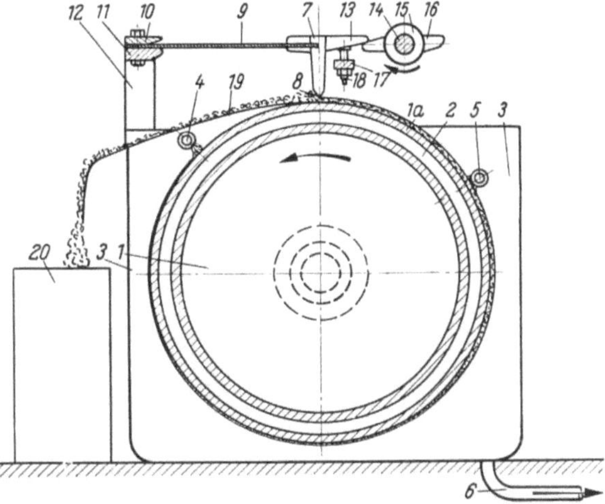

Abb. 467. Erzeuger von Kleineis der Firma Atlas, Kopenhagen.
1 Gefriertrommel, *1a* Gefrieroberfläche, *2* Ringraum zur Verdampfung des Kältemittels, *3* Wasserbehälter, *4* u. *5* Sprühdüsenrohre zum Besprühen der Trommeloberfläche mit Gefrierwasser, *6* Wasserabflußrohr zur Gefrierwasser-Umwälzpumpe, *7* Schlaghammer zum Abschlagen des Eises von der Trommeloberfläche, *8* Losgeschlagenes Eis, *9* bis *12* Befestigung des Schlaghammers, *13* Schlaghammernocken, *14* bis *16* Nockenwelle zur Betätigung des Schlaghammers, *17* u. *18* Anschlag zur unteren Begrenzung der Hammerbewegung, *19* Ablaufschurre für das losgeschlagene Eis, *20* Eisbehälter.

6. Maschine von Atlas.

Bei einem weiteren von der Firma Atlas, Kopenhagen,

gebauten Eiserzeuger (dänisches Patent Nr. 62856) wird eine horizontalliegende, sich langsam drehende Trommel durch Düsen mit Gefrierwasser berieselt. Auf der von innen durch direkte Verdampfung gekühlten Trommel friert dabei ein Eisfilm, der gemäß Abb. 467 durch ein Schlagwerk von der Trommel gelöst und von einem Abstreifer entfernt wird. Ein Anschlag fängt das Schlagwerk so ab, daß es die Oberfläche der Trommel selbst nicht berührt. Diese Eiserzeuger werden mit Leistungen bis zu 35 Tonnen/Tag gebaut.

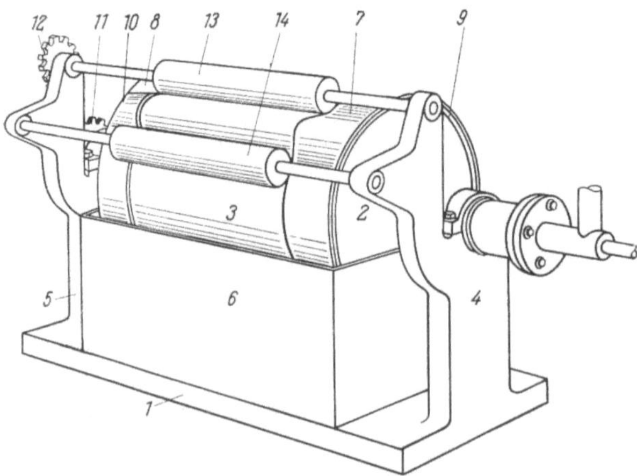

Abb. 468. „Belt-Ice-Maschine" von Frank Knowles.
1 Grundplatte, *2* Gefriertrommel, innen gekühlt, *3* flexibles Stahlband, *4* u. *5* Ständer, *6* Wasserbehälter, *7* u. *8* Gummischürzen, *9* u. *10* Befestigung der Schürzen an den Trommeldeckeln, *15* u. *29* Antriebsräder für obere Anpreßwalze, *21* u. *22* Weichgummiwalzen.

7. Belt-Ice-Maschine.

Unter dem Namen „Belt-Ice" (auf Band erzeugtes Eis) ist noch ein Verfahren von Franc W. Knowles (US-Patent Nr. 2412621 von 1946) bekannt geworden. Knowles will dabei ähnlich wie Crosby Field auf einer flexiblen Metalloberfläche gefrorenes Eis durch Biegen der Oberfläche absprengen. Um aber die Trommel durch direkte Verdampfung kühlen zu können, verwendet er eine starkwandige Trommel, über die ein dünnes, endloses Stahlband *3* (Abb. 468) gespannt ist. Das Metallband ist etwas länger als der äußere Trommelumfang, so daß sich zwischen den Gummiwalzen [*21*, *22*], die das Band an die Trommel pressen und von denen die obere angetrieben ist, eine Schleife bildet, durch die das Band so gekrümmt wird, daß das darauf gefrorene Eis abplatzt.

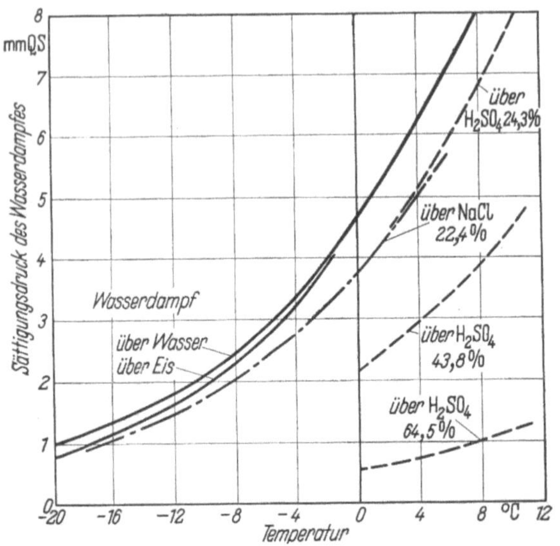

Abb. 469. Sättigungsdruck von Wasserdampf über Wasser, Eis, gesättigter Kochsalzlösung und Schwefelsäure-Wasser-Gemischen verschiedener Konzentrationen.

Die innen gekühlte Trommel *2* taucht mit dem darübergespannten Band *3* in die mit Wasser gefüllte Wanne *6* ein. Um zu verhindern, daß Wasser zwischen Band und Trommel gelangt und dort friert, sind an beiden Enden des Stahlbandes die Gummischürzen *7* und *8* anvulkanisiert. Die Schürzen werden bei *9* und *10* an den beiden Enden der Trommel wasserdicht befestigt. Von der Trommel wird nur der mittlere Teil

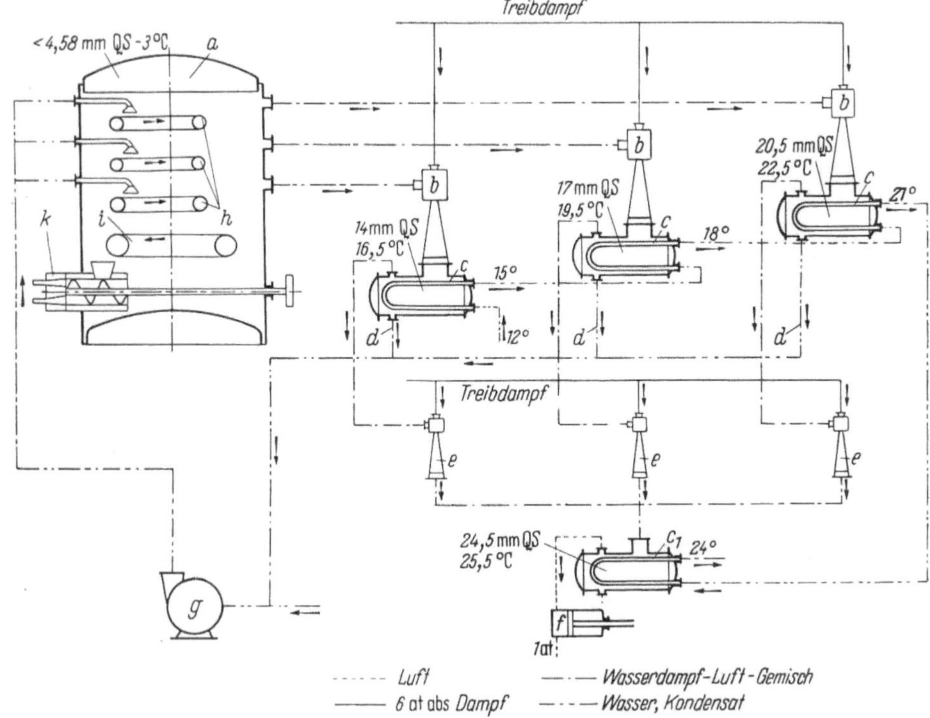

Abb. 470. Schema einer Vakuum-Eisanlage.
a Vakuum-Behälter, *b* Dampfstrahlverdichter, *c*, c_1 Kondensator, *d* Kondensatleitungen, *e* Dampfstrahlverdichter, *f* Kolbenvakuumpumpe, *g* Kreiselpumpe für Einspritzwasser, *h* umlaufendes Band, *i* Förderband für Eisscherben, *k* Austragsvorrichtung.

unter dem Stahlband gekühlt. Die unter den Gummischürzen liegenden Enden sind gut isoliert, damit sich auf den Gummischürzen kein Eis bilden kann.

Zweifellos bereitet die einwandfreie Abdichtung des Bandes gegen eindringendes Wasser konstruktiv erhebliche Schwierigkeiten.

8. Vakuum-Eiserzeuger.

Die Teilverdampfung von Wasser im Unterdruck, wohl das älteste Verfahren, das man zur Erzeugung von Eis angewendet hat, wird bei dem von den Firmen Balke-Linde auf eine Anregung von H. Tietz hin entwickelten *Vakuum-Eiserzeuger* zur Herstellung von Eis benutzt (Patent Nr. 574166). Aus Abb. 469 ist zu entnehmen, daß man, um auf diese Weise überhaupt Eis zu bekommen, einen Druck einhalten muß, der unter 4,58 mm QS liegt.

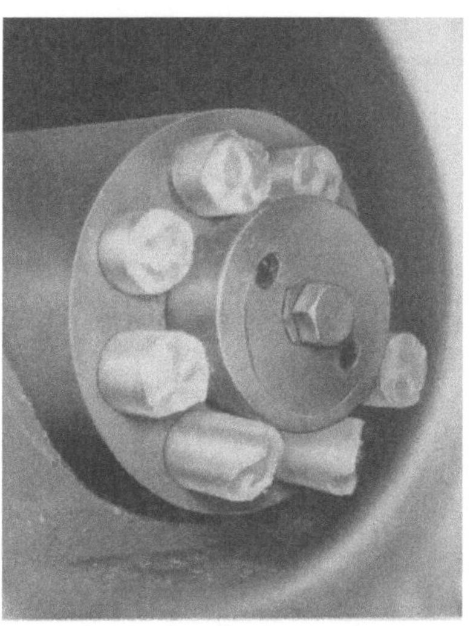

Abb. 471. Austragskopf der Schneckenpresse (Werkphoto Gesellschaft Linde).

Bei diesem niederen Druck sind die abzusaugenden Volume sehr groß. So müssen z. B. bei einer Leistung von 3 Tonnen Eis/Std. zur Einhaltung einer

Temperatur von $-3\,^{\circ}$C etwa 130000 m³ Wasserdampf/Std. abgesaugt werden. Das Schema des Aufbaues einer Vakuum-Eisanlage [47] zeigt Abb. 470. In einen Behälter *a*, der unter einem Druck von weniger als 4,58 mm QS gehalten wird, wird Wasser eingespritzt. Ein Teil dieses Wassers verdampft und wird durch einen Dampfstrahlverdichter *b* so hoch verdichtet, daß es bei der Temperatur des zur Verfügung stehenden Kühlwassers möglich ist, das den Dampfstrahlverdichter verlassende Gemisch von Vakuumdampf und Treibdampf im Kondensator *c* niederzuschlagen. Die nicht kondensierbaren Gase werden durch weitere Dampfstrahlverdichter *e* oder durch die Kolbenpumpe *f* bis auf atmosphärischen Druck verdichtet. Das in den Kondensatoren anfallende Kondensat wird zusammen mit Zusatzwasser von der

Abb. 472. Vakuum-Eiserzeugungsanlage 2000 kg/Stunde (Werkphoto Gesellschaft Linde).

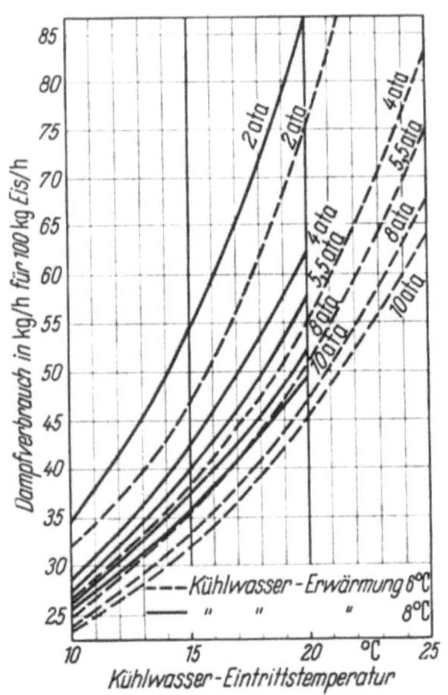

Abb. 473. Vakuum-Eiserzeuger, Dampfverbrauch in Abhängigkeit von der Kühlwassertemperatur.

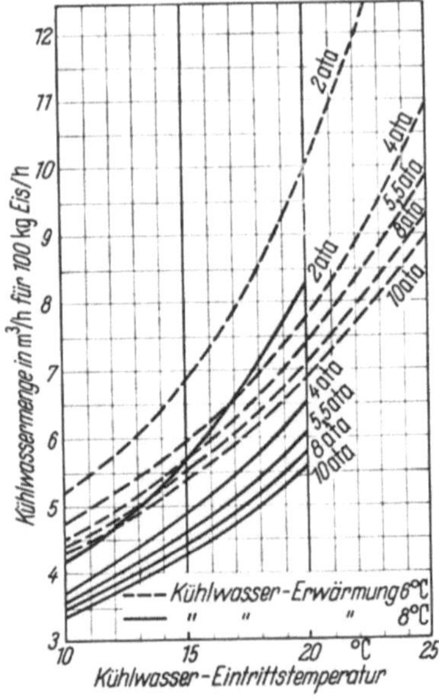

Abb. 474. Vakuum-Eiserzeuger, Kühlwassermenge in Abhängigkeit von der Kühlwassereintrittstemperatur.

Pumpe *g* erneut in den Vakuum-Behälter auf umlaufende endlose Bänder *h* gespritzt. Die dünne Eisschicht, die sich durch die Verdampfung eines Teiles des Einspritzwassers auf den Bändern bildet, löst sich an den Umkehrstellen der Bänder ab und fällt auf ein Förderband *i*, auf dem die Eisscherben auf dem Transportweg zu einer Austrageinrichtung *k* noch getrocknet und unterkühlt werden. Das Besprühen der Bänder mit Wasser muß durch kalibrierte Düsen erfolgen, da sonst der Wasserstrahl durch die sofort einsetzende Verdampfung eines Teiles des Wassers versprüht wird, bevor er die Bänder erreicht. Durch Unterteilung des Strahles in dünne, runde Strahlen mit hoher Oberflächenspannung läßt sich vorzeitiges Versprühen vermeiden. Als Austrageinrichtung wird eine Schneckenpresse *k* benutzt, die das Eis durch sich kegelig verengende Löcher nach außen fördert (Abb. 471 und 472). Durch den in den Austragdüsen gebildeten Eisstrang erreicht man eine völlige Absperrung des Apparates gegen die Außenatmosphäre. Die Abb. 473 und 474 zeigen den Dampf- und Wasserverbrauch eines Vakuum-Eiserzeugers bei verschiedenen Kühlwassertemperaturen. Der Energieverbrauch für die Austragpresse ist etwa 8 kWh/t Eis. Bänder und Einspritzpumpe brauchen etwa 1 kWh/t Eis. Eine Vakuum-Eisanlage mit einer Leistung von 2 Tonnen Eis/Std. hat ein Gesamtgewicht von 38 Tonnen. Eine Blockeisanlage gleicher Leistung würde vergleichsweise insgesamt etwa 230 Tonnen wiegen.

IV. Periodisch arbeitende Erzeuger von Kleineis.

Eiserzeuger dieser Art arbeiten durchweg nach folgendem Prinzip: in stehenden, innen mit Wasser berieselten Rohren, deren Außenflächen durch verdampfendes Kältemittel gekühlt sind, werden Eisstangen oder Eisrohre gefroren, die nach Anwärmen der Rohraußenflächen durch heißes Druckgas nach unten fallen und dabei in Stücke von gewünschter Größe geschnitten werden. Da auf diese Weise Klareis hergestellt werden kann, das für viele Zwecke gut geeignet ist und zudem seiner zylindrischen Form wegen in Eislagern wenig zusammenbackt, werden diese als *Röhreneiserzeuger* bezeichneten Apparate vielfach verwendet. Sie haben weiter den Vorteil, daß außer dem nur kurzzeitig laufenden Eisabschneider kaum mechanisch bewegte Teile benötigt werden. Normalerweise haben die Gefrierrohre einen Innendurchmesser von etwa 40 mm.

1. Röhreneiserzeuger von Vogt.

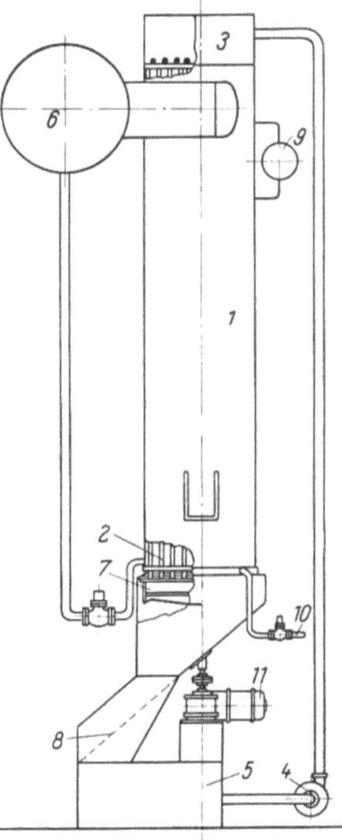

Abb. 475. Vogt Röhreneiserzeuger. *1* Röhrenkessel, *2* Gefrierrohre, *3* oberer Wasserbehälter mit Wasserverteilereinsätzen, *4* Gefrierwasserumlaufpumpe, *5* Gefrierwasserbehälter, *6* Ammoniakspeicher, *7* Abschneideinrichtung, *8* Abtropfsieb, *9* Schwimmerregler, *10* Druckgaseintritt zum Abtauen, *11* Getriebe zum Antrieb des Abschneiders.

Als erste stellte die Firma Henry Vogt, Louisville, Ky. [*48*, *49*], nach dem US-Patent von B. F. Kubaugh Nr. 2200424 solche Röhreneiserzeuger (Tube-Ice-Machine) her.

Der Vogt-Apparat (Abb. 475) besteht aus einem stehenden Kessel *1* mit einer Anzahl von Rohren *2*, die durch den oberen und unteren Boden gasdicht hindurchgeführt sind. Während im Kessel *1* Ammoniak verdampft, fördert die Pumpe *4* Wasser aus dem Sammelbehälter *5* in einen auf dem oberen Boden des Kessels befestigten Wasserkasten *3*, aus dem es über Drallkörper, die oben in die Rohre *2* eingesetzt sind, nach unten rieselt

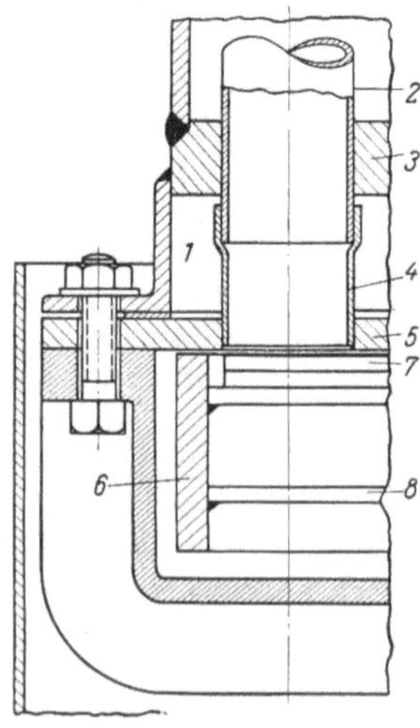

und z. T. gefriert. Das Überschußwasser läuft in den Behälter *5* zurück und wird wieder umgepumpt. Auf diese Weise entsteht in den Rohren bei nicht zu hartem Gefrierwasser klares Eis. Durch ein Zeitschaltwerk werden nach einer der gewünschten Eisstärke entsprechenden Zeit Magnetventile in der Kältemitteleinspritz- und Absaugleitung geschlossen sowie die Wasserumwälzpumpe abgestellt. Darauf wird heißes Druckgas in den Kessel eingeleitet, welches das flüssige kalte Ammoniak in den Behälter *6* verdrängt und die Rohre *2* so weit anwärmt, daß die Eiszylinder nach unten rutschen, wo sie von um-

Abb. 476. Vogt Röhreneisapparat, Anwärmkammer unter dem Röhrenboden.

1 Anwärmekammer, *2* Gefrierrohr, *3* unterer Rohrboden, *4* Rohrmanschette, *5* Boden der Anwärmkammer, *6* Abschneiderhalter, *7* Schneidkante, *8* Abstandteller des Abschneiders zur Festlegung der Abschneidlänge.

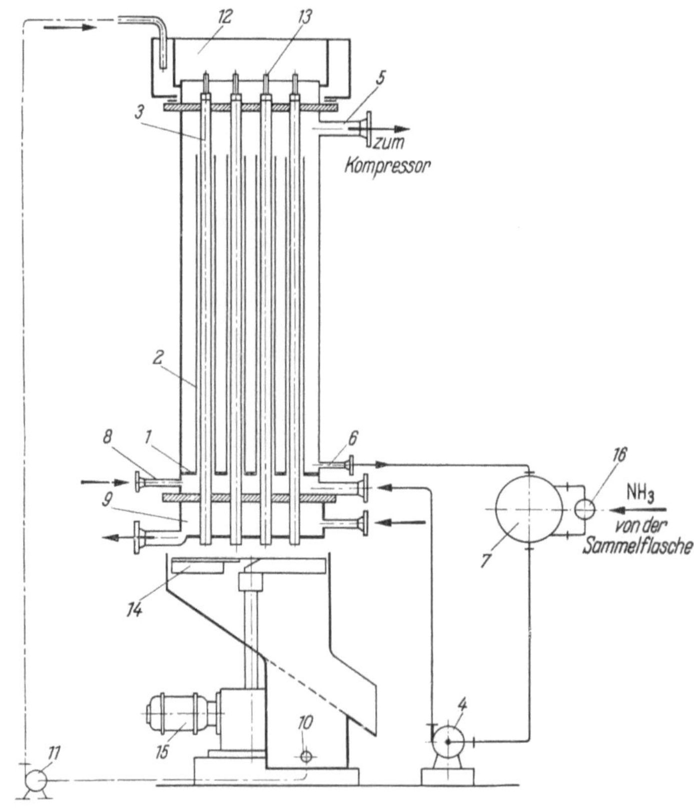

Abb. 477. Schema des Linde-Röhreneiserzeugers.

1 Zwischenboden, *2* Mantelrohre, *3* Gefrierrohre, *4* Ammoniakpumpe, *5* Saugleitung zum Kompressor, *6* Rücklaufleitung für überschüssiges Ammoniak, *7* Verdampfersammelflasche, *8* Druckgasstutzen zum Abtauen, *9* Anwärmkammer für die austretenden Gefrierrohrenden, *10* Gefrierwasserbehälter, *11* Gefrierwasserpumpe, *12* oberer Gefrierwasserbehälter, *13* Gefrierwassereinlaufkörper, *14* Abschneideinrichtung, *15* Antrieb für Abschneideinrichtung.

laufenden Schneidmessern *7* in Stücke von gewünschter Länge gebrochen werden und über ein Abtropfsieb *8* auf eine Transporteinrichtung oder Rutsche gelangen.

Das Abtauen von Röhreneisapparaten wird dadurch verzögert, daß sich infolge Wärmeleitung durch die Rohrwände auch noch Eis in den aus dem unteren Boden des Behälters herausragenden Enden der Gefrierrohre bildet, das erst nach Anwärmen des Kesselbodens schmilzt. Um die Eisbildung außerhalb des Kessels zu vermeiden, werden die aus dem Boden *3* herausragenden Rohrstutzen, wie in Abb. 476 dargestellt, durch eine unter dem Kesselboden befestigte Anwärmekammer *1* geführt, die beim Vogt-Apparat mit warmem Wasser beheizt wird.

Vogt baut Einheiten mit einer Leistung bis zu 60 Tonnen Röhreneis/24 Std.

2. Röhreneiserzeuger von Linde.

Bei einem von der Gesellschaft Linde entwickelten Verfahren (Abb. 477) wird Eis in den Röhren *3* eines Röhrenkessels erzeugt, die von Mantelrohren *2* umgeben sind, welche in einem Zwischenboden *1* stehen. Durch die Mantelrohre

Abb. 478. Blick auf die oberen Wasserbehälter der Eiserzeuger sowie auf die Motorventile für die automatische Umschaltung von Gefrieren auf Abtauen (Werkphoto Linde).

wird von einer Ammoniakpumpe *4* das aus dem Behälter *7* geförderte flüssige Ammoniak an den Gefrierrohren vorbeigeführt. Das verdampfte Ammoniak wird bei *5* vom Kompressor abgesaugt, während überschüssiges nicht verdampftes Ammoniak durch den Stutzen *6* in den Sammelbehälter *7* abfließt, in dem ein Schwimmerregler einen bestimmten Ammoniakstand aufrechterhält. Durch die Anordnung der Mantelrohre wird der Wärmeübergang auf der Kältemittelseite gegenüber einem gewöhnlichen Röhrenkessel erheblich verbessert und die Füllung des Apparates auf ein Minimum reduziert. Nach Beendigung der Gefrierzeit stellt ein Zeitschaltwerk nach Stillsetzen der Wasser- und Ammoniakpumpe sowie nach Schließen der Saugleitung dadurch auf Abtauen um, daß durch Öffnen eines Magnetventils über den Stutzen *8* Druckgas durch die Mantelrohre direkt an die Gefrierrohre geleitet wird. Durch den Raum *9* unter dem Behälterboden strömendes warmes Wasser oder Glykol verhindert die das Abtauen störende Eisbildung in den unteren Enden der Gefrierrohre.

Es werden Einheiten mit einer Leistung bis zu 60 Tonnen in 24 Std. hergestellt.

Bei Aufstellung mehrerer Apparate wird durch eine zentrale Schaltuhr der automatische Ablauf der Eiserzeugung der einzelnen Apparate so gesteuert, daß sich die Abtauperioden nicht überschneiden und so eine quasikontinuierliche Eiserzeugung erreicht. Abb. 478 zeigt den oberen Wassereinlauf sowie die Motorventile zur Umschaltung von Gefrieren auf Abtauen einer aus 5 Apparaten bestehenden Anlage mit einer Tagesleistung von 300 Tonnen Röhreneis.

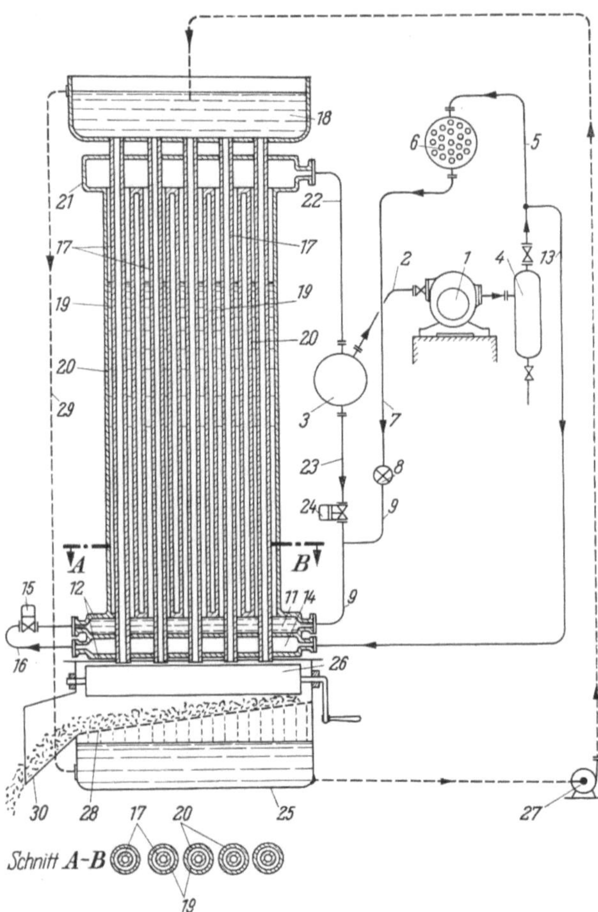

Abb. 479. Schema eines Escher-Wyss-Röhreneiserzeugers.
1 Kompressor, *2* Saugleitung, *3* Abscheider, *4* Ölabscheider, *5* Druckleitung, *6* Kondensator, *7*, *8*, *9* Einspritzleitung mit Drosselung, *11* Flüssigkeitsverteilkammer, *12* unteres Sammelstück, *13* Druckgasleitung, *14* Heizkammer, *15*, *24* Magnetventile, *16* Druckgasleitung zum Abtauen, *17* Gefrierrohre, *18* oberer Wasserbehälter, *19* Verdampfungsraum, *20* Mantelrohr, *21* oberes Sammelstück, *22* Saugleitung, *23* Falleitung, *25* Gefrierwasserbehälter, *26* Abschneider, *27* Gefrierwasserpumpe, *28* Abtropfsieb, *29* Überlaufleitung, *30* Eisschurre.

3. Röhreneiserzeuger von Escher-Wyss.

Escher-Wyss [*51*] setzt seine Röhreneiserzeuger nach dem Schweizer Patent Nr. 259568 (Abbildung 479) aus Elementen zusammen, die jeweils aus zehn doppelwandigen, senkrechten Gefrierrohren bestehen. Durch ein oberes und unteres Sammelrohr, durch die die Gefrierrohre gasdicht durchgeführt sind, werden die 10 Mantelrohre zu einem Kältemittelkreislauf verbunden. Das untere Verteilstück ist in 2 Kammern geteilt, von denen die tiefer liegende während des Gefrierens zur Vermeidung von Eisbildung in den unteren Rohrenden mit Druckgas beheizt ist. Zwischen Kompressor und Kondensator schaltet Escher-Wyss einen Heißgasspeicher, aus dem beim Abtauen der Gefrierrohre heißes Gas in das untere Sammelstück und von dort in die die Gefrierrohre umgebenden Mantelrohre geleitet wird.

Abb. 480 zeigt einen stehenden Eiserzeuger mit einer Tagesleistung von 12 Tonnen.

4. Röhreneiserzeuger der Astra-Werke.

Abb. 481 zeigt den ebenfalls aus einzelnen Doppelrohrelementen zusammengesetzten Röhreneiserzeuger der Astra-Werke, Hamburg-Bergedorf, der aus der Anordnung von FECHNER (S. 502) entwickelt wurde. Die Gefrierrohrenden

Abb. 480. Escher-Wyss-Röhreneiserzeuger: Leistung 1000 kg/Stunde (Werkphoto Escher-Wyss).

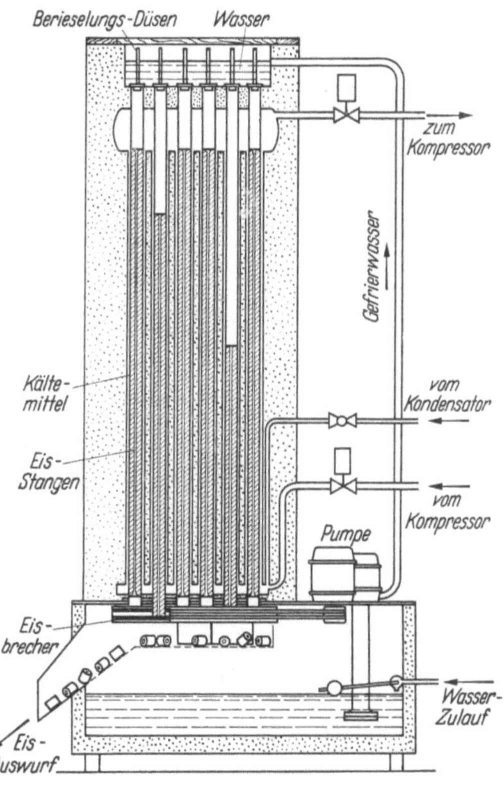

Abb. 481. Astra-Falleiserzeuger.

werden bei dieser Konstruktion wie bei den FECHNER-Anlagen durch druckgasbeheizte Rohrringe entfrostet.

5. Röhreneiserzeuger von Trépaud.

Einen solegekühlten Röhreneiserzeuger [*52*] baut die Firma Trépaud, Paris, (Abb. 482). In einem stehenden Kessel sind um ein großes, in der Mitte eingesetztes Rohr *2* eine Anzahl Gefrierrohre *1* angeordnet, die einen Innendurchmesser von 38 mm haben. Um das Mittelrohr ist in dem Raum zwischen Mittelrohr und Kesselinnenwand schraubenförmig ein Leitblech gelegt, das entsprechende Bohrungen zum Durchgang der Gefrierrohre hat. Die Kühlsole tritt unten in den Stutzen *5* ein und wird mit hoher Geschwindigkeit durch die durch das Leitblech gebildeten flachen Schraubengänge zum oberen Austritt geführt. Der so erzielte Kreuzstrom hat einen guten Wärmeübergang an die Gefrierrohre zur Folge. Der Behälter wird bei *5* mit Wasser gefüllt, das durch das vom Motor *6* angetriebene Schraubenpumpwerk *8* kräftig umgewälzt wird. Die Eisbildung in den Gefrierrohren verengt die freien Querschnitte und erhöht dadurch den

Pumpendruck, so daß am Druckmanometer der Pumpe der Stand der Eiserzeugung ungefähr abgelesen werden kann. Durch Einleiten von warmer Sole bei *5* wird abgetaut; die losgetauten Eisrohre werden von einer unter dem Kesselboden montierten Schneideeinrichtung *13*, die vom Motor *9* über ein Reduziergetriebe *10* angetrieben wird, zerkleinert. Durch einen verstellbaren Geschwindigkeitsregler *11* kann je nach Umdrehungsgeschwindigkeit des Abschneiders die Länge der Eisstücke zwischen 2 und 10 cm verändert werden.

Abb. 482. Trépaud-Röhreneiserzeuger.

1 Gefrierrohre, *2* inneres Wasserrohr, *3* Soleaustritt, *4* Soleleitblech, *5* Soleeintritt, *6* Antriebsmotor für Wasserumlaufpumpe, *7* Gefrierwassereintritt, *8* Wasserumlaufpumpe, *9* Antrieb für Eisabschneider, *10* Eisabschneidergetriebe, *11* Geschwindigkeitsregler für Abschneider, *12* Bodenklappe für die Eisentleerung, *13* Abschneider.

6. Eisleistung von Röhreneiserzeugern.

In Abb. 483 ist für ein Rohr mit 50 mm Innendurchmesser die von H. Dölz errechnete, stündliche

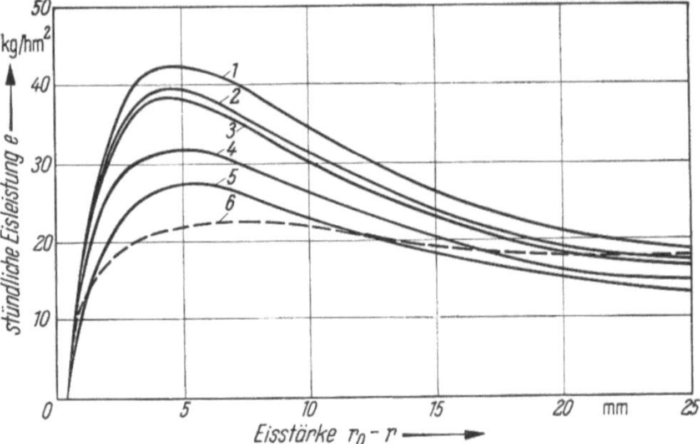

Abb. 483. Stündliche Eisleistung je Quadratmeter Innenfläche eines Röhreneiserzeugers in Abhängigkeit der ausgefrorenen Eisstärke.

Eisleistung e je Quadratmeter Rohrinnenfläche in Abhängigkeit von der ausgefrorenen Eisstärke $r_0 - r$ aufgetragen [*53*]. Dabei ist r_0 = Rohrinnenradius, r = Innenradius des ausgefrorenen hohlen Eiszylinders.

Kurve 1 zeigt die nach Plank berechnete Eisleistung unter folgenden Annahmen:

1. Gefrierwassertemperatur 0 °C.

2. Verdampfungstemperatur konstant —10 °C während der gesamten Gefrierzeit.

3. Keine Unterkühlung des Eises.

4. Abtauzeit 2 Min,. Abschmelzverluste durch Abtauen 0,5 mm.

5. Zusätzliche Verluste durch Abkühlung der beim Abtauen aufgeheizten Rohre sind nicht berücksichtigt.

Kurve 2 gibt die Leistungsminderung an, die bei einem Gefrierwasserzulauf von +10 °C durch die zusätzliche Abkühlung des Wassers verursacht wird.

Kurve 3 zeigt die weitere Leistungsminderung durch Unterkühlung des Eises auf —5 °C. Dieser zusätzliche Aufwand ist offensichtlich unbedeutend.

Kurven 4 und 5 berücksichtigen zusätzlich außer dem reinen Zeitverlust durch das Abtauen auch den Verlust an Eisleistung durch das Wiederabkühlen der beim Abtauen aufgeheizten Eisengewichte, wobei in Kurve *4* der Mindestverlust dargestellt ist, während Kurve *5* den Verlust zeigt, mit dem infolge Vergrößerung der Gewichte durch Zuschlag zur Mindestrohrstärke und zusätzliche Konstruktionselemente praktisch gerechnet werden muß.

Berücksichtigt man weiter noch die Tatsache, daß praktisch die Verdampfungstemperatur nicht konstant ist, sondern von Beginn des Gefrierprozesses bis zum Ausfrieren von -8 °C auf etwa -18 °C absinkt, so ergibt sich der in Kurve *6* dargestellte Verlauf für den praktischen Betrieb eines Röhreneiserzeugers. Man sieht, daß das beim Ausfrieren von hohlen Eiszylindern mit dünner Wandstärke zu erwartende Leistungsmaximum, das auch durch die berechnete Kurve *1* bestätigt wird, infolge der Abtauverluste (Kurve *5*) stark abgeflacht und letztlich durch das Absinken der Verdampfungstemperatur während des Einfrierprozesses (Kurve *6*) fast ganz ausgeglichen wird. Berücksichtigt man aber die Tatsache, daß beim Transport und bei der Lagerung dünne Eisscherben wegen der im Verhältnis zum Volum größeren Oberfläche schneller abschmelzen als dickere Körper, so dürfte bei Röhreneiserzeugern das Ausfrieren sehr dünner Rohre kaum wirtschaftlich sein.

Entscheidend ist der Abtauverlust, der durch das am Wärmespiel teilnehmende Eisengewicht und durch die Beschaffenheit der Innenfläche der Gefrierrohre wesentlich bestimmt wird. Ein Schutz der inneren Rohroberfläche durch einen Kunstharzüberzug oder besser die Verwendung von Edelstahl für die Gefrierrohre wird die Abtauverluste erheblich verringern.

In dem den Gebrüdern Sulzer, Winterthur, erteilten Schweizer Patent Nr. 260959 ist eine Anordnung beschrieben, bei der durch mechanisches Herausdrücken der Eiszylinder aus den Gefrierrohren während des Abtauens der Abtauverlust verringert werden soll. Eine praktische Anwendung dieses Patentes ist nicht bekannt geworden.

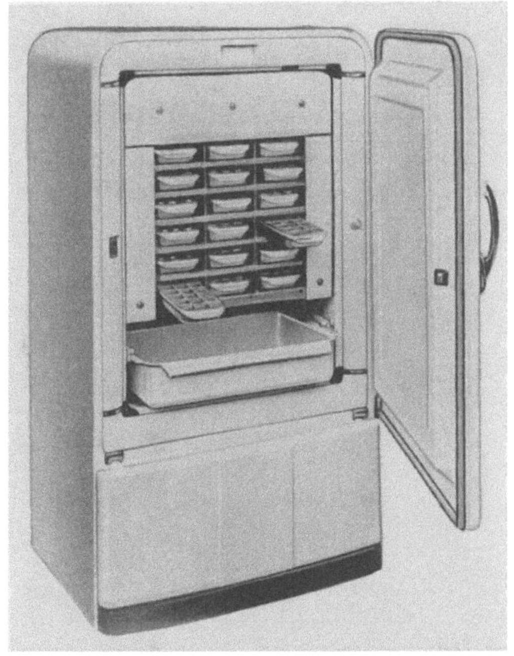

Abb. 484. Kühlschrank zur ausschließlichen Herstellung von Eiswürfeln (Gesellschaft Linde).

V. Kleingeräte zur automatischen Herstellung von Eisstücken und Splittereis.

Erhebliche Mengen Kleineis werden zur Kühlung von Getränken und Speisen in Hotels, Gaststätten, Haushaltungen und Lebensmittelgeschäften, aber auch für therapeutische Zwecke, in Krankenhäusern und industriellen Betrieben gebraucht. Früher waren die Betriebe auf die Versorgung mit Blockeis oder bereits zerkleinertem Blockeis angewiesen. Nach Einführung der maschinellen Kühlschränke, die meist schon in den Verdampfern eine kleine

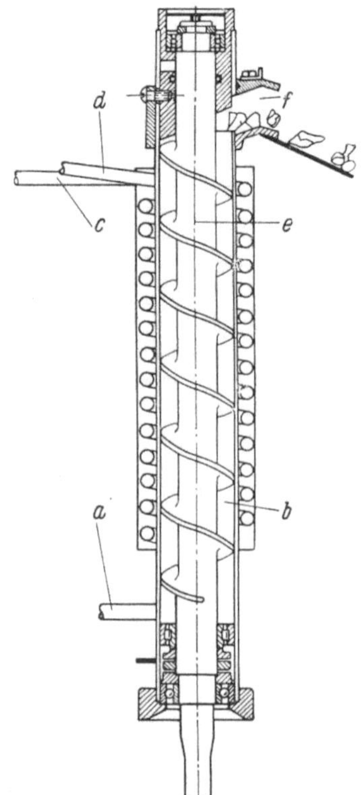

Abb. 485. Scotchman-Flak-Ice-Erzeuger. *a* Wassereintritt, *b* Chromstahlrohr, *c* Eintritt und *d* Austritt des Kältemittels, *e* Chromstahlschnecke für das Entfernen und den Transport von Eis, *f* Eisaustritt.

Menge Eiswürfel erzeugten, wurden für diese Zwecke zunächst spezielle Kühlschränke hergestellt, die ausschließlich zur Eiserzeugung in Schalen dienten (Abb. 484).

Seit einigen Jahren sind aber in Amerika und jetzt in zunehmendem Maße auch in Europa kleine maschinelle Eiserzeuger meist amerikanischer Herkunft auf dem Markt. Auch bei diesen Geräten werden kontinuierliche Verfahren zur Herstellung von Schnee und Splittereis verwendet, während größere Eisstücke in Form von Würfeln, Zylindern oder Zylindersegmenten in periodisch arbeitenden Apparaten hergestellt werden.

1. Kontinuierliche Verfahren zur Herstellung von Scherbeneis.

Die Firmen Scotchman Queen Products, Inc., in Albert Lea, Minnesota und Ross-Temp., Inc., Chicago, Ill., benutzen zur Erzeugung von Splittereis einfache, bisher nur bei Speiseeiserzeugern verwendete Prinzipien:

a) Bei dem Scotchman-Apparat (Abb. 485) wird über den Stutzen *a* ein durch eine Rohrschlange von außen gekühltes Chromstahlrohr *b* mit Trinkwasser gefüllt und das an der Innenwand des Rohres gebildete Eis von einer sich langsam drehenden Chromstahlschnecke *e* abgeschert und zum Eisauslaß *f* gefördert. Die etwa 1,5 cm langen Eissplitter sind hart und klar. Es gibt Apparate mit Leistungen von 160, 250 und 450 kg Eis in 24 Std. Das Verfahren ist äußerst wirtschaftlich. Der Leistungsverbrauch liegt zwischen 40 und 45 W/kg Eis.

Meist wird der Eiserzeuger mit einem isolierten Eisspeicher zusammengebaut (Abb. 486), in den das Eis direkt gefördert wird. Wenn der Speicher gefüllt ist, berührt das Eis einen Thermostaten, der darauf die Anlage abschaltet. Diese Art der automatischen Kontrolle des Eisspeicherinhaltes wird häufig angewendet.

b) Der Eiserzeuger der Firma Ross-Temp. (Abb. 487) arbeitet in der Weise, daß an dem in einem

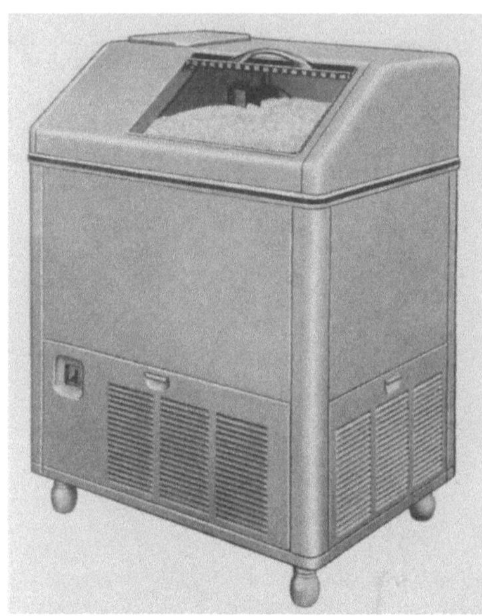

Abb. 486. Scotchman-Flak-Ice-Erzeuger mit Eislager.

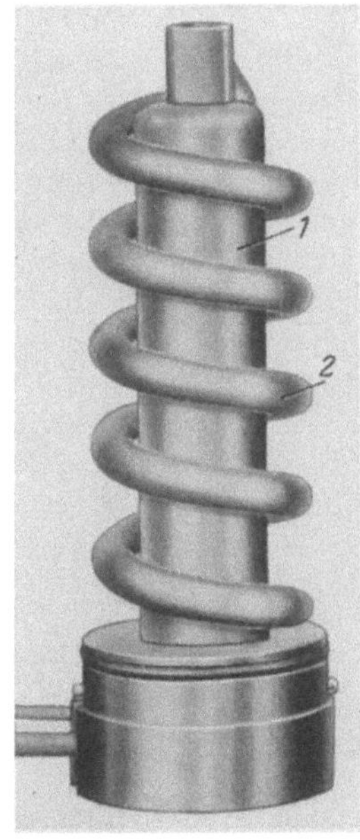

Abb. 487. Verdampferrohr (*1*) und Eisabkratzschnecke (*2*) eines Ross-Temp-Eiserzeugers.

Abb. 488. Gesamtaufbau eines Ross-Temp-Eiserzeugungsaggregates. *1, 2, 3* Antriebsmotor und Getriebe für Abkratzschnecke, *4* Gefrierwasserbehälter mit Schwimmer, *5* Gefrierwasserleitung, *6* Wasserzuleitung, *7, 8* Fallschacht für erzeugtes Eis, *9* Eiserzeuger.

Wasserbehälter stehenden Verdampferrohr *1* Eis gefroren wird, das eine über ein Untersetzungsgetriebe langsam um das Verdampferrohr gedrehte Schneckenspirale *2* abschert und zum Eisausstoßschacht fördert. Ein Schwimmerregler hält den Wasserstand im Behälter auf konstanter Höhe. Abb. 488 zeigt den gesamten Aufbau eines Apparates mit zwei Eiserzeugern. Es werden Apparate mit Leistungen von 60 und 120 kg/24 Std. hergestellt.

Abb. 489. York-Flak-Ice-Maschine. *1* gekühlter Zylinder, *2* Messerwalzen, *3* Wasserbehälter, *4* Schaltkasten, *5* Kompressorkapsel.

c) Für Leistungen von 150 bis 400 kg Eis in 24 Std. baut die Firma York, in York, Pa., eine kleine Flak-Ice-Maschine (vgl. S. 510) (Abb. 489), bei der auf der Außenfläche eines stehenden, gekühlten Zylinders gefrorenes Eis von umlaufenden Messerwalzen abgeschert wird.

2. Diskontinuierliche Verfahren.

a) Der Scotchman-Würfeleiserzeuger (Super-Cuber) stellt vollautomatisch Eisstücke in Form kleiner Kegelstümpfe auf folgende Weise her:

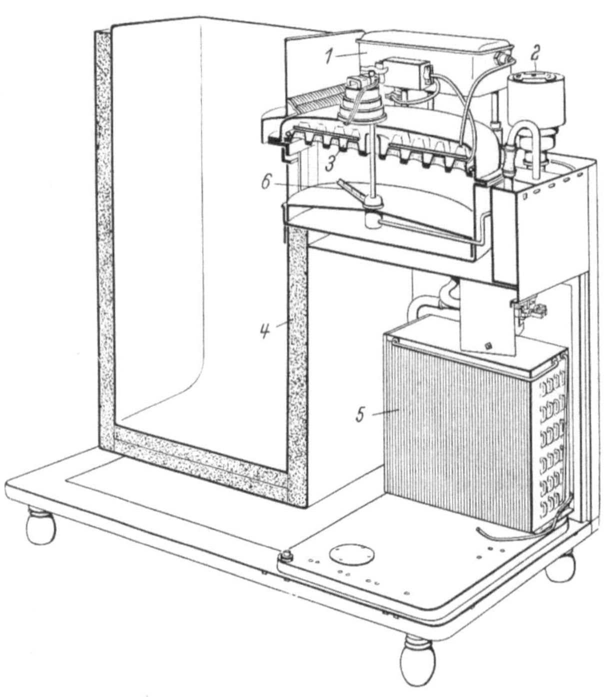

Abb. 490. Scotchman Würfeleiserzeuger.
1 Chromstahlwassertank mit Schwimmerregler, *2* Gefrierwasserumwälzpumpe, *3* Verdampferboden mit eingepreßten Näpfen, *4* isolierter Eisspeicher, *5* Kondensator, *6* umlaufendes Sprühdüsenrohr zum Einspritzen des Wassers in die Gefriernäpfe.

In die Bodenplatte *3* eines liegenden Plattenverdampfers sind, wie aus Abb. 490 zu ersehen, becherförmige Vertiefungen gepreßt, in die durch das umlaufende Düsenrohr *6* von unten Wasser gespritzt wird. Das Wasser gefriert in den gekühlten Formen, die nach einiger Zeit voll ausgefroren sind. Ein einstellbares Zeitschaltwerk setzt darauf die Wasserumlaufpumpe still und leitet Druckgas in den Verdampfer. Die losgetauten Eiskegel fallen aus den Formen und werden im Behälter *4* gespeichert.

Um Verstopfungen der Einspritzdüsen durch im Umlaufwasser konzentrierte Salze zu vermeiden, wird bei jedem Abtauvorgang durch Öffnen eines Magnetventils die Bodenwanne entleert, so daß immer frisches Wasser zu Beginn der Gefrierperiode zur Verfügung steht.

Es werden Einheiten mit Leistungen von 35, 70 und 100 kg/Tag hergestellt. Der Stromverbrauch ist infolge der Verluste beim Abtauen um etwa 40 bis 50% höher als bei den Scherbeneisererzeugern.

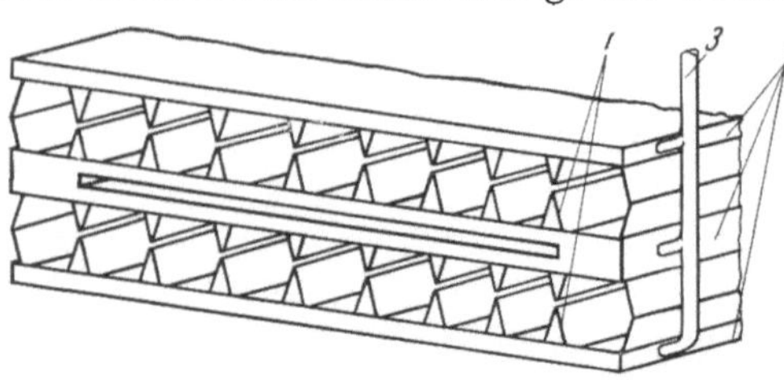

Abb. 491. „Gefrierröhren" des York-Stückeiserzeugers.
1 Stege, *2* Platten.

b) Bei dem Stückeiserzeuger (Automatic Cuber) der Firma York Shipley Ltd. [*54*] wird Eis in wasserberieselten, allseits gekühlten röhrenartigen Zellen gefroren. Die Röhrenform ist gemäß Abb. 491 durch Stege *1* an gekühlten Platten *2* gebildet. Diese Anordnung hat den Vorteil, daß die Zellen elastisch sind und dem Eisdruck beim Gefrieren nachgeben können.

Die Dicke der Eisstücke wird durch einen verstellbaren Thermostatfühler geregelt, der in eine Zelle hineinragt und auf Abtauen umstellt, wenn das ausgefrorene Stück ihn berührt.

York stellt solche Eiserzeuger mit Leistungen von 90 und 180 kg/Tag her. Die Eiserzeuger stehen auf einem isolierten Eisspeicher, nach dessen Füllung der Eiserzeuger durch Thermostat stillgesetzt wird.

c) Der Automatic-Ice-Maker der Firma American Automatic-Ice-Machine Co., Faribault, Minn., erzeugt scheiben- oder diaboloförmige Eisstücke. Wie Abb. 492 zeigt, werden senkrecht stehende Bleche *13*, die jeweils einen Abstand von etwa 18 mm haben, über die Verteiler *4* und *5* mit Wasser berieselt. Auf der nicht von Wasser benetzten Seite der Bleche sind in regelmäßigen Abständen Metallknöpfe *10* aus gut leitendem Material so am Blech befestigt, daß sie mit der wasserberieselten Innenfläche bündig sind. Diese Knöpfe sind andererseits an die Verdampferschlangen *14* angelötet. Das herabrieselnde Wasser gefriert an den die Wärme gut leitenden Knöpfen in Form von Scheiben *15*, die einander von

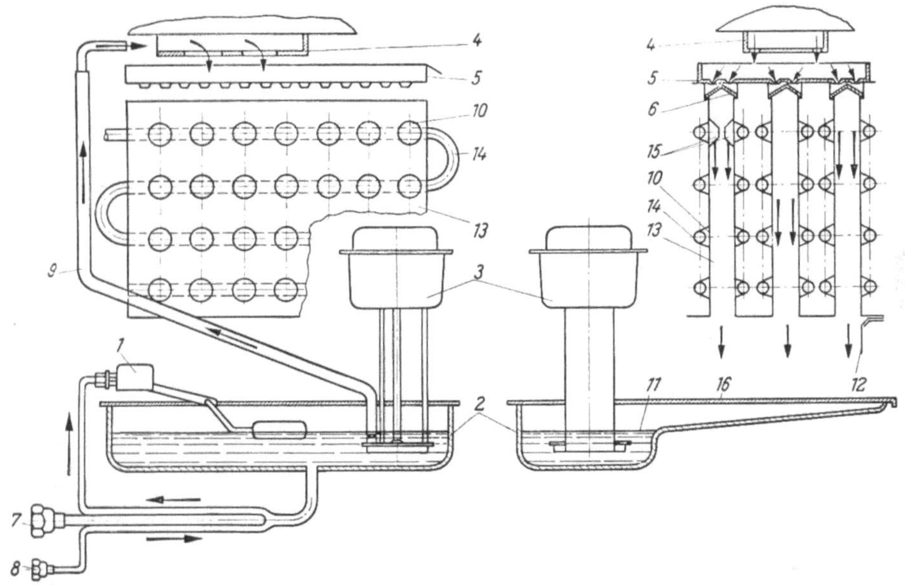

Abb. 492. Crystal-Tips-Eiserzeuger.

1 Schwimmerregler für Gefrierwasser, *2* Gefrierwasserschale, *3* Wasserpumpe, *4*, *5*, *6* Wasserverteilung, *7* Entleerung der Gefrierwasserschale mit Wärmeaustauscher, *8* Frischwasseranschluß, *9* Pumpendruckleitung zum Wasserverteiler, *10* „Verdampferknöpfe“, *11* Wasserstand, *12* Abschirmung gegen Spritzwasser, *13* Blechwände mit Verdampferknöpfen, *14* Verdampferschlange, *15* angefrorene Eisscheiben, *16* Abtropfsieb über Gefrierwasserschale.

beiden Seiten entgegenwachsen und zu einem diaboloförmigen Körper zusammenfrieren. Ein einstellbares Zeitschaltwerk stellt auf Abtauen um. Die Eiskörper lösen sich von den nun erwärmten Knöpfen und fallen zwischen den Blechen nach unten. Bei Einstellung einer kürzeren Gefrierzeit entstehen statt des Diabolokörpers zwei dünne Scheiben (Chips). Das überschüssige Rieselwasser wird in der Wanne *2* aufgefangen und von der Pumpe *3* wieder zum Wasserverteiler *4* und *5* gefördert. Durch einen Schwimmerregler wird der Wasserstand in der Wanne konstant gehalten. Das erzeugte Eis gelangt über das Sieb *16* in den Vorratsbehälter. Die Apparate haben eine Leistung von 140 kg/Tag.

d) Ein anderes Prinzip wird bei dem Frigidaire-Würfeleisbereiter (Abb. 493) verwendet. Aus dem untenliegenden Wasserbehälter gepumptes Gefrierwasser fließt durch Düsen auf die obere Gefrierplatte und von dort über Umlenkbleche zur unteren Gefrierplatte, von der das Überschußwasser wieder zum Wasserbehälter zurückgeleitet wird. Auf den gekühlten Platten friert das Wasser zu Eistafeln. Durch einen Thermostatfühler wird bei gewünschter Eisdicke der Wasserzufluß gesperrt und warmes Druckgas durch die Gefrierplatten geleitet. Die losgetauten Eistafeln rutschen auf elektrisch geheizte Drahtroste, wo sie

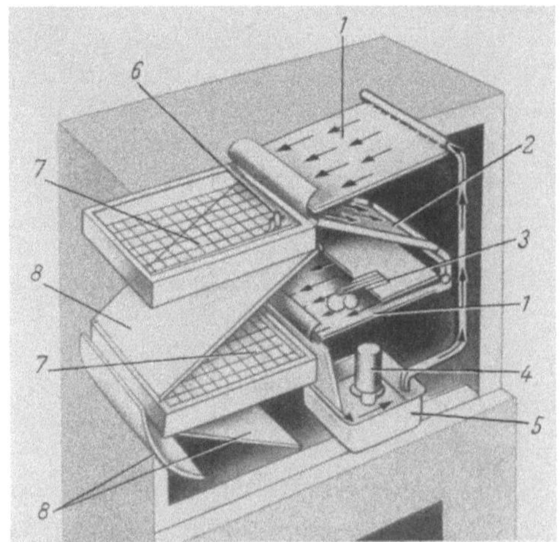

Abb. 493. Frigidaire Würfeleisbereiter.
1 Gefrierplatten, 2 Wasserablaufblech, 3 Eisstärkekontrolle, 4 Wasserpumpe, 5 Wasserbehälter, 6 Heizschalter, 7 Eisschneidgitter, 8 Eisleitblech.

in Würfel geschnitten werden, die sodann über Leitbleche in den unter dem Eiserzeuger befindlichen Eisspeicher fallen. Wenn der Eisspeicher gefüllt ist, wird durch Thermostat die Eiserzeugung abgestellt. Der Gefrierwasserbehälter wird jeweils während des Abtauens automatisch entleert. Durch unterschiedliche Maschenweite der Eisschneidgitter lassen sich Würfel verschiedener Größe herstellen.

Es werden Eiserzeuger für 100 und 200 kg in 24 Std. hergestellt. Als Energieverbrauch werden 12,2 kWh für 100 kg Eis bei Wasserzulauftemperaturen von 15,5 °C und Raumtemperaturen von 21 °C angegeben.

B. Gefrieren von Salzlösungen und Herstellung von bakterizidem Eis.

Wie schon eingangs erwähnt, treten beim Gefrieren von salzhaltigem Wasser Konzentrationsverschiebungen auf. Der Salzgehalt des ausgefrorenen Eises ist abhängig von der Gefriergeschwindigkeit (Temperatur der eisseitigen Kühlfläche) sowie von den Strömungsvorgängen am Rande der Gefrierschicht. So steigt der Salzgehalt des Eises mit zunehmender Gefriergeschwindigkeit (fallender Temperatur der Kühlfläche). Hohe Wassergeschwindigkeiten am Rande der Gefrierzone verringern dagegen den Salzgehalt des Eises. Unter sonst gleichen Bedingungen steigt der Salzgehalt des Eises praktisch linear mit der Erhöhung der Salzkonzentration des Gefrierwassers.

1. Gefrieren von Salzlösungen.

Bei der Herstellung von Eis aus Süßwasser sind Salzeinschlüsse aus den schon genannten Gründen unerwünscht. Die verschiedenen Maßnahmen zur Herstellung von salzfreiem Blockeis wurden im Abschnitt A beschrieben, aber auch bei den modernen Verfahren zur Herstellung von kleinstückigem Eis, bei denen das Gefrierwasser umgepumpt wird, ist zu beachten, daß sich infolge Ausfrierens von salzarmem Eis die Salze im Umlaufwasser konzentrieren, was abgesehen von der Verschlechterung der Eisqualität zu Salzausscheidungen auf den eisseitigen Kühlflächen führen kann. Abb. 494 zeigt die im Beharrungszustand zu erwartende Konzentration (Härte) des Umlaufwassers bei einem Röhreneisapparat in Abhängigkeit von der Härte des zulaufenden Gefrierwassers.[1] Durch entsprechende Dosierung von Natrium-Polyphosphat läßt sich häufig bis zu einer Härte des Umlaufwassers von höchstens 18 °dH die Auskristallisation der Salze noch zurückhalten. Das erzeugte Eis ist dann allerdings milchigtrüb. Kurve *a* zeigt, daß bei reinem Umlaufbetrieb die Grenze von 18 °dH bereits überschritten wird, wenn die ursprüngliche Härte des zulaufenden

[1] Die Einheit der deutschen Härtegrade 1 °dH entspricht 10 mg CaO in 1000 cm^3 Wasser.

Gefrierwassers 6 °dH beträgt. Ersetzt man ständig zusätzlich 30% des Umlaufwassers durch Frischwasser (Kurve *b*), so ist bei Polyphosphatdosierung der Betrieb bis zu einer Härte des Gefrierwassers von etwa 9 °dH möglich. Bei 50% Frischwasserzusatz kann die Härte des Gefrierwassers äußerst etwa 12 °dH betragen. Eine sorgfältige Prüfung der Wasserverhältnisse ist auch bei der Planung von Kleineiserzeugungsanlagen erforderlich.

Genügender Zusatz von Frischwasser ist vor allem für die periodisch arbeitenden Verfahren wichtig. Bei den kontinuierlichen Verfahren wird meist zusammen mit dem Eis genügend Wasser ausgetragen und damit von selbst eine zu hohe Konzentration der Salze verhindert. Bei einigen periodisch arbeitenden Kleingeräten zur Herstellung von Eis (s. S. 528) wird, um ein Versalzen der Wasserverteiler und der Kühlflächen zu vermeiden, vor jedem neuen Gefriervorgang das gesamte Umlaufwasser automatisch erneuert.

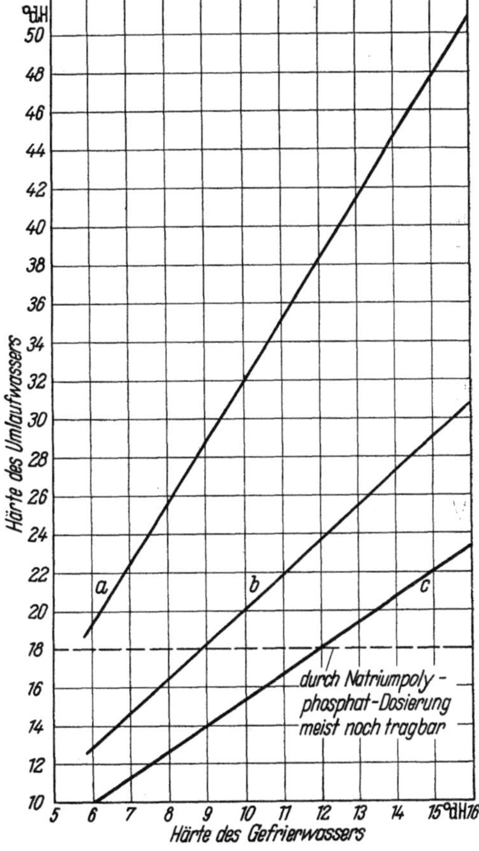

Abb. 494. Härte des Umlaufwassers eines Röhreneiserzeugers im Beharrungszustand, abhängig von der Härte des eingespeisten Gefrierwassers (dH = deutsche Härtegrade).

Kurve *a* ohne Überlauf eines Teiles des Umlaufwassers, Kurve *b* 30% des Umlaufwassers laufen ab, Kurve *c* 50% des Umlaufwassers laufen ab.

2. Salzeis [*55—57*].

Salzhaltiges Eis ist vor allem für die Seefischerei von Bedeutung, nachdem festgestellt wurde, daß durch Einbettung in Salzeis, das aus Seewasser hergestellt ist, die Lagerzeit der Seefische erheblich verlängert werden kann.[1] Das Salzeis muß dabei bestimmten Bedingungen genügen, wenn es mit Erfolg angewendet werden soll. Das abfließende Schmelzwasser soll ungefähr der Konzentration des Seewassers im Fanggebiet entsprechen. Eine Unterschreitung der Konzentration vermindert die Wirksamkeit. Zu hohe Konzentration von Salz im Schmelzwasser kann dagegen zum Verätzen der Fische führen. Die oberste Grenze wird für Fischlagerung mit 5% angegeben [*57*].

Das Gefrieren von salzhaltigem Wasser geht in der Weise vor sich, daß sich an der unter die Gefriertemperatur der benutzten Salzlösung abgekühlten Fläche zunächst Süßwassereiskristalle bilden, die sich zu abgeschlossenen Hohlkörpern vereinigen, in denen flüssige Gefrierlösung eingeschlossen ist. Konzentration und Größe der Einschlüsse werden durch die Gefriergeschwindigkeit, die Konzentration der Gefrierlösung und die Strömungsvorgänge am Rande der Gefrierschicht bestimmt. Bei weiterer Abkühlung friert darauf aus den eingeschlossenen Lösungströpfchen so lange Eis aus, bis die Restlösung eutektische Konzentration erreicht und einheitlich gefroren werden kann.

[1] Vgl. Bd. X dieses Handbuches, S. 226.

Der Schmelzvorgang spielt sich in umgekehrter Weise ab. Zunächst taut die zwischen den Eiskristallen eingeschlossene eutektische Lösung der Eistemperatur entsprechend auf, bis die Salzlösung die umgebende Eisschicht durchbricht. Je lückenloser und gleichmäßiger die Schicht ist, um so gleichmäßiger wird die Konzentration der aus dem Eis abfließenden Salzlösung sein. Zur Herstellung von Salzeis eignen sich besonders Eiserzeuger mit hoher Gefriergeschwindigkeit und nicht zu großer Bewegung des Gefrierwassers.

3. Bakterizides Eis.[1]

In den dreißiger Jahren wurde unter dem Namen „Katadyn-Eis" [*58*] Eis aus Wasser hergestellt, dem in feinster Verteilung einige zehntel Gramm kolloidales Silber je Kubikmeter zugesetzt wurden. Das Verfahren wurde aber aufgegeben, da die Schutzwirkung nicht ausreichend war.

Neuerdings versucht man, bakterizides Eis durch Zusätze von Aureomycin herzustellen. Die beim Gefrieren eintretenden Konzentrationsverschiebungen sind aber hier besonders hinderlich, weil bei ungleichmäßiger Verteilung im Eis und dadurch bedingtes ungleichmäßiges Abschmelzen stellenweise gefährlich hohe Konzentrationen auftreten können. Viskositätserhöhende Zusätze [*59, 60*], wie Methylzellulose, Gelatine, Natrium-Alginat und verschiedene Carragene, sollen eine gleichmäßigere Verteilung der bakteriziden Zusätze im Eis bewirken.

Weiter hat sich die Mischung der folgenden Zusätze zum Gefrierwasser im Versuch gut bewährt: 100 bis 500 mg Glykoldiformiat/kg Wasser + 100 bis 500 mg Sorbinsäure/kg Wasser + 25 ml HCl/t Wasser.

C. Lagerung und Transport von Eis.

1. Blockeis.

Eislager sind zur Deckung von Bedarfsspitzen, die über die Leistung der Eisgeneratoren hinausgehen, erforderlich. Als Eislager für Blockeis verwendet man

Abb. 495. Eisgenerator mit Holzbohlenförderer (vorne rechts) zum Abtransport der ausgekippten Eisblöcke (Werkphoto Linde).

[1] Vgl. Bd. X dieses Handbuches, S. 227 bis 231.

isolierte, mit stiller Kühlung durch Deckensysteme auf etwa —2 bis —4 °C gekühlte Räume. Die auf den Eistisch gekippten Blöcke werden bei einfacher Ausführung der Anlagen von Hand zu einem Ende des Tisches geschoben und gelangen von dort über Rutschen mit 7 bis 10% Gefälle zum Eislager, wo sie wieder von Hand gestapelt werden müssen. In modernen Eisfabriken (Abb. 495) ist der Eistisch selbst als Bohlenbandförderer ausgebildet, der nach jedem Zug den Ausstoß zur Rutsche oder anderen Transporteinrichtungen bringt. Abb. 424

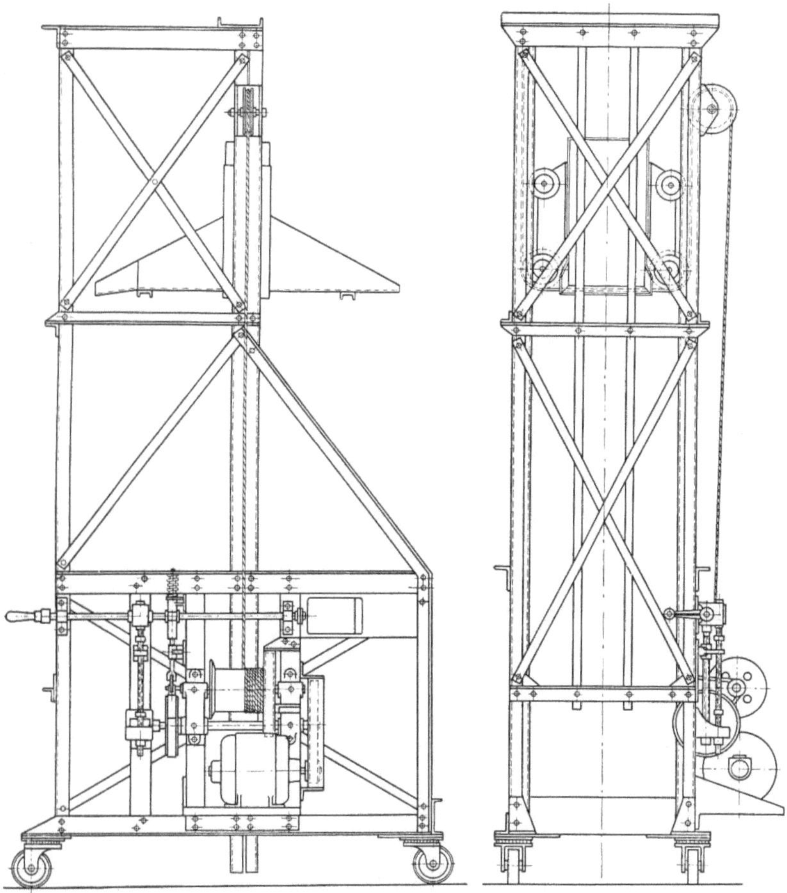

Abb. 496. Einrichtung zum Heben und Senken von Eisblöcken in Eislagern.

zeigt ein Eislager mit 25 kg-Blöcken und einen Bohlenbandförderer zum An- und Abtransport der Blöcke. Um das Zusammenbacken der Blöcke beim Lagern zu verhindern, werden, wie aus Abb. 424 zu ersehen, Holzlatten zwischen die einzelnen Stapel gelegt. Statt der Rutschen werden auch häufig Elevatoren zum Absenken der Blöcke von höher gelegenen Generatoren zur Verladerampe im Werkshof benutzt.

Zahlreiche Einrichtungen zum Transport und zur Stapelung der großen 400 lbs-Blöcke sind in den USA im Gebrauch (Abb. 496, 497, 498). Mit solchen Einrichtungen werden u. a. bei den Wagenbeeisungsstationen der Eisenbahn auf der Strecke Los Angeles–Chicago gewaltige Eislager (bis zu 20 m hohe Blockstapel) beschickt und entleert. Für die Wagenbeeisung wird beispielsweise in der Eisfabrik der City Products Corporation Blue Island Eis aus solchen Lagern über Schurren und eine Wendelschurre (Abb. 499) zu einer zwischen den Stillstandsgleisen der Kühlzüge angeordneten 1000 m langen Arbeitsbühne gefördert. Die Arbeitsbühne (Abb. 500) liegt auf Höhe der Wagendächer. Das

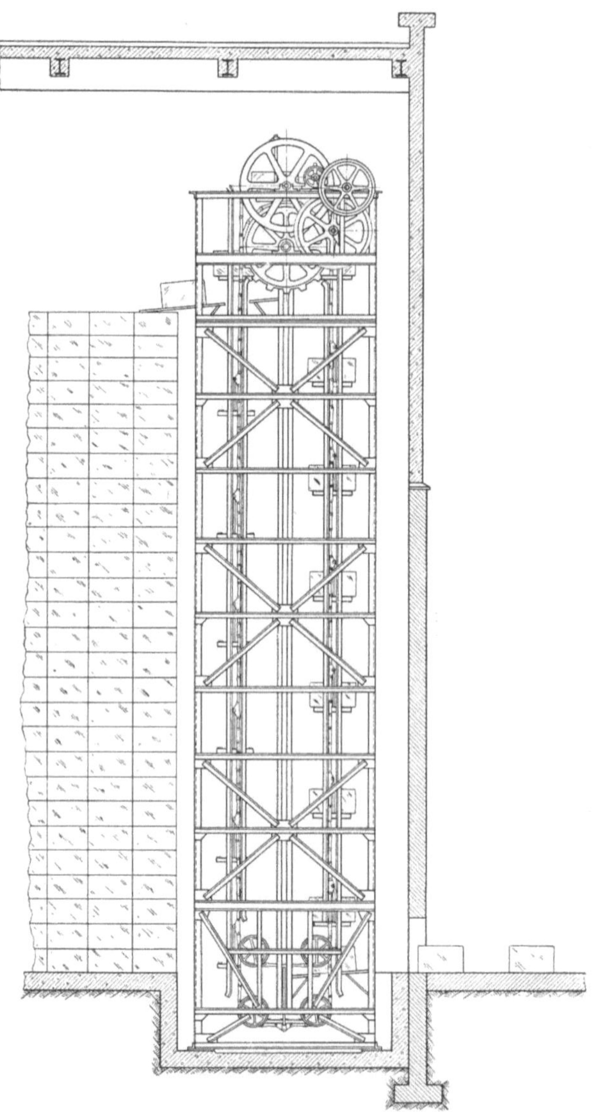

Abb. 497. Fest eingebauter Eislift in einem Eislager, Gifford Wood.

über die Wendelschurren auf die Mitte der Bühne geförderte Eis wird durch zwei gegenläufig arbeitende Transporteure mit einfacher Kette den auf der Bühne fahrenden Beeisungsmaschinen zugeführt, die es brechen und von oben in die auf der Stirnseite der Wagen liegenden Eisbunker füllen (Abb. 501). Diese von der Firma Link-Belt, Chicago, Ill. konstruierten Maschinen (Abb. 502) fördern stündlich bis zu 145 Tonnen Eis in die Eisbunker der Wagen, d. h. es kann stündlich ein Zug mit etwa 70 Wagen abgefertigt werden. Zur Bedienung der

Maschinen, deren Schurren pneumatisch gehoben und gesenkt werden können, genügt ein Maschinist. Im Eislager sind allerdings noch 10 bis 15 Arbeiter nötig, um das für eine Maschine erforderliche Eis zu entnehmen. Ein auf der Arbeits-

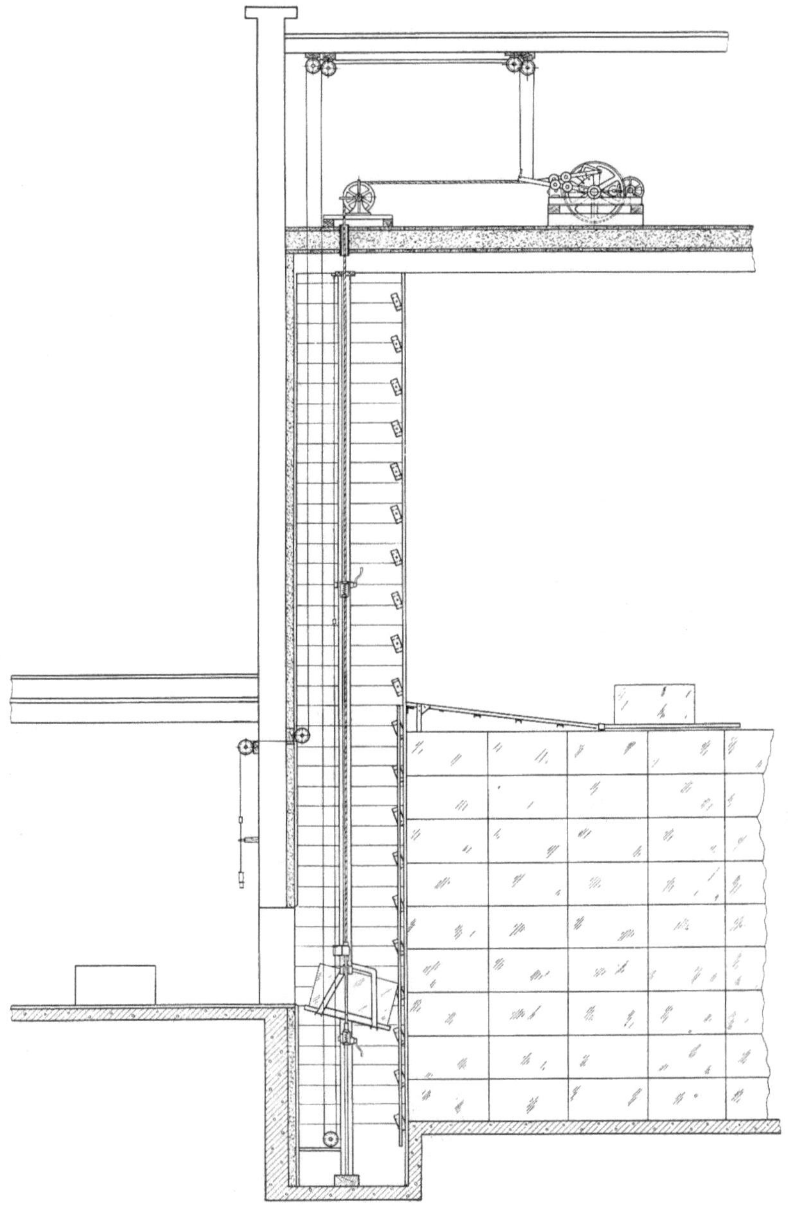

Abb. 498. Einfacher Eislift für Eislager, Gifford-Wood.

bühne hinter der Beeisungsmaschine fahrender Salzbunker kann, wenn tiefe Temperaturen erforderlich sind, über Schneckenförderer noch Salz in den Bunker geben. Die Förderleistung ist 7 kg Salz/Sek.[1]

[1] Vgl. auch in diesem Band die Seiten 282 bis 285.

Voraussetzung für den Einsatz solcher Einrichtungen ist die einheitliche Konstruktion der Kühlwagen mit Dachluken zur Bunkerbeschickung. Leider sind in Europa die verschiedensten Typen von Kühlwagen im Gebrauch, wobei die unter schiedliche Anordnung der Beeisungsluken in der Stirnseite oder Längsseite der Wagen die Beeisung besonders erschwert. Außerdem besteht wohl nirgends in Europa ein genügend umfangreicher und regelmäßiger Verkehr, um die Amortisation solcher etwa 100000 $ kostenden Maschinen zu sichern. Aber auch ohne solche Maschinen läßt sich mit Hilfe von zwischen den Gleisen stehenden Arbeitsbühnen mit einfachen Kettenförderern die Stillstandszeit von Kühlzügen bei der Wiederbeeisung erheblich verkürzen. Schon vor Ankunft der Züge wird genügend Eis auf der Bühne gestapelt, und die eintreffenden Wagen werden mit genügender Anzahl von Arbeitern alle gleichzeitig beschickt. Einschließlich des Heranschaffens der Blöcke werden dabei etwa 47 Min. Arbeitszeit je Tonne Eis benötigt.

Abb. 499. Wendelrutsche für 150 kg Eisblöcke.

Wenn auf der Arbeitsbühne außer der Förderkette eine Anzahl einfacher, fahrbarer Brecher aufgestellt werden, die die Eisblöcke übernehmen, wie beispielsweise bei einer nach amerikanischem Muster gebauten Beeisungsanlage in Lyon [61], läßt sich die für die Beeisung notwendige Zeit auf 25 Min./Tonne reduzieren. Die fahrbaren Eisbrecher sind in diesem Falle mit Schurren ausgerüstet, die das gebrochene Eis direkt in die Bunkerluken fördern.

Zur Verladung von Blockeis in Eisenbahnwagen oder Lastwagen werden Rampen mit eingebautem Kettenförderer verwendet (Abbildung 500). Die Blöcke werden von Hand an beliebiger Stelle der Förderbahn abgenommen (Abb. 503) und durch motorbetriebene Kippen hochkant gestellt.

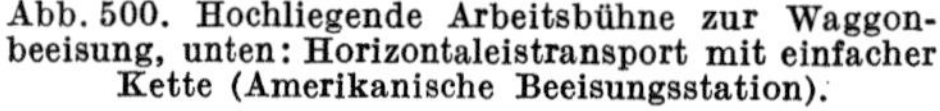

Abb. 500. Hochliegende Arbeitsbühne zur Waggonbeeisung, unten: Horizontaleistransport mit einfacher Kette (Amerikanische Beeisungsstation).

Zur direkten Beeisung der in den Wagen gestapelten Waren (Gemüse, Fische usw.) wird zu Schnee oder Graupelkörnern zerkleinertes Eis auf die in den Wagen gestapelten Waren geblasen.[1] Abb. 504 zeigt eine solche „Ice-Slinger" Maschine der amerikanischen Firma Link-Belt, die das vom Transporteur

Abb. 501. Link-Belt-Beeissungmaschine und fahrbarer Salzbunker mit Fördereinrichtung.

geförderte Blockeis zerkleinert und den Schnee auf die Ware bläst. In Amerika sind Maschinen mit Leistungen zwischen 15 und 60 Tonnen/Std. im Gebrauch.

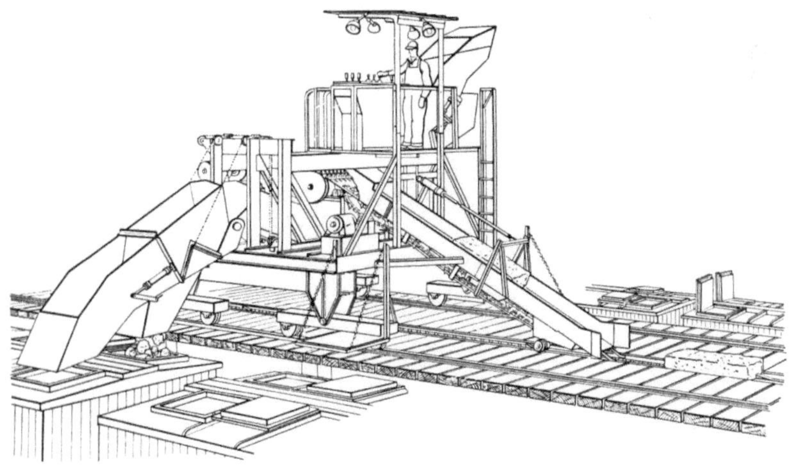

Abb. 502. Link-Belt-Beeisungsmaschine.

In Deutschland werden solche Eiswerfer von der Firma Zeigermann, Hamburg, hergestellt (Abb. 505). Der Energiebedarf dieser Maschinen ist 0,75 bis 1 kWh/t Eis.

[1] Vgl. Fußnote 1, S. 535.

Während das Eis in den Eisbläsern von schnellaufenden Messern abgefräst wird, wird es in den Eisbrechern von spitzen Chromstahldornen zerkleinert, die am Umfang einer Stahlguß- oder Aluminiumtrommel angeordnet sind

Abb. 503. Kippeinrichtung zum Aufrichten von liegenden 150 kg-Eisblöcken zur Stapelung in Waggons.

Abb. 504. Schnee-Eisbereitung aus Eisblöcken mit der Ice-Slinger-Maschine (Link-Belt), vorne Eistransportkette.

(Abb. 506 und 507). Die Größe der gebrochenen Eisstücke wird durch Zahl und Anordnung der Dorne bestimmt (Drehzahl der Trommel 75 bis 125 U/Min.).

Eine Einrichtung für die Beeisung von Fischdampfern mit gemahlenem Blockeis zeigt Abb. 508. Die Blöcke werden, nachdem sie von einem Schräg-

Abb. 505. Fahrbarer Schnee-Eisbereiter (Firma Zeigermann, Hamburg).

Abb. 506. Stacheltrommel eines Eisbrechers (Hersteller: Gifford Wood).

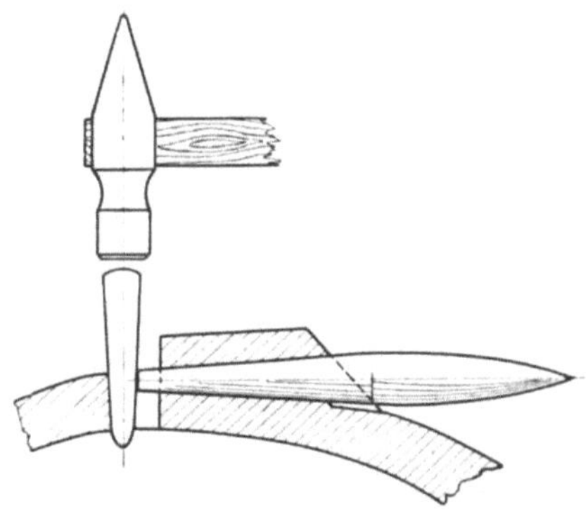

Abb. 507. Befestigung der Stahldorne am Trommelumfang eines Eisbrechers (Gifford Wood).

Abb. 508. Anlage zur Beeisung von Fischdampfern mit Blockeis über am Kai stehenden Eisbrechern (Nordsee, Cuxhaven).

förderer nach oben gebracht wurden, auf Rutschen über die Hafenstraße zu hochstehenden Brechern geleitet, aus denen das gebrochene Eis durch Rohrschurren in die Schiffsluken fällt.

Zur Zerkleinerung von Eisblöcken und Eisplatten in Eiswürfel werden vor allem in Amerika häufig Motorkreissägen benutzt. Die Blöcke passieren meist direkt hinter dem Eistisch Kreissägegatter, in denen sie allseitig so tief eingeschnitten werden, daß sie bei leichtem Stoß in Würfel oder Quader von gewünschter Größe zerfallen. Die kleinen Würfel werden noch in Siebtrommelsichtern sortiert und in Papiersäcke abgefüllt. Kleine Blöcke und Eiswürfel in Papiersäcken werden dort auch aus transportablen, gekühlten Eisautomaten verkauft.

2. Kleineis.

Für Eisfabriken mit Erzeugern von Kleineis sind zur Deckung des Spitzenbedarfes Eislager noch wichtiger als für Blockeisfabriken, die ja in den Generatoren immer noch eine bedeutende Reserve haben. Da der Schmelzpunkt von Eis mit steigendem Druck gemäß nachstehender Tabelle sinkt, schmelzen in gekühlten Eislagern auch bei trockenem, unterkühltem Eis die sich berührenden Eiskanten und -spitzen unter dem Lagerdruck so lange ab, bis der örtliche Druck der der Lagertemperatur zugeordneten Schmelztemperatur des Eises entspricht (Tab. 1).

Dies führt bei unregelmäßig geformten Eisstücken bald zu einem völligen Zusammenbacken des Lagergutes. Aber auch bei gleichmäßiger geformten Eisstücken (Eisröhren oder Eisschalen), die sich nur punkt- oder linienförmig berühren, frieren die Berührungsstellen leicht zusammen, so daß eine selbsttätige Entnahme am Boden von trichter- oder muldenförmigen Bunkern, wie bei anderen Schüttgütern, nicht möglich ist.

Tabelle 4. *Schmelzpunkt von Eis* [62] *beim Druck* p [kp/cm^2].

Lagerdruck	p kp/cm²	0	336	500	615	890	1155	1500	1835	2000
Schmelzpunkt	t °C	0,0	−2,5	−4,1	−5,0	−7,5	−10,0	−14,0	−17,5	−20,3

In schmelzendem Zustand läßt sich Kleineis in ungekühlten, isolierten und nicht zu großen Bunkern speichern. So wird z. B. Röhreneis nach Vorschlägen der Firma Vogt (Abb. 509) in Bunkern gelagert, die notfalls zum Stochern und Lockern zugängig sind. Da aber für die meisten Verwendungszwecke, wie Fischerei und Wagenbeeisung, in der Regel trockenes, unterkühltes Eis gewünscht wird, ist diese Art der Lagerung in schmelzendem Zustand nicht immer brauchbar.

Die Flak-Ice-Corporation verwendet zur Lagerung von unterkühlten Eisscherben trogförmige Bunker, in denen das Eis durch ein System von im Eis bewegten Ketten so gelockert wird, daß es unten abgezogen werden kann.

Einen viel verwendeten Eisbunker für die Lagerung von Packeisbriketts hat die Firma Vilter konstruiert (Abb. 510). In der Mittelachse eines runden Silos von etwa 3 m Durchmesser und bis zu 9 m Höhe, der auf einem trichterförmigen Auslauf steht, ist ein drehbares Stahlrohr angeordnet, an dem in der Nähe des Bunkerauslaufes unten eine Kette befestigt ist, die außen am Rohr nach oben läuft, wo sie über eine Rolle zu einem im Rohrinneren hängenden Gegengewicht geführt ist. Das Gegengewicht hält die Kette gespannt. Zum Entleeren des gekühlten Bunkers wird das Rohr gedreht, wobei die Kette zunächst an der Achse anliegendes Eis in Bewegung bringt. Ist in der Mitte ein Hohlraum ausgeräumt, so wird die Kette durch die Zentrifugalkraft nach außen gezogen und

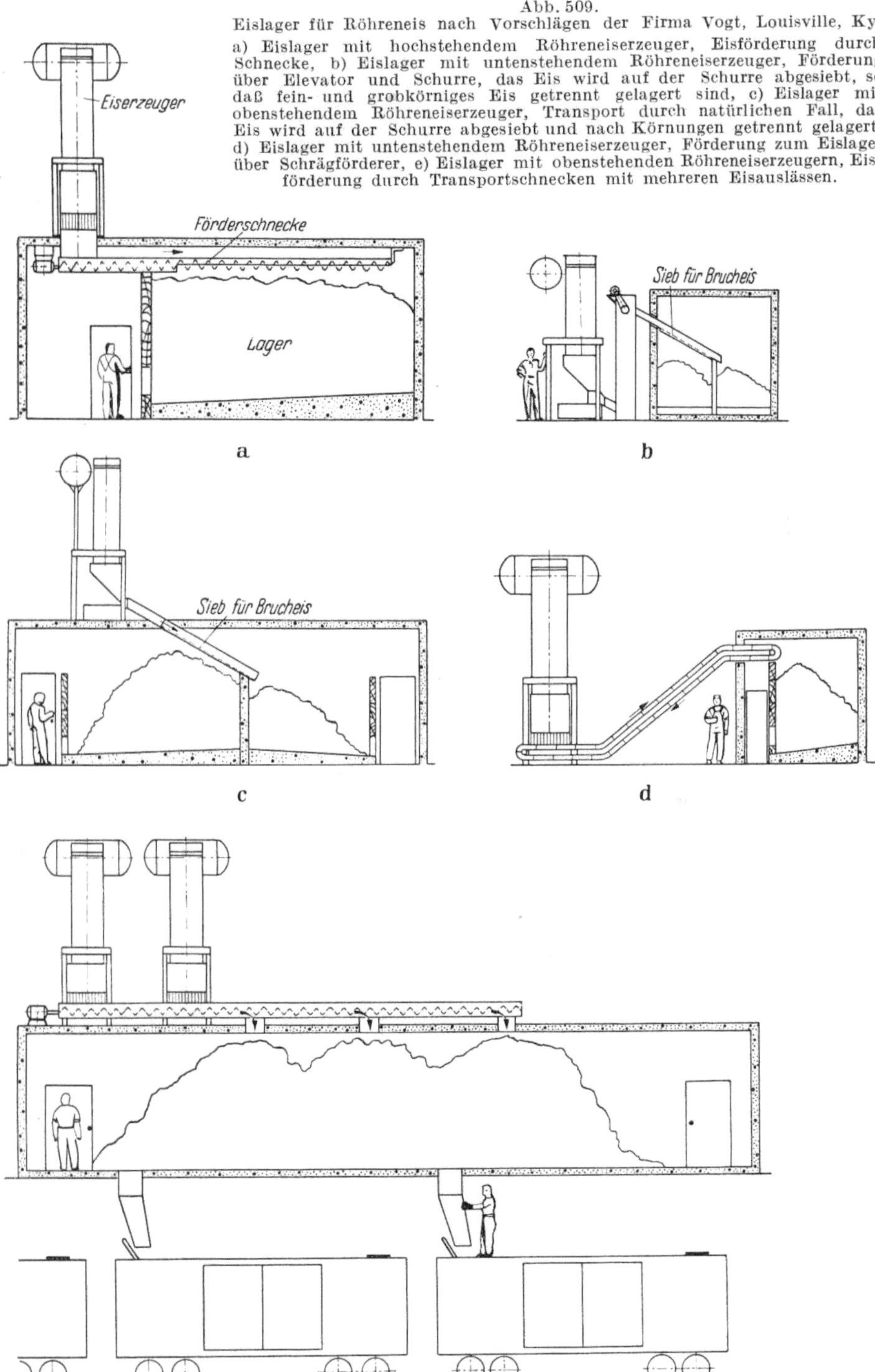

Abb. 509.
Eislager für Röhreneis nach Vorschlägen der Firma Vogt, Louisville, Ky.
a) Eislager mit hochstehendem Röhreneiserzeuger, Eisförderung durch Schnecke, b) Eislager mit untenstehendem Röhreneiserzeuger, Förderung über Elevator und Schurre, das Eis wird auf der Schurre abgesiebt, so daß fein- und grobkörniges Eis getrennt gelagert sind, c) Eislager mit obenstehendem Röhreneiserzeuger, Transport durch natürlichen Fall, das Eis wird auf der Schurre abgesiebt und nach Körnungen getrennt gelagert. d) Eislager mit untenstehendem Röhreneiserzeuger, Förderung zum Eislager über Schrägförderer, e) Eislager mit obenstehenden Röhreneiserzeugern, Eisförderung durch Transportschnecken mit mehreren Eisauslässen.

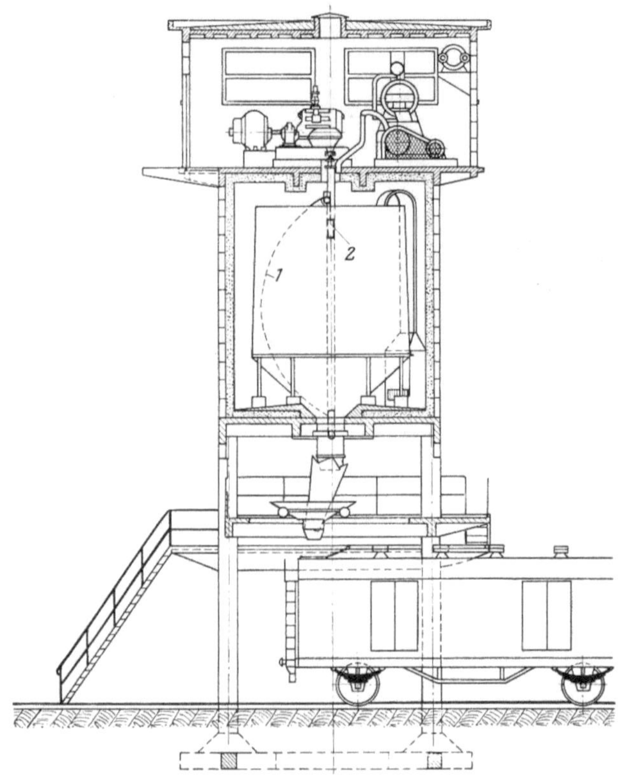

Abb. 510. Eisbunker zur Wagenbeeisung.
1 Räumkette, *2* im Mittelrohr laufendes Gegengewicht.

Abb. 511. Eisbunker mit zwei Pak-Ice-Erzeugern und zwei Eissilos zur Wagenbeeisung.

räumt auf diese Weise den Bunker vom Inneren her frei. Die leichten Pak-Ice-Maschinen und Brikettpressen werden zusammen mit den Kältemaschinen über dem Bunker aufgestellt. Die Gesamtanlage benötigt nur eine sehr kleine Grundfläche und ist deshalb besonders zur Wagenbeeisung geeignet. Abb. 511 zeigt eine solche Anlage mit zwei Silos für je etwa 30 Tonnen in einer amerikanischen Fleischwarenfabrik. Die Silos werden meist aus Hartholzbohlen gebaut.

Eine andere Silokonstruktion verwendet die Firma Hübscher & Co., Schaffhausen (Abb. 512). Der kegelförmige Boden eines zylindrischen Silos (3 m Durchmesser, Höhe bis 8,5 m), der einen radial verlaufenden Austragschlitz mit Schneidkante hat, wird gedreht, wobei die Schneidkante das Eis von unten ablöst. Um zu vermeiden, daß sich die ganze, auf dem konischen Boden stehende Eissäule mitdreht, sind an der Innenwand des Bunkers einige in das Eis ragende Rippen angebracht. Die Austragmenge ist abhängig von der Drehzahl des Bodens, der von einem 24 kW-Motor angetrieben wird. Die Bunker können aus Beton hergestellt werden. Für die Ausräumeinrichtung wird Stahl oder, um Korrosion zu vermeiden, Edelstahl verwendet. Diese Konstruktion soll auch für Bunker mit größerem Inhalt geeignet sein; sie kann für gekühlte und ungekühlte Lagerung verwendet werden.

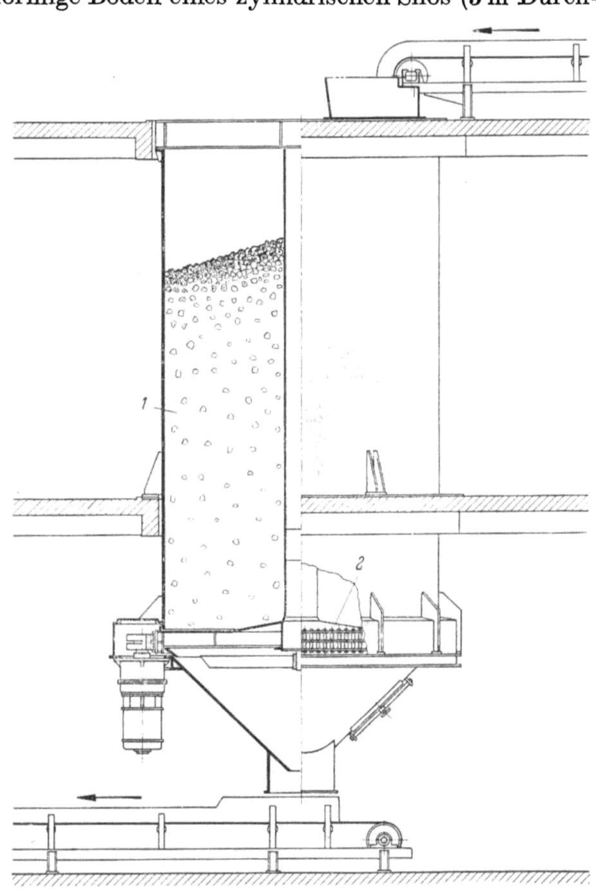

Abb. 512. Silo für Kleineis mit unterer Entnahme, Firma Hübscher & Co., Schaffhausen.
1 Kleineis, *2* drehbarer Behälterboden mit Austragschlitz.

Eine Speicher- und Transporteinrichtung, die ebenfalls von der Firma Hübscher für eine chemische Fabrik gebaut wurde, zeigt Abb. 513. Das Eis (in diesem Falle Röhreneis) wird in kleinere Behälter gefüllt, die an Fahrschienen hängen. Die gefüllten Behälter kommen in einen gekühlten Raum, von wo sie bei Bedarf zur Verbrauchsstelle gefahren und durch Öffnen der Bodenklappen entleert werden.

Eine Speicheranlage für 600 Tonnen Röhreneis [*50*] erstellte die Gesellschaft für Markt- & Kühlhallen im Hamburger Fischereihafen. Das Eis wird in einem Betonbecken von 10 m Breite, 27 m Länge und 6,5 m Höhe gelagert. Die Wände des Beckens werden mit Luft gekühlt, die durch in die Betonwände eingegossene Zementrohre zirkuliert. Ein Eimerbagger (Abb. 514) fördert das Eis aus dem Bunker. Das Transportschema [*63*] der Anlage, die bis zu 120 Tonnen Eis/Std. an Fischdampfer abgeben kann und vollautomatisch arbeitet, ist in Abb. 515 gezeigt.

Das Eis wird über Bänder und einen Elevator zum Bunker gefördert. Vor Eintritt in den Bunker selbst wird es auf einem Kühlband durch Luft von etwa —15 °C getrocknet. Auch nach längerer Lagerzeit bei etwa —4 °C zerfällt das Eis beim Ausbaggern in seine ursprüngliche Röhrenform. Für den gesamten Betrieb einschließlich Kälteanlage sind, abgesehen von laufenden Instandhaltungsarbeiten, nur drei Mann Bedienung erforderlich. Da die Luken der Fischdampfer so angeordnet sind, daß meist unter Deck bis zu den Hocken noch ein Horizontaltransport nötig ist, läßt sich zusätzliche Handarbeit unter Deck beim Beeisen der Schiffe leider noch nicht vermeiden.

Abb. 513. Lagerung von Röhreneis in fahrbaren Behältern, Firma Hübscher, Schaffhausen.

Für den Transport von Kleineis, für den die Firma Stöhr, Offenbach, in Zusammenarbeit mit der Gesellschaft Linde, auch bei der genannten Hamburger Röhreneisanlage spezielle Einrichtungen entwickelt hat, eignen sich grundsätzlich alle üblichen Förderanlagen, wenn man bei der Anwendung den Eigenarten des Eises Rechnung trägt. Besondere Schwierigkeiten bereitet die geringe Haftung des Eises auf den Bändern, die leicht zu Stauungen führt. Die größte, mit glatten Bändern zu bewältigende Steigung ist 15°. Abwärtsschurren sollen mindestens 25° geneigt sein. In den Transportweg eingeschaltete Zwischenbunker, z. B. für die Zuteilung zu einem Becherwerk oder Zellenrad einer Luftförderanlage, benötigen zusätzliche Einrichtungen, um das Eis in Bewegung zu halten. Besonders schwierig sind Abdichtungen beim Transport vom kalten Lager nach außen. Sonst übliche Gummischürzen führen zu Stauungen. Am besten verwendet man hier Luftschleierabdichtung.

Die pneumatische Förderung von gemahlenem Eis oder Kleineis wird in Deutschland in der chemischen Industrie angewendet. Es sind zwei bezüglich des Druckes verschiedene Verfahren bekannt: Das Eis wird über ein Zellenrad in den Luftstrom eingeschleust und in einem Fall durch vorgekühlte Preßluft von etwa 2 atü gefördert. Die Luftgeschwindigkeit ist etwa 25 m/s. Der Luftbedarf wird mit 300 m^3/t Eis angegeben.

Im anderen Fall wird ungekühlte Luft von 0,5 bis 0,7 atü und ähnlicher Geschwindigkeit verwendet. Der Luftbedarf soll 230 m^3/t sein. Die benötigte

Abb. 514. Röhreneisfabrik, Markt- und Kühlhallen, Hamburg. Eimerkettenbagger zur automatischen Entnahme von Röhreneis aus Kastenbunkern. Rechts ist das isolierte Eistrockenband zu sehen, darunter das Verteilerband zur Bunkerbeschickung (Werkphoto Linde).

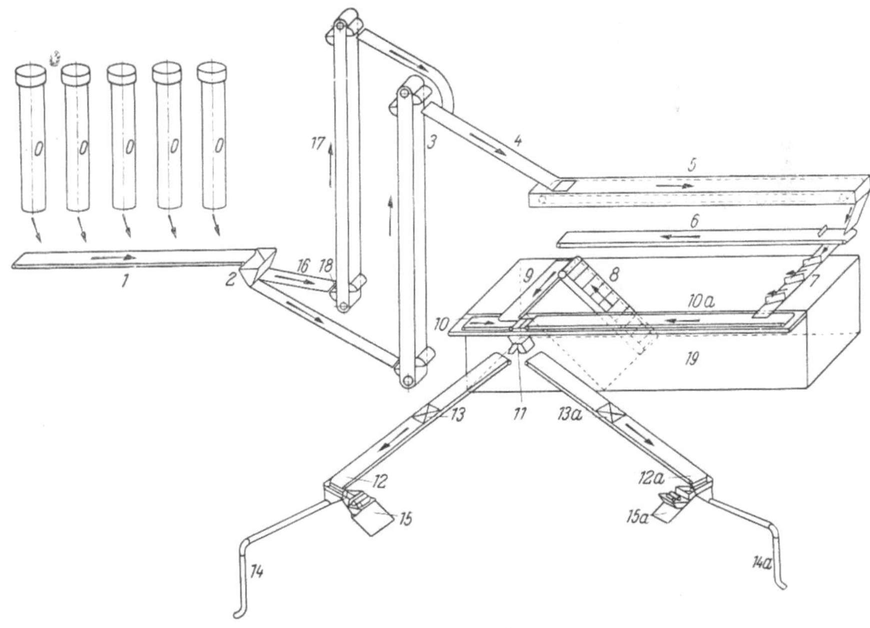

Abb. 515. Transportweg der automatischen Röhreneisanlage Markt- und Kühlhallen, Hamburg. *0* Röhreneiserzeuger, *1* Transportband, *2* Zuteiltrichter für Elevatoren, *3* u. *17* Elevatoren, *4* Eisrutsche zu Eislager, *5* Eiskühlband zur Trocknung des Eises vor Eintritt in den Bunker, *6* Verteilerband, *7* Bunkerbeschickungsband, *8* Eimerkettenbagger, *9* Förderband des Eimerkettenbaggers, *10*, *10a* u. *11* Zubringeinrichtung zu den Kaibändern, *12*, *12a* Bänder zum Kai, *13*, *13a* Bandwagen zur Feststellung des auslaufenden Eisgewichtes, *14* Teleskopschurren zur Schiffsbeeisung, *15* Eisbrecher und Schurren zur Beeisung von Lastwagen.

Luftgeschwindigkeit richtet sich nach der Größe (Gewicht) der zu tragenden Eisstücke. Der Eisluftstrom wird durch dünnwandige, isolierte Chromstahlrohre über Strecken bis zu 100 m geleitet. Er läßt sich durch Rohrweichen auf verschiedene Leitungswege schalten. Pneumatische Förderanlagen für Eis stellt in Deutschland die Firma Hartmann in Offenbach her.

Schrifttum.

[1] Plank, R.: Handbuch der Kältetechnik, Bd. I, S. 98. Berlin/Göttingen/Heidelberg: Springer 1954.
[2] Schipper, W.: Vorgänge beim Gefrieren von Wasser. Kältetechnik, Bd. 1 (1949) S. 34.
[3] Konopleff, P.: Klareisherstellung. Cholodilnaja Technika Bd. 21 (1949) Nr. 3, S. 34. Referat in Kältetechnik Bd. 5 (1953) S. 56.
[4] Messungen der Fischereiversuchsstation von Kanada, siehe Pohlmann: Taschenbuch für Kältetechniker. 13. Auflage. Karlsruhe: C. F. Müller (1956) S. 290.
[5] Plank, R.: Amerikanische Kältetechnik. 3. Bericht, Düsseldorf: D. Ingen.-Verlag, 1950, VDI-Verlag.
[6] Pohlmann, W.: Die Kälteindustrie Bd. 28 (1931) S. 106.
[7] Steinbach: Korrosionsverhütung bei Eiszellen. Kältetechnik Bd. 6 (1954) S. 222.
[8] Z. ges. Kälteindustrie Bd. 26 (1929) S. 33.
[9] Plank, R.: Amerikanische Kältetechnik. Berlin: VDI-Verlag (1929) S. 76.
[10] Dr. Eule: Wasseraufbereitungsverfahren zur Klareisherstellung. Die Kälteindustrie Bd. 25 (1928) S. 83.
[11] Felsecker, I.: Water treatment for Raw-Water Ice. ASRE-J. 1921.
[12] A Handbook of Ice. Middle West Utilities Company, Chicago, 1927.
[13] Behrmann, A. S.: Journal of Ind. and Eng. Chemistry, Bd. 13, März 1921.
[14] Plank, R.: Handbuch der Kältetechnik Bd. I. Berlin/Göttingen/Heidelberg: Springer (1954) S. 103.
[15] Z. ges. Kälteind., Bd. 32 (1925) S. 135.
[16] Plank, R.: Amerikanische Kältetechnik. Berlin: VDI-Verlag (1929) S. 81.
[17] Plank, R.: Amerikanische Kältetechnik. Berlin: VDI-Verlag (1929) S. 82.
[18] Kältetechnik, Bd. 10 (1958) S. 421.
[19] Plank, R.: 2. ges. Kälteind., Bd. 20 (1913) S. 109.
[20] Plank, R.: 2. ges. Kälteind., Bd. 39 (1932) S. 56.
[21] Meister: Z. ges. Kälteind., Bd. 8 (1901).
[22] Pohlmann: Taschenbuch für Kältetechniker. 13. Aufl., Karlsruhe: C. F. Müller Verlag (1956) S. 318.
[23] Steinbach: Gefrierdauer von Platteneis. Z. ges. Kälteind., Bd. 39 (1932) S. 125.
[24] Thompson, G.: Refr. Eng. Bd. 58 (August 1950) S. 783.
[25] Lonton, A. L., u. R. A. Seban: ASME Transactions (1943) S. 771.
[26] Möglichkeiten der Vergrößerung der Eisproduktion. — G. Thompson: Kältetechnik Bd. 5 (1953) S. 55.
[27] Die Kälteindustrie, Bd. 29 (1932) S. 82.
[28] Maake, W.: Moderne Verfahren zur Blockeisherstellung. Kältetechnik Bd. 5 (1953) S. 37.
[29] Pahl, H.: Vergleichende Übersicht über neue Verfahren zur Eisherstellung. Z. ges. Kälteindustrie Bd. 46 (1939) S. 107.
[30] Z. ges. Kälteind. Bd. 32 (1925) S. 134.
[31] Maake, W.: s. Fußn. 28.
[32] Schmidt, Th. E., u. H. Benzler: Kältetechnik Bd. 5 (1953) S. 41.
[33] Plank, R.: Kältetechnik Bd. 11 (1959) S. 94.
[34] Hoen, C.: Ber. 10. Intern. Kältekongreß Kopenhagen Bd. 3 (1959) S. 418.
[35] Die Kälteindustrie. Hamburg Bd. 32 (1935) S. 30.
[36] Tamm, W.: Kältetechnik Bd. 1 (1949) S. 11.
[37] Watt, J. R.: Refr. Engng. Bd. 57 (1949) S. 34.
[38] Refr. Engng. Bd. 62 (1954) S. 49.
[39] Yamada, H.: Berichte des 9. Internationalen Kältekongresses in Paris 1955. Bd. II, S. 5197.
[40] Yamada, H.: Berichte des 10. Internationalen Kältekongresses in Kopenhagen 1959, Bd. 3, S. 414.
[41] Field Crosby: Machinery for Continuous Ice Production Refr. Engng. Bd. 17 (1929) S. 35—40.

[42] HOLLEY, C. P.: Refr. Engng. Bd. 51 (1943) S. 2324.
[43] FIELD CROSBY: Refr. Engng. Bd. 22 (1931) S. 227.
[44] TAYLOR, W. H.: Refr. Engng. Bd. 22 (1931) S. 307.
[45] TAYLOR, W. H.: The Pak-Ice Machine. Ice and Refrigeration Bd. 81 (1931) S. 434.
[46] Ice and Refrigeration Bd. 96 (Januar 1939) S. 93.
[47] TIETZ, H.: Eiserzeugung durch Teilverdampfung im Vakuum. VDI-Z. Bd. 82 (1938) S. 61—65.
[48] Automatic Tube-Ice Machine. Refr. Engng. Bd. 38 (1939) S. 285.
[49] Ice and Refrigeration Bd. 27 (1939) S. 339.
[50] SCHLITT, E.: Erzeugung und Lagerung von Röhreneis. Kältetechnik Bd. 9 (1957) S. 108.
[51] METTLER, D.: Weichsplittereis und Hartsplittereis. Die Kälte Bd. 4 (1953) S. 94.
[52] TRÈPAUD, G.: Revue Générale de Froid Bd. 28 (1951) S. 609.
[53] DÖLZ, H.: Die Technik Bd. 13 (1958) S. 513.
[54] The Journal of Refrigeration Bd. 1 (1958) S. 129.
[55] Forschung auf dem Gebiete des Ingenieurwesens Bd. 17 (1951) H. 2, S. 33—39.
[56] NESSELMANN, K.: Kältetechnik Bd. 1 (1949) S. 169.
[57] FIELD CROSBY: Bericht der Flak-Ice-Corporation über Versuche der Warren Fish Company. Fishing Gazette Annual Review Number, 1938.
[58] LUCAS, A.: Linde-Aktiv-Eis. Die Kälteindustrie Bd. 29 (1932) S. 70. — A. KARSTEN: Das Elektro-Katadynverfahren und seine Verwendung in der Kunsteis-Industrie. Z. ges. Kälteind. Bd. 41 (1934) S. 156.
[59] PARTMANN: Untersuchung über die Frischhaltung von Fischen durch Eis mit bakteriziden Zusätzen. Kältetechnik Bd. 7 (1955) S. 192.
[60] GILLEPSIE, D. C., u. Mitarbeiter: Eine Methode zur Erleichterung der Verteilung von keimhemmenden Substanzen im Eisblock. Res Board of Canada, Progr. Rep. Pacif. Coast Sta. Nr. 99 (1954). Referat in Kältetechnik Bd. 7 (1955) S. 70.
[61] CHEVALIER, H.: L'évolution du Glaçage des Wagons Réfrigérants. Revue Général des chemins de fer, Bd. 72 (1953) S. 515.
[62] LANDOLT-BÖRNSTEIN: Tabellen. 5. Auflage, Bd. 1, S. 362.
[63] HEINZE, K.: Berichte des Internationalen Kältekongresses Kopenhagen 1959, Bd. 3, S. 437.

Die Herstellung von Trockeneis.[1]

Von

Dr.-Ing. **G. Vogel**
Sürth/Rh.

und

Ing. **H. Sürth**
Daun/Eifel.

Mit 15 Abbildungen.

A. Eigenschaften und Geschichtliches von Trockeneis.

Trockeneis ist ein Kühl- und Konservierungsmittel, das neben Wassereis für bestimmte Verwendungszwecke eingesetzt wird. Hauptverbraucher ist die Eiskremindustrie; aber auch für die Transportkühlung von verschiedenen Lebensmitteln hat sich Trockeneis gut eingeführt.

Trockeneis ist Kohlendioxyd (CO_2) im festen Aggregatzustand. Man spricht auch von fester „Kohlensäure", obwohl nicht die Säure H_2CO_3 gemeint ist, sondern das Anhydrit dieser Säure. Die Bezeichnung mit „Eis" ist dadurch begründet, daß das Aussehen und die Verwendungsmöglichkeiten denen von Wassereis sehr ähnlich sind. „Trocken" wird dieses Eis genannt, weil es die Eigenschaft hat, unter Atmosphärendruck vom festen Aggregatzustand unmittelbar in den gasförmigen überzugehen, so daß zwar Sublimationsgas entsteht, nicht aber Schmelzflüssigkeit wie beim Wassereis. Um einen Trockeneisblock herum bildet sich also eine stark mit Kohlendioxydgas angereicherte Atmosphäre, aber die Unterlage bleibt völlig trocken.

Trockeneis ist nicht brennbar; eine Kerzenflamme erlischt in der CO_2-Atmosphäre wegen Sauerstoffmangels. Es ist auch nicht giftig, aber die Verdrängung des Luftsauerstoffes durch das entstehende gasförmige Kohlendioxyd kann zu Erstickungsgefahr führen, wenn nicht Vorsichtsmaßnahmen getroffen werden. Die Verdrängung des Luftsauerstoffes bringt aber auch einen Vorteil, und zwar für das Kühlgut: das Bakterienwachstum wird erheblich gehemmt.

Beim Ausfrieren von flüssigem Kohlendioxyd entsteht festes Kohlendioxyd in kristallklarer Form mit einer Dichte von 1,56 kg/dm^3. Handelsübliches Trockeneis wird jedoch nach anderen Methoden gewonnen und gleicht in seinem Aussehen dicht gepreßtem Schnee. Je nach Herstellungsverfahren liegt die Dichte zwischen 1,3 und 1,55 kg/dm^3. Nur durch Pressen mit sehr hohem Druck kann der Höchstwert von 1,56 angenähert erreicht werden und das Trockeneis erhält kristallklares Aussehen.

Die Gleichgewichtstemperatur von Trockeneis in der eigenen Gasatmosphäre ist $-78{,}5$ °C bei 1 Atm (760 mm Quecksilbersäule). Ist jedoch die Gasatmosphäre in unmittelbarer Nähe des Trockeneisblockes mit Luft verdünnt, was bei der Verwendung des Trockeneises als Kühlmittel vorkommt, dann liegt der

[1] Kuprianoff, J.: Die feste Kohlensäure, 2. Aufl. Stuttgart: Ferd. Enke 1953.

Abb. 516. Temperatur-Entropiediagramm von Kohlendioxyd
(PLANK und KUPRIANOFF).

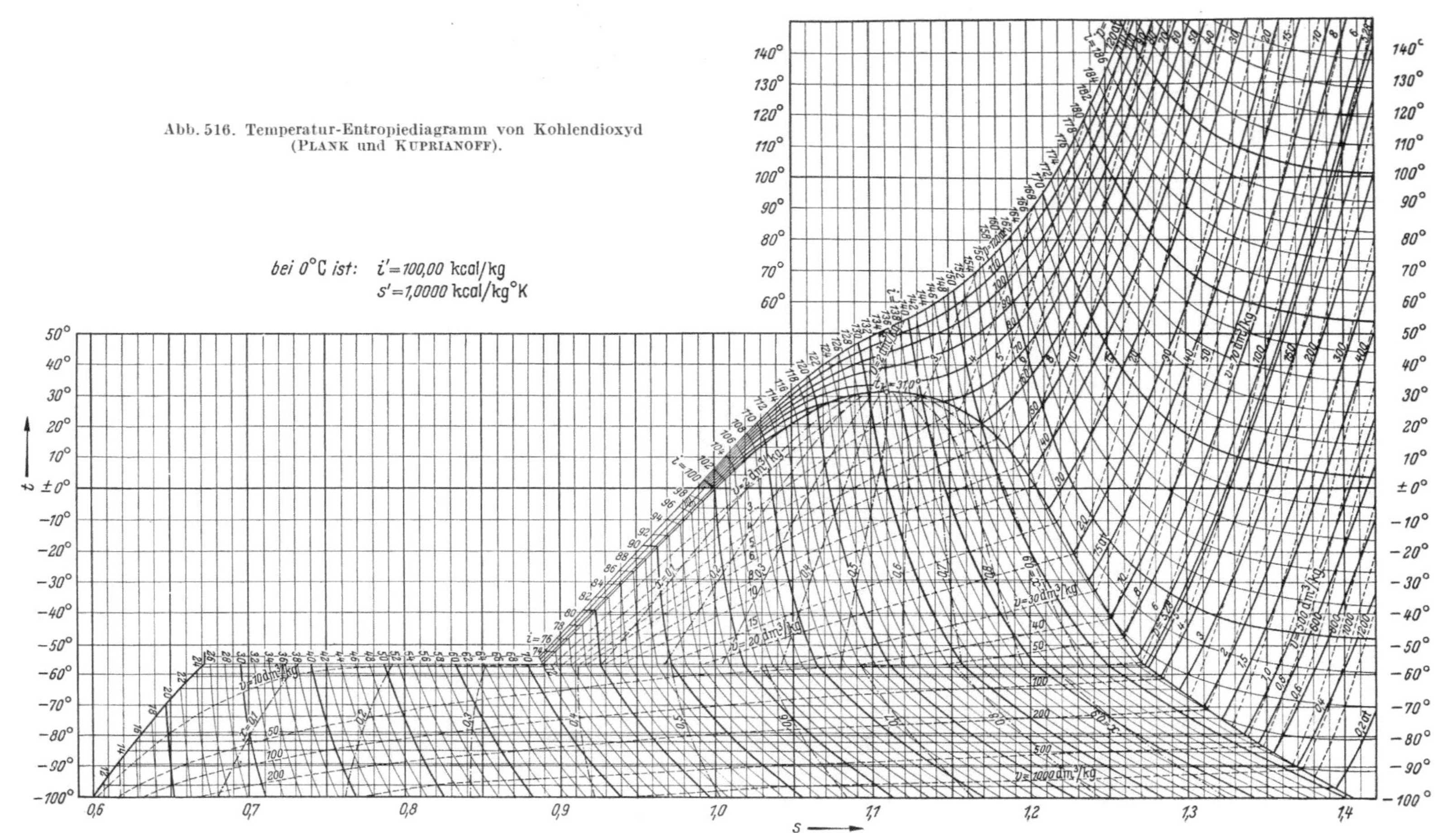

Partialdruck des Kohlendioxyds im Gemisch unter 1 Atm und die Gleichgewichtstemperatur ist entsprechend niedriger. Bei einem CO_2-Gehalt der umgebenden Gasatmosphäre von z. B. nur 10% ist der Partialdruck 0,1 Atm und die zugehörige Temperatur —102,7 °C. Die folgende Tabelle zeigt einige Gleichgewichtstemperaturen bei verschiedenem CO_2-Gehalt der Atmosphäre und bei einem Gesamtdruck von 760 mm Quecksilbersäule.

CO_2-Gehalt in Vol.-%	100	80	60	40	20
Temperatur in °C	—78,5	—81,2	—84,5	—88,9	—96,3

Je größer die Differenz zwischen der Trockeneistemperatur und der Raumtemperatur wird, desto größer ist die Wärmezufuhr aus der Umgebung. Mit abnehmendem CO_2-Gehalt wächst ferner die Leitfähigkeit der Gasatmosphäre an, weil Luft eine höhere Leitfähigkeit (0,02 kcal/m °C h bei 0 °C) als Kohlendioxyd (0,012 kcal/m °C h bei 0 °C) hat; ebenso nimmt die Leitfähigkeit des Trockeneises mit sinkender Temperatur zu. Beide Tatsachen unterstützen also noch die Wärmezufuhr zum Trockeneisblock und damit die Sublimationsgeschwindigkeit. Will man vermeiden, daß sich Trockeneis zu schnell verbraucht, dann muß man für eine möglichst konzentrierte CO_2-Gasatmosphäre sorgen. Bei Verwendung des Trockeneises als Kühlmittel ist dies auch schon deshalb zweckmäßig, weil eine zu tiefe Blocktemperatur unerwünscht ist.

Die Sublimationswärme von Trockeneis beträgt bei 1 Atm (—78,5 °C) etwa 137 kcal/kg. Rechnet man die Erwärmung des bei der Sublimation entstehenden Gases bis auf 0 °C hinzu (etwa 15 kcal/kg), so erhält man eine gesamte Kälteleistung von etwa 152 kcal/kg. Bei einem Vergleich dieser Kälteleistung mit der von Wassereis findet man für 1 kg bei 0 °C ein Verhältnis von 152/80 = 1,9 zugunsten von Trockeneis. Bezogen auf die Volumeinheit wird dieses Verhältnis $152 \cdot 1,45/80 \cdot 0,92 = 3$, wenn man mit einer Dichte von 1,45 kg/dm³ für Trockeneis rechnet. Die Kälteleistung der Volumeinheit ist also bei Trockeneis etwa 3 mal so groß wie bei Wassereis, weshalb Trockeneis besonders für Transportkühlung geeignet ist.

Ausführliche Darlegungen der thermischen Eigenschaften von Trockeneis findet man in der einschlägigen Literatur.[1]

Flüssiges Kohlendioxyd wurde erstmalig 1823 von FARADAY und DAVY im Laboratorium hergestellt; festes Kohlendioxyd gewann erstmalig THILORIER 1834 bei Versuchen im Laboratorium. Erst 50 Jahre nach den Versuchen von FARADAY und DAVY wurde erstmalig von PICTET die industrielle Herstellung von flüssigem Kohlendioxyd aufgenommen (1874), und erst 90 Jahre nach den Versuchen von THILORIER wurde von REICH Trockeneis industriell erzeugt (1922). Im Jahre 1925 begann die Dry Ice Corp. in New York mit der industriellen Herstellung von Trockeneis und propagierte ihr Produkt mit Erfolg als Kühlmittel für Eiskrem. Dadurch gewann das Trockeneis wirtschaftliche Bedeutung und die Entwicklung der Trockeneisindustrie begann. 1927 entstand auch in Deutschland, und zwar in der Eifel, ein Trockeneiswerk.

B. Vorkommen und Gewinnung von Kohlendioxyd oder kohlendioxydhaltigem Gas.

Die Herstellung von Trockeneis wird aus wirtschaftlichen und produktionstechnischen Gründen nur in Verbindung mit der Gewinnung und Verflüssigung von gasförmigem Kohlendioxyd durchgeführt. So findet man Trockeneiswerke

[1] Insbesondere: PLANK und KUPRIANOFF: Die thermischen Eigenschaften der Kohlensäure im gasförmigen, flüssigen und festen Zustand. Beiheft zur Z. ges. Kälteind. (1929) Reihe 1, H. 1. Vgl. auch dieses Handbuch Bd. IV, S. 264ff. und S. 456.

vielfach dort, wo natürliches Kohlendioxyd oder Kohlendioxyd als Abfallprodukt anfällt. Häufig wird aber auch Kohlendioxyd künstlich erzeugt und zu Trockeneis weiterverarbeitet. Wo nicht reines Kohlendioxyd, sondern nur ein kohlendioxydhaltiges Gasgemisch auftritt, muß das Kohlendioxyd aus diesem Gemisch absorbiert werden; die Absorptionsverfahren werden im Abschnitt C beschrieben. Besondere Sorgfalt wird bei der Gewinnung des Kohlendioxyds auf die Entfernung von Verunreinigungen und Geruchsbeimischungen gelegt, da das Trockeneis in vielen Verwendungsfällen mit Lebens- und Genußmitteln in Berührung kommt.

Deutschland ist verhältnismäßig reich an natürlichen Kohlendioxydvorkommen in Form von Gas- oder Sprudelquellen. Das aus den Gasquellen austretende Kohlendioxyd kann in den meisten Fällen ohne vorherige Reinigung verarbeitet werden. Bei Sprudelquellen ist das Kohlendioxyd im Wasser gebunden; es kann durch Einsatz einer Vakuumpumpe aus ihm gelöst werden. Verunreinigungen, z. B. Spuren von Schwefelwasserstoff, müssen vor Verarbeitung des Kohlendioxyds ausgewaschen werden.

Große Mengen von Kohlendioxyd fallen als Abfallprodukt bei der alkoholischen Gärung an. Zucker verwandelt sich in Äthylalkohol und Kohlendioxyd nach der stöchiometrischen Gleichung

$$C_6H_{12}O_6 = 2\,C_2H_5OH + 2\,CO_2.$$

Theoretisch entstehen 0,96 kg CO_2 je Kilogramm Alkohol. Ein Teil des Gases bleibt jedoch in der vergorenen Flüssigkeit zurück, ein anderer Teil geht insbesondere beim Entlüften der frisch beschickten Gärgefäße verloren, so daß nur mit einem nutzbaren Kohlendioxydanfall von 0,6 bis 0,8 kg je Kilogramm Alkohol gerechnet werden kann. Beim Bierbrauen rechnet man mit 1,3 bis 1,5 kg CO_2 je Hektoliter Bier mit 12% Stammwürzegehalt.

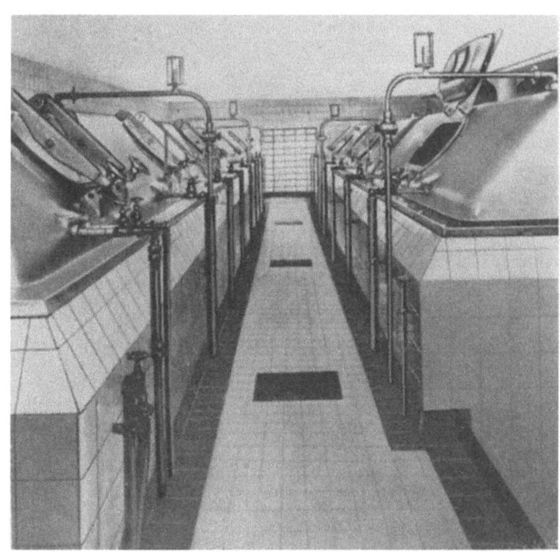
Abb. 517. Gärbottiche mit Abdeckhauben aus Aluminium.

Der Gärprozeß geht üblicherweise in offenen Gärbottichen vor sich, wobei sich die Raumluft in den Gärkellern stark mit Kohlendioxyd anreichert. Nur in seltenen Fällen lohnt es sich, das Kohlendioxyd aus diesem Gas-Luft-Gemisch herauszuholen, denn die hierzu erforderliche Absorptionsanlage verursacht meist hohe Kosten. Eine wirtschaftliche Gewinnung des Gärungskohlendioxyds ist aber immer dann möglich, wenn man sich zum Abdecken der Gärbottiche mit Hauben aus korrosionsfestem Stahl, Aluminium oder Beton entschließt, damit das Gas aufgefangen werden kann (Abb. 517). Nachdem die anfänglich eingeschlossene Luft durch das entstehende Kohlendioxyd verdrängt ist, strömt aus den abgedeckten Bottichen ziemlich reines Gas, das nur noch einer geringfügigen Nachreinigung bedarf.

Das in Alkoholbrennereien gewonnene Kohlendioxyd enthält organische Ester, Spuren von Alkohol und nicht selten auch Schwefeldioxyd, mit dem die Gärungsmasse geimpft worden war. Zum Entfernen der Ester setzt man Wascher mit Schwefelsäure- oder Permanganatfüllung ein, zum Entfernen von Schwefeldioxyd Wasserwascher mit Kalksteinfüllung. Als Feinreiniger kommen zusätzlich Aktivkohlefilter zur Anwendung. Für die Reinigung des in Bierbrauereien gewonnenen Kohlendioxyds genügen Aktivkohlefilter, die vorzugsweise in eine Druckleitung der zur Verflüssigung dienenden Kompressoren eingebaut werden.

Auch in Kalkbrennereien fallen große Mengen von Kohlendioxyd als Abfallprodukt an. Beim Erhitzen von Karbonaten ($CaCO_3$, $MgCO_3$) in Retorten entsteht hochwertiger Kalk bzw. Magnesit und sehr reines CO_2-Gas, das nach dem Auswaschen von Staub schon weiterverarbeitet werden kann. Man gewinnt aus 1 kg Kalkstein theoretisch 0,44 kg CO_2. Offenen Kalköfen entweicht jedoch ein Gasgemisch aus Stickstoff, Sauerstoff und Kohlendioxyd, das zwecks Ausbeutung des Kohlendioxyds zu einer Absorptionsanlage geführt werden muß. Wegen des hohen CO_2-Gehaltes der Kalkofenabgase (30 bis 40%) genügt zur Absorption des Kohlendioxyds meist eine relativ kleine Anlage; da jedoch der Wärme- und Energiebedarf der Anlage durch Bezug von auswärts oder aus einem besonderen Kraftwerk gedeckt werden muß, hängt die Wirtschaftlichkeit der CO_2-Gewinnung wesentlich von den hierdurch entstehenden Kosten ab. Je Kilogramm Trockeneis werden 0,55 bis 0,6 kWh und 1500 bis 2200 kcal benötigt.

In Deutschland, wo die Ausbeutung der Kohlendioxydquellen sehr lohnend ist, wurde — soweit bekannt — nur eine einzige Kalkbrennerei mit einer CO_2-Gewinnungsanlage ausgestattet. In Nordamerika sind solche Einrichtungen häufiger.

In der chemischen Industrie müssen natürliche und künstliche Gase nach ihrer großtechnischen Gewinnung häufig von Kohlendioxyd befreit werden, das bei der Weiterverarbeitung stören würde. Hierzu verwendet man ebenfalls Absorptionsanlagen, deren Wärme- und Energiebedarf fast ausschließlich von außerhalb gedeckt werden muß. Dort, wo größere Mengen Kohlendioxyd ausgewaschen werden müssen und Absatzmöglichkeiten für das Kohlendioxyd bestehen, entschließt man sich gelegentlich zur Ausnutzung, und zwar oft deshalb, weil man dadurch das chemische Verfahren wirtschaftlicher gestalten kann. In Deutschland sind mehrere Trockeneisanlagen in chemischen Betrieben bekannt.

Sehr verbreitet ist die Gewinnung von gasförmigem Kohlendioxyd aus Rauchgasen, die durch Verbrennung von bestimmten Brennstoffen für diesen besonderen Zweck erzeugt werden. Die Einrichtungen für die Erzeugung der Rauchgase sind dabei eng gekoppelt mit der Absorptionsanlage, deren Energie- und Wärmebedarf meist vollständig durch die bei der Verbrennung entstehende Wärme gedeckt wird. Solche Anlagen stellen geschlossene Einheiten dar, die örtlich nicht an irgendwelche Kohlendioxydvorkommen gebunden sind, sondern vorzugsweise in der Nähe der Kohlendioxydverbraucher aufgestellt werden.

Es gibt verschiedene Verfahren, um die Enthalpie der Rauchgase für die Absorptions- und Verflüssigungsanlage auszunützen. Im einfachsten Fall werden Koks oder Öl in einer Brennkammer verbrannt, die unter dem Laugekocher der Absorptionsanlage angeordnet ist, so daß die Rauchgase ihre Wärme direkt an die auszukochende Lauge abgeben können. Dabei wird aber nur der Wärmebedarf der Anlage gedeckt; eine Energieerzeugung für den Betrieb der Pumpen, Gebläse und Kompressoren ist nicht möglich. Dieses Verfahren wird nur für kleine Anlagen gewählt und in Fällen, wo Anlagekosten gespart werden sollen und der Fremdbezug der Energie weder schwierig noch teuer ist. Soll Energie miterzeugt werden, dann verbrennt man Koks oder Öl unter einem Dampfkessel.

Mit dem Dampf wird eine Dampfturbine oder Dampfmaschine zur Stromerzeugung betrieben und der Abdampf zur Beheizung des Laugekochers ausgenützt. Die direkte Befeuerung von Kocher oder Dampfkessel mit Koks hat gewisse Nachteile, weil zur Erzielung einer guten Verbrennung (Vermeidung von CO-Bildung) mit reichlichem Luftüberschuß gearbeitet werden muß, dadurch aber der CO_2-Gehalt der Verbrennungsgase absinkt. Gleichmäßigere Verbrennung, gute Regelbarkeit des Luftüberschusses und besserer CO_2-Gehalt im Abgas sind erzielbar, wenn man zur Befeuerung Gas benutzt, das in einem Gasgenerator aus Koks gewonnen wird. Ein Vorteil von Gasgeneratoren ist ferner, daß außer Zechenkoks auch andere Brennstoffe (Gaskoks, Anthrazit, Holzkohle) verwendet werden können. Wird das Gas nicht unter einem Dampfkessel, sondern direkt unter dem Laugekocher verbrannt, so führt man einen Teilstrom des Gases in einen Gasmotor zwecks Energieerzeugung; die Abgase des Motors werden dann ebenfalls zur Absorptionsanlage geführt.

Die Verbrennungsgase werden in einem Gaswascher durch Berieselung mit Wasser von Flugasche und Schwefeldioxyd befreit und gekühlt. Zur Entfernung letzter Spuren von SO_2, das durch Verbrennung des im Brennstoff enthaltenen Schwefels entstanden ist, wird oft noch zusätzlich ein Sodawascher eingesetzt.

Theoretisch benötigt man zur Erzeugung von 1 kg CO_2 0,273 kg Kohlenstoff. Der Kohlenstoffgehalt von gutem Zechenkoks ist etwa 95%, der von Heizöl 85%, so daß die theoretischen Verbrauchszahlen bei 0,29 kg Koks/kg CO_2 und 0,32 kg Öl/kg CO_2 liegen. Der Ausnutzungsgrad ist abhängig von der Güte der Verbrennung und der Absorption, im allgemeinen rechnet man mit einem effektiven Verbrauch von 0,5 bis 0,6 kg Koks oder Öl je Kilogramm Kohlendioxyd.

Bei Koks mit einem Heizwert von 7000 kcal/kg stehen also etwa 3500 bis 4200 kcal/kg CO_2 Wärme zur Verfügung; etwa 2000 kcal/kg CO_2 werden für den Laugekocher benötigt einschließlich der Abgaswärme; der Rest ist für die Energiegewinnung frei, wird aber meist nur zur Hälfte benötigt. Beim Vergasen des Kokses im Generator stehen allerdings wegen der Wärmeverluste nur etwa 60 bis 70% der aus dem Heizwert errechneten Wärme zur Verfügung, so daß die Restwärme zur Energieerzeugung gerade ausreicht. Für Öl mit einem Heizwert von über 10000 kcal/kg wird die Wärmebilanz günstiger. Bei angeschlossener Trockeneisherstellung ist jedoch ein Energiemehrbedarf notwendig, durch den der Koksverbrauch bis auf 0,9 kg/kg CO_2 anwachsen kann, falls die zusätzliche Energie nicht aus anderer Quelle bezogen wird.

C. Die Absorption von Kohlendioxyd aus Gasgemischen.

Die Absorption des Kohlendioxyds erfolgt in Anlagen, die sich verfahrenstechnisch nicht wesentlich unterscheiden, wohl aber bezüglich des chemischen Prozesses je nach dem angewendeten Absorptionsmittel (Lauge) (Abb. 518).

Ein Gebläse drückt das Rohgas in einen oder mehrere Absorptionstürme, die mit hartem Zechenkoks oder Raschig-Ringen gefüllt sind. Das Gas strömt nach oben durch die Füllung und wird dabei von der Lauge berieselt, die einen Teil des Kohlendioxyds chemisch bindet. Bei dem klassischen Absorptionsmittel Pottaschelauge erfolgt die Reaktion z. B. gemäß der Gleichung

$$K_2CO_3 + CO_2 + H_2O = 2\,KHCO_3.$$

Die teilweise in Bikarbonat umgewandelte Lauge wird am unteren Ende des Turmes von einer Pumpe abgezogen und über Wärmeaustauscher in den

Laugekocher gedrückt. Hier wird die Lauge bei etwa 105 °C gekocht, wobei das Bikarbonat wieder in Pottaschelauge und Kohlendioxyd zerfällt. Die von Kohlendioxyd weitgehend befreite heiße Lauge fließt zum Absorptionsturm zurück, gibt aber vorher den größten Teil ihrer Wärme in einem Wärmeaustauscher an die entgegenströmende kalte, gesättigte Lauge ab. Ein nachgeschalteter Kühler sorgt ferner für eine für den Absorptionsprozeß günstige niedrige Laugetemperatur.

Das im Laugekocher ausgetriebene Kohlendioxyd enthält eine große Menge Wasserdampf, der beim Abkühlen des Gases in einem Wärmeaustauscher und einem Röhrenkühler durch Kondensation ausfällt und in einem Abscheider vom Gas getrennt wird. Das Kohlendioxyd gelangt von hier aus in einen Gasometer oder, falls die Absorption unter Druck stattfand, direkt zum Kompressor der Verflüssigungsanlage.

Der Stoffübergang bei der Reaktion im Absorptionsturm ähnelt dem Wärmeübergang in einem Gegenstromkühler. Im Kühler gibt ein Gas Wärme an das

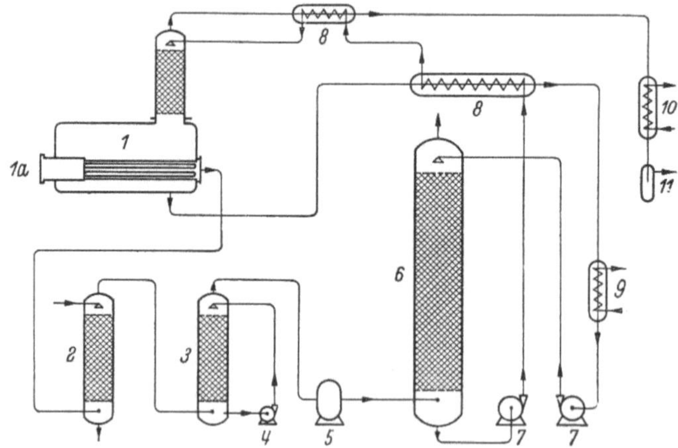

Abb. 518. Schematischer Aufbau einer Absorptionseinrichtung zur Gewinnung von CO_2 aus Rauchgasen: *1* Laugekocher, *1a* Brennkammer, *2* Wasserwascher, *3* Sodawascher, *4* Sodapumpe, *5* Rohgasgebläse, *6* Absorptionsturm, *7* Laugepumpen, *8* Wärmeaustauscher, *9* Laugenachkühler, *10* CO_2-Kühler, *11* Abscheider.

gegenströmende Wasser ab, wobei seine Temperatur absinkt; im Turm geht Kohlendioxyd an die Lauge über, wobei die Kohlendioxydkonzentration des Rohgases absinkt. Die Faktoren, die den Stoffübergang wesentlich bestimmen, lassen sich also vorstellen an Hand der Kenntnisse, die man von den Vorgängen in Gegenstromkühlern hat:

a) Wenig Gas mit hoher Temperatur benötigt bei der Kühlung weniger Kühlfläche als viel Gas mit niedriger Temperatur bei gleicher Enthalpie. Dementsprechend kann ein Absorptionsturm um so kleiner sein, je höher die Kohlendioxydkonzentration des ankommenden Rohgases ist. Die Konzentration des Rohgases kann z. B. 30 bis 40% betragen, wenn das Gas aus einer Kalkbrennerei kommt. Verbrennungsgase haben im allgemeinen etwa folgende Konzentrationen je nach Brennstoff:

bei Koks (mit Generator)	19%,
bei Koks (Direktfeuerung)	14 bis 18%,
bei Öl (Direktfeuerung)	12 bis 14%.

Die Vorzüge der Anwendung von Generatoren gegenüber der Direktfeuerung mit Koks wurden schon im Abschnitt B erwähnt. Die Verwendung von Öl als Brennstoff bedingt wegen der niedrigen CO_2-Konzentration im Rauchgas u. U. einen höheren Aufwand für die Absorptionsanlage.

b) Die Endtemperatur des abzukühlenden Gases in einem Gegenstromkühler wird um so niedriger liegen, je kälter das eintretende Kühlwasser ist. Dementsprechend hat auch das aus dem Absorptionsturm austretende Abgas eine um so niedrigere CO_2-Konzentration, je niedriger die CO_2-Konzentration (Bikarbonatgehalt) der eintretenden Lauge ist. Die Lauge muß also im Laugekocher gut ausgekocht werden; es muß hierfür ausreichend Wärme zur Verfügung stehen. Würde man z. B. eine Anlage mit Koksfeuerung des Laugekochers auf Ölfeuerung umstellen, so würde man beobachten können, daß trotz des jetzt geringen CO_2-Gehaltes der Verbrennungsgase die CO_2-Ausbeute gleich oder sogar besser wird, weil für das Auskochen der Lauge bei Verwendung von Öl mehr Wärme zur Verfügung steht und dadurch die Regeneration der Lauge besser ist.

c) Der Wärmeaustausch in einem Kühler ist um so größer, je größer die Kühlfläche ist. Auch beim Absorptionsvorgang muß für eine möglichst große Reaktionsfläche zwischen Gas und Lauge gesorgt werden. Man erreicht dies durch die Koksfüllung im Absorptionsturm. Es sind auch erfolgreiche Versuche bekannt geworden, bei denen das Rohgas durch ein engmaschiges Sieb in die darüberstehende Lauge geblasen wird, die die Eigenschaft haben muß zu schäumen. Die Reaktionsfläche zwischen Gas und Lauge ist im Schaum außerordentlich groß, so daß der Absorptionsturm in diesem Fall erheblich weniger Bauhöhe haben kann (Perlturm).

d) Die Kühlfläche eines Kühlers kann um so kleiner sein, je besser die Wärmedurchgangszahl ist, d. h. je mehr Wärmeeinheiten je Zeiteinheit durch die Flächeneinheit transportiert werden können. Dieser Wärmedurchgangszahl entspricht beim Absorptionsvorgang die Reaktionsgeschwindigkeit zwischen CO_2 und Lauge, die in erster Linie durch die Art der Lauge gegeben ist. Es sind verschiedene Verfahren bekannt geworden, die Reaktionsgeschwindigkeit der Pottaschelauge durch Zusätze zu erhöhen oder diese Lauge durch wirkungsvollere Absorptionsmittel zu ersetzen. Auch durch Anwendung von Druck läßt sie sich erhöhen. Als Zusätze können Amine (z. B. Monoäthanolamin) oder Ammoniak (Makmar-Verfahren) dienen, doch ist die Wirtschaftlichkeit der so betriebenen Anlagen umstritten, weil gewisse Aufwendungen zur Rückgewinnung der teuren, flüchtigen Zusatzmittel und zur Beseitigung der Geruchsbeimischungen notwendig sind. Ersetzt werden kann die Pottaschelauge durch Monoäthanolamin oder durch „Alkazid", dem Alkalisalz einer organischen Säure (BASF, Ludwigshafen). Bei diesem Verfahren gelingt die Absorption des Kohlendioxyds fast restlos, während beim Pottascheverfahren 4 bis 8% CO_2 im Abgas des Absorptionsturmes bleiben. Diese wirksamen Laugen nehmen auch mehr CO_2 auf, so daß mit geringerer Umlaufmenge gearbeitet werden kann und deshalb weniger Wärme zum Regenerieren im Laugekocher und weniger Energie zum Umpumpen nötig ist. Der Brennstoffbedarf ist dementsprechend niedriger; er wird mit 0,4 kg Koks je kg gasförmiger CO_2 angegeben. Die Anlagen fallen kleiner aus als Pottascheanlagen; aber im Gegensatz zu Pottasche greifen Amin- und Alkazidlaugen die üblichen Baustoffe an, so daß für den Bau der Anlagen Sondermaterial (Aluminium, korrosionsbeständiger Stahl, Sonderguß) verwendet werden muß. Außerdem ist eine besondere Nachreinigung des Kohlendioxyds erforderlich, um Geruchlosigkeit zu erreichen.

D. Die Verflüssigung des Kohlendioxyds.

Wie das Temperatur-Entropie-Diagramm für Kohlendioxyd (Abb. 516) zeigt, ist eine Verflüssigung nur im Bereich von 5,28 ata, —56,6 °C (Tripelpunkt) bis 74,96 ata, +31 °C (kritischer Punkt) möglich. Die Verflüssigung muß also unter Druck erfolgen; hierzu dienen, je nach dem gewünschten Verflüssigungsdruck, 2- bis 4stufige Kompressoren.

Im allgemeinen verdichtet man das Kohlendioxyd bis nahe an den kritischen Druck und verflüssigt es in einem Kondensator mittels Kühlwasser. Voraussetzung für dieses einfachste Verfahren ist aber, daß das zur Verfügung stehende Kühlwasser eine Temperatur unter 20 °C hat, weil nur dann eine ausreichende Temperaturdifferenz zur Kondensation vorhanden ist. Andernfalls muß eine Kältemaschine eingesetzt werden, mit der richtig temperiertes Kühlwasser oder

Abb. 519. Tankwagen für Hochdruckkohlendioxyd (Linde-Sürth).

Sole bereitgestellt wird; das benutzte Kältemittel kann auch durch direkte Verdampfung die Kondensation des Kohlendioxyds bewirken.

Das so verflüssigte Kohlendioxyd kann in dickwandigen Hochdruckbehältern gelagert oder transportiert (Abb. 519) oder in Flaschen abgefüllt werden. Ist die Umgebungstemperatur gleich der Verflüssigungstemperatur des Kohlendioxyds, dann bleibt in den Behältern der erzeugte Druck erhalten. Bei niedrigerer oder höherer Umgebungstemperatur stellt sich nach einiger Zeit infolge des Temperaturausgleiches ein niedrigerer oder höherer Druck entsprechend der Dampfdruckkurve ein.

Sehr häufig erfolgt heute aber die Lagerung und der Transport des flüssigen Kohlendioxyds bei niedrigem Druck (z. B. 15 ata) in verhältnismäßig dünnwandigen Flüssigkeitstanks (Abb. 520 u. 521). Obwohl wegen der dabei niedrigen Flüssigkeitstemperatur (z. B. —30 °C) eine gute Wärmeisolierung notwendig ist, sind diese Tanks im allgemeinen billiger; insbesondere für den Transport sind sie vorteilhafter wegen des niedrigeren Taragewichtes. Andererseits ist ein gewisser Wärmeeinfall aus der Umgebung immer vorhanden, so daß zur Vermeidung eines unzulässigen Druckanstieges im Tank das entstehende Gas abgesaugt oder eine

Kältemaschine zur Kühlung eingesetzt werden muß. Will man bei Transportwagen ohne Kältemaschine auskommen, dann muß die Transportzeit begrenzt werden. Bei der Trockeneisherstellung wird fast immer zuerst sehr kalte Flüssigkeit als Ausgangsprodukt für die Verfestigung erzeugt. In den meisten Trockeneisfabriken wird daher das Kohlendioxyd bei Niederdruck gespeichert.

Es gibt zwei Wege, um sehr kaltes flüssiges Kohlendioxyd herzustellen:

1) Man kann die oben erwähnte Kältemaschine, die nur als Hilfsmaschine bei ungünstigen Kühlwasserverhältnissen gedacht war, so groß wählen, daß mit ihr auch eine Verflüssigung des Kohlendioxyds bei tieferen Temperaturen und eine Unterkühlung auf die gewünschte Speichertemperatur möglich ist. In letzter Konsequenz geht man mit der Verflüssigungstemperatur bis auf die Speichertemperatur herunter (Abb. 523a u. b). Dies bedeutet, daß für z. B. —30 °C Speichertemperatur der Verflüssigungskompressor nur auf etwa 15 ata Enddruck verdichten muß; die gegenüber der Verdichtung auf Hochdruck eingesparte Energie steht dann für die Kältemaschine zur Verfügung.

Abb. 520. Tankwagen für Niederdruckkohlendioxyd (Agefko).

Abb. 521. Auffüllen eines stationären Niederdruckbehälters (Agefko).

Abb. 522 zeigt den theoretischen Arbeitsbedarf in kWh zur Verdichtung, Verflüssigung und Unterkühlung von 1000 kg CO_2 in Abhängigkeit von der CO_2-Verflüssigungstemperatur.[1] Bei der Berechnung des Diagramms sind folgende Annahmen getroffen worden: Reines CO_2-Gas von 1 ata +20 °C wird 2-, 3- oder 4stufig adiabatisch auf den zur CO_2-Verflüssigungstemperatur gehörenden Druck verdichtet; die Verdichtungstemperatur in den einzelnen Stufen beträgt 120 °C, die Kühlung mittels Kühlwasser erfolgt auf 35 °C, Verflüssigung durch Ammoniakkälteanlage mit 30 °C Kondensationstemperatur und einer Verdampfungstemperatur, die 5 °C unter der CO_2-Verflüssigungstemperatur liegt; Adiabate NH_3-Verdichtung; Vernachlässigung des Wärmeeinfalles bei beiden Prozessen; Unterkühlung der verflüssigten CO_2 auf —30 °C.

Abschnitt I in Abb. 522 zeigt den theoretischen Arbeitsbedarf für die Verdichtung des Kohlendioxyds auf Verflüssigungsdruck, Abschnitt II den theoretischen Arbeitsbedarf des NH_3-Kompressors und Abschnitt III den Arbeits-

[1] NÜRMBERGER, K., u. H. KUBLI: Gewinnung von Kohlensäure und Trockeneis. Escher-Wyss-Mitteilungen 1959, H. 1.

bedarf für die Unterkühlung des flüssigen Kohlendioxyds auf —30 °C. Man erkennt, daß der gesamte Arbeitsbedarf nahezu unabhängig von der gewählten CO_2-Verflüssigungstemperatur ist. Man wird also nicht irgendeine mittlere Temperatur wählen und dann die Flüssigkeit auf Speichertemperatur unterkühlen, wozu u. U. eine besondere Kältemaschine notwendig wäre. Vielmehr setzt man entweder eine 2stufige Kältemaschine ein, die

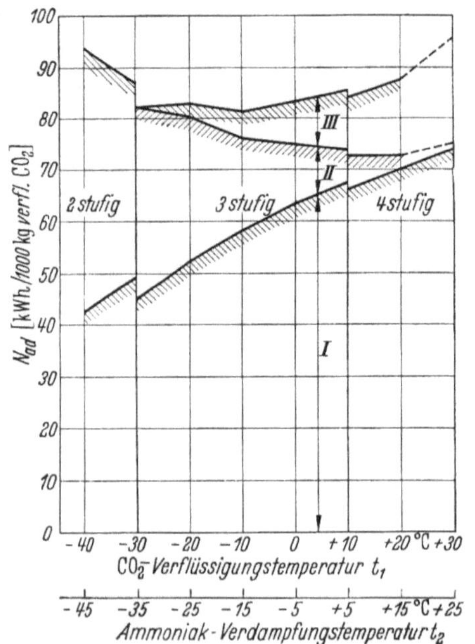

Abb. 522. Arbeitsbedarf bei adiabater Verdichtung für die CO_2-Verflüssigung, je nach Verflüssigungstemperatur des Kohlendioxyds bzw. Verdampfungstemperatur des Ammoniaks (Escher-Wyss).

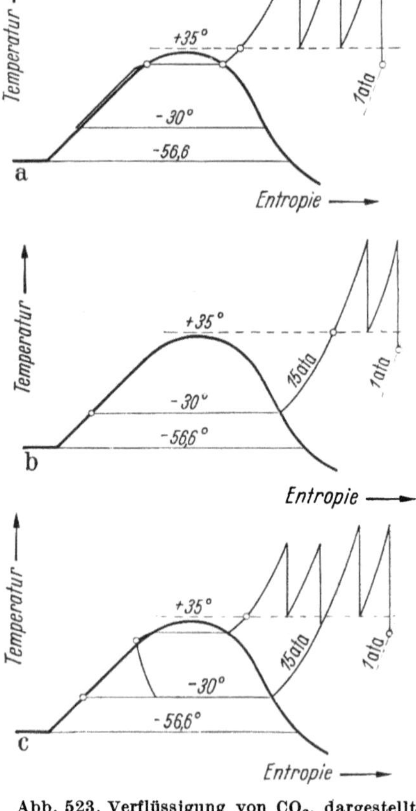

Abb. 523. Verflüssigung von CO_2, dargestellt im T, s-Diagramm.
a) 3stufige Verdichtung, Verflüssigung unter Hochdruck, Unterkühlung auf —30 °C, b) 2stufige Verdichtung, Verflüssigung unter Niederdruck bei —30 °C mit Kältemaschine, c) 4stufige Verdichtung, Verflüssigung unter Hochdruck, Entspannung auf Niederdruck und —30 °C, Absaugen des entstehenden Gases durch die 3. Kompressorstufe.

für die CO_2-Verflüssigung bei Speichertemperatur bemessen ist, so daß die Unterkühlung überflüssig wird, oder man setzt eine kleine 1stufige Kältemaschine ein, die lediglich das fehlende kalte Kühlwasser ersetzen soll, und erzeugt dann die sehr kalte Flüssigkeit nach dem zweiten Verfahren (2), das immer auch dann angewendet werden muß, wenn die Verflüssigung mit Kühlwasser erfolgt:

2) Man entspannt das flüssige Kohlendioxyd über ein Drosselventil in den Speicherbehälter, also z. B. auf 15 ata (Abb. 523c). Dabei entsteht z. T. flüssiges Kohlendioxyd von —30 °C und z. T. gasförmiges Kohlendioxyd, das aus dem Behälter abgesaugt werden muß, damit der niedrige Druck erhalten bleibt. Man kann den Verflüssigungskompressor so bemessen, daß dieses Entspannungsgas zusätzlich angesaugt und wieder auf den Verflüssigungsdruck gebracht werden kann. Vorzugsweise wird aber ein besonderer Rückverflüssigungskompressor eingesetzt, der unabhängig vom 1. Kompressor ist und automatisch nur

dann arbeitet, wenn der Behälterdruck einen vorgeschriebenen Höchstdruck erreicht hat und wieder auf einen vorgeschriebenen Mindestdruck gesenkt werden soll. Der Kondensator muß so bemessen werden, daß mit ihm auch dieses zusätzliche Gas wiederverflüssigt werden kann. Der Arbeitsbedarf für diese Rückverflüssigung ist theoretisch dem Arbeitsbedarf für die Unterkühlung mittels Kälteanlage etwa gleich, wird also ebenfalls durch Abschnitt III in Abb. 522 wiedergegeben.

Zur Schonung der Kompressoren und Kühler ist eine Trocknung des Kohlendioxyds vor der Kompression zweckmäßig. Man verwendet hierzu meist Chlorkalzium bei kleineren und Silikagel bei größeren Anlagen. Der im Gas enthaltene Wasserdampf würde sonst bei höherem Druck mit dem Kohlendioxyd reagieren und Säure H_2CO_3 bilden, welche den Einsatz korrosionsbeständiger Stähle notwendig machen würde.[1] Bei nachgeschalteter Trockeneisfabrikation muß aber unbedingt für gute Gastrocknung gesorgt werden, weil sich sonst Wassereis bilden würde, das Düsen und Ventile verstopfen kann und auch als Verunreinigung im Trockeneis unerwünscht ist. Zur Entfernung des Kompressorschmiermittels aus dem verdichteten Gas dienen reichlich bemessene Abscheider und Aktivkohlefilter.

E. Grundlagen der Verfestigung von Kohlendioxyd.

An Hand des T,s-Diagramms (Abb. 516) lassen sich verschiedene Möglichkeiten aufzeigen, wie aus gasförmigem oder flüssigem Kohlendioxyd festes Kohlendioxyd gewonnen werden kann. KUPRIANOFF[2] teilt die Verfahren nach thermodynamischen Gesichtspunkten in 2 Gruppen ein: Verfestigung durch äußere Wärmeentziehung und Verfestigung durch innere Wärmeentziehung. Im ersten Fall wird von gasförmigem oder flüssigem, im zweiten Fall nur von flüssigem Kohlendioxyd ausgegangen.

Gasförmiges Kohlendioxyd kann unter Atmosphärendruck mit Hilfe einer Kälteanlage so weit abgekühlt werden, bis die Sättigungslinie „dampfförmig-fest" überschritten wird und sich an den Kühlflächen festes Kohlendioxyd abzuscheiden beginnt. Die Sublimationstemperatur, die dabei erreicht werden muß, ist —78,5 °C. Bei weiterem Wärmeentzug bei dieser Temperatur wird das gesamte gasförmige CO_2 in Schnee übergeführt.

Grundsätzlich kann auf diese Weise auch aus kohlendioxydhaltigem Gas der CO_2-Anteil teilweise sublimiert werden, wenn man entweder die dem Teildruck der CO_2 entsprechende noch tiefere Sublimationstemperatur herstellt oder aber das Gas so weit verdichtet, daß der Teildruck der CO_2 bei 1 ata liegt. Da während der Ausscheidung von Kohlendioxydschnee der Teildruck der CO_2 ständig absinkt und immer tiefere Temperaturen oder höhere Drücke notwendig werden, um auch das restliche Kohlendioxyd auszufällen, ist die Ausbeute an Schnee begrenzt, je nach dem wirtschaftlich vertretbaren Aufwand. Es hat sich außerdem gezeigt, daß die Gefrierdauer bei der Sublimation sehr lang ist. Beide Verfahren haben — soweit bekannt — keine Bedeutung erlangt.

Soll flüssiges, kaltes Kohlendioxyd durch äußere Wärmeentziehung verfestigt werden, dann verwendet man druckfeste Gefrierbehälter, die in gekühlte Flüssigkeitsbäder eintauchen[3] oder von dem Kältemittel einer Kälteanlage umgeben sind.[4] Die in den Gefrierbehälter eingeleitete kalte Flüssigkeit, die

[1] KOBOLD, J.: Vgl. Fußnote 1 auf S. 565.
[2] KUPRIANOFF, J.: Vgl. Fußnote 1 auf S. 548.
[3] Brit. Patent Nr. 7436 (1895) und US-Patent Nr. 1659431.
[4] Z. ges. Kälteind. Bd. 41 (1934) S. 201 — Z. Die Kälteindustrie Bd. 30 (1933) S. 143 und 156.

unter einem Druck von z. B. 6 ata steht, wird durch die Wärmeentziehung zunächst unterkühlt, bis die Sättigungsgrenze „flüssig-fest" erreicht ist. Die Temperatur fällt dabei nahezu auf die Temperatur des Tripelpunktes (—56,6 °C) ab. Bei weiterem Wärmeentzug verfestigt sich die Flüssigkeit unter gleichbleibendem Druck und gleichbleibender Temperatur. Das Kältemittel nimmt dabei die Erstarrungswärme von etwa 46 kcal/kg CO_2 auf; seine Temperatur muß niedriger sein als die Temperatur im Tripelpunkt, damit der Wärmeübergang möglich ist (—60 bis —70 °C). Selbst bei Anwendung eines höheren Druckes liegt die Verfestigungstemperatur nicht wesentlich über der Temperatur des Tripelpunktes; bei z. B. 350 atm ist sie immer noch etwa —50 °C. Vor dem Ausbringen des Eisblockes aus dem Behälter muß der Druck auf 1 ata gesenkt werden. Versuche haben ergeben, daß zum Ausfrieren eine lange Gefrierzeit notwendig ist. Diese Verfahren haben sich deshalb wenig bewährt und werden allenfalls in abgewandelter Form noch angewendet.

Wirkliche Bedeutung haben nur die Verfahren zur Verfestigung mit innerer Wärmeentziehung erlangt. Dabei geht man von sehr kaltem, flüssigem Kohlendioxyd aus, das unter den Tripelpunkt entspannt wird. Im T, s-Diagramm (s. Abbildung 524) verläuft diese Zustandsänderung von der linken Grenzkurve ausgehend auf einer Linie konstanter Enthalpie durch das Naßdampfgebiet und nach Unterschreitung des Tripeldruckes von 5,28 ata in das Gebiet „gasförmig-fest". Beim Übergang von Naßdampf in das Eisdampfgebiet entstehen erhebliche Mengen Dampf, denn auch bei sehr kalter Flüssigkeit als Ausgangsprodukt geht die Zustandsänderung in der Nähe der Linie $x = 0,4$ kg Dampf je Kilogramm feste CO_2 vor sich. Erfolgt die Drucksenkung der Flüssigkeit durch Drosselung über Ventile oder Düsen, dann entsteht der Dampf spontan und Schneekristalle scheiden sich aus. Befindet sich die Flüssigkeit jedoch in einem Behälter, dann kommt sie durch die Dampfbildung bei der Drucksenkung in heftige Wallung, und es entsteht schließlich eine schwammige Eismasse. Dieser unerwünschte Vorgang läßt sich durch verschiedene Kunstgriffe vermeiden. Die technische Durchführung der verschiedenen Verfahren mit innerer Wärmeentziehung wird in den Abschnitten F und G beschrieben.

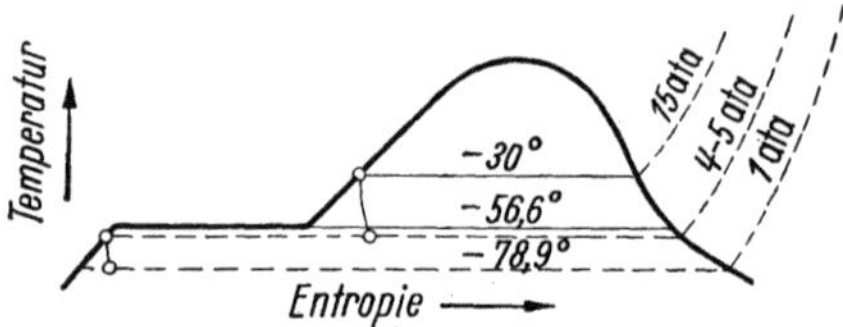

Abb. 524. Darstellung eines Prozesses zur Herstellung von festem Kohlendioxyd im T, s-Diagramm, ausgehend von flüssigem Niederdruckkohlendioxyd.

Der bei der Entspannung entstehende Dampf muß abgesaugt und der Verflüssigungsanlage zugeführt werden. Zum Absaugen dient entweder der Verflüssigungskompressor, der dann so groß bemessen sein muß, daß er auch dieses zusätzliche Gas aus der Trockeneisanlage aufnehmen kann, oder man setzt einen besonderen Rückverflüssigungskompressor ein, der dann vorteilhafter ist, wenn bevorratete Flüssigkeit verbraucht werden soll. Man spart Kompressorarbeit, wenn die Drucksenkung bei der Verfestigung zunächst nicht auf Atmosphärendruck, sondern nur auf einen Druck wenig unterhalb des Tripelpunktes erfolgt; das zum Kompressor abgeführte Gas hat dann 4 bis 5 ata Vordruck. Die zweite Drucksenkung auf Atmosphärendruck wird erst nach Beendigung des Verfestigungsprozesses vorgenommen. Die entsprechende Zustandsänderung beginnt an der linken Grenzkurve der Sublimation (s. Abb. 524) und verläuft längs einer Linie konstanter Enthalpie bis zur Isobare für 1 ata; es entsteht dann dabei nur wenig Gas.

Bei der Bemessung der Verflüssigungsanlage ist darauf zu achten, daß aus der sehr kalten Flüssigkeit von z. B. —30 bis —55 °C nur etwa 50 bis 60% Eis gebildet werden können. Wird auch die kalte Flüssigkeit durch Entspannung aus warmer Flüssigkeit erzeugt (s. Abschnitt D), dann ist zu berücksichtigen, daß aus dieser Flüssigkeit von z. B. +25 bis +10 °C sogar nur etwa 25 bis 35% Eis entstehen können. Der andere Teil der Flüssigkeit liefert Kreislaufgas, das die zur Eisbildung notwendige Wärmeabfuhr besorgt (Kälteleistung).

F. Die Herstellung von Trockeneis in Eiszellen.

Die ältesten Verfahren zur Herstellung von Trockeneis durch Entspannung von flüssigem Kohlendioxyd arbeiteten mit sog. Eiszellen, d. h. druckfesten isolierten Behältern, in deren Innenraum die Eisbildung vor sich ging. Man kann vier verschiedene Verfahren anführen, die z. T. auch noch heute für kleinere Erzeugungsanlagen von Bedeutung sind.

a) Die ersten Anlagen arbeiteten mit Eiszellen, in denen lockerer Schnee durch Einspritzen von tiefkalter Flüssigkeit über eine Düse erzeugt wurde (Dry Ice Corp., 1925). Der Schnee-Erzeuger ist ein isolierter Behälter, in dessen Innenraum ein fast bis an das obere Ende reichender zylindrischer Blechmantel eingebaut ist, der mit dem Behältermantel einen ringförmigen Raum bildet. Der innere zylindrische Raum, in den die Flüssigkeit eingespritzt wird, ist oben mit einer Siebplatte versehen, die den sich bildenden Schnee abfängt, den entstehenden Dampf jedoch durchläßt. Der Dampf strömt durch den Ringraum, wo er eine isolierende Wirkung ausüben soll und zieht am unteren Ende des Behälters zur Saugleitung des Rückverflüssigungskompressors ab. Nachdem die Zelle mit Schnee gefüllt ist, wird dieser Schnee entnommen und mit einer hydraulischen Presse zu einem festen Block verdichtet. Beim Transport des lockeren Schnees zur Presse entstehen nicht unerhebliche Sublimationsverluste, weshalb man in neuerer Zeit technisch vollkommenere Lösungen anwendet, die im Abschnitt G beschrieben sind.

b) Es war naheliegend zu versuchen, in der Eiszelle selbst schon einen Block von hoher Dichte zu erzeugen, so daß das Nachpressen überflüssig wird. Dies kann erreicht werden mit einem Verfahren, bei dem in der Zelle nicht lockerer, sondern nasser Schnee gebildet wird, der zunächst unter Druck steht und bei anschließender Entspannung auf 1 ata zu einem festen Block ausfriert. Hierzu wird eine vertikal angeordnete, zylinderförmige Zelle (Abb. 525) verwendet, die nahe am Boden eine Siebplatte und am oberen Ende eine Nadeldüse mit diffusorartiger Erweiterung enthält (Carba A. G., Bern). Wird in der Zelle zunächst ein Druck gehalten, der knapp über dem Tripelpunkt liegt, dann wird das bei der Entspannung in der Düse aus der Flüssigkeit entstehende Schnee-Dampf-Gemisch durch den Diffusor wieder auf diesen Druck verdichtet, so daß sich etwas Flüssigkeit rückbildet und eine plastische, feuchte Schneemasse ausgestoßen wird, die sich auf der Siebplatte absetzt. Der entstandene Dampf wird oben an der Zelle abgesaugt. Nachdem sich die Zelle gefüllt hat, werden die Flüssigkeits- und die Absaugeleitung abgesperrt und der Raum unterhalb der Siebplatte mit einer unter Atmosphärendruck stehenden Absaugeleitung verbunden. Die feuchte Schneemasse erstarrt dann infolge des allmählichen Druckabfalles in der Zelle langsam, wobei der sich entwickelnde Dampf durch das entstehende Eis durchdiffundiert und durch die Siebplatte entweicht. Ist der Block ausgefroren und damit auch der Druck über dem Block auf 1 ata abgefallen, dann kann der Bodendeckel der Zelle geöffnet und der Block herausgenommen werden.

c) Bei einem anderen Verfahren (A. G. für Kohlensäureindustrie) wird ebenfalls eine vertikal angeordnete Eiszelle verwendet, in die nahe am Boden eine Siebplatte eingebaut ist. Die Zelle ist oben und unterhalb der Siebplatte mit der

Saugleitung des Kompressors verbunden und steht zunächst unter Atmosphärendruck. Über ein Drosselventil wird Flüssigkeit in die Zelle entspannt, wobei sich der entstehende Schnee auf der Siebplatte ablagert und der Dampf zu den Absaugeleitungen abströmt. Hat sich ein genügendes Schneepolster gebildet, wird die obere Absaugeleitung geschlossen. Wegen des Widerstandes des Schneepolsters steigt nun der Druck über dem Schneepolster an, obwohl unterhalb der Siebplatte nach wie vor Atmosphärendruck herrscht. Beim Überschreiten des Tripeldruckes hört die Schneebildung auf und Flüssigkeit lagert sich über das Schneepolster und preßt dieses zu einem festen Block zusammen. Die Zelle wird

Abb. 525. Trockeneiserzeuger der Firma Carba (Escher-Wyss).

ganz gefüllt und kommt auf einen Druck, der durch den Druck des Flüssigkeitsspeichers gegeben ist.

In der Grenzschicht zwischen Flüssigkeit und Schnee spielen sich nun folgende Vorgänge ab: Einesteils wird zufolge des Temperaturgefälles der Flüssigkeit Wärme entzogen, so daß diese erstarrt; andernteils entspannt sich die Flüssigkeit zufolge des Druckgefälles, wobei Schnee entsteht und der sich entwickelnde Dampf durch die Poren des schon gebildeten Eises in Richtung Siebplatte diffundiert. Der Eisblock wächst auf diese Weise nach oben in die Flüssigkeit hinein unter Verbrauch der Flüssigkeit. Während des Wachstums bildet sich außerdem durch teilweise Sublimation zufolge der Wärmezufuhr von außen am Umfang des Eisblockes ein Randspalt aus, der dem entstehenden Dampf das Abströmen nach unten erleichtert. Es hat sich herausgestellt, daß die Wachstumsgeschwindigkeit des Eisblockes wesentlich von der Ausbildung dieses Randspaltes abhängt, woraus geschlossen werden kann, daß bei den Grenzschichtvorgängen nicht die Verfestigung durch Wärmeentzug, sondern die Verfestigung durch Drosselung die ausschlaggebende Rolle spielt.

d) Für die unter c) beschriebenen Verfestigungsvorgänge war Voraussetzung, daß zuerst ein Schneepolster auf einer Siebplatte erzeugt wird. Es gibt noch eine elegantere Lösung, einen Schneeansatz zu bilden, von dem das Eiswachstum ausgehen kann. Hierzu wird eine Eiszelle verwendet, die längs einer Mantellinie wenige Reihen kleiner Bohrungen aufweist, die in einen mit mehreren Drosselventilen versehenen an der Zellenaußenwand angebauten Längskanal münden (Linde-Sürth). Die Zelle wird ganz mit sehr kalter Flüssigkeit gefüllt und die Flüssigkeitsleitung zum Speicherbehälter offengehalten, so daß die Zelle unter Speicherdruck steht. Bei geringem vorsichtigem Öffnen eines der nach besonderen Gesichtspunkten konstruierten Drosselventile entspannt sich zunächst wenig Flüssigkeit aus dem Kanal in die Saugleitung des Kompressors. Durch diese Entspannung wird das Ventil so stark abgekühlt, daß auch der vor dem Ventil befindlichen Flüssigkeit Wärme entzogen wird und nach Unterschreiten der Tripeltemperatur Eis ausfällt. So bildet sich vor dem Ventil ein Eisansatz, von dem aus das Wachstum des Eises in die Zelle hinein beginnt, gemäß den unter c) beschriebenen Verfestigungsvorgängen. Hat sich der erste Eisansatz gebildet, dann wird das Ventil ganz geöffnet, damit der durch das Eis diffundierende Dampf gut entweichen kann. Auf gleiche Weise betätigt man auch die übrigen Ventile am Kanal. Während des Wachstums des Eisblockes strömt fortwährend Flüssigkeit aus dem Speicherbehälter nach, so daß am Ende des Ausfrierprozesses der gesamte Zellenraum mit Eis gefüllt ist und der Block genau dessen Form angenommen hat. Sperrt man nun die Flüssigkeitsleitung ab, dann kann der Block der Zelle entnommen werden. Bei dieser Entnahme bleibt aber die Eisfüllung des seitlichen Kanals erhalten, so daß nach erneutem Einleiten von Flüssigkeit in die Zelle der Erstarrungsvorgang schneller einsetzt, die Ventile also nach kürzester Zeit ganz geöffnet werden können. Der längsseits angebaute Kanal bringt auch den Vorteil, daß der im Randspalt zwischen Zellenwand und Eisblock strömende Dampf jederzeit sofort seitlich entweichen kann; dadurch wird eine sehr gleichmäßige Dichte des Blockes auf seiner ganzen Länge erreicht. Die Zelle kann auch ohne weiteres horizontal statt vertikal aufgestellt werden; die Grenzschicht zwischen Flüssigkeit und Eis ist dabei wesentlich größer und die Wachstumsgeschwindigkeit des Eises wird bedeutend erhöht.

Abb. 526. Trockeneiserzeuger (Linde-Sürth).

Trockeneisfabriken, die mit Eiszellen arbeiten, benötigen für eine fortlaufende Produktion mehrere, mindestens aber 2 Eiszellen, die abwechselnd bedient werden. Bei höheren Stundenleistungen ist eine ganze Reihe von Zellen erforderlich, da der einzelne Block natürlich nur eine bestimmte Größe haben darf. Die Dichte der Blöcke, die aus den Eiszellen entnommen werden, ist je nach Verfahren und zugelassener Gefrierdauer 1,3 bis 1,4 kg/dm³.

Bei der Tagung der Kommission 6 des Internationalen Kälteinstituts im Oktober 1958 in Karlsruhe berichtete Vahl über ein neues Herstellungsverfahren von Trockeneis, das in seinem Laboratorium an der Technischen Hochschule in Delft entwickelt wurde. Dieses Verfahren soll hier nur kurz angedeutet und im übrigen auf die Originalarbeit verwiesen werden.[1] VAHL vertritt die Ansicht, daß der zunehmende Verbrauch von zerkleinertem Wassereis an Stelle von Blockeis auch zu einem Bedarf an *Trockeneis in kleinen Stücken* führen kann. Die für die Herstellung von Trockeneis in großen Blöcken z. Z. angewandten verhältnismäßig komplizierten Verfahren will er durch die Sublimation von CO_2-Gas unter Atmosphärendruck auf tiefgekühlten Oberflächen ersetzen. VAHL beschreibt die in Delft entwickelte Versuchseinrichtung, mit der kleine Eisplatten von 15 mm Dicke erzeugt wurden. Das Eis ist vollkommen durchsichtig und hat bei —110 °C eine Dichte von 1,6 kg/dm³. Seine Brüchigkeit bewegt sich in Grenzen, die eine Lagerung und einen Transport ermöglichen. Über weitere Entwicklungen dieses Verfahrens berichtete VAHL in der Sitzung der Kommision 6b des gleichen Instituts im September 1961 in Cambridge.

G. Die Herstellung von Trockeneis mit hydraulischen Pressen.

a) Eine bedeutende Weiterentwicklung des in Abschnitt F unter a) beschriebenen Verfahrens, bei dem in einer Eiszelle lockerer Schnee erzeugt wird, der nachgepreßt werden muß, stellt die Anwendung großräumiger, isolierter Schnee-erzeuger dar, an deren unterem Ende eine fahrbare hydraulische Presse angekuppelt werden kann (Maschinenfabrik Eßlingen). Die sehr kalte Flüssigkeit wird in den Schnee-erzeuger eingespritzt, wobei sie sich auf 4 bis 5 ata entspannt. Der dabei entstehende Schnee füllt allmählich den bis zu 8 m hohen Behälter, während der Dampf oben abgesaugt wird. Nach Druckabsenkung auf 1 ata kann die Presse unter den Schnee-erzeuger gefahren und angeschlossen werden. Der Schnee rutscht durch sein Eigengewicht so weit nach unten, bis der Einfüllraum der Presse voll ist. Einer der drei horizontal angeordneten Kolben (Dreikolbenpresse) schneidet den im Einfüllraum befindlichen Teil der Schneesäule ab und schiebt ihn in den Preßraum, wo er durch alle drei Kolben zu einem dichten Block gepreßt wird. Eine derartige Anlage weist immer mehrere Schnee-Erzeuger auf, von denen jeder eine Schneemenge für 30 und mehr Eisblöcke faßt; sie ist also

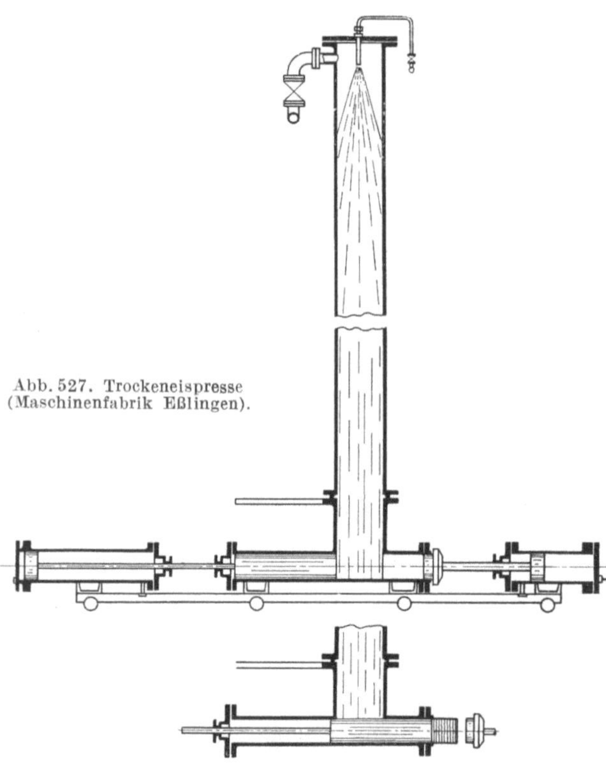

Abb. 527. Trockeneispresse (Maschinenfabrik Eßlingen).

[1] VAHL, L.: Annexe 1958—5 zum Bulletin des Internationalen Kälteinstituts, Paris.

für größere stündliche Trockeneismengen gedacht. Die Schnee-Erzeuger stehen in einer Reihe und werden nacheinander von derselben Presse bedient. Das Verfahren bietet insbesondere den Vorteil, daß immer eine gewisse Schneemenge vorrätig sein kann, die bei plötzlich auftretendem Spitzenbedarf eine erhöhte Trockeneisproduktion ermöglicht.[1]

b) Die Erzeugung einer feuchten plastischen Schneemasse oder einer Schichtung von Schnee und Flüssigkeit nach den im Abschnitt F unter b) und c) beschriebenen Methoden kann auch im Zylinderraum einer hydraulischen Presse (Abb. 528) vorgenommen werden. Der entstehende Dampf wird dabei nicht, wie bei der Eiszelle mit Siebplatte, nach unten durch die Widerstand leistende Schneemasse abgesaugt, sondern frei nach oben abgeführt. Die Dampfbildung ist dabei sehr heftig, so daß die Erstarrungszeit für den Eisblock erheblich abgekürzt wird. Das nach der Erstarrung vorhandene poröse Eis wird durch den Kolbendruck der Presse zu einem festen Block von hoher Dichte (bis 1,55 kg/dm^3) zusammengepreßt. Dann erst wird der Druck im Zylinder auf 1 ata gesenkt und der fertige Block herausgenommen. Vielfach wird im Zylinderraum der Presse auch lediglich trockener Schnee als Zwischenprodukt erzeugt, der dann entsteht, wenn der Druck im Zylinder dauernd unter dem Tripelpunkt gehalten wird (4 bis 5 ata). Diese Pressenverfahren haben neben dem unter a) beschriebenen die größte Bedeutung erlangt. Sie lohnen sich aber erst bei größeren Anlagen ab etwa 150 kg Trockeneis/Std.

Der allgemeine schematische Aufbau einer Trockeneisanlage mit Presse ist in Abb. 529 dargestellt. Das im Niederdruckspeicher befindliche sehr kalte flüssige Kohlendioxyd wird mittels einer regelbaren Expansionsdüse in dem Verdichtungsraum einer Presse entspannt, wobei sich Trockeneiskristalle und Kohlendioxydgas bilden. Während der Einfüllperiode wird das sich bildende Gas von einem Kompressor abgesaugt, verdichtet und in flüssigem Zustand der Eisbereitung wieder zugeführt. Die Hochdruckstufe dieses Kompressors nimmt gleichzeitig das Gas aus der Vorentspannung (aus dem Niederdruckspeicher) auf. Nachdem der Verdichtungsraum der Presse genügend gefüllt ist, wird die Zufuhr abgesperrt und der hydraulisch bewegte Preßkolben verdichtet die Eiskristalle zu einem festen Block mit einer Dichte von über 1,5 kg/dm^3. Danach wird die Presse geöffnet, um den fertigen Eisblock zu entfernen. Die Bewegungsvorgänge der Presse werden durch eine sinnreiche Handhebelsteuerung in der richtigen Reihenfolge ausgeführt.

c) Der Vollständigkeit halber soll hier noch ein Pressenverfahren aufgeführt werden, das dem im Abschnitt F unter d) beschriebenen Zellenverfahren am nächsten kommt. Auch hierbei wird sehr kaltes, flüssiges Kohlendioxyd ohne Drosselung in den Zylinder eingeleitet, der also zunächst unter Speicherdruck steht. Der Kolben der Presse, der sich dabei in der oberen Totlage befindet, enthält viele kleine Bohrungen, welche den mit Flüssigkeit gefüllten Raum mit dem Raum oberhalb des Kolbens verbinden (Stapp-Freundlich). Nach Absperren der Flüssigkeitsleitung wird der obere Raum durch Öffnen eines Ventils mit der Saugleitung des Kompressors verbunden, so daß im Pressenzylinder eine Druckabsenkung unter den Tripelpunkt eintritt. Die Flüssigkeit erstarrt nun, und der entstehende Dampf kann durch die Bohrungen im Kolben entweichen. Schließlich wird der poröse Eisblock durch den Kolben auf hohe Dichte gepreßt, wobei der aus den Poren verdrängte Dampf leicht durch die Bohrungen abziehen kann. Nachdem der Dampfdruck auf 1 ata gesunken ist, wird der fertige Block von dem Kolben nach unten ausgestoßen.

[1] Kobold, J.: Über die Herstellung und Verwendung von Trockeneis Z. Kältetechnik Bd. 5 (1953) H. 2, S. 46—51.

Abb. 528. 2 Trockeneispressen für Blöcke von 30 kg (Escher-Wyss).

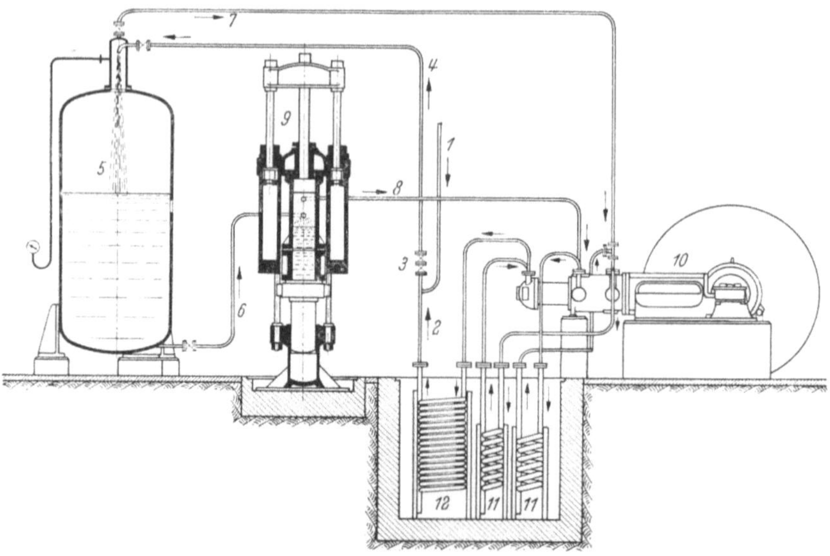

Abb. 529. Schematischer Aufbau einer Trockeneisanlage mit Presse.

1 flüssiges Kohlendioxyd vom Kondensator des Hauptverflüssigungskompressors, *2* flüssiges Kohlendioxyd vom Kondensator des Zusatzkompressors der Trockeneisanlage, *3* Absperr- und Drosselventil, *4* vorentspanntes, flüssiges Kohlendioxyd und Entspannungsgas zum Niederdruckspeicher, *5* Niederdruckspeicher, *6* vorentspanntes sehr kaltes flüssiges Kohlendioxyd zur Trockeneispresse, *7* Vorentspannungsgas zum Zusatzkompressor, *8* Entspannungsgas aus der Presse zum Zusatzkompressor, *9* Trockeneispresse, *10* Zusatzkompressor, *11* Zwischenkühler, *12* Kondensator des Zusatzkompressors (Maschinenfabrik und Eisengießerei Wurzen).

H. Lagerung und Verpackung von Trockeneis.

Mit Rücksicht auf die Sublimation des Trockeneises, die sofort nach dem Herausnehmen aus den Zellen oder Pressen beginnt, wird in einem Trockeneiswerk immer angestrebt, die Produktion auf den Verbrauch abzustimmen. Der Verbrauch ist aber sehr stark von der Jahreszeit und der Witterung abhängig. Damit die Anlagekosten nicht zu hoch und die Ausnutzung der Anlage in der kalten Jahreszeit nicht zu schlecht wird, legt man die Größe der Erzeugungsanlage bei der Projektierung nicht für den Spitzenbedarf fest, sondern wählt sie kleiner. Der saisonbedingte Spitzenbedarf muß dann durch Reserven an flüssigem oder festem Kohlendioxyd gedeckt werden.

Sehr verbreitet ist die Speicherung von flüssigem Kohlendioxyd bei Umgebungstemperatur in nicht isolierten, aber starkwandigen Behältern (Hochdruckspeicherung) oder bei tiefer Temperatur in stark isolierten, relativ dünnwandigen Behältern (Niederdruckspeicherung). Die Spitzenproduktion von Trockeneis ist dabei nur möglich durch leistungsstarke Verfestigungseinrichtungen: Zellen oder Pressen und auch die Rückverflüssigungsanlage müssen für den Spitzenbedarf bemessen sein. Eine rasche Bedarfsdeckung ist auch möglich, wenn CO_2-Schnee in großen isolierten Behältern vorrätig gehalten wird, wie im Abschnitt G unter a) beschrieben.

Jedes Trockeneiswerk wird aber auch eine bestimmte Menge fertiges Trockeneis lagern müssen, um eine plötzlich auftretende Nachfrage befriedigen zu können. Die den Herstellungseinrichtungen entnommenen Eisstangen mit kreisförmigem oder quadratischem Querschnitt werden zur Vorbereitung der Lagerung zunächst durch Zersägen in kleinere Stücke auf handelsübliche Form gebracht. Besonders vorteilhaft sind Eisblöcke mit quadratischem Querschnitt, weil die davon abgesägten Stücke eine bestmögliche Ausnutzung des Lagerraumes ergeben. Zum Sägen benutzt man Bandsägen oder elektrische Hitzdrahtschneider; mit letzteren kann ein ganzer Block in einem Arbeitsgang zerteilt werden. Das Eis darf nicht zu spröde sein, damit es beim Zersägen nicht zerbröckelt.

Bei der Lagerung der Trockeneisstücke in besonderen Behältern oder Räumen ist trotz guter Isolierung eine gewisse Sublimation nicht zu verhindern. Damit die durch die Sublimation hervorgerufenen Formänderungen und Gewichtsverluste nicht zu Ausschuß führen, darf die Lagerung nicht länger als 5 bis 10 Tage dauern. Außerdem soll im Lagerraum eine möglichst konzentrierte Kohlensäureatmosphäre herrschen (s. Abschnitt A), die bei großen Lagerräumen auch möglichst gleichmäßig sein soll. Größere Trockeneissilos, in denen die Lagerung mehrere Monate lang erfolgt, sind in den USA errichtet worden. Die Gewichtsverluste können dabei erheblich werden; insbesondere sind die außen liegenden Eisstücke dem Wärmeeinfall durch die Silowand so ausgesetzt, daß sie meist unbrauchbar werden. Oft werden bei lange gelagertem Trockeneis auch Strukturveränderungen beobachtet; das Eis wird sehr spröde und zerfällt meist schon bei leichtem Stoß. Besonders gefährdet ist diesbezüglich Trockeneis von sehr hoher Dichte.

Die Trockeneisstücke werden vor der Einlagerung oder dem Versand in Papier verpackt. Für den Versand von kleineren Mengen Trockeneis auf kurze Entfernungen benutzt man vielfach Kartons aus mehreren Lagen Wellpappe, die leicht und billig sind und nicht an das Trockeneiswerk zurückgeschickt zu werden brauchen. Der Gewichtsverlust des Eises kann dabei allerdings in den Sommermonaten bis zu 15% pro Tag betragen. Bei größeren Mengen Trockeneis und Versand auf größere Entfernungen werden die einzelnen in Papier verpackten Eisstücke in gut isolierte Spezialbehälter geschichtet. Diese Behälter müssen zwar an das Trockeneiswerk zurückgeschickt werden, aber der Gewichtsverlust des Trockeneises beträgt bei dieser Versandart immerhin nur 1 bis 5% je Tag.

Abb. 530. Verpacken von Trockeneis und Einlagern in Transportbehälter (Agefko).

Für den Bahntransport benützt man in Deutschland besondere Leihbehälter der Bundesbahn (s. Abb. 530).

Herstellung von Eiskrem.

Von

Sv. Aa. Andersen,

Professor an der Technischen Hochschule, Kopenhagen

und

Robert Hansen,

Diplommilchwirtschaftler, Kopenhagen.

Mit 33 Abbildungen.

A. Entwicklung.

Die industrielle Herstellung von Eiskrem, wie sie heute vor sich geht, ist ein typisches Beispiel der schnellen Entwicklung der Technik unserer Zeit.[1] Es ist ein sehr großer Sprung von dem ersten handbetriebenen Eiskremgefrierer, der von einer Amerikanerin Nancy Johnsson im Jahre 1846 erfunden sein soll, bis zu den heutigen vollautomatisierten Eiskremfabriken, wie man solche z. B. in Deutschland, England und USA sehen kann. Und doch ist die Zeitspanne dieser Entwicklung nicht größer als etwa 100 Jahre.

Ende des vorigen Jahrhunderts konnte man in amerikanischen Eiskremfabriken sehen, wie Dutzende von Männern in Reih und Glied jeder seinen handbetriebenen Gefrierer bediente, und obwohl die Löhne niedrig waren und der Arbeitstag lang, ist es natürlich, daß die Eiskremproduktion unter solchen Verhältnissen nur von begrenztem Umfang war. Als vorzügliches Genußmittel war Eiskrem bald eine begehrte Ware geworden. Es hat sich deshalb gelohnt, immer mehr Kapital in die Fabrikation zu investieren und gleichzeitig die Forderung nach größeren und leistungsfähigeren Maschinen zu erheben. Zeitweise ist die Entwicklung so gewaltig gewesen, daß sie in Sprüngen vor sich ging. Namentlich in den Jahren von 1930 bis zur Mitte der fünfziger Jahre drängte sich die Zahl der Neukonstruktionen von Maschinen dermaßen, daß Maschinen und Anlagen, die vor einem Jahr noch als durchaus modern galten, schon völlig veraltet waren. Am stärksten galt das für die Maschinen zur Eiskremfabrikation selbst, doch gleichzeitig erfolgte eine ebenso lebhafte Entwicklung im Bau von Kältemaschinen sowie von Hilfsmitteln für die Herstellung und Verpackung des fertigen Eiskrems.

In den letzten 5 Jahren ist die Entwicklung nicht so lebhaft gewesen, und das hängt wohl mit der Meinung zusammen, daß die Qualität des heute hergestellten Eiskrems nicht mehr überboten werden kann.

---

[1] Vgl. R. Plank: Geschichte der Kälteerzeugung und Kälteanwendung, dieses Handbuch, Bd. I. Berlin/Göttingen/Heidelberg: Springer. — O. E. Anderson: Refrigeration in America, Princeton: University Press, 1953. Refrigerating Engineering, Anniversary Issue, 1904—1934, Bd. 28, Nr. 6, Dez. 1934.

Das Interesse der Eiskremfabriken ging in den letzten 5 bis 10 Jahren mehr darauf hin, die Fabrikation mit den vorhandenen Maschinen zu rationalisieren. Die steigenden Löhne haben die Fabriken veranlaßt, sich zusammenzufinden, und gleichzeitig hat man alle Operationen mechanisiert, die sich überhaupt mechanisieren ließen. Dies hat sich hauptsächlich auf dem Gebiet der Verpackung geltend gemacht. Hier scheint es den Erfindern möglich zu sein, noch immer schnellere, hübschere und bessere Verpackungen herzustellen.

Der augenblickliche Höhepunkt scheint in England erreicht zu sein, wo man wegen der viele Jahre andauernden Butterfett-Rationierung darauf angewiesen war, Pflanzenöle zu verwenden. Mit flüssigem Öl, flüssigem Zucker und flüssiger Kondensmilch hat man die Fabrikation so weit mechanisieren und automatisieren können, daß die Produktion in den modernsten Fabriken ganz von einem Kontrollraum aus dirigiert und überwacht werden kann. Eine Wand des Kontrollraumes ist mit Instrumenten ausgefüllt, die teils registrieren, teils die Größe der Produktion jederzeit abzulesen gestatten.

Bei dieser nahezu unbegrenzten Möglichkeit der Produktion ahnt man schon die damit verbundenen Verkaufsprobleme. Die in USA von 1935 bis 1955 hergestellten Mengen Eiskrem sind aus Tab. 1 zu ersehen.

Tabelle 1. *Herstellung von Eiskrem in USA*[1].

Jahr	1935	1940	1945	1950	1955
Million Liter	755	1210	1810	2100	2240
Million Einwohner	127	132	140	151	165
Liter pro Kopf	5,95	9,15	12,9	13,9	13,6

Ein Maximum wurde im Jahr 1946 mit 2710 Millionen Liter erreicht (19 *l* pro Kopf).

Erfrischend und erquickend wie Eiskrem ja ist, wurde es ursprünglich als selbstverständlich angesehen, daß er nur in der warmen Jahreszeit verkauft werden kann. So war es jedenfalls, als die Eiskremfabrikation anfangs der zwanziger Jahre in USA anfing, eine Industrie zu werden. Der große Verkauf fand in den Monaten Mai bis September statt, während nur eine begrenzte Menge in den Wintermonaten verkauft wurde. Heute ist dies ganz anders geworden. Mit vereinten Kräften der ganzen amerikanischen Eiskremindustrie und mit einem sehr großen Einsatz von Reklame während 40 Jahren, ist es der Branche gelungen, die Amerikaner zum Genuß von Eiskrem während des ganzen Jahres zu bringen. Bei jeder Gelegenheit wurde hervorgehoben, daß Eiskrem nicht nur ein Genußmittel ist, sondern auch ein wertvolles Molkereierzeugnis und dadurch ein hervorragendes Nahrungsmittel. Man wies darauf hin, daß Eiskrem als Nachtisch zum täglichen Mittagessen gehört und zu jeder Zeit, wenn man eine Erfrischung suche. Durch anhaltende Reklame ist es gelungen, Eiskrem zu einem so bevorzugten Dessert zu machen, daß es nicht viele Amerikaner gibt, die jetzt nicht mehrmals wöchentlich Eiskrem als Nachtisch, sei es zu Hause, sei es im Restaurant, vorgesetzt bekommen. Das Ergebnis der 40jährigen Werbung ist, daß die amerikanische Eiskremproduktion im Winter nicht unter 50% der Sommerproduktion herabsinkt. Auch in der Sowjetunion kann man beobachten, daß Eiskrem auch an kalten Wintertagen von der Bevölkerung konsumiert wird.

Die europäischen Fabriken haben jahrelang versucht, die gleiche Linie zu verfolgen, nicht am wenigsten in den nordischen Ländern, wo die Eiskrem-

[1] Tressler, Donald K., u. Clifford F. Ewers: The Freezing Preservation of Foods, Bd. I, Westport, Conn., USA: The AVI Publishing Co., 1957.

fabrikation ein bedeutender Artikel ist. Der Saisonausgleich ist bei weitem nicht soweit gediehen wie in USA, doch ist die gleiche Tendenz festzustellen. Die Packungen in $^1/_4$-, $^1/_2$- und $^1/_1$-l-Schachteln haben namentlich in den letzten Jahren stark zugenommen, auf Kosten der kleineren Einheiten, wie Eisboote, Waffeltüten usw.

B. Zusammensetzung der Eiskremmischung und deren Bedeutung.

Sahneeis besteht im wesentlichen aus Sahne, Milchkonzentraten und Zucker mit Zusatz von Stabilisatoren, Emulgatoren und Aromen. Je nach dem Geschmack des Publikums, der Kaufkraft und den Qualitätsforderungen wird die Zusammensetzung geändert, so daß Sahneeis nicht als ein Standardprodukt angesehen werden kann. Gewisse Länder haben gesetzliche Bestimmungen für den Gehalt an Fett und fettfreier Milchtrockenmasse erlassen.

Bei der Zubereitung der Mischung bedient man sich der Tabellen über die Zusammensetzung der verschiedenen Molkereiprodukte, wie Gehalt an Fett, fettfreier Trockenmasse, Milchzucker und Wasser, oder man benutzt Mischungstabellen, die angeben, welche Art von Milchkonzentraten (gezuckerte oder ungezuckerte Magermilch, gezuckerte oder ungezuckerte Frischmilch oder Milchpulver) verwendet werden sollen. Als typisch für ein skandinavisches Gemisch kann folgende Zusammensetzung angegeben werden:

12% Fett,
11% fettfreie Milchtrockenmasse,
12% Zucker,
1% Hilfsstoffe,
64% Wasser,

Dieses Gemisch enthält also 36% Trockenstoff. Die 11% fettfreier Trockenstoff bestehen aus etwa 4% Protein, etwa 6,2% Laktose (Milchzucker) und etwa 0,8% Salze.

In USA werden gesetzlich mindestens 8 bis 14% Fett in Vanilleneiskrem und 6 bis 12% in Eiskrem mit Früchten und Schokolade vorgeschrieben.

In Großbritannien gilt als Minimum 5%, aber in der Praxis schwankt der Fettgehalt zwischen 8 und 15%.

Je mehr Fett in der Mischung, desto weniger fettfreie Substanz und umgekehrt. Bei viel fettfreier Trockenmasse ergibt sich ein großer Gehalt an schwerlöslichem Milchzucker, weshalb ein solcher Eiskrem bei längerer Aufbewahrung den Fehler „sandig" erhält, da der Milchzucker zu großen Kristallen kristallisiert. Im allgemeinen rechnet man damit, daß ein Gehalt von 16 bis 17 Teilen fettfreiem Trockenstoff auf 100 Teile Wasser im Gemisch diesen Fehler nicht aufkommen läßt.

Eine besondere Bedeutung im Eiskrem hat der kolloide Proteinstoff Kasein, welcher stark wasserbindend wirkt und deshalb für Konsistenz und Haltbarkeit des Eiskrems ausschlaggebend ist. Es muß darauf aufmerksam gemacht werden, daß die Wasserbindungsfähigkeit stark von einer Reihe von Faktoren beeinflußt wird, nicht am wenigsten von der Behandlung des Gemisches.

Gewöhnlich zieht man vor, soviel frische Milch und Sahne wie möglich mit der notwendigen Menge Kondensmilch zu verwenden, um einen passenden Gehalt an fettfreiem Trockenstoff in der Mischung zu haben. Je mehr Trockenstoffe im Krem enthalten sind, desto weniger Wasser wird kristallisieren, desto glatter und gehaltvoller wird die Konsistenz, und der Krem wird nicht so kalt empfunden.

Außerdem kann man sich bei dem größeren Trockenstoffgehalt eine größere Schwellung erlauben, ohne die Haltbarkeit herabzusetzen.

Mit dem größeren Trockenstoffgehalt wird Eiskrem auch homogener und haltbarer. 36 bis 38% Trockenstoff werden als Bestwerte angesehen.

Milchfett ist der teuerste Bestandteil, er beeinflußt deshalb den Herstellungspreis am meisten.

Die Viskosität der Eiskremmischung steigt mit steigendem Fettgehalt. Das Einschlagen von Luft geht am leichtesten bei 10 bis 12% Fett und wird schwieriger bei größerem Gehalt. Konsistenz und Aussehen werden mit steigendem Fettgehalt verbessert.

C. Das Gefrieren des Eiskrems.

Beim Gefrieren von Eiskrem ist es außerordentlich wichtig, daß der größte Teil des Wassers so schnell wie möglich erstarrt, da bei schnellem Gefrieren kleine Eiskristalle entstehen, die auf der Zunge nicht bemerkt werden. Eiskrem mit feiner Konsistenz ist daher stets ein schnell gefrorener Eiskrem. Es kommt mit anderen Worten darauf an, den größtmöglichen Teil der Mischung im eigentlichen Gefrierapparat erstarren zu lassen, da der Rest des Wassers, der erst im Härteraum erstarrt, dort die im Gefrierer gebildeten kleinen Kristalle zu großen Kristallen anwachsen lassen und dabei zu einer Vergröberung der Struktur führen würde.

Praktische Messungen haben gezeigt, daß bei Senkung der Temperatur des Eiskremgemisches folgende Wassermengen ausgefroren werden:

bei —3 °C	etwa 18%,	bei —10 °C	etwa 72%,
bei —3,5 °C	etwa 29%,	bei —15 °C	etwa 81%,
bei —4 °C	etwa 37%,	bei —20 °C	etwa 86%,
bei —5 °C	etwa 48%,	bei —25 °C	etwa 90%,
bei —6 °C	etwa 55%,	bei —30 °C	etwa 93%.

Doch wird bei —55 °C und niedriger immer noch etwas Wasser ungefroren bleiben.

Beim Gefrieren von Soft-Ice bei etwa —3,3 °C werden nur 25% des Wassers zu Eiskristallen gefroren sein, beim portionsweisen Gefrieren bei etwa —3,6 °C ungefähr 30% und beim kontinuierlichen Gefrieren, das die Möglichkeit gibt, Eiskrem bei —4,8 °C zu entnehmen, sind bis zu 45% des Wassers gefroren. Bei dem allerneuesten Tiefgefrieren, wo Eiskrem bei —6 °C entnommen werden kann, sind bis zu 55% des Wassergehaltes zu Eiskristallen gefroren.

Dort, wo die Produktion groß genug ist, ist es natürlich, daß von kontinuierlichen Gefrierapparaten Gebrauch gemacht wird. Ein anderes Gebiet, auf dem das schnelle Gefrieren Bedeutung und Erfolg hat, besteht bei der Einrichtung der Härtetunnels, die keine größere Fabrik heute entbehren möchte. Näheres darüber auf S. 584.

D. Stabilisatoren und Emulgatoren.

Bei der Lagerung und Verteilung von Eiskrem kann nicht vermieden werden, daß gewisse Temperaturschwankungen auftreten. Läßt man ihn einige Zeit im Härteraum bei —30 °C stehen, werden bis zu 93% des Wassers gefroren sein; wird er dann in einen Härteraum von höherer Temperatur gebracht, z. B. —15 °C, dann sind nur noch 80% des Wassers als Eiskristalle gebunden. Der Rest wird frei und könnte bei Temperaturschwankungen die vorhandenen kleinen Kristalle zum Wachsen bringen (die Struktur wird gröber), falls das Wasser nicht in anderer

Weise gebunden wird. Die Bindung geschieht mittels der sogenannten Bindemittel oder Stabilisatoren, die in Dänemark bis zur Menge von 1% erlaubt sind. Angewandte und erlaubte Stabilisatoren sind Gelatine (ein Proteintyp) sowie Pektin, Tragant, Alginat, Carboxymethylzellulose und Johannisbrotkernmehl, die vom Kohlenhydrattyp sind. Vom letztgenannten dürfen in Dänemark höchstens 0,4% verwendet werden.

Die Stabilisatoren binden das frei gewordene Wasser, wobei die Viskosität der flüssigen Phase so hoch gehalten wird, daß eine Diffusion der Salze und des frei gewordenen Wassers auf ein Minimum gebracht wird, was wieder bedeutet, daß ein Wachsen der Kristalle verhindert wird. Es ist außerdem Aufgabe der Stabilisatoren dazu beizutragen, daß Schmelzen von Eiskrem in ästhetischer Weise und mit passender Geschwindigkeit erfolgt.

Dem Eiskrem werden auch Emulsionsvermittler, sogenannte Emulgatoren, hinzugefügt, um die Grenzflächenspannungen zwischen den Bestandteilen der Eiskremmischung und des fertigen Eiskrems herabzusetzen. In der Eiskremmischung gilt es, die Spannung zwischen Fett und Wasser, im Eiskrem zwischen Fett und Luft, herabzusetzen, so daß die Verteilung der verschiedenen Bestandteile leichter einen stabilen Endzustand erreicht.

Die Homogenisierung der Eiskremmischung, die im folgenden Abschnitt behandelt wird, trägt wesentlich dazu bei, daß der Emulgator bestmöglich mit den Fettkugeln des Eiskrems in Kontakt kommt und steigert dessen Wirkung.

Der Zusatz von Emulgatoren verhindert das Aufrahmen im Reifer und das Ausbuttern des Fettes im Gefrierapparat. Überhaupt sichern die Emulgatoren eine gleichmäßige und konstante Schwellung des Eiskrems, so daß der fertige Krem beim Abfüllen und Verpacken nicht zusammenfällt.

Die meist verwendeten Emulgatoren sind modifizierte Fettstoffe, die so aufgebaut sind, daß sie eine aerophile und eine längere hydrophile Kette im Molekül enthalten, die Luft respektive Wasser anziehen, und dadurch für Fettemulsionen geeignet sind. Die dänischen gesetzlichen Bestimmungen erlauben höchstens 0,5% Emulgator in der fertigen Ware.

E. Herstellung der Eiskremmischung.

Die Eiskremmischung wird hergestellt im Mischbehälter, bestehend aus Innenbehälter mit kräftiger Rührvorrichtung und Außenbehälter, der zum Anwärmen dient. Da es von großer Bedeutung ist, daß die Zusammensetzung der Mischung immer gleich bleibt, geht man in den neuesten Fabriken dazu über, die Mischbehälter als Waagebehälter einzurichten. Die modernsten Betriebe gehen so weit, daß sie die Mischbehälter mit einer Einrichtung zur elektronischen Wägung ausstatten.

Von alters her war es die Regel, das Mischen der Eiskrembestandteile — Sahne, Kondensmilch, Zucker usw. —, das unter Anwärmen vor sich geht, gleichzeitig als Dauerpasteurisierung wirken zu lassen, wozu man als Norm eine halbe Stunde bei 65 °C festgesetzt hat. Jetzt ist aber auch das Pasteurisieren im Plattenapparat üblich. Das Verfahren, wie es heute benutzt wird, ist in Wirklichkeit eine Kombination von Dauererhitzung bei 65 °C und Hocherhitzung im Plattenapparat bei 82 bis 85 °C. Nach dänischem Gesetz darf der Mix bei der Paraphenylendiaminprobe nicht positiv reagieren. Ein zweckmäßiger Plattenapparat soll mit Wärmeaustauscher und Kühlplattenteil versehen sein, von dem der Mix mit einer Temperatur von 0 bis 2 °C, jedenfalls aber nicht über 5 °C, zu den Reifetanks weitergeleitet wird (Abb. 531).

Eine wichtige Behandlung der Mischung ist das *Homogenisieren*, das vor oder nach dem Pasteurisieren vorgenommen werden kann. Die Homogenisiermaschine (Homogenisator) ist eine Hochdruckpumpe, die den Mix durch fest zusammengepreßte, federbelastete Ventile besonderer Konstruktion, die sogenannten Homogenisierköpfe, hindurchpreßt. Hierbei wird eine gleichmäßige Verteilung der Mixbestandteile herbeigeführt, besonders der Fettkugeln, deren Zahl tausendfach vermehrt wird.

Auf den neuen Oberflächen werden große Mengen der Proteinstoffe, der Stabilisatoren und Emulgatoren, gebunden und dadurch das Wasserbindungsvermögen gesteigert; nach dem Homogenisieren ist weniger Wasser frei, was

Abb. 531. Pasteurisierapparat, Homogenisator und Mischbehälter.

bedeutet, daß nur kleinere Eiskristalle während des folgenden Gefrierens gebildet werden können. Die Homogenisierung nimmt somit daran teil, dem Eiskrem eine vollere Konsistenz und einen glatteren Geschmack zu verleihen.

In der Regel wird die Homogenisierung gleich nach der Pasteurisierung bei einer Temperatur von 65 bis 70 °C und einem Druck von 200 bis 220 at vorgenommen.

Die Homogenisierung verbessert die Konsistenz des fertigen Eiskrems, sie wird samtartiger, und die Viskosität der Mischung steigt; auch wird eine bessere Verteilung der Luftmenge erreicht, die während des Gefrierens eingeschlagen wird; die aufgenommenen Luftblasen werden viel kleiner, und dadurch wird sowohl die Schwellung als auch die Haltbarkeit vergrößert, da die kleinen Luftblasen leichter als größere festgehalten werden.

Der Homogenisator ist also ein wichtiges Gerät der Eiskremfabriken, doch hängt das Ergebnis der Homogenisierung davon ab, welchen Typ Homogenisator und welches Homogenisierverfahren man verwendet. Die Homogenisierköpfe müssen in regelmäßigen Zeitabständen geschliffen werden, weil verschleißte Köpfe selbst bei hohem Druck ein schlechtes Ergebnis liefern.

Es ist wichig, mit dem richtigen Homogenisierdruck zu arbeiten. Je niedriger die Homogenisierungstemperatur ist, desto niedriger muß der Druck sein; sonst wird der Mix zu viskos und er wird schwieriger schwellen. Der Druck muß auch je nach Zusammensetzung, Säuregrad und Reifegrad abgestimmt werden. Je fetter der Mix, desto niedriger ist der zu verwendende Druck; dasselbe gilt bei höherem Säuregrad. Soll der fertige Mix nur kurz reifen, dann homogenisiert man bei höherem Druck.

Nach dem Homogenisieren — oder dem Pasteurisieren, falls man dieses anschließend vornimmt — wird der Mix auf 0 bis 2 °C, mindestens aber auf 5 °C, gekühlt. Falls der Mix nicht bei der niedrigen Temperatur gehalten wird, kann während der Reifung bis zum Gefrieren eine ungewünschte Bakterienentwicklung vor sich gehen.

Der pasteurisierte, homogenisierte und gekühlte Mix soll vor dem Gefrieren wenigstens 4 Stunden im sogenannten Reifer gelagert werden. In gewissen Fällen

Abb. 532. Waagerechter Reifungsbehälter in der Wand zwischen Aufbereitungsraum und Kühlraum eingebaut; links sieht man einen Teil von einer automatischen Gefriermaschine für Eis am Stiel und rechts 2 Behälter für Aufbereitung von Schokolade u. a.

kann es zweckmäßig sein, den Mix noch länger reifen zu lassen. Die Reifer wirken hier als Zwischenlager zwischen Mixabteilung und Gefrierabteilung der Fabrik (Abb. 532).

Die Reifung ist ein wichtiger Abschnitt der Eiskremfabrikation. Bei der niedrigen Temperatur kristallisiert das Sahnefett, so daß beim Gefrieren kein gebutterter oder fettiger Eiskrem entsteht. Außerdem hydratisiert das Kasein in der Sahneeismischung, und es wird zusammen mit dem Stabilisator seine stabilisierende Wirkung ausüben, indem es eine Art Netzwerk bildet, das den Stabilisator und die Fettkugeln mit- und untereinander bindet. Dadurch wird der Volumzuwachs beim Gefrieren gefördert und die Bildung größerer Eiskristalle verhindert, weil das Wasser schon in anderer Weise gebunden ist. Die Reifung gibt außerdem der Mischung eine feine Textur und Konsistenz.

Nach einer passenden Zeit im Reifer soll der Mix gefroren werden, aber erst müssen in gewohnter Weise die verschiedenen Geschmacks-, Aroma- und Farbstoffe zugesetzt werden. Dies geschieht in besonders isolierten Mischbehältern aus rostfreiem Stahl, die mit Rührvorrichtung, Pumpen und notwendigen Röhren und Hähnen ausgerüstet sind, so daß der Mix, der jetzt klar zum Gefrieren ist, direkt zum Gefrierer gebracht werden kann. Bei der Herstellung von mehrfarbigem Eiskrem, oder wenn mehrere Gefrierapparate mit verschiedenen Eiskremsorten arbeiten, müssen wenigstens ebenso viele Mischbehälter wie Gefrierer vorhanden sein. Soll mehrere Stunden hindurch eine bestimmte Produktion aufrechterhalten werden, dann muß die doppelte Zahl von Mischbehältern benutzt werden, damit immer die nächste Mischung bereitsteht.

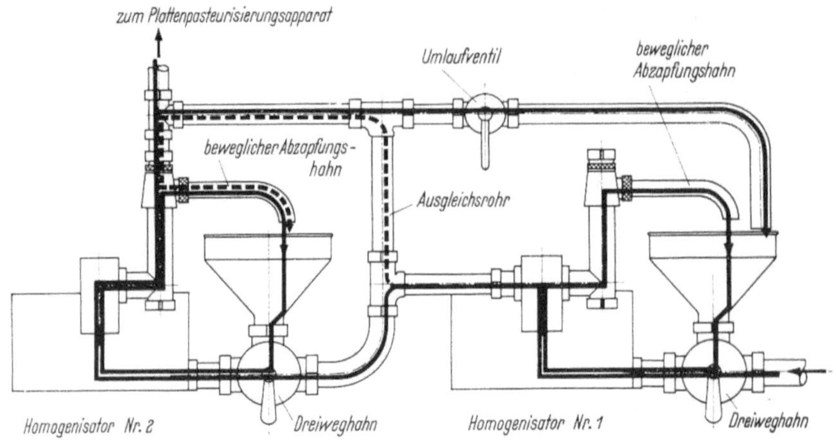

Abb. 533. Schematische Darstellung von zwei seriengekuppelten Homogenisatoren.

Eine Eiskremfabrik mittlerer Größe für die Herstellung von 1000 *l* Mix pro Stunde erfordert: 2 Mischbehälter von je 500 *l*, 1 Plattenpasteur mit Wärmeaustauscher und Kühlteil, 1 Homogenisator für 1000 *l* pro Stunde und z. B. 4 Stück 3000 *l* Reifetanks. Die Größe der letztgenannten ist natürlich abhängig von der maximalen Tagesproduktion.

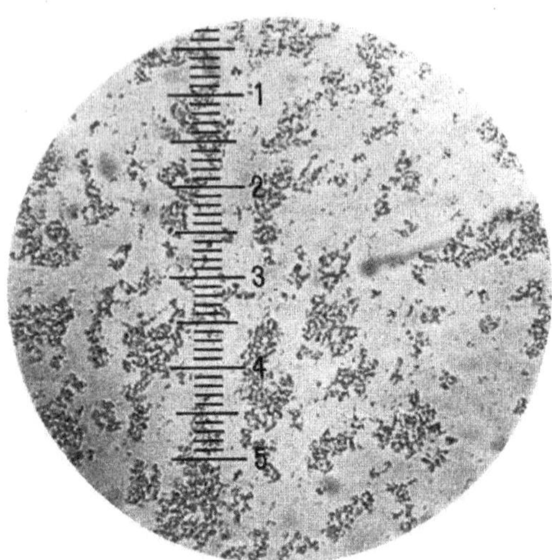

Abb. 534. Mikrophotographie von Fettkugeln.

Das Verfahren zur Herstellung des Mixes geht wie folgt vor sich: Mischen und Dauerpasteurisieren im Mischbehälter bei 65 °C, dann bei dieser Temperatur weiter zur Homogenisiermaschine, die den Mix selbst ansaugt und ohne Pumpenaggregate durch den Plattenapparat drückt; im Plattenapparat wird der Mix auf 82 bis 85 °C erhitzt, in der Haltezelle 16 bis 20 Sekunden bei dieser Temperatur gehalten und dann über den Wärmeaustauscher und die Kühlabteilung zu den Reifetanks geführt.

Gewisse dänische Fabriken behaupten, daß das doppelte Homogenisieren des Mixes eine bessere Eiskremqualität liefert. Doppelthomogenisierung kann entweder so vorgenommen werden, daß der Mix zweimal durch dieselbe Maschine geht, oder man benutzt zwei in Serie geschaltete Homogenisiermaschinen, von denen die zweite eine größere Kapazität als die erste haben muß; z. B. kann die erste eine Kapazität von 1000 *l* und die folgende von 1300 *l* je Stunde haben.

Der Arbeitsgang bei zwei serienverbundenen Homogenisatoren ist in Abb. 533 veranschaulicht. Erst läßt man die Maschine Nr. 1 anlaufen und die Maschine Nr. 2 wird, wie angegeben, gefüllt; dann erst läßt man die Maschine Nr. 2 anlaufen, indem der Mix, wie angegeben, zirkuliert, bis volle Entlüftung durch einen drehbaren Hahn, der je nach Stellung öffnet oder schließt, stattgefunden hat. Beide Maschinen werden jetzt für eine kurze Weile in das äußere Zirkulationssystem geschaltet, und sobald die richtige Druckbelastung der Homogenisierköpfe erreicht ist, wird das Umlaufventil geschlossen und das doppelthomogenisierte Produkt geht in den Plattenpasteur. Maschine Nr. 1 muß, wie gesagt, weniger leisten als Nr. 2; die Differenz, welche die Maschine Nr. 2 selbst durch das Ausgleichsrohr ansaugt, wird dabei dreimal homogenisiert, ehe sie zum Plattenpasteur strömt. Wenn Maschine Nr. 1 mehr leisten würde als Nr. 2, dann würde der Überschuß durch das Ausgleichsrohr direkt zum Plattenpasteur nach nur einmaliger Homogenisierung fließen.

Einer der Vorteile des Doppelthomogenisierens ist, daß man die Bildung von größeren Fettkugeln vermeidet, die eintreten kann, wenn nur einmal homogenisiert wird (Abb. 534).

F. Maschinen zum Gefrieren des Eiskrems.

Das Gefrieren des Eiskremmixes geschieht in Gefrierern (Freezern), von denen die Eiskremindustrie im Laufe der letzten 50 Jahre eine ganze Reihe von Typen entwickelt hat.

Es liegen viele Jahre Konstruktionsarbeit und Erfindertätigkeit zwischen den zuerst verwendeten, handbetriebenen eis- und salzgekühlten Kübel-Eisbehältern und den heutigen kontinuierlichen Hochleistungsgefrierapparaten mit direkter Kältemittelverdampfung.

Die handbetriebene Eismaschine entwickelte sich zur motorbetriebenen, und später kam man auf das Gefrieren mit Chlorkalziumlösung. Als die Eiskremindustrie in Dänemark Mitte der zwanziger Jahre Erfolg hatte, waren es liegende, motorbetriebene, solegekühlte Portionsgefrierer, auf denen die ganze Erzeugung beruhte. Die Produktion der Fabriken stieg jedoch schnell an, und eine größere Produktionsgeschwindigkeit wurde nötig. Ein Schritt in dieser Richtung war die Einführung der Portionsgefrierer mit direkter Verdampfung, aber erst das Erscheinen der kontinuierlich arbeitenden Expansionsgefrierer in USA gab der Entwicklung den richtigen Antrieb und machte die Eiskremindustrie zu einem bedeutungsvollen Zweig der Milchwirtschaft.

Die Grundidee des modernen kontinuierlichen Expansionsgefrierers besteht im Durchbringen eines fortdauernden Stromes von Mix durch den Gefrierzylinder mit Hilfe einer speziellen Pumpe unter gleichzeitigem Einsaugen einer passenden Menge Luft. In dem engen Zylinder rotiert während des Gefrierens ein sogenannter Schaber mit 2 oder 4 Messern, der die Innenseite des Zylinders von Eis frei hält und gleichzeitig durch diese Rotation die zugeführte Luft in den Eiskrem einschlägt, wobei dessen Volum bis auf das Doppelte anwächst. An dem einen Ende des Zylinders wird der fertige Krem mit einer breiartigen Konsistenz ausgestoßen, die von der Gefriertemperatur abhängig ist. Das Gefrieren selbst geschieht bei direkter Zuleitung des Kältemittels zum Mantel um den Gefrierzylinder.

Als Beispiele für kontinuierliche Eiskremgefrierer sollen zwei dänische Gefrierer gewählt werden, die bedeutende Verbreitung in und außerhalb Europas gefunden haben.

Der kontinuierliche Eiskremgefrierer von Gram, Typ FH-151, der in Abb. 535 gezeigt ist, kann mit 1, 2 oder 3 voneinander unabhängigen Gefriereinheiten geliefert werden. Jede Einheit hat eine Höchstleistung von etwa 600 *l* pro Stunde. Läßt man 2 oder 3 Zylinder zusammen arbeiten, dann kann man mehrfarbiges Eis für verschiedene Zwecke herstellen. Mittels eines stufenlosen Getriebes zur Regelung der Drehzahl der Krem- und der Kremluftpumpe kann die Leistung auf ein Minimum von 130 *l* gefrorenes Eis pro Stunde mit 100% Luft herabgesetzt werden, abhängig von der Zusammensetzung, der Temperatur und der Konsistenz des Eiskrems. Der Weg der Eiskremmischung und des Kältemittels durch den Gram-Gefrierer ist in der Abb. 536 veranschaulicht.

Abb. 535. Kontinuierlicher-Zweiröhren-Eiskremgefrierapparat der Firma Gram A/S in Vojens, Dänemark, mit einer Leistung von etwa 600 *l* je Stunde und Rohr. Der Apparat arbeitet mit direkter Verdampfung von Ammoniak und hat ein Schnell-Absperrventil zur Entleerung der Ammoniakflüssigkeit, wenn die Röhren abgetaut werden sollen. Sämtliche Bedienungshandgriffe sind an der Vorderseite des Apparates angebracht, so daß die Bedienung sehr einfach ist.

Zum Antrieb des Gefrierers gehören 2 Motoren. Der Hauptmotor *A* betätigt durch Kettentrieb die Schaberwelle *C*. Der Motor *D* treibt über den stufenlosen Geschwindigkeitsregler *E* die Krempumpe *G* und die Kremluftpumpe *K* an. Am Getriebe ist eine Einstellvorrichtung *F* mit Skala angebracht, mit welcher die Geschwindigkeit der Pumpen variiert werden kann.

Der Einlauf des Krems in den Gefrierer ist in Abb. 536 unten links gezeigt. Die Krempumpe *G* saugt die Mischung vom Reifer an, wonach die Kremluftpumpe *K* diese zusammen mit einer passenden, durch das Luftventil *H* angesaugten Luftmenge weiterbefördert. Die Krempumpe *G* läuft langsamer als die Kremluftpumpe *K*, so daß ein Vakuum zwischen den beiden Pumpen entsteht und Luft angesaugt werden kann. Mittels des Luftventils *H* kann die Schwellung des Krems geregelt werden, und am Vakuummeter *J* kann indirekt der Grad der Schwellung abgelesen werden. Die Kremluftpumpe pumpt die Mischung von Luft und Mix in und durch den Zylinder, in dem der Krem gefroren und geschlagen wird. Das Gefrieren geschieht unter Druck, wobei ein federbelastetes Kremdruckregelventil *M* den Druck regelt.

Der Weg des Kältemittels — in diesem Falle Ammoniak — durch den Gefrierapparat kann auch in Abb. 536 verfolgt werden. Das Ammoniak wird von *U* durch das automatische Niederdruckschwimmerventil *N* zugeführt, das einen konstanten Flüssigkeitsspiegel im Flüssigkeitsabscheider *O* hält, von wo das Ammoniak zum Mantelraum zwischen dem Gefrierzylinder und dem äußeren Gehäuse geführt wird. In diesem Mantelraum findet eine intensive Verdampfung statt; der Dampf mit Flüssigkeitstropfen strömt durch die Steigrohre mit eingebautem Ventil *P* zum Abscheider, in dem die Flüssigkeit abgeschieden wird, während der Dampf durch das Saugdruckregelventil *R* und das Absperrventil *V* vom Kompressor angesaugt wird. Das Saugdruckregelventil hat die Aufgabe einen konstanten Saugdruck zu halten, und der Regelimpuls vom Abscheider wird durch eine

Fühlerleitung aufgenommen. *T* ist ein Sicherheitsventil und *Q* ein Druckmesser zum Ablesen des Saugdruckes und damit der Saugtemperatur.

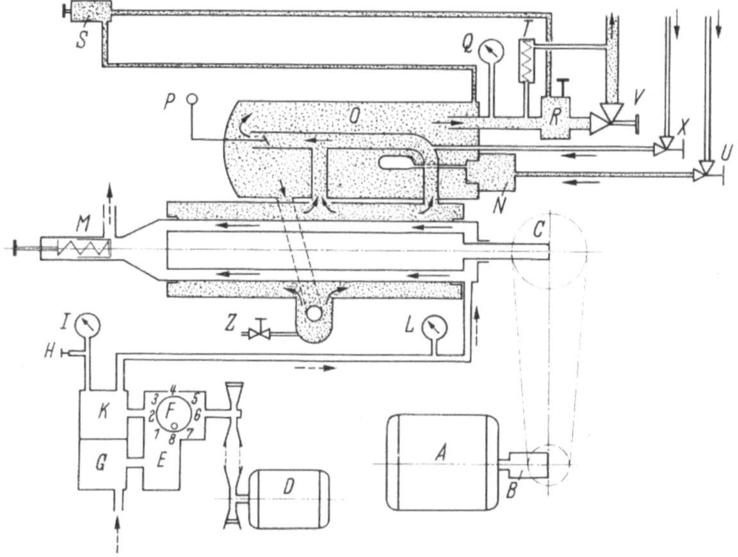

Abb. 536. Schematische Darstellung eines Gram-Gefrierapparates.
A Hauptmotor, *B* Sicherheitskupplung, *C* Schaberwelle, *D* Motor für die Krempumpen, *E* Wechselgetriebe, *F* Stufenloser Umdrehungsregler, *G* Krempumpe, *H* Luftansaugventil, *J* Vakuum-Manometer, *K* Kremluftpumpe, *L* Kremdruckmanometer, *M* Kremdruckregelventil, *N* Schwimmerventil, *O* Flüssigkeitsabscheider, *P* Schnellschließendes Ventil, *Q* Saugdruckmanometer für Ammoniak, *R* Servoventil, *S* Pilotventil, *T* Sicherheitsventil, *U*, *V*, *X* Ammoniak-Absperrventile, *Z* Ölabzapfungsventil.

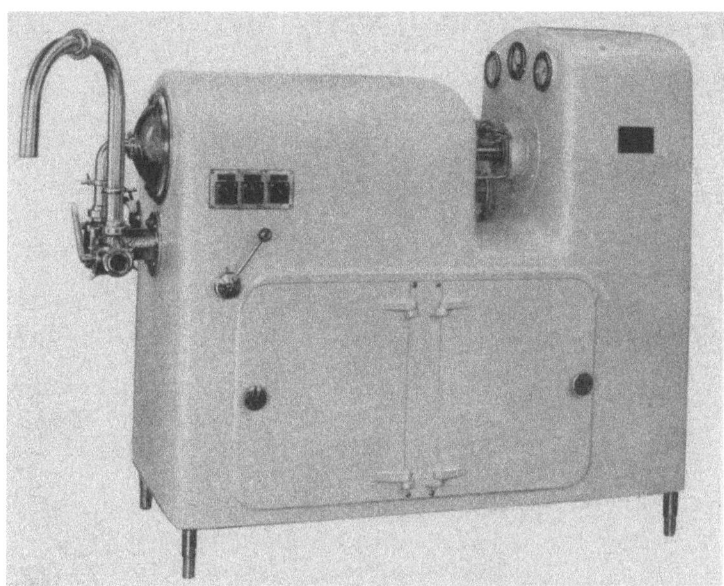

Abb. 537. Kontinuierlicher Høyer-Eiskremgefrierapparat mit einer regelbaren Leistung zwischen 300 und 1000 *l* pro Stunde.

Wird das schnellschließende Ventil *P* während des Gefrierens geschlossen, so hört das Gefrieren fast augenblicklich auf, da die Zirkulation um den Zylinder herum zum Stillstand kommt und das flüssige Ammoniak vom Dampfdruck in den Abscheider gedrückt wird.

Ein anderer dänischer kontinuierlicher Gefrierer ist in Abb. 537 gezeigt. Es ist der sogenannte Høyer-Gefrierer, Typ KF-1000, mit einer Leistung, die stufen-

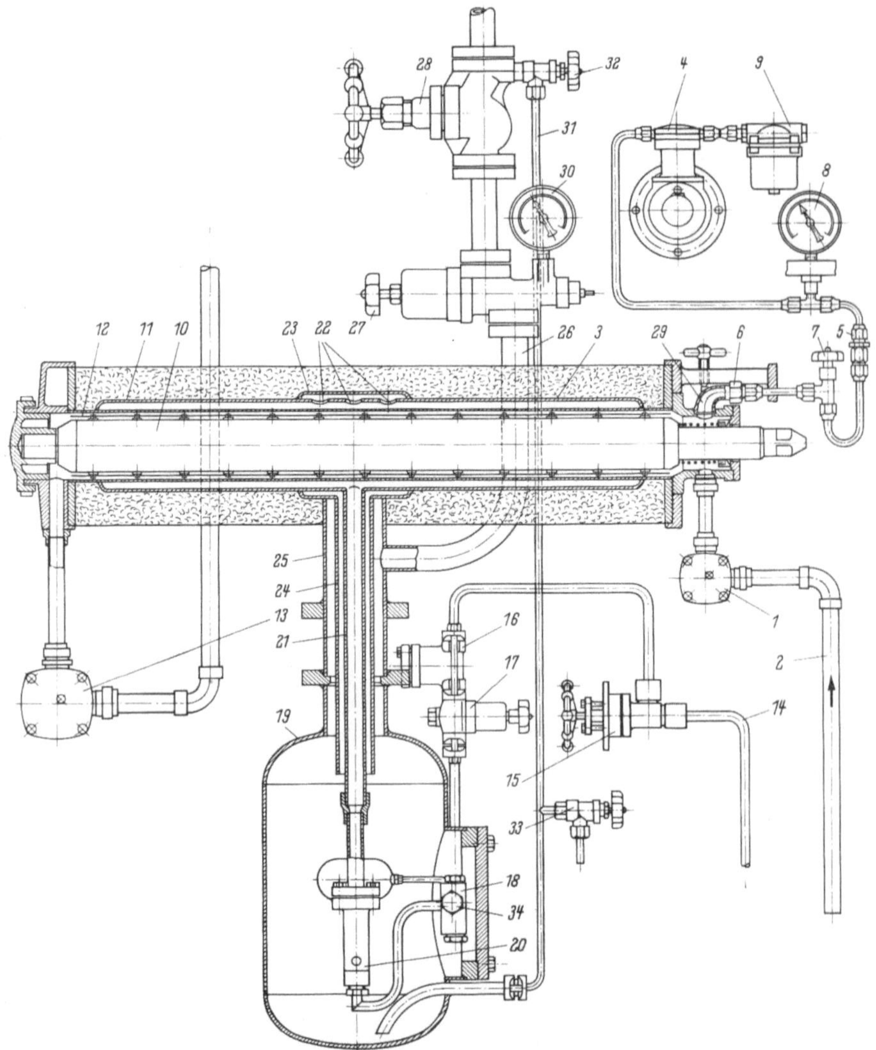

Abb. 538. Schematische Darstellung des Eiskrem- und Luftsystems eines Høyer-Eiskremgefrierapparates. Die Zahlen beziehen sich auf die Beschreibung im Text.

los zwischen 300 und 1000 *l* Krem pro Stunde geregelt werden kann. In der Abb. 538 ist schematisch die Arbeitsweise der Maschine gezeigt.

Die Pumpe *1* pumpt die Mischung durch das Rohr *2* zum hinteren Teil des Gefrierers, wo gleichzeitig Luft mit Hilfe des Kompressors *4* zugeführt wird. Die Luft durchströmt die 2 Gegenventile *5* und *6* und das Regelventil *7*, das den Luftdruck und zugleich die Schwellung regelt; der Luftüberschuß wird durch dieses Ventil abgeblasen. Den Luftdruck zeigt das Manometer *8* an. Die Luft wird vor dem Einsaugen durch das Bakterienfilter *9* gereinigt. Im Gefrierer wird die Luft in die Mischung vom Schaber *10* eingeschlagen, der mit großer Geschwindigkeit rotiert; gleichzeitig wird die Eiskremmischung durch das im Kühlmantel *11* verdampfende Ammoniak abgekühlt. Das gefrorene Sahneeis wird aus dem Gefrierer mit der Zahnradpumpe *13* entnommen. Durch Änderung der Geschwindigkeit dieser Pumpe im Verhältnis zur Speisepumpe *1* kann bei derselben Einstellung des Luftregelventils *7* die Schwellung des Krems vergrößert oder herabgesetzt werden.

Das flüssige Ammoniak wird durch die Leitung *14*, das Absperrventil *15*, das Filter *16* und einen automatischen Druckregler *17* zum Schwimmerregelventil *18* im Schwimmergehäuse *19* zugeführt. Vom Regelventil *18* wird das Ammoniak zum Injektor *20* geführt, wo der Druck in Geschwindigkeit umgesetzt wird, so daß flüssiges Ammoniak vom Schwimmergehäuse *19* durch das Rohr *21* zum Kühlmantel des Gefrierers gepumpt wird. Ammoniakdämpfe und etwas Flüssigkeit werden durch die Löcher *22*, den Kanal *23* und das Rohr *24* zum Schwimmergehäuse *19* zurückgesaugt und zirkulieren von neuem. Die Dämpfe verlassen den Gefrierer durch das Rohr *25* und die Saugleitung *26*, wobei sie durch das Gleichdruckventil *27* und das Saugabsperrventil *28* strömen.

Das Gefrieren wird eingeleitet und unterbrochen durch Öffnen und Schließen des Absperrventils *15*. Sobald man dieses schließt, fließt das flüssige Ammoniak vom Kühlmantel *11* in das darunterliegende Schwimmergehäuse *19*. Dadurch ist es möglich, den Gefrierer mit warmem Wasser zu reinigen und mit Dampf zu sterilisieren, ohne daß der Druck im Ammoniaksystem gefährlich ansteigt.

Das Druckventil *27* hält jederzeit den Druck und die Verdampfungstemperatur auf einem festgelegten Wert und sichert dabei ein gleichmäßiges Gefrieren des Eiskrems. Die Verdampfungstemperatur kann zwischen —10 und —40 °C geregelt werden.

Aus der Beschreibung der 2 Gefrierertypen geht hervor, daß sowohl das Verdampfersystem als auch das Mixsystem prinzipielle Unterschiede zeigen. Die Gram-Maschine benutzt Vakuum zur Luftaufnahme, wogegen die Høyer-Maschine dafür einen Kompressor braucht. In den beiden Maschinen steht der Mix während der Strömung durch den Gefrierraum unter Druck. In der Gram-Maschine wird der Druck mittels eines Gegendruckventils und in der Høyer-Maschine mittels einer Pumpe aufrechterhalten. Beide sind unmittelbar hinter dem Gefrierzylinder montiert. Der kombinierte Schwimmerbehälter und Flüssigkeitsabscheider ist bei der Høyer-Maschine unter dem Gefrierzylinder angeordnet, und das Ammoniak wird in den Kühlmantel hinaufgeführt, wobei der Druck in Geschwindigkeit umgesetzt wird. In der Gram-Maschine fließt das Ammoniak von selbst zur Verdampfungskammer.

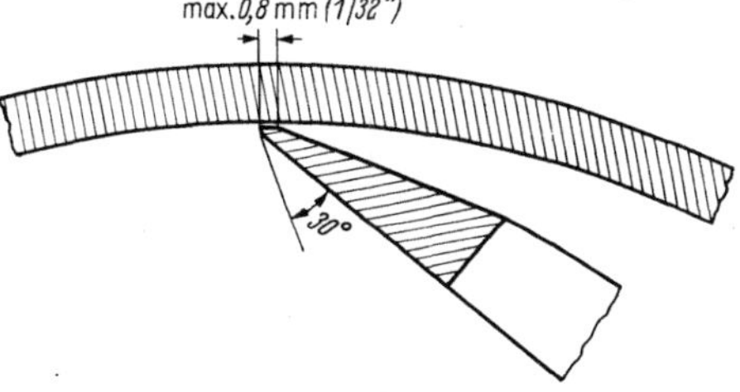

Abb. 539. Eiskrem-Schabermesser.

Alle Teile dieser modernen Expansionsgefrierer, die mit der Mischung und dem Eiskrem in Berührung kommen, sind in rostfreiem Stahl ausgeführt. Der Gefrierzylinder jedoch ist aus reinem Nickel, innen hartverchromt, was größtmögliche Beständigkeit gegen Verschleiß, auch für den Schaber, der aus rostfreiem Stahl besteht, sichert.

Die Schärfe der Schabermesser muß regelmäßig sorgfältig kontrolliert werden, und wenn notwendig, müssen die Messer geschärft werden, wie Abb. 539 es zeigt. Stumpfe Messer können zu einer nicht geringen Herabsetzung der Leistung des

Gefrierers führen, weil sich eine festgefrorene Eiskremschicht auf der Zylinderwand absetzt. Die gleiche Wirkung hat Öl, das sich auf der Außenseite des Zylinders sammelt. Es wird immer Öl am Boden des Verdampfergehäuses ausgeschieden, das regelmäßig durch den zu diesem Zweck montierten Hahn abgelassen werden muß. Wenn an den Gefrierer große Forderungen gestellt werden, ist es nicht immer ausreichend, das Öl nur abzulassen. Die neuen Gefrierapparate sind so eingerichtet, daß der Zylinder zum Umtausch oder zur Reinigung der Oberfläche einfach herausgenommen werden kann, wenn eine Ölschicht den Wärmedurchgang behindert. Damit das Öl leichter abläuft ist man übrigens dazu übergegangen, die Oberfläche des Zylinders mit Hochglanz zu polieren.

Meistens findet man ein Amperemeter am Gefrierer montiert. Dieses zeigt zuverlässig an, wie der Gefrierer arbeitet; kleine Zuckungen des Zeigers verraten, daß die Messer nicht so arbeiten, wie sie sollen. Die Messer schaben nicht richtig, sondern gleiten mehr oder weniger über den festgefrorenen Krem hinweg; erst wenn die Schicht genügend dick geworden ist, wird sie abgeschält, und gleichzeitig zeigt das Amperemeter einen größeren Stromverbrauch an. Werden die Messer vorschriftsmäßig geschliffen, dann hören die Zuckungen auf, oder sie werden auf ein Mindestmaß reduziert. Der Zeiger kann auch größere, aber ruhige Ausschläge geben, was auf den Verlauf des Gefrierprozesses zurückgeführt werden kann: fällt die Stromstärke ruhig und stetig ab, um nach kurzer Zeit wieder stetig und ruhig anzusteigen, dann kann man daraus schließen, daß die Ammoniakfüllung der Anlage unzureichend ist. Jeder Eiskremgefrierer sollte deshalb an der Ammoniakzuleitung mit einem Schauglas versehen sein, an dem man sich mit einem Blick überzeugen kann, ob das Ammoniak so fließt, wie es soll.

Im vorstehenden sind hauptsächlich Vorgänge am Gefrierer selbst berührt, die auf die Gefrierfähigkeit Einfluß haben, aber natürlich sind auch andere Erscheinungen wahrzunehmen. Vor allen Dingen muß die Kälteanlage selbstverständlich eine genügend niedrige Verdampfungstemperatur aufrechterhalten können. Darüber hinaus hat auch die Zusammensetzung der Mischung und deren Temperatur im Reifer (Mischbehälter) Bedeutung; dasselbe gilt für die Auslauftemperatur und die Schwellung. Untersuchungen hierüber sind von Farall[1] durchgeführt worden, aus denen die folgenden 6 Bilder entnommen sind (Abb. 540 bis 545). Umrechnungen in metrische Einheiten sind von Zivilingenieur O. G. Høyer ausgeführt.

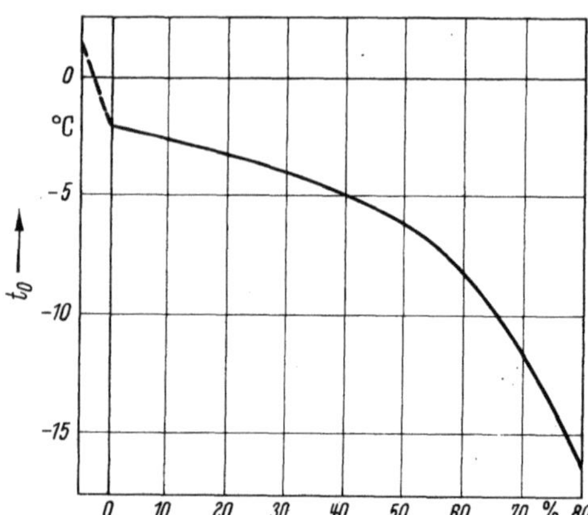

Abb. 540. Gefrierkurve einer Eiskremmischung mit der Zusammensetzung: 12% Fett, 11% Milchtrockensubstanz, 16% Zucker, 0,3% Gelatine und 60,7% Wasser. Die Abszisse gibt die ausgefrorene Wassermenge in Prozenten an.

Abb. 540 zeigt die Gefrierkurve für eine näher angegebene Mischung, die als normale dänische gelten kann. Der punktierte Anfang der Kurve entspricht der Abkühlung bis zum Beginn der Eisbildung bei etwa $-2\,°C$. Man sieht weiter, daß bis zu 50% des Wassergehaltes ausgefroren wurden und daß die Kurve „günstig“ verläuft, womit gemeint ist, daß eine bestimmte Temperatursenkung eine verhältnismäßig große Steigerung der Steifheit ergibt. Bei 50% ausgefrorenem Wasser liegt

[1] Farall, A. W.: Food Industries, April 1939.

die Auslauftemperatur bei etwa —5,5 °C, und tiefer soll man nicht gehen, da der Energie- und Kälteverbrauch sonst unverhältnismäßig stark ansteigt und die Kapazität des Gefrierers sinkt, wie es aus der Abb. 544 hervorgeht.

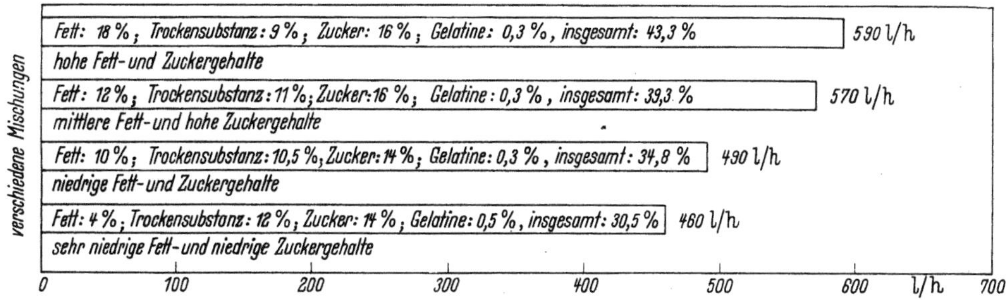

Abb. 541.
Leistung eines Eiskrem-Gefrierapparates in Liter pro Stunde bei —5 °C Ablauftemperatur des Krems.

Abb. 541 zeigt an 4 Beispielen die Abhängigkeit der Gefrierkapazität von der Zusammensetzung der Mischung. Man sieht, daß aus trockenstoffreichem

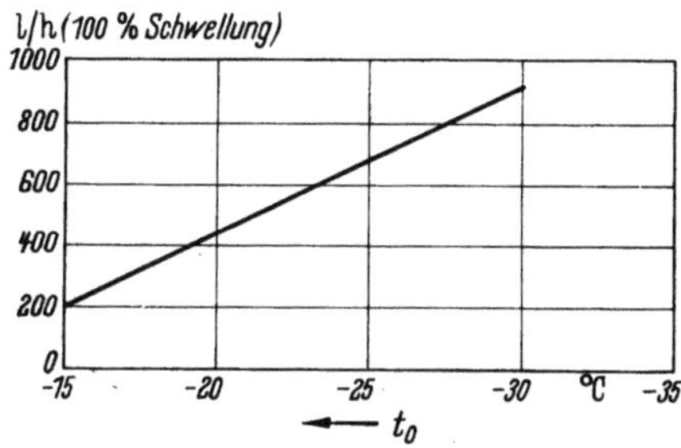

Abb. 542. Leistung eines Eiskrem-Gefrierapparates als Funktion der Verdampfungstemperatur des Kältemittels.

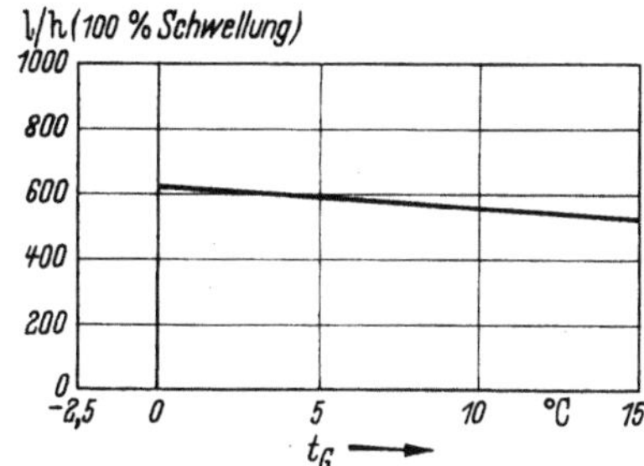

Abb. 543. Leistung eines Eiskrem-Gefrierapparates als Funktion der Temperatur der Mischung bei konstanter Verdampfungstemperatur des Kältemittels.

Krem (mit entsprechend weniger Wasser) etwa 130 *l* mehr Eiskrem pro Stunde gefroren werden als aus trockenstoffarmen.

In Abb. 542 ist veranschaulicht, wie die Leistung des Gefrierers mit der Senkung der Verdampfertemperatur ansteigt.

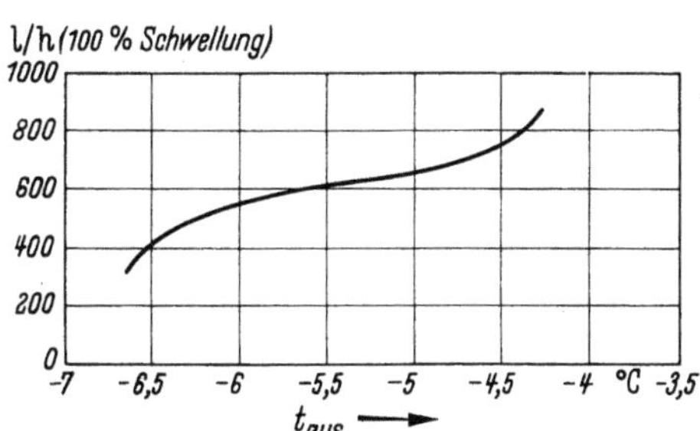

Abb. 544. Leistung eines Eiskrem-Gefrierapparates als Funktion der Ablauftemperatur des Krems, wenn sowohl Verdampfungs- als auch Mischungstemperatur bei —12 °C bzw. —4,5 °C konstant gehalten werden.

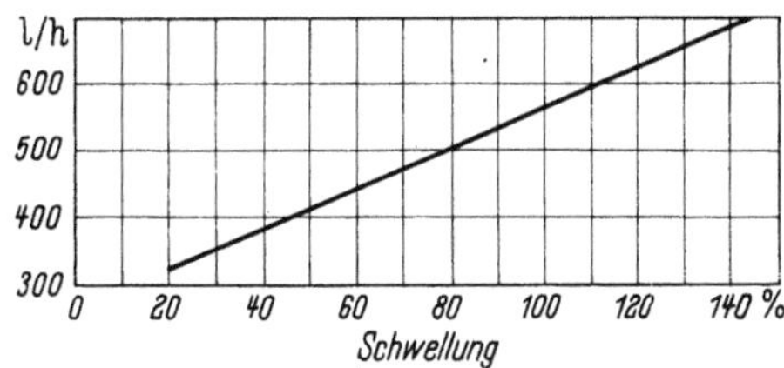

Abb. 545. Leistung eines Eiskrem-Gefrierapparates als Funktion der Schwellung, wenn alle anderen Faktoren konstant gehalten werden.

Daß die Temperatur der Mischung auch einen Einfluß auf die Kapazität des Gefrierers ausübt, zeigt Abb. 543. Hat man daher die Mischung schon einmal tiefgekühlt, dann gilt es, diese Temperatur bis zum Anfang des Gefrierens beizuhalten.

In der folgenden Beschreibung der Einrichtung einer Eiskremfabrik (S. 597) wird an einem Beispiel aus der Praxis gezeigt, wie beispielsweise die tiefe Temperatur der Mischung aufrechterhalten wird. Die Mischbehälter, in denen die Mischung vor dem Gefrieren manchmal länger als 1 Stunde verbleibt, müssen gut isoliert sein.

Wünscht man den Krem mit —6,5° anstatt mit —4,5° aus dem Gefrierer zu entnehmen, dann fällt dessen Leistung auf die Hälfte ab, wie es Abb. 544 zeigt; starke Schwellung steigert die Leistung (Abb. 545).

G. Das Fertiggefrieren des Eiskrems.

I. Der Härtetunnel.

Wenn Eiskrem den kontinuierlichen Gefrierer verläßt, ist nur etwa die Hälfte des Wassers gefroren, und wenn er nicht gleich gebraucht werden soll, muß der Rest des Wassers schnellstens nachgefroren werden. Das geschieht in einem

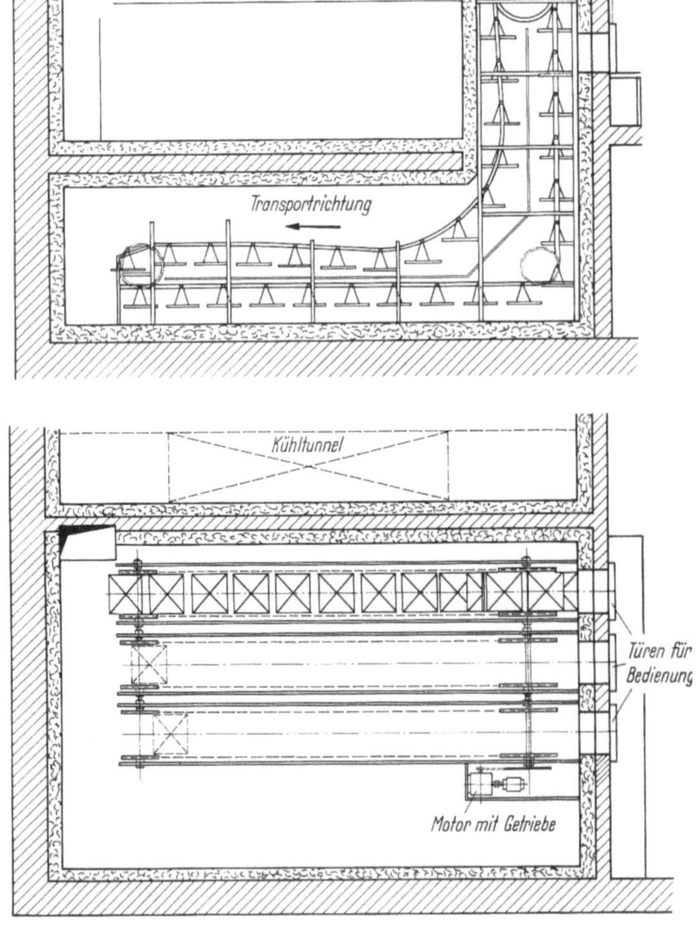

Abb. 546. Schnitt durch einen Gefriertunnel durch 2 Stockwerke.

Härteraum oder einem Härtetunnel. Härtetunnels sind im Laufe der letzten 10 Jahre in allen neuen und in modernisierten Eiskremfabriken eingebaut worden.

Im Gefrierer erstarrt der Wassergehalt des Krems zu kleinen Kristallen, und dieser Prozeß soll bei der folgenden Härtung fortgesetzt werden. Geht das Fertiggefrieren nicht schnell genug vor sich, dann werden größere Kristalle gebildet, was zu einer gröberen Struktur des Eiskrems führt. Es ist daher verständlich, warum die modernen Eiskremfabriken im Wettbewerb mit den älteren den Krem gar nicht schnell genug fertigfrieren können.

Grundsätzlich besteht ein Härtetunnel aus einem langen Kanal, in welchem tiefgekühlte Luft bei einer Temperatur bis zu $-40\,^{\circ}\mathrm{C}$ zirkuliert. Die Luft wird gekühlt indem man sie durch Verdampferschlangen leitet, die in unmittelbarer Nähe des Tunnels, entweder darüber, darunter oder daneben, angebracht sind. Wesentlich ist es, daß das Abtauwasser fortgeleitet werden kann, ohne die Förderanlage zu verschmutzen. Die Luftgeschwindigkeit beträgt 10 bis 15 m/s. Wegen der niedrigen Temperatur muß der Tunnel besonders stark isoliert sein.

Abb. 547. Ladung von Eiskrem in einem Härtetunnel.

Die Größe des Härtetunnels, dessen Länge, Breite und Höhe, ist natürlich von der Größe der Produktion, aber auch von der Größe und Art der Verpackung abhängig. Als Beispiel kann dienen, daß eine verhältnismäßig neue Fabrik mit einem Tunnel von 17 m Länge und 4 m Breite eingerichtet ist. Die Luft in diesem Tunnel wird auf etwa $-35\,^{\circ}\mathrm{C}$ gehalten. Einige der Förderanlagen sind so eingestellt, daß die Waren 45 bis 90 Minuten für den Durchgang brauchen, und diese Vorschubgeschwindigkeit ist hauptsächlich für kleinere Einheiten und für Krem in $^1/_2$ und $^1/_3$ *l*-Packungen vorgesehen. Andere Förderanlagen für größere Einheiten können 1,5 bis 3 Stunden für den Durchgang brauchen.

Gewöhnlich beginnt der Tunnel schon im Fabrikationsraum und endet in oder neben dem Härteraum, wo die Waren bis zur Abfertigung gelagert werden sollen. Der Eiskrem wird allerdings nach dem Durchgang durch den Tunnel schon so fertiggefroren sein, daß er direkt zur Verteilung gelangen kann.

Jedes Öffnen des Tunnels, um neue Ware einzubringen und fertige herauszunehmen, verursacht einen Kälteverlust. Das Öffnen muß deshalb so kurz wie möglich dauern. In einigen Fabriken werden Klappen mit Pedalen bedient, so daß der Arbeiter, der die Waren einsetzen und herausnehmen soll, beide Hände frei hat, um schneller arbeiten zu können. Ein Härtetunnel wurde an beiden

Enden durch Luftschleier geschlossen; ein solcher Schleier hat den unbestreitbaren Vorteil, daß die Waren kontinuierlich durch den Härtetunnel strömen können. In den nordischen Ländern sind einige Härtetunnels so eingerichtet, daß sie senkrecht durch mehrere Stockwerke führen (Abb. 546). In diesem Falle hat der Tunnel jedoch in einem der Stockwerke auch eine horizontale Strecke, um lang genug zu werden. In den senkrechten Tunnels werden die Waren in Fahrstühlen (Paternoster-Aufzügen) befördert, die sich stoßweise bewegen. Der Aufenthalt nach jedem Stoß entspricht der Zeit, die zum Einladen und Ausnehmen benötigt wird (Abb. 547).

Noch gibt es keine praktischen Ausführungen mit automatischem Öffnen und Schließen der Klappen im Takt mit der stoßweisen Förderung, doch liegen Pläne in dieser Richtung bereits vor.

II. Härteräume.

Bevor man auf den Bau von Härtetunnels kam, mußte man sich mit einzelnen Härteräumen begnügen. Nachdem neuerdings von Härtetunnels Gebrauch gemacht wird, benutzt man die vorhandenen Härteräume als tiefgekühlte Lagerräume.

Die Isolierung des Fußbodens von Härteräumen hat vielen Eiskremfabrikanten Ärger bereitet und Ausgaben verursacht. Ist diese nicht ordnungsgemäß ausgeführt, dann dringt die Kälte in den Erdboden unter dem Härteraum ein, und es können dabei große Zerstörungen verursacht werden.

Mit Rücksicht auf eine schnelle und bequeme Abfertigung des Eiskrems ist es in vielen Fällen am zweckmäßigsten, den Boden des Härteraumes ungefähr in Höhe der Fahrstraße zu halten (Abb. 548). Der Fußboden des Härteraumes muß jedoch so sorgfältig isoliert sein, daß die Kälte nicht im Laufe der Zeit in

Abb. 548. Gesamtansicht einer Eiskremfabrik bei Kopenhagen, gebaut von dem dänischen Fabrikanten John M. Larsen, der in den Vereinigten Staaten von Amerika einer von den Eiskrem-Pionieren war.

das Erdreich eindringt, da sonst der Fußboden gehoben und die Isolation zerstört werden kann. Der Schaden nimmt nach und nach zu, und der Härteraum wird schließlich ganz unbrauchbar.

Bei der Einrichtung von neuen Härteräumen, die in Geländehöhe liegen sollen, beginnt die Bauarbeit mit einer tiefgehenden Entwässerung des Erdbodens. Auf den Erdboden wird eine Frostschutzschicht aus Geröll gelegt, und darauf rein gesiebte Schlacken. Auf die mit einer Walze bearbeitete Schlackenschicht wird eine Betondecke gegossen; um zu verhindern, daß der Betonmörtel in die Schlackenschicht sickert, wird diese mit Asphaltpappe überdeckt.

Auf dieser Betondecke wird nun eine Dampfsperre hergestellt, indem zuerst eine Asphaltemulsion aufgestrichen wird, dann eine Schicht von warmem Asphalt aufgetragen und zuletzt 2 Schichten Asphaltpappe auf den warmen Asphalt aufgeklebt werden. Auf diese Dampfsperre, die an den Wänden ein passendes Stück hochgehoben werden soll, wird eine 5 cm dicke Betonschicht mit eingegossenen, rostfreien Stahldrähten für elektrische Beheizung verlegt. Dann folgt die Schicht Isoliermaterial und darauf ein 8 bis 10 cm dicker Zementglattstrich. Um zu verhindern, daß das Wasser des Mörtels in das Isoliermaterial eindringt, wird dessen Oberfläche mit zusammengeklebter Asphaltpappe bedeckt.

Um die Temperatur unter dem Fußboden des Härteraumes überwachen zu können, werden an passenden Stellen Rohre für Temperaturfühler eingebaut. Solange die Temperatur der Schlackenschicht noch einige Grade über 0 °C ist, braucht man die elektrische Heizung nicht einzuschalten. Wird dies notwendig, dann kann es eventuell automatisch geschehen.

In modernen Eiskremfabriken kann nicht genug Härteraumplatz vorgesehen werden, weil die Nachfrage nach Eiskrem immer steigt, aber besonders weil die Fabriken fertiggefrorenen Krem vor der eigentlichen Saison aufspeichern müssen, um die Schwierigkeiten der Beschaffung von Arbeitskräften in der Hauptsaison zu erleichtern. Erfahrene Eiskremfabrikanten sehen bei einer Jahresproduktion von 1 Million Liter Eiskrem und einer eigentlichen Saison von etwa 100 Tagen mehr als 500 m³ Härteraum vor.

Abb. 549. Stapelung in einem Lagerraum von Paketen mit Eiskrem, die mittels eines Förderbandes in den Raum eingebracht werden. Man sieht, daß der Raum in mehrere Abteilungen aufgeteilt ist, und zwar durch senkrechte Kühlrohre, die eine gleichmäßige Verteilung der Kälte in dem Raum ermöglichen.

Im Härteraum wird wie im Härtetunnel ein starker Luftumlauf und eine Temperatur von —30 bis —35 °C aufrechterhalten.

Wenn die Temperatur in der Mitte der Eiskrempackung auf —18 °C gesunken ist, kann die Härtung für beendet angesehen werden. Die Härtung wird beschleunigt, wenn die Krempackungen so geschichtet werden, daß die Luft allseitig ungehindert an die Packungen herantreten kann (Abb. 549). Eine kräftige Luftzirkulation im Raum fördert natürlich auch die Kältemittelverdampfung und trägt dazu bei, die Temperatur im Raum möglichst tief zu halten.

III. Die Verpackung des Eiskrems.

Sobald der Krem den Gefrierer verläßt, soll er schnellstens verpackt werden. Nur verpackter Krem wird in den Härtetunnel und in die Härteräume eingebracht.

In früheren Zeiten, als noch der größte Teil des Eiskrems lose für Waffeleis, Eisschalen usw. verkauft wurde, hat man ihn in zylindrische Eimer von verschiedener Größe gefüllt, in den Härteraum gebracht und dort bis zur Auslieferung aufbewahrt. In den USA, wo am meisten Eiskrem hergestellt wird, liefern die Eiskremfabriken eine große Menge noch immer in solcher Verpackung aus, jedoch sind die älteren Metalleimer jetzt durch Packungen aus Pappe ersetzt worden. Diese Verpackungen erhalten die Fabriken in Gestalt zusammengeklappter kurzer Zylinder, die sich beim Füllen ausweiten. Der Eiskrem kann aus diesen Pappdosen nicht auslaufen, da er im Gefrierer schon genügend steif gefroren ist und außerdem gleich in den Härteraum gelangt. Der amerikanische Eiskrem wird in dieser Verpackung an die Bars, Kaffeehäuser, Eisdielen usw. geliefert.

In neuester Zeit fand man, daß der Absatz von Eiskrem noch gesteigert werden konnte, wenn man ihn in einer sauberen, handlichen und der jeweiligen Verwendung angepaßten Verpackung liefern würde. Im großen und ganzen ist die Tendenz in verschiedenen Ländern, wie USA, England, Italien und Skandinavien, die gleiche gewesen, wenn auch jedes Land gewisse Eigenarten aufweist. Im folgenden soll nur die Entwicklung in Dänemark und den übrigen nordischen Ländern eingehender beschrieben werden, da sie auch in anderen Ländern ähnlich verlaufen ist.

H. Herstellung von „Eis am Stiel“.

Das sogenannte Eis am Stiel kam im Jahre 1928 auf den Markt. Die ersten Erzeugnisse dieser Art waren zylindrisch und aus nicht aufgeblähter Mischung hergestellt. Damit wurde ein 25jähriger Wettbewerb eingeleitet, in dessen Verlauf die Fabrikanten von Apparaten und Maschinen versuchten, einander zu übertreffen und neue Verfahren zur Herstellung von Eis am Stiel zu entwickeln.

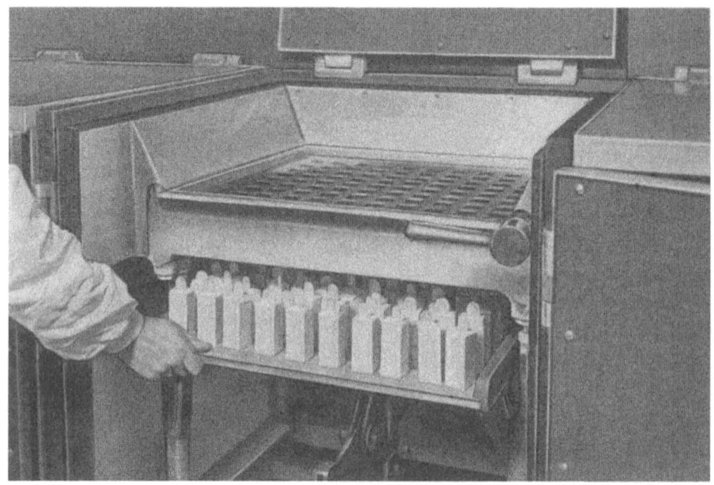

Abb. 550. Gefrierapparate für Eis am Stiel, von Atlas, Kopenhagen.

Einer der bedeutendsten Anteile an diesem Wettbewerb war der Einfall des dänischen Fabrikanten John M. Larsen, rechteckiges, schnellgefrorenes Eis am Stiel aus aufgeblähter, vorgefrorener Mischung herzustellen. Dieses neue Erzeugnis kam Mitte der dreißiger Jahre auf den Markt und wurde gleich ein ganz großer Erfolg, da es in Geschmack und Konsistenz alles in dieser Art früher Dargebotene übertraf. Die Bezeichnung „schnellgefroren“ bezieht sich darauf, daß dieses Eis bei einer damals noch ungewöhnlich tiefen Temperatur von —35 °C gefroren wurde, was zusammen mit dem Gefrieren von vorgefrorenem, aufgeblähtem Eiskrem zu einer wesentlich verbesserten Qualität führte (Abb. 550).

Selbstverständlich wollten jetzt alle Firmen zum Schnellgefrieren von Eis am Stiel übergehen mit dem Ergebnis, daß die Fabrikation zweistufiger Kältemaschinen einen großen Aufschwung nahm.

Anfangs wurde das Eis am Stiel in den sogenannten Stieleisformen, die 32 bis 48 Stück faßten, gefroren; einige Fabriken benutzten auch Formen, die ein paar hundert Stücke faßten.

Größe und Form der einzelnen Stücke sind natürlich abhängig von der gewünschten Preisklasse; man hat im Laufe der Zeit so viele neue Formen gesehen, daß man glauben sollte, die Möglichkeiten seien erschöpft. Das wäre ein großer Gewinn, denn viele Fabriken haben sich mit der jährlichen Anschaffung neuer Formen arm gekauft, um im Wettbewerb folgen zu können. Man erhält eine Vorstellung der Variationsmöglichkeit, wenn man erfährt, daß eine Fabrik für vollautomatische Stieleismaschinen Formen für 14 verschiedene Typen von Eis am Stiel, verteilt auf 94 verschiedene Größen mit Inhalten von 28 bis 125 ml, liefern kann.

Abb. 551. Gefrierbad für Eis am Stiel.

Die ersten Anlagen zum Gefrieren von Eis am Stiel waren recht einfach. Sie bestanden aus einem stark isolierten Gefrierbehälter mit Verdampferschlange im Boden, gefüllt mit hochkonzentrierter Chlorkalziumlösung. In vielen kleineren Fabriken werden solche Gefrierbäder noch immer gebraucht. Über der Schlange ist eine Art Tragrahmen angebracht, auf dem die Stieleisform im Bad vorwärtsgleitet. Je nach Größe der Stücke (Briketts) und der Temperatur des Bades beträgt die Gefrierzeit 5 bis 10 Minuten (Abb. 551).

Nach dem Füllen der Form mit Eiskremmischung wird ein gelochter Deckel aufgelegt. Die Löcher des Deckels entsprechen den Löchern der Stieleisform und dienen zum Festhalten der Holzstiele, um die der Eiskrem gefroren werden soll. Dieser Deckel bleibt so lange liegen, bis die Stiele von selbst stehen können. Wenn das Eis am Stiel herausgenommen werden soll, wird die Form in ein Wasserbad von passender Temperatur versenkt, bis die einzelnen Stücke locker geschmolzen sind. Der Deckel wird dann entfernt und ein Aufnehmer über die Stiele gesetzt, der aus drei gelochten Platten wie der Deckel besteht. Die mittlere Platte wird gegen die zwei anderen etwas verschoben, wobei die Stiele festgehalten werden, und alle Stieleisstücke können auf einmal aus der Form gezogen werden.

Das Gefrieren von Eis am Stiel ist in dieser Weise ziemlich umständlich, weshalb man versucht hat, das Verfahren zu rationalisieren, wie es beispielsweise in Abb. 552 gezeigt ist:

1 ist ein Apparat zum Füllen von Stieleisformen. Er ist mit dem langen, schmalen Tisch *4* zusammengebaut. Die Tischplatte ist mit rostfreiem Stahl bekleidet. Dem Arbeiter, der die Formen füllen soll, werden diese von links auf der rostfreien Rutsche *10* zugeführt. Die gefüllte Form wird dann dem Arbeiter *5* zugeschoben. Dieser hat die Aufgabe, einen Aufnehmer mit eingesetzten Holzstäbchen (den Stielen) auf die Form aufzusetzen und dann die so vorbereitete Form in das Chlorkalziumbad *6* zum Gefrieren zu versenken. Die Formen werden mittels Motorantrieb und Kettenförderer in 10 bis 13 Minuten durch das Bad gezogen. Die Formen können auch mechanisch langsam in das Bad hindurch- und wieder hinaufgefördert werden. Der Arbeiter *5* erhält den Aufnehmer von einem anderen Arbeiter, der den Apparat *2* zum Einsetzen der Stiele bedient. Der Tisch *3* dient als Ablegeplatz für die mit Stielen gefüllten Aufnehmer.

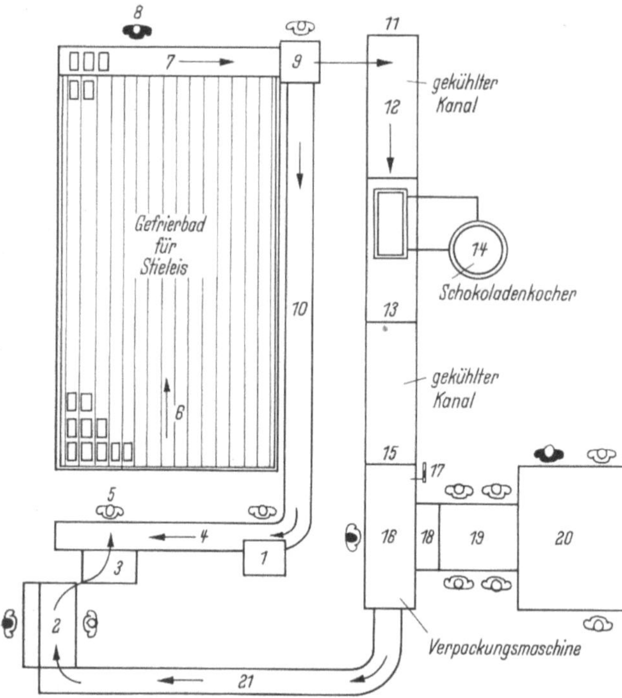

Abb. 552. Schematische Darstellung einer teilweise mechanisierten Herstellung und Verpackung von Eis am Stiel in einer Eiskremfabrik in New York.

Am Ende des Gefrierbades *6* steht ein quergeführtes Förderband *7*, das die Stieleisform seitwärts zum Auftaubad *9* führt. Wenn die Formen nach der Behandlung im Bad *9* geleert worden sind, werden sie auf den Tisch *10* gebracht und rutschen von da zum Füllapparat *1*. Hiermit ist der Kreislauf der Stieleisformen geschlossen.

Der Aufnehmer, an dem die Stieleisstücke jetzt hängen, wird bei *11* in den Kühlkanal *12* geschoben, worin eine Kette den Aufnehmer greift und ihn durch die Teilstrecken *13*, *15* und *16* führt. In *12* wird kalte Luft um die Stieleisstücke geblasen, um die leicht geschmolzene Oberfläche wieder zu gefrieren. Bei *13* bleibt der Aufnehmer eine kurze Zeit stehen, während ein Bad mit warmer, flüssiger Schokolade um die Stieleisstücke gehoben wird. Das Schokoladebad *13* steht durch einen Kunststoffschlauch mit dem doppelmanteligen Schokoladekocher *14* in Verbindung, der dafür sorgt, daß die Schokolade eine gleichmäßige Temperatur behält. Bei *15* bringt kalte Luft den Überzug zum Erstarren.

Bei *17* wird der Aufnehmer angehalten und in eine solche Stellung gebracht, daß bei einer Vierteldrehung des Handgriffes der Mechanismus, der die Stiele festhält, ausgelöst wird. Die Stieleisstücke fallen in einen Schlitten mit ebenso vielen Löchern als Stiele vorhanden sind; die Löcher sind ohne Boden, aber mit einer

Sperre versehen. Die Sperre öffnet sich, nachdem der Schlitten sich einen Augenblick neben dem Aufnehmer bewegt hat.

Wenn der Schlitten kurz vor der Mitte von *18* angelangt ist, bewegt er sich an einigen Kanalöffnungen vorbei; gleichzeitig wird die Bodensperre entfernt, so daß die Stiele einer nach dem anderen in die Kanalöffnungen fallen und in die Tüten gelangen, in die sie verpackt werden sollen. Sobald der Schlitten seine Stieleisstücke abgeliefert hat, kehrt er nach *17* zurück. Der entleerte Aufnehmer bewegt sich weiter durch *16* zum Tisch *21*, von wo er nach *2* rutscht.

Um die Rationalisierung der Eiskremfabrikation weiter zu fördern, wurde um 1953 der Vorschlag gemacht, eine genormte Stieleisform, die sogenannte Einheitsform, zu verwenden. Diese Form hat Gefrierrohre für 32 Stiele und alle

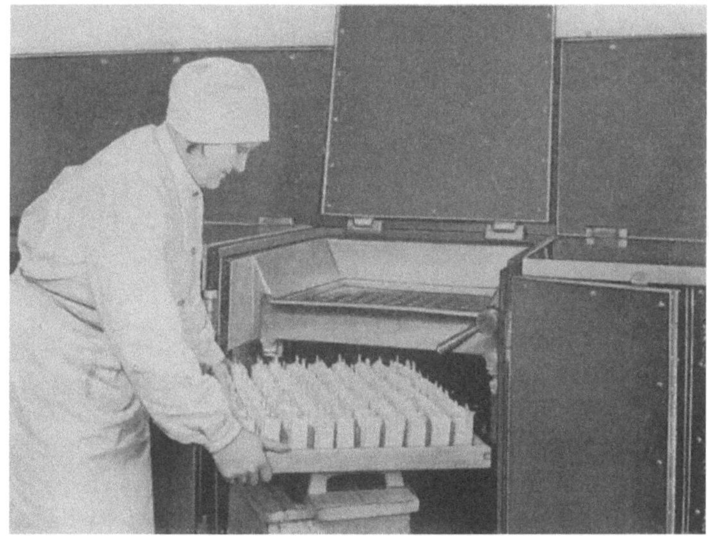

Abb. 553. Entleerung eines Kontaktgefrierapparates für Eis am Stiel.

Maße der Form, mit Ausnahme der Gefrierrohre, sind genormt, wobei immer noch eine Möglichkeit für Variationen übrigbleibt.

Mit genormten Stieleisformen kann man denselben Füllapparat, denselben Stieleinsetzer, gelochten Deckel und Aufnehmer, also dieselben Hilfsapparate für alle Formen benutzen.

Bis in die fünfziger Jahre konnte man in großen Fabriken eine Herstellung von Eis am Stiel sehen nach Verfahren, die mehr oder weniger auf dem oben geschilderten Prinzip beruhten. Der Vorteil dieses Prinzips ist, daß die notwendigen Arbeitskräfte an den betreffenden Arbeitsplätzen verbleiben können, also keine Zeit verschwenden, um sich mit Formen und Geräten hin und her zu bewegen.

Nach diesem System wird immer noch in kleineren Betrieben gearbeitet, aber aus den größeren ist es wegen des großen Aufwandes an Personal völlig verschwunden. An seiner Stelle ist man zum automatischen, kontinuierlichen Gefrieren von Eis am Stiel auf rotierenden Gefriertischen übergegangen.

Zuerst nahm die Entwicklung jedoch eine andere Richtung: Man wußte, daß man mit direkter Verdampfung das Eis am Stiel schnell gefrieren konnte, und es wurde deshalb der sogenannte Kontaktgefriertisch (Abb. 553) auf den Markt gebracht. Auf diesem wurden die Stieleisstücke in rechteckigen Rahmen mit je 100 Stück gefroren, indem flüssiges Ammoniak in den Hohlraum der Form geleitet wurde. Im Laufe von 5 Minuten war das Eis gefroren, und das Abtauen geschah mit warmem Ammoniakdampf. Die fertigen, mit Stielen versehenen Stücke wurden von unten aus der Form entnommen, indem der Boden mit einem Griff gesenkt wurde. Dieser Kontaktgefriertisch gelangte jedoch nie zu der Bedeutung, die ihm zugedacht war.

J. Runde Gefriertische für die kontinuierliche Herstellung von Eis am Stiel.

Die rotierenden, kreisrunden Gefriertische „Ria“ der Firma Brødrene Gram A/S, Vojens (Abb. 554) und „Rollo“ der Firma O. G. Høyer, Aarhus (Abb. 555),

Abb. 554. Gefriertisch „Ria“ der Firma Brødrene Gram A/S, Vojens, Dänemark. Die Maschine ist vollautomatisch, und der Solekühler ist in der Maschine eingebaut.

hatten beim Wettbewerb den besten Erfolg. Sie haben sich jetzt allgemein eingeführt, und zahlreiche Eiskremfabriken haben sich diese kontinuierlichen Stieleisgefrierer beschafft.

Ursprünglich wurden sie nur für Kapazitäten von etwa 7000 Stück Eis am Stiel pro Stunde hergestellt. Doch reichte diese Kapazität für größere Fabriken bald nicht mehr aus, und ein voller Erfolg wurde erst erzielt, als man die Kapazität auf 14 bis 15000 Stiele in der Stunde erhöhte.

Äußerlich sehen sich die beiden Tische „Ria“ und „Rollo“ sehr ähnlich; es bestehen aber zwischen beiden doch wesentliche Unterschiede:

Beide Apparate haben einen runden Gefriertisch mit herunterragenden Gefrierröhren für die Stieleisstücke, die während der Rotation des Tisches von kalter oder warmer Sole umspült werden. Bei „Ria“ besteht der Tisch aus einer großen, kreisrunden Form, die zur Umschaltung für einen anderen Typ Eis am Stiel mittels eines Hebezeuges abgehoben wird. Bei „Rollo“ ist der Gefriertisch in 9 oder 10 Abschnitte eingeteilt, die zwecks Reinigung oder Umschaltung einzeln herausgenommen werden können, nachdem einige Muttern gelockert wurden. Zu beiden Maschinen gehören: ein Füllapparat, ein Stieleinsetzer, ein Aufnehmer, kombiniert mit einem Schokoladetauchapparat und eine Einrichtung für den Transport der fertigen Stücke zur Verpackung. Außerdem haben die Maschinen ein Kalt-Solebad zum Gefrieren der Stiele und ein Warm-Solebad zum Auftauen der Stiele aus den Formen sowie Verdampferschläuche und Wärmeelemente, Sole-Zirkulationspumpen und einen Antriebs- oder Getriebekasten für alle beweglichen Teile. Alle Bewegungen der Maschinenteile sind natürlich in zweckmäßiger Weise koordiniert und synchronisiert, und die Funktionen der Maschinen sind durch eine Schalttafel gesteuert.

Abb. 555. Gefriertisch „Rollo" der Firma O. G. Høyer, Dänemark. Auch dieser Apparat ist vollautomatisch.

Die Gefrierröhren sind in radialen Reihen und konzentrischen Kreisen im Gefriertisch angebracht, und der Tisch bewegt sich ruckweise in Schritten, die dem Winkel zwischen den radialen Reihen von Röhren entsprechen.

Während eines Umlaufes des Tisches bewegen sich die Reihen der Gefrierröhren erst am Füllapparat vorbei, wo sie nacheinander mit Eiskrem gefüllt werden. Kurz bevor die Röhren zum Füllapparat gelangen, durchschreiten sie die Gefrierzone und werden darin so weit vorgekühlt, daß der Krem, der vom kontinuierlichen Gefrierapparat zufließt, nicht teilweise zum Schmelzen gebracht wird.

Um die bestmögliche Konsistenz des fertigen Eiskrems zu erreichen, muß der Krem schon im Gefrierapparat so steif gefroren werden, wie die Umstände es erlauben. Der Grad der Steifheit, mit dem man arbeiten kann, hängt davon ab, was der Füllapparat leistet. Beide Gefriertische „Ria" und „Rollo" können mit Füllapparaten ausgerüstet werden, bei denen die Röhren von unten gefüllt werden, wobei man größere Luftansammlungen im fertigen Stück selbst beim Füllen mit verhältnismäßig steifem Krem vermeidet.

Die gefüllten Röhren rücken weiter zum Stieleinsetzer, der automatisch einen flachen Stiel in die Mitte eines jeden Stückes steckt. Zu diesem Zeitpunkt ist erst eine dünne Schale festgefroren, die Mitte aber noch so weich, daß der Stiel leicht eingeschoben werden kann, jedoch steif genug, um den Stiel in der richtigen Stellung festzuhalten.

Sobald der Tisch beinahe eine volle Drehung ausgeführt hat, sind die Stieleisstücke bis zum Aufnehmeapparat gelangt; gerade vor dieser Stellung treten die Gefrierröhren aus der Gefrierzone heraus und in die Auftauzone hinein, wo sie in warme Sole tauchen. Die Stieleisstücke lösen sich dann von der inneren Rohroberfläche.

Der Stieleisaufnehmer ist mit 16 bis 20 radial angebrachten Armen versehen und jeder Arm mit ebenso vielen selbstschließenden Zangen wie Stieleisstücke in den radialen Reihen des Tisches vorhanden sind. Die Aufnahmearme drehen sich ruckweise um eine senkrechte Welle, wobei jeder Schritt dem Kreisbogen zwischen 2 Armen entspricht und außerdem mit der Bewegung des Gefriertisches synchronisiert ist.

Der Arm, der gegen die Mitte des Gefriertisches weist, macht eine Aufwärts- und Abwärtsbewegung. Am Schluß der Abwärtsbewegung ergreifen die Zangen diejenige radiale Reihe von Stieleisstücken, die sich gerade unter dem Arm befindet und ziehen sie bei der darauffolgenden Aufwärtsbewegung aus den Gefrierröhren heraus. Die leer gewordene Reihe von Röhren bewegt sich ruckweise weiter und schließt jetzt den Kreislauf, indem sie sich wieder am Anfang der Gefrierzone befindet, um frisch gefüllt zu werden.

Die Reihe, die immer noch von den Zangen des Aufnahmearmes festgehalten wird, schwenkt rund zum Schokoladeüberzugapparat um. Die eben aus den Röhren gezogenen Stücke sind an der Oberfläche etwas feucht, aber sehr bald gelangt die Kälte aus dem Innern bis zur Oberfläche und macht sie wieder trocken und fest, bevor die Stücke mit Schokolade überzogen werden.

Bei größeren Maschinen erfolgt der Überzug durch Anheben des Schokoladebades, bis es die Stieleisstücke umgibt; manchmal senkt sich auch der Arm mit den Stieleisstücken halb herunter zum Schokoladebad, während gleichzeitig eine lange, schmale Schale mit geschmolzener Schokolade aus dem Bad hoch genug gehoben wird, um die Stücke zu überziehen. Gleich nach dem Herausheben aus dem Bad erhärtet der Überzug und das Eis am Stiel ist fertig, um in Beutel gelegt oder zur Verpackungsmaschine gebracht zu werden.

Die Gefrierröhren bewegen sich während der Rotation des Tisches von der Gefrierzone zur Auftauzone und wieder zurück, wobei sie sich stets in derselben Höhe befinden; diese Operationen wurden von den beiden Firmen in verschiedener Weise verwirklicht:

Bei „Ria“ ragt jede radiale Reihe von Gefrierröhren in eine Soleschale herunter, die auf der Unterseite des Gefriertisches befestigt ist. Es sind ebenso viele Schalen wie radiale Reihen von Röhren vorhanden, und die Schalen folgen dem Tisch während der Rotation. Solerohre, die radial von der Mitte der Maschine ausgehen, leiten kalte und warme Sole in die Schalen. Die Zahl der Solerohre entspricht der Zahl radialer Reihen von Gefrierröhren, die sich zu jeder Zeit in der Gefrier- oder Auftauzone befinden.

Die Zuleitung von Sole zu jeder Schale ist so reichlich, daß die Gefrierröhren dauernd vollständig umspült sind. Der Ablauf von den Schalen erfolgt durch schmale Ausschnitte an der Oberkante, d. h. dort, wo die Schalen am Gefriertisch befestigt sind. Damit die Schalen vollständig geleert werden können, wenn sie die Gefrierzone verlassen und in die Auftauzone gelangen, hat jede Schale im Boden ein Loch von solcher Größe, daß sie in der kurzen Zeit vor und nach der Auftauzone leerlaufen kann; andererseits darf das Loch nicht so groß sein, daß es die Solefüllung der Schale beeinflussen kann. Es strömt stets mehr Sole in die Schale, als durch das Bodenloch auslaufen kann.

Bei „Rollo“ bewegen sich die Gefrierröhren in konzentrisch angebrachten Bädern oder Kanälen und der Soleüberschuß läuft über die Kanten in einen darunterstehenden Sammelbehälter.

An den Strecken, wo die Gefrierröhren sich von einer Zone zu einer anderen bewegen, sind die Kanäle so eingeengt, daß die Gefrierröhren gerade noch hindurchtreten können. Diese eingeschnürten Durchgänge wirken wie eine Art Schleusen, durch die nur ein, im Verhältnis zur zirkulierenden Solemenge, sehr kleiner Teil der Sole fließt, so daß immer alle Gefrierröhren reichlich von Sole umgeben sind.

Ein anderer wesentlicher Unterschied besteht darin, daß bei „Ria“ alle Bewegungen durch Öldruck erfolgen, wogegen sie bei „Rollo“ von der Hauptwelle aus mittels Exzenter durchgeführt werden.

K. Das Gefrieren von Eis am Stiel ohne vorausgehendes Formen.

Mit dem Erscheinen der kontinuierlichen Gefrierer, die steiferen Krem gefrieren konnten, tauchte ein ganz neues Verfahren der Herstellung von Eis am Stiel auf; man kann es als das Gefrieren ohne vorausgehendes Formen bezeichnen. Zwei Modifikationen des Verfahrens haben in Dänemark Anwendung gefunden:

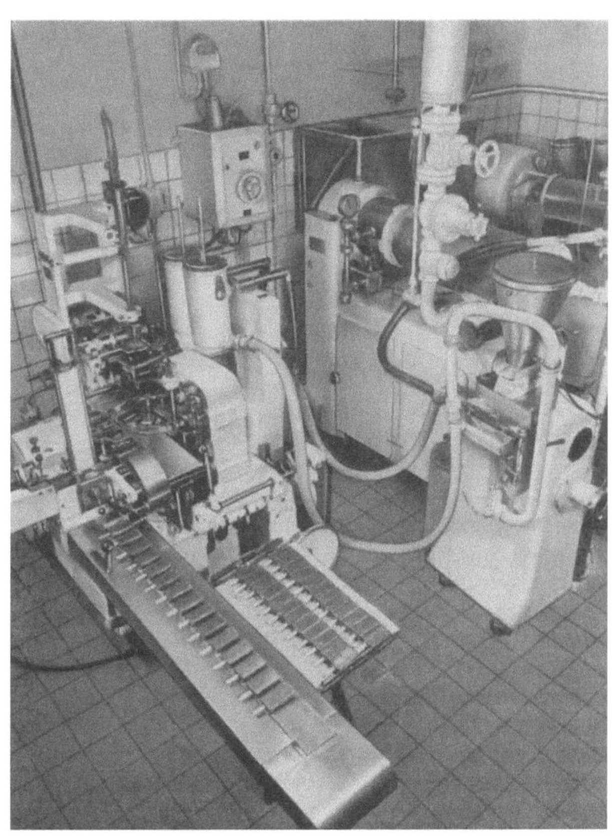

Abb. 556. Packmaschine für Eis am Stiel der Firma Benz und Hilgers, Düsseldorf.

Bei der einen Methode sind ein oder zwei kontinuierliche Gefrierer direkt an eine Verpackungsmaschine von Benz u. Hilgers, Düsseldorf, Modell „03 E“ angeschlossen. Die Maschine arbeitet nach demselben Prinzip, wie die Butterausform- und Verpackungsmaschine dieser Firma (Abb. 556). Die Kapazität ist 85 bis 90 Stieleisstücke in der Minute. Der Krem kommt mit knetbarer Konsistenz vom Gefrierer und wird von der Dosiereinrichtung der Maschine in eine von ihr geformte Hülle aus Spezialfolie eingelassen. In den folgenden Operationen wird die Hülle geschlossen, und die Stieleisstücke werden in waagerechter Lage in ein senkrecht stehendes Transportrad geschoben; dieses bringt sie nacheinander in eine Stellung, in der zuerst ein Messer ein Loch in das Papier an einem Ende der Stücke schneidet, wonach sofort vom Stieleinsetzer ein hölzerner Stiel durch das Loch eingesetzt wird. Die Stieleisstücke sind jetzt fertig und kommen für eine halbe Stunde in den Härteraum oder -tunnel bei —35 °C.

Die andere Methode basiert auf der Anwendung der englischen Stieleispackmaschine „New Era“ der Firma Rose's Brothers Ltd., Albion Works, Gainsborough. Diese Maschine (Abb. 557) erfordert einen noch steifer gefrorenen

Eiskrem als die Maschine von Benz u. Hilgers. Der Eiskrem vom kontinuierlichen Gefrierapparat wird mit konstanter Geschwindigkeit wie ein Strang aus einem Mundstück gepreßt und von einem rostfreien Stahldraht in passende Längen geschnitten. Die Stücke fallen auf Papier, das kontinuierlich von einem Transportband aus einer Bandrolle zugeführt wird. Vor dem Abschneiden wird jedes Eiskremstück mit einem Holzstäbchen versehen. Das Papier wird beim Transport durch die Maschine der Länge nach zu einer Rinne geformt, in welche die Eis-

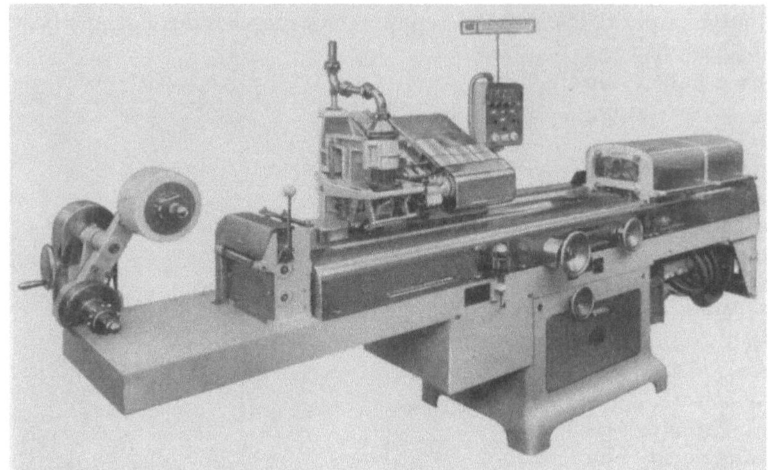

Abb. 557. Packmaschine für Eis am Stiel der Firma Rose's Brothers, Gainsborough, England.

kremstücke mit Stiel hineinfallen. Danach wird das Papier zuerst der Länge nach und dann quer warmversiegelt, so daß jedes Stück völlig eingehüllt zur Verteilung kommen kann, ohne von Menschenhand berührt worden zu sein.

L. Andere Eiskrem-Formen.

Außer als Eis am Stiel wird Eiskrem heute in vielen anderen Einzel-Verpackungen feilgehalten. Selbst die altmodische Eiswaffel, bestehend aus einer Waffeltüte mit einer Portion Eiskrem und darüber Schokolade, Schlagsahne oder Konfitüre wird heute fabrikmäßig hergestellt und verpackt.

Einer der Gründe für die starke Verbreitung von verpacktem Eiskrem sind die behördlichen Vorschriften, die den Vertrieb von unverpacktem Eiskrem unter Bedingungen, die den hygienischen Mindestforderungen nicht genügen, verbieten. Kommt Eiskrem fertiggepackt von einer Fabrik, dann fällt die Verantwortung für die Qualität auf diese zurück.

Von anderen Formen von Einzelpackungen seien Eisboote, Eis in Bechern aus Pappe und Kunststoff, schokoladeüberzogene Eiswürfel usw. genannt, auf deren Herstellungsweise hier nicht näher eingegangen werden kann.

Einen großen Aufschwung hat die Fabrikation von Eiskrem in Haushaltpackungen genommen; der Verkauf erfolgt hier in dekorierten Kartons von $^1/_1$, $^1/_2$ und $^1/_4$ *l*. Die fortschrittlichsten Fabrikate verwenden Kartons, die innen mit Plastik verkleidet sind, so daß der Krem an der Packung nicht haftet. Auch wird eine blanke Aluminiumfolie eingesetzt, welche die Wärmestrahlung reflektiert.

Die Kartons sind so bemessen, daß sie, bis zum Rande gefüllt, gerade das gewünschte Quantum enthalten. Die meisten Fabriken füllen deshalb die Kartons direkt aus dem Gefrierer: ein Arbeiter macht die Faltschachtel bereit, ein anderer füllt sie bis zum Rande und ein dritter sorgt für den Verschluß.

Maschinen, die diese Arbeiten automatisch ausführen, sind auch schon auf dem Markt.

M. Verzierter Dessert-Eiskrem.

Fast alle Eiskremfabriken liefern auch geschmücktes Desserteis; darunter ist fertiggefrorener Eiskrem in Blöcken von verschiedener Größe und Form zu verstehen, die auf Konditorart wie Torten u. dgl. ausgeschmückt werden.

Einige Fabriken liefern verziertes Eis als Spezialität; es lohnt sich dann die Herstellung zu rationalisieren und die Handarbeit auf ein Mindestmaß zu beschränken. Damit die Herstellung von verziertem Eis sich rentiert, muß die Anzahl der Dekorationsformen beschränkt bleiben, für die ein größtmöglicher Absatz angestrebt wird. Die Fabriken haben daher Standarddekorationen ausgearbeitet, die leicht auszuführen sind und doch dem Verbraucher gefallen.

Die Herstellung von geschmücktem Torteneis bietet gefriertechnisch keine Schwierigkeiten. Man beginnt mit dem Fertiggefrieren eines Blockes und bewahrt ihn im Härteraum auf. Die Dekoration kann dann in einem gewöhnlichen, nicht zu warmen Raum vorgenommen werden, ohne daß das Eis Schaden nimmt, da das Dekorieren nur kurze Zeit dauert. Das Eis kommt dann wieder in den Härteraum und ist nach dem Verpacken fertig zur Auslieferung.

N. Einrichtung von Sahneeisfabriken.

Erst nach 1926 gewann die Sahneeisindustrie Verbreitung in den nordischen Ländern. Meistens begann die Fabrikation unter primitiven Verhältnissen in den örtlichen Konsummolkereien, wo es natürlich erschien, eine solche Produktion aufzunehmen.

Man richtete sich zuerst in einem leeren Raum der Molkerei ein und baute mit steigendem Absatz weiter aus. Viele Fabriken haben ihre Räume von Jahr zu Jahr erweitert und deshalb war das Ergebnis selten ganz befriedigend. Nur in wenigen Fällen wurden die Fabriken in einem Stück neu aufgebaut. In Abb. 558 ist eine solche neue dänische Fabrik gezeigt, die im Jahre 1959 gebaut wurde; sie hat eine Tageskapazität von 24000 *l* Eiskrem.

Der Eingang für das Personal liegt auf der rechten Seite des Gebäudes. Hier betritt man zuerst den Umkleideraum mit den Toiletten, das Eßzimmer usw. Gerade gegenüber liegt der Kesselraum, der nicht viel Platz beansprucht. Weiter im langen Gang liegen rechts die Rohwaren- und Verpackungslager, die ziemlich viel Platz brauchen und oft zu klein vorgesehen werden. Ein Teil des Lagerraumes ist abgesperrt und mit einem eigenen Eingang versehen; hier werden die teuren Ingredienzien, wie Schokolade usw., aufbewahrt. Auf der linken Seite des Ganges ist ein besonderer Kannenwaschraum eingerichtet, der für diese Fabrik wichtig ist, weil sie großen Absatz an Eiskremmischung für Soft-ice hat.

Alle Kältemaschinen sind in einem besonderen Raum untergebracht, der in unmittelbarer Nähe vom Produktionsraum liegt, so daß die Ammoniak- und Soleleitungen so kurz wie möglich sind.

Gegenüber liegt der Raum, in dem die Eiskremmischung hergestellt, pasteurisiert und gekühlt wird. Von hier geht der Mix weiter zu den Mixtanks in der Mixexpedition. Die Tanks sind nicht isoliert und werden daher in einem beson-

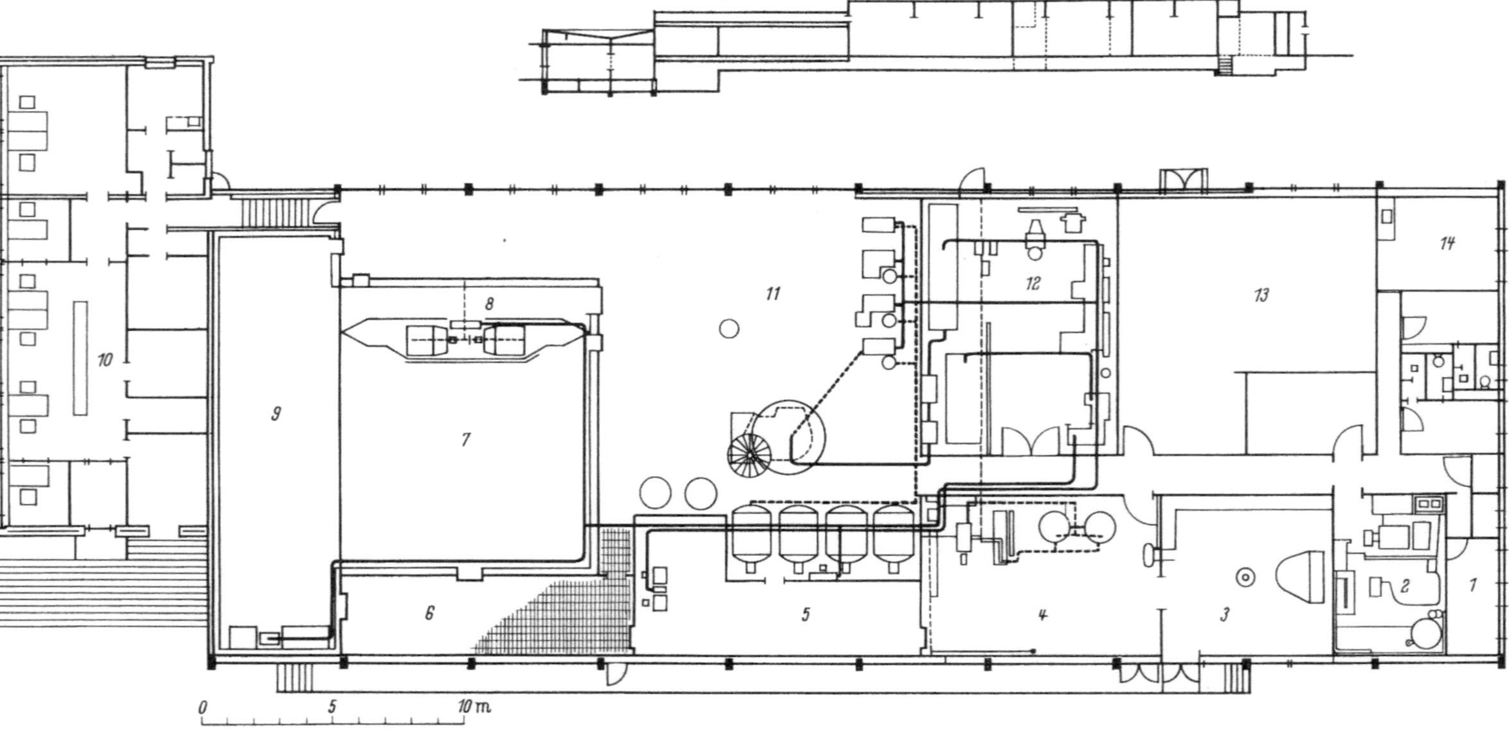

Abb. 558. Grundriß und Schnitt der neuen, dänischen Frisko-Eiskremfabrik bei Kopenhagen.

1 Laboratorium, *2* Kesselraum, *3* Raum für Eimer, *4* Herstellungsraum für den Mix, *5* Kühlraum für den Mix, *6* Auslieferung, *7* Härteraum, *8* Härtetunnel, *9* Härteraum, *10* Büros, *11* Fabrikationshalle, *12* Kältemaschinenraum, *13* Lager, *14* Frühstückszimmer. Grundfläche des Gebäudes etwa 1000 m².

deren, isolierten Raum aufgestellt, in dem die Temperatur auf 3 bis 4 °C gehalten wird. Derjenige Teil des Mixes, der in der Fabrik selbst weiterverarbeitet werden soll, wird aus den Enden der Tanks abgezapft, die in den Produktionsraum hineinragen, während der andere Teil, der aus dem Haus geht, in der Mixexpedition abgezapft wird.

Alles übrige ist aus Abb. 558 zu ersehen. Es fehlt hier eine Abteilung für die Herstellung von verziertem Desserteis; es ist vorgesehen, eine solche später auf der Rückseite des Produktionsraumes auszubauen.

Abb. 559 zeigt eine neu errichtete schwedische Fabrik für eine Tagesproduktion von 32000 *l*. Das ganze Gebäude ist unterkellert, um die sehr großen

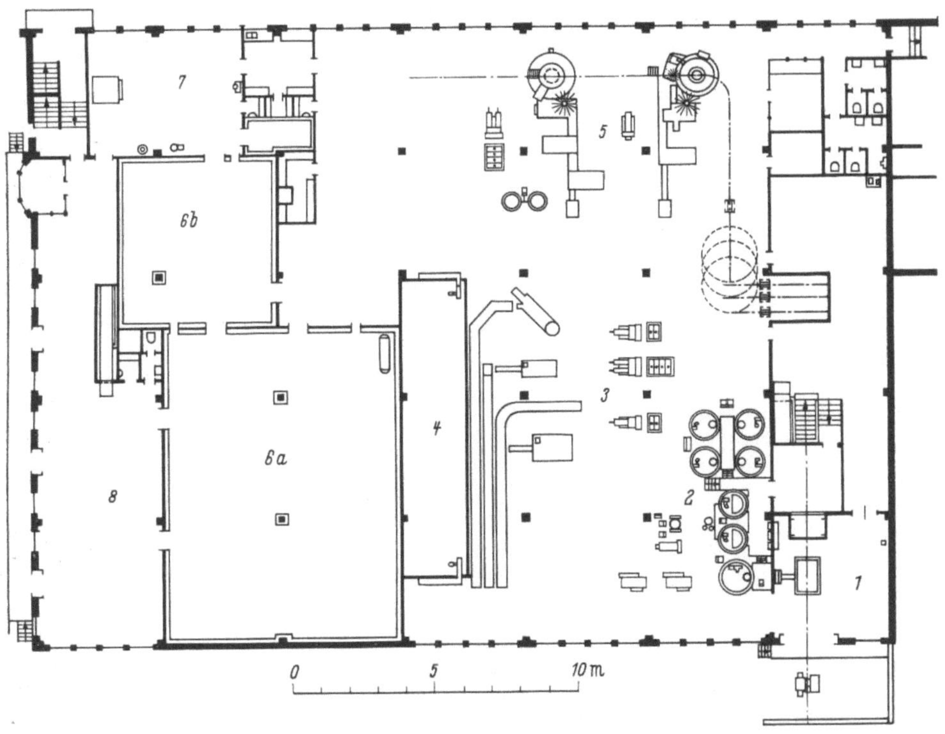

Abb. 559. Grundplan einer neuen schwedischen Eiskremfabrik Arla Glass AB bei Gothenburg, Schweden. *1* Lagerraum für Rahm und Kondensmilch, *2* Mischungs- und Reifungsbehälter, *3* Kontinuierliche Gefrierapparate, Mischungsbehälter und Verpackungsmaschine, Fabrikat Rose's Brothers, Gainsborough, *4* Härtetunnel, *5* Gefriertische Fabrikat „Ria", *6a* Härteraum für Eis am Stiel, *6b* Härteraum für Eiskrem, *7* Konditorei, *8* Auslieferung. Das Gebäude ist etwa 45 × 35 m².

Lagerräume für Rohwaren, Verpackung, Eiskremtruhen usw. aufzunehmen. Die Entladeverhältnisse für die ankommenden Waren, die im Keller untergebracht werden sollen, sind denkbar günstig, denn man kann mit Lastkraftwagen in das Kellergeschoß einfahren und die Waren möglichst nahe an ihrer Verwendungsstelle abladen.

Im Keller sind außerdem die meisten Kältemaschinen aufgestellt, und hier befinden sich auch die großen Luftkühler zur Tiefkühlung der Luft für den Härteraum und den Härtetunnel. Die Fabrik kauft Dampf und Wärme von der Molkerei, mit der sie zusammengebaut ist; die Verteilung geschieht in der Dampfverteilungszentrale im Keller. Die großen Solepumpen und der Solebehälter für die „Ria"-Maschine (S. 592), die Luftregelung für sämtliche Räume in der Fabrik und die Behälter für Reinigungsmittel (Laugen und Säuren), die zur Umlaufreinigung von Röhren und Apparaten verwendet werden, sind sämtlich im Keller untergebracht.

O. Kältebedarf.

Die Kapazität einer Eiskrem-Gefrieranlage wird in verschiedener Weise angegeben, und zwar als Milchmenge, die verarbeitet werden soll oder auch als fertige Eiskremmenge in Liter pro Stunde.

Der Fettgehalt η_M der Milch variiert von Land zu Land beträchtlich. In Dänemark z. B. ist er im Durchschnitt etwas über 0,04 oder 4%. Aus G_M kg Milch bekommt man also $\eta_M\, G_M$ kg Fett. Am meisten erhalten aber die Gefrierunternehmungen den Rohstoff nicht als Milch, sondern als Sahne mit einem Fettgehalt von z. B. $\eta_S = 0{,}30$. Aus G_S kg Sahne bekommt man also $\eta_S\, G_S$ kg Fett. Soll der Mix einen Fettgehalt von z. B. $\eta_G = 0{,}12$ haben (vgl. Abschn. B), dann wird die Mixmenge

$$G_G = \frac{\eta_S}{\eta_G}\, G_S = \frac{\eta_M}{\eta_G}\, G_M .$$

Die Dichte der Mischung ist bei etwa 15 °C

$$\varrho_G = \frac{100}{\dfrac{\%\ \text{Fett}}{0{,}93} + \dfrac{\%\ \text{Resttrockenstoff}}{1{,}58} + \%\ \text{Wasser}}\ \text{kg}/l .$$

Der Resttrockenstoff besteht, wie früher erwähnt, aus fettfreier Milchtrockenmasse, Zucker und den Hilfsstoffen.

Beträgt die Schwellung a %, dann erhält man

$$V_1 = \frac{a + 100}{100\, \varrho_G} \cdot \frac{\eta_S}{\eta_G}$$

Liter Eiskrem pro kg Sahne, oder

$$V_2 = V_1 \cdot \frac{\eta_M}{\eta_G}$$

Liter Eiskrem pro kg Milch.

Aus diesen beiden Gleichungen kann umgekehrt berechnet werden, wieviel Liter Milch oder Sahne erforderlich sind, um eine gewünschte Anzahl Liter Eiskrem herzustellen.

In Tab. 2 ist der Zusammenhang zwischen den Dichten des Gemisches mit 12% Fettgehalt und den Dichten des Eiskrems bei verschiedener Schwellung angegeben.

Tabelle 2. *Dichte von Eiskrem bei verschiedener Schwellung*[1].

Dichte des Gemisches kg/l	Dichte von Eiskrem kg/l bei Schwellung von			
	60%	80%	100%	120%
1,05	0,656	0,583	0,525	0,477
1,10	0,688	0,611	0,550	0,500
1,15	0,719	0,639	0,575	0,523
1,20	0,750	0,667	0,600	0,545

[1] Dairy Industries Handbook, 1958 Edition, The Olsen Publishing Company, Milwaukee, Wisc., USA, Reference Section p. 56.

Der Zusammenhang zwischen der Dichte des Gemisches mit 12% Fett und dem Wassergehalt geht aus folgenden Werten hervor[1]:

% Wasser	70	65	60	55	50
Dichte des Gemisches kg/l	1,061	1,082	1,104	1,126	1,150

Die Temperaturen, bei denen die verschiedenen Prozesse durchzuführen sind, wurden schon in den früheren Abschnitten behandelt. Der Kältebedarf wird bei der Herstellung von Eiskrem in gleicher Weise berechnet wie bei anderen Lebensmitteln. Es kann also hier auf Band X dieses Handbuches verwiesen werden. Auf einige spezielle Fragen muß jedoch bei der Herstellung von Eiskrem noch eingegangen werden.

1. Stoffwerte.

In den meisten kältetechnischen Berechnungen werden Stoffwerte wie Wärmeleitung und spezifische Wärme als temperaturunabhängig angesehen. Bei Eiskrem muß man aber im Auge behalten, daß der Fettgehalt zwischen etwa 10 und 40 °C eine Phasenänderung durchläuft, wie aus Abb. 560 hervorgeht. Das Fett ist ein Gemisch verschiedener Glyzeride und hat deshalb ein Schmelzintervall[1].

In Tab. 3 sind Werte aus verschiedenen Quellen angegeben.

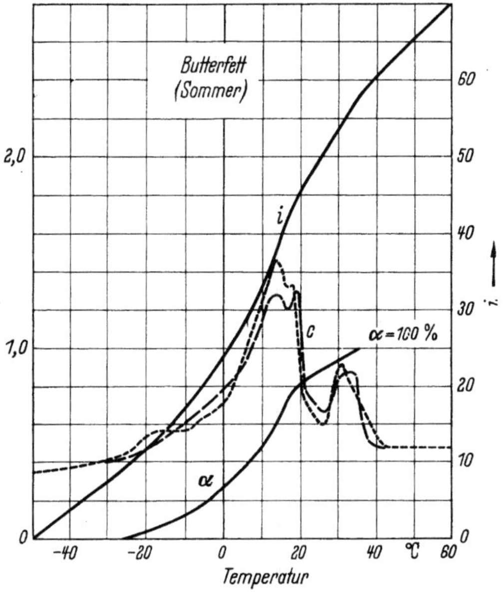

Abb. 560. Spezifische Wärme c kcal/kg °C, Enthalpie i kcal/kg und ausgefrorener Anteil α von Fetten (nach DKV-Arbeitsblatt 8—10).

Tabelle 3. *Durchschnittliche Stoffwerte für den Mix und seine Bestandteile (zwischen 0 und 60 °C) und für gefrorenen Eiskrem.*

	Spez. Wärme kcal/kg °C	Latente Wärme kcal/kg	Wärmeleitzahl kcal/m h °C	Viskosität cP
Fett	0,50 S	19,5 S	0,22	
Milchtrockenmasse	0,46 S		0,22	
Zucker	0,34 S		0,20	
Mix	0,82 bis 0,88* R		0,40	150 bis 300
Halbgefrorener Krem	0,80 JT			
	0,65 RE			
Gefrorener Krem	0,50 bis 0,65 JT		1,3	
	0,5 RE			
	0,45 RE			

* Zwischen 0 und 20 °C. S: nach SOMMER; R: nach RJUTOW; JT: nach JACQUET u. THEVENOT; RE: ASRE Data Book 1 und Application Data 10.[2]

[1] DKV Arbeitsblatt 8—10 nebst Erläuterungen, bearbeitet von L. RIEDEL: Kältetechnik, Bd. 8 (1956), Heft 3. Karlsruhe: Verlag C. F. Müller 1956.

[2] SOMMER, H. H.: The Theory and Practice of Ice Cream Making, publ. by the Author, Madison, Wisconsin, 1951. — RJUTOW in Bd. X dieses Handbuches, S. 8. — C. J. BELL: ASRE Data Book, Refrigeration Applications, Bd. I, Nr. 1, Section 18, New York, 1959. — L. C. THOMSEN: Refrigerating Engineering Application Data 10. Refrigerating Engineering, Februar 1940. Revised 1943 by J. H. Godfrey. — J. JACQUET u. R. THEVENOT: Le Lait et le Froid, Encyclopédie du Froid. Paris: J. B. Baillière et Fils, 1961.

a) Enthalpie und spezifische Wärme. Bei der Abkühlung eines Gemisches von 50 auf 0 °C mit einer Zusammensetzung wie in Abschn. B und mit den in Tab. 3 angegebenen Werten kann die abzuführende Wärme wie folgt berechnet werden:

$$50\,(0{,}12 \cdot 0{,}50 + 0{,}11 \cdot 0{,}46 + 0{,}12 \cdot 0{,}34 + 0{,}64 \cdot 1{,}00) + 0{,}12 \cdot 19{,}5$$
$$= 50 \cdot 0{,}791 + 2{,}34 = 41{,}9 \text{ kcal/kg}.$$

Einfacher wird die Berechnung, wenn für das Gemisch Enthalpiewerte bekannt sind, weil die abzuführende Wärme dann einfach als Enthalpiedifferenz vor und nach der Abkühlung erscheint. Rjutow[1] hat für ein Speiseeisgemisch von mittlerer Zusammensetzung folgende Enthalpiewerte angegeben (vgl. Bd. X dieses Handbuches, S. 8, Tab. 1):

Temperatur . .	−20	−18	−15	−12	−10	−8	−5	−3	−1	0
Enthalpie . . .	0	2,4	6,9	12,0	15,8	22,8	36,6	53,8	55,6	56,4
Temperatur . .	+1	3	5	7	10	12	15	17	20	
Enthalpie . . .	57,3	58,9	60,6	62,2	64,7	65,8	69,0	70,5	72,9	

Bei einer Abkühlung von 20 auf 0 °C sind also 72,9 — 56,4 = 16,5 kcal/kg abzuführen. Bei einer mittleren spezifischen Wärme des Gemisches oberhalb 0 °C von 0,83 kcal/kg °C wäre danach bei einer Abkühlung von 50 auf 0 °C die abzuführende Wärme $16{,}5 \cdot \frac{50}{20} = 41{,}2$ kcal/kg. Dieser Wert stimmt mit dem oben angegebenen sehr nahe überein.

b) Wärmeleitzahl. Unter der Voraussetzung, daß die Mischungsregel angewandt werden kann, erhält man die Wärmeleitzahl λ des Gemisches nach der Formel

$$\lambda = \sum G_i \lambda_i ,$$

wenn G_i die Gewichtsprozente und λ_i die Wärmeleitzahlen der Bestandteile bedeuten. Für flüssiges Wasser kann die Wärmeleitzahl mit 0,5, für Eis mit 1,9 kcal/m h °C angenommen werden. Nach der Schwellung hängt aber die Wärmeleitzahl offenbar sehr stark von der aufgenommenen Luftmenge ab. Unseres Wissens hat diese Abhängigkeit noch keinen zahlenmäßigen Ausdruck gefunden.

c) Viskosität und Oberflächenspannung. Der Mix und der gefrorene Eiskrem sind plastische Mischungen, und deshalb ist der Begriff Viskosität ziemlich unbestimmt. Sie hängt von der Temperatur aber wegen des Einflusses der Gelatine auch von dem Alter des Mixes ab und sie wächst mit dem Gehalt an diesem Bestandteil. Sie hängt auch von dem Bewegungszustand des Mixes ab und kann für einen strömenden Mix auf etwa 50 bis 300 cP oder 5 bis $30 \cdot 10^{-3}$ kps/m² geschätzt werden. Für 10% Rahm gibt Leopold[2] etwa 5 cP bei 0 °C und 2 cP bei +30 °C an.

Reid und Russell[3] haben gefunden, daß die Oberflächenspannung von einem 12% Mix zwischen 49 und 53 dyn/cm oder 50 bis $54 \cdot 10^{-3}$ kp/m liegt.

2. Einfrieren und Härten.

Mit den Daten von Tab. 3 kann der Kältebedarf für das Gefrieren und Härten von z. B. 1000 kg Mix pro Stunde bei der im Abschn. B angegebenen Zusammen-

[1] Siehe Fußnote 2, S. 601.

[2] Leopold, K. F.: Milch und Milchprodukte, dieses Handbuch Bd. X, S. 312. Springer-Verlag, Berlin/Göttingen/Heidelberg 1960.

[3] Reid, Wm. H. E. u. L. B. Russell: The Effect of Different Homogenisation Processes on the Physical Properties of an Ice Cream Mixture, Missouri Agr. Exp. Sta. Res. Bull., 134, 1930.

setzung wie folgt berechnet werden; dabei wird angenommen, daß das Gefrieren bei -2 °C beginnt und daß bei -5 °C 48% Wasser gefroren sind.

a) Gefrieren von +5 auf −5 °C. Der Kältebedarf setzt sich wie folgt zusammen:

Abkühlung der Mischung[1]

$$1000 \cdot [5 - (-5)] \cdot 0{,}83 = 8300 \text{ kcal/h.}$$

Gefrieren

$$640 \cdot 0{,}48 \cdot 80 = \underline{24600 \text{ kcal/h}}$$

$$32900 \text{ kcal/h.}$$

Dazu muß das Wärmeäquivalent der effektiven Arbeit des Schabers abgeführt werden. Bei 1000 kg Mix pro Stunde beträgt die Leistung des den Schaber antreibenden Motors 16,5 kW. Mit einem Wirkungsgrad des Motors von 80% erhält man ein Wärmeäquivalent von $16{,}5 \cdot 0{,}8 \cdot 860 = 11400$ kcal/h. Macht man noch einen Sicherheitszuschlag von 5%, dann erhält man einen gesamten Kältebedarf von 46000 kcal/h.

Bedient man sich hier wieder der oben angegebenen Enthalpiewerte von RJUTOW, dann erhält man für das Abkühlen und Gefrieren statt 32900 kcal/h nur

$$1000\,(60{,}6 - 36{,}6) = 24000 \text{ kcal/h.}$$

Dieser scheinbare Widerspruch findet seine Erklärung darin, daß RJUTOW offenbar mit einer Mischung rechnete, die nicht schon bei -2 °C, sondern erst in der Nähe von -3 °C zu frieren beginnt. Das kann aus der geringen Differenz seiner Enthalpiewerte bei -2 und -3 °C geschlossen werden. Dann sind aber bei -5 °C viel weniger als 48% des Wassergehaltes gefroren, und der Kältebedarf sinkt beträchtlich.

b) Härten von −5 auf −35 °C. Nach Abschn. C dürften bei -35 °C schon 96% des Wassergehaltes gefroren sein. Der Kältebedarf setzt sich also wie folgt zusammen:

Abkühlung der Mischung

$$1000 \cdot [-5 - (-35)] \cdot 0{,}65 = 19500 \text{ kcal/h.}$$

Gefrieren

$$640\,(0{,}96 - 0{,}48) \cdot 80 = \underline{24600 \text{ kcal/h}}$$

$$44100 \text{ kcal/h.}$$

Die Verluste durch Wärmeeinfall von außen, Ventilatorarbeit usw. werden wie üblich berechnet.

Das Gefrieren dauert 30 bis 45 min und das Härten in einem Härteraum bei einer Belegung von 400 *l* pro m² Brutto-Bodenfläche dauert etwa 8 h. In den Tunnels dauert das Härten bei einer Luftgeschwindigkeit von 5 m/s je nach Größe der Packungen nur 45 min bis 3 h.

In den Lagerräumen können bei 2 m Stapelhöhe etwa 1000 *l* pro m² Brutto-Bodenfläche untergebracht werden. Es wird eine Temperatur von etwa -25 °C gehalten.

3. Plattenapparat für Pasteurisieren und Kühlen.

Dieser Apparat besteht aus vier Abteilungen, und zwar:

a für Tiefkühlung,
b für Kühlung mit Wasser,
c für Wärmeaustausch und
d für Erhitzung.

[1] Weil zwischen -2 und -5 °C ein Teil des Wassers schon gefriert und daher in diesem Intervall mit einer niedrigeren spezifischen Wärme für den Wasseranteil zu rechnen wäre, kann bei dem Näherungscharakter der ganzen Rechnung vernachlässigt werden.

Der Apparat ist in Abb. 561 schematisch dargestellt. Der Mix strömt der Abteilung c mit einer Temperatur t_1 (etwa 10 °C) zu und wird von dem warmen Mix aus Abteilung d erwärmt. Mit einer Temperaturdifferenz Δt_c wird eine Temperatur von

$$t_2 = t_p - \Delta t_c$$

erreicht, wenn t_p die Temperatur der Pasteurisierung (82 bis 85 °C) ist.

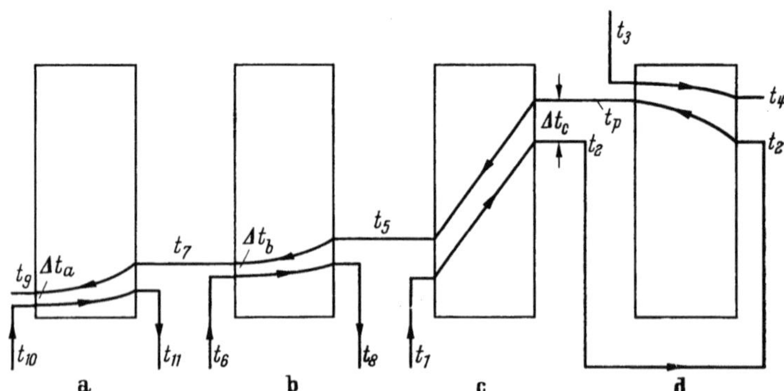

Abb. 561. Schematische Darstellung des Temperaturverlaufes in einem Plattenapparat zum Pasteurisieren und Kühlen des Mixes.

In der Abteilung d wird in vielen Fällen Warmwasser verwendet, und man hat

$$c(t_p - t_2) = n_1(t_3 - t_4)$$

und

$$t_p = t_3 - \Delta t_a$$

wo

c spezifische Wärme des Mixes $\sim$0,8 kcal/kg °C,

n_1 das Mengenverhältnis Warmwasser/Mix = $\sim$2,

t_3, t_4 Zulauf- bzw. Ablauftemperatur des Warmwassers, °C.

In Abteilung c kühlt sich der Mix von t_p bis t_5 ab, und diese Temperatur liegt um Δt_c höher als t_1.

Wenn man Wasser mit einer Temperatur von t_6 zur Verfügung hat, und wenn man mit einer minimalen Temperaturdifferenz von Δt_b beim Wassereinlauf rechnet, dann verläßt der Mix die Abteilung b mit der Temperatur

$$t_7 = t_6 + \Delta t_b$$

Das Wasser wird auf t_8 erwärmt nach der Gleichung

$$c(t_5 - t_7) = n_2(t_8 - t_6)$$

wo n_2 = das Mengenverhältnis Kaltwasser/Mix = $\sim$2.

Die weitere Abkühlung in der Abteilung a geschieht mit Sole oder Eiswasser, und die Berechnung ist wie oben angegeben. Man hat

$$c(t_7 - t_9) = c_1 n_3(t_{11} - t_{10})$$

und

$$t_9 = t_7 - \Delta t_a,$$

wo

c_1 spezifische Wärme der Sole, kcal/kg °C,

n_3 das Mengenverhältnis Sole oder Eiswasser/Mix,

t_9 Endtemperatur des Mixes, °C,

t_{10}, t_{11} Zulauf- bzw. Ablauftemperatur der Sole oder des Eiswassers, °C.

Die Temperaturdifferenzen in den Abteilungen a, b und d können in üblicher Weise als logarithmische Mittelwerte berechnet werden; kennt man die Wärmedurchgangszahlen, dann kann man die nötigen Flächen und Plattenzahlen berechnen. KRUPIN und Mitarbeiter[1] geben folgende Werte der Wärmedurchgangszahlen für Milch an: Für die Abteilungen a, b, c und d: $k = 600$, 700, 1000 bzw. 700 kcal/m² h °C.

P. Die Kälteanlagen.

Als Kältemittel werden Ammoniak, R-12 und R-22 verwendet, und wegen der niedrigen Temperaturen werden zweistufige Kompressoren sowohl für das Gefrieren und Härten, wie auch für die Lagerräume vorgezogen. Aus Abb. 562 sind Leistung und Energieverbrauch eines Kompressors bei ein- und zweistufigem Betrieb zu ersehen.

In den Kühlräumen für Rahm und Mix werden jetzt meist Lamellenkühler für direkte Verdampfung und mit Thermoventilen und Verteilern vorgesehen.

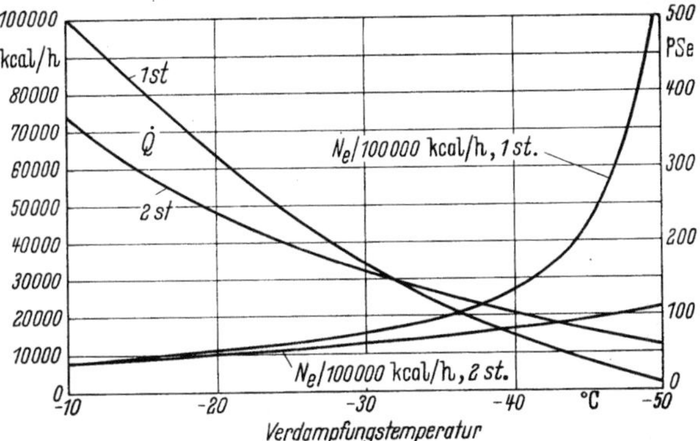

Abb. 562. Kälteleistung und Energieverbrauch eines 3 zylindrigen Sabroe-Kompressors, der mit allen 3 Zylindern einstufig oder mit 2 Zylindern als Niederdruckstufe und mit 1 Zylinder als Hochdruckstufe arbeiten kann.

Eine Grundregel der modernen automatischen Regelung ist, daß die Wärmekapazität der Teile auf der kältesten Seite so klein wie möglich sein soll, um die Anlage stabil und schnell ansprechend zu gestalten. Deshalb muß man, wenn die Verwendung von Sole oder Eiswasser unvermeidlich ist, mit den kleinstmöglichen Flüssigkeitsmengen arbeiten.

Um Schwankungen ausgleichen zu können und die erforderliche Kälteleistung der Kompressoren niedrig zu halten, verwendet man oft Kältespeicher. Zu empfehlen ist das Ausfrieren von Eis auf den Rohroberflächen der Verdampfer, vgl. die Berechnungen von EMBLIK[2]. Anlagen, die kontinuierlich arbeiten, brauchen im allgemeinen keine Speicher, und die Flüssigkeitskühlung kann vorteilhaft mit Verdampferrohren ausgeführt werden, die mit Sole oder Wasser berieselt werden (flash coolers).

Rohrbündelverdampfer mit Wasserkühlung in den Rohren wurden früher wegen der Gefahr der Vereisung nur ausnahmsweise verwendet. Mit modernen automatischen Kontrollgeräten ist es aber möglich, dicht an der Nähe des Gefrier-

[1] KRUPIN, G. W. u. a.: Maschinen und Apparate der Molkerei und Milchindustrie (aus dem Russischen übersetzt), VEB Verlag Technik, Berlin 1959.

[2] EMBLIK, E.: Eisbildung und Wärmeübergang im Süßwasserkühler. Kältetechnik, Bd. 3 (1951) S. 10. Freezing and Thawing Processes in Refrigeration Accumulators, Sulzer Technical Review, Bd. 41 (1959) S. 13.

punktes zu arbeiten; der platzsparende Rohrbündelverdampfer mit oder ohne Kältemittelberieselung der Rohre wird daher jetzt in steigendem Maße verwendet.

Als automatische Flüssigkeitsstand-Regler eignen sich elektrische Geräte[1, 2] vorzüglich, gleichgültig, ob der Umlauf durch Schwerewirkung oder durch eine Pumpe erzeugt wird. Im letzten Fall und mit einem etwa dreifachen Umlauf der Flüssigkeit erhält man die höchsten Wärmedurchgangszahlen.[3]

Die Verwendung von Mehrzylinder-Kompressoren ermöglicht eine vielstufige Leistungsregelung und ist deshalb aus wirtschaftlichen Gründen vorzuziehen, wenn es sich um größere Anlagen handelt. Obwohl eine Dezentralisierung gewisse Vorteile mit sich bringt und oft in USA verwendet wird, ziehen es die meisten europäischen Fabriken vor, alle Kompressoren in einem einzelnen Maschinenraum aufzustellen. Mit zweistufiger Kompression können die Saugleitungen der Verdampfer für den Härtetunnel oder Härteraum und für den Lagerraum an

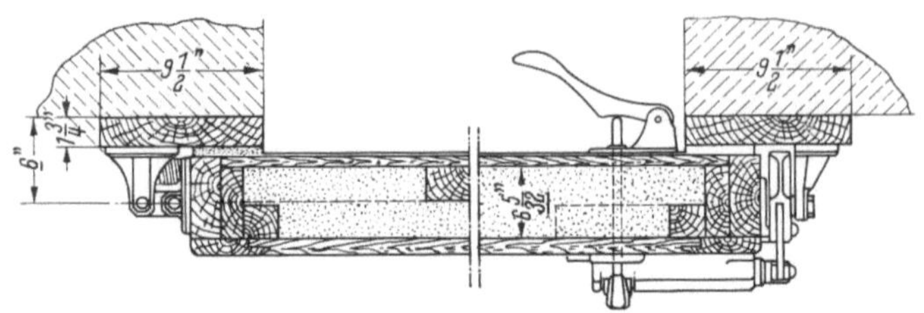

Abb. 563. Querschnitt einer Kühlraumtür ohne Falz (Jamison, Hagerstown, USA).

die erste Stufe, und die der Verdampfer für die Gefrierapparate und die Kühlräume für Rahm und Mix an die zweite Stufe angeschlossen werden. In USA hat man in einigen Fällen dreistufige Kompression verwendet.

Wegen Wassermangel ist es in vielen Städten nicht mehr erlaubt, Wasser von den städtischen Werken für die Kondensatoren zu verwenden; daher wird von Verdunstungskondensatoren in steigendem Maße Gebrauch gemacht.

Klimaanlagen in den Herstellungsräumen und in den Büroräumen sind in den Tropen beinahe eine Notwendigkeit.

Wegen der großen Temperaturunterschiede muß die Isolierung der gekühlten Räume mit Dampfsperren an der Außenseite sehr sorgfältig ausgeführt werden. Ein Mittel zur Trockenhaltung der Isolierung ist die Verwendung einer Innenluftschicht, in der der Partialdruck des Wasserdampfes mittels einer Kühlfläche so niedrig gehalten wird, daß Feuchtigkeit, die durch die Isolierung eindringt, sich auf dieser Fläche niederschlagen kann.[4]

Mittel zur Verhütung von Bodengefrierschäden sind im Abschn. G II besprochen.

In den vergangenen Jahren haben die Kühlraumtüren Anlaß zu vielen Schwierigkeiten gegeben, da Eisbildung in den Türfalzen auftrat. Jetzt werden deshalb die Türen in der Regel ohne Falz ausgeführt (Abb. 563).

---

[1] Hilbert, G. S.: Zur automatischen Regelung des Flüssigkeitstandes in überfluteten Verdampfern. Kältetechnik, Bd. 12 (1060) S. 101.

[2] Andersen, S. A.: Automatic Refrigeration. Published by Mac Laren & Sons Ltd. for and on behalf of Danfoss, Nordborg, Denmark. London 1959, S. 162.

[3] Lorentzen, G.: Evaporator Design and Liquid Feed Regulation, I. I. F., Annexe 1958—2. Paris 1958, S. 235.

[4] Durup, J.: IKAS, Kopenhagen, Dänisches Patent 84430.

Wegen der in Abschn. C besprochenen Gefahr einer Vergröberung der Kristallstruktur ist es wichtig, eine sehr gleichmäßige Luftumwälzung aufrechtzuerhalten und sehr kleine Temperaturschwankungen von nicht mehr als 2 °C in den Lagerräumen zuzulassen.

Die Regelung der relativen Feuchtigkeit in den Härteräumen und Lagerräumen bietet keine Schwierigkeiten, weil sowohl der Mix als auch der Eiskrem gut verpackt sind. Dagegen erfordern verschiedene Nebenräume besondere Aufmerksamkeit:

Trockenmilch (0,6 kg/l) muß bei $t < 15$ °C und sehr trocken gelagert werden, um nicht zu klumpen.

Eier sollen bei etwa 4 °C und 75% rel. Feuchtigkeit gelagert werden. Bei tieferen Temperaturen bis −1 °C sind höhere Feuchtigkeiten bis 90% zugelassen. Im übrigen wird auf Band X dieses Handbuches, S. 26ff., verwiesen. Mischungen von Eigelb und Eiweiß werden bei etwa −20 °C aufbewahrt.

Kondensierte gezuckerte Milch ist sehr schwer (1,3 kg/l); die Lagertemperatur beträgt etwa 4 bis 5 °C.

Anhang.[1]

Die Erzeugung von Speiseeis in den USA.

Da die vorstehenden Ausführungen der Herren ANDERSEN und HANSEN über die Herstellung von Eiskrem sich vorwiegend auf die dänische Praxis stützen, sollen hier ergänzend noch ein paar Bemerkungen über den Stand dieser Industrie in den USA gemacht werden, die sich auf Beiträge in der Zeitschrift „Ice Cream Review“, April, August und September 1960 stützen. Wir machen dabei von einem Referat von Professor D. G. RJUTOW in der russischen Kältezeitschrift „Cholodilnaja Technika“ Bd. 38, H. 2, S. 71, 1961, Gebrauch.

In den USA werden fünf Arten von Speiseeis hergestellt: Sahneneis (mit 10% Milchfett und mehr), Milcheis (mit 2 bis 7% Milchfett), Fruchtsorbet (mit 1 bis 2% Milchfett), Fruchteis (frei von Milcherzeugnissen) und Mellorin (mit 8 bis 12% Pflanzenfett). In Tab. 4 sind die erzeugten Mengen dieser verschiedenen Speiseeisarten nach Angaben des amerikanischen Department of Agriculture wiedergegeben. Im Jahre 1959 hat die Erzeugung von Speiseeis 11,8 kg je Kopf der Bevölkerung erreicht.

Tabelle 4.

Speiseeisart	Herstellungsmenge in 1000 t*		
	1957	1958	1959
Sahneneis	1348	1366	1457
Milcheis	244	273	291
Sorbet	92	112	121
Fruchteis	86	89	100
Mellorin	73	92	100
Andere Arten	8	8	8
Zusammen	1851	1940	2077

* Die Mengen werden in USA in Gallonen angegeben (1 Gallon = 3,785 l). Bei der Umrechnung in Tonnen wurde unter Berücksichtigung der Aufblähung von folgenden Faktoren in kg/Gallon Gebrauch gemacht: Bei Sahneneis 2,08, bei Milcheis 2,35, bei Sorbet 3,03, bei Fruchteis 3,14, bei Mellorin 2,31, bei anderen Arten 2,20. Im Mittel 2,20.

[1] Vom Herausgeber.

Die Herstellung von nicht gehärtetem „weichem“ Speiseeis (soft ice), das dem Käufer unmittelbar aus dem Freezer mit etwa —6 °C übergeben wird, betrug im Jahre 1958 161000 t (8,3% der Gesamterzeugung) und im Jahre 1959 188000 t (9%).

In der Gestalt von „weichem Eis“ wurde vorwiegend Milcheis erzeugt, dessen Konsistenz sich bekanntlich bei der Härtung wesentlich verschlechtert. In Tab. 5 ist die Erzeugung von „weichem Eis“ im Jahre 1958 wiedergegeben.

Tabelle 5.

Speiseeisart	Herstellung von „weichem“ Speiseeis		Anteil von „weichem“ Eis in der gesamten Erzeugung %
	in 1000 t	in %	
Sahneneis	33	21	2,4
Milcheis	114	71	41,8
Sorbet	7	4	6,3
Fruchteis	—	—	—
Mellorin	7	4	7,6
Zusammen	161	100	8,3

In den Jahren 1958/59 betrug die industrielle Herstellung von Speiseeis 92%, während im Handelsnetz nur 8% erzeugt wurden.

Sahneneis wurde 1959 in 16567 Unternehmungen hergestellt; davon brachten 2061 Unternehmungen mit einer Jahreserzeugung von 44 t und mehr im ganzen 1363000 t, also 93,5%, heraus. Die übrigen 14506 kleinen Unternehmungen (Läden, Restaurants, Cafeterias) erzeugten nur 94000 t oder 6,5%.

Die Jahreszeitlichkeit der Speiseeisproduktion war 1959 noch stark ausgeprägt, wie aus den prozentualen Anteilen in den verschiedenen Monaten (Tab. 6) zu ersehen ist.

Tabelle 6.

Monat	%
Januar	5,5%
Februar	5,8%
März	7,4%
April	8,4%
Mai	9,9%
Juni	11,2%
Juli	12,1%
August	11,3%
September	9,4%
Oktober	7,3%
November	5,8%
Dezember	5,9%

Tabelle 7.

Gewicht des Kartons in g	Herausgebrachte Speiseeismenge in Kartons	
	in 1000 t	in % der Gesamtmenge
275	143	6,9
550	40	1,9
1100	814	39,2
2200	38	1,8
Zusammen	1035	49,8

Charakteristisch für die amerikanische Eiserzeugung ist, daß die Hälfte der gesamten Produktion in rechteckigen Kartons mit einem mittleren Gewicht von rund 1 kg herausgebracht und durch die großen Selbstbedienungsläden vertrieben wird. Es wurden 1959 die in Tab. 7 angegebenen Mengen Speiseeis in Kartons im verschiedenen Gewicht herausgebracht.

Die übrige Menge Speiseeis wird in Gestalt von Briketts in Schokolade, in Sandwichform, in Tütenform usw. hergestellt, oder in größeren Mengen nach Gewicht verkauft.

Der Vertrieb des Speiseeises erfolgt durch folgende Unternehmungen des Handels oder der öffentlichen Verpflegungsstellen (in % des Jahres 1956):

Lebensmittelhandlungen	47,1
Drogerien (drug stores)	14,1
Speiseanstalten aller Art	12,1
Konditoreien und Tabakläden	10,3
Schulen, Krankenhäuser, Sanatorien	4,4
Verkaufsläden von Firmen	3,2
Tankstellen	2,9
Milchläden	1,8
Speiseeisautomaten	0,7
Sonstige Verkaufsstellen	3,4
Zusammen	100,0%

Gegenwärtig findet in USA, wie auch in einigen europäischen Ländern (England, Deutsche Bundesrepublik, Frankreich) ein Prozeß der Konzentration und Automatisation der Speiseeiserzeugung statt. Die Automatisation wirkt sich am stärksten in den Großbetrieben mit einer Erzeugung von 20 bis 30 t und mehr in einer Schicht aus. In solchen Betrieben kann man bis zu 140 kg Speiseeis je Arbeiterstunde herstellen (bezogen auf das Grund- und Hilfspersonal), während diese Zahl in nur mechanisierten Betrieben in USA 40 bis 60 und in England 20 bis 30 kg beträgt. Es werden daher jetzt vorzugsweise große automatisierte Werke mit Leistungen von 30 bis 100 t je Schicht gebaut.

Als Beispiele kann man folgende Werke nennen, die in den letzten Jahren erbaut wurden: in England die Firma Lyons in Greenford für 50 t, in der Deutschen Bundesrepublik die Firma Langnese in Hamburg und Heppenheim/Bergstraße für 100 t[1], in USA die Firma Borden in Milwaukee, Wis., für 40 t je Schicht.

Die neuen automatischen Fabriken zeichnen sich durch gewisse Merkmale aus: sie bringen eine geringe Zahl (2 bis 4) Speiseeisarten in verschiedenen Abmessungen und Portionsformen massenweise heraus. Das ermöglicht für jede Art die Errichtung von automatisierten Fließbändern großer Leistung, welche die Prozesse des Gefrierens, des Härtens, der Portionierung, des Schokoladeüberzuges (wenn gewünscht) sowie des Einwickelns und Verpackens umfassen. Eine Erweiterung der Sortimente ist durch Variation der Rezeptur möglich.

In den neuen Werken ist auch der Vorgang der Herstellung und Verarbeitung der Mischung automatisiert, wobei die Verwendung von ausschließlich flüssigen Rohstoffen die Grundvoraussetzung bildet. Die Rohstoffe werden der Speiseeisfabrik entweder flüssig geliefert (Sahne, Zuckersirup, kondensierte Milch) oder in der Fabrik verflüssigt (Schokoladesirup, Fruchtsirup, Stabilisatorlösung). Einzelne flüssige Ingredientien werden aus besonderen Behältern der Dosiereinrichtung zugeführt, die von einem programmierten Regler im Einklang mit der vorgegebenen Rezeptur gelenkt wird. Nach erfolgter Volum- oder Gewichtsdosierung werden die Ingredientien miteinander vermischt, das Gemisch wird pasteurisiert, homogenisiert, abgekühlt und in Reservetanks gelagert, bis es den Freezern zugeführt werden kann.

In den großen Werken wird von sehr leistungsfähigen Freezern kontinuierlicher Bauart mit Leistungen bis zu 3000 kg/h Gebrauch gemacht, die es ermöglichen, in einem Aggregat verschiedene Arten von Speiseeis für die Bereitung von zwei- bis dreischichtigen Briketts zu erzeugen.

[1] Eine Beschreibung dieser Anlage wird im Beitrag von Dipl.-Ing. A. Ostertag „Kompressionskälteanlagen“ im Bd. VI dieses Handbuches gegeben werden.

Weitere Literatur.

Atti del VI Congresso Nazionale del Freddo, 1957: Il freddo nei gelati (Die Kälte beim Eiskrem), S. 389—530 mit Beiträgen von T. Rosati (Italien), J. H. Bushill (England) und Blaauw (Holland). Padova 1958.

Bannard, J.: Transport by Road. The Cold Chain in the USA, Bd. 2. Paris: OEEC. 1952.

Bulletin de l'Institut International du Froid (Englisch und Französisch). Im Kapitel 8 findet man häufig Referate über Milch, Sahne und Eiskrem.

Chauve, M.: Dry Ice. The Cold Chain in the USA, Bd. 2. Paris: OEEC. 1952.

Drees, H.: Kühlanlagen. Leipzig: Fachbuchverlag 1959, S. 319.

Faas, M., u. R. Breuning: Kühlmöbelbau. Stuttgart: Konradin-Verlag, Robert Kohlhammer 1958, S. 104.

Hansen, Oluf S.: Fremstilling af Flødeis (Herstellung von Rahmeis). Kopenhagen: Mejeriteknisk Bogforlag 1949.

Hansen, R.: Nordisk Mejeri-Tidsskrift (Nordische Molkerei-Zeitschrift), Kopenhagen. Zahlreiche Abhandlungen über Eiskrem und Eiskremherstellung.

Plank, R., u. J. Kuprianoff: Die Kleinkältemaschine. Berlin/Göttingen/Heidelberg: Springer 1960.

Refrigeration Principles and Practice, ed. by Ezer Griffith, Chapter XV: The Manufacture of Ice-Cream, contributed by The Laboratories of J. Lyons & Co., Ltd. London: George Newnes Limited 1951.

Stettner, H.: Kälteanlagen. Mühlhausen in Thür.: Verlag für Fachliteratur Rich. Markewitz 1947, S. 311.

The Buyer's Guide to the Dairy and Ice Cream Industries. London: Dairy Industries Ltd. 1960.

Tressler, Donald K., u. Clifford F. Evers: The Freezing Preservation of Foods, Bd. II, Kap. 19. Westport, Conn., USA: The AVI-Publishing Co. 1957.

Tuchschneid-Emblik: Die Kältebehandlung schnellverderblicher Lebensmittel. Hannover: Brücke-Verlag Kurt Schmersow, 1959.

Frandsen, J. H., u. W. S. Arbuckle: Ice Cream and related products. Westport, Conn., USA: The AVI-Publishing Co. 1961.

Ice Cream Industry Year Book 1961—62. Liverpool 8: J. Bibby & Sons Ltd.

Zahlreiche Abhandlungen über Eiskrembereitung in der russischen Zeitschrift „Cholodilnaja Technika", 1949 bis 1961.

Burke A. D.: Practical Ice Cream Making 1947. Milwaukee, Wis.: The Olsen Publishing Co.

Turnbow, G. D., P. H. Tracy u. L. A. Raffetto: The Ice Cream Industry. New York: Second Edition John Wiley u. Sons Inc. 1949.

Namenverzeichnis.

Achenbach, P. R. u. C. W. Phillips 452.
Alekseyev, P. A. s. Rutov, D. G. 181, 196.
Alsing, C. F. 111.
Altieri, M. 273, 452.
Andersen, P. E. 118.
Andersen, Sv. Aa. 569, 606.
— u. R. Hansen 607.
Anderson, G. A. M. 114.
Anderson, O. E. 569
Andrews, H. I. 427.
Andrews, H. L. 298.
Arbeuckle, W. S. s. Frandsen, J. H. 610.
Ashley, C. M. 110.

Bach, K. 114.
Bachmann, H. 262.
Badylkes, I. 196.
Baehr, H. D. 262.
Baillif, E. A. u. J. P. Laughlin 110.
Banister, J. s. Ehrenkranz, F. u. R. Smith 112.
Bannard, J. 610.
Barr, O. s. Hicks, E. W. u. M. B. Smith 451.
Bauer, H. 111.
Baumgartner, E. 271.
Beck, E. G. 111.
Behrmann, A. S. 546.
Benzler, H. s. Schmidt, Th. 505, 546.
Bell, C. J. 601.
van der Berg, R. V. 111.
Berger, W. R. 454.
Bergh, F. 118.
Betzhold, Ch. s. Sperling, E. 486.
Beveridge, E. 112.
Blaauw 610.
v. Bleichert, W. 109.
Bley 208.
Bock, H. 415, 422, 433.
Börnsen, H. A. 412.
Brooks, R. F. s. Lee, F. A., A. M. Pearson, J. I. Miller u. J. J. Wanderstock 130.
Brending, E. s. Lorentzen, G. 329, 411.
Breuning, R. s. Faas, M. 610.
Bright, G. B. 108.
Brightman, J. B. u. E. G. Chace 111.
Brink, J. 119.
Brodesser, R. A. 282.
Bronstein, L. B. s. Ninotschkin, A. E. 411.
Broquinda 282.
Brüschweiler, K. 114.
Burke, A. D. 610.
Burke, H. 262.
Bushill, J. H. 610.

Cammerer, J. S. 112, 114, 208.
Canek, jr. J. R. 113.
Cappel, R. E. 112.
Castell, C. H. u. W. A. McCallum 413.
Cassiday, J. 297.
Chace, E. G. s. Brightman, J. B. 111.
Chauve, M. 610.
Chevallier, H. 264, 285, 547.
— u. J. M. Richard 264, 287.
Christensen, B. 109.
Chwostow, E. u. M. Schapowalenko 486.
Claude, H. 114.
Claus, M. 450, 451.
Clement, P. 452.
Colbert, J. W., C. P. Lentz u. E. A. Rooke 277.
Cook, S. V. u. F. F. Starr 109.
Cook, W. H. s. Lentz, C. P. 282, 435.
Cooper, C. E. B. 170.
— u. C. E. Rousseau 413.
Cooper, L. M. S. 112.
Copley, M. J. 415.
Cover, L. E. 112.
Crosby Field 510, 516.
Cutting, C. L. 413.
v. Cube, H. L. 1, 109, 110, 111, 112, 435, 437.
— u. K. Preisendanz 112.
— u. G. Tofahrn 111.

Dalas, J. s. Salles, Ch. u. P. Foulet 221.
Dannies, J. H. 486.
Le Danois 373, 413.
Darlot, A. u. J. Perrin 451.
Dauser, A. 227.
Davey, P. E. u. J. C. Spooner 110.
Davis, K. 109.
Davy 550.
Demjankow, W. u. S. Nekrutman 316.
— u. Zao-I-Chai 276.
Deublein, O. 114, 209.
Diehl, H. C. u. K. F. Warner 131.
Dietrich, R. H. 450.
Dölz, H. 524, 547.
Donald, W. J., G. Mufflay u. W. M. Timmermann 109.
Drees, H. 610.
Drayton, L. E. 118.
Dreier, O. O. s. Tichozky, K. P. u. O. J. Krassowsky 289.
Dürhammer, W. u. A. Orth 202.
Dürr, H. 111.
Dunker, C. F. u. O. G. Hankins 116.
Durup, J. 606.

Eames, T. A. 298, 436.
Eckert, H. J. s. Maake, W. 169.
Eddie, G. C. 413.
Ehrenkranz, F., J. Banister u. R. Smith 112.
Eichhorn, R. L. 113.
Elfving, T. M. 229, 303.
Emblik, E. 114, 119, 605.
Erbach, F. 109.
Erdmann, F. S. s. Gortner, W. H. u. N. K. Masterman 150.
Eule 546.
Evers, B. H., s. Tressler, D. K. u. C. F. Evers 116, 117, 124.
Evers, C. F., s. Tressler, D. K. 126, 570, 610.
—, s. — u. B. H. Evers 116, 117, 124.

Faas, M. u. R. Breuning 610.
Faraday 550.
Farall, A. W. 582.
Farnor, R. B. 112.
Fasoli, M. 274, 285, 293.
Fechner 523.
Felsecker, I. 546.
Feniger, K. 112.
Field Crosby 457, 546.
Findler, P. J. 113.
Fisher, M. G. s. McCracker, E. C. 112.
Fisk, G. s. Sainsbury, G. F. 114.
Fiske, D. L. 108, 451.
Fladoes, K. 112.
Flechtenmacher, W. 411.
Flemming, H. 265, 286.
Flettner 270, 272, 273, 274.
Fomin, A. u. I. Kleimjonow 277.
Foulet, P. s. Salles, Ch. u. J. Dalas 221.
Frandsen, J. H. u. W. S. Arbuckle 610.
Frasier, R. T. 108.
Frey, M. 114.
Frey, W. 108.

Garland, M. W. 114.
Gassner, V. 335, 411, 412.
Gillepsie, D. C. u. Mitarb. 547.
Glachant, Ch. 453.
Glaser, H. 202.
Golubkow, W. u. N. Lwizyn 313.
Gortner, W. H., F. S. Erdman u. N. K. Masterman 150.
Green, J. C. 450.
Greene, D. S. u. V. E. Sater 112.
Grindrod, J. 413.
Grunow, H. G. 211.
Guest, W. E. 125.
Gund, J. 389. 414.
Gutschmidt, J. 109, 112, 115, 124, 127, 130, 131.
— u. R. Zacharias 121.

Haas, W. 486.
— u. G. Nemitz 486.
Hadley, R. H. 111.
Hakel, E. J. u. J. B. Horvay 111.
Hales, K. C. 411, 412.
Hamilton, J. J., D. C. Pearce u. N. B. Hutcheon 135.
Hankins, O. G. s. Duncker, C. F. 116.
Hansen, O. S. 610.
Hansen, R. 569, 610.
— s. Andersen, Sv. Aa. 607.
Heinze, K. 547.
Heiss, H. 262, 413.
Hellich, M. s. Schroeter, A. 124.
Herold, F. 416.
Herrmann, B. L. 113.
Heye, H. R. 412.
Hicks, E. W. 421.
—, M. B. Smith u. O. Barr 451.
Hilbert, G. S. 606.
Hirtz, J. 119.
Hochkönig 119.
Hodel, R. 119.
Hoen, C. 506, 507, 546.
Höndorf, G. 110, 413.
Hofmann, E. 414.
Holden, D. L. 510.
Holley, C. P. 547.
Holske, C. F. 114.
Hoppe, P. 486.
Hornday, J. R. 111.
Horvay, J. B. s. Hakel, E. J. 111.
Howells, H. R. 320, 411.
Høyer, O. G. 582.
Huber 508, 509, 510.
Hüttenbräucker, E. 416, 486.
Hummel, E. C. s. Stoddart, E. S. 109.
Hutcheon, N. B. s. Hamilton, J. J. u. D. C. Pearce 135.

Ibl, V. 309.
Immer, F. 111.

Jacquet u. Thevenot 601.
Joelsen, E. 412.
Johnson, H. D. u. D. H. Rose 297.
Johnsson, N. 569.
Jul, M. 109, 414.

Kalischer, M. u. G. G. McCloy 110.
Kamarinskaja, A. 411.
Karzew, P. T. 275, 277.
Keller, G. M. 450.
Kelley, J. N. u. R. B. Tewskbury 279.
Kerwin, M. A. 340.
King, C. W. 281.
King, R. E. 109.
Kleimjonow, I. 277, 279.
— s. Fomin, A. 277.
Knapp, W. 114.
Knauer, E. 110.
Knowles, F. W. 516.
Knür, s. Lang u. Tamm 503.
Kobold, J. 559, 565.
Kobulaschwili, Sh. N. 212.
Koch, O. 111.
Komarow, N. S. 287.
— u. R. Plank 263.
Konopleff, P. 546.
Krassowsky, O. I. s. Tichozky, P. K. u. O. O. Dreier 289.
Krause, M. 108. 110.
Krekel, P. 436.
Kreutzträger, H. 413.
Kreuzer, R. s. Ludorff, W. 486.
Krischer, O. 208.
Krupin, G. W. 605.
Kruspe, R. 109, 440, 441, 442, 447.
Kubaugh, B. F. 519.
Kubli, H. s. Nürmberger, K. 557.
Kuenzli, W. E. 111.
Kühlwein, A. 109.
Kuprianoff, J. 12, 147, 262, 281, 413, 548.
— s. Plank, R. 548, 550, 559, 610.
Kurtz, E. F. 111.

Labonne, G. 452.
Landolt-Börnstein 547.
Lang, O. 143, 145, 157.
—, Knür u. Tamm 503.
Larsen, J. M. 588.
Laughlin, J. P. s. Baillif, E. A. 110.
Laurey, J. 450.
Lauser, R. 309, 445.
Lawrenz, P. H. 111.
Lechien, J. s. Richard, J. 287.
Lee, F. A., R. F. Brooks, A. M. Pearson, J. I. Miller u. J. J. Wanderstock 130.
Lentz, C. P. u. W. H. Cook 282, 435.
— u. E. A. Rooke 307.
— s. Colbert, J. W. u. E. A. Rooke 277.
Leopold, K. F. 450, 602.
Levy, F. L. 297, 413, 415, 451.
Lieding, F. 425, 456, 486.
v. Linde, C. 318, 490.
Linde, S. F. 208.
Linzboth, J. 308.
Lonton, A. L. u. R. A. Seban 546.
Lorentzen, G. 174, 353, 354, 412, 606.
— u. E. Brendang 329, 411.
Lucas, A. 547.
Ludorff, W. u. R. Kreuzer 486.
Lübbert-Griese, K. 110.
Luscombe, R. H. 114.
Lwizyn, N. s. Golubkow, W. 313.

Maake, W. 504, 546.
— u. H. J. Eckert 169.
Madeira, R. L. 118.
Maerkisch, N. 412.
Mann, L. B. 117.
— u. P. C. Wilkins 116.
— s. — 164.
Martin, W. 281.
Masterman, N. K. s. Gortner, W. H. u. F. S. Erdman 150.
Matalasow, S. F. 312.
Maurer 455.
McCallum, W. A. s. Castell, C. H. 413.
McCloy, D. C. 114, 123.
— u. J. A. Smith 130.
McCloy, G. G. s. Kalischer, M. 110.
McConnell, G. F. 110.
McCracker, E. C. 112.
—, u. M. G. Fisher 112.
Meacham. F. L. 111.
Megerlin, C. 111.
Menthey, G. L. 109.
Merlin, E. 411.
Merlin, M. 411.
Mertens, W. 137.
— u. W. Timm 160.
Mettler, D. 547.
Migeon, G. 416.
Miller, J. I. s. Lee, F. A., R. F. Brooks, A. M. Pearson u. J. J. Wanderstock 130.
Moos, J. 414.
Mufflay, G. s. Donald, W. J. u. W. M. Timmermann 109.
Münter, W. u. K. Vorkefeld 411.
Murphy, J. A. u. a. 413.

Nekrutman, S. s. Demjankow, W. 316.
Nelson, C. W. 158.
Nemitz, G. 486.
— s. Haas, W. 486.
Nesselmann, K. 547.
Neuenschwander, A. 412, 414.
Nichols, A. S. 119.
Niederehe, H. 262.
Niemann, H. H. R. 359, 412.
Ninotschkin, A. E. u. L. B. Bronstein 411.
Noordzij, P. 138, 452.
— s. Veenstra, H. 452.
Nothing, F. W. 412.
Nürmberger, K. u. H. Kubli 557.

Orth, R. W. 114.
— s. Dürhammer, W. 202.
Ofterdinger, H. 411, 413.
— u. F. W. Schröder 318.

Palmieri, D. 451.
Partmann, W. 413. 547.
Pavlov, E. G. s. Zaitsev, V. P. 414.
Pearce, D. C. s. Hamilton, J. J. u. N. B. Hutcheon 135.
Pearson, A. M. s. Lee, F. A., R. F. Brooks, J. I. Miller u. J. J. Wanderstock 130.
Pennington, M. E. 108.
Perlick, A. 111.
Perrin, J. s. Darlot, A. 451.
Persson, P. O. 114.
Pfeiffer, A. J. 109.
Phillipp, C. A. u. C. C. Spreen 110.
Phillips, C. W. s. Achenbach, P. R. 452.
Pischel, W. 263.
Plank, R. 108, 176, 262, 279, 285, 411, 412, 413, 426, 497, 506, 524, 546, 569,
— u. J. Kuprianoff 610.
— s. Komarow, N. S. 263.
— s. Kuprianoff, J. 548, 550.
Pohlmann, W. 114, 169, 182, 297, 486, 501, 546.
Pollak, H. 445.
Preisendanz, K. 112.
— s. v. Cube, H. L. 112.
— s. Schmidt, Th. E. 112.
Prinzing, O. 411.
Pruehs, L. L. 111.
Putz, W. 445, 446, 447.

Raffetto, L. A. s. Turnbow, G. D. u. P. H. Tracy 610.
Randle, M. M. 111.
Rasenack, O. 236, 262.
Rasmussen, L. 114.
Raver, F. M. 513, 514.
Redit, W. H. 454.
Reich 550.
Reid, Wm. H. E. u. L. B. Russell 602.
Remy, J. 105, 114.
Richard, J. M. u. J. Lechien 287.
— s. Chevalier, H. 264, 287.
Richter, F. 305.
Riedel, L. 112, 130, 601.
Rieger, G. 154, 160.
Rjutow, D. G. 181, 262, 601, 607.
— u. P. A. Alekseyer 181, 196.
Rodgers, W. M. 109.
Rogers, W. M. 109.
Roider, R. F. 110.
— u. H. W. Timmermann 111.
Rolfs, Sh. 131.
Rooke, E. A. s. Colbert, J. W. u. C. P. Lentz 277.
Rooke, E. A. s. Lentz, C. P. 307.
Rosati, T. 610.
Rose, D. H. s. Johnson, H. D. 297.
Rousseau, C. E. s. Cooper, C. E. B. 413.
de Rouvray, B. 109.
Rowan u. Siebert, H. 413.
Rudnik, H. E. 423, 443, 444.
Russell, L. B. s. Reid, Wm. H. E. 602.

Sainsbury, G. F. u. G. Fisk 114.
Salles, Ch., J. Dalas u. P. Foulet 221.
Sanger, R. N. 111.
Sater, V. E. s. Greene, D. S. 112.
Sauerbrunn, J. 110.
Schapowalenko, M. M. 311, 316.
— s. Chwostow, E. 486.
Scheurlen, H. A. 50.
Schipper, W. 546.
Schirp, W. 112.
Schlapfer, W. 422.
Schlitt, E. 487, 547.
Schlitt, F. W. 111.
Schlumbohm, P. 425, 426.
Schmidt, H. 109.
Schmidt, L. L. 265.
Schmidt, Th. E. 110, 112, 114, 413.
— u. H. Benzler 505, 546.
— u. K. Preisendanz 112.
Schnabel, F. 111.
Scholl, P. 109.
Scholtz, F. M. u. R. Fuchs 110.
Schröder, E. 263, 268.
Schröder, F. W. s. Ofterdinger, H. 318.
Schroeter, A. u. M. Hellich 124.
Seban, R. A. s. Lonton, A. L. 546.
Segal, S. C. 114.
Sexauer, Th. 110, 112, 113.
Shelor, E. u. J. G. Woodroof 112, 126, 148.
Short, F. 513, 514.
Siebert, H. 413.
— s. Rowan 413.
Smith, J. A. s. McCloy, D. C. 130.
Smith, M. B. s. Hicks, E. W. u. O. Barr 451.
Smith, R. s. Ehrenkranz, F. u. J. Banister 112.
Smith, S. 510.
Smith, 123.
Sommer, H. H. 601.
Sondau, F. 413.

Spawn, O. J. 110, 112.
Speicher, E. P. s. Zeafross, E. W. 109.
Sperling, E. u. Ch. Betzhold 486.
— u. D. Zboralski 286.
Spooner, J. C. s. Davey, P. E. 110.
Spreen, C. C. 108.
— s. Phillipp, C. A. 110.
Ssafonow, W. 197.
Starr, F. F. s. Cook, S. V. 109.
Stastny, F. 112.
Steinbach 501, 546.
Stephan, K. 411.
Stettner, H. 114, 610.
Stoddart, E. S. u. E. C. Hummel 109.
Stoecker, W. F. 212.
Stübler, E. 167.
Sürth, H. 548.
v. Szeszich, L. 414.

Tamm, W. 113, 128, 163, 262, 546.
— s. Lang u. Knur 503.
Tarleton, F. L. 110.
Taylor, W. H. 512, 513, 547.
Tegner, G. 113.
Tewksbury, R. B. s. Kelley, J. N. 279.
Thevenot, R. 109.
— s. Jacquet 601.
Thilorier 550.
Thompson, G. 412, 546.
Thompson, W. J. 450.
Thomsen, L. C. 601.
Tichozky, K. P., O. I. Krassowsky u. O. O. Dreier 289.
Tietz, H. 517, 547.
Timm, W. s. Mertens, W. 160.
Timmermann, H. W. s. Roider, R. F. 111.
Timmerman, W. M. s. Donald, W. J. u. G. Mufflay 109.
Tkatchev, N. s. Verlot, J.-B. 171.
Tofahrn, G. s. v. Cube, H. L. 111.
Tomkinson, S. E. 443.
Tracy, P. H. s. Turnbow, G. D. u. L. A. Raffetto 610.
Trèpaud, G. 547.
Tressler, D. K. 109.
— u. C. F. Evers 126, 570, 610.
—, — u. B. H. Evers 116, 117, 124.
Tuchschneid, M. W. 411.
— u. Emblick 610.
Turnbow, G. D., P. H. Tracy u. L. A. Raffetto 610.

Vahl, L. 564.
Veenstra, H. 447.
u. P. Noordzij 452.
Verlot, J. B. 287.
— u. N. Tkatchev 171.
Versagi, F. J. 114.
Vogel, G. 548.
Vogel, S. 113.
Vorkefeld, K. s. Münter, W. 411.

Wagemann-Keller 262.
Wanderstock, J. J. s. Lee, F. A., R. F. Brooks, A. M. Pearson u. J. I. Miller 130.
Wangerin, A. 412.
Warner, K. F. s. Diehl, H. C. 131.
Warrington, S. T. jr. u. P. C. Wilkins 117.
Watt, R. 508, 509, 510, 546.
Webb, H. E. 110.
Weis, W. 262.
Westling, L. L. 463, 486.
Wilbuschewitsch 285, 503, 504, 505.
Wiedemann, K. 462, 486.
Wile, D. D. 114.
Wilkins, P. C. u. L. B. Mann 164.
— s. — 116.
— s. Warrington, S. T. jr. 117.
Williams, D. C. 111.
Williams, D. T. 413.
Windham, E. A. 114.
Withesel, H. A. 109.
Wolfert, E. R. 112.
Wood, E. C. 297.
Woodroof, J. G. s. Shelov, E. 112, 126, 148.

Yamada, H. 509, 510, 546.
Young, O. C. 306.
Yoxsimer, O. H. 110.

Zacharias, R. s. Gutschmidt J. 121.
Zaitsev, V. P, u. E. G. Pavlov 414.
Zao-I-Chai s. Demjankow, N. 276.
Zboralski, D. s. Sperling, E. 268.
Zeafross, E. W. u. E. P. Speicher 109.
Zimmer, A. 414.

Sachverzeichnis.

Abdeckleiste 70.
Abdeckung 31, 87.
Abdunstschale 40.
Abfertigungsräume 178.
Abkühlungsgeschwindigkeit 285, 286.
Abkühlzeit 28.
Abnahme von Ladungskühlanlagen 358.
Abriebprüfung 33.
Absorption von Kohlendioxyd 553.
Absorptions-Anlage 321, 345, 471.
—-Kühlschrank 3.
—-Maschine 297, 298.
—-türme 553.
—-verfahren 551.
Abtaueinrichtung 11, 18, 89.
Abtauen 8, 11, 60, 90.
— der Verdampfer 431.
Abtau-heizung 41, 476.
—-schaltung 40, 41.
—-system 89.
Abtauung, automatische 418.
Abtauverhalten 25.
Adsorptionsmaschine 297.
Aggressivität des Seewassers 341.
air-less-Verfahren 34.
air-wrap-Verfahren 43.
Aktivkohlefilter 13, 552, 559.
Alarmeinrichtung 58, 62.
Alfol 467.
Alginat 573.
Alkazid 555.
Alkoholbrennerei 551, 552.
Alkydharz 32.
Aluminium 465.
American Bureau of Shipping 342.
amerikanische Prüfvorschriften 21.
Analogieverfahren 20.
Anbaukältesätze 474.
Antistation 31.
Aqua-Clear 348.
arbeitstechnische Anpassung 15.
Arctic-Pownall-Verfahren 498.
Astra-Falleiserzeuger 523.
Atmungswärme 99, 418.
Aufbeton 201.
Aufhänge-eisen 212.
—-schienen 97.
Auflaufstoß 463.
Aufreißschloß 18, 43,
Aufsatzvitrine 76.
Aufzüge 183, 184, 215.
Außen-gehäuse 29.
—-verkleidung 70.
—-wandverflüssiger 67.
Ausstattung 17, 44, 68.
Austrocknung 12.
Automatik in Schlachthöfen 254.
Automatisierter Verlauf in Kühlmöbeln 74.

Backkork 197.
Bakterien-filter 580.
—-wachstum 548.
bakterizides Eis 532.
Balancetests 361.
Barschränke 17.
Bauarten von Ladungskälteanlagen 323.
Bauausführung von Kühlhäusern 189.
Bauform von Kühlhäusern 175.
Baugrund 172.
Baukasten-Aufbausystem 85.
—-bauweise 5.
Baukosten von Kühlräumen 196.
Baumwollsegeltuch 463.
bebaute Grundfläche 176, 177.
Bedienbarkeit von Kühlschränken 10, 17, 58.
Beeisen der Fische 370.
Beeisung von Kühlwagen 282.
Beeisungsrampe 282.
Behälter 266, 374, 460.
—, zulässiges Gesamtgewicht 461.
Beheizung der Bodenplatte 209.
Belastungsprüfung 22.
Beleuchtung der Kühlmöbel 81.
Belt-Ice-Maschine 516.
belüftete Wagen 266.
Benutzungswert von Kühlschränken 15.
Benzinverdunstung, Kühlung durch 425.
Berechnungs- und Prüftemperatur von Kühlmöbeln 19.
Berechnung von Haushaltkühlschränken 19.
— — Kühlmöbeln 62, 81, 98, 100.
Berieselungskondensator 222.
Berohrung von Lastkraftwagen 433, 445.
Beschickung von Kühlmöbeln 102.
Beschickungs-einrichtung 79.
—-menge (Kühlmöbel) 17, 59.
—-prüfungen 21.
—-versuche 19, 63.
Beschläge von Kühlschränken 19.
Bestpunkt der Lagerbedingungen von Lebensmitteln 11.
Betriebs-beanspruchung von Kühlschränken 19.
—-bedingungen von Schiffskälteanlagen 341.
—-kosten von Kühlschränken 8, 75.
—-sicherheit 8, 75.
bewegte Kühlung 337, 352.
Bierkeller 92.
Bitumen-dachpappe 202.
—-emulsion 198.
Blockeis 265.
—-erzeuger 175, 282, 490.
Blutflaschen 451.
Bodenheizkabel 97.
Bohlenbandförderer 533.
Bonderanlage 34.
Bordküche 455.
Brand-abschnitt 180, 193.
—-schutz in Kühlhäusern 203.
Breieismaschine von Sabroe 515.
Brikettpresse von Taylor 513.

Butan 425.
Butter 325.
—-fach 18, 30, 45.

Carboxymethylzellulose 573.
chemische Behandlung von Gefrierwasser 494.
— Vollentsalzung 489.
CO_2-Eis 424, 453.
CO_2-Meßeinrichtung 356.
CO_2-Preis 436.
cold-injector 43.
cold-mist-freshener 43.
Container 266, 374, 456.
Crystal-Tips-Eiserzeuger 529.

Dampf-dichtheit 49
—-diffusionswiderstand 420.
—-sperre 49, 199, 200, 587.
Dauerbestrahlung 12.
Deckel-konstruktion von Kühlmöbeln 66.
—-truhe 69.
Decken-belastung 192.
—-eisbunker 469.
—-luftkühler 187, 237.
—-unterzüge 191.
Dehnungsfuge 193, 207.
Dehydrator 334.
Dehydrier-Anlage 393.
Desodorierung 13.
Dessert-Eiskrem, verzierter 597.
Destillateis 498.
Det Norske Veritas 342.
Deutsche Bundesbahn 264, 272.
Dichtheitsprüfung 39, 68.
Dichtungsleisten 32.
Diesel-Generator-Wagen 314.
Dienstwagen 315.
Differenzpressostat 475.
Diffusions-sperren 334.
—-widerstand 49, 202.
—-widerstandsfaktor 465.
DIN 8952 13, 20.
— 8950 26
— 8953-Entwürfe 63.
Draht-gitterkörbe 68.
—-kondensator 37.
—-roste 3.
Drei-kolbenpresse 564.
—-punktaufstellung 67.
Duroplast 32, 49.

Eis am Stiel 588, 595.
—-boot 596.
—-brecher 539.
—-bunker 540, 542.
—-erzeuger von R. Watt 509.
— — — Yamada 509.
Eiserzeugung 488.
Eiserzeugungsverfahren von Grasso 506.
Eis-fabrik 1, 175, 584.
— in Bechern 59.
—-krem 550, 593.
— —, Dichte 600.
— —, Einfrieren und Härten 602.
— —-formen 596.
— —-gefrierer 578.
— —-industrie 548, 570.
— —-mischung, Herstellung 573.
— — —, Viskosität 572, 602.
— — —, Zusammensetzung 571.
— —, Stoffwerte 601.
— —, Wärmeleitzahl 602.
Eis-kühlraumanlage 3.
—-lager 175, 532, 541.
—-lift 534, 535.
—-rutschen 490.
—-schalen 18, 43.
—-schnee 265.
—-silo 264.
—-speicher 526.
—-turm 291.
—-verbrauch 372.
—-werfer 537.
—-würfel 43, 526, 596.
— —-herstellung 18.
—-zelle 492.
Elektro-haushaltkühlschrank, technische Lieferbedingungen 24.
—-öfen 316.
elektrostatische Aufladung 31.
Elevator 553.
Emaille 31.
Emaillierofen 35.
empfohlene Isolierdicke 96.
— Lagerbedingungen 95.
Emulgator 571, 572.
Entfeuchtung der Kühlraumluft 94.
Enthalpie von Eiskrem 602.
Erstarrungswärme 560.
Erstickungsgefahr 548.
Erwärmungs-test 360.
—-vorgang 457.
Estakaden 282.
eutektische Gemische 269, 306, 469.
— Patronen 424.
Expansionsgefrierer 577, 581.
Extruder 35.

Fabrikschiff 368, 395.
Fächerschränke 137.
Fahrplan der Güterzüge 266.
Farbspritzanlage 34.
Federnockenverschluß 108.
Ferntransporter 417, 438.
Fertiggerichte 6.
Fertigungsmethoden 29.
Fettkugeln 576, 577.
Feuchthaltevorrichtung 18, 45.
Feuchtigkeit in Kühlräumen 261.
Feuchtigkeits-klassen 95.
—-wanderung 97.
Feuerschutz 203, 204.
Fiberglass 465.
Finnen 233.
Fischereifahrzeug 395.
Flachbau 173, 176, 182.
—-kühlhaus 173, 182.
Flak-Ice-Maschine 510.
— — — von York 527.
Flaschenkühl-möbel 74, 82.
—-schrank 82.
Fleischbehälter 12.
Flettner-Rotor 270, 272, 273.
Fliehkraftkupplung 431.
Flossenapparat 494.
Flotations-System 373.
Flüssiggastransport 376.
Förder-anlage 585.
—-bänder 33.
—-kette 536.
Frachtschiff 393.
französische Prüfvorschriften 21.
Freikolbenkompressor 426.
Frischfischtransport 370.
Frischluft 392.
—-zufuhr 188.
frostgefährliche und frostsichere Böden 208.
Frostschutzschicht 586.
Frucht-eis 607.
—-sorbet 607.
Fruit Growers Express 300.
Füll-apparat 491.
—-vorrichtung 68.
Fundamentierung der Kompressoren 225.

Gabelstapler 33, 215, 216, 219, 305.
—, Verladung 468.
Gärprozeß 551.
Ganzmetallbauweise 29, 49, 84.
Gas-generator 553.
—-quelle 551.
—-wascher 553.
Gefrier-anlage 404.
— — auf Fischereifahrzeugen 367.
—-behälter 323.
—-dauer von Eisblöcken 501.
Gefrieren des Erdreiches 208.
— von Eiskrem 572.
— — Lebensmitteln 4.
Gefrier-fach 44.
—-fleisch 324, 405.
—-geschwindigkeit 61.
—-gutbehälter 60.

Gefrier-konserve 4, 6, 8.
— —, Verbrauch 8, 72.
—-kost 482.
—-kurve 582.
—-lagertruhen 4.
—-leistung 59.
—-möbel 56, 57.
—-räume 5.
—-schalen 43.
—-schrank 4, 57, 69.
—-tisch 592, 593.
— — „Rollo" 593.
—-trawler 395.
—-truhe 4, 57.
—-tunnel 182, 395.
—-wasser 531.
—-zeit 59, 500.
gekapselter Motorverdichter 475
gekühlter Behälter 456.
— Packtisch 81.
Gelatine 573.
Gemeinschaftsgefrieranlagen 4, 5, 7.
—, Abtauen des Verdampfers 158.
—, Auswahl und Aufstellung der Verdichtersätze 154.
—, Bauarten 133.
—, Berechnung des Kältebedarfes 152.
—. Entwicklung 116, 118, 149.
—, Gefrieren 121, 126, 131.
—, Kaltraumanlagen 140.
—, Lagerfächer 136.
—, Regel- und Sicherheitseinrichtung 159.
—, Salem-Automatic 150.
—, Verarbeiten und Verpacken 124.
—, Wirtschaftlichkeit 166
Gemischtbauweise 84, 85.
Gemüseschale 32, 44.
Geräuschfragen 10, 19, 39.
Germanischer Lloyd 342.
Geruchsabgabe 13, 33, 97, 204.
Geruchsübertragung 13, 204.
Gesetz über Mindesttemperaturen 84.
Gestaltung der Laderäume 327.
Getränkekühler 4.
Geschwindigkeitsprofil 88.
Gewerbekühlschrank 3, 4, 70, 72, 73, 74, 75, 83.
Glasabdeckung 90.
Glasfaser 465.
glasfaserverstärktes Polyesterharz 465.
Glas- und Steinwolle 31.
—-vollplatten 103.
—-watte 279.
—-wolle 465.
Gleichgewichtstemperatur 550.
Gleitschuhe 18.
Gondel 77.
Grenze der Kleinkälte 5.
Grenztemperatur 19, 418.
Größe des Grundstückes 172.
Großbehälter 265, 457.
Grundrißaufteilung 181.
Gummi 32.
—-pendeltür 213.

Härte-raum 572, 586, 595, 599.
—-tunnel 584, 599.
Hängebahn 94.
Hafenkühlhaus 170, 185, 186, 222.
Halbwertzeit 287.
Halterung 206.
Handelsspanne 10.
Harnstoff-Formaldehyd 279.
Haushaltkühlschrank 2, 4, 5, 6.
Heißgasabtauung 61, 90.
Helium 452.
herausschwenkbare Roste 45.
Herstellkosten 9.
Hilfsmittel für den Behälterverkehr 482.
Hochfrequenz-druckverfahren 496.
—-erwärmung 53.
Höchstumgrenzungslinie von Behältern 460.
Höhe der Kühlräume 180.
Hohlplatten mit eutektischen Lösungen 303.
Holz-gerüst-Blechschalen-Bauweise 29.
—-rahmenbauweise 107.
— —-Stahlblech-Verbundbauweise 102.
—-roste 3.
Homogenisieren 574, 575, 576.
Huber-Eiserzeuger 508.
hydraulische Ähnlichkeitsapparatur 288.
— Analogie 287.
— Antriebe 429.
— Übertragung 444.

Ice-Slinger 537.
Imprägniermittel 103
imprägnierte Glaswolle 300.
incremental Freezing 509.
Innenbehälter 15, 20, 66.
Innenbeleuchtung 18, 68.
Interfrigo 264, 552.
—-Wagen 269, 270.
internationaler Eisenbahnverband 457.
Iporka 273, 276, 279, 310.
Iporka-Isolierung 310.
Isoflex 270, 271, 273.
Isolier-dicke, empfohlene 96, 98, 462.
—-material 31, 197, 329.
—-menge 177.
—-stärke 197.
Isolierung 96, 197, 328, 393, 407.
— der Transportbehälter 376.
Isotherme Wagen 267.
Isothermbehälter 457, 469.

Jacket-System 373.
jet-cold-shelf-Verfahren 43.
JOELSEN-Verfahren 361.

Kabel-baum 39.
—-kanal 224.
Kälte-bahnhof 187.
—-bedarf 238, 339, 457, 500.
— — des Transportgutes 418.
— — für die Verpackung 99.
— — von Kühlräumen 101.
— — — offenen Verkaufsmöbeln 84.
—-kreislauf 39, 40, 69.
—-mischung 424.
—-mittel-pumpen 354.
— —-verlagerung 41.
— —-verteilung 251.
—-satz 476.
—-speicherplatten 469.
—-verkehr, Organisation des . . . 263.
Kaldaunenwäsche 229.
Kalkbrennerei 552.
Kalkofenabgase 552.
Kalt-haus 92.
—-luftanlage, stationäre oder fahrbare 286.
—-luftmaschine 427.
— —-schleier 71, 79.
—-raumanlagen 133, 134.
— —, Fächerschränke 137.
—-sprödigkeit 33.
Kalziumchlorid und Ammoniak 299.
Kaminkondensator 37.
Kanten-abdeckung 81.
—-schutz 94, 192.
Kardanantrieb 443.
Karussellgefrieranlage 151.
Katadyn-Eis 532.
Kippeinrichtung 490.
Klapprost 18.
Klareis 489, 493.
Klassifikations-Gesellschaften 340, 341.
Klebstoff 31.
Kleinkälte-behälter 457.
—-eiserzeuger der Firma Atlas 515.

Kleinkälte-Gefrierschrank 69.
—, Grenze 5.
Kleinstbehälter 457.
Klimaanlage 606.
Koffer 434.
Kohlendioxyd 548.
—-anreicherung 12.
— aus Rauchgasen 552.
—-quelle 552.
—-schnee 559.
—, Verfestigung 559.
—, Verflüssigung 556.
—, Vorkommen 550, 551.
Kompressoren für Schiffskälteanlagen 346.
Kompressionsanlage 345.
Kondensator 36, 37, 245, 346.
— für R 12 und R 22 347.
Konsistenz von Eiskrem 593.
Konsumgesetz 9.
Kontaktgefriertisch 590.
Konvektionsströmung 22.
konvektiver Wärmeeinfall 419, 420.
Korbschließfachanlage 149.
Kork 197.
Kreiselpumpe 355.
Kreislaufförderer 34.
Kremluftpumpe 578.
Krempumpe 578.
Kristalleis 489, 498.
Kryohydrat 269.
Küchenarbeitsgerät 11.
Kühl-automat 4.
—-bahnhöfe 264, 291.
—-behälter 10, 12, 21, 32, 266, 457, 469.
—-fleisch 324.
—-gruppen 311.
—-Güter 6, 99, 323.
—-gut 6, 99.
—-haus in einem Bergstollen 174.
— —-Leichtbauweise 194.
—-Kubus 176.
—-insel 77.
—-kammer 235.
—-kette 5, 263, 265.
—-maschinenwagen 267.
—-räume, zerlegbare 79.
—-raumtür 97, 106, 107, 212, 214, 606.
—-regal 78, 88.
—-rohrsystem 352.
—-schiff 380.
—-schrankrost 38.
—-schrankschlösser 43.
—-sole 493.
—-system 212, 336.
—-transit 263.
—-tunnel 235, 286.
—-vitrine 71, 76.
—-wagen 267.
— —, Bezeichnungen für 266.
Kühl-wasserregler 256.
—-zellen 3, 4, 73, 92, 93, 103.
—-züge 311, 312.
Kundendienst 69.
Kunstharzschaumstoff 197.
Kunststoff 30, 32, 35, 49, 465.
—-Innenbehälter 35.
—-schäume 31, 49, 70, 108.
—-schaumschrank 49.

labile Grenztemperatur 418.
Lack 31, 32.
Lackierverfahren 30.
Lackverlust 35.
Laderäume von Frachtschiffen 392.
— instandhalten 357.
Ladetemperatur 482.
Lagerbedingungen für Lebensmittel 10, 11, 12, 18.
—, empfohlene 14, 95.
—, richtige 94.
Lagerkapazität 5, 58.
Lagerung von Trockeneis 567.
Lamellenverdampfer 12, 42, 158.
Lastkraftwagen 264.
Lastwagen mit Maschinenkühlung 299.
Laufzeit 19, 100.
Laugekocher 553.
Lautheitsmessung 19.
Leak-detector 39.
Leichtbau 436.
Leistungs-regelung 340, 354, 606.
—-reserve 18, 19, 63.
—-verbrauch von Gefrierschränken 61.
Linde-Röhreneiserzeuger 520.
Link-Belt-Beeisungsmaschine 537.
Lithiumchlorid und Monomethylamin 299.
Lloyds Register of Shipping 342.
Löschanlage 204.
Losbrechvorrichtung 43.
Lüftung, Art 339.
Luft-austausch 12, 67, 82, 95.
—-bedarf beim Niederdruckverfahren 496.
—-einblasen 495.
—-erneuerung 337.
— —, Anlage 344.
—-führung 441.
—-kanal 205, 211.
—-kühler 187, 205.
—-kühlung 421.
—-leitblech 88, 99.
—-mantel 196.
—-schleier 12, 419, 586.
—-umwälzsystem 344.
—-umwälzung 337, 392.
—-wechselzahlen 420.
magnetische Verschlüsse 18, 43.
Magnet-kupplung 430.
—-ventil 257.
Makmar-Verfahren 555.
Marktentwicklung für Kühlschränke 6, 8, 9, 16, 17, 56, 57.
maschinelle Kühlung von Eisenbahnwagen 282.
Maschinenhaus 223.
Maschinenkühlbehälter 457, 470.
Maschinenproduktion von Haushaltkühlschränken 9, 29.
Matteis 488, 490.
maximale Transportdauer 457.
Maximallast 28.
Meerwassereis 373.
Mehretagen-Selbstbedienungs-Kühlregal 77.
mehrstöckiges Kühlhaus 176.
Melamin- und Alkydharz 32.
Melkwagen 449, 450.
Mellorin 607.
Meßwagen 264.
Mietkühlkammern, Jahresunkosten 171.
Milch-eis 607.
—-kühler 5.
—-tank, Sterilisieren 450.
—-wirtschaft 449.
Mindestisolierstärke von Kühlschiffen 328.
Mineralkork 197, 276.
Minusladung 323.
Mischbehälter 575, 582.
mittlere Oberfläche von Eisenbahnwagen 268.
Moltopren 467.
Monoäthanolamin 555.
Motor, gekapselter 475.
Motorkompressor 23.

Nachbeeisung 282, 285.
Nebenräume von Kühlhäusern 180.
Nettoinhalt von Schiffsladeräumen 327.
Netto-Netto-Inhalt 327.
Niederdruck-behälter 557.
—-verfahren 495.
Normen für Eiszellen 493.
Normentwurf DIN 8953 59, 65,
Normprüfung 66.
Notschalter 220.
Nutzinhalt von Möbeln 83.
— — Gefrierlagerfächern 132.
Nutzkühlfläche 177, 180, 184.
Nutzräume 179.

Oberflächen-behandlung von Kühlschränken 8, 34.
—-spannung von Eiskrem 602.
Obstkühlhaus 170.
Öffnungszeit von Kühlschränken 21.
Öl- und Kältemittelverlagerung 41.
Onazote 270, 271, 467.
ortsfeste Kühlräume 102.
Ozon 205.
—-anlage 337, 356.

Pacific Fruit Express 300, 303.
packaged units 305.
Pack-maschine 596.
—-tisch 81.
Pak-Ice-Maschine 512, 513.
Pappe 464.
Pasteurisieren 573.
Paternoster-Aufzüge 586.
Pendeltür 106.
Perlturm 555.
Pfahlgründung 206.
Pfeilerabstand 207.
physiologische Harmlosigkeit 33.
Pilzdecke 189, 205, 210.
Pistolenspritze 34.
Platten-apparat 573, 576, 603.
—-eiserzeuger 497.
—-gefrierapparat 369.
—-verdampfer 42, 432.
Platzbedarf von Schiebetüren 214.
— der Luftkühler 205.
Pluperfect-Verfahren 502.
Plusladung 323.
pneumatische Eisförderung 544.
Pökelraum 232.
Polyätherschaum 49, 53, 54.
Polyäthylen 32.
Polyamide 32.
Polyester-harz 32.
—-platten 56.
—-schaum 49, 52, 53.
Polymethacrylate 32.
Polystyrol 32, 35, 279.
—-schaum 49, 54, 103.
Polyurethanschäume 53.
Polyvinylchlorid 32, 279.
—-schaum 49, 52.
Pottaschelauge 553.
Preco-System 280.
Preisindex für Kühlschränke 10.
Pressostat 256.
Probedrücke in Kühlschiffen 342.
Produktion von Haushaltkühlschränken 7.
Produktion von Home Freezers, USA 7.
— — Kälteverdichtern 7.
Programmschaltwerk 258.
Propan 425.
Proviant-kühlanlage 319, 363.
—-räume 393.
Prüf-bestimmungen von Behältern 484.
— — für Haushaltkühlschränke 21, 24.
—-hallen für Kühlwagen 268.
—-normen 24.
—-programm 25.
—-temperatur 19.
—-tunnel für Lastkraftwagen 452.
Prüfung von Gewerbekühlschränken 83.
Prüfungsverfahren für Kühlwagen 267.
Punktschweißung 29, 34.
Putzträger 199.

Radialgebläse 42.
Raketeneis-Verfahren 502.
Rampe 217.
Randsburg-Verfahren 34.
Rapid-Eis-Verfahren 504.
Rauchgas 552.
Raum-aufteilung von Kühlhäusern 180.
—-ausnutzung von Kühlschränken 16, 27.
—-gewicht für Lebensmittel 461.
—isolation 358.
Reaktionsgeschwindigkeit der Pottaschelauge 555.
Refribel 265.
Regeleinrichtung 22.
Regelung 354.
— der Kältemaschine 478.
— — — in Behältern 479.
— — Luftfeuchtigkeit 212.
— von Schiffskälteanlagen 354.
Reich-höhe 15.
—-weite 15.
Reifanfall 89.
Reifansatz 60, 61, 89.
Reifer 575, 582.
Reifspeichervermögen 89.
Reihenuntersuchung 28.
— von Kühlschränken 28.
Reinhaltung der Kühlraumluft 13.
Restriktoren 288.
Ria-Gefriertisch 592.
Ringanker 193.
Robson-Verfahren 339.
Röhreneis 265, 284.
—-erzeuger 291.
— — von Escher-Wyss 524.
— — — Trépaud 524.
Röhreneis-erzeuger von Vogt 519.
Rohmöbel-Bauprogramm 86.
Rohrabstand 433.
Rohre aus Sondermessing 347.
Rohrleitungsschacht 188.
Rohrleitungs- und Kabelkanal 224.
Rohrplatten 347.
Roll-bond-Verfahren 36, 37, 42.
Rollen-füße 15.
—-straßen 38.
Rollnahtschweißpresse 34.
Rollo-Gefriertisch 593.
Rollroste 11.
Ross-Temperatur-Eiserzeugungsaggregat 527.
Roste 3, 36.
—, Draht- 3.
—, herausschwenkbare 45.
—, Holz- 3.
Ruberoidplatte 276.
Rückkühlwerk 221.
Rührflossen 494.
Rührwerk 491.
Rutschbahn 264.

Saatkartoffeln 326.
Sahneeis 607.
Salzbunker 535.
Salzeis 531.
Sandwichbauweise 436.
Sandwichplatten 53, 104.
Säulenschutz 192.
Santa Fé Eisenbahn 300.
Saugdruckschalter 256.
Schabermesser 581.
Schaltdifferenz 23.
Scharniere 43, 67.
Schaukühlmöbel 2, 4, 38, 71, 77.
—, verglaste 82.
Schaum-form 52.
—-glasstreifen 198.
—-prozeß 53.
—-stoff 467.
— —-Verbundkonstruktion 50.
Schellack 326.
Scherbeneis 256.
Schichtdickenmessung 33.
Schiebe- oder Rollroste in Kühlschränken 11.
Schiffs-kälteanlage 318.
—-luftkühler 353.
—-transport 285.
—-typen 327.
Schlacht-hallen 227, 228.
—-hof 227.
—-viehmarkt 228.
Schlösser 43, 97.
Schloßstollen 43.
Schmelzpunkt von Eis 540.
— — Eisarten 490.

Schnappverschlüsse 104.
Schnecken-förderer 535.
—-verschluß 108.
Schnee-Eisbereitung 538, 539.
—-Eisfabriken, Einrichtung 597.
Schnell-kühlräume 234, 236.
—-verschluß 103.
Schokolade-bad 590.
—-überzugsapparat 594.
Schrank-anlagen in Gemeinschaftsanlagen 143.
—-form 14.
—-isolierung 20.
Schrumpfschlauch 37.
Schuppeneismaschine von Sabroe 515.
Schutz-isolierstreifen 191.
—-zone 83, 88.
Schwankung der Lufttemperatur 422, 423.
Schwellung von Eiskrem 574, 582, 600.
Schwimmerregler 252.
Schwingverdichter 4.
Schwitzwasserbildung 13, 20, 63, 104, 182, 184, 191, 193.
Scotchman-Flak-Ice-Erzeuger 526.
—-Würfeleiserzeuger 528.
See-berufsgenossenschaft 345.
—-transporte von Kühlgütern 318.
—-wasser, aggressives 347.
—-wassertemperatur 341.
sekundäres Kältemittel 282.
Sekundärkreislauf 41.
Selbstanlasser 356.
Sebstbedienungs-laden 5, 71, 82, 449.
—-kühlregale 72.
Seuchen-Schlachthof 230.
Shell-Ice 502.
Sicherheits-überdruckschalter 254.
—-vorschriften in Kühlräumen 97.
Silo für Kleineis 543.
Skelettbau 189.
Sodawascher 553.
Soft-Ice 572, 608.
Sole-anwärmbehälter 357, 411.
—-expansionsgefäß 313.
—-kühler 349, 354, 389.
—-leitungen in den Kühlwagen 316.
Sonderfächer in Kühlschränken 11.
Sonderkühlhäuser 169.
Sonnenstrahlung 98, 423, 467.
Sorptionspatronen 13.
Spannschloß 43.
Speed-nuts 30.
Speicher-anlage 543.
—-kapazität 421, 422.
—-platten 445.
Speicherung von flüssigem Kohlendioxyd 567.
Speicherverfahren 429.
Speiseeis 4, 57, 266.
— in den USA 607.
—-erzeugung, Automatisation 609.
—-industrie 4.
—-produktion, Jahreszeitlichkeit 608.
—, Vertrieb 609.
Sperrholz 464.
—-schicht 199.
Spezialschiffe für den Transport von Behältern 483.
Spezialsole 493.
Spiegelaufsatz 76.
Splittereis 284, 525.
Spritzgußverfahren 30, 36.
Stabilisator 571, 572.
Stahlbauweise von Kühlschränken 85.
Stapel-fähigkeit 58.
—-grenze 63, 83.
—-höhe 209.
Stapeln 435, 436.
Stapelung auf Paletten 176.
STEF 263, 284, 285, 287, 291.
Steilrohrsystem 491.
Steinwolle 31.
Steuertafel 219.
Stichprobeprüfung 33.
Stiel-einsetzer 593.
—-eisform 589, 591.
—-eispackmaschine 595.
stille Kühlung 82, 187, 336, 352.
Stirnbunker 435.
Stopfisolierung 197.
Stoßleisten 86.
Straßenverkehrsvorschrift 461.
Standardkühlhaus 179.
Styrofoam 52, 467.
Styropor 52, 199, 467.
Sublimation 268.
Sublimationsgeschwindigkeit 550.
Sublimationswärme 550.
Supermarkt 71, 82.

Tagesrhythmus 421.
Tangentialbiegepresse 34.
Tauchverfahren 395.
Tauwasser-abführung 25.
—-bildung 14.
—-schale, Isolierung 210.
Temperatur der Warenoberfläche 83.
Temperatur-einstellung 11.
—-Entropiediagramm von Kohlendioxyd 549.
Temperatur-kontrolle in Kühlschränken 92.
—-messung 357.
Testpackung für Kühlschränke 63, 65, 83.
Textilien 463.
Thermo-King-System 301.
Thermopan-Gläser 90.
Thermoplaste 32, 49.
Thermostat 257.
thermostatisches Regelventil 253.
Tiefkühl-kette 80.
—-möbel 56, 73.
—- und Gefriermöbel 56.
Tisch-kühlschrank 14, 17.
—-kühltruhe 69.
—-platte 29.
—- und Wandkühlschrank 45.
Torfplatten 197.
Torteneis, geschmücktes 597.
Tragfähigkeit der Decken 209, 215.
Transfesa 265, 266.
Transformator 219.
Transfrigoroute Europe 452.
Transport-bahnen 216.
—-festigkeit von Kühlschränken 66.
—-kühlung 548.
—-mittel 214, 456.
—-temperaturen für leichtverderbliche Lebensmittel 479.
— von Eiskrem 282.
— — Trockeneis 282.
Transthermos 265, 272.
Trennfugen 193, 194.
Trichloräthylen 305.
Tripelpunkt 560, 565.
Trockeneis 266, 268, 281, 436, 453, 548.
—-anlage mit Presse, schematischer Aufbau einer 565, 566.
—-behälter 281.
— in Eiszellen 561, 563.
— — kleinen Stücken 564.
— mit hydraulischen Pressen 564, 564.
Trocknung des Kohlendioxyds 559.
Tropentest 33.
Tropf-platte 14.
—-rinne 14.
—-schale 22, 36.
Trübeis 488.
Truhen-anlagen 143.
—-behälter 68.
Tube-Ice-Machine 519.
Tür-abdichtung 20.
—-anschlagen bei Kühlschränken 44.
—-beschläge 97.
—-dichtungsleiste 30.

Tür-fächer 11.
—-innenfläche 18.
— —-verkleidung 32, 45.
—-öffnungsbreite 15.
—-schloß 18.
Tunnelanlage 369.
Turboverdichter 345.
Turmbauweise 442.
Turmkondensator 222.
Twintest 359.
Tylose SL 600 65.
Typisierung der Kühlwagen 269.

Überflutungsbetrieb 251.
Überstromauslöser 257.
Überwachung der Werkstoffe 32.
ultraviolette Strahlen 262.
Ultraviolettempfindlichkeit 53.
Ultraviolettlampen 13.
Umgebungsbedingungen 81.
Umluftkühlung 87.
Umlenkblech 88.
Umpumpbetrieb 252.
universelle Kühlwagen (all purpurose cars) 304.
Unterbringen von Solekühlern 389.
Unterfluranordnung von Kühlsätzen in Kühlwagen 443.

Vakuum-eiserzeuger 517.
—-formwerkzeug 31.
—-kammer 286.
—-test 67.
—-ziehmaschine 35.
Ventilator 337, 355.
Verbinder von Kühlzellenbauteilen 104.
Verbindungs-elemente 30.
—-halle 230.
Verbraucher-ausschuß 19.
—-organisationen 11.
Verbrauchs-güter 8.
—-zahl von Haushaltkühlschränken 24, 26, 28.
Verbreitung der gewerblichen Kälteanwendung 93.
Verbundplatten 53.
Verdampfer 36, 245.
—-aufhängung 30.
— für bewegte Kühlung 157.
—-Oberfläche 22.
—-thermostat 3, 22.
Verdichtersatz in Behältern 474.
Verdunstungs-kondensator 221.
—-schale 18.
Verflüssigungswärme 474.
Vergleichsmessung 27.
Verkaufs-automat 74.
—-hilfe 71, 80.
—-kühl-möbel 4, 70, 71.
— —-truhe 76.
Verkehrslage 172.
Verkehrsschleusen, gekühlte 183.
Verpackung 58.
— des Eiskrems 587.
— von Trockeneis 567.
Verpackungsmaschine 595.
Verschlußmechanismus 106.
Versprödungsneigung 53.
Verstellbereich des Thermostaten 27.
Verteilerkühlhaus 173.
Verteilfahrzeug 417, 418, 440, 447.
vollautomatischer Start der Motoren 431.
Vollentsalzung, chemische 489.
vorgefertigte Bauteile 102, 196.
— Wandplatten 195.
Vorkühlanlagen 285.
— für Eisenbahntransporte 285.
Vorkühlhalle 231.
Vorkühlung 477,
—, zeitlicher Temperaturverlauf 286.
—, Verfahren 286.
Vormontagebänder 38.
Vorrats-fach 76.
—-kühlung 264.
Vorschriften für Schiffskälteanlagen 341.

Wärmeäquivalent der Ventilatorleistung 417.
Wärmebelastung 20, 82, 99.
— durch Arbeiten 100.
— — Beschickung 21.
Wärmebilanztest 359.
Wärme-brücken 14, 20, 25, 29, 70.
—-durchgang durch die Wände 98, 421.
Wärmedurchgangszahl 267, 329, 353, 359, 457.
Wärmeeinfall 176, 197.
— durch Luftaustausch 82.
— auf die Warenoberfläche 82.
Wärme-einfallsfläche 24.
—-heizung 431.
—-pumpen 7.
—-standfestigkeit 51.
—-wagen 267.
Wagenbeeisungsstation 533.
Walfangmutterschiff 404.
Wagengruppen mit maschineller Kühlung 311.
Waggonrampe, überdachte 218.
Wahl des Baugeländes 172.
Wand- bzw. Deckenluftkühler 187.
—-element 104.
—-kühlschrank 14, 45, 48.
—-verflüssiger 16.
—-verkleidung 17.
Warenbeschickung 82.
Warmraumanlagen 133.
—, Aufstellungsraum 142.
—, Gefrieren 148.
—, Kühlung 145.
—, Türen und Deckel 144.
—, Türstockheizung 145.
Waschen mit Schwefelsäure 552.
Wasserdampfdiffusion 97.
Wassereis mit Salzzusatz 268.
Wasserversorgung 221.
Wasserwert 458.
Wechsel- oder Drehstromaggregat 448.
Wellit 197, 467.
Weltbestand an Haushaltkühlschränken 5.
Wendelrutsche 536.
Wendelschurre 534.
Werksprüfnormen für Kühlschränke 24.
Werktest 66.
Werkstoffe für Behälter 463.
Wirbelsinterverfahren 38, 68.
Wirbelschaltplan 258.
Wirtschaftlichkeit des Gefrierverfahrens im Landhaushalt 167.
— von Kühlhäusern 171.
Würfeleis-bereiter von Frigidaire 530.
—-erzeuger 4, 43.

Zählwerk 40.
Zeitkonstante 287, 425.
— der Patrone 425.
— — Wand 423.
Zeitschaltuhr 311.
Zellenkühlraum 232, 237.
Zellenwagen 490, 493.
Zementputz 200.
zentrale Kälteanlage 312.
Zentralklimaanlage 7.
Zentralkühler 157.
zerlegbare Kühlräume 79.
— Kühlzelle 102.
Ziehform 36.
Zierleisten an Kühlschränken 31.
Zwangsluftumlauf 82, 280.
Zwangsluftumwälzung 42, 61.
Zweitemperatur-Kältekreislauf 41.
Zwischen-Verdampferplatten 63.

721/73/60. — III/18/203.

MIX
Papier aus verantwortungsvollen Quellen
Paper from responsible sources
FSC® C105338

If you have any concerns about our products, you can contact us on
ProductSafety@springernature.com

In case Publisher is established outside the EU, the EU authorized representative is:
Springer Nature Customer Service Center GmbH
Europaplatz 3, 69115 Heidelberg, Germany

Printed by Libri Plureos GmbH
in Hamburg, Germany